The 15th National Conference on Structural Wind Engineering
The 1st National Forum on Wind Engineering for Graduate Students

第十五届全国结构风工程学术会议
暨第一届全国风工程研究生论坛

论文集

中国土木工程学会桥梁及结构工程分会风工程委员会
中国空气动力学会风工程和工业空气动力学专业委员会

二〇一一年八月二十三日至二十七日
中国　杭州

人民交通出版社

内 容 提 要

本论文集分为“第十五届全国结构风工程学术会议”论文与“第一届全国风工程研究生论坛”论文两部分，每部分中按照边界层风特性与风环境、钝体空气动力学、大跨度桥梁、高层与高耸结构、大跨空间结构、低矮房屋结构、设计标准与风险评估、其他风工程问题分类，共144篇论文。第一部分录用80篇学术论文，第二部分录用64篇学术论文，所录用的论文反映了近两年来我国结构风工程研究的最新思想、成果与进展。

本书可供从事风工程研究的科研人员和有关院校相关专业师生参考。

图书在版编目（CIP）数据

第十五届全国结构风工程学术会议暨第一届全国风工程研究生论坛论文集／中国土木工程学会桥梁及结构工程分会风工程委员会，中国空气动力学会风工程和工业空气动力学专业委员会主编. —北京：人民交通出版社，2011.8

ISBN 978-7-114-09296-1

Ⅰ.①第… Ⅱ.①中…②中… Ⅲ.①抗风结构－结构设计－学术会议－文集 Ⅳ.①TU352.2－53

中国版本图书馆CIP数据核字（2011）第146560号

书　　名：第十五届全国结构风工程学术会议暨第一届全国风工程研究生论坛论文集
著 作 者：中国土木工程学会桥梁及结构工程分会风工程委员会
中国空气动力学会风工程和工业空气动力学专业委员会
责任编辑：沈鸿雁　王文华
出版发行：人民交通出版社
地　　址：（100011）北京市朝阳区安定门外外馆斜街3号
网　　址：http://www.ccpress.com.cn
销售电话：（010）59757969，59757973
总 经 销：人民交通出版社发行部
经　　销：各地新华书店
印　　刷：北京市密东印刷有限公司
开　　本：880×1230　1/16
印　　张：40
字　　数：952千
版　　次：2011年8月　第1版
印　　次：2011年8月　第1次印刷
书　　号：ISBN 978-7-114-09296-1
定　　价：120.00元

第十五届全国结构风工程学术会议
暨
第一届全国风工程研究生论坛

主办单位:中国土木工程学会桥梁及结构工程分会风工程委员会
中国空气动力学会风工程和工业空气动力学专业委员会

承办单位:浙江大学研究生院、建筑工程学院
同济大学土木工程防灾国家重点实验室

协办单位:中国空气动力研究与发展中心低速空气动力研究所
中国建筑科学研究院风工程研究中心
上海市建筑科学研究院(集团)有限公司
西南交通大学风工程试验研究中心
湖南大学风工程试验研究中心
同济大学桥梁结构抗风技术交通行业重点实验室

赞助单位:绵阳六维科技有限责任公司
靖江市泰斯特电子有限公司
上海福斐科技发展有限公司
澳大利亚 TFI 公司 Cobra Probe 中国总代理:广州市毅佰科学仪器有限公司
美国 Scanivalve Corp. 中国代理:北京约克科技公司

会议学术委员会

顾　　问:项海帆(同济大学)

主　　席:葛耀君(同济大学)

副 主 席:陈政清(湖南大学)
金新阳(中国建筑科学研究院)
廖海黎(西南交通大学)
王勋年(中国空气动力研究与发展中心低速空气动力研究所)
叶　倩(上海市建筑科学研究院(集团)有限公司)

秘　　书:朱乐东(同济大学)

委　　员:鲍卫刚　蔡春生　曹曙阳　陈　淳　陈　军　陈　凯　陈　燊
陈政清　杜　平　方中予　葛耀君　顾　明　贾　毅　金新阳
李　惠　李龙安　李明水　李秋胜　李正良　李正农　梁枢果
廖海黎　刘　高　刘健新　刘庆宽　楼文娟　罗国强　裴永忠
彭兴黔　石碧青　宋丽莉　滕　军　田于逵　王国砚　王建磊
魏文晖　武　岳　谢壮宁　徐幼麟　许志豪　杨庆山　杨仕超
叶　倩　叶继红　臧　瑜　詹水芬　张　哲　张伟育　张召明
赵兵科　周　岱　朱乐东

会议组织委员会

主　　席:徐世烺(浙江大学)

副 主 席:孙炳楠(浙江大学)　严建华(浙江大学)　朱乐东(同济大学)
楼文娟(浙江大学)

秘　　书:沈国辉(浙江大学)　徐乐(同济大学)

委　　员:陈水福(浙江大学)　陈勇(浙江大学)　黄铭枫(浙江大学)
丁泉顺(同济大学)　杜润泉(同济大学)　张良鹏(同济大学)
胡晓红(同济大学)

研究生委员:高广中(同济大学)　王通(同济大学)　杨伦(浙江大学)
盛建康(浙江大学)　邹云峰(湖南大学)　苏万林(湖南大学)

前　言

自1983年11月在广东新会举行第一届会议以来，全国结构风工程学术会议已累计举行了十四届。在上届会议后的两年中，又建成了浙江大学和北京交通大学两个边界层风洞，使我国边界层风洞接近30个。同时，各委员单位又陆续承担和开展了大量国家和地方的风工程科研项目，获得了许多新的研究成果。随着全国结构风工程研究队伍的不断壮大，会议的规模也随之不断扩大，尤其是近几届会议的研究生代表人数增加迅速。为此，于2010年6月5日举行的第六届风工程委员会第二次全体委员会议决定自2011年起，在召开"全国结构风工程学术会议"的同时举行专门面向研究生的"全国风工程研究生论坛"，以增加研究生的学术交流机会，为我国风工程研究后继人才的培养创造更好的条件。

"第十五届全国结构风工程学术会议"共征集学术论文87篇，录用80篇，"第一届全国风工程研究生论坛"共征集学术论文73篇，录用64篇，所录用的论文反映了近两年来我国结构风工程研究的最新思想、成果与进展。根据第六届风工程委员会第二次全体委员会议的决定，从本届会议开始所有录用的论文将收录在正式出版的会议论文集和非正式出版的会议光盘中，其中正式出版的论文集收录所有论文的4页扩展摘要，而非正式出版的光盘则收录所有论文的全文。收入论文集和光盘的论文分为"全国结构风工程学术会议"论文和"全国风工程研究生论坛"论文两大部分，在每部分中按照边界层风特性与风环境、钝体空气动力学、大跨度桥梁、高层与高耸结构、大跨空间结构、低矮房屋结构、设计标准与风险评估、其他风工程问题分类编排。本次学术会议安排了8篇大会报告，包括特大桥梁颤振和抖振精细化理论，雷暴冲击风对建筑结构的作用，电晕放电对气流分离控制的研究，大跨度桥梁断面气动力研究，Wind Effects on Bridge-Vehicle System and Vibration Mitigations，高层建筑与高耸结构抗风研究面临的若干关键问题，风工程研究中台风风观测数据的合理性和代表性判别，超高层建筑抗风设计的现状与展望。

"全国结构风工程学术会议"和"全国风工程研究生论坛"的宗旨是为全国风工程研究领域的学者和研究生提供一个能够充分交流各自成熟的或者非成熟的学术观点、思想和最新成果的平台，因此，允许作者根据学术交流结果对论文全文进行适当修改后向其他杂志投稿。

本次会议得到了中国土木工程学会与桥梁及结构工程分会两个上级学会和兄弟学会的大力支持和指导，也得到了许多会员单位和其他有关单位的热情赞助，借此致以衷心的感谢。

限于时间和水平，论文集中的错谬之处在所难免，敬请见谅，并欢迎不吝指正。

中国土木工程学会桥梁及结构工程分会风工程委员会
中国空气动力学会风工程和工业空气动力学专业委员会
2011年8月

目 录

第十五届全国结构风工程学术会议

四、大跨度桥梁

五、高层与高耸结构

六、大跨空间结构

七、低矮房屋结构

八、设计标准与风险评估

九、其他风工程问题

第一届全国风工程研究生论坛

四、高层与高耸结构

五、大跨空间结构

六、低矮房屋结构

七、其他风工程问题

附录

第十五届全国结构风工程学术会议

一、大会特邀报告

特大桥梁颤振和抖振精细化理论

项海帆　葛耀君　朱乐东

（同济大学土木工程防灾国家重点实验室　上海　200092）

摘　要：以我国大跨度桥梁的快速发展为研究背景，探讨了悬索桥的颤振性能及其控制、斜拉桥风振性能与拉索风雨振控制、拱式桥涡激共振及其控制，着重介绍了特大桥梁颤振和抖振精细化理论。研究结果表明：悬索桥的颤振稳定性跨径上限约为 1 500 m，超过甚至接近这一上限时，必须采取措施改善加劲梁的抗风稳定性；千米级大跨度斜拉桥仍具有足够高的颤振临界风速，其主要抗风问题是长拉索的风雨振动；大跨径拱桥除了个别有涡振问题之外，还没有受到结构抗风性能的影响。桥梁风振精细化理论包括三维桥梁颤振精确分析的全模态方法、任意斜风作用下桥梁抖振频域分析方法、基于二阶矩理论和首次超越理论的桥梁颤振和抖振可靠性评价方法，揭示了桥梁颤振演化规律、驱动机理和控制原理。

关键词：颤振全模态分析　斜风作用下抖振分析　颤振可靠性评价　抖振首次超越　颤振驱动机理

1　引言

从 1818 年有桥梁风毁记录资料以来，全世界已有近 20 座大跨桥梁毁于强风，特别是 1940 年主跨 853m 的美国华盛顿州塔可马大桥在八级大风作用下发生强烈的风致振动最终导致颤振坍塌，揭开了全世界大跨桥梁风致振动研究的历史。经过半个世纪的理论研究和工程实践，到 20 世纪 90 年代初基本形成了传统的桥梁风致振动理论和方法，其中，传统桥梁颤振理论和方法主要基于三维多模态近似假定和二维两自由度假定，桥梁抖振理论和方法主要基于正交风作用计算模型和有效性的缩尺模型风洞实验验证，桥梁颤振和抖振评价方法则完全采用确定性安全系数评价法[1]。

根据联合国的统计，中国是世界上遭受风灾最严重的国家之一，因风灾造成的直接经济损失列第三位、人员伤亡列第五位。大跨桥梁是关系国计民生和国家经济命脉的重大交通基础设施，常常受制于抗风问题。同济大学抗风研究团队从 20 世纪 70 年末开始桥梁抗风研究，是我国最早开展这项研究的团队，通过 80 年代的学习与追赶，为 1991 年建成的我国第一座跨度超过 400m 的大桥——上海南浦大桥抗风作出了重大贡献；经过 90 年代的提高和跟踪，有力支撑了我国第一座跨度超过 1 000m 的特大桥——江阴长江大桥等桥梁建设；进入 21 世纪后，我国特大桥梁建设成就举世瞩目，在全世界最大跨度的前 10 名特大缆索承重桥梁中，我国的悬索桥占 5 座、斜拉桥占 7 座，面对特大桥梁建设的国家需求和桥梁抗风研究的学科使命，研究团队开展了创新和超越研究工作。经过 30 多年的全面跟踪和近 10 年的重点突破，形成了精细化的桥梁颤振和抖振理论，其中精细化主要体现在：桥梁颤振的三维全模态精确分析方法和二维三自由度全耦合分析方法，桥梁抖振的任意斜交风分析方法和正确性的足尺实桥现场实测验证，桥梁颤振和抖振的随机性可靠度评价法[1-2]。

2　特大桥梁抗风挑战

自 20 世纪 70 年代末改革开放以来，经济的高速发展对交通基础设施建设提出了巨大的需求。在 30 多年中建成的数以十万计的桥梁中，出现了为数众多的大跨度桥梁，已经建成的 400 m 以上跨度的桥梁有64座，其中包括18座悬索桥、36座斜拉桥和10座拱式桥。其中，最具代表性的4座大跨度桥梁是：1991年建成的423 m跨度的上海南浦大桥，是我国第一座跨度超过400 m的桥梁；2003年建成的上海卢浦大桥，以550 m的跨度创造了新的拱式桥世界纪录，获得了2008年IABSE杰出结构奖；2008年建成的世界最大跨度斜拉桥——苏通长江大桥，将斜拉桥跨度的世界纪录提高到1 088 m；2009年建成的1650 m跨度的舟山西堠门大桥，是目前世界上跨度最大的钢箱梁悬索桥，并且首次采用新型分体式钢箱梁技术提升了钢箱加劲梁悬索桥的抗风性能和跨越能力。随着桥梁跨径的不断增大，结构质量越来越轻、结构刚度越来越小、结构阻尼越来越低，从而导致了对风致作用的敏感性越来越大[3]。

2.1 悬索桥颤振及其控制

在过去的一个多世纪里，大跨度悬索桥的建设取得了举世瞩目的成就。在全世界已经建成的跨径排名前十位的悬索桥中（见表1），中国占有5座、美国占有2座，日本、丹麦和英国各有1座。前4座悬索桥和香港青马大桥均存在着颤振或涡振等风振问题，需要采取控制措施来改善桥梁的抗风性能。例如，香港青马大桥、润扬长江大桥采用了中央稳定板，舟山西堠门大桥采用了分体双箱梁，明石海峡大桥采用了开槽加稳定板形式的桁梁，大海带桥采用了导流板等[4]。

世界跨径排名前十位的悬索桥 表1

跨径排序	桥　名	主跨(m)	主梁形式	风致问题	控制措施	国家	建成年份
1	明石海峡大桥	1 991	桁梁	颤振	开槽/稳定板	日本	1998
2	舟山西堠门大桥	1 650	箱梁	颤振	开槽	中国	2009
3	大海带大桥	1 624	箱梁	涡振	导流板	丹麦	1998
4	润扬长江大桥	1 490	箱梁	颤振	稳定板	中国	2005
5	亨伯大桥	1 410	箱梁	无	无	英国	1981
6	江阴长江大桥	1 385	箱梁	无	无	中国	1999
7	香港青马大桥	1 377	桁梁	颤振	桁梁外包	中国	1997
8	维伦扎诺大桥	1 298	桁梁	无	无	美国	1964
9	金门大桥	1 280	桁梁	无	无	美国	1937
10	阳逻长江大桥	1 280	箱梁	无	无	中国	2007

根据近年来建成的大跨度悬索桥的经验，无论采用流线型钢箱梁还是透风性较好的钢桁梁，由颤振稳定性控制的悬索桥跨径上限约为1 500 m，超过甚至接近这一上限时，设计者必须采取措施改善加劲梁的抗风稳定性。其中有效的措施包括：在加劲梁上设置竖向或水平稳定板、中间开槽以及被动和主动控制措施等。初步研究表明，宽开槽断面或带竖向和水平稳定板的窄开槽断面能保证主跨5 000m的悬索桥满足世界上大多数地区的抗风稳定性需求[5]。

2.2 斜拉桥风振问题

目前世界跨径排名前十位的斜拉桥如表2所示，其中7座在中国，日本、法国和韩国各有1座。表2中，除了香港昂船洲大桥由于采用分体钢箱有涡振问题外，全部斜拉桥均遇到了拉索风雨振动的问题，而且采用了两种振动控制措施，包括在拉索表面刻凹坑或加螺旋线，以及在拉索下端部安装机械式阻尼器[4]。

世界跨径排名前十位的斜拉桥 表2

跨径排序	桥　名	主跨(m)	主梁形式	风致问题	控制措施	国家	建成年份
1	苏通长江大桥	1 088	钢箱	拉索振动	凹坑/阻尼器	中国	2008
2	香港昂船洲桥	1 018	分体钢箱	拉索振动	凹坑/阻尼器	中国	2009
3	鄂东长江大桥	926	PK 钢箱	拉索振动	螺旋线/阻尼器	中国	2010
4	多多罗大桥	890	钢箱	拉索振动	凹坑/阻尼器	日本	1999
5	诺曼底大桥	856	钢箱	拉索振动	螺旋线/阻尼器	法国	1995
6	荆岳长江大桥	816	PK 钢箱	拉索振动	螺旋线/阻尼器	中国	2011

续上表

跨径排序	桥　　名	主跨(m)	主梁形式	风致问题	控制措施	国家	建成年份
7	仁川跨海大桥	800	钢箱	拉索振动	凹坑/阻尼器	韩国	2010
8	上海长江大桥	730	分体钢箱	拉索振动	螺旋线/阻尼器	中国	2009
9	南京长江三桥	648	钢箱	拉索振动	凹坑/阻尼器	中国	2005
10	南京长江二桥	628	钢箱	拉索振动	螺旋线/阻尼器	中国	2001

为了减小剧烈的拉索风雨振动:一种方法是增加阻尼,可以采用基于不同机理的阻尼器,如油阻尼器、油黏性剪切型阻尼器、摩擦型阻尼器、高阻尼橡胶阻尼器、磁力阻尼器和电力阻尼器等;另一种有效方法是防止拉索表面形成水线,因为水线是导致拉索风雨振动的直接原因,通常采用在拉索表面缠绕螺旋线或刻制凹坑等两种气动措施[1]。

根据近年来建成的大跨度斜拉桥的经验,空间索面和流线型钢箱梁的千米级大跨度斜拉桥仍具有足够高的颤振临界风速，其主要抗风问题是长拉索的风雨振动。从抗风稳定性角度来看,随着拉索风雨振动控制措施的不断完善,斜拉桥主跨跨径还有一定的增长空间[4]。

2.3　拱桥涡激振动

世界跨径排名前十位的拱桥如表 3 所示,其中 7 座在中国,美国有 2 座,澳大利亚有 1 座。只有上海卢浦大桥存在风致振动问题,即涡激共振,该桥涡激共振主要是由于拱肋的钝体横断面所造成的。近年来大跨度拱桥的建设实践表明,拱桥跨径的增大还没有受到结构抗风性能的影响,但也许会受其他因素的制约,如静力稳定性、水平推力、施工技术等[4]。

世界跨径排名前十位的拱桥　　表 3

跨径排序	桥　　名	主跨(m)	拱肋形式	风致问题	控制措施	国家	建成年份
1	重庆朝天门大桥	552	钢桁架	无	无	中国	2008
2	上海卢浦大桥	550	钢箱	涡振	隔流板	中国	2003
3	乔治河新桥	518	钢桁架	无	无	美国	1977
4	贝纳大桥	504	钢桁架	无	无	美国	1931
5	悉尼海港大桥	503	钢桁架	无	无	澳大利亚	1932
6	巫山长江大桥	460	钢管	无	无	中国	2005
7	广东新光大桥	428	钢桁架	无	无	中国	2008
8	万州长江大桥	420	混凝土箱	无	无	中国	2001
9	重庆菜园坝大桥	420	混合箱	无	无	中国	2008
10	湖南湘潭四桥	400	钢管	无	无	中国	2007

3　三维桥梁颤振精确分析的全模态方法

桥梁颤振是一种发散性的自激振动,桥梁颤振理论和方法主要是指研究颤振失稳临界条件和颤振机理及形态的理论和方法。桥梁颤振失稳临界条件一般采用颤振临界风速来表示,确定颤振临界风速最有效的方法是三维桥梁颤振理论计算方法和三维全桥模型风洞试验方法。传统的三维桥梁颤振频域分析方法基于结构模态叠加原理,需要人为选择几阶对颤振贡献较大的模态进行分析,所以称为多模态颤振分析法,该方法从 20 世纪 70 年代末提出一直沿用到 90 年代末。该方法主要缺陷有:在进行分析计算之前,需要人为指定多少阶模态和哪些模态参与了颤振;仅仅选择几个模态的组合往往只能是颤振模态的某种近似表达式,不可能是精确解;从理论上讲,选择的模态越多、叠加结果就越逼近精确解,但是多模态永远不可能是精确解[1]。

3.1　结构/气流耦合系统颤振统一方程

基于现代控制理论的状态空间法,将桥梁结构和周围气流作为一个整体系统,即振动方程描述的对象从结构拓展到系统，系统振动方程与传统的风荷载作为外荷载的结构振动方程分别表示为[6]：

系统振动方程： $M\ddot{\delta} + C\dot{\delta} + K\delta = 0$ (1)

结构振动方程： $M_s\ddot{\delta} + C_s\dot{\delta} + K_s\delta = F_a$ (2)

式(1)和(2)中，M 为系统质量矩阵，下标 s 表示结构，且 $M = M_s$；K 为系统刚度矩阵，且 $K = K_s + A_s$；C 为系统阻尼矩阵，且 $C = C_s + A_d$；A_d、A_s 为非对称气动阻尼矩阵和气动刚度矩阵，所以 K 和 C 也都是非对称的，且结构响应具耦合特性；δ 为结构位移向量，且 $\delta = \phi e^{\lambda t}$，代入系统振动方程可得：

$$(\lambda^2 M + \lambda C + K)\phi = 0 \quad (3)$$

式(3)中，$\lambda = \mu + i\omega$ 是系统复特征值，$\phi = \xi + i\zeta$ 是系统复特征向量。显然，当所有复特征值的实部(μ_j)均为负时，表明系统振动收敛，当有一对以上特征值的实部为正时，系统颤振发散，而当只有一对特征值的实部为零时，系统处于临界状态，此时的风速即为颤振临界风速，而振动频率即为颤振频率。

引进一个附加方程后可以将二次特征值问题转化为如下 $2n$ 组线性颤振运动状态方程：

$$A\dot{y} = By \quad (4)$$

$$y = \begin{Bmatrix} \dot{\delta} \\ \delta \end{Bmatrix} = \begin{Bmatrix} \lambda\phi \\ \phi \end{Bmatrix} e^{\lambda t} = x e^{\lambda t} \quad (5)$$

由此可得全模态和多模态求解颤振临界状态的统一特征方程——正向和逆向标准特征方程[6]：

正向标准特征方程：$Dx = \lambda x$ （用于全模态精确分析） (6)

逆向标准特征方程：$Ex = \gamma x$ （用于多模态近似分析） (7)

$$D = A^{-1}B = \begin{bmatrix} -M^{-1}C & -M^{-1}K \\ I & 0 \end{bmatrix} \quad (8)$$

$$E = B^{-1}A = \begin{bmatrix} 0 & I \\ -K^{-1}M & -K^{-1}C \end{bmatrix} \quad (9)$$

$\gamma = 1/\lambda$ 为逆特征值。值得注意的是，矩阵 A、B、D 和 E 都是 $2n$ 阶非对称矩阵。

3.2 结合矢量逆迭代的 QR 转换矩阵方法

结合矢量逆迭代的 QR 转换矩阵方法求解正向标准特征方程——全模态分析方法的步骤如下[6]：

(1)求解 $BX^{(k+1)} = AX^{(k)}$ 中的 $X^{(k+1)}$ (10)

(2)计算 $G^* = X^{(k)\mathrm{T}}X^{(k)}$ (11)

(3)计算 $H^* = X^{(k)\mathrm{T}}X^{(k+1)}$ (12)

(4)求解 $G^*Q^* = H^*$ 中的 Q^* (13)

(5)求解特征值 $Q^*Y^{(k+1)} = Y^{(k+1)}\Lambda^{-1}$ (14)

(6)乘积 $Z^{(k+1)} = X^{(k+1)}Y^{(k+1)}$ (15)

(7)标准化 $Z^{(k+1)} \rightarrow X^{(k+1)}$ (16)

3.3 多模态与全模态分析结果比较

表 4 给出了悬臂平板桥、上海南浦大桥斜拉桥和瑞典 Hoga Kusten 悬索桥三座典型桥梁采用多模态颤振分析和全模态颤振分析的结果比较[6]。

三维桥梁颤振多模态和全模态分析结果比较 表 4

算例结构	两个模态		四个模态		六个模态		十四个模态		全模态	
	U_{cr}(m/s)	f_{cr}(Hz)	U_{cr}(m/s)	f_{cr}(Hz)	U_{cr}(m/s)	f_{cr}(Hz)	U_{cr}(m/s)	f_{cr}(Hz)	U_{cr}(m/s)	f_{cr}(Hz)
悬臂平板桥	99.3	0.268	99.6	0.267	99.6	0.267			99.8	0.267
南浦斜拉桥	67.9	0.336	72.9	0.336	74.1	0.336	73.6	0.340	75.2	0.340
瑞典悬索桥	68.5	0.228			70.8	0.226	75.3	0.214	76.6	0.213

4 桥梁颤振演化规律、驱动机理和控制原理

基于传统的桥梁颤振理论，桥梁颤振性能随施工阶段的演化规律只能采用气弹模型风洞试验方法进行研究，桥梁颤振机理及形态研究主要采用二维两自由度计算模型和二维节段模型风洞试验方法，桥梁颤振控制一般需要改变主梁断面的形式，以便使得断面更具有流线型。

4.1 悬索桥施工中的颤振性能演化规律

同济大学从虎门大桥和江阴长江大桥开始研究悬索桥施工阶段的颤振性能，20 世纪末发现的瑞典 Hoga Kusten 悬索桥施工阶段颤振性能演化规律被大量引用。该项研究首次系统涉及了全部三种悬索桥梁段施工方法，即从跨中开始的对称拼装（序列 A）和非对称拼装（序列 B）以及从桥塔开始的对称拼装（序列 C）；采用三维桥梁颤振分析方法得到了各个阶段的结构固有频率（图 1）和颤振临界风速（图 2），揭示了悬索桥固有频率和颤振性能随不同施工方法和梁段拼装率的演化规律，发现了从跨中开始的对称施工会在 15% 拼装率时出现临界风速的低谷，而从桥塔开始的对称拼装方法具有最好的颤振稳定性[7]。

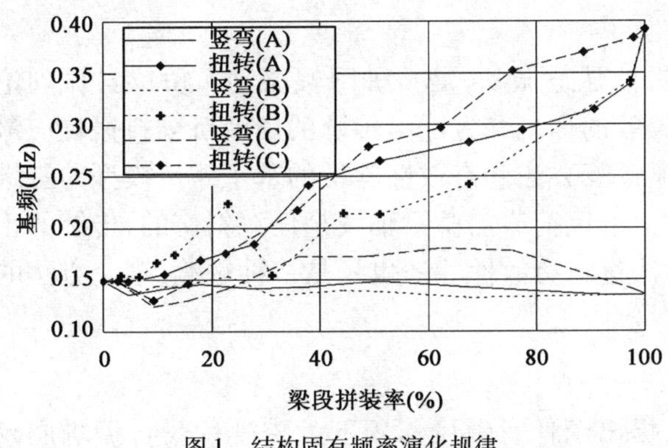

图 1 结构固有频率演化规律

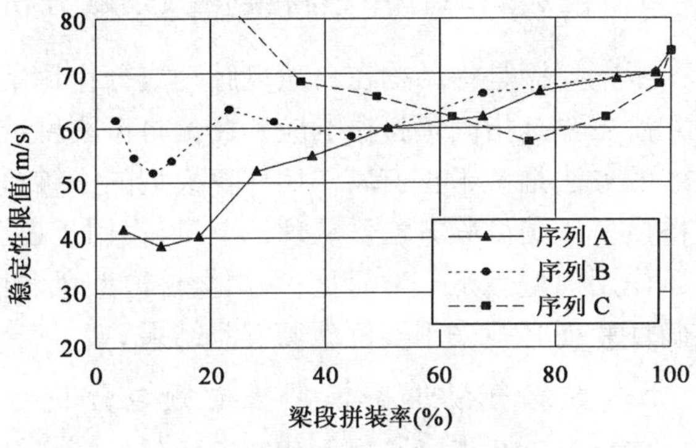

图 2 颤振临界风速演化规律

4.2 典型桥梁断面的颤振驱动机理

通过引入不同自由度运动间的激励/反馈机制，建立了精确的二维三自由度全耦合颤振分步计算方法，提出了定量描述耦合颤振中各自由度参与颤振形态分析法，用于定量分析桥梁断面扭转、竖弯和侧弯三个自由度在颤振发生过程中的振动形态（自由度运动耦合效应）。在国际上率先将典型主梁断面归纳为 5 大类 13 种形式（图 3），并较为全面和系统地研究了颤振驱动机理和颤振形态特征，揭示了气动负阻尼是桥梁颤振唯一驱动机理，发现了颤振形态主要取决于弯曲与扭转自由度的参与程度[1]。

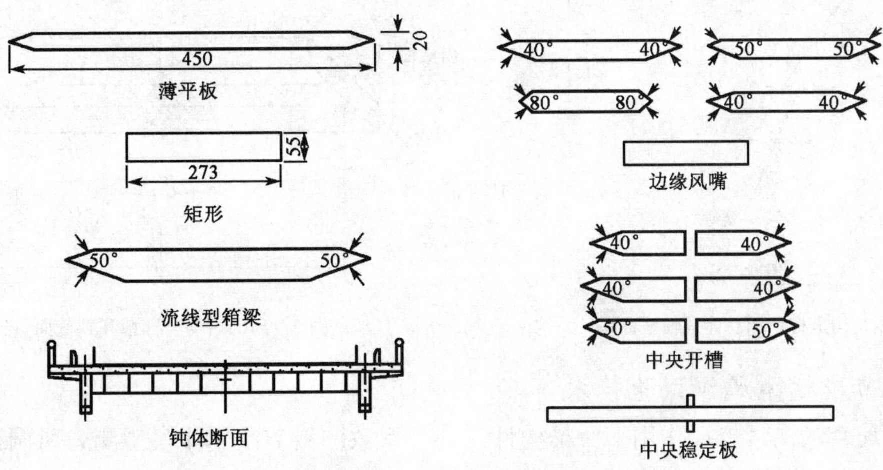

图 3 五大类 13 种典型主梁断面形式（尺寸单位：mm）

4.3 颤振控制原理及其措施

结合工程实际研发了风嘴、开槽、稳定板、裙板和检修轨道移位等颤振控制措施，并采用二维和三维桥梁颤振分析方法揭示了这些措施的气动控制原理，完成了我国采用颤振控制措施的6个桥梁抗风研究项目（表5），其中裙板、开槽、检修轨道移位等措施属于原创，申请获得了两项发明专利[1]。

我国采用颤振控制措施的桥梁抗风研究项目　　表5

编号	桥　名	地区	桥　型	主跨(m)	完成年代	改善措施
1	上海南浦大桥	上海	结合梁斜拉桥	423	1991	两侧边缘裙板
2	青州闽江大桥	福建	结合梁斜拉桥	605	2003	两侧边缘裙板
3	东海大桥主航道桥	上海	结合梁斜拉桥	420	2004	检修轨道移位
4	东海大桥棵珠山桥	上海	结合梁斜拉桥	332	2004	两侧边缘风嘴
5	润扬长江大桥	江苏	钢箱梁悬索桥	1490	2005	中央稳定板
6	舟山西堠门大桥	浙江	钢箱梁悬索桥	1650	2009	中央开槽

5 任意斜风作用下桥梁抖振频域分析

桥梁抖振是指结构在自然风脉动成分作用下的随机性强迫振动，是一种限幅振动。桥梁抖振理论和方法主要是指确定抖振响应和评价抖振刚度或强度失效的理论和方法。传统的确定桥梁抖振响应最有效的方法是基于正交风作用计算模型的三维桥梁抖振计算方法和有效性验证的基于缩尺模型的三维全桥模型风洞试验方法。从理论上讲，作用于桥梁结构上的风荷载与桥梁轴线是任意斜交的，传统的正交风作用模型只是一种简化；采用全桥模型风洞试验方法进行有效性验证也只是一种过渡，理论方法的正确性验证必须采用实桥现场实测结果。

5.1 斜气动偏条模型抖振频域分析

通过引入与桥轴线斜交的顺风向斜气动片条模型，提出了任意斜风作用下大跨度桥梁抖振响应频域分析方法，其基本理论框架[8]。引入描述桥梁结构的总体结构坐标系 XYZ 和描述平均风及脉动风的总体风轴坐标系 $X_uY_vZ_w$，并定义平均风的总体风偏角 β_0 和总体风攻角 θ_0（图4）；建立单元局部结构坐标系 xyz、局部参考坐标系 pqh 和局部平均风轴坐标系 $\overline{qph}$，并通过坐标变换建立单元局部平均风偏角和风攻角与 β_0 和 θ_0 之间的关系（图5）。

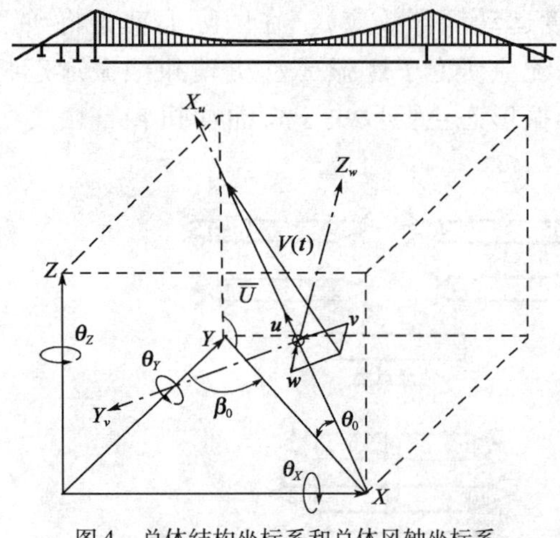

图4　总体结构坐标系和总体风轴坐标系

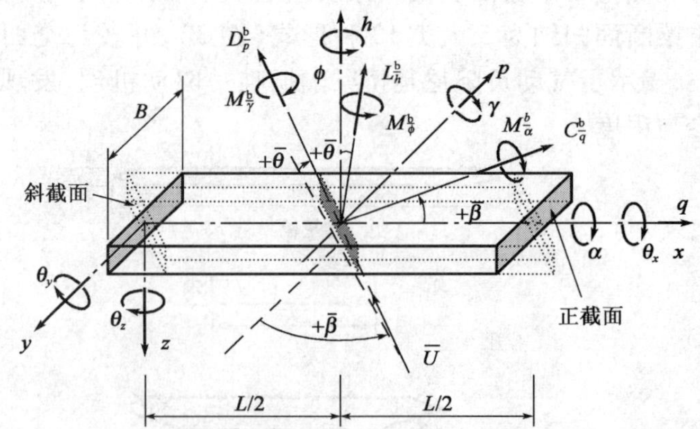

图5　局部结构坐标系和斜截面抖振力

5.2 斜节段模型风洞试验技术

开发了相配套的测量斜风作用下桥梁构件三分力系数的斜节段刚体模型测力风洞试验装置和技术（图6）以及识别斜风作用下桥梁构件气动导数的弹簧悬挂斜节段刚体模型测振风洞试验装置和技术

(图7)[8]。

5.3 实桥现场实测方法验证

上述方法已成功应用于南京长江三桥和香港青马大桥的斜风抖振研究中。图8和图9表示在台风森姆作用下青马大桥主梁跨中加速度计算和实测结果的对比，其中风攻角2.25°，风偏角29.15°，风速17.1m/s。参数分析研究发现：最不利的抖振响应常在斜风下发生，法向风最不利的传统观点可能会造成不安全的结果，由此也证明在大跨桥梁抖振性能研究中考虑斜风效应是非常必要的[9]。

图6 斜节段刚体模型测力风洞试验装置

图7 斜节段刚体模型测振风洞试验装置

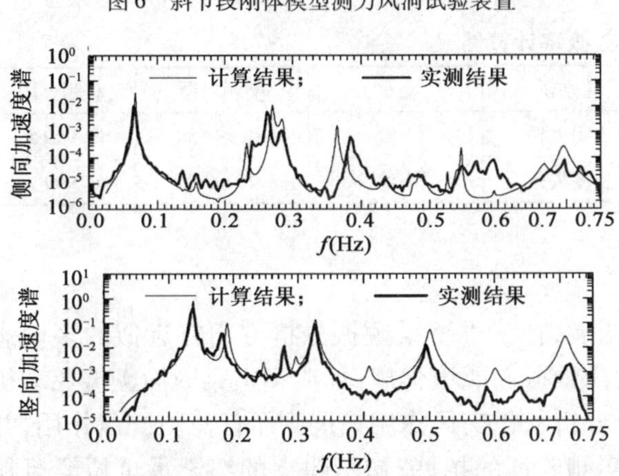

图8 青马大桥主梁跨中加速度计算和实测结果比较

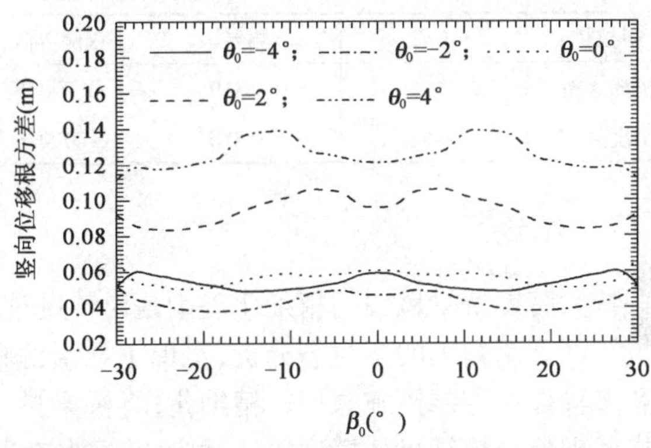

图9 香港青马大桥主梁跨中位移随风偏角变化曲线

6 桥梁颤振和抖振可靠性评价

传统的桥梁颤振和抖振评价方法完全采用确定性安全系数评价方法，对颤振的评价主要依据综合安全系数K的大小，对抖振的评价主要比较抖振响应的数值与结构强度或刚度允许值的大小，特别不适合于随机性较大的桥梁抗风评价。本项研究结合桥梁结构形式、抗风设计要求和相关风振形式等的分类，在国际上首次提出了缆索承重桥梁风振可靠性评价体系——桥梁颤振失稳和桥梁抖振失效可靠性评价方法。

6.1 基于二阶矩理论的桥梁颤振可靠性评价

在桥梁颤振失稳可靠性理论中，颤振极限状态方程可以表示为临界风速抗力减去设计风速效应，为此，在国际上首次提出了设计风速概率模型和临界风速概率模型如下[10]：

设计风速概率模型：
$$U_e = G_s U_b \tag{17}$$

临界风速概率模型：
$$U_{cr} = C_w U_f \tag{18}$$

式中，G_s 为阵风系数，服从正态分布；U_b 为年最大风速，服从极值 I 型分布；C_w 为风速换算系数，服从均值为 1 的正态分布；U_f 为基本颤振临界风速，服从对数正态分布。

建立了基于一次或二次二阶矩可靠度理论的桥梁颤振失稳概率计算方法，成功应用于 14 座大跨桥梁中(表6)[10]。

桥梁颤振失稳可靠性评价计算结果 表6

斜拉桥	β	P_f(一次)	P_f(二次)	悬索桥	β	P_f(一次)	P_f(二次)
东海大桥棵珠山桥	4.342	7.08E-06	6.65E-06	柳州红光大桥	4.541	2.80E-06	2.62E-06
海口世纪大桥	5.875	2.11E-09	1.94E-09	广东虎门大桥	4.037	2.71E-05	2.55E-05
上海南浦大桥	4.040	2.68E-05	2.52E-05	宜昌长江大桥	5.421	2.97E-08	2.75E-08
湖北荆沙大桥	6.327	1.25E-10	1.14E-10	江阴长江大桥	4.569	2.45E-06	2.29E-06
上海杨浦大桥	4.989	3.04E-07	2.83E-07	润扬长江大桥	3.444	2.87E-04	2.73E-04
福建青州闽江大桥	3.403	3.33E-04	3.17E-04	舟山西堠门大桥	3.960	3.74E-05	3.53E-05
南京长江二桥	7.516	2.83E-14	2.53E-14				
苏通长江大桥	4.792	8.25E-07	7.71E-07				

6.2 基于首次超越理论的桥梁抖振可靠性评价

基于结构动力可靠性基本理论——首次超越，提出了多自由度体系基于超越时间可靠性分析的 Poisson 过程法和 Markov 过程法以及基于超越极值可靠性分析的 Rayleigh 分布法和 Gauss 分布法，应用于桥梁抖振刚度或强度失效的可靠性评价，表 7 给出了上海杨浦大桥和江阴长江大桥的计算结果[1]。

桥梁抖振刚度或强度失效概率计算结果 表7

斜拉桥	位移	单侧界限	双侧界限	悬索桥	截面	单侧界限	双侧界限
杨浦大桥	竖向	0.990 9	0.990 9	江阴大桥	上缘	0.999 5	0.999 5
刚度失效	侧向	1.000 0	1.000 0	强度失效	下缘	0.999 9	0.999 9

7 结论

特大跨度桥梁风振的精细化理论是对传统理论的拓展，在三维桥梁颤振分析方面将近似的多模态分析拓展到了精确的全模态分析，实现了悬索桥施工阶段颤振性能演化规律、典型主梁断面颤振驱动机理和多种颤振控制措施原理的精细化；将桥梁抖振理论分析从正交风作用拓展到了任意斜交风作用，并完成了理论分析结果从模型风洞试验验证到实桥现场实测验证的拓展；初步建立的缆索承重桥梁风振可靠性评价方法，将确定性安全系数评价法拓展到了随机性可靠度评价法。今后应当继续深入进行风振理论精细化、桥梁风振机理和可靠性评价等方面的基础性研究，同时要积极开展 CFD(computational fluid dynamics，计算流体动力学)技术和数值风洞以及桥梁等效风荷载方面的创新性研究，为未来跨海工程中的特大跨度悬索桥、斜拉桥和拱桥的风振控制做好准备。

参考文献

[1] 项海帆，葛耀君，朱乐东，等. 现代桥梁抗风理论与实践. 北京：人民交通出版社，2005.

[2] Xiang Haifan, Ge Yaojun. Refinements on aerodynamic stability analysis of super long-span bridges[J]. Journal of Wind Engineering and Industrial Aerodynamics, 2002, 90:1493-1515.

[3] Ge Yaojun, Xiang Haifan. Great demand and various challenges-Chinese major bridges for improving traffic infrastructure nationwide[G]//Keynote Paper in Proceedings of the IABSE Symposium 2007 on Improving Infrastructure Bringing People Closer Worldwide. Weimar, Germany, 2007: 9-12.

[4] Ge Yaojun, Xiang Haifan. Aerodynamic challenges in long-span bridges [G]//Keynote Paper in Pro-

ceedings of the Centenarey Conference of Institute of Structural Engineering. Hong Kong, China, 2008: 89-109.

[5] Xiang Haifan, Ge Yaojun. On aerodynamic limit to suspension bridges [G]//Keynote Paper in Proceedings of the 11th International Conference on Wind Engineering. Texas, USA, 2003:81-95.

[6] Ge Yaojun, Tanaka H. Aerodynamic flutter analysis of cable-supported bridges by multi-mode and full-mode approaches[J]. Journal of Wind Engineering and Industrial Aerodynamics, 2000, 86:123-153.

[7] Ge Yaojun, Tanaka H. Aerodynamic stability of long-span suspension bridges under erection[J]. Journal of Structural Engineering, ASCE, 2000, 126:1404-1412.

[8] Zhu L D, Xu Y L. Buffeting response of long-span cable-supported bridges under skew winds[J]. Journal of Sound and Vibration, 2005, 281(1-3):647-697.

[9] Zhu L D, Xu Y L, Xiang H F. Tsing Ma bridge deck under skew winds-Part II: Flutter derivatives[J]. Journal of Wind Engineering and Industrial Aerodynamics, 2002, 90(7):807-837.

[10] Ge Yaojun, Xiang Haifan, Tanaka H. Application of a reliability analysis model to bridge flutter under extreme winds[J]. Journal of Wind Engineering and Industrial Aerodynamics, 2000, 86:155-167.

雷暴冲击风对建筑结构的作用

孙炳楠　陈勇　楼文娟　沈国辉
（浙江大学建筑工程学院土木工程学系　杭州　310027）

摘　要：雷暴冲击风产生的极端风速对建筑物的破坏作用明显。针对其稳态风场，本文采用符合设计习惯的风荷载计算形式，给出了雷暴冲击风下的风压高度变化系数以及体型系数的计算方法。以球壳型、拱型两种曲面屋盖为研究对象，研究了雷暴冲击风下的风压分布特征。通过对运动雷暴冲击风风场的试验研究，获得了其水平平均风速时程的经验模型。最后研究了雷暴冲击风作用下的输电铁塔风振响应。

关键词：雷暴冲击风　大跨屋盖　输电铁塔　风荷载理论　风压分布

1　引言

雷暴冲击风（thunderstorm downbursts，又称下击暴流）是雷暴天气产生的从中心向外围扩散的强下沉气流，短时间内产生瞬态强风，引起极高的近地面风速，造成了大量结构物的破坏，它的作用已成为国际上强风荷载研究领域的热点问题。目前对于雷暴冲击风的风场特性已有较为全面的认识，而涉及对建筑物作用的研究还较少。本文就此进行了较为深入的探讨。

2　雷暴冲击风风洞试验装置

采用试验装置进行研究是较为可靠的一种研究手段。早期的研究包括 Lundgren 等[1]、Alahyari 等[2]、Wood 等[3]、Letchford 等[4]、Sengupta 等[5]的试验装置。然而受装置尺寸的限制，很难开展结构受雷暴风作用时的风荷载研究，仅有 Letchford 等[4]、Sengupta 等[6]采用模型试验方法和数值模拟方法研究冲击风对块体结构的作用，测点相对较少。最近由徐挺等研制的雷暴冲击风装置[7]相对尺寸较大，有利于开展风洞试验研究，其结构示意图及照片如图 1 所示，相应的风场测试结果如图 2 所示。

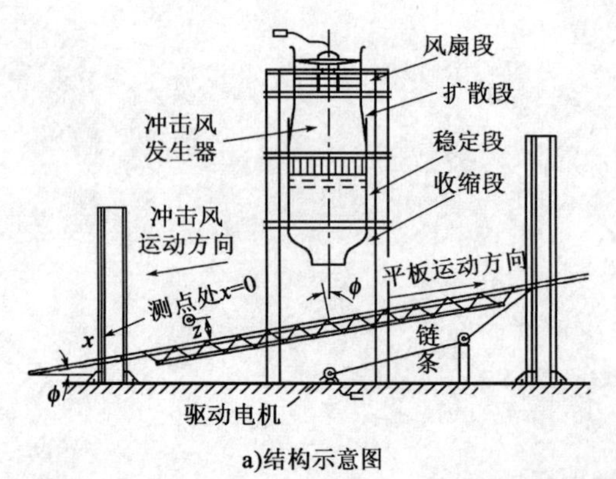

a)结构示意图

b)试验装置照片

图 1　雷暴冲击风试验装置

基金项目：国家自然科学基金（50638010，50708096，50908208），浙江省自然科学基金（Y1110143）。

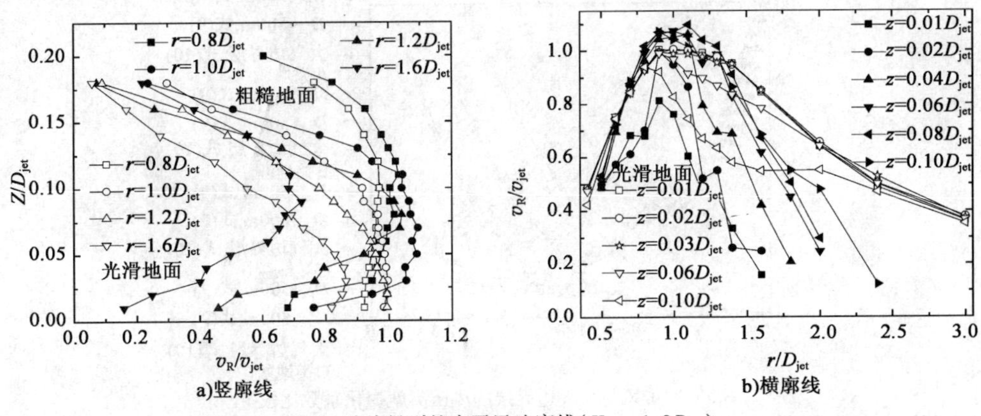

图2　试验得到的水平风速廓线($H_{jet}=1.0D_{jet}$)

3　雷暴冲击作用下的结构风荷载

为符合抗风设计习惯，冲击风下的建筑所受到的风荷载仍沿用荷载规范计算形式，即

$$W^{db}=\beta^{db}\mu_s^{db}\mu_z^{db}W_0^{db} \tag{1}$$

式中，上标“db”代表冲击风；W^{db}为冲击风下的风荷载；μ_s^{db}、μ_z^{db}分别为冲击风下的体型系数、风压高度变化系数；W_0^{db}为冲击风下基本风压，即采用标准冲击风流场（B类地貌，冲击风高度等于冲击风直径，射流垂直于地面）中的标准水平风速竖向风剖面，在高度$z_0=10$m处的风压，该标准水平风速竖向风剖面所处位置与冲击风中心之间距离$r_0=1.0D_{jet}$，D_{jet}为冲击风直径；β^{db}为冲击风下的风振系数。

为充分利用荷载规范原有基本风压数据，可以认为对于以雷暴冲击风为主的地区，规范所给出的基本风压实际上是雷暴冲击风下的基本风压，即$W_0^{db}=W_0$。其中W_0为荷载规范规定的标准地貌下$z_0=$ 10m处的基本风压。

3.1　风压高度变化系数

稳态冲击风水平风速竖廓线的经验模型为：

$$\frac{v_R}{v_{Peak}}=\frac{v(r=1.0D_{jet},z)}{\xi\eta v_{jet}}=1.4\left(e^{\alpha_1\frac{z}{z_{0.5v_R^{HM}}}}-e^{\alpha_2\frac{z}{z_{0.5v_R^{HM}}}}\right) \tag{2}$$

式中，Z为流场中任一点的高度；$v(r,z)$为流场中距中心r的水平风速的风速；v_R为标准水平风速竖向风剖面的风速；v_{Peak}为标准水平风速竖向风剖面的最大值；ξ为与射流高度、射流倾角等冲击风场参数相关的修正系数；η为与地貌相关的参数，标准冲击风流场下，$\xi=1$，$\eta=\eta_0=0.92$；α_1、α_2为与地貌有关的参数，其取值见表1；$z_{0.5v_R^{HM}}$为冲击风水平风速曲线上部递减段中的风速为最大风速一半时的高度，取$0.2D_{jet}$。

雷暴冲击风下的地貌参数取值　　表1

地貌类型	A类	B类	C类	D类
α_1	-1.06	-0.95	-0.86	-0.8
α_2	-12.6	-11.4	-9.5	-8.9

将冲击风参数变化对建筑物风压影响反映在体型系数中，则冲击风下的风压高度变化系数可定义为：

$$\mu_z^{db}(z)=\left(\frac{e^{\alpha_1\frac{z}{0.2D_{jet}}}-e^{\alpha_2\frac{z}{0.2D_{jet}}}}{e^{\frac{-47.5}{D_{jet}}}-e^{\frac{-570}{D_{jet}}}}\right)^2 \tag{3}$$

图3比较了两种风场下的风压高度变化系数值。可见冲击风水平风速的竖廓线与大气边界层风廓线显著不同。

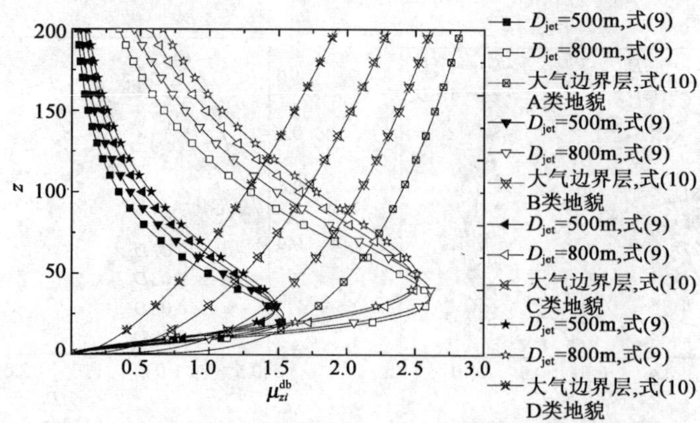

图3　冲击风与大气边界层的风压高度变化系数比较

3.2　体型系数

采用无量纲风压系数来表示冲击风下结构受到的风压,即

$$C_{pi}^{db} = \frac{P_i - P_\infty}{0.5\rho v_{jet}^2} \tag{4}$$

式中,C_{pi}^{db}为冲击风作用下建筑物表面某测点 i 的风压系数;P_i 为测点 i 的风压值;P_∞ 为参考点静压力值;ρ 为空气密度;v_{jet} 为冲击风射流面的风速。

根据风压系数得到的体型系数可表示为:

$$\mu_{si}^{db} = \lambda^{-2}\mu_{zr}^{db}C_{pi}^{db}/\mu_{zi}^{db} \tag{5}$$

其中

$$\lambda = 1.4\eta_0(e^{0.25\alpha_1} - e^{0.25\alpha_2}) \tag{6}$$

参考点可取 $z_r = 0.05D_{jet}$(标准流场中,该高度处水平风速达到极值)高度处的点,因此 μ_{zr}^{db} 可根据 z_r 及式(3)得到。

冲击风的停滞区域,主要表现为竖向风作用。此时考虑到离地具有一定高度后的气流竖向速度变化相对较小,因此考虑到设计应用的方便,取此时风压高度变化系数 $\mu_{zi}^{db}=1$,有

$$\mu_{si}^{db} = \lambda^{-2}\mu_{zr}^{db}C_{pi}^{db} \tag{7}$$

式(7)的体型系数实际上包含了高度对风压改变的影响,并不是纯粹意义上的体型系数。

4　稳态雷暴冲击风对大跨曲面屋盖的作用

随着经济的快速发展,大跨度屋盖结构得到越来越广泛的应用。但大跨屋盖结构往往比较低矮,而风荷载是大跨屋盖设计的主要控制荷载。这里分别选取拱型和球壳型两种屋盖,对其受冲击风荷载的作用进行相关研究。主要的研究手段为 CFD 以及雷暴冲击风风洞试验,相应的物理及数学模型如图 4 所示。另外,试验时在平板上铺设尺寸为 25mm×25mm×15mm、间距为 75mm 的粗糙元,用于模拟 B 类地貌。

4.1　球壳型屋盖

将球壳型屋盖中心置于水平风速最大的位置,则其中心线上的体型系数随矢跨比及高跨比的变化如图 5 所示。数值模拟和试验结果相比较,两者较为吻合。研究结果同时表明,在迎风面位置的风压变化梯度是十分大的。

将球壳型屋盖中心置于雷暴风中心,则其中心线上的体型系数随矢跨比及高跨比的变化如图 6 所示。可以发现,球壳型屋盖受到的风压均为正风压,且呈现出中心点最大、两边较小的特点。

4.2　拱型屋盖

图 7 给出将拱型屋盖中心置于风场中水平风速最大位置时,两个风向角下的顺风向屋面脊线上风压系数沿跨度的分布情况。

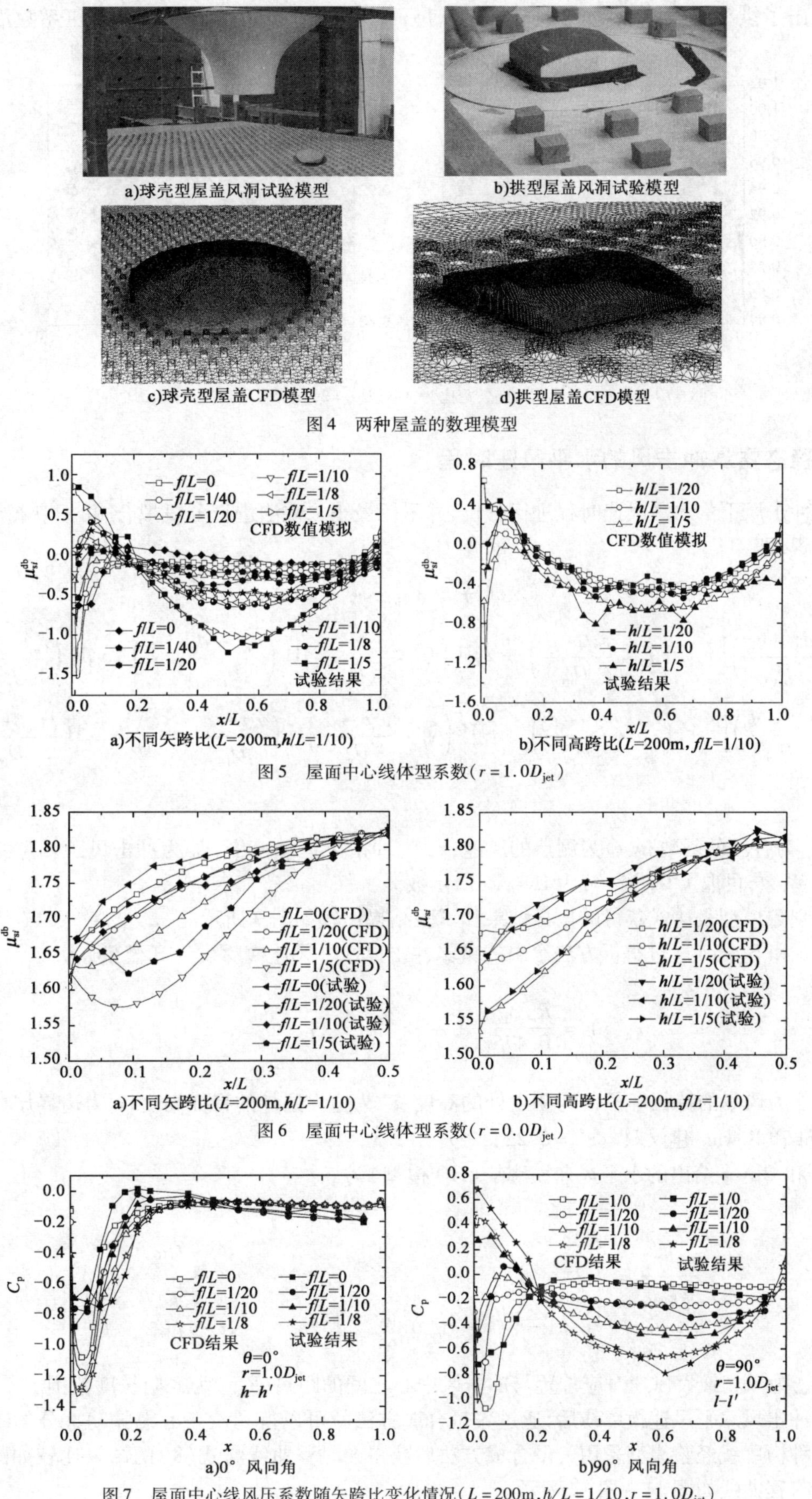

图4 两种屋盖的数理模型

图5 屋面中心线体型系数($r=1.0D_{jet}$)

图6 屋面中心线体型系数($r=0.0D_{jet}$)

图7 屋面中心线风压系数随矢跨比变化情况($L=200\mathrm{m}, h/L=1/10, r=1.0D_{jet}$)

图 8 给出了拱型屋盖中心置于风场中心时,屋面中间两个十字交叉脊线上风压系数沿跨度的分布情况。

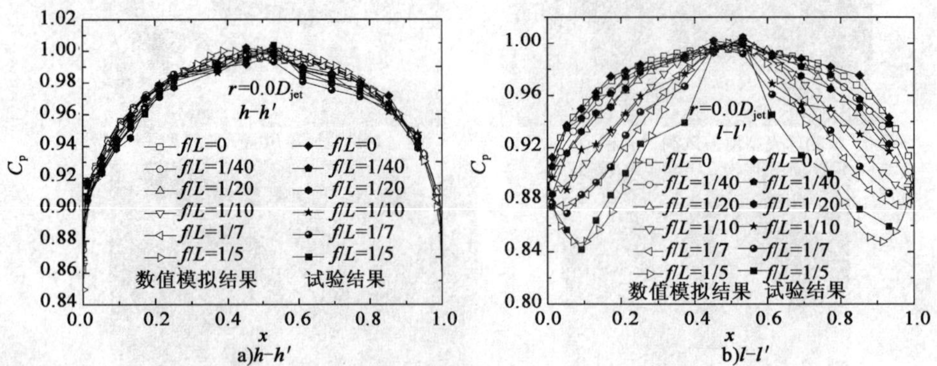

图 8　屋面特征线风压系数随矢跨比变化曲线($L=200\text{m}$, $h/L=1/10$, $r=0.0D_{jet}$)

5　非稳态雷暴冲击风的水平风速时程

对运动冲击风下的水平风速时程进行分析,并采用最小二乘法进行分段拟合,可以获得如式(8)所示的风速时程,即

$$v(t) = \gamma v_{jet}\tilde{v} + v_m \tag{8a}$$

$$\tilde{v}(t) = \mathrm{H}\left(\frac{d_0 - v_m t}{D_{jet}}\right)\left[\tilde{v}_1\mathrm{H}\left(\tilde{x}_1 - \frac{v_m t - d_0}{D_{jet}}\right) + \tilde{v}_2\mathrm{H}\left(\tilde{x}_2 - \frac{v_m t - d_0}{D_{jet}}\right)\mathrm{H}\left(\frac{v_m t - d_0}{D_{jet}} - \tilde{x}_1\right) + \tilde{v}_3\mathrm{H}\left(\frac{v_m t - d_0}{D_{jet}} - \tilde{x}_2\right)\right] + \mathrm{H}\left(\frac{v_m t - d_0}{D_{jet}}\right)\left[\tilde{v}_4\mathrm{H}\left(\tilde{x}_4 - \frac{v_m t - d_0}{D_{jet}}\right) + \tilde{v}_5\mathrm{H}\left(\tilde{x}_5 - \frac{v_m t - d_0}{D_{jet}}\right)\mathrm{H}\left(\frac{v_m t - d_0}{D_{jet}} - \tilde{x}_4\right) + \tilde{v}_6\mathrm{H}\left(\frac{v_m t - d_0}{D_{jet}} - \tilde{x}_5\right)\right] \tag{8b}$$

式中,$\tilde{v}_i$ 为各段的函数;$v(t)$为测点的风速;v_m 为冲击风运动速度;d_0 为冲击风距测点距离;t 为时间;γ 为峰值系数,可取 1.0;H(·)为 Heaviside 函数。

根据该现象模型表达式获得的拟合结果和试验结果比较如图 9 所示。

Oseguera 和 Bowles 通过解析方法给出的雷暴冲击风水平风速横廓线(OB 模型)为:

$$v_R(r) = \frac{R_{eig}v_{Peak}}{0.475r}\left[1 - e^{-(r/R_{eig})^2}\right]\left(e^{-z/z^*} - e^{-z/\varepsilon}\right) \tag{9}$$

式中,R_{eig}为风暴的特征半径;z 为测点处的高度;z^* 为边界层外的特征高度;ε 为边界层内的特征高度。Oseguera 和 Bowles 建议取 $z/z^*=0.22$,$z^*/\varepsilon=12.5$。

Holmes 和 Oliver 给出的水平风速横廓线(HO 模型)为:

$$\frac{v_R(r)}{v_{Peak}} = \begin{cases} \dfrac{r}{r_{max}} & ,r < r_{max} \\ \exp\{-[(r-r_{max})/R_{outter}]^2\} & ,r \geq r_{max} \end{cases} \tag{10}$$

式中,r_{max}为风场最大风速对应位置与冲击风中心之间的距离;R_{outter}为径向长度范围。

在已知冲击风水平风速横廓线后,通过矢量合成方法就可以得到没有考虑脉动部分的平均风速时程。其他各种横廓线经验模型采用矢量合成方法后获得的时程曲线与式(8)的结果比较如图 10 所示。其所模拟的时程曲线如图 11 ~ 图 12 所示。

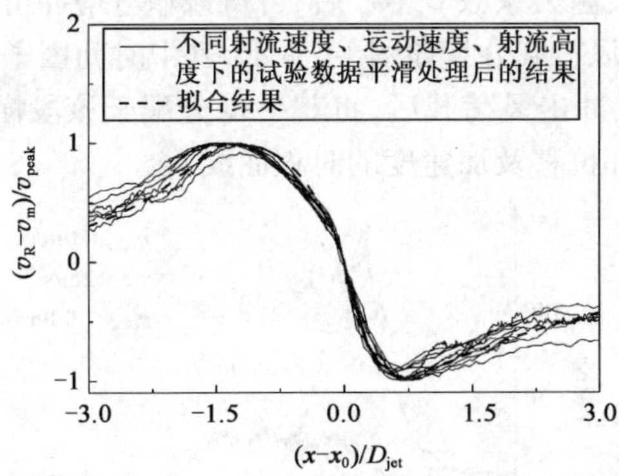

图9 $z=0.02D_{jet}$测点的数据与拟合结果比较

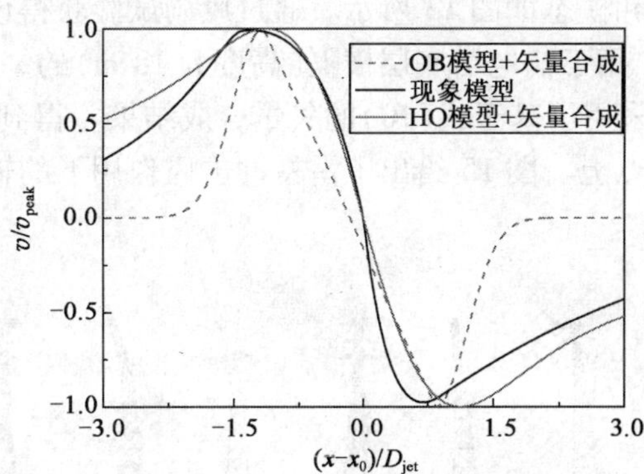

图10 与采用其他模型得到的结果比较

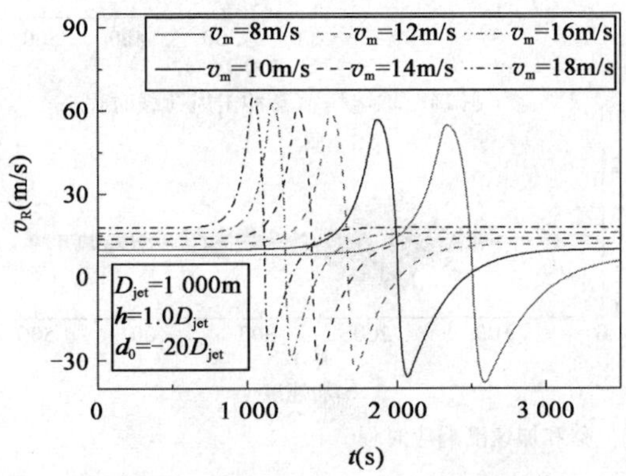

图11 不同冲击风运动速度下的风速时程曲线

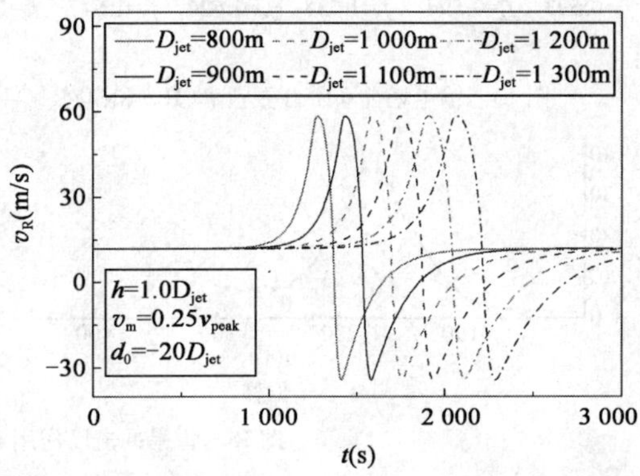

图12 不同冲击风直径 D_{jet} 下的风速时程曲线

6 雷暴冲击风下的输电铁塔风致振动

6.1 风荷载时程

雷暴冲击风水平脉动风速可以表示为平稳随机过程与调幅函数的乘积，即

$$\tilde{U}(z,t) = a(z,t) \times u(z,t) \tag{11}$$

式中，$a(z,t)$ 为调幅函数，研究表明 $a(z,t) = I_u\overline{U}(z,t)$；$I_u$ 为湍流强度，可取 $I_u(z) = 1.4678I_{10}z^{-1/6}$，$I_{10}=0.088$；$u(z,t)$通常认为是均值为0、均方值为1的随机过程，可认为该随机过程符合Kaimal谱，则 $u(z,t)$ 的自功率谱密度函数 $\varphi_u(z,\omega)$ 表示为：

$$\varphi_u(z,\omega) = \frac{200}{2\pi}u_*^2 \frac{2\pi x}{\omega(1+50x)^{5/3}} \frac{1}{6u_*^2} \tag{12}$$

式中，u_*为剪切风速；$x = \omega z/2\pi\ \overline{U}(z,t)$。

则可采用谐波叠加法来模拟 $u(z,t)$。

冲击风的水平平均风速$\overline{U}(z,t)$可视为竖向风速剖面和时间因子f的乘积：

$$\overline{U}(z,t) = v_{max}(z)f(t,z) \tag{13a}$$

$$f(t,z) = \left[\tilde{v}(t) + \frac{1}{v_{max}(z)}v_m(t)\right] \tag{13b}$$

式中，$v_{max}(z)=v_R(r=r_{max},z)$为出现最大水平风速位置处的水平风速竖廓线。

考虑脉动风影响后的非稳态冲击风水平风速可表述为：

$$U(z,t) = \overline{U}(z,t)[1 + I_u u(z,t)] \tag{14}$$

6.2 输电铁塔风振时程

某钢结构格构式输电塔高178 m，基底宽约25 m，通过模态分析得到输电塔动力特性，前6阶自振频率和模态如图 13 所示。通过风洞试验获得该输电塔各段阻力系数 C_x、C_y 后,可得该输电塔冲击风荷载,作用于输电塔底层横隔(高度为 18 m)的 x、y 方向冲击风荷载分量如图 14 所示,其中时间因子中的 $\tilde{v}(t)$ 采用了基于式(10)的矢量合成结果。得到输电塔各段冲击风荷载后,将其平均分配于该段横隔 4 个结点上。图 15 给出了雷暴冲击风作用下的输电铁塔顶部位移及加速度的时程曲线。

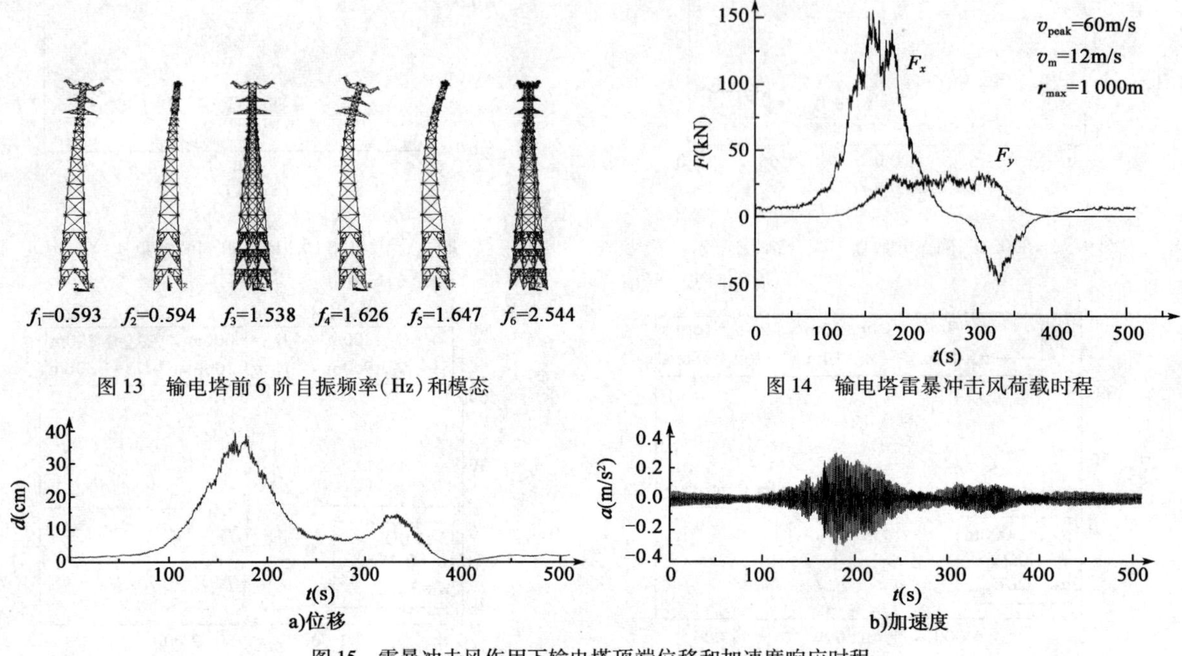

图 13 输电塔前 6 阶自振频率(Hz)和模态

图 14 输电塔雷暴冲击风荷载时程

a)位移

b)加速度

图 15 雷暴冲击风作用下输电塔顶端位移和加速度响应时程

7 结论

本文给出了针对雷暴冲击风的风压高度变化系数确定方法以及通过试验和 CFD 得到的风压系数和体型系数之间的关系,为进行雷暴冲击风风洞试验提供了理论依据。研究包括球壳型及拱型屋盖两种类型屋盖受冲击风作用后的风压分布规律,CFD 计算和风洞试验结果两者较为吻合,表明采用 CFD 可以很好地模拟稳态雷暴冲击风的作用。对雷暴冲击风的非稳态特征风洞试验研究,给出了非稳态雷暴冲击风的风速时程现象模型,与其他模型结合矢量合成法得到的结果比较表明该现象模型能较好地反应试验结果。考虑冲击风的脉动风速部分及非稳态特征,研究了采用风速叠加方法进行风振时程分析的方法,获得了输电铁塔受冲击风作用后的振动时程。

参 考 文 献

[1] Lundgren T S , Yao J, Mansour N N. Microburst modeling and scaling[J]. Journal of Fluid Mechanic, 1992, 239:461-488.

[2] Alahyari A, Longmire E K. Dynamics of experimentally simulated microbursts[J]. AIAA Journal, 1995,33(11):2128-2136.

[3] Wood G S, Kwok K C A, Motteram N A , et al. Physical and numerical modeling of thunderstorm downbursts[J]. Journal of Wind Engineering and Industrial Aerodynamics, 2001,89 : 535-552.

[4] Chay M T , Letchford C W. Pressure distributions on a cube in a simulated thunderstorm downburst. Part A:stationary downburst observations[J]. Journal of Wind Engineering and Industrial Aerodynamics, 2002,90(7):711-732.

[5] Sengupta A, Sarkar P P . Experimental measurement and numerical simulation of an impinging jet with

application to thunderstorm microburst winds [J]. Journal of Wind Engineering and Industrial Aerodynamics, 2008, 96: 345-365.

[6] Sengupta A, Sarkar P P. Physical and numerical simulation of microburst-like wind: a study of flow characteristics and surface pressures on a cube[G]. Proceedings of the Third Indian National Conference on Wind Engineering, Kolkata, India, 2007.

[7] 徐挺, 陈勇, 彭志伟, 等. 雷暴冲击风风洞设计及流场测试[J]. 实验力学, 2009, 24(6): 1-8.

电晕放电对气流分离控制的研究

王勋年　沈志洪　王万波　黄勇　黄宗波　张鑫

（空气动力学国家重点试验室，中国空气动力研究与发展中心
低速空气动力研究所　绵阳　621000）

摘　要：等离子体流动控制技术是一种新型的主动流动控制技术。电晕放电产生的等离子体在电场的作用下，可以使气流加速。本文采用自研的120kV脉冲直流电源，研究了电晕放电的激励电压、电极形状对空气加速作用的影响。还在低速风洞研究了电晕放电对平板和翼型流动分离的控制作用，试验风速为10m/s，用激光粒子测速技术对电晕放电作用下平板及翼型的流场特性进行了测量。研究结果表明，电晕放电可以有效地对平板和翼型的绕流进行控制，推迟气流分离的产生，显著改善绕流的流场特性。

关键词：电晕放电　流动控制　激励器　流动分离

1　引言

流动分离是流体力学中重要的现象。工程结构一般处于大气湍流边界层内，结构周围常伴随着气流分离、旋涡脱落等复杂流动现象，分离区的旋涡不断生成和脱落，产生的流致振动可能造成工程结构的破坏。气流分离产生的压力脉动形成气动噪声源，对环境可能造成很大的影响。汽车尾部由于气流分离增加了车辆的阻力，而且可能使抬头力矩增大，影响汽车前车轮的附着性能和操纵稳定性。大型风力发电机叶片的中部到根部一般采用大厚度的翼型以增加叶片的结构强度，厚翼型本身的流动容易分离，而叶片根部的流动状况更易发生流动分离，因此控制流动分离、减小叶片阻力已经成为风力机叶片气动设计的热门问题。综上所述，研究控制流动分离的方法具有重要的应用价值。

等离子体流动控制技术是一种新型的主动流动控制技术。这种技术采用带高电压的电极使其附近的空气在强电场作用下被电离，从而改变物体的绕流特性。近年来，国外开展了大量的等离子体流动控制研究。文献[1]开展了等离子体对边界层控制的研究；文献[2-3]开展了等离子体对圆柱尾流涡的控制；文献[4]对等离子体用于非流线体绕流分离流控制进行了试验研究；文献[5]开展了等离子体对涡轮叶片气流分离控制的研究；文献[6]开展了等离子体对翼型气流分离控制的研究。但是，国内外对电晕放电的电极形状及其流动研究较少，

本文利用电晕放电的方式产生等离子体，通过流动显示、流场测量等手段，研究了电晕放电的电极附近的流动，应用电晕放电对平板和翼型的流动分离进行控制。

2　电晕放电对空气加速作用的研究

2.1　电晕放电设备

电晕放电的主要设备由激励器、电极等组成。本项目研制的120kV“高压放电”激励器，由直流激励器、激励源、升压变压器、高压硅堆等部分组成，原理见图1，实物照片见图2。

激励器的低压侧采用可调直流激励器，工作电压为12～24V，具有过流保护功能。激励源采用对称方波，其激励频率取决于升压变压器的系统参数，调节信号发生器的工作频率，使升压变压器工作在最佳状态，实现最大功率传输及最高电压输出。高压变压器将初级的直流电压升到40k～120kV在次级输出，经整流供给试验模型，正极端（或负极）接细铜丝极，另一极接宽铝箔电极。在高压输出线上串联了限流电阻，得到了较稳定的电晕放电。

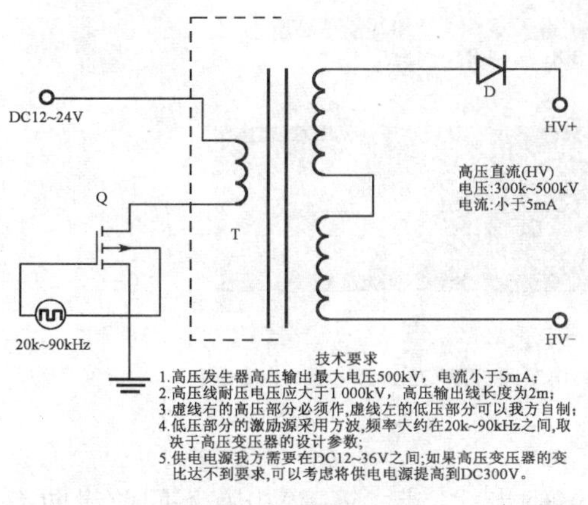

图1　120kV 激励器原理图

图2　120kV 激励器实物

2.2　激励电压对空气加速规律的影响

由于电晕放电是一种不稳定放电，极间电压与空气的湿度、放电时间有关，本试验中不能给出准确的极间电压，只能给出激励器电源中升压变压器的输出电压，称之为激励电压。

为了研究电晕放电对空气的加速作用，布置了丝极和箔极，如图3所示，采用激光粒子图像测速技术测量了电极间的空气流动特性，示踪粒子采用乙二醇或橄榄油，橄榄油的效果更好。

试验结果表明，空气加速的方向指向宽箔极，与电极极性无关，如图4所示。空气从细丝极往箔极运动。随着离丝极距离的增加，气流速度逐渐减小，但是被加速气流的半径越来越大。

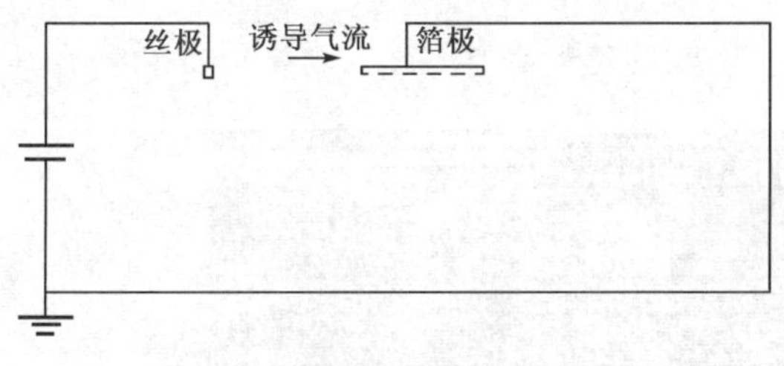

图3　电晕放电对空气的加速

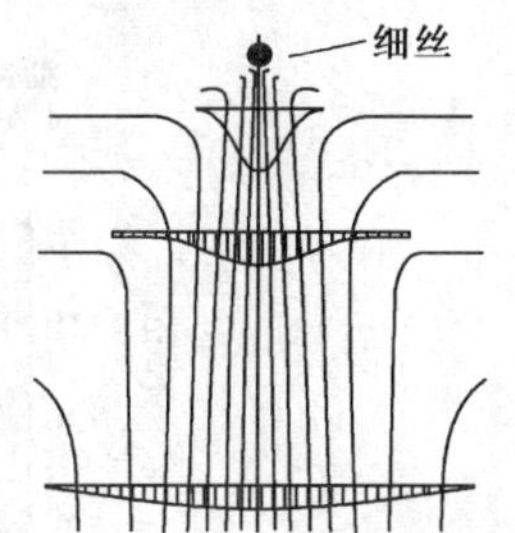

图4　极间空气运动流线图

当采用锯齿式丝极、前缘光滑的箔极，电极间距为40mm、75mm时，如果激励电压分别大于48kV、120kV，电极间的空气将被击穿，电极由电晕放电转变为电弧放电。开始发生电弧放电的电压称为击穿电压。空气被击穿后，电极间的电阻急剧降低、电压变小，因此极间的电场对离子的作用力变得很小，不会出现气流加速现象。

当激励电压小于击穿电压时，试验结果表明，随着激励电压的增大，空气速度增大，如图5和图6所示。

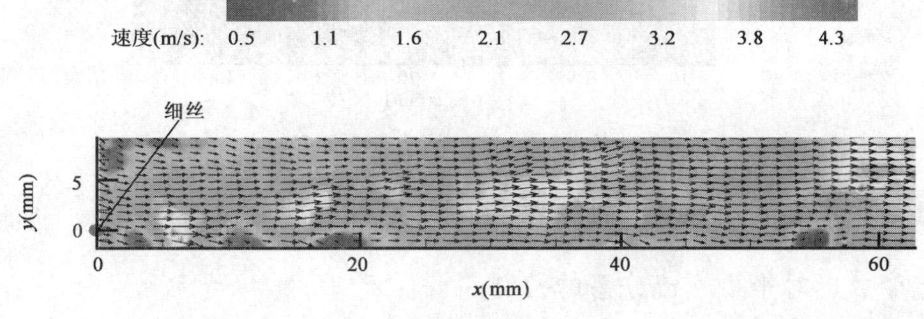

图5　极间空气速度分布(激励电压80kV，极间距75mm)

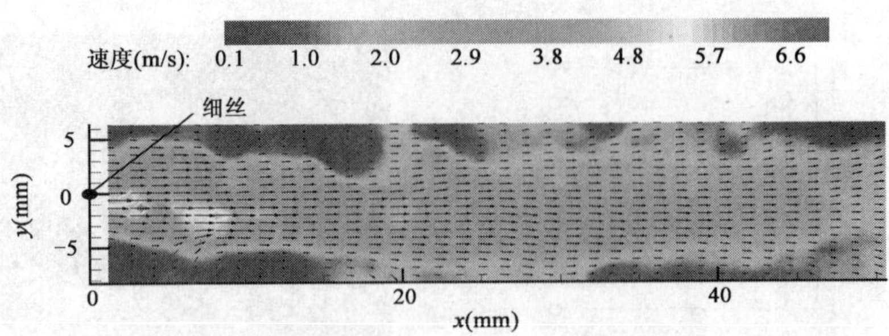

图6 极间空气速度分布(激励电压 120kV,极间距 75mm)

2.3 电极对空气加速的影响

试验还研究了多种电极的电晕放电特性。丝极有丝状、锯齿式、针式等,箔极有不同前缘曲率的铜板、前缘带锯齿的铜板、铜管等。

试验结果表明,在相同的激励电压下,箔极的前缘半径增大,有利于改善放电的稳定性,空气加速效果有所改善。如果丝极的半径越小,则丝极附近的气流速度越大。本项试验还研究了锯齿形丝极、一排针状的电极作丝极的放电情况。图7 和图8 分别给出了铜丝作丝极、一排铜针作丝极、前缘光滑的铜板作为箔极时,电极间的空气速度分布图,激励电压约为 100kV 左右。采用铜针作丝极,可以在针尖下游获得较高的空气速度,其原因是针极附近的电场强度很高,对空气加速的作用更强。

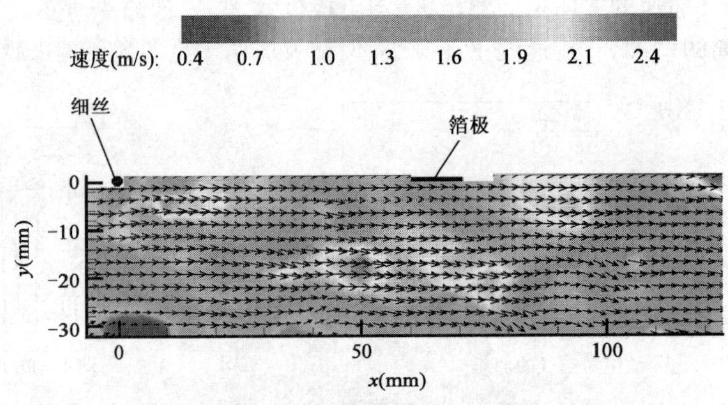

图7 细丝和箔极间的空气速度分布(极间距 70mm)

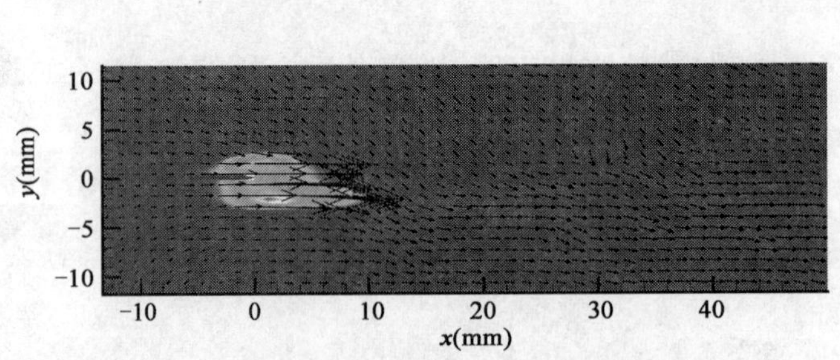

图8 针式电极空气速度分布(极间距 75mm)

3 电晕放电控制流动分离的研究

3.1 电晕放电对平板气流分离的控制

平板模型的弦长 350mm,展长 700mm,单面削尖 60°。该模型由常用木材制成,表面覆以胶木板以提高模型表面的绝缘性。电极采用丝极—箔极,贴在平板模型上表面。箔极采用宽度为 40 ~

60mm 铝箔，丝极采用直径为 0.1mm 的铜丝，丝极和箔极的间距 30 ~ 60mm。采用 60kV 的激励电压产生电晕放电。

在电晕放电作用下，在静止的空气环境中平板模型上表面的流场如图 9 所示，由于电晕放电的作用使气流从丝极流向箔极。图 10 给出了电极间的流场测量结果。从流线图中可以看出，没有电晕放电作用时，施加的示踪粒子垂直于模型表面向下流动，在箔极前形成明显的旋涡，旋涡处于稳定的极限环状态。在电晕放电的作用下，流线明显变化，偏向箔极方向，在平板的中部以后，流线几乎平行于模型表面，旋涡消失，使空气沿模型表面稳定流动。

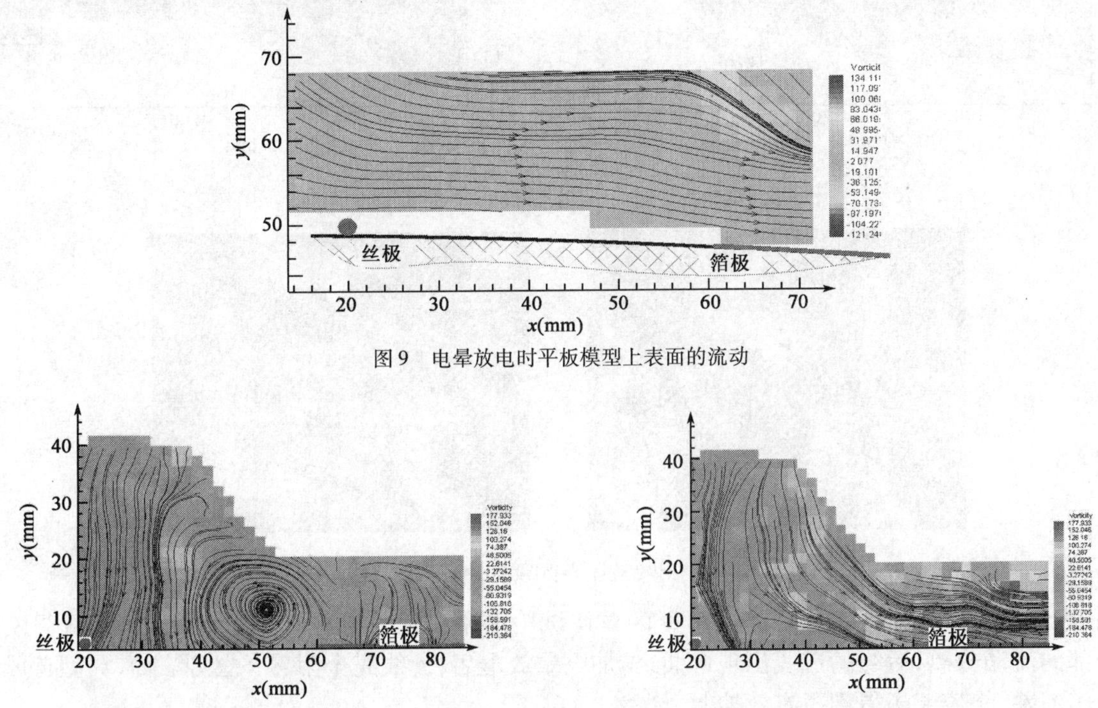

图 9　电晕放电时平板模型上表面的流动

图 10　平板模型流场对比（左图没有放电，右图放电）

图 11 给出了相同模型状态在箔极后方的流场测量结果。从流线图中可以看出，没有电晕放电，流场结构较乱，没有明显的规律。在电晕放电的作用下，流线几乎平行于模型表面，说明电晕放电改变了模型后部的流场。

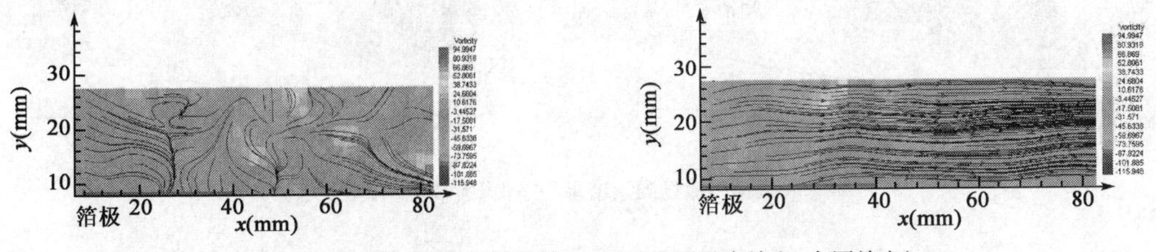

图 11　平板模型箔极后部的流场对比（左图没有放电，右图放电）

图 12 给出了模型迎角为 12°，来流风速为 10m/s 时，有无电晕放电时翼型流场的对比。没有采用电晕放电控制时，在模型前缘出现了局部分离，模型后缘的上方出现了大面积分离，产生了旋涡。模型表面施加电晕放电后，减小了由黏性造成的边界层厚度增长，推迟了边界层的气流分离，说明电晕放电对模型绕流有明显的控制作用。

3.2　电晕放电对翼型气流分离的控制

模型为 NACA0015 翼型，翼展 700mm，弦长 350mm，由常用木材制成，表面覆以环氧树脂，在绝缘层上面布置细丝极—箔极电极对。丝极采用直径为 0.1mm 的铜丝，箔极采用宽度为 30 ~ 40mm 铝箔，丝极和箔极的间距 30 ~ 60mm。

图 13 给出了电晕放电对翼型绕流流动控制的烟流试验照片，翼型迎角为 8°，来流风速为 10m/s。未施加电晕放电时，模型前缘出现了明显的分离，施加电晕放电（激励电压 60kV），使气流分离区减小，气流分离推迟到模型后缘才出现。

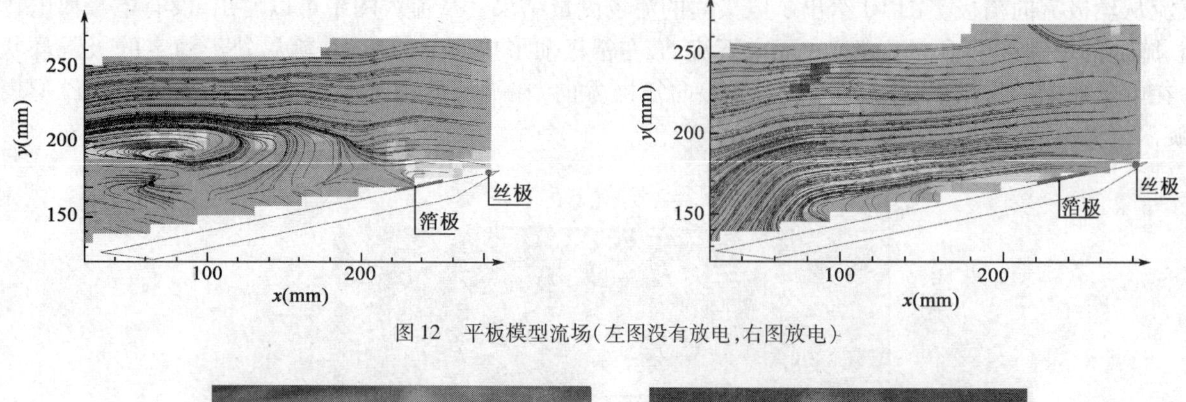

图 12　平板模型流场（左图没有放电，右图放电）

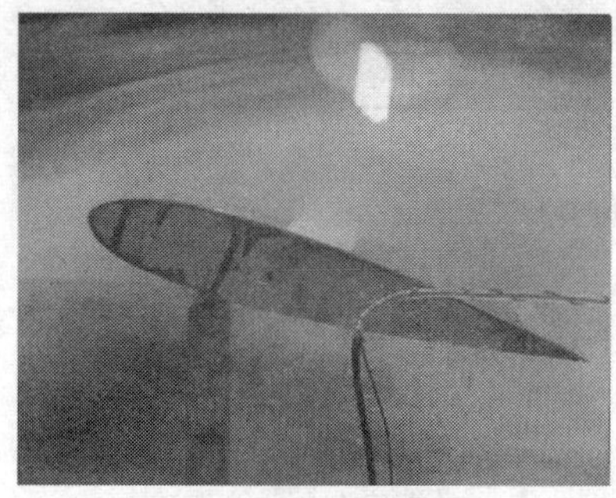

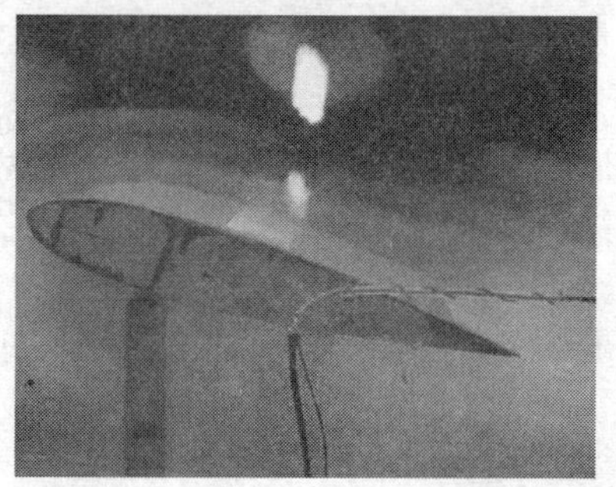

图 13　翼型模型流场（左图没有放电，右图放电）

图 14 给出了 NACA0015 翼型在迎角 8°的对比试验结果。铝箔未施加电晕放电时，翼型背风面出现了局部的流动分离，后缘的流线出现弯曲；施加电晕放电后，流线完全附着在翼型表面，翼型背风面的流动分离消除，绕流流场得到了有效控制。

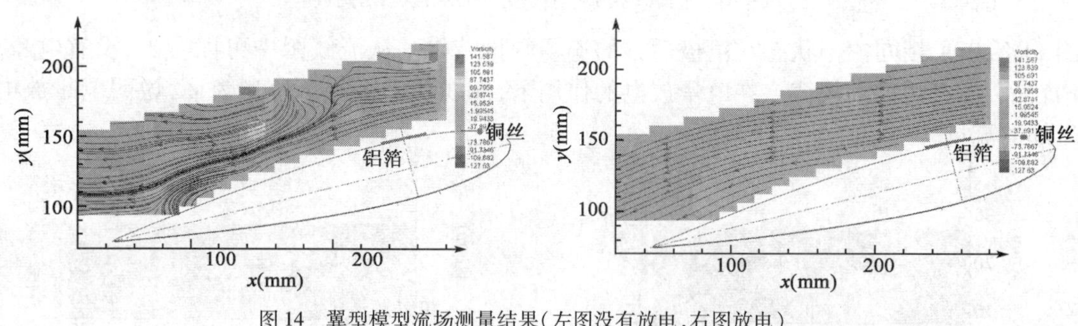

图 14　翼型模型流场测量结果（左图没有放电，右图放电）

4　结论

通过流动显示测量试验手段，研究了电晕放电对空气加速的特性以及对平板和翼型流动分离的控制特性。

（1）电晕放电可以改变电极周围的空气流动速度，当激励电压小于击穿电压时，激励电压越高、丝极越尖锐，对电极周围空气的加速作用越大；

（2）电晕放电使空气从丝极向箔极运动，随着离丝极距离的增加，气流速度逐渐减小，但是被加速气流的半径越来越大；

（3）电晕放电可以消除平板和翼型背风面的气流分离，使背风面的气流分离区显著减小，其原理主要是电晕放电对边界层内空气的加速作用。

参 考 文 献

[1] Roth J R, Sherman D M, Wilkinson S P. Boundary layer flow control with a one atmosphere uniform glow discharge surface plasma[R]. AIAA 98-0328.

[2] McLaughlin T E, Munska M D, Vaeth J P. Plasma-based actuators for cylinder wake vortex control[R]. AIAA 2004-2129.

[3] Munska M, McLaughlin T. Circular cylinder flow control using plasma actuators[R]. AIAA 2005-0141.

[4] Do H, Kim W, Mungal M G, et al. Bluff body flow separation control using surface dielectric barrier discharges[R]. AIAA 2007-0939.

[5] Cooney J, Jr. Feasibility of plasma actuators for active flow control over wind turbine blades[R]. AIAA 2009-218.

[6] 李应红,吴云,等. 等离子体激励抑制翼型失速分离的试验研究[J], 空气动力学报, 2008,26(3): 372-377.

大跨度桥梁断面气动力研究

廖海黎

（西南交通大学风工程试验研究中心　成都　610031）

摘　要：本文主要介绍了西南交通大学风工程试验研究中心在大跨度桥梁断面气动力研究工作中已取得的相关成果。在抖振气动力的研究工作中，揭示了紊流积分尺度与三维尺度效应对桥梁断面气动导纳的影响，验证了气动力的相关性显著大于脉动风速的相关性；在非线性涡激力研究工作中，通过对涡激力表达式的参数识别发现其非线性阻尼项均含有高次谐波，通过定义的偏相关函数，揭示了三维涡激力折减系数与模型长高比、长宽比以及涡振振幅的关系；在非线性自激力研究工作中，通过节段模型强迫振动风洞试验首次发现了流线型箱梁的扭转力矩在大振幅条件下的“8”字形迟滞回线，并基于气动力迟滞效应对大跨度桥梁的颤振后大幅震荡状态进行了初步解释。文章最后指出了在桥梁断面气动力方面下一步拟开展的主要研究工作。

关键词：三维气动导纳　非线性涡激力　非线性自激力　跨向相关性　气动力迟滞效应

1　引言

自1940年塔可马大桥发生风毁事故以来，桥梁风工程作为一门独特的学科指导着众多桥梁的抗风设计。桥梁风工程研究的先驱者 Davenport[1-3] 和 Scanlan[4-6] 先后提出了桥梁断面的气动力模型和抖振、颤振计算分析理论，并沿用至今。随着新材料、新工艺和新技术的不断进步，现代桥梁的跨度逐渐增大，使得在传统的桥梁抗风设计中，需要对结构的风致响应进行综合意义上的精细化分析，以确保桥梁的抗风安全性和正常使用性。尽管越来越多的精细化研究关注于结构自身的众多非线性因素，但在桥梁风工程的核心问题——气动力的研究方面取得的进展相对滞后。譬如，桥梁的颤振、抖振分析还只能依据自激力线性表达式，气动导纳往往采用 Sears 函数，涡激力模型无法满足三维分析的需要。气动力研究的滞后制约着大跨度桥梁抗风设计理论的进步，迫切需要取得突破。本文在总结前人研究成果的基础上，简要介绍西南交通大学风工程试验研究中心近年在桥梁断面气动力精细化研究方面的工作成果。

2　气动导纳的研究

随着桥梁跨度越来越大，桥梁抖振的精细化分析越来越重要。现有的抖振分析理论中，气动导纳是不可或缺的参数，其可以定义为是描述脉动气流到脉动气动力的传递函数。因此，处于紊流场中的大跨度桥梁结构，要准确描述作用在其上的脉动气动力，除了对作用于结构上的风谱有准备的把握外，还必须要获得准确的气动导纳。最早的气动导纳研究是在航空领域展开的。Von Karman[1] 和 Sears[2] 在20世纪30年代进行了奠基性工作，运用势流理论得到了二维机翼气动导纳的理论解。为了简化计算，Liepmann[3] 在1952年提出 Sears 函数模平方的实用近似公式。Davenport[4] 出于桥梁抖振计算分析的需要，给出了基于矩形截面具有一定厚度的桥梁断面气动导纳经验公式。Holmes[5] 通过实测气弹模型的抖振响应，考虑桥梁断面的适用性对 Sears 函数进行了简单的修正，但其修正值要高于 Sears 函数值。Walshe 和 Wyatt[6] 在箱形桥梁断面上的试验结果也有类似的结论。为了细化研究工作，Kawatani[7] 研究了矩形柱气动导纳值受紊流强度和紊流积分尺度的影响程度，Sankaran 和 Jancauskas[8] 设计了不同宽高比的窄矩形条在不同紊流条件下开展了风洞试验。该类研究发现，在紊流度较低时模型的导纳高于

Sears 函数;随着紊流度的增加,导纳逐渐减低到 Sears 函数之下;紊流积分尺度的增加也使导纳趋于 Sears 函数值。

有别于上述的 Walshe、Kawatani 和 Sankaran 等人通过结构的响应识别桥梁结构的气动导纳方法,国内的研究者[9-11]利用动态天平输出的力信号和热线风速仪的风谱信号识别气动导纳,但并未研究脉动力的展向相关性,只是近似地采用脉动风速相关表示脉动力相关。张若雪[12]在识别了江阴长江大桥的等效气动导纳后,认为桥梁断面的气动导纳小于 Sears 函数,特别是在低频范围内。

由于气动导纳的研究在很大程度上依赖于试验的设计和测试技术水平,随测试方法和测试人员的不同,试验的结论也往往大相径庭,甚至不同研究者得出的结论相互矛盾。此问题的原因在于,传统抖振理论中采用的气动导纳基于二维空气动力的“片条假定”,仅依赖于断面的形状和紊流的折算频率,而无法顾及抖振荷载沿跨向的相关性。已有的研究结果表明,气动导纳函数不仅表现为对频率的依赖,还与紊流特性和结构的特征尺寸有关[10],以往抖振理论中对抖振荷载的描述方法未能合理地反映这样的三维特征。此外,现有的试验发现,由于相邻截面气动力的补偿作用,气动力沿跨向的相关性将高于脉动风速的相关性,采用脉动风速的相关来计算桥梁的抖振响应将带来不安全的结果。

综上所述,由于传统的桥梁抖振计算理论在脉动气动力描述方面存在缺陷,导致计算结果与实际情况发生较大偏离,并为大跨度桥梁的抗风安全性造成隐患,因而寻找一个适合大跨度桥梁的气动导纳函数,对于桥梁抖振计算理论和实际结构的抗风设计,都有重要意义。为此,西南交通大学风工程试验研究中心提出了三维气动导纳模型,其核心思想是:气动导纳函数不仅依赖于紊流的折算频率,同时还依赖于紊流的空间分布特征及结构的尺寸特征。

通过在风洞中模拟两种不同紊流积分尺度的紊流场,利用同步脉动测压系统,测量了平板以及两个典型流线箱形桥梁断面表面的脉动压力,获得了模型断面的平均压力分布特征、脉动压力分布特征等参数;利用二维热线风速探针同步测量了试验紊流场的脉动风速时程;基于提出的三维气动导纳的概念,对平板及两个流线箱形桥梁断面的气动导纳进行了识别,归纳出了流线箱形桥梁断面三维气动导纳的经验公式,讨论了三维气动导纳与 Sears 函数的区别,指出流线型结构气动导纳并不在传统上的 1 和 Sears 函数之间,同时结合试验数据阐释了其中的根本原因。以下主要介绍类平板断面(流线型箱梁断面)三维气动导纳的相关研究成果。

从图 1 和图 2 中的曲线可以看出,用 Sears 函数作为平板模型的气动导纳显然过高地估计了模型所受到的脉动荷载,特别是在对结构抖振贡献最大的低频范围内。Sears 函数是在正弦风条件下推导出的翼形薄板升力气动导纳,其暗含的适用条件是结构的特征尺寸远小于紊流积分尺度(如机翼的弦长远小于大气紊流积分尺度)。对于图 1 和图 2,当紊流积分尺度与结构的特征尺寸的比值越大,其气动导纳数值就越接近 Sears 函数。因此,紊流积分尺度与平板之间的比值关系决定了气动导纳的形式与数值大小。此外,试验结果的对比曲线也显示,考虑了风速跨向相关性的 Mugridge[13]公式显然比 Sears 函数更适合作为平板类断面的气动导纳。与气动导纳有直接关系的是气动力的空间分布特性,而不是紊流场的空间特性。尽管以风速相关近似作为气动力相关可以解释气动力的三维性,但气动力的空间分布特征还与结构的断面形式有关,风速与气动力的相关并不相同。

当来流紊流积分尺度相对于模型尺寸无限大,各点脉动压力的相关系数为 1,即完全相关,这是 Sears 函数作为平板气动导纳的合理前提。而实际上,大气边界层的紊流积分长度 L_w 在 20~50m,甚至更大,与实际中大型土木建筑结构的特征尺寸(宽度)相当,因此 Sears 函数作为桥梁断面气动导纳的前提已经不再适用。图 3 中的曲线也表明,实际桥梁断面的脉动压力不是完全相关的,各点脉动压力之间的相关性是紊流积分尺度与结构的特征尺寸 L_w/B 的函数。实际情况下,由于各点的气动力相互抵消,整个断面气动力的数值显著低于完全相关的情况,因此气动导纳的数值也就显著低于 Sears 函数。

从以上分析可知,脉动气动力的断面内相关和断面外的跨向相关均依赖于紊流积分尺度和结构特征尺寸,因此,实际结构的气动导纳数值不仅是折减频率 fB/U 的函数,还应该是紊流尺度 L_w 和结构特征尺寸 B 的函数。导纳函数除了要考虑拟定常气动力以及实际断面几何形状二维意义上的修正外,还应该反映上述两点气动力的特性，即气动导纳的三维性。在仔细研究风洞试验得到的平板气动导纳曲线后（在低频范围内低于 Sears 函数；在高频范围内高于 Sears 函数，并且强烈依赖折减频率和 L_w/B 数值），提出采用如式（1）所示的三维气动导纳函数（3D-AAF）公式对平板模型的升力和升力矩的气动导纳进行描述。试验和拟合结果表明，式（1）所描述的三维气动导纳函数比 Sears 函数更能反应平板模型的气动导纳值。

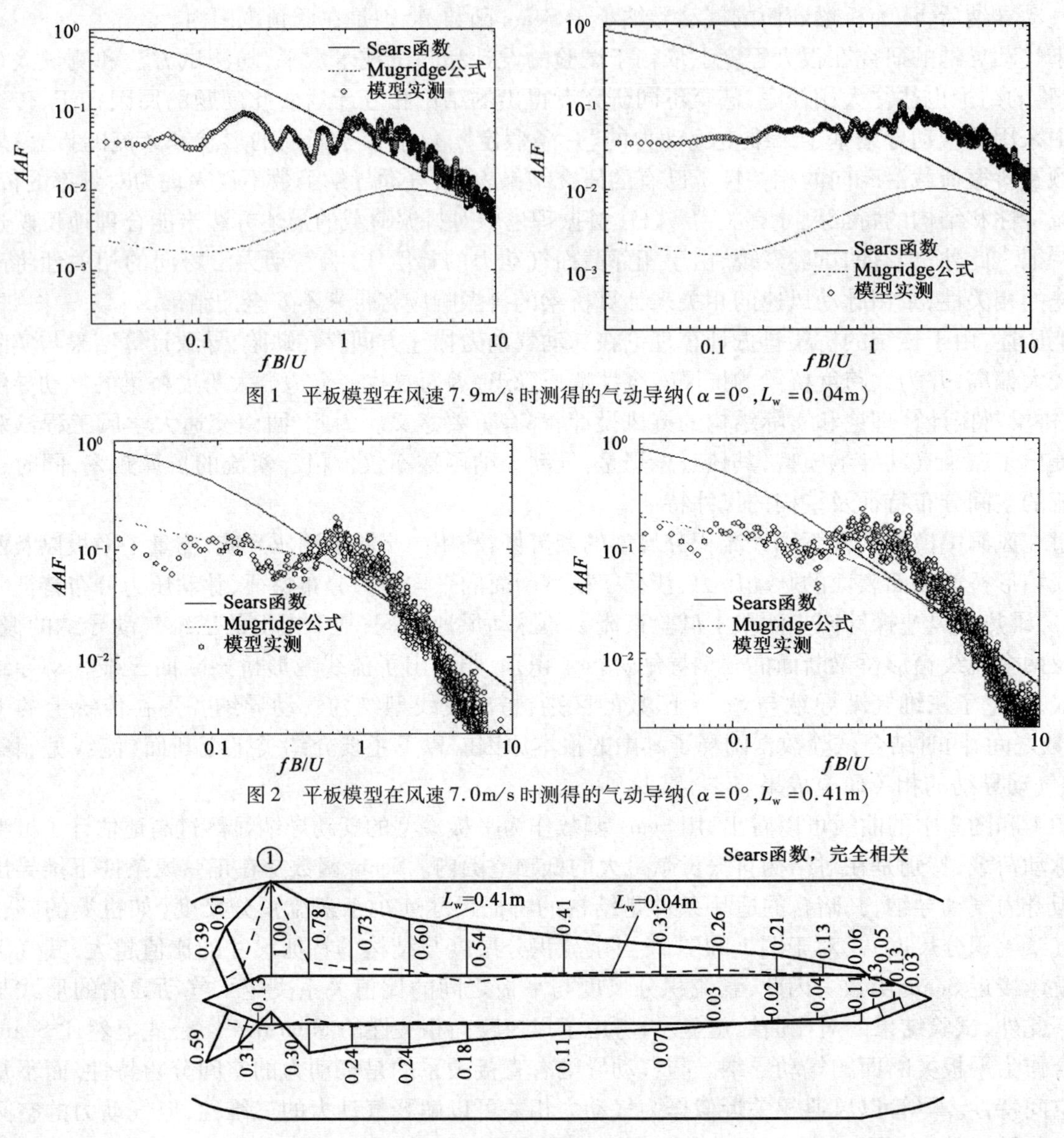

图 1　平板模型在风速 7.9m/s 时测得的气动导纳（$\alpha=0°$，$L_w=0.04$m）

图 2　平板模型在风速 7.0m/s 时测得的气动导纳（$\alpha=0°$，$L_w=0.41$m）

图 3　平板模型截面上的气动力相关系数

$$|A(f_r, L_w/B)|^2 = \frac{\gamma}{1+\beta f_r^2} \tag{1}$$

其中

$$f_r = fB/U$$

$$\gamma = a(L_w/B)^{0.5}(1+f_r^b)$$

$$\beta = c(L_w/B)^{0.5}$$

式中的 a、b 和 c 为需要拟合的参数，将测得的模型气动导纳数据与式（1）利用最小二乘法进行曲线拟合，可以得出平板模型升力导纳和升力矩导纳的表达式。

升力导纳表达式：

$$|\chi_{\mathrm{L}}|^2 = \frac{\gamma}{1 + \beta f_{\mathrm{r}}^2} \tag{2a}$$

$$\gamma = 0.1452(L_{\mathrm{w}}/B)^{0.5}(1 + f_{\mathrm{r}}^{0.8023})$$

$$\beta = 1.795(L_{\mathrm{w}}/B)^{0.5}$$

力矩导纳表达式：

$$|\chi_{\mathrm{M}}|^2 = \frac{\gamma}{1 + \beta f_{\mathrm{r}}^2} \tag{2b}$$

$$\gamma = 0.1143(L_{\mathrm{w}}/B)^{0.5}(1 + f_{\mathrm{r}}^{0.7665})$$

$$\beta = 1.413(L_{\mathrm{w}}/B)^{0.5}$$

3 非线性涡激力的研究

随着现代大跨度桥梁跨度向更大发展，其结构也更轻柔，自振频率低且密集，在常遇风速下很容易出现涡激共振现象。振动的结构反过来会对涡脱形成某种反馈作用，使得涡激振动振幅受到限制，因此涡激共振是一种带有自激性质的风致限幅振动。尽管涡激振动不像颤振一样是发散性的灾难性振动，但由于其发振风速低、振幅之大足以影响行车安全，因而在桥梁施工或者成桥阶段需要避免涡激共振或限制其振幅在可接受的范围之内。现代桥梁历史上，以日本东京湾航道桥[14]、巴西尼特诺伊桥[15-16]、丹麦大贝尔特东桥[17]、英国科索克斜拉桥[18]、俄罗斯伏尔加河桥出现的涡激共振现象为实际中的代表，特别是巴西尼特诺伊桥，其发生的涡激振动现象导致该桥在成桥运营阶段频繁出现一阶竖向大振幅涡激振动，不得不经常关闭，影响结构正常使用并造成一定的社会负面影响。因此在未来大跨度和超大跨度桥梁设计中，主梁竖向涡激振动是一个必须加以重视的问题。此外，虽然大跨度桥梁主梁由于竖弯频率更低，主要表现为竖向涡激振动，但随着将来超大跨度桥梁频率趋于更低，主梁扭转涡激振动也成为一个必须加以重视的问题，故应同时关注竖向、扭转涡激振动问题。

自 1878 年 Strouhal[19]研究丝线声调而得出著名的 Strouhal 关系以来，对钝体涡脱现象、涡激振动的研究持续至今。由于复杂钝体结构涡激振动在机理描述上存在较大困难，其简化数学模型又与实际情况存在一定差异，至今尚没有相对较好的解析求解[20]；因此，基于涡激振动现象，建立描述桥梁涡激振动规律的半经验模型则成为一种相对简单、有效的途径。目前已经存在多种这类半经验模型，虽然不能从根本原理上准确阐释旋涡产生、发展机理，但可以在适当选择模型参数后准确地描述主梁涡激振动现象。因此半经验模型在研究大跨度桥梁涡激振动方面具有重要应用价值，具有代表性的有升力振子模型[20]、经验线性模型[20]、Scanlan 非线性经验模型[20-25]、Larsen 广义非线性经验模型等[26]，这些半经验模型参数均需要结合风洞试验的节段模型或拉条模型进行识别。此外，对于大跨度桥梁或柔长钝体结构，涡激振动现象属于沿跨向范畴内的三维问题，沿跨向方向涡激力并非完全相关[27]，因此还需要将涡激振动气动力扩展至沿跨向框架下研究。

西南交通大学风工程试验研究中心对 Scanlan 和 Larsen 非线性经验模型进行了较为系统的研究[27]，在推导模型扩展项的基础上也拓展了模型的使用范围，采用节段模型和拉条模型风洞试验对模型中的参数进行了识别，并推导涡激力沿展向的相关函数，具体内容可参见文献[28]，主要的研究成果归结如下：

(1)在适当选择气动参数后，单自由度半经验模型可以较为准确地描述大跨度桥梁主梁竖向、扭转涡激振动响应及其涡激力。

(2)Scanlan 非线性经验模型和 Larsen 广义非线性经验模型中，涡激力非线性阻尼项均含有高次谐波，其卓越频率约为 3 倍低次谐波频率。

(3)节段模型试验识别涡激力时需要考虑涡激力相关性，而不能等效为 1，具体应该依据此模型的相关函数而定；通过测试沿跨向位移，采用拉条模型可以获得涡激力相关性函数。

(4)通过定义涡激力的偏相关函数，发现节段模型的长高比决定了二维涡激力向空间涡激力转换时折减系数的大小,长宽比越大时,这种折减作用越大。

(5)三维涡激力折减系数与涡振振幅有关,振幅越小折减越大;振幅增大到断面高度的15%时,折减系数约为0.95,折减很小(图4)。

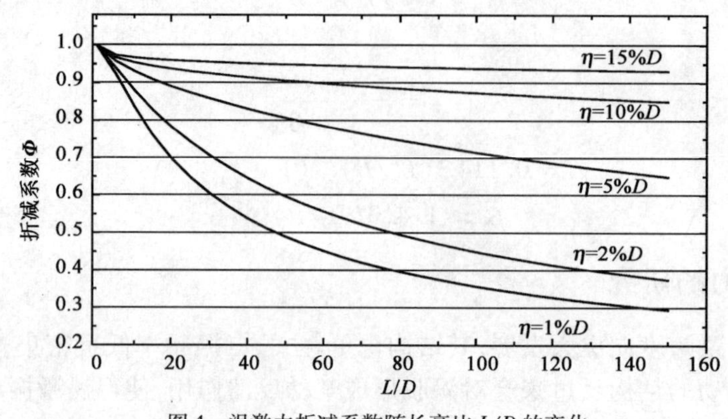

图4 涡激力折减系数随长高比 L/D 的变化

(6)基于时域—频域变换,初步建立了基于涡激力偏相关的三维线性涡激振动分析方法。

以下重点对涡激力沿跨向相关性的研究工作进行简要介绍。

基于涡激力经验线性模型[29],考虑涡激力沿跨向存在相位差,可将运动方程写为:

$$m(\ddot{y}+2\zeta\omega_0\dot{y}+\omega_0^2y)=\frac{1}{2}\rho U^2D\left\{Y_1(K)\frac{\dot{y}}{U}+Y_2(K)\frac{y}{D}+\frac{1}{2}C_{\mathrm{L}}(K)\sin[\omega t+\theta(x)]\right\} \tag{3}$$

式中,m 为结构质量;ζ 为结构阻尼比;ω_0 为结构固有频率;ρ 为空气密度;U 为来流风速;D 为结构迎风向特征尺寸;$y(x,t)$ 为桥面上任意一点涡振响应;K 为无量纲折算频率($K=\omega D/U$,ω 为旋涡脱落频率);$Y_1(K)$、$Y_2(K)$、$C_{\mathrm{L}}(K)$、$\theta(x)$ 为待识别参数。

引入广义坐标 $y(x,t)=\phi(x)\xi(t)D$[式中,$\phi(x)$ 为主梁振型函数;$\xi(t)$ 为广义坐标],则式(3)可以写成如下形式:

$$\ddot{\xi}(t)+\left(2\zeta\omega_0-\frac{\rho UD}{2m_{\mathrm{eq}}}Y_1\right)\dot{\xi}(t)+\left(\omega_0^2-\frac{\rho U^2}{2m_{\mathrm{eq}}}Y_2\right)\xi(t)=AF(t) \tag{4}$$

式中,$A=\dfrac{\rho U^2DC_{\mathrm{L}}L}{2\int_{-L/2}^{L/2}m(x)\phi(x)^2\mathrm{d}x}$;$F(t)=\dfrac{1}{L}\int_{-L/2}^{L/2}|\phi(x)|\sin[\omega t+\theta(x)]\mathrm{d}x$;$m_{\mathrm{eq}}$ 为等效质量。

对式(4)基于 Fourier 变换,并借用 Houblt 等人[29-30]定义的空间谱的相关函数可得 $S_{\mathrm{F}}(\omega)=R_{\mathrm{F}}S(\omega)$,其中相关函数:

$$R_{\mathrm{F}}=\frac{1}{L^2}\int_{-L/2}^{L/2}\int_{-L/2}^{L/2}|\phi(x_1)||\phi(x_2)|R(|x_2-x_1|)\mathrm{d}x_1\mathrm{d}x_2 \tag{5}$$

显然,对于纯二维的情形,即全相关的情况,$R_{\mathrm{F}}=1$,涡激力谱可写为 $S_{\mathrm{F}}(\omega)=S(\omega)$。而对于偏相关的情况,定义振型的自卷积分为[31]:

$$\theta(\Delta x)=2\int_{-L/2}^{L/2-\Delta x}|\phi(x)||\phi(x+\Delta x)|\mathrm{d}x \tag{6}$$

将上式代入式(5),可得偏相关下涡激力折减系数:

$$\Phi=\sqrt{R_{\mathrm{F}}}=\sqrt{\frac{1}{L^2}\int_0^L\theta(\Delta x)R(\Delta x)\mathrm{d}\Delta x} \tag{7}$$

对于节段模型风洞试验,其振型函数 $\phi(x)=1$ 时,有 $\theta(\Delta x)=2(L-\Delta x)$。

当相关函数 $R(\Delta x)=1$ 时(全相关的情况):

$$\Phi = \sqrt{\frac{1}{L^2}\int_0^L \theta(\Delta x) R(\Delta x)\mathrm{d}\Delta x} = \frac{1}{L}\sqrt{\int_0^L 2(L-\Delta x)\mathrm{d}\Delta x} = 1$$

由此可知,当涡激力沿跨向完全相关时,对应的折减系数为1,与现行传统试验方法采用的理论一致。

当相关函数 $R(\Delta x) \neq 1$ 时(偏相关的情况):

$$\Phi = \sqrt{\frac{1}{L^2}\int_0^L \theta(\Delta x) R(\Delta x)\mathrm{d}\Delta x} = \frac{1}{L}\sqrt{\int_0^L 2(L-\Delta x)\exp[-f_1(\eta)\cdot \Delta x^{f_2(\eta)}]\mathrm{d}\Delta x} \tag{8}$$

将 L 用无量纲化的长高比 L/D 代替,上式改写为:

$$\Phi = \frac{1}{L/D}\sqrt{\int_0^{L/D} 2\left(\frac{L}{D}-\Delta x\right)\exp[-f_1(\eta)\cdot \Delta x^{f_2(\eta)}]\mathrm{d}\Delta x} \tag{9}$$

相关函数公式采用 Ehsan[32] 拟合的结果,对式(9)进行数值积分,得到不同振幅下涡激力折减系数随展长变化的情况,见图4所示。

从图中曲线可以看出,节段模型的长高比决定了二维涡激力向空间涡激力转换时折减系数的大小。模型的长高比越小时该折减系数越接近1,即折减较小;模型的长宽比越大时,这种折减作用越大。同时,折减系数也与涡振振幅有关,当振幅很小时,折减越大;振幅增大到断面高度的15%时,折减系数约为0.95,折减很小。

由于涡激力沿跨向不完全相关,在二维涡振响应向空间涡振响应转换时便存在一个小于1的折减系数,该折减系数的大小由模型的长高比决定,这恰可以解释不同长高比的节段模型风洞试验结果会出现不一致的现象。

以某大跨度桥梁流线型断面为例,从两种不同缩尺比(分别为1:20和1:50,长度分别为3.46m和2.1m)的节段模型风洞试验结果可知,计入阻尼比的影响后,大尺度节段模型的试验结果比常规尺度节段模型的试验结果大21.4%,这种不一致性是由节段模型的长高比不同引起的,大尺度节段模型的长高比为21.63,而常规尺度节段模型的长高比为32.73。不同长高比导致涡激力沿模型跨向的相关性不一致,从而两者的振幅有所差异。根据两种节段模型的长高比以及各自的振幅,应用本文阐述的涡激力偏相关理论对大尺度节段模型试验结果进行修正后,其振幅减小为6.61cm,该结果与常规尺度节段模型试验结果6.54cm基本一致,验证了该理论合理可靠。

4 非线性自激力的研究

自1940年美国的塔可马大桥发生风毁事故以来,颤振一直是桥梁风工程界和桥梁抗风设计中最关心的问题。为了描述桥面断面上的自激气动力,Scanlan[33] 于1971年基于薄翼自激力气动力表达式的Theodorsen函数,采用无量纲的颤振导数形式,给出了薄翼断面和桥梁断面的自激气动力二维表达式,并基于节段模型自由振动法对颤振导数的识别进行了说明。对于颤振临界风速的计算,也基于机翼的颤振分析理论,Scanlan [34] 在1978年发表的一篇论文中对获取此风速进行了说明,并给出了算例。此后,基于此线性自激力模型和线性颤振分析的方法一度成为桥梁风工程学科的研究热点,随着计算机技术的飞速发展,对桥梁颤振的认识也逐渐加深,自激力模型中颤振导数也由二维的8个增加到三维层面的18个;颤振导数识别由时域到频域,由自由振动到强迫振动;颤振临界风速计算由二维扩展到三维,由传统的频域计算扩展到时域的时程分析,并可实现考虑几何非线性和攻角非线性的颤抖振计算分析。

随着桥梁跨度的不断增加,其柔性增大、阻尼降低,因而在强风作用下桥梁的风致响应水平将显著增加。此时,由于桥面较大振幅所引起的气动力非定常效应和非线性效应较为显著,传统的线性气动力表达式已无法满足大跨度桥梁颤振和抖振计算分析的需要,而需要提出合理和适用的非线性自激力表达式,以及大跨度桥梁非线性颤振的计算分析方法。另一个值得研究的问题是,目前基于线性理论的弯扭耦合颤振机理只能对颤振发生的临界状态做出解释,而对于桥梁的“颤振后”气动弹性行为却无法进行解释,如塔可马大桥的大振幅运动,这对于研究大跨度桥梁的动力灾变过程具有重要意义。

作为钝体代表的桥梁断面更易使表面气流发生分离,其在大振幅下的非定常特性和失速状态下的机翼有共同之处。鉴于理论分析和风洞试验的复杂性,以及桥梁设计的非迫切性,桥梁断面在大振幅条件下的气动性能并未引起广泛的关注和深入的研究,气动力非线性的影响只得到了少数研究者的关注:Scanlan[35]在1997年基于振幅对颤振导数的影响进行了理论上的初步研究和说明;Noda[36]则基于大振幅强迫振动节段模型试验开展了不同振幅下不同厚度平板模型的颤振导数研究,以实证的方式研究了振幅,以及断面的“钝度”对颤振导数的影响,其结果表明,振幅越大,断面越钝,平板模型的颤振导数和理论值偏离的程度也就越大,现有的线性模型就越不能对其上的自激气动力进行有效的描述。关于“钝度”影响的结论,国内的陈政清[37]和于向东在π形梁的强迫振动试验中,也观察到了较为明显的高次谐波分量,并认为传统的线性自激力模型用于钝体断面是不合适的。真正意义上开展桥梁断面非定常效应和非线性气动力研究的要数意大利米兰理工大学的Diana教授,他和他的团队在开展墨西拿大桥的节段模型风洞试验中,首次观察到并记录了桥梁断面的气动力迟滞环[38],此结果表明,桥梁的非线性气动力与失速机翼的非线性气动迟滞效应有很强的相似性[39]。对于桥梁断面的自激力非线性模型,Diana教授在随后的论文中[40-41]给出了基本的表达式,并进行了真正意义上的非线性颤抖振计算分析。国内的徐旭[42]基于复杂的动态攻角定义,推导了柔长线状结构非线性气动力的表达式,并计算得到了塔可马大桥的颤振风速;张朝贵[43]和马如进则将桥梁的软颤振与Van der Po自激振动模型结合起来,给出了基于此模型的非线性自激力表达式,并对软颤振现象做出了解释。以上人员的非线性自激气动力研究成果归纳为以下几点:①针对非线性对颤振导数的影响展开了研究;②初步研究了非线性自激力的表达式,但未给出参数识别的方法及说明,也未对模型参数意义进行必要说明;③初步研究了桥梁非线性颤振,包括软颤振,但未交代此过程中桥梁断面自激气动力的变化过程。

在以上各学者研究成果的基础上,西南交通大学风工程试验研究中心采用大振幅强迫振幅试验装置,基于非定常气动力,对薄翼和流线型箱梁断面的迟滞效应开展了大量的研究,并基于研究成果对桥梁断面非线性颤振过程进行了初步讨论。以下为研究成果的简要介绍。

为了使试验结果有较强的对比性和代表性,试验选用了NACA0012薄翼断面和南京长江四桥流线型箱梁断面(主跨1 418m,颤振临界风速72m/s)。模型长1.2m,宽0.7m,质量约为5.5kg,试验在中国空气动力发展研究中心103风洞进行。模型断面如图5所示。

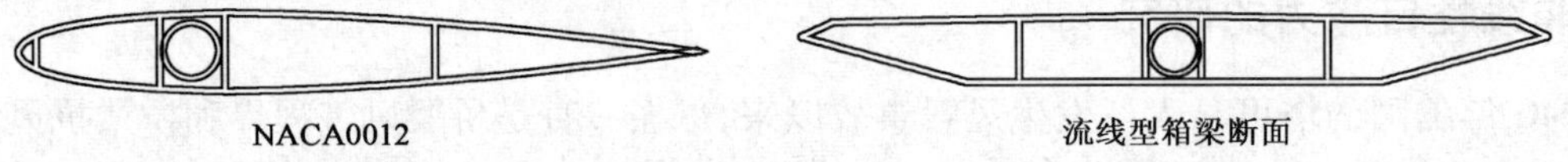

图5 薄翼和流线型箱梁断面

试验进行了扭转和竖向大振幅条件下的自激力测试,本文只介绍扭转试验的结果。扭转振幅从2°~32°递增,折减风速范围为4~30,某些条件下达到95.2。不同条件下的自激气动力采用安装在模型剪切中心的六分量天平直接采集,在模型振动稳定后采集16个完整周期的信号,并经滤波和降噪处理。非定常自激力以力系数——动态攻角的迟滞曲线形式表达,其中其曲率的大小表征非线性的强弱,其包围的面积表征做功的多少,其旋转的方向则表征了做功的正负(顺时针做负功)。

图6表示了薄翼断面在不同振幅下的迟滞曲线。从图中可以看出,随着振幅的增加,升力和力矩的范围不断增加,但都围绕静力曲线对称分布,对应的频谱也显示,随着振幅的增加,高次谐波分量在频率中较为显著。图7为失速攻角下薄翼的迟滞曲线和不同振幅下的对比图。从中可以看出,在15°攻角条件10°振幅下的迟滞回线介于5°的和25°的振幅曲线之间,也涵盖了部分静力升力曲线;力矩系数迟滞曲线在此无量纲风速下已表现出明显的“8”字环,表示气动力矩在一个周期内既做了正功(负阻尼),也做了负功(正阻尼)。

图 8 表示了流线型箱梁断面在不同振幅下的迟滞曲线。从中可以看出，随着振幅的增加，升力和力矩的范围不断增加，但都围绕静力曲线对称分布，此点和薄翼的趋于一致。值得提出的是箱梁模型在 +5°攻角 10°振幅下的试验，如图 9 所示。从中可以发现，随着折减风速的增加，力矩系数迟滞曲线在折算风速 $v*=16$ 出现了“8”字环，这与薄翼在失速攻角下发生的现象趋于一致，而对应的频谱中高次谐波分量也较为显著，表明此状态下自激力中的非线性成分显著增加。图 10 为薄翼由颤振前到发生极限环振荡状态力矩迟滞曲线的变化图，结合此变化机理，可以对桥梁颤振后的大振幅振荡过程作如下初步解释。

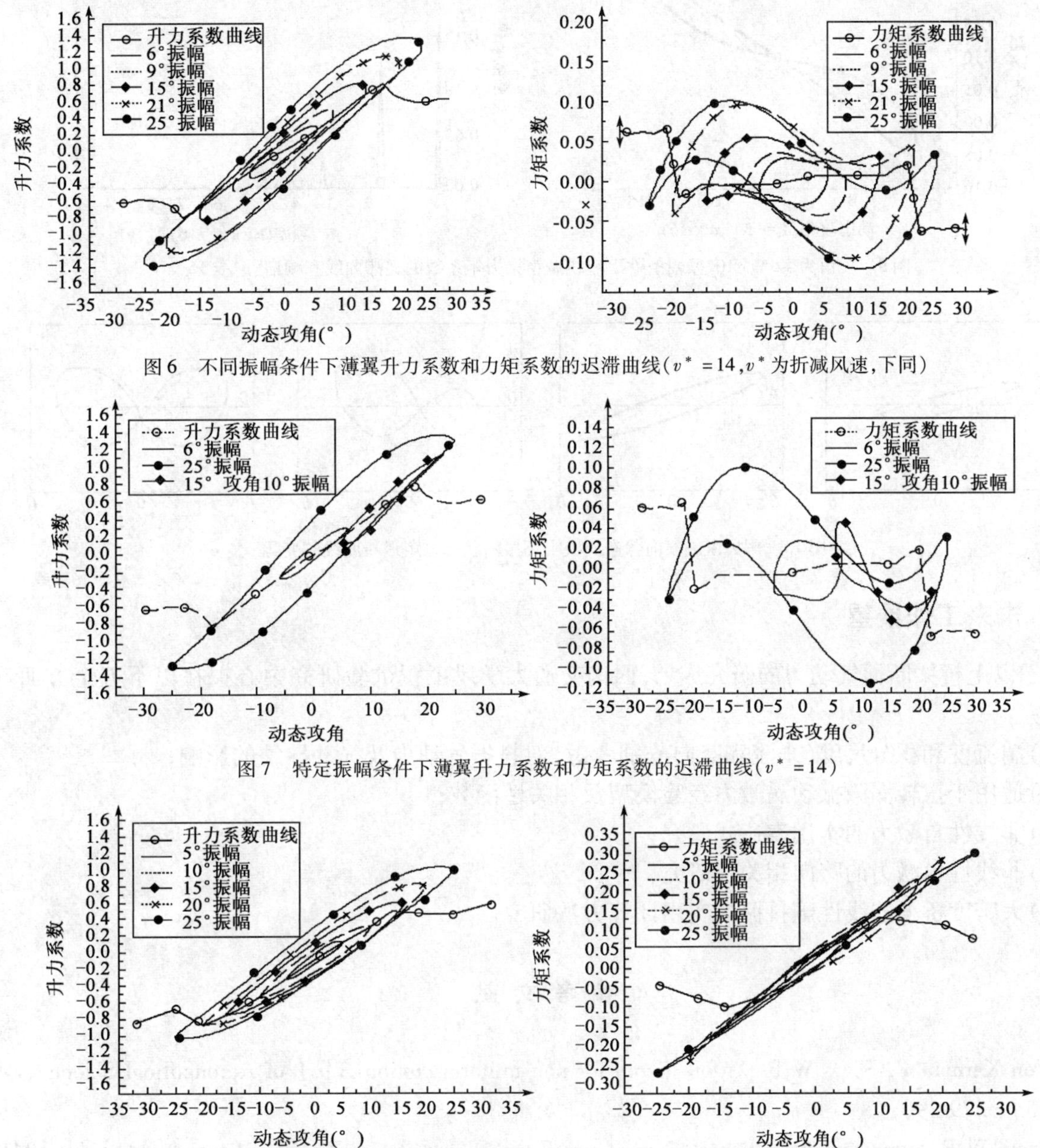

图 6 不同振幅条件下薄翼升力系数和力矩系数的迟滞曲线（$v^*=14$，v^* 为折减风速，下同）

图 7 特定振幅条件下薄翼升力系数和力矩系数的迟滞曲线（$v^*=14$）

图 8 攻角为 0°时不同振幅条件下流线型箱梁升力系数和力矩系数的迟滞曲线（$v^*=8$）

（1）小振幅条件下，当无量纲风速临近颤振临界状态时，箱梁尾部将出现较大旋涡（同济大学 PIV 研究[44]），其脱落方式与频率也发生变化，其变化方式与断面运动方式步调趋近一致时，此时气动力迟滞环开始反向，负阻尼效应使得桥梁振幅增大。

（2）桥梁振幅迅速增大到一定量后，由于断面运动的变化，新形成的旋涡开始对桥梁产生作用，迟滞环形状逐渐变化：抬头端曲线开始收缩，并逐渐发生交叉，出现“8”字形。

（3）当“8”字环的负阻尼大于正阻尼时，断面振幅会进一步增大，旋涡脱落与结构运动也产生出新的相位差，直到“8”字环两部分面积相等，相位差趋于稳定，气动力的整体做功为零，结构将在一定风速范围内保持这一较大振幅震荡。

（4）若风速继续陡增，“8”字环平衡被打破，结构振幅继续增大，并寻找新的平衡点，但此过程可能让结构发生毁灭性破坏。

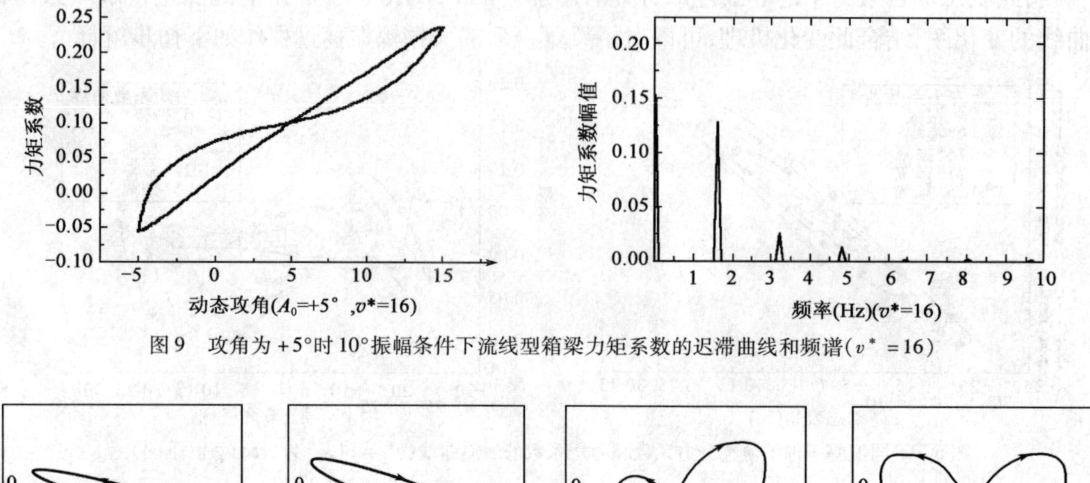

图9　攻角为+5°时10°振幅条件下流线型箱梁力矩系数的迟滞曲线和频谱（$v^*=16$）

图10　薄翼由颤振前状态到极限环振荡状态力矩迟滞曲线的变化

5　未来工作展望

基于以上桥梁断面气动力的研究成果，西南交通大学风工程试验研究中心拟在以下五个方面开展深入研究：

（1）湍流度和积分尺度（来流和竖向分别考虑）对抖振气动力及气动导纳的影响；

（2）适用于扭转涡激振动涡激力经验模型及相关性函数；

（3）非线性自激力的实用表达式研究；

（4）非线性自激力的跨向相关性研究；

（5）大跨度桥梁非线性颤抖振的实用计算方法研究。

参 考 文 献

[1] Von Karman T, Sears W R. Airfoil theory for non-uniform motion[J]. J. of Aeronautical Science, 1938 (5): 379-390.

[2] Sears W R. Some aspects of non-stationary airfoil theory and its practical application[J]. JAS, 1941, 8 (3).

[3] Liepmann H W. On the application of statistical concepts to the buffeting problem[J]. JAS, 1952, 19 (12): 793-800.

[4] Davenport A G. The application of statistical concepts to the wind loading of structures[G]. Proc. ICE, 1961, 19(2): 449-472.

[5] Holmes J D. Prediction of the response of a cable stayed bridge to turbulence[G]. Proc. 4th international conference of wind effects on building and structures, Heathrow, 1975.

[6] Wyatt T A. Bridge aerodynaics 50 years after taco. a Narrows, part I: The Tacoma Narrows failure and after[J]. J Wind Eng. and Aerodyn, 1992,40:317-326.

[7] Kawatani M, Kim H. Evaluation of aerodynamic admittance for buffeting analysis[J]. J. Wind Eng. and Aerodyn,1992, 44(1):317-326.

[8] Sankaran R, Jancauskas E D. Direct measurement of the aerodynamic admittance of 2-D rectangular cylinders in smooth and turbulent flows[J]. J. Wind Eng. and Aerodyn, 1992, 41-44(1): 601-611.

[9] 李丽.桥梁气动导纳函数研究及其应用[D].成都:西南交通大学,2007.

[10] Xie J. Identification of the aerodynamic admittance functions for bridge road decks[G]. Proc. 2nd Asia-Pacific Symposium on Wind Engineering, Beijing, 1989.

[11] 靳欣华.桥梁断面气动导纳识别理论及试验研究[D].上海:同济大学,2003.

[12] 张若雪.桥梁断面气动参数识别理论和试验研究[D].上海:同济大学,1998.

[13] Mugridge B. D. Gust loading on streamlined bridge decks[J]. Aeronautical Quarterly, 1971, 22(4): 301-310.

[14] Fujino Y. Wind-induced vibration and control of Tran-Tokyo Bay Crossing Bridge[J]. J. Stru Eng. 2002, 8: 1012-1025.

[15] Battista R C, et al. Global analysis of the structural behaviour of the central spans of Rio-Niterói bridge [R]. PONTE SA Contract Report, 1993, 3.

[16] Battista R C, Pfeil M S. Passive damping of vortex-induced oscillations of Rio-Niterói bridge[G]. Passive Damping Proceedings of SPIE's Smart Structures & Materials Conference, 1995, 3: 252-263.

[17] Larsen A, Esdahl S, Andresen J E, et al. Storebaelt suspension bridge -vortex shedding excitation and mitigation by guide vanes[J]. J. Wind Eng. Ind. Aerodyn, 2000(88): 283-296.

[18] 陈政清.桥梁风工程[M].北京:人民交通出版社,2005.

[19] Strouhal V C. On a particular way of tone generation (in German)[C]. Wiedmann's Annalen der Physik und Chemie, 1878, (new series)5:216-251.

[20] 埃米尔·希缪,罗伯特 H 斯坎伦.风对结构的作用——风工程导论[M].2 版.刘尚培,项海帆,谢霁明,译.上海:同济大学出版社,1992.

[21] Jadic I, So R M C, Mignolet P. Analysis of fluid-structure interactions using a time-marching technique[J]. Journal of Fluids and Structures, 1998, 12(6): 631-654.

[22] Evangelinos C. Parallel simulations of vortex-induced vibrations in turbulent flow: linear and non-linear models[D]. Providence: Brown University, 1999.

[23] Gabbai R D, Benaroya H. An overview of modeling and experiments of vortex-induced vibration of circular cylinders[J]. Journal of Sound and Vibration, 2005, 282: 575-616.

[24] Meneghini J R, Bearman P W. Numerical simulation of high amplitude oscillatory flow about a circular cylinder[J]. Journal of Fluids and Structures, 1995, 9(4): 435-455.

[25] 刘建新.桥梁对风反应中的涡激振动及制振[J].中国公路学报, 1995, 8(2): 74-79.

[26] Larsen A. A generalized model for assessment of vortex-induced vibrations of flexible structures[J]. Journal of Wind Engineering and Industrial Aerodynamics, 1995(57): 281-294.

[27] Bearman P W. Vortex shedding from oscillating bluff bodies[J]. A. Rev. of Fluid Mechanics, 1984, 16: 195-222.

[28] 鲜荣.大跨度桥梁沿跨向主梁涡激振动研究[D].成都:西南交通大学,2009.

[29] Houblt J G. On the response of structural having multiple random inputs. WGLR-Jahrbuch 1957, 1958.

[30] Robert J B, Surry D B. Coherence of grid generated turbulence[J]. Journal of Engineering Mechanics,

ASCE, 1973,99(12).

[31] Li Ming Shui, Tanaka H. Extended joint acceptance function for buffeting analysis[J]. Journal of Wind Engineering and Industrial Aerodynamics, 1996, 64:1-4.

[32] Ehsan F, Scanlan R H. Vortex-induced vibrations of flexible bridges [J]. Journal of Engineering Mechanics, 1990, 116: 1392-1410.

[33] Scanlan R H, Tomko J J. Airfoil and bridge deck flutter derivatives[J]. Journal of Engineering Mechanism, ASCE,1971, 97 (6): 1717-1737.

[34] Scanlan R H. The action of flexible bridges under wind I: Flutter theory[J]. Journal of Sound and Vibration, ASCE,1978,60(2): 187-199.

[35] Scanlan R H. Amplitude and turbulence effects on bridge flutter derivatives[J]. Journal of Structural Engineering,1997,123(2): 232-236.

[36] Noda M, et al. Effects of oscillation amplitude on aerodynamic derivatives[J]. Journal of Wind Engineering and Industrial Aerodynamics ,2003,91:101-111.

[37] 陈政清, 于向东. 大跨桥梁颤振自激力的强迫振动法研究[J]. 土木工程学报,2002,35(5): 34-41.

[38] Diana G , et al. A new approach to model the aeroelastic response of bridges in time domain by means of a rheological model[G]. Proceedings of the 12th ICWE-07, Cairns, Australia,2007.

[39] Studer H L. Experimentelle untersuchunger über flügelscwingungen. Mitt. Inst. Aerodynamik, ETH Zürich, Nr. 4/5,1936.

[40] Diana G, et al. Aerodynamic hysteresis: wind tunnel tests and numerical implementation of a fully nonlinear model for the bridge aeroelastic forces[G]. Proceedings of the 4th International Conference on Advance in Wind and Structural-08, Jeju, Korea,2008a:944-960.

[41] Diana G, et al. A new numerical approach to reproduce bridge aerodynamic non-linearities in time domain[J]. Journal of Wind Engineering and Industrial Aerodynamics ,2008b,96: 1871-1884.

[42] 徐旭, 曹志远. 柔长结构气固耦合的线性与非线性气动力理论[J]. 应用数学与力学,2001,22(12):1299-1309.

[43] 张朝贵. 桥梁主梁软颤振及其非线性自激气动力参数识别[D]. 上海:同济大学, 2007.

[44] 张伟,葛耀君. 导流板对大跨桥梁风振响应影响的流场机理[J]. 中国公路学报,2009, 22(3): 52-57.

Wind Effects on Bridge-Vehicle System and Vibration Mitigations

C. S. Cai[1] Xianzhi Liu[1] Wei Peng[1] S. R. Chen[2]

(1. Department of Civil and Environmental Engineering, Louisiana State University, Baton Rouge, LA 70803;
2. Dep. of Civil & Environmental Engineering, Colorado State University, Fort Collins, CO 80523)

Abstract: The present study focuses on the vehicle and bridge safety issues, considering the interaction of wind, bridge and vehicles. A three-dimensional suspension system has been developed for both static and aerodynamic tests of bridge section models. The Luling bridge section model was then tested and the bridge section with different traffic patterns was investigated. Wind loads on road vehicles were also investigated. TMD and TLD were investigated for vibration mitigations.

Key words: bridge vehicle wind vibration mitigation

1 Introduction

Under strong winds, bridges may exhibit large dynamic and static responses. Wind may also endanger the safety of moving vehicles on the roadways as well as on bridges. For regular aerodynamic study of long-span bridges, no traffic load is typically considered, assuming that bridges will be closed to traffic at high wind speeds. Therefore, bridges are usually tested in wind tunnels or analyzed numerically without considering moving vehicles on them. However, coastal bridges may be occupied by stalled or moving traffic in modest or high wind during the arrival of tropical storm/hurricane winds. No adequate previous research has been performed on the dynamic interaction of vehicle-bridge and vehicle-road in hurricane type of high and large turbulence considering the safety of both bridges and vehicles. Although emergency management officials generally plan to halt evacuations such that the roads are cleared shortly before the onset of tropical storm-force winds, there are numerous possible scenarios under which vehicles may still be on the bridge when higher wind speeds occur. These scenarios include unexpected increase in hurricane forward speed or intensity, evacuation traffic gridlock, accidents/stalled vehicles or rainfall flooding blocking the road ahead, etc.

On one hand, the aerodynamic shape of the bridge section will be modified by numerous mass blocks (cars and trucks) that make the section a bluffer one. It is well-known that the aerodynamic behavior of bridges largely depends on the section shape and details, and will thus be negatively affected by the existence of the vehicles. This negative effect of vehicles combined with special wind characteristics of hurricanes may affect the aerodynamic performance to a level significantly different from our current knowledge. On the other hand, while moving vehicles will excite bridge vibrations, the moving vehicles may act like mass dampers that may help damp out some wind-induced vibrations. Even though the effect of a single vehicle acting as a mass damper may be weak, collective damping effects due to many vehicles on the bridge could be significant. The resultant effect from the traffic is not clear and deserves study.

In addition, to make decisions regarding opening or closing the transportation lines in high winds, we need not only to understand the bridge vibration, but also the vehicle response on bridges and roads. Another important issue is thus to understand the response of vehicles to the wind-induced bridge vibrations and road conditions (such as surface roughness, turning curvatures, surface wetness etc.). This information will be helpful for hurricane evacuation planning. For example, emergency management agencies need to know when to put up a warning or suggested driving speed, or when to close the bridges or highways. There has been no adequate research in this area except some preliminary work about vehicles on highways and trains on railways (not on bridges) in windy environment (Baker, 1991, 1996, 1999; Baker and

Reynolds, 1992), or research on vehicle-bridge interaction without wind (Guo and Xu, 2001). In some more recently work in US, the stability of emergency vehicles on highways has been studied in a static approach (Pinelli, et al., 2003).

Similar to and in many cases superior to tuned mass dampers (TMD), tuned liquid damper (TLD) is a low cost but efficient device to mitigate the structure vibrations due to external excitations, e. g. wind load, seismic load, wave load etc. However, long-span bridges vibrate typically in three major directions, namely, vertical, lateral, and torsional directions. The mathematical model of TLD is generally very complicated especially when it is under multi-directional excitations. Also the efficiency of TLD may vary significantly due to the working mechanism changes under multi-directional excitations.

The present study focuses on the vehicle and bridge safety issues, considering the interaction of wind, bridge and vehicles. A three-dimensional suspension system has been developed for both static and aerodynamic tests of bridge section models. The Luling bridge section model was then tested and the bridge section with different traffic patterns was investigated. TMD and TLD were investigated for vibration mitigations. The effects of combined multi-directional excitations on the TLD working mechanism and efficiency have been investigated.

2. Analysis Framework of Bridge-Wind-Vehicle Interaction

2.1 Analytical Formulations

Assuming all displacements remain small, virtual works generated by the inertial forces, damping forces, and elastic forces acting on each vehicle and a bridge at a given time can be obtained. Assuming there are totally n_v vehicles driven on the bridge, and the initial conditions are the equilibrium conditions of the bridge under its self-weight only without vehicles on it. The coupled equations can be built from the principle of virtual works as follows (Cai and Chen, 2004a):

$$\begin{bmatrix} \boldsymbol{M}_v & \boldsymbol{0} \\ \boldsymbol{0} & \boldsymbol{M}_b \end{bmatrix} \begin{Bmatrix} \ddot{\gamma}_v \\ \ddot{\gamma}_b \end{Bmatrix} + \begin{bmatrix} \boldsymbol{C}_v & \boldsymbol{C}_{vb} \\ \boldsymbol{C}_{bv} & \boldsymbol{C}_b^s + \boldsymbol{C}_b^v \end{bmatrix} \begin{Bmatrix} \dot{\gamma}_v \\ \dot{\gamma}_b \end{Bmatrix} + \begin{bmatrix} \boldsymbol{K}_v & \boldsymbol{K}_{vb} \\ \boldsymbol{K}_{bv} & \boldsymbol{K}_b^s + \boldsymbol{K}_b^v \end{bmatrix} \begin{Bmatrix} \gamma_v \\ \gamma_b \end{Bmatrix} = \begin{Bmatrix} \boldsymbol{F}_r^v + \boldsymbol{F}_w^v \\ \boldsymbol{F}_r^b + \boldsymbol{F}_w^b + \boldsymbol{F}_G^b \end{Bmatrix} \tag{1}$$

where subscripts "b" and "v" represent for the bridge and vehicle, respectively; γ_v and γ_b are the displacement vectors of the vehicles and the bridge, respectively; superscripts of "s" and "v" in the stiffness and damping terms for the bridge refer to the terms of bridge structure itself and those contributed by the vehicles, respectively; subscripts "bv" and "vb" refer to the vehicles-bridge coupled terms; Matrices $\boldsymbol{M}$, $\boldsymbol{C}$ and $\boldsymbol{K}$ are the mass, damping and stiffness matrices, respectively. $\boldsymbol{F}$ is the external loading terms. Subscripts "r", "w" and "G" for the $\boldsymbol{F}$ refer to the loadings due to the road roughness, wind forces, and the gravity of the vehicles, respectively; superscripts of "v" and "b" refer to the forces acting on the vehicles and on the bridge, respectively.

This global bridge-vehicle interaction analysis model is built based on the assumption that each vehicle wheel has full point contact with the bridge surface all the time and there exists no lateral relative movement between the wheels and the bridge surface. Such a model predicts the responses of the bridge in all directions and the responses of vehicles only in several directions such as vertical, rolling and pitching directions. The dynamic responses of vehicles in the vertical, rolling, and pitching directions from global bridge-vehicle analysis will be carried into the local vehicle accident analysis. Relative lateral and yaw responses of vehicles, which are not available in the global analysis, however, will be calculated separately with a local accident model which emphasizes on simulating the vehicle lateral relative movement and friction effects between vehicles and the road surface. The effects from lateral vibrations of the bridge on vehicle dynamics are considered through treating the lateral acceleration of the bridge as the external base excitation source of the vehicles. The dynamic equations of the vehicle accident model are introduced as follows briefly (Chen and Cai, 2004):

$$\frac{\mathrm{d}v}{\mathrm{d}t} = \beta_4 + \beta_5 v + \beta_6 \dot{\psi} + \beta_7 \delta \tag{2}$$

$$\frac{\mathrm{d}^2\psi}{\mathrm{d}t^2} = \beta_8 + \beta_9 v + \beta_{10} \dot{\psi} + \beta_{11} \delta \tag{3}$$

For vehicles, it is usually believed that three types of typical accidents may happen: overturning accident, rotational (yawing) accident, and side slipping accident (Baker, 1991; Chen and Cai, 2004). Baker once gave some guidelines for accident identifications, which will be adopted here as follows: within some distance of the vehicle entering a sharp edged gust, the overturning accident is said to happen when one of the tire reaction forces fell to zero, or side slipping accident is said to happen when the lateral response of the vehicle exceeds 0.5 m, or the rotation accident is said to happen if the yawing displacement ψ exceeds 0.2 radius. Such sharp-edged wind field exists when the vehicle just passes the bridge tower which blocks the wind action on the vehicle, or when there is a strong gust acting on the vehicles and the bridge suddenly.

2.2 Experimental Study of Bridges

A pair of 3DOF test assemblies have been designed and fabricated at Louisiana State University's wind tunnel lab. Very low friction linear bearings and ball bearings were adopted for guiding and separating different degrees of freedom. In order to separate the vibration from the wind tunnel wall and the force-measuring system, a supporting frame which spans over the test section is adopted. The two assemblies reside on both sides of the section model, with 3DOF separated from each other. The force-measuring assembly and springs are mounted to the supporting frame, and the section model mounted to the force measuring assembly. Figure 1 presents a schematic diagram and actual picture of the assembly for dynamic tests.

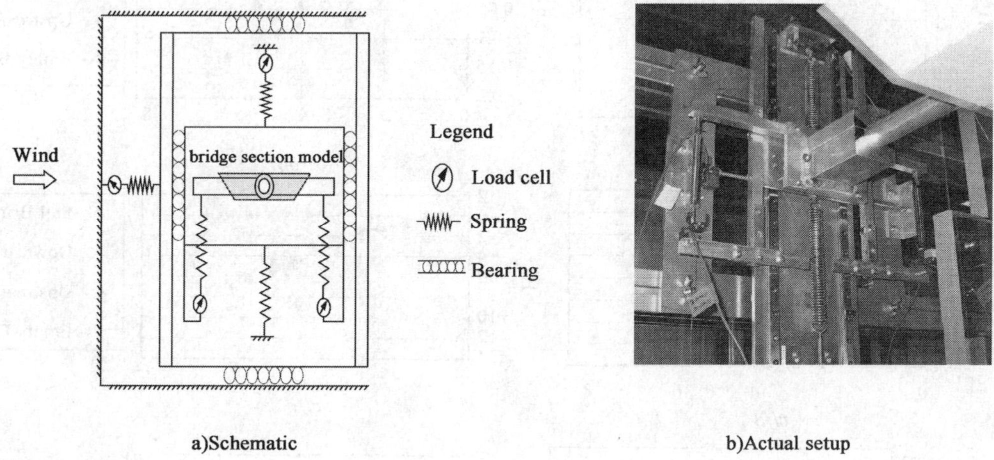

a)Schematic　　　　b)Actual setup

Figure 1　Test assembly for the section model test setup

After the functionality of the dynamic test setup was confirmed, a case study was carried out to study a section model of the Luling Bridge (Louisiana, USA) with different traffic patterns on it. Some analytical approaches have been developed to study the safety and aerodynamic performance of bridge-vehicle systems under strong wind conditions (Cai and Chen, 2004). In most of traditional wind tunnel tests, empty bridges are generally assumed and only the bridge section itself is tested. The existence of vehicles will change the sectional envelope, and consequently change the aerodynamic parameters. Therefore, it is meaningful to evaluate the aerodynamic performance of the bridge with vehicles included. This is also necessary for important practical scenarios, i. e. , hurricane evacuations and rescue operations. A 1/92 scaled model was constructed to the closest proximity of a typical section of the Luling Bridge (See Figure 2).

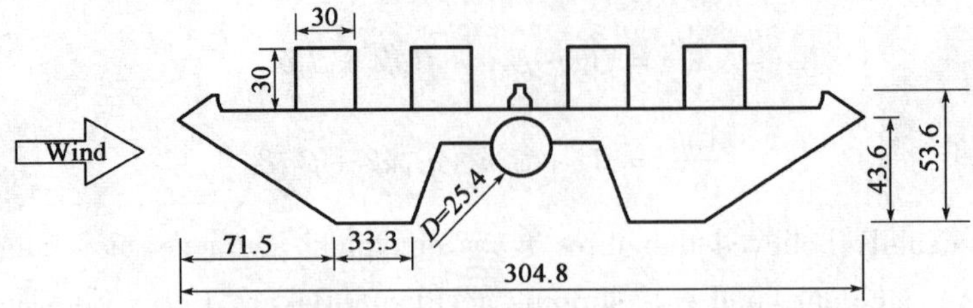

Figure 2 Section model of Luling Bridge bearing vehicles (unit: mm)

Four configurations were tested: (1) Bridge with all 4 lanes of bumper-to-bumper traffic; (2) Only two upstream lanes occupied with bumper-to-bumper traffic; (3) Only two downstream lanes occupied with bumper-to-bumper traffic; (4) Empty bridge. A typical mid-sized SUV/minivan was used to make the vehicle models using the similar scale as for the bridge model. The flutter derivates were measured for all these four cases and the results are presented in Figure 3. It is worth noting that the most prominent difference between the empty bridge and the bridge with vehicle cases can be observed on the A2* flutter derivative, which is usually the most critical one that indicates the proneness to torsional flutter. The section with the vehicles present showed noticeable better stability than the empty bridge case (keeping the value of A2* negative in the larger reduced velocity range). It can also be observed that the position of the vehicles, either upstream or downstream, showed an influence on the section aerodynamic performance. This finding illustrates the necessity for incorporating vehicles when evaluating bridge performance under strong winds.

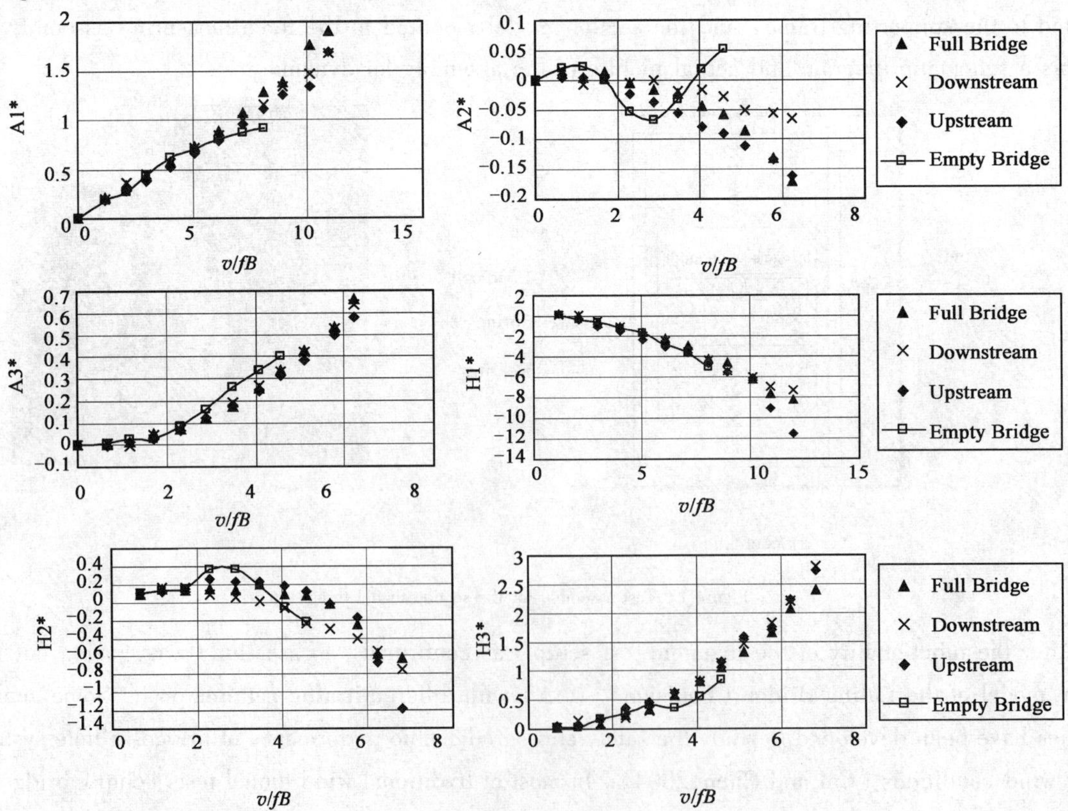

Figure 3 Measured flutter derivatives for Luling Bridge with different traffic patterns

2.3 Experimental Study of Vehicle Loads

Scaled models including a fire truck (1∶32 scale) and a tractor-trailer (1∶64 scale) were tested in the Louisiana State University wind tunnel laboratory. The wind tunnel has a test section 0.99m tall and 1.32m wide, with a maximum velocity of 11.5 m/s approximately. The vehicle models were mounted on a turn table which was attached to a six component sting balance. The turntable is 0. 30m in diameter. It can be rotated 0 ~ 360° together with the sting balance. To reduce the boundary layer effects (in which the wind tunnel boundary layer is usually much thicker than the actual one), the turn table was elevated 0.15m from the bottom of wind tunnel test section. A platform with dimensions of 0.91m by 1.22m was built at the same height of the turn table to simulate the ground/road condition and provide a more uniform flow field around the vehicle model. The leading edge of the platform was sharpened to provide a smooth initiation of a boundary layer (Figure 4).

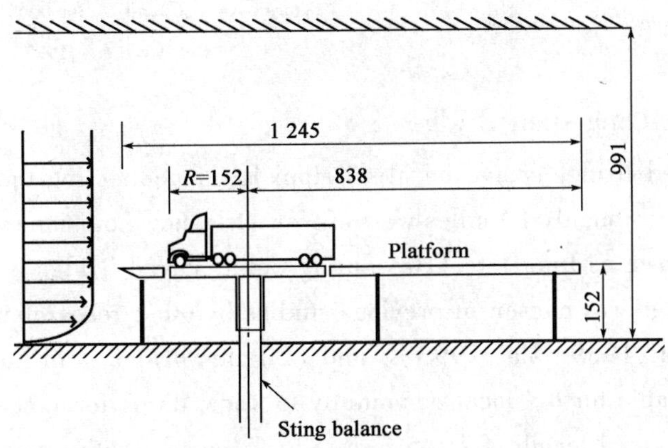

Figure 4 Schematic setup for wind tunnel test on vehicle models (unit: mm)

Three types of flow conditions were simulated for the tests. Smooth flow and turbulent flow generated by a grid screen were adopted for the platform setup. The flow condition was measured and characterized with a hotwire system. For the smooth flow condition, turbulence intensities were less than 1% for all heights greater than 3cm and velocities were relatively constant in this range. The turbulence intensity for grid turbulent flow ranged between 4.75% and 5.5% for all heights greater than 3cm. The longitudinal length scale of the grid turbulence was approximately 5.5cm. The third flow condition used a simulated atmospheric boundary layer flow, with the vehicle models sitting on the wind tunnel floor. The roughness length, Z_0, selected for this turbulence intensity reference calculation was 0.003m, which corresponds to suburban terrain at a scale of 1∶32.

Four types of vehicle models were tested: tractor-trailer, fire truck, pickup truck and sedan models. Typical sizes of these types were used. The scale for each type was selected based on the blockage ratio. The blockage ratio based on side area for all tested vehicle models was well below the desired value of 7.5%. So the effects due to blockage were expected to be negligible and no corrections were applied for this. For all the tested models, the six component force coefficients were measured.

The current test results were first compared to the available data from other wind tunnel studies. Figures 5 and 6 present a comparison for the tractor-trailer type between the current test and Baker's data (1987). Smooth flow condition test results are used for the comparison, which was also the flow condition used most frequently in other wind tunnel studies. Since the models used in the test were not exactly the same, the comparisons were performed with the closest match between models. The general trend of variation agreed well with some previous studies for the three force coefficients, C_D, C_L, C_S, while there were significant differences for the moment coefficients C_R, C_P and C_Y. The magnitudes also showed significant difference. The different geometries of the vehicle model between studies were considered to be a major source of this difference. Since there are not enough details given in that study (Baker,1987), it is not possible to address this difference quantitatively. Based on the available information of the axle distance, it is a reasonable judgment that the model in the current study is much longer than that of Baker's study, while the frontal areas are about the same.

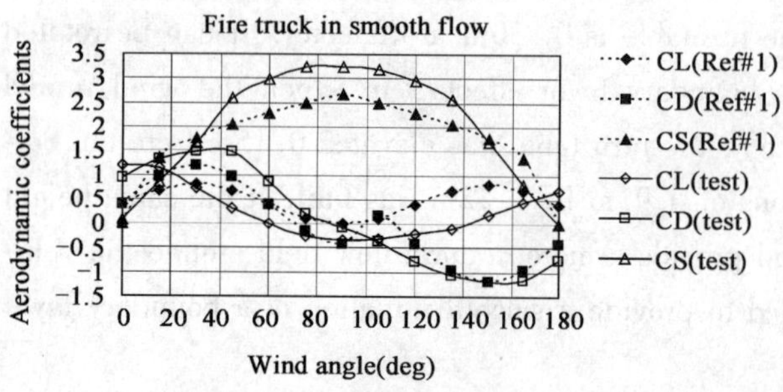

Figure 5 C_D, C_L, C_S, for tractor-trailer in smooth flow (Ref#1 = Baker,1987)

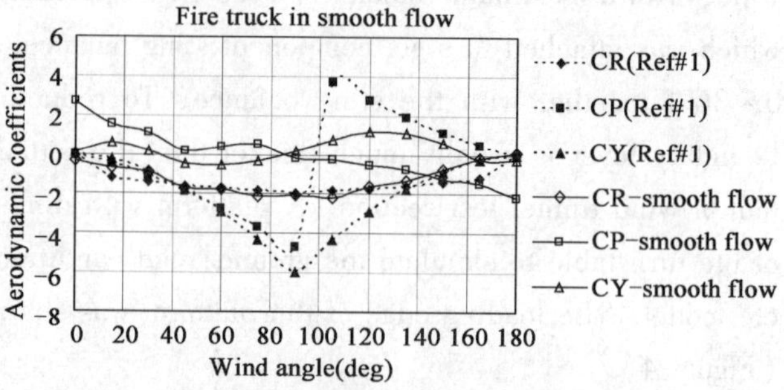

Figure 6 C_R, C_P and C_Y for tractor-trailer in smooth flow (Ref#1 = Baker,1987)

2.4 Case Study of Long-span Bridge

The Luling Cable-stayed Bridge spans the Mississippi River connecting the towns of Luling and Destrehan in St. Charles Parish, roughly 12 miles west of New Orleans, Louisiana. The bridge is a portion of Interstate 310, formally known as Interstate 410. Luling Cable-stayed Bridge is chosen as the example for two reasons. (1) This bridge was chosen in previous studies by other researchers and the data are available in the literature (Namini,1989; Cai,1993), and (2) this bridge is in the nearby coastal area with hurricane threat, it is desirable for the local community to know its performance.

The Luling Bridge has a total length of 2 745 feet (836.7 meters) with a four-lane divided freeway with limited access. The bridge length is subdivided into five spans with the center span being 1 222 feet (372.5 meters) between the two piers. There are two anchor spans of 508 feet (154.8 meters) and 495 feet (150.9 meters), respectively, and two additional approach spans of 260 feet (72 meters) each. The cables of the bridge are arranged as a double-plane fan with 12 cables in each plane.

This part is to simulate the whole process of vehicles driving starting from on the road, then on the bridge and finally off road. During the whole driving period, wind action always remains on the vehicles and the bridge, except that the wind loading on the vehicle is ignored when the vehicle is passing through the bridge tower, which blocks the wind. It is assumed that the distance before vehicle entering the bridge is 200 meter and there are three identical vehicles in a line with 5 meters intervals. The distance from the vehicles to the centerline of the cross section is 10 meters. The first vehicle is chosen to display the vehicle performance. Since the bridge total length is 837 m, the vehicle will move 1 037 m when it gets off the bridge. In this example, the driving speed of vehicles is 20 m/s and the vehicle response of a total time period of 1 minute is predicted. Consequently, the distance after the first vehicle gets off the bridge will be $20 \times 60 - 1037 = 163$ m.

Figure 7 shows the vertical dynamic response of Luling Bridge at the position of middle point of the main span with and without vehicles when wind speed equals to 30 m/s. It can be found that the bridge dynamic response has slight reductions when vehicles are driven on the bridge when wind is pretty strong. The same tendency was also found for other bridges in Ref. (Chen,2004).

The accident-related responses of Luling Bridge are predicted based on the interaction analysis. A total distance of 200m is simulated, which corresponds to the situation that the vehicle starts from one of the bridge tower to a little bit over half the main span. Only the first vehicle is chosen for the accident analysis.

Figure 8 gives the accident driving speed for vehicles running on Luling Bridge under different wind speeds. Compared with the results for Yichang Bridge reported in Ref. (Chen and Cai, 2004b), the results for vehicles on Luling Bridge show slightly higher accident speeds than those on Yichang Bridge. The difference of the accident driving speeds is probably because Luling Bridge is a cable-stayed bridge with shorter span than Yichang Bridge (suspension bridge).

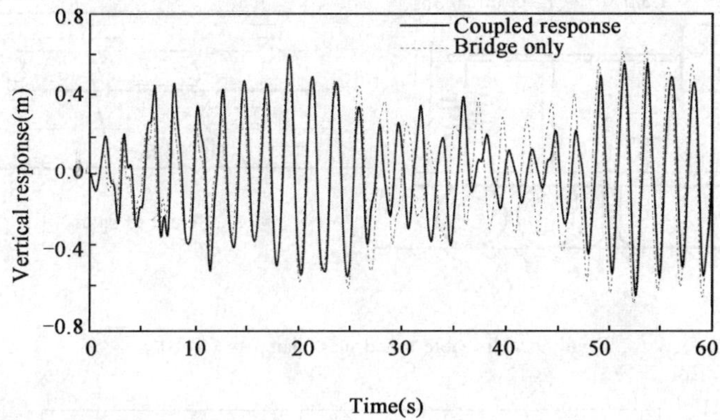

Figure 7 Bridge vertical response w/ and w/o vehicles when wind speed $U=30$ m/s and vehicle speed $v=20$m/s

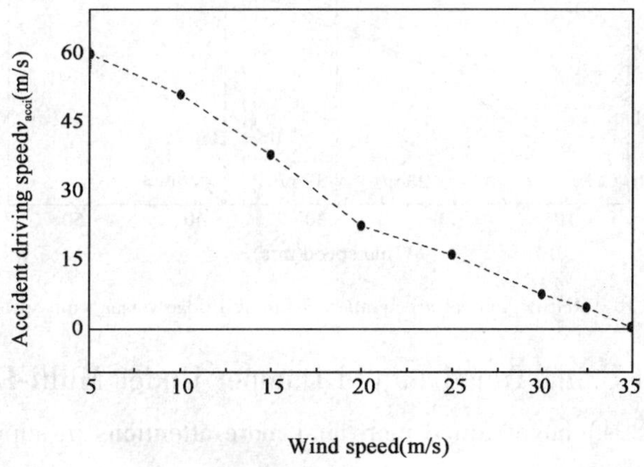

Figure 8 Accident driving speed versus wind speed

3 Vibration Control Schemes

3.1 Vibration Control Using TMD

Similar to that introduced in Ref. (Chen and Cai, 2004b), the moveable tuned mass dampers (TMD) are placed on the windward side of the bridge with relatively better performance compared to other placements schemes (Figure 9). Figure 10 shows the RMS of the vertical acceleration of the bridge at the middle point of main span versus the wind speed. The results for different cases, including that without any control and the control with different generalized mass ratios μ are given in the figure. The horizontal dash line indicates the serviceability criteria (0.1g) introduced in Ref. (Chen, 2004). It is assumed that TMDs are distributed in the center area of the middle span with 3m interval in one line with the distance to the bridge lateral centerline of 10m. The wind speeds marked on Figure 10 correspond to different serviceability wind speeds U_{sev} with different control designs. For Luling Bridge, it can be observed that the control performance usually increases positively with the increase of the generalized mass ratio μ. The U_{sev} changes from 28 m/s without any control to 32 m/s, 35 m/s, 36 m/s and 38 m/s when the generalized mass ratios of TMD are equal to 0.3%, 0.85%, 1.2% and 1.9%, respectively. The corresponding control efficiencies are 14.3%, 25%, 28.6% and 37%, respectively.

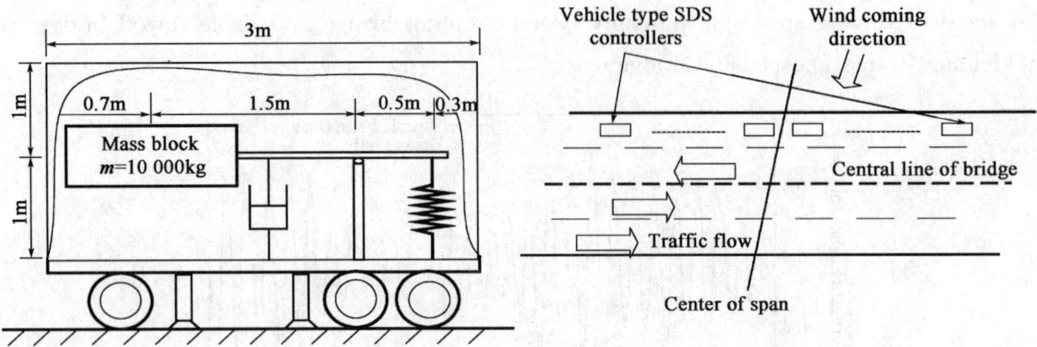

Figure 9 Moveable tuned mass dampers (TMD)

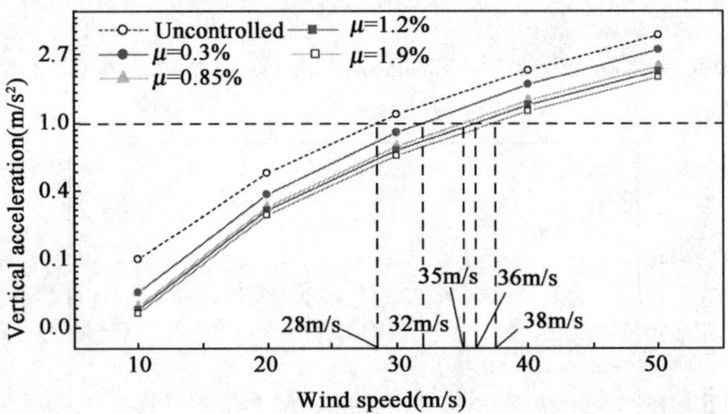

Figure 10 RMS of vertical acceleration of Luling Bridge versus wind speed

3.2 Vibration Control Using Tuned Liquid Damper Under Multi-Directional Excitations

Tuned liquid dampers (TLDs) have gained more and more attentions in suppressing structural vibration under wind, seismic, and wave loads recently due to its low cost, easy adjustment of damping frequency and relatively high efficiency. However, the mathematical model of TLD is generally very complicated especially when it is under multi-directional excitations such as long-span bridge vibrations. Also the efficiency of TLD may vary significantly due to the working mechanism changes under multi-directional excitations. Kareem et al. (1999) introduced the general mechanism and summarized the applications of TLDs. Based on the working mechanism, TLDs can be classified into tuned sloshing dampers (TSDs) and tuned liquid column dampers (TLCDs). The TSDs can be further divided into deep water and shallow water TSDs based on the water depth. Comprehensive investigations have been carried out on the TSDs with analytical, numerical, and experimental methods (Ibrahim, 2005). Fujino et al. (1992) developed a two dimensional TLD model and the effectiveness of the system was discussed with both experimental and numerical simulations. Yalla (2001) proposed a sloshing-slamming dynamics (S^2) equivalent mechanical model for the sake of convenient implementation of TSDs in design.

On one hand, liquid sloshing in containers is a general yet critical problem in many areas, i. e. spacecrafts, oil cargos, trucks transporting liquids, and storage tanks etc. Extensive impact pressure could be generated when the liquid sloshes (Armenio and La Rocca, 1996; Peregrine, 2003). On the other hand, liquid sloshing can be applied to mitigate the vibration of structure as TLDs. Chang et al. (1998) investigated the effectiveness of TLD system by active control experiments. The working range of this system was expanded by varying the tank length. Chen et al. (2007) proposed to use a TLD system as a temporary measure for the stability of suspension bridges. The torsional response control was improved.

However, it is difficult to set up the analytical or numerical model which can fully capture the feature of TLDs because of the highly non-linear behaviour of TLDs, such as wave breaking, swirling, and overturning. Also the efficiency of TLD may vary significantly due to the working mechanism changes under multi-directional excitations. The effects of combined multi-directional excitations on the TLDs working mechanism and efficiency are critical to the damping capacities. Therefore, in this paper the performance of TLD under multi-directional excitations has been investigated with experimental method.

Extensive investigations of the damping capacities of TLDS were carried out experimentally in a base excited square tank with lid. Fresh water has been used in all the test series in this study. The square tank is made of Plexiglas and its inner dimensions are 1 m (length) × 1 m (width) × 1.22 m (height). The wall thickness of the sloshing tank is 0.02 m to ensure negligible deformation of the tank walls. Therefore, it is assumed that the tank walls are stiff and that no local displacement will interact with the free-surface waves. In order to avoid the scale effect, the sloshing tank is built up large enough for real engineering applications. The tank is mounted on the top plate of a 6 degrees-of-freedom (DOF) shake table through two 6 DOF (M5028 and M5029) and two 3 DOF load cells (M5006 and M5007) at the four corners of the tank, as shown in Figure 11a). These four load cells [Figure 11b)] are connected to a sixteen channels data acquisition system for data sampling. The shake table is firmly mounted onto a concrete slab located on the ground floor and thus no local vibrations are generated. The sloshing motions inside tanks are generated by the shake table. It is an electrically powered six DOF (roll, pitch, heave, lateral, yaw and surge) shake table which can provide harmonic or random excitations.

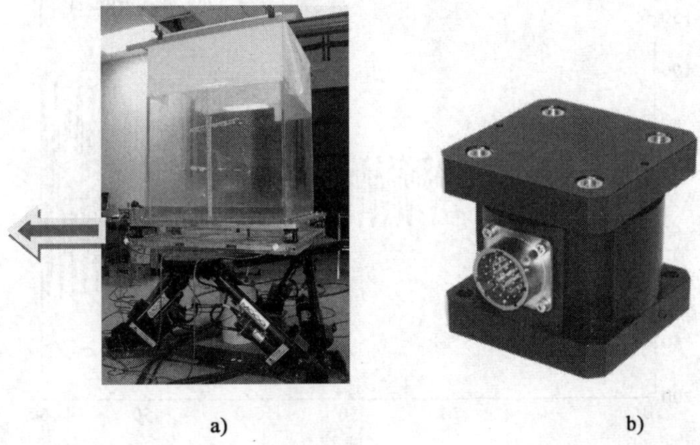

a)　　　　b)

Figure 11　TLD on shake table and load cell

Due to the complexity and highly nonlinearity of the problem, harmonic excitation was implemented in this paper. The effect of adding a small perturbation of 0.005m in the vertical direction on the lateral damping capacity for shallow water depth was first investigated. First order standing wave was first observed. Then higher mode of standing wave pattern was observed in the perpendicular horizontal direction which is due to mode interactions. This shows that the vertical excitation has certain effects on the lateral excitation, especially on the wave patterns. However, when the damping capacity of the combined excitations was compared to the unidirectional lateral excitation, it has been found that there is almost no difference between them. This can be explained by the low damping capacity of TLD in the vertical direction.

The effect of adding a small perturbation in the vertical direction on the lateral damping capacity for deep water depth was also investigated. In deep water, the contribution of vertical component to the wave pattern was increased, especially when the swirling wave got involved. As shown in Figure 12, due to the small vertical perturbation, the frequency of swirling wave changed which resulted in a different lateral time series.

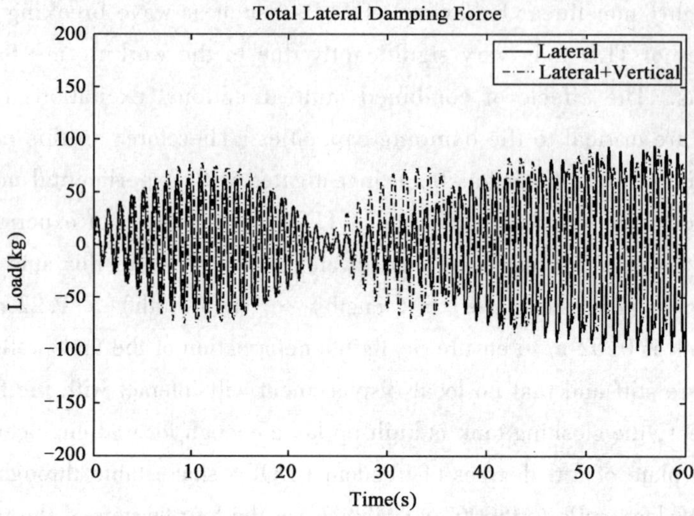

Figure 12 Damping force of TLD under unidirectional and combined excitation in deep water

As shown in Figure 12, unlike the unidirectional lateral excitation, the combined lateral and vertical excitation has a shorter swirling period. Furthermore, as shown in Figure 13, the negative effect on the surge direction is smaller when a small vertical excitation is combined to the lateral excitation.

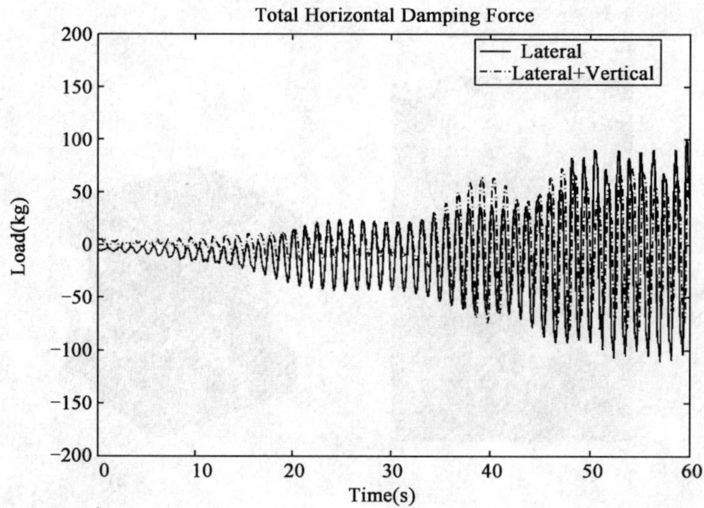

Figure 13 Comparison of damping force in surge direction between lateral and combined lateral & vertical excitations

4 Conclusion Remarks

The present study discussed the safety of vehicles and bridges under windy conditions. Wind effect was considered acting on both vehicles and bridges. The analysis started with vehicle-bridge-wind interaction analysis, followed by the vehicle accident assessment on the bridge. TMDs were proposed to reduce the dynamic vibration and improve the flutter stability of bridges. Working mechanism and efficiency of combining additional excitations besides the unidirectional excitation on TLD have been investigated. Based on extensive experimental parametric studies, the vertical excitation has certain positive contribution to limit swirling waves in deep water TLDs and has no obvious effect on shallow water TLDs.

Acknowledgement

Financial support for this research was provided in part by the National Science Foundation (CMS-0301696) and Louisiana State University. The opinions stated here are those of the authors and do not necessarily represent the opinions of the sponsoring agencies.

References

[1] Armenio V, La Rocca M. On the analysis of sloshing of water in rectangular containers: numerical study and experimental validation[J]. Ocean Engineering, 1996, 23(8): 705-739.

[2] Baker C J. Measures to control vehicle movement at exposed sites during windy periods[J]. J. Wind Eng. Ind. Aerodyn, 1987, 22: 151-161.

[3] Baker C J. Ground vehicles in high cross winds. 3. The interaction of aerodynamic forces and the vehicle system[J]. Journal of Fluids and Structures, 1991, 5: 221-241.

[4] Baker C J. A simplified analysis of various types of wind-induced road vehicle accidents[J]. J. Wind Eng. Ind. Aerodyn., 1996, 22: 69-85.

[5] Baker C J. The quantification of accident risk for road vehicles in cross winds[J]. J. Wind Eng. Ind. Aerodyn., 1999, 52: 93-107.

[6] Baker C J, Reynolds S. Wind-induced accidents of road vehicles[J]. Accident Anal. & Prev., 1992, 24 (6): 559-575.

[7] Cai C S. Prediction of long-span bridge response to turbulent wind[D]. University of Maryland.

[8] Cai C S, Chen S R. Framework of vehicle-bridge-wind dynamic analysis[J]. J. Wind Eng. Ind. Aerodyn., 2004a, 92 (7-8): 579-607.

[9] Cai C S, Chen S R. Wind hazard mitigation of long-span bridges in hurricanes[J]. Journal of Sound and Vibration, 2004b: 274 (1-2): 421-432.

[10] Chang P, Lou J Y K, Lutes L D. Model identification and control of a tuned liquid damper[J]. Engineering Structures, 1998, 20(3): 155-163.

[11] Chen S R, Chang C C, Cai C S. Stability improvement of suspension bridge with high-sided vehicles under wind using tuned-liquid-damper [G]. 12th International Conference on Wind Engineering, Cairns, Australia.

[12] Chen S R, Cai C S. Accident assessment of vehicles on long-span bridges in windy environments[J]. J. Wind Eng. Ind. Aerodyn., 2004, 92(12): 991-1024.

[13] Chen S R. Dynamic performance of bridges and vehicles under strong wind[D]. Louisiana State University.

[14] Fujino Y, Sun L, Pacheco B M, Chaiseri P. Tuned liquid damper for suppressing horizontal motion of structures[J]. Journal of Engineering Mechanics, 1992, 119(10): 2017-2030.

[15] Guo W H, Xu Y L. Fully computerized approach to study cable-stayed bridge-vehicle interaction[J]. J. of Sound and Vibration, 2001, 248(4): 745-761.

[16] Han W S. Investigation of special coupled vibration of the wind-vehicle-bridge system[D]. shanghai: Tongji University, 2006.

[17] Ibrahim R. Liquid sloshing dynamics: theory and applications[M]. Cambridge: Cambridge University Press,2005.

[18] Kareem A , Kijewski T ,Tamura Y. Mitigation of motions of tall buildings with specific examples of recent applications[J]. Wind & Structures,1999,2(3):132-184.

[19] Namini A . The aerodynamic stability of cable-stayed bridges[D]. University of Maryland.

[20] Peregrine D H . Water-wave impact on walls[J]. Annual Review of Fluid Mechanics, 2003,5:23-43.

[21] Pinelli J P , Subramanian C , Plamondon M M, et al. Wind effects on emergency vehicles[R]. Final report, Florida Institute of Technology, Melbourne, Florida.

[22] Yalla S K . Liquid dampers for mitigations of structural response: theoretical development and experimental validation[D]. University of Notre Dame.

高层建筑与高耸结构抗风研究面临的若干关键问题

梁枢果

(武汉大学结构风工程研究所　武汉　430072)

摘　要:近年来,武汉大学结构风工程研究所在高层、高耸结构抗风研究与工程咨询中发现并提炼出若干科学问题,进而在国家自然科学基金的资助下对这些问题开展了较深入的研究。本文简要介绍了我们对输电塔线体系风荷载模型与风振响应分析方法、超高建筑风洞试验数据的雷诺数效应、高层建筑风荷载模型的气弹效应、高层建筑气动阻尼的强迫振动识别方法、超高层建筑的涡激共振模型与响应分析方法五个问题的研究进展与思考。

关键词:输电塔—线体系　雷诺数效应　气动弹性效应　涡激共振　风荷载模型

1　引言

在21世纪的第一个十年,高层建筑与高耸结构更加迅速地向轻质、高柔、低频、小阻尼方向发展。超高建筑的最大高度已由20世纪末的600m量级发展到目前的800m量级,千米级的超高建筑已经呼之欲出。同时,大跨越输电塔线体系中输电塔的高度已达到400m量级,输电线主跨的跨距已达到3 000m量级。超高建筑、输电塔线体系的上述发展趋势使其结构的风敏感性大大增加,从而对其抗风设计提出了更高的要求。具体来说主要包括两点:一是要求建立更加精细的超高建筑、输电塔抗风设计方法,二是要评估上述发展趋势引起结构风致振动新问题的可能性与危险性。对于第一点,我们着重研究了考虑塔—线体系耦联振动效应的输电塔动力风荷载建模与气动参数识别;研究了基于风洞试验的高层建筑风荷载模型的雷诺数效应和高层建筑的气动弹性效应。对于第二点,我们着重研究了超高层建筑涡激共振模型与响应分析方法。这些工作是在五个国家自然科学基金项目的资助下开展的,到目前为止已经取得了一些进展,但离问题的解决还有相当远的距离。

2　输电塔风荷载建模与风振响应分析

目前我国各类输电塔抗风设计的依据仍是作为国家电网公司企业标准发布的“110kV-750kV 架空输电线路设计技术规定”,按照该规定条文给出的输电塔风荷载,不考虑塔线耦联效应、不考虑横风向与扭转效应,仅在顺风向根据设计风压给出平均风荷载,根据塔高给出沿高不变的风振系数(调整系数)。这样的抗风设计方法已经远远无法满足塔高和线跨距日益增加的塔线体系(尤其是大跨越塔—线体系)抗风设计的需要。近年来,随着风洞试验与测试方法的进步与完善,基于风洞试验的高层建筑、大跨屋盖结构与桥梁的抗风设计方法得到迅速发展并日臻成熟。但是,由于格构式输电塔结构上的特殊性,加上塔—线之间的耦合,运动的塔—线体系与气动力之间的耦合,使得格构式输电塔动力风荷载模型的建立与在此基础上的风振响应分析方法的建立十分困难,是风工程界长期关注且至今未能解决好的重大研究课题。由于多点扫描测结构表面风压的方法不适用于格构式塔架,高频测力天平测结构基底力的方法也只适用于单塔一阶线性振型广义动力风荷载的建模,经过多年的探索,我们提出了通过典型输电塔和塔—线体系完全气弹模型风洞试验,测得塔上各控制点的风振响应及线的动张力,进而在识别出体系低阶频率与阻尼的基础上,采用逆虚拟激励法,反演得到格构式输电塔顺、横、扭三维频域风荷载

基金项目:国家自然科学基金资助项目(50278073,50678137,90715023,51078296,51008240)。

模型的建模思路。

实现上述输电塔动力风荷载建模思路的首要步骤是实现典型输电塔和塔—线体系完全气弹模型风洞试验。我们在2007年9月在同济大学TJ-3号风洞完成了几何缩尺比为1/30的猫头型输电塔与两跨导地线体系的完全气弹模型风洞试验[1](图1和图2),通过试验,测得导线对输电塔的动张力和输电塔多点的加速度与位移时程。

图1　风洞中的输电塔—线体系气弹模型

图2　绝缘子上应变测量布置

在输电塔气动阻尼识别方面,我们采用Hilbert-Huang变换结合随机减量法识别出输电塔挂线与不挂线时的低阶振型总阻尼比及气动阻尼比[2](表1和表2)。

风沿强轴作用时单塔阻尼比　表1

风速(m/s)	弱轴向				强轴向			
	一阶振型		二阶振型		一阶振型		二阶振型	
	总阻尼比	气动阻尼比	总阻尼比	气动阻尼比	总阻尼比	气动阻尼比	总阻尼比	气动阻尼比
5.5	0.0250	0.0065	0.0228	0.0018	0.0353	0.0141	0.0395	0.0064
5.0	0.0263	0.0078	0.0222	0.0012	0.0346	0.0134	0.0345	0.0014
4.5	0.0270	0.0085	0.0231	0.0021	0.0322	0.0110	0.0401	0.0070
4.0	0.0235	0.0050	0.0227	0.0017	0.0288	0.0076	0.0428	0.0097
3.0	0.0251	0.0066	0.0219	0.0009	0.0243	0.0031	0.0336	0.0005

风垂直于导线时输电塔挂线时的低阶振型阻尼比　表2

风速(m/s)	在平面				出平面	
	一阶振型		二阶振型		一阶振型	
	总阻尼比	气动阻尼比	总阻尼比	气动阻尼比	总阻尼比	气动阻尼比
5.5	0.1001	0.0752	0.0698	0.0422	0.0960	0.0709
5.0	0.0882	0.0633	0.0647	0.0371	0.0950	0.0699
4.5	0.0720	0.0471	0.0683	0.0407	0.0921	0.0670
4.0	0.0625	0.0376	0.0632	0.0356	0.0730	0.0479
3.5	0.0684	0.0435	0.0506	0.0230	0.0690	0.0439
3.0	0.0543	0.0294	0.0468	0.0192	0.0503	0.0252

由于输电塔挂线后气动阻尼比的变化规律与单塔相同,本文采用相同的公式,利用最小二乘法拟合输电塔挂线时顺风向和横风向各阶振型气动阻尼比:

$$\xi_{ai} = a(V_H/n_i B) + b(n_1/n_i) \tag{1}$$

式中,ξ_{ai}为第 i 阶振型气动阻尼比;V_H 为结构顶部风速;n_i 为各阶振型频率;B 为输电塔底部迎风面宽度;a、b 为拟合参数,如表 3 所示。

输电塔挂线后气动阻尼比拟合参数表 表 3

参　数	90°风向角	
	顺风向	横风向
a	0.017 9	0.041 6
b	0.002	0.024

在输电塔动力风荷载反演方面,我们利用单塔的位移响应,采用逆虚拟激励法,识别出输电塔的顺风向、横风向风荷载谱密度函数[3]。

顺、横风向风荷载可以写为统一的形式:

$$p(z,t) = a(z) \cdot f(t) \tag{2}$$

设 $f(t)$ 的自谱密度为 $S_f(\omega)$,n 个自由度结构作用有 m 个平稳随机风荷载,利用虚拟激励法,风荷载可写为:

$$\tilde{\boldsymbol{p}}(z,t) = \begin{Bmatrix} a_1(z) \\ a_2(z) \\ \vdots \\ a_m(z) \end{Bmatrix} \cdot \sqrt{S_f(\omega)} \cdot \mathrm{e}^{\mathrm{i}\omega t} = \boldsymbol{a} \cdot \mathrm{e}^{\mathrm{i}\omega t} \tag{3}$$

风荷载的功率谱矩阵为:

$$\boldsymbol{S}_{pp}(\omega) = \tilde{\boldsymbol{p}}^* \cdot \tilde{\boldsymbol{p}}^{\mathrm{T}} = \begin{bmatrix} a_1^2 & \rho_{12}a_1a_2 & \cdots & \rho_{1m}a_1a_m \\ \rho_{21}a_2a_1 & a_2^2 & \cdots & \rho_{2m}a_2a_m \\ \vdots & \vdots & & \vdots \\ \rho_{m1}a_ma_1 & \rho_{m2}a_ma_2 & \cdots & a_m^2 \end{bmatrix} \cdot S_f(\omega) = \boldsymbol{A} \cdot S_f(\omega) \tag{4}$$

根据式(3)的虚拟激励,可以算出位移虚拟简谐响应:

$$\tilde{\boldsymbol{y}} = \boldsymbol{Ha} \cdot \mathrm{e}^{\mathrm{i}\omega t} \equiv \boldsymbol{b} \cdot \mathrm{e}^{\mathrm{i}\omega t} \tag{5}$$

其中,符号"≡"表示"记作";$\boldsymbol{H}$ 为位移频响函数矩阵。

多自由度系统位移频响函数矩阵任一元素 $H_{pq}(\omega)$ 表示 q 点单位激励在 p 点产生的位移:

$$H_{pq}(\omega) = \sum_{r=1}^{n} \frac{\varphi_{pr}\varphi_{qr}}{\omega_r^2 - \omega^2 + 2j\xi_r\omega_r\omega} \tag{6}$$

输电塔上某点位移响应自功率谱为:

$$S_{y_1y_1}(\omega) = \boldsymbol{b}_1^* \cdot \boldsymbol{b}_1^{\mathrm{T}}$$

$$= [H_{11}^* \quad H_{12}^* \quad \cdots \quad H_{1m}^* \quad] \cdot \boldsymbol{A} \cdot \begin{Bmatrix} H_{11} \\ H_{12} \\ \vdots \\ H_{1m} \end{Bmatrix} \cdot S_f(\omega)$$

$$= \lambda(\omega) \cdot S_f(\omega) \tag{7}$$

式中,矩阵$\boldsymbol{A}$与式(4)中相同;$\lambda(\omega)$为一实数。

因此,只要通过试验获得了该点某个方向上位移的功率谱,就可以计算出该方向上的荷载谱:

$$S_f(\omega) = \frac{S_{y_1y_1}(\omega)}{\lambda(\omega)} \tag{8}$$

当风沿强轴向,4种风速下识别出的风荷载谱及拟合得到的风荷载谱见图3;将4种风速的试验数据综合,进一步拟合得到一条荷载谱曲线,相应的以强轴为顺风向的风荷载谱拟合公式为:

$$y = \frac{18.93x_1^{1.05}}{(1 + 266.76x_1^2)^{1.5}} \tag{9}$$

风沿强轴向时,弱轴为横风向。4种风速下识别出的横风向风荷载谱及拟合得到的横风向风荷载谱见图4;同样将4种风速的试验数据综合,进一步拟合得到一条荷载谱曲线,相应的以弱轴为横风向的风荷载谱拟合公式为:

$$y = \frac{12.57x_1^{1.5}}{(1 + 39.58x_1^3)^3} \tag{10}$$

荷载谱的峰值出现在$x_1 = 0.16$处,约为顺风向峰值位置的3倍,并且横风向荷载谱形态与顺风向的相比有较大的区别,其能量分布在一个更宽的频带上。

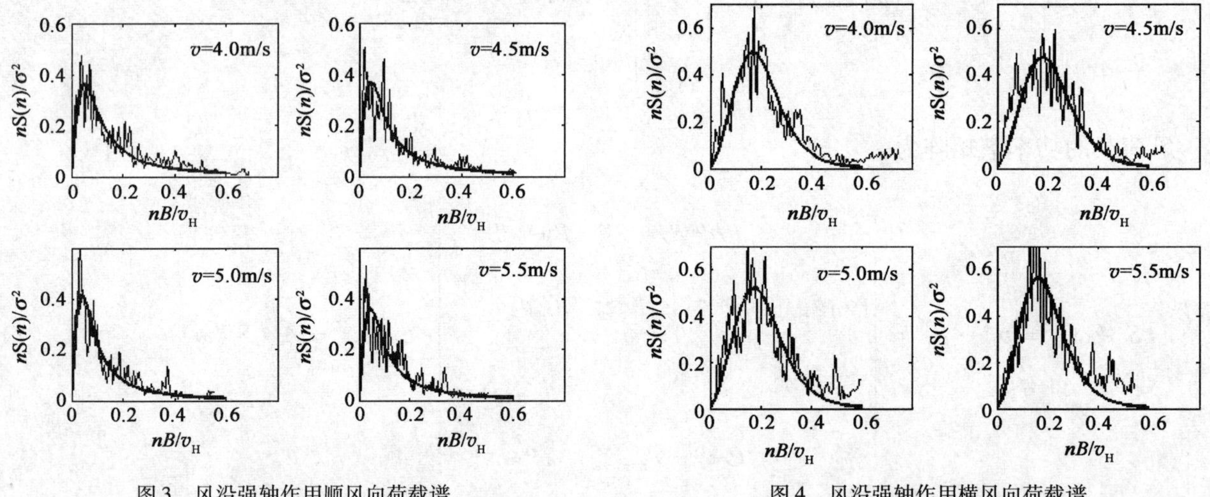

图3　风沿强轴作用顺风向荷载谱　　　　图4　风沿强轴作用横风向荷载谱

上述工作是在风荷载谱沿高不变的假定下完成的。若通过完全气弹模型风洞试验,测得各类输电塔沿高多个点的位移功率谱,就能够反演得到沿高变化的顺横扭三维荷载谱,从而建立各类输电塔精细的频域动力风荷载模型,这一工作正在进行中。此外,通过对不同跨距、弧垂的导线气弹模型在各种风速下的线端或绝缘子动张力的测试(图5),可以建立各类导地线对输电塔的荷载模型。进而通过输电塔—线体系完全气弹模型试验,测试并建立塔—线风荷载的相关(干)函数,则可实现建立考虑导地线动力效应的各类输电塔频域风荷载模型的目标。结合我们在塔—线体系动力特性分析与气动阻尼识别方面的成果,考虑塔线耦合动力效应的输电塔三维风振计算方法和在此基础上的抗风设计方法就顺理而成了。

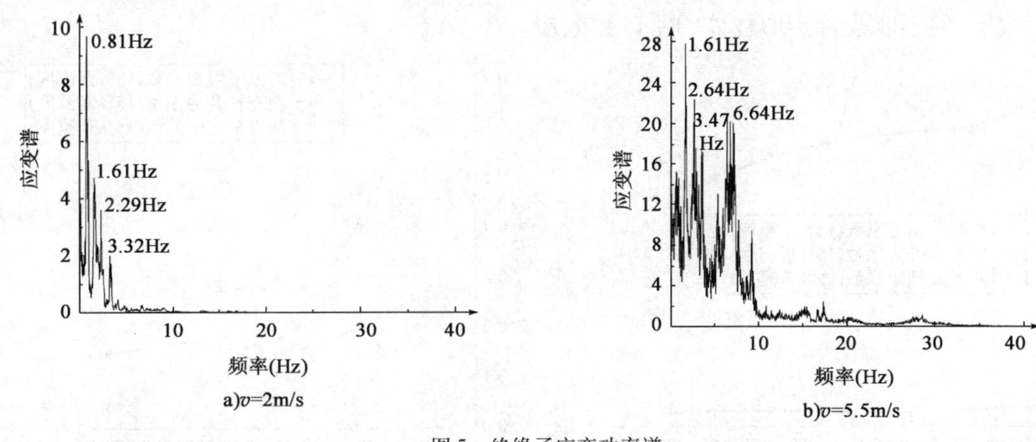

图5 绝缘子应变功率谱

3 基于风洞试验的高层建筑风荷载模型的雷诺数效应

由于建筑物风洞试验风场与实际风场的雷诺数相差两到三个数量级，风洞试验数据的雷诺数效应一直困扰着从事结构抗风研究的学者。对于圆柱体和类圆柱体，由于其气流附面层的分离点与分离区直接与流场雷诺数相关，结构风工程界已对该类模型风洞试验数据的雷诺数效应开展了较为广泛、深入的研究。但对于方柱与矩形截面柱体，由于其分离点固定在迎风面棱角处，通常认为这类断面模型的表面风压场对雷诺数的变化不敏感。但近年来国外的相关研究表明，方截面及矩形截面柱体模型的表面风压亦存在不容忽略的雷诺数效应。在这方面我们的工作如下。

(1)通过风洞试验揭示了在 $1\times10^4\sim1.9\times10^6$ 雷诺数范围内矩形、八角形超高建筑在均匀流场和各种紊流场中平均风荷载和动力风荷载的雷诺数效应，得到了在上述雷诺数范围内矩形超高建筑风荷载在幅域和频域的变化特征和变化规律，以及紊流度与表面粗糙度对矩形超高建筑模型表面风压雷诺数效应的影响[4]。主要发现有：

①在10% ~20%紊流场中，矩形超高建筑的平均阻力系数与均方根阻力系数在 $1\times10^4\sim1.9\times10^6$ 雷诺数范围内随雷诺数的增加有所降低，均方根升力系数显著降低。对于不同的模型，前者降低约10% ~20%，后者可降低30% ~60%。在C、D类风场中，上述系数降幅明显减小。在均匀平滑流场和低紊流度流场，在上述雷诺数范围内，平均阻力系数与均方根阻力系数变化不大，但均方根升力系数随雷诺数的增加先显著增加，而后下降。

②对于宽长比 B/D 为1:1和3:1的矩形模型，在 $1\times10^4\sim1.9\times10^6$ 雷诺数范围内其顺风向、横风向力谱的频谱形状与谱峰位置(卓越频率)变化不大(图6~图9)。对于 B/D 为1:3的矩形模型，在雷诺数较低的紊流场中，横风向力谱呈双峰形，随着雷诺数的增加(提高风速)，由分离流再附引起的次级涡脱谱峰能量有所增加，但二谱峰位置基本不变(图10)。当继续通过提高风速来增加流场雷诺数时，由次级涡脱引起的高频谱峰会由于再附现象的消失而消失。但如果此时采用大模型继续提高雷诺数，又会发生分离流再附从而出现双谱峰频谱。

③流场紊流度的增加，对矩形模型正面的平均风压影响很小，对侧面、背面的平均风压有一定影响。紊流度的增加可以减小矩形模型两侧的分离泡，使再附点提前，使得在不同紊流度流场中的矩形模型(尤其是对于宽长比 B/D 小、可能发生再附的矩形模型)两侧面风压的雷诺数效应发生很大变化。对于矩形模型，紊流度的增加不能像对圆柱体一样影响分离点位置，而只能影响再附点位置。但雷诺数的增加使得两侧再附点推后，紊流度的增加使得两侧再附点提前，因而紊流度的增加不能改善矩形柱体的雷诺数效应。

④矩形模型表面粗糙元的设置对平均风压和平均阻力系数影响不大，而使得均方根阻力、升力系数有较明显的增加。对于宽长比较小的矩形柱体，表面粗糙元可以使分离流在模型两侧面的再附点提前，从而改变模型的均方根升力系数和升力谱。总之，矩形模型表面粗糙元的设置可以取得类似于增加流

场紊流度的效果，但不能改善矩形柱体的雷诺数效应。

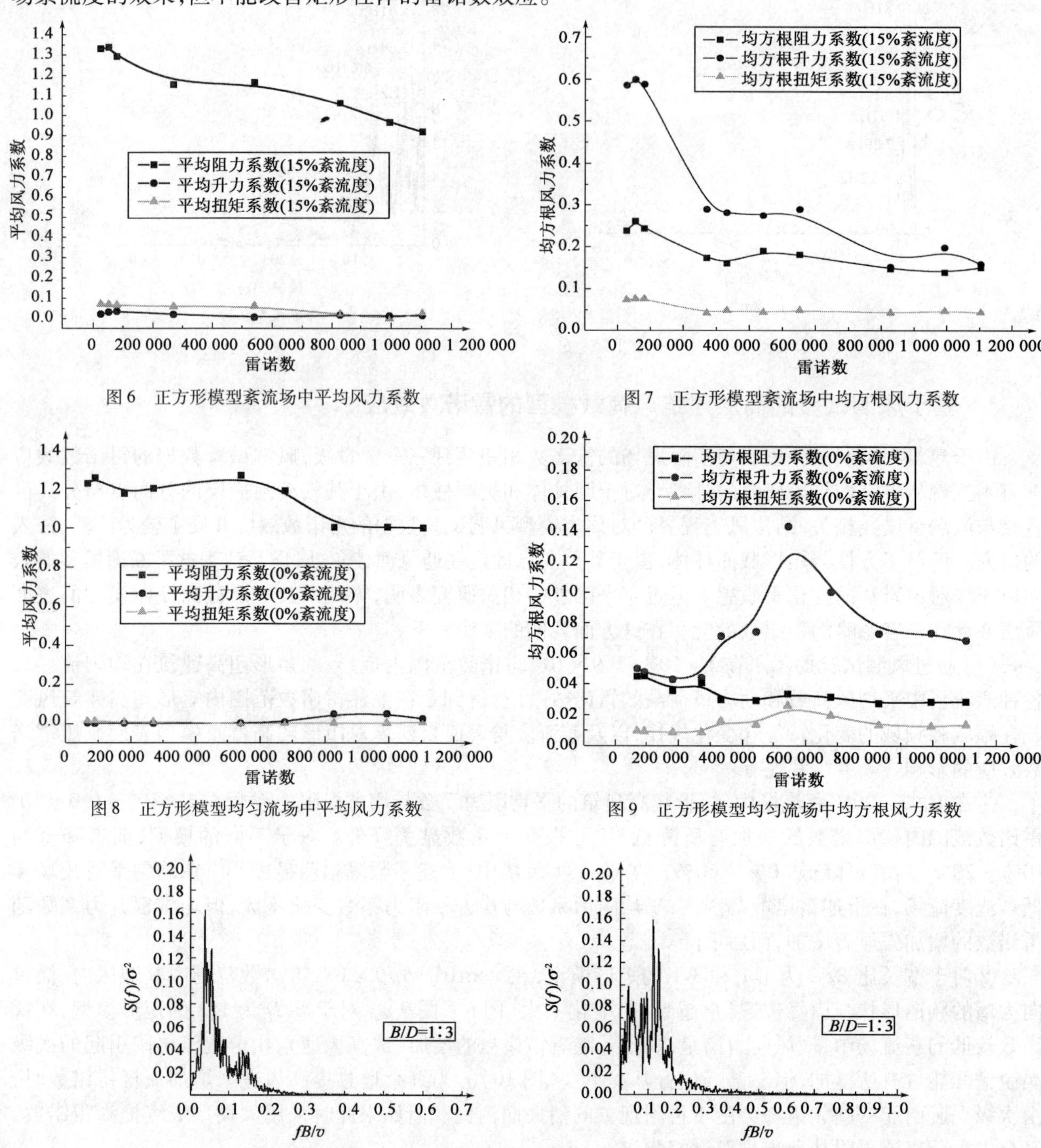

图 6 正方形模型紊流场中平均风力系数

图 7 正方形模型紊流场中均方根风力系数

图 8 正方形模型均匀流场中平均风力系数

图 9 正方形模型均匀流场中均方根风力系数

a) Re=156 890

b) Re=313 870

图 10 宽长比 1:3 横风向风力谱（紊流度 5%）

⑤大量的风洞试验与数值模拟证实，在同一种紊流度风场，由不同模型尺寸和不同平均风速得到的同一雷诺数流场中的模型表面平均风压与均方根风压是不同的（图 11），因此，我们提议建立标准化雷诺数效应的概念与方法。为了使模型在不同量级雷诺数下的表面风压系数是唯一的、单值的，从而使得其雷诺数效应是确定的、可修正的，建议将在结构设计风速下的实际风场湍流积分尺度与实际结构宽度 B 之比作为标准化参数，进而根据标准化参数的相似关系确定试验风速 U，得到不同量级雷诺数风洞试验的模型标准化雷诺数效应。

（2）通过数值模拟得到了在 $1\times10^4 \sim 1.2\times10^6$ 雷诺数范围内矩形超高建筑在均匀流场和各种紊流

场中表面平均风压和脉动风压的雷诺数效应，掌握了在上述雷诺数范围内矩形超高建筑流场的变化特征和变化规律，进而分析、阐明了矩形超高建筑雷诺数效应的发生机理与影响因素[5]。

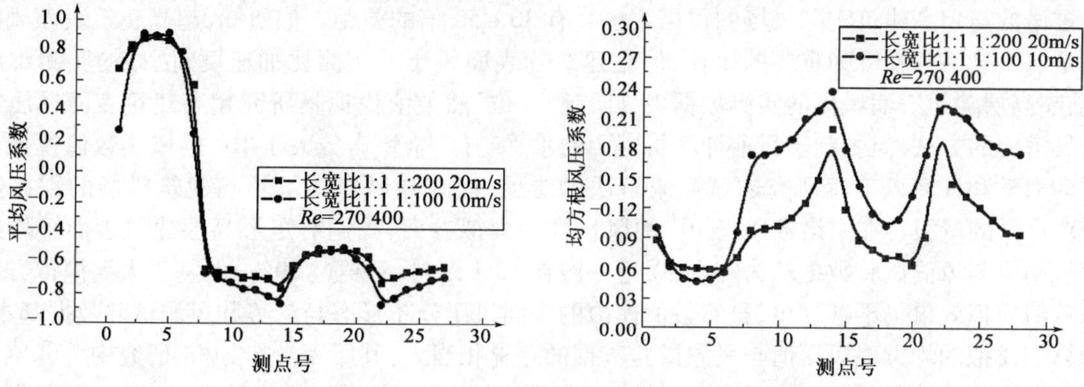

图 11　不同风速 v 和模型尺寸 B 对风压系数的影响（5% 紊流场，$Re=276\ 000$，0°风向角）

采用雷诺平均模型数值模拟 5% 紊流度，缩尺比 1∶400，宽长比 1∶3 的矩形柱体在 45°风向角时的流场，通过改变风速来改变雷诺数，得到流场随雷诺数的变化如图 12 所示。

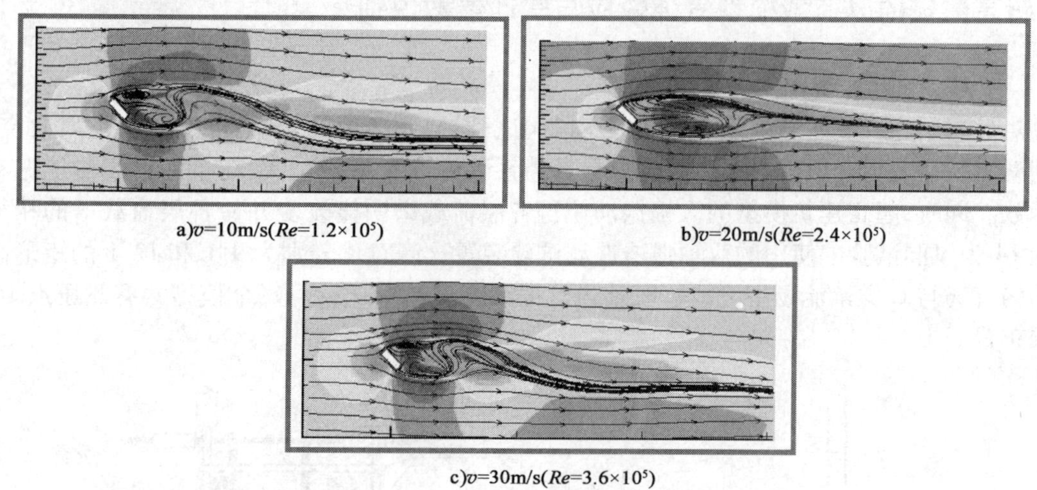

a)v=10m/s($Re=1.2\times10^5$)　b)v=20m/s($Re=2.4\times10^5$)

c)v=30m/s($Re=3.6\times10^5$)

图 12　矩形柱体流场随雷诺数变化

采用大涡模拟方法数值模拟均匀流中缩尺比分别为 1∶400 和 1∶100，宽长比 1∶3 的矩形柱体在 0°风向角时的流场，当雷诺数相同时某时刻风速及流线分布如图 13 所示。等雷诺数条件下，1∶3 矩形断面采用高风速小模型（S400）时分离流在侧面没有明显的再附，两侧的旋涡在尾流中形成两组涡脱相互作用明显；采用低风速大模型（S100）时分离流在侧面有再附现象，气流在背风面的再次分离在尾流中形成次级涡脱。显然，等雷诺数条件下流场的差异是二者风压系数不同的原因。

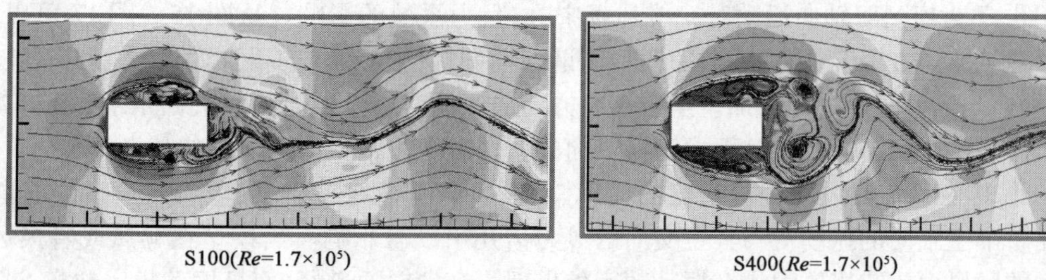

S100($Re=1.7\times10^5$)　S400($Re=1.7\times10^5$)

图 13　相同雷诺数不同风速与模型比例的矩形柱体流场变化

雷诺数效应被称为“风洞试验数据的癌症”，是国际风工程界公认的难题。基于风洞试验的超高层建筑风荷载模型的雷诺数效应研究，虽然取得了一定进展，但离问题的解决还有很大距离。问题主要在于:①国内的风洞截面积与风速都还不够大,我们所完成的超高层建筑模型最大风洞试验雷诺数与超高建筑实际风场的雷诺数尚差两个数量级。即使是利用国外最大且风速较高的风洞来完成本项目研究,其试验雷诺数与超高建筑实际风场的雷诺数也会有 30~50 倍的差距。如所知,超高建筑表面风压的原型实测是解决这一问题极为重要的途径,但是建筑物表面风压的实测比加速度、位移的实测难度大得多,目前超高层建筑表面风压的实测数据极为匮乏。②虽然数值模拟是研究超高建筑表面风压雷诺数效应颇具潜力的方法,但受制于目前计算机资源的水平与能力,雷诺数大于 10^6 的风场数值模拟仍是计算流体动力学和计算风工程研究领域尚未解决的难题,而在强风作用下超高建筑风场的雷诺数达到 $10^7\sim10^8$ 这样的量级。在雷诺数小于 10^6 的风场数值模拟方面,我们对矩形高层建筑表面平均风压的数值模拟结果与风洞试验数据较为吻合,误差一般在 10% 以内,不超过 20%;但基于大涡模拟方法的脉动风压数值模拟效果仍不够理想,虽然数值模拟的表面风压分布形态与趋势和风洞试验数据基本相符,但不少算例模拟的均方根风压值与风洞试验数据的差异相当大,其原因尚在分析、研究中。③鉴于不同风速与不同模型尺寸得到的同一雷诺数风场的表面风压系数存在不可忽略的差异,建立标准化雷诺数效应的概念与方法是必要的。由于以上这些原因,建立典型超高建筑静力、动力风荷载模型雷诺数效应定量修正的数学方法,目前还无法实现。

4 超高建筑的风荷载模型气弹效应与气动参数识别

4.1 矩形风荷载模型的气弹效应

通过矩形高层建筑模型二维强迫振动测压风洞试验,得到了超高建筑在顺风向、横风向定幅、定频振动对其动力风荷载均方根阻力系数与均方根升力系数的改变量,这一改变量是超高建筑振动频率与幅度的函数。同时,超高建筑模型的大幅振动使得各层荷载谱明显改变并使各层荷载谱的相关性明显增大。图 14 为风洞试验中使用的双轴强迫振动试验装置。高宽比分别为 9:1 和 12:1 的矩形高层建筑模型在均匀流场与 C 类紊流场中完成了双轴强迫振动测压风洞试验。每个模型共有测压点 160 个,沿高分 8 层布置。

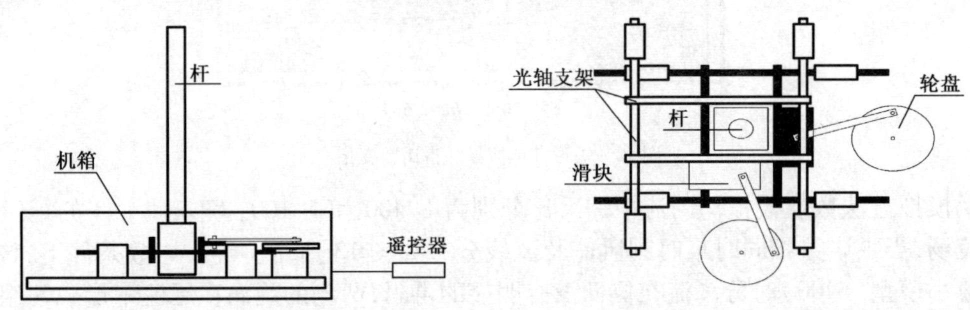

图 14 双轴强迫振动装置的基本结构

图 15~图 17 为模型双轴向运动对 C 类风场中升、阻力系数的影响。从图 15~图 17 可以看到,一般来说,矩形建筑的均方根升、阻力系数随模型简谐振动的幅值与频率的增加而增加,尤其是随本方向简谐振动的幅值与频率的增加而增加。至于正交方向的影响,模型顺风向简谐振动的幅值与频率的增加会引起均方根升力系数明显增加,而模型横风向的振动对均方根阻力系数影响甚微。

图 18~图 20 显示 C 类风场中规格化的横风、顺风力谱明显地随横风、顺风向模型的简谐振动改变,但模型在一个主轴向的振动对与其正交向的风力谱几乎没有影响。当模型在顺风或者横风向简谐振动时,模型的顺风力谱或横风力谱在振动频率处出现一个尖锐的谱峰,而且振动频率越高,谱峰越高。但模型简谐振动幅值的变化对风力谱的形状与分布没有明显的影响。图 21、图 22 显示,顺风向风荷载的竖向相干函数明显比横风向风荷载大,顺风向的荷载相干函数均为正,但横风向的荷载相干函数由于涡脱过程沿高的不同步出现负值。模型在顺风或横风向的运动使同方向荷载竖向相干函数的绝对值增

加。但模型在横风向的简谐振动对其顺风向荷载竖向相干函数影响很小，模型在顺风向的简谐振动使得横风向风荷载竖向相干函数随高差的变化减小。

上述研究表明，在幅域，超高层建筑在强风作用下大幅振动时，其均方根升、阻力系数随振动的强度明显增加；在频域，超高层建筑的大幅振动使各层荷载谱的相关性明显增大，在振动频率处出现尖锐的谱峰。对于结构运动引起的荷载模型的改变量，是超高层建筑抗风设计精细化所必须考虑的。

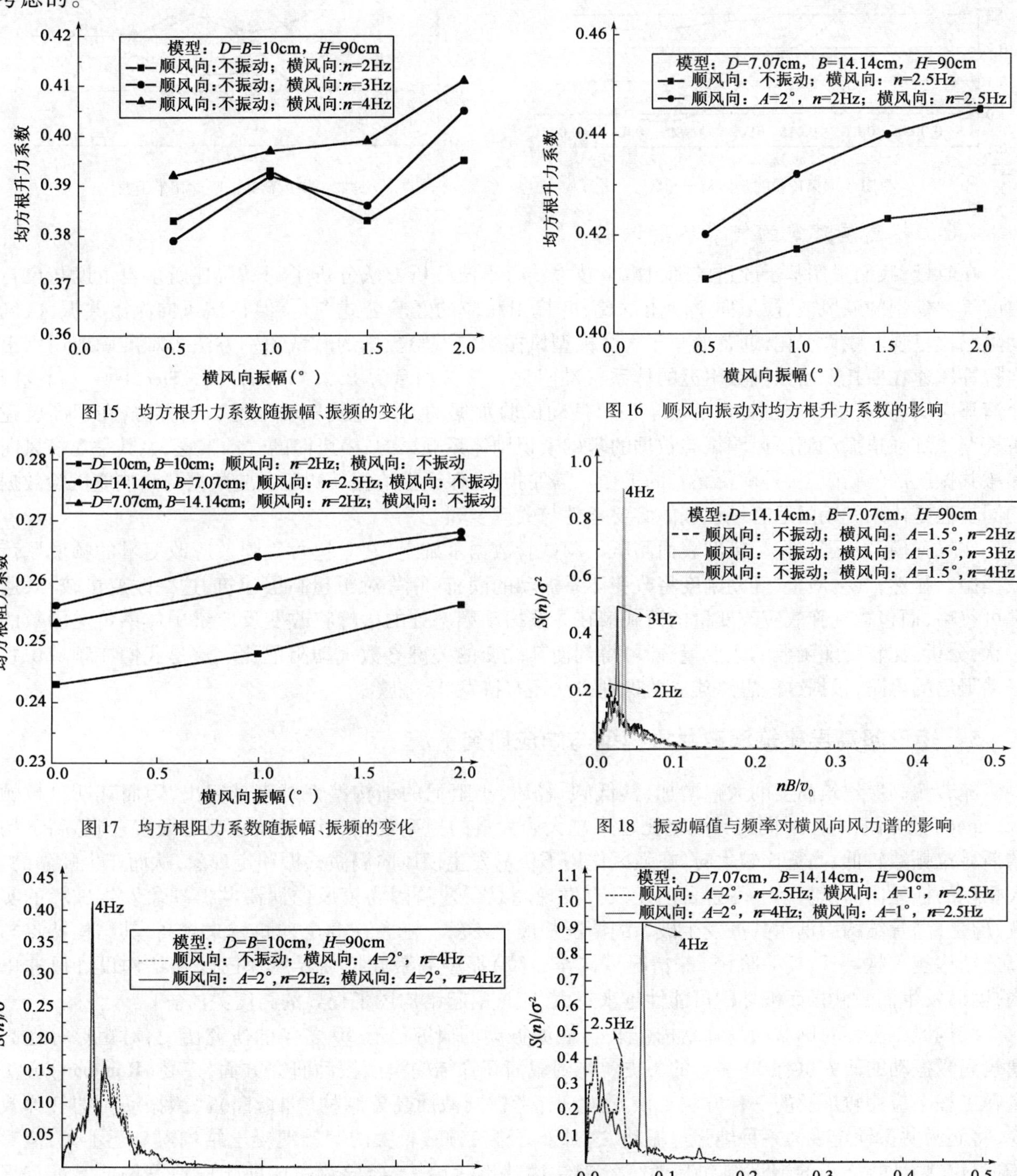

图15 均方根升力系数随振幅、振频的变化

图16 顺风向振动对均方根升力系数的影响

图17 均方根阻力系数随振幅、振频的变化

图18 振动幅值与频率对横风向风力谱的影响

图19 振动幅值与频率对横风向风力谱的影响

图20 振动幅值与频率对顺风向风力谱的影响

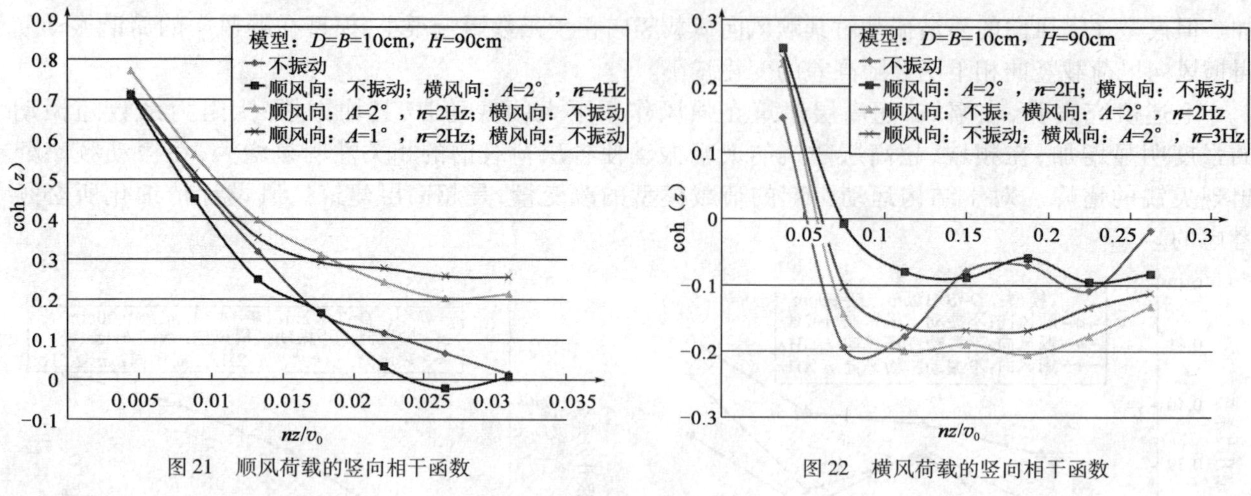

图21　顺风荷载的竖向相干函数　　　　图22　横风荷载的竖向相干函数

4.2　超高层建筑的气动参数识别

在时域，我们采用基于改进的随机减量技术结合小波分析方法分析了超高层建筑多自由度与单自由度气弹模型的顺风向、横风向气动阻尼比，并提出相应的经验公式[6-7]。但在横风向涡激共振区，气动阻尼比呈强非线性变化，通常的基于气弹模型风振响应试验数据的时域识别方法很难准确地识别出当折算风速在斯托罗哈数倒数附近的体系气动阻尼。参考加拿大 B. J. Vickery 、A. Steckley [8]和我国台湾郑启明、陈若华[9]分别提出的基于强迫振动试验数据的高层建筑气动阻尼识别方法，在超高层建筑模型二维强迫振动测压风洞试验数据的基础上识别体系顺风向、横风向的气动阻尼，尤其是在横风向涡激共振区的气动阻尼，是尚待完善的工作。需要指出，保证强迫振动测压试验数据与测响应试验数据的同步性是体系气动阻尼时域识别的必要条件与关键步骤。

在气弹模型与强迫振动模型表面测压风洞试验数据基础上，建立包含气弹效应改变量的频域风荷载模型。显然，气动质量、气动刚度将改变体系振动的固有频率，对于超高层建筑，这一改变量较小，通常可忽略，而包含气弹效应改变量的荷载谱在体系振动频率处的谱峰将改变反应谱中体系传递函数的形状，分析、比较传递函数的改变量，即可得到使其改变的关键参数气动阻尼比。这是我们在频域识别气动阻尼的思路，根据这一思路建立的识别方法还有待发展、完善。

5　矩形超高层建筑涡激共振模型与响应研究

随着超高层建筑高度的大幅增加，其低频、轻质、小阻尼的结构特性越来越突出，因而其斯科拉顿(Scruton)数亦越来越小，同时其高宽比越来越大。大量的原型观测和风洞试验都已证实，当超高结构的斯科拉顿数较低、高宽比较大时，在强风作用下极易发生横风向涡激共振锁定现象，从而产生强烈的、大幅度的横风向简谐振动。尽管目前还没有发现超高层建筑因为横风向涡激共振现象发生破坏的实例，但是，高耸结构因涡激共振发生破坏的情况却屡见不鲜。随着超高层建筑越来越高，其结构特点与高耸结构越来越接近，其一阶(特殊情况下甚至二阶)振型涡激共振临界风速已经在结构设计风速以内，因而发生涡激共振而破坏的可能性越来越大，应该引起结构风工程界的高度关注。

结构风工程界对圆截面高耸结构(烟囱)涡激振动的研究已有 50 多年的研究历史，对矩形等超高建筑涡激振动的研究也有 30 多年的历史。在圆截面高耸结构涡激振动研究方面，卢曼(Rumman)方法是在工程上应用较广泛的一种方法。该方法没有考虑圆截面高耸结构(如烟囱)涡激振动时的气弹效应，将涡激共振锁定视为一种纯强迫振动，这对于斯科拉顿数较大的钢筋混凝土结构误差还不大，但对于斯科拉顿数相当小的钢烟囱和其他高耸钢结构就不适用了，会导致横风向响应估算偏低。维克里(Vickery)等人提出的方法虽然考虑了圆截面高耸结构涡激振动的气弹效应，但该方法主要适用于旋涡脱落引起的圆截面高耸结构横风向窄带随机振动，而不适用于其涡激共振锁定分析。

超高层建筑的涡激振动分为两种：一种是窄带随机振动，另一种是共振锁定时的简谐振动。前者是涡脱干扰力起控制作用,后者是自激振动力起控制作用。风洞试验结果显示[10],后者的响应水平比前者大得多。超高建筑涡激共振锁定是非定常流场中结构的强耦合振动问题,在风洞试验数据的基础上建立半经验、半理论的涡激共振振子模型,为解决这一难题提供了有效途径。我们在一系列矩形截面超高建筑摆式气弹模型风洞试验数据的基础上,建立了在均匀流场中预测矩形超高建筑涡激共振锁定风速范围和涡激共振响应的两种改进的范德波尔振子模型[10-11]。该模型能够准确地预测均匀流场中矩形超高结构线性单自由度模型涡激共振锁定风速范围与涡激共振响应,其涡激共振响应在位移和速度组成的相平面中的轨迹为一稳定的封闭轨道,每周平均耗散能量为零,称为极限环。

第一种改进的范德波尔模型的基本微分方程如下:

$$m(\ddot{y} + 2\xi_s\omega_0\dot{y} + \omega_0^2 y) = 2\omega_0\rho_a D^2 K_a\left(1 - \varepsilon\left|\frac{y}{D}\right|^{2v}\right)\dot{y} \tag{11}$$

通过与气弹模型试验数据拟合得到方程的各参数,可求得方程在共振锁定区的规格化位移幅值为:

$$\eta_0 = \left[\frac{\pi}{Ic(v)\varepsilon}(1 - Sc/C_a)\right]^{\frac{1}{2v}} \tag{12}$$

第二种改进的范德波尔模型的基本微分方程为:

$$m(\ddot{y} + 2\xi_s\omega_0\dot{y} + \omega_0^2 y) = 2\omega_0\rho_a D^2 K_a\left[1 - \frac{\varepsilon}{(k_{max})^{\gamma}}\left|\frac{y}{D}\right|^{2v}\right]\dot{y} \tag{13}$$

同样通过与风洞试验数据拟合得到方程的各参数,可求得涡激共振最大规格化位移幅值为:

$$\eta_{max} = \left[\frac{\pi(k_{max})^{\gamma}}{Ic(v)\varepsilon}\left(1 - \frac{Sc}{C_a}\right)\right]^{\frac{1}{2v}} \tag{14}$$

式中,k_{max}为最大涡激共振风速与涡激共振临界风速之比,其值决定了共振区范围。

图 23 为不同斯科拉顿数(Sc)模型的顶部涡激共振位移响应试验值与相应的共振区。图 24 为最大涡激共振位移响应试验值、方程(14)预测值及其他模型预测值。将上述两种改进的范德波尔模型预测值与风洞试验测量值进行比较,表明这两种模型均具有较高的精度。

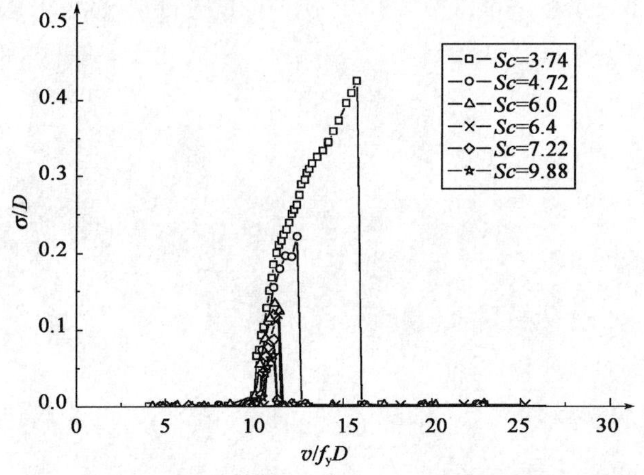

图 23 不同 Sc 的模型顶部横风向均方根位移响应

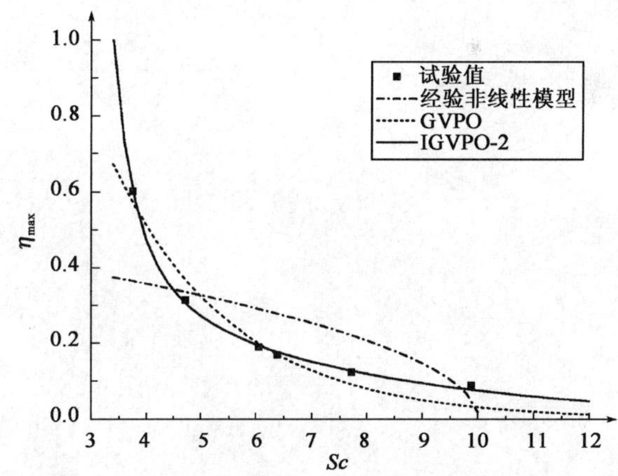

图 24 "锁定"时最大位移响应幅值的预测值与试验值比较随折算风速的变化

在实际紊流风场中,如 C 类、D 类风场中,由于平均风速沿高的变化、风速与结构位移的随机变化,使得超高层建筑涡激共振锁定的发生条件与响应分析较均匀流场中复杂得多。在大量风洞试验数据的基础上建立实际紊流风场中典型超高层建筑涡激共振模型与响应分析方法,是我们下一步的工作。

参 考 文 献

[1] 梁枢果,邹良浩,韩银全,等. 输电塔—线体系完全气弹模型风洞试验研究[J]. 土木工程学报,

2010,43(5).

[2] 邹良浩.输电塔—线体系三维动力特性与风振响应的理论与试验研究[R].武汉大学博士后出站报告,2009.

[3] 熊铁华,梁枢果,邹良浩.基于完全气弹模型风洞试验输电塔风荷载识别[J].建筑结构学报,2010,31(10).

[4] 陈寅.矩形截面超高层建筑风荷载雷诺数效应的风洞试验研究[D].武汉:武汉大学,2010.

[5] 张冬兵.矩形截面建筑风荷载雷诺数效应数值模拟研究[D].武汉:武汉大学,2010.

[6] 吴海洋,梁枢果,陈政清,等.强风下方截面高层建筑横风向气动阻尼比研究[J].工程力学,2010,27(10).

[7] 吴海洋,梁枢果,邹良浩.基于小波分析的高层建筑气动阻尼评估方法[J].振动与冲击, 2008,27(8).

[8] Vickery B J ,Steckley A . Aerodynamic damping and vortex excitation on an oscillating prism in turbulent shear flow[J]. Journal of Wind Engineering and Industrial Aerodynamics, 1993,49.

[9] 陈若华.结构振动与流场互制现象之风洞试验研究[D].杭州:浙江大学,1996.

[10] 吴海洋.矩形截面超高层建筑涡激振动风洞试验研究[D].武汉:武汉大学,2008.

[11] 梁枢果, 吴海洋, 陈政清.矩形超高层建筑涡激共振模型与响应研究[J].振动工程学报,2011,24(3).

[12] Shuguo Liang, Lianghao Zou, Xiaohui Peng, et al. Dynamic wind loads on tall building models undergoing bi-axial forced vibration in wind tunnel test[G]. 13th International Conference on Wind Engineering, Amsterdam,Netherlands ,July 10-15,2011.

[13] Shuguo Liang,Yin Chen, Huaiqiang Tang, et al. Investigation of Reynolds number effect of wind pressure on square cylinder by wind tunnel test[G]. 13th International Conference on Wind Engineering, Amsterdam,Netherlands , July 10-15,2011.

风工程研究中台风风观测数据的合理性和代表性判别

宋丽莉[1,2]　陈雯超[3]　黄浩辉[3]

(1. 中国气象局广州热带海洋气象研究所　广州　510080;
2. 中国气象局公共气象服务中心　北京　100081;
3. 广东省气候中心　广州　510080)

摘　要:根据风工程研究十分关注的台风近地边界层风特性分析的需求,从近几年获取的多个台风近地层风观测数据计算研究结果,结合台风特有的非均匀涡旋环流的风场结构特征和风数据高频采样仪器的性能特点,分析了工程抗风研究中对台风风观测数据可靠性和代表性判别的必要性以及可能对工程风参数的影响,给出了基础数据质量检验、处理的方法,初步提出了应用于工程抗台风研究的基础数据样本有效完整率标准以及台风强风数据代表性的判别依据和判别指标。通过"黑格比"台风观测数据的实验计算和对比分析,发现:①对超声测风仪获取的高频采样测风数据以4倍截断方差法进行处理,能够较好地提高数据可靠性;②风速序列中的野点数据对工程抗风特性参数的可靠性影响显著,即使只有2% ~5%的野点数据,对风谱参数的影响也很显著;③台风强风数据的代表性判别指标应以风工程研究需要的参数在台风不同位置的特征变化为依据;④台风强风数据代表性判别的基本指标是同时满足8级以上风速的风向连续转换120°以上方位角度、台风过程的风速时程曲线呈M形"双峰"变化、"双峰"之间出现风速小于11m/s时可以判断为台风眼区。

关键词:风工程　台风观测数据　可靠性和代表性　判别方法

1　引言

风特性研究是风工程的基础工作[1],而风特性研究的重要基础之一则是取得可靠的、有代表性的风观测数据。我国气象部门利用资料同化和质量控制技术来排除观测资料中的可能错误[2],以使气象观测资料质量达到业务应用要求。工程抗风研究对测风数据的精度要求比目前的天气预报业务更高,因此,测风数据的合理性和代表性判别是科学地进行工程抗风研究的必备基础。

风观测数据的可靠性影响因素包括观测仪器的性能[3](数据采样的方式、分辨率、量程以及跟踪能力等)、安装方式和观测运行管理等,而对基础数据质量的有效控制技术则是判别数据可靠性的关键;风观测数据代表性的主要影响因素包括观测位置的区域(或下垫面)代表性以及因天气系统结构的不同而导致的测风数据的代表性问题,如:季风和锋面天气系统的风场大体呈带状分布,而台风、龙卷等涡旋型天气系统的风场呈不规则的"环状"分布,两种不同环流结构天气系统的测风数据所能够代表的空间范围以及对平均风况和脉动风况的代表性等均差异很大;另一方面,工程抗风重点关注的强风边界层特征和大气污染研究关注的小风边界层特征也十分不同,这些因素均可显著影响阵风系数、湍流强度、湍流尺度、风功率谱以及风攻角和风廓线等工程抗风参数的推算和取值,随着我国沿海超大型结构工程的迅猛发展,急需对其主要的风控制因子——台风这种典型的涡旋结构天气系统进行观测和研究[4]。本文针对台风超声测风数据的合理性和风观测数据代表性的判别技术和方法进行探讨,以期为台风的工程抗风研究提供有效参考。

基金项目:国家自然科学基金重点项目"登陆台风风场及其工程致灾研究"(90715031)。

2 超声测风数据的合理性判别

2.1 影响数据合理性的因素

超大型工程特别是柔性结构对脉动风的作用十分敏感。目前能够达到工程抗风研究要求的精度并可以较准确地测量强风条件下脉动风况的仪器主要是超声波测风仪。超声波测风仪是利用超声波传播路径上的时间差来确定气流速度,其数据采样频率越高,对环境的敏感度也越高,气流中的雨滴、尘埃、飞虫等都会干扰声波对风速的响应,同时,仪器任一部件在响应和传输过程中的短暂故障都会带来信号错误,从而产生野点数据。对台风进行风观测的最大困扰是降水,并且往往越靠近台风中心强风区,降雨强度越大,从而降低了获取可靠的强风数据的机会。从 2008 年获取的强台风“黑格比”三维超声测风原始数据(采样频率 10Hz)来看,在靠近台风中心强风区,有些(10min)样本数据的有效完整率不足 80%,严格来说这样的样本数据即使进行了插补订正也不适于做风谱的计算分析。

2.2 数据合理性判别方法和效果

对超声测风数据的合理性判别需要同时采取多种方法:①选用具备有效数据自动识别功能的仪器来协助判别由于降水等的影响而产生的无效数据;②采用可靠的机械式测风仪进行平行观测,以其风速极值和风速、风向台风过程变化模态作为超声测风“野点”数据的判别依据;③采取多倍截断方差法对原始数据做进一步处理[5-6],方法如下:

对时间序列 $x(i)\,(i=1,2,\cdots,n)$,首先根据式(1)构建时间序列 $\mathrm{d}x$:

$$\mathrm{d}x(i) = x(i+2) - x(i),\ (i = 1,2,\cdots,n-2) \tag{1}$$

根据式(2)、式(3)计算序列 $\mathrm{d}x(i)$ 和 $\mathrm{d}x(i)^2$ 的平均值:

$$\overline{\mathrm{d}x} = \frac{1}{n-2}\sum_{i=1}^{n-2}\mathrm{d}x(i) \tag{2}$$

$$\overline{\mathrm{d}x^2} = \frac{1}{n-2}\sum_{i=1}^{n-2}\mathrm{d}x(i)^2 \tag{3}$$

式(2)、式(3)中,n 为数据序列的样本数。

再根据式(4)计算截断方差:

$$\sigma = \overline{\mathrm{d}x^2} - \overline{\mathrm{d}x}^{\,2} \tag{4}$$

依据式(5)的野点判断标准:

$$\Delta = c \cdot \sigma^{0.5} \tag{5}$$

当 $|\mathrm{d}x(i)| > \Delta$ 或 $|\mathrm{d}x(i+2)| > \Delta$ 时,则将 $x(i+2)$ 视作“野点”,对于矢量序列,式(5)中 $c=4$。

根据 Roland B. Stull 研究的方法[7],对被剔除的“野点”,根据下式进行插补:

$$v(i) = v(i-1)\cdot\gamma + (1-\gamma)\cdot\overline{v} \tag{6}$$

式(6)中,$v(i-1)$ 为“野点”前一时刻的值;γ、$\overline{v}$ 分别为“野点”前 100 个数据样本计算自相关系数和平均值。

图 1 为超声测风仪观测的强台风“黑格比”过程在三维方向(U_x、U_y、U_z)的 0.1s 时距风速序列。左列图为只经过仪器有效数据判别码判别后的数据,可以看出,其中仍存在大量不真的“毛刺”数据,经过 4 倍标准差滤选处理后(右列图),不真的“毛刺”数据消失了;与平行观测的螺旋桨测风仪记录的该台风过程 1s 极大风速 63.9m/s 比较,未经 4 倍标准差过滤时,过程 0.1s 极大风速为 77.4m/s,经 4 倍标准差过滤和插补订正后的过程 0.1s 极大风速为 65.1m/s,数据的合理性大为提高。

为了考察数据质量控制对几种主要的风参数的影响,利用“黑格比”过程的风速序列数据,分别对其在 4 倍标准差滤选处理前和处理后的序列,计算每个(10min)样本的主风向湍流强度 I_u、阵风系数 G 和摩擦速度 u_* 等参数,对比分析对原始数据进行 4 倍标准差滤选处理前和处理后对参数计算结果的影响发现,以未经处理的数据序列计算的脉动风参数总体偏大,只有少量的样本是偏小的;其中对摩擦速

度 u_* 计算值的影响最大[图 2f)]，处理前、后两者之间差异最大的样本可达 3.2 倍，处理前、后对主风向的湍流强度差异最大的样本比值也达 1.35 倍[图 2b)]，但该个例数据对阵风系数的影响只在 1% 左右。从下垫面对台风脉动风况特性的影响判断，上述对比分析结果只能在一定程度上代表海面下垫面的状况，对其他类型下垫面至少在原始数据处理前、后所得的风参数的"差异幅度"上出现显著不同。

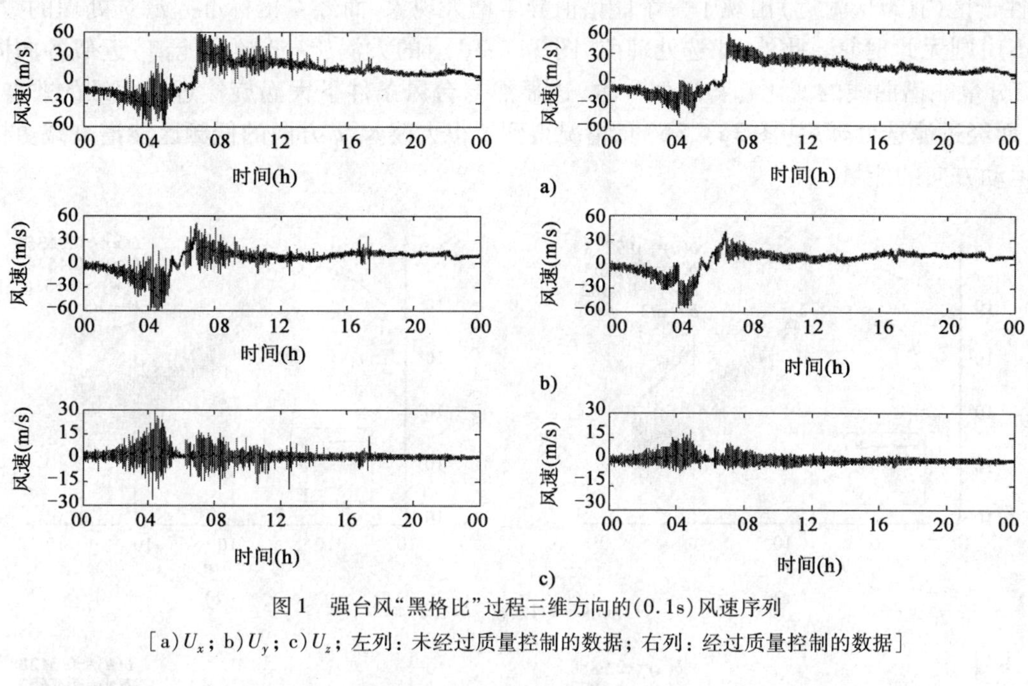

图 1　强台风"黑格比"过程三维方向的(0.1s)风速序列

[a) U_x；b) U_y；c) U_z；左列：未经过质量控制的数据；右列：经过质量控制的数据]

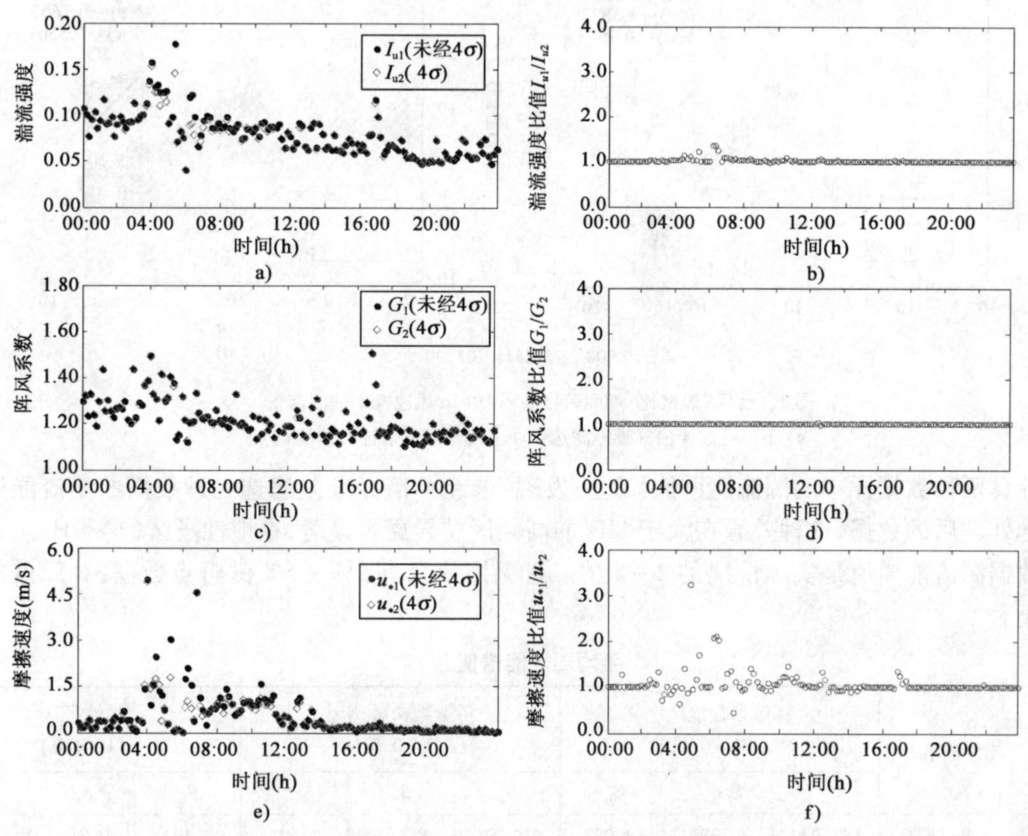

图 2　"黑格比"过程主风向风速原始数据在 4 倍标准差滤选处理前、后的湍流参数变化及对比

[b)、d)、f) 数据质量控制前、后的参数比值]

为了考察数据质量控制对风谱分析结果的影响，选取"黑格比"过程的两个强风样本(10min 平均

风速≥40m/s)，两个风速样本在三维方向上的分量 U_x、U_y、U_z 经4倍标准差滤选而剔除的无效数据分别占相应样本总数的3.5%、4.3%、4.8%和1.5%、1.8%、2.3%。对经4倍标准差滤选处理前、后的数据样本，采用完全相同的方法（快速傅里叶变换）计算其湍流功率谱，同时对1~4Hz频率范围内的湍流谱，用幂函数 $y=ax^b$ 进行非线性拟合（图3）。可以发现，未经4倍标准差滤选处理的数据样本[图3c)、3d)]在惯性子区内（3Hz附近）出现了一个能谱值异常增大现象，而经4倍标准差滤选处理的数据样本[图3a)、3b)]则无此现象。此外，滤选处理前[图3c)、3d)]的大涡旋（低频区能谱）近似各向同性，即 u、v、w 三个分量能谱曲线的变化趋势近似一致，这显然与台风条件下大涡旋接近准两维的非各向同性湍流不符，而经过滤选处理后[图3a)、3b)]，情况得到了很大改善，v 方向的低频区能谱衰减更快，直到小于垂直运动方向的能量。

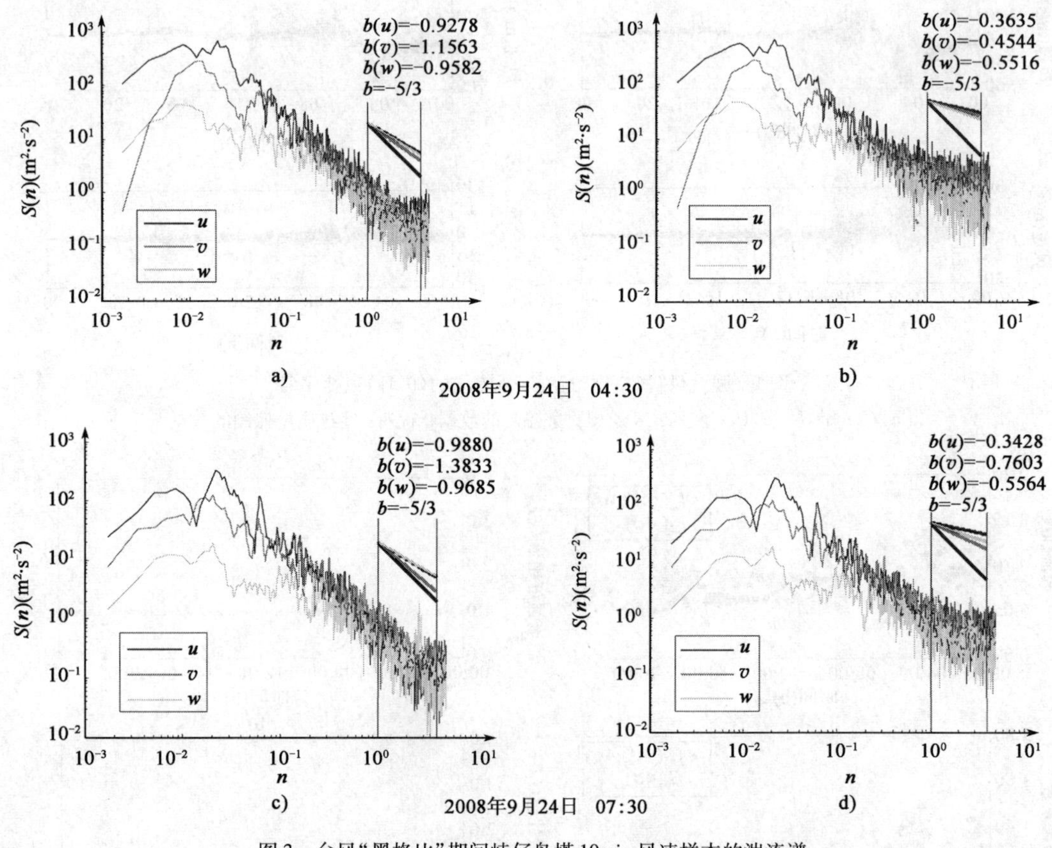

图3 台风"黑格比"期间峙仔岛塔10min风速样本的湍流谱

[a)、b)：经过4倍标准差滤选；c)、d)：未经4倍标准差滤选]

分别计算两种数据样本的湍流能谱值（表1）发现，未经4倍标准差滤选处理数据的湍流能谱普遍大于经滤选处理后的数据，这种差异在大于1Hz的高频区差异更为显著，在惯性子区（1~4Hz），未经滤选处理的数据湍流能谱值是实际情况的2~5倍。可见即使只有2%~5%的野点数据，对风谱参数的影响也很显著。

平均湍流能谱值 表1

风速样本	统计样本	低频含能区(0.001~0.1Hz)			桥梁结构敏感区(0.1~0.5Hz)			惯性子区(1~4Hz)		
		S_u	S_v	S_w	S_u	S_v	S_w	S_u	S_v	S_w
样本1	经过 4σ 滤选	187.247	70.380	14.083	10.752	8.185	4.427	0.493	0.368	0.308
	未经 4σ 滤选	186.059	70.287	14.794	10.981	9.061	5.248	2.134	1.510	0.848
	两者比值	1.006	1.001	0.952	0.979	0.903	0.844	0.231	0.244	0.363

续上表

风速样本	统计样本	低频含能区 (0.001~0.1Hz)			桥梁结构敏感区 (0.1~0.5Hz)			惯性子区 (1~4Hz)		
		S_u	S_v	S_w	S_u	S_v	S_w	S_u	S_v	S_w
样本2	经过4σ滤选	82.229	36.445	5.670	6.254	5.372	2.089	0.251	0.299	0.231
	未经4σ滤选	80.443	37.262	5.801	6.659	5.902	2.250	0.772	0.632	0.441
	两者比值	1.022	0.978	0.977	0.940	0.910	0.928	0.325	0.473	0.524

鉴于上述分析结果，并根据风工程研究的精度要求，初步提出台风脉动风观测的原始数据有效完整率标准：对于10Hz采样数据来说，用于湍流功率谱分析的原始数据样本，其有效数据完整率最好大于98%，最低不应低于95%，用于其他脉动参数计算的样本，其原始数据有效完整率一般也不宜低于80%。

3　台风强风数据的代表性判别

3.1　台风过程单站风况的特征分析

台风属中尺度天气系统，其特有的大气涡旋环流结构形成了台风过程的典型风况特征：对于台风正面经过的测站，其过程平均风速应呈M形双峰分布形态，其风向连续变化的方位角应超过180°。由此，气象部门在台风预报服务中确定台风正面影响某地的主要业务指标是气象站观测的风向连续变换了180°以上。

以2008年在广东沿海获取的"黑格比"台风路径附近的峙仔岛、覃巴、吴阳3个观测塔获取的数据为例进行说明。图4显示了强台风"黑格比"路径与3个观测塔的相对位置，其中，峙仔岛塔离台风中心最短距离为8.5km，覃巴、吴阳观测塔距离"黑格比"中心的最短距离分别为12km和18.3km。

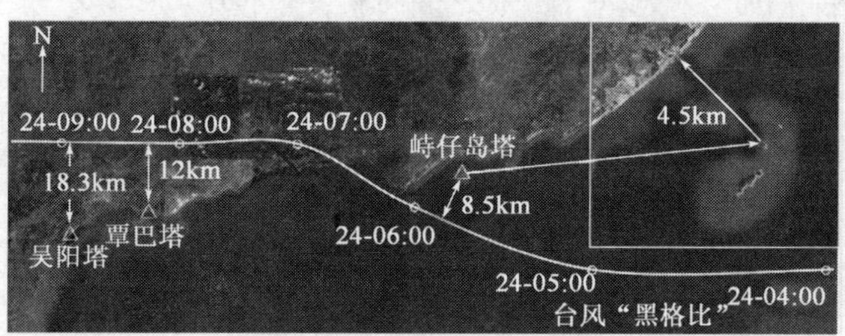

图4　"黑格比"强台风中心与观测点的相对位置

峙仔岛、覃巴、吴阳3个塔70m高度层观测的"黑格比"台风过程10min平均风速、风向时程变化情况见图5。可以看出，在台风过程中3个塔观测的风速均呈M形双峰变化，但3个塔的"峰顶"最大风速与"峰底"（台风中心）的最小风速差值大小显著不同，离台风中心最近的峙仔岛的"峰顶"最大风速为43.7m/s与"峰底"的最小风速相差32m/s，覃巴塔和吴阳塔的这一风速差值分别是28.1m/s、13.2m/s，可见，台风过程的"峰顶"与"峰底"风速差可以体现观测点离台风中心的远近。

图5还显示出台风过程中3个塔观测的风向角度均发生大幅度连续变化，但3个塔的方向角转换幅度也有不同，根据工程抗风研究重点关注大风这一要求，考察达到8级以上大风的风向角发现，峙仔岛塔的风向沿顺时针方向连续转换了210°方位角，覃巴塔8级以上大风风向先沿顺时针方向连续转换了270°方位角，之后又沿逆时针方向转换了54°方位角，方位角转换角度为216°；吴阳塔的8级以上大风风向沿逆时针方向连续转换了150°方位角。可见，观测点在大风时的风向角转换幅度，也体现了测点离台风中心的远近。

将台风过程8级以上大风的风速、风向变化特征以风矢量的方式表达（图6），图中的每根风矢量线的长度表示每个10min平均风速的大小，箭头所指的方向为风的来向，风矢量图可以更直观地表达出观

测点观测到了台风的哪个部位的大风数据，从而可以判断实测风况数据的台风强风代表性。

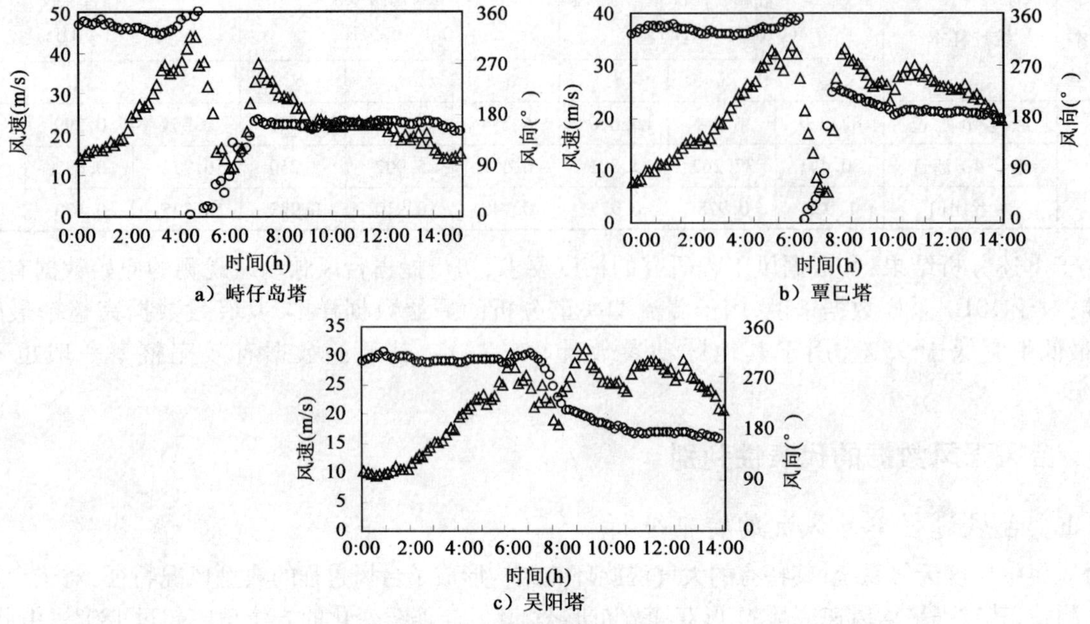

图 5　强台风“黑格比”70m 高度层的风速、风向时程变化

注：Δ：风速；○：风向。

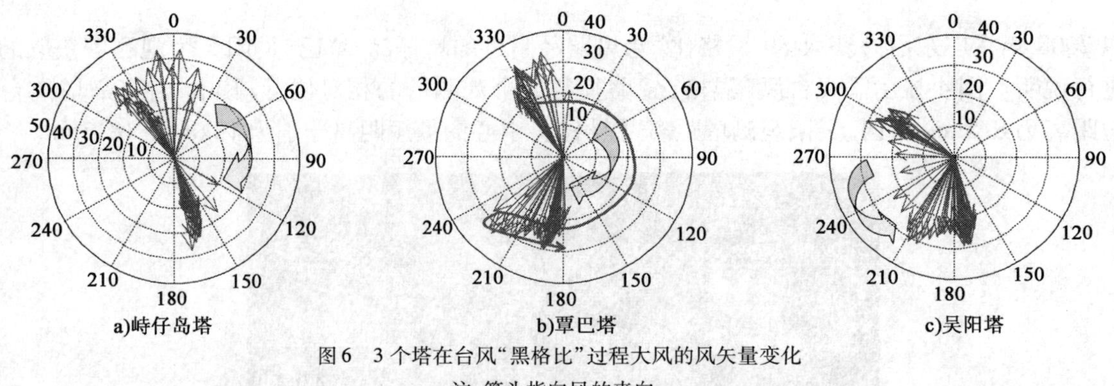

图 6　3 个塔在台风“黑格比”过程大风的风矢量变化

注：箭头指向风的来向。

3.2　台风强风数据代表性判别的依据

近几年获取的台风边界层观测数据分析结果已证明了在台风中心、眼壁强风区和外围环流等不同位置上，台风近地层风场的三维结构和风的湍流特性显著不同。这些不同反映在平均风速和风向的变化上以及在较小时间和空间尺度上的湍流特性参数的变化，如湍流度、积分尺度和功率谱特性等在台风中心区（或称眼区）、眼壁强风区和外围环流区的变化特征差异显著[8-10]。由于现代结构工程抗风十分关注强风和强涡旋共同作用下的平均和脉动风特性，而这些特性只有在靠近台风中心的眼壁强风区才能够客观地体现出来，因此，台风强风数据的代表性判别指标应以风工程研究需要的参数在台风不同位置的特征为依据。

(1)以台风强风阵风系数特性来判别台风强风数据的代表性

多篇文献指出，阵风系数随平均风速的增加有减小趋势，当风速增大到某一阈值后，阵风系数的趋势变化消失并只在一定的变幅内波动[11-12]。研究发现平均风速达到某一风速阈值后阵风系数就会基本保持不变[13]。多个台风观测个例研究发现，下垫面粗糙度和台风强度等因素影响这一“阈值”的大小。这一特征至少提示我们，强风数据样本选取首先要满足平均风速大到足以使阵风系数的趋势变化消失的风速阈值。

图 7 给出了峙仔岛、覃巴、吴阳 3 个塔 10m 高度层常态风况和台风“黑格比”大风期间的阵风系数

与风速的关系，可以看出，阵风系数随风速的增加逐渐减小，在台风8级以上大风时，阵风系数的趋势变化基本消失，但阵风系数仍在一定的变幅内波动。覃巴和吴阳两个下垫面较粗糙的海岸塔观测塔的阵风系数波动幅度要比位于海上的峙仔岛塔大，台风强风在粗糙下垫面产生的阵风系数的较大变幅，显示了粗糙下垫面对台风的涡旋式环流的动力影响作用被显著放大。

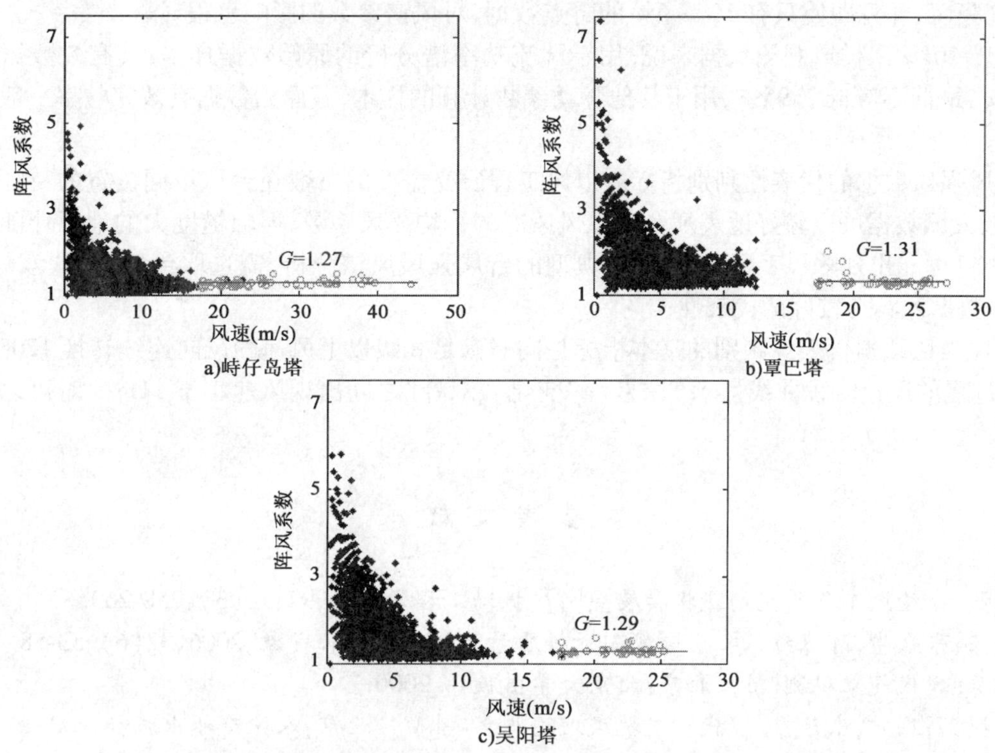

图7　常态风况和台风“黑格比”大风期间10m高度的阵风系数与风速的关系

“黑格比”等多个台风观测数据分析发现，就平均的阵风系数特征而言，8级以上大风数据可以较好地表征台风强风风况的平均阵风系数，但从粗糙度大的地区的观测个例发现，伴随台风极大风速的“双峰”可能出现阵风系数增大现象。

(2)台风强风脉动风谱分析数据的代表性判别

台风强风脉动风谱分析数据的代表性，不能单以风速大小来判断，多个台风观测个例试验计算发现，有些台风个例的强风带比较宽，即使12级以上的风速样本，也不一定能反映出该台风眼壁强风与强涡旋共同作用下所表现出的风谱特征，相反，对于强度较弱的台风个例，即使风速较小的样本，但只要取自紧邻台风眼壁的位置，其风谱也表现出典型的台风涡旋特征(图略)，因此，要分析台风眼壁强风与强涡旋共同作用下的风谱特征，必须首先分析台风过程风况数据的时程变化特征，需要从风速的“双峰”处，选取近邻眼壁强风区中的样本数据，在严格的数据质量控制基础上去分析台风强风的风速谱。

(3)台风强风数据代表性判别的基本指标

根据工程抗台风应用和研究重点关注台风强风及其涡旋环流共同作用的风特性这一需求，结合台风天气系统边界层风况特点，初步总结出能够代表台风眼区、眼壁强风和外围大风等较完整的过程观测数据的基本判别指标，即同时满足以下条件：①观测点获取的8级以上风速的风向连续转换的方位角度应大于120°；②台风过程的风速时程曲线应呈M形“双峰”变化；③“双峰”之间出现10min平均风速小于11m/s时，可以判断为台风眼区经过[14]。

4　结语

采用具有典型强台风特征的“黑格比”过程的实测数据，通过实例试验计算、演示和对比分析，解释了要获得工程抗台风研究十分关注的台风近地边界层准确的强风特性分析结果，需要先进行基础数据的可靠性处理和代表性判别的必需性。试验计算和对比分析小结如下：

(1)对于超声测风仪获取的高频风矢量观测数据,在经仪器自带的有效数据自动识别滤选后,再采用4倍截断方差法进行数据处理可以较好地提高数据序列的可靠性,也是基础数据处理必需的步骤；

(2)未经4倍截断方差处理的数据序列计算的脉动风参数总体偏大,对风谱计算的影响主要在大于1Hz的高频区,并且即使只有2%～5%的野点数据,对风谱参数的影响也很显著；

(3)对于10Hz采样风观测数据来说,用于湍流功率谱分析的原始数据样本,其有效数据完整率最好大于98%,最低不应低于95%,用于其他脉动参数计算的样本,其原始数据有效完整率一般也不宜低于80%；

(4)台风强风数据的代表性判别指标应以风工程研究需要的参数在台风不同位置的特征变化为依据:8级以上大风数据可以较好地表征台风强风风况的平均阵风系数,但粗糙度大的地区伴随台风极大风速的“双峰”可能出现阵风系数增大现象;典型的台风强风风谱分析,需选取台风过程“双峰”处的眼壁强风样本数据才具有较好的代表性；

(5)台风强风数据代表性判别的基本指标是同时满足8级以上风速的风向连续转换120°以上方位角度、台风过程的风速时程曲线呈M形“双峰”变化、“双峰”之间出现风速小于11m/s时可以判断为台风眼区。

参考文献

[1] 项海帆.结构风工程研究的现状和展望[J].振动工程学报,1997,10(3):258-263.

[2] 陶士伟,张跃堂,陈卫红,等.全球观测资料质量监视评估[J].气象,2006,32(6),53-58.

[3] 张蔼琛.现代气象观测[M].北京:北京大学出版社,2000.

[4] 项海帆,葛耀君,朱乐东.现代桥梁抗风理论与实践[M].北京:人民交通出版社,2005.

[5] 卞林根,陆龙骅,等.青藏高原南部昌都地区近地层湍流输送的观测研究[J].应用气象学报,2001,12(1):1-13.

[6] 陈红岩,等.处理时间序列提高计算湍流通量的精度[J].气候与环境研究,2000,5(3):304-311.

[7] Roland B Stull.边界层气象学导论[M].杨长新,等,译.北京:气象出版社,1991:334-338.

[8] 宋丽莉,毛慧琴,黄浩辉,等.登陆台风近地层湍流特性观测研究[J].气象学报,2005,63(6):915-921.

[9] Swng Lili, Pang JiaBin, Jiang Chenglin, et al. Field measurement and analysis of turbulence coherence for Typhoon Nuri at Macao Friendship Bridge[J]. Science China Technological Sciences, 2010 ,53(10): 2647-2655.

[10] 顾明,匡军,全涌,等.上海环球金融中心大楼顶部风速实测数据分析[J].振动与冲击,2009,28(12):114-118,122.

[11] 郅伦海,李秋胜,胡非.城市地区近地强风特性实测研究[J].湖南大学学报:自然科学版,2009,36(2):8-12.

[12] 史文海,李正农,张传雄.温州地区近地强风特性实测研究[J].建筑结构学报,2010,31(10):34-40.

[13] Wang Binglan, Hu Fei, Cheng Xueling. Wind gust and turbulence statistics of typhoon in south China. ACTA Meteorologica Sinina, 2010, 1:113-127.

[14] 陈瑞闪.台风[M].福州:福建科学技术出版社,2002.

超高层建筑抗风设计的现状与展望

谢霁明

（RWDI International China，安邸建筑环境工程咨询（上海）有限公司　上海　200041）

摘　要：本文回顾了超高层建筑物抗风设计中的重要研究成果与现状，重点讨论了高层风气候统计特性、超高层建筑风响应特点、抗风优化设计策略，以及风洞试验方法的可靠性等问题。由近地风历史资料得到的极端风统计具有一定的局限性，并不能完全包容高层极端风的统计特性，因此对超高层建筑需要研究高层风气候。全球再分析数据库的应用对此提供了有力的工具。超高层建筑的抗风设计优化的重点应以降低横风向响应为主，这可以通过考虑降低横风向激励的大小与降低横风向激励的空间相关性两方面得以实现。此外采用减振阻尼器提高结构抗风性能已成为结构优化设计中日益普遍的方法。本文还讨论了对具有圆弧楼角的超高层建筑物的雷诺数影响，以及超高层建筑风洞试验结果与该大楼在强风下实测结果的比较。

关键词：超高层建筑　抗风优化设计　风洞试验　极端风气候　横风向激励　雷诺数影响

1　引言

中国的超高层建筑虽然起步较晚，但发展速度迅猛，而且潜力很大。中国的超高层建筑无论在高度上，还是在数量上，在目前的国际建筑界中都占有极其重要的地位。在单项指标方面，中国的超高层建筑已摘取了许多世界第一的桂冠。图1所示为部分在建的超高层项目及其与世界顶级超高层建筑在高度方面的比较。

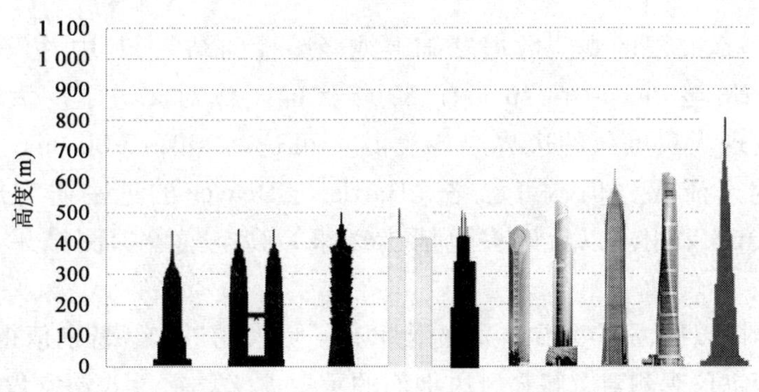

图1　部分超高层建筑的高度比较

超高层建筑的发展对整个建筑界的影响是巨大的，其中既有经济与文化层次的意义，又包含技术方面的突破，而且还反映了对传统工程管理体制与理念方面的考验。本文仅从技术层面回顾讨论超高层建筑物抗风设计的发展现状、部分成果以及对未来的展望。

何谓超高层建筑物？一般而言指300m以上的建筑物。但这种定义其实并不严格。从抗风的角度而言，真正关注的是区别于传统抗风设计的超高层风效应特点，这主要指与横风向振动有关的动态效应在抗风设计中的控制作用，取决于建筑物的横向宽度、动力特性、当地的风环境、建筑外形等因素，有些远小于300m的建筑物也可能出现明显的超高层风效应特点。所以本文所定义的超高层建筑物是广义的。

超高层建筑物抗风设计，在技术方面的突破是相对技术挑战而言。笔者认为，这其中最大的挑战首先是对传统学科分类与教学体制的挑战。对大多数建筑与结构设计人员，抗风设计中涉及的许多基本概念和知识是全新的，是以往专业培训中缺乏的。无论在国内还是在国外，这一问题带有普遍性。另一方面可以看到，目前在抗风研究方面的一些重大进展无一不是同各学科间交叉渗透有关。风工程学会的作用为各不同学科提供了互相交流与渗透的平台，是目前超高层建筑物抗风设计，取得进展的基本保证。其次，超高层建筑物抗风研究方面的进展是与整体科技进步密切相连的，特别是得益于数码技术的发展。作为风洞模型试验中非常重要的模型制作，由于采用了三维模型成型技术，使得其制作精度达到微米级，从而极大缓解了风洞紊流尺度对模型缩尺比的限制与模型制作精度间的矛盾。目前的计算流体力学 CFD 虽然还未能达到满足工程应用的定量程度，但其完善过程无疑会大大得益于计算机能力的进一步提高。此外不可忽视的是超高层建筑物抗风研究方面的进展同时还受到建筑与结构本身设计、施工、管理技术发展的制约。一些结构设计软件需要更新才能实际应用抗风研究的成果，施工中的抗风问题需要有一定的前瞻性，作为工程管理的抗风超限审查的水平与效益有待进一步提高。

任何一个应用学科的发展归根结底将由反映该学科的产业兴盛与否制约。中国正处于超高层建设的春天，对超高层建筑物抗风设计的研究有着直接的需求。凭借中国的超高层建筑产业的巨大舞台，中国超高层建筑抗风研究定将会突飞猛进。对超高层建筑物抗风设计的未来展望可以从中得到启迪。

2 风气候的研究与应用

在超高层建筑风响应研究中最大难点之一是对高层风环境的了解。基于近地风历史记录并根据规范剖面假定的传统方法虽然对大部分建筑物可能依然有效，但应用于超高层建筑的局限性显而易见。许多超高层建筑的高度已达到甚至超过规范风剖面中假定的梯度高度。对许多超高层建筑风效应起决定作用的恰恰是规范梯度高度以上的风气候。按梯度高度的定义，在梯度高度以上的风速将不再变化。但实际情况并非如此。

规范风剖面假定是在有限的观测数据基础上纯经验性的结果，其中并没有包含对大气边界层物理本质的探讨。Harris 与 Deaves 在 20 世纪 80 年代的工作对此进了一大步。通过对基本物理过程进行分析，他们发现大尺度风的边界层厚度其实可达 2 000 ~ 3 000m。并且发现在传统定义的梯度高度之上，风的紊流成分仍不可忽略。Harris 与 Deaves 的这一研究成果已被最享盛名的《工程科学数据集 ESDU》采用。以后许多包括热气球等高空气象探测结果也证实了这一对传统边界层风剖面的改进。

进入 20 世纪 90 年代以后，高空气象探测的技术有了更大的进步。特别值得肯定的是配置 GPS 全球定位系统的下投式探空仪观测对了解强风风剖面的重要意义。下投式探空仪一般从 3 000 ~ 6 000m 高空下落后，以 0.5s 的速率传输风压、温度、湿度、位置等一组数据，由此可以直接得到 5 ~ 8m 竖向间隔的气候参数剖面，靠近地面处的间隔较小。这些数据对研究大气边界层以及验证数值模拟起到了极其重要的作用。

在过去的十年中，风工程研究从气象预报与环境预测的科技进步中分享了宝贵的成果。美国大气边界层国家研究中心与环境预报国家研究中心（NCAR/NCEP）的全球再分析数据库开始应用于风工程研究与工程咨询。全球再分析数据库资料覆盖全球，包含了近地至高层的各种测试仪器的结果，其中包括探空气球、卫星、雷达等。更重要的是这些数据之间经过大气物理模型进行标定，并以三维气象模型网格的形式表示，因而具有更高的可靠性与实用性。

全球再分析数据库的应用使风气候的研究迈进了一大步，从而发现并证实了许多对风工程非常重要的风气候现象。

图 2 所示为由全球再分析数据库得到的美国芝加哥地区 600m 高度风速与 10m 高度风速之比。如将这些数据按 10m 高度风速大小排列[图 2a)],可以看到随着地表风速的增大,这一比率逐渐收敛到 1.774。数值 1.774 与开阔场地上风剖面按 0.14 指数分布一致。从而证实了在高风速情况下,风速剖面主要是由地表粗糙度的力学效果决定这一大气边界层的基本假定。然而如果将同样的数据按 600m 高度风速大小排列[图 2b)],可以看到随着高层风速的增大,这一比率虽然也趋于收敛,但却收敛到大约为 3 的风速比。这说明在高层出现强风时,地表上的风速并不一定相应提高。由此产生的问题是由近地风历史资料得到的极端风统计并不能完全包容高层极端风的统计。对超高层建筑的抗风设计最好能直接基于高层风的资料。类似的现象在世界其他地区也已观测到,所以具有一定的普遍意义。

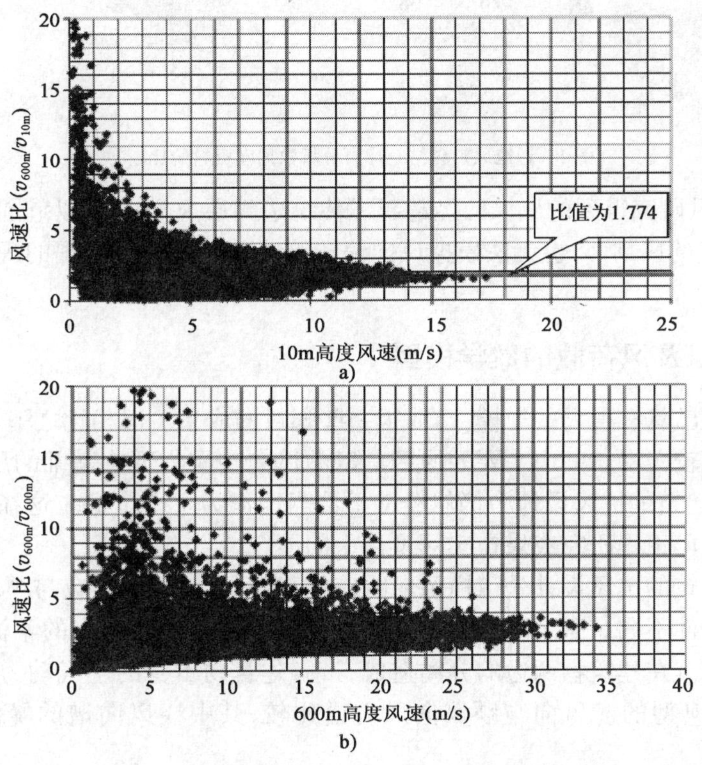

图 2　600m 高度与 10m 高度风速比

高空风还有一些其他特点,例如风向随高度的偏转。在许多地区观测到的偏转角大大高于按科力奥力计算的理论值,估计造成的原因并不是单一的。不同尺度风的交互作用可能是原因之一。

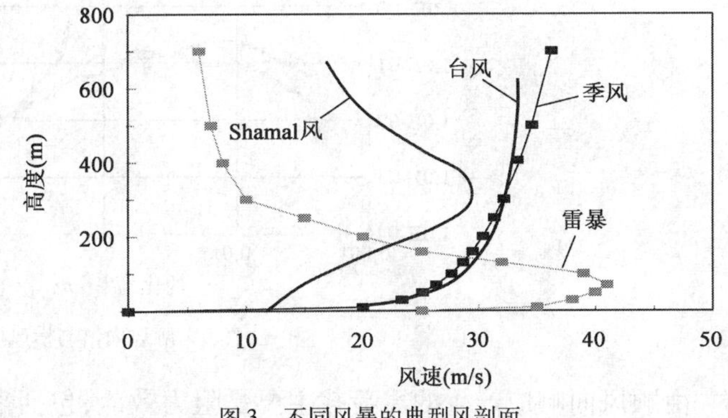

图 3　不同风暴的典型风剖面

全球再分析数据库的应用对超高层建筑的抗风设计提供了有力的技术支撑。事实上,在中国不同地区的超高层抗风设计中起控制作用的风暴类型是不同的,图 3 所示为不同风暴的典型剖面。在超高层抗风设计中通过对高层风的研究,充分考虑风的地域特点,能使得抗风设计的安全性、可靠性与经济性都得到大大提高。

全球再分析数据库在中国的风工程应用中也已开始。图 4 所示是青岛地区 10m 高度的风速风向统计结果的比较。图 4a)是根据青岛气象站 30 多年的近地风记录得到的,图 4b)是由全球再分析数据库得到的。两者在风速的统计分布上相当接近,在风向分布上也较相似,但由全球再分析数据库得到的风向分布显然比直接的近地风记录丰富。一个可能的原因是测站地貌的局部影响。全球再分析数据库资料已经过标定,代表一般意义上的开阔地貌上 10m 高度,不包含现场具体的地貌影响。

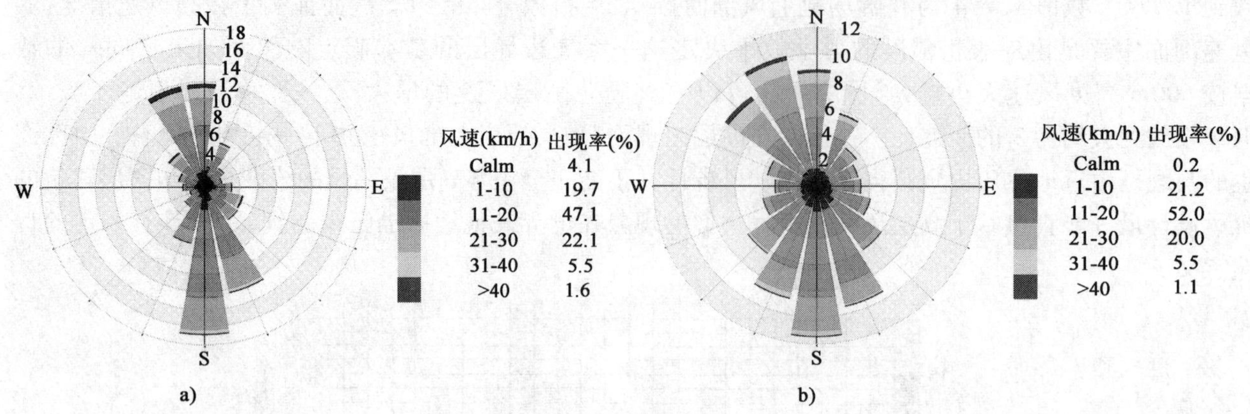

图4　近地风资料与全球再分析数据库资料的比较

值得指出,由高层风研究得到的成果已经超越了传统边界层风洞的模拟范围。传统边界层风洞无法模拟带有“射流”特点的风剖面,也无法模拟风向偏转等情况。这为风工程的理论与实验研究开辟了一片新的领地。

3　横风向响应以及风荷载的数学模型

中国的风工程研究已具有很大的规模,已取得一些瞩目的成果。但相比之下,在实际超高层工程的应用深度方面则发展比较缓慢。其中主要的原因是以顺风向响应为理论基础的风荷载数学模型(风荷载规范公式)在超高层建筑的抗风设计中仍然经常不恰当地作为主要依据。这在某种程度上不利于空气动力学优化以及其他风工程研究成果在实际设计中的推广。

绝大多数超高层建筑的抗风设计是由横风向响应控制的,而横风向响应与顺风向响应的区别,首先表现在动态激励的谱特性不同。激发顺风向响应的风力谱主要是由来流中的紊流决定,而激发横风向响应的风力谱主要由气流在建筑物两边的分离造成,带有建筑物本身的空气动力学特征,故常称为“特征紊流”。图5所示为典型的横风向与顺风向风力谱比较,其中横风向谱的峰值位置与该建筑物的 Strouhal 数一致。

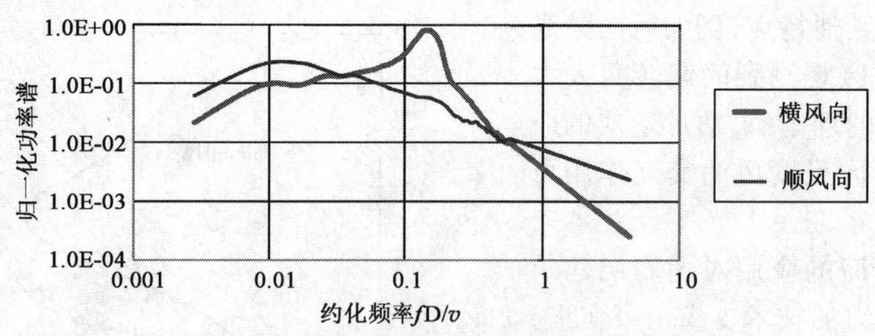

图5　顺风向谱与横风向谱的比较

由顺风向响应产生的风荷载主要是阻力效应,包括平均阻力以及由脉动阻力的动力放大作用产生的动态阻力,所以其数学模型中可以通过静阻力系数(体形系数)乘上风振系数的形式来表达。

横风向响应产生的风荷载本质上完全是动态荷载,所以无法采用静力系数乘上风振系数的数学表达式。横风向响应的机理远比顺风向响应复杂,采用规范要求的简单形式计算横风向荷载在精度方面尚欠不足。其难点主要包括①反映横风向激励大小的空气动力学特性对外形非常敏感;②大部分超高层建筑的外形随高度变化,对这些变化的综合影响有待近一步的研究;③与顺风向响应相比,横风向响应的峰值突现在相对较窄的风向范围内,风向影响更为突出。

由图5可看出,横风向响应控制超高层建筑抗风设计的主要原因是超高层建筑的约化频率 fD/v 较低,其中 f 为结构固有频率;D 为建筑物的典型宽度;v 为建筑高度的设计风速。超高层建筑物不但固有频率较低,而且与高度对应的风速也较高,由此造成约化频率较低,横风向谱的相对能量较大。由图5还可看出,如果建筑物的宽度 D 较小,同样有可能造成约化频率较低。所以在工程实践中,宽度较小(例如30m左右)的一般高层建筑也会出现横风向荷载控制设计的"超高层现象"。

值得欣慰的是,以往的研究成果表明,由横风向振动可能引起的气动弹性力学效果(如涡脱锁定与气动阻尼等)至少对600m左右或以下的实际超高层建筑物的影响并不显著,这与大跨度桥梁的情况有所不同。主要原因是建筑物本身的质量和刚度都较大。这一情况对预计超高层横风向荷载多少带来一定的便利。

4 抗风优化设计的一般原则与方法

在风工程界,对超高层建筑优化设计的目标主要是降低横风向响应这一点已达成共识。空气动力学优化的一般原则包括两方面:①降低横风向激励的大小;②降低横风向激励的空间相关性。

横风向激励的幅值对建筑物外形,特别是楼角处外形,非常敏感。常见的45°内切角、圆弧、阶梯等都能有效地降低横风向幅值。试验研究表明楼角处外突的阳台也能有效降低横风向幅值。这一情况类似于烟囱上部常用的扰流圈。对特别高的建筑物,曾考虑大楼中间穿透的布置。试验表明穿透的圆形截面并不能完全防止横风向响应。有意思的是进一步的空气动力学优化需要考虑空内的形状。图6b)所示的内弧对减小横风向涡激更有利。

为降低横风向激励的空间相关性,常用的对策是尽可能使建筑物外形沿高度方向不断变化(例如采用截面扭转的方式)或使建筑物宽度沿高度方向有较大的变化(例如采用截面收缩的方式),如图7所示。

25年前的第二届全国风工程学术会议上,笔者将高频测力天平技术第一次介绍给中国的风工程界。25年后的今天,高频测力天平技术已得到广泛的采用,成为建筑物风洞试验的基本方法之一。对超高层建筑的优化设计,则成为首选的试验方法。这不仅在于高频测力天平试验方法简单,适用于几乎所有外形的高层建筑,更重要的是这一方法已得到理论验证。曾经作为缺陷的线性模态假定在采用了现代高频测力天平理论模式后,由非线性模态造成的误差将小于$\sqrt{2}\%$。

图8表示对某超高层建筑的空气动力学优化设计的结果。在没有改变建筑设计的基本理念与整体形象的基础上,空气动力学优化研究使总风力减低约20%。

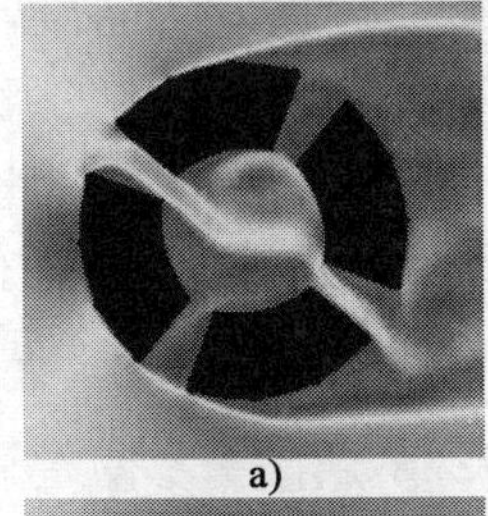

a)

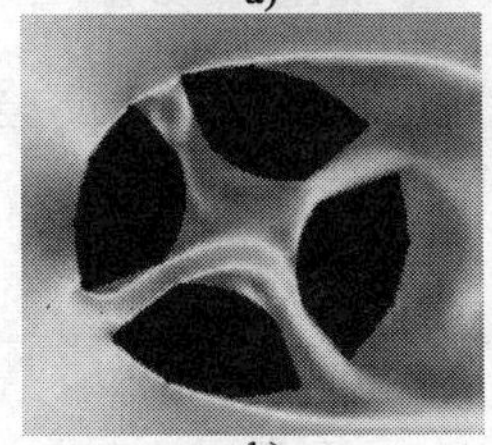

b)

图6 示例

图7 优良的抗风外形

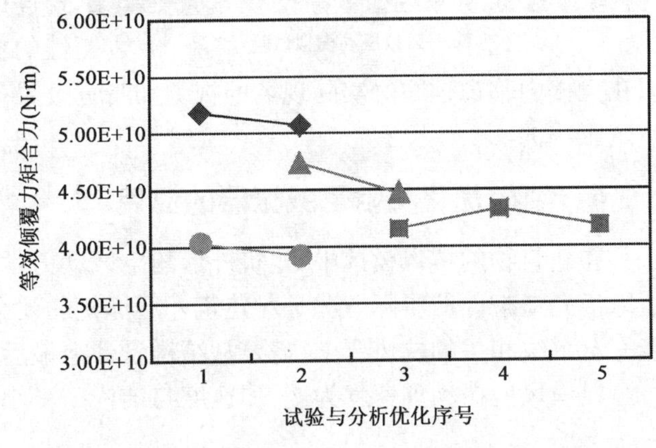

图8 空气动力学优化的效果示例

5 超高层建筑的居住舒适性与性能化设计

超高层建筑抗风设计中需要面临一个新问题,即居住者对大楼风致振动的可感度与舒适度。由于人们对加速度的反应取决于许多生理与心理方面的因素,其舒适性定义无可避免地仅具有模糊逻辑的意义。

加拿大国家建筑规范(NBCC)是提供大楼允许振动标准的第一部建筑规范。加拿大国家建筑规范建议可接受的十年一遇的加速度范围为1.0%~3.0%的重力加速度(10~30 milli-g),其中高值适用于办公楼而低值适用于住宅楼。加拿大国家建筑规范的加速度准则主要是根据0.15~0.3Hz振动频率的结果得出的,尽管在当时研究中已注意到人们对振动的敏感度会随着大楼固有频率的降低而降低,但在规范中未反映振动敏感度对振动频率的依赖性。国际标准制组织(ISO)推荐的准则中包括了对振动频率的依赖关系,其设定的加速度限值是基于居住在大楼上部1/3楼层的住户中约有2%的人会觉得大楼的振动过大。日本在振感方面做了许多详细的研究,建立了振动敏感度的人感比例与振动频率的统计关系,这些结果已引用在日本建筑学会的规范中。

中国目前的规定是十年一遇的峰值加速度对办公楼不超过0.25m/s^2(约25milli-g),对住宅楼不超过0.15m/s^2(约15milli-g)。高层建筑与城市环境协会(CTBUH)建议对受台风影响的地区,不适合于采用北美洲常用的十年回归期来评估加速度及其居住舒适性,而建议考虑一年回归期。采用一年回归期与日本目前的做法一致。一般而言如果在台风到来时,居住者选择留在大楼内,那么他们一般不会期望会出现与平时毫无差异的环境。此外,研究结果还表明如果人们有一定的思想准备,则对振动的容忍度会有所提高。

在20世纪80年代,北美对住宅楼的加速度限值是15milli-g。但在RWDI公司的实际工程实践中,一些200m左右的大楼未能达到这一标准。由于这不是安全性问题,业主决定预留减振阻尼器空间,但留待大楼投入使用后确有需要再于安装。近30年来,RWDI公司通过对其中19栋大楼的设计单位、建设单位、物业管理部门等的跟踪了解,发现从未收到过住户对大楼风致振动的任何抱怨。根据这一实际情况,RWDI认为住宅楼的加速度限值应能放宽为15~18milli-g。

图9 风致振动模拟试验

在以往对加速度的模拟试验研究中,往往局限于研究人员与志愿者之间。近年来,这种模拟试验已扩大到重要项目的业主、设计人员以及风工程顾问之间,成为性能化设计的一部分。通过模拟试验,业主与设计人员可以根据实际可能发生的大楼风振的亲身感受,确定希望达到的舒适性程度。图9为某一建筑物的模拟现场。与研究性的模拟试验不同,工程性的模拟试验是根据实际大楼的风洞试验结果,包含了大楼实际的动力特性与现场风的特性,因此有着更直接的针对性。同时在工程性的模拟试验中,不但模拟大楼的实际振动,而且能模拟在大楼内临窗远眺时实际现场的视觉和听觉效果。事实上,视觉和听觉对居住者的振感舒适性是有一定影响的。

6 结构优化与阻尼减振器的应用

在建筑物的抗风设计中,建筑外形的空气动力学优化无疑是从根源上解决问题的最有效方法,应当予以优先考虑。但实际情况是对建筑外形优化往往会有很大的限制,而在有限范围内的修正可能并不能完全解决相关的抗风要求,需要从结构设计上最后完成对抗风的要求。

以横风向振动加速度为例,加速度与结构广义刚度与广义质量的关系可表示为

$$a \propto \frac{U^{\mu}}{K_{g}^{0.5\mu-1} M_{g}^{2-0.5\mu}}$$

式中，U 为风速；K_g 为广义刚度。M_g 为广义质量；μ 为加速度随风速变化的斜率指数，在抖振响应中，μ 一般为 3.0～3.5，在涡激峰值附近，μ 接近 1.0。

由该关系可看出，增加结构刚度的作用主要是提高与横向风振有关的涡激临界风速，从而使这一临界风速远高于设计风速范围，但对直接减低涡激振动幅值的效果并不明显。在超高层建筑的设计中，使涡激临界风速远高于设计风速范围是非常困难的，相应的工程费用增加可能是巨大的，从而往往并不是确实可行的方法。

相比之下，增加结构的质量比较容易实现。上式表示在涡激峰值附近，由于 μ 值较小，结构质量的增加对减低涡激振动加速度的效果会更明显。但另一方面，增加结构质量不可避免地增加了对结构的要求，与抗震设计之间会产生一定的矛盾。

图 10　台北 101 大楼的 TMD

近年来，通过减振阻尼器提高抗风性能的方法得到很大重视。结构阻尼比对风振响应的关系可用无量纲参数“质量阻尼比”表示。质量阻尼比又称为 Scruton 数，定义为 $2m\delta/(\rho B^2 H)$，其中 m 为广义质量；δ 为阻尼的对数衰减率；ρ 为空气质量；B 为大楼的平均宽度；H 为对大楼高度。由于效率与可靠性等综合指标较好，自台北 101 大楼的展示性 TMD 阻尼器（图 10）之后，已有越来越多的超高层大楼选择 TMD 进一步提高抗风性能。

7　对模型试验结果可靠性的考虑与雷诺数影响

在风洞试验成为建筑抗风设计主要工具的同时，对风洞试验结果用于预测实际建筑物风响应的可靠性的研究从未停止。常规的方法是通过在建成后的建筑物上安装测试仪器，并捕捉一次或几次强风情况下建筑物的响应，以此验证风洞试验的结果。

图 11 为在 2008 年 9 月的“黑格比”台风（Typhoon Hagupit）袭击香港时，在香港 88 层的金融大楼上实测的加速度与之前由 RWDI 风洞试验结果的推算值。量值之间的吻合程度相当好。值得指出的是，大楼的实测中包括对大楼结构阻尼比的测试。结果发现在所关心的振幅范围，大楼的当量结构阻尼比只有 1% 左右。在根据风洞试验结果推算中已按这一实测的阻尼比做了修正。

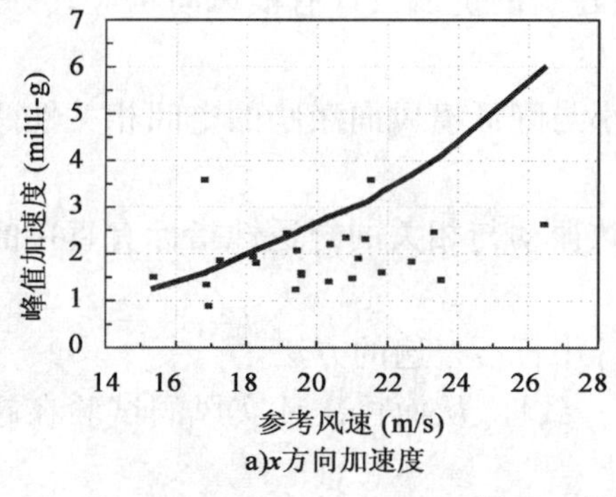

a)x方向加速度

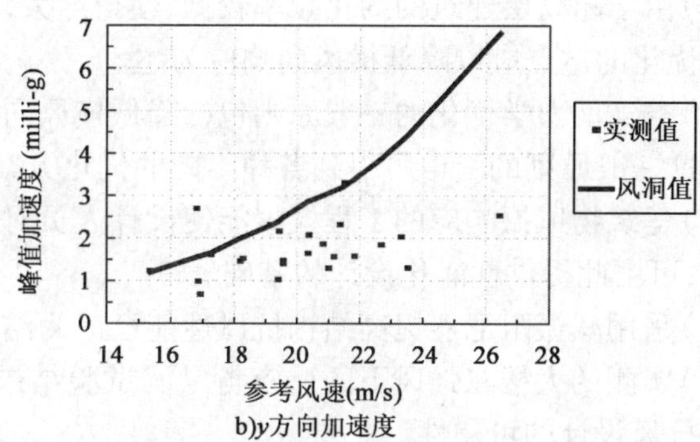

b)y方向加速度

图 11　实测大楼风致加速度与风洞试验结果的比较

对风洞试验结果可靠性存有疑虑的另一个原因来源于对雷诺数相似性的考虑。超高层建筑物边界层风洞试验时的雷诺数范围一般在亚临界区，$Re < 3 \times 10^5$。而足尺大楼在强风情况下则处于超高临界区，$Re > 2 \times 10^7$。试验中对雷诺数相似性无法满足的事实客观上造成试验结果的不确定性，特别是对于具有圆弧角的建筑物。

以往对雷诺数影响的试验研究较多地集中在对静阻力系数的考察。然而对超高层建筑物，动升力系数、Strouhal 数、涡脱相关长度等与横风向响应有关的参数更为重要，但这些参数与雷诺数关系的资料则较为缺乏。

RWDI 近期对一些包括哈利法塔在内的超高层建筑物进行了一系列高雷诺数试验，试验雷诺数高达 2.6×10^{6}。试验中还包括对紊流影响的考虑，试验紊流度高达 14% ~40%。

这些试验结果表明，雷诺数对动态升力系数的影响与对静阻力系数的影响非常相似，即在高雷诺数下，动态升力系数会略有下降，如图 12 所示。这意味着由边界层风洞试验预测的横风向振动可能偏于保守。但另一面，高雷诺数下的 Strouhal 数可能会略微变大，使得由边界层风洞试验预测的涡激临界风速偏高。

在高雷诺数下，涡脱相关长度会变短，如图 13 所示，这同样意味着由边界层风洞试验预测的横风向振动可能偏于保守。

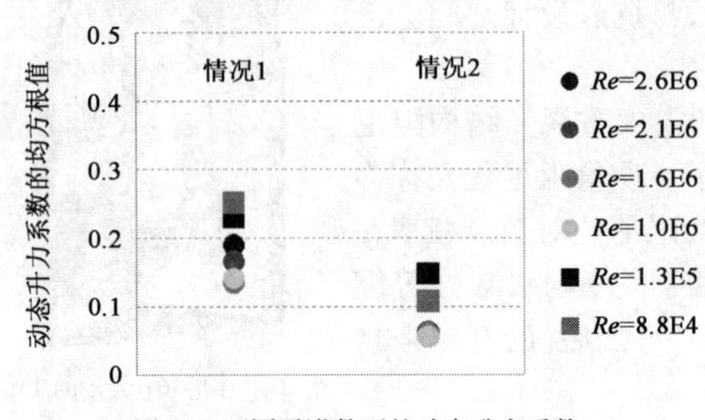

图 12　不同雷诺数下的动态升力系数

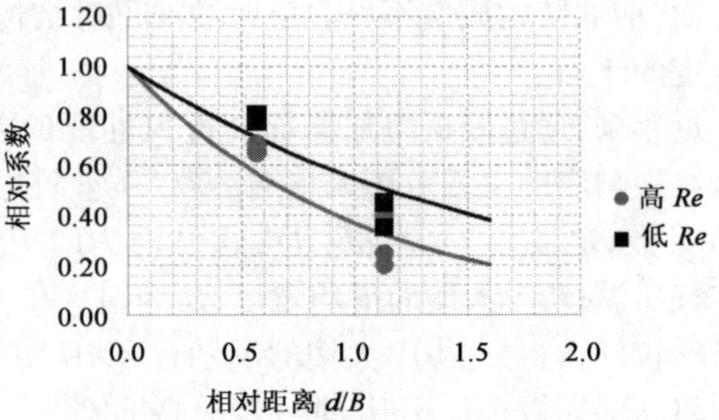

图 13　雷诺数对涡脱相关长度的影响

在这些高雷诺数试验中，对工程应用较为重要的发现是证实了在高雷诺数情况下，圆弧楼角周围的负风压会明显增加，对此必须予以重视。

8　结论

(1)本文针对超高层建筑物抗风设计的特点与难点，回顾了目前在这些方面的研究成果与进展，主要讨论了高层风气候、超高层建筑风响应特点及其抗风优化设计重点，以及风洞试验方法对超高层抗风的可靠性。

(2)超高层建筑抗风设计中应当关注高层的风气候情况，由近地风历史资料得到的极端风统计并不能完全包容高层极端风的统计。全球再分析数据库的应用对此提供了有力的工具。

(3)由于超高层建筑的约化频率较低，使得绝大多数超高层建筑的抗风设计有横风向响应，因此抗风设计优化的重点应以降低横风向响应为主。

(4)空气动力学优化的一般原则包括降低横风向激励的大小与降低横风向激励的空间相关性两方面。由这一般原则的引申可得到各种不同的优化方案。

(5)建筑物风振响应的工程模拟能使设计人员对预测的风致振动与相关的舒适性指标有直接的亲身体验，可由此提供性能化设计的基础。

(6)采用减振阻尼器提高结构抗风性能已成为结构优化设计中日益普遍的方法。

(7)实测的大楼在强风下的反应与风洞试验结果有很好的一致性，从而再次证实风洞试验在超高层建筑抗风设计的可靠性。

(8)对具有圆弧楼角的超高层建筑物的雷诺数影响，本文作了一定的讨论。

参 考 文 献

[1] Blackburn H M , Melbourne W H . The effects of free-stream turbulence on sectional lift forces on a circular cylinder[J]. Journal of Fluid Mechanics, 1996, 11:267-292.

[2] ESDU. Response of structures to vortex shedding, structures of circular or polygonal cross section. Engineering Sciences Data Unit, Item 96030.

[3] ESDU. Mean forces, pressures and flow field velocities for circular cylindrical structures: single cylinder with two-dimensional flow. Engineering Sciences Data Unit, Item 800.

[4] Harris R I, Deaves D M. The structure of strong winds, Paper No. 4[G]. Proceedings of th CIRIA Conference, London, 12-13, November, 1980.

[5] Irwin P A. Wind engineering challenges of the new generation of super-tall buildings[G]. Proc. 12th Int. Conf. on Wind Eng., Cairns, Australia.

[6] Irwin P A, Baker W F. The wind engineering of the Burj Dubai Tower[G]. Proceedings of the council on tall buildings and urban habitat, World Congress, Melbourne, Australia, 2005.

[7] Li Q S, Xie J, To A, Zhi L H. Wind tunnel studies and their validations with field measurements for a super-tall Building[G]. The Seventh Asia-Pacific Conference on Wind Engineering, November 8-12, Taipei, Taiwan, 2009.

[8] Garber J, Browne M T L, Xie J, et al. Benefits of the pressure integration technique[G]. Proc. 12th Int. Conf. on Wind Eng., Cairns, Australia, 2007.

[9] Irwin P A, Xie J. Wind loading and serviceability of tall buildings in tropical cyclone regions[G]. Proc., 3rd Asia-Pacific Symp. on Wind Eng., Univ. of Hong Kong, 1993.

[10] Korea Cermak J E. Wind-tunnel development and trends in applications to civil engineering[J]. Journal of Wind Engineering and Industrial Aerodynamics, 2003, 91:355-370.

[11] Qiu X, Xie J, Kelly D, Irwin P A. Meteorological database refinement and its application in wind engineering studies[G]. Proc. 12th Int. Conf. on Wind Eng., Cairns, Australia, 2007.

[12] Roshko A. Experiments on the flow past a circular cylinder at very high Reynolds number[J]. Journal of Fluid Mechanics, 1961, 10:345-356.

[13] Schewe G. Reynolds-number effects in flow around more-or-less bluff bodies[J]. Journal of Wind Engineering and Industrial Aerodynamics, 2001, 89:1267-1289.

[14] Xie J, Irwin P A. Wind-induced response of a twin-tower structure[J]. Wind & Structures, 2001, 4(6).

[15] Xie J. Prediction of wind-induced building responses in time domain[G]. Proc. Americas Conference on Wind Engineering. Clemson, South Carolina, USA, 2001.

[16] Xie J, To A. Design-orientated wind engineering studies for CCTV new building[G]. Proc. 6th Asia-Pacific Conf. on Wind Eng., Seoul, Korea, 2005.

[17] Xie J. Progress of wind tunnel techniques in practical applications[G]. Proc. 4th Int. Conf. on Advances in Wind and Structures (AWAS'08), Jeju, 2008.

[18] Xie J, Irwin P A. Application of the force balance technique to a building complex[J]. Journal of Wind Engineering and Industrial Aerodynamics, 1998, 77-78: 579-590.

[19] Xie J, Haskett T, Kala S, et al. Review of rigid model studies and their further improvements[G]. Proc. 12th Int. Conf. on Wind Eng., Cairns, Australia, 2007.

[20] Xie J, Garber J. HFFB technique and its validation studies[G]. Proc. 4th Int. Conf. on Advances in Wind and Structures (AWAS'08), Jeju, Korea, 2008.

二、边界层风特性与风环境

台风条件下不同时距的风速转换

陈雯超[1]　宋丽莉[2,3]

(1.广东省气候中心　广州　510080；
2.中国气象局广州热带海洋气象研究所　广州　510080；
3.中国气象局公共气象服务中心　北京　100081)

1　引言

目前在我国气象和风工程领域，一般以10min时距内的风速平均值定义为“平均风速”（这也是世界气象组织规定的平均风速标准），以3s时距内的风速平均值定义为“阵风风速”。但全球对风速的气象观测所使用的时距并没有统一标准化，例如：设在关岛的JTWC（联合台风预警中心）对台风中心最大风速的平均时距采用1min，而RSMC（日本气象厅的区域气象中心）采用世界组织所规定的10min平均时距。而我国的STI（上海台风研究所）所整编的《热带气旋年鉴》对台风中心最大风速的测量以前使用的是2min的平均时距，近年则主要使用10min的平均时距[1]；各国所用的风荷载规范中基本风速所使用的平均时距也各有差异，主要有3s、10min和1h这三种[2]。由于不同时距风速的振幅、方差、脉动特征以及在各类下垫面的表现等都具有明显不同的特点，因此不同下垫面、不同时距风速之间的转换系数也有差异。这无论在风工程还是气象领域都会造成混乱，鉴于此，越来越多学者根据实测数据对不同时距风参数的转换进行对比研究，试图得到一些具有普遍性和规律性的转换系数[1,3-5]。台风强风是风工程最为关注的破坏因子之一[6]，其特有的强烈的涡旋风场特征可导致其风的阵性和湍流特点有别于其他天气系统风场，从而可能使不同时距、不同下垫面的风速时距转换更为敏感和不确定。另一方面，由于台风的强随机性，要获取具有代表性的台风实测数据十分困难，因此WMO（世界气象组织）[7]组织科学家在若干年的研究总结基础上，给出了针对海上、陆地、离岸和离海几种不同下垫面的不同时距风速的转换系数。但WMO的这份技术文件中采用的资料主要来自于美国和澳大利亚，不一定适合中国。本文利用在中国近海和沿海获取的强台风观测资料，研究台风影响的不同下垫面条件下不同时距的风速转换系数，以期为该领域研究提供参考。

2　基础数据说明

2.1　样本数据选择

台风属于中尺度大气涡旋系统，其眼区、眼壁和外围等不同部位的大风特性显著不同[8]。因此必须对台风观测资料进行有效性和代表性判别，确认数据是否包含了台风核心附近强风区域的过程风况。根据台风的涡旋特点，判断台风核心强风区是否经过观测点需要同时满足以下两个条件[9]：一是观测点测得的台风8级以上大风的风向角呈连续的大幅度的转换；二是台风过程的风速时程曲线呈“M”形双峰分布，双峰之间底部的风速小于11m/s(5级)[10]，即可以认定为台风眼区。

强台风“黑格比”于2008年9月24日6时45分（北京时）在广东省茂名市电白县陈村镇沿海地区登陆，其中心从峙仔岛东南侧约8.5km处经过（图1），峙仔岛塔在100m高度层上测到10min平均最大风速48.5m/s，极大风速(3s)59.8m/s，在60m高度层的超声风速仪测到极大风速(0.1s)为61.9m/s。

基金项目：国家自然科学基金重点项目“登陆台风风场及其工程致灾研究”(90715031)和国家自然科学基金项目“登陆台风近地层风特性及致灾机理研究”(40775071)共同资助。

根据峙仔岛塔的观测数据，台风"黑格比"过程8级大风风速时程曲线呈"M"形双峰分布，双峰之间底部10m高度处风速小于11m/s，风向沿顺时针方向连续转换了182°方位角，由此可以判断峙仔岛塔测到了"黑格比"的中心和眼壁强风区数据，能够代表台风特有的强风特性。

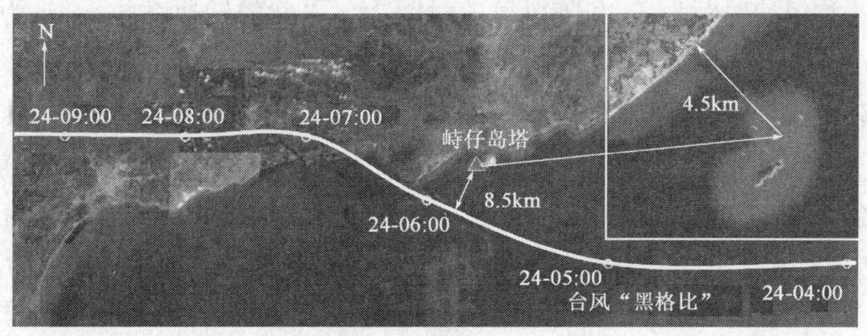

图1 台风路径图与观测点相对于台风中心的位置

2.2 观测环境和仪器设置

100m气象塔设置在离海最近距离约4.5km的峙仔岛的最高点，塔基离海平面10m。在塔的10m、20m、40 m、60m、80m、100m上设置了杯式测风仪，在塔的60m高度（离海面70m高度）安装英国Gill公司生产的Windmaster Pro型三维超声测风仪，数据采样频率为10Hz。

2.3 下垫面分类和粗糙度长度分析

从峙仔岛气象塔所在位置和周边下垫面特点来看，该塔代表了近海海面的风况，因而本文将主要研究台风在近海海面上的风速时距转换。

根据峙仔岛气象塔所处的位置，将其下垫面大致分为两类：67.5°－90°－247.5°方位为开阔的海面，可以代表近海海面风况，因此将该方位来风称为离海的近海海面风；其他方位近处虽然也是海面，但在其几公里远处是粗糙的陆地下垫面，因此将该方位来风称为离岸的近海海面风（图2）。

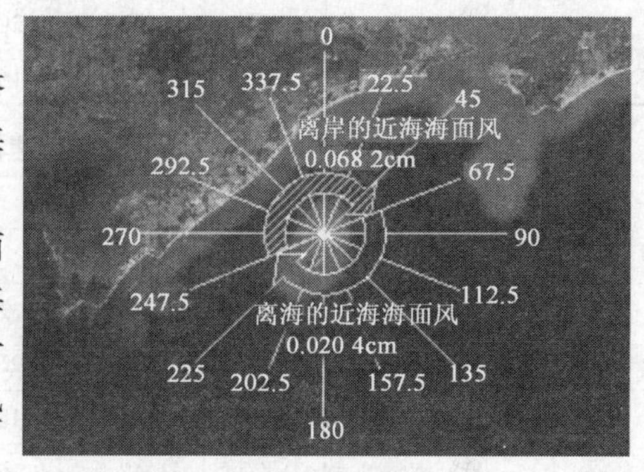

图2 峙仔岛近海塔地形分类图

先利用峙仔岛气象塔约1年的梯度风观测资料样本分别计算塔风来自两类下垫面时的粗糙长度。粗糙长度 z_0 定义为风速为零的高度。根据莫宁和奥布霍夫研究提出的对数风速廓线表达式[11]：

$$U(z) = \frac{1}{\kappa}u_*\left[\ln\frac{z}{z_0} - \psi\left(\frac{z}{L}\right)\right] \tag{1}$$

式中，κ 为冯·卡门常数；u_* 为摩擦速度；z_0 为粗糙长度；ψ 为莫宁—奥布霍夫函数；L 为莫宁—奥布霍夫长度。

如果层结是中性的，则 $L=\infty$，$\psi=0$，强风条件下多近似为中性层结，公式(1)变为：

$$z = z_0 e^{\frac{\kappa U(z)}{u_*}} \tag{2}$$

根据式(2)将 u_* 和 z 作为两个拟合参数进行拟合，当风速为零时对应的高度即为 z_0。

峙仔岛气象塔东北面为海岸陆地，测站离陆地有4.4km宽的水域，通过计算得到其离岸的近海海面风的来风下垫面粗糙长度为0.068 2cm，该塔离海的近海海面风下垫面则为光滑的海洋下垫面，粗糙长度为0.020 4cm。可以看出该塔处离岸和离海的下垫面粗糙长度相差3倍多，差异明显。

3 风速转换系数分析

3.1 风速转换系数的定义

世界气象组织在2008年发布的技术指引[7]中定义风速转换系数是在确定的观测周期（简称平均风速

时距)的平均风速与该周期内阵风风速时距为 τ 的最大风速之间理论上的转换关系,其计算公式为:

$$G_{\tau,T_0} = \frac{v_{\tau,T_0}}{v_{T_0}} \tag{3}$$

式中,G_{τ,T_0} 为平均风速时距为 T_0 和阵风风速时距为 τ 之间的转换系数;v_{τ,T_0} 为平均风速时距 T_0 内阵风风速时距为 τ 的最大值;v_{T0} 为平均风速时距 T_0 的平均风速值。

3.2 台风强风的风速转换系数

从峙仔岛塔观测到的台风"黑格比"过程观测数据中,选取 10min 平均风速大于 8 级的超声风观测数据,在数据质量检验和控制的基础上,按照风速大小分为 3 类样本:A 类样本风速为 32.7 ~ 41.4 m/s,B 类样本风速为 24.5 ~ 32.6 m/s,C 类样本风速为 17.2 ~ 24.4 m/s,在此计算了平均风速时距为 600s、300s、180s、120s 和 60s,阵风风速时距为 0.1s、0.5s、1s、2s、3s、5s、10s、30s、60s 和 120s 等多种组合的转换系数,见表 1 ~ 表 3,由于篇幅限制,表中只列出了平均风速时距为 600s 和 60s 的结果。

A 类风速样本不同时距的风速转换系数 表 1

平均风速时距 T_0(s)	风况类型	阵风风速时距 τ(s)									
		0.1	0.5	1	2	3	5	10	30	60	120
600	离岸	1.43	1.38	1.36	1.34	1.32	1.30	1.27	1.19	1.13	1.08
	离海	1.35	1.27	1.25	1.23	1.22	1.20	1.19	1.12	1.09	1.07
60	离岸	1.26	1.22	1.20	1.17	1.16	1.14	1.11	1.05	—	—
	离海	1.22	1.18	1.16	1.14	1.13	1.11	1.09	1.03	—	—

B 类风速样本不同时距的风速转换系数 表 2

平均风速时距 T_0(s)	风况类型	阵风风速时距 τ(s)									
		0.1	0.5	1	2	3	5	10	30	60	120
600	离岸	1.38	1.34	1.32	1.30	1.28	1.27	1.24	1.17	1.13	1.08
	离海	1.29	1.27	1.25	1.24	1.23	1.22	1.17	1.11	1.08	1.04
60	离岸	1.22	1.19	1.18	1.16	1.14	1.13	1.10	1.04	—	—
	离海	1.20	1.17	1.16	1.14	1.13	1.11	1.08	1.03	—	—

C 类风速样本不同时距的风速转换系数 表 3

平均风速时距 T_0(s)	风况类型	阵风风速时距 τ(s)									
		0.1	0.5	1	2	3	5	10	30	60	120
600	离岸	1.39	1.35	1.33	1.31	1.29	1.27	1.24	1.17	1.13	1.09
	离海	1.24	1.22	1.21	1.19	1.18	1.17	1.15	1.12	1.10	1.07
60	离岸	1.21	1.18	1.17	1.15	1.14	1.12	1.09	1.04	—	—
	离海	1.16	1.13	1.12	1.11	1.10	1.09	1.07	1.03	—	—

从表 1 ~ 表 3 可以看出,各类风况的风速转换系数都随阵风风速时距的增大而减小,随平均风速时距的增大而增大。粗糙下垫面(离岸)来风的转换系数明显大于相对平滑下垫面(离海风),就常用的转换系数 $G_{3\,600}$ 来看,离岸风比离海风约大 8%。

对比 3 类风速样本的转换系数可以发现,A 类的风速转换系数最大,C 类最小,B 类介于两者之间,并且阵风风速时距越短,差异越明显,当阵风时距大于 30s 时,三者趋于一致。其原因主要是 A 类风速样本出现在靠近台风中心的眼壁区,C 类风速样本主要出现在台风的外围环流区(图略),由于越靠近台风中心涡旋特征越强,从而导致湍流和风的阵性特征越强所致(A、B、C 类脉动风速图略)。

与 WMO 给出的沿岸 10m 高度的相应风速转换系数比较,风速转换系数的变化特征是一致的,但峙仔岛塔观测的台风风速转换系数偏小 8% ~17%,这是由于峙仔岛塔观测高度略高,为 60m,并且该塔下垫面更为光滑，但当风速转换系数的阵风风速时距增加到60s以上时，两者就十分接近了。

3.3 不同时距风速系数的拟合

参考蔡宁昊等[1]所定义的不同时距平均风速的关系式，根据常用的平均风速时距为10min和阵风风速时距为3s的转换系数，构造了任意时距的风速转换系数经验公式：

$$G_{\tau,T_0} = G_{3600} \cdot \left(k_1 + k_2 \ln \frac{T}{\tau}\right) \tag{4}$$

根据“黑格比”台风观测资料，利用式(4)进行拟合，得到不同风速样本的各种风况类型下的经验系数k_1、k_2和残差(结果略)。

从计算结果可见，在同一风速等级下，离海风比离岸风的拟合公式残差小，拟合效果较好，即平坦下垫面较复杂下垫面拟合效果好。

4 结语

利用峙仔岛塔近一年的梯度风观测资料和超声测风仪获取“黑格比”台风数据，分析登陆台风在不同下垫面不同风速时距的转换系数，小结如下：①下垫面粗糙长度对风速转换系数有着决定性的作用。下垫面越粗糙，风速转换系数越大；②风速转换系数随平均风速时距的增大和阵风持续时间的减小而增大；③越靠近台风中心的强风，其风速转换系数也越大；④计算结果与WMO的相应结果有一致的趋势。上述结论需要更多的个例进行验证。

参考文献

[1] 蔡宁昊，宋金杰，宋丽莉，等.登陆台风“黄蜂”边界层观测风速特性分析——台风平均风速估计的不同时距选取与台风强度估计[J].气象科学，2009，29(4).

[2] 庞加斌，宋丽莉，林志兴，等.风的湍流特性两种分析方法的比较及其应用[J].同济大学学报：自然科学版，2006，34(1).

[3] 张树生，汪子寒.国外工程结构设计应注意的几个基本问题[J].工程设计，2006，38(6).

[4] 刘刚.中国与英国规范风荷载计算分析比较[J].钢结构，2008，23(104).

[5] 杜尧东，宋丽莉，毛慧琴，等.琼州海峡跨海工程风速观测与设计风速计算[J].中山大学学报：自然科学版，2005，44(2).

[6] 宋丽莉，毛慧琴，汤海燕，等.广东沿海近地层大风特性的观测分析[J].热带气象学报，2004，20(6).

[7] Harper B A，Kepert J D，Ginger J D. Guidelines for converting between various wind averaging periods in tropical cyclone conditions. TCM-VI，2009.

[8] 宋丽莉，毛慧琴，黄浩辉，等.登陆台风近地层湍流特征观测分析[J].气象学报，2005，63(6).

[9] Song Lili，Pang Jiabin，Jiang Chenglin，et al. Field measurement and analysis of turbulence coherence for typhoon Nuri at Macao Friendship[J]. Science China Technological Sciences，2010，53(10).

[10] 陈瑞闪.台风[M].福州：福建科学技术学出版社，2002.

[11] Emil Simiu，Robert H Scanlan. Wind effects on structures：An introduction to wind engineering[M]. New York：Wiley，1996.

三水河特大桥桥址风场特性风洞试验研究

白桦　高亮

（长安大学公路学院　西安　710064）

1　引言

本项研究是以正在建设中的三水河特大桥——跨径为98m+5×185m+98m的连续刚构桥为工程背景，研究山区风特性，为研究三水河特大桥的抗风性能提供有效参数。由于三水河特大桥是在西部山区建造的特大跨度高墩公路桥梁，而我国颁布的首版《公路桥梁抗风设计规范》(JTG/T D60-01—2004)[1]缺乏山区大跨度桥梁抗风设计的内容。预应力混凝土连续刚构桥在成桥运营状态具有良好的抗风性能，但最大双悬臂施工状态时，抗风性能较薄弱，且该桥桥墩高180m主跨185m高墩大跨结构对风荷载较敏感。为确保该桥施工阶段的抗风安全，有必要通过风洞试验对其进行抗风性能研究。因此，本项研究具有重要的现实应用价值和未来同类桥梁抗风设计及规范修订的指导意义[2-5]。

2　工程概况

三水河特大桥横跨三水河，位于陕西省咸阳市旬邑县，桥位地形为三水河两岸南北走向的山地，如图1所示。桥面海拔高度约1 110m，桥面高度与山顶高度平齐，桥跨枕于两侧山头之上。

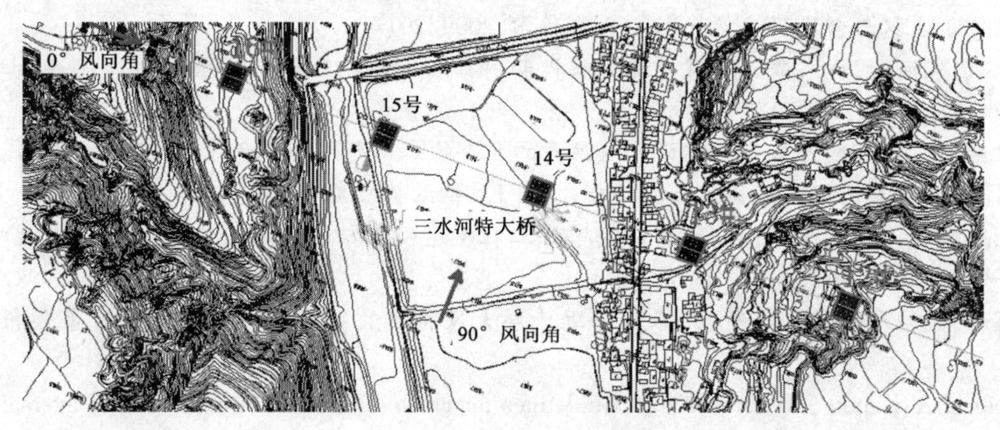

图1　三水河特大桥桥址地形图

3　地形模型风洞试验

3.1　地形模型设计

三水河特大桥桥位风环境地形模型风洞试验研究由长安大学风洞实验室承担。在研究中设计制作了1∶600比例、直径为1.5km范围内的地形模型，桥址地形模型如图2所示。研究了八个不同风向越山风作用下的桥位处风特性，定义横桥向上游（北侧）为270°风向角，角度随顺时针旋转增加。

3.2　试验工况

共进行了8个风向角的试验，由0°到315°，步长为45°，以顺桥向西侧来流为0°风向角。沿顺桥向共布置六个测点，测点位置与桥墩位置重合，测试了在不同风向下，由低到高不同高度的风速时程，以此来分析桥址处风场特性。

图 2 桥址地形模型

4 风洞试验结果及分析

4.1 风速剖面

图 3(图中第二条直线为桥墩高度线,第一条直线为桥面高度线)为相同测点不同风向角对应风剖面试验结果。由图 3 可见:当来流风向角改变时,各测点位置的风剖面也随之发生变化。12 号测点位置由于靠近山顶,所以不同风向角来流在此处形成的风剖面比较一致。其余的四个测点位置,由于均处于山坡或山谷中,风向角改变后,测点位置处的风剖面变化也较大。

顺桥向的来流(0°风向角及 180°风向角)由于受到两侧山体的影响,风速剖面不服从幂指数变化规律。横桥向来流(90°风向角和 270°风向角)的峡谷风经过通长顺直峡谷到达桥位,平均风速垂直分布接近传统的风剖面。其他风向来流,由于受山脉遮挡,峡谷底部部分区域内风速垂直分布无明显规律。

各测点在不同风向角下拟合的风剖面指数主要分布在 0.2 ~ 0.4 之间。有如下规律:①河谷风平均风剖面指数较其他风向的小。②除来流与河谷走向一致时风剖面接近幂指数分布外,其他风向角下风剖面不符合幂指数分布,无法用指数律来表征其平均风剖面特性。③对于河谷风,风剖面近似服从幂指数规律变化,拟合得到指数为 0.142,梯度风高度为 327.5m。

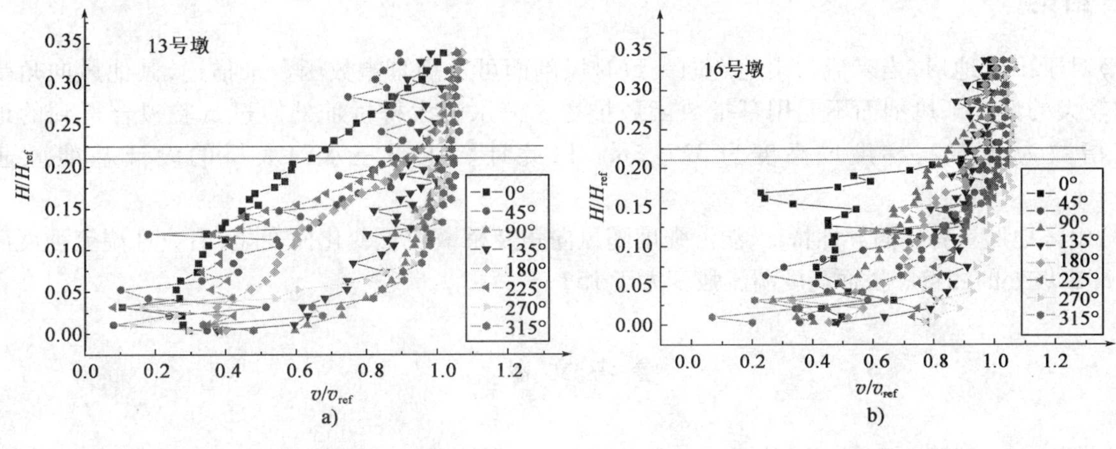

图 3 相同测点不同风向角对应风剖面

4.2 湍流强度

从图4可以看出,湍流强度垂直分布总体随高度增加而减小,与平坦地区类似。由于山区地形各向异性特征,桥址处湍流强度随风向角与测点位置不同显著变化,靠近两侧山坡测点的湍流强度明显大于远离山坡的测点。

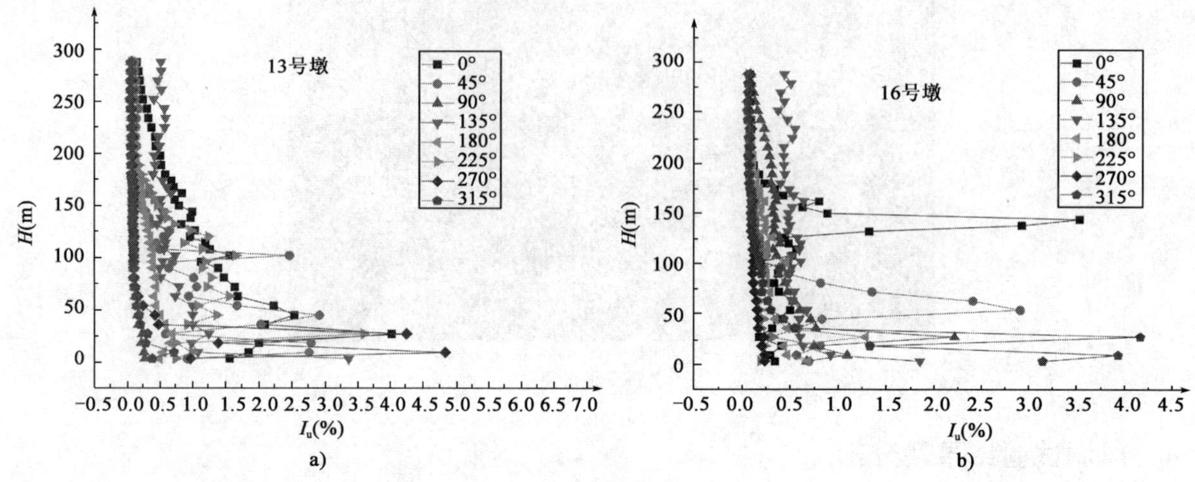

图4　各测点在不同风向角时的湍流强度

4.3 桥面设计基准风速

根据全国基本风速分布图得到该地区的基本风速为28.6m/s。通过基本风速换算到B类地貌梯度风高度处的风速为:

$$v_{350} = 26.8 \times \left(\frac{350}{10}\right)^{0.16} = 47.34(\mathrm{m/s})$$

由地形模型试验拟合的地表粗糙度系数为0.142,梯度风高度为327.5m,根据梯度风高度处的风速相等得到$v_h = 47.34\mathrm{m/s}$。桥面到墩底的高度为191.5m,可以得到三水河特大桥桥面高度成桥状态的设计基准风速为:

$$v_{191.5} = v_h \div \left(\frac{327.5}{191.5}\right)^{0.142} = 43.86(\mathrm{m/s})$$

5 结论

(1)对于山区地形,当来流与山地走向一致时风剖面可也用幂指数函数来描述,其他风向角受山地影响较大的情况下风剖面不能用幂指数函数描述。三水河大桥桥址处通过试验拟合得到的地表粗糙度指数为0.142,梯度风高度为327.5m。以此计算求得三水河大桥的设计基准风速为43.86m/s。

(2)山区地形具有各向异性特征,湍流强度随风向角及桥墩位置变化而变化,山坡处湍流强度明显大于远离山坡处的测点。桥面高度湍流强度大于15%。

参考文献

[1] 中华人民共和国交通部. JTG/T D60-01—2004　公路桥梁抗风设计规范[S]. 北京:人民交通出版社, 2004.

[2] 胡峰强,陈艾荣,王达磊.山区桥梁桥址风环境试验研究[J].同济大学学报:自然科学版,2006,34(6):721-725.

[3] Simiu E, Scanlan R H. Wind effects on structure[M]. New York:Wiley, 1996.

[4] 陈政清,李春光,张志田,等.山区峡谷地带大跨度桥梁风场特性试验[J].实验流体力学,2008,22(3):54-59.

[5] 庞加斌.沿海和山区强风特性的观测分析与风洞模拟研究[D].上海:同济大学,2006.

下击暴流风场的混合数值模拟研究

瞿伟廉[1]　李艳[1]　吉柏锋[1]　徐幼麟[2]　王斌[3]

（1.武汉理工大学道路桥梁与结构工程湖北省重点实验室　武汉　430070；
2.香港理工大学土木与结构工程系　香港；3.武汉暴雨所　武汉　430074）

1　引言

下击暴流是雷暴云下急速发展起来的撞击地面时引起破坏性地面辐散大风的强下沉气流[1]。根据对美国、澳大利亚、南非等国输电塔倒塌事故的调查，80%以上的事故是由龙卷风或雷暴天气中的下击暴流等强风导致的[2]。下击暴流是输电塔倒塌的主要原因之一，它在结构设计中的重要性不言而喻。20世纪80年代，一些学者通过实测的方法研究下击暴流，比如有名的JAWS[3]和FLOWS[4]等外场监测项目，获取了一些极其珍贵的下击暴流实测资料，但下击暴流的空间和时间尺度都非常小，外场试验很难控制。为此，气象学者们开始采用物理和数值模拟的方法研究下击暴流，主要集中于对下击暴流形成机理、发展过程以及大气环境和微物理结构对下击暴流发生演变的影响等方面的研究。简化的物理模型很难模拟出发生下击暴流的真实条件，而且试验费用非常昂贵。相对而言，目前数值模拟的方法最切实可行。所用的数值模式大致分为两类：全云模式和次云模式。全云模式能模拟整个风暴发展的全过程，真实再现下击暴流，但由于模拟域大，网格距划分比较大；次云模式只考虑云下过程，把云底作为模拟域的上边界，并在模拟域上边界给定降水物质质粒分布，用以启动对流，网格距可以达到几十米。

结构风工程领域更关心的是下击暴流形成的近地面破坏性大风的风场特征，因此，对计算模型的精度要求极高。利用CFD数值模拟的方法研究精度很高的下击暴流风的风场特征是一种新思路，但初始条件，如喷射的初始速度、口径大小和喷射高度等，都是在已有的研究成果的基础上假定的。早期这种非定常的模拟是针对单个理想下击暴流，所得成果也仅限于定性地描述下击暴流风场特征，无法实现真实下击暴流的仿真分析。

本文将三维积云模式和CFD模式相结合，前者基于真实探空模拟出下击暴流发生前后的气象流场，后者在此基础上针对下击暴流发生区域的更小范围内的物理流场进行更精细的研究，开创性地模拟得到了2007年7月27日晚武汉一次真实下击暴流的风场特征和风剖面。先从武汉站实测的探空资料出发，用三维积云数值模式模拟整个风暴的发展过程，选择下沉速度和水平辐散风同时达到最大时，下沉速度所在高度的竖向速度场作为CFD数值模拟的初始参数；然后用CFD模式对该时刻下击暴流发生区域更小范围内的流场进行更精细的研究；还可以引入对应区域的气压场和温度场，为高精度的CFD数值模拟提供充分的依据；最后，将模拟的风场与早期CFD模拟单个理想下击暴流的风场进行比较，还将基于真实数据驱动的CFD模拟的风剖面与Vicroy的经验风速风剖面进行对比分析。

2　混合数值模式

本文采用的混合数值模拟过程，如图1所示，模拟中要解决的主要技术问题是数据接口问题。将积云模式在最大下沉速度发生时刻和高度的竖向速度场导出并转换为主流数据处理软件可识别的格式，作为CFD数值模拟的初始参数，然后对数据进行插值使满足CFD计算格点的要求，最后为Fluent求解

基金项目：国家自然科学基金（50978209）、国家自然科学基金重点项目（50830203）联合资助。

器编制 C 语言接口程序。

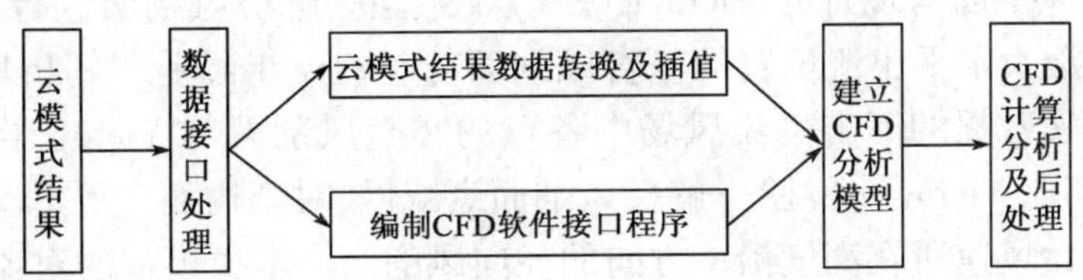

图1　下击暴流混合数值模拟过程示意图

积云模式的基本动力学框架和微物理结构与大气物理研究所的三维冰雹云模式相似[4]，采用一组在笛卡儿直角坐标系下时变、非静力平衡、可压缩的完全弹性大气方程组。积云模式的计算范围，水平方向为30km×30km，格距为250m，格点数为121；垂直方向为16km，格距为250m，格点数为65，大时步长为2.5s，小时步长为0.5s，积分时间为40min。

CFD 采用足尺模型，并且不再采用假定的圆形入口形状，而是采用基于数据驱动的入口形状。模拟域为12.5km×12.5km×1.75km，通过编制程序用积云模式模拟的真实速度对入口面格点赋值，实现CFD 初始化。在当前下击暴流 CFD 数值模拟研究中，绝大部分都是采用假定的边界条件和初始条件，本文直接根据积云模式模拟的结果得到 CFD 计算域边界上的流场特征参量。

3　混合模拟试验及结果分析

本文用混合模拟技术再现了武汉 2007 年 7 月 27 日晚发生的一次下击暴流，得到了此次真实下击暴流精细的近地面风场特征。积云模式直接输入武汉 2007 年 7 月 27 日 20 时下击暴流发生前的探空资料，以 2K 的椭球位温扰动启动对流，水平扰动半径为 3km，垂直扰动半径为 1km。

模拟表明，24 min 时，云上层的对流开始减弱，云下强的下沉气流开始发展，分别在 6km 和 2km 高度处有两个相隔不到 1km 的风暴中心。2km 处的下击暴流迅速到达地面，并不断变强，26 min 时水平辐散速度达到30m/s，同时 6km 处的下击暴流到达地面，下沉速度达到最大值22.8 m/s，位于离地面 1.750m 高度处。图 2 为模拟到 28 min 时近地面水平风矢图。积云模式模拟的风暴不断向北偏东方向移动，与实测资料吻合；模拟的最大径向风速约 30m/s，与黄陂区实测最大径向风速 35m/s 接近；模拟的最大地面升压为 3.8hPa，与实测值 3hPa 接近；模拟的最大地面降温为 5.4℃，比实测值 7℃略小。

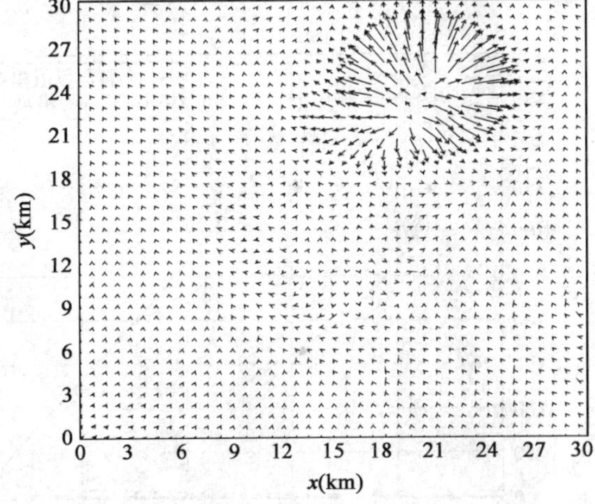

图2　近地面水平风速矢量图

基于积云模式数据入口驱动的 CFD 模式模拟的近地面风场特征与早期 CFD 模拟的单个理想下击暴流算例的风场特征差异很大。以往 CFD 模拟的都是人为假定边界条件和入口条件的单个理想下击暴流，流场呈轴对称分布。本文模拟的此次实际发生的下击暴流最大的特点是具有两个距离很近、强度相当并相继发生的单体，CFD 模型的入口形状不规则，入口各点的入射速度不相等，使得近地面流场分布极不规则。

CFD 模拟的最大风速位于 22.5m 高度处，图 3 为最大风速高度处的水平风速云图。图中 A 点是下沉速度最大的点，平面坐标为(6 950m，8 200m)；B、C、D、E 是辐散风场中四个特征分析点，其中 B 是水平风速最大的点，平面坐标为(9 200m，6 600m)。图 4 给出了风场中 4 个分析点水平风速沿高度 H 的变化情况。从图中可以看出，不同位置的竖直风剖面都具有下击暴流竖直风剖面的基本特征，即下击暴流的平均风速随高度增加先增大后减小，最大风速位于风剖面的下部。B、C、E 三个点随高度增加风速衰减的速度相当，但 D 点随高度增加风速衰减的速度非常缓慢。

图 5 将 B 点的竖直风剖面与现有的 Vicroy(1991)半经验—解析风剖面进行比较。前期用 CFD 模拟的单个理想下击暴流最大水平出流位置的竖直风剖面与 Vicroy 半经验—解析风剖面吻合很好，但用 CFD 模拟的基于相对真实数据的下击暴流风场中各点的竖直风剖面与 Vicroy 半经验—解析风剖面差异很大，模拟的风剖面都比 Vicroy 半经验—解析风剖面衰减慢，对结构而言更危险。

图 6 给出了 B 点最大风速所在高度沿 x 方向的径向风剖面。本文模拟的对象是具有两个单体的下击暴流，带状的下沉中心使近地面的水平风场分布很不均匀，但仍具有下击暴流径向风剖面的基本特征。风暴中心径向速度最小，两侧距离中心一定距离的径向速度达到最大值，随着出流沿地面扩展，径向速度越来越小。

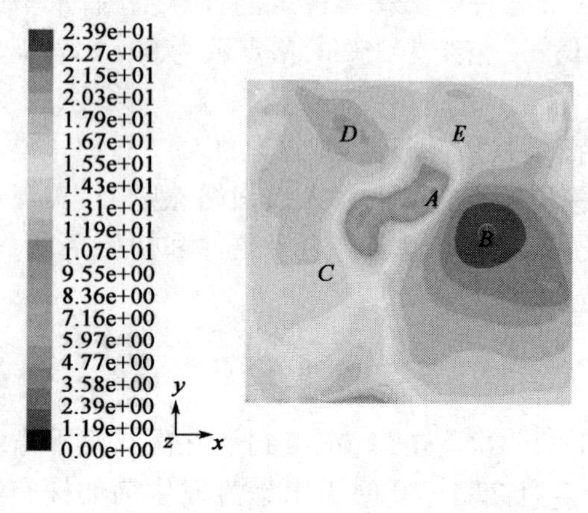

图 3　最大风速高度处的风速云图

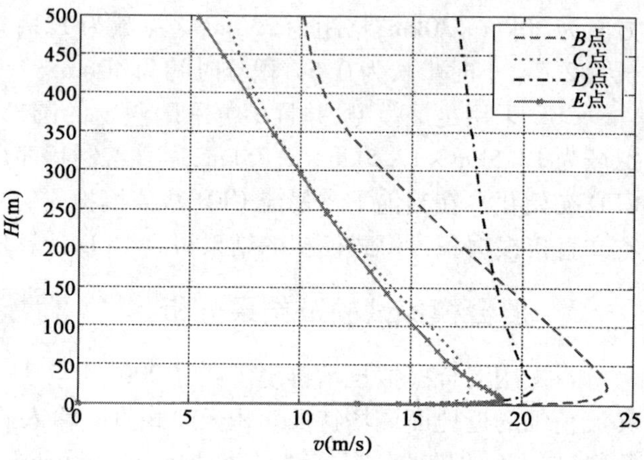

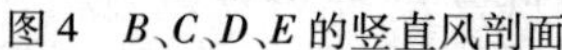

图 4　B、C、D、E 的竖直风剖面

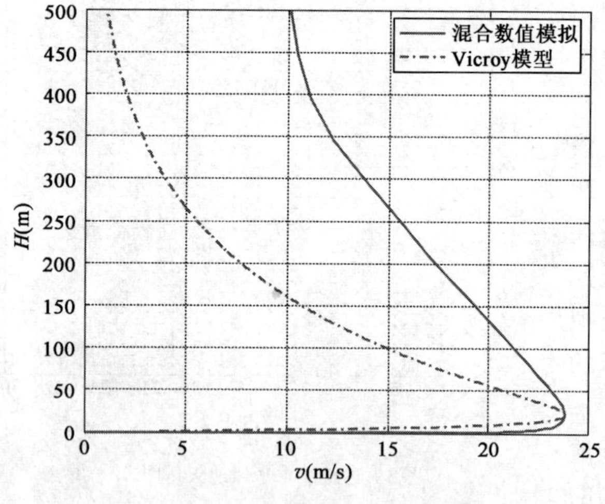

图 5　B 点竖直风剖面和 Vicroy 风剖面比较

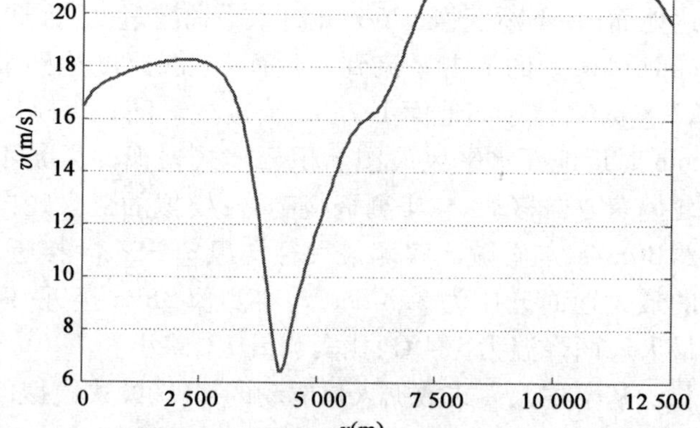

图 6　最大风速值所在高度 x 方向的径向风剖面

4　结论

基于单探空数据，利用三维积云模式与 CFD 模式相结合的混合模拟方法，对发生在武汉的一次下击暴流的近地面风场特征进行了精细的模拟研究，模拟的真实下击暴流具有下击暴流的典型特征，但与早期模拟的单个理想下击暴流的风场分布差异很大。

(1)风场中不同位置的竖直风剖面衰减程度差异显著，水平风场分布也很不均匀。这是由于真实的下击暴流往往不是单个下击暴流在无任何其他环境因素影响下的冲击射流形式，而是多个微下击暴流共同爆发、互相影响，具有更为复杂的流场特征。由气象云模式提供初始速度场作为入口条件的 CFD 计算模型不再是理想的壁射流模型，入口的形状不规则，入口各点的速度大小不同，入口处理方法、边界条件定义方法都和以往 CFD 模拟理想下击暴流[6-7]完全不同。

(2)用 CFD 模拟基于相对真实初始条件的下击暴流风场中各点的竖直风剖面与 Vicroy 半经验—解析风剖面差异明显。模拟风剖面都比 Vicroy 半经验—解析风剖面衰减慢,对结构而言更危险,但以往用 CFD 模拟的单个理想下击暴流最大水平出流位置的竖直风剖面与 Vicroy 半经验—解析风剖面吻合很好[5]。可见,目前已经提出来的很多网格精度高的数值方法,主要是为了在实测难度极大和实测资料稀少的情况下认识和了解下击暴流近地面的动力特性,只适用于理想下击暴流。本文所用的方法能一定程度上模拟出真实下击暴流近地面的风场特征,这对实现将下击暴流风荷载应用到结构抗风设计中具有重大意义。

此次混合模拟,只模拟了下击暴流发展到最强盛并相对稳定时的风场特征,此时下击暴流引起的水平辐散速度最大,对结构而言最危险,较大的水平辐散速度维持几分钟后会慢慢衰减。若从气象云模式中导出随时间变化的初始参数场,即可模拟出荷载时程。在当下下击暴流实测资料稀少的情况下,基于目前探空手段能探测到的天气尺度的探空数据,用气象云模式和 CFD 模式结合的混合数值模拟方法,进一步了解复杂气象环境下真实发生的下击暴流风场的特征是一条新思路。本文的不足是没有足够的实测资料与模拟结果进行对比,初始探空资料的客观性和数值模式的可靠性一定程度上保证了模拟结果的有效性。通过将多个下击暴流的混合模拟结果与实测资料对比不断验证和优化模拟方法,能真正实现真实下击暴流的数值仿真。

参 考 文 献

[1] Fujita T T. The downburst: microburst and macroburst[R]. Satellite and Mesometeorology Research Project (SMRP) Research Paper 210, Department of Geophysical Sciences, University of Chicago, 1985:122.

[2] Dempsey D , White H . Winds wreak havoc on lines[J]. Transmission and Distribution World,1996,48(6):32-37.

[3] Wolfson M M, DiStefano J T, Fujita T T. Low-altitude wind shear in the Memphis, TN area based on Mesonet and LLWAS data[G]//In: Preprints of the 14th Conference on Severe Local Storms, American Meteorological Society, Indianapolis,1985.

[4] 孔凡铀. 冰雹云三维数值模拟[D]. 北京:中国科学院大气物理研究所,1991.

[5] 瞿伟廉,吉柏锋,李建群,等. 下击暴流风的数值仿真研究[J]. 地震工程与工程振动,2008(5):133-139.

[6] Qu Weilian, Ji Baifeng, Wang Jinwen. Numerical analysis of factors influencing the downburst wind profiles[G]//Proceedings of the Seventh Asia-Pacific Conference on Wind Engineering, Taipei ,China, Nov. 8-12, 2009: 661-664.

[7] Qu Weilian, Ji Baifeng. Numerical study on formation anddiffusion wind fields for thunderstorm microburst [G]//Proceedings of the international workshop on environment, construction and transportation, Wuhan, June 26-28, 2010.

建筑风环境与室内通风散热的联合数值模拟仿真

杨易[1,2] 金新阳[1] 谢锦添[2]

(1.中国建筑科学研究院风工程研究中心 北京 100013;
2.香港科技大学土木及环境工程学系 香港)

1 研究背景

某大型地铁车辆段由咽喉区与运用库组成,建筑面积庞大。其中咽喉区建筑面积约6万m^2,平面呈现喇叭状;运用库建筑面积5万m^2,平面为矩形,运用库上方还建有9栋高层地铁上盖物业,见图1所示。

工程周边的建筑环境也较复杂,该工程从风工程研究的角度,有如下问题值得考虑:咽喉区的建筑特点是北面完全开敞,南面完全封闭;在大风天气下,由于集风器效应,可能造成咽喉区室内局部风速过高,影响到这一区域的局部工作环境。另外,运用库与咽喉区相连,为封闭式室内大空间地铁停靠检修库房,夏季的通风和散热问题是需要重点关注的问题。

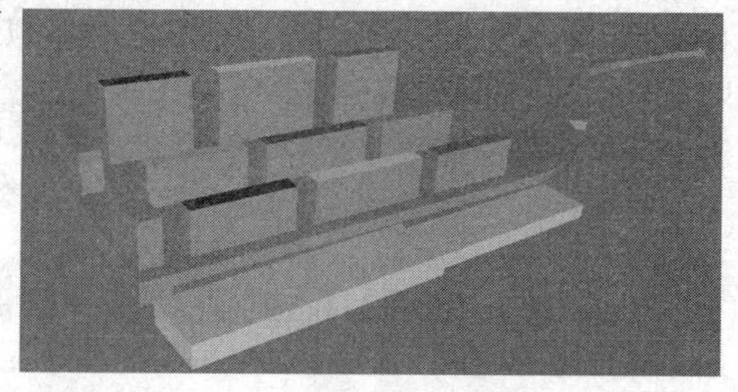

图1 数值模拟分析模型

本文采用CFD数值模拟方法,建立了车辆段咽喉区、运用库的室外建筑风环境与室内通风散热仿真数值模型,将室外风环境模拟结果作为边界条件,进而对咽喉区与运用库的自然通风和热环境状况进行模拟,从而将建筑室外风环境问题,与室内自然通风散热问题联合起来进行模拟分析,使得数值模拟仿真更贴近真实状况。配合设计,研究相应控制措施,优化咽喉区和运用库的通风散热,以改善通风状况。

2 数值模型

2.1 分析工况

根据本工程的实际,数值模拟分析分成4部分,每一部分又分成冬季和夏季两种典型气候工况,具体条件如下:

(1)冬季工况:冬季通风室外计算温度:-7.6 °C;冬季最多风向:NNW;冬季室外最多风向的平均风速:4.5 m/s;冬季室外大气压:102 573Pa。

(2)夏季工况:夏季通风室外计算温度:29.9 °C;夏季最多风向:SE;夏季室外最多风向的平均风速:2.2 m/s;夏季室外大气压:99 987Pa。

2.2 数值模型

1)网格与湍流模型

按照本工程建筑设计方案的实际尺寸建立几何实体模型。在建立3D几何模型过程中考虑了对计算结果有显著影响的建筑构造细节。数值模型中采用结构网格和非结构网格进行了计算域的网格离散,数值模型体网格单元总数约为200万。数值模拟计算在IBM P630工作站上进行,工作站配置为CPU:IBM P4 1.0G×4,内存:8G。室外建筑风环境模拟采用SST k-ω 模型;室内自然通风采用标准 k-ε

基金项目:国家自然科学基金(50708014)资助。

模型。

2)风环境模拟边界条件的设定

进行室内外风环境模拟时,为准确描述进入咽喉区的风场特性,边界条件设定分别如下。

(1)进流面:采用速度进流边界条件,给定来流的平均速度与湍流参数。

我国《建筑结构荷载规范》(GB 50009—2001)将地貌类别分成 A、B、C、D 四类,本工程按照标准地貌——B 类地貌环境来模拟。为保证风工程数值模拟中,自保持平衡边界层的生成这一重要前提条件得以满足,采用作者提出的一类新的入流边界条件(Yi Yang 等, 2009)给定来流平均风速剖面,以提高数值模拟结果的准确性。这类新的边界条件提出以来,在计算风工程界得到了研究者的验证和引用(Gorlé 等,2010;O'Sullivan, 2011;Bari 等,2011;Kozmar H, 2011;Labovsky, Jelemensky, 2011)。

$$u = \frac{u_*}{K}\ln\frac{z + z_0}{z_0} \tag{1}$$

$$k = \frac{u_*^2}{\sqrt{C_\mu}}\sqrt{C_1 \cdot \ln\frac{z + z_0}{z_0} + C_2} \tag{2}$$

$$\varepsilon = \frac{u_*^3}{K(z + z_0)}\sqrt{C_1\ln\frac{z + z_0}{z_0} + C_2} \tag{3}$$

(2)出流面:采用压力出口边界条件。

(3)流域顶部和两侧:采用自由滑移的壁面。

(4)结构表面和地面:采用无滑移的壁面条件。

3)数值计算参数

非线性对流项的离散格式采用二阶迎风格式,以减小数值计算误差,提高计算精度;迭代计算的收敛标准设定无量纲均方根残差降至 10^{-4}以下,采用并行计算进行求解。

3 研究内容与结果分析

3.1 咽喉区室内外通风效果模拟分析

由于咽喉区设计成喇叭口形状,南向完全封闭,北向完全开敞,且当地冬季的主导风向为北向,可能造成局部风速过大。为研究咽喉区的整体风环境状况,进行了咽喉区南侧开通风窗和不开通风窗两种工况下的风环境数值模拟计算分析。数值模型见图 2 所示。

研究显示:①咽喉区南侧开窗对夏季典型风向(SE)下的通风是有利的,对冬季典型风向下的通风影响有限;②咽喉区顶部设置通风井,利于咽喉区冬季主导风向 NNW 风向下的通风,作用明显;但对夏季主导风向 SE 风向下的通风效果并不明显。

3.2 咽喉区与运用库联合通风模拟分析

建立了咽喉区和运用库的联合通风模型。模型中包括了咽喉区上方增设的 5 个通风井和南侧的开窗,运用库东侧的门,西、南和北侧的开窗,以及两区之间的消防通道等洞口(图 3)。

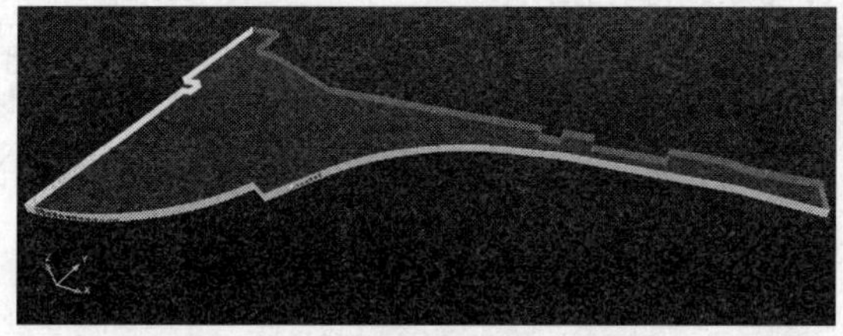

图 2 咽喉区开窗效果模拟分析模型

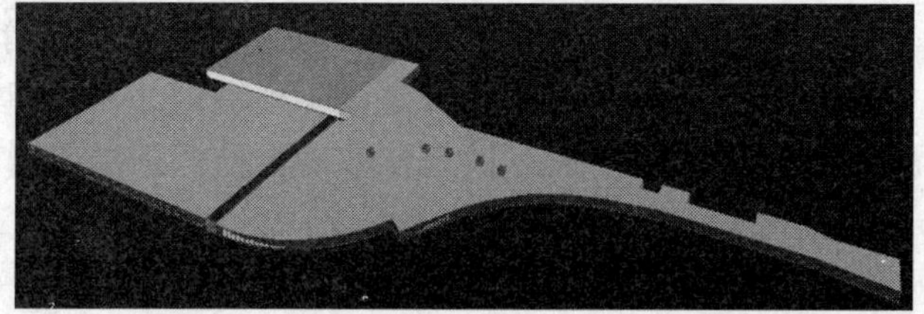

图 3 车辆段室内自然通风数值模拟分析模型

数值模拟研究显示(图 4):①咽喉区北侧完全开敞对冬季运用库的保暖比较不利。咽喉区产生集风器效应,从开敞的北侧进入的 NNW 方向冷风,受到咽喉区的引导,向咽喉区西南侧汇集;一部分将从列车进出运用库的大门灌入运用库。建议在完全开敞的咽喉区北侧设置一些挡风墙等措施。②夏季,消防通道形成一股穿堂风，从通道北侧进入咽喉区后，再从咽喉区北侧开口泄出。运用库中央区域风速整体偏小，不利于炎热天气下空气流通和通风散热。

3.3 建筑风环境模拟分析

建立了运用库周围建筑风环境外流场数值模拟分析模型，包括运用库西侧和南侧规划的建筑，以及运用库上盖9栋住宅。图5为数值模拟结果流线显示。室内风环境数值模拟结果将作为运用库室内大空间通风和散热模拟分析的边界条件。

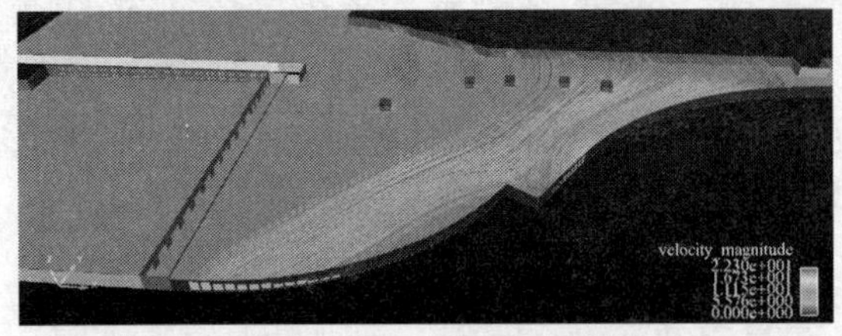

图4 冬季主导风向下咽喉区南侧开窗通风气流组织

图5 夏季主导风向SE风向下建筑风环境流场

3.4 运用库列车在库工况下通风和热环境模拟分析

在以上三部分模拟分析的基础上，建立列车入库的工况下，运用库的通风和散热数值模型，分析运用库在冬/夏两季的通风和散热情况。数值模型在第3部分的基础上，除了门窗和密集的柱网外，再根据设计资料，加上通向上盖住宅的自然通风出风口模型和地铁列车的模型。其中边界条件的给定，参考第2、3部分的数值模拟计算结果，以使得模拟更贴近本工程的真实状况。图6和图7给出了数值模拟结果图示。

图6 冬季主导风向下2m高水平面平均风速等值线图

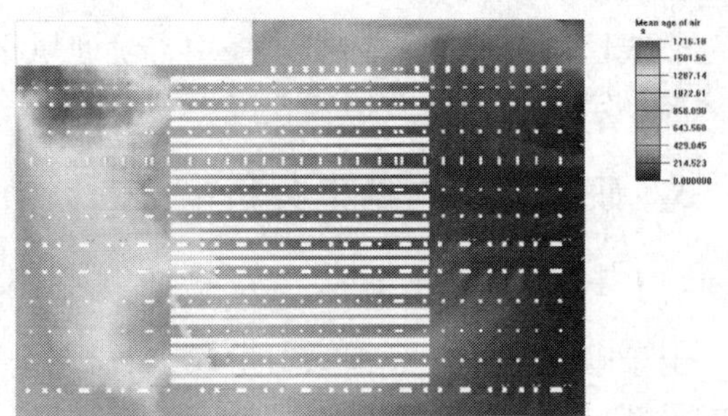

图7 冬季主导风向下运用库内2m高度空气龄分布

数值模拟显示：①冬季自然通风的主要问题是在运用库西侧，特别是西北角和西南中央区域，气流在此处形成涡旋滞塞，造成空气流动不畅，空气龄比东侧大得多。②夏季自然通风的主要问题是在西北部和东北部区域，由于主导风向的风速较小，因此整体上库内的空气龄仍比较大。夏季列车制动产生的热量，对车库内列车停靠的中央区域附近人体感知的温度场有影响，这个区域的环境温度较高，影响工作的舒适性。建议在这些区域重点设置机械通风装置，以加强这些区域的通风和散热。

4 结论

公共建筑室内大空间的通风与散热，将影响工作环境的舒适性。本文采用CFD数值模拟方法，以一大型地铁车辆段工程为例，对该工程室内外风环境与自然通风散热问题，进行了详细的联合数值模拟仿真和方案优化研究，设计单位参考数值模拟结果对本工程的通风设计进行了优化。本文介绍的研究方法对类似大型工程具有参考意义。

参考文献

[1] Bari E, Džijan I, Kozmar H. Numerical simulation of wind characteristics in the wake of a rectangular building submitted to realistic boundary layer conditions[J]. Transactions of Famena, 2010, 34

(3):1-10.

[2] Gorlé C , Van Beeck J , Rambaud P. Dispersion in the wake of a rectangular building: validation of two reynolds-averaged navier-stokes modelling approaches [J]. Boundary-Layer Meteorology, 2010, 137 (1):115-133.

[3] Labovský J. Jelemenský L. Verification of CFD pollution dispersion modelling based on experimental data[J]. Journal of Loss Prevention in the Process Industries, 2011, 24 (2): 166-177.

[4] O'Sullivan J P , Archer R A , Flay R G J. Consistent boundary conditions for flows within the atmospheric boundary layer[J]. J. Wind Eng. Ind. Aerodyn. , 2011, 99:65-77.

[5] Kozmar H. Wind-tunnel simulations of the suburban ABL and comparison with international standards [J]. Wind and Structures, 2011, 14 (1):15-34.

[6] Yi Yang, Ming Gu, Suqin Chen, et al. New inflow boundary conditions for modeling the neutral equilibrium atmospheric boundary layers in computational wind engineering[J]. Journal of Wind Engineering and Industrial Aerodynamics, 2009, 97 (2): 88-95.

[7] 中国气象局气象信息中心气象资料室,清华大学建筑技术科学系. 中国建筑热环境分析专用气象数据集[M]. 北京:中国建筑工业出版社,2005.

[8] 中华人民共和国国家标准. GB 50009—2001 建筑结构荷载规范[S]. 北京:中国建筑工业出版社,2002.

[9] 徐波,张欢,由世俊. 地铁岛式站台通风空调系统实验与模拟研究[J]. 山东建筑大学学报,2007, 22 (3):234-239.

资料均一性对50年一遇风速设计的影响研究

张永山[1,2]　宋丽莉[1,2]　杨振斌[1,2]　柳艳香[1,2]

(1.中国气象局风能太阳能资源评估中心　北京　100081;
2.中国气象局公共气象服务中心　北京　100081)

1　引言

50年一遇最大10min平均风速(以下简称50年一遇风速)是风电场规划建设需要考虑的一个重要参数。由于许多风电场与邻近气象台站在地形、地貌和气象条件等方面存在差异,多数风电项目开发建设,先在拟建地区建立测风塔进行为期一年以上的气象条件观测,再对当地的风能资源做出相对准确的分析和评估。但是,由于观测时间短,难以准确估算测风塔50年一遇风速。目前我国的风电项目开发中,一般先根据邻近气象台站多年观测资料估算10m高度50年一遇风速,再推算出风电场不同高度50年一遇风速。因此,气象台站风观测资料质量直接影响到风电场不同高度50年一遇风速。

2　方法

我国多数气象台站建站后存在仪器更换、台站迁址,或周边观测环境变化等情况,风观测资料存在均一性问题,由此计算的50年一遇风速值与真实值之间可能会存在偏差,推算的风电场50年一遇风速的可靠性难以得到保证。目前一般采用极值I型函数计算风电场50年一遇风速,50年一遇风速与样本均值和标准偏差的关系是线性的。目前我国多数台站具有30~60年的观测资料,当平均值增加或减小1m/s时,50年一遇风速则增加或减小1m/s;而标准偏差增加或减小1m/s时,50年一遇风速则增加或减小量几乎为前者的3倍,表明标准偏差变化,比平均值变化对50年一遇风速的影响更大。

许多台站逐年最大10min平均风速变化与台站沿革情况有较好的对应关系,可以将逐年最大10min平均风速序列大致分为几个典型形态,分析台站沿革对50年一遇风速影响的规律。首先产生服从极值I型函数分布的随机数50 000个,将随机数依次分成200组,每组250个,每组取前40个样本(1971~2010年)。然后根据逐年最大10min平均风速变化特征及对应的台站沿革信息,采用下列两种方案对上述40个随机样本进行改造,讨论台站沿革对50年一遇风速的影响。

第一种方案分析台站迁址或仪器更新对资料均一性的影响。根据影响程度不同,第一种方案分16组。第1组为订正后的序列,假设40年内台站没有迁址、仪器没有更新、周边观测环境比较稳定,资料均一性好,称这种序列为标准序列。第2~16组为订正前序列,其中前30年(1971~2000年)同第1组,资料均一性好;第31~40年(2001~2010年)因台站迁址或仪器更新等原因,风速均一性受到影响。根据全国300多个气象台站资料受影响的情况,假设此间各组风速分别为第1组对应风速的0.97、0.94……0.58、0.55(对应的风速衰减系数为0.03、0.06……0.42、0.45)。

第二种方案分析台站周边环境变化对资料均一性的影响。根据影响程度不同,第二种方案也分16组。第1组为订正后序列,同第一种方案第1组。第2~16组为订正前序列,其中第1~15年(1971~1985年)同第1组;第16~30年(1986~2000年)因周边观测环境变化等原因,风速总体呈现衰减趋势,根据全国各气象台站资料受影响的情况,假设各组趋势线斜率分别为-0.03、-0.06……-0.42、-0.45;第31~40年(2001~2010年)周边观测环境趋于稳定,风速趋势线斜率为0,此间风速系数同第30年。

上述两种方案都是假设台站沿革导致风速减小。如果出现相反的情况,可调整样本顺序进行订

基金项目:(国家级)风能资源综合评价。

正。对于台站出现多次迁址或仪器更换，或观测环境不连续变化的情况，可仿照上述两种方案，调整相应样本的衰减系数或趋势线斜率进行订正，这里不另做讨论。对上述两种方案32组序列进行信度为0.05的χ^2检验（卡方检验）和柯尔莫哥洛夫检验，对通过检验服从极值Ⅰ型函数分布的序列，计算其50年一遇风速。各序列50年一遇风速与订正后序列（第1组）的50年一遇风速的差值称为误差。

3 分析与检验

根据全国300多个气象台站逐年最大10min平均风速序列标准偏差的情况，取均一性订正后标准偏差分别为1.08m/s、2.16 m/s、3.24 m/s、4.32 m/s、5.40 m/s、6.49 m/s、7.57 m/s的7个序列，讨论资料均一性对50年一遇风速的影响。200组序列平均结果表明，台站迁址、仪器更新或观测环境变化对50年一遇风速的设计有明显影响，具体表现在：①随着风速衰减程度逐渐增加，即衰减系数增加或趋势线斜率负增长，50年一遇风速逐渐减小；风速衰减到一定程度，50年一遇风速达到最小，并出现最大负误差。标准偏差越大，最大负误差越大，对应的衰减系数或趋势线斜率越大。其后，随着风速衰减程度逐渐增加，50年一遇风速逐渐增大，负误差逐渐减小，出现误差为0的衰减系数和趋势线斜率。此后，当风速衰减程度继续增加时，50年一遇风速继续增加，并超过均一性订正后的50年一遇风速，误差从负值转变为正值，正误差随着风速衰减程度增加而不断增大（图1）。资料一致性订正后标准序列的标准偏差确定后，一致性订正前序列50年一遇风速误差与衰减系数或趋势线斜率之间具有较好的一元二次方程函数关系。②误差与衰减系数和标准序列标准偏差有关，同一衰减系数下，标准序列标准偏差越大，误差也越大。我国东部沿海地区受台风影响，以及北方地区受冷空气影响，逐年最大10min平均风速序列的标准偏差较大，因而资料均一性对50年一遇风速的影响也可能较大。③均一性订正的样本数量多少对50年一遇风速有明显影响。如果订正的样本数越多，则台站沿革导致50年一遇风速的误差可能越大，相反，订正的样本数越少，则台站沿革导致50年一遇风速的误差可能越小（图2）。根据极值Ⅰ型函数计算公式可以解释50年一遇风速的这种变化规律。

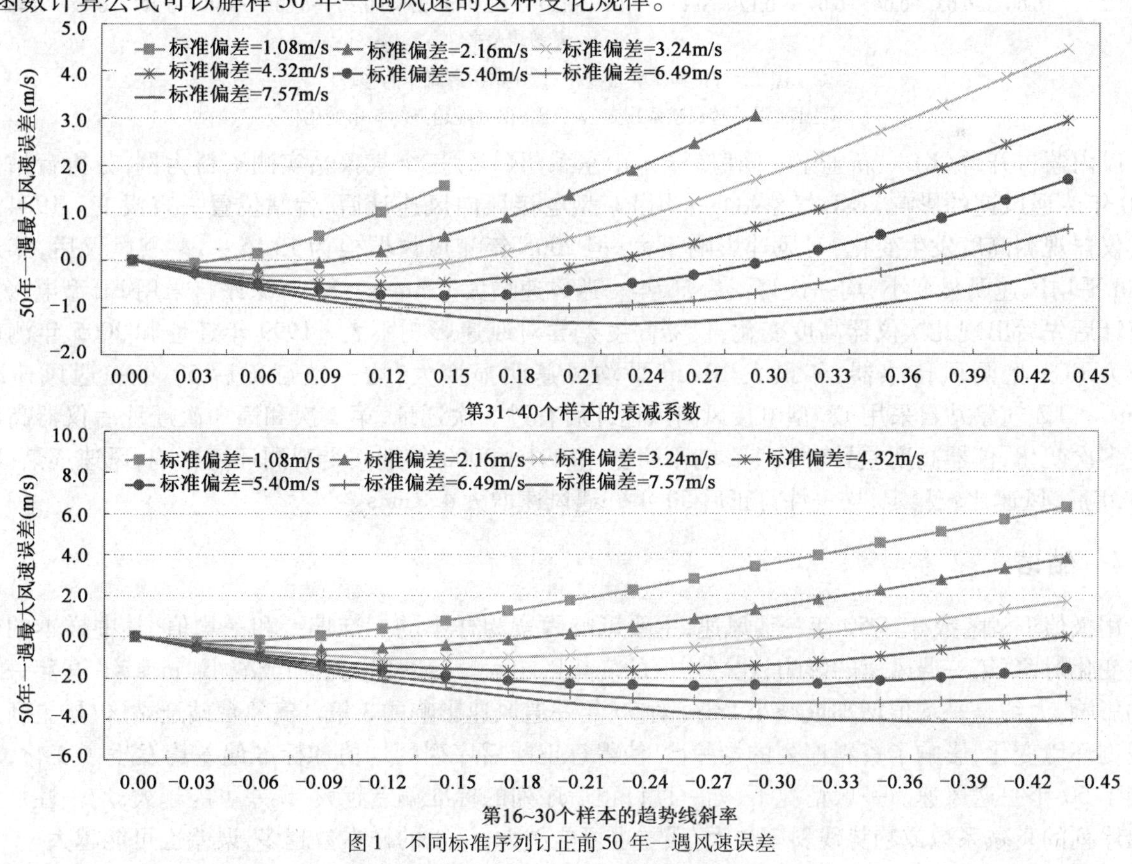

图1 不同标准序列订正前50年一遇风速误差

（上图：误差随衰减系数变化；下图：误差随趋势线斜率变化）

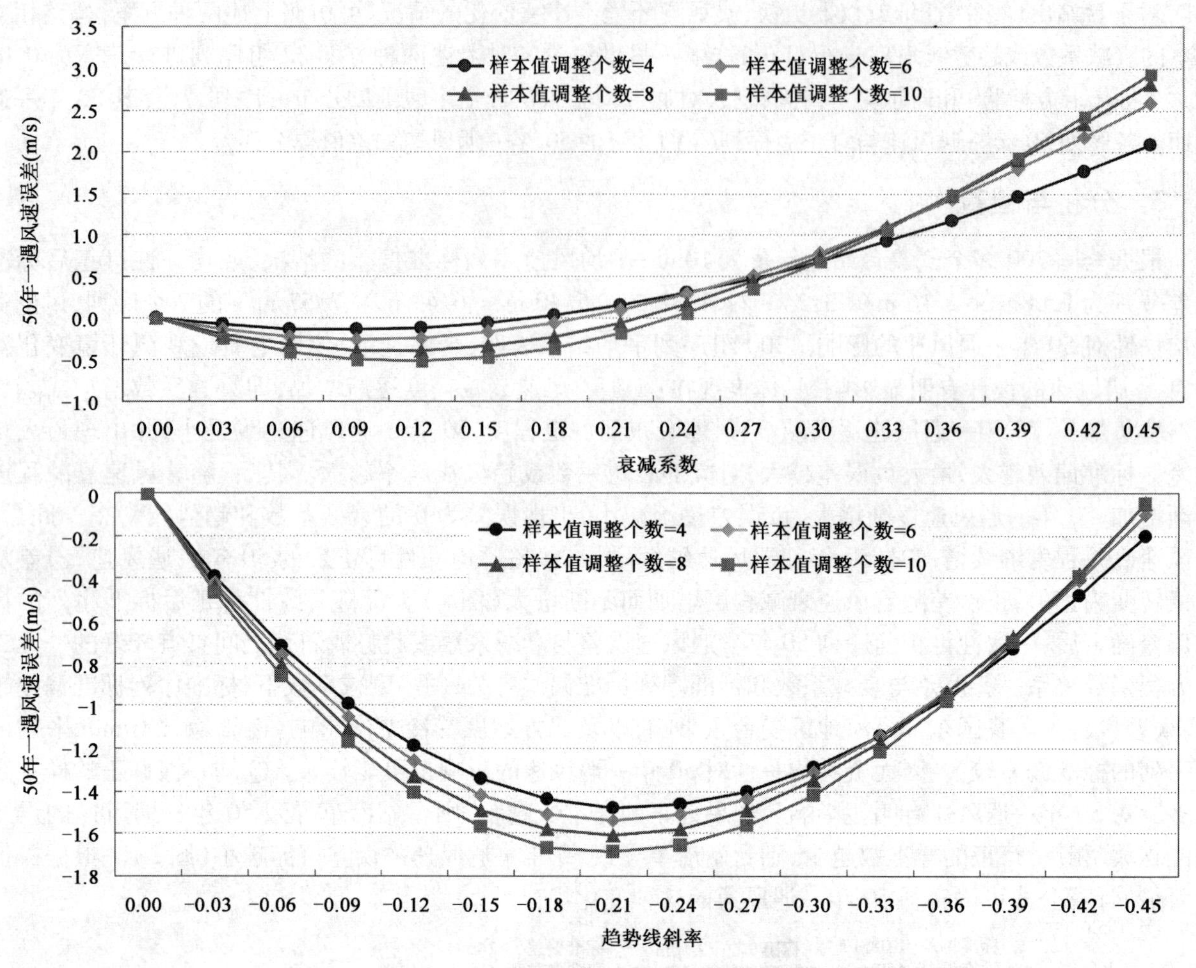

图 2　订正样本数量变化对 50 年一遇风速的影响

（上图：误差随衰减系数变化；下图：误差随趋势线斜率变化）

以内蒙古开鲁（KL）、新疆十三间房（SF）、山东莱州（LZ）三个气象站实测资料为例，分析台站沿革对 50 年一遇风速的影响。KL 气象站自采用 EL 型电接风向风速计后，台站位置一直没变。1984 年 1 月后仪器观测高度发生变化，对风速影响不大；但 2005 年测风仪器换为 EL15－1A 测风仪后，年最大 10min 平均风速明显变小，均一性订正后 50 年一遇风速增大 1.3m/s。SF 气象站自采用 EL 型电接风向风速计后先后出现几次仪器高度变化，仪器高度差异对风速影响不大。1999 年迁址和 2005 年测风仪器换为 EC9 型测风传感器，年最大 10min 平均风速明显变大，均一性订正后 50 年一遇风速减小 3.6m/s。LZ 气象站自采用 EL 型电接风向风速计后有过 3 次迁址，第 1 次和第 3 次迁址后仪器高度也发生多次变化，仪器高度差异对风速影响不明显。1991～2000 年期间受观测环境影响，风速逐渐减小，2001 年后，风速比较稳定，均一性订正后 50 年一遇风速增大 4.7m/s。

4　结语

用极值 I 型函数计算 50 年一遇风速，主要影响因素为样本的标准偏差和平均值，其中样本的标准偏差变化对 50 年一遇风速的影响，比平均值的变化影响大。标准偏差增加或减小 1m/s 对 50 年一遇风速的影响，大约是平均值增加或减小 1m/s 对 50 年一遇风速影响的 3 倍。气象台站迁站、仪器更新及周边观测环境变化，影响了资料序列的均一性，使得订正前后序列的均值和标准偏差均发生了变化，从而影响了 50 年一遇风速。一般情况下，均一性订正后序列的标准偏差越大，误差可能越大；均一性订正前原始序列的衰减系数或趋势线斜率越大，误差也可能越大；订正的样本数越多，误差也可能越大。

气象台站测风仪高度一般为 10.5m，风机设计对应的 50 年一遇风速高度一般为 70m，风速一般随高度增加而增大,测风塔 70m 高度 50 年一遇风速增加或减小量大约是气象台站增加或减小量的 1.1 ~ 1.4 倍,即气象台站 50 年一遇风速出现误差,将导致测风塔 70m 高度 50 年一遇风速出现更大误差。因此,风电场设计 50 年一遇风速时,对选用的气象台站逐年 10min 最大平均风速序列进行均一性订正非常必要。

参 考 文 献

[1] 中华人民共和国国家标准. GB 18451.1—2001 风力发电机组安全要求[S]. 北京:中国标准出版社,2002.

[2] International Standard: IEC 61400-1. Wind turbines generator systems - Part 1: Safety requirement [S]. International Electrotechnical Committee,1999.

[3] 中华人民共和国气象行业标准. QX/T 74—2007 风电场气象观测及资料审核与订正技术规范[S]. 北京:气象出版社,2002.

[4] 王遵娅,丁一汇,何金海,等. 近 50 年来中国气候变化特征再分析[J]. 气象学报, 2004, 62(2): 228-236.

[5] 任国玉,郭军,徐铭志,等. 近 50 年中国地面气候变化基本特征[J]. 气象学报,2005,63(6): 942-955.

[6] Xu Ming, Chang Chihpei, Fu Congbin, et al. Steady decline of East Asian monsoon winds, 1969-2000: Evidence from direct ground measurements of wind speed[J]. Journal of Geophysical Research, 2006,111:1-8.

[7] Jiang Ying, Luo Yong, Zhao Zongci, et al. Changes in wind speed over China during 1956-2004[J]. Theor Appl Climatol, 2010(99):421-430

[8] 王毅荣,林纾,李青春,等. 河西走廊风能变化及储量[J]. 气象科技,2007, 35(4): 558-562.

[9] Cristina L A, Jacobson M Z. Evaluation of global wind power [J]. J Geophys Res, 2005, 110: D12110.

[10] 刘小宁. 我国 40 年年平均风速的均一性检验[J]. 应用气象学报,2000,11(1):27-34.

[11] 吴增祥. 气象台站历史沿革信息及其对观测资料序列均一性影响的初步分析[J]. 应用气象学报, 2005, 16(4): 461-467.

[12] 王树廷,王伯民. 气象资料的整理和统计方法[M]. 北京:气象出版社,1984:48-51.

[13] 杨振海,程维虎. 非均匀随机数产生[J]. 数理统计与管理,2006,25(6):750-756.

置于剪切流中边长比 $d/h=0.1\sim3.0$ 的矩形柱的空气动力特性

曹曙阳

（同济大学土木工程防灾国家重点实验室　上海　200092）

1　引言

由 Davenport[1]，Scanlan[2] 等人创建的以大型桥梁、高耸结构和大跨度空间结构等为主要考虑对象的近代结构抗风设计方法，是在假定平稳随机过程的前提下，以随机统计理论为基础，常规大气边界层强风为主要考虑对象建立起来的。虽然自然界的强风现象绝大多数满足平稳随机过程的假定，通过正确地实施风洞试验和风致响应解析，可以保证风致效应明显的结构物的抗风稳定性和安全性，但当它们受到特殊气象造成的强风，如龙卷风和下击暴流等特殊气流作用时，它们的整体或部件的抗风性能会受到多大程度的影响则是一个需要回答的问题。随着我国结构抗风研究水平的不断上升，我国已跨入了从土木建设大国向防灾减灾科技强国迈进的历史性阶段[3]，对各种特殊气流对结构抗风性能影响的研究变得势在必行。虽然结构抗风设计是否要考虑龙卷风和下击暴流等特殊气象的影响，要随结构的具体情况、社会影响、经济要素等而定，并且虽然在我国龙卷风和下击暴流等特殊气流的发生数量和强度都小于美国等国家，但特殊气流造成的风灾常常很剧烈并伴有极大的社会冲击力和影响力。同时，近年来也许是由于全球变暖的影响，特殊灾变气候有发生频率增大、受灾程度日趋严重的倾向[4]，因而充分有效地评估特殊气流对原子能发电站等重要结构物的抗风性能的影响非常重要。除了气流的强旋转性、急加减速性等之外，龙卷风和下击暴流等特殊气候现象产生的大气边界层的风速特点之一是：随高度增加而增速的边界层的高度将由常规大气边界层时的约 500m 减低到只有 80 ~ 100m，加上此时上层高度风速增大，在最大风速高度（80 ~ 100m）以下的高度内会存在速度梯度非常大的风速剪切流，而这一高度区域恰恰是人类进行生存活动和结构物大量存在的区域；同时在下击暴流的情况下，随高度增加急剧增速，在高度 100m 左右到达最大风速后将会减小到自由大气风速，因而会在高度方向形成速度增大然后减少的特殊速度剖面。同时即使是不考虑龙卷风和下击暴流等特殊气流，埋没在大气边界层中的桥梁断面等也受到速度剪切这一不对称来流的作用。针对这些风速特点，近年来 Kyle 等[5] 和赵阳等[6] 注重研究了特殊气流的过渡特性对高层结构风荷载特性的影响，Cao 等[7] 注重研究了强速度剪切对圆柱空气动力特性影响的机理，以及圆柱与方柱在剪切流中的不同表现[8]。但包括作者在内的过去的研究，基本上都是针对圆柱和方柱等基础断面，在作者所知的范围内，尚未见到针对边长比 $d/h=0.1\sim3.0$ 的矩形柱的研究。

2　试验装置和方法

图 1 所示为风洞试验状况的概念图。本试验使用的风洞具有 99（11 行 ×9 列）个由伺服电机控制的轴流风扇，测量断面的宽度为 $B=2.56\mathrm{m}$，高度为 $H=1.8\mathrm{m}$。此风洞通过控制风扇的旋转速度控制试验断面的气流速度。各个风扇可以通过计算机单独控制，因而可以较方便地控制试验断面的气流特性。当所有的风扇都定常运转，即处于常规的均匀流状态时，试验断面的湍流强度约为 2%。关于此风洞的

基金项目：国家自然科学基金项目（50978202）和上海市浦江人才计划（10PJ1409700）资助。

详细请参照文献[9]。本研究讨论的具有速度梯度的剪切来流的定义如图2所示，风速分布可定义为$U=Gy+U_0$，其中G为速度梯度，U_0为对应于矩形柱中心的风速。矩形柱所受速度剪切的大小可由无量纲速度剪切系数β来表达，如式(1)所示。

$$\beta = G \times \frac{h}{U_0} = \frac{\mathrm{d}U}{\mathrm{d}y} \times \frac{h}{U_0} \tag{1}$$

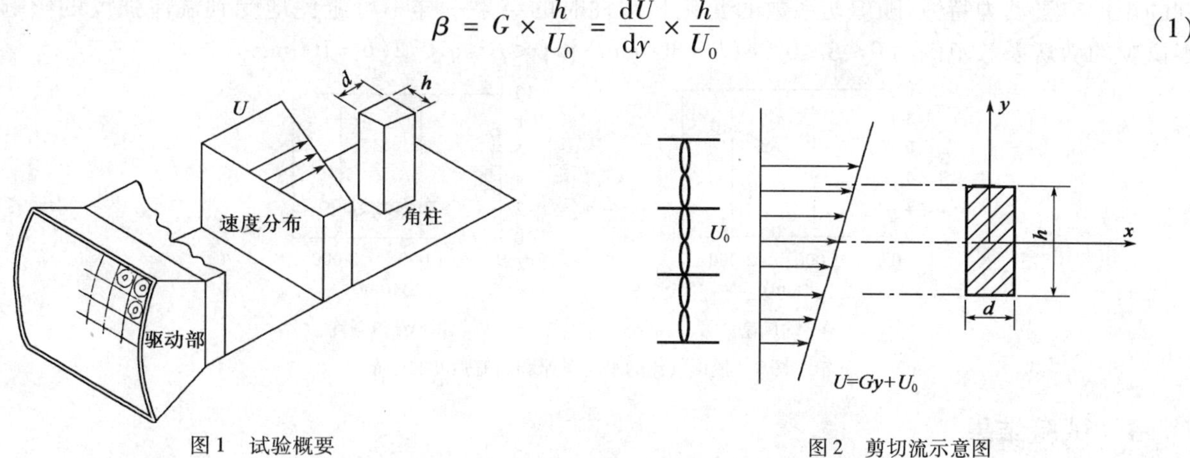

图1　试验概要

图2　剪切流示意图

为了得到较大的速度剪切系数，本研究中采用了$h=300$mm和$h=100$mm两个系列的模型，这两个系列对应于不同的阻塞比。$h=300$mm模型的Span长度为$l=1\,800$mm，$h=100$mm模型的Span长度为$l=1\,100$mm，因此它们又对应于不同的Aspect ratio。每个系列的模型都设计了不同的边长比，当$h=100$mm时，$d/h=0.1$、0.6、1.0、1.6、2.0、2.7和3.0共7种边长比；当$h=300$mm时，$d/h=0.1$、0.5和0.6共3种边长比。表1总结了试验模型的种类。试验时矩形柱垂直安装于风洞中。$h=100$mm的矩形柱的两端安装有尺寸为600mm×900mm的端板，以改善气流以及试验结果的二维性；$h=300$mm的模型的两端未安装端板。由于阻塞比和宽高比的不同，加上没有决定性的修正方法来修正阻塞比和宽高比的同时作用，本研究将不在不同的模型之间比较，而是针对所有模型改变来流的速度剪切，在阻塞比和宽高比相同的模型之间比较速度剪切的作用。本试验的雷诺数为$Re=3.52\times10^4$（$h=100$mm）和$Re=1.06\times10^5$（$h=300$mm）。

试验模型的尺寸（边长比、阻塞比和宽高比）　　表1

h (mm)	d (mm) (d/h)							l (mm) (l/h)	B(mm) (h/B)
100	10 (0.1)	60 (0.6)	100 (1.0)	160 (1.6)	200 (2.0)	270 (2.7)	300 (3.0)	1 100 (11.0)	2 560 (3.9%)
300	30 (0.1)		150 (0.5)			180 (0.6)		1 800 (6.0)	2 560 (11.7%)

将I型热线置于矩形柱后缘下游方向约$3h$、矩形柱上方约$2h$容易检出卡门涡的位置测量得到风速时程，通过高速傅里叶变换检出放出涡的频率f_v。在矩形柱的背面预埋直径为3mm的背压管，将模型中央的直径为0.3mm的压力孔测得的背压通过导管引导到差压计以测得背压P_b。放出涡频率和背压分别由无量纲的斯特劳哈尔数和背压系数来表达，如下式所示，其中，P_∞为上游基准压力，ρ为空气密度。

斯特劳哈尔数
$$St = \frac{f_v h}{U_0} \tag{2}$$

背压系数
$$C_{pb} = \frac{P_b - P_\infty}{0.5\rho U_0^2} \tag{3}$$

3　线性剪切来流的模拟

将对应于矩形柱中心的风速固定为$U_0=5$m/s，通过改变其他对应位置的风速来模拟生成各种速度梯度的线性剪切流，因而在研究来流风速剪切系数影响时，雷诺数是固定不变的。本研究共模拟了4种剪切气流和一种均匀气流。图3a)所示为平均风速分布的一例,可以看到模拟出的气流具有较好的线性,这是格子剪切流模拟器难以做到的。图3b)所示为伴随平均风速分布的湍流强度分布,可以看到在风洞中央模型安装位置的湍流强度较为均匀。随着剪切强度的增大湍流强度会增大。因而,本文中得到的矩形空气动力特性,随剪切系数的变化和圆柱时的结果一样不可避免地受到湍流强度的影响[7]。本试验的剪切系数范围为$0 \leqslant \beta \leqslant 0.24(h=300\text{mm})$和$0 \leqslant \beta \leqslant 0.072(h=100\text{mm})$。

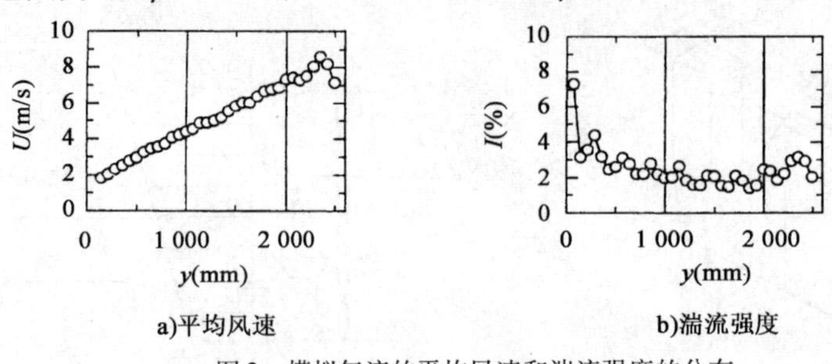

图3　模拟气流的平均风速和湍流强度的分布

4　试验结果

图4所示为斯特劳哈尔数和背压系数随d/h的变化。Okajima[10]的研究表明,在均匀来流时,斯特劳哈尔数随着d/h的增大在$d/h \approx 2.8$附近之前表现为减小,在$d/h \approx 2.8$之后表现为不连续的增大,在$d/h \approx 3.0$左右取得最大值。同时,C_{pb}在$d/h \approx 0.6$附近取得最小值之后,随着d/h的增大一直到$dh=3.0$左右压力会回升。本研究中得到的结果与均匀流中的Okajima的结果定性上相同,并且可以看到,背压系数在$d/h \approx 0.6$附近取得最小值(Nagaguchi peak)对d/h的强烈依存性在剪切流中仍然存在。

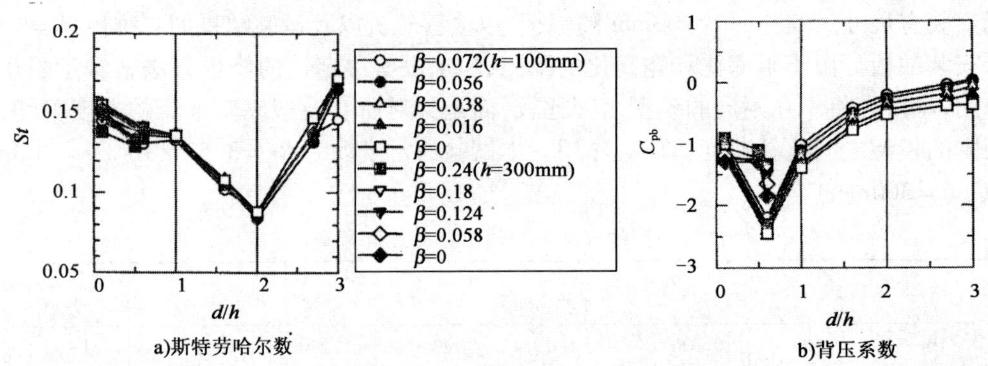

图4　不同剪切情况下的空气动力特性随边长比的变化

图5所示为斯特劳哈尔数和背压系数随剪切系数的变化。试验结果表明,跟圆柱相似,矩形柱的斯特劳哈尔数对剪切系数的变化不敏感。但背压系数随着剪切系数的增大而明显回复。由于随着剪切系数的增大湍流强度也会增大,因而压力回复是由剪切系数的增大引起的还是湍流强度的增大引起的无

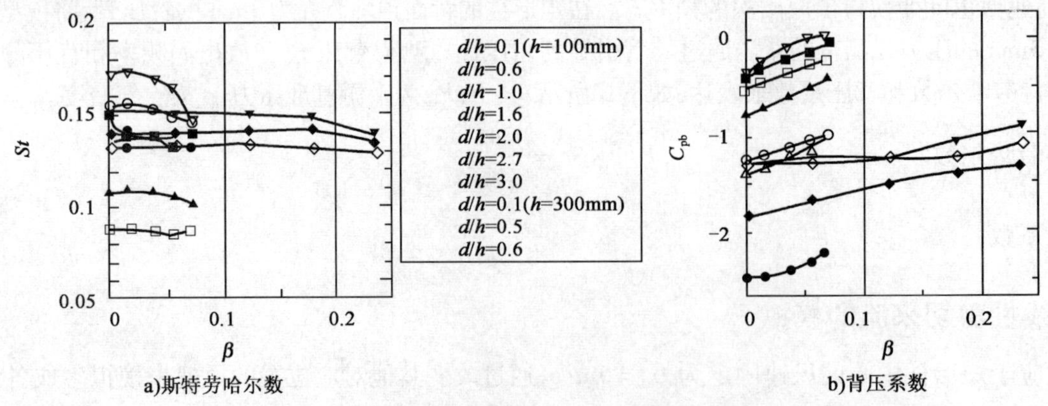

图5　不同边长比情况下空气动力特性随剪切系数的变化

法给出明确的判断。但考虑到一般情况下湍流会增强剥离边界层的早期附着趋势而引起负压下降，因此估计压力回复是由剪切系数的增大引起的，即剪切流对卡门涡放出抑制作用。

5 结论

本文通过风洞试验研究了置于线性剪切流中的边长比 $d/h=0.1\sim3.0$ 的矩形柱的空气动力特性。借助于多风扇主动控制风洞，模拟了多种线性度较好的具有速度梯度的剪切来流。本试验的剪切系数范围为 $0\leqslant\beta\leqslant0.072$（$h=100$mm）和 $0\leqslant\beta\leqslant0.24$（$h=300$mm），雷诺数为 $Re=3.52\times10^4$（$h=100$mm）和 $Re=1.06\times10^5$（$h=300$mm）。研究结果表明，对各个边长比而言，斯特劳哈尔数对剪切系数的变化不敏感，但背压系数随着剪切系数的增大而明显回复，这个结果暗示着剪切流对卡门涡放出的抑制作用。同时置于剪切流中的矩形柱的空气动力特性与圆柱相比具有较大的相似性。

参 考 文 献

[1] Davenport A G. The application of statistical concepts to the wind loading of structures[G]. Proc ICE, 1961, 19: 449-472.

[2] Scanlan R H . The action of flexible bridges under wind, I-II; flutter theory[G]. J. Sound and Vibration, 1978, 60(2):187-211.

[3] 项海帆，等. 现代桥梁抗风理论与实践[M]. 北京：人民交通出版社, 2005.

[4] Munich Re. Topics Geo Annual review: Natural catastrophes. 2004.

[5] Kyle Butler, Shuyang Cao, Ahsan Kareem, et al. Surface pressure and wind load characteristics on prisms immersed in a simulated transient gust front flow field[J]. Journal of Wind Engineering and Industrial Aerodynamics, 2010, 98 (6-7):299-316.

[6] 赵杨，曹曙阳，Yukio Tamura, et al. 雷暴冲击风模拟及其荷载的风洞试验研究[J]. 振动与冲击, 2009, 28(4):1-4.

[7] Shuyang Cao, Shigehira Ozono, Yukio Famura, et al. Numerical simulation of Reynolds number effects on velocity shear flow around a circular cylinder[J]. Journal of Fluids and Structures, 2010, 26: 685-702.

[8] Shuyang Cao, Yaojun Ge, Yukio Tamura . Mechanisms of the lift force on the circular and square cylinders in shear flows[G]// The Fifth International Symposium on Computational Wind Engineering (CWE2010), Chapel Hill, North Carolina, USA May 23-27, 2010.

[9] Shuyang Cao, Akira Nishi, Kimitaka Hirano, et al. An actively controlled wind tunnel and its application to the reproduction of the atmospheric boundary layer[J]. Boundary-layer Meteorology, 2001, 101 (1):61-76.

[10] Okajima. Flow around rectangular cylinders[J]. Journal of JAWE, 1983(17):1-19.

临界雷诺数下带人工水线斜拉索的气动性能研究

杜晓庆[1]　顾明[2]

（1. 上海大学土木工程系　上海　200044；
2. 同济大学土木工程防灾国家重点实验室　上海　200092）

1　引言

以往的研究认为，斜拉桥拉索发生风雨激振的雷诺数（*Re* 数）处在亚临界区[1-2]。但随着斜拉桥跨度的增大，拉索直径有增大的趋势，拉索发生风雨激振时的 *Re* 数很可能进入临界区（文献[3]认为临界区雷诺数处在 $2.0\times10^5\sim5\times10^5$ 之间）。

在风洞中对拉索节段模型进行风洞试验是研究拉索风雨激振的振动特性和发生机理的主要手段之一。文献[4-6]对带人工水线拉索节段模型进行了测力或测压试验，获得了水线在不同位置时作用在拉索模型上的气动作用力，这为基于准定常假定建立拉索风雨激振理论模型提供了试验基础。上述文献对带人工水线拉索模型的测力或测压试验的 *Re* 数范围为 $1\times10^4\sim1.2\times10^5$[4-6]，处在亚临界 *Re* 数范围内。

本文在临界 *Re* 数下，对带上人工水线的三维拉索节段模型进行了同步测压风洞试验。系统测量上水线在不同位置时三维拉索节段表面风压，研究风向角对带人工水线拉索气动性能的影响，对临界 *Re* 数下拉索的气动稳定性进行了分析。本文结果可为建立临界 *Re* 数下拉索风雨激振理论模型提供基础。

2　试验装置及试验工况

2.1　试验模型及参数

试验采用放大的拉索节段模型。拉索模型采用有机玻璃材料，直径为350mm，模型全长3.5m。模型直径约为实际拉索直径的2~3倍。为了达到 *Re* 数的相似，试验风速设定在5m/s 和10m/s，分别对应的 *Re* 数为 1.17×10^5 和 2.34×10^5。在拉索模型的四个截面上共布置了176个测压点，本文结果所在截面的测压点布置见图1，图中角度 θ_u 表示上水线的位置，角度 θ_{cyl} 表示测压点的位置。

拉索模型通过两端钢支架以固定倾角 $\alpha=30°$ 支撑在风洞转盘上。风洞转盘的转动可调节拉索模型的风向角 β。拉索模型的倾角 α 和风向角 β 的定义见图2。试验风向角则分别为0°、25°、35°、40°和45°。

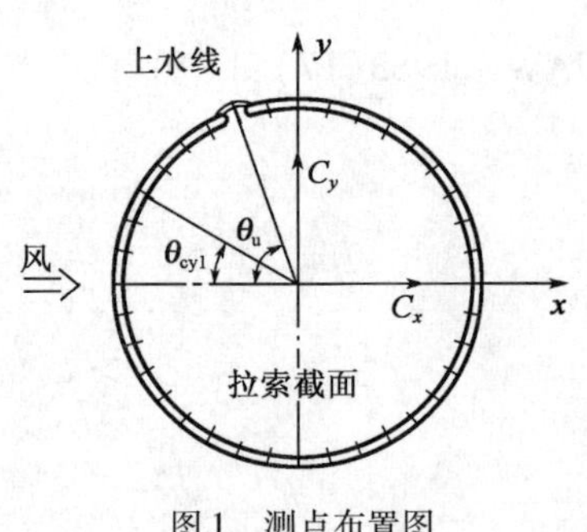

图1　测点布置图

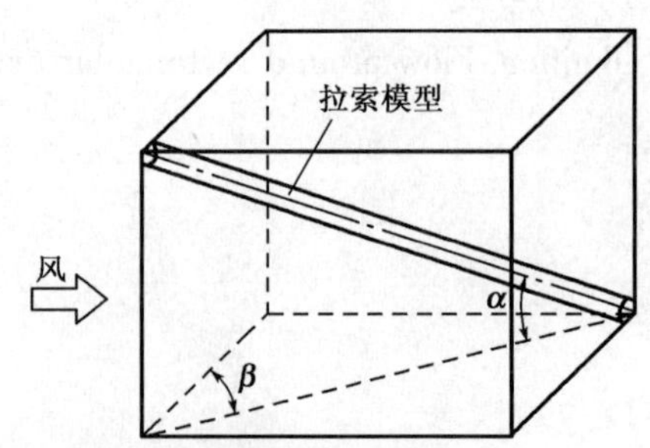

图2　拉索模型倾角和风向角定义

基金项目：国家自然科学基金创新研究群体科学基金（50621062）资助。

2.2 风洞及测试设备

风洞试验在同济大学土木工程防灾国家重点实验室 TJ-3 大气边界层风洞的均匀流风场中进行。该风洞是一座竖向回流式低速风洞，试验段尺寸为15m 宽、2m 高、14m 长。

由美国 Scanivalve 公司的 DSM3000 电子式压力扫描阀系统、PC 机，以及自编的信号采集及数据处理软件组成风压测量、记录及数据处理系统。采样时间为 25.6s；采样点数为 8 000；采样频率为 312.5Hz。

3 试验结果及分析

文献[7]分析了光拉索模型（未带人工水线的拉索模型）的气动性能，研究表明：在 $Re=2.34\times10^5$ 时，风向角为0°的光拉索模型表面的平均风压系数分布呈现临界雷诺数下的圆柱绕流特征：拉索表面分离点在圆柱体背风面，拉索模型上下侧的风压系数出现不对称分布。本文的试验条件与文献[7]相同，因此可以认为：在本文试验中，当 Re 达到 2.34×10^5 时，拉索模型已处在临界雷诺数区。

3.1 风向角为0°

（1）平均气动力系数

图3为风向角 $\beta=0°$、$Re=2.34\times10^5$ 时，拉索平均气动力系数随上水线位置 θ_u 的变化曲线。为了跟亚临界雷诺数时的情况作比较，图中也列出了文献[8]中 $Re=1.17\times10^5$ 时的拉索平均气动力系数。

从图3可见，在两种雷诺数条件下，上水线的出现均完全改变了拉索的气动性能，并且拉索的气动力系数对上水线的位置非常敏感。与亚临界雷诺数时的气动力曲线相比，临界雷诺数下的平均气动力曲线的形态有显著差异，特别是平均升力系数 C_y。当 $Re=1.17\times10^5$ 时（雷诺数处在亚临界区），平均气动力系数在 $\theta_u=60°$ 附近发生突然变化，升力系数 C_y 从0.35突然下降至 −0.14，而阻力系数 C_x 则从0.60增大至0.94。拉索气动力系数的这种突变是拉索发生风雨激振的主要原因。而当 $Re=2.34\times10^5$ 时（雷诺数处在临界区），平均升力系数 C_y 分别在上水线 $\theta_u=20°$ 和65°附近经历两次逐渐减小过程。与亚临界区相比，临界区内升力系数的下降幅度相近，但下降过程则较为缓慢。

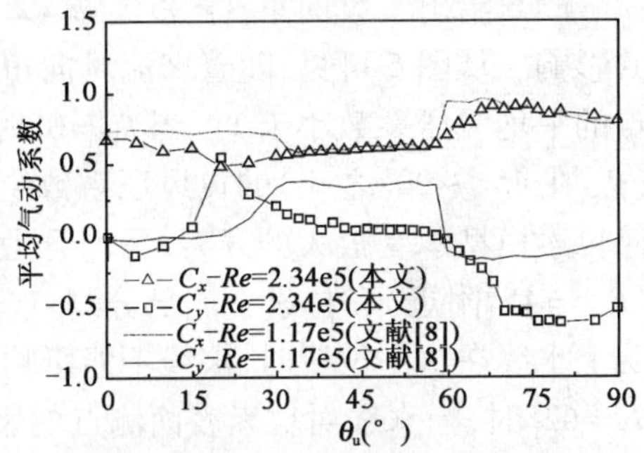

图3 拉索平均气动力系数（$\beta=0°$）

（2）平均风压系数

图4给出了上水线在典型位置时，拉索模型表面平均风压系数的分布情况。

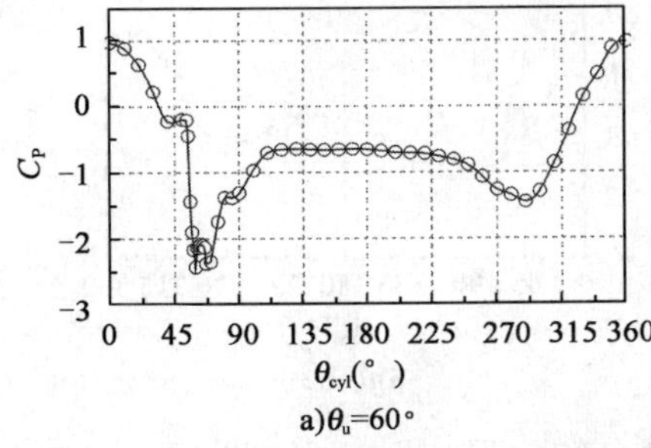

a) $\theta_u=60°$

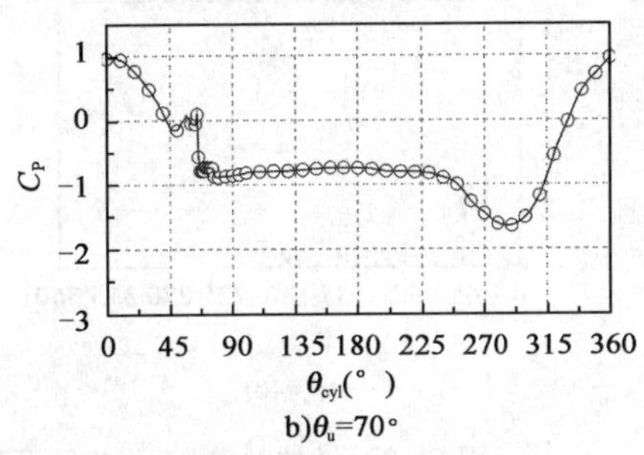

b) $\theta_u=70°$

图4 带上水线拉索表面平均风压系数的分布（$\beta=0°$，$Re=2.34\times10^5$）

上水线处在不同位置时，拉索表面的平均风压系数的分布差异很大。当 $\theta_u=20°$ 时，在上水线后局部区域的拉索表面测点（θ_{cyl} 在45°~110°之间的测点）的负风压系数绝对值突然增大，而拉索其他部位的风压系数则变化不大，这也导致了图3中 $\theta_u=20°$ 所对应的平均升力系数 C_y 达到最大值0.55。当上水线位置 θ_u 从20°变化至60°时，上水线后局部测点的风压系数与 $\theta_u=20°$ 时相比，受水线影响的测点区域逐渐变小(θ_{cyl}在50°~90°之间的测点),从而使得图3中的升力系数C_y逐步减小。当$\theta_u=70°$时,上水线附近测点的风压系数绝对值突然增大的现象消失了,而拉索下侧(没有水线的一侧)测点的负风压系数绝对值则增大了,从而导致图3中相应位置的平均升力系数C_y减小至-0.53。

图4中拉索平均风压分布随上水线位置的这种变化,可能跟拉索上表面的流体分离和再附现象有关。上水线的存在影响拉索上侧表面的流体分离和分离流的再附。当上水线位于20°~60°之间时,流体在上水线处发生分离;在上水线后侧的拉索表面发生再附,最后在拉索背风侧再次发生分离;而当上水线位于70°后,则不再发生分离流的再附。

3.2 风向角为35°

(1)平均气动力系数

风向角$\beta=35°$时,拉索模型则是三维的,三维光拉索的气动性能较二维拉索更为复杂。图5为风向角$\beta=35°$、$Re=2.34\times10^5$时,拉索平均气动力系数随上水线位置θ_u的变化曲线。图中也列出了文献[8]中$Re=1.17\times10^5$时的拉索平均气动力系数。

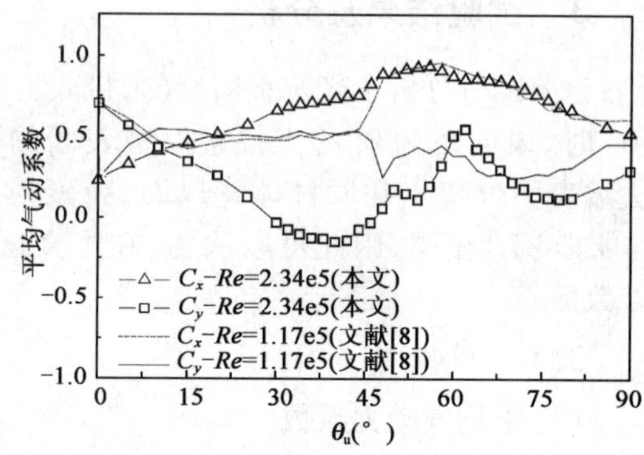

图5 拉索平均气动力系数($\beta=35°$)

由图5可见,与亚临界雷诺数的结果相比,临界雷诺数时的气动力系数无论是曲线形态还是数值上均有很大差异。$Re=2.34\times10^5$时,升力系数C_y在$\theta_u=0°$时达到了0.71;随着θ_u的增大,升力系数C_y逐渐减小,并在$\theta_u=40°$达到最小值-0.15;当上水线位于$\theta_u=62°$时,升力系数逐渐增大到一峰值0.55;而随着θ_u继续增大至76°,升力系数又逐渐减小至0.12。

(2)平均风压系数

图6给出了风向角$\beta=35°$、$Re=2.34\times10^5$时,上水线位置对三维拉索模型表面平均风压系数分布的影响。从图6可见,随着来流风向角从0°增大至35°,拉索表面停滞点位置从0°移至340°附近,停滞点的平均风压系数小于1。当$\theta_u=0°$时,与文献[8]中光拉索表面风压分布相比,在拉索上侧局部测点(θ_{cyl}在45°~90°之间)的负风压系数绝对值增大,而拉索其他测点的负风压系数的绝对值则减小,从而使拉索模型承受很大的升力,平均升力系数C_y达到0.71(见图5)。当$\theta_u=40°$时,在上水线附近测点($\theta_{cyl}=45°$附近)和拉索下侧部分测点(θ_{cyl}在230°~300°之间)均出现绝对值较大的负风压系数。这说明上水线在这一位置时,水线不但影响到拉索上侧表面的风压,也会影响拉索下侧表面的风压分布。当$\theta_u=62°$时,上水线对拉索表面测点的影响范围较大,θ_{cyl}在70°~135°之间的表面测点的负风压系数绝对值均保持较高数值,使拉索受较大的升力系数C_y作用。而当上水线位于$\theta_u=76°$时,拉索表面负风压系数的分布平缓,拉索受到的升力较小。

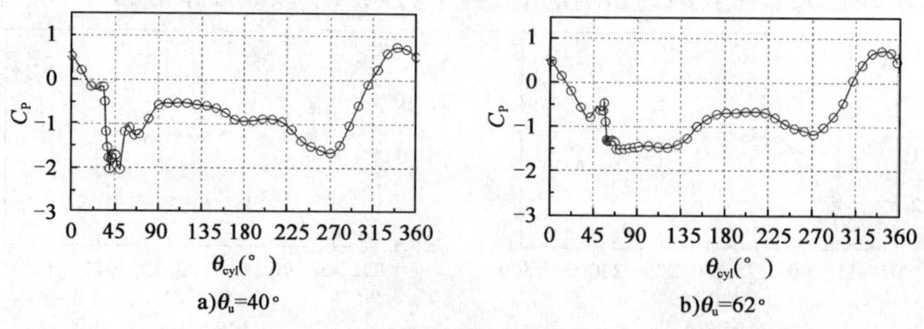

图6 带上水线拉索表面平均风压系数的分布($\beta=35°$, $Re=2.34\times10^5$)

3.3 稳定性分析

图7给出了风向角分别为0°和35°、雷诺数分别为1.17×10^5和2.34×10^5时,气动力系数的函数$C_D+dC_L/d\theta_u$随上水线位置的变化曲线。根据Den Hartog驰振失稳判据,函数$C_D+dC_L/d\theta_u<0$

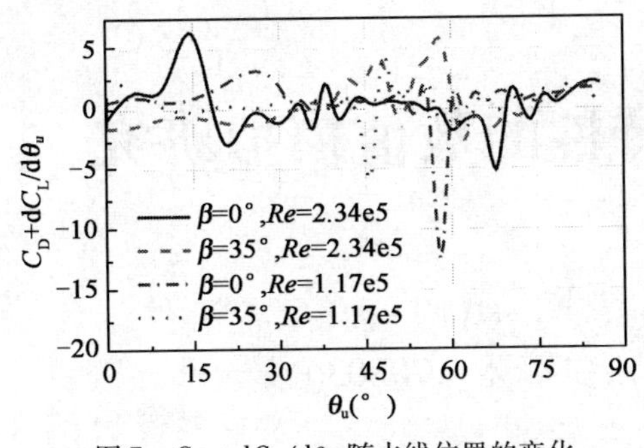

图7 $C_D + dC_L/d\theta_u$ 随水线位置的变化

是发生驰振失稳的必要条件。即基于准定常假定，$C_D + dC_L/d\theta_u < 0$ 的区域是拉索发生风雨激振的失稳区。

从图7可见，在两种雷诺数下，拉索均存在 $C_D + dC_L/d\theta_u < 0$ 的失稳区。但随着雷诺数从亚临界区（$Re = 1.17 \times 10^5$）增大至临界区（$Re = 2.34 \times 10^5$），函数 $C_D + dC_L/d\theta_u$ 负值的绝对值减小，失稳区所对应的水线位置 θ_u 增大，即拉索发生失稳的可能性降低，失稳发生在较高的水线位置。此外，在同一种雷诺数下，随着风向角的增大，拉索发生失稳的可能性降低，失稳区所对应的水线位置减低。

4 结论

本文通过风洞试验，在临界雷诺数下，研究了带上水线拉索模型的气动性能。测量了不同风向角下拉索表面的风压分布，得到了作用在拉索上的气动力系数，分析了临界雷诺数下拉索的气动稳定性。主要结论如下：

（1）拉索表面的平均风压分布对上水线位置非常敏感。不同位置的上水线会改变拉索表面的流体分离和分离流的再附，从而导致拉索表面平均风压分布随着上水线位置的改变而变化剧烈。

（2）与亚临界区相比，临界雷诺数下的气动力系数随水线位置变化的曲线形态有显著差异。基于准定常假定，在临界雷诺数下，拉索仍有发生风雨激振的可能性，但发生的可能性较亚临界区降低了。

（3）风向角是影响拉索气动性能的又一重要因素，风向角会改变拉索表面风压、气动失稳可能性和失稳区域。

参考文献

[1] Matsumoto M, Shiraishi N. Rain-wind induced vibrations of cables of cable-stayed bridge [J]. Journal of Wind Engineering and Industrial Aerodynamics, 1992, 41-43: 2011-2022.

[2] 顾明，刘慈军，罗国强，等. 斜拉桥拉索的风（雨）激振及控制 [J]. 上海力学，1998，19（4）：283-288.

[3] Simiu E, Scanlan R H. Wind effects on structures [M]. John Wiley & Sons, Inc. 1996.

[4] Gu M, Lu Q. Theoretical analysis of wind-rain induced vibration of cables of cable-stayed bridges [J]. Journal of Wind Engineering, 2001, 89: 125-128.

[5] Matsumoto M, Yagi T, Saka S, et al. Steady wind force coefficients of inclined stay cables with water rivulet and their application to aerodynamics [J]. Wind and Structures, 2005, 8(2): 107-120.

[6] Xu Y L, Li Y L, Shum K M, et al. Aerodynamic coefficients of inclined circular cylinders with artificial rivulet in smooth flow [J]. Advances in Structural Engineering, 2006, 9(2):265-278.

[7] 杜晓庆，顾明. 临界雷诺数下斜拉桥拉索的平均风压和风力特性 [J]. 空气动力学学报，2010，28（6）:639-644.

[8] 顾明，杜晓庆. 带人工水线拉索模型的测压试验研究 [J]. 空气动力学学报，2005，23（4）：419-424.

横风作用下移动车辆和桥梁气动特性的数值模拟研究

韩艳[1]　蔡春声[1,2]　胡揭玄[1]
(1. 长沙理工大学土木与建筑学院　长沙　410114;
2. 美国路易斯安那州立大学　美国路易斯安那州　70803)

1　引言

随着科学技术的迅速发展,解决了过去施工困难等方面问题,修建跨越海峡、深山峡谷的桥梁成为可能。虽然这些桥梁的修建为经济的快速发展提供了条件,但是也带来了因桥位处大风频袭导致的桥梁风致振动和风对通行车辆的影响问题。因此,为保障车辆的行车安全和桥梁的正常使用,研究风—车—桥系统的耦合振动响应十分必要。

风—车—桥系统气动特性研究是风—车—桥系统研究的基础性研究,过去受试验技术及设备等方面限制,开展这方面研究少之又少,目前该方面的研究内容也才刚刚起步。横风作用下,车辆位于桥梁上,桥梁断面的几何形状将会影响车辆的气动力,另外,车辆的存在也会改变桥梁断面的风场,从而影响桥梁的气动力,也就是说,车辆和桥梁间存在着相互的气动影响。在较多的研究中未考虑这种相互影响[1-3],目前国内学者越来越重视这种影响。祝志文、陈政清[4]基于 ANSYS 的 FLOTRAN 模块研究了单/双层客车在铁路简支梁上的横风效应。李永乐等[5-6]对这方面也做了大量研究工作,首先研制了一套交叉槽测试系统,分别测试了车桥系统的气动力荷载,考虑了静止车辆与桥梁间的气动影响;接着又开发了一套移动车辆模型车桥系统气动力测试装置,考虑了移动车辆与桥梁间的气动影响。虽然该研究是针对铁路桥梁的,但值得借鉴。韩艳等[7]对风—车—桥耦合系统的车辆和桥梁气动特性也进行了初步研究。

本文基于以前研究基础,采用数值模拟方法对风—车—桥系统的气动特性进行进一步研究,主要计算分析横风作用下移动车辆与桥梁之间的相互气动影响,以及风场紊流特性对车辆、桥梁气动特性的影响。

2　模型尺寸

某大桥主梁断面形状和车辆尺寸如图 1 所示,桥面处的设计风速为 29m/s,桥上车辆行驶速度为 22m/s。主梁长度取 33.4m,车辆宽度为 2.2m;汽车纵向位于主梁中间,横向位于内侧距桥梁中心线 5m 位置,汽车底部距桥面为 0.49m。

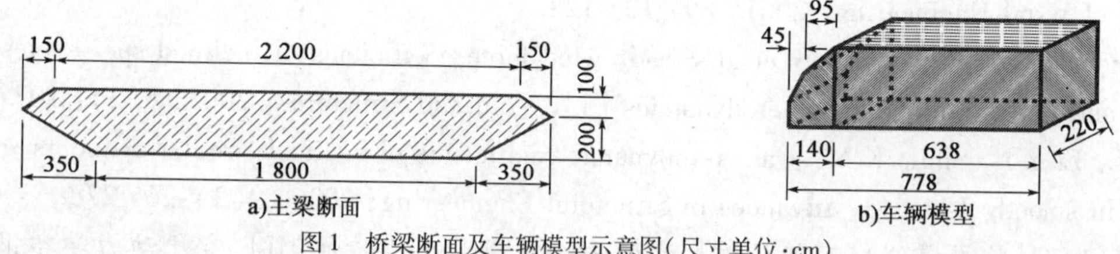

图 1　桥梁断面及车辆模型示意图(尺寸单位:cm)

3　计算方法

3.1　流场计算区域及边界条件

模型尺寸采用实际模型尺寸。计算模型建立和网格划分通过专业前处理软件ANSYS ICEMCFD10.0 实现。计算区域为:桥梁断面中心线距入口处为 $20H$,距出口处为 $86H$,桥梁断面上、下表面分别距风洞上、下侧为 $19H$。

基金项目:国家自然科学基金资助项目(50908025)。

入口条件:入口采用速度边界条件(velocity inlet),切向速度为零,只有法向速度,紊流度分别取1%和10%,分别对应低紊流度风场和高紊流度风场;出口条件:出口采用outlet边界条件,相对压力选为零;侧壁采用自由滑移(free slip)壁面条件,上下壁采用对称边界条件(symmetry),桥梁和车辆表面采用无滑移(no slip)壁面边界条件。参考压力选为1个大气压,流动选为非定常流动。

3.2 湍流模型及网格划分

本文采用的湍流模型为剪切应力输运 $k-\omega$ 模型(Shear Stress Transport $k-\omega$ Model,简称SST模型),基于 $k-\omega$ 的SST模型考虑了湍流剪切应力的传输,而且能很好地预测在逆向压力梯度下流体分离的开始和数量。模型需要计算节点与最近壁面的距离来实现 $k-\varepsilon$ 和 $k-\omega$ 之间的混合使用,在外部区域和自由剪切层中采用 $k-\varepsilon$ 模型,而在近壁面处采用Wilcox的 $k-\omega$ 模型,两者之间通过使用一个混合函数(blending function)来实现过渡。本文计算出来的第一层网格高度可以满足无量纲高度 $y^+\approx1$ 的要求,网格图如图2所示。

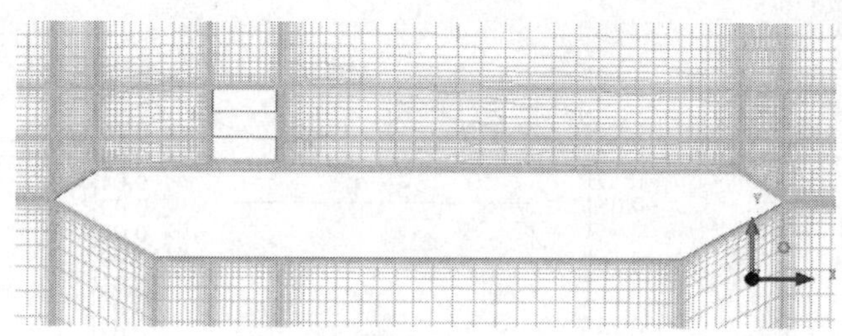

图2　模型网格划分示意图

4 计算分析

4.1 计算工况

为了分析风场的紊流性、车辆运动以及车桥间的相互作用对车辆和桥梁气动特性的影响,文中共分为四种工况:①低紊流度风场中横风对移动车辆和桥梁的作用;②高紊流度风场中横风对移动车辆和桥梁的作用;③低紊流度风场中横风对车辆的作用;④低紊流度风场中横风对桥梁的作用。模拟过程中流场风速取为20m/s。车辆取8个运动速度,分别为0m/s、5m/s、10m/s、15m/s、20m/s、25m/s、30m/s和35m/s,相对车辆来流风速的风偏角变化范围为30°~90°。

4.2 计算结果及分析

对上述每种工况分别进行了模拟计算,图3是工况1和工况3计算结果比较情况,图4是工况1和

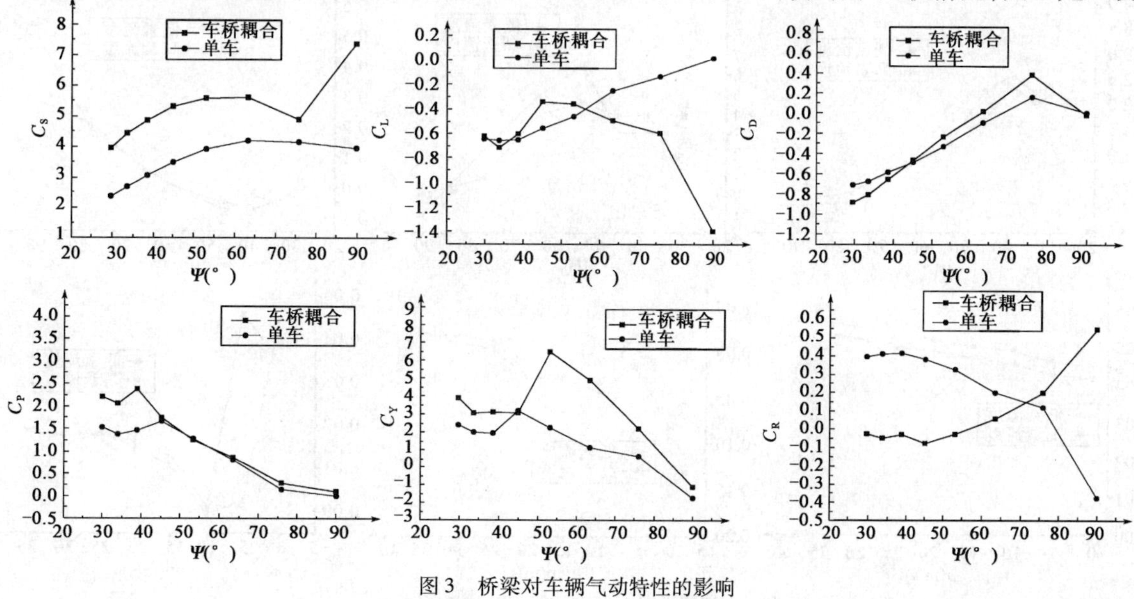

图3　桥梁对车辆气动特性的影响

工况 4 计算结果比较情况,图 5 是工况 1 和工况 2 计算结果比较情况。

从图 3 可以看出,对于工况 1 计算结果,C_S、C_L、C_D、C_P 和 C_Y 随相对风偏角增大均有先增大后减小趋势,相对风偏角在 60°左右,C_S 达到做大值,这与 Coleman 等研究成果稍微有点不同,他们的研究显示,相对风偏角在 80° ~90°之间时,C_S 达到最大值;相对风偏角在 40° ~50°之间时,C_L 达到最大值,这与 Coleman 等研究成果一致;而侧倾力矩系数 C_R 随相对风偏角增大而增大。

另外,通过比较图 3 中工况 1 和工况 4 计算结果可以看出,桥梁对车辆气动特性影响非常显著,除升力系数 C_L 和翻转力矩系数 C_P 外,由于桥梁的存在,车辆的气动力系数普遍有增大趋势,特别是侧向力系数 C_S 增大得最明显;对于升力系数 C_L,当相对风速偏角小于某一值时,桥梁对车辆气动特性的影响是使其增大,当大于该值时,反而使其减小;而对于侧倾力矩系数 C_R,其规律正好相反。

从图 4 可以看出,由于车辆的存在使得桥梁气动特性普遍增大,阻力系数 C_H 和升力矩系数 C_M 增大得都很明显。另外,车辆的运动对桥梁气动特性也有一定的影响,阻力系数 C_H 和升力系数 C_V 有随车速增大而增大的趋势。

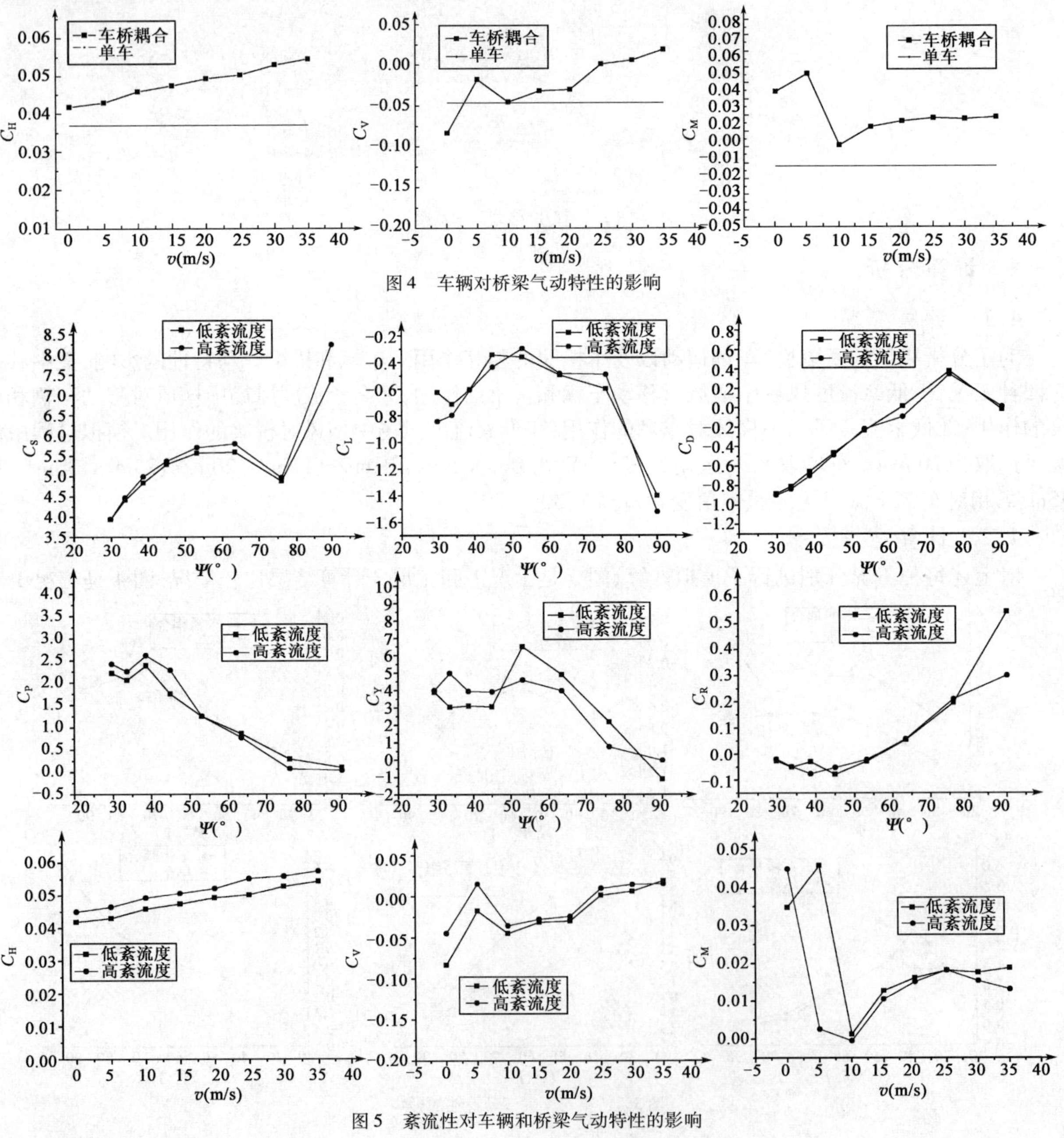

图 4　车辆对桥梁气动特性的影响

图 5　紊流性对车辆和桥梁气动特性的影响

从图5可以看出,紊流特性对车辆和桥梁的气动特性也有一定的影响,对于C_S、C_H、C_V和C_M,高紊流度要大于低紊流度;对于C_D,低紊流度大于高紊流度;对于其他气动参数,变化不规律。

5 结论

本文采用数值模拟方法模拟计算分析了横风作用下移动车辆与桥梁之间的相互气动影响,以及风场紊流特性对车辆、桥梁气动特性的影响,得出以下结论:

(1)C_S、C_L、C_D、C_P和C_Y随相对风偏角增大均有先增大后减小趋势,而侧倾力矩系数C_R随相对风偏角增大而一直增大。

(2)桥梁对车辆气动特性影响非常显著。

(3)车辆的存在会使桥梁气动特性普遍增大。

(4)紊流特性对车辆和桥梁的气动特性也有一定的影响。

参考文献

[1] 葛玉梅,李永乐,何向东.作用在车—桥系统上风荷载的风洞试验研究[J].西南交通大学学报,2001,36(6):612-616.

[2] 韩万水.风—汽车—桥梁系统空间耦合振动研究[D].上海:同济大学,2006.

[3] Chen S R . Dynamic performance of bridges and vehicles under strong wind[D]. Department of Civil and Environmental Engineering of Louisiana State University, 2004.

[4] 祝志文,陈伟芳,陈政清.横风中双层客车车辆的风荷载研究[J].国防科技大学学报,2001,11:117-121.

[5] 李永乐,廖海黎,强士中.车桥系统气动特性的节段模型风洞实验研究[J].铁道学报,2004,26(3):71-75.

[6] 李永乐,张明金,胡朋,等.车辆运动对车—桥系统气动特性的影响研究[G]//第十四届全国结构风工程学术会议论文集.2009:161-166.

[7] 韩艳,蔡春声.风—车—桥耦合系统的车桥气动特性研究[J].长沙理工大学学报:自然科学版,2009,6(4):21-26.

大气边界层紊流度剖面取值及其对抖振的影响

华旭刚　陈政清　于永帅　牛华伟　王友武

（湖南大学风工程试验研究中心　长沙　410082）

1　引言

在模拟边界层湍流的风洞试验中，需要模拟的主要风场参数为平均风速剖面、紊流度剖面、脉动风速功率谱及紊流的特征长度（如紊流积分尺度）。这就要求首先获得真实大气中各类典型地貌的主要风场特征参数名义值。在20世纪初至60年代，很多气象学家对各类地貌下边界层大气的特征参数进行了大量的实测工作；60年代初至70年代末，一些学者如Davenport、Harris和Panofsky等提出了一些描述边界层特征参数的经验公式，Counihan综述评价了1880～1972年在边界层特征参数方面的研究工作[1]。基于这些实测数据和经验公式，国内外抗风规范给出了良态风场中各类地貌下的风场设计参数。目前国内外主要抗风设计规范都给出了平均风速剖面、脉动风速功率谱的显示表达式及紊流积分尺度取值，日本与美国规范同时给出了紊流度剖面的表达式。我国建筑规范中没有明确给出紊流度的表达式，但在其给出的脉动系数$\mu_f(z)$中隐含了紊流度的概念，可反推出紊流度数值。我国桥梁抗风设计规范针对四类地貌分别给出了不同高度处紊流强度的取值，但取值的由来并没有文献报道。

自然流场中结构物在风荷载作用下的动力反应不仅与平均风速有关，而且还依赖于描述风场湍流特性的紊流度、脉动风谱及紊流积分尺度等参数[2]。本文采用规范中给定的不同水平脉动风速谱表达式推导了紊流度剖面的理论表达式，进一步给出了四类典型地貌下紊流度剖面的取值，并与中日美规范给定的紊流度剖面取值进行了对比分析。最后对同一结构物在四类不同地貌下的抖振响应进行了初步分析，结果表明虽然结构物位于A类地貌时其平均风速最高，平均风响应也最大，但其脉动风作用下的抖振位移却不一定最不利。

2　紊流度对风振响应的影响

首先以一简化的单自由度结构阐明紊流度对结构风振响应的影响。考虑的单自由度系统在脉动风荷载作用下的抖振响应[2]，系统的运动方程为：

$$m\ddot{x} + c\dot{x} + kx = F(t) \approx \frac{1}{2}\rho C_D A\bar{U}^2 + \rho C_D A\bar{U}u(t) \tag{1}$$

式中，F为系统在顺风向受到的气动力。

脉动风荷载的自功率谱形式可以描述为：

$$S_f(n) = (\rho C_D A\bar{U})^2 S_u(n) \tag{2}$$

式中，$S_u(n)$为脉动风速的自功率谱密度。

响应根方差可以描述为背景响应与共振响应分量之和：

$$\sigma_x^2 = \frac{1}{k^2}(\rho C_D A\bar{U})^2\int_0^\infty |H(n)|^2 S_u(n)\mathrm{d}n = 4\bar{x}^2\left(\frac{\sigma_u}{U}\right)^2(B+R) \tag{3}$$

式中，$\bar{x}$为在单自由度系统在平均风作用下的响应；B为背景响应因子，$B=1$；R为共振响应因子，$R=\pi n_1 S_u(n_1)/(4\zeta\sigma_u^2)$。

应用Davenport水平脉动风速谱，其形式如下：

$$\frac{nS_u(n)}{\bar{u}_*^2} = 4.0\frac{f^2}{(1+f^2)^{4/3}} \tag{4}$$

式中，$f=1\,200n/\overline{U}_{10}$；$\overline{U}_{10}$为10m 高处的平均风速；$u_*$为摩擦速度(m/s)，可从10m 高风速依据风速对数率公式反算，$\overline{U}_{10}=u_*\ln(10/z_0)/k$，$k=0.4$ 为 Von Karman 常数。

将式(4)代入式(3)，得到：

$$\sigma_x = 2\bar{x}I_u\sqrt{1+\frac{\pi f^2}{6\zeta(1+f^2)^{4/3}}} \tag{5}$$

式中，$I_u=\sigma_u/U$，为紊流度。

从上式看出，结构的风振响应取决于如下四个参数：①平均风响应或者说平均风速；②紊流度参数；③脉动风速谱形式；④紊流积分尺度或者说 Davenport 风谱中的特征长度 $l=1\,200$m。因而有必要对紊流度的合理取值进行研究与比较分析。

3 中日美主要抗风规范中的紊流度取值

我国《建筑结构荷载规范》(GB 50009—2001)中没有直接给出紊流度剖面，但从脉动系数反推到紊流度剖面[3]，其表达式如下：

$$I_u(z) = 0.114\times 35^{1.8(\alpha-0.16)}(z/10)^{-\alpha} \tag{6}$$

式中，α 为平均风剖面指数，对于 A、B、C 和 D 四类地貌下的 α 分别为 0.12、0.16、0.22、0.3。

我国《公路桥梁抗风设计规范》(JTG/T D60-01—2004)中没有给出紊流度剖面的表达式，而是直接给出了四类地貌下不同高度处的紊流度取值[4]，具体取值见表 1。

我国《公路桥梁抗风设计规范》中给出的紊流度剖面 表 1

地貌类型 / 高度(m)	A	B	C	D
$10<z\leqslant20$	0.14	0.17	0.25	0.29
$20<z\leqslant30$	0.13	0.16	0.23	0.29
$30<z\leqslant40$	0.12	0.15	0.21	0.28
$40<z\leqslant50$	0.12	0.15	0.20	0.26
$50<z\leqslant70$	0.11	0.14	0.18	0.24
$70<z\leqslant100$	0.11	0.13	0.17	0.22
$100<z\leqslant150$	0.10	0.12	0.16	0.19
$150<z\leqslant200$	0.10	0.12	0.15	0.18

日本建筑抗风设计规范(AIJ－04)给出的紊流度剖面取值如下[5]：

$$I_u(z) = 0.1(z/z_g)^{-\alpha-0.05} \tag{7}$$

式中，α 为平均风剖面指数，AIJ-04 中 I、II(III)、IV 和 V 四类地貌下的 α 分别为 0.10、0.15(0.2)、0.27、0.35，相应的梯度高度为 250m、350m(450m)、550m、650m。

美国建筑结构抗风设计规范(ASCE5-07)给出的紊流度剖面取值如下[6]：

$$I_u(z) = c(z/10)^{-\alpha} \tag{8}$$

式中，α 为平均风剖面指数，对应于美国建筑结构荷载规范中 A、B、C 和 D 四类地貌下的 α 分别为 0.20 (=1/5)、0.143 (=1/7)、0.105 (=1/9.5)、0.087 (=1/11.5)，梯度分别为高度为 457m、366m、274m、213m，紊流度参数 c 分别为 0.45、0.30、0.2 和 0.15。

4 紊流度剖面的理论分析

依据平稳随机过程的定义，脉动风速的方差为风速功率谱的积分，即：

$$\sigma_u^2 = \int_0^\infty S_u(n)\,dn \tag{9}$$

因此,只要知道了脉动风速功率谱密度,即可求得其方差。

首先,采用《建筑结构荷载规范》(GB 50009—2001)中常用的顺风向脉动风速谱 Davenport 谱来获取紊流度剖面的理论表达式,此时脉动风速的方差和紊流度剖面分别为:

$$\sigma_{\mathrm{u}}^2 = \int_0^{\infty} 4u_*^2 \frac{x^2}{n(1+x^2)^{4/3}} \mathrm{d}n = 6u_*^2 \tag{10a}$$

$$I_{\mathrm{u}}(z) = \frac{\sigma_{\mathrm{u}}}{U(z)} = \frac{0.98}{\ln(z/z_0)} \tag{10b}$$

式(10b)是按照对数率平均风速剖面得到的,z_0 为各类地貌下粗糙长度(m)。若平均风速剖面采用指数函数,那么紊流度剖面为:

$$I_{\mathrm{u}}(z) = \frac{\sigma_{\mathrm{u}}}{U(z)} = \sqrt{6\kappa}\left(\frac{z}{10}\right)^{-\alpha} \tag{11a}$$

$$\kappa = [k/\ln(10/z_0)]^2 \tag{11b}$$

式中,κ 为地表阻力系数;k 为 Von Karman 常数。

我国《公路桥梁抗风设计规范》(JTG D60-01—2004)采用 Kaimal 顺风向脉动风谱,此时顺风向脉动风速的方差为:

$$\sigma_{\mathrm{u}}^2 = \int_0^{\infty} 200u_*^2 f/n(1+50f)^{5/3} \mathrm{d}n = 6u_*^2 \tag{12}$$

从式(12)与式(10)看出,采用 Davenport 风谱及 Kaimal 风谱得到的脉动风速方差是相同的,因而相应的紊流度剖面也相同。我国抗风设计规范中 A、B、C 和 D 四类地貌中,粗糙长度 z_0 分别为 0.01m、0.05m、0.3m 和 1.0m,按照式(11)计算的地表阻力系数 κ 分别为 0.003、0.006、0.013、0.03。

图 1 比较了我国《公路建筑结构荷载规范》、《公路桥梁抗风设计规范》以及由脉动风速谱推导得到的紊流度剖面取值,其中由风谱推导得到的紊流度剖面包括式(10b)的逆对数率剖面及式(11a)的逆指数率剖面。为便于比较,图 1 只给出了离地 400m 高度内紊流度,这已包含绝大多数建筑高度。从图看出,我国建筑结构规范中隐含的紊流度曲线明显小于桥梁规范取值及本文值,因而得到随机振动响应及等效风荷载也就偏小。对 A、B 和 C 三类地貌,桥梁规范紊流度值、逆对数与逆指数紊流度剖面值间吻合良好,各曲线间的误差最大值不超过 5%。对于 D 类地貌,桥梁规范紊流度值与逆指数剖面值基本相同,但与逆对数率紊流度剖面值有一定差别,在离地 200m 内最大误差也不超过 6%。

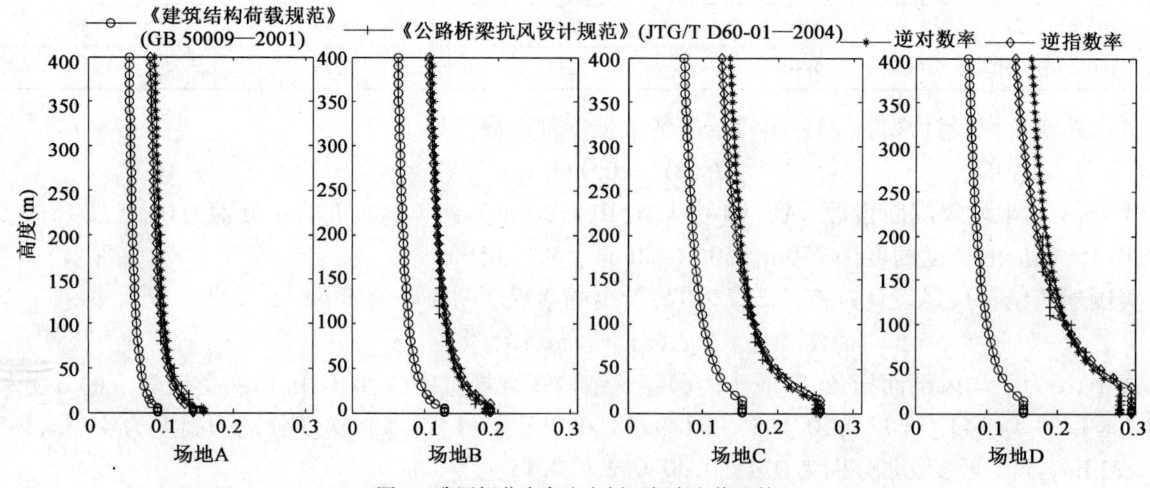

图 1　我国规范中紊流度剖面与本文值比较

5　不同地貌下的抖振响应比较

地表粗糙高度对结构抖振响应的影响具有双重效应:粗糙的地貌在降低平均风速的同时增加了紊流度。目前普遍认为当结构物位于 A 类地貌时的结构响应最大,因此当不能明确具体地貌类型,通常按 A 类保守取值。因而有必要研究同一结构位于不同粗糙高度的地貌中结构抖振响应方面的差异。

式(5)可改写为:

$$\sigma_x \propto \overline{U}^2 I_u = \sqrt{6\kappa} U_{10} \overline{U} = U_g^2 \sqrt{6\kappa} (10z/z_g^2)^{\alpha} = \gamma U_g^2 \tag{13}$$

式中,γ 暂时称为描述结构在不同地貌对抖振影响的抖振响应地貌系数。

从上式还难以直接看出同一结构在不同地貌类型下抖振响应的大小。针对不同高度 z(这里取 $50 < z < 200$),可代入 A、B、C 和 D 四类地貌的边界层特征参数直接计算抖振响应地貌系数 γ,结果见图 2。从图 2 看出,虽然 A 类场地中,同一结构物高度处的平均风速最高,但其抖振响应却不一定最大。C 类场地虽然平均风速较小,但其地表粗糙高度大导致抖振响应却最大,而且抖振响应地貌影响系数 γ 随高度增大有变大的趋势。因此,对于共振响应明显的柔性结构,结构的峰值响应(为平均风响应与一定保证系数下的抖振响应根方差之和)、等效静力风荷载等有可能随地表粗糙高度 z_0 的增加而增大。

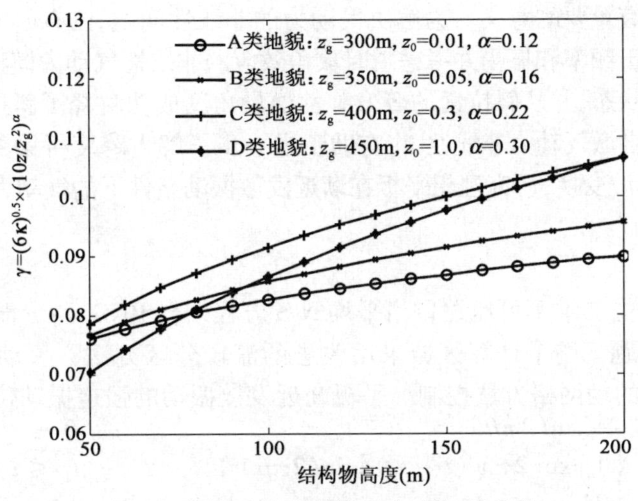

图 2　不同场地类型下抖振响应地貌系数比较

6　结论

虽然不同风谱的形式不同,但同一地貌下获得紊流度剖面是相同的。应用本文得到的紊流度剖面理论值对同一结构在不同地貌下的抖振响应进行了分析,虽然结构物在 A 类地貌中的平均风速及平均风响应是最大的,但由于其紊流度小,结构在脉动风作用下的抖振响应却不是最大。对于共振响应明显的柔性结构,结构的峰值响应、等效静力风荷载等有可能随地表粗糙高度的增加而增大。

参 考 文 献

[1] Counihan C. Adiabatic atmospheric boundary layers: a review and analysis of data from 1880-1972[J]. Atmospheric Environment, 1972,9: 871-905.

[2] Holmes J D. Wind loadings of structures[M]. New York: Spon Press,2001.

[3] 中华人民共和国国家标准. GB 50009—2001　建筑结构荷载规范[S]. 北京: 中国建筑工业出版社, 2006.

[4] 中华人民共和国行业标准. JTG/T D60-01—2004　公路桥梁抗风设计规范[S]. 北京: 人民交通出版社, 2004.

[5] Recommendations for loads on building. Architectural Institute of Japan, 2004(In English).

[6] ASCE7-05 Minimum design loads for buildings and other structures . American Society of Civil Engineers(ASCE), 2005.

平板渐近发散振动气动力特征的数值模拟研究

黄林[1]　廖海黎[2]

(1.宁波工程学院　宁波　315016;2.西南交通大学　成都　610031)

1 引言

线性自激气动力模型已成功应用于大量大跨度桥梁。随着桥梁跨度的不断增大,桥梁在强风作用下的振幅将越来越大,线性自激气动力模型的局限将尤为明显。深入研究非线性自激气动力,对于研究颤振后状态及颤振灾变过程具有重要的意义。为解决气动力的非线性问题,已有研究者提出考虑频率的非线性气动力模型[1-3],以及基于频率和振幅并考虑瞬时攻角效应的非线性气动力模型[4]等。李国豪院士[5]较早注意到斜拉桥的颤振后状态,并从斜拉索的等效弹性模量角度成功解释了斜拉桥颤振后振幅未出现急剧增大的原因。若再考虑自激气动力非线性,将有助于进一步了解大跨度桥梁的颤振后动力特性。本文采用 CFD 方法结合连续小波变换,研究理想平板在渐近发散振动条件下的气动力特征。

2 CFD 模拟方法

采用基于有限体积法的二维不可压缩雷诺平均 N-S 方程结合 RNG $k-\varepsilon$ 湍流进行数值模拟。引入网格速度考虑移动边界问题。整个计算区域采用改进的流场分区方法[6]。动网格区域的网格尺度和形状由基于 Batina[7]研究的动网格方法控制。平板渐近发散振动的强迫振动位移由式(1)控制。

$$A(t)=\begin{cases}A_0\sin(2\pi ft) & 0\leqslant t\leqslant t_1\\ A_0\exp[2\pi\lambda f(t-t_1)]\sin(2\pi ft) & t_1\leqslant t\leqslant t_2\\ \beta A_0\sin(2\pi ft) & t\geqslant t_2\end{cases}\tag{1}$$

式中,A_0 为初始简谐振动的振幅;f 为强迫振动频率;λ 为控制振幅缓慢增大的系数;$\beta=\exp[2\pi\lambda f(t_2-t_1)]$。

3 连续小波变换

3.1 连续小波变换

连续小波变换定义为:

$$WTx(a,b)=<x(t),\psi_{a,b}(t)>=\frac{1}{\sqrt{a}}\int_{-\infty}^{+\infty}x(t)\psi^*\left(\frac{t-b}{a}\right)\mathrm{d}t\qquad(a,b\in R,a>0)\tag{2}$$

式中,$\psi^*(\cdot)$为$\psi(\cdot)$的复共轭。

本文采用广泛应用的复 Morlet 小波[8],其定义为:

$$\psi(t)=\frac{1}{\sqrt{2\pi}}\exp(-0.5t^2)\exp(i\omega_c t)\tag{3}$$

当中心频率 $\omega_c=2\pi f_c\geqslant 5.0$ 时,近似满足容许条件。信号频率 f_i 与小波中心频率 f_c 之间满足:

$$f_i=f_c/a\tag{4}$$

复 Morlet 小波的时间和频率分辨率可表示为[9]:

$$\Delta t=\frac{f_c}{\sqrt{2}f_i},\qquad \Delta f=\frac{f_i}{2\pi\sqrt{2}f_c}\tag{5}$$

本文采用小波熵方法[10],由最小的小波熵确定最优的中心频率 f_c。

基金项目:国家自然科学基金(90815016),浙江省自然科学基金(Y1111057),宁波市自然科学基金(2008A610103)。

3.2 渐近信号的连续小波变换

对任意实信号 $x(t)$ 可表示为：

$$x(t) = A(t)\cos\varphi(t) \tag{6}$$

由于这种表示方法不唯一，引入常见的分析函数：

$$z(t) = x(t) + j\tilde{x}(t) = A(t)\exp[j\varphi(t)] \tag{7}$$

式中，$\tilde{x}(t)$ 由 $x(t)$ 的 Hilbert 变换得到。

假设 $A(t)\geqslant 0$、$\varphi(t)\in[0,2\pi]$，$A(t)$ 缓慢变化，则有瞬时频率

$$\omega(t) = \varphi'(t) \tag{8}$$

基于复 Morlet 小波，连续小波变换可近似表示为：

$$WTz(a,b) = A(b)\exp[i\varphi(b)]\hat{\psi}^*(a\varphi'(b)) + O(|A'|/|A|, |\varphi\varphi''|/\varphi'^2) \tag{9}$$

本文采用蛇形罚函数方法[11]提取各小波脊线，并进一步获得各频率的瞬时频率及瞬时振幅。

3.3 边界效应

本文提出生成周期信号方法减小连续小波变换的边界效应。将平板的气动力分为3部分：计算时间 $t\in[0,t_a]$ 和 $t\in[t_b,t_a+t_b]$ 为简谐强迫振动、$t\in[t_a,t_b]$ 为渐近发散振动。将渐近发散振动前后较少周期的简正谐振动气动力系数，进行周期性拓展后满足(10)式时，可以忽略边界效应的影响，ε 为小的正常数。

$$t_a \geqslant a\sqrt{-2\ln\varepsilon} \tag{10}$$

4 平板渐近发散振动计算结果及分析

4.1 平板渐近发散振动数值模拟

平板宽 $B=0.7$m，宽厚比200，计算区域如图1，相应参数设置如表1，渐近发散振动的参数设置如表2。平板的初始攻角为0°，来流风速 $U=15$m/s，来流湍流强度 $I=0.5\%$。基于平板宽度 B 的雷诺数为 $Re=7.2\times10^5$。以扭转振动时的升力系数为例，CFD计算结果如图2所示。

流场分区参数设置 表1

参　数	W_1	W_2	W_3	W_4	V_1	V_2	R
尺度($\times B$)	20	40	4	4	20	2	0.8

渐近发散振动参数 表2

参　数	A_0	f	λ	β	t_1	t_2
取值	3°/3cm	3.571Hz	0.005	15.0	1.4s	25.5389s

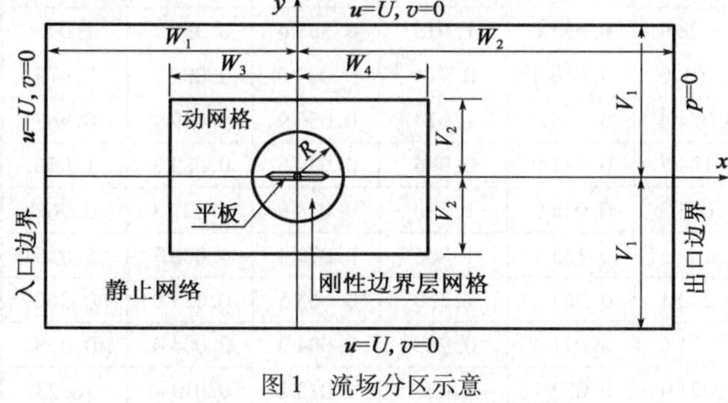

图1 流场分区示意

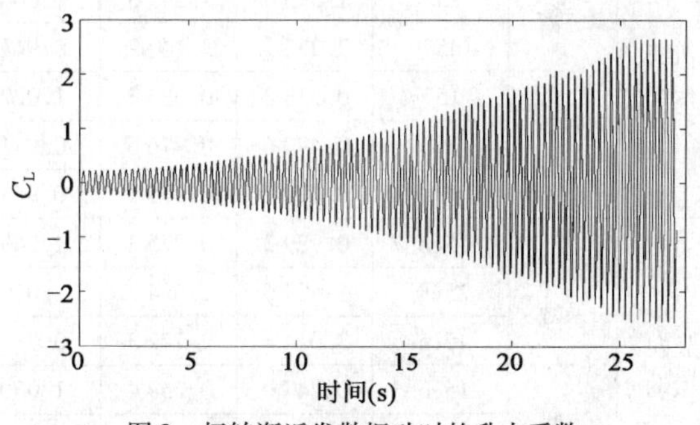

图2 扭转渐近发散振动时的升力系数

4.2 平板气动力系数的连续小波变换分析

以下以平板扭转渐近发散振动时的升力系数为例，说明连续小波变换分析过程。由小波熵方法[10]计算得到的小波熵如图3。由最小小波熵得到最优的复 Morlet 小波的中心频率 $f_c=8.0$Hz。取小波尺度 $a\in[0.4,4.0]$，假设常数 $\varepsilon=0.05$，取 $t_a=37.0T_0$，可消除连续小波变换的边界效应的影响。由基于

复 Morlet 小波的连续小波变换得到尺度谱如图 4 所示，图中横坐标起点为渐近发散前一个周期简谐振动起点。由蛇形罚函数法[11]提取小波脊线得瞬时频率分布，如图 5 所示。由小波脊线对应的小波系数提取主要频率成分的瞬时振幅，如图 6 所示。其纵坐标定义为各频率成分的瞬时振幅除以相应激励振幅。其余气动力系数采用类似方法分析。采用简谐强迫振动与相应激励振幅的渐近发散振动的分析结果的对比如表 3 所示。其中，$A_{\mathrm{H}j}$、$A_{\mathrm{D}j}$分别对应简谐强迫振动、渐近发散振动分析得到的相应于 j 倍强迫振动频率的振幅。

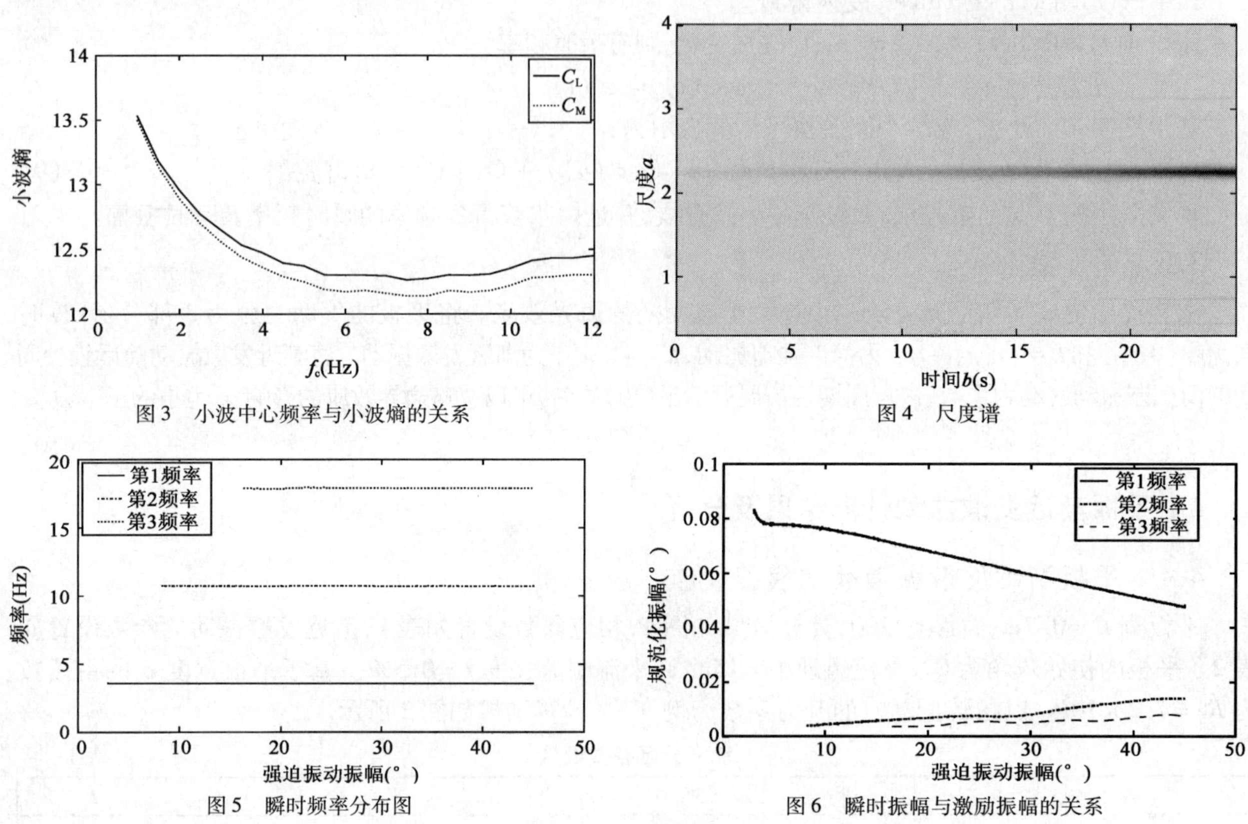

图 3　小波中心频率与小波熵的关系

图 4　尺度谱

图 5　瞬时频率分布图

图 6　瞬时振幅与激励振幅的关系

简谐强迫振动与渐进发散振动分析得到的平板升力系数和力矩系数各频率成分振幅对比　　表 3

工况		强迫振动振幅	A_{H1}	A_{D1}	A_{D1}/A_{H1}	A_{H3}	A_{D3}	A_{D3}/A_{H3}	A_{H5}	A_{D5}	A_{D5}/A_{H5}
扭转振动	升力系数	15°	1.073 5	1.086 0	1.012	0.082 1	0.083 7	1.019	0.052 0	0.051 5	0.990
		25°	1.595 0	1.595 3	1.000	0.174 3	0.187 5	1.076	0.137 6	0.133 8	0.972
		45°	2.233 7	2.147 2	0.961	0.628 9	0.635 0	1.010	0.336 4	0.351 4	1.045
	力矩系数	15°	0.323 3	0.330 3	1.022	0.019 0	0.018 5	0.974	0.007 9	0.007 7	0.975
		25°	0.490 6	0.476 6	0.971	0.044 4	0.045 0	1.014	0.030 9	0.029 9	0.968
		45°	0.628 2	0.605 1	0.963	0.183 7	0.183 0	0.996	0.084 6	0.089 3	1.056
竖向振动	升力系数	15cm	0.929 3	0.975 3	1.049	0.044 3	0.058 9	1.330	0.028 9	0.027 8	0.962
		25cm	1.604 6	1.684 2	1.050	0.102 5	0.185 1	1.806	0.079 4	0.080 7	1.016
		45cm	3.014 6	2.772 3	0.920	0.210 1	0.363 4	1.730	0.063 5	0.023 0	0.362
	力矩系数	15cm	0.247 0	0.254 4	1.030	0.011 6	0.011 4	0.983	0.004 9	0.004 4	0.898
		25cm	0.420 1	0.414 2	0.986	0.021 4	0.022 1	1.033	0.013 1	0.013 4	1.023
		45cm	0.637 0	0.592 2	0.930	0.061 4	0.063 6	1.036	0.029 5	0.014 9	0.505

由尺度谱和瞬时频率分布图可知：平板渐近发散振动时，其升力系数和力矩系数的主要频率成分为激励频率；当激励振幅较大时，有 3 倍及 5 倍激励频率的高次谐波出现。由气动力瞬时振幅与激励振幅的关系：当激励振幅较小时，升力系数和力矩系数的激励频率成分的瞬时振幅基本随激励振幅的增大而

线性增大;但当激励振幅较大时,升力系数和力矩系数的激励频率成分的瞬时振幅均随激励振幅的增大而非线性减小;扭转渐近发散时,升力系数和力矩系数的非线性程度明显高于竖向渐近发散振动;扭转渐近发散振动时,3 倍、5 倍激励频率的高次谐波成分的瞬时振幅基本随激励振幅的增大而非线性增大;竖向渐近发散振动时,仅 3 倍激励频率的高次谐波比较明显,且随激励振幅增大而增大。

由表 3 所示典型扭转、竖向简谐振动的升力系数和力矩系数的各主要频率的振幅与渐近发散振动在相同激励振幅时各频率的瞬时振幅对比,表明渐近发散振动的分析结果与简谐强迫振动计算分析的结果吻合良好。这说明本文的渐近发散振动分析方法,可以从总体上有效地分析大振幅条件下平板的气动力的频率成分及其相应振幅的非线性特征。

5 结论

(1)提出了一种基于 CFD 数值模拟和连续小波变换分析平板在渐近发散振动条件下的气动力特征。典型大振幅简谐强迫振动条件下平板升力系数、力矩系数的各主要频率成分及其振幅,与平板渐近发散振动分析结果吻合良好,说明该方法可以有效地预测平板在整个发散振动过程中气动力的频率组成及其振幅特性。

(2)平板在大振幅强迫振动条件下的升力和力矩系数有以下特征:以激励频率为主,相应的振幅与激励振幅的比值在激励振幅较小时基本呈线性增大,当激励振幅较大时该振幅比值则呈非线性减小;随激励振幅的增大,平板升力和力矩系数中有 3 倍及 5 倍激励频率成分出现,且基本随激励振幅呈非线性增大;扭转振动时的气动力非线性较竖向振动时的气动力非线性强。

参 考 文 献

[1] Chen Xinzhong, Kareem Ahsan. Nonlinear response analysis of long-span bridges under turbulent winds [J]. Journal of Wind Engineering and Industrial Aerodynamics, 2001, 89(14-15).

[2] Chen Xinzhong, Kareem Ahsan. Aeroelastic analysis of bridges: effects of turbulence and aerodynamic nonlinearities[J]. Journal of Engineering Mechanics, 2003, 129(8).

[3] Zhang Xinjun, Xiang Haifan, Sun Bingnan. Nonlinear aerostatic and aerodynamic analysis of long - span suspension bridges considering wind-structure interactions[J]. Journal of Wind Engineering and Industrial Aerodynamics, 2002, 90(9).

[4] Diana G, Resta F, Rocchi D. A new numerical approach to reproduce bridge aerodynamic non-linearities in time domain[J]. Journal of Wind Engineering and Industrial Aerodynamics, 2008, 96(10-11).

[5] 李国豪. 斜拉桥颤振后状态的理论分析[J]. 土木工程学报,1988,21(4).

[6] Huang Lin, Liao Haili, Wang Bin, et al. Numerical simulation for aerodynamic derivatives of bridge deck. Simulation Modelling Practice and Theory, 2009, 17(4).

[7] Batina J T. Unsteady Euler airfoil solutions using unstructured dynamic meshes[J]. AIAA Journal, 1990, 28(8).

[8] Grossman A, Morlet J. Decompositions of functions into Wavelet of constant shape and related transforms[J]. Mathematics and Physics, Lecture on Recent Results. Singapore: World Scientific,1985.

[9] Kijewski T, Kareem A. Wavelet transforms for system identification in civil engineering[J]. Journal of Computer-Aided Civil and Infrastructure Engineering, 2003, 18(5).

[10] Lin Jing, Qu Liangsheng. Feature extraction based on Morlet wavelet and its application for mechanical fault diagnosis[J]. Journal of Sound and Vibration, 2000, 234(1).

[11] Carmona René A, Hwang Wen L, Torrésani Brun. Characterization of signals by the ridges of their wavelet transform[J]. IEEE Transactions on Signal Processing, 1997, 45(10).

截面参数对 H 形细长杆件气动特性的影响

刘慕广[1]　陈政清[2]

(1. 华南理工大学土木与交通学院　广州　510641;
2. 湖南大学风工程试验研究中心　长沙　410082)

1　引言

近年我国相继建设的多座大跨度拱桥中,H 形截面杆件被大量应用在桥梁吊杆或桁架直杆中。相比于其他截面形式的细长杆件,具有典型钝体截面特性的 H 形杆件,加上钢构件的低阻尼特性,使得这一截面形式的桥梁细长杆件空气动力学性能极差,更易出现各种风致病害。20 世纪 70 年代美国 Commodore Barry 桥中 H 形直杆在大风中损坏,Maher 等[1]人通过风洞试验研究了杆件风毁的原因,将其归因于大幅的弯曲及扭转涡激振动,并进一步探讨了避免 H 形构件风害的一些常规方法,如腹板开孔或翼板开孔。我国 20 世纪 90 年代建成的九江长江大桥,合龙后桥上的 H 形吊杆就出现了涡激振动问题[2]。鉴于桥梁中 H 形截面杆件多为细长杆件,以往的研究中过多地注重于结构的涡振与驰振特性[3-4],没有意识到此类细长杆件在大风攻角下也存在扭转颤振问题。2006 年国内外至少有两座拱桥的 H 形吊杆在大风中出现了扭转振动,杆中振幅极大。陈政清教授等人[5]经风洞试验和理论分析证明,这种振动不是一般的涡激共振,而是大攻角扭转颤振。由于研究较少,我国桥梁抗风规范没有对 H 形杆件的抗风设计做出相关规定[6]。

影响 H 形杆件气动特性的因素很多,截面高宽比、腹板开孔和翼板开孔及相应的开孔形式,均会明显影响 H 形杆件的气动特性。作者师从陈政清教授攻读博士学位期间,对腹板开长圆孔的 H 形杆件进行了 4 种开孔率下的研究,指出适度腹板开孔可改善 H 形截面杆件的涡激共振幅值、驰振及颤振失稳特性[7]。随后,进一步通过正交试验法系统研究了截面高宽比、腹板开孔率及翼板开孔率 3 个参数同时变化下的 H 形吊杆风振特性[8]。不过,以上研究中对于截面高宽比及翼板开孔率单独影响的 H 形杆件气动特性变化规律并没有涉及,而为了更为全面地认识 H 形截面气动性能,有必要进一步阐明这两个截面参数对 H 形杆件气动失稳的影响。基于此,本文作为以上研究内容的后续补充部分开展了相关工作。

2　试验模型及相关参数

以高宽比 $H/B = 1/2.4$、腹板翼板均不开孔的 H 形模型为基础,分别进行了翼板开孔率及高宽比单个因素影响下的扩展研究。翼板开孔形式为矩形孔,如图 1 所示,翼板开孔率分别为 11%、20.1% 与 28.6%(翼板开孔率定义为开孔总面积与开空前翼板面积之比)。高宽比保持 H 形吊杆宽度 B(原型 $B = 1.2\text{m}$)不变,分别进行了 $H/B = 1/1.6$、$H/B = 1/1$ 及 $H/B = 1/0.75$ 的模型试验。

H 形吊杆试验所采用的试验参数采用有限元分析得到,分析中保持各吊杆外部参数一致,仅截面参数不同。分析结果见表 1,为描叙方便,将翼板开孔变化定义为 A 类模型,高宽比变化定义为 B 类模型,表中同时也给出了基准截面 M0 的相关参数。

基金项目:华南理工大学中央高校基本科研业务费(2009ZM0110),华南理工大学自然科学青年基金项目(E5090740),湖南大学风工程与桥梁工程湖南省重点实验室开放基金资助项目。

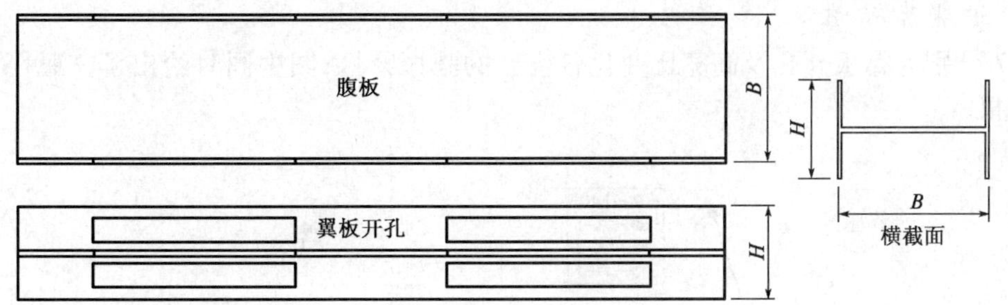

图1 翼板开孔形式

各 H 形吊杆试验参数 表1

模　型	截面参数		试验缩尺比	原型频率(Hz)			试验阻尼比(%)	
	高宽比 H/B	翼板开孔率		弱轴弯	扭转	强轴弯	弯曲	扭转
M0	1/2.4	0%	1:4	1.901	2.175	6.057	0.11	0.10
A-1	1/2.4	11%	1:4	1.891	2.160	5.943	0.13	0.14
A-2	1/2.4	20.1%	1:4	1.888	2.132	5.786	0.16	0.14
A-3	1/2.4	28.6%	1:4	1.849	2.033	5.580	0.19	0.15
B-1	1/1.6	0%	1:4	2.462	2.684	6.174	0.10	0.13
B-2	1/1	0%	1:6	3.766	3.614	6.198	0.13	0.12
B-3	1/0.75	0%	1:6	5.094	4.063	6.108	0.14	0.12

相关风洞试验在湖南大学风工程试验研究中心 HD－2 风洞进行，试验仅考虑了均匀流场工况。试验风攻角范围为0°～90°，步长5°。风攻角定义见图2，当来流风 U 垂直于吊杆翼板时（横桥向）定义为0°风攻角，来流风 U 垂直于吊杆腹板时（顺桥向）定义为90°风攻角。试验中保持各模型的低阻尼特性，如表1所示，各模型最高试验风速以扭转模态换算的实桥风速达到70m/s为准，图3为试验中的一个模型。

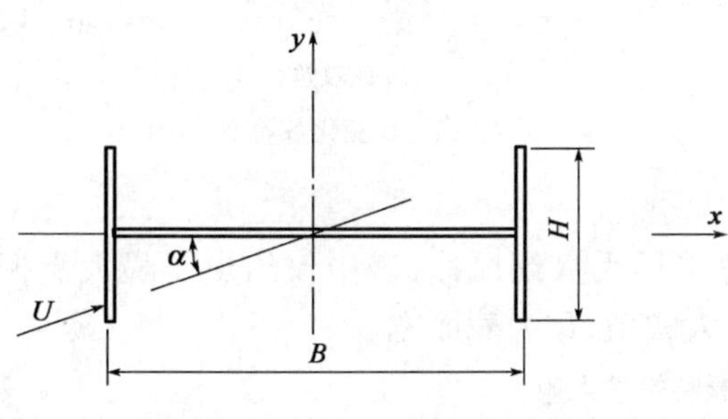

图2 风攻角定义

图3 风洞中模型

3 试验结果与讨论

随着截面参数的改变，试验风速区间内各模型在0°～90°风攻角间的颤振、驰振及涡激共振特性出现较为规律性的变化。

3.1 颤振特性

各试验模型在测试过程中出现了显著的颤振现象，不过由于没有明显发散点，本文中采用桥梁规范中的规定，即扭转位移根方差为0.5°时的风速作为颤振临界风速。图4、图5分别为翼板开孔及高宽比变化各模型的颤振特性，图中横坐标为风攻角，纵坐标为颤振发生的无量纲 U/fB，其中 f 为扭频，B 为截面宽。

3.2 弯曲驰振特性

图6、图7分别为翼板开孔及高宽比变化各模型的驰振特性,图中同时给出了文献[8]中基准截面M0的驰振结果。

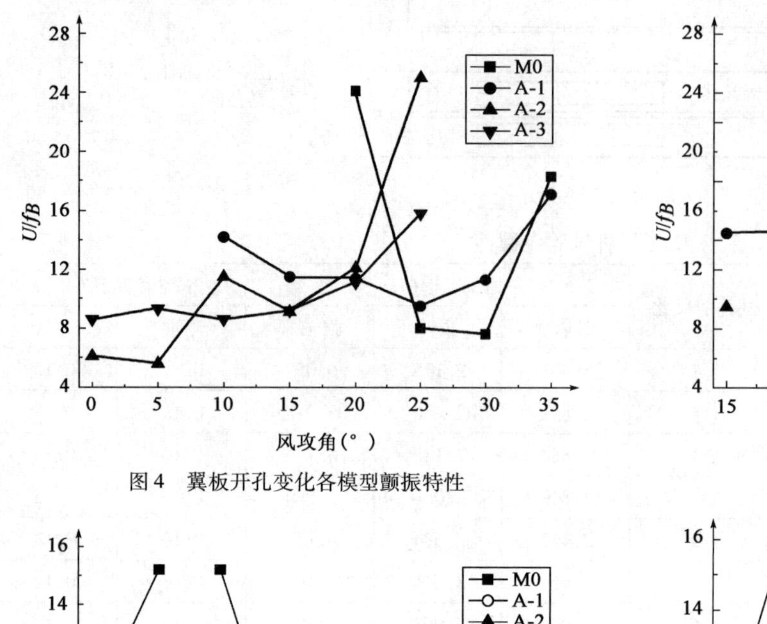

图4 翼板开孔变化各模型颤振特性

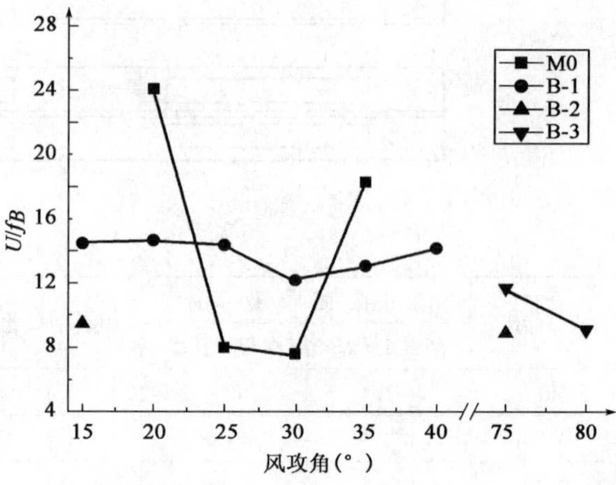

图5 高宽比变化各模型颤振特性

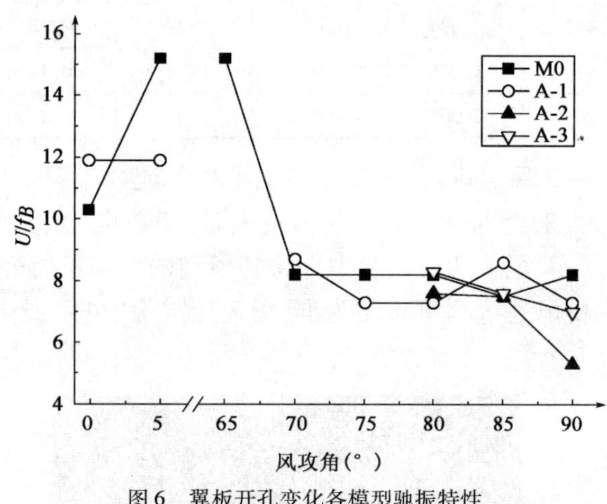

图6 翼板开孔变化各模型驰振特性

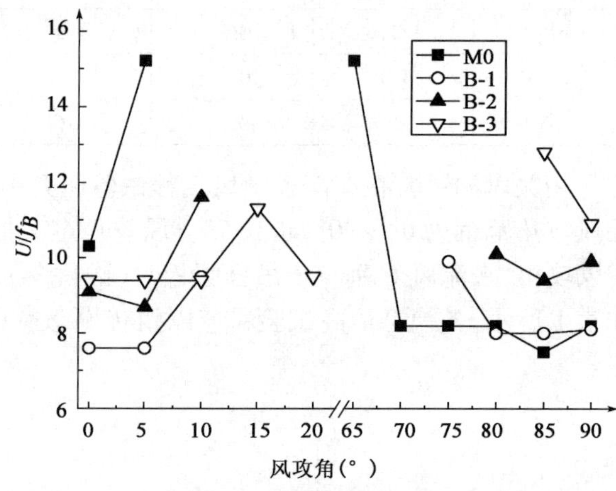

图7 高宽比变化各模型驰振特性

3.3 涡激共振特性

表2为翼板开孔后各模型的涡振特性,相应的风速采用无量纲风速,表中仅给出了最大涡振幅值,对于弯曲涡振,振幅采用 Amp/B 归一化处理,Amp 为最大幅值,B 为截面宽。

翼板开孔变化对涡振特性的影响 表2

风攻角(°)	A-1			A-2			A-3		
	风速区间(U/fB)	振动形态	幅值(Amp/B)或(°)	(U/fB)	振动形态	幅值(Amp/B)或(°)	(U/fB)	振动形态	幅值(Amp/B)或(°)
0	2.2~2.6 2.5~3.8 4.1~9.0	弯曲 扭转 扭转	0.088 4.3 5.3	2.4~5.0	扭转	4.2	2.0~2.5 2.8~7.3	弯曲 扭转	0.018 5.2
5	1.8~2.6 2.7~4.4 4.6~8.9	弯曲 扭转 扭转	0.072 4.1 5.2	2.1~2.4 2.4~2.5 2.8~4.4	弯曲 扭转 扭转	0.027 1.8 5.0	2.0~2.3 3.0~7.9	弯曲 扭转	0.015 5.4
10	5.0~13.4	扭转	4.8	2.2~2.4 2.9~9.7	弯曲 扭转	0.005 5.1			
15	5.6~9.6	扭转	4.8						
20	5.4~5.5 7.0~8.3	弯曲 扭转	0.004 2.1						

续上表

风攻角(°)	A-1			A-2			A-3		
	风速区间(U/fB)	振动形态	幅值(Amp/B)或(°)	(U/fB)	振动形态	幅值(Amp/B)或(°)	(U/fB)	振动形态	幅值(Amp/B)或(°)
25	6.0~6.4	弯曲	0.003						
70				7.3~8.3	弯曲	0.005	7.7~8.4	弯曲	0.004
75				6.9~7.6 9.6~11.0	弯曲 弯曲	0.006 0.006	7.7~10.4	弯曲	0.007
85				5.3~6.9	弯曲	0.007			

4 结论

本文通过风洞试验研究了截面高宽比及翼板开孔单独影响的H形杆件气动特性，得到以下结论：

(1)较翼板不开孔截面，翼板开孔对颤振与横风向驰振的临界风速没有明显影响，分别会增大发生颤振的攻角区间及减小驰振失稳攻角区间；随着翼板开孔的增大，发生涡振的攻角区间有减小的趋势，但对改善H形截面的涡振幅值没有明显作用。

(2)高宽比 $H/B \geqslant 1$ 可减小发生颤振失稳的攻角区间，但对临界风速没有明显改善；适度的提高高宽比可减小驰振失稳的攻角区间，并在一定程度上提高起振风速；适度的增大高宽比可减少发生涡激共振的攻角区间及降低涡振幅值。

参 考 文 献

[1] Maher F J, Wittig L E. Aerodynamic response of long H-sections[J]. Journal of the Structural Division, 1980, 106(1).

[2] 顾金钧，赵煜澄，邵克华. 九江长江大桥应用新型TMD抑制吊杆涡振[J]. 土木工程学报，1994, 27(3).

[3] Kubo Y, Sakurai K, Azuma S. Aerodynamic characteristics of H-shaped section cylinder in laminar and turbulent flows. Memoirs of the Kyushu Institute of Technology Engineering, 1980, 10.

[4] 马存明，廖海黎，郑史雄，等. H形截面吊杆气动性能的风洞试验[J]. 中国铁道科学，2005, 26(4).

[5] 陈政清，刘慕广，牟廷敏，等. H形截面细长杆件颤振稳定性试验研究[J]. 空气动力学学报，2009, 27(1).

[6] 中华人民共和国行业标准. JTG/T D60-01—2004 公路桥梁抗风设计规范[S]. 北京：人民交通出版社，2004.

[7] 陈政清，刘慕广，刘光栋，等. H形吊杆的大攻角风致振动和抗风设计[J]. 土木工程学报，2010, 43(2).

[8] 刘慕广. 两类大长细比桥梁构件的风振特性研究[D]. 长沙：湖南大学，2009.

雷诺数效应对斜拉索振动的影响

刘庆宽　张峰　王毅　马文勇

（石家庄铁道大学风工程研究中心　石家庄　050043）

1　引言

在斜拉索风雨振的研究中，研究人员发现在没有降雨，或者降雨量很小，或降雨已经停止的情况下，斜拉索也可能发生大幅振动，现场观测[1]、足尺模型观测[2]、风洞试验[3]等都有这方面的报道，尤其自日本 Sunbridge 桥的斜拉索发生大幅振动[1]以来，这种振动现象及其机理引起了高度重视。虽然 Cheng 等[3]利用 Den Hartog 驰振理论、Matsumoto 等[4]利用卡门涡的脱落抑制理论，等对干索驰振的机理进行了解释，但是无论其发生的机理，还是与风雨激振的内在关系，以及抑振措施等，都需要进一步的深入研究。

本文从雷诺数效应入手，通过风洞试验研究了没有水线时斜拉索雷诺数效应与振动的关系、水线对雷诺数效应的影响，以及对斜拉索气动稳定性的影响，通过斜拉索在临界雷诺数区域的气动特性，分析无雨或降雨状态下斜拉索发生振动的机理。

2　风洞试验介绍

为了研究斜拉索的雷诺数效应和气动稳定性的关系，共进行了两类风洞试验：其一是两端固定刚性模型的测力试验，其二是两端弹簧支撑刚性模型的测振试验。试验在石家庄铁道大学风工程研究中心的双试验段回/直流大气边界层风洞（图 1）内进行[5]。为了在不同的雷诺数下体现临界雷诺数效应，使用了三种不同表面粗糙程度和表面粘贴人工水线的刚性斜拉索模型，模型的参数如表 1 所示。

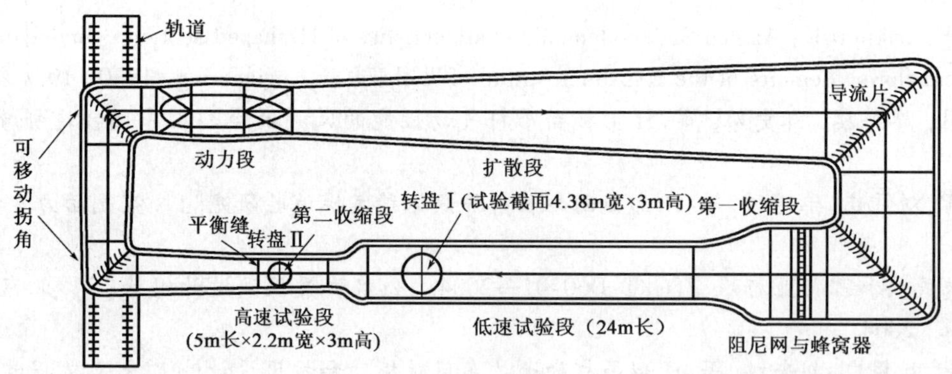

图 1　风洞平面图

模 型 参 数　　表 1

模型编号	直径 D(mm)	质量 m(kg/m)	长度 L(m)	表面状态
M1	150	7.008	1.910	光滑无水线
M2	150	7.083	1.910	小粗糙无水线
M3	151	7.354	1.910	大粗糙无水线
M4	150	7.125	1.910	光滑有水线

基金项目：国家自然科学基金（50878135），河北省自然科学基金（E2008000442），河北省科技支撑计划（09215626D）。

模型的材质为有机玻璃，原型为表面光滑的圆管，两端设置端板，由中间贯穿的钢管支撑在风洞两侧的支架上。M1 模型为光滑表面，M2 模型是将光滑圆管用 P24 号砂纸均匀打磨而成，M3 模型是将光滑圆管用粗糙表面的壁纸包裹而成。M4 模型是在 M1 模型的基础上粘贴人工水线而成。对于人工水线，利用有机塑料加工成圆弧形外形，粘贴在斜拉索的表面。斜拉索粗糙表面和水线的形状如图 2 所示（拍照时模型表面放置了铅笔来对比粗糙度）。测力模型为两端固定支撑，端部安装六分力高频天平。测振模型两端分别用4 根弹簧支撑。为了便于起振，模型系统的 S_c 数比实际斜拉索的小。振动过程中记录瞬态位移。测力和测振模型与来流风向垂直。试验中的来流风速由澳大利亚 Turbulent Flow Instrumentation 公司生产的 4 孔眼镜蛇探头测试，安装位置为模型中心上游 1.05m 下方 0.47m 处，采样频率 2 000Hz。

a)光滑表面(M1)

b)小粗糙度表面(M2)

c)大粗糙度表面(M3)

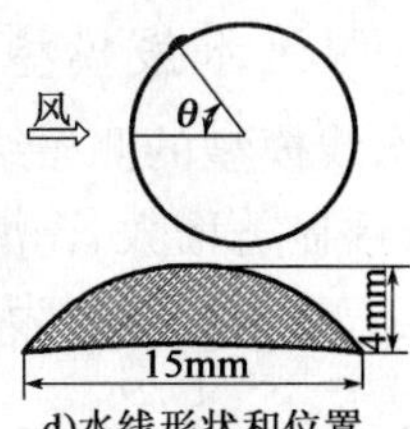

d)水线形状和位置

图 2　不同粗糙程度的斜拉索表面和人工水线的尺寸

因为不同粗糙度模型对应的临界雷诺数不同，所以四个模型的试验雷诺数范围不同，针对各个模型的临界雷诺数区域，分别加密了测试工况。四个模型对应的雷诺数范围和步长如表 2、表 3 所示。

无水线模型（M1 ~ M3）测力和测振试验工况　　表 2

M1		M2		M3	
Re 范围（10^4）	Re 步长（10^4）	Re 范围（10^4）	Re 步长（10^4）	Re 范围（10^4）	Re 步长（10^4）
12 ~ 30	2.0	12 ~ 26	2.0	12 ~ 22	2.0
30 ~ 35	1.0	26 ~ 30	1.0	22 ~ 27	1.0
35 ~ 42	0.5	30 ~ 38	0.5	27 ~ 34	0.5
42 ~ 51	1.0	38 ~ 47	1.0	34 ~ 46	1.0

有水线模型（M4）测力和测振试验工况　　表 3

测力试验			测振试验		
水线位置（°）	Re 范围（10^4）	Re 步长（10^4）	水线位置（°）	Re 范围（10^4）	Re 步长（10^4）
10 ~ 70	8 ~ 15	1.0	10 ~ 50	8 ~ 15 17 ~ 47	1.0 2.0
	17 ~ 47	2.0	52.5 ~ 70	8 ~ 21 23 ~ 47	1.0 2.0

3　雷诺数效应对斜拉索气动稳定性的影响

3.1　无水线模型的雷诺数效应

使用三个不同粗糙度模型测得的平均阻力系数和平均升力系数随雷诺数的变化曲线如图 3 所示。亚临界和超临界区域阻力系数的大小和变化规律与 ESDU80025 相符。平均升力的出现是由于在临界雷诺数区域模型一侧出现非对称气泡所致[6]。由图可知，在临界雷诺数区域，模型的平均阻力系数下降，平均升力出现。平均升力开始出现时的雷诺数，基本对应平均阻力系数开始下降时的雷诺数；平均阻力系数大约下降到整个下降幅度一半的时候，平均升力系数取得最大值，之后随着雷诺数的增大平均升力系数开始减小，当平均阻力系数下降到最小值的时候，平均升力系数基本恢复到零值。同时，平均阻力系数的下降幅度随着表面粗糙度的增大而减小，平均升力系数的最大值随着表面粗糙度的增大而减小。也就是说，随着粗糙程度的增大，雷诺数效应逐渐减弱。另外，表面越粗糙，对应的临界雷诺数越小。

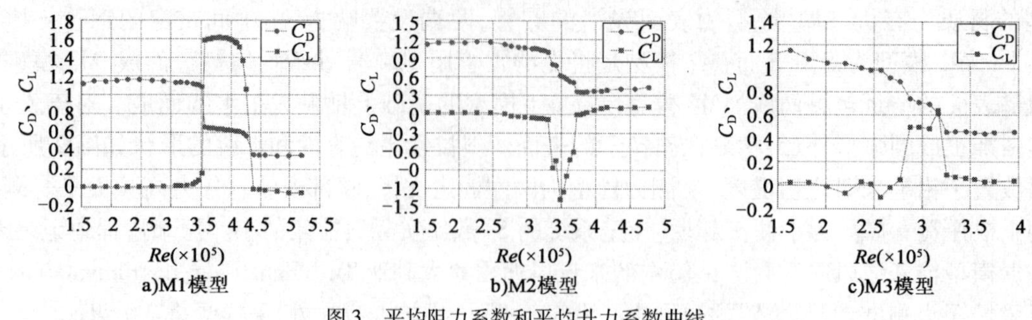

a)M1模型　b)M2模型　c)M3模型

图3　平均阻力系数和平均升力系数曲线

3.2　无水线模型的气动稳定性

无水线模型的测振结果如图4所示。在亚临界雷诺数区域,斜拉索的振幅很小;雷诺数到达临界区域时,振幅显著增大,光滑斜拉索模型的最大振幅达到了12.3cm,超过临界雷诺数区域之后,振幅又下降至很小,基本可以认为是恢复到了稳定状态。

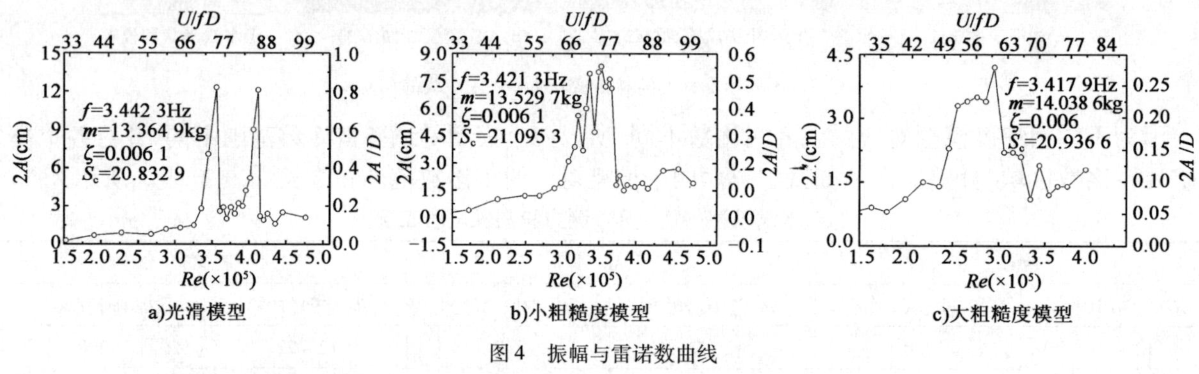

a)光滑模型　b)小粗糙度模型　c)大粗糙度模型

图4　振幅与雷诺数曲线

3.3　水线对雷诺数效应的影响

粘贴有人工水线的斜拉索模型的阻力系数、升力系数如图5所示。由图可知,随着水线位置的变化,雷诺数效应发生的程度和临界雷诺数区域对应的雷诺数数值也发生变化。

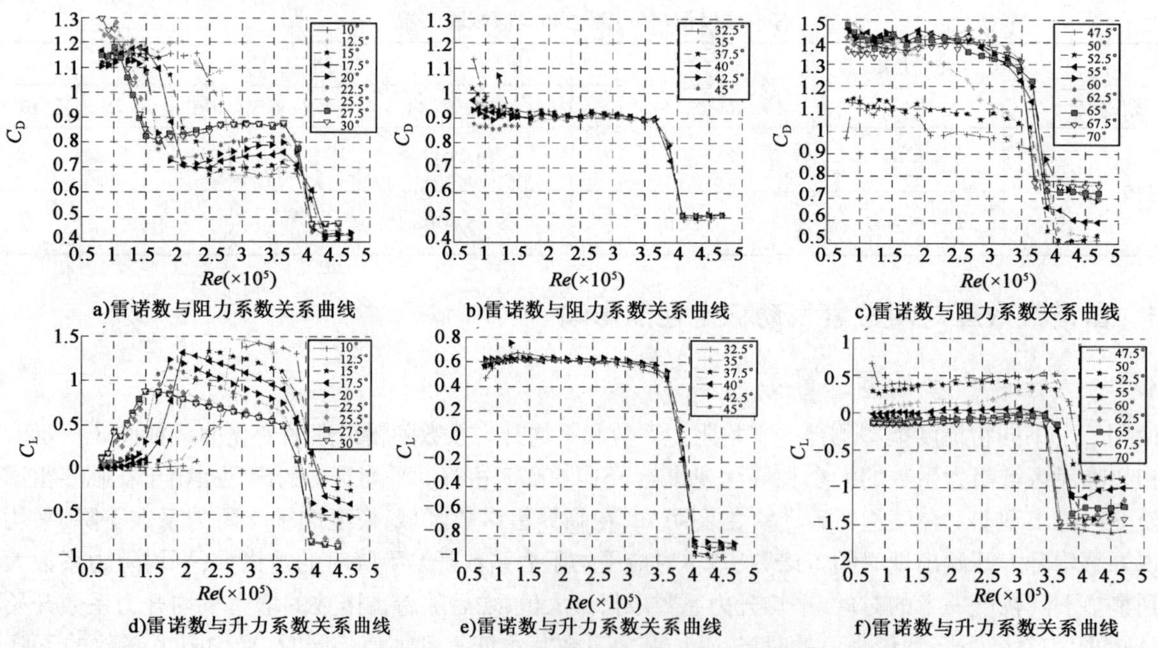

a)雷诺数与阻力系数关系曲线　b)雷诺数与阻力系数关系曲线　c)雷诺数与阻力系数关系曲线

d)雷诺数与升力系数关系曲线　e)雷诺数与升力系数关系曲线　f)雷诺数与升力系数关系曲线

图5　不同水线位置对应的阻力系数和升力系数变化图

在水线位置较低时(10°~30°),阻力系数与升力系数的变化规律与无水线圆柱体在临界雷诺数区域的变化规律类似;水线位置在32.5°~45°时,阻力系数和升力系数具有大体相同的形状,雷诺数从

$36 \times 10^4 \sim 41 \times 10^4$发生大幅的变化;水线位置在47.5°~70°时,亚临界雷诺数区域内,阻力系数随着水线位置的增高而逐渐增大,升力系数逐渐回复到零值左右。除个别水线位置外,阻力系数和升力系数的下降大约在雷诺数$30 \times 10^4 \sim 41 \times 10^4$之间。因此,水线位置能改变雷诺数效应,使得临界雷诺数区域对应的雷诺数数值变化,同时阻力和升力的具体数值和变化规律也发生变化。

3.4 水线对气动稳定性的影响

粘贴有人工水线的斜拉索模型的测振结果如图6所示。对照力系数的变化,可以将上述振动分为三种类型:第一种是当升力系数随雷诺数的升高突然增大到一个较大的值,并随雷诺数的增大维持该值一定范围,同时对应的阻力系数减小,由于各水线在该雷诺数范围内升力系数、阻力系数的大小不同,按照驰振判定准则,$dC_F/d\alpha$取得负值(见全文),发生大幅振动。当雷诺数增大到一定数值,振动消失(如$\theta = 30°$时的$Re = 25 \times 10^4 \sim 35 \times 10^4$)。第二种是大约在$Re = 35 \times 10^4 \sim 45 \times 10^4$之间,阻力系数大幅减小,升力系数大幅变化,发生较明显的振动。第三种是$\theta = 52.5°$和55°两个工况,在较大的范围内发生了大幅振动,在这两个水线位置处,力系数的变化较大,具体的机理需要通过流场分析等进一步研究。

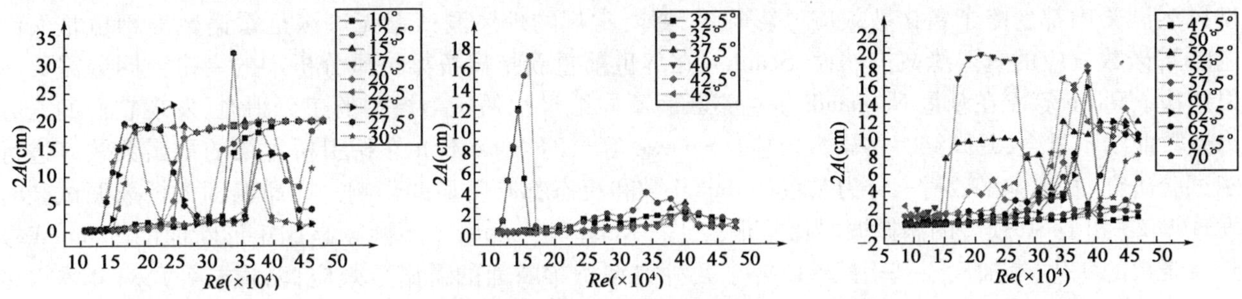

图6　不同水线位置时斜拉索模型的自由振动测试结果

4　结论

在临界雷诺数区域,力系数及周围流场的变化特性可能导致斜拉索发生大幅振动,这可能是干索驰振的机理。随着斜拉索表面粗糙度的增加,雷诺数效应减弱,在临界雷诺数区域发生振动的振幅减小。水线能明显影响力系数随雷诺数的变化规律,其大小和变化规律与振动有着十分密切的关系。在较低的水线位置,随着雷诺数的上升,伴随着阻力系数的减小,升力系数大幅增大,发生类似临界雷诺数的效应,力系数随水线位置的变化规律导致驰振系数为负,在这种情况下发生大幅振动,用临界雷诺数效应和驰振均可解释。在较高的雷诺数下,伴随着阻力系数的减小,升力系数大幅变化,每个水线位置都发生了不同程度地振动,该振动的机理可能与临界雷诺数效应导致的振动类似。

参考文献

[1] Matsumoto M. The role of water rivulet on inclined cable aerodynamics [G] // Proceedings of the 6th Asia-Pacific Conference on Wind Engineering. Seoul, Korea, 2005: 63-77.

[2] Matsumoto M, Shirato H, Yagi T, et al. Field observation of the full-scale wind-induced cable vibration [J]. Journal of Wind Engineering and Industrial Aerodynamics, 2003, 91(1-2): 13-26.

[3] Cheng S, Irwin P A, Tanaka H. Experimental study on the wind-induced vibration of a dry inclined cable-Part II: Proposed mechanisms [J]. Journal of Wind Engineering and Industrial Aerodynamics, 2008, 96(12): 2254-2272.

[4] Matumoto M, Yagi T, Hatsuda H, et al. Dry galloping characteristics and its mechanism of inclined/yawed cables [J]. Journal of Wind Engineering and Industrial Aerodynamics, 2010, 98(6-7): 317-327.

[5] 刘庆宽. 多功能大气边界层风洞的设计与建设[J]. 实验流体力学, 2011, 25(3): 70-74.

[6] Zdravkovich M M. Flow around circular cylinders, Vol.1, Fundamentals [M]. Londan: Oxford University Press, 1997.

桥梁结构雷诺数效应数值模拟初探

刘天成[1]　葛耀君[2]　刘高[1]　曹丰产[2]

(1.中交公路规划设计院有限公司　北京　100088;
2.同济大学土木工程防灾国家重点实验室　上海　200092)

1　引言

19世纪,著名科学家雷诺通过大量实验对雷诺数效应进行了研究,并提出了雷诺数的概念。由于人们认为像矩形断面或类似具有尖锐边角的断面的雷诺数效应不明显,导致在绝大多数的桥梁模型风洞试验中都忽略了雷诺数效应的影响。另外,常规物理风洞试验无法满足雷诺数准则也是人们忽略雷诺数效应的重要缘故。然而,Scanlan 在辞世前重新指出桥梁抗风分析中的雷诺数问题需要加以解决。Barre 等[1]在测量 Normandi 桥主梁断面不同缩尺比的三个模型的三分力时,发现它们的三分力系数曲线不重合,并归结为雷诺数效应。Schewe 等[2]对 Great Belt 东桥引桥主梁的雷诺数效应进行了试验研究,发现雷诺数对三分力系数、Strouhal 数和流态都有明显的影响。在昂船洲大桥风洞试验时发现1:20和1:80模型的涡振振幅相差很大[3]。Kubo 等[4]测量了不同宽高比矩形断面的 Strouhal 数随雷诺数的变化,李加武[5]基于试验研究了几种典型桥梁断面的雷诺数效应,葛耀君等[6]对分体双箱梁的涡致振动雷诺数效应进行了试验研究,林志兴和金挺等[7]对闭口钢箱梁的雷诺数效应进行了试验研究。

由于桥梁雷诺数效应研究非常困难,直到现在进行桥梁结构雷诺数效应研究的学者仍然为数不多,仅取得了零星的研究成果,并且研究手段主要依靠物理风洞试验,本文将尝试用数值模拟方法对桥梁结构的雷诺数效应进行研究。首先,突破基于NS方程的传统CFD研究思想,建立了基于微观分子运动论的桥梁结构湍流模拟 Lattice Boltzmann(LB)方法;然后,模拟了典型钝体结构方柱绕流的雷诺数效应,并与试验结果进行对比分析;最后,对 Great Belt 东桥引桥主梁截面的雷诺数效应进行模拟,探索雷诺数对该梁三分力系数、Strouhal 数和表面压力分布及气流脉动的影响。

2　桥梁结构湍流模拟的 LBGK 模型

将流体假设为由大量运动粒子构成,在速度、空间和时间上完全离散的动力系统。根据分子层次的粒子动力学理论,大量粒子组成的动力系统可以用 Boltzmann 方程描述[8],不考虑外力作用时表示为

$$\frac{\partial f}{\partial t}+v\cdot\frac{\partial f}{\partial x}=\Omega(f) \tag{1}$$

式中,f为粒子分布函数;t、x、v为表示时间、空间和速度;Ω为碰撞算子,定义了粒子相遇后的碰撞规则。

方程的左边表示分子在空间的自由迁移运动,右边表示分子间的相互碰撞作用。

由于粒子分布函数在粒子热平衡状态收敛,可将粒子分布函数分解为平衡部分f^{eq}和非平衡部分f^{neq},即$f=f^{eq}+\varepsilon f^{neq}$。用松弛时间$\tau$表示局部粒子分布函数松弛到平衡状态的过程,用BGK模型描述碰撞算子,并在三维平面中用19个速度向量集$\boldsymbol{e}_\alpha$来描述流体粒子速度相空间(D3Q19模型,如图1所示),$f_\alpha(\boldsymbol{x},t)$表示第$\alpha$个离散速度方向上的粒子分布函数,从而得到完全离散形式的流体粒子系统动力模型的 Lattice Boltzmann 演化方程:

基金项目:桥梁结构抗风技术交通行业重点实验室开放基金(KLWRTBMC10-02),西部交通建设科技项目(2006 318 494 26)。

$$f_\alpha(\boldsymbol{x}_i+\boldsymbol{e}_\alpha\Delta t,t+\Delta t)=f_\alpha(\boldsymbol{x}_i,t)-\frac{1}{\tau}[f_\alpha(\boldsymbol{x}_i,t)-f_\alpha^{eq}(\boldsymbol{x}_i,t)] \tag{2}$$

式中，x_i 为离散空间点；Δt 为时间步长；平衡分布函数表达为 $f_\alpha^{eq}=w_\alpha\rho[1+(3/c^2)\boldsymbol{e}_\alpha\cdot\boldsymbol{u}+4.5/(2c^4)(\boldsymbol{e}_\alpha\cdot\boldsymbol{u})^2-1.5/(c^2)\boldsymbol{u}\cdot\boldsymbol{u}]$，其中 w_α 表示在各个离散速度方向上的系数（$w_0=1/3,w_{1\sim6}=1/18,w_{7\sim18}=1/36$），$c=\Delta x/\Delta t$。宏观流体变量可以根据粒子分布函数求得，即：流体速度 $\rho\boldsymbol{u}=\sum\boldsymbol{e}_\alpha f_\alpha$，压力 $p=c_s^2\sum f_\alpha$。

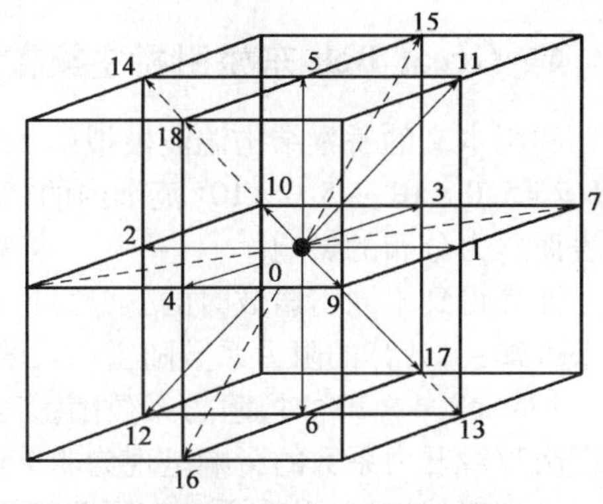

图 1　D3Q19 模型的粒子拓扑结构

基于湍流理论和大涡模拟思想，采用亚格子模型来模拟湍流黏性，并以湍流松弛时间的形式引入到标准 LBGK 方程中，结合亚格子 Smagorinsky 模型建立了直接从粒子分布函数计算湍流松弛时间的方法，得到了描述湍流流动的湍流松弛时间 LBGK 模型，实现了桥梁结构湍流流动的 LB 方法求解[9]。

$$f_\alpha(\boldsymbol{x}_i+\boldsymbol{e}_\alpha\Delta t,t+\Delta t)=f_\alpha(\boldsymbol{x}_i,t)-\frac{1}{\tau_{total}}[f_\alpha(\boldsymbol{x}_i,t)-f_\alpha^{eq}(\boldsymbol{x}_i,t)] \tag{3}$$

式中，$\tau_{total}=\tau_0+\tau$，分子松弛时间 τ_0 依赖于流体分子黏性，在流动演化过程中保持不变；湍流松弛时间 τ_t 在空间和时间上是变化的，反映了局部涡黏性的变化。

3　方柱绕流雷诺数效应数值模拟

利用本文的桥梁结构湍流模拟的 LB 方法及软件[9]，对方柱绕流的雷诺数效应进行了模拟，计算雷诺数范围为 $Re=10\sim5.0\times10^5$。图 2 描述了不同雷诺数条件下方柱绕流的流线图，清楚地反映了流态随雷诺数的变化过程。当 $10\leqslant Re\leqslant60$ 时，气流在方柱后缘发生分离，并在方柱后面产生一对稳定的回流旋涡；当 $Re=60\sim65$ 时，尾流对称状态开始发生破坏，经过一定时间的演化，呈现为周期旋涡脱落；当 $Re=200$ 时，气流分离点出现在方柱前缘，并在方柱上面和下面出现较小尺度的旋涡；当 $Re=500$ 时，流动稳定发生破坏，出现了大小尺度不同的旋涡，呈现为振荡状态；当 $Re>500$ 时，大小尺度旋涡变得更为复杂，气流表现为随机不稳定的湍流状态，并且尾流主旋涡的尺度随雷诺数的增大而减小。

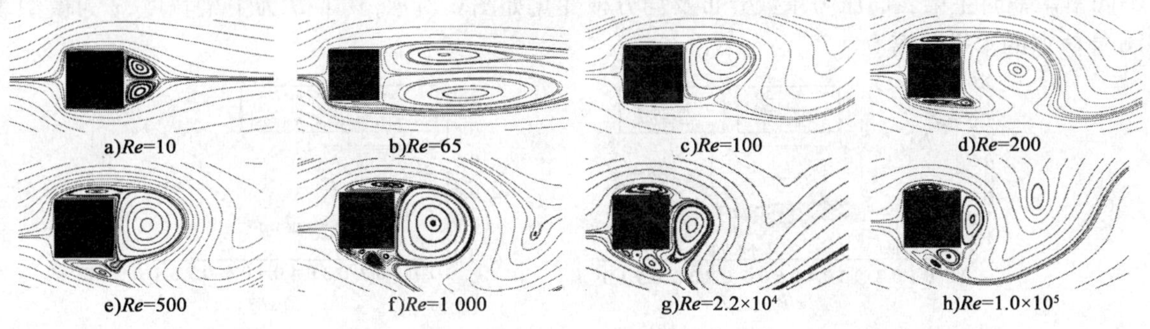

图 2　雷诺数对方柱绕流的影响

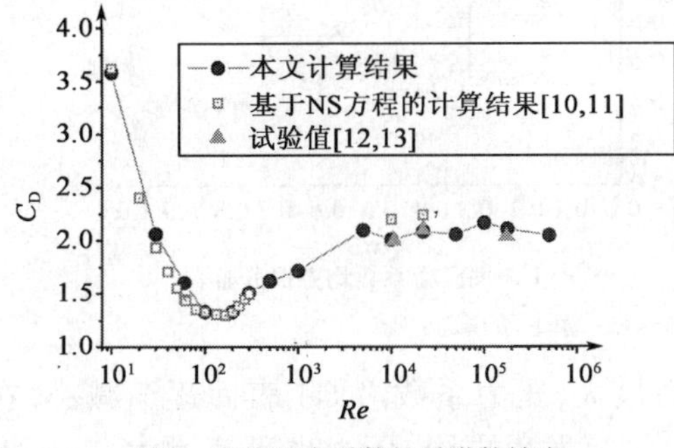

图 3　方柱阻力系数的雷诺数效应

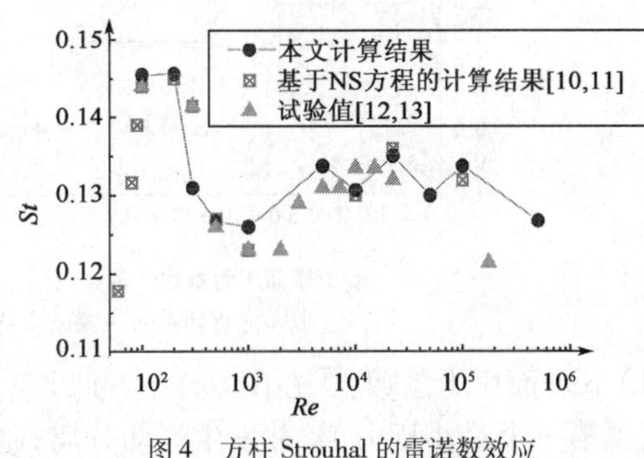

图 4　方柱 Strouhal 的雷诺数效应

进一步从定量角度分析,如图3和图4所示,雷诺数对阻力系数和Strouhal数有显著的影响,并且本文计算结果与文献的试验结果吻合一致。

4 Great Belt东桥引桥主梁雷诺数效应数值模拟

利用本文的桥梁结构湍流模拟的LB方法及软件[9],对Great Belt东桥引桥主梁在雷诺数为$Re=UH/\nu=5.0\times10^3\sim5.0\times10^6$范围内的绕流进行模拟,探索雷诺数对该主梁静力三分力系数、Strouhal数和表面压力分布的影响。

计算得到不同雷诺数时的三分力系数和Strouhal数如图5所示,并与试验结果进行了比较[3]。从结果可知:①计算的阻力系数随雷诺数的变化趋势与试验结果吻合一致,阻力系数随雷诺数的增大而减小;当$Re<2.4\times10^5$时,阻力系数随雷诺数增加而显著减小;当$Re<4.0\times10^5$时,阻力系数趋于稳定。②雷诺数对升力系数的影响呈现为非单调变化;当$Re<2.5\times10^4$时,升力系数呈递增;$Re=1.2\times10^5\sim7.8\times10^5$时,计算的升力系数有下凹趋势,但是没有试验结果这么明显;当$Re>1\times10^6$时,计算结果与试验结果吻合一致。③计算的升力矩系数在总体变化趋势上与试验结果有合理的可比性,升力矩系数随雷诺数的增大而减小;当$Re>2.4\times10^5$时,升力矩系数趋于稳定状态。④Strouhal数识别结果随雷诺数的变化趋势与试验值吻合一致,总体上反映了Strouhal数随雷诺数的增大而增大的趋势;当$Re=5.0\times10^3\sim7.7\times10^4$时,Strouhal数在0.190附近波动;当$Re>7.7\times10^4$时,Strouhal数呈增大趋势;当$Re=1.2\times10^5$时,Strouhal数增大到0.25;当$Re>1.2\times10^5$时,Strouhal数存在较大的波动。

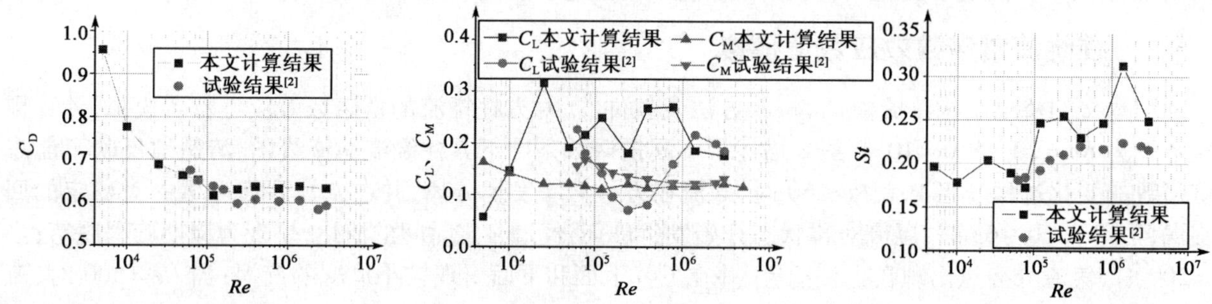

图5　雷诺数对三分力系数和Strouhal数的影响

不同雷诺数时主梁表面压力系数分布及均方根变化如图6所示,其中B为主梁宽度,x为模型表面至迎风端O点的水平距离。

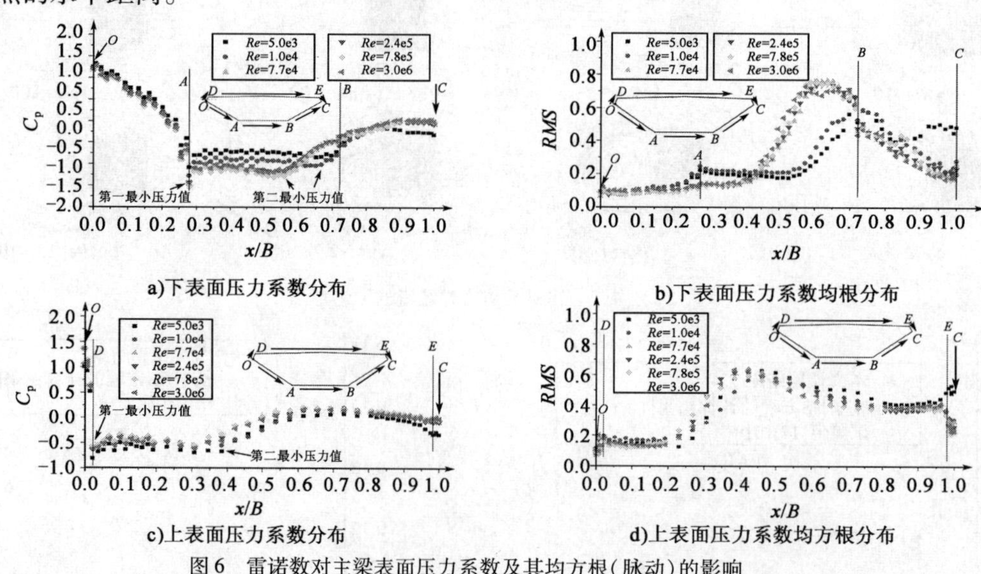

图6　雷诺数对主梁表面压力系数及其均方根(脉动)的影响

(1)下表面压力系数:①在图6a)中,迎风端O点的压力最大,压力系数沿OA表面逐渐减小,在A点处出现第一个最小压力值,并发生流动分离;越过A点后,气流发生再附,压力也迅速增大;在$x/B=$

0.5 ~ 0.7 之间，气流发生再次分离，出现第二个最小压力点。②第一最小压力值的位置不随雷诺数改变，但是压力值有显著变化；第二最小压力值的大小和位置、*AB* 和 *BC* 表面的压力分布均受雷诺数的显著影响；当 $Re < 1.0 \times 10^5$ 时，两个最小压力点的负压绝对值随着雷诺数的增加而增大，之后出现波动现象，这与升力系数的变化密切相关。③压力系数 *RMS* 值的分布和峰值位置及大小均受雷诺数的显著影响[图 6b)]；*A* 点 *RMS* 值在低雷诺数时较大，但是第二 *RMS* 峰值却是高雷诺数时（$Re < 7.7 \times 10^4$ 时）更大，并且峰值位置显著不同；另外，尾流区域的 *BC* 表面 *RMS* 值受雷诺数影响也比较显著，特别是靠近 C 点附近。

（2）上表面压力系数：①在图 6c）中，迎风端 *OD* 表面的压力系数急剧减小，在 *D* 点处达到最小值；在 *DE* 表面，压力系数出现了两个波峰和波谷，表明气流在 *DE* 表面出现了“分离—再附—再分离—脱落”的变化过程；上表面压力第一、第二最小压力点的绝对值随着雷诺数的增加而增大。②压力系数 *RMS* 值的分布形状受雷诺数影响不大；相对而言，雷诺数对上表面的压力系数 *RMS* 值影响要比下表面小很多。

5 结论

利用基于 CFD 的数值模拟方法，研究了方柱流场流态、阻力系数和 Strouhal 数的雷诺数效应问题，数值模拟结果与试验值的吻合一致。通过对 Great Belt 东桥引桥主梁绕流模拟可知：阻力系数和 Strouhal 数的雷诺数效应非常明显；升力系数和升力矩系数受雷诺数的影响也较大，但是没有明显变化规律性；主梁下表面的压力系数及均方根分布受雷诺数影响显著，而上表面的压力系数及均方根分布则受雷诺数的影响相对较小。

参考文献

[1] Barre C, Barnaud G. High Reynolds number simulation techniques and their application to shaped structures model test[J]. Journal of Wind Engineering and Industrial Aerodynamics ,1995,57(2-3): 145-157.

[2] Schewe G, Larsen A. Reynolds number effects in the flow around a bluff bridge deck cross section[J]. J. Wind Eng. Ind. Aero, 1998: 74-76.

[3] Michael C, Hui H, Larsen A. Aerodynamic investigation for the deck of stonecutters bridge emphasizing Reynolds number effects[C]. The 2nd international symposium on advance in wind and structures, 1998.

[4] Kubo Y, Nogami C, Yamaguchi E, et al. Study on Reynolds number effect of a cable-stayed bridge girder[C]. Wind Eng. into the 21st century, 1999.

[5] 李加武. 桥梁断面雷诺数效应及其控制研究[D]. 上海: 同济大学,2003.

[6] 葛耀君，等. 西堠门大桥悬索桥抗风性能及风振控制研究. 上海：同济大学土木工程防灾国家重点实验室,2003-2006.

[7] 金挺. 扁平箱形桥梁断面气动特性的雷诺数效应研究[D]. 上海: 同济大学, 2004.

[8] Chen H, Kandasamy S, et al. Extended Boltzmann Kinetic equation for turbulent flows[J]. Science, 2003, 301 (1).

[9] 刘天成. 桥梁结构气动弹性数值计算的 Lattice Boltzmann 方法[D]. 上海: 同济大学, 2007.

[10] Franke R , Rodi W . Calculation of vortex shedding past a square cylinder with various turbulence models[G]//Proceeding: 8th Symp. Turbulent Shear Flows. Springer Berlin, 1991.

[11] Vengadesan S , Nakayama A . Evaluation of LES models for flow over bluff body from engineering application perspective[J]. Sādhanā,2004,29:1-10.

[12] Durão D , et al. Measurements of turbulent and periodic flows around a square cross-section cylinder [J]. J. Exp. Fluid,1998,6.

[13] Lyn D A , Einva S , Rodi W , et al. A Laser-Doppler velocimetry study of ensemble averaged characteristics of the turbulent near wake of a square cylinder[J]. J. Fluid Mech. , 1995, 304.

扇形覆冰导线气动力特性及驰振稳定性研究

马文勇[1,2]　顾明[2]
(1. 石家庄铁道大学风工程研究中心　石家庄　050043；
2. 同济大学土木工程防灾国家重点实验室　上海　200092)

1　引言

从 Den Hartog 首次解释覆冰导线驰振机理至今[1]，研究者对大量形状的覆冰导线气动力进行了测试，根据目前的驰振不稳定性判断准则，有多种形状覆冰导线属于气动不稳定性截面，其中 D 形截面[2-3]、月牙形截面(或者类似月牙形)[2,4-7]和几种实际覆冰形状[2,8-11]都被广泛应用在驰振分析中。由于导线覆冰具有很强的随机性，不仅受大范围天气形势和凝冻条件控制，而且与线路所在位置的微地形相关因素有关，因此开展多种导线覆冰形状气动力及驰振稳定性研究是非常有必要的。

本文通过高频天平测力风洞试验研究了 8 种扇形覆冰导线气动力特性，分析了各种覆冰导线驰振稳定性，讨论了紊流度、覆冰形状对扇形覆冰导线驰振气动力及驰振稳定性的影响。

2　试验概况

本次试验共测试了 10 个模型，包括裸导线模型(A 模型)、圆柱模型(B 模型)以及 S1(S11) ~ S4(S14)八种扇形覆冰导线模型[模型编号见图 1a)]。S1、S2、S3、S4 分别表示覆冰厚度 $h = 10$mm，覆冰角度分别为 60°、120°、180°和 240°模型，S11、S12、S13、S14 分别表示覆冰厚度 $h = 20$mm，覆冰角度分别为 60°、120°、180°和 240°模型。模型采用木皮包裹泡沫的方法制作，质量在 150 ~ 250g 之间，有效长度 50cm，模拟导线直径 $D = 76.8$mm。

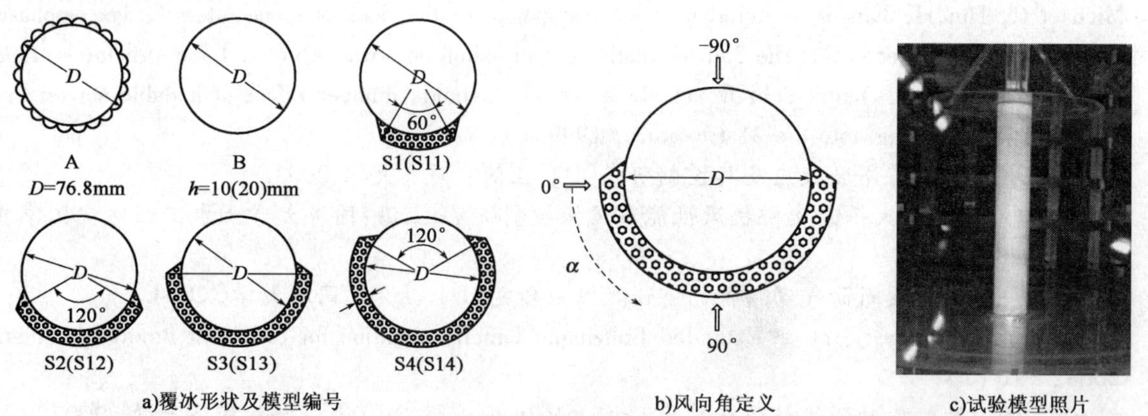

图 1　试验模型及风向角定义

试验采用刚性节段模型高频天平测力试验，为消除端部流体分离影响，保证导线上的二元流动，模型底部采用光滑表面有机玻璃分流板，上部使用直径为 40cm 端板，端板与模型间有微小缝隙使得上部端板的荷载不被天平感受[见图 1c)]。考虑 20m/s 左右风速下实际导线的荷载情况，保证雷诺数恒定，模型缩尺比为 2，试验风速为 9.6m/s，雷诺数范围 $Re = 4.9 \times 10^4 \sim 7.4 \times 10^4$，采样频率 200Hz，采用格栅方法模拟 10% 与 15% 紊流度的两种均匀紊流场。经敲击测试模型与天平系统频率 70 ~ 90Hz，远高于关心的气动力频率范围。

风向角定义见图 1b)，α 为试验风向角，范围为 −90° ~ 90°。

3 气动力特性分析

3.1 气动力系数定义

本文采用风轴坐标系的气动力系数描述不同覆冰导线的气动力特性

$$C_{\mathrm{D}}(t)=\frac{2F_{\mathrm{D}}(t)}{\rho v^{2}DH},\quad C_{\mathrm{L}}(t)=\frac{2F_{\mathrm{L}}(t)}{\rho v^{2}DH},\quad C_{\mathrm{M}}(t)=\frac{2F_{\mathrm{M}}(t)}{\rho v^{2}D^{2}H} \tag{1}$$

式中，$C_{\mathrm{D}}(t)$、$C_{\mathrm{L}}(t)$、$C_{\mathrm{M}}(t)$分别表示覆冰导线阻力系数、升力系数和扭矩系数；$F_{\mathrm{D}}(t)$、$F_{\mathrm{L}}(t)$、$F_{\mathrm{M}}(t)$分别表示阻力、升力和扭矩；ρ、v、D、H 分别表示空气密度、来流平均风速、导线直径（此处取74.8mm）、模型长度（此处为50cm）。下文中分别用 C_{D}、C_{L}、C_{M} 表示 $C_{\mathrm{D}}(t)$、$C_{\mathrm{L}}(t)$、$C_{\mathrm{M}}(t)$的平均值，称为平均阻力系数、平均升力系数和平均扭矩系数。

在10%与15%两种紊流度下，本文测试得到的圆柱模型（B 模型）的平均阻力系数分别为1.19 和0.86，该结果与 ESDU[12] 统计得到的圆柱模型气动力试验结果一致。

3.2 扇形覆冰导线平均气动力特性

图2 给出了10%紊流度下测试得到的8 种覆冰导线平均气动力系数。其中图例中 C_{D}、C_{L}、C_{M} 及对应的空心图例代表覆冰厚度 $h=10$mm 的覆冰导线模型，C'_{D}、C'_{L}、C'_{M}及对应的实心图例代表覆冰厚度 $h=20$mm 的覆冰导线模型，纵坐标 C 表示气动力系数。

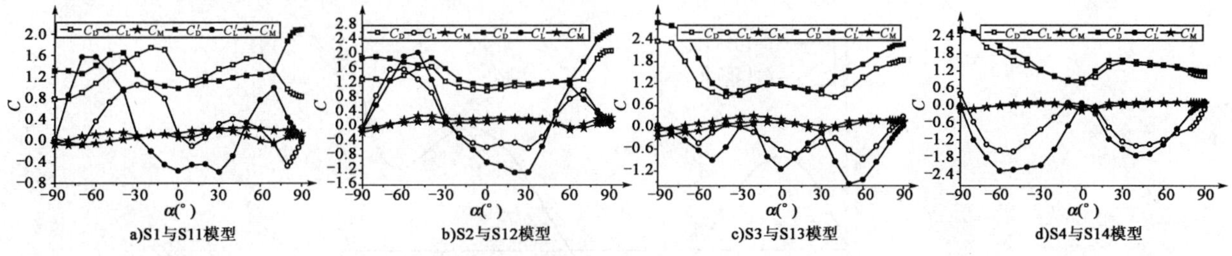

图2 平均气动力系数

由图2 可以看出，除去覆冰角度为60°模型不显著外，其余模型表明覆冰厚度的增加并未改变覆冰导线气动力随风向角的变化规律。扭矩系数随覆冰厚度的增加没有明显的变化，由于覆冰厚度增加增大了 -90°和90°风向角下迎风面积，因此类似风向角下的平均阻力系数显著增大，随着厚度的增大升力增强，即负升力系数变小，正升力系数增大。

图3 为不同紊流度下 S13 模型的平均气动力系数，其中 I 表示紊流度。随紊流度的增加，平均气动力明显减小，这主要是由于增大紊流度影响模型尾部气流脱落引起的。

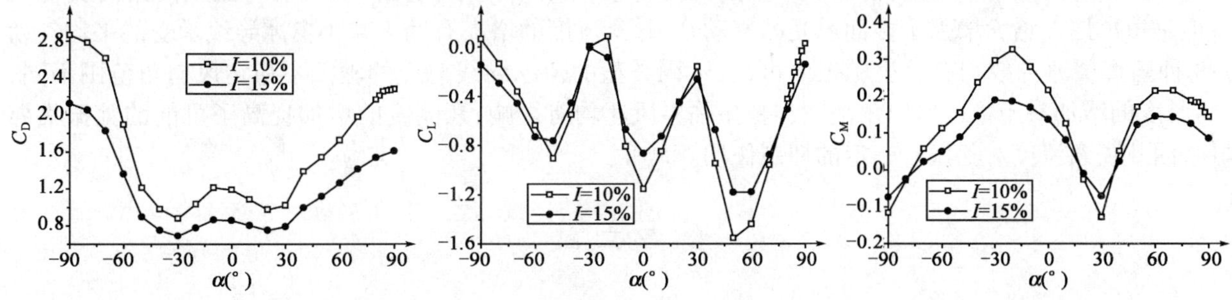

图3 不同紊流度下 S13 模型气动力系数

4 驰振稳定性分析

根据 Den Hartog 驰振机理[1]，覆冰导线驰振稳定性可由下式判断：

$$\delta_D = C_D + \frac{\partial C_L}{\partial \alpha} \tag{2}$$

式中，δ_D 称为 Den Hartog 系数，若 δ_D 大于零，系统稳定，若 δ_D 小于零，系统存在驰振不稳定问题，δ_D 等于零为临界状态。

图 4 给出了不同形状覆冰导线的 Den Hartog 系数。根据实际导线迎风向覆冰的基本规律，图 4 仅给出了 0°～90°风向角下的 Den Hartog 系数，图中横坐标为弧度制的风向角。由图可知，不同覆冰导线发生驰振的风向角不同，且各种覆冰形状均有可能发生驰振，覆冰厚度的变化不仅影响了发生驰振的可能风向角范围，也改变固定风向角下 Den Hartog 系数值。

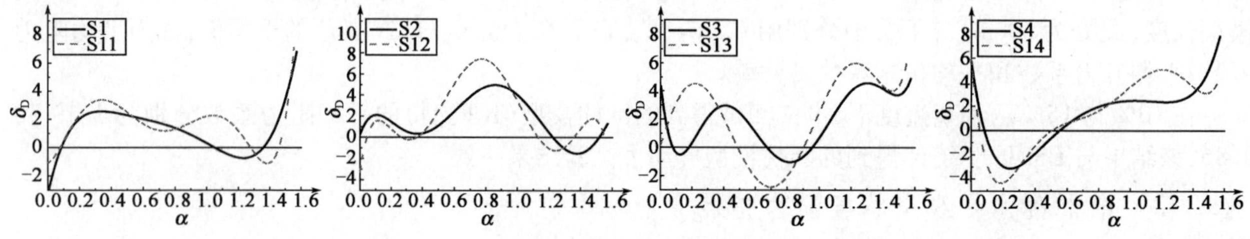

图 4　Den Hartog 系数

图 5 为不同紊流度下 S13 模型的 Den Hartog 系数。可以看出紊流度可以有效地增大负 Den Hartog 系数。这表明，增大紊流度可以有效地提高驰振临界风速，减小驰振发生的可能。

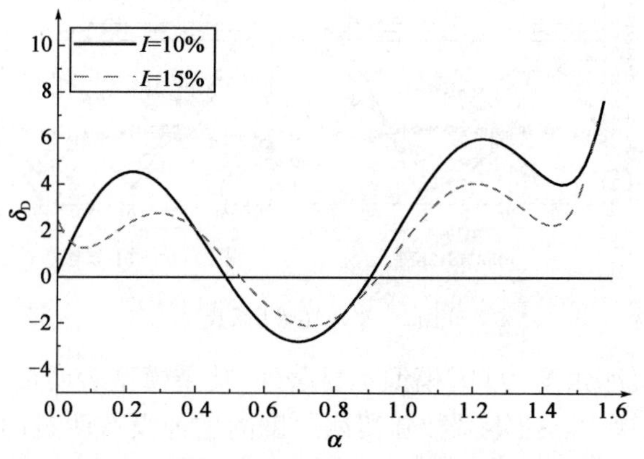

图 5　不同紊流度下 S13 模型 Den Hartog 系数

5　结论

通过上述分析，本文主要得到如下结论：覆冰厚度的增大并未改变平均气动力随风向角的变化规律，但是覆冰厚度增大增强了截面承受的气动升力，紊流度的增高有助于减小覆冰导线承受的平均气动力；8 种扇形覆冰导线均有发生驰振的可能，不同类型的覆冰导线对应的驰振不稳定风向角范围不同，覆冰厚度的增加对不稳定风向角范围和驰振临界风速均有影响，紊流度的增加提高了可能的驰振临界风速，因此高紊流度对驰振有一定的抑制作用。

参 考 文 献

[1] Den Hartog J P. Transmission line vibration due to sleet[J]. AIEE Transaction, 1932, 51.

[2] Desai Y M, Yu P, Shah A H, et al. Perturbation-based finite element analyses of transmission line galloping[J]. Journal of Sound and vibration, 1996, 191(4): 469-489.

[3] Van Dyke P, Laneville A. Galloping of a single conductor covered with a d-section on a high-voltage overhead test line[J]. Journal of Wind Engineering and Industrial Aerodynamics, 2008, 96(6-7): 1141-

1151.

[4] Chabart O, Lilien J L. Galloping of electrical lines in wind tunnel facilities[J]. Journal of Wind Engineering and Industrial Aerodynamics, 1998, 74(6):967-976.

[5] McComber P, Paradis A. A cable galloping model for thin ice accretions[J]. Atmospheric Research, 1998, 46(12):13-25.

[6] 范钦珊,官飞,赵坤民,等.覆冰导线舞动的机理分析及动态模拟[J].清华大学学报:自然科学版,1995,35(2):34-39.

[7] 李万平,杨新祥,张立志.覆冰导线群的静气动力特性[J].空气动力学学报,1995,13(4):427-435.

[8] Zhang Q, Popplewell N, Shah A H. Galloping of bundle conductor[J]. Journal of Sound and Vibration, 2000, 234(1):115-134.

[9] 白海峰,李宏男.分裂式覆冰导线横风弛振响应研究[J].振动工程学报,2008,21(3):6.

[10] 李万平,黄河,何锃.特大覆冰导线气动力特性测试[J].华中科技大学学报,2001,29(8).

[11] Nigol O, Buchan P G. Conductor galloping part I: Den Hartog mechanism[J]. IEEE Transactions on Power Apparatus and Systems, 1981, PAS-100(2):699-707.

[12] ESDU. Mean forces, pressures and flow field velocities for circular cylinderical structures: single cylinder with two-dimensional flow[J]. ESDU, 1981, 80025.

有限长正方形截面柱体尾流结构

王汉封[1,2]　周裕[2]

(1. 中南大学土木建筑学院　长沙　410083;2. 香港理工大学机械工程系　香港)

1　引言

二维钝体尾流长期以来都是流体力学领域的研究热点,这不仅是因为二维钝体尾流中存在规则的涡结构有利于湍流基础理论的研究,也是因为钝体尾流广泛存在于工程实例中。值得注意的是,工程中的钝体往往都是有限长度的,通常是一端固定于平面,另一端为自由端的高耸结构。例如:高层建筑、冷却塔、烟囱以及悬索桥桥塔等。由于上述这些钝体高度有限,它们显然是不能被简化为二维钝体。

由于自由端的作用,有限长柱体尾流与二维柱体尾流间有显著的区别[1-5]。有限长柱体的高宽比或长径比(H/d)对其尾流有很大的影响[1-3]。现有文献通常认为,当 H/d 小于某一临界值的时候,其尾流将由反对称的卡门涡街结构变成对称的拱门形结构,此时柱体自由端后的下扫流影响到了整个尾流[2,6-7];而当 H/d 大于该临界值时,除了在自由端附近,柱体大部分高度上都有反对称的卡门涡街出现[2];当 H/d 近似等于临界值时,尾流中的卡门涡街和对称的拱门形结构会交替出现[6]。然而,H/d 的临界值并没有确定结果,文献中的报道值在 2 ~6 之间。Fox 和 West[8-9]发现即使当圆柱 $H/d=30$,远大于上述临界值时,自由端给柱体尾流所带来的影响在柱体的绝大部分高度上仍非常显著。而且,上述临界值受到很多因素的影响,如:边界层厚度、来流湍流度等[1,6]。

有限长柱体自由端下游,会出现一对沿流向的涡,即顶部涡(又称尾涡 Trailing Vortex);而在柱体底部附近会出现另一对与顶部涡相反的底部涡。顶部涡是在自由端后下扫流的作用下形成的;底部涡是与在柱体底部附近产生的上升流联系在一起的。在柱体下游垂直于流向的截面内可以清晰地观察到它们的存在[1,10-11]。当底部平面上边界层厚度非常薄时,底部涡以及上升流均不会出现。当边界层较厚时,来流速度在靠近壁面时逐渐减小,由柱体两侧脱落的轴向涡在接近壁面时会向上游弯曲,正是这弯曲的轴向涡在柱体底部形成了上升流[3]。为了更好地描述有限长柱体尾流这种复杂的结构,不同研究者提出了各自的尾流模型。然而,目前仍没有统一的认识[12]。现有模型可分为两类:一类认为在自由端后存在一对独立的沿流向的顶部涡[1,13],如图 1a)所示;另一类认为顶部涡并不是独立的涡结构,只是由柱体侧面所脱落的涡在靠近自由端处向上游弯曲,而在流向截面内形成的投影[14-15]如图 1b)所示。第一类模型[图 1a)]中并没有给出底部涡的形态,而且柱体侧面脱落的轴向涡的涡线也是不封闭的;第二类模型中虽然涡线是封闭,但也没有反映底部涡的结构。

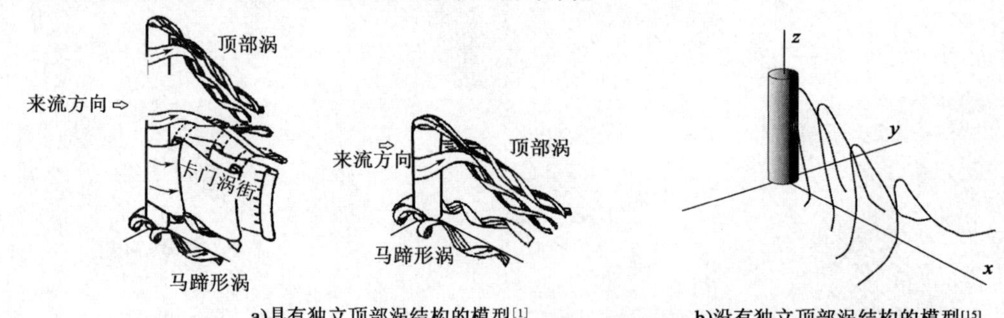

a)具有独立顶部涡结构的模型[1]　　b)没有独立顶部涡结构的模型[15]

图 1　两类典型的有限长柱体尾流结构

基金项目:中南大学自由探索计划(201012200215)。

本文将运用多种流体力学测试手段和分析方法,以求获得有限长柱体尾流结构的详细信息,并提出一个合理的尾流模型。其中最重要的是揭示顶部涡、底部涡以及柱体侧面脱落的轴向涡三者间的关系。

2 试验条件

试验主要可分为两部分:在风洞内进行的流场测试,以及在水洞内进行的流动可视化。

2.1 风洞试验

风洞试验是在一个闭式循环风洞内进行的。风洞试验段长2.4m、宽0.6m、高0.6m。被测方柱安装在风洞内一水平板中心线上,距离水平板前边缘0.3m。方柱宽20mm。试验模型与坐标系的定义如图2a)所示。试验中,来流风速为7m/s,对应的雷诺数 $Re=9\,300$。分别在三个方向的截面内进行了PIV测量,以揭示流动的三维特性。

2.2 水洞试验

水洞中流动可视化试验所用模型与风洞中模型类似。水洞试验段长2.4m、宽0.3m、高0.6m。可视化试验中,来流速度为0.01m/s,对应 $Re=221$。从柱体表面微孔以极低速度释放示踪剂(Rhodamine 6G),该示踪剂本为暗红色,在波长488nm激光的激发下会发出极亮的绿光。为揭示柱体顶端剪切流与柱体侧面剪切流是否构成封闭的拱门结构,在靠近自由端的轴向平面与尾流中心截面内进行了同时的可视化试验,如图2b)所示。

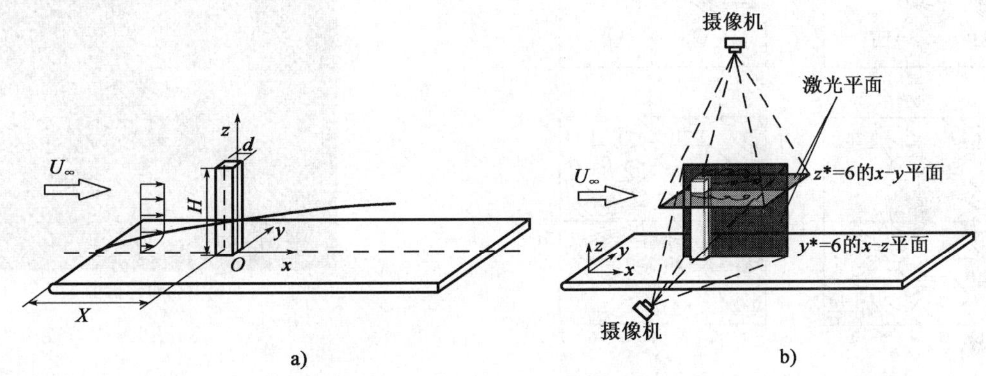

图2 试验模型与流动可视化试验布置示意图

3 流动结构

图3给出了 $H/d=7$ 的柱体尾流中不同高度上PIV所测量得到的瞬时涡量图。可以看出在所有的测量高度上,尾流的瞬时结构均可能出现两种不同的结构,即对称与反对称结构。值得注意的是,$H/d=7$ 已经明显大于文献中所给出的高宽比临界值,但尾流中仍出现了对称形态的涡结构。在柱体尾流中心对称平面内以及垂直于流向的截面内的测量结果都可以观察到类似的情况(由于篇幅限制未给出),即尾流中三个相互垂直的截面内都会出现对称和反对称两种典型的尾流结构。

图4给出了两垂直平面内同时进行的流动可视化结果。图4a)为靠近自由端的水平平面,图4b)为尾流中心对称平面。从瞬时流动结构可知,柱体顶端剪切流与柱体侧面剪切流上的 K-H 涡是一一对应的,这说明自由端剪切流与柱体侧面剪切流是一个整体,构成了一个封闭的拱门形结构。

通过尾流中两热线探头所获得信号的相关性和相位分析(由于篇幅限制未给出),可以确定尾流中的拱门形涡结构在自由端和底面附近都是向上游弯曲的。

4 结论

依据PIV、流动可视化和热线测量的试验结果,可提出一种新的有限长柱体的尾流模型,如图5所示。尾流中柱体自由端剪切流与柱体侧面剪切流构成了一个封闭的拱门形涡结构,这一拱门形涡结构在靠近自由端高度上和底面附近都会向上游弯曲。正是这弯曲的拱门形结构在垂直于流向的截面内会投影形成顶部涡和底部涡,当拱门形结构的两侧对称出现时,顶部涡与底部涡也都会在柱体两侧对称出现,水平截面内也出现对称涡街。当拱门形结构的两侧涡交错出现时,顶部涡与底部涡都只会在柱体的某一侧出现,在水平截面内则会出现正负交替的卡门涡街。

对称和反对称结构所对应尾流特性是不同的。柱体所受气动力在这两种尾流状态下也有显著的区别。这两种典型尾流结构的概率随 H/d、边界条件、轴向高度等因素的变化而变化,柱体尾流统计特性以及柱体气动力等也会随之而变化。这也为三维柱体尾流以及气动力的控制提供了新的思路。

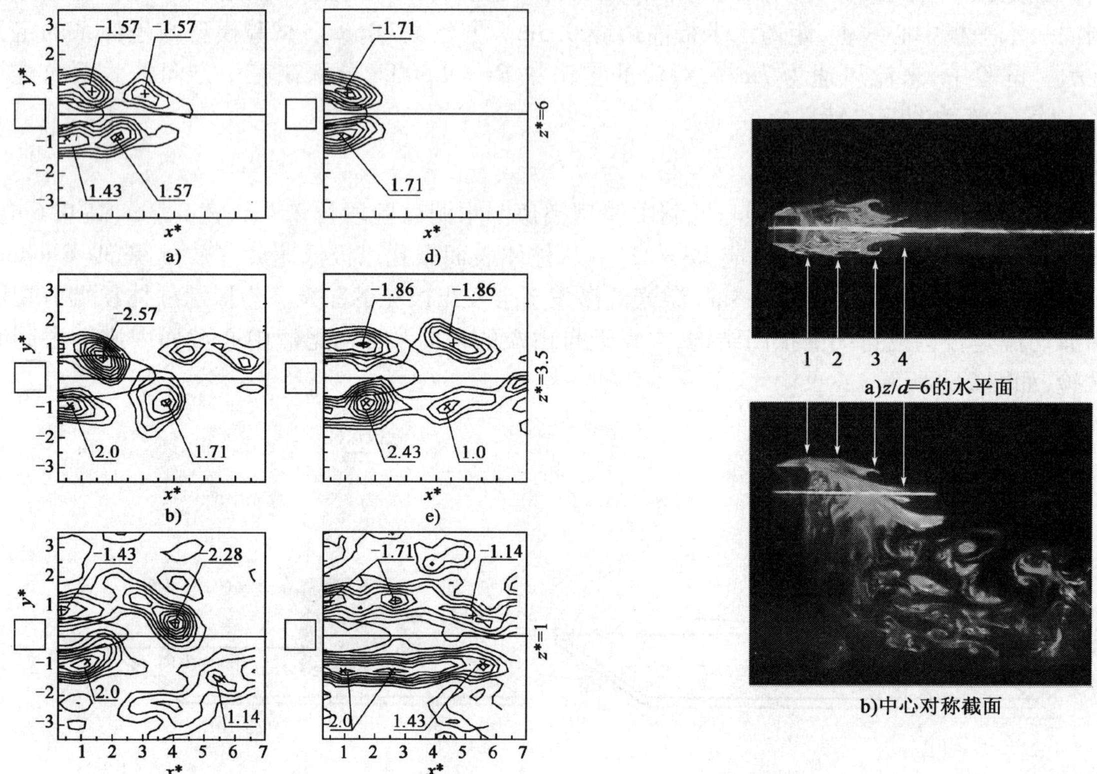

图3　$H/d=7$ 尾流中不同高度上瞬时轴向涡量图

注:a)~c)为反对称状态;d)~f)为对称状态。

图4　$H/d=7$ 柱体尾流中两垂直平面内同时流动显示结果

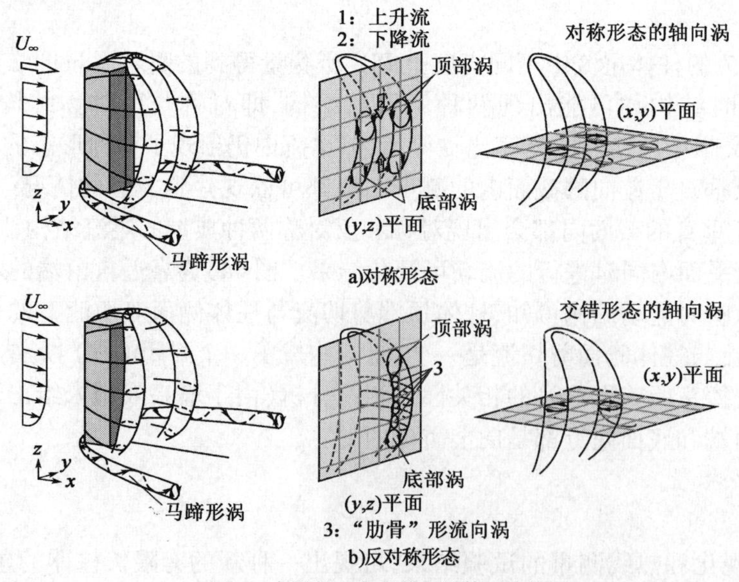

图5　有限长正方形截面柱体尾流模型

参 考 文 献

[1] Kawamura T, Hiwada M, Hibino T, et al. Flow around a finite circular cylinder on a flat plate. Bull. JSME, 1984, 27: 2142-2150.

[2] Okamoto T, Sunabashiri Y. Vortex shedding from a circular cylinder of finite length placed on a ground plane[J]. J. Fluids Eng., 1992, 114: 512-521.

[3] Summer D, Heseltine J L, Dansereau O J P. Wake structure of a finite circular cylinder of small aspect ratio[J]. Exp. Fluids, 2004, 37: 720-730.

[4] Afgan I, Moulinec C, Prosser R, et al. Large eddy simulation of turbulent flow for wall mounted cantilever cylinder of aspect ratio 6 and 10[J]. Int. J. Heat Fluid Flow, 2007, 28: 561-574.

[5] Wang H F, Zhou Y, Chan C K, et al. Effect of initial conditions on interaction between a boundary layer and a wall-mounted finite-length-cylinder wake[J]. Phys. Fluids, 2006, 18(16): 065106.

[6] Sakamoto H, Arie M. Vortex shedding from a rectangular prism and a circular cylinder placed vertically in a turbulent boundary layer[J]. J. Fluid Mech., 1983, 126: 147-165.

[7] Pattenden R J, Turnock S R, Zhang X. Measurements of the flow over a low-aspect ratio cylinder mounted on a ground plane[J]. Exp. Fluids, 2005, 39: 10-21.

[8] Fox T A, West G S. Fluid-induced loading of cantilevered circular cylinder in a low turbulence uniform flow. Part 1. Mean loading with aspect ratios in the range 4 to 30[J]. J. Fluid Struct., 1993, 7: 1-14.

[9] Fox T A, West G S. Fluid-induced loading of cantilevered circular cylinders in a low turbulence uniform flow. Part 2. Fluctuating loads on a cantilever of aspect ratio 30[J]. J. Fluid Struct., 1993, 7: 15-28.

[10] Park C W, Lee S J. Free end effects on the near wake flow structure behind a finite circular cylinder [J]. J. Wind Eng Ind. Aerodyn., 2000, 88: 231-246.

[11] Wang H F, Zhou Y. The finite-length square cylinder near wake[J]. J. Fluid Mech., 2009, 638: 453-490.

[12] Heseltine J L. Flow around a circular cylinder with a free end[D]. University of Saskatchewan, 2003.

[13] Etzold F, Fiedler H. The near-wake structure of a cantilevered cylinder in cross-flow[J]. Z. Flugwiss, 1976, 24: 77-82.

[14] Johnston C R, Clavelle E J, Wilson D J, et al. Investigation of the vorticity generated by flow around a finite cylinder[G]//Proceeding of the Sixth Conference of the CFD Society of Canada, Quebec City, Canada, 1998.

[15] Tanaka S, Murata S. An investigation of the wake structure and aerodynamic characteristics of a finite circular cylinder[J]. JSME Intl J. Ser. B: Fluids Therm. Eng., 1999, 42: 178-187.

钢桁拱桥吊杆驰振数值仿真计算

詹昊

（中铁大桥勘测设计院有限公司　武汉　430056）

1　引言

驰振是细长结构在横风向的一种不稳定的单自由度发散振动现象，工程结构应采取措施避免驰振发生，使驰振临界风速高于驰振检验风速。某钢桁拱桥采用钢箱吊杆，针对细长吊杆风洞试验模型，本文运用两种方法进行吊杆驰振数值仿真计算。方法一：运用 Fluent 软件求出截面三分力系数，然后根据驰振临界风速计算公式求解；方法二：对 Fluent 软件二次开发，建立单自由度竖向弯曲流固耦合数值模型，直接得出驰振临界风速。

2　运用 Fluent 软件进行驰振数值计算

2.1　数值计算模型和参数

运用 Fluent 软件求出不同风攻角时的阻力系数和升力系数，计算驰振力系数，根据葛劳渥-登哈托判据判断是否会发生驰振。若发生驰振，再根据驰振临界风速计算公式计算出驰振临界风速。节段风洞试验模型几何尺寸和来流方向如图 1 和图 2 所示[2]，风洞试验参数见表 1，数值计算参数与风洞试验相同。

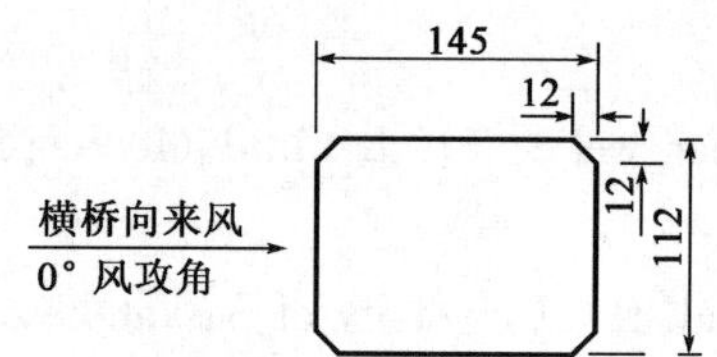

图 1　小切角长方形截面图（尺寸单位：mm）

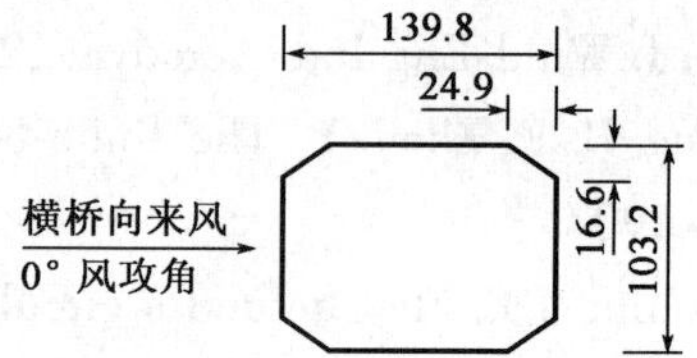

图 2　大切角长方形截面（尺寸单位：mm）

仿真计算和风洞试验参数　　表 1

参数名称	单位	小切角长方形	大切角长方形
单位长度质量	kg/m	10.99	10.99
竖向固有振动频率	Hz	2.544	4.1
竖向阻尼比	—	0.002 8	0.001 2
H	m	0.112	0.103 2

大切角长方形截面网格划分如图 3 所示，小切角长方形截面网格划分与大切角的相似。本文计算采用 RNG k-ε 湍流模型。

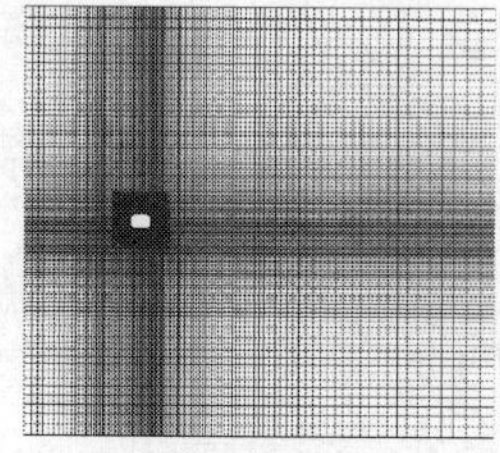

a)整体网格划分图

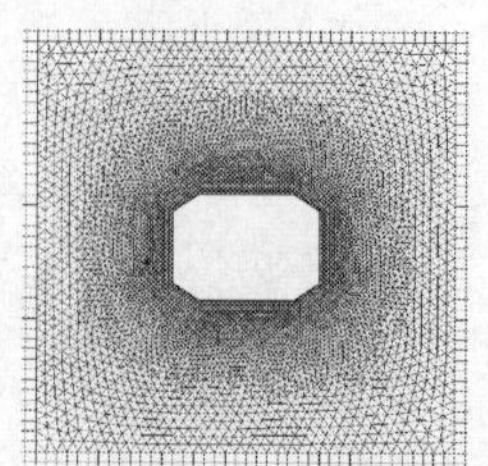

b)局部网格划分图

图 3　大切角长方形截面计算网格划分图

2.2 数值计算结果

数值计算值和风洞试验值比较见表2。

数值计算值和风洞试验值比较 表2

截面形状	方法	阻力系数 C_D	升力系数斜率 $\dot{C}_L$	驰振力系数 $C_D+\dot{C}_L$	驰振临界风速(m/s) $U=-\frac{4m\omega\zeta}{\rho H}\frac{1}{\dot{C}_L+C_D}$
小切角长方形	仿真计算	1.256	-3.2	-1.944	7.4
	风洞试验	1.235	-3.096	-1.861	7.7
大切角长方形	仿真计算	0.93	正数	正数	不发生驰振
	风洞试验	0.942	正数	正数	不发生驰振

由表2可以看到,驰振力系数和风洞试验吻合。0°风攻角时,小切角长方形截面驰振力系数为负数,会发生驰振;大切角长方形截面驰振力系数为正数,不会发生驰振。

3 对Fluent软件二次开发进行驰振数值仿真计算

3.1 数值仿真计算原理

方法二通过对Fluent软件的二次开发来求解驰振问题,建立二维流固耦合数值计算模型,计算不同风速下结构振动情况,求出驰振临界风速。数值仿真计算模型如图4所示。

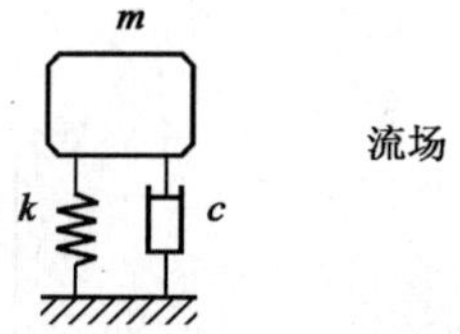

m

流场

k c

图4 数值仿真计算模型

物体运动方程为:

$$m\ddot{y}+c\dot{y}+k_y y=F_y \tag{1}$$

式中,c为物体阻尼;k_y代表y方向的刚度;F_y代表y方向物体所受到的外力,不可压缩黏性流体运动方程为Navier-Stokes方程,在直角坐标系下,连续方程和动量方程分别为:

$$\mathrm{div}\boldsymbol{u}=0 \tag{2}$$

$$\frac{\partial \boldsymbol{u}}{\partial t}+\boldsymbol{u}\cdot\mathrm{grad}\boldsymbol{u}=-\frac{1}{\rho}\mathrm{grad}\boldsymbol{p}+\upsilon\Delta\boldsymbol{u} \tag{3}$$

式中,$\boldsymbol{u}$为流体的速度分量;$\boldsymbol{p}$为流体压力;$\boldsymbol{\upsilon}$为流体运动黏性系数,空气中运动黏性系数常温时取$1.5\times10^{-5}\mathrm{m^2/s}$。

用Fluent软件求解流体控制方程(2)和方程(3),得到作用在物体上的升力;将Newmark方法的代码嵌入用户自定义函数(UDF)同软件连接,通过UDF来提取升力代入物体运动方程(1),求解物体的动力响应;然后将物体的速度通过Fluent的动网格技术进行传递使网格获得速度;最后用速度与时间步相乘来得到网格位置的更新,开始下一个时间步计算。如此循环得到各时间步的振动位移。

3.2 数值仿真计算结果

不同风速下结构振幅数值仿真计算值如表3所示。

驰振振幅随风速变化值 表3

风速(m/s)	最大振幅(cm)	
	小切角长方形	大切角长方形
7.4	0.15	不到1mm
8	7	
10	9	
16	19	
24	29	

由表3看到,当风速 $v=8\text{m/s}$ 时,小切角长方形截面振幅开始迅速增大。可以判断此风速为驰振临界风速,大切角长方形截面振幅很小,没有发生驰振。图5是小切角长方形截面在不同风速下的位移时程曲线。

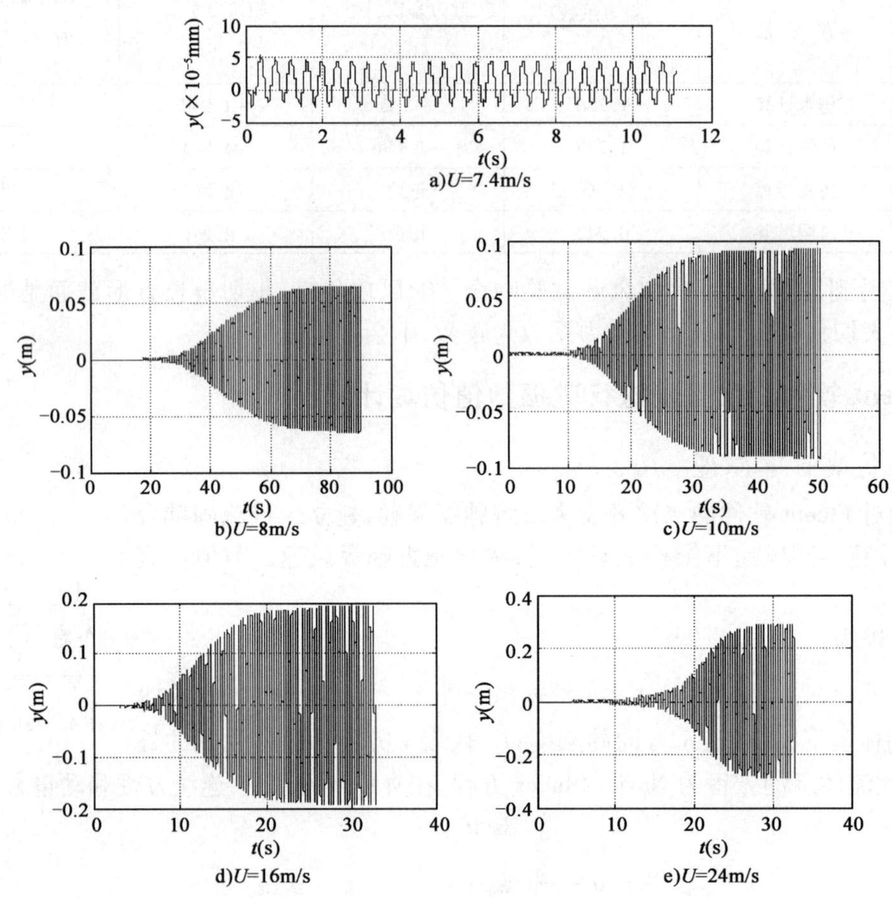

图5 小切角长方形截面位移时程曲线

由图5可以看到驰振振幅的变化规律。当 $v=10\text{m/s}$ 时,形成了一种发散的横风向单自由度弯曲自激振动。但由于气动力的非线性性质[3],振幅不会无限增大,最后稳定在一个极限振幅上。与涡激振动不同的是,驰振振幅会远大于截面尺寸,没有锁定风速区间。不同方法计算驰振临界风速比较见表4。

驰振临界风速值比较　　表4

计算方法		驰振临界风速(m/s)
根据驰振临界风速计算公式计算值	仿真计算	7.4
	风洞试验	7.7
Fluent 二次开发计算值		8

由表4看出,本文二次开发软件计算驰振临界风速与风洞试验推算值基本吻合。

4 结论

由上述分析可以得到以下结论:

(1)运用 Fluent 软件计算二维平面物体的阻力系数和升力系数与节段模型风洞试验值基本吻合,与由此推算的驰振临界风速吻合。

(2)本文对 Fluent 软件二次开发计算驰振临界风速与风洞试验推算值吻合,验证了二次开发程序和计算公式的正确性。

参考文献

[1] 埃米尔·希缪,罗伯特·H·斯坎伦.风对结构的作用－风工程导论[M].2版.刘尚培,项海帆,谢明,译.上海:同济大学出版社,1992.

[2] 西南交通大学.××大桥吊杆减振制振气动措施风洞试验研究报告[R].2006.

[3] 白莱文斯.流体诱发振动[M].吴恕三,王觉,等,译.北京:机械工业出版社,1981.

一种改进弱耦合分区迭代算法及其在流固耦合问题中的应用

周岱　何涛　李俊龙

（上海交通大学船舶海洋和建筑工程学院　上海　200240）

1　引言

对结构风工程中的流固耦合（Fluid-Structure Interaction，FSI）问题，较多采用弱耦合分区迭代算法（Loosely-Coupled Partitioned Procedures）求解，即在结构域、网格域和流体域中进行交替求解。因流体域和结构域之间的时间推进不同步，故存在时间滞后效应。时间滞后效应导致流体—结构交界面处的速度和动量不连续与能量不守恒，较难满足动平衡条件，并引发数值不稳定性。特别是，若流体密度和结构密度相当，还易引起“附加质量效应”，导致计算发散。此时，运用缩小时间步策略不能使计算收敛。针对上述问题，本文基于任意拉格朗日—欧拉（ALE）有限元方法，研究提出一种求解流固耦合问题的改进弱耦合分区迭代算法。该算法从各单场求解和整体耦合算法两个方面进行优化处理，增强了流固交界面处的连续性条件，有效控制交界面处能量耗散以保持能量守恒，改善附加质量效应和整体弱耦合算法的鲁棒性。

2　基本原理

2.1　流体域控制方程及其求解

流体域控制方程为 ALE 描述下的无量纲化 Navier-Stokes 方程：

$$\frac{\partial u_i}{\partial x_i}=0 \tag{1}$$

$$\frac{\partial u_i}{\partial t}+c_j\frac{\partial u_i}{\partial x_j}=-\frac{\partial p}{\partial x_i}+\frac{1}{Re}\frac{\partial \tau_{ij}}{\partial x_j}+f_i \tag{2}$$

式中，u_i、p 为流体速度和压力；黏性应力 $\tau_{ij}=\frac{\partial u_i}{\partial x_j}+\frac{\partial u_j}{\partial x_i}$；$f_i$ 为体力项；Re 为雷诺数。

运用半隐式 CBS 求解控制方程[1]，主要包括如下步骤：

（1）求解辅助动量方程：

$$\Delta u_i^*=u_i^*-u_i^n=\Delta t\left[-c_j\frac{\partial u_i}{\partial x_j}+\frac{1}{Re}\frac{\partial \tau_{ij}}{\partial x_j}+\frac{\Delta t}{2}u_k\frac{\partial}{\partial x_k}\left(c_j\frac{\partial u_i}{\partial x_j}\right)\right]^n \tag{3}$$

（2）求解压力 Poisson 方程：

$$\frac{\partial^2 p^{n+1}}{\partial x_i\partial x_i}=\frac{1}{\Delta t}\frac{\partial u_i^*}{\partial x_i}+S_{\mathrm{GCL}} \tag{4}$$

（3）求解速度修正方程：

$$u_i^{n+1}-u_i^n=-\Delta t\left[\frac{\partial p^{n+1}}{\partial x_i}+\frac{\Delta t}{2}u_k\frac{\partial}{\partial x_k}\left(\frac{\partial p^n}{\partial x_i}\right)\right] \tag{5}$$

基金项目：上海市基础研究重点项目（10JC1407900）和国家自然科学基金项目（51078230）资助。

上式中,速度和压力均采用 T3 单元。在压力 Poisson 方程中,引入满足几何守恒律的质量源项[2]。

2.2 结构域运动方程及其求解

假定结构为刚体且不计扭转自由度,结构在两个平动方向上的质量、阻尼和刚度相等,其运动方程写为:

$$m\ddot{d}_i + c\dot{d}_i + kd_i = F_i \tag{6}$$

式中,m、c、k 分别为结构的质量、阻尼和刚度;F_i 为流体对结构施加的作用力。

同样地,结构运动方程无量纲化为以下形式:

无量纲化后的结构运动方程为:

$$\ddot{d}_i + 4\pi\zeta F_n\dot{d}_i + (2\pi F_n)^2 d_i = \frac{C_i}{2\widetilde{m}} \tag{7}$$

采用 Newmark 逐步积分方法对式(7)进行数值求解。

2.3 动态网格更新

采用子块移动技术进行流体网格的动态更新[3],其主要步骤为:将一组粗糙的网格(称为子块)覆盖在原系统网格之上,然后基于有限元 T3 单元插值公式,求解每个子块内的系统网格位移。若已知子块的 3 个节点位移,则位于子块内任意一点的位移插值公式与标准有限元中 T3 单元插值公式一致,表达如下:

$$d_1(x_p,y_p) = \sum_{i=1}^{3}N(x_p,y_p)d_{1i}^{\text{zone}} \quad d_2(x_p,y_p) = \sum_{i=1}^{3}N(x_p,y_p)d_{2i}^{\text{zone}} \tag{8}$$

其中,

$$N_1(x_p,y_p) = [X_2Y_3 - X_3Y_2 + (Y_2 - Y_3)x_p + (X_3 - X_2)y_p]/\Delta$$

$$N_2(x_p,y_p) = [X_3Y_1 - X_1Y_3 + (Y_3 - Y_1)x_p + (X_1 - X_3)y_p]/\Delta$$

$$N_3(x_p,y_p) = [X_1Y_2 - X_2Y_1 + (Y_1 - Y_2)x_p + (X_2 - X_1)y_p]/\Delta$$

$$\Delta = (X_2 - X_1)(Y_3 - Y_1) - (X_3 - X_1)(Y_2 - Y_1)$$

若无内部 MSA 节点,则只需通过插值公式(8)更新网格;若有内部 MSA 节点,则调用弹簧近似法方法[4]求解拟系统方程。为保证动态网格更新的质量,采用面积加权对网格节点进行光滑处理,面积加权光滑表达式为:

$$x_{ci}^{n+1} = \frac{1}{3}\sum_{\beta=1}^{3}x_{\beta i}^{n+1}, \quad \tilde{x}_i^{n+1} = \sum_{c=1}^{M}A_c x_{ci}^{n+1} / \sum_{c=1}^{M}A_c \tag{9}$$

式中,M 为节点 x_i 周围单元数;x_{ci}、A_c 为对应单元的中心坐标和面积。

2.4 结合界面边界条件法

现有研究表明[5],可采用有限体积法(FVM)求解流体域,运用有限单元法(FEM)求解结构域,基于结合界面边界条件法(CIBC)方程以修正弱耦合分区迭代求解过程中,因时间滞后而忽略的流体—结构交界面处"某些物理效应"。

本文在连续条件中加入速度和拖曳力增量,将其原始的 CIBC 增量项转化为一组常微分方程,表示为:

$$\delta v_i^n = \frac{\Delta t}{\rho^*}\left\{\left(\frac{\partial P_i}{\partial n_i}\right)^n + \omega\left[\frac{\partial(\delta P_i)}{\partial t}\right]^n\right\}, \quad \delta P_i^{n+1} = \frac{2}{\Delta t}\frac{1}{\omega}\left[(\rho^*\ddot{d}_i)^{n+1} - \left(\frac{\partial P_i}{\partial n_i}\right)^{n+1}\right] \tag{10}$$

2.5 弱耦合分区迭代算法

弱耦合分区迭代算法的主要步骤归纳如下:

(1)给定 n 时刻的流体域变量和结构域变量;

(2)在 t^n 和 t^{n+1} 时刻之间进行 FSI 循环:

①求解结构运动方程,得到 t^{n+1} 时刻的结构域位移、速度和加速度;

②求得 CIBC 修正速度和 t^{n+1} 时刻的流体—结构交界面处位移；

③利用 MSA 技术更新动态网格，并计算网格速度；

④必要时动态网格进行光滑处理；

⑤求解流体控制方程，获得 t^{n+1} 时刻的速度、压力和流体力；

⑥求得 CIBC 修正拖曳力，并修正结构所受外力；

(3)返回(2)直到时间结束。

3 算例

利用本文方法，对单圆柱横向、单圆柱两向自由度流致振动问题以及双圆柱两向自由度流致振动问题开展数值模拟分析[6-8]，并进行系统性分析比较，给出圆柱流致振动最大振幅随雷诺数 *Re* 的变化曲线、圆柱流致振动振幅随时间的变化曲线、圆柱振动的位移时程曲线、阻力系数和升力系数变化曲线等，进而揭示有关现象。图 1 为单圆柱横向流致振动最大振幅随雷诺数 *Re* 的变化，图 2 为横向流致振动的"8"字形位移曲线，图 3 为双圆柱两向自由度流致振动位移时程曲线；表 1 和表 2 分别为单圆柱、双圆柱的两向自由度流致振动计算参数对比。算例均基于 Fortran 语言的自编程序实施计算。

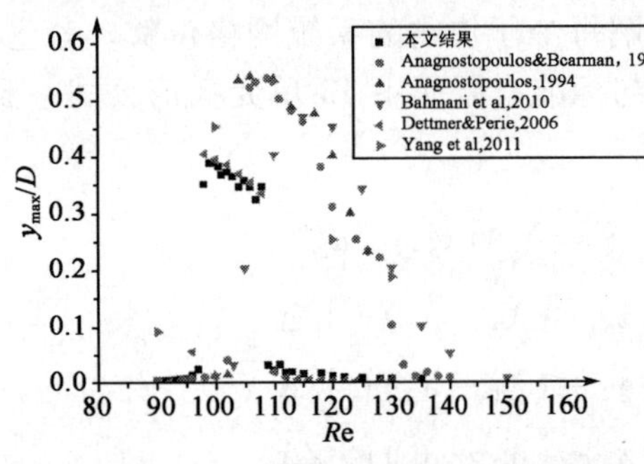

图 1 单圆柱最大振幅随雷诺数 *Re* 变化关系

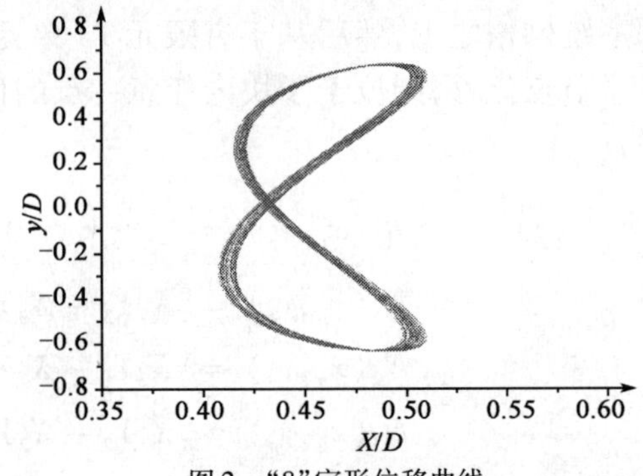

图 2 "8"字形位移曲线

a)上游圆柱

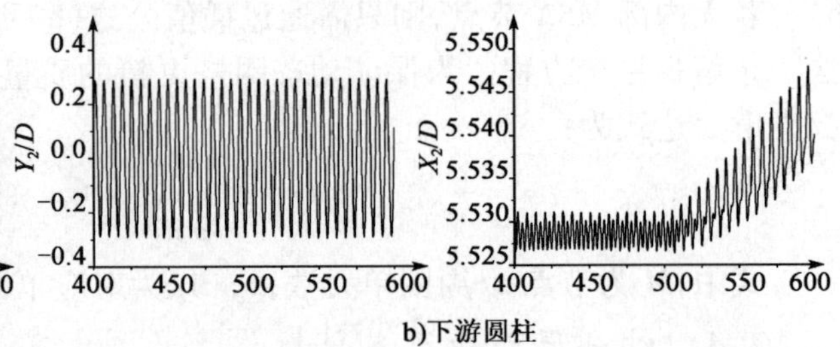

b)下游圆柱

图 3 两圆柱在 x 和 y 方向的位移时程曲线

单圆柱两向自由度流致振动的计算参数对比 表 1

	单元数(类型)	节点数	St	y_{max}/D	x_{rms}/D	x_{mean}/D	C_{lmax}	C_{drms}	C_{dmean}
本文方法	13 824(T3)	7 027	0.166 9	0.511	0.004 41	0.108 6	0.175 0	0.215 3	1.81
文献[7]	7 000(Q4)	7 437	0.164 3	0.516	0.004 94	0.111 5	0.192 9	0.248 6	1.90

双圆柱两向自由度流致振动的计算参数对比 表 2

	单元数	节点数	圆柱	y_{max}/D	y_{rms}/D	x_{rms}/D	C_{lmax}	C_{drms}
本文方法	78 462(T3)	39 484	上游圆柱	0.597 0	0.409 2	0.006 258	0.791 5	0.356 5
			下游圆柱	0.231 2	0.149 7	0.002 467	0.284 9	0.039 0
文献[8]	40 195(Q4)	39 648	上游圆柱	0.608 7	0.430 4	0.017 1	0.603 3	0.285 3
			下游圆柱	0.263 0	0.185 9	0.002 688	0.242 1	0.045 1

4 结语

本文研究提出了一种求解 FSI 问题的弱耦合分区迭代算法:采用 SI-CBS 算法求解流体域控制方程,在压力 Poisson 方程中,引入满足 GCL 的质量源项,这可明显放松对 ALE 网格速度的限制;采用 Newmark 法求解结构运动方程;利用 MSA 技术进行动态网格更新,并针对可能的网格质量下降,加入了面积光滑处理措施;为保持流体—结构交界面处的速度和动量守恒,引入了经修正的 CIBC 增量项。另一方面,运用本算法对不同雷诺数下的单圆柱横向流致振动、单圆柱两向自由度流致振动和串列双圆柱两向自由度流致振动问题进行系统数值模拟;数值比较发现,本文计算结果与已有文献中的试验及计算成果接近,这表明本文方法在流固耦合数值模拟中的有效性和计算精度。

参考文献

[1] Nithiarasu P. An arbitrary Lagrangian Eulerian (ALE) formulation for free surface flows using the characteristic-based split (CBS) scheme[J]. International Journal for Numerical Methods in Fluids,2005,48(12):1415-1428.

[2] Jan Y J,Sheu T W H. Finite element analysis of vortex shedding oscillations from cylinders in the straight channel[J]. Computational Mechanics,2004,33(2):81-94.

[3] Lefrançois E. A simple mesh deformation technique for fluid-structure interaction based on a submesh approach[J]. International Journal for Numerical Methods in Engineering,2008,75(9):1085-1101.

[4] Markou G A,Mouroutis Z S,Charmpis D C,et al. The ortho-semi-torsional (OST) spring analogy method for 3D mesh moving boundary problems[J]. Computer Methods in Applied Mechanics and Engineering,2007,196(4-6):747-765.

[5] Jaiman R,Geubelle P,Loth E,et al. Combined interface boundary condition method for unsteady fluid-structure interaction[J]. Computer Methods in Applied Mechanics and Engineering,2011,200(1-4):27-39.

[6] Anagnostopoulos P,Bearman P W. Response characteristics of a vortex-excited cylinder at low reynolds numbers[J]. Journal of Fluids and Structures,1992,6(1):39-50.

[7] Prasanth T K,Mittal S. Vortex-induced vibrations of a circular cylinder at low Reynolds numbers[J]. Journal of Fluid Mechanics,2008,594(463-491).

[8] Prasanth T K,Mittal S. Flow-induced oscillation of two circular cylinders in tandem arrangement at low Re[J]. Journal of Fluids and Structures,2009,25(6):1029-1048.

二维方形柱体的驰振非定常效应研究

朱乐东[1,2,3]　王继全[1,3]　郭震山[2,3]
（1. 同济大学土木工程防灾国家重点实验室　上海　200092；
2. 同济大学桥梁结构抗风技术交通行业重点实验室　上海　200092；
3. 同济大学桥梁工程系　上海　200092）

1　引言

由于一般认为驰振基本上是有准定常力控制，因此，至今横风向驰振分析方法都是建立在准定常理论基础上，其中最著名也是最常用的初始驰振不稳定性的必要条件判据就是葛劳厄特－邓哈托(Glauert-Den Hartog)判据[1]，而对横风向驰振的非定常特性的研究报到却很少。事实上，横风向驰振与单自由度扭转颤振在本质上是一样的，都是由气动负阻尼驱动的风致动力失稳现象，两者区别仅仅在于转动的方向或自由度不同，前者的振动出现在横风向平动自由度上，而后者的振动则出现在扭转自由度上。众所周知，颤振的非定常特性是不容忽视的，因此，可以推断，非定常效应对驰振也存在不可忽视的作用。但随着钢结构在钝体桥塔和梁桥上应用的不断增多，驰振问题的重要性也将逐渐显露出来。本文将以方形柱体为例，采用与颤振相似的研究方法，通过风洞试验和二维分析方法来研究非定常效应对驰振稳定性的影响程度，考察传统准定常方法是否会带来偏不安全或偏保守的结果。

2　二维线性驰振分析方法

2.1　准定常方法

如图 1 所示，当处于风速为 U、初始攻角为 α_0 的稳定风场中的钝形非流线体在初始小扰动作用下产生横风向小振动时，相对物体的有效合风速 U_r 的值和有效风攻角 α_e 都将发生如下改变：

$$U_r = \sqrt{(U\cos\alpha_0)^2 + (U\sin\alpha_0 + \dot{y})^2} = \frac{U\cos\alpha_0}{\cos\alpha_e} \tag{1}$$

$$\alpha_e = \alpha_0 + \Delta\alpha \tag{2}$$

$$\Delta\alpha = \arctan[\dot{y}\cos\alpha_0/(U + \dot{y}\sin\alpha_0)] \approx \dot{y}\cos\alpha_0/U \tag{3}$$

式中，$\dot{y}$ 为振动速度；$\Delta\alpha$ 为由 $\dot{y}$ 引起的有效风攻角增量。

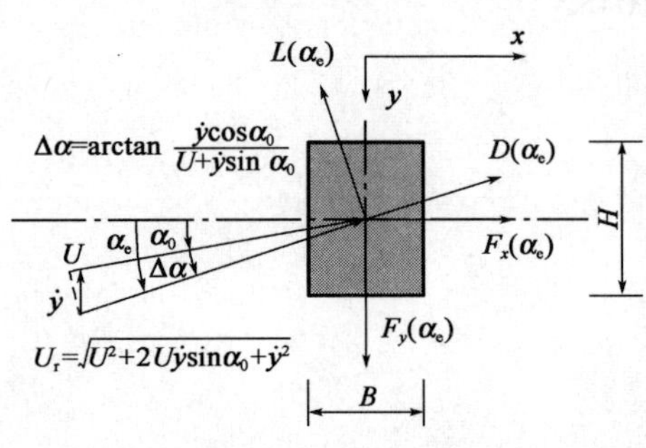

图 1　横风向驰振结构运动和自激力示意图

在物体的振动过程中，有效风攻角的改变将影响作用在物体上的气动力，使其成为横风向运动速度的函数，即物体的运动在物体自身上附加了自激力，这就是在准定常意义上对自激力形成机理的解释，其中，由结构运动与物体周围流场之间的相互作用造成的自激励非定常特性没有被考虑。这样，结构的振动方程可表示为：

$$m\ddot{y} + (2m\xi_y\omega_y + c_{se}^{qs})\dot{y} + m\omega_y^2 y = 0 \tag{4}$$

式中，m 为钝体结构单位长度质量；ξ_y 和 ω_y 分别为零风速时结构的阻尼比和固有圆频率；c_{se}^{qs} 为准定常自激力引起的气动阻尼系数。

基金项目：国家重点实验室基础研究基金（SLDRCE08-A-02，SLDRCE07-T-01）和国家自然科学基金（50978204）联合资助。

根据上述准定常方法和基于泰勒公式的线性化方法可以推导出其表达式：

$$c_{se}^{qs} = \frac{1}{2}\rho UB\{2C_D(\alpha_0)\sin^2\alpha_0 H/B + [C'_D(\alpha_0)H/B + C_L(\alpha_0)]\sin\alpha_0\cos\alpha_0 + [C_D(\alpha_0)H/B + C'_L(\alpha_0)]\cos^2\alpha_0\} \tag{5}$$

式中，ρ 为空气密度；U 为风速；B、H 分别为该钝体断面的特征宽度和特征高度；C_D、C_L 分别为该钝体断面在风轴坐标系中以 H 为参考长度的阻力系数和以 B 为参考长度升力系数；C'_D、C'_L分别为阻力系数和升力系数关于风攻角的导数。

这样，令系统总阻尼等于0，可得准定常驰振临界风速计算公式：

$$U_{cr}^{qs}(\alpha_0) = -\frac{4m\xi_y\omega_y}{\rho B\{2C_D(\alpha_0)\sin^2\alpha_0 H/B + [C'_D(\alpha_0)H/B + C_L(\alpha_0)]\sin\alpha_0\cos\alpha_0 + [C_D(\alpha_0)H/B + C'_L(\alpha_0)]\cos^2\alpha_0\}} \tag{6a}$$

$$U_{cr}^{qs}(0°) = -4m\xi_y\omega_y/\{\rho B[C_D(0°) + C'_L(0°)]\} \tag{6b}$$

2.2 非定常方法

考虑到横向驰振与单自由度扭转颤振在本质上的相似性，因此，可以利用 Scanlan 自激力模型[2]来研究考虑非定常效应的驰振问题。当结构发生小振幅横风向振动时，线性化非定常驰振方程可表示如下：

$$m\ddot{y} + 2m\xi\omega\dot{y} + m\omega^2 y = 0 \tag{7}$$

$$2m\xi\omega = 2m\xi_y\omega_y + c_{se}^{ns} = 2m\xi_y\omega_y - \rho UBKH_1^*(K,\alpha_0) \tag{8a}$$

$$m\omega^2 = m\omega_y^2 + k_{se}^{ns} = m\omega_y^2 - \rho U^2K^2H_4^*(K,\alpha_0) \tag{8b}$$

式中，$K=\omega B/U$ 为折减频率；H_1^*、H_4^* 是 Scanlan 气动导数，为折减频率和风攻角的函数。

令系统总阻尼 $c=2m\xi\omega=0$，可推得下式确定临界折减频率 K_{cr}的非线性方程：

$$H_1^*(K_{cr},\alpha_0) = \frac{2m\xi_y}{\rho B^2}\sqrt{1+\rho B^2H_4^*(K_{cr},\alpha_0)/m} \tag{9a}$$

一般情况下，气动刚度对横风向振动频率影响不大，上式中 H_4^* 这一项可以忽略，从而可简化为：

$$H_1^*(K_{cr},\alpha_0) \approx 2m\xi_y/\rho B^2 \tag{9b}$$

在求得 K_{cr}后，即可得到临界圆频率和临界风速：

$$\omega_{cr} = 2m\xi_y\omega_y/\rho B^2H_1^*(K_{cr},\alpha_0) \approx \omega_y \tag{10}$$

$$U_{cr}(\alpha_0) = 2m\xi_y\omega_y/\rho BK_{cr}H_1^*(K_{cr},\alpha_0) = \omega_{cr}B/K_{cr} \approx \omega_y B/K_{cr} \tag{11}$$

3 气动力系数测试

方柱断面的气动力系数采用刚体节段模型测力试验确定。测力试验在同济大学 TJ-1 风洞中进行，该风洞试验段长 12m，高和宽均为 1.8m，最高风速 30m/s。模型采用在铝合金矩形管芯梁外包裹豪适板（高密度泡沫塑料）的结构形式。如图 2 所示，方形横截面边长 0.1m，模型长度 0.7m，长宽比等于 7。图 3 为竖向安装在风洞中下游转盘上模型，作用在模型上的气动力通过底支式五分量天平测得。测力试验风速为 12m/s，试验风向角共 11 个，介于 +5° ~ -5°，间隔 1°。

试验测得的气动阻力系数和气动升力系数随风攻角的变化曲线，如图 4 所示，考虑到安装方向的误差，按实际 0°攻角时对称截面平均升力系数为 0 的原则对测力试验结果进行了攻角修正，修正量为 -0.77°，即实际 0°攻角约等于 0.77°名义攻角。这样，实际 0°攻角时，阻力系数约为 $C_D(0°)=1.385$，升力系数关于风攻角的导数约为 $C'_L(0°)=-2.309$。

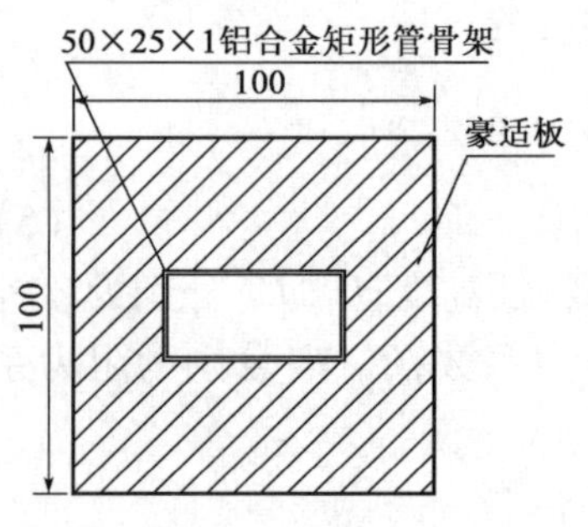

图2 方柱测力试验模型截面示意图（尺寸单位：mm）

图3 风洞中的测力试验模型

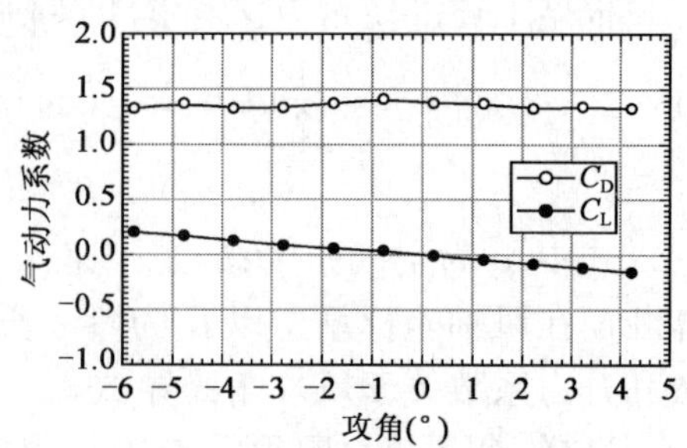

图4 气动阻力和升力系数随风攻角的变化曲线

4 弹簧悬挂节段模型驰振试验

方柱的弹簧悬挂节段模型风洞试验也是在同济大学 TJ-1 风洞中进行，模型采用与测力试验模型相似的结构形式，即在铝合金方管芯梁外包裹豪适板，但在豪适板外又覆盖了一层 1mm 厚三合板。如图5和图6所示，方形横截面边长 0.1m，模型长度 1.65m，长宽比等于 16.5，节段模型系统总质量 4.0kg。无风时节段模型系统的竖弯频率为 3.86Hz，阻尼为 0.76%，试验风速 1～15m/s，间隔 1m/s。

图7为节段模型系统在无初始激励情况下的加速度响应根方差随试验风速的变化曲线，由此可见，在 3～5m/s 风速范围内节段模型系统发生了竖向涡激共振；当风速超过 12m/s 后，随风速的增加响应迅速增加，说明此时已接近驰振的临界点。此外试验结果显示，随着风速的增加节段模型系统的竖向振动频率基本上保持不变。

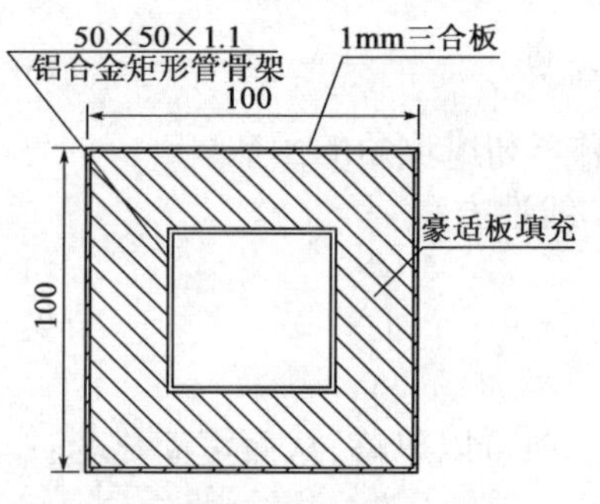

图5 方柱驰振试验模型截面示意图（尺寸单位：mm）

图6 风洞中的驰振试验模型

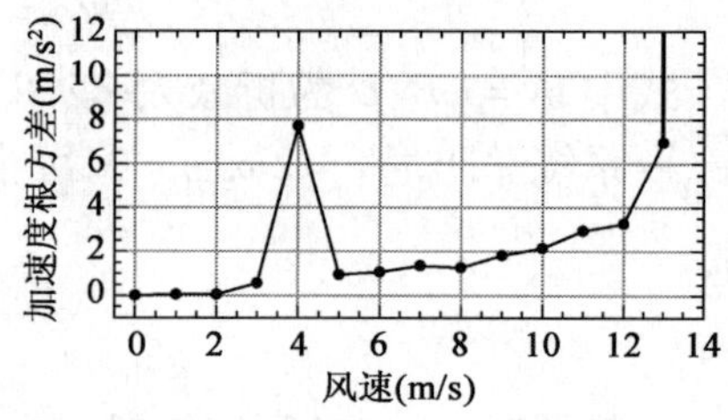

图7 加速度响应根方差随试验风速变化曲线

无激励的试验结果显示：当风速在风速为 10～12m/s 时，系统的响应基本上是幅值相对较小的随机振动；当风速增加到 13m/s 系统的响应幅值明显增加，随机性显著降低，基本处于等幅振动状态；当风速进一步增加到 14m/s 时，系统的响应处于明显的负阻尼发散状态。初位移激励试验结果显示，当风速不超过 10m/s 时，系统响应呈衰减趋势，当风速为 11m/s 和 12m/s 时，系统在初激励下呈近似等幅振动状态，当风速等于 13m/s 时，系统在初激励下呈发散趋势。

图8为试验得到的节段模型系统竖向振动阻尼比随风速的变化曲线，从图中可见：随着风速的增加，系统阻尼比先是增加，在 3m/s 风速附近达到最大值（约 1.57%）；然后逐渐下降，在 5～6m/s 风速之间（约 5.62m/s 附近）降到 0 风速时的初始阻尼比（0.78%），即此时气动阻尼降到了 0；接着，随着风速的增加，系统阻尼比不断下降，在风速达到 10m/s 时已接近 0，约为 0.02%；当风速大于 11m/s 和 12m/s 时，系统阻尼比均约等于 0，但后者振动幅值略大；而当风速等于 13m/s 时，系统在初位移激励下的响应呈相对角缓慢地发散状态，系统已进入负阻尼状态，阻尼比约等于 －0.02%；继续增加风速至 14m/s，系统振动的发散速度加快，阻尼比约等于 －1.92%。

综合上述时程信号特点和系统阻尼比试验结果，可以认为该方柱节段模型系统的驰振临界风速约介于 11m/s 和 13m/s 之间。虽然该节段模型系统在风速超过 12m/s 后存在负阻尼的发散振动现象，即俗称的“硬驰振”现象,但由于钝体方形断面存在非线性气弹效应,因此,在硬驰振发生之前还是存在“软驰振”现象,即在11~12m/s之间风速范围内一直存在等幅振动现象,所以,要给定一个确切的临界风速值,需要引入基于允许振幅的新判断标准。这里,驰振临界风速可近似取为12m/s。

图9为根据式(8a)识别得到的0°风攻角时方柱断面 H_1^* 随折减风速 U/fB 的变化曲线,随着 U/fB 的增加,气动导数值先向负的方向变小(绝对值变大),提供正阻尼;待达到最小值后转向,再逐渐变大;在跨过0线变正后,开始提供负阻尼,直至克服结构阻尼,使系统处于负阻尼的不稳定状态。由此可见,方柱的驰振是由“H_1^* 变正提供气动负阻尼”而驱动的。此外,在图9中,用虚线画出了根据准定常近似公式和气动力系数计算的气动导数 H_1^* 的变化曲线。从图中可以清楚地发现,用准定常公式估算的气动导数 H_1^* 与试验识别的非定常结果存在显著的差别。

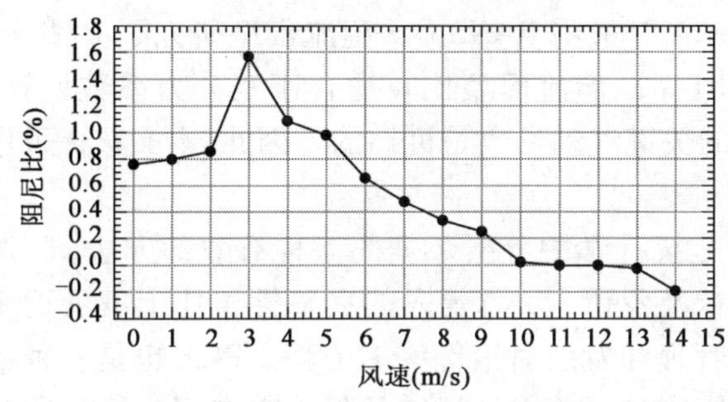

图8 竖向振动阻尼比随风速变化曲线

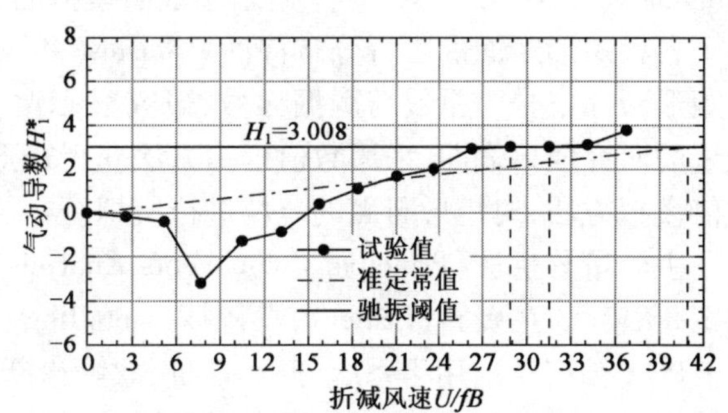

图9 方柱气动导数随折减风速变化曲线

5 驰振临界风速计算

根据节段模型试验测得的方柱截面气动系数和2.1节中的准定常驰振理论求得的本文中方柱节段模型振动系统,在风攻角等于0°时的准定常驰振临界风速为15.8m/s,比直接试验结果(12m/s)高约32%,明显偏不安全。由于直接试验法自动考虑了气弹效应的非定常效应,因此,非定常效应对方柱驰振性能是存在明显影响的。

根据节段模型试验测得的方柱截面气动导数和2.2节中的非定常驰振理论,可以求得的本文中方柱节段模型振动系统在风攻角等于0°时的非定常驰振临界风速为11~12m/s,与直接试验结果相符,这就进一步说明气动弹性效应的非定常性对方柱驰振的重要性。

6 结论

通过风洞试验和理论分析相结合的方法对方柱的驰振非定常效应继续了研究,发现气弹自激力的非定常效应对方柱的驰振临界风速有显著的影响,采用传统的准定常理论得到的方柱驰振临界风速偏高32%,偏于不安全。考虑到驰振一般发生在宽高比较小的钝体断面结构上,因此,在评估可能存在驰振问题的小阻尼钢结构桥塔和连续梁桥等结构的驰振稳定性时,应该考虑气动非定常效应的影响。

此外,对于易出现驰振问题的宽高比较小的钝体断面,气弹性效应一般具有较强的非线性特性,从而使得其驰振呈现出“软驰振”的特点,因此,下一步需要对相应的自激力非线性特性和软驰振的判断标准进行深入研究。

参考文献

[1] Emil Simiu, Robert H Scanlan. Wind effects on structures: fundamentals and applications to design[M]. 3rd ed. New York: John Willey & Sons, INC., 1996.

[2] Scanlan R H, Tomko J J. Airfoil and bridge deck flutter derivatives[J]. J. Engineering Mechanics, ASCE, 97, 6: 1717-1737.

钝体绕流压力特征与主分量分析

祝志文　夏昌　张士宁　陈政清

（湖南大学风工程试验研究中心　长沙　410082）

国内外研究者采用风洞试验的数值模拟方法，对不同宽高比矩形断面的气动性能开展过很多研究，Shimada K[1]、Dahai Yu[2]等采用采用数值模拟的方法，研究了在不同宽高比下矩形断面的气动特性，总结了各种矩形断面的压力分布特性。Masaru Matsumotoetal[3-4]采用 RANS k-ε 湍流模型研究了 $B/D=4$ 的矩形断面三分力系数与颤振导数，研究显示两方程 SST k-ω 湍流模型比较适合于三分力系数计算。大量的研究成果表明，采用数值模拟方法获得矩形断面的关键气动参数是可靠的。因此，本文选择采用数值模拟方法，对矩形断面的流场进行模拟。

主分量分析法（Principal Components Analysis，PCA）是统计学中分析数据的一种有效的方法，于 20 世纪 30 年代，在费希（Fisher）、霍特林（Hotelling）、许宝禄及罗伊（Roy）等人的奠基性工作上发展而来的。PCA 被广泛应用于系统分析、评价、故障诊断、质量管理和发展对策等许多方面。PCA 也是一种描叙结构表面风压的有效工具，它可以将风压场分解为仅依赖时间的主坐标以及仅依赖空间坐标的主分量。利用 PCA 可以找到随机过程隐藏在已知数据背后的特征，它不失为研究断面压力随机分布的有效手段。

1　PCA 基本理论

设在所研究的矩形断面上的某个面上布置了 n 个数据采集站，在第 i 个时刻对这些采集站采样一次，可得到一组数据$[x_{i1},\cdots,x_{in}]$，实际上可以将其称为一组样本值。如果在 m 个不同时刻分别进行采样，就可得到 $m\times n$ 个数据构成的矩阵。如果把每个采样站上的所有采样数据看成由随机变量组成 m 维列向量，采用统计方法可求得每个采样站数据的期望值，从而得到由脉动值构成的矩阵 P，再按下式构造压力脉动值矩阵的协方差矩阵 V：

$$V = PP^T/(m-1) \tag{1}$$

然后分别求解协方差矩阵 V 的特征值 λ_i 以及相应的特征向量 Φ_i，将求得的特征值，按其从大到小排序，相对应的特征向量即称之为主分量，并依次称为第一主分量 Φ_1、第二主分量 Φ_2 等等，由此组成主分量矩阵 $\Phi_{n\times n}=[\Phi_1 \quad \Phi_2 \quad \cdots \quad \Phi_n]$。

引入主分量贡献率的概念及其计算方法。若 λ_i 为协方差矩阵 V 的第 i 个特征值，则第 k 个主分量的贡献率 q_k 为 $q_k=\lambda_k/\sum_{i=1}^{n}\lambda_i$，前 r 个主分量的累计贡献率 Q_r 为 $Q_r=\sum_{i=1}^{r}q_i=\sum_{i=1}^{r}\lambda_i/\sum_{i=1}^{n}\lambda_i$。

根据设定的前 r 个主分量的累计贡献率，就可以对主分量数据进行截断，截断后的主分量矩阵 $\Phi'_{n\times r}=[\Phi_1 \quad \Phi_2 \quad \cdots \quad \Phi_r]$。截断主分量将大幅减少主分量矩阵（$r\ll n$）的维数，保存截断后的主分量矩阵就可以对压力数据重构，数据重构能剔除噪声模态，达到数值滤波的目的。

2　矩形断面绕流 CFD 计算

（1）计算模型

结合已有的国内外文献，本文采用宽高比 $B/D=4$ 的矩形断面作为研究对象，数值计算模型宽 $B=400$mm，高 $D=100$mm。

基金项目：国家自然科学基金（50978095）项目资助。

(2)CFD 计算参数设置

数值计算中需提取矩形断面上的压力,为了提高 PCA 分析的精确度,本文适当增加断面的网格数量,图 1 为矩形断面压力数据采集站布置示意图,将上下表面均划分了 400 个网格,迎风面以及背风面均划分 100 个网格,然后采用 UDF 程序提取数值计算过程中每个时间步的静压。

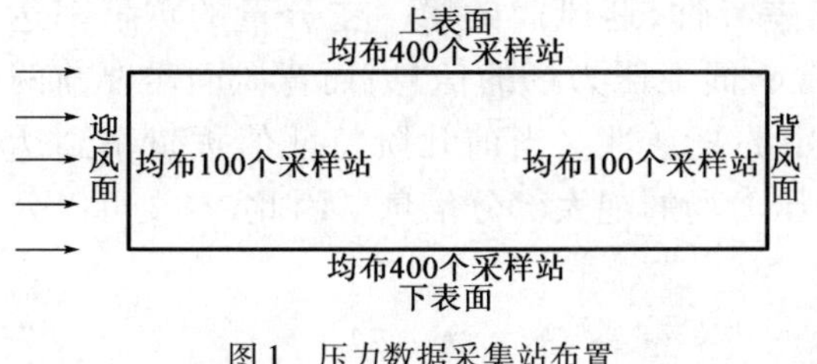

图 1　压力数据采集站布置

采用分块结构化网格,在靠近矩形断面处加密,然后以一定的放大率向计算域远处放大网格,整个计算域内网格单元数为 105 620,第一层网格高度为 0.2mm。

计算风速为 10m/s,计算时间步长设置为 0.002s,紊流强度设置为 0.5%。数值计算雷诺数为 2.75×10^5:为了较好地捕捉矩形断面上的涡,本文采用基于 RANS 的 k-ω SST 湍流模型对流场进行模拟。

(3)气动特性参数

图 2 为矩形断面的三分力系数,取图 2 中升力系数 $t=2$s 后的稳定部分作 FFT 分析,得到幅值谱图 3。从表 1 中可以看出,矩形断面的阻力系数、斯特劳哈尔数(St)的数值模拟结果与风洞试验结果更靠近。考虑到数值模拟的误差以及雷诺数效应的影响,计算结果是可以接受的,因此可以进一步提取断面压力值。

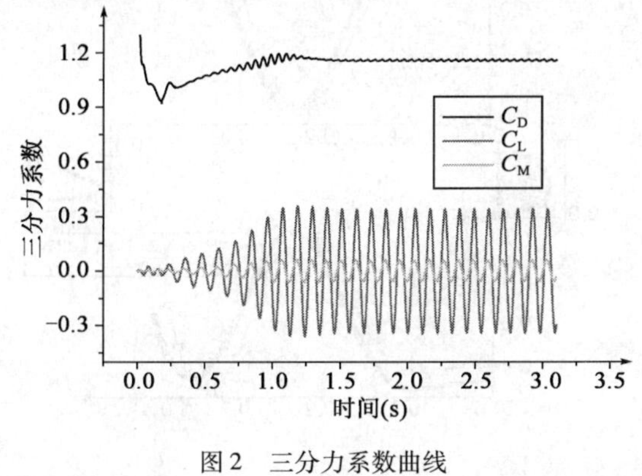

图 2　三分力系数曲线

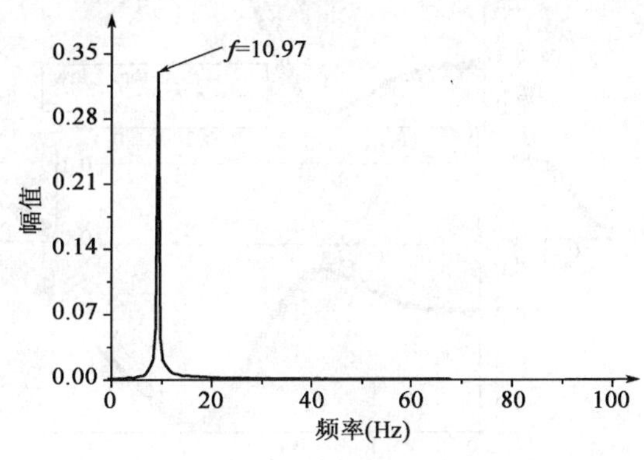

图 3　升力系数幅值谱

阻力系数及斯特劳哈尔数与文献资料比较　　表 1

特性参数	CFD		试验
	本文(SST)	文献(DES)	Nacaguchi 等
雷诺数 Re	2.8×10^5	4.3×10^4	$2\times10^4\sim6\times10^4$
阻力系数 C_d	1.16	1.28	1.10
斯特劳哈尔数	0.11	0.15	0.13

图 4 为上表面的平均压力系数 C_p 曲线,本文与 Shimada[1] 结果具有一致的趋势。Shimada 采用的是 k-ε 两方程模型,在近壁面采用壁面函数,本文平均压力系数小于 Shimada K 所提取的结果。

通过以上比较和分析,表明本文的数值模拟结果可靠。进而对由数值模拟所获得的压力数据进行主分量分析,开展进一步的研究。

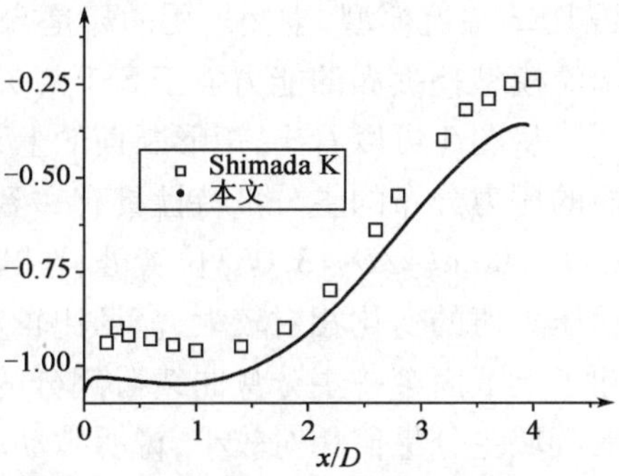

图 4　上表面平均压力系数

3　主分量分析

通过采用 UDF,编写相关程序自动从数值计算过程中提取矩形断面上的压力值,为了保证主分量的稳定性,一般来说样本数需大于断面数据采集站数的 2 倍(即 $m>2n$)。根据 PCA 理论,本文编写了提取主分量的程序。

(1)主分量贡献率

本文根据特征值大小来评价其主分量的贡献率,发现矩形断面上表面和下表面的贡献率分布曲线具有一致性,前两个主分量的贡献率大,采用这两个主分量就能足以包含上下表面的压力分布信息;矩形断面迎风表面和背风表面的贡献率分布曲线具有一定的差异性,迎风面的第一主分量的贡献率达95%以上,表明此面压力分布单一,采用第一主分量足够包含断面上压力场的信息,而背风面需要前两阶主分量才能满足要求,说明此背风面的压力分布具有一定的复杂性。当前几阶特征值贡献率到达95%以上时,可以认为这几阶主分量能够包含矩形断面各面压力场的绝大部分信息。因此,本文可以分别选取上下表面、迎风面以及背风面的前两阶主分量。

(2)主分量分析

断面各个侧面的主分量数目与数据采集点布置数目是一致的,本文矩形断面上下表面都有400个主分量,迎风面和背风面都有100个主分量。根据矩形断面各表面压力数据协方差矩阵的主分量贡献率,只需提取矩形断面的第一主分量和第二主分量。所提取的主分量已经经过归一化处理,本文提取的主分量和文献资料[2]的对比,见图5和图6。

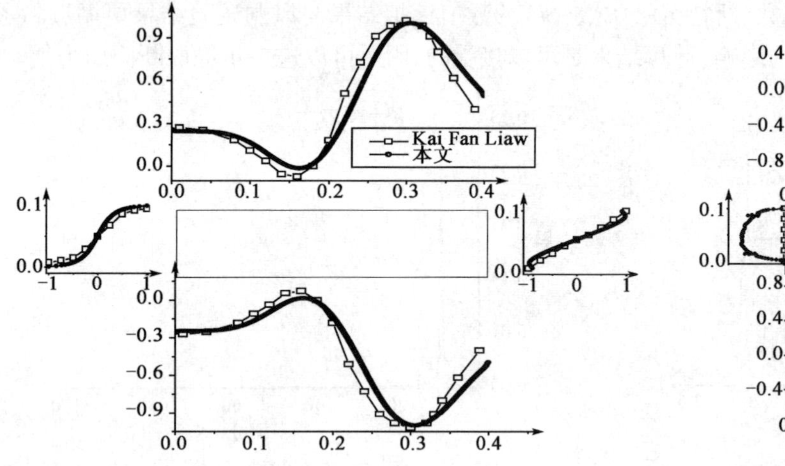

图5 矩形断面($B/H=4$)第一主分量

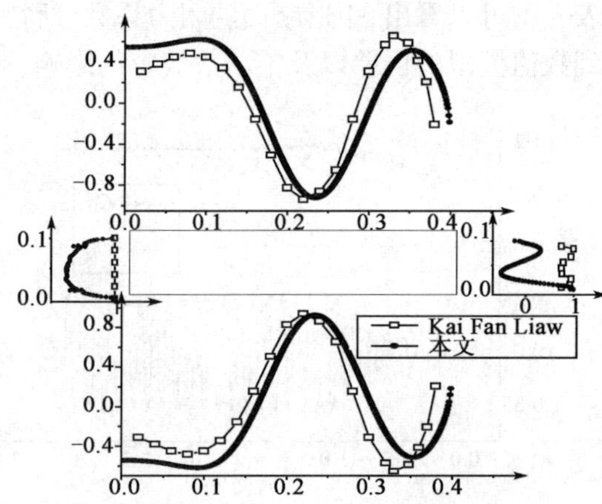

图6 矩形断面($B/H=4$)第二主分量

本文所提取的第一主分量曲线与文献提取的结果具有相同的趋势。从图5可以看出,矩形断面上下面第二阶主分量也能吻合,而迎风面和背风面的第二主分量却存在一定的偏差,迎风面和背风面压力的分布特性绝大部分信息由第一主分量决定,第二主分量的影响有限。与文献资料相比,主分量曲线的不同之处在于曲线低谷区的位置以及曲线起伏程度(最大值与最小值之差),本文提取第一主分量曲线低谷位置相比文献要靠后,且曲线的起伏程度弱于文献的曲线。Kai Fan Liaw 所提取的主分量采用的是DES湍流模型,本文采用的却是SST k-ω 湍流模型,而每种模型的模拟流场的能力是不一样的,DES湍流模型扑捉涡的能力强于SST k-ω 湍流模型,同时雷诺数也存在一定的差异。

从图5可以看出,矩形断面的上下面的第一主分量不仅在形状上还是数值上都是吻合的,说明上下面的压力分布的主分量特性具有一致性,这与实际情况是一致的。从曲线可知,主分量的峰值出现在 $x=0.306\mathrm{m}(x/D=3.06)$ 位置处,在其周围区域,主分量曲线的起伏程度明显剧烈,可知在这一部位,脉动压力值的变化相对较大,流场比较复杂。其实暗示着这里出现了运动的旋涡,正是由于此涡的运动引起了上下面第一主分量曲线后部分的起伏。第一主分量最小值出现在 $x=0.160\mathrm{m}(x/D=1.60)$ 处,周围区域主分量值相对较小,说明脉动压力值变化相对较小。同时暗示这里会形成旋涡,而旋涡在这个区域基本处于静止状态。

本文引入常用的脉动风压系数的均方根 C_p'(RMS),脉动风压系数的RMS分布是研究断面风压重要的评价参数,它能直接反映断面压力的脉动强度。图7为上表面脉动压力系数的RMS曲线,与文献资料相比具有一致的趋势,曲线的极值位置吻合得较好。在 $x/D=1.63$ 位置处,脉动压力系数的RMS

最小,说明在该位置附近区域风压值波动小;而在峰值位置 $x/D=3.03$ 处,风压值波动大。由图8可知,脉动压力系数的RMS曲线的极值位置与第一主分量曲线的极值位置相同,且具有相同的趋势,第一主分量曲线能反映断面上脉动压力强度。

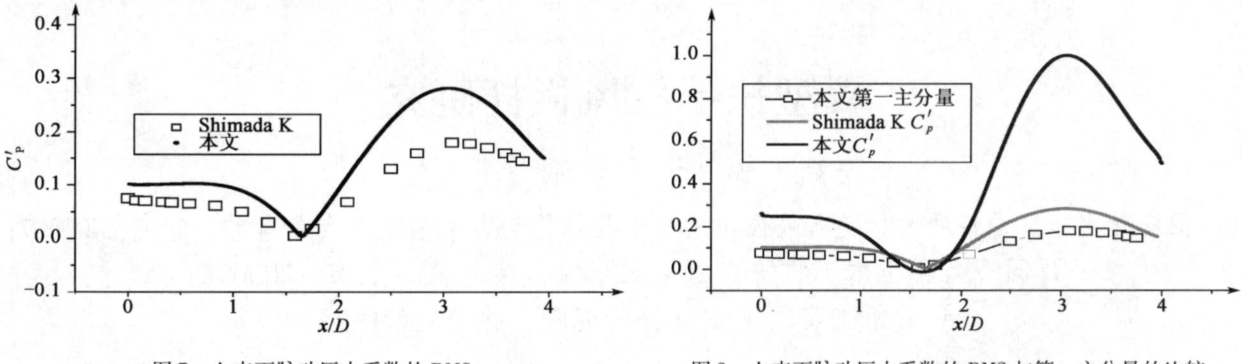

图7　上表面脉动压力系数的RMS　　图8　上表面脉动压力系数的RMS与第一主分量的比较

通过以上分析可知,采用PCA可以准确分析断面上的脉动压力特性,是一种研究断面绕流微观特性的新方法,对评价断面气动性能有重要的意义;采用主分量分析方法能够剔除噪声,相比而言,分析结果可能会更为可靠。

4　结论

以矩形断面($B/D=4$)为数值计算模型,采用PCA理论提取了断面的主分量及主坐标,且分析了此矩形断面流场特性;同时开展了主分量的雷诺数效应研究。本文得出了以下几点结论:

(1)矩形断面阻力系数以及斯托罗哈数数值模拟计算值与试验值吻合较好,结合平均压力系数曲线与文献对比,表明本文的数值模拟结果是可靠的,采用数值模拟的方法所取得的压力值是可信的。本文所提取的主分量曲线与文献中的曲线具有相同的分布特性,极值点位置吻合较好。

(2)结合平均压力系数曲线和脉动压力系数的RMS曲线的分析可知:通过基于PCA理论提取的第一主分量曲线,能够确定断面涡的形成区域和运动区域;可以分析断面上脉动压力特性,获得各个位置脉动压力的相对强度,确定脉动压力极值点位置。同时第一主坐标的卓越频率等于旋涡脱落频率,便于分析脉动压力的时间特性。

(3)就矩形断面($B/D=4$)而言,选择前两阶主分量及与其相对应的主坐标就能够对断面压力分布实现重构,为数据滤波和消除数值噪声提供了新的方法。

参考文献

[1] Shimada K, Ishihara T. Application of a modified k-ε model to the prediction of aerodynamic characteristics of rectangular cross-section cyliders[J]. Journal of Fluids and Structures, 2002, 16(4):465-85.

[2] Kai Fan Liaw. Simulation of flow around bluff bodies and bridge deak sections using CFD[D]. The degree of Doctor of University of Nottingham: Nottingham: University of Nottingham School of Civil Engineering, 2005.

[3] Dahai Yu, Ahsan Kareem. Parametric study of flow around rectangular prisms using LES[J]. Journal of Wind Engineering and Industrial Aerodynamics, 1998, 77-78:653-662.

[4] Matsumoto M. Aerodynamic damping of prisms[J]. Joumal of Wind Engineering and Industrial Aerodynamics, 1996, 59:159-175.

四、大跨度桥梁

翼型扶手抗风栏杆研究

陈斌[1]　赵林[2]　郭增伟[2]　孔令智[3]

(1. 招商局重庆交通科研设计院有限公司桥梁工程结构动力学国家重点实验室　重庆　400067；
2. 同济大学土木工程防灾减灾国家重点实验室　上海　200092；
3. 云南省交通规划设计研究院　昆明　650011)

1　栏杆的气动作用

目前国内的大跨度桥梁的抗风问题主要集中在加劲梁颤振、加劲梁涡振和斜拉索涡振这三个方面，解决问题的途径主要是采用增设气动措施、调整附属设施结构以改变其气动外形，破坏原有的旋涡脱落方式。对于加劲梁而言，主要的措施有：设置风嘴、加装角导流板、加装检修车轨道导流板、设置水平分流板、设置桥面上或下的中央稳定板、改变栏杆的形式、改变检修车轨道位置、设置群板（对于叠合梁）等。其中改变栏杆形式是增加工程造价最少，对主梁结构受力影响最小的措施，也是最能为设计者和建设方所采纳的方案。

栏杆等附属设施的增加对颤振临界风速而言，无疑是具有降低作用的，但对于加劲梁涡振却有着明显的抑制效果。宋锦忠等在山东东营黄河公路大桥的涡振研究中发现：在栏杆上安装长度为0.8倍栏杆高度且具有10°仰角的抑流板（图1）后，涡振振幅减少16%。进一步试验表明，将抑流板的长度加长到栏杆高度的1.2倍，振幅可减小50%。

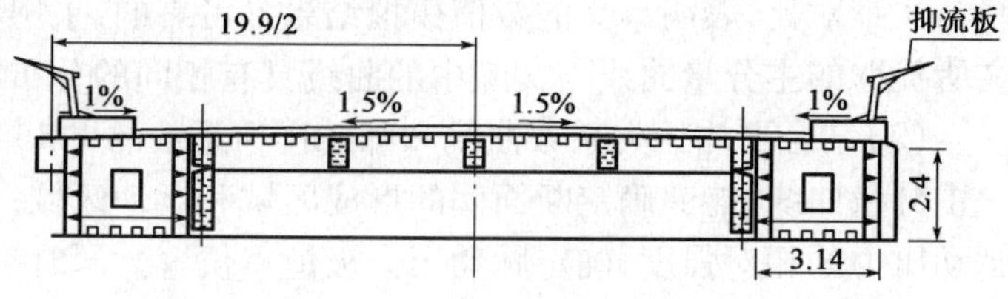

图1　东营黄河大桥抑流板示意图（尺寸单位：m）

曹丰产等研究了各种栏杆对涡激共振的影响，发现：优化或去掉检修道栏杆基座是简洁有效的涡振抑制措施；涡振振幅对栏杆截面的形状尺寸变化非常敏感。

2　翼型扶手抗风栏杆的提出

作者曾通过常规比例的桥梁节段模型试验，对不同的栏杆扶手形式进行了涡振抑制效果研究，发现采用扶手外翻45°并粘贴挡风板的措施可有效降低+3°攻角下的涡振振幅，详细情况见图2和表1。

挡风板

图2　栏杆扶手外翻并贴挡风板

栏杆扶手外翻并贴挡风板的涡振试验结果　表1

攻角	风速锁定区间（m/s）	振动特性	对应实桥最大振幅	幅值与原设计比较（%）
+3°	5.26～11.08	竖弯	0.078m	69↓
	14.31～21.05	竖弯	0.339m	11↓
	25.61～33.57	扭转	0.200°	25↓
0°	5.26～7.24	竖弯	0.050m	9↑
−3°	本工况未观察到涡振现象			

基金项目：重庆市自然科学基金资助项目（2008BB0355）。

通过这些研究,作者认为采用适当宽度和仰角的栏杆扶手,可起到抑制涡振的作用,并进行了专项设计,该成果已获得国家发明专利(ZL 201020120485.5)。具体描述如下:在栏杆上固定有水平布置的扶手条,扶手条的横截面为条形,该条形横截面与水平线的夹角为15°~45°,且该条形横截面的高端位于栏杆外侧,低端位于栏杆内侧,如图3所示,翼型扶手栏杆模型试验照片如图4。

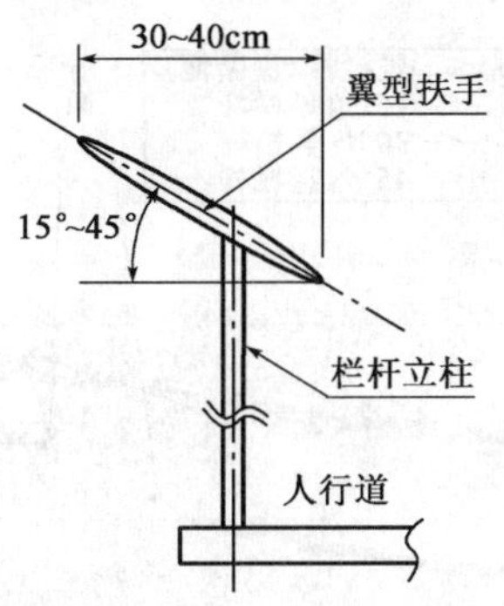

图3 翼型扶手抗风栏杆示意图

图4 翼型扶手抗风栏杆模型照片

扶手条截面最好为椭圆形,也可简化为两端是半椭圆形、中间为矩形块。扶手条空心、实心皆可,仰角大小和水平宽度可根据美学的考虑而确定。

3 翼型抗风栏杆试验研究

针对本文提出的翼型扶手抗风栏杆,通过大比例节段模型试验(1:20)进行了进一步试验。试验是结合某跨海大桥工程进行的,试验中除对涡振振幅进行测量外,还布置了沿横截面的多个测压孔,进行了表面压力分布状况研究,试验是在同济大学风洞实验室进行的。

实桥为扁平钢箱加劲梁(如图5),栏杆试验主要针对最外侧的检修道栏杆进行,根据设计中曾出现过的竖栏杆(有竖条)和横栏杆(无竖条)情况,进行了针对扶手不同仰角的对比试验(如图6),其重点为在+3°攻角下的试验。

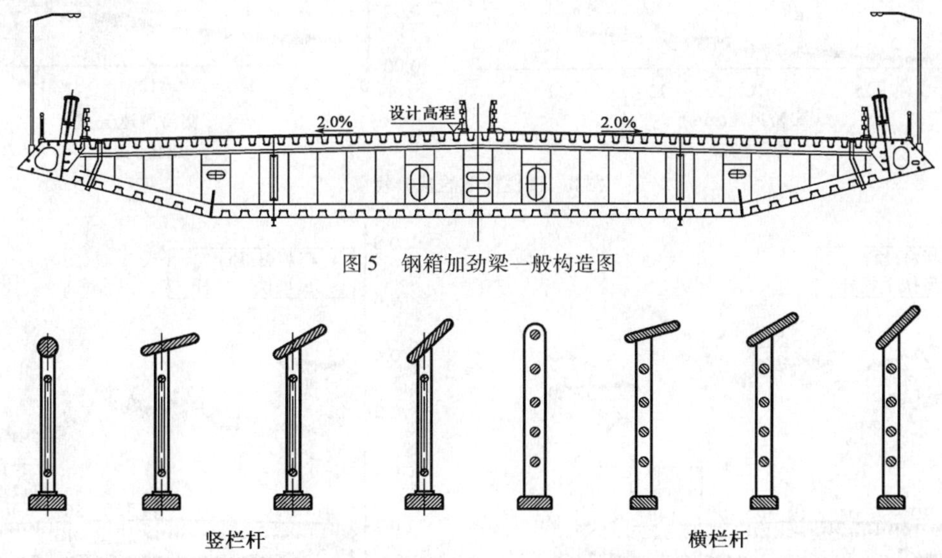

图5 钢箱加劲梁一般构造图

图6 检修道栏杆模型对比示意图

从模型测振试验结果(图7、图8)来看:①无论是竖栏杆还是在横栏杆的情况,翼型扶手栏杆都具有明显的涡振抑制效果;②扶手不同仰角下的涡振抑制效果基本相同。因此,翼型扶手栏杆对涡振的抑制作用是可以充分肯定的。

从模型表面测压试验结果(图9~图13)分析,安装了翼型扶手后,出现了许多非常重要的变化:

(1)从图9看,箱梁底板和顶板中部的压力系数普遍减小,箱梁两端的顶板、斜腹板的压力系数显著增加，即主要导致竖弯振动的气动力部分被削弱，主要导致扭转振动的气动力部分被加强。

(2)从图10看，箱梁顶板迎风侧的压力系数根方差明显减小，而其他区域基本不变，这说明在安装了翼型扶手后，箱梁顶板迎风侧旋涡脱落的强度明显减小。

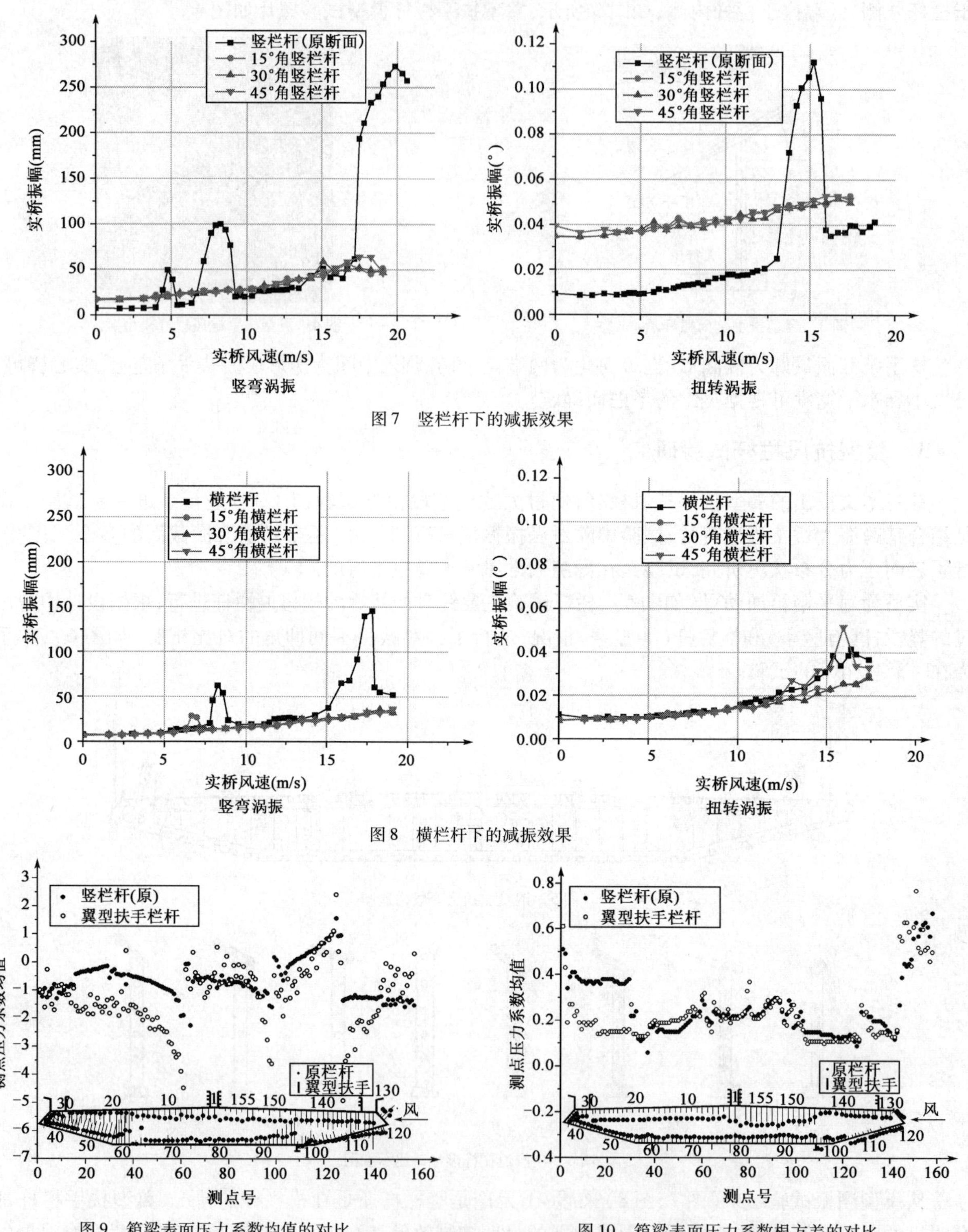

图7　竖栏杆下的减振效果

图8　横栏杆下的减振效果

图9　箱梁表面压力系数均值的对比

图10　箱梁表面压力系数根方差的对比

(3)从图11看，箱梁表面各点的压力卓越频率已由某单一的涡振锁定频率(结构固有频率)，变得较为分散，有一大部分点的压力卓越频率跳跃到与截面另一特征尺度相关的涡脱频率上，因此无法形成明显的涡激共振。

(4)从图12看,箱梁表面各点气动力与整体涡激力的相关系数值成倍地减小,这显然导致了涡激共振形成的困难。

(5)从图13看,对于原涡振锁定频率的箱梁表面各点气动力的能量和与气动力振动总能量相比也接近为零,即涡振被完全抑制了。

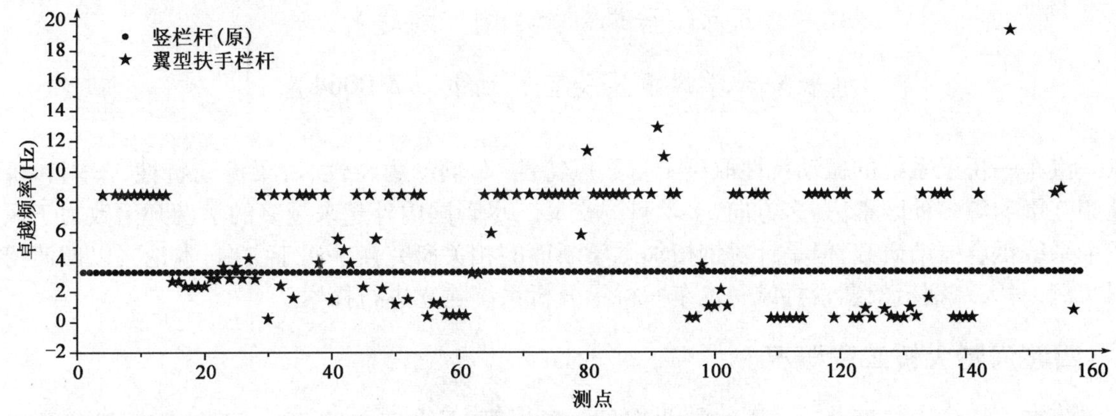

图11　箱梁表面压力卓越频率对比

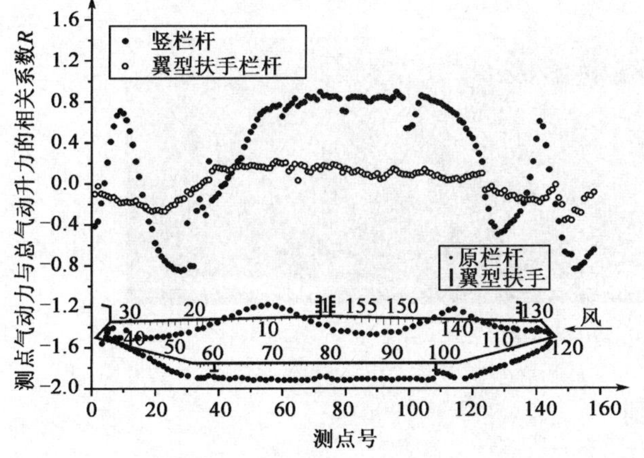

图12　箱梁表面气动力与涡激气动力相关系数对比

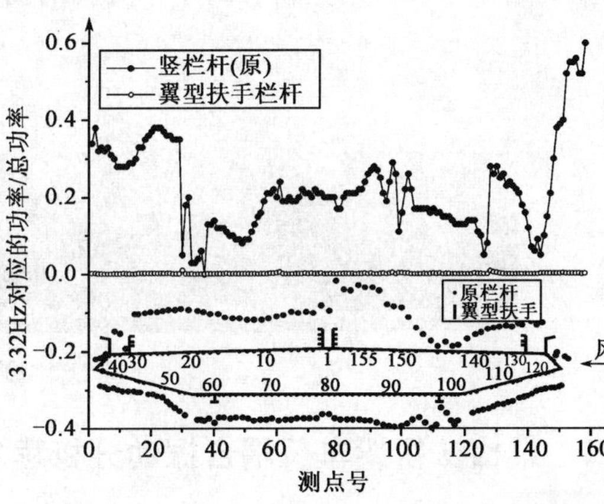

图13　箱梁表面各点压力脉动功率谱能量对比

4　结论与展望

翼型扶手抗风栏杆能有效地改变箱梁表面的气动力分布和气动力卓越频率,使局部气动力和整体气动力的相关性极大地削弱,有效地抑制了涡激共振现象发生,是易于工程采用的有效的涡振抑制手段,其将在大跨度桥梁的抗风性能提升方面发挥巨大的作用。

参考文献

[1]　葛耀君.西堠门大桥悬索桥抗风性能及风振控制研究[R].上海:同济大学土木工程防灾国家重点实验室,2004.

[2]　李永君.大跨度桥梁广义非线性涡振模型及其试验研究[G]//第十一届全国结构风工程学术会议论文集.上海:同济大学出版社,2000.

[3]　宋锦忠,等.桥梁抗风措施的研究与应用[J].同济大学学报,2002,30(5):618-621.

[4]　曹丰产,葛耀君,吴腾.钢箱梁斜拉桥涡激共振及气动控制措施研究[G]//第十三届全国结构风工程学术会议论文集.上海:同济大学出版社,2007.

[5]　陈斌,等.扁平钢箱梁涡振抑制措施研究[G]//第十四届全国结构风工程学术会议论文集.上海:同济大学出版社,2009.

大跨钢桁架悬索桥风—汽车—桥梁分析系统初步建立研究

韩万水　马麟　徐志刚　刘健新

（长安大学风洞实验室　西安　710064）

风—汽车—桥梁系统的振动特性取决于自然风特性、车辆动力特性、桥梁振动特性、车辆和桥梁气动特性相互影响等多种因素，是多方向、多学科的交叉。尽管国内外越来越多的学者开始致力于风—汽车—桥梁系统耦合振动研究，但是针对钢桁加劲梁断面的相关研究几乎属于空白，本论文以四渡河大桥为工程实例，对大跨钢桁架悬索桥风—汽车—桥梁分析系统建立进行探索。

1　四渡河特大桥工程概况

四渡河特大桥位于沪蓉高速主干线湖北宜昌—恩施段，是一座单跨 900m 双铰钢桁架加劲梁悬索桥。图 1 给出了四渡河大桥和跨中中央扣的图片。

图 1　四渡河大桥及跨中中央扣

2　梁格法桥梁车桥耦合振动分析程序编制

基于 Visual Fortran，笔者编制了风、地震、随机车流与桥梁交互动力分析软件 BDANS（Bridge Dynamic ANalysis System）。BDANS 软件与 ANSYS 具有无缝连接接口，在 ANSYS 中建立模型并经过验证后，BDANS 可以直接调入作为输入文件。此外，基于 VC ++，编制了程序界面，前后处理系统以及动力响应行为动画演示系统。鉴于 BDANS 动力分析模块以往侧重于计算模型为单主梁的大跨度桥梁，本文将在单主梁模型基础上进行多主梁和梁格法模型下的风、地震、随机车流与桥梁耦合振动软件的开发，以下部分将详细介绍梁格法车桥耦合振动程序模块的编制思路。

在满足车轮与桥面始终接触的情况下，车辆和桥梁在车轮与桥面接触处具有相同的竖向位移协调条件，桥梁的竖向变形对于车辆相当于附加路面粗糙度。分析中桥梁变形引起的附加路面粗糙度和路面粗糙度进行叠加形成等效粗糙度，将等效粗糙度作为竖向激励源进行输入。

若车轮与路面接触点位置处的路面粗糙度为 $r_{ci}(x)$，则考虑桥梁位移后的第 i 个车轮的竖向等效粗糙度公式为：

$$Z_{ci} = r_{ci}(x) + w_b \tag{1}$$

式中，w_b 为接触点的桥面竖向位移。

如图 2 所示，分析车桥几何耦合关系时，必须得到车轮与桥面接触点处桥面的位移、速度、加速度，以车辆的左前轮为例，车辆的左前轮位于第 i 号和第 $i+1$ 号纵梁之间，距两者的距离分别为 e_1 和 e_2，则接触点的桥面竖向位移可以由同一横断面上的第 i 号和第 $i+1$ 号纵梁竖向位移 $w_{b,i}$ 和 $w_{b,i+1}$ 来表示，即：

$$w_b = \frac{e_2}{e_1 + e_2} w_{b,i+1} + \frac{e_1}{e_1 + e_2} w_{b,i} \tag{2}$$

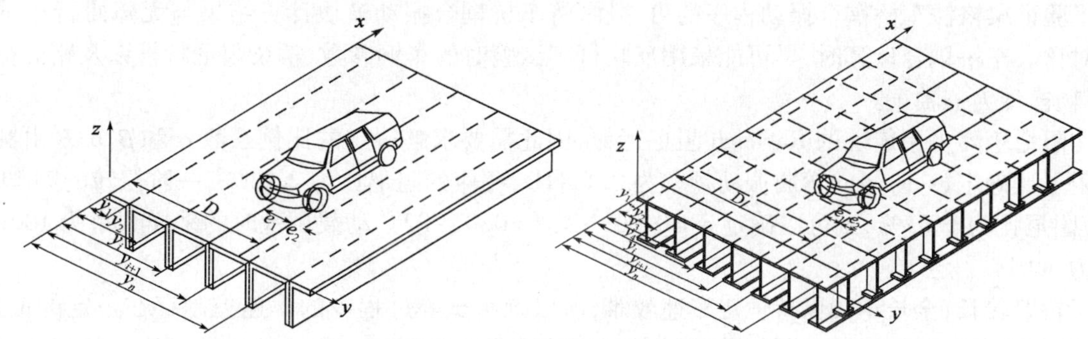

图2　车轮与多主梁桥面的几何耦合关系图

基于有限元的结构分析中得到的是桥梁子系统离散节点处的位移、速度、加速度，而同一断面上的第 i 号和第 $i+1$ 号纵梁上的点若不是位于桥梁子系统离散节点处，就需要根据插值关系确定，以第 i 号纵梁为例，当与车轮同一横断面上第 i 号梁上的点位于某单元 k 的两节点 l、m 之间时，则该点的竖向位移可根据插值关系得到：

$$w_{\mathrm{b},i} = N_1 \cdot w_l + N_2 \cdot \theta_{yl} + N_3 \cdot w_m + N_4 \cdot \theta_{ym} \tag{3}$$

式中，$N_1 = 1 - 3\frac{\xi_i^2}{l_k^2} + 2\frac{\xi_i^3}{l_k^3}$，$N_2 = \xi_i - 2\frac{\xi_i^2}{l_k} + \frac{\xi_i^3}{l_k^2}$，$N_3 = 3\frac{\xi_i^2}{l_k^2} - 2\frac{\xi_i^3}{l_k^3}$，$N_4 = -\frac{\xi_i^2}{l_k} + \frac{\xi_i^3}{l_k^2}$；$l_k$ 为单元 k 的长度；ξ_i 为与车轮同一横断面上的点距 k 单元 l 节点的距离；w_l、w_m、θ_{yl} 和 θ_{ym} 分别为节点 l 和 m 在桥梁总体坐标系中的竖向位移和绕 y 轴的转角。

接触点的速度可以表示为：

$$\dot{w}_b = \frac{e_2}{e_1 + e_2}\dot{w}_{b,i+1} + \frac{e_1}{e_1 + e_2}\dot{w}_{b,i} \tag{4}$$

式中，$\dot{w}_{b,i}$ 的表达式如下：

$$\dot{w}_{b,i} = N_1 \cdot \dot{w}_l + N_2 \cdot \dot{\theta}_{yl} + N_3 \cdot \dot{w}_m + N_4 \cdot \dot{\theta}_{ym} + U_V\left(\frac{\partial N_1}{\partial \xi_i} \cdot w_l + \frac{\partial N_2}{\partial \xi_i} \cdot \theta_{yl} + \frac{\partial N_3}{\partial \xi_i} \cdot w_m + \frac{\partial N_4}{\partial \xi_i} \cdot \theta_{ym}\right) \tag{5}$$

其中，$\frac{\partial N_1}{\partial \xi_i} = -6\frac{\xi_i}{l_k^2} + 6\frac{\xi_i^2}{l_k^3}$，$\frac{\partial N_2}{\partial \xi_i} = 1 - 4\frac{\xi_i}{l_k} + 3\frac{\xi_i^2}{l_k^2}$，$\frac{\partial N_3}{\partial \xi_i} = 6\frac{\xi_i}{l_k^2} - 6\frac{\xi_i^2}{l_k^3}$，$\frac{\partial N_4}{\partial \xi_i} = -2\frac{\xi_i}{l_k} + 3\frac{\xi_i^2}{l_k^2}$。

3　跑车试验与车桥耦合振动分析结果对比

四渡河特大桥分别进行了无障碍行车试验和紧急制动试验。无障碍行车试验采用两辆重约 350kN 红岩自卸车以 5 ~ 50km/h 速度通过桥跨结构，两车与桥轴线尽量做到对称同步同向行驶，横向行驶位置与工况 I 横向加载位置相同，测定桥跨结构在运行车辆荷载作用下的动载反应。动应变测点有两个，分别位于中央扣处主桁上下游宜昌侧上弦杆，具体位置见图 3。

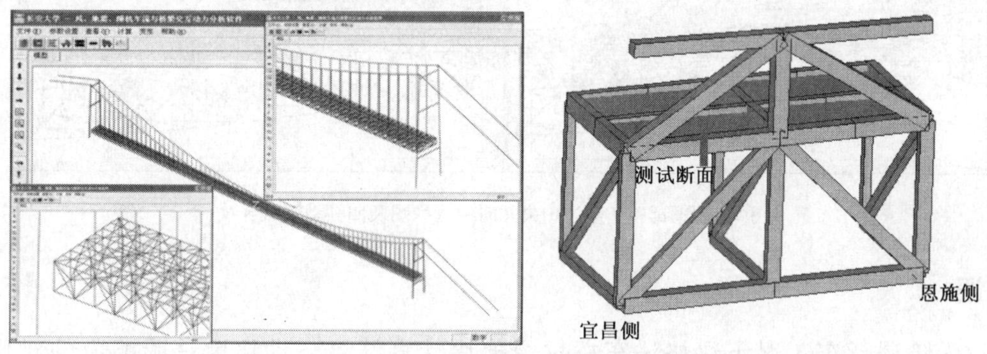

图3　BDANS 中的桥梁有限元分析模型动载试验中动应变的测试断面

为了验证梁格法车桥耦合振动程序的可靠性，将车桥耦合振动模块计算结果与无障碍行车试验结果进行对比。车桥耦合计算时，尽可能采用反映行车试验时的车辆参数、桥梁阻尼特性以及路面粗糙度特性，车辆模型为三轴车。

结构阻尼矩阵采用传统的 Rayleigh 阻尼近似，因此需要求解待定的比例系数 α 和 β，α、β 由实测的频率和阻尼比确定，一阶竖向弯曲振动频率为 0.111Hz，相应的阻尼比为 2.21%，一阶扭转的频率0.348 Hz，相应阻尼比为 1.63%，则可以确定 $\alpha = 0.003\ 72$，$\beta = 0.071\ 02$。动载试验时的采样频率为 100Hz，采样间隔为 0.01s。

由于桥跨较长，全长车辆保持恒定车速较难，所以跑车试验过程中的车速控制存在一定的偏差，在计算桥梁动挠度响应时，根据实测行驶时间对车速进行了适当调整。图 4 给出了两车分别以 5.34m/s 和 7.63m/s 从恩施侧向宜昌侧行驶时，动应变实测值与 BDANS 软件计算值对比情况。由图 4 可见，实测动应变与 BDANS 计算动应变，不论是变化趋势还是响应极值都吻合较好。

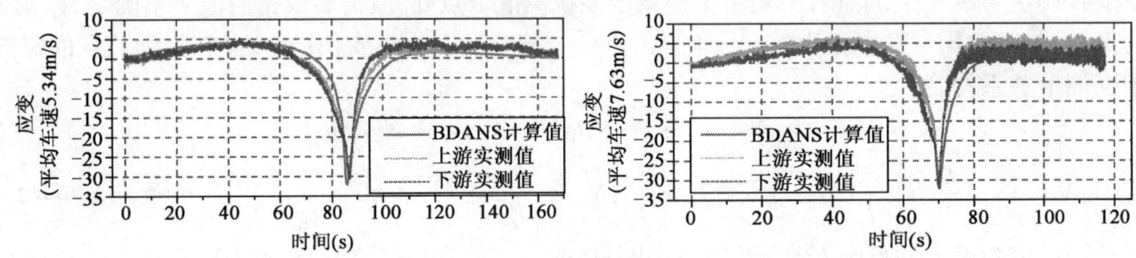

图 4　不同车速下动应变、跨中竖向加速度实测值与 BDANS 计算值对比

BDANS 软件一大特色和创新之处在于具备车辆过桥时的动力响应行为动画演示系统，从而可以通过交互方式获取中间结果的图形仿真以了解计算过程，使研究者了解全部过程和发展趋势。图 5 给出了两辆试验车辆以 7.63m/s 经过中央扣时的远视图及四帧动画截屏，每帧截屏车辆向前行进距离为 3.815m。

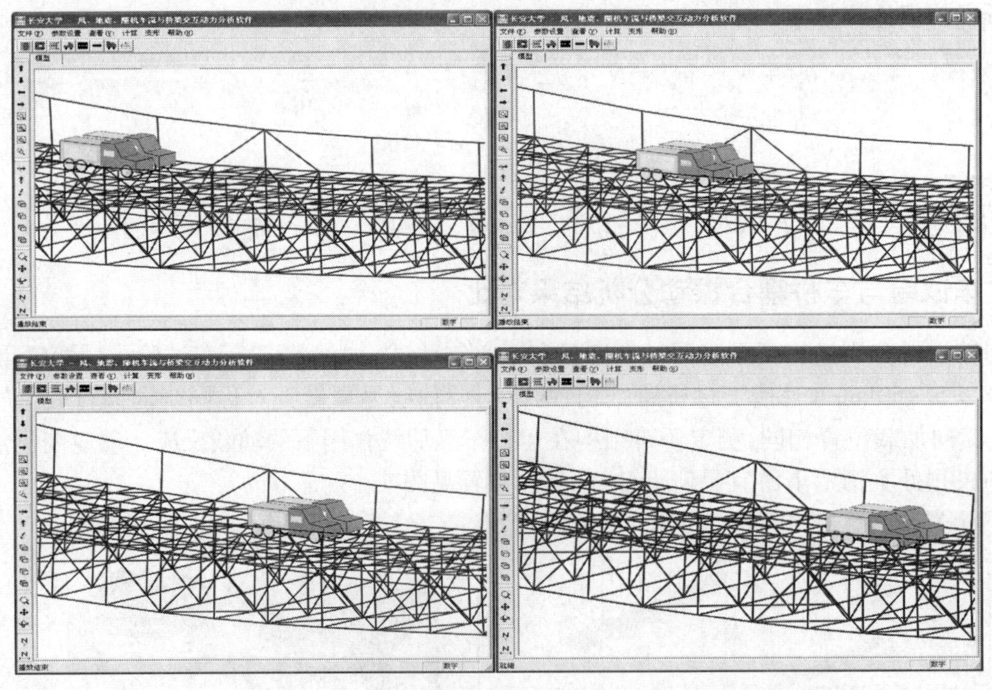

图 5　两辆试验车经过中央扣时的远视图及四帧动画截屏

4　结语

(1)通过无障碍行车工况下梁格法车桥耦合模块计算结果与动挠度试验响应的对比，验证了

BDANS 软件中车桥耦合振动分析模块的有效性及可靠性。

(2)BDANS 在保证计算精度和加载方便快捷的基础上,运用 OpenGL 函数库实现车桥系统的静动态显示,较传统软件是一大进步,从而可以通过交互方式获取中间结果的图形仿真,以了解计算过程,干预和引导计算并最终获得计算结果的图形、颜色、静态和动态画面,使研究者了解全部过程和发展趋势。

参考文献

[1] 韩万水.风—汽车—桥梁系统空间耦合振动研究[D].上海:同济大学,2006.

[2] 马麟.考虑驾驶员行为的风—汽车—桥梁系统空间耦合振动研究[D].西安:长安大学,2008.

[3] 韩万水,马麟,徐志刚.BDANS 软件介绍及可视化功能实现[R].西安:长安大学,2010.

大跨度铁路多榀钢桁梁风荷载研究

李龙安　屈爱平　何友娣　刘杰　阮怀圣

（中铁大桥勘测设计院有限公司　武汉　430050）

1　概述

风对铁路桁架梁的作用，人们经历了从“可以不考虑”，到“要考虑”，最后变为“必须考虑”的认识过程。

1878 年 6 月 1 日建成的英国泰河（Tay）桥（铁路桥）是下承式桁架梁，在 1879 年 12 月 28 日的暴风夜，飓风在一瞬间将桥梁连同其上的列车和乘客一同吹倒后坠入河中。由于在当时还没有桥梁设计规范，对于风荷载，设计时并未考虑，惨重的教训告诫设计者在结构设计中要考虑风荷载对桥梁的影响，风对桥梁的作用从“可以不考虑”到“要考虑”。

1944 年 7 月 29 日，美国伊利诺伊州伊的 Chester，密西西比河上的一座钢桁梁被龙卷风掀翻，该桥设计时的设计风压值按 1 436Pa 计，受风面积取所有杆件（含桥面系及栏杆）投影面积的 2 倍，在风荷载的验算中，钢的正常容许应力并未超过，但龙卷风的攻角很大，这一事故使桥梁结构工程师认识到风对铁路桁梁桥的作用不但“要考虑”，而且“必须考虑”。

我国的铁路桁梁桥的建设始于 20 世纪 50 年代建成的武汉长江大桥（简称武汉桥），20 世纪 60 年代又建成了南京长江大桥（简称南京桥），20 世纪末建成了九江长江大桥（简称九江桥），21 世纪初建成了滨州黄河公铁两用大桥（简称滨州桥），其主梁均采用两榀桁架结构，几座已建公铁两用大桥（连续梁桥）的比较见表 1。

几座已建公铁两用大桥（连续梁桥）的比较　　表 1

桥　名	武 汉 桥	南 京 桥	九 江 桥	滨 州 桥
最大跨度（m）	128	160	216	180
桁式	两榀桁	两榀桁	两榀桁	两榀桁
桁宽（m）	10	14	12.5	11

我国大跨度铁路桥梁则以芜湖长江大桥（以下简称芜湖桥）的建成为起点，再到已通车运营的武汉天兴洲公铁两用大桥（简称天兴洲桥）及郑州黄河公铁两用大桥（以下简称郑黄桥），目前正在施工的大跨度铁路桥则有铜陵公铁两用长江大桥和安庆长江大桥，几座已建公铁两用大桥（斜拉桥）的比较见表 2。

几座已建公铁两用大桥（斜拉桥）的比较　　表 2

桥　名	芜 湖 桥	天 兴 洲 桥	郑 黄 桥	铜 陵 桥	安庆铁路桥
最大跨度（m）	312	504	168	630	580
桁式	两榀桁	三榀桁	三榀桁	三榀桁	三榀桁
桁宽（m）	12.5	30	17～24	35	28

在大跨度铁路桥梁抗风设计中，对桥梁抗风性能的研究是必不可少的。抗风性能的检算可分为静力检算和动力检算，静力检算是以设计风速为依据来计算作用于桥梁结构上的风荷载，按照静力学的检验方法来检算桥梁结构在该风荷载作用下，结构是否安全，这就要求我们准确掌握多榀桁架梁的风荷载计算方法，本文针对大跨度铁路多榀桁架桥的风荷载进行了研究。

2 现阶段国内桁架梁风荷载的计算方法比较

铁路大跨度桥梁的结构特点可概括为：主跨很大；主塔很高；通航净空很高；主梁多采用两榀或三榀桁梁，恒载很重；结构较柔；阻尼很小。

铁路大跨度桥梁的结构特点决定了其对风的作用十分敏感，因而风荷载往往是大跨度桥梁的控制设计因素之一，随着铁路桥梁跨度的不断增大，桥梁结构的抗风安全问题以及大风作用下的列车运行的安全性问题将会更加突出。

国外专门的多榀桁架梁的风荷载计算方法较少，在欧洲规范、英国的 BS 5400 等规范中，虽然含有抗风设计的相关条文，但内容较简，难以适应国内设计习惯，且在抗风计算中将带来很大的误差，因此国外规范已不能满足我国铁路大跨度铁路桥梁的建设需求。

对于铁路钢桁梁的主梁断面，传统的是两榀桁，但随着铁路桥面线路数的增加和公路桥面车道数的增加，钢桁梁的宽度已达到 30m 左右，如果还是按两榀桁来设计，其钢桁梁的横梁尺寸将设计得很大，此时，将钢桁梁由两榀桁设计成三榀桁就十分有必要。

对于桁架梁的风荷载计算，《铁路桥涵设计基本规范》（TB 10002.1—2005）已有规定：风荷载标准值计算公式为：

$$W = K_1 K_2 K_3 W_0$$

式中，K_1 为风载体形系数；K_2 为风速高度变化系数；K_3 为地形、地理条件系数；W_0 为基本风压。

在多榀桁的风荷载计算中，如何计算风载体形系数 K_1，《铁路桥涵设计基本规范》（TB 10002.1—2005）尚未涉及；《公路桥梁抗风设计规范》（JTG/T D60-01—2004）第 4.3.4 条虽然给出了所有迎风桁架的遮挡系数 η，但没明确第二榀和第三榀的风载阻力系数各是多少；而对于《建筑结构荷载规范》（GB 50009—2001）虽然给出了桁架遮挡系数 η，也明确了第二榀和第三榀的多榀桁架的整体体形系数，但其对单榀桁架的风载阻力系数的计算不适用于铁路桥梁。

3 大跨度铁路多榀桁梁桥风荷载的计算方法

3.1 全部迎风桁架的风载阻力的均值法

《公路桥梁抗风设计规范》（JTG/T D60-01—2004）第 4.3.4 条规定：“上部结构为两片或两片以上桁梁时，所有迎风桁架的风载阻力系数均取 ηC_H，η 为遮挡系数。”

由此可见，《公路桥梁抗风设计规范》（JTG/T D60-01—2004）虽然给出了所有迎风桁架的遮挡系数 η，但对第二榀和第三榀的风载阻力系数均取均值，这显然是不合理的。

3.2 迎风桁架的风载阻力的等比递减法

《建筑结构荷载规范》（GB 50009—2001）第 7.3.1 条中表 7.3.1 给出了多榀桁架的风载阻力系数的计算规定，但其对单榀桁架的风载阻力系数的计算不适用于铁路桥梁。本文针对大跨度铁路多榀桁梁桥的风荷载计算提出了如下的方法。

1）多榀桁架梁的风荷载作用的影响因素分析

多榀桁架的风载阻力系数的影响因素分析如下。

（1）桁架的挡风系数 ϕ 对风载阻力系数的影响

桁架的挡风系数 ϕ 定义为：$\phi = A_n / A$（其中：A_n 为桁架杆件和节点挡风的净投影面积，A 为桁架的轮廓面积），ϕ 越大，即桁架遮挡面积越多，其背风侧的桁架的风荷载就越小，即 η 越小；反之，ϕ 越小，即桁架遮挡面积越少，其背风侧桁架的风荷载就越大，即 η 越大。

（2）单榀桁架的宽高比 b/h 对风载阻力系数的影响

无论是实腹断面，还是空腹断面，宽高比均是影响断面阻力系数的重要因素。在参考文献[1]和[2]中给出了计算实腹的 I 字形、Π 形或箱形截面的横向阻力系数 $C_{H(实)}$ 值的经验公式，表 3 列出了参考文献[3]给出的部分常见断面的风载阻力系数值，同时也按参考文献[1]的经验公式计算出了风载阻力系数值。

部分常见断面的风载阻力系数对比 表3

断面	（宽高比1:2）	（宽高比2:1）	（宽高比1:1）	（宽高比1:2）	（宽高比2:1）
$C_{H(实)}$（文献[3]）	2.2	1.9	2.0	2.3	1.5
$C_{H(实)}$	2.05	1.9	2.0	2.05	1.9
比较	接近	一致	一致	接近	接近

(3)多榀桁架的桁间距与桁高之比对风载阻力系数的影响

参考文献[3]给出了串联双平板的板间距与高度比 s/h 不同时的风载阻力系数值（表4）。

串联双平板在风荷载作用下的风载阻力系数 表4

s/h	2	3	4	6	10	20	30	∞
C_{H1}	1.8	1.7	1.65	1.65	1.9	1.9	1.9	1.9
C_{H2}	0.1	0.67	0.76	0.95	1.0	1.15	1.33	1.9
$C_{H1}+C_{H2}$	1.9	2.37	2.41	2.6	2.9	3.05	3.23	3.8

双榀桁架与双平板的区别在于其透风率不一样，只是其风载阻力系数由于桁架梁的透风率的原因而有所变化而已。从能量相等的角度来看：大跨度钢桁斜拉梁的桁间距与桁高之比若为1个单位，相当于双平板的两板间距与板高之比 s/h 在 $1/\phi$。

2)多榀桁架梁的风荷载作用的特点及遮挡系数 η 的确定

大跨度铁路多榀桁架梁的结构示意图如图1。桥跨为 l，桁高为 h，两榀桁的间距为 s。

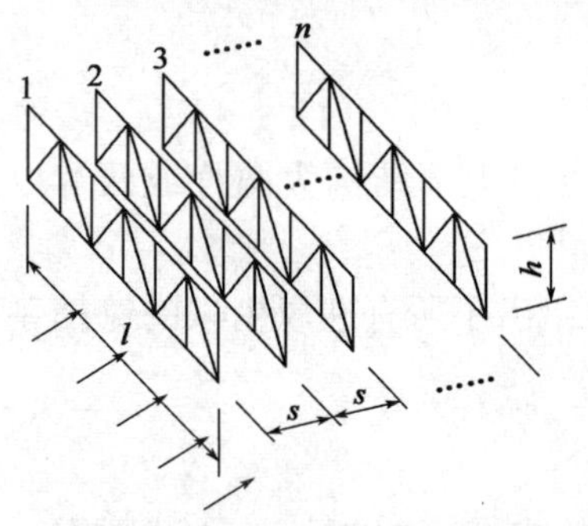

图1 大跨度铁路多榀桁架梁的结构示意图

(1)多榀桁架的风荷载作用特点

①迎风侧的第一榀桁架风荷载最大，第 n 榀桁架的风荷载最小。

②在多榀桁架的每榀桁架的挡风系数 ϕ 一定，各榀桁架间距 s 不变的条件下，假设第 i 榀桁架的风荷载与第 $i-1$ 榀桁架的风荷载的衰减比率恒定，定为 η，称 η 为遮挡系数。

③迎风侧的第一榀桁架无任何遮挡，来流风速假设为 v，其所受风荷载最大，其风载阻力系数假设为 C_H。

④迎风侧的第二榀桁架仅受第一榀桁架的遮挡，其所受风荷载次大，来流风速假设为 $v_1(<v)$，其风载阻力系数假设为 ηC_H，η 为遮挡系数。

⑤迎风侧的第三榀桁架受第一榀和第二榀桁架的共同遮挡，其所受风荷载小于第二榀桁架，来流风速假设为 $v_2(<v_1)$，其风载阻力系数假设为 $\eta^2 C_H$。

⑥以此类推，迎风侧的第 n 榀桁架受迎风侧的前 $n-1$ 榀桁架的共同遮挡，其所受风荷载最小，来流风速假设为 $v_{n-1}(<v_{n-2})$，其风载阻力系数假设为 $\eta^{n-1}C_H$。

显然，当 $|\eta|<1$ 时，有 $\lim\limits_{n\to\infty}\eta^{n-1}=0$。

⑦n 榀桁架所受风荷载阻力系数之和为：

$$C_{HW}=\sum_{n=1}^{\infty}\eta^{n-1}C_H=C_H+\eta C_H+\eta^2 C_H+\cdots+\eta^{n-1}C_H \tag{1}$$

(2)多榀桁架的遮挡系数 η 的确定

多榀桁架的遮挡系数 η 的计算，一般地，可参考《公路桥梁抗风设计规范》(JTG/T D60-01—2004)

表4.3.4-2给出的遮挡系数 η,可以看出:遮挡系数 η 是关于 ϕ 和 b/h 的函数,本文给出了相应的图表。

3)多榀桁架梁的风载阻力的等比递减法

多榀桁架梁的风载阻力的等比递减法的计算步骤如下:

(1)计算多榀桁架的挡风系数 ϕ,一般地,$\phi=0.1\sim0.4$;

(2)确定多榀桁架的桁间距与桁高之比 s/h;

(3)结合数值风洞和风洞试验的研究成果,根据平面桁架的绕流特点,依据本文推导的公式确定单榀桁架的风载阻力系数 C_{H};

(4)由 ϕ 和 s/h 按本文给出的图表来定遮挡系数 η;

(5)按等比递减模型,由公式(1)计算多榀桁架梁的总风载阻力系数 C_{HW}。

(6)按参考文献[1]得:大跨度铁路多榀桁架梁的风荷载计算公式为 $\frac{1}{2}\rho v_{\mathrm{g}}^{2}C_{\mathrm{HW}}A$。

4 结论

本文对大跨度铁路多榀桁架梁的风荷载进行了研究,寻找到了一种计算多榀桁架梁的计算方法,计算表明该方法合理、简便,可靠性和准确性较高。

参考文献

[1] 中华人民共和国推荐性行业标准. JTG/T D60-01—2004 公路桥梁抗风设计规范[S]. 北京:人民交通出版社,2004.

[2] 日本道路协会. 道路桥耐风设计便览. 1991.

[3] 陈英俊,于希哲. 风荷载计算[M]. 北京:中国铁道出版社,1998.

[4] 中华人民共和国行业标准. TB 10002.1—2005 铁路桥涵设计基本规范[S]. 北京:中国铁道出版社,2005.

[5] 中华人民共和国行业标准. JTG D60—2004 公路桥涵设计通用规范[S]. 北京:人民交通出版社,2004.

[6] 中华人民共和国国家标准. GB 50009—2001 建筑结构荷载规范[S]. 北京:中国建筑工业出版社,2001.

涡激力偏相关对桥梁节段模型涡激振动试验的影响

李明水　孙延国　廖海黎

（西南交通大学风工程试验研究中心　成都　610031）

1　引言

大跨度桥梁结构的涡激振动是由于周期性旋涡脱落形成的涡激力造成的。尽管涡激振动不像颤振、驰振那样具有发散、自激性质，但由于起振风速低、频度大，长时间的持续振动会导致结构局部发生疲劳，过大的振幅也将影响行车安全。因此，主梁涡激振动已成为大跨度和超大跨度桥梁发展抗风设计的重要方面，避免桥梁在施工或成桥阶段发生过大涡激振动或限制其振幅在可接受的范围具有十分重要的意义。

对于实际大跨度桥梁主梁或者细长钝体结构而言，涡激振动现象属于沿跨向范围内的三维问题。试验结果[1]业已表明：斜涡脱沿跨/展向呈周期性“V”形，如图1a）所示，改变试验雷诺数，得到一种类似涡单元结构的涡脱，沿轴向不同位置其涡脱频率也不同，如图1b）所示。这些事实表明与涡脱落密切相关的涡激力沿展/跨向并非完全相关，即便二维钝体的涡脱落也会呈现某些三维特性。

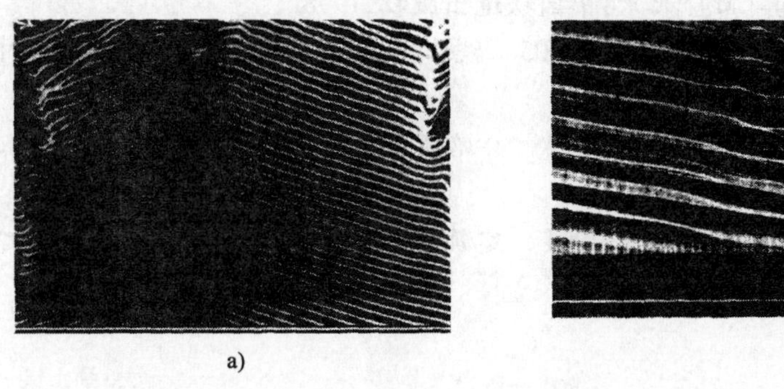

a)　　　　b)

图1　斜涡脱流迹显示

现有的基于试验或实际现象建立的涡激力半经验模型大多集中于描述完全相关的涡激振动问题，极少考虑跨向涡激气动力变化及振幅变化，少数研究也仅采用一维涡激振动气动力线性组合的方式粗略考虑振动沿跨向的变化[2]。

Wilkinson采用刚性节段模型测压方法，研究了柱体涡激力的相关性，得到了不同振幅下的相关性函数并拟合了双指数形式的相关性半经验公式[3]，图2为根据Wilkinson测压试验结果拟合的相关性曲线。Ehsan利用Scanlan经验非线性模型和Wilkinson相关性函数，粗略讨论了主梁沿跨向的涡激振动[4]。

本文基于涡激力经验线性模型[5]，对涡激力的相关性进行研究，通过Fourier变换得到二维力谱到空间力谱的折减关系，研究了节段模型涡振试验时涡激力沿跨向的偏相关对涡振响应的影响。最后，本文还得出了节段模型的长高比与涡激力折减系数的关系。

基金项目：国家自然科学基金资助项目（50978223）资助。

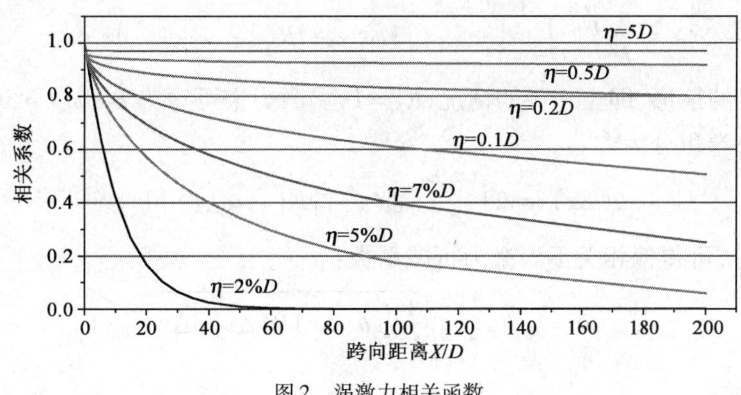

图 2　涡激力相关函数

2　涡激振动的线性理论描述

基于涡激力经验线性模型[6]，考虑涡激力沿跨向存在相位差，可将运动方程写为：

$$m(\ddot{y}+2\zeta\omega_0\dot{y}+\omega_0^2 y)=\frac{1}{2}\rho U^2 D\left[Y_1(K)\frac{\dot{y}}{U}+Y_2(K)\frac{y}{D}+\frac{1}{2}C_L(K)\sin(\omega t+\theta(x))\right] \tag{1}$$

式中，m 为结构质量；ζ 为结构阻尼比；ω_0 为结构固有频率；ρ 为空气密度；U 为来流风速；D 为结构迎风向特征尺寸；$y(x,t)$ 为桥面上任意一点涡振响应；K 为无量纲折算频率（$K=\omega D/U$，ω 为旋涡脱落频率）；$Y_1(K)$、$Y_2(K)$、$C_L(K)$、$\theta(x)$ 为待识别参数。

引入广义坐标 $y(x,t)=\phi(x)\xi(t)\overline{D}$［式中，$\phi(x)$ 为主梁振型函数；$\xi(t)$ 为广义坐标］，则式(1)可以写成如下形式：

$$\ddot{\xi}(t)+\left(2\zeta\omega_0-\frac{\rho UD}{2m_{eq}}Y_1\right)\dot{\xi}(t)+\left(\omega_0^2-\frac{\rho U^2}{2m_{eq}}Y_2\right)\xi(t)=AF(t) \tag{2}$$

式中，$A=\dfrac{\rho U^2 DC_L L}{2\int_{-L/2}^{L/2}m(x)\phi(x)^2\mathrm{d}x}$；$F(t)=\dfrac{1}{L}\int_{-L/2}^{L/2}|\phi(x)|[\sin\omega t+\theta(x)]\mathrm{d}x$；$m_{eq}=\dfrac{M}{\int_{-L/2}^{L/2}\phi^2(x)\mathrm{d}x}$（$M$ 为全桥对应某阶模态的广义质量。

研究 $F(t)$ 的相关性，令 $f(t,x)=\sin[\omega t+\theta(x)]$，则 $F(t)=\dfrac{1}{L}\int_{-L/2}^{L/2}|\phi(x)|f(t,x)\mathrm{d}x$

$$R_{F(\tau)}=\frac{1}{L^2}\int_{-L/2}^{L/2}\int_{-L/2}^{L/2}\overline{f(t,x_1)f(t+\tau,x_2)}\phi(x_1)\phi(x_2)\mathrm{d}x_1\mathrm{d}x_2 \tag{3}$$

$$R_{F(\tau)}=\frac{1}{L^2}\int_{-L/2}^{L/2}\int_{-L/2}^{L/2}R_{f(\tau)}|\phi(x_1)||\phi(x_2)|\mathrm{d}x_1\mathrm{d}x_2 \tag{4}$$

对上式两边进行 Fourier 变换可得：

$$S_F(\omega)=\frac{1}{L^2}\int_{-L/2}^{L/2}\int_{-L/2}^{L/2}|\phi(x_1)||\phi(x_2)|S_f(\omega,|x_2-x_1|)\mathrm{d}x_1\mathrm{d}x_2 \tag{5}$$

Houblt 等人[6-7]都曾定义过如下形式的空间谱的相关函数：

$$R(M,M',\omega)=\frac{S_F(M,M',\omega)}{S(\omega)}\qquad (M、M'\text{ 为空间任意两点})$$

利用上式，则有：

$$S_F(\omega)=\frac{1}{L^2}\int_{-L/2}^{L/2}\int_{-L/2}^{L/2}|\phi(x_1)||\phi(x_2)|R(\omega,|x_2-x_1|)S(\omega)\mathrm{d}x_1\mathrm{d}x_2 \tag{6}$$

式中，$S(\omega)$ 为点谱，这里可以看作纯二维的涡激力谱；根据 Wilkinson 给出的相关函数形式[3]，R 与频率无关，上式进一步写为：

$$S_F(\omega)=R_F S(\omega) \tag{7}$$

$$R_F = \frac{1}{L^2}\int_{-L/2}^{L/2}\int_{-L/2}^{L/2} |\phi(x_1)||\phi(x_2)|R(|x_2 - x_1|)\mathrm{d}x_1\mathrm{d}x_2 \tag{8}$$

显然，对于纯二维的情形，即全相关的情况，$R_F = 1$，涡激力谱可写为 $S_F(\omega) = S(\omega)$。而对于偏相关的情况，定义振型的自卷积分为[8]：

$$\theta(\Delta x) = 2\int_{-L/2}^{L/2-\Delta x} |\phi(x)||\phi(x+\Delta x)|\mathrm{d}x \tag{9}$$

将上式代入式(8)，可得偏相关下涡激力折减系数：

$$\Phi = \sqrt{R_F} = \sqrt{\frac{1}{L^2}\int_0^L \theta(\Delta x)R(\Delta x)\mathrm{d}\Delta x} \tag{10}$$

3 节段模型试验

Wilkinson 通过对方柱体节段模型测压试验得出相关函数的经验公式：

$$R(\Delta x) = \exp[-f_1(\eta)\Delta x^{f_2(\eta)}] \tag{11}$$

对于方柱体，Ehsan[5] 拟合得到如下结果：

$$f_1(\eta) = \frac{0.052}{0.298 + \eta^{0.25}},\quad f_2(\eta) = \frac{0.065}{0.042 + \eta} \tag{12}$$

对于流线型箱梁，鲜荣[9] 拟合出以下形式：

$$f_1(\eta) = \frac{0.075}{0.350 + \eta^{0.19}},\quad f_2(\eta) = \frac{0.128}{0.07 + \eta} \tag{13}$$

对于节段模型风洞试验，其振型函数 $\phi(x) = 1$ 时，有 $\theta(\Delta x) = 2(L - \Delta x)$。

当相关函数 $R(\Delta x) = 1$ 时(全相关的情况)：

$$\Phi = \sqrt{\frac{1}{L^2}\int_0^L \theta(\Delta x)R(\Delta x)\mathrm{d}\Delta x} = \frac{1}{L}\sqrt{\int_0^L 2(L-\Delta x)\mathrm{d}\Delta x} = 1$$

由此可知，当涡激力沿跨向完全相关时，对应的折减系数为1，与现行传统试验方法采用的理论一致。

当相关函数 $R(\Delta x) \neq 1$ 时(偏相关的情况)：

$$\Phi = \sqrt{\frac{1}{L^2}\int_0^L \theta(\Delta x)R(\Delta x)\mathrm{d}\Delta x} = \frac{1}{L}\sqrt{\int_0^L 2(L-\Delta x)\exp[-f_1(\eta)\cdot\Delta x^{f_2(\eta)}]\mathrm{d}\Delta x} \tag{14}$$

将 L 用无量纲化的长高比 L/D 代替，式(14)改写为：

$$\Phi = \frac{1}{L/D}\sqrt{\int_0^{L/D} 2\left(\frac{L}{D} - \Delta x\right)\exp[-f_1(\eta)\cdot\Delta x^{f_2(\eta)}]\mathrm{d}\Delta x} \tag{15}$$

相关函数公式采用 Ehsan[5] 拟合的结果，对式(14)进行数值积分，得到不同振幅下涡激力折减系数随展长变化的情况，如图3所示。

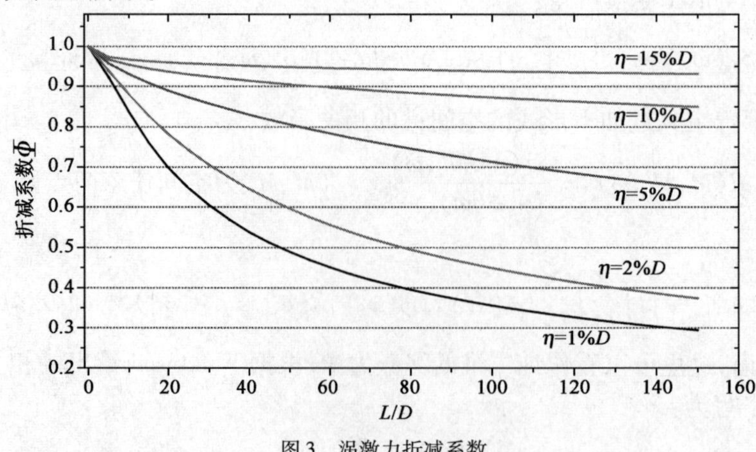

图3 涡激力折减系数

从图中曲线可以看出,节段模型的长高比决定了二维涡激力向空间涡激力转换时折减系数的大小。模型的长高比越小时该折减系数越接近1,即折减较小;模型的长宽比越大时,这种折减作用越大。同时,折减系数也与涡振振幅有关,当振幅越小时,折减越大;振幅增大到断面高度的15%时,折减系数约为0.95,折减很小。

由于涡激力沿跨向不完全相关,在二维涡振响应向空间涡振响应转换时便存在一个小于1的折减系数,该折减系数的大小由模型的长高比决定,这恰可以解释不同长高比的节段模型风洞试验结果会出现不一致的现象。

4 结论

本文基于涡激力经验线性模型,利用频域分析方法得到了二维力向空间力转换的折减系数,并据此研究了节段模型涡振试验时涡激力的偏相关对涡振响应的影响。最后,得出了节段模型的长高比与涡激力折减系数的关系。

另外,本文的折减系数推导基于Ehsan拟合的相关函数,实际应用时相关函数可以采用适当试验途径获得。

参考文献

[1] Williamson C H K. The existence of two stages in the transition to three dimensionality of a cylinder wake[J]. Physics of Fluids,1988,31:3165-3168.

[2] Lee S,Lee J S,Kim J D. Prediction of vortex-induced wind loading on long-span bridges[J]. Journal of Wind Engineering and Industrial Aerodynamics,1997,67-68:267-278.

[3] Wilkinson R H. Fluctuating pressures on an oscillating square prism:part II:spanwise correlation and loading[J]. Aero. Quarterly,1981,32(2):111-125.

[4] Ehsan F,Scanlan R H. Vortex-induced vibrations of flexible bridges[J]. Journal of Engineering Mechanics,1990,116:1392-1410.

[5] 埃米尔·希缪,罗伯特·H·斯坎伦.风对结构的作用——风工程导论[M].2版.刘尚培,项海帆,谢霁明,译.上海:同济大学出版社,2005.

[6] Houblt J G. On the response of structural having multiple random inputs. WGLR-Jahrbuch 1957,1958.

[7] Robert J B,Surry D B. Coherence of grid generated turbulence[J]. Journal of Engineering Mechanics, ASCE,1973,99(12).

[8] Li Ming Shui,Tanaka H. Extended joint acceptance function for buffeting analysis[J]. Journal of Wind Engineering and Industrial Aerodynamics,1996,64:1-4.

[9] 鲜荣.大跨度桥梁沿跨向主梁涡激振动研究[D].成都:西南交通大学,2008.

悬索桥施工猫道三维非线性静风失稳分析

李宇　管青海　刘健新　李加武

（长安大学公路学院　西安　710064）

1　概述

澧水河特大悬索桥为主跨856m的单跨钢桁加劲梁悬索桥，桥梁总长1 194.20m，主缆跨径布置为200m+856m+190m，主缆的矢跨比为1/10，两根主缆横桥向间距为28m，花垣岸边跨主缆向外张，张角为1.507°。索塔为混凝土门架结构，锚碇为重力式锚碇。主缆通长索股采用127股127丝ϕ5.15mm镀锌平行钢丝，公称抗拉强度1 670MPa，边跨另加4股127丝ϕ5.15mm镀锌平行钢丝，主缆采用PPWS工法施工。普通吊索采用直径56mm的钢丝绳，端吊索采用直径64mm的钢丝绳，每个吊点有4根吊索，钢丝绳公称抗拉强度1 870MPa。

猫道结构是悬索桥主缆架设施工的工作平台，在索股牵引、调索、整形入鞍、紧缆、索夹及吊索安装、主缆缠丝、防护涂装等重要施工阶段发挥重要作用。其结构构成主要由猫道承重索、猫道面层、栏杆及扶手、抗风系统、门架系统、横向天桥及各锚固连接等构成。猫道面层与主缆中心丝股的高差控制在1.5m左右，主跨横向通道每140m设置一道（靠近桥塔处为148m），中跨共设置5道，两边跨各设置一道，总体布置如图1所示。

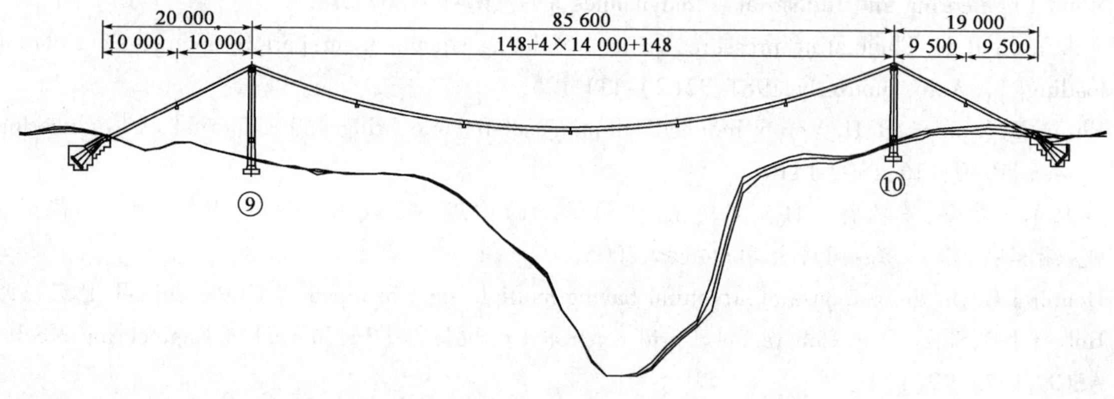

图1　猫道总体布置图（尺寸单位：cm）

2　澧水桥猫道动力特性的有限元分析

采用大型通用有限元程序ANSYS的模态分析模块进行动力特性分析。

根据猫道的结构特点，澧水桥猫道有限元分析模型（图2）的建立步骤如下：

（1）用link10单元模拟承重绳，将静力计算结果导入模态分析中，以计入承重绳初张力对猫道刚度的贡献；

（2）用beam4单元来模拟横梁、猫道门架以及横向通道，在保证其质量和刚度与实际结构一致的前提下进行了一定的简化；

（3）考虑钢丝网及其他附属构件的质量对结构自振频率的贡献，将其质量附加在模型的各单元中；

（4）猫道结构的阻尼值大小对模态分析结果几乎没有影响，计算时近似取为0.02；猫道的有限元计算分析模型如图2所示，共划分18 156个单元，模型总质量为511 068.7kg。

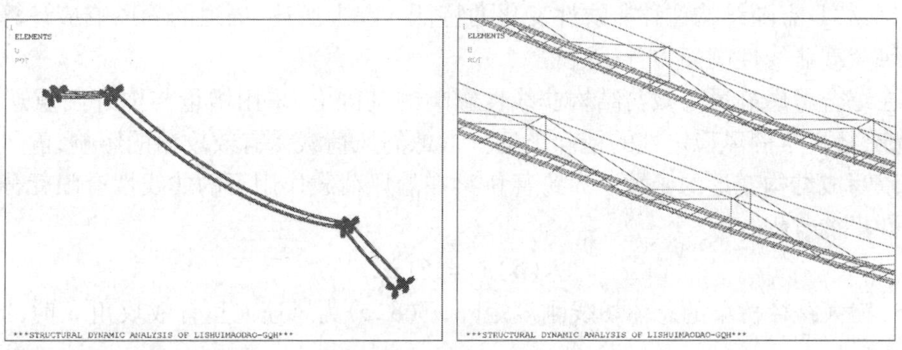

图 2 猫道有限元分析模型

3 猫道节段模型静力三分力试验结果

根据猫道节段模型静力三分力的试验结果，可以发现其静力三分力有下述特点：当风攻角较小时，升力系数可能为负值，即升力方向向下，风攻角逐渐增大时，升力系数变为正值，即升力方向转为向上，且大小随风攻角的增大而增大。图 3 和图 4 所示分别为 10 m/s 和 15m/s 风速下的三分力系数。

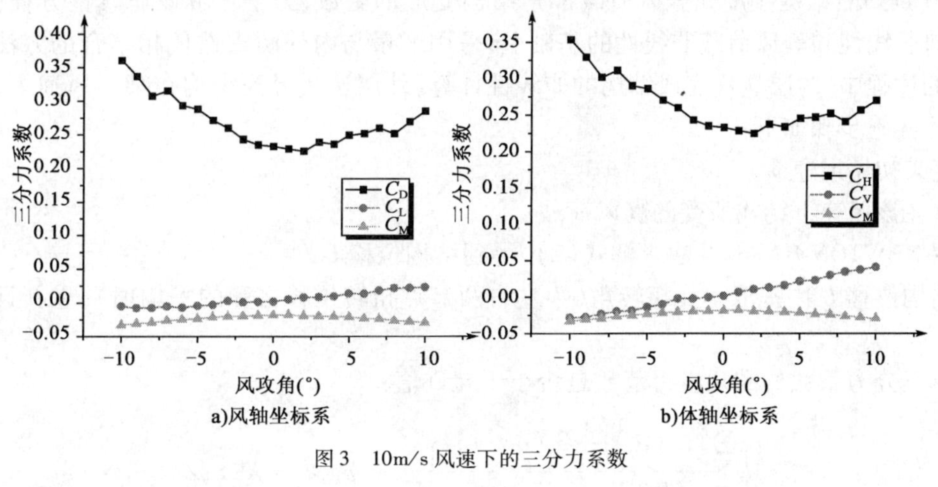

图 3 10m/s 风速下的三分力系数

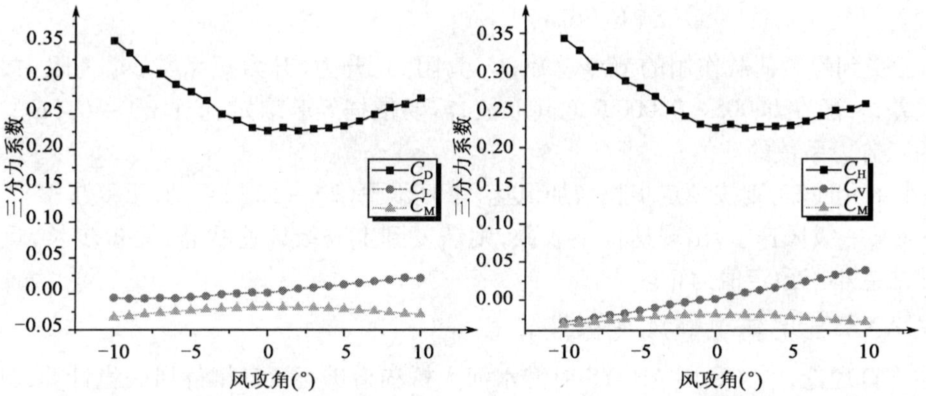

a)风轴坐标系

b)体轴坐标系

图 4 15m/s 风速下的三分力系数

4 在 ANSYS 中实现静风失稳计算

4.1 基本计算理论[1-8]

一方面，猫道由于自身大跨和柔性的特点，在静风响应分析中必须考虑其几何非线性；另一方面，猫道在受风荷载作用时，位移较大，该位移使风攻角、风偏角和姿态角也发生变化，风荷载随之改变，如此反复，表明静风荷载具有随结构位移非线性变化的特征。综上所述，猫道的静风响应计算是考虑猫道几何非线性和静风荷载非线性的静力分析过程。

程进等人在综合考虑静风荷载与结构非线性影响的基础上，采用增量与内外两重迭代相结合的方法，实现了对大跨径桥梁静风稳定性的精确求解。考虑静风荷载受有效攻角的影响，静风三分力引起的等效节点力可以写成结构变形的函数。大跨径桥梁在静风荷载作用下的非线性有限元分析可归结为求解以下的非线性平衡方程：

$$\boldsymbol{K}(\boldsymbol{\delta})\boldsymbol{\delta} = \boldsymbol{F}(\alpha, v) \tag{1}$$

式中，$\boldsymbol{K}(\boldsymbol{\delta})$为大跨径桥梁的总体切线刚度矩阵；$\boldsymbol{F}(\alpha,v)$为风速 v 和有效攻角 α 时的风载等效节点力向量。

对式(1)采用 UL 增量法求解，相应非线性增量平衡方程组如下：

$$[\boldsymbol{K}_0 + \boldsymbol{K}_{\sigma_{j-1}}(\delta_{j-1})] \cdot \Delta\boldsymbol{\delta}_j = \boldsymbol{F}_j(\alpha_j, \nu_i) - \boldsymbol{F}_{j-1}(\alpha_{j-1}, \nu_i) \tag{2}$$

式中，$\boldsymbol{K}_0$ 为大跨度桥梁的线弹性刚度矩阵；$\boldsymbol{K}_{\sigma_{j-1}}(\delta_{j-1})$为第 $j-1$ 步状态时，单元的几何刚度矩阵；$\boldsymbol{F}_j(\alpha_j,\nu_i)$为 i 级风载 j 步有效攻角 α_j 的风载等效节点力向量；$\boldsymbol{F}_{j-1}(\alpha_{j-1},\nu_i)$为 i 级风载 $j-1$ 步有效攻角 α_{j-1}的风载等效节点力向量。

考察式(1)可知：结构刚度和静风荷载都是结构变形的函数，为了求解该非线性方程，本文在综合考虑结构几何非线性和静风荷载非线性的基础上，采用增量与内外两重迭代相结合的方法。风速按一定比例增加的过程中，内层迭代完成结构的非线性计算，外层迭代寻找结构在某一风速下的平衡位置。该方法的具体实施步骤如下：

(1)假定某初始风速 v_0；

(2)计算在该风速下结构所受的静风荷载；

(3)采用 NEWTON-RAPSON 法求解式(2)，得到结构位移 U；

(4)从结构位移 U 中提取单元扭转角(为左右两节点扭转位移之和的平均值)，重新计算结构的静风荷载；

(5)检查三分力系数的欧几里得范数是否小于允许值：

$$\left\{\frac{\sum_{j=1}^{N_a}[C_k(\alpha_j) - C_k(\alpha_{j-1})]^2}{\sum_{j=1}^{N_a}[C_k(\alpha_{j-1})]^2}\right\}^{1/2} \leqslant \varepsilon_k, k = X,Y,Z \tag{3}$$

式中，N_a 为受到静风荷载作用的节点总数；C_k 为阻力、升力、升力矩系数；ε_k 为阻力、升力、升力矩系数的容许误差，一般在 0.005 ~ 0.000 5 之间取值，需要依据经验取定；$C_k(\alpha_j) - C_k(\alpha_{j-1})$为前后两次不同攻角下的三分力系数的差值；

(6)如果小于允许值，则按预定步长增加风速，重复步骤(2) ~ (5)，否则，重复步骤(3) ~ (5)；

(7)如果在某一级风速下，出现迭代不收敛，则恢复到上一级风速状态，缩短步长，重新计算，直至相邻两次风速之差小于预定值为止。

4.2 在 ANSYS 中实现静风失稳计算

基于上述计算理论，本文利用 ANSYS 对澧水河大桥猫道进行了三维静风失稳计算，具体步骤如下：

(1)建立澧水河大桥猫道的三维有限元模型。

(2)对求解类型进行设置，打开应力刚化和 NEWTON-RAPSON 非线性方程求解器，进行自重荷载下的位移计算，并储存计算结果。

(3)按粗糙度系数 0.12 的风剖面计算作用在主梁、索塔及斜拉索上的风荷载，储存在 Array 数组中备用。

(4)设置 Table 数组存储试验测得的各攻角下三分力系数，设置 Array 数组存储本次计算开始和结束时的主梁转角，并计算下一步计算所需施加的风荷载增量值。此处需注意，在体轴坐标系下，静风荷载方向与 ANSYS 单元局部坐标系一致；而在风轴坐标系下，静风荷载方向与 ANSYS 全局坐标系一致。

(5)设置多点重启动功能，以保证下一步的计算是在上一步变形的基础上进行，此步需注意在重启动前要进行参数与计算结果的存储，重启动后首先要进行参数和上一次计算结果的重新载入，否则，重启动将无法进行或导致荷载施加错误。

(6)每次计算结束后，计算欧几里得范数，判断欧几里得范数是否小于容许值(本文取为 0.005)。若在规定的迭代计算次数内范数小于容许值，则本级风速结构稳定，继续增加风速重新开始下一级风速下的结构稳定计算，若在规定的迭代计算次数内范数仍大于容许值，则本级风速下结构失稳，减小风速重新开始下一级别风速下的结构稳定计算。

(7)接近失稳风速时，减小风速增量，本文取最小的风速增量为 1m/s。在此风速增量之下，若在风速 U_i 作用下结构稳定，而在 U_{i+1} 风速作用下结构失稳，则将 U_{i+1} 作为最终的结构失稳临界风速。

参 考 文 献

[1] 张新军. 大跨度桥梁非线性空气静力行为研究[J]. 浙江工业大学学报,2001,39(3).
[2] 王卫锋. 大跨度斜拉桥侧风非线性分析[J]. 吉林大学学报:工学版,2007,37(4).
[3] 韩大建. 大跨度斜拉桥非线性静风稳定性分析[J]. 工程力学学报,2005,22(1).
[4] 唐清华. 大跨径桥梁的静风稳定性计算[J]. 桥梁建设,2007(增刊 2).
[5] 程进. 大跨径桥梁静风稳定性分析方法的探讨与改进[J]. 中国公路学报,2001,14(2).
[6] 程进. 大跨径斜拉桥非线性静风稳定性全过程分析[J]. 中国公路学报,2000,13(3).
[7] 程进. 大跨径悬索桥非线性静风稳定性全过程分析[J]. 同济大学学报,2000,28(6).
[8] 肖汝诚. 静风荷载引起的超大跨度桥梁关键问题研究[J]. 公路交通科技,2001,18(6).

串列双幅典型断面三分力系数及颤振稳定性气动干扰效应

刘志文　吕建国　陈政清　刘小兵

（湖南大学风工程试验研究中心　长沙　410082）

随着大跨度双幅桥面桥梁数量的增加，双幅桥面桥梁主梁之间的气动干扰将不容忽视，是这类桥梁抗风设计最为关注的问题之一。Rowan A Irwin 等针对 2004 年开工建设的新塔科马桥，进行了双幅桥面桥梁的气动干扰效应研究，通过节段模型和全桥模型试验检验了两座桥的气动干扰效应[1]。Akihiro Honda 对日本的 KansaiInternational Airport Access Bridge（两公路梁桥之间夹有一与其平行的铁路梁桥）进行了节段模型风洞试验研究[2]；K. Kimura 等研究了串列双幅桥面桥梁之间净间距对双桥面之间的气动干扰效应的影响，研究显示双幅桥面桥梁之间的气动干扰问题十分复杂，当净间距与梁宽之比达到 8 以上仍存在一定的干扰效应，双幅桥面桥梁之间气动干扰规律仍需进行系统研究[3]。刘志文等对大跨度双幅桥面桥梁的气动干扰效应进行了数值模拟与风洞试验研究[4-5]。郭震山、朱乐东等针对天津海河大桥附近规划建造的一座独塔分离双箱钢箱梁斜拉桥为工程背景，对既有桥梁与新建桥梁主梁之间三分力系数气动干扰效应进行了试验研究[6]。综合以上研究文献可知，大跨度双幅桥面桥梁的气动干扰效应不容忽视，并已引起许多学者的关注。本文重点介绍串列双幅典型断面三分力系数及颤振稳定性气动干扰效应研究成果。

1　典型断面几何参数确定

鉴于实际桥梁主梁断面形状较多，且比较复杂，为了得到串列双幅断面气动干扰效应的主要规律，对实际桥梁主梁断面进行了适当的简化，设计了三类典型断面（矩形断面、Π 形断面和流线型断面）。相应的几何参数如下：模型宽 $B=600$mm（流线型断面不计入风嘴的宽度），高 $H=120$mm，具体几何参数见图 1。

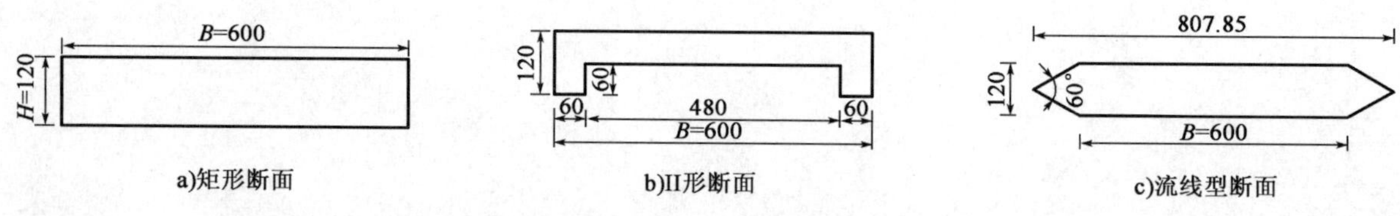

图 1　三类典型断面几何参数（尺寸单位：mm）

2　串列双幅典型断面三分力系数气动干扰效应

针对三类典型断面（矩形断面、流线型断面、Π 形断面）进行三分力系数的气动干扰效应研究，双幅桥面之间间距变化为：$D/B=0.02, 0.1, 0.2, 0.5, 1.0, 2.0, 3.0, 5.0, 10.0, 20.0$，共 30 种工况，采用“少量风洞试验 + 数值模拟”的方法进行研究。

2.1　单幅断面三分力系数

断面阻力、升力及升力矩系数及斯托罗哈数定义的参考宽度为单幅断面宽度 B，表 1 所示为单幅断面三分力系数 CFD 计算结果与风洞试验结果。从表 1 可以看出，单幅矩形断面阻力系数、斯脱罗哈数（St）的数值模拟结果与风洞试验测试结果吻合很好，而由于矩形断面在 0°风攻角风作用下，其升力系数与升力矩系数理论值应该为 0，本文数值模拟结果均比试验值小，更接近理论值，表明本文数值模拟结果具有足够的精度，采用 CFD 方法进行不同间距条件下的串列双幅桥面桥梁三分力系数气动干扰效应是可行的。

单幅断面三分力系数及 *St* 数值模拟与试验结果 表 1

气动参数		风洞试验	矩形断面		Π形断面		流线型断面
			数值模拟	文献[1]	数值模拟	文献[1]	
阻力系数 C_D	平均值	0.202 1	0.207 7	0.23	0.225 3	0.23	0.066 9
	根方差	0.003 8	0.000 7	—	0.031 5	—	2.25×10^{-5}
升力系数 C_L	平均值	−0.016 7	−0.000 2	—	−0.235 4	—	-2.89×10^{-5}
	根方差	0.043 8	0.094 7	0.24	0.157 1	0.33	0.010 4
升力矩系数 C_M	平均值	−0.004 5	−0.000 06	—	−0.045 3	—	7.64×10^{-6}
	根方差	0.010 0	0.015 81	—	0.024 3	—	0.002 8
斯脱罗哈数 *St*		0.516 0	0.562 5	0.45	0.585 9	0.55	0.750 0

2.2 串列双幅断面三分力系数气动干扰效应结果

采用计算流体力学软件 FLUENT 分别对串列矩形断面、串列 Π 形断面和串列流线型断面进行了不同间距比 D/B 条件下的三分力系数数值模拟，图 2 分别给出了不同断面三分力系数及斯托罗哈数 *St* 气动干扰因子（*IF* = 干扰存在时的值/单幅断面对应的值）随间距比 D/B 的变化曲线。

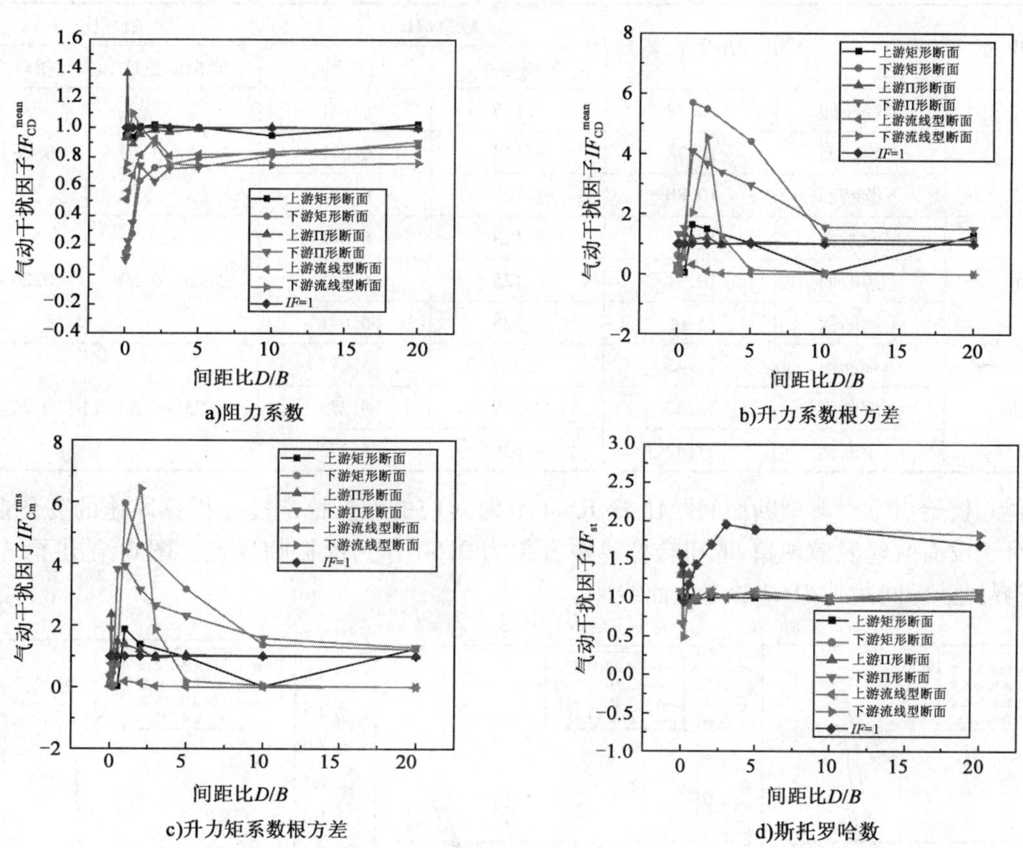

图 2 三类典型串列双幅断面三分力系数及斯托罗哈数 *St* 气动干扰因子随间距比 D/B 的变化

从图 2 中可知：上游钝体断面（如矩形断面、Π 形断面），当 $0.02\leqslant D/B\leqslant1.0$ 时，阻力系数气动干扰因子 $IF_{C_D}=0.9$ 左右；当 $D/B\geqslant2.0$ 时，气动干扰因子 IF_{C_D} 接近 1.0；上游流线型断面（带风嘴断面），当 $0.02\leqslant D/B\leqslant3.0$ 时，阻力系数气动干扰因子 $IF_{C_D}=0.51\sim0.90$；当 $D/B\geqslant3.0$ 时，气动干扰因子 $IF_{C_D}=0.82$；上游断面（矩形断面、Π 形断面、流线型断面）升力系数、升力矩系数脉动根方差气动干扰因子明显小于下游断面升力系数脉动根方差气动干扰因子，两者均随间距比 D/B 先增加后减小。

3 串列双幅典型断面颤振稳定性气动干扰效应

为了研究间距比 D/B 对串列双幅典型断面的涡激振动响应的气动干扰效应，设计并加工了如图 3 所示的串列双幅断面气动干扰试验装置，图 4 所示为相应的风洞试验照片，表 2 所示为串列双幅典型断面颤振稳定性模型试验参数。

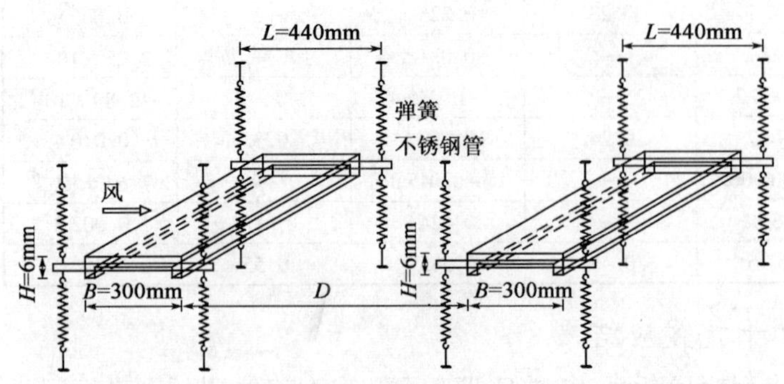

图 3 串列双 Π 形断面气动干扰风洞试验装置示意图

图 4 串列双幅断面涡激振动气动干扰试验照片

串列双幅断面颤振稳定性气动干扰效应风洞试验模型参数 表 2

模型位置		模型质量(kg)	频率(Hz)		阻尼比(%)	
			竖向频率	扭转频率	竖向阻尼比	扭转阻尼比
矩形断面	单幅断面	10.78	3.125	6.641	0.25 ~ 0.30	0.26 ~ 0.40
	上游断面	10.78	3.125	6.641		
	下游断面	10.80	3.125	6.641		
Π 形断面	单幅断面	10.91	3.125	6.641	0.25 ~ 0.30	0.26 ~ 0.40
	上游断面	10.91	3.125	6.641		
	下游断面	11.05	3.125	6.641		
流线型断面	单幅断面	11.43	2.539	5.273	0.25 ~ 0.30	0.26 ~ 0.74
	上游断面	11.43	2.539	5.273		
	下游断面	11.43	2.539	5.273		

限于篇幅，仅给出三类典型断面间距比 $D/B = 1.0$ 时对应的颤振稳定性随折算风速的变化曲线，如图 5 所示，对于没有明显发散现象，取扭转位移根方差为 0.50 作为颤振临界点。图 6 给出了三类典型断面颤振临界风速随间距比 D/B 的变化曲线。

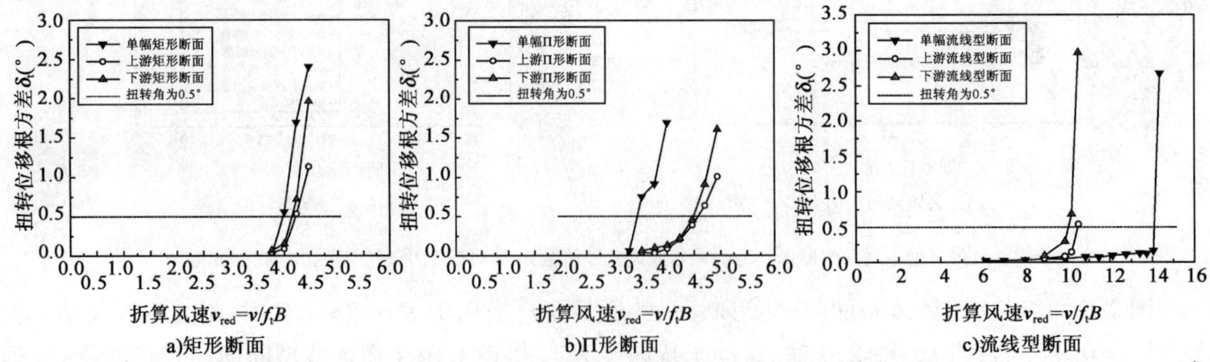

图 5 三类典型断面间距比为 $D/B = 1.0$ 时对应的颤振稳定性随折算风速的变化曲线

从图 5 可以看出，当间距比 $D/B = 1.0$ 时，串列钝体断面（矩形断面和 Π 形断面）颤振临界风速均大于单幅钝体断面颤振临界风速，即气动干扰效应提高了双幅断面的颤振临界风速；而串列流线型断面则小于单幅流线型断面颤振临界风速，即气动干扰效应降低了颤振临界风速。从图6看出，当间距比$D/B<1$时，串列钝体双幅断面的颤振临界风速低于单幅钝体断面颤振临界风速；当$D/B\geqslant1$时，串列钝体双幅断面的颤振临界风速高于单幅钝体断面颤振临界风速；在试验的间距比范围内，串列流线型断面的颤振临界风速低于单幅流线型断面的颤振临界风速。

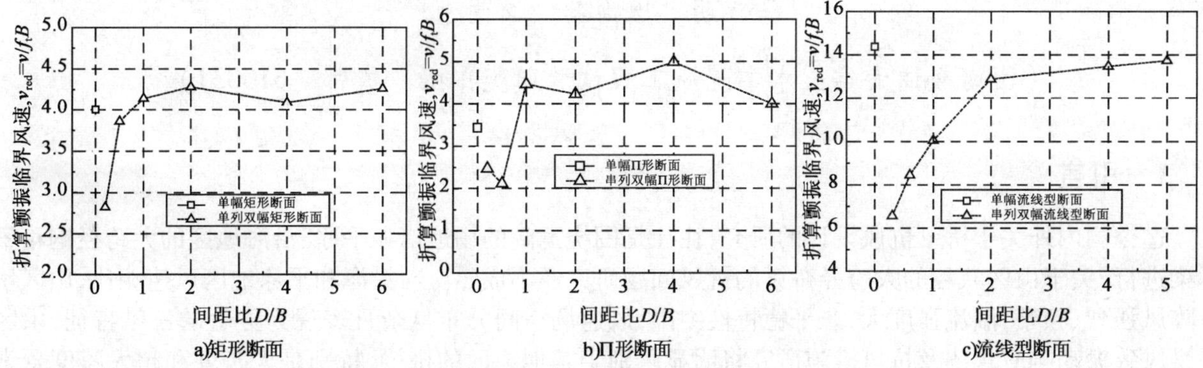

图6　三类典型断面颤振临界风速随折算风速的变化曲线

4　结论

通过对串列双幅断面三分力系数及颤振稳定性的气动干扰效应试验和数值模拟研究，得到如下主要结论：

(1)总体而言，上游断面阻力系数与单幅断面比较接近，下游断面阻力系数则随间距比的增加而增加；上游断面升力系数、升力矩系数脉动根方差气动干扰因子明显小于下游断面升力系数脉动根方差气动干扰因子，两者均随间距比D/B先增加后减小。

(2)串列三类典型断面发生颤振失稳时，下游断面先发生颤振失稳，上游断面后发生颤振失稳，串列双幅钝体断面(矩形、Π形)间距比$D/B=0.2$及0.5时，颤振临界风速低于单幅断面颤振临界风速，当$D/B\geqslant1$时，颤振临界风速均大于单幅断面颤振临界风速。

(3)串列流线型断面颤振临界风速随间距比的增加而增加，在试验间距范围内均小于单幅流线型断面的颤振临界风速。

参考文献

[1]　Rowan A I, Stoyan S, Xie J M, et al. Tacoma narrows 50 years later wind engineering investigations for parallel bridges[J]. Bridge Structures: Assessment, Design and construction, 2005, 1(1): 3-17.

[2]　Honda Akihiro, Shiraishi Naruhito, Matsumoto Masaru, et al. Aerodynamic stability of Kansai International airport access bridge[J]. Journal of Wind Engineering and Industrial Aerodynamics, 1993, 49 (1-3): 533-542.

[3]　Kimura K, Shima K, Sano K, et al. Effects of separation distance on wind-induced response of parallel box girders[J]. Journal of Wind Engineering and Industrial Aerodynamics, 2008, 96: 954-962.

[4]　刘志文，陈政清，刘高，等. 双幅桥面桥梁三分力系数气动干扰效应试验研究[J]. 湖南大学学报：自然科学版，2008，35(1)：16-20.

[5]　刘志文，陈政清，胡建华，等. 大跨度双幅桥面桥梁气动干扰效应[J]. 长安大学学报：自然科学版，2008，28(6)：55-59.

[6]　郭震山，孟晓亮，周奇，等. 既有桥梁对临近新建桥梁三分力系数气动干扰效应[J]. 工程力学，2010，27(9)：181-186.

山区大跨钢桁梁悬索桥颤振性能及控制措施研究

马存明　廖海黎　李明水

（西南交通大学土木学院风工程试验研究中心　成都　610031）

1　引言

迄今国内外关于桥梁抗风设计的研究，往往是围绕宽阔的场地诸如平原、沿海地区的大跨径钢箱梁桥梁进行，关于山区峡谷的大跨径桥梁的抗风问题研究还不成熟。与沿海和平原地区风速相比，山区峡谷阵风强烈、频繁，湍流强度大，非平稳特性突出，风速场空间分布复杂且表现为显著的三维特征，山区桥梁风致振动响应预测及抗风措施研究将明显区别于其他地区的桥梁，特别是大跨度和超大跨度悬索桥，往往处于两峰之间，长度超过千米，桥下为峡谷地带，更显复杂，不仅桥梁中部风场与两侧坡面处的风场存在差异，而且桥位处风场也与大桥周边风场存在明显差异。由于受山地地形起伏影响，气流可能呈波浪状，自然风的非平稳特性将对桥梁结构产生非常不利影响。由于观测资料匮乏和规范的局限性，如果按照常规的方法得出设计风速，进而按照这些风速参数进行抗风检验，有可能得出不安全的结果。本文以一山区特大跨度钢桁梁悬索桥——坝陵河大桥为例，研究该桥桥位风环境的特殊性及针对山区桥梁所提出的特定的控制颤振的措施。

坝陵河大桥是沪瑞国道主干线镇宁至胜镜关高速公路上的一座特大型桥梁，该桥地处黔西地区的高原重丘区，在关岭县东北跨越坝陵河峡谷，峡谷两岸地势陡峭，地形变化急剧，起伏很大，河谷深达400～600m。主桥主跨1 088m，是我国首座单跨超过千米的特大型钢桁梁悬索桥（图1）。由于坝陵河大桥跨度大、结构自振频率低，对风的作用特别敏感，颤振稳定性成为该桥设计的关键问题，也是我国西部山区复杂风环境下桥梁抗风稳定性的典型问题。

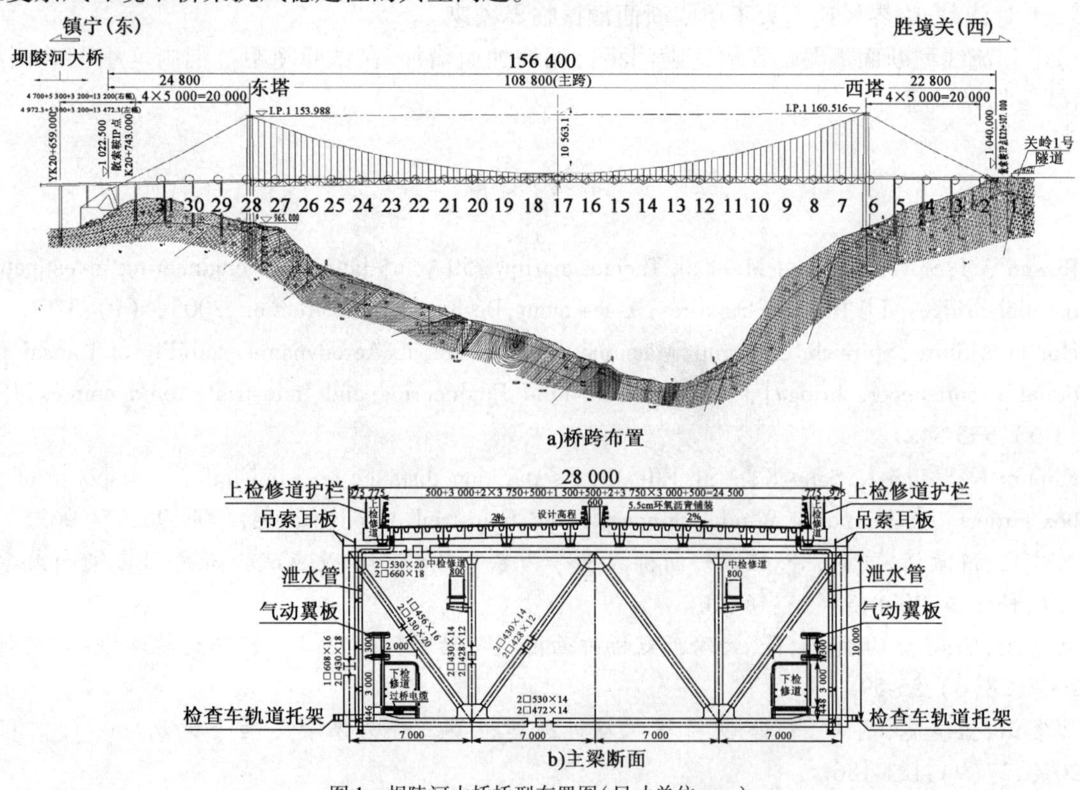

a)桥跨布置

b)主梁断面

图1　坝陵河大桥桥型布置图（尺寸单位：mm）

2 桥位风参数

坝陵河大桥桥址风场特性的数值风洞计算采用 FLUENT6.0 程序工作站上运行，软件基于有限体积法。计算区域为南北向边长 9 000m，东西向边长 11 000m，高度从黄海高程 0m 到 9 000m 的长方体（减去山体、河流所占空间），桥位约处于区域的中心。计算区域的下边界根据 1∶10 000 的地形等高线图生成。为了反映桥位处风速的变化规律，沿桥轴线位置重点考察了如图 1 所示的 31 个点，间距为 50m，高程均为 1 038.8m。各计算点处攻角 α 值和正交风速分量 u 的量值是桥位风场的重要特征，评价各方向（风向角的定义见图 2）来流对桥梁抗风性能的影响，应综合考虑正交风分量 u 及其风速系数 C_u 和攻角 α 的数值，图 2 和图 3 给出了这两个重要参数沿桥轴线的变化特征。工况①、②、③、⑯计算得到的桥位处正交风速分量风速系数 C_u 较大，其最大值分别为 1.096、0.990、0.978、1.058，其余工况计算得到的 C_u 均较小。可见桥位处最不利风向为工况①。

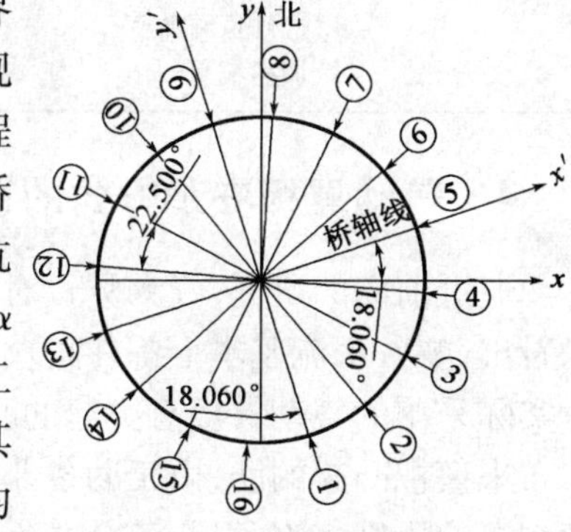

图 2 计算工况（风向角）

另一方面，上述工况下桥轴处攻角 α 基本在 $-1° \sim +6°$ 范围内（尽管靠近近岸处，或边跨处计算点的攻角较大，但所处位置对主桥抗风性能影响甚小）。其他方向来流情况下，因风速分量 u 衰减较多，难以对桥梁构成危害。经过综合分析，该桥成桥状态的设计风速为 $U_d = 25.9\text{m/s}$，颤振检验风速为 41.3m/s。风攻角 $-1° \sim +6°$ 范围内进行。

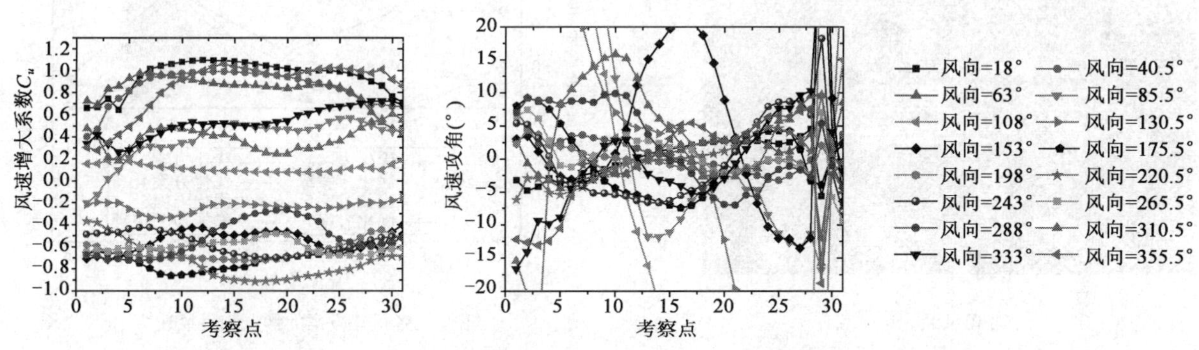

图 3 不同方向风速情况下攻角和风速系数沿桥轴线的变化曲线

3 气动优化试验研究

为了避免 1940 年美国大跨度钢桁梁悬索桥因风致颤振引起的桥梁破坏事件的发生，对坝陵河大桥的气动外形进行了一系列的优化试验，图 4 是风洞中的试验照片。试验结果表明，原始的断面形式在添加了细部构件［导轨、吊环、电缆线检修道（无电缆线）］以后，颤振临界风速在 +3°不能够达到设计要求，在 0°也是刚刚达到要求，富裕量不大。为此，又经过了一系列的优化试验，试验结果汇总在表 1 和图 5 中，可以看出，方案 7 即桥面板表面开孔，再加上导流翼板的形式是最优方案。

坝陵河大桥气动外形优化试验内容　　表 1

编号	1	2	3	4
优化内容	（1）系统添加细部构件［导轨、吊环、电缆线检修道（无电缆线）］； （2）桥面板中间开孔	（1）系统添加细部构件［导轨、吊环、电缆线检修道（无电缆线）］； （2）桥面板中间不开孔	（1）系统添加细部构件［导轨、吊环、电缆线检修道（有电缆线）］； （2）桥面板中间不开孔； （3）检修道网加密	（1）系统添加细部构件［导轨、吊环、电缆线检修道（有电缆线）］； （2）桥面板中间开孔； （3）检修道网加密； （4）加裙板

续上表

编号	5	6	7
优化内容	(1)系统添加细部构件[导轨、吊环、电缆线检修道(有电缆线)]; (2)桥面板中间不开孔; (3)检修道网加密; (4)加裙板	(1)系统添加细部构件[导轨、吊环、电缆线检修道(有电缆线)]; (2)桥面板中间不开孔; (3)检修道网加密加翼板(宽40cm)	(1)系统添加细部构件[导轨、吊环、电缆线检修道(有电缆线)]; (2)桥面中间开孔; (3)检修道网加密; (4)加翼板(宽40cm)

4 气动翼板安装方式的选择

通过前期的研究,气动翼板对该桥的颤振临界风速提高效果明显。另一方面,从风场的研究结果可以看出,峡谷来流基本上都在正攻角范围内,因此,还需要将气动翼板的方向做适当的优化。坝陵河大桥实际采用的气动翼板有突起的肋条,在试验中,用优质木材模拟其外形,利用在气动翼板上粘贴线或胶布来模拟凸起的肋,由于肋条非常密集,完全按原型缩尺到模型难以加工,试验中采用了按照肋条宽度相等的原则将10根肋条合并为1根,如图6所示。为了考察肋条的高度对颤振临界风速的影响,我们采用了肋条高度不同的气动翼板进行试验并加以对比。其中一组肋条高度为0.2mm(实型为10mm,设计方所采用),称之为A模型,另一组肋条高度为0.6mm(实型为30mm),称之为B模型。

图4 节段模型风洞试验照片

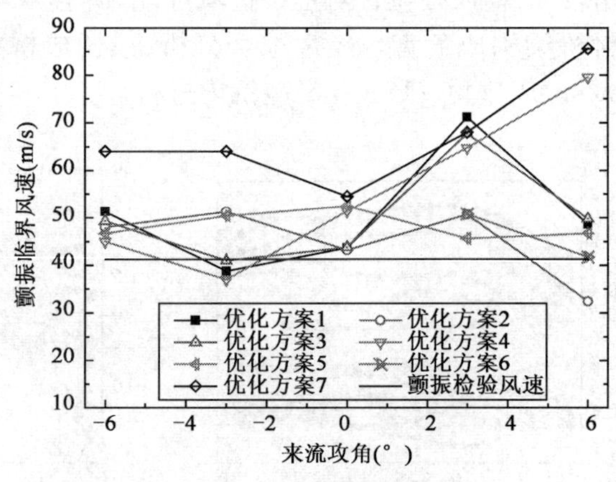

图5 各优化方案的颤振临界风速

图6 风洞试验中的气动翼板

试验考察了翼板安装与主梁夹角的不同(角度正负规定见图7)对颤振临界风速的影响,表2和表3给出了A模型和B模型动力节段模型颤振试验的结果。

由表2和表3可以看出:当肋条的高度增加以后颤振临界风速有较大的降低,低于该桥的颤振检验风速(41.3m/s);安装气动翼板的角度对颤振临界风速有一定的影响,角度为正角度时会降低颤振临界风速,在较小的负角度情况下,会对颤振临界风速稍有提高,但是超过一定角度,反而会降低颤振临界风速;A模型中,气动翼板角度为0°、-3°、-6°,颤振临界风速都超过了坝陵河的颤振检验风速(41.3m/s),其中-3°时颤振临界风速最高,达到了42.8m/s。

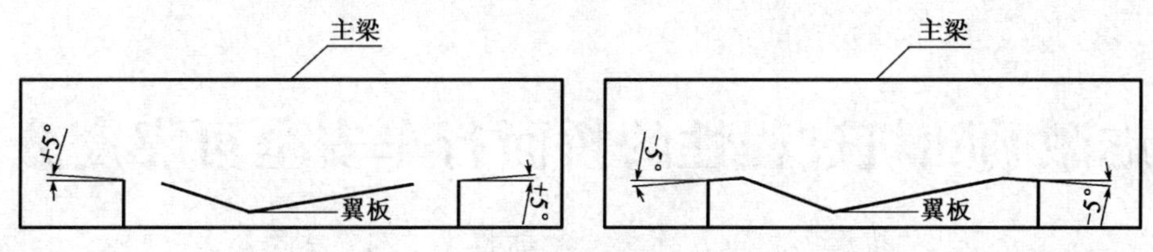

图7　翼板角度正负规定

A 模型颤振试验结果　　表2

试验工况	风攻角(°)	试验 U_{cr}(m/s)	风速比	实桥 U_{cr}(m/s)
翼板角度0°	0	>15.5	4.41	>68.4
	+6	9.6	4.41	42.3
翼板角度-3°	+6	9.7	4.41	42.8
翼板角度-6°	+6	9.6	4.41	42.3
翼板角度-15°	+6	8.9	4.41	39.2
翼板角度+3°	+6	9.3	4.41	41.0
翼板角度+6°	+6	9.0	4.41	39.7

B 模型颤振试验结果　　表3

试验工况	风攻角(°)	试验 U_{cr}(m/s)	风速比	实桥 U_{cr}(m/s)
翼板角度0°	0	>15.5	3.85	>59.7
	+3	14.8	3.85	57.0
	+6	7.6	3.85	29.3
翼板角度-6°	+3	13.7	3.85	52.7
	+6	7.9	3.85	30.4
翼板角度-15°	+6	7.4	3.85	28.5
翼板角度+6°	+6	7.5	3.85	28.9
翼板角度+15°	+6	7.1	3.85	27.3

5　结论

通过研究,得到以下主要研究成果。

(1)山区峡谷区地形风场特性:通过地形数值风洞研究和地形模拟风洞试验结果表明,山区峡谷地区的风速具有明显的不均匀性,平均风速具有明显的风速放大效应,且攻角变化范围大。坝陵河大桥的颤振检验风速检验范围扩大到±6°,且来流基本分布在正攻角范围内。

(2)通过优化试验,气动翼板可以提高大跨钢桁梁悬索桥的颤振稳定性。

(3)翼板表面肋条的高度对颤振临界风速影响较大,当选用第一种(对应模型A)气动翼板形式,其表面肋条相对于第二种(对应模型B)气动翼板来说,高度减少约50%,颤振临界风速明显提高,幅度有40%以上。

(4)安装气动翼板的角度对颤振临界风速有一定的影响,角度为正角度时会降低颤振临界风速,在较小的负角度情况下,会使颤振临界风速稍有提高,但是超过一定角度,反而会降低颤振临界风速。

参考文献

[1]　坝陵河大桥抗风性能研究[R].成都:西南交通大学风工程中心,2007.

考虑激励随机过程性的桥面行车安全可靠度分析

马麟[1]　韩万水[2]　李加武[2]　刘健新[2]

（1. 河海大学土木系　南京　210098；2. 长安大学桥梁系　西安　710064）

1　引言

跨海大桥的建设带来交通便捷的同时，也带来了强侧风作用下桥面行车安全的问题。近年来，关于风致行车安全的研究已有不少报道。由于侧风的作用以及车辆和桥梁运动的相互耦合，桥上行车安全的研究涉及复杂的风—汽车—桥梁耦合振动分析系统，文献[1]中提到了该领域的重要进展，并在以往很多相关研究的基础上将一个考虑驾驶员行为的17 自由度的车辆动力学模型嵌入到目前的风—汽车—桥梁耦合振动分析系统中。文献[2]研究了桥面行车的侧倾和侧滑临界风速，给出了无气动干扰情况下典型车辆在桥面行驶时的临界风速。

文献[1]的研究表明，行车安全受风速、风向的影响，又受到路面粗糙度和脉动风场的影响。这些因素都具有很大的不确定性，平均风速和风向具有随机性，可用极值分布和风向频度来表示，而路面粗糙度和脉动风场则是具有空间相关性的随机过程，受这些因素影响的行车事故相关响应也具有随机过程性。文献[3]用极值分布对桥面车辆侧风作用下行车安全做了可靠度评价。文献[4]用风速风向联合分布研究了行车安全的可靠度问题。但以往研究主要考虑平均风速及风向的随机性，尚没有考虑激励的随机过程性，严格来讲，行车安全可靠度问题是一个随机过程的超越问题。

本文拟以杭州湾跨海大桥为工程背景，以桑塔纳小汽车和箱式货车为分析对象，研究随机过程性对行车安全可靠度的影响。

2 桥面汽车侧倾事故分析

2.1　桥面行车安全分析动力学模型及参数

在研究车和桥梁的相互作用时，汽车被模型化为弹簧、阻尼装置相连的几个刚体和质量块。对于两轴四轮车辆，整个车辆可以分成5 个刚体部件，包括1 个车体、4 个车轮，刚体之间通过弹性元件和阻尼元件相互连接，如图1 所示。车体具有横移、浮沉、侧滚、点头及摇头5 个自由度。每个车轮具有横移和竖移2个独立的自由度。为了研究车辆突然受到侧风引起的驾驶方向偏离，车辆轮胎与地面之间的侧

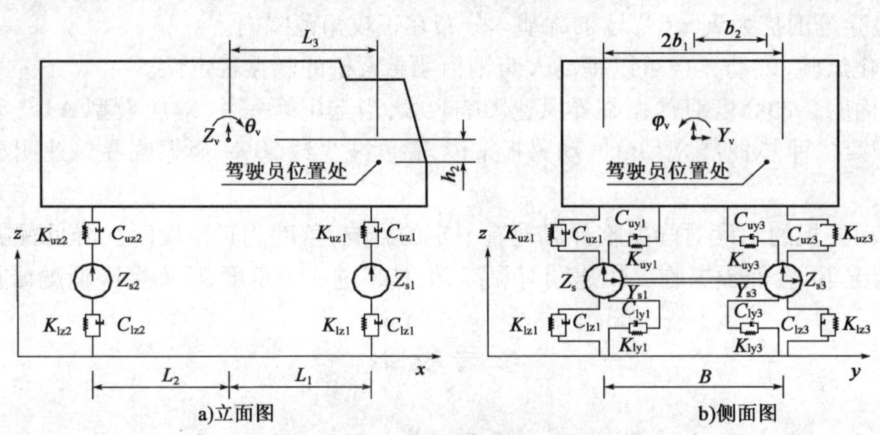

图1　考虑侧滑运动的两轴车辆动力分析模型

向位移作为独立自由度。车辆的总的独立自由度个数为17,表示如下:

$$\boldsymbol{u}_{\mathrm{V}} = \{Z_{\mathrm{V}}\ Y_{\mathrm{V}}\ \theta_{\mathrm{V}}\ \phi_{\mathrm{V}}\ \varphi_{\mathrm{V}}\ Z_{\mathrm{s1}}\ Y_{\mathrm{s1}}\ Z_{\mathrm{s2}}\ Y_{\mathrm{s2}}\ Z_{\mathrm{s3}}\ Y_{\mathrm{s3}}\ Z_{\mathrm{s4}}\ Y_{\mathrm{s4}}\ Y_{\mathrm{c1}}\ Y_{\mathrm{c2}}\ Y_{\mathrm{c3}}\ Y_{\mathrm{c4}}\}^{\mathrm{T}} \tag{1}$$

式中,Z_{V}、Y_{V}、θ_{V}、ϕ_{V}、φ_{V} 分别表示车体的浮沉振动、横摆振动、点头振动(绕 y 轴)、侧滚振动(绕 x 轴)、摇头振动(绕 z 轴);Z_{si}、Y_{si}($i=1,2,3,4$)表示四个车轮浮沉振动、横摆振动;Y_{ci}表示车轮与路面接触点的侧向相对滑动。

本文分析中采用的桑塔纳小汽车和箱式货车的动力学模型参数和无气动干扰情况下的准定常气动力见文献[5]。考虑驾驶员行为的车辆动力学模型被嵌入到侧风下汽车—桥梁耦合振动分析的理论框架和分析程序中,以分析桥面行车的侧滑和侧倾事故相关响应[1]。

2.2 事故相关响应分析

首先分析一个实例说明路面粗糙度的随机过程性对行车安全的影响。以杭州湾大桥为例,设车辆类型为桑塔纳小汽车,车速取60km/h,10m 高平均风速取15m/s。通过改进的谐波合成法[6]模拟桥面高程处的竖向和侧向脉动风,竖向脉动风采用 Lumley 谱,侧向脉动风采用 Simiu 谱。路面粗糙度的功率谱参考《机械振动道路路面谱测量数据报告》(GB/T 7031—2005),路面等级取 B 级,参考空间频率下的路面谱值取 $64\times10^{-6}\mathrm{m}^2/\mathrm{m}^{-1}$,频率指数取2。为说明路面粗糙度的随机过程性对行车安全可靠度的影响,以同样的功率谱共模拟了6个粗糙度样本。

通过考虑驾驶员行为的风—汽车—桥梁耦合振动的分析,得到的桑塔纳小汽车在桥面行驶时的支撑力响应如图2所示。路面粗糙度和脉动风都是随机性的激励,为说明两者都有着不可忽略的作用,这里比较了不考虑脉动风对汽车作用时(仅考虑平均风的作用)的结果。

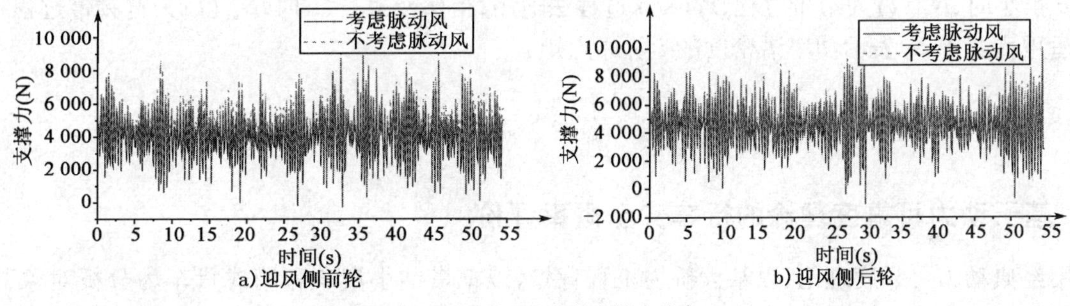

图2 桑塔纳小汽车的支撑力响应

以不同粗糙度样本计算得到的桑塔纳小汽车的支撑力响应的标准差如图3所示。从图3可见,在车速、平均风速、脉动风和路面粗糙的功率谱参数一定的情况下,支撑力响应的标准差因取用的粗糙度样本而不同,即支撑力响应受到粗糙度的随机过程性的影响,从而也具有随机过程性。由于车辆侧倾事故与支撑力响应直接相关,因此,激励的随机过程性对行车安全的可靠度有着怎样的影响是值得深入探讨的,行车安全可靠度问题是一个随机过程的超越问题。拟用经典的动力可靠度理论研究该问题。

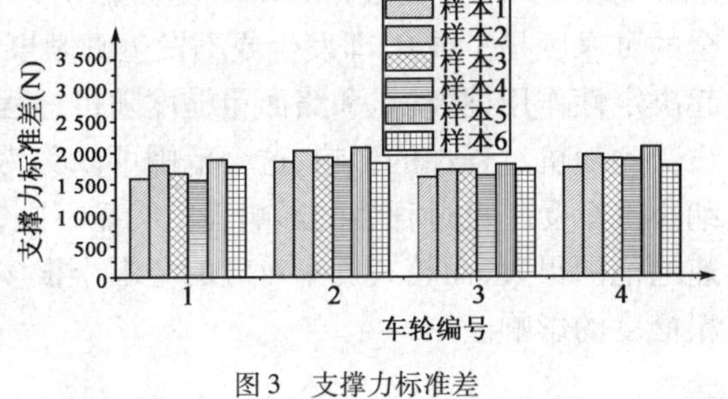

图3 支撑力标准差

3 经典动力可靠度理论简介

可以用动力可靠度理论来研究随机振动系统响应超越某界限的概率。工程中遇到随机超越问题多可采用经典的动力可靠度理论,即基于超越时间的可靠性理论和基于超越极值的可靠性理论来进行研究。在风工程领域,文献[7](1997)系统研究了桥梁抖振动力可靠度问题;文献[8-9]研究了高层建筑的风振可靠度问题。经典动力可靠度理论包括基于超越时间的可靠性理论和基于超越极值的可靠性理论,前者包括 Poisson 过程法和 Markov 过程法,后者包括极值 Rayleigh 分布法和极值 Gauss 分布法。

对于首次超越失效模式,$Y(t)$不小于界限 $Y=b$ 的概率就是 $Y(t)$在时间$(0,T]$内以正斜率与界限 $Y=b$交叉次数 $n_b(T)$为零的概率,即:

$$P\{Y(t)<b,0<t<T\}=P\{n_b^+(T)=0\}=\exp(-v_b^+T) \tag{2}$$

式中,v_b^+ 为交叉速率。

当随机响应 $Y(t)$是近似零均值的平稳高斯过程时,交叉速率也与时间无关,可表示为:

$$v_b=\frac{\sigma_{\dot{Y}}}{2\pi\sigma_Y}\exp\left(-\frac{b^2}{2\sigma_Y^2}\right) \tag{3}$$

Poisson 过程法最有争议的地方是交叉事件彼此独立的假设。为了克服 Poisson 法的上述缺点,E. H. Vanmarcke 提出了结构响应与界限交叉的次数服从 Markov 过程的假设,导出了交叉次数和首次超越概率的解析解,即 Markov 过程法,其交叉速率为:

$$v_b=\frac{\sigma_{\dot{Y}}}{2\pi\sigma_Y}\exp\left(-\frac{b^2}{2\sigma_Y^2}\right)\frac{1-\exp\left(-\sqrt{\frac{\pi}{2}}q\frac{b}{\sigma_Y}\right)}{1-\exp\left(-\frac{b^2}{\sigma_Y^2}\right)} \tag{4}$$

式中,q 为功率谱密度的形状系数(也称谱宽参数):

$$q=\sqrt{1-\frac{\alpha_2^2}{\alpha_0\alpha_4}} \tag{5}$$

当 q 很小时,$N_{wr}(t)$为窄带过程,Poisson 过程法适用;当$0.35\leqslant q\leqslant 1$ 时,$N_{wr}(t)$为宽频带过程,Markov 过程法适用。其中 α_i 表示功率谱密度的 i 阶原点矩:

$$\alpha_i=\int_0^{\infty}\omega^i S_{Nwr}(\omega)\mathrm{d}\omega \tag{6}$$

4 基于动力可靠度理论的行车安全概率评价

采用经典动力可靠度理论,以某大桥为工程背景,以桑塔纳小汽车和箱式货车为分析对象,分析平均风速及风向、车速一定时行车安全的条件概率。采用车速为60km/h,风向为垂直桥轴线方向,路面粗糙度如前所述,计算得到的动力可靠度曲线,即动力可靠度随平均风速的变化曲线如图 4 所示。计算结果表明:Poisson 过程法和 Markov 过程法的计算结果很接近。从图4 可见,当风速很高或很低时,行车安全的可靠度是1 或0,即发生或不发生侧倾事故几乎是必然的,此时车速和平均风速的大小对行车安全起决定性作用,脉动风和路面粗糙度随机过程性的影响微弱。当风速在一定范围时,行车安全可靠度明显受到随机过程性的影响,这个范围可以称为动力可靠度曲线的风速范围。比较可见,箱式货车和桑塔纳小汽车受随机过程性的影响程度明显不同,桑塔纳小汽车的行车安全可靠度从1 变化到0 时,平均风速的范围很大,而箱式货车对应的范围小很多,这说明桑塔纳小汽车的行车安全更易受到脉动风和路面粗糙度的影响。

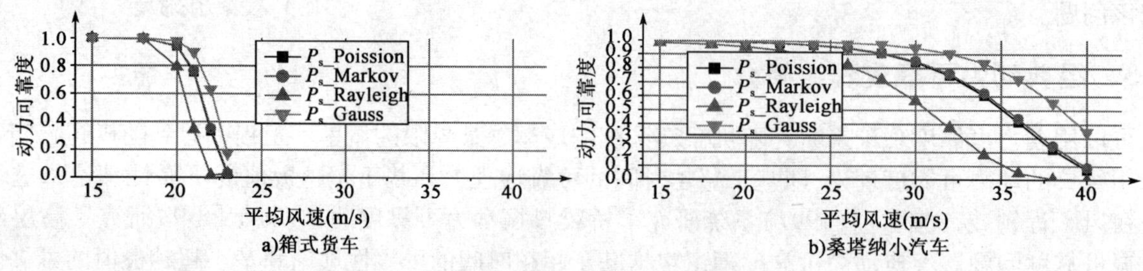

图4 不同平均风速下的行车安全可靠度

5 结语

本文研究了脉动风和路面粗糙度的随机过程性对行车安全可靠度的影响,给出了同时考虑平均风的随机性和激励的随机过程性的行车安全可靠度,并论证了经典动力可靠度理论对该问题的适用性。结果表明:桑塔纳小汽车的行驶安全可靠度比箱式货车更易受随机过程性的影响。

参 考 文 献

[1] 马麟.考虑驾驶员行为的风—汽车—桥梁系统空间耦合振动研究[D].西安:长安大学,2008.

[2] 马麟,韩万水,刘健新,等.几种典型车辆在斜拉桥桥面行驶的临界风速研究[J].振动与冲击(录用,编号8327).

[3] 庞加斌,王达磊,陈艾荣,等.桥面侧风对行车安全性影响的概率评价方法[J].中国公路学报,2006,19(4):59-64.

[4] 韩万水,马麟,院素静,等.基于风速风向联合分布的桥面侧风所致车辆事故概率性分析[J].中国公路学报,2010,23(2):43-49.

[5] 韩万水.风—汽车—桥梁系统空间耦合振动研究[D].上海:同济大学,2006.

[6] 丁泉顺,陈艾荣,项海帆.大跨度空间脉动风场的计算机模拟[J].力学季刊,27(2):184-189.

[7] 葛耀君.桥梁结构风振可靠性理论及其应用研究[D].上海:同济大学,1997.

[8] 罗乃尔.基于可靠度的高层高耸结构抗风分析[D].大连:大连理工大学,2001.

[9] 董安正.高层建筑结构抗风可靠度分析[D].大连:大连理工大学,2002.

[10] Huang N E, Shen Z, Long S R, et al. The empirical mode decomposition and the hilbert spectral for nonlinear and non-stationary time series analysis[J]. Proc. R. Soc. Lond. A, 1998, 454:903-995.

[11] 马麟,刘健新,等.基于Hilbert-Huang变换的大跨度桥梁非线性抖振响应时频分析[J].振动与冲击,2010,29(11):237-241.

[12] 马麟,刘健新.实测风速的广义极值分布和极值分布拟合效果比较研究[G]//第十四届全国结构风工程学术会议论文集(上册):94-100.

钢桁梁悬索桥的抗风试验研究

宋锦忠　马如进　赵林　徐建英

（同济大学土木工程防灾国家重点实验室　上海　200092）

1　引言

1857 年钢桁式结构作为桥梁的主要构件在德国出现，至今在全世界各种桥型中都得到广泛应用，如 1890 年英国的苏格兰福思湾铁路悬臂钢桁架桥（主跨 520m）、1931 年美国华盛顿桥（主跨 1 006m）以及 1937 年旧金山湾口的金门大桥（主跨 1 280m，钢桁架悬索桥）、2007 年我国重庆朝天门长江大桥（主跨 552m，双层钢桁加劲梁钢桁架拱桥）、2009 年上海闵浦大桥（主跨 708m，双层钢桁主梁斜拉桥）。最具代表的当数最大跨度的现代钢桁架悬索桥纪录保持者 1998 年建成的日本明石海峡大桥（主跨 1 991m）。

钢桁式结构所具有的构造特点、抗风特点以及技术经济指标的优势，使其在我国沿海地区桥梁建设中时常出现，随着交通事业的发展这种结构更多出现在我国中西部交通建设中。如贵州主跨达 1 088m 坝陵河钢桁加劲梁悬索桥，湖南吉首矮寨主跨达 1 146m 的钢桁加劲梁悬索桥，湖北主跨为 900m 的宜恩公路四渡河钢桁加劲梁悬索桥等。

本文以宜恩公路四渡河钢桁加劲梁悬索桥为工程背景交流在抗风方面的体会。

四渡河大桥是沪蓉国道主干线宜（昌）—恩（施）高速公路上的大跨度悬索桥工程。该工程地处巴东山区，地形地质条件极为复杂。是一个跨越深切峡谷复杂地形的典型工程。四渡河大桥是一座主跨为 900m 的单跨钢桁架悬索桥，加劲梁宽 26.66m、高 6.55m。受山区交通运输条件的限制，采用工厂制造杆件、现场拼装成段、逐节吊装成梁的施工方案。混凝土门式塔高约 120m。

研究这种环境条件下大跨悬索桥施工阶段及成桥运营状态的抗风稳定性等问题，具有很强的针对性。主要试验研究内容包括桥址处风特性研究、结构动力特性分析、二元刚体节段模型测振试验、三维静风稳定性能分析等多个方面。

2　设计风速的确定

在复杂的山区地形条件下，已不存在低海拔平坦开阔地区所具有的风速沿铅垂高度的幂指数分布特性。在多峰复杂山区的冠层范围内，起伏地形的严重搅拌作用使平均风速显著降低，且表现出很大的湍流强度及较小的湍流尺度。这时，虽然由于风攻角的增大会使静力气动力系数相应增大，加之湍流强度增大等，增加了增大抖振响应的因素，但对于抖振力而言，这些因素均为以线性关系增大，而平均风速则是以平方关系减小，因此，在同样来流风速下，山区桥梁所受到的风荷载总体上将小于平坦开阔地形条件下的风荷载。

由于峡谷间的桥梁一般不会建造于谷顶以上，因此，山区桥梁其穿谷风系数的取值不能像平坦开阔地区那样，简单地取为 1.1～1.2，而应视峡谷的三维尺寸、形状和侧面山坡坡度，并考虑桥面的高度等因素合理确定。必要时应通过地形模型风洞试验来确定。

研究表明，我国现行的《公路桥梁抗风设计规范》以及国外的主要桥梁抗风设计规范或标准中，基于低海拔开阔平坦地区的风速观测资料而建立的基本风速及设计基准风速推算方法，不能适用于高海拔山区大跨度桥梁的抗风设计。

本项研究提出的基于桥位周边大范围高海拔山区的气象台站的风速观测资料，并考虑地理位置及地形条件进行修正，以确定桥位所在地的基本风速及设计基准风速的方法是可行的。此方法得到了四渡河大桥桥位风特性地形模型风洞试验的验证。

由桥位现场风观测塔的风观测资料得到的桥位风紊流特性与桥位地形模型风洞试验的结果是一致的，即，处于起伏较大的山区内的风的紊流特性，主要由当地的紊流特性所决定，而来流的紊流特性影响较小。

在深切峡谷风特性地形模型试验和大桥现场风观测记录的研究结果基础上确定桥位所在地的桥位所在地的基本风速为25m/s，设计基准风速25m/s，颤振检验风速40m/s，静力扭转发散检验风速42m/s。显然，这些设计风速参数都比按规范要求低很多。

3 结构固有动力特性计算与分析

3.1 计算方法

结构动力特性分析采用美国ANSYS空间有限元动力分析程序。主缆为索结构，吊杆有限元模拟时采用杆系单元；加劲梁为桁架+桥面系结构，其中桁架采用梁单元模拟，桥面系为钢结构和混凝土的叠合结构（或正交异性钢桥面板），分别采用梁单元模拟“工”字钢和壳单元模拟桥面板；中央扣用梁单元模拟；桥塔为混凝土结构，采用梁单元模拟桥塔。结构的约束条件为：两个桥塔的承台底面完全固接；主缆在两侧锚碇固接，在塔顶处保持三个线位移约束；加劲梁在桥塔位置处用塔连杆连接，全桥共设有4个塔连杆；桁架与桥塔侧向约束。考虑施工状态时，桁架梁施工段之间只在上弦杆临时铰接，并且桥塔和主缆顺桥向约束释放。

在进行动力特性计算之前，首先要进行非线性静力分析，在成桥状态确定主缆和吊杆的索力，以保证结果的正确性；在施工状态也要进行几何非线性分析，确定主梁的线形。然后在静力分析的基础之上，计入重力刚度的影响进行动力特性分析可以得到结构的频率和振型。

同时根据设计单位提供的加劲梁架设顺序，整个施工阶段可以分成两个大阶段：一为钢桁架梁由跨中向两岸拼装，二为桥面系由跨中向两岸拼装。将这个过程每10%为步长各分成10个不同施工拼装率，进行结构施工阶段的动力特性分析。

3.2 分析结果

根据工程建设的要求，设计单位增补了四渡河桥主桥正交异性钢桥面板的方案。注意到该方案的设计要点，如桥面系采用正交异性钢桥面板，调整自重、主缆索股、吊索的丝径等。其余与钢与混凝土叠合梁桥面板方案相同。

钢与混凝土叠合梁桥面板方案成桥状态一阶对称侧弯频率为0.070 0Hz，一阶竖弯频率为0.120 8Hz，一阶对称竖弯频率为0.177 4Hz，一阶对称扭转频率为0.357 3Hz。

由于正交异性钢桥面板板材的变化，桥面和主缆的质量、刚度相应随之变化，主缆刚度下降约29%，主缆提供的质量惯矩下降约33%，桥面质量小了约50%，加劲桁梁的刚度没有变。因此，一阶对称扭转频率值和钢与混凝土叠合梁桥面板方案仅高2%，一阶反对称扭转频率值高5.6%。

施工阶段动力特性分析结果是拼装前期对称与反对称扭转频率相当，后期反对称基频低于对称基频，而成桥状态反对称扭转基频反超对称扭转基频。

4 设计方案的节段模型试验

试验采用弹簧悬挂二元刚体节段模型，节段模型通过八根弹簧悬挂在外置式支架上。根据实桥加劲梁断面尺寸和风洞试验段尺寸以及直接试验法的要求，选取节段模型的缩尺比为1/51.5。

弹簧悬挂二元刚体节段模型风洞试验除了要求模型与实桥之间满足几何外形相似外，原则上还应满足以下三组无量纲参数的一致性条件：弹性参数、惯性参数、阻尼参数。

试验弹性参数模拟了成桥状态一阶扭转和一阶竖向弯曲振动。实测竖弯和扭转阻尼比均值在0.4%和0.2%左右。模型系统的扭转阻尼比偏小。经附加阻尼后实测模型系统的扭转阻尼比达到

0.6%左右。

4.1 原型断面的颤振试验

从成桥状态节段模型在均匀流场弯扭两个自由度运动状态下的系统总阻尼随试验风速变化曲线看到,在 $-3° \sim +3°$ 攻角范围内,都出现了负阻尼发散现象。对应实桥结构阻尼比0.5%(钢结构)的试验风速即为模型的颤振临界风速,换算到实桥成桥状态的颤振临界风速分别为39m/s、48m/s和79m/s,显然原型方案在 $-3°$ 攻角时颤振临界风速低于四渡河大桥颤振检验风速40m/s,不能满足抗风稳定性的要求。需要采取适当的措施来改善断面的抗风性能。

4.2 改进型断面的颤振试验

参考日本明石海峡大桥等这一类钢桁架加劲梁悬索桥的抗风措施,在原加劲梁断面上稍作气动修改。即沿桥跨方向设置一道稳定板,垂直悬挂起始位置与横梁的上弦杆齐平,其高度值约为12%主桁高。并将中央分隔带处桥面封闭。风洞试验表明:原型方案不利的 $-3°$ 攻角时的颤振临界风速从原先的39m/s提升到55m/s,0°攻角时的颤振临界风速从原先的48m/s提升到65m/s;但是 $+3°$ 攻角时的颤振临界风速从原先的79m/s下降到71m/s。从改进型加劲梁断面的颤振临界风速来看,比原型断面提高40%左右,与日本明石海峡大桥钢桁架加劲梁加制振措施效果一样。改进型方案能满足大桥抗风稳定性的要求。

5 三维静风稳定性数值分析

三维静风稳定性数值分析主要针对全桥成桥状态。主要内容是采用计入三分力效应的非线性有限元分析方法,通过全过程跟踪计算出全桥成桥状态在静风荷载和结构恒载作用下的最大竖向位移、最大侧向位移和最大扭转位移随风速的变化规律。三维结构静风稳定性数值分析是在大型有限元分析软件ANSYS的基础上完成的。为了计入三分力效应,对ANSYS软件进行了二次开发,使其具有分析结构静风稳定性的功能。

5.1 数值计算模型

三维静风稳定性数值分析采用离散结构的有限元方法,桥塔和桥墩结构离散为空间梁单元,主缆采用空间索单元,吊杆采用空间杆单元模拟,桥面混凝土板采用正交异性壳单元模型,以充分考虑约束扭转与畸变变形等因素的影响。结构的约束条件与设计单位的要求一致。

5.2 数值计算结果

全桥成桥状态以承受恒载为初始状态,以5m/s为级差逐级增加风速,计算各级风速下桥梁结构在静风力和恒载共同作用下的竖向、侧向和扭转位移。随着风速的增加,加劲梁跨中的竖向、侧向和扭转位移都逐渐增大,其中,侧向位移的增加相对较快;当风速增大到110m/s后,跨中扭转位移和竖向位移开始加速增长,直到风速增大到115m/s时,扭转位移和竖向位移出现发散,表明结构已经丧失了稳定性,此时结构侧向位移亦有发散的趋势。分析结果表明大桥成桥状态静风失稳临界风速为115m/s,远高于静力扭转发散检验风速42m/s,静风稳定性安全储备很大,且远大于相应状态的检验风速。

6 结论

通过桁架加劲梁钢悬索桥四渡河大桥设计风速参数的研究、结构动力特性分析和风洞试验研究,取得如下主要结论:

(1)在深切峡谷风特性地形模型试验和大桥现场风观测记录研究结果基础上确定桥位所在地的基本风速为25m/s,设计基准风速25m/s,颤振检验风速40m/s,静力扭转发散检验风速42m/s。显然,这些设计风速参数都比按规范要求低很多。

(2)结构动力特性分析表明,原钢桁架与混凝土桥面板和正交异性钢桥面板加劲梁方案在成桥状态动力特性方面相差甚小,结构刚度相当。正交异性钢桥面板方案从结构动力特性、密度比以及气动外形等方面考量与原方案区别不大，密度比稍差，气动外形相近，也能满足抗风稳定性要求。

(3)原设计方案成桥运营状态在均匀流场气动稳定性试验中发现若以钢结构阻尼比0.5%计，-3°攻角的颤振临界风速为39m/s，不能满足大桥抗风稳定性检验风速的要求。需采取适当的措施提高其抗风稳定性能。

(4)改进方案(增设稳定板并封闭中央分隔带处桥面)能有效提高大桥的抗风稳定性能。试验结果表明这些气动措施能将-3°攻角和0°攻角时结构的颤振临界风速从原来的39m/s和48m/s提高到55m/s和65m/s，+3°攻角时颤振临界风速将从原先的79m/s反而降至71m/s，但均能满足大桥的气动稳定性要求。

(5)原设计图中已在跨中设置了中央扣，这一措施大大提高了结构的扭转刚度，尤其是反对称扭转刚度。如不设中央扣，则结构的扭转基频较低且为反对称形态，而非现在的对称形态。

(6)三维结构静风稳定性计算表明，原方案和改进方案的静风扭转和竖向位移发散失稳临界风速为115m/s左右，远高于静力扭转发散检验风速42m/s。静风稳定性安全储备较大。

参考文献

[1] 中华人民共和国行业标准. JTG/T D60-01—2004 公路桥梁抗风设计规范. 北京:人民交通出版社,2004.

[2] 宋锦忠,林志兴,等. 四渡河悬索桥桥位风环境地形模型风洞试验研究[R]. 上海:同济大学土木工程防灾国家重点实验室,2005.

[3] 庞加斌,宋锦忠,林志兴. 山区大跨桥梁设计风速的确定方法[G]//第七届全国风工程和空气动力学学术会议,成都,2006.

[4] 宋锦忠,等. 四渡河悬索桥抗风性能风洞试验研究[R]. 上海:同济大学土木工程防灾国家重点实验室,2004.

[5] 日本土木学会. 桥梁的耐风设计——基准与最新进展. 2003.

Wind-Induced Vibration of Suspended Beams Under Sequential Loads Moving with Resonant Speeds

J. D. Yao[1,2] (姚忠达) G. R. Ye[1] (叶贵如)
J. Q. Jiang[1] (蒋吉清) Keli Dong[1] (董可丽)

1. College of Civil Engineering and Architecture, Zhejiang University, HangZhou, 310027;
2. Department of Architecture, Tamkang University, New Taipei City)

1 Introduction

Generally speaking, the solution procedure of wind-induced response for a suspension bridge involves a tremendous amount of computation due to nonlinear and non-conservative nature of wind flows. By modeling the suspension bridge as a single-span suspended beam, the linearized deflection theory of suspension bridges is employed to formulate the vertical and torsional equations of motion for the suspended beam under simultaneous action of moving loads and wind excitations. The train loadings are assumed to travel along the centerline of the bridge deck and simulated as a row of equidistant moving loads (Yang et al., 1997). The wind loads acting on the bridge deck are generated in the time domain by digital simulation techniques that can account for the spatial correlation and stochastic nature of turbulent wind velocity field, in which the aerodynamic coefficients of the lift wind force and pitching wind moment acting on the deck section are related to the angle of attack (Simiu and Scanlan, 1996). Because of nonlinear and motion-dependent nature of wind flows, the coupled equations are discretized by the Newmark method in the time domain and then solved by an incremental-iterative procedure. The amplification of wind-induced vibrations on the suspended beam subjected to moving loads will be investigated.

2 Formulation of the problem

Figure 1 shows a suspension bridge model that is simulated as a single-span suspended beam with hinged ends under simultaneous action of cross winds and a row of concentrated loads P moving at speed v. The following are the assumptions adopted: (1) The linearized deflection theory of suspension bridges (Rocard, 1957) is adopted to describe the vertical and torsional motions of the single-span suspended beam; (2) The suspension cables are assumed to carry all the dead loads acting on the beam via the hangers, so that the beam is unstressed prior to action of the moving loads and wind loads. The hangers are assumed to be inextensible and weightless.

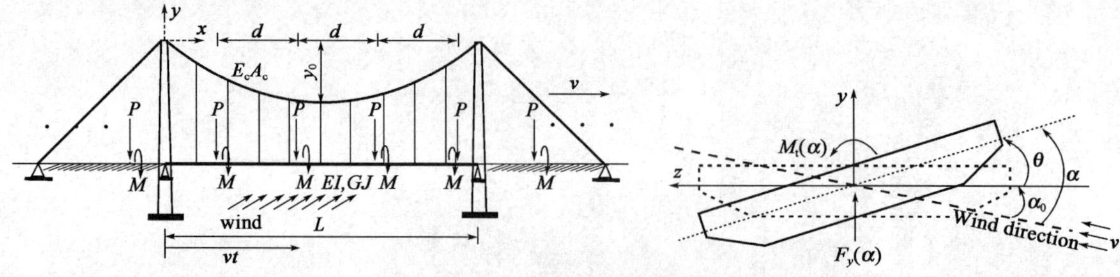

Figure 1 Suspended beam under moving loads and lateral wind loads

2.1 Governing equations of motion

For a simply supported beam suspended by a parabolic cable with a cable sag y_0, the governing equation of motion for the suspended beam undergoing differential support movements can be described as (Hayashikawa, 1997; Cheng et al., 2003)

$$m\ddot{u} + c\dot{u} + EIu'''' - Hu'' + \left(S\int_0^L u\mathrm{d}x\right) = p(x,t) + F_y(\alpha)$$

$$S = \left(\frac{8y_0}{L^2}\right)^2 \frac{E_c A_c}{L_c} \tag{1}$$

$$I_t\ddot{\theta} + c_t\dot{\theta} - \left(GJ + \frac{HB_c^2}{4}\right)\theta'' + \frac{SB_c^2}{4}\int_0^L \theta\mathrm{d}x = M_t(\alpha)$$

where $(\theta)' = \partial(\theta)/\partial x, (\dot{\theta}) = \partial(\theta)/\partial t$, m is mass of the beam and cable per unit length along x-axis, c = damping coefficient, $u(x,t)$ is vertical deflection of the beam, EI is flexural rigidity of the beam, T is horizontal component in the initial cable tension (due to dead loads), I_t is the mass moment of inertia, c_t is torsional damping coefficient, G is shear modulus, J is torsional constant of the beam, $p(x,t)$ is loading function of moving loads, with E_c is elastic modulus of the cable, A_c is area of the cable, L_c is the effective length of the cable. The train moving along one side of the deck is simulated as a sequence of vertical loads P with identical interval d moving at speed v. The aerodynamic lift force and pitching moment acting on the bridge deck can be expressed in terms of α as follows (Xu et al., 2003):

$$F_y(\alpha) = \frac{\rho v^2 B}{2}C_y(\alpha), \quad M_t(\alpha) = \frac{\rho v^2 B^2}{2}C_M(\alpha), \quad v = v_0 + w \tag{2}$$

where v is velocity of wind loads, v_0 is mean velocity of wind, w is velocity of fluctuating wind, ρ is the air density, B is bridge width, C_y is aerodynamic lift coefficient, and C_M is aerodynamic pitching moment coefficient. Generally, the aerodynamic coefficient curves established by experimental means are nonlinear functions of the angle of attack α (Xu et al., 2003), which cannot be expressed by simple, analytical functions. Correspondingly, the vertical load $p(x,t)$ can be represented as follows (Yang et al., 1997, 2004):

$$p(x,t) = P\sum_{k=1}^{N}\{\delta[x - v(t - t_k)] \times [U(t - t_k) - U(t - t_k - L/v)]\} \tag{3}$$

where δ is Dirac's delta function, $U(t)$ is unit step function, N is total number of train loads, and $t_k = (k-1)d/v$ is arriving time of the kth load at the beam. The boundary conditions for the suspended beam with two-hinged supports are:

$$u(0,t) = u(L,t) = 0, \theta(0,t) = \theta(L,t) = 0, EIu''(0,t) = EIu''(L,t) = 0 \tag{4}$$

2.2 Simulation of turbulent wind velocity

To perform the dynamic analysis of a suspended beam in cross winds in time domain, the following simplified spectral representation of turbulent wind (Xu et al., 2003) is employed to generate the time history of turbulent airflow velocity $w_j(t)$ in mean wind flow direction (lateral) at the jth point on the suspended beam as:

$$w_j(t) = \sqrt{2(\Delta\omega)}\sum_{n=1}^{j}\left[\sum_{i=1}^{N_f}\sqrt{S_w(\omega_{ni})} \times G_{jn}(\omega_{ni}) \times \cos(\omega_{ni}t + \psi_{ni})\right], \quad j = 1,2,\cdots,N_s \tag{5}$$

A detailed description of symbols used can be referred to the reference Xu et al. (2003). By using the aerodynamic coefficient curves for $C_y(\alpha)$ and $C_M(\alpha)$ given by Cheng et al. (2003) (see Figure 2) with an initial incident angle of $\alpha_0 = 1.4°$ and considering the mean wind velocity 30m/s, the turbulent wind velocities at the middle position of the suspended beam has been simulated and shown in Figure 3.

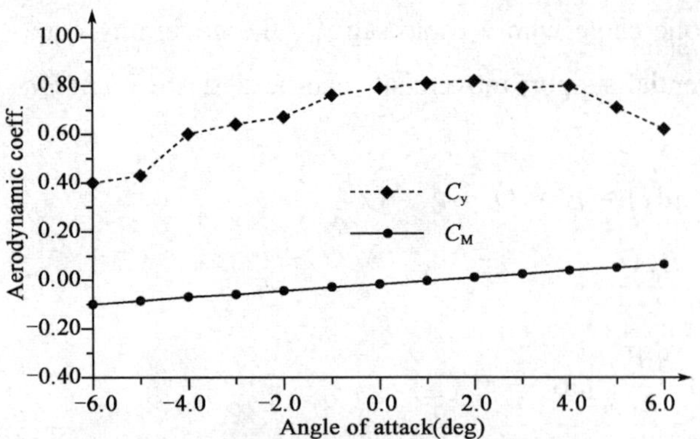

Figure 2 Aerodynamic coefficients vs. angle of attack

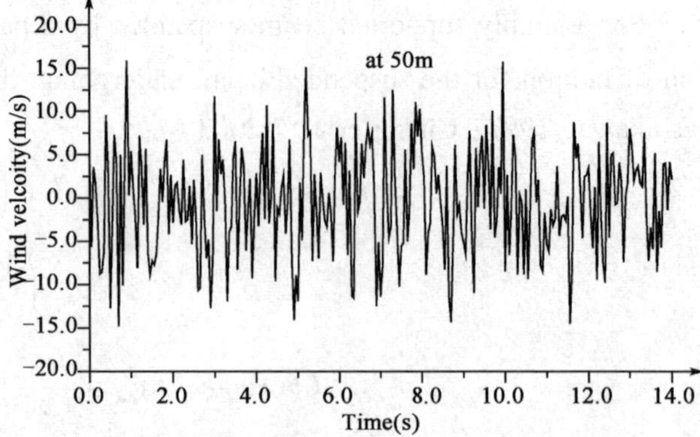

Figuer 3 Simulated wind velocity at mid-span of the beam

3 Solution method

Because of nonlinear nature of wind loads, the equations are coupled. By Galerkin's method, they can be converted into a set of generalized equations of motion with coupled terms and discretized by the Newmark method in the time domain and then solved by an incremental-iterative procedure. As shown in Eqs. (1), the torsional-flexural equations are coupled for all the n generalized coordinates of the suspended beam under simultaneous action of moving loads and turbulent wind loads. To solve this dynamic system, a computational procedure of incremental-iterative dynamic analysis conventionally involving predictor, corrector, and equilibrium checking is presented. Detailed information for nonlinear VBI dynamic analysis can be referred in reference (Xu et al., 2003).

4 Numerical examples

As shown in Figure 1, a single-span suspended beam under the lateral wind loads is subjected to a sequence of successively moving loads. In computing the acceleration response of the suspended beam subjected to the moving loads, the first 20 modes of vertical and torsional displacements of the beam are considered for all the following examples. The acceleration responses computed for the first quarter-point and mid-span sections on the line of action of the moving loads have been plotted in Figure 4. As expected, both the acceleration responses for the quarter-point and mid-span sections continue to build up as there are more vehicular loads passing through the bridge. However, the resonant amplitude at the mid-span due to the moving loads traveling at the second resonant speed $v_{b2,res}$ (= 147km/h) is significantly smaller than that at the quarter-point for the moving loads traveling at the first resonant speed $v_{b1,res}$ (= 125km/h), even though the former speed $v_{b2,res}$ is larger than the latter speed $v_{b1,res}$. The reason is that as a row of moving loads, with an interval ($d = 22$m) far smaller than the bridge span length ($L = 100$m), pass through the bridge, the simultaneous presence of the moving loads on the bridge deck may exert a suppression action on the first symmetric mode (i. e., the second bending mode), rendering the mid-span acceleration of the bridge less severe compared with the other resonant case involving the anti-symmetric mode.

Figure 5 shows the $a_{max} - x/L$ plot of the suspended beam under the action of wind loads with the prescribed conditions for the aerodynamic forces. As can be seen, the acceleration responses of the beam are totally amplified. Meanwhile, the symmetric modes including higher bending modes play a dominant role on the acceleration amplitude of the mid-span of the beam, in the sense that the acceleration responses of the main beam are totally amplified. It means that once the wind velocity reaches a certain high level, the symmetric modes may dominate the maximum acceleration response of the beam, under which condition the maximum acceleration will be amplified at the mid-span of the beam.

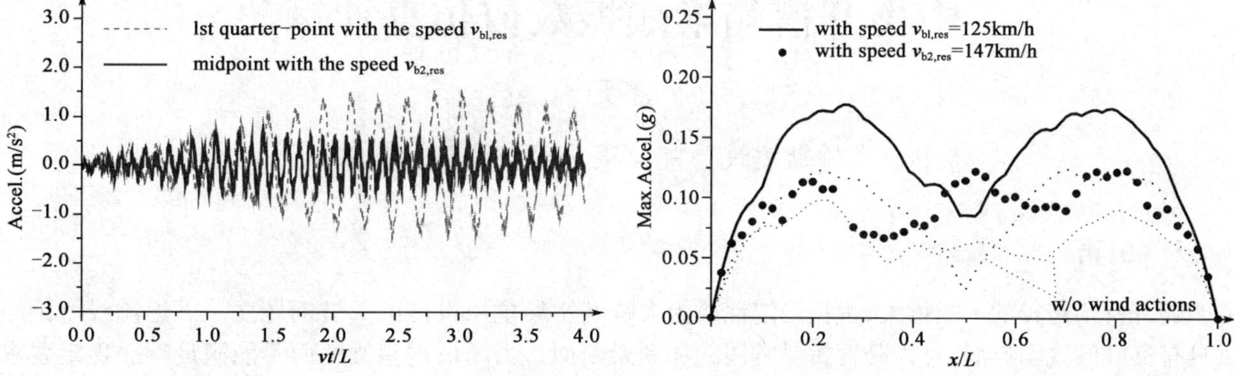

Figure 4 Resonant responses of the suspended beam

Figure 5 Amplification of winds on $a_{max}-x/L$ plot

5 Conclusions

The numerical results indicate that once the exciting passage frequency (v/d) of a row of moving loads matches any of the natural frequencies of the bridge, resonance will be developed on the bridge. Moreover, once the wind velocity reaches a certain high level, the symmetric modes may dominate the maximum acceleration response of the beam, under which condition the maximum acceleration will occur at the mid-span of the beam, and the acceleration response of the beam will be totally amplified.

6 Acknowledgement

This paper was written when the first author visited College of Civil Engineering and Architecture, Zhejiang University, for academic research in 2011.

References

[1] Cheng J, Jiang J J, Xiao R C, et al. Series method for analyzing 3D nonlinear torsional divergence of suspension bridges[J]. Computers and Structures, 2003, 81:299-308.

[2] Hayashikawa T. Torsional vibration analysis of suspension bridges with gravitational stiffness[J]. J. Sound and Vibr., 1997, 204(1):117-129.

[3] Rocard Y. Dynamic Instability[M]. New York: Frederick Ungar Publishing Company, 1957.

[4] Scanlan R H. Aerodynamics of cable-supported bridges[J]. J. Construct. Steel Res., 1996, 39(1):51-68.

[5] Xu Y L, Xia H, Yan Q S. Dynamic response of long suspension bridge to high wind and running train [J]. ASCE J. Bridge Eng., 2003, 8:46-55.

[6] Yang Y B, Yau J D, Hsu L C. Vibration of simple beams due to trains moving at high speeds[J]. Engrg. Struct., 1997, 19(11):936-944.

[7] Yau J D, Yang Y B. Vibration of a suspension bridge installed with a water pipeline and subjected to moving trains[J]. Engrg. Struct., 2008, 30:632-642.

中央开槽箱梁颤振数值仿真计算

詹昊

（中铁大桥勘测设计院有限公司　武汉　430056）

1　引言

随着桥梁跨径的不断增大,颤振稳定性成为大跨度桥梁抗风设计的关键问题之一。近流线型钢箱梁具有良好的气动性能,是大跨度桥梁常用的加劲梁断面。当闭口钢箱梁断面不能满足颤振稳定要求时,中央开槽是提高颤振临界风速的有效气动措施。本文对计算流体力学软件 FLUENT 进行二次开发,建立二维弯曲、扭转流固耦合模型,对箱梁及其不同开槽宽度时的颤振临界风速进行数值仿真计算。

2　数值仿真计算

2.1　数值仿真计算原理

建立二维弯曲、扭转流固耦合数值计算模型,见图 1。

物体竖向运动和扭转运动方程分别为:

$$m\ddot{y} + c\dot{y} + k_h y = F_y \tag{1}$$

$$I_\theta \ddot{\theta} + c_\theta \dot{\theta} + k_\theta \theta = M_\theta \tag{2}$$

式中,m 为结构质量;c 为物体阻尼;k_h、k_θ 分别为 y 方向的刚度和扭转刚度;F_y、M_θ 分别为 y 方向物体所受到的外力和扭转力矩;y、$\dot{y}$、$\ddot{y}$ 分别为物体在 y 方向的位移、速度、加速度;θ、$\dot{\theta}$、$\ddot{\theta}$ 分别为物体的扭转位移、速度、加速度。

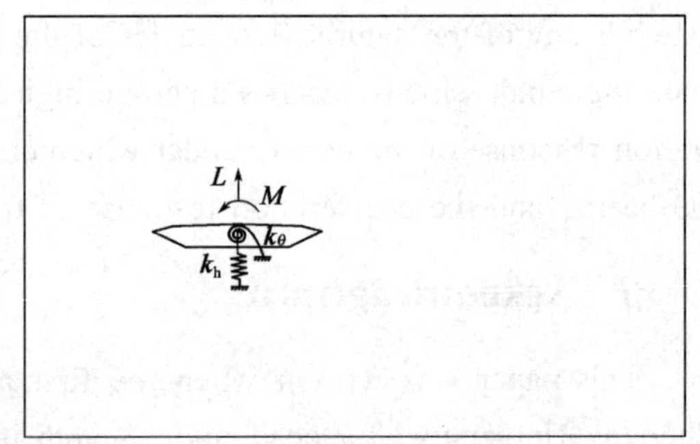

图 1　数值仿真计算模型

不可压缩黏性流体运动方程 Navier-Stokes 方程,在直角坐标系下,连续方程和动量方程分别为:

$$\mathrm{div}\boldsymbol{u} = 0 \tag{3}$$

$$\frac{\partial \boldsymbol{u}}{\partial t} + \boldsymbol{u} \cdot \mathrm{grad}\boldsymbol{u} = -\frac{1}{\rho}\mathrm{grad}p + \nu \Delta \boldsymbol{u} \tag{4}$$

式中,$\boldsymbol{u}$ 为流体的速度分量;p 为流体压力;ν 为流体运动黏性系数,空气中运动黏性系数常温时取 $1.5 \times 10^{-5} \mathrm{m^2/s}$。

用 FLUENT 软件求解流体控制方程式(3)、式(4),求出作用在物体上的升力和力矩。通过用户自定义函数(UDF),将 Newmark 方法的 C 语言代码同 FLUENT 软件连接,并提取升力和力矩带入物体运动方程(1)、(2),求解物体的动力响应。然后通过 FLUENT 的动网格技术,将物体的速度传递给网格。最后用速度与时间步相乘来得到网格位置的更新,开始下一个时间步的计算。如此循环得到各时间步的振动位移。

2.2　数值仿真计算参数

同济大学对 5 种槽宽开槽断面(开槽宽度分别为原型断面宽度的 20%、40%、60%、80% 和 100%)进行了风洞试验研究[1]。风洞试验模型尺寸见图 2,三种方案局部网格图划分见图 3。风洞试验模型参数见表 1,数值计算参数同风洞试验。本文对三种截面在风攻角为 0°时进行了颤振数值仿真计算。

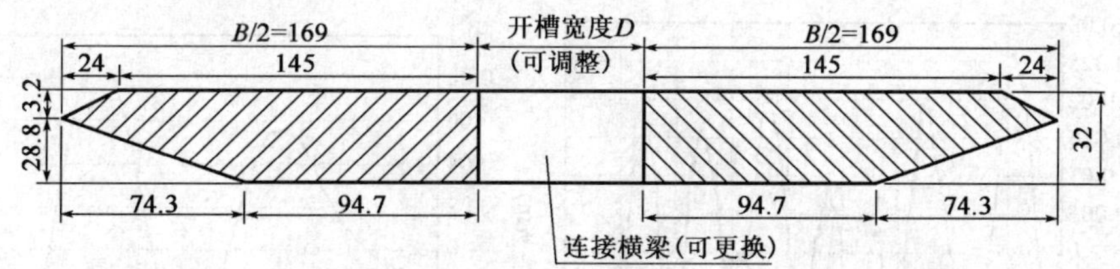

图2 风洞试验模型尺寸(尺寸单位:cm)

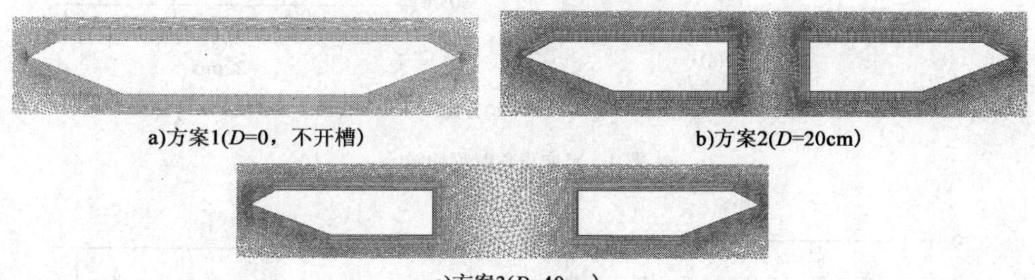

图3 3种方案局部网格划分图

风洞试验模型参数 表1

质量(kg/m)	扭转惯矩(kgm^2/m)	竖弯频率(Hz)	扭转频率(Hz)
6.717 3	0.371 2	1.343 0	2.661 3

采用有限体积法求解,其中对流项采用二阶迎风差分格式,压力和速度的耦合采用SMPLEC算法,数值计算采用LES湍流模型。

2.3 数值仿真计算结果

方案1到方案3在不同风速下的竖向位移、扭转位移时程曲线见图4和图5。

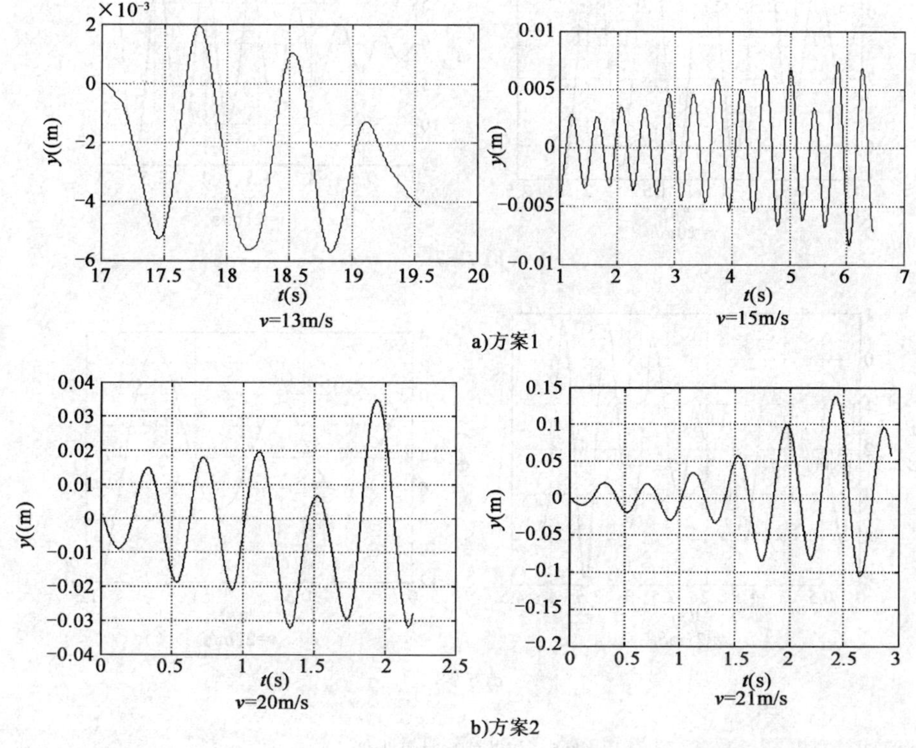

图 4

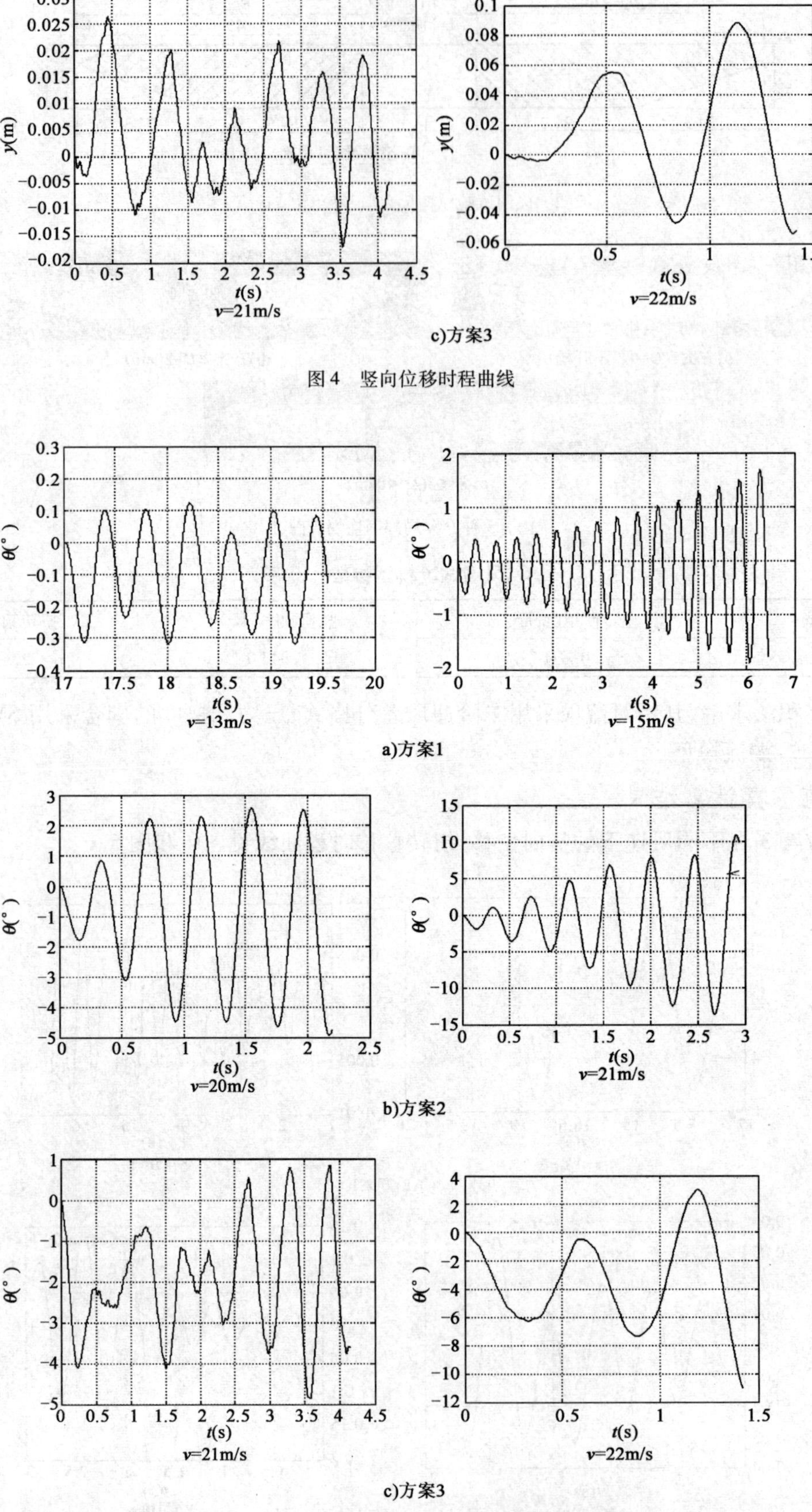

c)方案3

图4　竖向位移时程曲线

a)方案1

b)方案2

c)方案3

图5　扭转位移时程曲线

以结构开始发散振动时的风速作为颤振临界风速,颤振临界风速比较见表2。

颤振临界风速(m/s) 表2

方案	方案1	方案2	方案3
风洞试验值	15	18	19.8
数值仿真计算值	13	20	21

由表2可以看出颤振临界风速数值仿真计算值和风洞试验值基本吻合。

3 结论

(1)本文通过对FLUENT二次开发计算颤振临界风速值和风洞试验基本吻合。

(2)钢箱梁中央开槽适当宽度可以提高颤振临界风速。

参考文献

[1] 邹小洁,杨詠昕,葛耀君.大跨度悬索桥钢箱梁中央开槽的颤振控制机理[J].力学季刊,2007,28(2):187-194.

吊拉组合体系桥施工过程抗风稳定性分析

张新军

（浙江工业大学建筑工程学院　杭州　310014）

1　引言

斜拉—悬吊协作体系桥梁（以下简称吊拉组合体系桥）是在传统悬索桥和斜拉桥基础上发展而来的一种新型缆索支承桥梁，它综合了两种体系的主要优点，并克服了单一悬索桥或斜拉桥在力学性能、经济性能、施工以及抗风性能等方面存在的不足，具有较强的跨越能力。吊拉组合体系的构思由来已久，并在国内外大跨桥梁的设计方案中屡次提出[1-2]。进入21世纪后，世界桥梁工程将进入跨海连岛大桥建设的新时期。这些桥梁工程将面临软土地基、深水基础、强台风等恶劣自然条件的影响，仅用单一的斜拉桥或悬索桥体系已不能满足工程要求。吊拉组合体系桥具有结构新颖美观、受力合理、跨越能力强、抗风性能好、施工安全以及造价低等优点，为21世纪跨海连岛大桥的建设提供了一种理想的解决方案。

迄今为止，国内外学者对吊拉组合体系桥开展了大量的研究工作，主要集中在结构体系、静力和动力性能以及经济性能方面[3-6]，而对它的抗风稳定性研究（包括空气静力和空气动力稳定性）则非常少[7]。与悬索桥和斜拉桥一样，吊拉组合体系桥也是一种大跨柔性结构，对风的作用非常敏感，抗风稳定性是其设计和建造中必须考虑的重要问题。与成桥状态相比，施工中的吊拉组合体系桥由于尚未形成最终的结构体系，结构刚度尤其是扭转刚度明显削弱，风作用下结构将产生更大的变形和风振响应，结构的抗风稳定性问题将更趋严峻。因此，前期仅针对成桥状态吊拉组合体系桥的抗风稳定性研究是不够的，还应重点加强对施工期吊拉组合体系桥抗风稳定性的研究，以确保其施工过程的结构安全性。

为此，以某1 400m主跨的吊拉组合体系方案桥为工程背景，分别模拟主梁从两侧桥塔向中跨跨中对称拼装以及同时从两侧桥塔和中跨跨中开始最后在斜拉段与悬吊段结合处合龙的对称拼装施工的两种施工顺序，采用三维非线性空气静力和动力稳定性分析方法，分析了主梁拼装过程结构的空气静力和动力稳定性的演变规律，并从抗风稳定性角度探讨吊拉组合体系桥适宜的主梁施工顺序。

2　桥梁及主梁拼装施工顺序简介

2.1　吊拉组合体系方案桥

图1为一座主跨1 400m的吊拉组合体系方案桥[8]，桥跨布置为319m + 1 400m + 319m的三跨连续结构。该桥主跨采用等效跨径为612m的悬索桥和788m的斜拉桥两种体系。主缆中心距为34m，相对于悬吊部分的矢跨比为1/10，吊杆间距为18m。斜拉索间距在边跨为14m，在中跨为18m。主梁采用扁平状流线型钢箱梁，宽36.8m，高3.85m。主塔为门式框架结构，由塔柱和上、中、下横梁组成，塔高约259m。锚碇采用重力式，并以沉井作为基础。

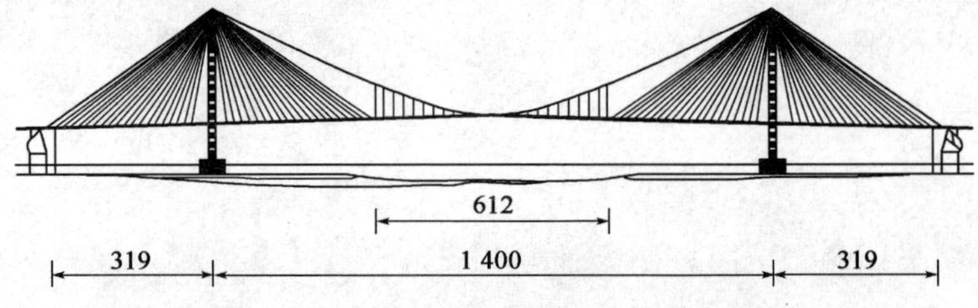

图1　主跨1 400m的吊拉组合体系方案桥立面布置图（尺寸单位：m）

2.2 主梁拼装施工顺序

为了探讨不同主梁拼装施工顺序对吊拉组合体系桥施工过程抗风稳定性的影响，对吊拉组合体系方案桥进行了如图2所示的两种不同主梁拼装施工顺序的分析研究。

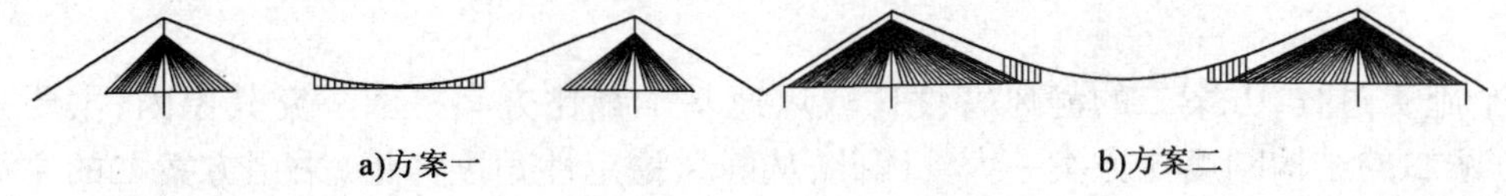

a)方案一　　b)方案二

图2　主梁拼装施工顺序示意图

方案一的斜拉段和悬吊段同时进行施工，悬吊段主梁自中跨跨中处开始向两侧对称拼装施工，斜拉段主梁则从桥塔开始向两侧对称拼装施工，最后主梁在斜拉段和悬吊段结合处合龙。方案二则是在主缆架设完成后首先进行斜拉段主梁的拼装施工，再进行悬吊段主梁的拼装施工，最后在中跨跨中处合龙。

3　吊拉组合体系桥施工过程空气静力稳定性分析

采用三维非线性空气静力分析程序[9]，在 -3°、0°和 +3°三个初始风攻角下对吊拉组合体系方案桥施工过程的空气静力稳定性进行了分析。分析时，对两种主梁拼装施工顺序建立了相应的三维有限元分析模型，如图3所示，其中主梁采用脊骨梁的计算模型，主梁、桥塔以及横梁采用空间梁单元模拟，主缆、吊杆和斜拉索则采用空间杆单元模拟，主梁与吊杆及斜拉索之间采用刚性横梁联系。计算所得的施工过程静风特性比较风速随主梁拼装率的变化趋势如图4所示。需要指出的是，该桥主梁断面的静力三分力系数试验结果局限在 -6° ~ +6°风攻角之间，但是由于主梁达到 ±6°有效攻角时结构未出现失稳，为了对比各主梁施工方案结构的静风特性，在此统一按主梁达到 ±6°有效攻角时的风速来比较，并将此风速值定义为“静风特性比较风速”。

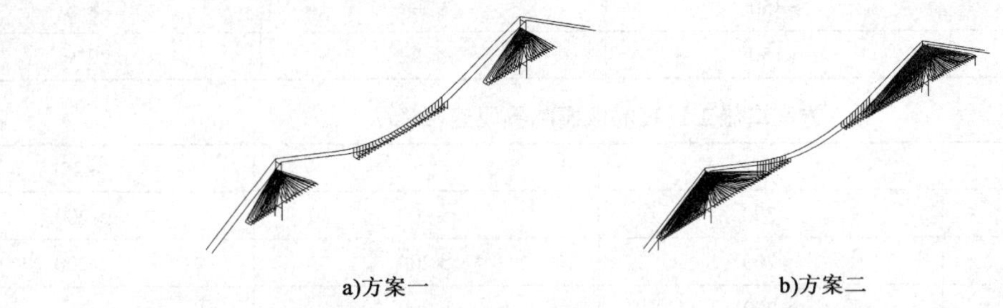

a)方案一　　b)方案二

图3　不同主梁拼装施工顺序的结构三维有限元分析模型

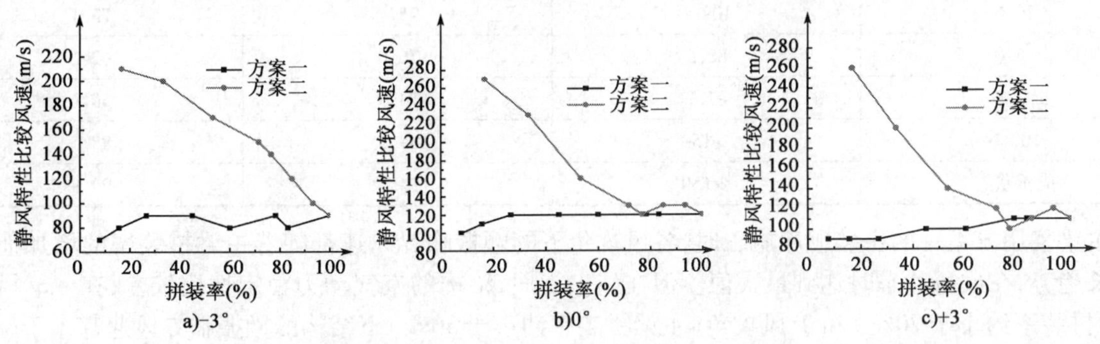

图4　静风特性比较风速随主梁拼装率的变化趋势

由图4可以看出，主梁采用方案一的拼装施工顺序时，整个施工过程的静风特性比较风速变化非常平缓，在 -3°、0°和 +3°风攻角下相应的最小静风特性比较风速分别为70m/s、100m/s 和90m/s，除 -3°

风攻角外其余均大于该桥施工阶段的静风扭转发散检验风速值85m/s[8]。

与方案一不同,主梁采用方案二的拼装顺序施工时,结构的静风特性比较风速在施工初期非常大,随着施工的不断推进而逐渐减小,在 -3°、0°和 +3°风攻角下相应的最小静风特性比较风速分别为90m/s、120m/s 和 100m/s,均大于该桥施工阶段的静风扭转发散检验风速值,因而具有较好的静风稳定性。

纵观整个施工过程,方案二的静风特性比较风速基本都比方案一大。究其原因,主要是如前节所述,施工期方案二的结构刚度比方案一大。因此,从静风稳定性角度考虑,采用方案二的主梁拼装施工顺序更为有利。

4 吊拉组合体系桥施工过程空气动力稳定性分析

采用大跨度桥梁三维非线性空气动力稳定性分析程序[9],在 -3°、0°和 3°风攻角下,对吊拉组合体系方案桥施工状态的空气动力稳定性进行了分析,两种主梁拼装施工顺序下结构的颤振临界风速随主梁拼装率增加的变化趋势如表 1 和表 2 所示。

方案一施工过程的颤振临界风速(m/s) 表1

主梁拼装率(%)	-3°	0°	+3°
7.8	44.6	42.6	71.2
15.6	49.6	48.7	87.6
26.6	61.17	54.2	81.7
45.0	98.35	64.2	75.6
60.0	>150	69.2	71.5
78.3	>150	73.2	80.1
88.3	>150	76.8	80.2
100.0	>150	89.3	88.5
成桥状态	>150	94.2	99.9

方案二施工过程的颤振临界风速(m/s) 表2

主梁拼装率(%)	-3°	0°	+3°
16.7	>200	>200	>200
33.3	>200	>200	>200
53.3	>200	>200	>200
71.6	123.2	112.0	99.1
76.6	109.1	95.4	73.1
85.0	88.5	76.0	62.2
93.3	87.7	74.9	59.6
100.0	>150	89.3	88.5
成桥状态	>150	94.2	99.9

主梁采用方案一的拼装顺序施工时,各风攻角下的颤振临界风速都随着主梁拼装率的增加而呈单调增长趋势,在成桥状态时达到最大值。但在施工初期,结构的空气动力稳定性比较差,在 -3°风攻角(主梁拼装率约小于 20%)和 0°风攻角(主梁拼装率约小于 30%)下结构的颤振临界风速都小于施工阶段的颤振检验风速值 60.7m/s[8],因而需要采取有效的辅助措施来增强其抗风稳定性。

与方案一不同,主梁采用方案二的拼装顺序施工时,施工阶段的颤振临界风速则呈现 U 形变化规律,在施工初期及主梁合龙后结构的颤振临界风速都非常大,但在主梁拼装率约为 80% ~90% 区间内达到低谷。纵观整个施工过程,结构的颤振临界风速均大于 60.7m/s 的施工阶段颤振检验风速值。因此,主梁采用方案二的施工顺序时,结构具有较好的空气动力稳定性。因此,从空气动力稳定性考虑,主梁也宜采用方案二的拼装施工顺序,也即主梁在跨中处合龙要好于在斜拉、悬吊交接处合龙。

5 结论

以某1 400m主跨的吊拉组合体系方案桥为工程背景,分别模拟主梁从两侧桥塔向中跨跨中对称拼装以及同时从两侧桥塔和中跨跨中开始最后在斜拉段与悬吊段结合处合龙的对称拼装施工的两种施工顺序,采用三维非线性空气静力和动力稳定性分析方法,分析了不同主梁拼装施工顺序对施工过程结构抗风稳定性的影响。分析结果表明:主梁采用从两侧桥塔向中跨跨中对称拼装施工顺序时,施工过程结构的刚度和自振频率大,并具有较好的空气静力和动力稳定性。因此,从抗风稳定性角度考虑,对于吊拉组合体系桥,主梁宜采用从两侧桥塔向中跨跨中的对称拼装施工顺序。

参考文献

[1] 尼尔斯J吉姆辛. 缆索支承桥梁——概念与设计[M]. 金增洪,译. 2版. 北京:人民交通出版社,2002.

[2] 伊藤学,川田忠树. 超长大桥梁建设序幕——技术者的新挑战[M]. 刘健新,和丕壮,译. 北京:人民交通出版社,2002.

[3] 胡隽. 大跨度吊拉组合索桥的理论研究[D]. 北京:北方交通大学,2000.

[4] 孙淑红. 大跨径吊拉组合桥结构体系及计算方法研究[D]. 重庆:重庆交通学院,1999.

[5] 曾攀,钟铁毅,闫贵平. 大跨径斜拉—悬索协作体系桥动力分析[J]. 计算力学学报,2002,19(4):472-476.

[6] 肖汝诚,项海帆. 斜拉—悬吊协作体系桥力学特性及其经济性能研究[J]. 中国公路学报,1999,12(3):43-48.

[7] 张新军,孙炳楠,陈艾荣,等. 斜拉—悬吊协作体系桥的颤振稳定性研究[J]. 土木工程学报,2004,37(7):106-110.

[8] 肖汝诚,贾丽君,薛二乐,等. 斜拉—悬吊协作体系桥的设计探索[J]. 土木工程学报,2000,33(5):46-51.

[9] Zhang Xinjun. Influence of some factors on the aerodynamic behavior of long-span suspension bridges[J]. Journal of Wind Engineering and Industrial Aerodynamics,2007,95(3):149-164.

桥梁断面非定常气动力的可叠加性

张志田

（湖南大学风工程试验研究中心　长沙　410082）

1 引言

自20世纪中叶至今半个多世纪以来，在早期航空学的基础上，国内外研究者在钝体桥梁空气动力学方面的研究取得了巨大的成就。桥梁跨径不断飞跃，其主要原因之一正是钝体桥梁空气动力学以及大气边界层风特性方面的研究积累。然而，钝体桥梁空气动力学中一些棘手的问题也越来越明显地在工程实践中暴露出来。这里主要给出以下两个方面：

(1)对钝体断面气动导纳的性质认识不足。气动导纳的概念来源于航空学中的二维机翼理论，对于薄机翼断面来说，气动导纳函数只是无量纲频率的函数而与脉动风幅值无关（换言之，与脉动风功率谱曲线的形状无关）。气动导纳被引入桥梁风工程后，它这一重要的性质仍然被认为适用于有分离流的钝体断面。

(2)对颤抖振理论中非定常气动力的处理方面认识不足。在进行桥梁随机风振响应分析时，除考虑气动导纳与断面三分力系数表达的抖振力外，同时考虑采用颤振导数表达的气动自激力，形成颤抖振理论模型。在这一模型中自激力与抖振力是简单的相加。尽管有文献从数学形式上分析了这两者之间可能存在耦合项（Scanlan，1993），但至今为止没有从理论以及工程应用上解决钝体断面自激力与抖振力的叠加问题。

以下阐述将从空气动力学与机翼理论入手说明上面两个问题可以归结为桥梁断面非定常气动力的可叠加性，或者说可叠加的近似程度。

2 理想流线型断面非定常气动力的可叠加性

简单回顾二维薄机翼非定常气动力理论，可理解各种不同效应如结构振动效应以及不同幅值与频率的紊流效应能进行线性叠加的原因。这一理论中，一些重要的基本概念如气动导纳、气动力的可叠加性等被推广应用到桥梁风工程领域。

以下基本假定是二维薄机翼理论所严格遵守的：

(1)断面的气动性能可以用断面沿展向的厚度中线所形成的板代替，而厚度本身对气动性能的影响可忽略不计；

(2)围绕断面的气流是二维的；

(3)断面的竖向振动是小幅的，从而可以认为机翼后所形成的涡都处于一根从后缘开始的直线上；

(4)任何时候均可用不可压无黏流的复势函数描述机翼周围的流场。

如图1所示，考虑一个静止的二维机翼突然起动，起动后会在机翼周围形成一个环量，在环量与来流速度的叠加下，机翼上下表面会形成一个风速差，根据流体力学中的欧拉—伯努利方程可知，风速高的上表面的静压会低于风速低的下表面的静压，从而上下表面之间形成压力差而产生一个升力。另外，机翼与周围气流形成的系统要满足动量矩守恒定律，因而一个称为起动涡的反向环量会在机翼起动处的后缘形成，该起动涡将驻留在空气中而机翼逐渐远去。在机翼匀速运动的情况下，围绕机翼的环量与起动涡所形成的环量是机翼与空气所组成的系统中唯一的一对旋涡，随着机翼的前进，旋涡对的间距不断增大，从而起动涡对机翼周围的诱导速度所形成的环量逐渐消失，机翼所受升力的瞬态特性消失而进入定常状态。然而，当机翼不是以匀速前进，或者机翼本身存在振动（包括刚体振动与变形振动）以及气流中存在紊流时，会在机翼与起动涡之间形成一系列连续分布的涡线，而这些始终紧跟在机翼后缘附近的涡量对机翼的诱导环量并由此形成的非定常气动力是不能忽略的。

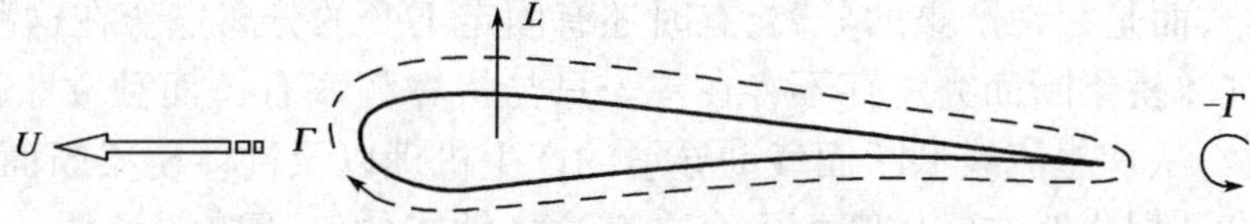

图1　机翼环量与起动涡示意图

假设机翼尾流中所形成的涡量分布 $\gamma(\xi)$ 已知。在 ξ 处的一个微元涡 Γ' 在机翼周围所诱导的环量增量 $\Delta\Gamma'_1$ 可根据儒可夫斯基保角变换求得(Karman and Sears, 1938)：

$$\Delta\Gamma'_1 = \int_{-1}^{1}\gamma_1(x)\,\mathrm{d}x = \Gamma'\left\{\sqrt{\frac{(\xi+1)}{(\xi-1)}}-1\right\} \tag{1}$$

式中：

$$\gamma_1(x) = \frac{1}{\pi}\frac{\Gamma'}{\xi-x}\sqrt{\frac{1-x}{1+x}}\sqrt{\frac{\xi+1}{\xi-1}} \tag{2}$$

$\gamma_1(x)$ 为微元涡 Γ' 所诱导的沿机翼的涡量分布，在这里机翼弦宽取2，这意味着所有距离都是相对于半弦宽的无量纲长度。需要注意的是，以上两式中 x 用来表示机翼上的 X 轴坐标(从前缘 $x=-1$ 到后缘 $x=1$)，符号 ξ 用来表示机翼尾流区的 X 轴坐标($\xi>1$)。

除 $\gamma_1(x)$ 外，机翼的总涡量分布还应当包括准定常部分 $\gamma_0(x)$，该部分可由机翼本身的瞬时运动状态以及风场状态来确定。这样，机翼的总环量可表示为 $\Gamma=\Gamma_0+\Gamma_1$，其中 Γ_0 来自于 $\gamma_0(x)$，Γ_1 来自于 $\gamma_1(x)$。

根据式(1)并注意到 $\Gamma'=\gamma(\xi)\mathrm{d}\xi$，可得出围绕机翼的总环量如下：

$$\Gamma = \Gamma_0 + \int_1^{\infty}\left(\sqrt{\frac{(\xi+1)}{(\xi-1)}}-1\right)\gamma(\xi)\,\mathrm{d}\xi \tag{3}$$

我们从式(3)的第二项可以看出几条隐含的重要信息：首先，机翼尾流区所形成的涡量沿从后缘开始的一条直线上分布(沿 X 轴从1开始积分)；其二，除机翼本身所形成的固体域以及尾涡元中心的奇点外，周围的流场始终是势流，即任何时候均存在满足柯西—黎曼方程的流函数与势函数。这样，尾流线上任一点涡在机翼周围所诱导的环量可以线性叠加，从而形成式中的积分；其三，气流理想无黏性，从而任何时候尾流区的涡强不变。所有这些基本假设，在桥梁钝体断面的低速空气动力问题中均不会再成立。

在薄机翼理论中，脉动风速作用可以等效为机翼断面的非线性变形速度。无论是断面的刚体运动产生的非定常气动自激力还是断面变形运动产生的非定常气动力，都可用只与无量纲频率有关的Theodorsen 函数或者 Sears 气动导纳函数进行描述，因而均可进行分解与线性叠加。

3　非定常气动力的可叠加性在桥梁风工程中的应用

机翼断面任意形式的刚体运动或变形运动速度则可用级数表示成一般形式。借助 Bessel 函数，在空间呈简谐分布的脉动风也可以表示成这一适合于复势理论求解的级数形式。图2给出了非定常气动力可叠加性在流线型断面及钝体桥梁断面上的适用性示意。

长期以来，非定常气动力的可叠加性被应用到桥梁风工程中，然而这些应用在逻辑上是否成立并没有经过论证，从而形成桥梁风工程若干延续至今的顽疾。国内外很多文献回避了气动导纳的理论模型问题而直接采用风洞试验的方法来识别桥梁断面的气动导纳函数(Larose, 1998a; 1998b; Diana, 2002; Matsuda, 1999; 等)。然而到目前为止缺少一个适合钝体桥梁断面的理论指导，这是因为试验识别气动导纳这一途径涉及一个根本性的问题，即钝体断面是否存在与紊流度、紊流功率谱以及结构运动无关的气动导纳函数，这一导纳函数仅仅是折算频率的单值函数。这样的气动导纳对于二维机翼来说是存在的，因为在那里流场是有势的，所有机翼本身的非定常运动以及各种强度与频率成分的紊流所产生的气动力效应都满足线性叠加原理。在钝体桥梁断面中，紊流是二维的，不再只存在于尾流区的一根水平直线上；流场也不再有势，而是存在严重的分离，有时还有固定不变的分离点。在这种情况下，我们必须面临这样一个问题，即钝体桥梁断面究竟存不存在一个只与折算频率有关而独立于紊流度以及结构运动状态的气动导纳函数？从理想流线型断面气动导纳的产生机理以及钝体桥梁断面气动导纳的试验研究来看，到目前为止没有证据表明在钝体断面中存在有这样性能的气动导纳函数。一些文献如实报道了风场不同会导致不同的气动导纳（Larose，1998；Matsuda，1999）。

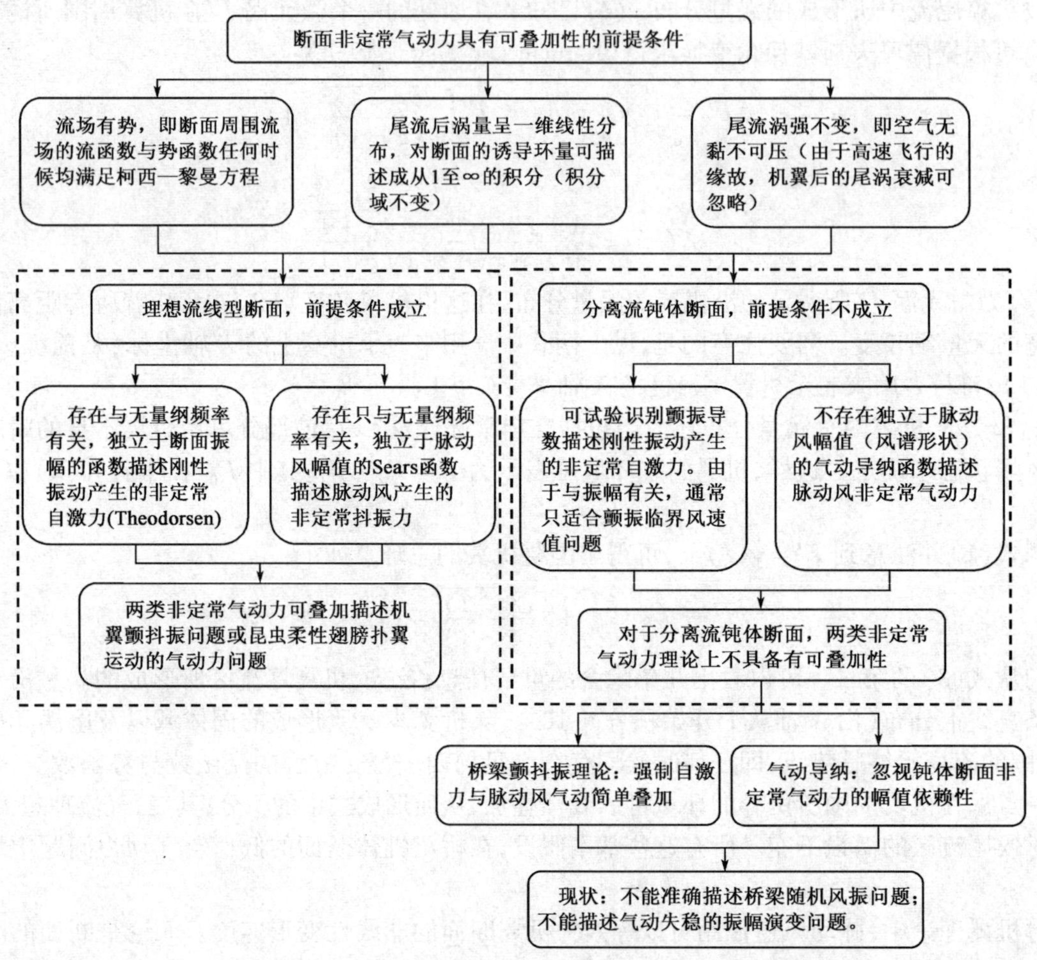

图2　气动力可叠加性在钝体及流线体断面上的适用性示意图

4　结语

本文的理论探讨表明，理想流线型二维机翼断面的相对风速沿宽度方向的分布，无论是线性（刚体运动）还是非线性分布，均可表示成一般的级数形式。与之相应的是，断面非定常气动力的解答也可采用 Bessel 函数表示成一般的形式。根据一般解形式，刚性运动与紊流产生的气动力可线性叠加，且竖向脉动风速产生的气动力效应不能等效成断面竖向刚性运动的效应。从本文的分析中不难发现，薄机翼非定常气动力可叠加的前提条件在钝体断面中均不满足，然而多年来桥梁风工程中的颤抖振理论模型一直建立在非定常气动力可叠加的假定上，而人们对桥梁气动导纳的研究也是以这一假定为指导思想。然而，在这样的指导思想及理论模型下，我们并不能准确地完成桥梁风振随机响应的理论分析，这不得不令人深思。钝体桥梁断面非定常气动力的关键问题是：是否存在只依赖于折算频率而独立于风场特性以及结构运动的气动导纳函数；是否存在只依赖于折算频率而独立于风场特性以及结构运动的颤振导数来描述非定常自激力。

参 考 文 献

[1] Dowell E H. A modern course in aeroelasticity[M]. 4th Ed. Boston:Kluwer academic publishers,2004.

[2] Scanlan R H,Tomko J J. Airfoil and bridge deck flutter derivatives[J]. Journal of Engineering Mechanics,ASCE,1971,97:1717-1737.

[3] Karman Th V,Sears W R. Airfoil theory for non-uniform motion[J]. Journal of the aeronautical sciences,1938,5(10):5-15.

[4] Sears W R. Some aspects of non-stationary airfoil theory and its practical application[J]. Journal of Aeronautical Science,1941,8:104-108.

[5] Theodorsen T. General theory of aerodynamic instability and the mechanism of flutter[R]. NACA Report 496,U. S. Advisory Committee for Aeronautics,Langley,VA,U. S. A.

[6] Scanlan R H. Motion-related body force functions in two-dimensional low-speed flow[J]. Journal of Fluids and Structures,2000a,14:49-63.

[7] Scanlan R H. Problematics in formulation of wind-force models for bridge decks[J]. Journal of Engineering Mechanics,1993,119:1353-1375.

[8] Scanlan R H,Jones N P. A form of aerodynamic admittance for use in bridge aeroelastic analysis[J]. Journal of fluids and structures,1999,13:1017-1027.

[9] Larose G L,Tanaka H,Gimsing N J,et al. Direct measurements of buffeting wind forces on bridge decks[J]. J. Wind. Eng. Ind. Aerodyn.,1998,74-76:809-818.

[10] Larose G L,Mann J. Gust loading on streamlined bridge decks[J]. Journal of fluids and structures,1998,12:511-536.

[11] Diana G,Bruni S,Cigada A,et al. Complex aerodynamic admittance function role in buffeting response of a bridge deck[J]. J. Wind. Eng. Ind. Aerodyn.,2002,90:2057-2072.

[12] Matsuda M,Hikami Y,Fujiwara T,et al. Aerodynamic admittance and the "strip theory" for horizontal buffeting forces on a bridge deck[J]. J. Wind. Eng. Ind. Aerodyn.,1999,87:337-346.

大跨桥梁随机抖振内力预测的多维线性回归算法

赵林　郭增伟　葛耀君

（同济大学土木工程防灾国家重点实验室　上海　200092）

1　引言

全桥气动弹性模型风洞试验过程，多种复杂来流（偏、斜角风）作用下的结构位移响应可以采用直接测量的手段获得；内力响应则由于缩尺模型多采用等效刚度模式设计，无法测量得到结构的风致内力时间序列。由节段模型试验识别得到的气动力荷载参数基础上的随机抖振有限元分析一定程度上弥补了风洞试验的缺憾[1-2]；朱乐东和徐幼麟[3-4]构建了斜风作用下桥梁随机抖振时域法的有限元计算框架，并成功应用于青马大桥的风振响应计算。但该方法需要的风洞试验量大，计算过程中需要进行复杂坐标转换。邵亚会和赵林等[5]提出了基于一元线性回归算法的桥梁构件风致动态内力估算方法，并结合某自锚式悬索桥吊杆内力分析对其回归效果进行了验证，线性回归方程在95%置信水平的线性回归效果显著，考虑该桥风致振动响应以单阶竖弯振动响应为主，简单一元回归方法通常不适用具有典型多模态耦合效应的大跨度桥梁。

本项研究从数理统计学角度出发，探讨了法向风作用下桥梁结构抖振内力和抖振位移之间存在的统计规律，并把风洞试验得到的斜风作用下桥梁抖振位移响应用到此规律中，预测得到斜风作用下桥梁结构内力响应。

2　复杂来流条件构件内力推算

桥梁抖振响应一般相对较小，属于弹性范畴。抖振内力和抖振位移之间在统计意义上存在类似的线性关系。近年来，基于导纳函数识别修正的正交风作用下桥梁抖振计算理论取得了一定的发展，风洞试验与计算分析结果有较好的一致性[6-7]；而斜风作用下风洞试验易于实现，但数值计算比较困难。为了获得斜风作用下桥梁构件内力，研究的主要思路是通过风洞试验验证正交风作用条件计算位移正确性的前提，寻找建立正交风作用桥梁构件内力与位移之间的线性回归关系，而正交风和斜风作用下抖振位移参与模态能量分布的相似性则保证了正交风和斜风作用下抖振内力和位移之间回归关系的通用性，结合风洞试验得到斜风作用下的抖振位移，得到斜风作用下桥梁构件的内力。

3　多元线性回归分析

在回归分析中自变量 $x=(x_1,x_2,\cdots,x_m)$ 是影响因变量 y 的主要因素，是人们能控制或能观察的，而 y 还受到随机因素的干扰（记作 ε），可以合理假设 ε 服从零均值的正态分布，多元线性回归模型记作

$$\begin{cases} \boldsymbol{Y} = \boldsymbol{X\beta} + \boldsymbol{\varepsilon} \\ \boldsymbol{\varepsilon} \sim N(0,\sigma^2) \end{cases} \tag{1}$$

其中：$\boldsymbol{X} = \begin{bmatrix} 1 & x_{11} & \cdots & x_{1m} \\ \vdots & \vdots & \cdots & \vdots \\ 1 & x_{n1} & \cdots & x_{nm} \end{bmatrix}$，$\boldsymbol{Y} = \begin{bmatrix} y_1 \\ \vdots \\ y_n \end{bmatrix}$，$\boldsymbol{\varepsilon} = [\varepsilon_1 \cdots \varepsilon_n]^{\mathrm{T}}$，$\boldsymbol{\beta} = [\beta_0 \quad \beta_1 \quad \cdots \quad \beta_m]^{\mathrm{T}}$

基金项目：国家自然科学基金项目（90715039、90815028、50978203 和 51021140005）联合资助。

多元线性回归分析基本步骤包括:①回归系数参数估计;②回归模型假设检验;③回归系数假设检验;④响应预测。在线性回归分析中,回归系数点估计最常用的方法是最小二乘法。可以推出β的最小二乘估计为

$$\hat{\boldsymbol{\beta}} = (\boldsymbol{X}^{\mathrm{T}}\boldsymbol{X})^{-1}\boldsymbol{X}^{\mathrm{T}}\boldsymbol{Y} \tag{2}$$

4 工程应用实例

4.1 工程概况和风洞试验

某大跨度钢箱拱桥主桥为32m+386m+32m中承式钢箱提篮拱桥。在同济大学TJ-3边界层风洞中完成该桥的全桥气弹模型试验(图1),风洞试验段长14m、宽15m、高2m,模型缩尺比为1∶70。考虑紊流场中不同攻角(−3°、0°、+3°)和偏角(0°、15°、30°、45°)组合后的多个试验工况。

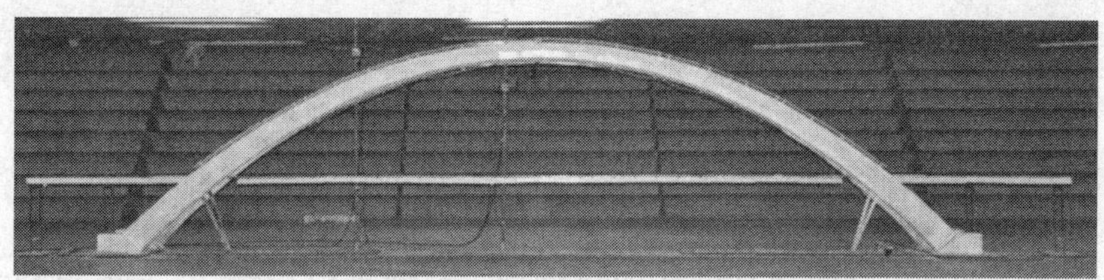

图1 全桥气弹模型TJ-3风洞试验(1∶70)

首先采用蒙特卡洛随机算法模拟空间脉动风时间序列,利用节段模型风洞试验所得到的静风力系数、气动导纳和颤振导数分别模拟结构构件上的静风力、抖振力和自激气动力的作用过程。抖振力是在准定常假设基础上采用导纳修正的方法得到非定常条件下的抖振力;气动自激力可以等效为气动刚度和气动阻尼,即以刚度和阻尼的形式组合到结构的刚度和阻尼矩阵中。利用以上给出的气动力参数计算得到了设计风速下桥梁抖振响应,图2给出了抖振数值结果和气弹模型试验结果对比,两者吻合较好,验证了正交风作用下抖振数值计算的可靠性。

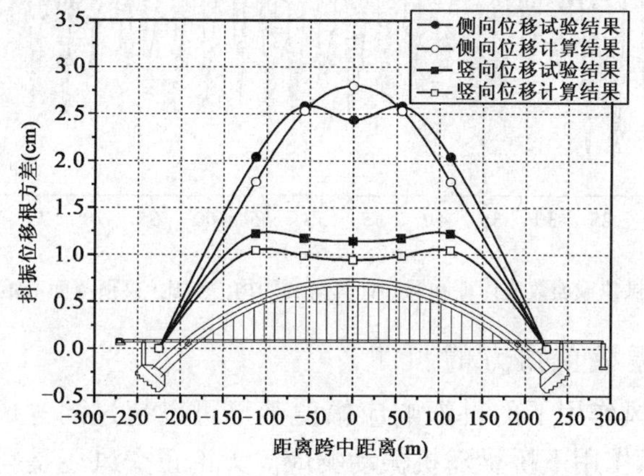

图2 设计风速拱肋抖振响应计算和风洞试验结果对比

4.2 回归模型中自变量的选择

线弹性结构的内力唯一取决于结构的变形,有限元计算中选用高阶单元和划分更多的单元可以更好描述结构的变形特点,从而有更好的求解精度。在回归模型中自变量个数越多,回归模型的线性显著程度越高。回归模型建立的最终目的是为了预测斜风作用下桥梁的抖振内力响应,由于风洞试验中只能监测少数几个特征位置处的位移响应,所以如何选择尽量少的自变量个数以最大限度地实现回归模型的线性显著性是必须解决的一个问题。应用最小二乘法,以数值计算得到的500s的抖振响应时程数据,进行多元线性回归分析。针对不同的内力选择各自合适的自变量进行多元线性回归,最终得到回归模型如式(3)所示:

$$\begin{bmatrix} \frac{F_1}{F_{g1}} \\ \frac{F_2}{F_{g2}} \\ \frac{F_3}{F_{g3}} \\ \frac{F_4}{F_{g4}} \\ \frac{F_5}{F_{g5}} \\ \frac{F_6}{F_{g6}} \end{bmatrix} = \begin{bmatrix} -9.62 & 58.82 & 13.46 & -14.57 & 27.94 & 13.94 & -33.9 \\ -1.95 & -204.17 & 11.89 & 354 & -12.35 & 242.58 & 0.0 \\ -4.28 & -115.27 & -684.63 & 154.67 & 932.45 & -147.2 & -236.47 \\ 0.56 & -51.31 & 796.57 & 115.29 & -1\,362.83 & -106.51 & 632.95 \\ 4.96 & 150 & -1\,032.6 & -206.18 & 2\,444.54 & 192.8 & -1\,569.8 \\ -14.5 & -369.11 & 4.98 & 168.89 & -11.54 & -100.69 & 6.61 \end{bmatrix} \begin{bmatrix} 1.0 \\ \frac{v_{1/2}}{H} \\ \frac{h_{1/2}}{H} \\ \frac{v_{3/8}}{H} \\ \frac{h_{3/8}}{H} \\ \frac{v_{1/4}}{H} \\ \frac{h_{1/4}}{H} \end{bmatrix} \tag{3}$$

使用回归模型式(3)和数值计算得到的法向风作用下桥梁的抖振位移,可以得到基于数值计算抖振位移的拱顶截面的回归内力。图3对比给出了通过数值计算和回归计算得到的拱顶截面的内力时程。可以看出,线性回归模型的精度是可以信赖的。

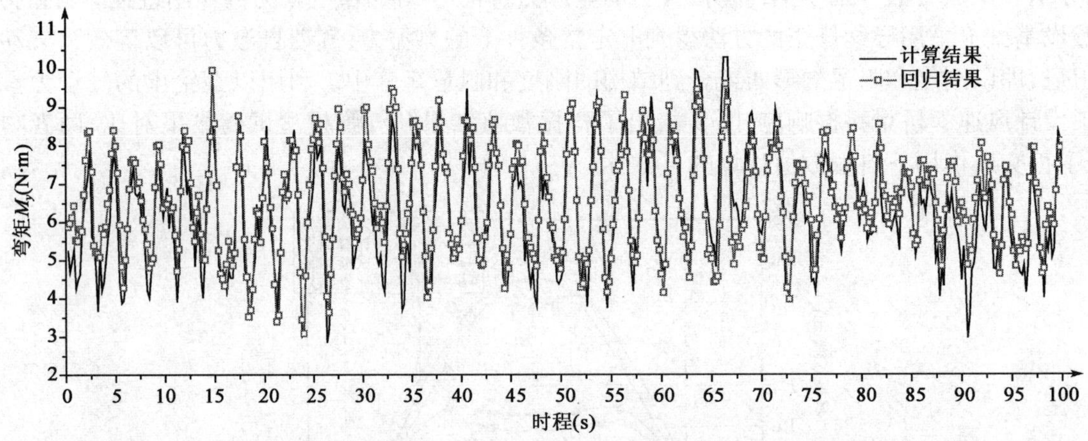

图3 拱顶截面数值计算和回归计算得到的内力对比(拱顶截面弯矩 M_y)

4.3 斜风作用下抖振极值内力的预测

风洞试验表明桥梁在斜风作用下的抖振响应幅值甚至可以超过同等风速的法向风作用下的响应值,忽略此问题将会低估斜风作用下桥梁随机振动响应。无论正交风还是斜风作用下,全桥模型的风洞试验中参与抖振位移响应的各阶模态的能量分布是相近的。不同风偏角下参与抖振响应的模态能量分布的相近性保证了回归模型中回归变量对抖振内力的贡献系数不会有明显变化,这正是可以使用正交风作用下的抖振内力和位移的多元线性回归模型,预测斜风作用下桥梁抖振内力的原因。

该桥的全桥气弹模型风洞试验中,考虑台风流场时-3°、0°、+3°风攻角下风偏角分别为0°、15°、30°、45°的多个试验工况。限于篇幅,以设计风速42m/s(主梁高度处)条件,0°攻角下不同风偏角的工况为例,将风洞试验中不同风偏角下采集的抖振位移时程代入前文建立的多元线性回归模型中,即可得到不同风偏角下的拱肋跨中截面内力响应,图4给出了拱肋跨中截面抖振内力极值和根方差随风偏角的变化。从图4中可以看出:除拱肋跨中截面 M_z 的极值外,在风偏角为15°和30°斜风作用下的抖振内力极值和根方差均比法向风作用下的内力极值和根方差大,表明不考虑风偏角的影响有可能低估桥梁抖振响应,是偏于不安全的。

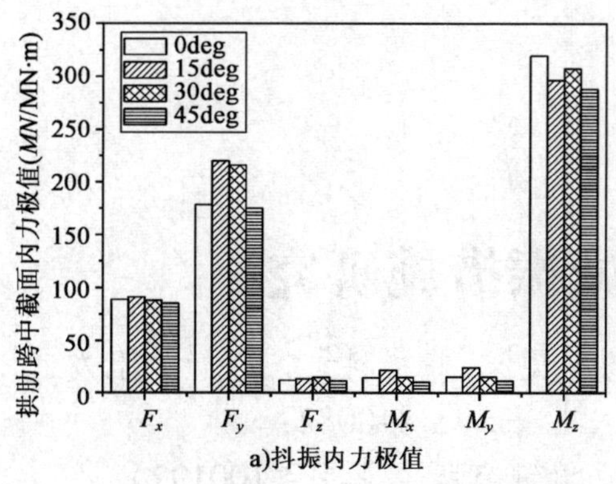

a)抖振内力极值

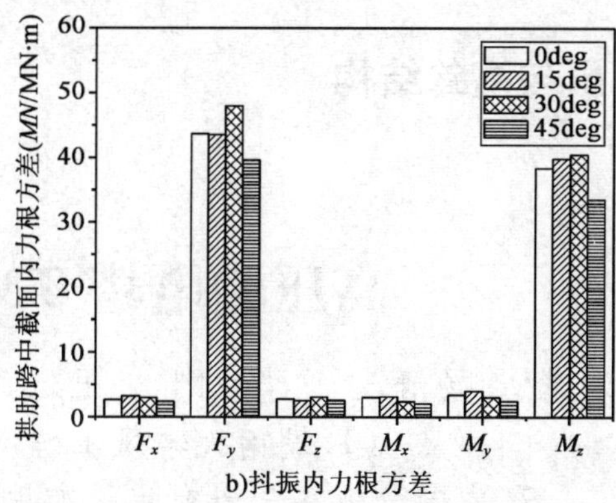

b)抖振内力根方差

图4　拱肋跨中截面内力预测值

5　结论

本文从统计学的角度出发,建立并检验了抖振内力和抖振位移的多元线性回归模型,并利用此模型预测得到了斜风作用下桥梁的抖振内力响应。通过分析得到以下几个结论:

(1)不同风偏角下参与抖振响应的模态能量分布的相近性保证了正交风和斜风作用下桥梁抖振内力和位移回归模型的通用性,是能利用正交风下的回归模型对斜风抖振内力进行预测的前提。

(2)可以根据参与抖振响应的主导振型形状选择合适的抖振位移作为回归自变量,建立多元线性回归模型,在回归自变量选择合适的情况下,回归模型可以有比较显著的相关性。

(3)利用建立的多元线性回归模型,可以方便地预测出斜风作用下桥梁的内力响应,给出抖振内力响应统计值的预测区间。

(4)桥梁在斜风作用下的抖振内力有可能超过同等风速法向风作用下的内力,如不考虑风偏角的影响有可能低估桥梁抖振内力,是偏于不安全的。

参 考 文 献

[1]　Xie Jiming, et al. Buffeting analysis of long span bridges to turbulent wind with yaw angle[J]. Journal of Wind Engineering and Industrial Aerodynamics, 1991, 37(1): 65-77.

[2]　Kimura K, Tanaka H. Bridge buffeting due to wind with yaw angles[J]. Journal of Wind Engineering and Industrial Aerodynamics, 1992, 42(1-3): 1309-1320.

[3]　Zhu Ledong, et al. Tsing Ma bridge deck under skew winds-Part 1: aerodynamic coefficients[J]. Journal of Wind Engineering and Industrial Aerodynamics, 2002, 90(7): 781-805.

[4]　Zhu Ledong, Xu Youlin, Xiang Haifan. Tsing Ma bridge deck under skew winds-Part II: flutter derivatives[J]. Journal of Wind Engineering and Industrial Aerodynamics, 2002, 90(7): 807-837.

[5]　Shao Y H, Zhao L, Ge Y J, et al. Dynamic stress estimation method for bridge elements utilizing linear regression algorithm[G]//11th Americas Conference on Wind Engineering. San Juan, Puerto Rico, June 22-26, 2009.

[6]　赵林,葛耀君,朱乐东. 台风气候大跨度桥梁风振响应研究[J]. 振动工程学报, 2009, 22(3): 237-245.

[7]　Zhao Lin, Ge Yao Jun. Buffeting response sensitivity of multi-component aerodynamic admittance function of typical bridge deck[G]//APCWE-VII The Seventh Asia-Pacific Conference on Wind Engineering. November 8-12, 2009, Taipei, Taiwan.

五、高层与高耸结构

高压输电塔 TMD 减振措施研究

陈政清[1] 杨靖波[2] 华旭刚[1] 王建辉[1] 汪志昊[1] 韩军科[2] 丁平[2] 王友武[1]
(1. 湖南大学风工程研究中心 长沙 410082;
2. 中国电力科学研究院输变电工程力学研究所 北京 100192)

1 引言

输电线路属于重要生命线工程,1 000kV 特高压输电线路是我国目前最高电压等级的输电线路。特高压杆塔结构高大,其风振效应是工程中关心的主要问题之一。输电塔的减振研究在最近几年才得到重视,主要的方式包括耗能减振装置(如黏弹性阻尼器、橡胶铅芯阻尼器、摩擦阻尼器)及吸能减振装置(如悬链式阻尼器、质量摆与 TMD 等)。目前输电塔的减振研究还主要以理论分析与数值模拟为主[1-3],在足尺输电塔的振动控制效果验证和现场实测方面,国内外的研究几乎空白,我国尚未在实际线路上广泛采用减振技术。为此,湖南大学风工程研究中心与中国电力科学研究院联合开展了特高压输电塔的减振措施研究。

输电塔为格构式结构,塔身下大上小,接近于等强度设计,主要荷载集中在塔的上部。因此服役期塔体主结构振动以一阶弯曲振动为主,塔顶振幅大。尽管 1 000kV 输电塔的总质量超过 100t,但其以塔顶位移为基准的一阶弯曲模态的等效质量并不大,不会超过总质量的 30%。结构与振动的这些特点很适合应用 TMD(调谐质量阻尼器)减振措施。但由于需要考虑 TMD 的质量和空间尺寸对杆塔的强度和电气性能的影响,减小设计甚至后期运行维护的难度,要求附加质量、结构尺寸不能太大,结构简洁,安装方便。这些条件又限制了 TMD 的广泛采用。

本文以一座 1 000kV 和 500kV 同塔并架的高 124.1m 的四回路钢管塔为对象,研究适应输电塔弯曲振动的 TMD 减振方法。首先通过动力分析与仿真确定了减振措施的有效性,并提出了 TMD 设计的优化参数。在此基础上,设计制作了两台试验用 TMD 装置。该装置采用悬臂梁弹性元件和电涡流阻尼方式,结构简单,安装简便,可以有效地满足输电塔服役条件下长寿命无维护的要求。有效振动质量达到装置总质量的 85% 以上,极大地降低了附加荷载。2011 年 2 月 23 ~ 25 日,在位于河北霸州杆塔试验站进行了实塔 TMD 减振试验,初步分析表明 TMD 减振措施取得了预期效果。

2 钢管输电塔 TMD 减振措施的参数设计与动力仿真

本次减振试验的输电塔为 1 000kV 同塔四回路钢管塔,如图 1 所示。塔呼高为 39m,全高为 124.1m,塔柱底部宽 23.4m,塔柱顶部宽 4.2m,塔重 264t。塔的杆件主要为圆钢管,部分辅助材料采用角钢。全塔布置 5 个横担,横担最大长度为 55.5m。各杆件间采用螺栓连接,接近刚性连接。

通过有限元分析获得了输电塔的前 3 阶整体振动模态,结果见表 1。整塔以塔顶最大位移为标准的弯曲模态质量约为 30t,不到整塔质量的 1/8。因此如果将 TMD 安装在塔顶,取常用的 1% ~2% 的质量比,TMD 装置不会给塔附加很大的额外质量,输电塔构件一般也无需局部增强。

基金项目: 国家自然科学基金项目(50808079)资助。

输电塔的前3阶模态参数 表1

模 态 号	频率(Hz)	模态质量(t)	振 型 描 述
1	0.957	30.8	一阶横向弯曲(塔线面外)
2	0.980	29.1	一阶纵向弯曲(塔线面内)
3	1.115	11.4	一阶扭转

对于控制塔顶位移最大的一阶纵向弯曲振动模态,将TMD装置设置在塔顶效果最佳。TMD装置安装在顺导线方向的两个塔柱侧面内,装置沿顺导线方向振动,如图2所示。拟定采用两套TMD装置控制一阶顺导线方向的弯曲振动,每套TMD装置的有效运动质量为250kg,总有效质量为500kg。TMD质量与结构一阶模态质量的质量比为1.70%。按照TMD的设计方法,确定TMD装置的频率及阻尼如下:

$$f_{\mathrm{TMD}} = f_{\mathrm{s}} \times \frac{1}{1+\mu} = 0.96\mathrm{Hz},\quad \xi_{\mathrm{opt}} = \left[\frac{3\mu}{8(1+\mu)}\right]^{0.5} = 7.9\% \tag{1}$$

不考虑输电塔自身的结构阻尼比,对设置TMD装置的输电塔结构进行了有限元数值模拟。结果表明,设置了TMD装置后,输电塔一阶纵向弯曲模态阻尼比可以增加3.8%,频率略降低。此外,分析表明考虑输电塔固有阻尼时对TMD附加的模态阻尼比影响很小。

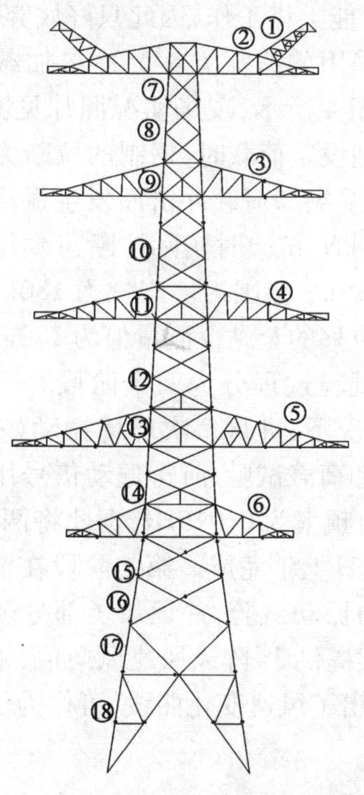

图1 1 000kV同塔四回路直线塔

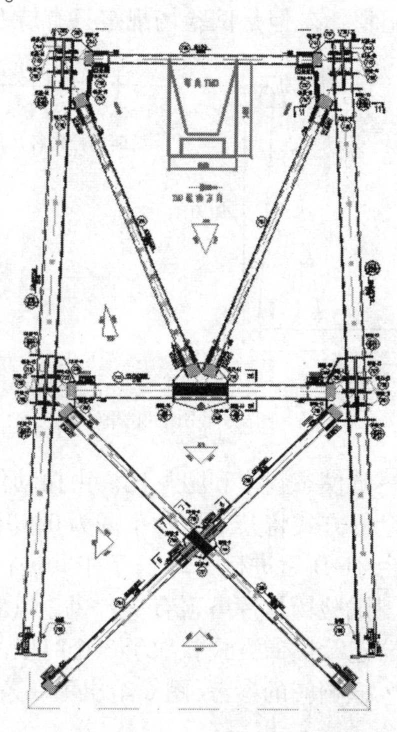

图2 塔顶塔柱面内安装TMD示意图

3 电涡流双悬臂摆式TMD减振器

图3所示为处于调试状态的TMD减振器。TMD工作方式为双悬臂水平摆动。悬臂梁为薄钢板,在提供振动方向所需刚度的同时,保证了充分的侧向刚度。TMD所需阻尼由安装在振动质量上的磁钢与固定铜板组成的电涡流阻尼器提供。单台TMD的设计质量为250kg,通过附加质量块,工作频率在0.90~0.95Hz之间可调。TMD通过两道抱箍与输电塔顶部圆钢管连接,该TMD具有以下特点:

图3 调试架上的电涡流双悬臂摆式TMD减振器

(1)结构无任何机械摩擦部分,而且结构本身的内阻尼(在无电涡流情况下)可以小于1%。至于悬臂梁的疲劳寿命,可以通过采用等强度悬臂梁设计来保证,我们已经申请了此项专利。

(2)电涡流阻尼器由磁钢与铜板之间的无接触的相对运动产生,实现了“永不磨损”。阻尼力完全符合线性黏滞阻尼假定,工作状态与动力仿真完全一致。阻尼力的调节通过调节铜板与磁钢之间的间隙获得,操作十分方便。

(3)安装方便。现场试验证明两个工人操作10~15min,即可安装一台TMD,如现场无起吊设备,质量块可分次安装,最小安装质量为70kg。

(4)TMD为全钢结构,永磁体为铁氧体,只要采用与主塔相同的防腐措施。TMD可实现与主塔同工作寿命(50年)的要求。

4 现场实塔减振试验与减振效果

振动信号测试系统由安装在塔顶中部及横担的3个加速度传感器连接东华5920数据采集仪,加速度计低频响应特性为0.1Hz,采样频率为500Hz,可以完全满足振动频率在0.9Hz左右的试验塔的振动测试要求。

TMD减振效果检验的最佳方式是采用激振器激起一阶振动后,关闭激振器,测试自由振动的衰减特性即阻尼比。但是试验场规定只有持登高工作许可证的工人才能上塔工作,因此只好放弃这一方案。

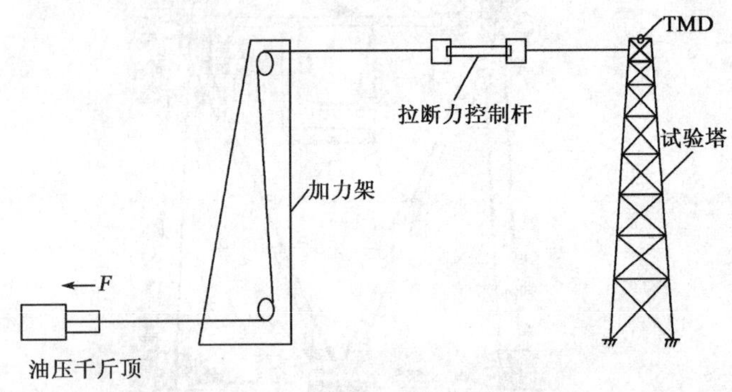

图4 冲击加载试验方案

实际采用的激振方案为冲击加载方案。加载原理如图4所示,现场实况照片见图5。当液压加荷达到设定荷载时,钢制的拉断力控制杆断裂,输电塔受突卸荷载冲击而发生振动。控制拉断力为200kN,试验时实际拉断荷载每次都控制在220kN±5kN范围内。当拉力180kN时,塔顶静态水平位移的全站仪测量值为180mm。

实际试验过程分为两个阶段。第一阶段在无TMD情况下,进行多次环境振动(有风)测试和一次突卸荷载试验,所得振动信号用于分析试验塔的一阶模态频率和阻尼比。由振动信号分析的实塔一阶弯曲频率为0.915Hz,据此将两台TMD以附加质量的方式将其工作频率调为0.90Hz。第一阶段工作在25日上午完成。第二阶段在输电塔已安装好两台TMD后进行。25日下午共进行了两次突卸荷载的弯曲振动试验,并记录了部分随机风振信号数据。试验场指挥塔顶有一台风速风向仪,距地面30m,可连续提供3s阵风风速风向值,采用对风速仪显示器连续摄像方式获取了3个时段的风速数据,并据此整理出了风速变化曲线,可作为供相应时段的随机风振响应的参考,图6给出了一条实测风速曲线时程。

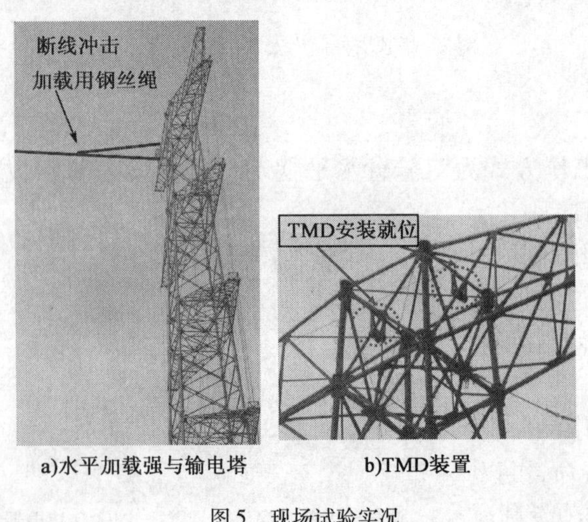

a)水平加载强与输电塔 b)TMD装置

图5 现场试验实况

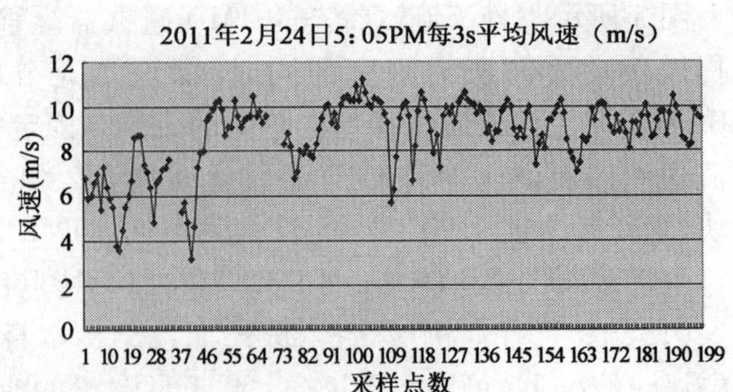

图6 典型实测风速时程

对环境振动及卸载后自由衰减响应信号应用多种数据处理方法对安装减振装置前后的输电塔模态阻尼比进行了识别。图7给出了应用随机减量法得到的一阶顺线方向弯曲振动模态的自由振动信号。初步结果表明,虽然试验塔已具有很高的阻尼比(主要由塔上数量众多静力加载用钢丝绳所致),设置TMD减振装置后输电塔的阻尼比还提高了约3%。实际效果验证了开发的TMD装置减振的有效性。

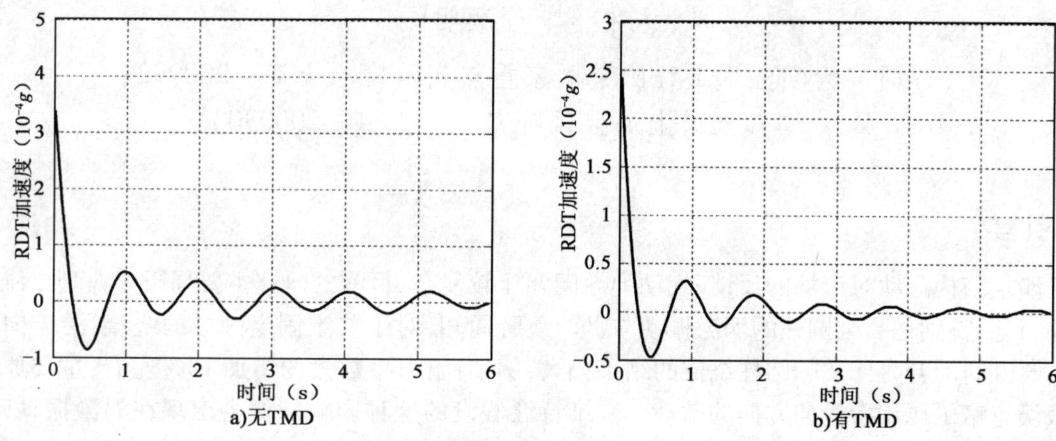

图7　随机减量法得到的RDT自由振动信号

5　结论

湖南大学与中国电力科学研究院合作,开展了1 000kV特高压线路中四回路钢管输电塔的TMD减振试验工作。现场实测效果不仅证明TMD减振措施可以提高输电塔的模态阻尼比,同时也表明这一方法是实际可行的。

参 考 文 献

[1]　尹鹏,李黎,梁政平.粘弹铅芯阻尼器控制下输电线塔风振响应分析[G]//第十三届结构风工程学术会议论文集.2007:277-283.

[2]　邓洪洲,朱松晔,陈亦,等.大跨越输电塔线体系风振控制[J].建筑结构学报,2003,24(4):60-65.

[3]　陈政清,华旭刚,牛华伟.高压输电塔结构风振响应与振动控制研究[G]//第十四届全国结构风工程学术会议论文集.北京,2009:272-279.

柔性高层建筑模型涡致位移响应的数值模拟

方平治[1,2]　顾明[1]

(1. 同济大学土木工程防灾国家重点实验室　上海　200092；
2. 中国气象局上海台风研究所　上海　200030)

1　引言

由于涉及结构运动对流场的反馈，气动弹性问题比较复杂，目前的研究主要局限于典型二维结构的气动弹性问题，特别是二维圆柱的涡激振动[1-3]。众所周知，对于二维固定圆柱的绕流，沿流向方向的阻力和横向方向的升力比实际圆柱绕流的结果偏大，例如：阻力系数大约增加10%左右，主要原因是二维特性假设忽略了尾流沿横向方向的脉动。二维特性假设的这种影响同样会出现在涡激振动问题中。在海洋输油管道等比较典型的由涡激振动控制的气动弹性问题中，由于建筑结构（超长细比、柔性、多模态耦合、预应力等）等的复杂性，有必要进行三维条件下的数值计算[4-6]。

本文对典型柔性高层建筑模型的涡致位移响应进行计算。程序在 C 语言环境下运行，由 CFD (computational fluid dynamics)计算、数据交换、CSD(computational structural dynamics)计算和网格更新四部分组成。在气弹计算中，动网格的实现是关键问题，由于本文中网格更新相对独立，一定程度上克服了气弹计算中经常遇到的由于位移较大而导致网格更新失败的不足。将该程序用来求解方形截面、高宽比为6:1的高层建筑模型的横风向涡致位移响应，并和风洞试验结果进行了比较，对数值计算的精度进行了初步分析。

2　数值方法

2.1　计算结构动力学

高层建筑模型的截面为正方形，高宽比为6:1，质量均匀分布[7]。其几何和动力参数如下：B(宽度)$\times D$(厚度)$\times H$(高度)为0.1m×0.1m×0.6m；质量为1.64kg；第一阶侧弯频率为$f_1=20.5$Hz；第一阶阻尼比为$\xi_1=0.0075$。研究表明：高层建筑风致振动的第一阶位移响应占主导地位，约为总响应的95%[7]。本文采用振型叠加法求解横风向涡致位移响应，仅考虑第一阶振型。在O-xyz笛卡儿坐标系中，流向x或横向y的第一阶频率ω_1和振型函数ϕ_1分别为（本文主要关注横向涡致位移）：

$$\omega_1 = 3.52\sqrt{EI/\bar{m}H^4} \tag{1}$$

$$\phi_1(z) = 1.000(z/H)^2 - 0.550(z/H)^3 + 0.103(z/H)^4 \tag{2}$$

式中，EI为高层建筑模型的均匀抗弯刚度；H为模型的高度；$\bar{m}$为单位高度的质量；z为测点距离地面的高度。

将模型离散为9个单元并采用 Newmark 方法直接求解位移响应。考虑到高层建筑模型的风荷载沿高度方向分布的非均匀性，9个单元长度不等，尺度最小的单元靠近模型顶部，为$H/24$。

2.2　计算流体动力学

(1)流体域控制方程

对于气动弹性问题，其典型特征就是具有运动的耦合边界。如果耦合边界具有较大的位移，采用

* 基金项目：国家创新研究群体基金资助项目(5062162)、国家自然科学基金重大研究计划重点项目(90715040)资助。

ALE(arbitrary Lagrangian - Eulerian)方法可以较好地避免流体域计算过程中出现的网格畸变问题。其微分形式的控制方程为：

$$\frac{\partial \rho}{\partial t} - \nabla \cdot \rho(\boldsymbol{U} - \boldsymbol{u}) = 0 \tag{3}$$

$$\frac{\partial \rho \boldsymbol{u}}{\partial \mathrm{t}} - \nabla \cdot \rho \boldsymbol{u}(\boldsymbol{U} - \boldsymbol{u}) = - \nabla p + \Delta \rho v \boldsymbol{u} \tag{4}$$

式中,ρ 为流体的密度;p 为压力; ν 为流体的运动黏性系数;$\boldsymbol{u}$ 为流体的速度;$\boldsymbol{U}$ 为满足一定条件的已知网格速度。在非定常条件下,对流速度为 $\boldsymbol{U}$ 和 $\boldsymbol{u}$ 之差,t 表示时间。

为保证守恒,每个控制体积 V 应满足空间守恒定律：

$$\frac{\mathrm{d}}{\mathrm{d}t}\int_V \mathrm{d}V + \int_S \boldsymbol{U} \cdot \boldsymbol{n} \mathrm{d}S = 0 \tag{5}$$

式中, S 表示控制体的表面; n 为控制体表面的外单位法向量。

将式(5)中对网格速度的积分项用通过控制体各面的质量通量来代替,则式(3)～式(5)中包含网格速度的对流项可被离散为：

$$\int_S \rho \boldsymbol{\Phi} \boldsymbol{U} \cdot \boldsymbol{n} \mathrm{d}S \approx \sum_c \rho_c \boldsymbol{\Phi}_c \frac{\delta V_c}{\Delta t} \tag{6}$$

式中,对于连续方程,$\boldsymbol{\Phi} = 1$,对于动量方程,$\boldsymbol{\Phi} = \boldsymbol{u}$,而 $c = \{w,e,s,n,b,t\}$ 表示控制体的6个表面。

对于特定的网格速度,上述方程的求解利用商用软件 Fluent 6.2 实现。以高层建筑模型的高度H = 0.6m 为参考尺寸,计算域在流向 x、横向 y 和高度 z 方向的大小分别为 $-6 \leqslant x/H \leqslant 10$, $-2 \leqslant y/H \leqslant 2$, $0 \leqslant z/H \leqslant 5$。网格剖分方案为非均匀结构化网格,即距离建筑模型越远,网格尺寸越大;本文选择壁面附近的最小网格尺寸为0.05 D ,对应的计算域网格数量约为82 万。湍流模型为 k-ω 系列的 SST 模型;压力—速度耦合方式为 SIMPLEC;对流项求解格式为 QUICK;压力插值格式为 PRESTO;有关湍流模型理论以及耦合方式 SIMPLEC 等的描述,可参考 Fluent 的帮助文档。

(2)流体域边界条件

图1给出同济大学 TJ - 2 大气边界层风洞中模拟的 B 类风场流向平均风速 $U(z)$ 与流向湍流强度 $I_U(z)$ 随高度 z 的变化结果[7],该模拟风场对应的几何缩尺比为1∶400。取建筑物模型顶部的风速 U_H = 12m/s ,则该模拟风场的平均风速剖面和湍流强度剖面的拟合表达式为：

$$U(z) = \frac{u_*}{\kappa} \ln \frac{z + z_0}{z_0} \tag{7}$$

$$I_{\mathrm{U}}(z) = 0.056\,65 - 0.043\,16 \ln(z + z_0) \tag{8}$$

式中,冯·卡门常数 $\kappa = 0.42$;粗糙长度 $z_0 = 2.25 \times 10^{-4}$m;摩擦速度 $u_* = 0.638\,8$m/s。计算域的入口边界条件 k 和 ω 采用基于以上两式导出的函数表达式,其中 $k(z) = 1.5(UI_{\mathrm{U}})^2$, $\omega(z) = \varepsilon / k$,而 ε 满足局部地区的湍流处于平衡状态假设,即 $\varepsilon(z) = C_\mu^{1/2} k \partial U / \partial z$。计算域的出口面采用 Outflow 边界条件,即完全发展出口边界条件;两侧和顶部采用 Symmetry 边界条件,即对称边界条件;所有壁面采用 No-Slip 剪应力边界条件,即无滑移剪应力边界条件,并在耦合界面上考虑结构的运动速度。

2.3 数值方法的实现

气动弹性程序由 CFD 计算、数据交换、CSD 计算和网格更新四部分组成。每一时间步的计算顺序为:①进行非定常 CFD 计算获得初值条件或根据结构的当前位置进行 CFD 计算,该过程考虑了耦合边界结构的运动速度,由 Fluent 6.2 完成;②流体域和固体域之间的数据交换;③进行 CSD 计算,得到结构的新位置;④根据结构的新位置,重新生成流体域的网格,由商用软件 Gambit 2.2 完成。由于网格更新相对独立,克服了气弹计算中经常遇到的由于位移较大而导致网格更新失败的不足。

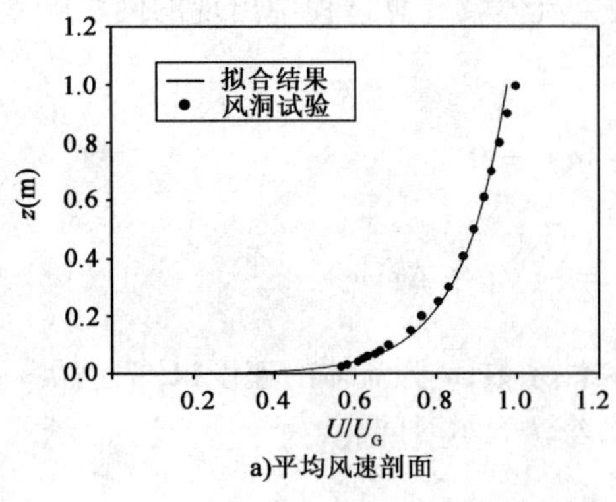

a)平均风速剖面

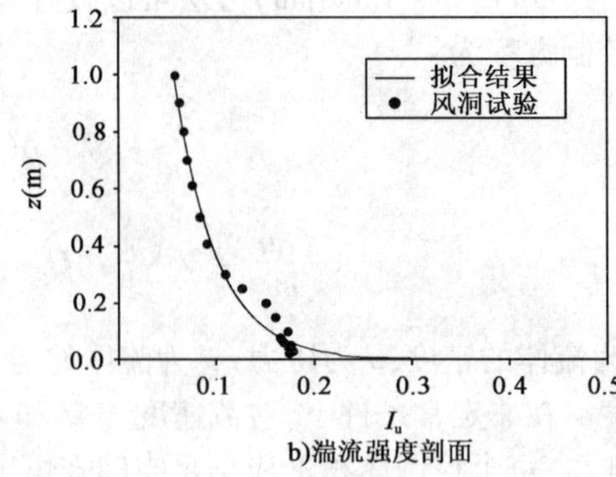

b)湍流强度剖面

图1 来流边界条件的风洞试验和拟合结果

3 数值计算结果

3.1 初始条件

首先对高层建筑刚性模型的绕流进行定常计算，然后进入非定常计算，直至绕流充分发展为止，以获得气动弹性问题计算的初始条件。

3.2 涡致位移响应

(1)计算方案

计算过程中保持来流边界条件不变，通过改变结构的固有频率f_N来改变折减风速$U^* = U_H/(f_N D)$，计算方案如表1所示。该表给出了折减风速U^*及对应的固有频率f_N，表中的动力参数均为模态参数。物理时间步长取为$\Delta t = U^*(D/U_H)/200$，计算残差控制在$5\times10^{-3}$。

计算方案：折减风速和固有频率 表1

$U^* = U_H/(f_N D)$	M	C	K	f_N
5.8	0.125 2	0.241 9	2 077	20.5
8.0	0.125 2	0.177 0	1 112	15.0
10.0	0.125 2	0.141 6	712	12.0
11.0	0.125 2	0.128 6	587	10.9
12.0	0.125 2	0.118 0	494	10.0

(2)横向涡致位移响应的计算结果

图2给出建筑模型顶点横向涡致位移响应数值模拟结果和风洞试验结果[7]的比较，其中横向位移以σ_y/H表示，σ_y为横向位移的均方根值。由图可见：风洞试验的最大横风向位移为$\sigma_y/H = 0.009\,1$，对应的折减风速为$U^* = 10.2$；而数值模拟的最大横风向位移为$\sigma_y/H = 0.003\,5$，对应的折减风速为$U^* = 11.0$。总体而言，数值模拟结果和风洞试验结果的趋势是一致的。当$U^* = 11.0$时，横向振动进入涡激共振状态，顶点的横风向振动达到最大值。以风洞试验结果为基准，数值计算方法本身的精度大致为40%。

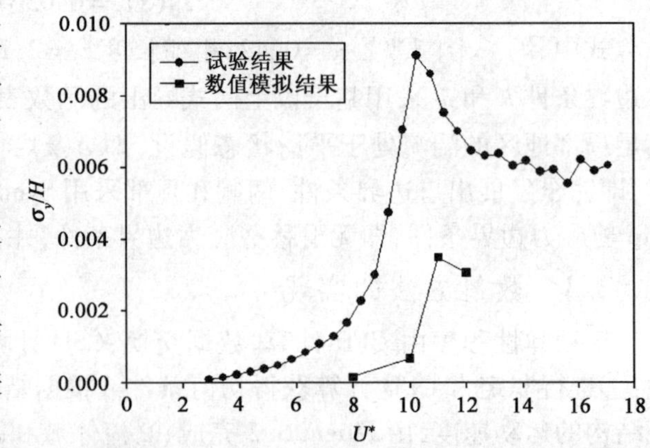

图2 模型顶点横风向风致位移响应数值模拟结果和风洞试验结果的比较

4 结语

本文对典型柔性高层建筑模型的涡致位移响应进行了数值模拟。程序由 CFD 计算、数据交换、CSD 计算和网格更新四部分组成。由于网格更新独立,一定程度上克服了气弹计算中经常遇到的由于位移较大而导致网格更新失败的不足。计算结果表明:①高层建筑模型在 $U^* = 11.0$ 时出现涡激共振,此时,顶点的横风向位移响应出现最大值;②随着折减风速的增大,数值计算结果和和风洞试验结果的变化趋势吻合,但数值计算结果小于风洞试验结果。本文的数值计算方法以及网格生成方法为三维结构的气弹计算提供了一种尝试。

参考文献

[1] Williamson C H K, Govardhan R. Vortex-induced vibrations[J]. Annual Review of Fluid Mechanics, 2004, 36: 413-55.

[2] Sarpkaya T. A critical review of the intrinsic nature of vortex-induced vibrations[J]. Journal of Fluids and Structures, 2004, 19: 389-447.

[3] Gabbai R D, Benaroya H. An overview of modeling and experiments of vortex-induced vibration of circular cylinders[J]. Journal of Sound and Vibration, 2005, 282: 575-616.

[4] Lucor D, Mukundan H, Triantafyllou M S. Riser modal identification in CFD and full-scale experiments [J]. Journal of Fluids and Structures, 2006, 22: 905-917.

[5] Chaplin J R, Bearman P W, Cheng Y, et al. Blind predictions of laboratory measurements of vortex-induced vibrations of a tension riser[J]. Journal of Fluids and Structures, 2005, 21: 25-40.

[6] Willden R H J, Graham J M R. Multi-modal Vortex-Induced Vibrations of a vertical riser pipe subject to a uniform current profile[J]. European Journal of Mechanics B/Fluids, 2004, 23: 209-218.

[7] 黄鹏. 高层建筑风致干扰效应研究[D]. 上海:同济大学, 2001.

台风过程中超高层建筑的动态响应实测及分析
——基于香港卫星定位参考站网的 GPS 监测系统的建立及应用

李秋胜　义君　郅伦海
（香港城市大学建筑系　香港）

1　引言

西太平洋及我国南海海域是全球台风最活跃的地区，香港天文台统计结果表明，平均每年在这一区域生成的热带气旋达 28 次之多。香港邻近这一台风多发区，且又拥有全球数量最多的高层建筑，这些高层建筑属风敏感结构，在强/台风作用下风致响应较大，风载是其结构设计的控制载荷，因此研究这一地区的风环境及台风对高层建筑的风效应是很有必要的[1]。

本文选取香港一座极具代表性的超高层建筑，其主体结构 88 层，高 420m，位于香港中环海边，处于台风多发区域，在台风登陆过程中可能遭受极大的风荷载。为了研究其在强/台风作用下的风效应，在该建筑顶部建立了一套结构风效应监测系统，且利用香港地政总署建立的香港卫星参考站网（SatRef）组建了 GPS 实时动态监测系统。本文选取 2008～2009 年该系统在台风登陆过程中测得的 GPS 数据并结合加速度传感器的数据，对其动态特性进行分析，以期能够进一步了解超高层建筑的风作用及其效应。

2　风效应监测系统简介

建立在该建筑上的监测系统包括：安装在楼层顶部桅杆上的两个螺旋桨风速仪和一个超声风速仪，安装在天台的 GPS 天线，安装在 88 楼的 4 个加速度传感器和幕墙上的 4 个风压传感器，以及位于 88 楼的数据采集系统，该系统可以通过互联网进行远程监控和数据传输（见图 1）。

a)GPS系统

b)风速仪

c)风压传感器

d)加速度传感器

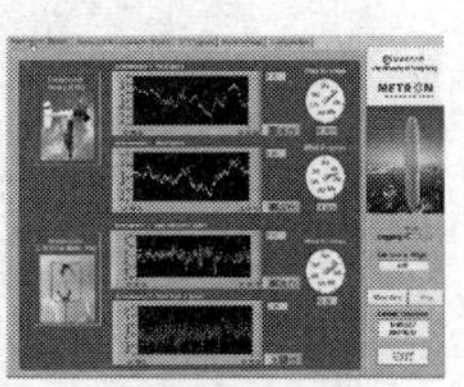
e)远程监控系统

图 1　风效应监测系统

监测系统为了实现 GPS 实时动态监测，利用了香港地政总署建立的覆盖全港范围的香港卫星定位参考站网（SatRef）。参考网站由 12 个分布于全港的连续运行参考站组成［图 2a）］，全天候不间断接受 GPS 卫星数据，经过数据中心的处理，实时提供 GPS 修正数据并通过互联网实时传输给用户。我们选用了离目标建筑约 4km 处的昂船洲参考站作为 GPS 系统的基站［图 2b）］，与建立在目标建筑上的观测站组成了 GPS 动态实时监测系统。与其他的 GPS 监测研究相比，我们的系统具有以下优势：①节约了成本，只需建立观测站系统；②基站设施条件好，且有专业人士维护，保证了数据质量；③升级空间大，

基金项目：香港研究资助局竞争性研究项目资助。项目名称：香港第一高楼的风效应：实测，风洞试验和数值模拟. 项目编号：CityU 117709。

政府会定期升级基站设备,且可利用多个参考站提供修正数据,提高测量精度。

2008 年和 2009 年,香港天文台共发出 14 个热带气旋警告,其中包含 7 个 8 号或以上烈风或台风信号,本文主要基于这 7 个 8 号以上烈风或台风登陆时的实测数据对该高层建筑的风效应进行分析。

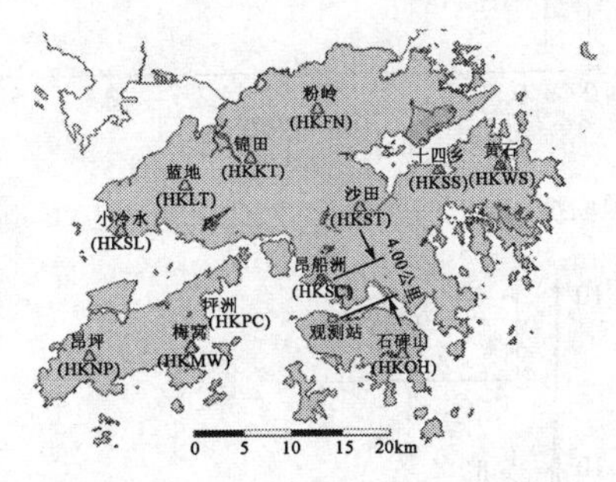

a)香港卫星定位参考网及观测站位置

b)昂船洲参考站

图 2 香港卫星定位参考站网

3 GPS 位移响应分析

3.1 多路径效应的滤波处理

虽然随着 GPS 技术的不断进步,影响其精度的多种误差如:延迟误差、轨道误差和接收机钟差等都可以通过双差观测予以修正或削弱[2],但是多路径效应带来的误差并不能通过此方法得到有效改善,且其已成为目前影响 GPS 监测精度的最大制约因素。本文采用了高通椭圆滤波器对实测信号进行滤波,以削弱多路径效应的影响,之前的研究表明此方法简单可行[2-3]。图 4 显示的是 2008 年台风风神登陆时的位移时程曲线,该时段的风向见图 3,最大 10min 平均风速为 25.8m/s,显然 x 向和 y 向位移响应基本对应横风向和顺风向位移响应。由图 4 可知结果包含长周期干扰信号,图 5 给出了滤波后的位移响应,显然滤波后的长周期干扰基本消除,结果更为合理。图 6 中给出了滤波前后位移响应的功率谱密度,显然位移响应的低频分量已被消除,滤波效果明显,共振响应和背景响应则清晰地保存并区分开来,其在 x 向和 y 向的自振频率分别为 0.139Hz 和 0.144Hz。

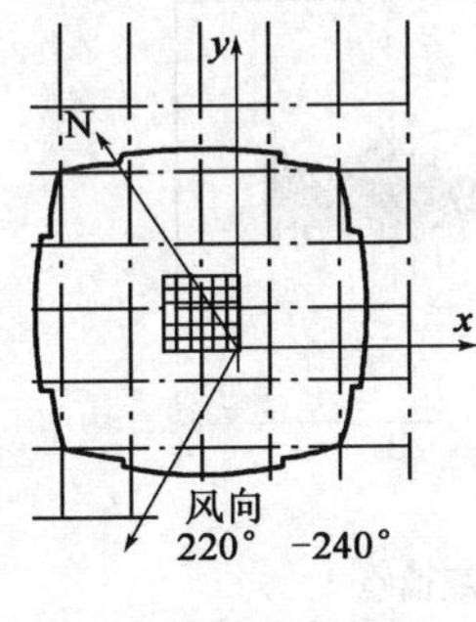

图 3 风向示意图

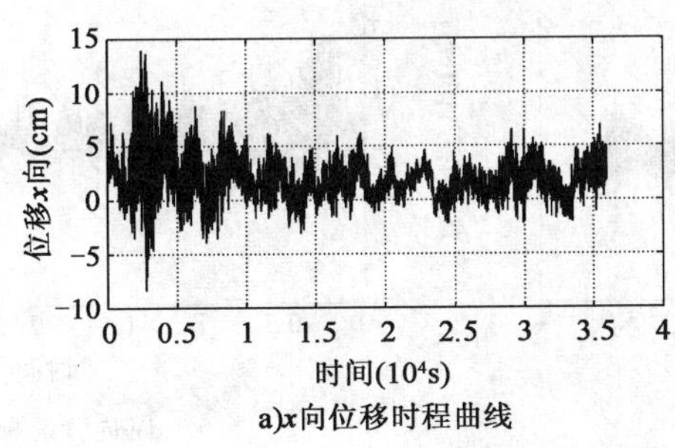

a)x向位移时程曲线

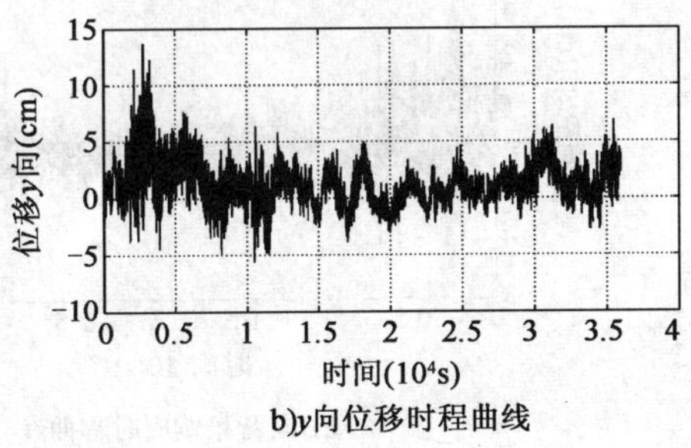

b)y向位移时程曲线

图 4 台风登陆过程中位移时程曲线

3.2 共振响应与背景响应

与传统的加速传感器相比,GPS 监测系统的主要优势是不仅能够捕捉到结构的共振响应,还能捕捉到其背景响应和平均响应。为了进一步研究结构的风振响应,带通椭圆滤波器被用来将滤波后的位移响应区分为共振响应和背景响应(见图 7)。不难看出,位移共振响应大于背景响应,同时 x 向的共振响应大于 y 向共振响应,表明在超高层结构抗风设计中,横风向风振响应起控制作用。

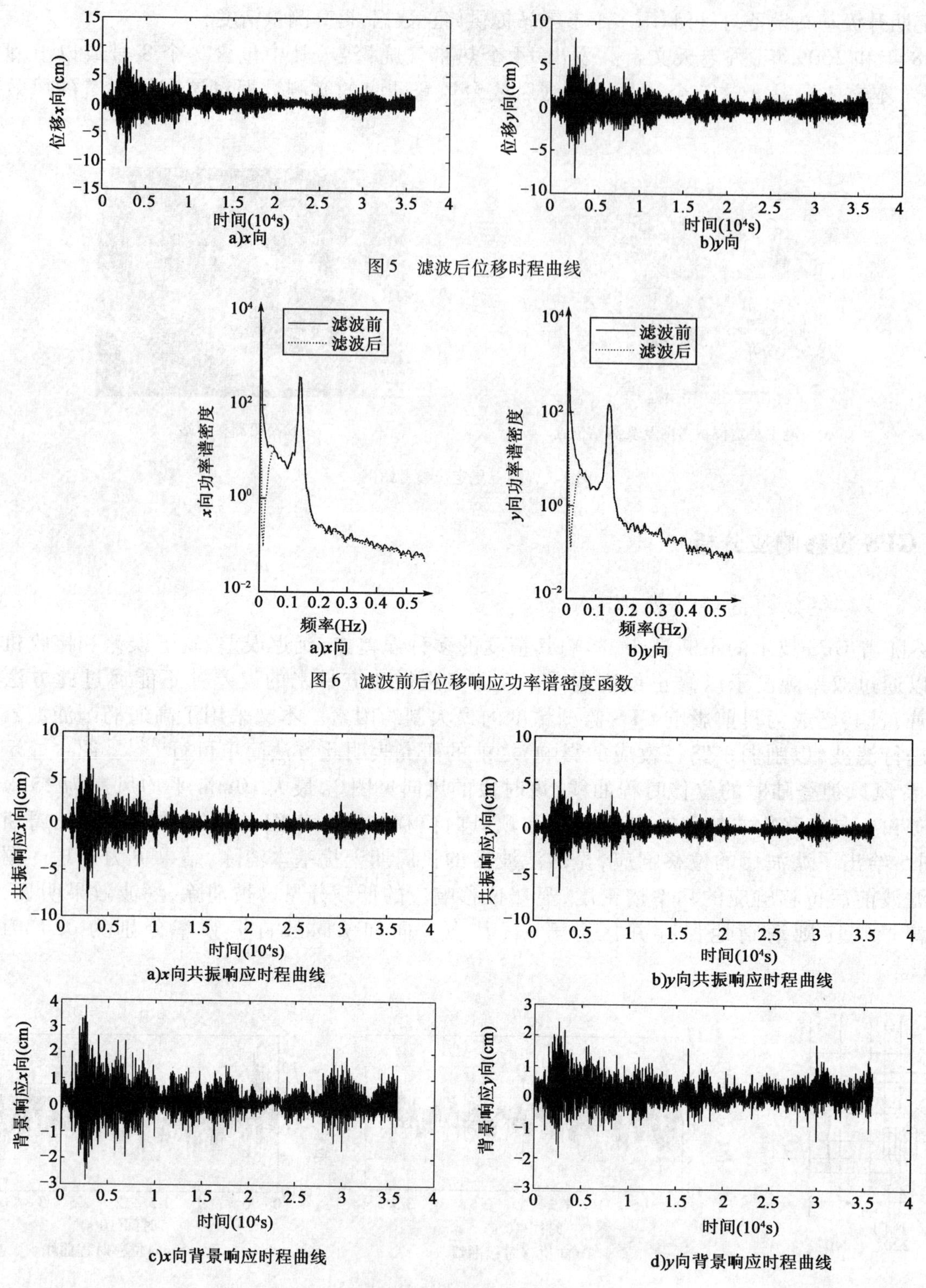

图5　滤波后位移时程曲线

图6　滤波前后位移响应功率谱密度函数

图7　结构共振响应与背景响应时程曲线

4　位移响应与加速度响应的对比

本文涉及的风效应监测系统包括了安装在88楼的四个加速度传感器，基于GPS和加速度传感器实测数据的对比，无疑可以相互验证各传感器在风致响应监测过程中的可靠性。表1给出了分别由GPS和加速度实测结果识别的结构自振频率，显然两种结果吻合得很好。图8给出了基于两种测试手段得到的加速度均方根值，两种结果基本吻合，进一步验证了两种测试手段的可靠性。

自 振 频 率 对 比 表1

方　向	x 向(Hz)	y 向(Hz)	方　向	x 向(Hz)	y 向(Hz)
GPS	0.139	0.144	加速度	0.140	0.145

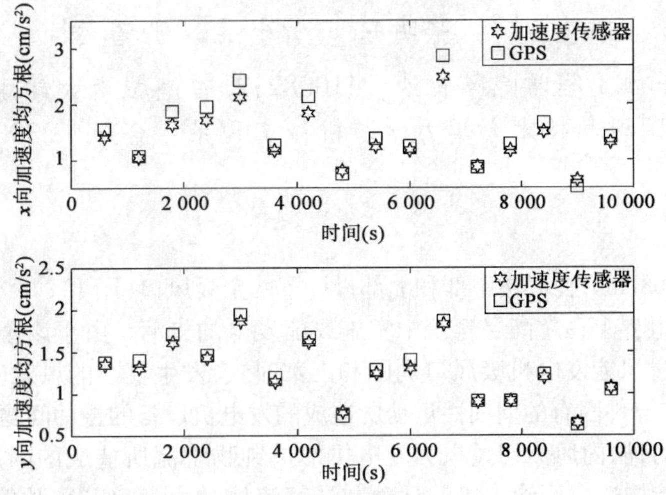

图8　加速度均方根时程对比

5　结论

采用GPS实时动态技术监测超高层建筑风致位移响应是可行的和有效的,利用已有卫星定位参考站网(SatRef)则更加能节约成本,保证数据质量;GPS实测位移数据会受到多径效应干扰,经滤波后干扰信号得到了有效的削弱;位移共振响应大于背景响应,横风向位移共振响应大于顺风向位移共振响应;基于加速度和位移实测结果识别的结构自振频率吻合较好,且由位移转化得到的加速度均方根与加速度传感器测得的加速度均方根时程吻合良好,相互验证了这两种测试手段的可靠性。

参 考 文 献

[1] Li Q S, Fang J Q, Jeary A P, et al. Full scale measurement of wind effects on tall buildings[J]. Journal of Wind Engineering and Industrial Aerodynamics, 1998, 74-76:741-750.

[2] Kijewski-Correa T, Kochly M. Monitoring the wind – induced response of tall buildings: GPS performance and the issue of multipath effects[J]. Journal of Wind Engineering & Industrial Aerodynamics, 2007, 95(9-11):1176-1198.

[3] Chan W S, Xu Y L, Ding X L, et al. Assessment of dynamic measurement accuracy of GPS in three directions[J]. Journal of Surveying Engineering, 2006, 132(3):108-117.

超高层建筑中实施风能发电的数值模拟研究

李秋胜[1,2]　张明亮[1]　黄生洪[3]　卢春玲[1]

(1. 湖南大学土木工程学院　长沙　410082;2. 香港城市大学建筑系　香港;
3. 中国科学技术大学力学与机械工程系　合肥　230026)

1　引言

该超高层建筑总高308.0m,在大楼中部和上部设计了两个吸风口(图1),并将放置四组风涡轮发电系统进行风能发电,将开创世界上在超高层建筑中实施风能发电的先河。由于该楼风能发电机周围独特的结构形状,外部气流在经过风能发电机吸风口周围和内部时,会发生复杂的风效应。同时,由于周边气动荷载的不均匀性以及旋转部件固有的周期性运动所造成的发电机设备的振动问题不容忽视。除了风力发电机本身旋转造成的振动,洞内风力切过风力发电机形成钝物绕流所造成的附加动态风荷载也可能对安装层基底及周围楼层结构造成影响。风洞试验和计算流体动力学(CFD)数值模拟的结果表明,设计的放置风能发电机的洞口能产生约3.5倍的风速放大效应[1]。本文采用计算流体动力学(CFD)以及计算固体动力学(CSD)的方法,主要研究吸风口内风场对风机荷载的影响,为设计施工提供参考。

2　切入绕流风荷载数值模拟边界条件

本文数值模拟研究在作者建立的位于湖南大学的64CPU并行机群上进行,数值模拟程序采用Fluent软件。分别计算了25m/s、40m/s、70m/s三种风速作用下的发电机切入绕流风荷载。

根据《建筑结构荷载规范》(GB 50009—2001)[2],该高层建筑所处地貌类别为C类,C类地貌的平均风速剖面及湍流强度(根据中国和日本规范)分布如图2所示。

图1　高层建筑效果图

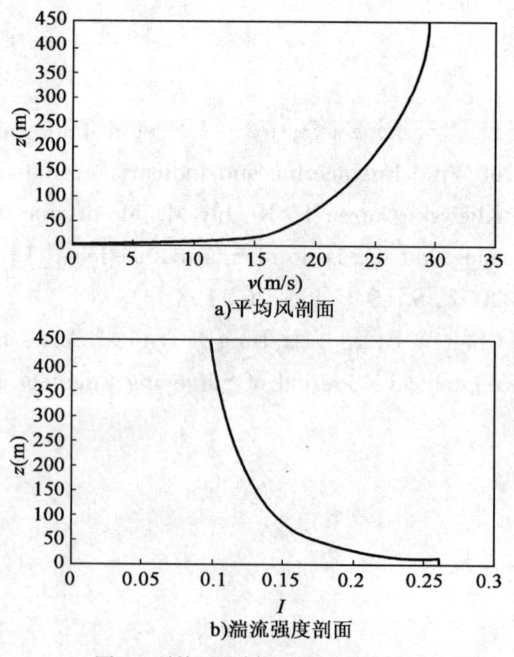

图2　平均风速剖面及湍流强度分布

基金项目:国家自然科学基金重大研究计划重点项目(90815030)资助。

由于本文主要研究吸风口内风对风机荷载的影响，故不做大气边界层模拟，但吸风口附近风场入口边界条件根据吸风口所处位置风速剖面和湍流度剖面确定。

入口边界的湍流脉动速度条件，应用了文献[3]的DSRFG方法。该方法采用如下公式产生脉动速度场：

(1)连续功率谱离散，并逐个构造

$$
\begin{aligned}
E(k) &= \sum_{m=k_0}^{k_{\max}} E_m(k) = \sum_{m=1}^{k_{\max}} E(k_m)\delta(k-k_m) \\
&= \sum_{m=1}^{k_{\max}} \left(\frac{3}{2}v_m^2\right)\delta(k-k_m)
\end{aligned} \tag{1}
$$

$$
u_{m,i} = \sum_{n=1}^{N}\left[p_i^{m,n}\cos(k_j^{m,n}x_j+\omega_{m,n}t)+q_i^{m,n}\sin(k_j^{m,n}x_j+\omega_{m,n}t)\right] \tag{2}
$$

(2)合成

$$
\begin{aligned}
u(x,t) &= \sum_{m=k_0}^{k_{\max}} u_m(x,t) \\
&= \sum_{m=k_0}^{k_{\max}}\sum_{n=1}^{N}\left[p^{m,n}\cos(\tilde{k}^{m,n}\times\tilde{x}+w_{m,n}t)+q^{m,n}\sin(\tilde{k}^{m,n}\times\tilde{x}+\omega_{m,n}t)\right]
\end{aligned} \tag{3}
$$

式中

$p^{m,n}=\dfrac{V\times k^{m,n}}{|V\times k^{m,n}|}\sqrt{a\dfrac{4E(k_m)}{N}}$，$q^{m,n}=\dfrac{\xi\times k^{m,n}}{|\xi\times k^{m,n}|}\sqrt{(1-a)\dfrac{4E(k_m)}{N}}$，$\tilde{x}=\dfrac{x}{L_s}$，$\tilde{k}^{m,n}=\dfrac{k^{m,n}}{k_0}$，$|k^{m,n}|=k_m$，$\omega_{m,n}\in N(0,2\pi f_m)$，$f_m=k_mU_{\text{avg}}$。

式中，x为坐标向量；t为时间；k_m为波数；$\xi\in N(0,1)$；v_m为均方根风速；L_s是湍流积分尺度，用来调整空间相关性；a满足0～1之间的均匀分布。本文计算中取$k_{\max}=500$，$N=100$。

(3)各向异性处理：校准和重映射

DSRFG方法[3]的优点包括：①严格保证入口湍流满足连续性条件$\text{div}(u)=0$。②基于严格的理论推导，具有通用性。生成的脉动速度满足指定的谱密度函数。③入口湍流的空间相关性可通过相关性尺度因子调整。④每个坐标点的入口湍流生成过程相互独立，适用于并行计算。⑤能处理输入湍流功率谱及湍流积分尺度的各向异性。

计算流域出口采用完全发展出流边界条件；计算流域顶部和两侧采用对称边界条件，等价于黏性流动中的自由滑移壁面；建筑物表面和地面边界采用无滑移的壁面条件(Wall)限定流体和固体区域。

3 数值模拟计算模型

在计算模型的建立中，考虑了该大厦附近600m范围内的周边建筑。本计算采用的风力发电机切入绕流计算模型如图3所示。

4 计算区域及网格划分

取该大厦安装风力发电机楼层部分及周围风场作为计算区域，其长、宽、高分别记为300m、100m、5m，为含吸风口的水平切块。图4表示的是该高层风机所在楼层部分的网格划分的方式。

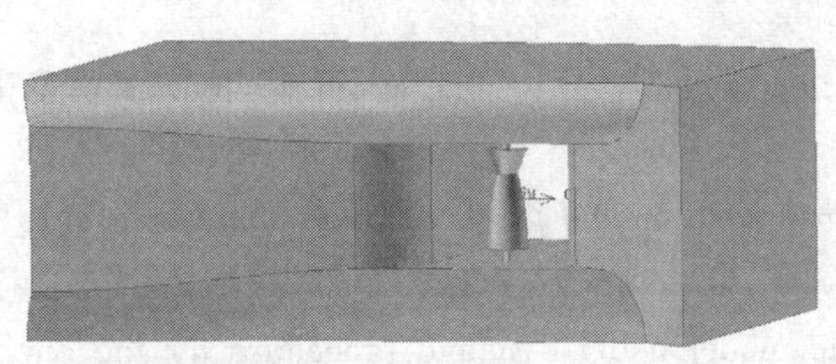

图3 风力发电机切入绕流计算模型

图4 网格划分形式

5 大涡模拟(LES)亚格子模型湍流模型和求解设置

本文的计算采用文献[4]针对工程应用提出的一种新的大涡模拟亚格子湍流模型进行计算。新亚格子模型的基本方程是基于 Kajishima and Nomachi (2006) [5]提出的一方程模型:

$$\frac{\partial k_{sgs}}{\partial t} + \frac{\partial \bar{u}_j k_{sgs}}{\partial x_j} = -\tau_{ij}\bar{S}_{ij} - C_\varepsilon \frac{k_{sgs}^{3/2}}{\Delta} + \frac{\partial}{\partial x_j}\left[(C_d \Delta_v \sqrt{k_{sgs}} + v) \frac{\partial k_{sgs}}{\partial x_j} \right] - \varepsilon_w \tag{4}$$

在这一模型中,Kajishima and Nomachi 提出了一种新观点,即亚格子尺度的动能生成和亚格子黏性对格子尺度湍流场的作用不是同一过程,前者是局部动态的,后者是历史动态的,即和亚格子动能的输运过程有关。

亚格子动能生成项采用修正的 WALE 模型(Nicoud and Ducros,1999)[6],特点是不用试验滤波(test filtering),且具有局部动态特征,适合复杂网格模型。

$$-\tau_{ij}\bar{S}_{ij} = \left[(C_W^* \bar{\Delta})^2 \frac{(S_{ij}^d S_{ij}^d)^{\frac{3}{2}}}{(\bar{S}_{ij}\bar{S}_{ij})^{\frac{5}{2}} + (S_{ij}^d S_{ij}^d)^{\frac{5}{4}}} \right] |\bar{S}|^2 \bar{S}_{ij} - \frac{2}{3} k_{sgs}\delta_{ij} \tag{5}$$

新亚格子模型的主要特点是:适合工程应用、一方程模型、不需采用试验滤波,适合低阶格式及无结构网格应用,具有动态特征,且计算量少。

大气边界层风场为不可压缩流,离散方程组的求解适于采用基于解耦思想 SIMPLE(semi-implicit method for pressure-linked equations)系列求解方法之一的 SIMPLEC(SIMPLE-consistent)算法,该方法收敛性好且适合时间步长较小的 LES 计算[7],由于采用了混合网格,设置了网格倾斜校正,提高了计算的收敛性。数值离散精度方面:在 LES 计算中,对流项采用数值耗散低的二阶 Bounded Central Differencing 格式,时间项的离散采用了二阶隐式格式;初场计算采用 RANS 湍流模型的定常计算结果,通过瞬态化处理使 LES 初始流场达到具有合理数据统计特征的状态。非定常计算的时间步长设置为 0.05s。

6 数值模拟计算结果及结论

通过计算流体动力学(CFD)以及计算固体动力学(CSD)研究得出:随着来流风速的增加,吸风口风速明显增大,同时作用在吸风口及风力发电机的绝对压力也显著增大。大涡模拟准确地模拟到了气流切入风机发电机后的动态风荷载。由风荷载谱分析表明,气流切入风力发电机风荷载频谱与一般圆柱绕流的风荷载频谱存在差异。这主要是由于风力发电机本身旋转,造成绕流的分离点和涡脱落频率发生了变化。综合来看,三种切入风速下的荷载频谱存在一定相似性。在切入风为 70m/s 风速下,风力发电机所受到的绝对风荷载与其自重处于同一量级。由于吸风口的局部加速和整流作用,来流湍流经过吸风口加速后明显变弱,气流速度变得比较均匀,这说明来流湍流对吸风口内部的流场影响较小。

参 考 文 献

[1] 广州烟草大厦风力发电机洞口风速放大数值模拟研究[R]. 长沙:湖南大学,2008.

[2] 中华人民共和国国家标准. GB 50009—2001 建筑结构荷载规范[S]. 北京:中国建筑工业出版社,2002.

[3] Huang S H, Li Q S. A general inflow turbulence generator for large eddy simulation[J]. Journal of Wind Eng. Ind. & Aerodyn, 2010, 98(10-11): 600-617.

[4] Huang S H, Li Q S. A new dynamic one-equation subgrid-scale model for large eddy simulations[J]. International Journal for Numerical Methods in Engineering, 2010, 81(7): 835-865.

[5] Kajishima T, Nomachi T. One-equation subgrid scale model using dynamic procedure for the energy production[J]. Journal of Applied Mechanics, ASME, 73: 368-373, 2006.

[6] Nicoud F, Ducros F . Subgrid-scale stress modeling based on the square of the velocity gradient tensor flow[J] Turbulence and Combustion, 1999, 62(3):183-200.

[7] Rodi W. Comparison of LES and RANS calculations of the flow around bluff bodies[J]. Journal of Wind Engineering and Industrial Aerodynamics, 1997, 69-71:55-75.

[8] Smirnov R, Shi S, Celik I. Random flow generation technique for large eddy simulations and particle-dynamics modeling[J]. Journal of Fluids Engineering, 2001, 123:359-71.

[9] Wardlaw R L, Moss G F. A standard tall building model for the comparison of simulated winds in wind tunnels. CAARC, CC662. Tech25, 1970.

[10] Fluent Inc. The user guide of Fluent 6.2. 2003.

[11] Xie Z N, Gu M. A correlation-based analysis on wind-induced interference effects between two tall buildings [J]. Wind and Structures, 2005, 8(3):163-178.

格构式输电塔横风向风荷载谱构成分析

李正良　汪之松　肖正直

（重庆大学土木工程学院　重庆　400045）

1　引言

输电塔结构的气弹性模型风洞试验和风振观测结果表明[1-4]，其横风向与顺风向动力响应在同一数量级，有些情况下的横风向动力响应甚至超过顺风向。结构横风向动力响应的机理较为复杂，通常认为包括三种激励类型：①横风向湍流引起的激励；②尾流旋涡脱落引起的横风向激励；③结构横风向运动导致的激励。其中第三部分的激励通常以气动阻尼加以考虑。

通常认为尾流涡旋脱落对高层建筑结构的横风向与扭转向的风振起重要作用，张建国等[5]研究表明，对于典型的超高层建筑，横向紊流对一阶广义气动力谱的贡献较小，而旋涡脱落激励在横向气动力谱中占有的比例很大，普遍在80%以上。对于输电塔这种格构式结构由于自身杆件之间的相互干扰，旋涡脱落导致的横风向振动与高层建筑区别较大。因此，本文基于输电塔的高频动态天平（HFFB）试验，研究格构式结构横风向激励的组成情况。

2　风洞试验

2.1　试验流场

试验在中国空气动力研究与发展中心低速所的FL-13大型低速边界层风洞中完成。风洞边界层模拟的风剖面曲线风速剖面指数$\alpha=0.162$，与B类地表粗糙度地区理论曲线接近，模拟风谱与Davenport谱吻合较好。塔顶高度顺风向紊流强度约为$I(U_{\mathrm{H}})=8\%$，实测的横风向紊流度约为顺风向的78%。符合通常认为的横风向脉动风速均方根值约为顺风向脉动风速均方根值的75%～88%[5]。

2.2　输电塔的结构参数

试验中选取两种典型的钢管格构式输电塔，其中直线塔的高度为108m，横担处宽45.2m；耐张塔高度为107m，横担处宽39.4m，其平面尺寸如图1所示。为方便计算，将直线塔沿高度分成11段（各塔段参数见表1），耐张塔分成9段（各塔段参数见表2），风向角为$\beta=0°\sim90°$，$\Delta\beta=15°$，塔顶高度处参考风速s为$U_{\mathrm{H}}=11\mathrm{m/s}$。

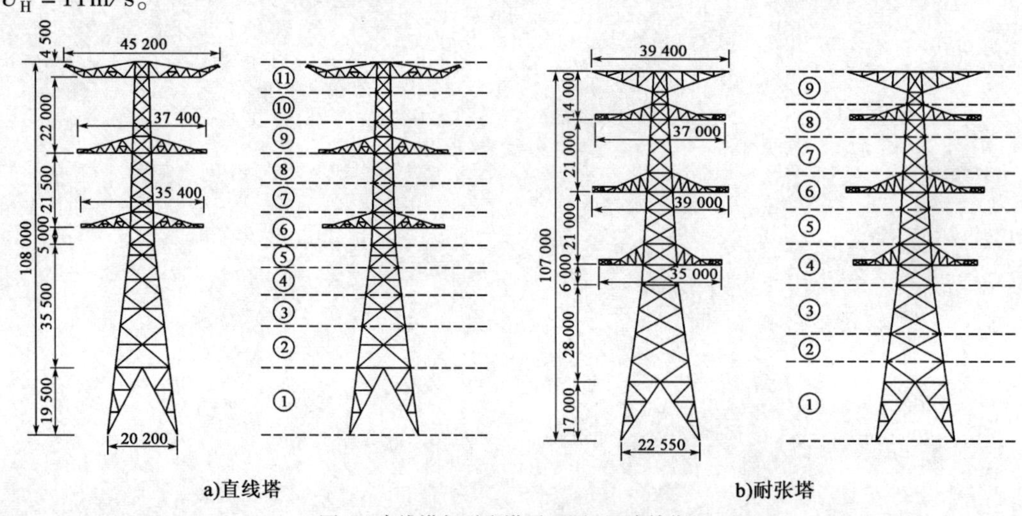

图1　直线塔与耐张塔平面图（尺寸单位：mm）

直线塔计算参数 表1

编号	高度(m)	挡风面积(m^2)		质量(kg)
		x 向	z 向	
Z1	19.5	37.87	37.87	29 198
Z2	31.5	25.01	25.01	20 253
Z3	40.5	16.80	16.80	10 628
Z4	48.5	14.15	14.15	8 948
Z5	55.0	11.79	11.79	7 753
Z6	64.5	31.63	17.06	17 897
Z7	73.0	13.07	13.07	7 219
Z8	81.5	12.22	12.22	9 512
Z9	90.6	29.40	13.43	13 453
Z10	99.2	9.82	9.82	4 530
Z11	108.0	35.31	12.59	16 842

耐张塔计算参数 表2

编号	高度(m)	挡风面积(m^2)		质量(kg)
		x 向	z 向	
Z1	23.0	54.62	54.62	49 208
Z2	31.0	20.04	20.04	15 486
Z3	45.0	34.53	34.53	26 838
Z4	57.0	51.14	33.66	37 310
Z5	67.0	21.42	21.42	14 966
Z6	77.5	43.29	22.10	25 927
Z7	88.0	15.51	15.51	8 749
Z8	97.5	38.89	14.02	20 407
Z9	107.0	25.16	7.64	10 854

2.3 试验结果修正

由于输电塔属于格构式塔架，要达到完全刚性的模型几乎不可能，邹良浩等[6]推导了此类型的半刚性模型风洞试验荷载谱的处理方法，消除共振影响的各方向的基底弯矩谱为：

$$S'_{MS}(\omega) = \frac{S_{MS}(\omega)}{1 + |H_{1S}(i\omega)|^2(\omega^4 + 4\xi_{1S}^2\omega_{1S}^2\omega^2)} \tag{1}$$

根据式(1)对半刚性模型的高频动态天平测力试验的结果进行处理可以得到消除共振影响的三个方向的弯矩谱。以$\beta = 0°$为例，图2所示为半刚性模型的基底弯矩处理前后的对比，可以看出，其中共振影响被完全消除。

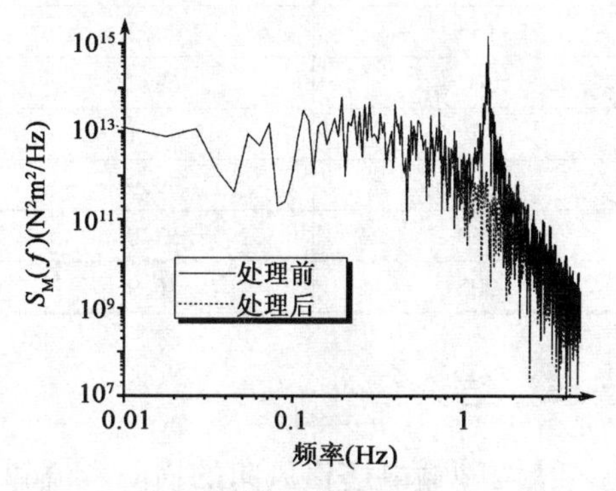

图2 基底弯矩谱处理前后对比

3 紊流均方根力修正系数

假定横风向脉动风产生的风荷载效果与顺风向脉动风一致，为考察横风向脉动风产生风荷载的情况，先来研究输电塔顺风向脉动风荷载与脉动风之间的关系。

为确定塔构件自身干扰因素的大小，用类似于顺风向风阻力系数的方法定义顺风向无量纲的风阻力均方根值修正系数 $\Delta C_{\tilde{u}}$，按下式求出：

$$\Delta C_{\tilde{u}}(\beta) = \frac{\sigma_{\hat{F}_u}(\beta)}{\sigma_{F_{\tilde{u}}}(\beta)} \tag{2}$$

式中，β 为风向角；$\sigma_{\hat{F}_u}$ 为实测的顺风向脉动荷载均方根值；$\sigma_{F_{\tilde{u}}}$ 为理论计算得到的整塔顺风向风荷载均方根值。

表 3 列出了两个输电塔各风向角时的脉动风荷载均方根值修正系数。直线塔修正系数各风向角均值为 0.72，耐张塔修正系数均值为 0.74。如果忽略推导过程中关于竖向风荷载相关性假定带来的误差，脉动风荷载均方根值修正系数在一定程度上反应了气动导纳的影响。

输电塔顺风向的均方根力修正系数　　表 3

β	0°	15°	30°	45°	60°	75°	90°
SZ	0.539	0.513	0.578	0.767	0.823	0.977	0.834
SJ	0.650	0.806	0.749	0.736	0.757	0.706	0.763

4　横风向的涡旋脱落影响的讨论

参考高层建筑中研究横风向风谱构成的思路[5]，假定横向紊流引起风荷载与旋涡脱落引起的风荷载相互独立，则输电塔总的横风向气动力均方值：

$$\sigma_{FH}^2 = \sigma_{F\tilde{v}}^2 + \sigma_{Fst}^2 \tag{3}$$

式中，σ_{FH}^2、σ_{Fst}^2 分别代表总的横风向气动力均方值、紊流引起风荷载均方值以及旋涡脱落引起的风荷载均方值。

假定横向紊流引起的风荷载为准定常，且符合片条理论，计算可得横风向上的脉动风引起的风荷载均方值 $\sigma_{F\tilde{v}}^2$；σ_{FH}^2 通过试验值确定，从而可得旋涡脱落引起的风荷载均方值 $\sigma_{Fst}^2 = \sigma_{FH}^2 - \sigma_{F\tilde{v}}^2$。

而整塔的横风向紊流风荷载均方根理论值：

$$\sigma_{F\tilde{v}} = \left(\int_0^\infty S_{F\tilde{v}}(f)\,df\right)^{1/2} = \left(\int_0^\infty 0.25 S_{\tilde{v}}(f)\cdot\Theta df\right)^{1/2} = 0.5\times I_v\Theta^{1/2}\cdot\sigma_{\tilde{u}} \tag{4}$$

式中，$\Theta = \sum_{i=1}^{N}\sum_{j=1}^{N} E_u(z_i)E_u(z_j)\mathrm{coh}(z_i,z_j)$。

考虑到上节中计算的均方根值修正系数 $\Delta C_{\tilde{u}}$，最终得到横风向紊流荷载均方根为：

$$\sigma_{\hat{F}_v}(\beta) = \Delta C_{\tilde{u}}(\beta)\cdot\sigma_{F\tilde{v}}(\beta) \tag{5}$$

从而得到横向紊流和旋涡脱落激励方差占横风向总气动力方差的比例，如表 4 所示。

横向紊流和旋涡脱落激励方差占横风向总气动力方差的比例(%)　　表 4

β	SZ		SJ	
	横向紊流	旋涡脱落	横向紊流	旋涡脱落
0°	38.6	61.4	52.8	47.3
15°	44.2	55.8	70.1	29.9
30°	69.2	30.8	85.7	14.3
45°	54.1	45.9	60.7	39.3
60°	39.9	60.1	82.6	17.4
75°	53.0	47.0	64.0	36.0
90°	46.9	53.1	52.6	47.4

5　结论

从两种输电塔横风向的横向紊流和旋涡脱落激励的分析对比可以看出，随着风向角的改变，两种激励在横风向总气动力方差中占的比例是变化的：直线塔的尾流旋涡脱落激励在总气动力中占的比例较大,各风向下的平均值约为50%;耐张塔的尾流旋涡脱落激励在总气动力中占的比例在各风向下的均值为33%。可见,由于其自身杆件的干扰影响,格构式塔架结构横风向气动力中尾流旋涡脱落部分所占的比例比普通的高层建筑要低,且具体情况与塔的形状和风向角的改变有较大关系。

参 考 文 献

[1] Ballio G, Meberini F, Solari G. A 60 year old 100m high steel tower: limit states under wind actions [J]. Wind Eng. and Indus Aerodyn. 1992, 41-44: 2089-2100.

[2] Glanville M J, Kwok K C S. Dynamic characteristics and wind induced response of a steel frame tower [J]. Journal of Wind Engineering and Industrial Aerodynamics. 1995, 54-55: 133-149.

[3] 楼文娟, 孙炳楠. 高耸塔架横风向动力风效应[J]. 土木工程学报, 1999, 32: 67-71.

[4] 李正良, 肖正直, 韩枫, 等. 1 000kV 汉江大跨越特高压输电塔线体系气动弹性模型的设计与风洞试验[J]. 电网技术, 2008, 32(12): 1-5.

[5] 张建国, 叶丰, 顾明. 典型超高层建筑横风向气动力谱的构成分析[J]. 北京工业大学学报, 2006, 32(2): 104-114.

[6] 邹良浩, 梁枢果. 半刚性模型风洞试验荷载谱的处理方法[J]. 实验流体力学, 2007, 21(3): 76-80.

[7] 叶丰. 高层建筑顺、横风向和扭转方向风致响应及静力等效风荷载研究[D]. 上海: 同济大学, 2004.

[8] Solari G. Mathematical model to predict 3-D wind loading on buildings[J]. Journal of Engineering and Mechanics, 1985, 111(2): 254-276.

[9] Solari G, Pagnini L C, Piccardo G. A numerical algorithm for the aerodynamic identification of structures[J]. Journal of Wind Engineering and Industrial Aerodynamics, 1997, 69-71: 719-730.

不同风向角下高层建筑风振响应研究

李正良　邹鑫　魏奇科　曹晖

（重庆大学土木工程学院　重庆　400045）

1　引言

目前，在进行矩形高层建筑顺、横风向及扭转方向的风荷载、风致响应以及等效静力风荷载研究时，以往的研究均是针对高层建筑刚度弱轴正面迎风的工况进行分析的。随着高层建筑结构高度的不断增加和研究的深入，针对每个风向角时的风荷载对结构进行风致响应及等效静力风荷载计算才是结构设计最理想的方法。中国现行荷载规范[1]中给出的基本风速均没有考虑风向因素，在进行极值风速概率密度分析时，选取的年最大风速统计样本是各方向中的年最大风速。顾明[2]、杨詠昕[3]、Kanda<oi[4-5]研究了风向对基本风速的影响。日本风荷载规范[6]在相关研究的基础上，给出了全国各个城市建筑结构设计基本风速的折减风向因子。Reinhold T. A. 等针对矩形建筑在不同风向角工况下的响应进行了研究，得到在风轴坐标系下不同风向角对风致响应的影响[7-8]。

本文将在风洞试验数据的基础上，对重庆某方形高层建筑不同风向角下的风振响应进行有限元时程分析，分析了不同风向角风荷载作用下各响应的变化规律，得到体轴坐标系下不同风向角下的建筑响应比，由此给出在基本风速下各风向角时高层建筑的风致响应与正面迎风时的比例关系，从而得到抗风设计时该建筑的基本风速的风向因子。

2　工程概况

2.1　风洞试验设备及模型概况

试验在石家庄铁道大学风工程研究中心风洞低速段进行，低速试验段宽4.0m，高3.0m，长24.0m，最大风速大于30.0m/s，达到优秀边界层风洞流场标准。本试验在此低速试验段进行。

建筑模型比例为1：300，总高度0.7m，采用工业合成塑料板制作，见图1。进行了32个风向角下的风洞试验，试验风向角增量为22.5度。图2为各种试验工况风向角示意图和体轴系坐标示意图。

图1　建筑模型

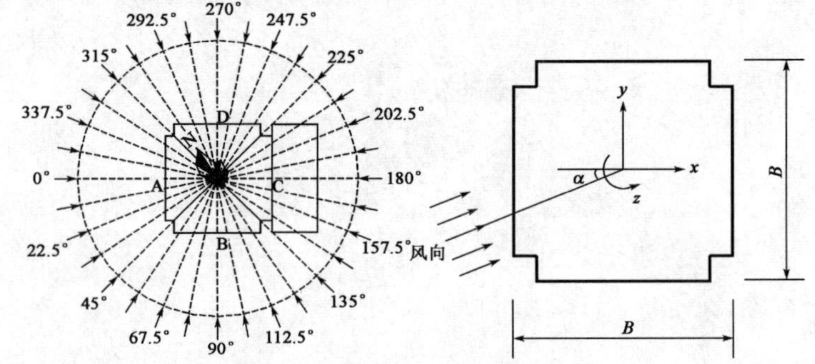

图2　试验工况风向角及体轴系坐标示意图

2.2　风场模拟

模拟B类场地，大气边界层风剖面指数α为0.16，底部湍流度约为15%。试验中采用粗糙元和尖塔等模拟大气边界层，并使用热线风速仪系统测量了大气边界层在模型附近的风速剖面和湍流度，如图3所示，可见试验模拟的平均风剖面与湍流度剖面与B类地貌十分吻合，边界层风场模拟结果较好。

模拟大气边界层纵向湍流积分尺度为0.48m,长度缩尺比为300,相当于实际尺度的144m,这与实测经验湍流积分尺度相符。风洞边界层风场0.6m高度的顺、横、竖向脉动风速试验值与Davenport谱的对比分析见图4,边界层风场中不同高度的顺风向脉动风速功率谱与Davenport谱十分吻合。

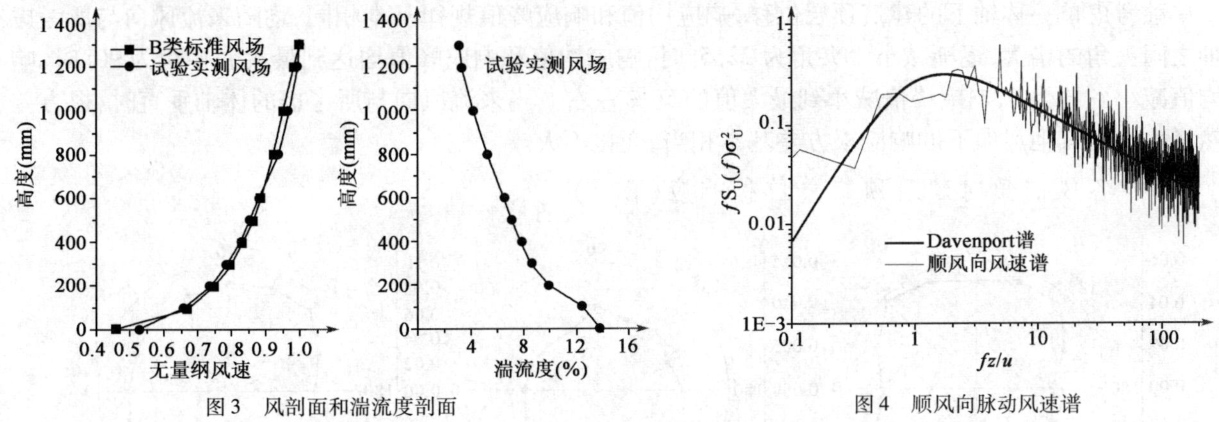

图3 风剖面和湍流度剖面

图4 顺风向脉动风速谱

3 不同风向角建筑响应

3.1 各风向角时建筑 x 轴向顶层位移响应(图5)

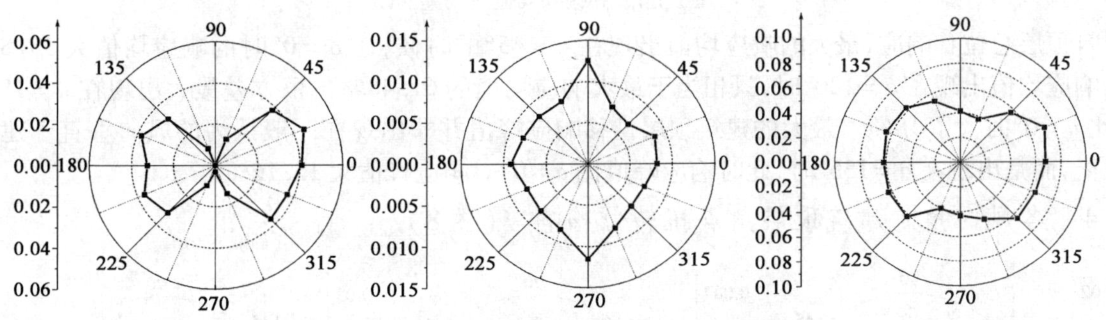

图5 建筑 x 轴顶层位移平均值、根方差、峰值

不同风向角下的建筑顶层 x 轴位移响应,均值大致随来流风向与 x 轴之间夹角 β 的增大,逐渐减小。从 $\beta=22.5°$ 时的最大响应减小到 $\beta=90°$ 时基本等于0。而当来流风向与 x 轴垂直时,位移响应根方差突然增大,大概比 $a=0°$ 时大50%,在其他风向下,根方差基本和 $a=0°$ 时相当。响应峰值呈现出和响应均值基本相同的规律,即大致随来流风向与 x 轴之间夹角 β 的增大,逐渐减小。从 $\gamma=22.5°$ 时的最大响应减小到 $\beta=90°$ 时的只相当于最大响应的51.84%。

3.2 各风向角时建筑 y 轴向顶层位移响应(图6)

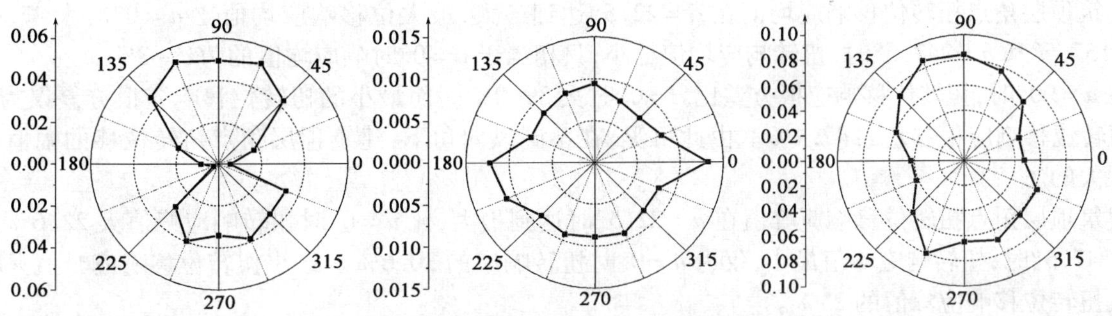

图6 建筑 y 轴顶层位移平均值、根方差、峰值

不同风向角下的建筑顶层 y 轴位移响应呈现和 x 轴位移响应基本一样的规律。均值大致随来流风向与 Y 轴之间夹角 γ 的增大,逐渐减小。从 $\gamma=22.5°$ 时的最大响应减小到 $\gamma=90°$ 时基本等于0。而当来流

风向与 y 轴垂直时，位移响应根方差突然增大，大概比 $a=90°$ 时大 30% ~40%，在其他风向下，根方差基本和 $a=0°$ 时相当。响应峰值呈现出和响应均值基本相同的规律，即大致随来流风向与 y 轴之间的夹角 γ 的增大，逐渐减小。从 $\gamma=22.5°$ 时的最大响应减小到 $\gamma=90°$ 时的只相当于最大响应的 49.80%。

单独考虑单一体轴下的建筑顶层位移，响应均值和响应峰值规律基本相同，均随来流风向与所考虑体轴之间夹角的增大，逐渐减小。夹角为 22.5°时，响应均值和响应峰值均达到最大。夹角为 90°时，响应均值减小到约为 0，响应峰值减小到最大值的 50% 左右。当来流风向与所考虑的体轴垂直时，根方差突然增大。而其他风向下的响应根方差基本相当，变化不大。

3.3 各风向角时建筑顶层总位移响应(图 7)

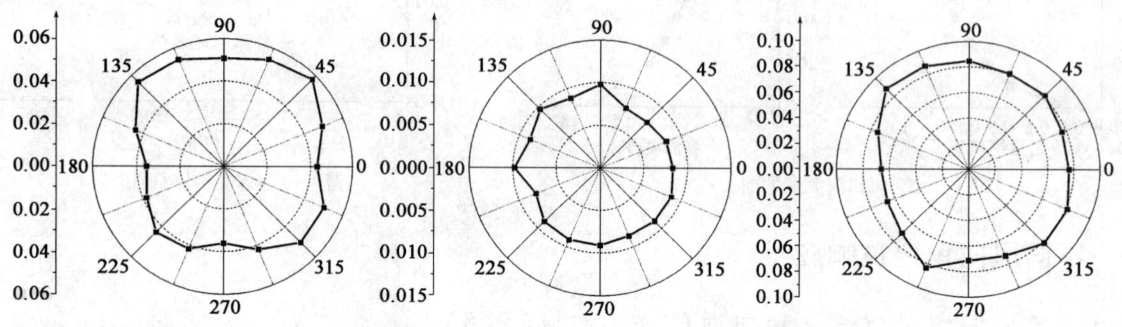

图 7 建筑顶层总位移平均值、根方差、峰值

建筑顶层总位移响应，最大的响应均值出现在 $a=45°$ 的时候，比 $a=0°$ 时的响应均值大 33.84%。最小的响应均值出现在 $a=180°$ 时，只相当于最大响应均值的 61.48%。根方差最大出现在 $a=180°$ 的时候，比 $a=0°$ 时大了 18%。最大的建筑顶层位移响应峰值并非出现在一般认为的风向垂直于建筑表面的时候，而是出现在 $a=135°$ 时，此时响应峰值比 $a=0°$ 时响应峰值大 15.76%。

3.4 各风向角时建筑顶层角点扭转位移响应(图 8)

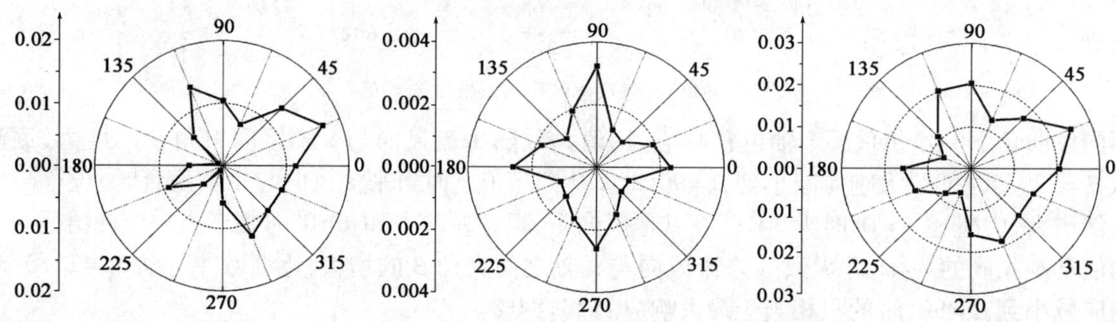

图 8 建筑顶层角点扭转位移平均值、根方差、峰值

建筑顶层角点扭转位移响应均值在 $a=22.5°$ 达到最大，最大位移响应均值比 $a=0°$ 时大 47.6%。当 $a=157.5°$ 和 $a=247.5°$ 时，扭转响应均值最小，只相当于 $a=0°$ 时响应均值的 7% ~8%。

在 $a=90°$ 时，扭转位移响应根方差比 $a=0°$ 时大 39.2%。而最小的扭转位移响应根方差仅为 $a=0°$ 时扭转位移响应根方差的 47.4%。由此可见，在不同风向角下，建筑顶层角点扭转位移的幅值波动还是很大的。

建筑顶层角点扭转位移响应峰值在 $a=22.5°$ 时达到最大，比 $a=0°$ 时扭转响应峰值大 22.6%。而当 $a=247.5°$ 时，扭转响应峰值最小，仅为 $a=0°$ 时扭转响应的 30.6%。最小扭转位移响应峰值只相当于最大扭转位移响应峰值的 25%。

4 各风向角时高层建筑的风致响应与正面迎风时的比例关系

定义各个风向角下的位移峰值 σ_α 与 0°风向角下的位移峰值 σ_0 之比为建筑顶层水平位移响应比。

类似的定义各个风向角下的扭转位移响应峰值 $\sigma_\alpha^{\mathrm{t}}$ 与0°风向角下的扭转位移峰值 σ_0^{t} 之比为建筑顶层角点扭转响应比。各风向角下建筑响应比如图9和图10所示。

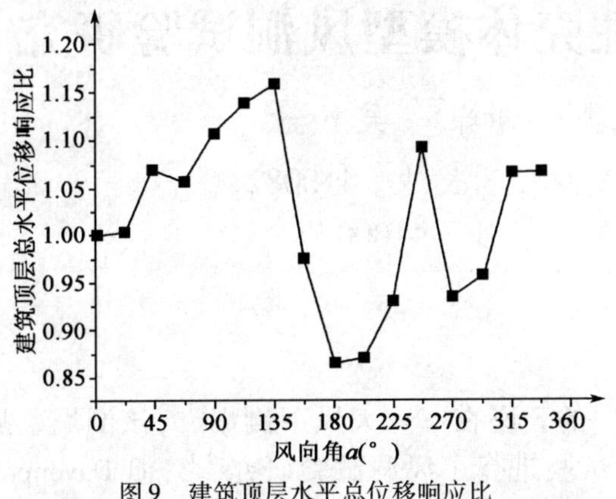

图9 建筑顶层水平总位移响应比

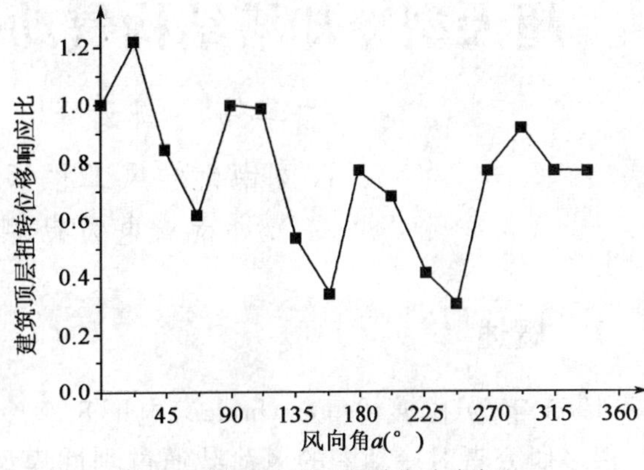

图10 建筑顶层角点扭转位移响应比

在来流风速一定的情况下,不同的来流风向下该建筑顶层响应变化很大。在考虑建筑顶层平动响应的时候,$a=135°$的风向角下,建筑顶层总水平位移响应最大,响应比达到1.157 6。在考虑风致扭转作用的时候,$a=22.5°$来流风向角时的扭转响应比为1.226 3,是对该结构最不利的情况,在设计时应当重视。

5 结论

根据线弹性系统的线性传递特性,将不同风向角下建筑响应比与不同风向角下基本风速比的平方相乘就可以得到考虑风向的建筑最不利响应与不考虑风向的建筑响应比值,将其作为建筑响应的风向因子。本文在确定来流风速的情况下,得到该建筑不同风向角下建筑响应比,即得到了在基本风速下建筑响应的风向因子。

参考文献

[1] 中华人民共和国国家标准. GB 50009—2001 建筑结构荷载规范[S]. 北京:中国建筑工业出版社,2001.

[2] 顾明,陈礼忠,项海帆. 上海地区风速风向联合概率密度函数的研究[J]. 同济大学学报,1997,25(2):166-170.

[3] 杨詠昕,葛耀君,项海帆. 风速风向联合分布的平均风统计分析[J]. 结构工程师,2002,3:29-36

[4] Itoi T, Kanda J. Comparison of correlated Gumbel probability models for directional maximum wind speeds[J]. Journal of Wind Engineering and Industrial Aerodynamics,2002,90:1631-1644.

[5] Kanda J, Itoi T, Choi H. Load factors with wind directionality effects for wind resistant design[G]//. Proceedings of the6th Asia-Pacific Conference on Wind Engineering,2005:419-427.

[6] 日本建筑学会(AIJ). 建筑物荷重指针・同解说(Recommendations for Loads on Buildings). 2004.

[7] Reinhold T A, et al. Mean and fluctuating forces and torques on a tall building model of square cross-section as a single model, in the wake of a similar model, and in the wake of a rectangular model[R]. Report VP1-E-79-11, Department of Engineering Science and Mechanics, Virginia polytechnic Institute, Blacksburg, VA, March 1979.

[8] Reinhold T A, Sparks P R. The influence of wind direction on the response of a square-section tall building[G]//Proceedings Fifth International Conference on Wind Engineering, Fort Collins, CO., July 1979.

超大型冷却塔结构气动弹性壳体模型风洞试验研究

牛华伟[1]　邹云峰[1]　陈政清[1]　谢嵘[2]　吴惠全[2]
(1. 湖南大学风工程试验研究中心　长沙　410082;
2. 湖南省电力勘测设计院　长沙　410007)

1　概述

1965 年,英国渡桥(Ferrybridge)电厂 8 座冷却塔中的 3 座在一阵大风下倒塌[1],该倒塌事故发生后,很多研究者对冷却塔的风荷载通过刚性模型测压试验进行了风洞试验研究[2-5],但 Davenport[6] 和 Isyumov[7] 分别使用冷却塔弹性模型研究了冷却塔的风致响应情况。1973 年,Armitt 在英国中央电力研究实验室(Central Electricity Research Laboratories)应用冷却塔弹性模型对渡桥电厂事故进行了研究,进一步发展了 Davenport 的气动弹性模型实验方法[8]。试验发现,共振应力按风速的 4 次方增长,远远高于准静态应力的增长速度。此外他还发现模型试验的结果和事故发生时的风速及三个塔的倒塌顺序非常吻合,从而证明了弹性模型试验的可靠性。

在国内,孙天风等人对茂名塔的实际表面风压进行了实测并进行了风洞试验研究[9-11]。20 世纪 90 年代之后,阎文成、陈凯、刘红军、赵林等人分别通过刚性模型和弹性模型风洞试验研究了冷却塔结构的风荷载和风振响应特性[12-16]。其中,陈凯、刘红军采用的是弹性壳体的风洞试验模型,赵林则通过等效梁格的方法设计并制作了风洞试验气弹模型。本文拟以某超大型逆流式自然通风冷却塔为原型,通过弹性壳体气动弹性模型对塔体风荷载和风振响应特性进行研究,并进一步通过试验数据比较塔体不同高度的风振系数和等效静力风荷载特性。研究对象拟定的塔高为 220m,喉部壳体最薄处只有 0.21m,底部直径约 170m,喉部直径 103.5m。

2　气动弹性壳体模型设计、制作与动力特性检验

文献[17]指出,风洞试验时冷却塔这样的壳体结构应该通过弹性壳体模型(replica model)来模拟。风洞试验时选定的冷却塔气弹模型几何缩尺比为 1 : 220,模型高度为 1.0m,模型最薄处只有0.9mm。经过大量的摸索和试验,利用一种密度与混凝土接近的 DEVCON 材料成功制作出冷却塔气动弹性壳体模型。

在风洞试验之前,本文采取风荷载激励法和锤击法激振两种方法进行冷却塔模型的动力特性测试。试验结果表明,这两种方法识别的结果基本一致,图 1 给出的是典型信号的自功率谱密度曲线,表 1 给出的是前 6 阶频率识别结果,可以看出模型实测频率与设计频率各阶误差均小于 5%;由半功率带宽法可得其 1 ~ 2 阶阻尼比为 0.8%;由于该类结构振型识别特别困难,振型识别结果有待于数据进一步处理得到,但连续壳体保证了模型质量连续分布相似,且由频率识别结果可知模型刚度相似得到了保证,因此可以认为模型的振型相似关系也满足试验要求。

3　风场及雷诺数模拟

试验在湖南大学 HD-2 风洞试验室的高速试验段进行,该风洞为闭口回流式矩形截面风洞,试验段尺寸宽 3m、高 2.5m、长 17m。冷却塔周边地形与《建筑结构荷载规范》(GB 50009—2001)中的 B 类地貌类似,在 HD-2 风洞试验室的高速试验段模拟了 B 类地貌风场。

试验采取在模型表面粘贴粗糙纸带(粘贴 36 条子午向通长粗糙纸带)的手段来模拟高雷诺数效应,平均风压分布系数选用我国规范相关风压分布曲线,同时参考德国规范(VGB)无肋塔平均风压曲线。由于规范曲线数据来源于塔的中段,且已有研究表明在中段范围内风压系数曲线沿高度基本不变,

因此只在冷却塔气弹模型 0.5H 和 0.78H（喉部）外表面布置两层测点，每层沿环向均匀布置 36 个测点，共计 2×36=72 个测点。图 2 给出的是气弹模型雷诺数模拟手段及结果。

冷却塔气弹模型频率设计值与实测值　　表 1

阶数	原型频率 f(Hz)	模型理论频率(Hz)	实测频率(Hz)	频率偏差(%)
1~2	0.738	67.789	67.38	-0.60%
3~4	0.743	68.097	70.31	3.25%
5~6	0.799	73.632	76.17	3.45%

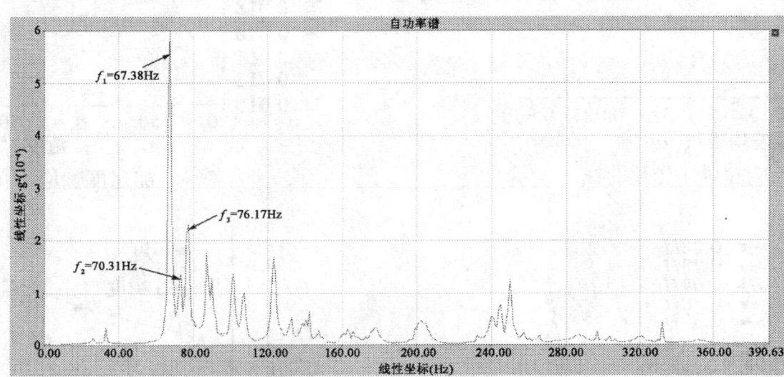

图 1　冷却塔气动弹性壳体模型模态识别结果

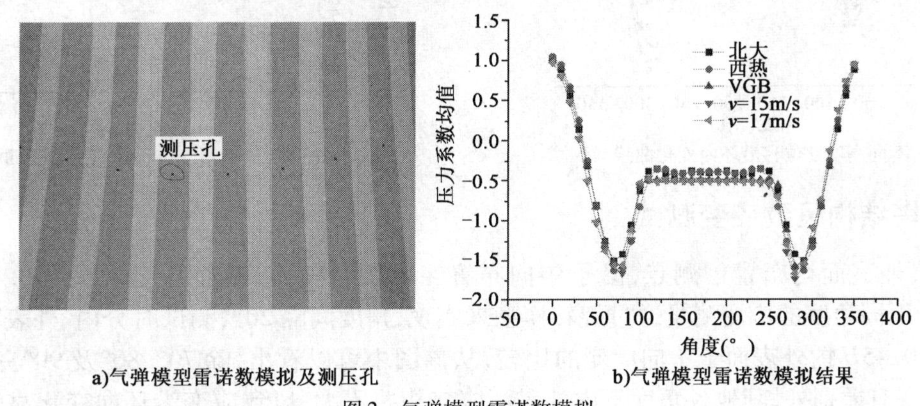

a)气弹模型雷诺数模拟及测压孔　　b)气弹模型雷诺数模拟结果

图 2　气弹模型雷诺数模拟

4　冷却塔结构风致振动响应测试

加速度与位移测点布置方式及数量一致沿环向布置 8 个测点，沿模型子午向测量 6 个不同高度处的加速度和位移，其高程分别为 0.98H（塔顶）、0.88H、0.78H（喉部）、0.64H、0.50H 和 0.30H，子午向不同高度处加速度（位移）测量采用调整加速度计（位移计）位置高度的方法实现。

4.1　加速度响应

图 3 给出了最大负压区（±70°左右）子午向不同高度加速度响应随风速的变化曲线，可以看出，加速度值随风速的增大而增大，同一风速下加速度值随高度的增加而增加。图 4 给出的是同一风速下子午向不同高度加速度响应随角度的变化曲线，可以看出，加速度响应随高度的增高而增大，±70°各高度中以 0.78H（喉部）处的加速度值最大，而其他角度下以塔顶加速度响应最大；同一高度中，各角度以 ±70°（横风向）的加速度值最大，因为该区域不仅受到来流紊流的影响，横风向的旋涡脱落对其脉动也有贡献，0°（迎风面）、180°（背风区）的加速度值相对较小，因为它们仅受来流或尾流脉动的影响。

4.2　位移响应

图 5 给出的是原型塔顶风速为 42.72m/s 作用下、不同高度处位移沿环向变化曲线，可以看出，冷却塔的变形和其平均风压分布比较类似，沿环向呈对称分布，迎风向（0°）的正位移最大，且与 ±70°方向的最大负位移绝对值大小基本相当，尾流区的位移很小，基本在 0 附近，大多有较小的负位移。图 6 给

出的是典型角度下位移随高度的变化曲线，可以看出冷却塔在风荷载作用下的变形与高度也是相关的，位移最大值不仅仅出现在0.78H(喉部)断面上，也有可能出现在其他断面上，如0.64H。

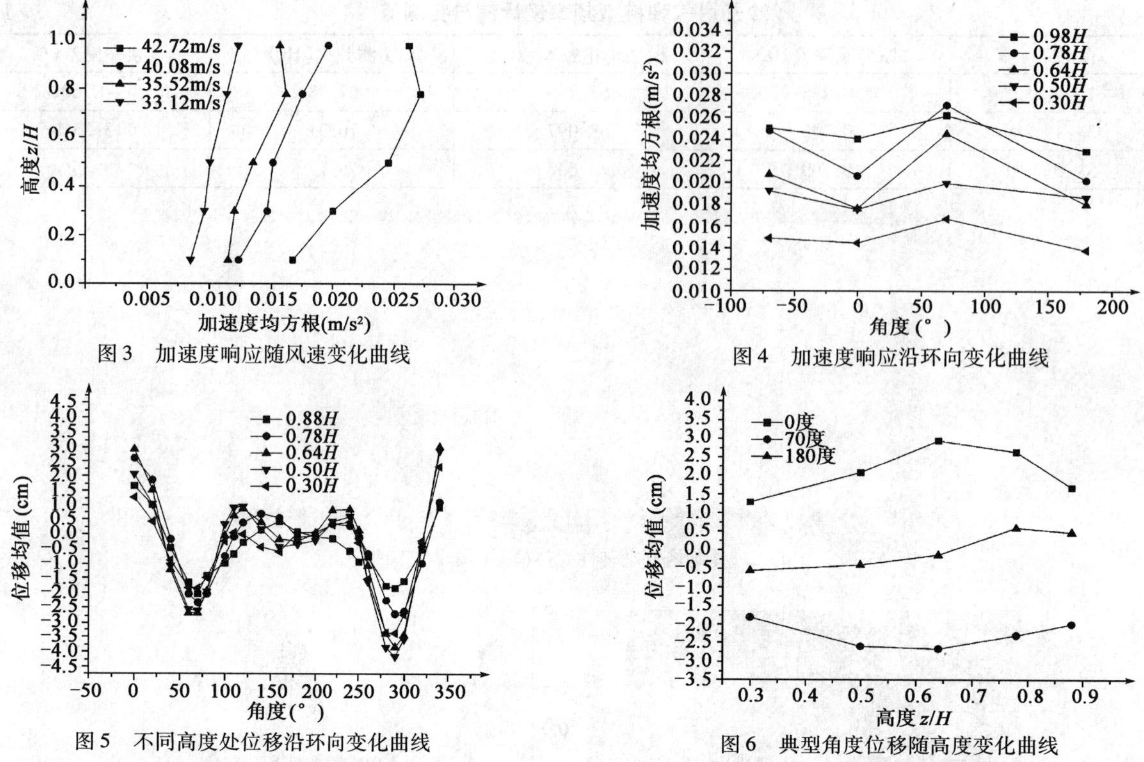

图3 加速度响应随风速变化曲线

图4 加速度响应沿环向变化曲线

图5 不同高度处位移沿环向变化曲线

图6 典型角度位移随高度变化曲线

5 冷却塔结构风致应变测试

在模型内、外表面均布置了测点，沿子午向布置4个测量断面，断面高度依次为0.15H、0.45H、0.78H、0.98H，不同角度的应变测量通过旋转模型来实现，角度间隔20°，测试时分内、外表面两次测量。图7给出的是0.45H内外表面子午向应变的比较，从该图中可以看出，除70°、80°及90°三个角度内外表面子午向应变有差别外，其他各角度下内外表面应变相差不大；风致应变沿环向变化显著，最大正应变发生在0°位置(最大正压区)，最大负应变发生在70°位置(最大负压区)，二者绝对值大小基本相等，尾流区应变变化较为平稳，应变值基本在0附近。图8给出的是内外表面环向应变的比较，相对子午向应变，环向应变沿角度变化比较混乱，但从外表面40°~180°的应变变化趋势来看，与子午向应变变化趋势比较类似，该试验数据有待于数值模拟结果的验证。

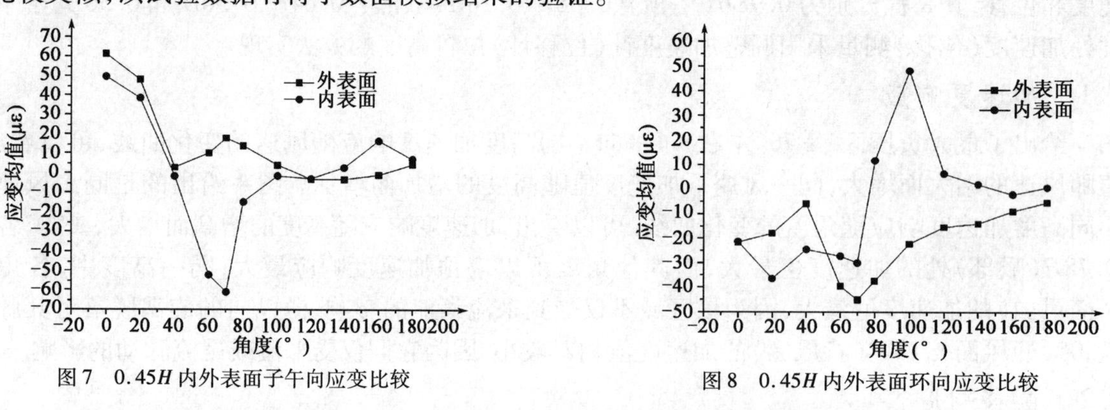

图7 0.45H内外表面子午向应变比较

图8 0.45H内外表面环向应变比较

6 结论

本文以1∶220的几何缩尺比制作了某220m高超大型双曲冷却塔的气动弹性壳体模型，在对雷诺数效应进行有效补偿的基础上对其风致位移、加速度和应变响应进行了测试，得到如下主要结论：

(1)动力特性测试结果表明气动弹性壳体模型能较好地实现冷却塔各种相似关系。

(2)加速度响应随风速增大而增大;相同风速下,加速度响应随高度的增高而增大;同一高度下,横风向的加速度响应最大,迎风面和背风区的加速度值相对较小。

(3)冷却塔的变形沿环向呈对称分布,迎风向的正位移最大,且与横风向的最大负位移绝对值大小基本相当,尾流区的位移很小,基本在0附近。

(4)风荷载作用下内外表面产生的子午向应变基本一致,其沿环向变化趋势与位移比较类似,而环向应变基本为压应变,且最大值出现在最大负压区。

参 考 文 献

[1] Simiu E, Scanlan R H Wind effects on structures. New York: Wiley Press, 1978: 243-253.

[2] Farell C, et al. Mean wind loading on rough-walled cooling towers[J]. J. Eng. Mech. Div. , 1976, 102, EM6: 1059-1081.

[3] Propper H, Welsch J. Wind pressure on cooling tower shells[G]//Proc. 5th Int. Conf. Wind Eng. , 1979: 465-478.

[4] Basu P K, Gould P L. Cooling towers using measured wind data[J]. Journal of the Structural Division, 1980, 106(ST3): 579-600.

[5] Niemann H J. Wind effects on cooling-towers shells, [J]. Journal of the Structural Division, 1980, 106 (ST3): 643-661.

[6] Davenport A G, Isyumov N. The dynamic and static action of wind on hyperbolic cooling towers[R]. Engineering Science Research Report BLWT1-66, Faculty of Engineering Science, The University of Western Ontario, London, Canada, 1966.

[7] Isyumov N, et al. Approaches to the design of hyperbolic cooling towers against the dynamic action of wind and earthquakes. Bulletin of the International Association of Shell Structures, No. 48, 1972.

[8] Armitt J. Vibration of cooling towers. International Symposium in Vibration Problems in Industry, Keswick, England, 1973.

[9] Sun T F, Zhou L M. Wind pressure distribution around a ribless hyperbolic cooling tower[J]. J. Wind Eng. Ind. Aerodyn. , 1983, 14: 181-192.

[10] Sun T F, et al Full-scale measurement and wind-tunnel testing of wind loading on two neighboring cooling towers[J]J. Wind Eng. Ind. Aerodyn. , 1992, 43(1-3): 2213-2224.

[11] 顾志福,孙天风,季书弟.沙岭子电厂冷却塔群风荷载的风洞研究[J].力学学报,1992,24(2):129-135.

[12] 阎文成,张彬乾,李建英.超大型双曲冷却塔风荷载风洞试验研究[J].流体力学实验与测量,2003,17:85-89.

[13] 陈凯,魏庆鼎.冷却塔风致振动试验研究[G]//第十一届结构风工程学术会议,2003,12,海南:三亚.

[14] 刘红军,杨智春,李建英.冷却塔动态风荷载特性试验研究[J].流体力学试验与测量,2003,17(特刊):97-99.

[15] 李鹏飞,赵林,葛耀军.超大型冷却塔风荷载特性风洞试验研究[J].工程力学,2008,25(6):60-67.

[16] 赵林,葛耀军,曹丰产.双曲薄壳冷却塔气弹模型的等效梁格方法和实验研究[J].振动工程学报,2008,21(1):31-37.

[17] ASCE. Wind tunnel models studies of buildings and structires. ASCE Manuals and Reports on Engineering Practice, No. 67, New York, 1987.

矩形截面高层建筑围护结构面积折减风压的风洞试验研究

全涌[1] 梁益[1,2] 王飞[1] 顾明[1]
(1. 同济大学土木工程防灾国家重点实验室 上海 200092;
2. 上海核工程研究设计院 上海 200233)

1 引言

围护结构面积平均风压折减效应的研究始于20世纪70年代。Marshall[1]通过对屋盖表面某些测点的风压时程进行加权平均处理来计算作用于较大面积上的极值风压,结果表明随着面积增大,极值风压显著减小。Davenport等[2]初步研究了风压极值随面积增大而衰减的规律以及屋盖不同部位的面积平均风压折减规律。

20世纪80年代,多通道测压系统得到了广泛的应用。研究者在现场实测或模型风洞试验的基础上研究了结构表面风压的相关性、相关长度、功率谱、概率分布等,考虑了流场特征、风向角、建筑外形、建筑表面不同位置的影响[3-4]。

进入20世纪90年代中期以后,随着试验技术以及试验设备的完善,人们能够对大量测点进行同步测压并且对风压分布规律进行比较精细的研究,主要包括低矮建筑屋檐角部、屋脊角部以及墙角等来流分离区的风压折减规律以及建筑表面风压的相关性分析等[5-6]。

本文设计了三种不同截面厚宽比的矩形高层建筑刚性模型,并在四类地貌下进行了试验,研究了宽厚比对围护结构面积折减负风压系数最不利值的影响规律,给出了面积折减负风压最不利值和面积折减因子的实用计算公式。

2 高层建筑围护结构面积折减风压系数的研究

2.1 面积折减风压系数最不利值和面积折减因子的计算方法

本文在高层建筑模型表面某些区域布置了非常密集的测点,以重点研究这些区域的围护结构面积折减风压最不利值的分布特性。图1为模型1墙面区域测点示意图。

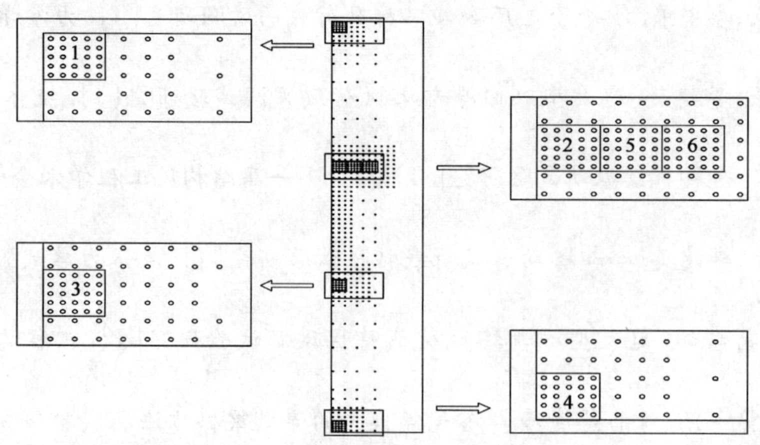

图1 模型1墙面区域测点示意图

基金项目:国家自然科学基金(50878159,90715040)、上海市浦江人才计划(08PJ1409500)资助。

在计算某个子面积的面积折减风压系数最不利值时，首先对该面积区域内所有测点的风压系数时程按所属面积加权进行瞬时相加，得到一条新的风压系数时程。然后采用 Sadek-Simiu 方法计算该时程的极大值和极小值，并取所有风向角下极大值的最大值和极小值的最小值作为该子面积的面积折减正负压系数最不利值。在得到各个区域的面积折减风压系数最不利值的曲线后，便可计算相应的面积折减因子曲线。

2.2 厚宽比对面积折减负风压系数最不利值的影响

采用无量纲坐标，图 2 给出了区域 2 上不同厚宽比（模型在 0°风向角下迎风面宽度为 B，顺风向厚度为 D）模型在不同地貌类型下的面积折减负压系数最不利值变化情况。可以看到，对于 $D/B=2$ 和 $D/B=1$ 的情况，两者的面积折减负风压系数最不利值在各种工况下均非常接近；对于 $D/B=0.5$ 的情况，则在 A 类和 B 类地貌下明显小于 $D/B=2$ 和 $D/B=1$ 的情况，而在 C 类和 D 类地貌下三者比较接近。可以采取偏于安全的做法，舍弃 A 类地貌和 B 类地貌下 $D/B=0.5$ 时的负压系数最不利值，对其他工况下的所有面积折减负压系数最不利值进行汇总和拟合，即可得到适用于不同截面厚宽比的高层建筑中部墙面边缘区域的围护结构面积折减负压最不利值曲线。

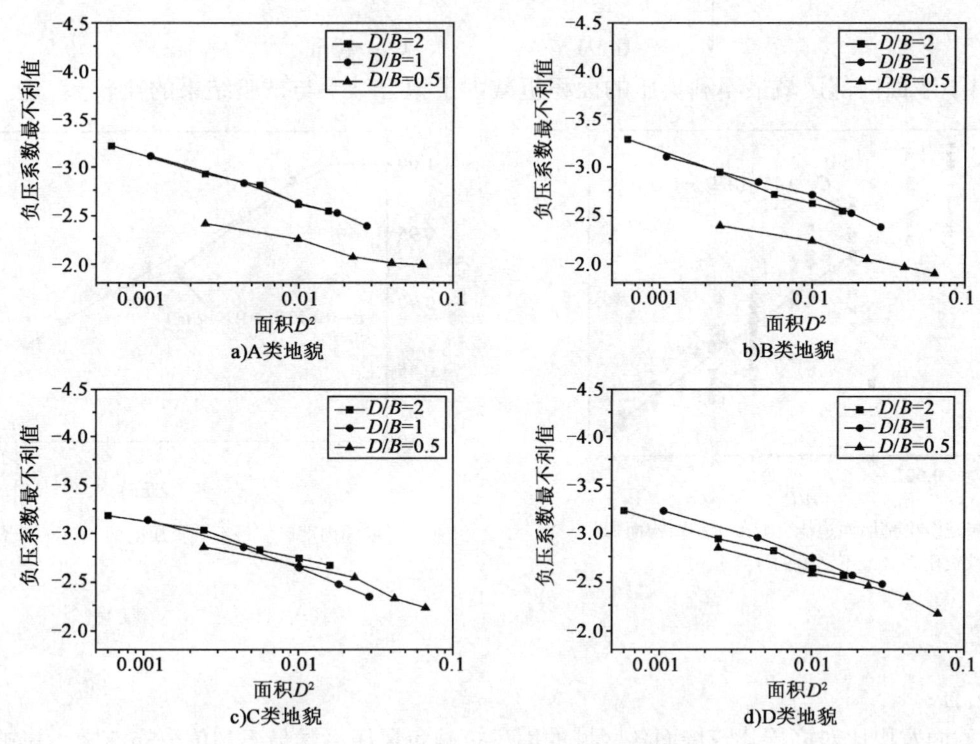

图 2 采用无量纲坐标后的围护结构面积折减负压系数最不利值（区域 2）

2.3 面积折减负风压系数最不利值和面积折减因子的实用计算公式

2.3.1 墙面边缘区域面积折减负风压系数最不利值的实用计算公式

对基于试验数据计算得到的不同面积上最不利负风压系数进行最小二乘拟合可得到拟合公式：

$$C_{p,\mathrm{worst}} = 0.45\lg(A/D^2) - 1.7$$

式中，$C_{p,\mathrm{worst}}$ 为高层建筑中部墙面（除墙面顶部和底部）边缘区域的面积折减负压系数最不利值；A 为围护结构面积；D 为与围护结构所在面垂直的立面宽度。

图 3 给出了拟合公式与试验结果的对比。

2.3.2 面积折减因子的实用计算公式

对区域 2、区域 3 以及内部区域的试验数据进行分析。最不利风压的面积折减因子实用计算公式可归纳如下：

(1)墙面边缘区域最不利负压的面积折减因子：

$$\beta = \begin{cases} 1 & ,A \leqslant 1\text{m}^2 \\ -0.22\dfrac{\lg A}{\lg 40}+1, & 1\text{m}^2 < A < 40\text{m}^2 \\ 0.78 & ,A \geqslant 40\text{m}^2 \end{cases}$$

(2)墙面内部区域最不利负压的面积折减因子：

$$\beta = \begin{cases} 1 & ,A \leqslant 1\text{m}^2 \\ -0.13\dfrac{\lg A}{\lg 40}+1, & 1\text{m}^2 < A < 40\text{m}^2 \\ 0.87 & ,A \geqslant 40\text{m}^2 \end{cases}$$

(3)最不利正压的面积折减因子：

$$\beta = \begin{cases} 1 & ,A \leqslant 1\text{m}^2 \\ -0.09\dfrac{\lg A}{\lg 40}+1, & 1\text{m}^2 < A < 40\text{m}^2 \\ 0.91 & ,A \geqslant 40\text{m}^2 \end{cases}$$

图4给出了墙面内部区域最不利负压的面积折减因子拟合结果与试验结果的比较。

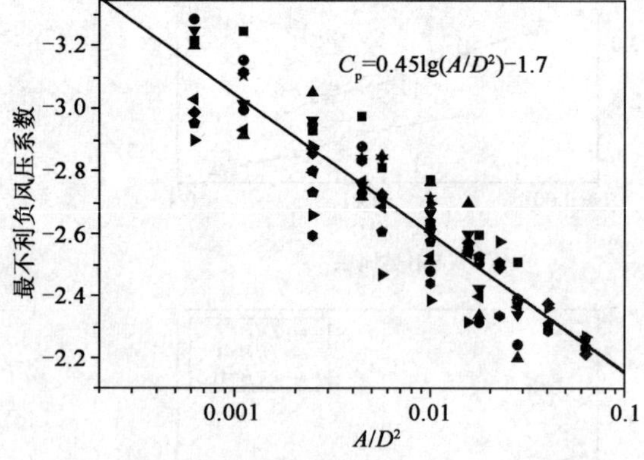

图3　高层建筑中部墙面边缘区域的围护结构面积折减负压系数最不利值的计算公式

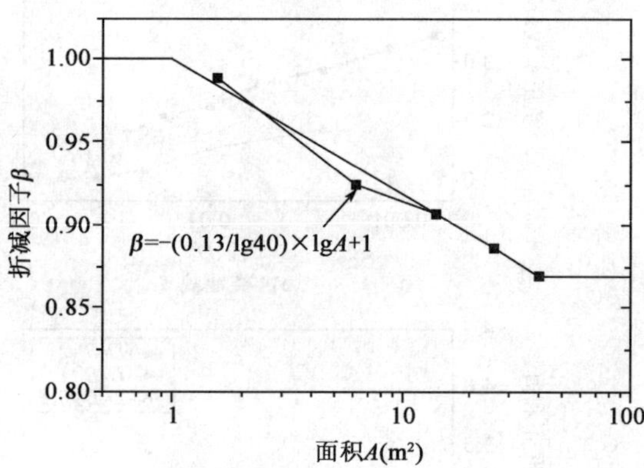

图4　墙面内部区域最不利负压的面积折减因子曲线

3　结论

主要结论有：

(1)建筑截面宽厚比对高层建筑墙面各区域的面积折减负风压系数最不利值分布有较大影响，通过采用无量纲化坐标 A/D^2 可以较好地给出高层建筑墙面中部边缘区域的面积折减负风压系数最不利值。

(2)根据本文试验中的高层建筑中部墙面边缘区域负压系数的数据，拟合得到围护结构面积折减风压系数最不利值的实用计算公式。

(3)根据试验结果，本文给出了适用于高层建筑中部墙面区域的最不利正负风压面积折减因子实用计算公式。

参考文献

[1]　Marshall R D. Study of wind pressures on a single-family dwelling in model and full scale[J]. Journal of Industrial Aerodynamics, 1975, 1 (2): 177-199.

[2]　Davenport A G, Surry D, Stathopoulos T. Wind loads on low rise buildings: final report of phases III

BLWT-SS8-1977. London, Ontario, Univ. of Western Ontario.

[3] Kareem A, Cermak J E. Pressure fluctuations on a square building model in boundary-layer flows[J]. Journal of Wind Engineering and Industrial Aerodynamics, 1984, 16 (1): 17-41.

[4] Wacker J, Friedrich R, Plate E J, et al. Fluctuating wind load on cladding elements and roof pavers[J]. Journal of Wind Engineering and Industrial Aerodynamics, 1991, 38 (2-3): 405-418.

[5] Peterka J A, Hosoya N, Dodge S, et al. Area – average peak pressures in a gable roof vortex region [J]. Journal of Wind Engineering and Industrial Aerodynamics, 1998, 77-78 : 205-215.

[6] Kopp G A, Surry D, Mans C. Wind effects of parapets on low buildings. Part 1: basic aerodynamics and local loads[J]. Journal of Wind Engineering and Industrial Aerodynamics, 2005, 93 (11): 817-841.

台风作用下厦门某超高层建筑的风场和风压特性实测研究

史文海[1,2]　李正农[2]

（1. 温州大学建筑与土木工程学院　温州　325035；
2. 湖南大学土木工程学院　长沙　410082）

1　引言

现场实测是研究结构风效应最直接和最可靠的手段，我国对于既有高层建筑现场实测的研究已经取得了一些有意义成果。如，李秋胜等在超高层建筑的风场观测、风致响应实测和阻尼问题等方面进行了系统的研究[1]，陈丽等对中信广场的风场特性与结构响应进行了实测[2]，庞加斌和史文海等分别对浦东和温州地区的近地强风特性开展了实测[3-5]。即便如此，对台风作用下超高层建筑风场的观测研究还是比较少，对超高层建筑表面多测点风压实测方面的研究则更加缺乏。为此选择了厦门市观音山营运中心 11 号楼为研究对象，进行了超高层建筑风场和风压特性的实测研究工作，旨在获取超高层建筑在台风作用下的风场和建筑表面风压资料，为超高层建筑的安全性和舒适性设计提供可靠依据和设计参数。

2　试验简介

试验楼为厦门市观音山营运中心 11 号楼，该楼位于厦门市东海岸，离海边仅约 400m，建筑东面为海滩且无任何阻挡。该楼为该海岸附近最高建筑，共 37 层，高 146m，图 1 为该试验楼及其周边环境。采用 RM. Young 05103V 型风速仪进行风场观测，风速仪离地高度约为 160m。采用武汉超宇 CY2000 型风压传感器进行建筑表面的风压测试，在试验楼第 33 层四周的玻璃幕墙外表面布置了 18 个风压测点，其中实测期间第 6、9 和 16 号测点传感器出现了故障或数据异常，测点平面布置如图 2 所示。

图 1　厦门观音山营运中心 11 号楼及其周围环境

2010 年第 11 号台风“凡亚比”于 9 月 20 日 7 时在福建省漳州市漳浦县沿海登陆，登陆地点距试验地点约 95km，登陆时最大风力 12 级。在 9 月 20 日 5 时台风中心距厦门市最近，约为 60km，其路径如图 3 所示。

基金项目：国家自然科学基金项目（51008237，50978094，90815030）、住房和城乡建设部科技计划项目（2009K218，2010K343）资助。

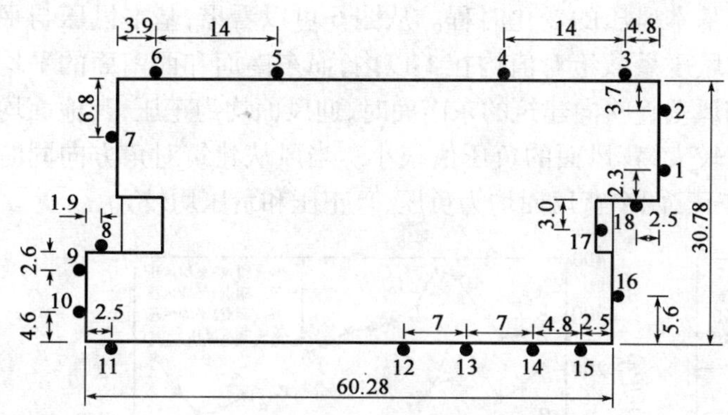

图2 建筑平面与风压传感器测点布置图(尺寸单位:m)

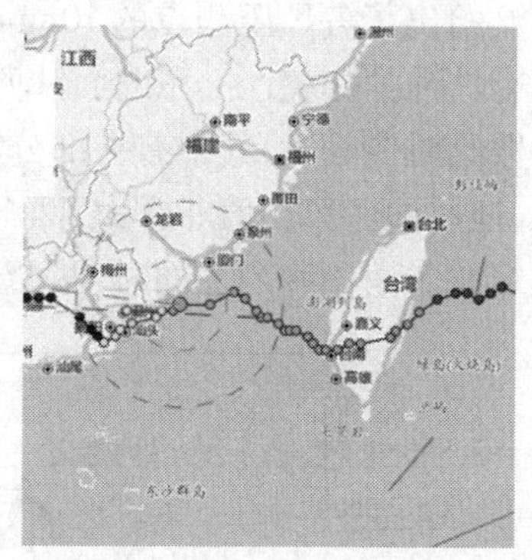

图3 台风"凡亚比"路径示意图

3 实测风场特性

选取2010年9月20日实测获得的台风"凡亚比"登陆前后约3h12min(4:41:47~07:53:27)的风场数据进行分析。实测风速基本在10~30m/s范围内,风向角基本在90°~140°范围内,其中瞬时风速最大值为33.4 m/s。图4给出了台风"凡亚比"的10min平均风速、平向角时程。

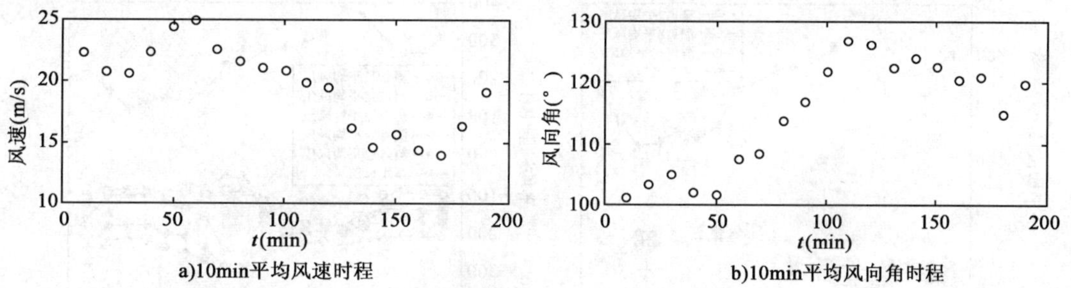

图4 10min平均风速、风向变化时程

图5a)给出了湍流度与10min平均风速的关系。可以看出,顺风向湍流度随平均风速的增加呈递减趋势,而横风向湍流度则相对稳定。顺风向和横风向湍流度平均值分别为0.117和0.082,顺风向湍流度实测结果与日本风荷载规范公式[6]计算结果0.113[$I_u = 0.1 \times (160/250)^{-0.10-0.05} = 0.107$]接近。图5b)给出了阵风因子(取$t_g = 3$s)与10min平均风速的关系。顺风向和横风向阵风因子总体平均值分别为1.276和0.180。结果还表明,湍流度与阵风因子之间基本为线性关系,随着湍流度的增大阵风因子相应增大。

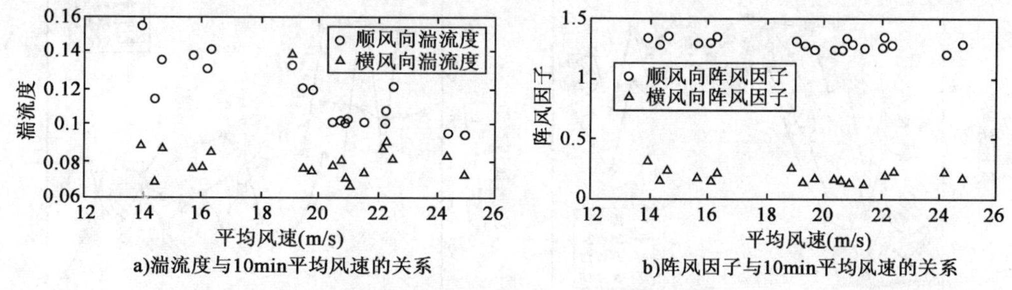

图5 湍流度、阵风因子与10min平均风速的关系

4 实测风压特性

选取2010年9月20日实测获得的台风"凡亚比"登陆前后约3h12min的风场与建筑表面风压的同步实测数据进行分析。实测风压数据表明,各面各测点的风压具有较强的脉动性和相关性,且最大瞬时正、负压较大,最大的正压为964.3Pa,最大的负压为-1 243.6Pa。

图6给出了各风压测点的10min平均风压与基本风压的变化时程。从图6可以看出，基本风压与平均风压有较强的相关性。东北面和西北面的平均风压系数绝对值均在1以内，而东南面和西南面的平均风压系数绝对值较大，其中有一部分值超过1。当风垂直吹向建筑的东南面时，迎风面均为正压，其他面均为负压，迎风面的风压值非常大，两个侧面的负压较大，背风面的负压值很小。当风从建筑对角方向同时吹向建筑的东南面和东北面时，两个迎风面均为正压，两个背风面均为负压，且正压和负压均较大。

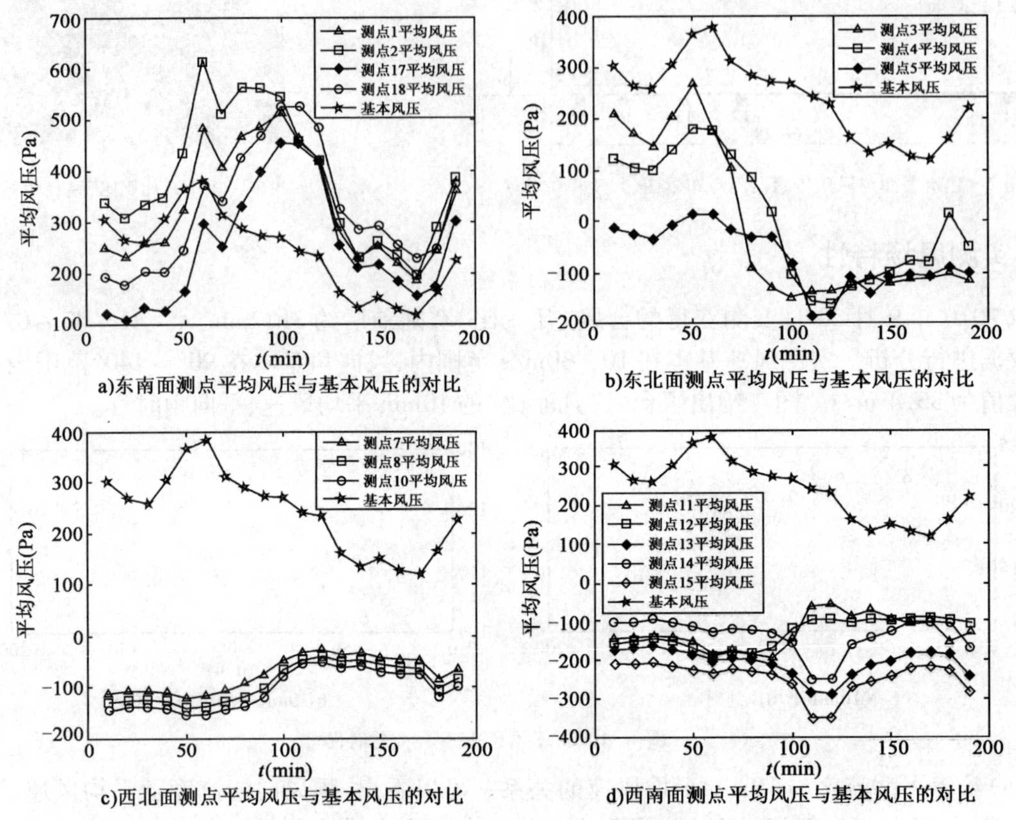

图6　台风“凡亚比”作用下建筑表面的平均风压时程与基本风压的对比

图7给出了建筑东南面和东北面测点的极值风压系数时程，可以看出各面内测点的极值风压系数时程相关性较高，极值风压时程与10min平均风压时程有较好的相关性。另外，通过对风速和风压同步实测数据的分析还表明建筑各面的极值风压系数的绝对值随着风速的增大呈逐渐减小的趋势。

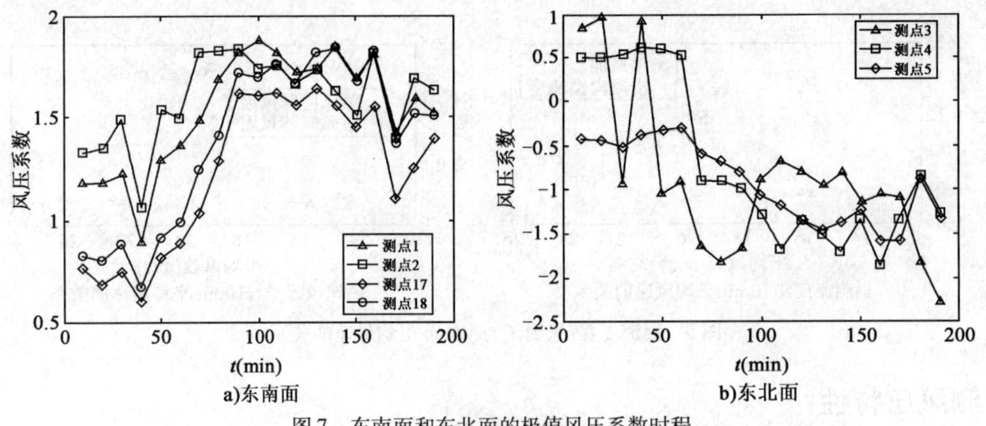

图7　东南面和东北面的极值风压系数时程

5　结论

通过对台风“凡亚比”登陆前后厦门市观音山营运中心11号楼的风场和建筑表面风压的同步现场

监测及数据的统计分析,得到以下结论:

(1)获得了近海地区超高层建筑风场湍流度随平均风速增大而减小、阵风因子随湍流度增大而增大等规律,并且发现实测的顺风向及横风向脉动风速谱与 Von Karman 谱吻合较好。

(2)建筑各面内及各面间不同点的瞬时风压、平均风压、极值风压均具有较强的相关性,基本风压、极值风压与平均风压值亦具有较强的相关性,极值风压系数的绝对值随着风速的增大逐渐减小。

(3)当台风垂直吹向建筑的一个面时,迎风面均为正压,其他面均为负压,其中迎风面的风压值非常大,两个侧面的负压值较大,背风面的负压值很小。当台风从建筑对角方向同时吹向建筑的两个面时,两个迎风面均为正压,两个背风面均为负压,且正压和负压均较大。

参 考 文 献

[1] Li Q S, Xiao Y Q, Fu J Y, et al. Full-scale measurements of wind effects on the Jin Mao building, Journal of Wind Engineering and Industrial Aerodynamics, 2007, 95:445-466.

[2] 陈丽,李秋胜,吴玖荣,等.中信广场风场特性及风致结构振动的同步监测[J].自然灾害学报,2006,15(3):169-174.

[3] 庞加斌,林志兴,葛耀君.浦东地区近地强风风特性观测研究[J].流体力学试验与测量,2002,16(3):32-39.

[4] 史文海,李正农,张传雄.温州地区近地强风特性实测研究[J].建筑结构学报,2010,31(10):34-40.

[5] 史文海,李正农,张传雄.温州地区不同时距下近地台风特性观测研究[J].空气动力学学报,2011,29(2):211-216.

[6] AIJRLB—2004 AIJ Recommendations for Loads on Buildings [S].

高层建筑迎风面及背风面相关性对风振响应影响

唐意　金新阳　严亚林

（中国建筑科学研究院风工程研究中心　北京　100013）

1　引言

从20世纪60年代起，Davenport发展并完善了结构顺风向风荷载及风致响应计算方法。在Davenport高层建筑的顺风向风荷载及响应理论框架内[1]，引入了一系列假定：压力系数假定与时间无关（准定常理论），脉动风速假定为平稳高斯过程，利用气动导纳来修正风压系数随频率变化（高层建筑通常取为1），风压的空间相关性采用与脉动风速相关性相同的表达式，迎风面与背风面风压假定为完全相关。

自Davenport之后，关于结构顺风向风荷载及响应的研究基本上是在他的理论基础上进行改进和简化的。对于迎风面及背风面的风压相关性，Vellozi 和 Cohen[2]认为，迎、背风面不满足完全相关。Simiu[3]讨论了结构迎风面和背风面的压力相关性对阵风响应因子的影响，指出假定的迎风和背风面压力全相关将高估阵风荷载因子的值，并认为取相干函数0.2比较合适。Lam Put[4]则认为，作用在迎风面和背风面的压力交叉项可以忽略，即完全不相关，相应的相干函数值接近于0。Kareem[5]认为，用Cohen[2]提出的公式来描述迎、背风面相干性是合适的，但由于脉动风压相关性高于脉动风速相关性，因此在实际计算中假定迎、背风面全相关，则产生的误差可以在一定程度上抵消。但文献[6]试验结果表明，用Davenport风速相干函数表示顺风向风压相干性误差并不大，迎、背风面全相关假设仍会得到偏保守的结果。

为此，本文通过9种不同厚宽比的矩形截面高层建筑的风洞试验结果，考察迎风面与背风面风压的相关特征，并研究迎、背风压相干性对顺风向风振响应的影响。

2　风洞试验简介

风洞试验在中国建筑科学研究院风洞试验室的4m×3m（宽×高）试验段进行。试验按照我国荷载规范在风洞中模拟了A、B、C、D四类地貌，采用有机玻璃和ABS板制作矩形截面高层建筑刚性测压模型，模型高度为600mm，厚宽比变化范围为0.25～4。限于篇幅，风场模拟结果及试验模型将另文详细介绍。测压采用美国Scanivalve的电子扫描阀测压系统，测压点与扫描阀之间用PVC管连接，同时采用修正的方法解决连接管路所产生的信号畸变问题。试验采样频率为400Hz，对每个测点记录了8 200个风压时域信号数据。

3　背风迎风面风压相关性基本特征

3.1　相关系数

对迎风面风压与背风面的线风压分别进行整理，计算迎风面与背风面相关系数。图1对比9种不同截面厚宽比高层建筑的迎风与背风面的相关系数。由图可知，迎风面与背风面相关系数小于0.5，随厚宽比变化情况为：厚宽比大于3时，相关系数接近零，明显小于其他截面；截面厚宽比等于1和1.5的高层建筑相关系数最大，约为0.4；其他大部分截面的相关系数约为0.2。这与文献[3]中考虑0.2的相关性折减是一致的。

基金项目：国家自然科学基金重大研究计划面上项目（90815015）资助。

3.2 相干函数

Cohen[2]认为,迎风面与背风面的空间相干函数 $\mathrm{coh_{wl}}(f)$ 满足下式:

$$\mathrm{coh_{wl}}(f) = \frac{1}{\xi} - \frac{1}{2\xi^2}(1 - \mathrm{e}^{-2\xi}), \quad \xi = \frac{15.4 f\Delta x}{\overline{U}} \tag{1}$$

式中,$\overline{U}$ 为高度(2/3)H 处的平均风速;Δx 为结构长、宽、高中的最小尺寸;f 为频率。

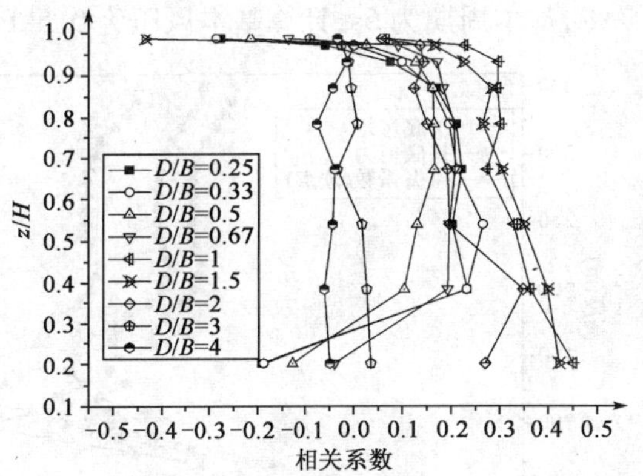

图 1 迎风面与背风面风压相关系数(B 类地貌)

图 2 给出了不同高度的迎、背风面相干函数(图中 U_H 为建筑顶部平均风速)。从中可看出,不同高度相干函数随频率变化趋势基本一致,由于受三维流动影响,底部与顶部在低频处的相干函数值偏小。图 3 将试验测量的迎、背风面相干函数与 Cohen[2] 公式计算结果进行比较。总的来看,厚宽比小于 1 时的相干系数要大于厚宽比大于 1 时的试验结果;Cohen[2] 公式基本上反映了相干函数变化特点,但对于厚宽比小于 1 的高层建筑,公式计算结果偏小,而对于厚宽比大于 1 时则偏于保守。

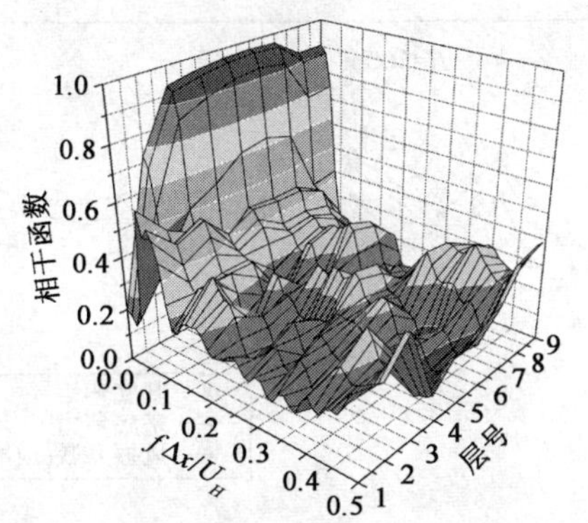

图 2 方形截面高层建筑不同高度的迎风面与背风面风压相干函数(B 类地貌)

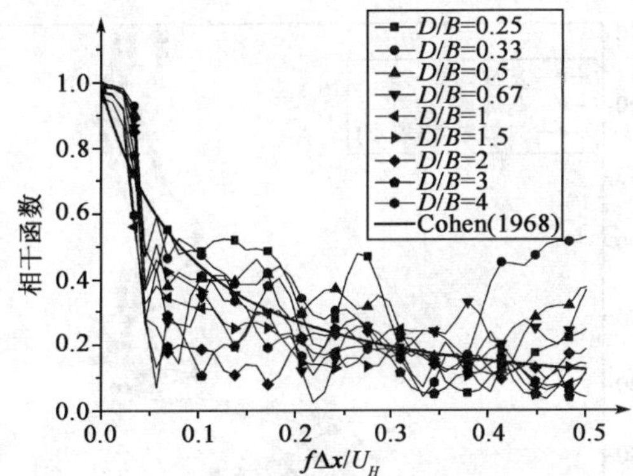

图 3 不同厚宽比矩形高层建筑的迎风面与背风面风压相干函数(B 类地貌,2H/3 高度)

4 迎风面与背风面风压相关性对响应的影响

4.1 准定常理论计算结果

按照准定常理论考虑迎风与背风相干性[6],用算例说明迎、背风面风压相关性对顺风向风振响应的影响(图 5 ~ 图 7)。算例 1 为方形截面高层建筑,高度 H 变化范围为 100 ~ 350m,高宽比为 5,基本周期为 0.015H [7],阻尼比为 3.5%,迎风面和背风面截面风压系数分别为 0.8 和 0.5。算例 2 为高 300m 矩形截面高层建筑,厚宽比变化范围为 0.25 ~ 4,短边长度为 50m,阻尼比为 2%,基本周期为 6s,为保证可比性,不同截面高层建筑的迎风和背风风压系数统一取为 0.8 和 0.5。

从两算例计算结果可知,与考虑试验相关性得到的结果相比,假定迎风面及背风面完全相关可得到偏保守结果。认为完全相关情况下,方形截面高层建筑的风振系数、基底弯矩及基底剪力响应增大在 8% 以内,其中 100m 左右高层建筑增加接近 10%(图 4)。矩形截面当厚宽比较小时(迎风宽度大),背风与迎风相关性较大,假定完全相关的计算结果与试验计算结果比较接近,当厚宽比较大时(迎风宽度较小),背风面与迎风面的相关性减弱,若假定完全相关,则计算结果比值有所增加,但增加比例基本在 6% 左右(图 5)。

4.2 非定常计算结果

根据试验测量的迎背风面非定常风压,按照随机振动论计算风振响应。研究对象为 B 类地貌 300m 高矩形截面高层建筑,其厚宽比变化范围为 0.25 ~ 4,短边长度为 50m。主要计算参数为:阻尼比为

2%，基本周期为 6s，计算基本风压为 0.5kPa，建筑密度为 190kg/m^3。

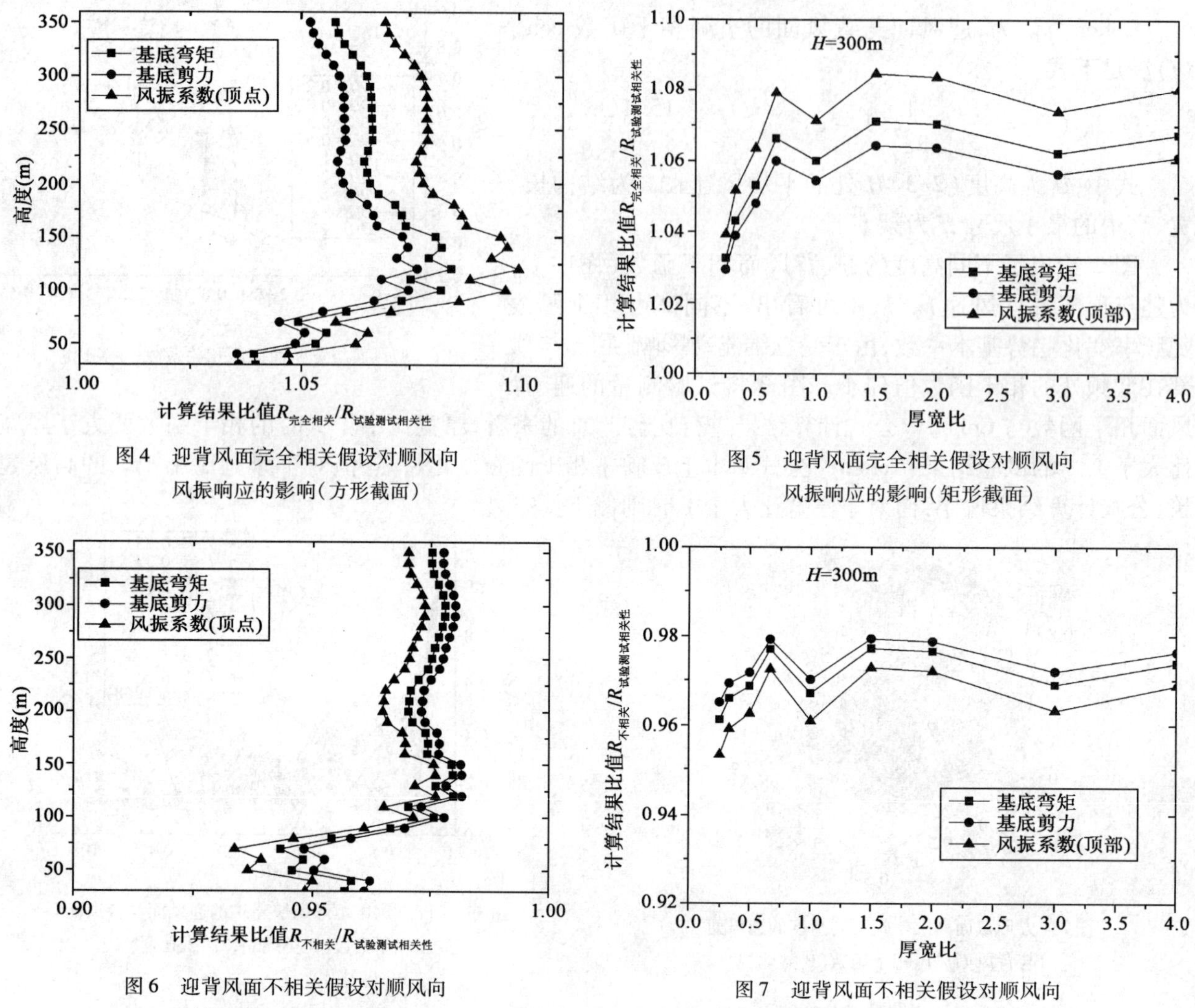

图 4　迎背风面完全相关假设对顺风向风振响应的影响(方形截面)

图 5　迎背风面完全相关假设对顺风向风振响应的影响(矩形截面)

图 6　迎背风面不相关假设对顺风向风振响应的影响(方形截面)

图 7　迎背风面不相关假设对顺风向风振响应的影响(矩形截面)

图 8　迎背风面相关性对顺风向基底弯矩响应的影响(非定常计算)

从图 8 基底弯矩的计算结果中可看出，直接利用风洞试验数据按照非定常方法计算结果较非定常结果有较大差别。在厚宽比不大于 3 的范围内，若考虑迎风与背风完全相关，计算结果增加约 10%，略大于非定常计算结果；若认为迎背风面相关性等于零，则计算结果偏小 10% ~25%。厚宽比等于 4 时较为特殊，相对按照实际相关性的计算结果，假定迎背风完全相关的结果偏大约 65%，假定完全不相关的结果偏大约 15%，这主要是由于侧边较长，迎背风面风压为负相关所致(图 1)。

5　结束语

利用典型体型高层建筑的风洞试验测量结果，对迎风面及背风面相关性进行了研究，并算例说明迎风及背风相关性对顺风向风振响应的影响。从研究结果来看，迎、背风面风压相关性较弱，截面厚宽比较小时，迎、背风面的相关性较大。准定常和非定常方法的风振响应计算结果表明，直接采用全相关假设将使结构顺风向风振响应偏于保守。

参考文献

[1] Davenport. Gust loading factors[J]. Journal of the Structural Division(ASCE), 1967, 93(ST3): 11-34.

[2] Vellozi J, Cohen E. Gust response factors[J]. Journal of Engineering Mechanics Division, 1968, 94(ST6): 1259-1313.

[3] Simiu E. Revised procedure for estimating along-wind response[J]. Journal of the Structural Division, 1980, 106(ST1): 1-9.

[4] Lam Put R. Dynamic response of a tall building to random wind loads[G]//International Conference on Wind Effects on Buildings and Structures, Tokyo, Japan, 1971.

[5] Kareem A. Synthesis of fluctuating along wind loads on buildings[J]. Journal of Engineering Mechanics, 1986, 112(1).

[6] 张红星. 高层建筑顺风向静力等效风荷载实用计算方法研究[D]. 上海:同济大学土木工程学院,2004.

[7] Tamura Y. Damping in buildings for wind resistant design[G]//International Symposium on Wind and Structures for 21st Century, Korea, 1999.

再议渡桥电厂冷却塔的倒塌原因
——倒塌事故中的塔型因素分析

王宁博[1,2]　沈国辉[1]　楼文娟[1]　孙炳楠[1]

(1. 浙江大学结构工程研究所　杭州　310058;
2. 中国建筑西北设计研究院　西安　710018)

大型自然通风冷却塔无需额外能源就可以提供大量的循环冷却水,在电力、石油、核能等行业中均有重要应用。其概念早在19世纪中叶就被提出,随后塔型也由方形、圆柱形等发展为双曲线型[1]。1965年英国渡桥电厂冷却塔发生倒塌事故,调查[2-5]认为,倒塌原因主要归结为没有考虑脉动风作用和群塔干扰效应而带来的设计强度不足,因而导致迎风面子午向钢筋的拉破坏。虽然有学者[6-7]提出其塔型不合理也是其中一个因素,但并没有相关分析。

鉴于以上原因,本文建立与渡桥电厂冷却塔同壁厚、同高度、同筒底直径和相同人字柱的双曲线型冷却塔,分析两者动力特性的差异,比较其单塔和三塔干扰风洞试验风荷载作用下的响应差异,为渡桥电厂冷却塔倒塌事故提供塔型方面的原因分析,同时也为冷却塔的设计提供一定的参考。

1　渡桥电厂冷却塔倒塌事故回顾

1965英国郡渡桥(Ferrybridge)电厂冷却塔群(共8座)中处于下风口的3座塔在五年一遇的大风中发生倒塌事故。调查[2-4]认为,渡桥电厂冷却塔在设计中:①其设计风压比规范小19%;②对阵风荷载的冲击考虑不足;③没有考虑群塔效应。

事故分析中应用的实质上是双曲壳计算理论[2],但渡桥冷却塔的塔型并非双曲线型,这并没有引起足够的重视,调查中仅简单认为塔型的影响很小。通过本文的分析发现事实并非如此。

2　渡桥电厂冷却塔与双曲冷却塔的基本参数和动力特性

2.1　渡桥电厂冷却塔塔型

根据文献[1-3]记载,渡桥电厂最初的8座冷却塔并非双曲线型,其筒体的下半部分为直线段,上半部分近似为双曲线形,其具体参数为如图1a)所示。依据上述参数,建立其ANSYS有限元计算模型,上部筒体采用shell63单元,下部人字柱采用beam4单元,边界条件为底部固支。渡桥塔型冷却塔的有限元模型及单元划分情况如图1b)所示。

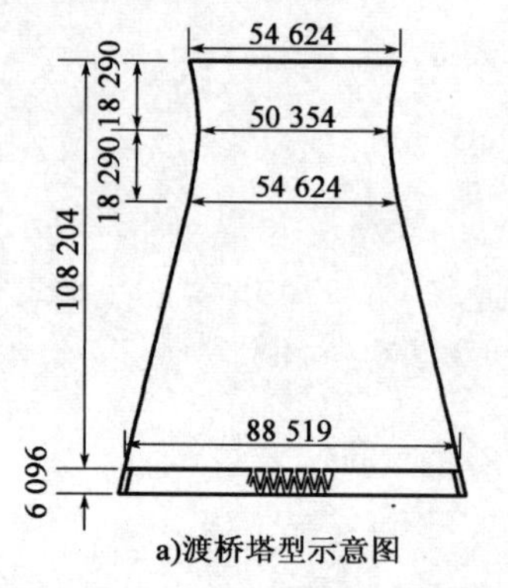

a)渡桥塔型示意图

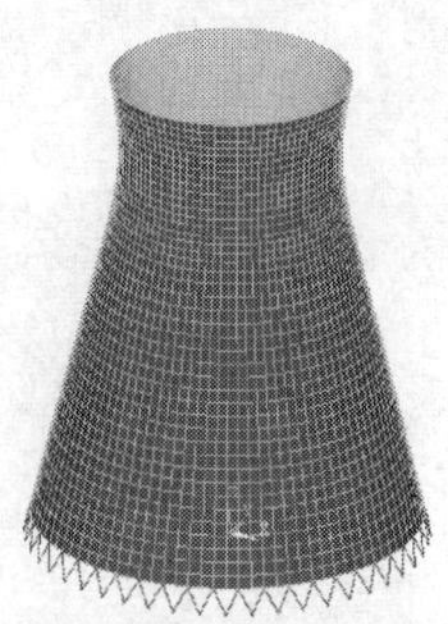

b)渡桥冷却塔有限元模型

图1　渡桥电厂冷却塔塔型(尺寸单位:mm)

基金项目:国家自然科学基金资助项目(50608063)资助。

2.2 双曲线型冷却塔塔型

建立与渡桥冷却塔同壁厚、同高度、同筒底直径和相同人字柱的双曲线型冷却塔。塔型具体参数如图2a)所示。图中还给出了双曲线型塔型与渡桥塔型子午线形状的比较,由于筒底直径相同而塔型不同,造成双曲线型冷却塔的喉部和顶部直径与渡桥冷却塔略有差异。建立该塔的ANSYS有限元模型,为保证两种塔型分析数据的可比性,双曲线型冷却塔的有限元模型采用与渡桥冷却塔相同的单元类型和网格划分,如图2b)所示。

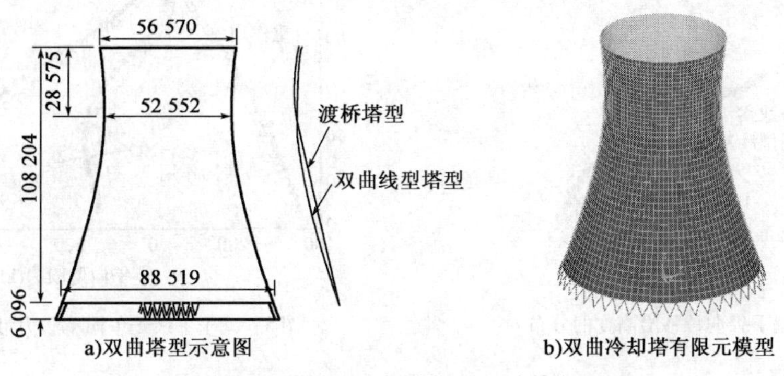

图2 双曲线型冷却塔塔型(尺寸单位:mm)

2.3 两种塔型的动力特性

对两种冷却塔进行自振分析,图3给出了两种塔型一阶模态和倾覆模态。由图可知,两种塔型的一阶振型是相似的,均为环向4个谐波,子午向2个谐波,但一阶频率渡桥冷却塔比双曲冷却塔低30%。振型中较为特殊的是倾覆振型,整个冷却塔就像一根悬臂梁一样,发生整体的倾覆振型,该阶振型对冷却塔在地震作用下的响应贡献较大,两塔的倾覆频率比较接近,但出现的阶数并不相同。

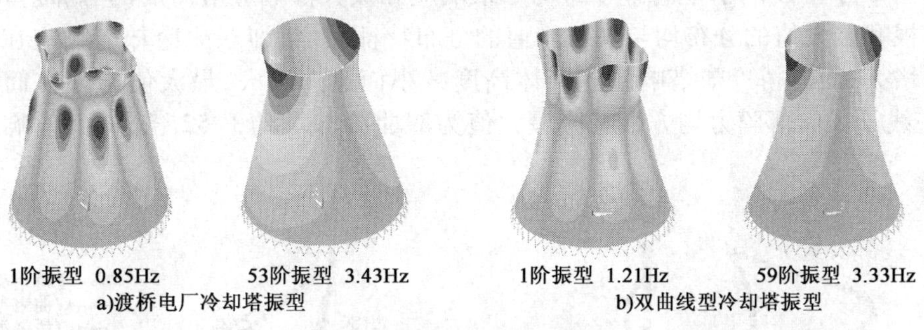

图3 两种塔型冷却塔的振型

3 平均风荷载作用下两种冷却塔的响应

针对双曲线型冷却塔进行了单塔和三塔干扰风洞试验[8-9],试验模拟B类地貌,所有测点同步测压。风洞试验各测点风压数据通过POD[10]方法加密得到有限元各单元上的风压,进行动力时程分析,分析中阻尼比取0.04,计算步长根据采样频率换算为0.184s,取1 000个时程分析步,基本风压取文献[2]事故分析中的0.67kPa。

平均风荷载作用下,冷却塔在径向位移在0°和70°子午线达到最大负值和正值,图4给出0°子午线径向位移沿高度的分布。由图可知,两塔径向位移在85m高度附近达到最大,但渡桥冷却塔比双曲线型冷却塔大很多,其最大值为双曲线型冷却塔的2.04倍。同时渡桥冷却塔塔顶出现与下部方向相反的位移,可见其壳体扭曲较大。

平均风荷载作用下,冷却塔的子午向薄膜力也在0°和70°子午线达到最大正值和负值,图5给出0°子午线子午向薄膜拉力沿高度的分布。可以发现,双曲线型冷却塔子午向薄膜力在筒体上部随塔高的减小而增大,但在筒体下部薄膜力不再增大;而渡桥冷却塔子午向薄膜力随筒体高度减小而迅速增大,最大值出现在筒体底部,其最大正值是双曲塔型的 1.45 倍。从图中还可以看出,在风荷载和自重共同作用下两塔的子午向薄膜力有很大的不同:双曲冷却塔最大值出现在 40m 高度附近,而渡桥冷却塔最大值则出现在筒体底部,其数值是双曲冷却塔的 2.09 倍。这与渡桥冷却塔筒体底部迎风面钢筋受拉破坏的情况完全吻合。

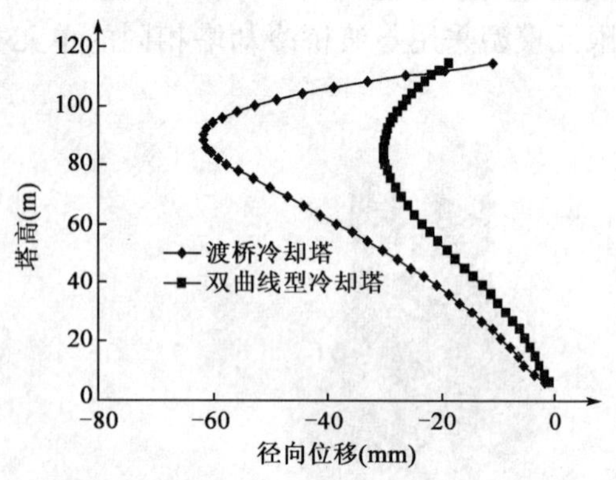

图 4　平均风荷载作用下径向位移沿高度的分布

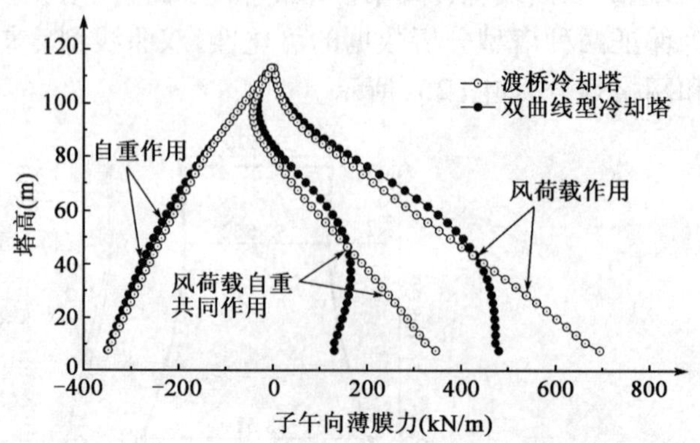

图 5　0°子午线子午向薄膜力沿高度的分布

4　脉动风荷载作用下两种冷却塔的响应

图 6 给出了 0°子午线径向位移的均方根和极大值沿高度的分布。对于径向位移均方根,双曲线型冷却塔在 50m 高度以上位移均方根就不再增大,基本保持不变,而渡桥冷却塔在 80m 高度附近达到最大,最大值是双曲塔型的 2.69 倍。对于径向位移极大值,其分布特征和平均值相似,渡桥冷却塔最大值是双曲冷却塔的 2.27 倍。

图 7 给出了 0°子午线的子午向薄膜力均方根响应和极大值响应沿高度的分布。可以发现,子午向薄膜力均方根和极大值的分布均与其平均值的分布特征相似,即双曲冷却塔响应在筒体下部不再随高度减小而增大;而渡桥冷却塔响应随筒体高度减小而迅速增大,最大值出现在筒体底部。渡桥冷却塔 0°子午线子午向薄膜力均方根响应最大值为双曲冷却塔的 1.52 倍,极大值响应是双曲冷却塔的 1.47 倍。

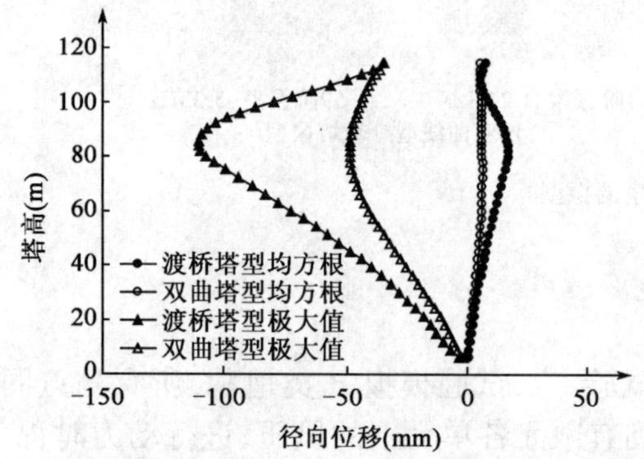

图 6　脉动风荷载作用下径向位移沿高度的分布

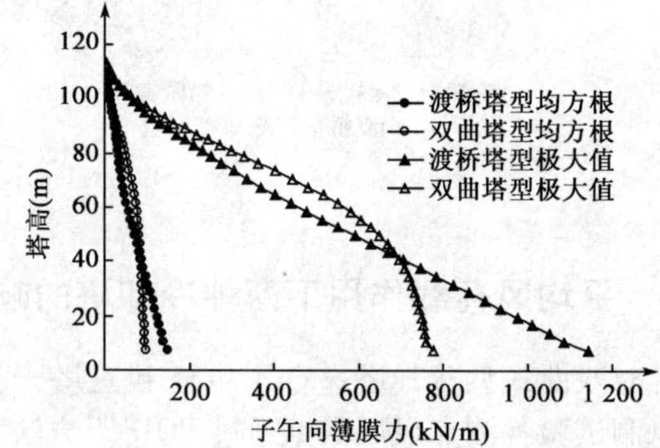

图 7　脉动风作用下子午向薄膜力沿高度的分布

5　三塔干扰情况下两种冷却塔的响应

采用与渡桥电厂布置近似的三塔干扰工况数据,以分析群塔干扰效应的影响。图 8 给出了两塔在单塔和三塔干扰平均风荷载作用下 0°子午线子午向薄膜力响应的比较。由图可知,在三塔干扰平均风荷载作用下,两塔子午向薄膜力响应最大值均有所增加,其中渡桥冷却塔增大 11.1%,而双曲冷却塔增大 5.8%。图 9 给出了两塔子午向薄膜力极大值的比较。由图可知,三塔干扰情况下两塔子午向薄膜力极大值响应的变化很小。

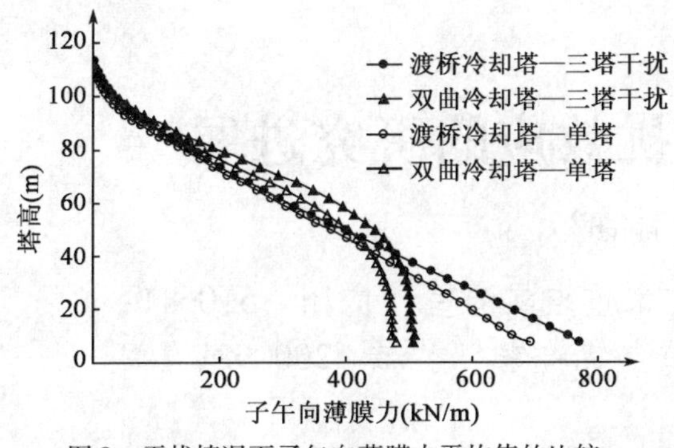

图8 干扰情况下子午向薄膜力平均值的比较

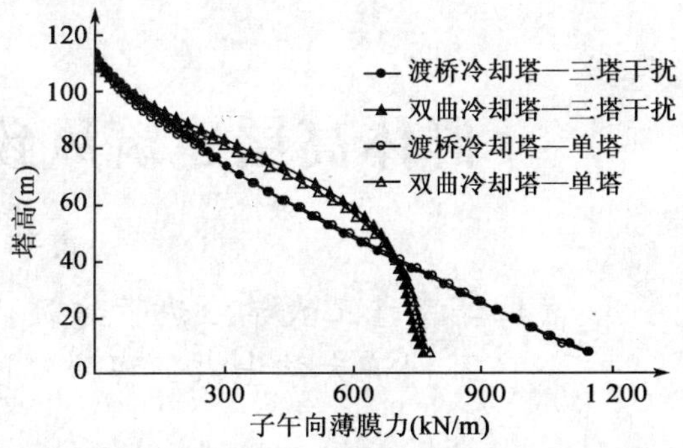

图9 干扰情况下子午向薄膜力极大值的比较

6 结论

通过以上分析可知,渡桥冷却塔的自振频率比双曲线型冷却塔低,径向位移和子午向薄膜力均比双曲线型冷却塔大,其子午向薄膜拉力基本上是同等双曲线型冷却塔的1.5倍左右。同时考虑自重作用后,渡桥冷却塔最大值出现在筒体底部,其数值为双曲线型冷却塔的2.09倍。这导致渡桥冷却塔迎风面筒体底部受拉区域混凝土更易开裂,钢筋更易受拉破坏。这与渡桥冷却塔筒体底部迎风面子午向钢筋受拉破坏导致冷却塔的倒塌的事实相吻合。因此综合以上分析,尤其是子午向薄膜力的计算结果,可以认为渡桥电厂冷却塔的塔型的合理性不如同等条件的双曲线型冷却塔,塔型不合理是构成冷却塔倒塌的一个因素。

参考文献

[1] Damjakob H, Tummers N. Back to the future of the hyperbolic concrete tower[G]//Proceedings of the fifth international symposium on natural draught cooling towers. A. A. Balkema Publishers, 2004:3-21.

[2] Report of the committee of inquiry into collapse of cooling towers at ferrybridge monday 1 november 1965[M]. Cerntral Electricity Generating Board,1965.

[3] Pope R A. Structure deficiencies of natural draught cooling towers at UK power stations. Part Ⅰ:failures at Ferrybridge and Fiddlers Ferry[J]. ICE Proceedings: Structures and Buildings. 1994,104:1-10.

[4] Sun T F, Gu Z F. Interference between wind loading on group of structures[J]. Journal of Wind Engineering and Industrial Aerodynamics, 1995, 54-55:213-225.

[5] Bamu P C, Zingoni A. Damage, deterioration and the long-term structural performance of cooling-tower shells: a survey of developments over the past 50 years[J]. Engineering Structures, 2005, 27: 1794-1800.

[6] Armit J. Wind loading on cooling towers[J]. Journal of the Structural Division, ASCE, 1980, 106 (ST3):623-641.

[7] Smith A O, Pope R A, Bierrum N R. A revised UK standard for cooling towers (BS4485 Part 4) [G] //Proceedings of the forth international symposium on natural draught cooling towers. A. A. Balkema Publishers, 1996:3-21.

[8] 沈国辉,余关鹏,孙炳楠,等.模型表面粗糙度对冷却塔风荷载的影响[J].工程力学,2011(3).

[9] 余关鹏.大型双曲冷却塔风荷载特性的风致干扰效应研究[D].杭州:浙江大学,2010.

[10] Tamura Y, Suganuma S, Kikuchi H, et al. Proper orthogonal decomposition of random wind pressure field[J]. Journal of Fluids and Structures, 1999, 13:1069-1095.

群体高层建筑风致干扰效应的研究进展

谢壮宁[1]　顾明[2]

（1. 华南理工大学亚热带建筑科学国家重点实验室　广州　510641；
2. 同济大学土木工程防灾国家重点实验室　上海　200092）

1　引言

随着经济建设的发展，近年来沿海经济发达地区城市涌现了大量的高层和超高层建筑，由于其结构的高度柔性、低阻尼、轻质量，在强风作用下易产生较大的振动响应而引起居住者的不舒适性，因此其风致振动问题是结构设计者所关注的重要问题。在设计中所采用的源于各类标准和规范的风荷载数据以及经验公式大多都出自于单体建筑的风洞试验结果，由于它未计及邻近建筑的干扰影响而在风载荷的估算上可能会造成很大的偏差。因此，研究建筑群体之间的干扰效应、正确地估计邻近建筑对风荷载的影响具有非常重要的理论和实用价值。本文结合作者所在研究团队近十多年来进行的群体高层建筑的研究，总结了国内外主要研究工作成果，介绍了群体建筑气动干扰的研究状况以及我国规范的应用情况，可供我国有关研究和设计人员参考。

2　已有研究状况

尽管建筑物的风致干扰效应研究可以追溯到20世纪30年代。但结构风工程研究人员真正认识到干扰效应的重要性应该始于1965年英格兰渡桥热电厂的8座冷却塔群后三排塔倒塌事故[1]。事故发生后，尤其是在20世纪80年代至今，世界各国的研究人员对风致干扰效应进行了大量的研究[2]。但由于问题的复杂性，大量工作集中在对两个正方形截面高层建筑之间的相互影响的研究上。具有代表性的工作有：Taniike[3-5]比较详细地研究等高不同正方形截面尺寸的上游建筑对细长比为1∶4.5的下游建筑的干扰效应，在其试验研究中测出的干扰因子（*IF*，定义为结构受扰后的风荷载或响应和其孤立时的相应值之比，且风荷载或响应通常被分开为响应的均值和标准差）高达20；Bailey等[6]采用了双自由度气动弹性模型研究了具有正方形截面的两个细长比为1∶9的建筑物间的相互作用影响，研究中考虑了不同折算风速和不同地貌类型的影响，发现当结构相距较近的情况下，下游物体可以对上游物体产生较大的影响（干扰因子高达4.36），他们同时还研究了圆柱体和方体之间的干扰作用问题。对于建筑物的风干扰研究，大多是集中在两个高层建筑之间的干扰问题上，并且所研究的建筑物的截面形状多为正方形形式。

国际风工程界在本领域的研究中十分注重将研究转化为能供结构设计参考的结果，English等[7-9]在这方面做了不少探索研究。为了总结两个建筑物间的干扰效应情况的基本规律，Khanduri（2 000）[10]在综合已有结果的基础上又进行了约1 800种工况的试验研究。

迄今为止，除了本文作者所在研究团队的工作之外，只有极少量的文献考虑到一个以上的上游建筑物的影响（考虑三个和三个以上建筑物间的相互干扰作用）。Saunders[11]初步的研究结果显示两个建筑产生的干扰因子会比单个建筑产生的干扰因子高出35%；Kareem[12]也曾做过三个建筑物间的干扰试验，但仅试验了4种位置就得出了两个施扰建筑物的干扰效应和单个施扰物体的干扰效应基本一样的片面结论。而更多的所谓群体干扰效应的文献均是针对某一具体工程项目而总结得出的一些结论，数据就更加不全面，也没有普遍意义。同时，罕有考虑工程中更常见的切角或凹角等截面形式的高层建筑物的影响。

基金项目：国家自然科学基金重大研究计划重点项目（90715040）、国家自然科学基金项目（50478118）联合资助。

在国内,孙天凤教授等[13]以冷却塔群的风干扰问题为背景对双圆柱截面、矩形截面以及冷却塔群体做了比较系统的研究工作。针对两个建筑物的干扰响应问题,黄鹏[14]也作了较为细致的研究工作。除了两个建筑的干扰效应之外、针对三个建筑物之间的干扰效应,作者[15-21]做了大量的试验工作,详细地研究了在不同地貌下不同宽度比和高度比的两个建筑物间在不同间距下的干扰效应;在此基础上系统开展了对三个高层建筑间整体的静力、动力干扰效应和结构典型位置处的风压系数在受扰后的变化规律的研究。这是迄今为止国际上相关研究中最大规模的试验,所获得的试验数据也最为丰富。在对两个和三个建筑物间的相互干扰特性的研究中,采用相关和回归方法对 *IF* 分布进行分析,提出了有效的定量表示方法来描述三个建筑物间干扰效应的分布,解决了三个建筑物间干扰效应 *IF* 分布难以表示的难点,由所采用相关分析方法得到了若干描述不同影响参数间 *IF* 分布关系的定量结果,得到了一系列反映两个和三个群体高层建筑间风干扰特性的新结论。

在文献[15]工作的基础上,洪海波[22]作了较有价值的对比性工作,在湍流度更高的风场和更大的施绕建筑移动范围研究了两个和三个建筑之间干扰效应的分布规律,根据分析部分得到流场湍流度对干扰效应影响的定量规律。

3 规范应用

经过近三十年国内外风工程研究技术人员的努力,在建筑群体的风干扰方面已取得许多的研究成果,尤其是在考虑一个施扰建筑影响方面,作了很多的研究工作并取得了大量的试验数据,包括针对群体低矮房屋风效应的研究的部分结果被编入有些国家的荷载规范中[15]。我国荷载规范[23]有专门针对群体干扰效应的指导性说明(见其 7.3.2 条文),在最新的荷载规范修订版中,根据国内近十年时间大量的风洞试验结果[14-22],在其修订稿的征求意见稿中对两个建筑之间的干扰响应给出明确的说明。考虑到前后的衔接和易用性,仍采用干扰系数描述高层建筑的干扰效应并定义为:

$$\eta = \frac{\text{有干扰时的基底弯矩响应峰值 } \hat{M}}{\text{无干扰时的基底弯矩响应峰值 } \hat{M}} \tag{1}$$

注意它和常规的干扰因子所采用的平均分量和脉动分量分开的定义方式不同。对于两个大小一样的建筑之间的顺风向和横风向风荷载的干扰系数 η_0 可用图 1 表示。当施绕和受扰建筑的高度不同时,可用下式计算考虑施绕建筑相对高度影响后的相互干扰系数:

$$\eta_H = \begin{cases} 0.93 + 0.11\eta_0, & H_u/H_d = 0.6 \\ 0.51 + 0.53\eta_0, & H_u/H_d = 0.8 \\ 1.08\eta_0, & H_u/H_d = 1.2 \\ 1.12\eta_0, & H_u/H_d \geqslant 1.4 \end{cases} \tag{2}$$

其中,H_u 和 H_d 分别为施绕建筑和受扰建筑的高度比;当 $H_u/H_d \leqslant 0.5$ 时可不考虑荷载干扰效应。

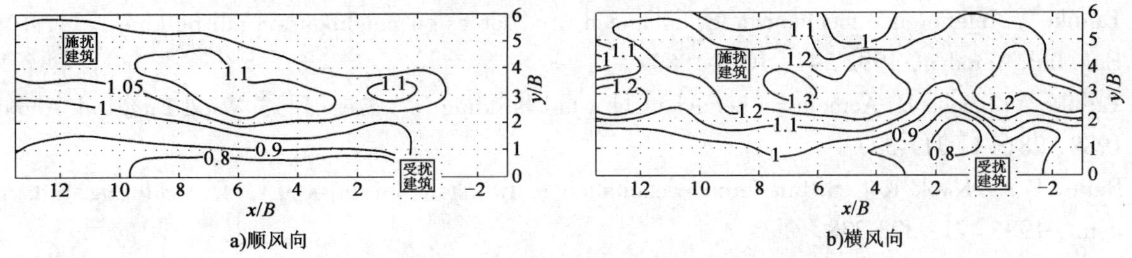

图 1 单个施扰建筑的 η_0 分布

,应当指出的是:结构的风致响应和风速、结构周期、流场湍流度、阻尼比以及峰值因子有关。在干扰系数的计算中前两个因素的影响可以用合并为折算风速 v_r 体现,以上所给结果只适用于 $v_r \leqslant 7$ 的情况;同时试验时在模型高度出的湍流度为 11%,较接近于规范修改版的 B、C 类地貌建议值;在计算时阻尼比和峰值因子分别取为 2% 和 2.5,进一步分析显示两个参数对干扰系数的影响可以忽略。

4 近期研究结果

高层建筑由于干扰而导致倒塌的现象比较少,但是强风中仍屡屡出现围护结构破坏的现象,这说明人们对处于复杂群体环境下的建筑物峰值风压特性的理解尚不准确,因此这将对维护结构带来一定的设计误差。在已有研究的基础上,在近年又采用同步测压技术对超高层建筑在受扰下的风压变化进行了研究,分析了高层建筑在受扰后立面平均风压和峰值风压的分布特征,从大量工况的数据分析对比发现,并列布置产生的峡谷效应对受扰建筑立面的风压放大效应最为严重,且由试验结果回归得到的并列布置时的侧立面最大风压干扰因子随并列间距变化的关系式具有较高可信度(图2)[24]。

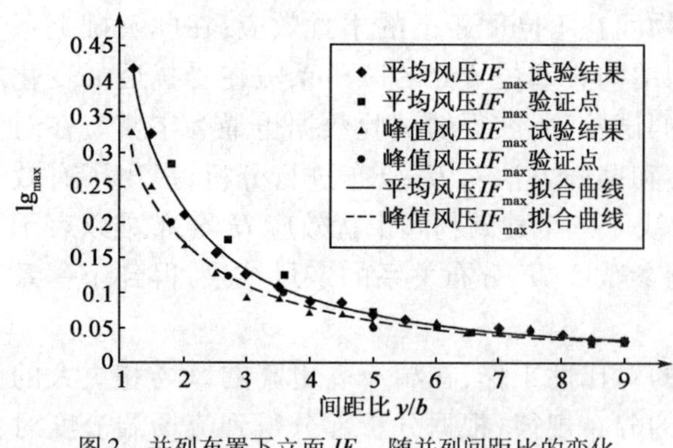

图2 并列布置下立面 IF_{max} 随并列间距比的变化

5 展望

群体高层建筑的干扰效应涉及大量的变量,是一项极为复杂的研究课题。本文主要简述了包括作者所做工作在内的已有对干扰效应的研究结果。在获取的大量研究结果和结论中最终可能进入规范的仅仅是其中极小的一部分,而且这一小部分内容也仅仅针对受扰建筑的荷载取值问题。

应该进一步致力于对已有大量风洞数据(尤其是风压分布数据)的仔细分析,从海量的数据中提取出足以描述并经得起验证的干扰效应的基本特征,以便在未来能够进一步充实到荷载规范中。同时针对海量数据的描述问题,应该考虑采用新的思路和方法进行解决,基于 Internet 的解决方案已经提了多年,也做过一些工作,但离实用尚有不少距离。

最后,应当指出的是对于群体干扰效应的机理研究需要进一步加强,已有风洞试验中发现了不少现象,有些还不能得到很好的解释,在这方面仍需投入更多的努力。

参 考 文 献

[1] Armitt J. Wind loading on cooling tower[J]. J. Structure. Div., ASCE, 1980, 106(ST3): 623-641.

[2] Khanduri A C, Stathopoulos T, Bedard C. Wind induced interference effects on buildings—A review of the state of the art [J]. Engineering Structures, 1998, 20(7): 617-630.

[3] Taniike Y. Turbulence effect on mutual interference of buildings[J]. J. Eng. Mech., ASCE, 1991, 117(3): 443-456.

[4] Taniike Y. Interference mechanism for enhanced wind forces on neighbouring tall buildings[J]. J. Wind Eng. Ind. Aerodyn, 1992, 41: 1073-1083.

[5] Taniike Y. Inaoka H. Aeroelastic behaviour of a tall building in wakes[J]. J. Wind Eng. Ind. Aerodyn, 1988, 28(1): 317-327.

[6] Bailey P A, Kwok K C S. Interference excitation of twin tall buildings[J]. J. Wind Eng. Ind. Aerodyn., 1985, 21: 323-338.

[7] English E C. Shielding factors from wind-tunnel studies of prismatic structures[J]. J. Wind Eng. Ind. Aerodyn., 1990, 36: 611-619.

[8] Khanduri A C, Bédard C, Stathopoulos T. Modelling wind-induced interference effects Using backpropagation neural networks[J]. J. Wind Eng. Ind. Aerodyn., 1997, 72: 71-79.

[9] English E C. The interference index and its prediction using a neural network analysis of wind-tunnel

data[J]. J. Wind Eng. Ind. Aerodyn., 1999, 83: 567-575.

[10] Khanduri A C, Stathopoulos T, Bédard C. Generalization of wind-induced interference effects for two buildings[J]. Wind and Structures, 2000, 3(4): 255-266.

[11] Saunders J W, Melbourne W H. Buffeting effects of upstream buildings[G]// In Proc. 5th Int. Conf. Wind Eng, Fort Collins CO, 1979, Pergamon Press, Oxford, 1980:593-605.

[12] Kareem A. The effects of aerodynamic interference on the dynamic response of prismatic structures [J]. J. Wind Eng. Ind. Aerodyn., 1987, 25: 365-372.

[13] 孙天凤,林天胜,顾志福. 作用在并列双矩形柱上的平均风荷载[J]. 北京大学学报,1991, 27(3): 308-316.

[14] 黄鹏. 高层建筑风致干扰效应研究[D]. 上海:同济大学,2001.

[15] 谢壮宁. 典型群体高层建筑风致干扰效应研究[D]. 上海:同济大学, 2003.

[16] Xie Zhuangning, Gu Ming. Mean Interference effects among tall buildings, [J]. Engineering Structures, 2004, 26:1173-1183.

[17] Gu Ming, Xie Zhuangning, Huang Peng. Along-wind dynamic interference effects of tall buildings, Advances in Structural Engineering, An International Journal, 2005, 8(6): 623-635.

[18] Xie Zhuangning, Gu Ming. A correlation-based analysis on wind – induced interference effects between two tall buildings[J], Wind & Structures, 2005, 8(3): 163-178.

[19] Xie Zhuangning, Gu Ming. Simplified evaluation of wind – induced interference effects among three tall buildings[J]. Journal of Wind Engineering and Industrial Aerodynamics, 2007, 95(1):31-52.

[20] Gu Ming, Xie Zhuangning. Interference effects of tall buildings under wind Action [G]// The Proc. Of 4th Inter. Conf. on Advances in Wind and Structures, 29-31 May 2008, Jeju, Korea.

[21] Xie Zhuangning, Gu Ming. Across-wind dynamic response of high – rise building under wind action with interference effects from one and two tall buildings[J]. The Structural Design of Tall and Special Buildings, 2009, 18:37-57.

[22] 洪海波. 高湍流度风场下群体高层建筑风荷载特性的研究[D]. 汕头:汕头大学,2006.

[23] 中华人民共和国国家标准. GB 50009—2001 建筑结构荷载规范[S]. 北京:中国建筑工业出版社,2001.

[24] 谢壮宁,朱剑波. 群体高层建筑的平均风压分布特征[J]. 华南理工大学学报,2011,39(4): 128-134.

输电塔分区风荷载谱识别影响因素分析

熊铁华　梁枢果　邹良浩

（武汉大学土木建筑工程学院　武汉　430072）

由于构造上的特殊性，输电塔所受风荷载很难进行测量，而且就测量精度来说，响应量的测量精度比荷载的测量精度要高。因此利用结构的实测响应量来反演结构的动力荷载，是建立输电塔的动力风荷载模型的重要手段。文献[1]利用气弹模型风洞试验测得模型的位移响应，利用单点响应分别识别出输电塔顺、横风向的单荷载谱。到目前，还未见利用多点响应来识别分区多条荷载谱的文献。本文将模拟风荷载动力模型的识别过程，建立分区风荷载谱识别的方法，并讨论影响荷载识别精度的因素。这些工作将为下一步通过气弹模型风洞试验来识别输电塔的风荷载打好基础。

1　结构模型

本文研究的输电塔模型及坐标系见图1。塔高395m，塔身为正方形，底部根开为7.6m。8层以下（下部248.9m）主材为钢管混凝土，其他部分的主材、斜撑、横隔等全部为薄壁钢管。对有限元模型进行分析，可得到结构的固有频率及振型，并且可知，该结构 x、y 向的动力特性是相同的[2]。将有限元模型沿 y 向减缩为多质点模型[图1c）]，经比较，多质点模型与有限元模型的动力特性的误差在5%以内，以下将基于多质点模型进行风致响应分析及风荷载识别。

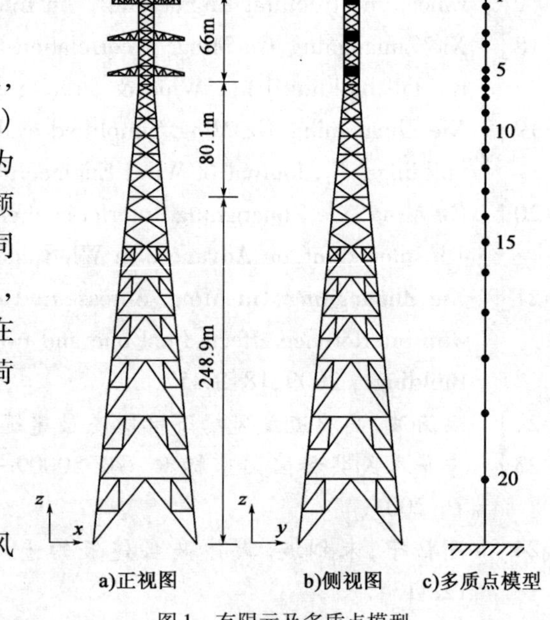

图1　有限元及多质点模型

2　分区风荷载作用下风振响应分析

本文将首先计算输电塔在3种风荷载共同作用下的风振响应，然后尝试以某些点的位移响应来识别风荷载谱。

顺风向脉动风荷载为：

$$p(z,t) = \mu_f(z) \cdot \mu_s(z) \cdot \mu_z(z) \cdot w_0 \cdot A_r \cdot f(t) = a(z) \cdot f(t) \tag{1}$$

式中，$\mu_f(z)$ 为脉动系数；$\mu_s(z)$ 为体型系数；$\mu_z(z)$ 为风压沿高度 z 变化系数；w_0 为基本风压；A_r 为节点承风面积；$f(t)$ 为归一化顺风向脉动风压随机函数。

设 $f(t)$ 沿塔高分布不同，分为3种类型：$f_1(t)$，$f_2(t)$，$f_3(t)$，对应的自功率谱密度分别为 S_1，S_2，S_3。其中，S_1 作用在图1c）中的1～6号质点（上部66m区间），S_2 作用在7～13号质点（中部80.1m区间），S_3 作用在14～20号质点（下部248.9m区间）。本文选择的3种风荷载谱见图2（计算中频率范围为0～5Hz，为了清晰只部分显示，下同），其中 S_1 为Davenport谱，其他两条是人为构造的谱曲线。

设输电塔结构具有 n 个自由度，每个自由度上均作用有平稳随机风荷载，利用虚拟激励法[3]，风荷载矢量表达式为：

$$\tilde{\boldsymbol{p}}(z,t) = [\boldsymbol{a}_1(z)\sqrt{S_1}\ \boldsymbol{a}_2(z)\sqrt{S_1}\ \cdots\ \boldsymbol{a}_n(z)\sqrt{S_3}\ ]^{\mathrm{T}} \cdot \mathrm{e}^{\mathrm{i}\omega t} \tag{2}$$

则风荷载的互功率谱矩阵为：

基金项目：国家自然科学基金项目（51078296）资助。

$$\boldsymbol{S}_{PP}(\omega) = \tilde{\boldsymbol{p}}(z,t)^* \cdot [\tilde{\boldsymbol{p}}(z,t)]^{\mathrm{T}} \tag{3}$$

式中,* 表示取复共轭。

多自由度系统位移频响函数矩阵 $\boldsymbol{H}(\mathrm{i}\omega)$ 中任意元素 $\boldsymbol{H}_{pq}(\omega)$ 为 q 点单位激励在 p 点产生的位移,表达式为:

$$H_{pq}(\mathrm{i}\omega) = \sum_{r=1}^{n} \frac{\varphi_{pr}\varphi_{qr}}{\omega_r^2 - \omega^2 - 2\mathrm{i}\zeta_r\omega_r\omega} \tag{4}$$

式中,ω_r、ζ_r 分别为结构第 r 阶频率、阻尼比;φ_{pr}、φ_{qr} 分别为 p、q 点在 r 阶振型中的幅值。

则结构位移响应互功率谱矩阵为:

$$\boldsymbol{S}_{YY}(\omega) = [\boldsymbol{H}(\mathrm{i}\omega)]^* \boldsymbol{S}_{PP}(\omega)[\boldsymbol{H}(\mathrm{i}\omega)]^{\mathrm{T}} \tag{5}$$

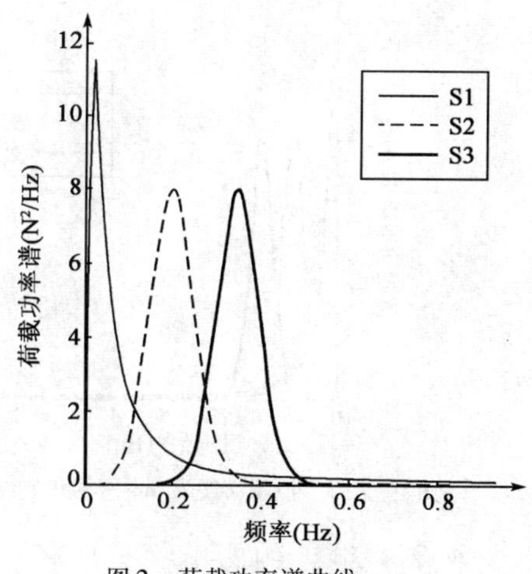

图 2　荷载功率谱曲线

3　分区风荷载谱识别

设试验中测量得到的是结构的 m 个位移响应 $\boldsymbol{y}$,其与结构的总位移向量 $\boldsymbol{Y}$ 的关系为

$$\boldsymbol{y} = \boldsymbol{E}_y\boldsymbol{Y} \tag{6}$$

式中,$\boldsymbol{E}_y$ 为 $\boldsymbol{y}$ 对 $\boldsymbol{Y}$ 的提取变换阵,由 0、1 组成,且是行满秩矩阵。

这 m 个测点的位移互功率谱矩阵为:

$$\boldsymbol{S}_{yy}(\omega) = \boldsymbol{E}_y\boldsymbol{S}_{YY}(\omega)\boldsymbol{E}_y^{\mathrm{T}} \tag{7}$$

将式(2)改写为:

$$\begin{aligned}\tilde{\boldsymbol{p}}(z,t) &= \mathrm{diag}([\boldsymbol{a}_1(z)\boldsymbol{a}_2(z)\cdots\boldsymbol{a}_n(z)]) \cdot \boldsymbol{E}_S \cdot [\sqrt{S_1}\ \sqrt{S_2}\ \sqrt{S_3}]^{\mathrm{T}} \cdot \mathrm{e}^{\mathrm{i}\omega t} \\ &= \boldsymbol{A}\boldsymbol{E}_S\sqrt{\boldsymbol{S}} \cdot e^{\mathrm{i}\omega t}\end{aligned} \tag{8}$$

式中,$\boldsymbol{E}_s$ 为提取变换阵,由 0、1 组成,其列数为需识别的荷载谱种类数目;$[A]$为一对角矩阵。

则风荷载的互功率谱矩阵式(3)可改写为:

$$\boldsymbol{S}_{pp}(\omega) = (\boldsymbol{A}\boldsymbol{E}_S\sqrt{\boldsymbol{S}})^* \cdot (\boldsymbol{A}\boldsymbol{E}_S\sqrt{\boldsymbol{S}})^{\mathrm{T}} \tag{9}$$

由式(5)、式(7)、式(9)可得:

$$\boldsymbol{S}_{yy}(\omega) = \boldsymbol{R}^* \cdot \boldsymbol{S}(\omega) \cdot \boldsymbol{R}^{\mathrm{T}} \tag{10}$$

其中:$\boldsymbol{R} = \boldsymbol{E}_y\boldsymbol{H}(\mathrm{i}\omega)\boldsymbol{A}\boldsymbol{E}_S$。

因此,只要获得测点的位移互功率谱矩阵,即可由式(10)得到荷载谱矩阵:

$$\boldsymbol{S}(\omega) = \boldsymbol{R}^{+*} \cdot \boldsymbol{S}_{yy}(\omega) \cdot \boldsymbol{R}^{+\mathrm{T}} \tag{11}$$

式中,“+”号表示矩阵的广义逆。

4　荷载谱识别影响因素分析

为了分析荷载识别的精度,在此定义识别出来的荷载谱 $S_j^*(\omega)$与原始荷载谱 $S_j(\omega)$间的误差为:

$$\delta_j = \int_0^{\infty} |S_j(\omega) - S_j^*(\omega)|\mathrm{d}\omega \Big/ \int_0^{\infty} S_j(\omega)\mathrm{d}\omega (j = 1,2,3) \tag{12}$$

4.1　测量精度的影响

将前述风振位移响应计算结果取不同的有效数字,来模拟实际的测量精度。

图 3、图 4 分别为表 1 中工况 1、2 时荷载识别的结果。可知,取 4 个测点、5 阶模态、测量精度为 mm 级时,识别的结果是可以接受的;测量精度为 cm 级时,识别的结果是不能接受的。当测量精度只有 cm 级时,将模态数从 5 提高到 10 时(表 1 中的工况 3),或将测点数量增加到 7 个同时取 10 阶模态(表 1 中的工况 4),识别结果仍然是不能接受的。由此可见,测量精度对荷载识别的精度具有决定性的影响,为了保证荷载识别的精度,位移的测量精度应不低于 mm 级。现在的激光位移计完全可以保证该测量精度。

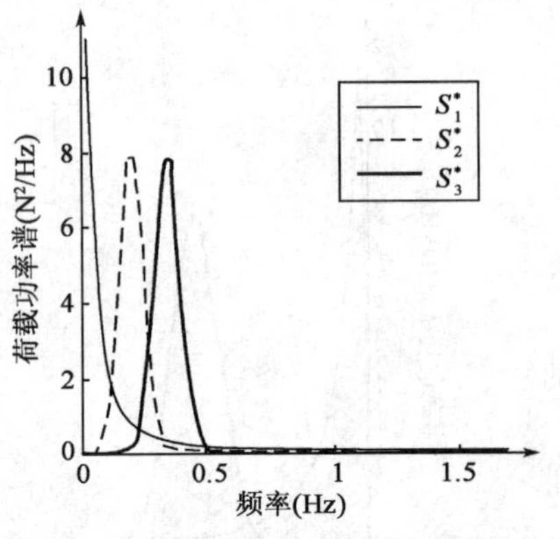

图3　测量精度为 mm 级的识别结果

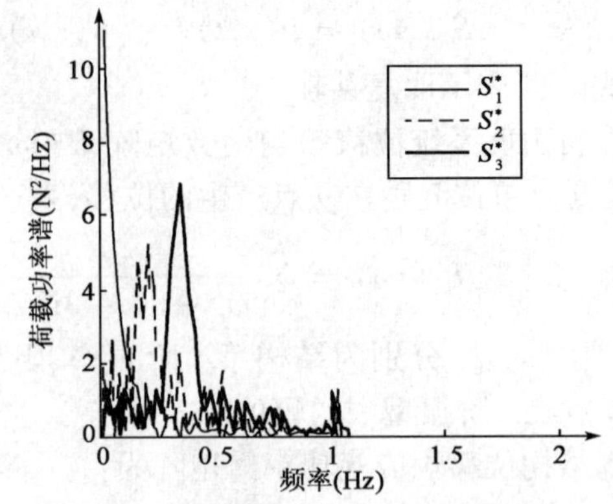

图4　测量精度为 cm 级的识别结果

4.2　测点的影响

测点的影响包括测点数目和测点位置的影响。数学上,要式(11)的反问题有解,必须保证测点数不少于需识别的荷载数。本文需识别的荷载数为3,当测点数为3个、模态数取10阶、测量精度为mm级时(表2中的工况1),识别的结果不能接受。对多种3个测点的组合进行的分析都表明,测点的数目需要多于识别的荷载数目才能保证识别的精度。本文需识别3种荷载,因此最少需要4个测点。测点位置的选择对荷载识别的精度也有重要的影响(塔的上部和中部为薄壁钢管构件,下部主材为钢管混凝土构件):表2中工况2为塔身上部取2个测点、中部和下部各取一个测点;表中的工况3为中部取2个测点、上部和下部各取一个测点,从表可见,两种工况的识别精度均较差,分析表明,此时提高模态数也难以提高识别精度。当下部取2个测点、上部和中部各取一个测点时(表2中工况5、表1中工况1),荷载识别的结果是可以接受的。将测点数目提高到7个,模态数为10时,对荷载识别的精度影响不大。

测量精度的影响　表1

工况	测点位置	模态数	测量精度	误差(%)		
				S_1	S_2	S_3
1	1,8,14,18	5	mm	6.6	3.4	6.0
2	1,8,14,18	5	cm	23.2	92.6	53.4
3	1,8,14,18	10	cm	22.7	95.0	55.2
4	1:3:20	10	cm	19.5	74.2	44.1

注:1 : 3 : 20 表示从1到20隔3取一个点(有7个点,下同)。

测　点　的　影　响　表2

工况	测点位置	模态数	误差(%)		
			S_1	S_2	S_3
1	1,8,18	10	27.5	26.8	7.1
2	1,4,10,18	5	19.4	14.5	3.6
3	1,8,10,18	5	17.8	10.8	8.1
5	1,10,15,17	5	7.6	2.6	8.0

4.3　模态数的影响

数学上,要式(11)的反问题有解,必须保证模态数不少于需识别的荷载数。本文需识别的荷载数为3,当测点数为4个,模态数取3、4阶,测量精度为mm级时(表3中的工况1、2),识别的结果不能接受。当模态数取5阶时(表3中的工况3),识别结果较好,当继续提高模态数到10阶时(表3中的工况4),识别精度没有大的变化。

4.4　风荷载系数的影响

在此将式(1)中的$a(z)$称为风荷载系数,在荷载识别时风荷载系数$a(z)$的取值与实际情况往往存在差异。因此,有必要研究风荷载系数对荷载识别精度的影响。

在此将$a(z)$看成一个正态分布的随机变量,其均值为$\bar{a}(z)$,而标准差为$\sigma_{a(z)}$,$\sigma_{a(z)}$的取值范围为0.1~0.5倍$\bar{a}(z)$(表4)。每种工况时,按相应的均值和标准差,按正态分布规律取100个$a(z)$,进行100次荷载识别并有相应的100个识别误差,计算这些误差的均值、标准差。表4为测点位置取1、8、14、18四个点,模态数取5阶、测量精度为mm时,荷载系数具有不同标准差的各工况荷载识别误差。由表4可知,随着荷载系数标准差的增大,各工况荷载谱误差均值及误差的标准差也在增大,当风荷载系数标准差控制在其均值30%以下时,荷载识别的结果是可以被接受的;同时也可知荷载识别误差对风荷载系数不是很敏感,这对风荷载的识别是很有利的。

模态数的影响　　表3

工况	测点位置	模态数	误差(%)		
			S_1	S_2	S_3
1	1,8,14,18	3	16.5	33.3	56.8
2	1,8,14,18	4	11.3	11.4	11.8
3	1,8,14,18	5	6.6	3.4	6.0
4	1,8,14,18	10	6.5	3.4	5.0

风荷载系数的影响　　表4

工况	标准差 σ_a	误差均值(%)			误差标准差(%)		
		S_1	S_2	S_3	S_1	S_2	S_3
1	$0.1\bar{a}(z)$	6.7	3.7	6.2	0.2	0.7	0.5
2	$0.3\bar{a}(z)$	7.4	6.6	7.0	0.5	3.1	1.5
3	$0.5\bar{a}(z)$	8.1	12.4	8.5	1.13	13.7	2.8

5　结论

为了从风洞试验测量的位移响应中较好地识别出钢管混凝土输电塔的风荷载,本文对荷载识别过程进行了模拟,得到一些对实际风洞试验具有重要指导价值的结论:①测量精度对荷载识别的精度具有决定性的影响,其应达到mm级;②测点的数目和位置、模态数等对荷载识别的精度具有重要影响,它们需要根据具体的结构通过数值模拟来确定;③荷载识别误差对风荷载系数不是很敏感。

参考文献

[1]　熊铁华,梁枢果,邹良浩.基于完全气弹模型风洞试验输电塔风荷载识别[J].建筑结构学报,2010,31(10):48-54.

[2]　熊铁华,梁枢果,邹良浩,等.大跨越钢管混凝土输电塔线体系的地震响应分析[J].土木工程学报,2010,43(12):7-12.

[3]　林家浩,张亚辉.随机振动的虚拟激励法[M].北京:科学出版社,2004.

层叠式不规则高层结构风致振动效应研究

许伟　李庆祥　黄啟明　肖丹玲

（广东省建筑科学研究院　广州　510500）

1　引言

随着高层建筑在我国迅速发展，建筑高度不断增加，建筑类型与功能也越来越复杂，出现了一批平面或立面不规则建筑，《建筑结构荷载规范》（GB 50009—2001）中有关风荷载的条文已不能满足抗风设计需要，抗风成为结构工程师设计工作的重点和难点[1]。由于高层建筑高宽比较大，阻尼小，水平方向的抗侧刚度也小，属于柔性结构体系，因此对风荷载作用比较敏感。尤其是外形不规则的建筑，风荷载成为结构设计控制荷载之一，需要通过风洞试验来对其风荷载进行分析[2-4]。

本文以某一层叠式不规则高层结构为工程背景，进行刚性模型同步测压试验，分别采用覆面积分方法和三维有限元分析方法对结构的风荷载响应进行了全面深入分析。覆面积分方法给出了结构在各个风向角下基底等效最大倾覆力矩和扭转荷载，指导主体结构设计。三维有限元分析方法对悬挑部分竖向质量可能产生的动力效果进行了评价。

2　试验与分析概况

本工程高度为153.6m，建筑平面基本形状为矩形，从上到下由不同尺寸的盒式单元错落层叠而成，立面上存在双向的悬挑区域，体形十分不规则。刚性模型动态测压试验在广东省建筑科学研究院 CGB-1 风洞中进行，试验时按照 ESDU 数字风力模型预测的风剖面进行来流风场的模拟。

由于本建筑底部裙楼部位由四个巨型方盒组成，造成了立面不规则，结构振型分布并非以一阶振型为主，采用高频天平试验已不合适。本文将主要介绍采用覆面积分的方法，并结合等效静风荷载计算理论，对结构的水平风荷载进行分析。通过刚性模型测压试验得到的动态风压时程结合测点面积、坐标、楼层位置等综合信息，积分得到各楼层风力时程、扭矩时程等。为研究悬挑部分盒体的竖向受力情况，采用三维有限元分析方法建立该结构有限元模型，着重分析大悬挑结构上下表面同步风压作用下的动态响应，分析其动力作用效应。

3　水平风振效应分析

3.1　风荷载与风振响应频谱特性分析

本节仅选择0°风向角作为典型风向角来进行分析。0°风向角下第10层处 x 和 y 向的结构风荷载频谱特性如图1～图2所示。从图中的功率谱分布可以看到：x、y 方向脉动风荷载的主要能量相对集中分布在低频部分，其中 x 向脉动能量集中在0.23Hz以内，y 向脉动能量集中在0.12Hz以内。结构前两阶振动频率0.353Hz和0.413Hz虽然都大于0.23Hz，但在第一、二阶频率附近都有脉动风荷载的能量分布，因而脉动风具有一定的动力放大作用，结构的共振效应需要考虑。此外，由于 x 方向脉动风能量分布的范围和卓越频率更靠近结构自振频率，因此 x 方向结构的共振放大作用更为明显。

0°风向角下结构顶点位移均方差的谱密度如图3所示。从图可见，x 方向结构顶部平动位移振动的能量主要集中在0.413Hz附近，靠近结构第二阶振型的频率。y 方向结构顶部平动位移振动的能量

基金项目："十一五"国家科技支撑计划项目（2006BAJ13B03）资助。

主要集中在0.353Hz附近，靠近结构第一阶振型的频率。由于结构第一阶振型以y方向振动为主，第二阶振型以x方向振动为主，因此，在0°风向角下，结构顶点振动位移中，y方向以第一阶振型为主，x方向以第二阶振型为主。结构扭转角位移振动的能量具有多个峰值，分别对应结构的第四、第八、第十二和第十四阶振型。

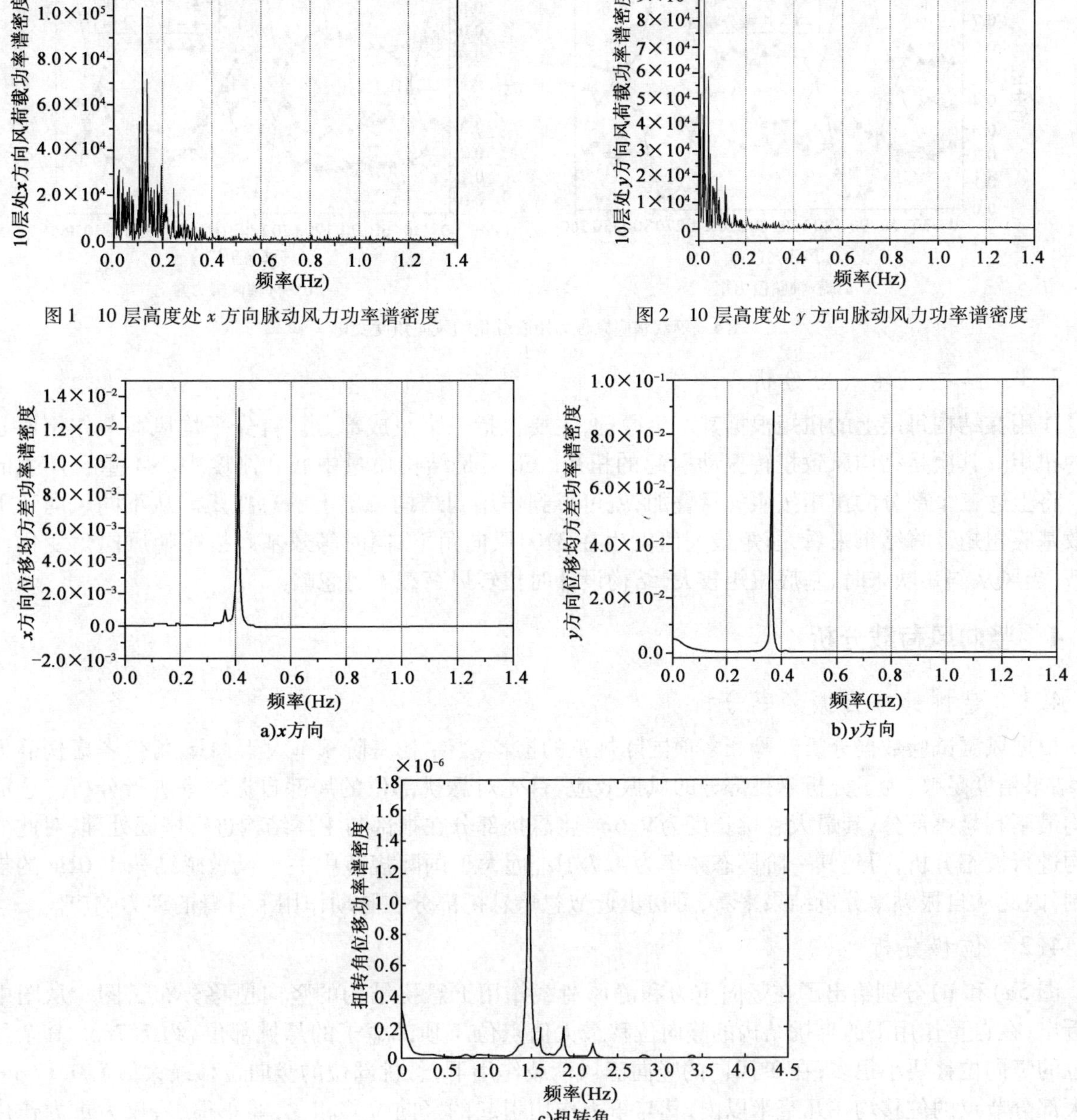

图1　10层高度处x方向脉动风力功率谱密度

图2　10层高度处y方向脉动风力功率谱密度

图3　0°风向角下位移均方差功率谱密度

3.2　等效基底风荷载分析

分别研究基底倾覆力矩三分量占总力矩的比重（由于背景和共振分量按照SSRC方法组合，各分量累计比重超过100%，本文着重分析变化规律），如图4a）和4b）所示。

从各分量随风向角变化的整体情况来看，各风向下背景分量在总力矩所占比重起伏较小，主要在20%～40%之间，共振量比重与背景量比重随风向的变化规律相一致，与平均量比重变化规律相反。在顺风向情况下，平均量所占比重最大，共振量次之，背景量所占比重最小，对绕x轴倾覆力矩，平均量比重在55%～60%之间，对绕y轴倾覆力矩，平均量比重约在60%～70%之间，这进一步说明沿结构弱轴方向(沿 y 轴、绕 x 轴)的风振效应要明显大于沿强轴方向(沿 x 轴、绕 y 轴)。而在横风向情况下,共振量所占比重最大,背景量次之,平均量所占比重最小,这表明即使在横风向上建筑物两侧面的平均风压呈相互抵消的情况,但其振动效应却不能忽略。

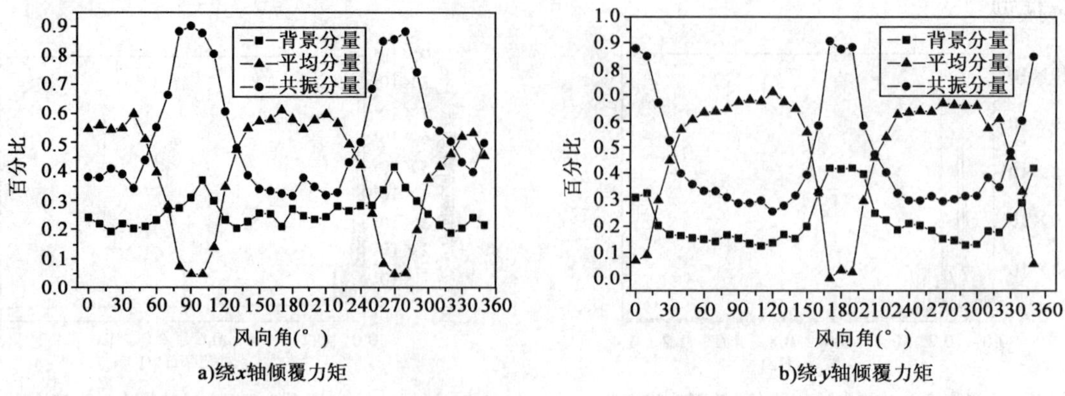

图 4　等效基底倾覆力矩三分量随风向角度变化

3.3　结构扭转效应分析

作用在结构每层上的扭矩根据其产生原理,主要包括三个组成部分。首先平均风荷载作用偏心引起的扭矩。其次是结构风致扭转振动引起的扭矩。最后是结构质量中心和刚度中心不重合产生的扭矩。将上述三个部分的扭矩按照矢量叠加,就可得到作用到结构每层上的总扭矩。从不同风向角下的等效基底扭矩计算结果来看,扭矩最大值发生在 310°风向角下;同时等效基底扭矩随风向角变化比较显著,当风从斜角吹来时,基底扭矩较大,结构设计时扭转风荷载不可忽略。

4　竖向风荷载分析

4.1　悬挑部分自振频率分析

根据风洞试验数据分析经验和多项国际规范的推荐,当结构基阶频率大于 1Hz,可仅考虑伪静力计算,结果精度足够,为了分析悬挑部分的风振效应,首先对悬挑部位的局部自振频率进行分析。选取本结构最不利悬挑部分,其最大悬挑长度为 9.6m,将悬挑部分在根部与主体结构进行嵌固处理,对此局部结构进行模态分析,得到其一阶模态频率为 4.78Hz,远大于国际规范中关于风敏感结构 1.0Hz 的规定限制,因此从自振频率分析结果来看,可初步近似忽略悬挑部分在脉动作用下自身的动力响应。

4.2　位移分析

图 5a)和 b)分别给出了在竖向重力和静风荷载作用下悬挑结构的竖向位移分布云图。从图中可以看出,在自重作用下的悬挑结构的竖向位移最大值点位于顶部盒子的悬挑部位,约 7.7cm,其余悬挑部位的竖向位移要小很多;在 0°风向的竖向静风荷载作用下,悬挑部位的竖向位移最大值为 0.17cm,其余大部分节点的位移均在几毫米以内,其与重力作用引起的竖向位移相比,要小很多,仅为重力作用下最大竖向位移的 2.2%。

对悬挑部分在竖向脉动风作用下的位移进行有限元计算,从结算结果可以看出,在竖向动力风荷载作用下悬挑部分的竖向位移也为 mm 级,最大动力位移为重力荷载作用位移的 5% 左右。图 6 为 0°、70°、130°风向下结构悬挑部位最大竖向位移的节点位移时程。从上述计算结果可知,悬挑竖向位移由恒荷载控制,风荷载影响较小,初步估计悬挑部分在风荷载作用下很难出现类似整体结构的风振效应,可将悬挑部位在风荷载作用下的竖向振动视为刚性体的阵风效应。

4.3　悬挑部分竖向等效静风荷载

根据上述的计算结果,此处将悬挑部位在风荷载作用下的竖向振动视为刚性体的阵风效应。根据风洞试验测压结果,按阵风效应给出悬挑部位的分区等效静风荷载。对于各分区可分别得到两个风压峰值，考虑到悬挑结构上、下表面可能出现的不利风压叠加情况，对各分区风荷载值进行统计，分别得到各风向角向下等效静风荷载和向上等效静风荷载。

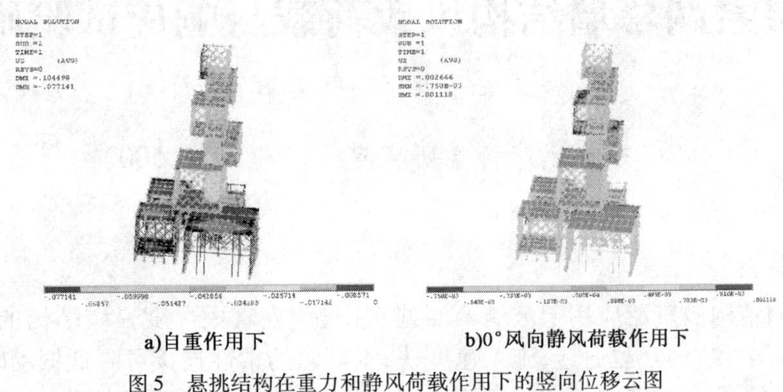

a)自重作用下　　b)0°风向静风荷载作用下

图5　悬挑结构在重力和静风荷载作用下的竖向位移云图

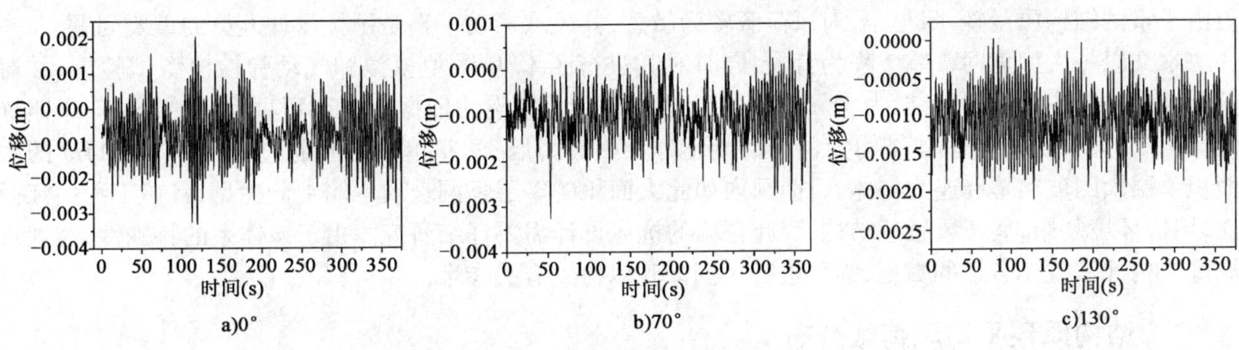

a)0°　　b)70°　　c)130°

图6　悬挑部位竖向位移最大处节点位移时程

5　结论

本文以某一层叠式不规则高层结构刚性模型动态风压测试结果为基础，利用覆面积分方法分析了结构的水平向风荷载效应，采用三维有限元方法对竖向风荷载效应进行了评估，得到以下结论：

(1)对于不规则建筑，需同时考虑风致平动和扭转振动效应，尤其是质量、刚度中心不重合时，扭转效应不可忽略。

(2)在顺风向情况下结构平均响应起主导作用；在横风向情况下，虽然结构平均响应呈抵消趋势，此时横风向共振风效应起主导作用，且不能忽视。本项目风致效应主要受顺风向脉动放大效应控制。

(3)通过对大悬挑结构的自振频率、静动力位移分析可得，悬挑结构相对主体结构较刚，其在风荷载作用下的竖向振动可按刚性体的阵风效应考虑。

(4)采用覆面积分方法分析层叠式不规则高层结构风致振动效应的方法是可行的，可为类似项目的风效应分析提供参考。

参考文献

[1]　顾明，叶丰. 典型超高层建筑风荷载频域特性研究[J]. 建筑结构学报，2006，27(1)：30-36.

[2]　黄本才. 结构抗风分析原理及应用[M]. 上海：同济大学出版社，2001.

[3]　周晅毅，黄鹏，顾明，等. 受扰高层建筑的风致响应分析[J]. 土木工程学报，2007，40(8)：16-21.

[4]　周印. 高层建筑静力等效风荷载和响应的理论与实验研究[D]. 上海：同济大学，1998.

单层索网幕墙结构风致荷载与响应试验研究

张夏萍　李庆祥　杨仕超

（广东省建筑科学研究院　广州　510500）

1　引言

近年来单层索网结构被广泛应用于玻璃幕墙建筑中，代表着大尺度幕墙结构的发展趋势[1-2]。该种结构构件数量少而小，结构轻盈通透，施工速度快；索与索的柔性连接可降低振动时玻璃破损率；索网接近平面的布置形式大大节省了支承结构所用空间；索网结构始终处于受拉状态，降低了构件的截面。但由于索网结构质量轻，阻尼小，对风荷载较为敏感，其风致振动一直是困扰设计人员的重要问题。

本文以一大型索网幕墙工程为背景，同时对其进行了 CFD 数值模拟和气动弹性模型试验[3]，并对试验结果进行了分析与总结，为实际工程抗风设计提供了相应的依据。本工程项目由 A、B、C、D 四栋建筑构成，其中 A、B 座主体结构为钢筋混凝土框架—剪力墙，两座单体之间通过 42m 宽、高 44m 的大面积单层索网玻璃幕墙连为一体，目前国内如此大面积的单层索网玻璃幕墙十分少见，且该工程面江而立，周边环境复杂，属于风敏感结构，因此幕墙的抗风设计需要仔细研究。由于该体系的特殊性，在现行规范[4]内无法找到合适的数据，需要进行风洞试验以得到有关参数。

2　结构风致平均风荷载分布

结构风荷载体型系数是抗风设计的重要参数，我国荷载规范中的体型系数已经很难满足实际情况。利用 CFD 数值风洞模拟可快捷、高效地获得建筑物表面风压分布，方便地进行多个风向角工况的计算，从而找出最不利风向角。本文使用 Fluent 软件对上述索网幕墙及其周围建筑进行了 CFD 数值模拟。

2.1　数值模拟前处理

在软件 Gambit 中建立主体建筑及其周边一定范围内（半径为 375m 的区域）几何模型，简化后建筑模型如图 1 所示，索网幕墙宽 42m、高 44m。建筑结构的风向角如图 2 所示。

图1　主体建筑几何模型

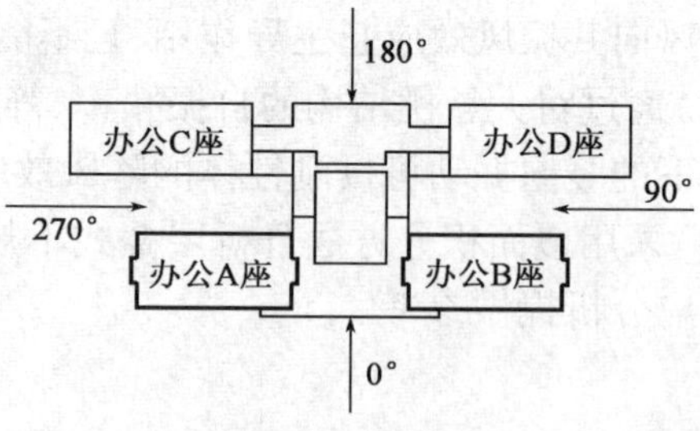

图2　风向角示意图

2.2　结果分析

通过对建筑结构表面风压变化进行数值模拟，得到了幕墙表面的风压分布和体型系数分布。由于建筑结构比较对称，索网幕墙的风压和体型系数也相对风向角有较好的对称性。图 3 为 0°和 45°风向下建筑表面风压分布云图，由图可知，建筑在正面迎风时，迎风面为均匀分布的正压，侧背风处皆为负压，边角处负压较大；风从斜角吹来时，迎风拐角处为正压，风压呈带状分布，建筑顶部拐角处负压较大。

根据幕墙表面风压分布规律，分别对南北面两块幕墙进行分区，如图4所示，数据表明南面幕墙较北面不利，图5给出了南面幕墙中部5、6、7、8四个区体型系数随风向变化图，南面索网幕墙在0°左右风向下的正体型系数较为不利，在135°和225°风向下负体型系数较不利。索网幕墙正面迎风时，最大体型系数在+0.9左右；索网幕墙背风时，最小体型系数在-1.2左右。由于南面索网幕墙较为不利，气弹模型试验仅对南面索网幕墙进行了风振试验。

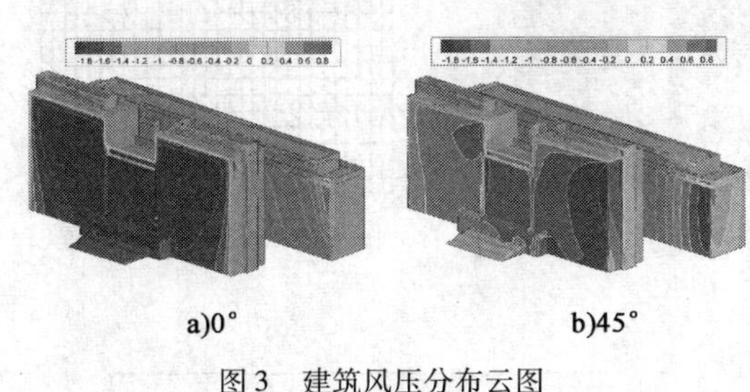

图3　建筑风压分布云图

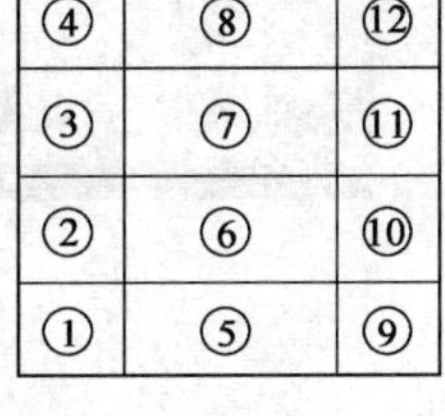

图4　幕墙分区图

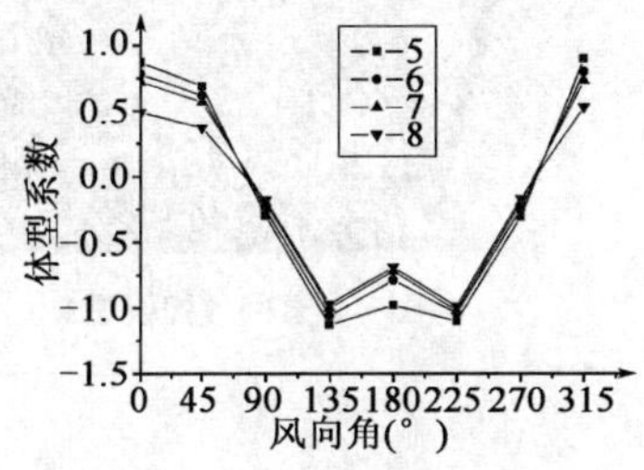

图5　体型系数随风向变化图

3　结构风致动力响应研究

本文分别利用ETABS和ANSYS两个软件对单层索网幕墙进行了动力特性分析，得到的索网幕墙前三阶模态频率结果见表1，其振型图如图6所示，索网幕墙的一阶频率小于1Hz，可见结构较柔，幕墙设计时需考虑风荷载作用在结构上引起的动力放大，通过气弹模型风洞试验可获得幕墙在风荷载作用下的响应，推算出相应的风振系数，进而指导工程设计。

两种软件求得的索网幕墙前三阶频率（Hz）　　表1

阶数	ANSYS	ETABS
1	0.8443	0.8356
2	1.1193	1.1099
3	1.4640	1.4593

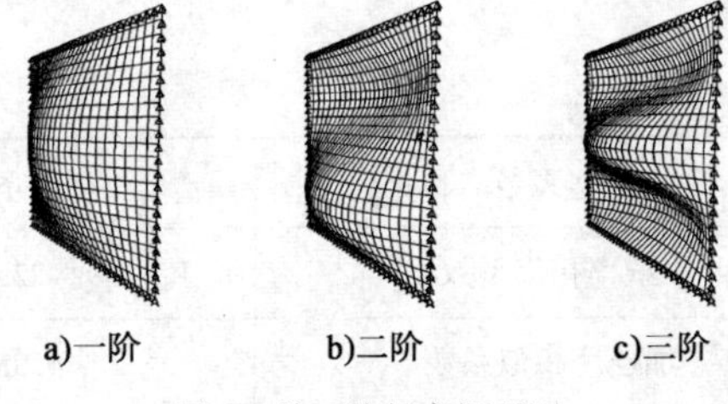

图6　前三阶频率振型图

3.1　气弹模型

索网气弹模型几何缩尺比确定为1/100，缩尺后的横索和竖索分别采用了直径为0.7mm（1×7）和0.5(7×7)mm的316L钢丝绳，该种钢丝绳较柔软，且抗拉力较强，可很好地模拟实际结构中的钢索。根据索中应力相等的原则，缩尺模型中索力设计值取为：横索56.19N，竖索12.51N。在实际制作模型过程中，将索网幕墙固定在由角钢制作的钢框架内，使钢框架和主体模型成为一个刚度相对很大的整体结构。

在本次试验中，特别制作了内径为1mm的小钢管分别套在横索与竖索的交叉处，两钢管间再焊接，用以保证横索和竖索的整体变形。本试验玻璃板采用了厚度为0.5mm的ABS塑料板，并在板上刻画尺寸为1.4cm×2cm的单元格，使之形成玻璃单元。本试验为保证斯特罗哈数，结构的频率比需在一定的范围内，方可满足试验中风速比的要求。为降低模型的频率，且保证模型的质量分布相似，模型配重时使用每个质量约2g的质量块，制作完成后的索网气弹模型如图7所示。

试验在广东建筑科学研究院风洞试验室中进行，试验风场为C类地貌，整体照片如图8所示。试验中采用了力传感器及配套的放大器，激光位移传感器及配套的信号采集系统与分析系统。根据结构振型特点，共在模型上布置了9个典型测点，如图9所示。

3.2　试验结果

3.2.1　动力标定试验

在风洞试验之前，进行了索网幕墙模型的动力特性标定试验。模型的动力特性标定试验主要提供模型的频率、振型。本试验采用力锤锤击选取点，通过激光位移计测量测点上的响应，可测得测点的自功率谱。图10是地面标定试验得到的测点自功率谱，自功率曲线比较光滑可靠，模型前五阶频率分别为18.7Hz、25.4Hz、31.8Hz、36.7Hz、39.2Hz。表2给出了确定的索网模型相似系数。

图7 索网气弹模型

图8 索网模型整体照片

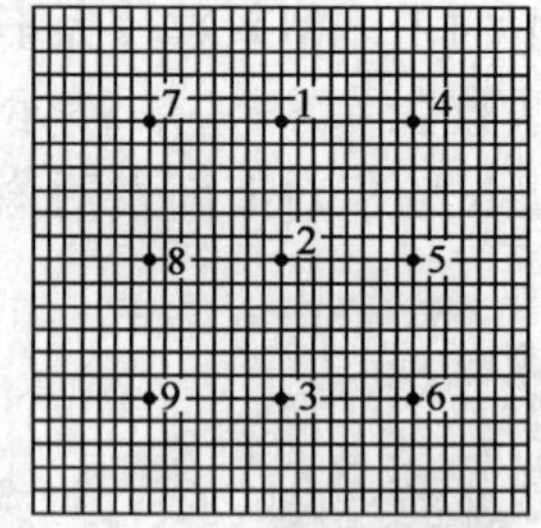

图9 索网模型测点布置

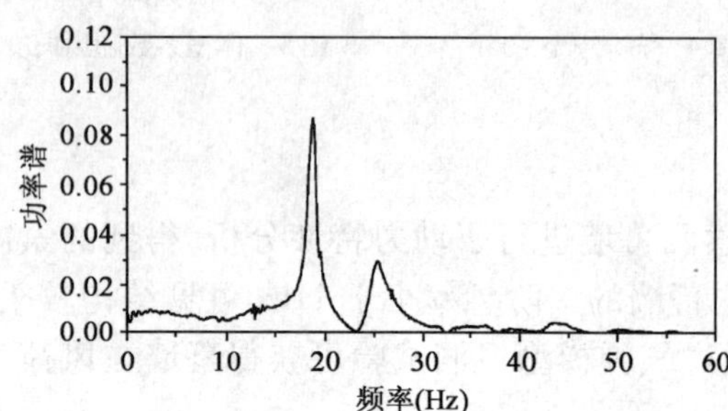

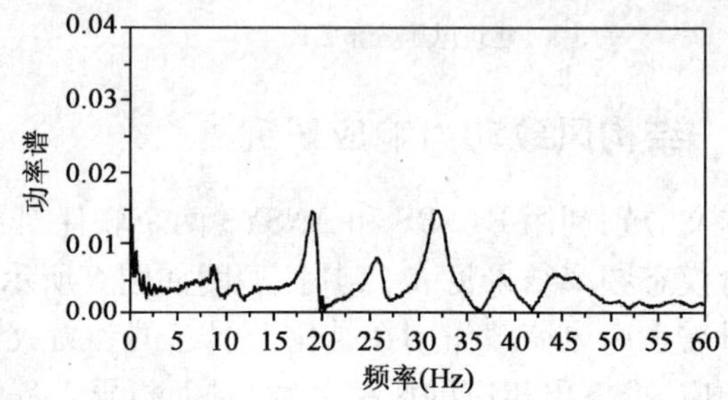

图10 测振试验测点自功率谱

模型相似系数 表2

相似系数名称	相似系数值	相似系数名称	相似系数值
频率相似系数 C_f	22.1	风速相似系数 C_v	1/4.52
加速度相似系数 C_a	4.8841	位移相似系数 C_y	1/100

3.2.2 测振试验

用激光位移计测量各测点在不同风速下的位移振动，为了解测点位移对风速的敏感性，测振试验设计了四个不同的试验风速，分别做了24个风向下的试验。

各测点在不同风速下平均位移随风向角变化规律较一致，图11给出了换算到原型的测点1平均位移随着风速变化的曲线，由图可知，平均位移随风速增大而增大，且相对180°风向具有明显的对称性；平均位移在15°风向下达到最大值，在90°风向下平均位移最小，风向从90°到180°变化时，平均位移逐渐增大然后减小；且索网幕墙在迎风时，平均位移随风速变化的变化率较侧背风时大，迎风时平均位移响应对风速的敏感性较强。图12为15°风向下各换算到原型的测点加速度响应随风速变化曲线，由图可知，各测点加速度均随着风速增加而单调增加；风速匀速递增，加速度增加幅度变大，可知加速度在高风速下对风速更为敏感。

3.2.3 风振系数

由下式可得到各测点的位移风振系数：

$$\beta_z = 1 + \frac{g \cdot \sigma_X}{\overline{X}}$$

式中，$\overline{X}$ 为平均位移响应；σ_X 为位移响应均方差；g 为峰值因子，本文取为3.5。

各测点风振系数随风向变化规律较一致，图13给出了测点1在不同风向下风振系数与风速关系曲线，由图可知，风振系数的变化规律与平均位移随风向变化规律相反，在平均风荷载较大处风振系数较小，在风荷载较小时风振系数较大。结构的风振系数随风向变化规律显著，且测点的风振系数与风速无明显关系。

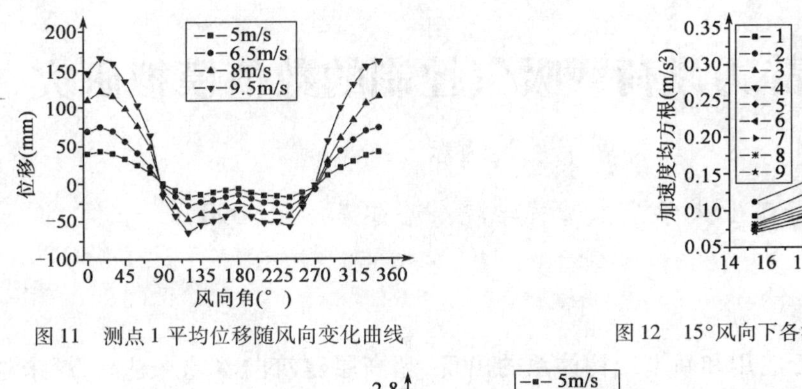

图 11　测点 1 平均位移随风向变化曲线

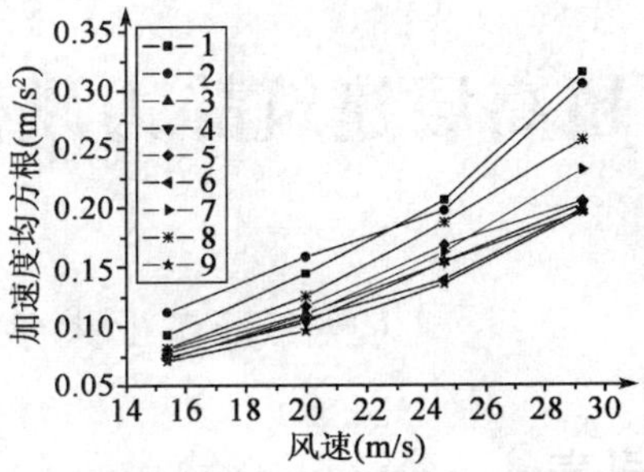

图 12　15°风向下各测点加速度响应随风速变化曲线

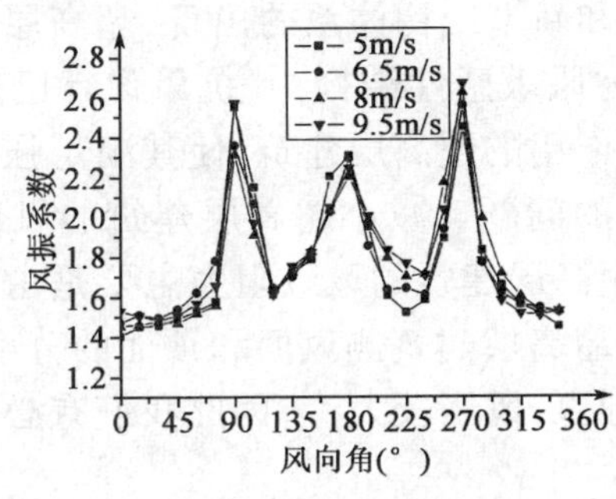

图 13　测点 1 风振系数、风向角与风速关系曲线

4　结论及建议

本文结合某大型索网幕墙，综合运用数值模拟和气弹模型试验等手段对该索网幕墙的风荷载及风效应进行了分析、研究，为幕墙整体结构设计提供了十分有用的参考数据和结论：

(1)通过 CFD 数值模拟可给出索网幕墙表面体型系数和风压分布，为结构设计提供详细的平均风荷载数据，且根据数值模拟结果可确定结构的不利处，进而指导气弹模型制作。

(2)索网幕墙气弹模型测振试验得到了弹性建筑物的位移、加速度响应，并给出了用于结构设计的风振系数。相同的风速变化，索网幕墙在迎风时结构位移响应变化率较侧背风时大。加速度均随着风速增加而单调增加，在高风速下加速度响应对风速变化更为敏感。结构的风振系数随风向变化显著，但与风速无明显关系。

(3)CFD 数值模拟方法与气弹模型试验方法结合，即将索网幕墙各区体型系数与风振系数相乘，再根据规范查得结构的基本风压和风压高度变化系数，可得到供结构设计采用的等效静风荷载标准值。

参 考 文 献

[1]　石永久，吴丽丽，王元清，等. 点支承玻璃建筑单层索网柔性支承体系及其工程应用[J]. 工业建筑，2005，35(2)：1-5.

[2]　冯若强. 单层平面索网玻璃幕墙结构静动力性能研究[D]. 哈尔滨：哈尔滨工业大学，2006.

[3]　冯若强，花定兴，武岳，等. 单层平面索网幕墙结构玻璃与索协同工作的动力性能研究[J]. 土木工程学报，2007，40(10)：27-33.

[4]　中华人民共和国国家标准. GB 50009—2001　建筑结构荷载规范[S]. 北京：中国建筑工业出版社，2001.

超高层建筑静力风荷载吸气控制的数值模拟研究

郑朝荣　张耀春

（哈尔滨工业大学土木工程学院　哈尔滨　150090）

1　引言

随着高强轻质材料的广泛应用和新型结构体系的出现，超高层建筑向着越来越高、越来越柔、阻尼比越来越小的方向发展，逐渐成为风敏感性结构，其抗风设计已成为需重点考虑的关键因素。如何安全合理地设计出能经受住强风作用的超高层建筑，使其满足强度、刚度和舒适度的要求，已成为结构风工程专家和学者们普遍关注的问题。减小超高层建筑的风致阻力无疑是改善其抗风性能的一种有效手段。已有的研究表明，超高层建筑的风致阻力主要是由风在其表面发生分离所产生的压差阻力构成[1]。边界层分离不仅使超高层建筑侧风面和顶面的分离点附近产生很大的吸力，而且所脱落的旋涡也使得其下游及背风面的负风压较大[2]，因此我们有必要采取各种气动控制措施来抑制或避免分离。

以往的气动控制研究主要围绕改变超高层建筑的截面形状和边界条件，如尾部设置障碍物、水平或竖向贯穿开洞、增加表面粗糙度、优化横截面形状（凹角、削角或角部开孔等）和截面形状沿高度变化或收缩等[3-9]，来抑制其边界层分离、减小其风荷载和风致响应。上述这些措施可归类为被动流动控制技术，其优点是简单易行，且已在实际工程中得到了广泛的应用[3,5,8,10]。然而被动流动控制也存在许多缺点，因此近年来主动流动控制已成为流体力学中不断受人关注的课题，其中吸气控制技术已被广泛应用于许多领域中。采用吸气控制来减小超高层建筑的风致阻力是一种新颖的主动流动控制技术，与传统的对结构风致响应进行主/被动阻尼器控制不同，它涉及对风激励源头的控制。

为减小超高层建筑的风致阻力，改善其抗风性能，本文将航空航天和流体机械领域中常用的吸气控制技术引入到超高层建筑中，采用计算流体动力学（computational fluid dynamics，CFD）方法对侧风面全高或沿高度分段吸气控制下超高层建筑的静力风荷载进行数值模拟，研究吸气控制的几何参数和流量参数对风荷载减阻性能的影响规律，通过展示平均流场结构讨论吸气控制机理，提出超高层建筑静力风荷载吸气控制的实用抗风设计思路，为相关的工程应用和规范修订提供参考。

2　数值模拟方法及主要参数定义

超高层建筑模型的轮廓尺寸为 $B\times D\times H=162\text{mm}\times162\text{mm}\times600\text{mm}$，几何缩尺比 $1:S=1:300$，仅考虑来流垂直于模型表面的情况。图 1 给出了全高吸气模型任意截面的吸气控制示意图，定义吸气与外部来流方向相同时吸气角 $\theta=0°$，g 为吸气孔左侧至侧风面前缘的距离，d 代表吸气孔宽度。图 2 给出了分段吸气模型侧风面的吸气孔布置示意图，h_i 和 z_i 分别为吸气孔高度和吸气孔中心高度。

计算域为长×宽×高 $=6\text{m}\times3\text{m}\times2\text{m}$，采用分块非均匀结构化网格离散，吸气孔处网格局部加密。经网格无相关性检验确定的垂直于模型壁面的最小网格尺寸为 5mm，不同工况的网格数量为 108 万～120 万。由于篇幅的限制，计算域的边界条件设置和数值模拟的求解策略可参考文献[11-12]，这里不再赘述。

定义风压折减系数 $C_{\text{PR}i}$ 和 C_{PR} 以反映模型各测点和表面的减阻效果，其表达式分别为：

$$C_{\text{PR}i}=1-C_{\text{PC}i}/C_{\text{PB}i} \tag{1}$$

$$C_{\text{PR}}=1-C_{\text{PC}}/C_{\text{PB}} \tag{2}$$

式中，$C_{\text{PC}i}$（C_{PC}）和 $C_{\text{PB}i}$（C_{PB}）分别为吸气模型和基准模型的测点（表面平均）平均风压系数，与 C_{PR}

对应的阻力折减系数和顺风向基底弯矩折减系数分别为 C_{DR} 和 C_{MR}。

定义吸气流量系数 $C_Q(h_i)$ 以反映吸气控制的强度，其表达式为：

$$C_Q(h_i) = \rho_c d v_{ci} h_i / (\rho_e D v_\infty H) \tag{3}$$

式中，ρ_c、ρ_e 分别为吸气气体和外部空气的密度，取 $\rho_c = \rho_e = 1.225\text{kg/m}^3$；$v_{ci}$ 为垂直于模型侧风面的吸气速度分量；v_∞ 为模型顶点高度的远处来流风速，即为 $v_H = 13.5\text{m/s}$。

定义吸气时 $C_Q(h_i)$ 和 v_{ci} 均为负值，以区别于吹气的情况。当全高吸气时，$C_Q(h_i)$、Q_{ci} 和 v_{ci} 分别采用 $C_Q(H)$、Q_c 和 v_c 表示，$h_i = H$。

3 侧风面全高吸气模型

超高层建筑侧风面全高吸气模型的主要研究参数有侧风面开孔位置（$g = 0$、$3\%D$、$5\%D$、$8\%D$、$10\%D$ 和侧风面后缘，编号分别为 I ~ VI）、吸气角 $\theta = 15° \sim 165°$、开孔宽度（$d = 3\text{mm}$、5mm 和 8mm，编号分别为 A、B 和 C）和吸气流量系数 $C_Q(H)$。其中 IIB 模型代表侧风面开孔方案 II、$d = 5\text{mm}$ 的吸气模型。

图 3 给出了 $C_Q(H) = -0.0457$、$\theta = 15°$、$d = 5\text{mm}$ 时，六种侧风面开孔方案对全高吸气模型各表面的 C_{PR}、顺风向的 C_{DR} 和 C_{MR} 的影响，结果表明 I ~ V 模型均存在减阻，其中方案 II 模型的整体减阻性能最好，而吸气孔位于侧风面后缘的方案 VI 模型的减阻性能最差。

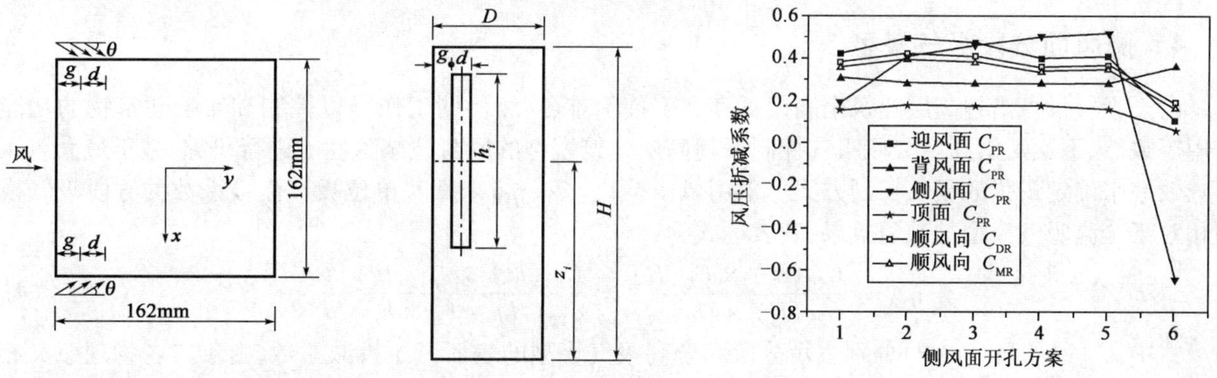

图 1 吸气控制示意图　　图 2 分段吸气模型侧风面开孔示意图　　图 3 侧风面开孔方案对吸气模型风压折减系数的影响

假定 v_c 不变，θ 的变化决定了顺风向吸气速度分量 v_{ca} 的大小（$v_{ca} = v_c \cot\theta$）。$C_Q(H) = -0.0457$ 时，θ 对方案 II 全高吸气模型风荷载减阻性能的影响如图 4 所示。由图可知，尽管模型的 C_{DR} 和 C_{MR} 随 θ 的增加有一定的减小，但其幅度较小（最大、减小幅度不超过 15%），因此 θ 对吸气控制减阻性能的影响较小。当 $C_Q(H)$ 固定时，较小的 d 对应着较大的 v_c。图 5 给出了 $C_Q(H) = -0.0457$ 时，方案 II 全高吸气模型的 C_{DR} 随 d 的变化曲线。随着 d 的增加，各模型的 C_{DR} 有微弱的减小，但其差值均在 5% 以内，因此 d 对减阻性能的影响很小。

由上述可知，在侧风面吸气孔位置和 $C_Q(H)$ 确定后，吸气控制的几何参数（包括 θ 和 d）和吸气速度（包括 v_c 和 v_{ca}）对超高层建筑风荷载减阻性能的影响不显著，下面研究 $C_Q(H)$ 对风荷载减阻性能的影响，并讨论吸气控制机理。图 6 给出了 $\theta = 15°$ 时，IIB 全高吸气模型各表面的 C_{PR}、顺风向的 C_{DR} 和 C_{MR} 随 $C_Q(H)$ 的变化曲线。由图可知，$C_Q(H)$ 绝对值越大，风荷载减阻效果越好。当 $C_Q(H) = -0.229$ 时，顺风向的 C_{DR} 和 C_{MR} 均大于 1.0。

图 7 给出了基准模型和 $\theta = 15°$ 时不同 $C_Q(H)$ 的全高吸气模型在其 $z = 0.4\text{m}$ 截面周围的时均流线图。结果表明，吸气增强了模型迎风面的三维流效应，抑制了侧风面的流动分离和旋涡发展，并促进了侧风面的流动再附；再附流在后缘发生二次分离，故尾流宽度较小。分析表明，吸气控制对超高层建筑风荷载的减阻机理主要表现为两方面：①侧风面吸气抽走了上游撞击区的部分气体，增强了对迎风面的导流作用；②吸除了边界层中的低速运动气体，抑制了侧风面的流动分离和旋涡发展，并促进了侧风面气体的再附，从而减小了尾流运动的旋转曲率和尾流宽度。

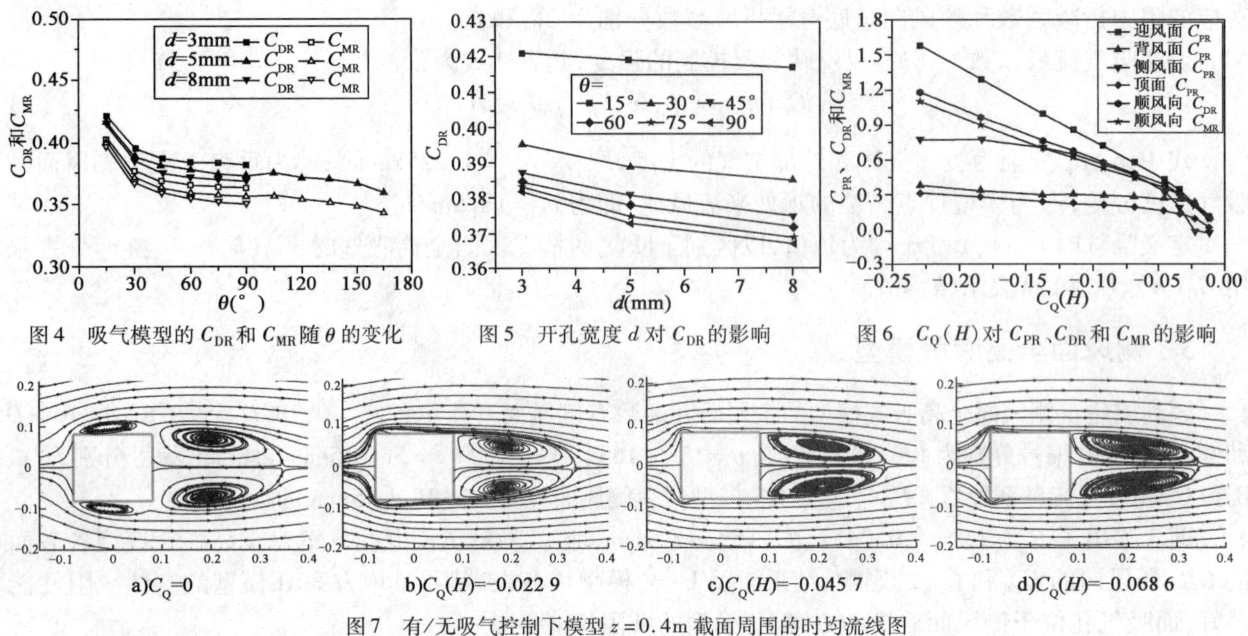

图4　吸气模型的 C_{DR} 和 C_{MR} 随 θ 的变化　　图5　开孔宽度 d 对 C_{DR} 的影响　　图6　$C_Q(H)$ 对 C_{PR}、C_{DR} 和 C_{MR} 的影响

图7　有/无吸气控制下模型 $z=0.4$m 截面周围的时均流线图

4　侧风面分段吸气模型

由于吸气设备沿超高层建筑全高设置存在安装困难、连续协同工作难以控制和影响建筑物的功能使用等缺点,下面对沿高度分段吸气控制下超高层建筑模型的风荷载减阻性能进行研究,基于最大风压折减效率来确定最优的吸气控制方案。采用风压折减效率 η_{PR} 来反映单位吸气流量系数的分段吸气模型相对于全高吸气模型的减阻效果,其表达式为:

$$\eta_{PR} = \frac{C_{PR}(h_i) \times C_Q(H)}{C_{PR}(H) \times C_Q(h_i)} = \frac{C_{PR}(h_i) \times v_c \times H \times d}{C_{PR}(H) \times v_{ci} \times h_i \times d} \tag{4}$$

式中,$C_{PR}(h_i)$ 和 $C_{PR}(H)$ 分别表示分段和全高吸气模型的表面风压折减系数,由于二者物理意义相同,均采用 C_{PR} 表示。

与 C_{DR} 和 C_{MR} 对应的阻力折减效率和顺风向基底弯矩折减效率分别采用 η_{DR} 和 η_{MR} 表示。

由文献[10]可知,分段吸气模型的减阻性能随不同竖向开孔位置发生显著变化,最佳竖向开孔位置位于0.425m处。基于该位置上下同时延伸开孔高度 h_i,表1列出了不同 h_i 和竖向开孔范围 L_{zi}(或 z_i)下各分段吸气模型的 $C_Q(h_i)$ 和 v_{ci} 设置。

分段吸气模型的参数设置　　表1

L_{zi}(m)	z_i(m)	h_i(m)	$v_{ci}=-20$m/s	$C_Q(h_i)=-0.0457$	L_{zi}(m)	z_i(m)	h_i(m)	$v_{ci}=-20$m/s	$C_Q(h_i)=-0.0457$
			$C_Q(h_i)$	v_{ci}(m/s)				$C_Q(h_i)$	v_{ci}(m/s)
0.4~0.45	0.425	0.05	-0.0038	-240	0.375~0.475	0.425	0.1	-0.0076	-120
0.35~0.5	0.425	0.15	-0.0114	-80	0.325~0.525	0.425	0.2	-0.0152	-60
0.3~0.55	0.425	0.25	-0.0191	-48	0.275~0.575	0.425	0.3	-0.0229	-40
0.25~0.6	0.425	0.35	-0.0267	-34.286	0.2~0.6	0.4	0.4	-0.0305	-30
0.15~0.6	0.375	0.45	-0.0343	-26.667	0.1~0.6	0.35	0.5	-0.0381	-24

图8给出了 $C_Q(h_i)=-0.0457$、$\theta=15°$时,不同 h_i 或 v_{ci} 下 IIB 分段吸气模型相对于全高吸气模型[$C_Q(H)=-0.0457$]的风压折减效率。结果表明在 $C_Q(h_i)$ 不变时,v_{ci} 的增加使得风压折减效率降低,因此分段吸气模型的减阻性能不如全高吸气模型。此外,由于吸气所消耗的功率与 v_{ci} 的立方呈正比,故超高层建筑模型采用分段吸气控制是不经济的。然而,鉴于全高吸气控制所存在的缺点,我们可在超高层建筑中上部设置吸气装置,从而有效地减小基底弯矩或改善局部风压特性。

5 结论及讨论

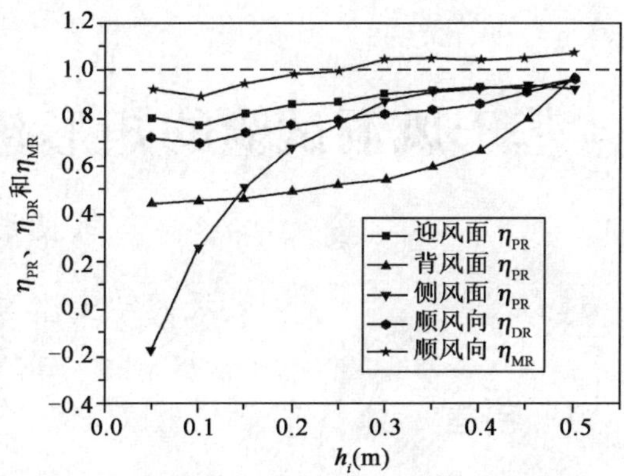

图8 $C_Q(h_i)=-0.0457$ 时分段吸气模型的风压折减效率随 h_i 的变化

本文采用 CFD 方法对侧风面全高或沿高度分段吸气控制下超高层建筑的静力风荷载减阻性能进行了数值模拟研究。利用本文研究结果,我们可在结构抗风设计时对超高层建筑的风荷载体型系数 μ_s 进行折减(比如减小30% ~50%),从而降低工程造价。监测超高层建筑顶部的来流风速,当 10min 的平均来流风速小于超高层建筑的顶部设计风速(由于 μ_s 折减了 30% ~50%,故顶部设计风速相当于基准模型的 71% ~84%)时,利用结构本身的抗侧刚度来抵抗外部风荷载;当外部来流平均风速较大时,启动吸气控制来改善超高层建筑的气动性能。根据结构本身的抗侧刚度和来流风速的大小确定最佳的吸气控制方案,以使得结构构件的内力或应力、结构的顶部位移和加速度均满足规范要求,从而建立了超高层建筑的双重抗风设计体系,为超高层建筑静力风荷载吸气控制的实际应用和相关的规范修订提供参考。

参 考 文 献

[1] Fox R W, McDonald A T, Pritchard P J. Introduction to fluid mechanics [M]. NJ: John Wiley & Sons Inc. 2008: 409-446.

[2] Simiu E, Scanlan R H. Wind effects on structures: fundamentals and applications to design [M]. 3rd Ed. New York: Wiley – Interscience Publication, 1996: 33-194.

[3] Kareem A, Kijewski T, Tamura Y. Mitigation of motions of tall buildings with specific examples of recent applications [J]. Wind and Structures, 1999, 2(3): 201-251.

[4] 张耀春,秦云,王春刚. 洞口设置对高层建筑静力风荷载的影响研究[J]. 建筑结构学报, 2004, 25(4): 112-118.

[5] Irwin P A. Wind engineering challenges of the new generation of super – tall buildings [J]. Journal of Wind Engineering and Industrial Aerodynamics. 2009, 97: 328-334.

[6] Tse K T, Hitchcock P A, Kwok K C S, et al. Economic perspectives of aerodynamic treatments of square tall buildings [J]. Journal of Wind Engineering and Industrial Aerodynamics. 2009, 97: 455-467.

[7] Kim Y, Kanda J. Characteristics of aerodynamic forces and pressures on square plan buildings with height variations [J]. Journal of Wind Engineering and Industrial Aerodynamics, 2010, 98: 449-465.

[8] 谢壮宁,石碧青,倪振华,等. 深圳京基金融中心气动抗风措施试验研究[J]. 建筑结构学报, 2010, 31(10): 1-7.

[9] 李波,杨庆山,田玉基,等. 锥形超高层建筑脉动风荷载特性[J]. 建筑结构学报, 2010, 31(10): 8-16.

[10] 郑朝荣. 高层建筑风荷载吸/吹气控制的数值模拟研究[D]. 哈尔滨:哈尔滨工业大学, 2010: 1-180.

[11] Zheng Chaorong, Zhang Yaochun. Numerical investigation on the drag reduction properties of a suction controlled high – rise building [J]. Journal of Zhejiang University SCIENCE A., 2010, 11(7): 477-487.

[12] 郑朝荣,张耀春. 分段吸气高层建筑减阻性能的数值研究[J]. 力学学报, 2011, 43(2): 372-380.

基于风洞试验的矩形超高层建筑三维等效风荷载研究

邹良浩　梁枢果　熊铁华

（武汉大学土木建筑工程学院　武汉　430072）

1　引言

风对高层建筑的作用是三维的[1-3]，包括顺风力、横风力和绕竖轴的扭矩三向荷载，因而结构的风致响应也是三维的。在进行结构抗风设计时，必须考虑此三向荷载的共同作用。目前，对高层建筑等效静力风荷载的研究主要集中于顺风向。自 20 世纪 60 年代，Davenport[4] 提出顺风向等效风荷载计算方法—阵风荷载因子法（GLF）以后，各国学者先后进行了高层建筑结构顺风向等效静力风荷载的研究[5-10]。在横风向和扭转向，日本建筑协会的建筑荷载建议（AIJ，2004）[11] 中推荐了高层建筑横风向风荷载及响应的计算方法。顾明、全涌和叶丰等同样提出了由荷载相关法为背景分量和以惯性力为共振分量组成的等效风荷载模型[12-14]。尽管上述学者对高层建筑等效静力风荷载进行了系统研究，然而其计算方法只考虑了结构一阶振型的贡献。随着高层建筑越来越高，二阶甚至高阶振型对风振响应的贡献不可忽视[15]。基于高层建筑表面测压风洞试验数据，通过计算结构在风荷载作用下的内力响应，推导了结构三维等效静力风荷载，该方法可以考虑高阶振型的贡献，为超高层建筑抗风设计提供有用的参考。

2　内力等效风荷载的计算

等效风荷载由下式计算得到：

$$P_{\mathrm{E}}(z)=\overline{P(z)}+\mu\sqrt{P_{\mathrm{s}}^{2}(z)+P_{\mathrm{I}}^{2}(z)} \tag{1}$$

式中，$\overline{P(z)}$ 为平均风荷载；$P_{\mathrm{s}}(z)$ 为背景分量等效风荷载；$P_{\mathrm{I}}(z)$ 为惯性力分量等效风荷载；μ 为峰因子。

对于背景分量等效风荷载，第 k 层的内力方差可由下式计算得到：

$$\sigma_{\mathrm{s}}^{2}(k)=\sum_{i=k}^{N}\sum_{j=k}^{N}\int_{0}^{\infty}S_{\mathrm{p}}(i,j,n)\,\mathrm{d}n\,i(i)i(j) \tag{2}$$

式中，n 为楼层数；$S_{p}(i,j,n)$ 为第 i、j 层的风荷载互谱；函数 $i(j)$ 为作用在 j 层的单位力所引起的 k 层内力。

由背景分量等效风荷载引起的第 k 层内力可由下式计算：

$$p_{\sigma\mathrm{s}}(k)=\sum_{i=k}^{n}P_{\mathrm{s}}(i)i(i) \tag{3}$$

式中，$P_{\mathrm{s}}(i)$ 为第 i 层背景分量等效风荷载；$p_{\sigma\mathrm{s}}(k)=\sigma_{\mathrm{s}}(k)$ 为第 k 层由背景分量引起的内力的均方根。将以上两式联合起来就可以求得各层背景分量等效风荷载。

对于惯性力分量等效风荷载，第 k 层的内力方差可由下式计算得到：

$$\sigma_{\mathrm{I}}^{2}(k)=\sigma_{\mathrm{a}1}^{2}\Big[\sum_{i=1}^{k}m(i)\varphi_{1}(i)i(i)\Big]^{2}+\sigma_{\mathrm{a}2}^{2}\Big[\sum_{i=1}^{k}m(i)\varphi_{2}(i)i(i)\Big]^{2}+\cdots+\sigma_{\mathrm{a}N}^{2}\Big[\sum_{i=1}^{k}m(i)\varphi_{N}(i)i(i)\Big]^{2} \tag{4}$$

式中，$\sigma_{\mathrm{a}i}^{2}$ 为第 i 振型加速度响应方差。

由惯性力等效风荷载引起的第 k 层内力可由下式计算：

$$p_{\sigma\mathrm{I}}(k)=\sum_{i=k}^{n}P_{\mathrm{I}}(i)i(i) \tag{5}$$

基金项目：强风作用下超高层建筑扭转向气动弹性效应的理论与实用分析方法研究（51008240）。

式中，$P_{\mathrm{I}}(i)$ 为第 i 层惯性力等效风荷载；$p_{\sigma\mathrm{I}}(k)=\sigma_{\mathrm{I}}(k)$ 为第 k 层由惯性力引起的内力的均方根。

将式(4)、式(5)联立就可以求得以各层剪力、弯矩和扭矩等效的动力等效风荷载。

假定高层建筑结构各层的楼板是刚性的，将高层建筑以各层为质心简化为多自由度体系，根据随机振动理论的频域计算方法，高层建筑两个水平主轴向加速度均方根与扭转向角加速度响应方差 $\sigma_{\mathrm{a}_i}^2$：

$$\sigma_{\mathrm{a}i}^2 = \left[\int_0^\infty S_{\mathrm{a}i}(n)\,\mathrm{d}n\right]^{1/2}, k = x,\ y,\ \theta \tag{6}$$

式中，$S_{\mathrm{a}i}(n)$ 分别为 k 轴向加速度（或角加速度）响应谱密度函数，忽略振型交叉项的贡献，其为：

$$S_{\mathrm{a}i}(n) = \sum_{i=1}^{n}\frac{(2\pi n_i)^4\,|H_i(jn)|^2 S_{\mathrm{F}_i^*}(n)}{M_i^{*\,2}} \tag{7}$$

式中，n_i 为结构各轴向第 i 阶振型频率；$H_i(jn)$ 为结构各轴向第 i 振型复频响应函数；$M_i^* = \phi'_i M\phi_i$ 为结构各轴向第 i 阶振型广义质量；$S_{\mathrm{F}_i}^*(n) = \phi'_i S_k(n)\phi_i$ 为结构各轴向第 i 阶振型广义荷载谱密度函数；$S_k(n)$ 和 M 分别为各轴向荷载谱密度矩阵和质量（或转动惯量）矩阵；ϕ_i 为结构各轴向第 i 振型。

3 算例与分析

本文以某待建的超高层建筑为例，进行结构等效风荷载的研究，该超高层建筑高 230m，为矩形截面建筑，该高层建筑位于复杂楼群形成的流场中，因此必须进行风洞试验来确定结构的风荷载。

3.1 风洞试验简介

本试验在湖南大学 HD-2 风洞试验室中进行。图 1 为模型在风洞中的照片。地貌采用 C 类地貌，几何缩尺比为 1 : 200。为了测量模型各处的风压时程，在模型表面共布置了 17 层、共计 448 个测压点。脉动压力的采样时间为 20.0s，每个测点的采样频率为 330Hz，试验风速约为 11.5m/s。试验风向角如图 2 所示。

图 1 风洞中的模型

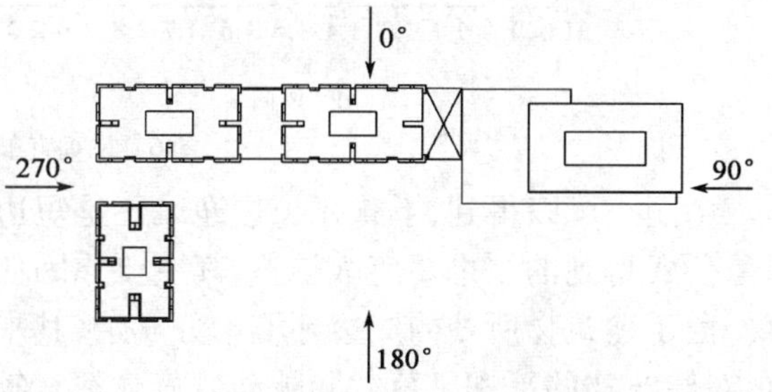

0°
270°
90°
180°

图 2 试验风向角图

3.2 等效风荷载计算与分析

在由风洞试验得到结构表面风压时程以后，采用文献[16]的方法得到结构三维风荷载时程与三维风荷载谱。并结合由结构有限元模型得到的结构动力特性，计算了结构在 0°风向角风垂直于 x 轴向（长边迎风）和 90°风向角风垂直于 y 轴向作用（短边迎风），其 x 轴向和 y 轴向以及扭转向等效风荷载沿高分布如图 3 ~ 图 5 所示。

由图 3 ~ 图 5 可以看出，当风向垂直于主轴向时，其顺风向、横风向和扭转向等效风荷载均不可忽视，当风垂直于 x 轴向（长边迎风）作用时，其顺风向等效风荷载比横风向等效风荷载要大，而当风垂直于 y 轴向（短边

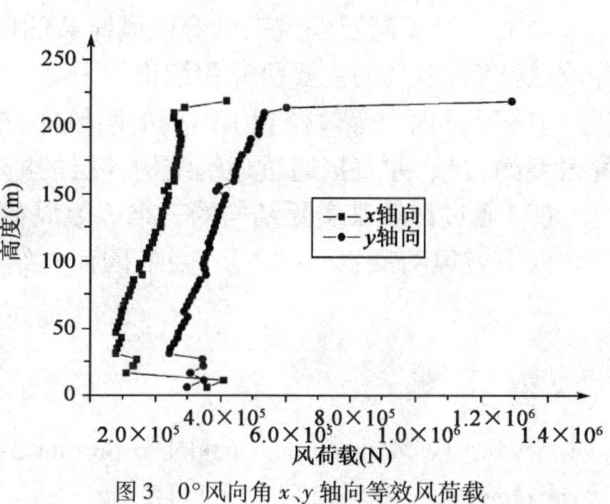

图 3 0°风向角 x、y 轴向等效风荷载

迎风)作用时,其顺风向和横风向等效风荷载相差不大。当风向垂直于 y 轴向(短边迎风)时的扭转向等效风荷载要比长边迎风时的要大。

为了研究结构顺风向风振系数,现将0°风向角和90°风向风荷载作用时,结构风振系数沿高分布与由规范方法得到的风振系数如图6所示。

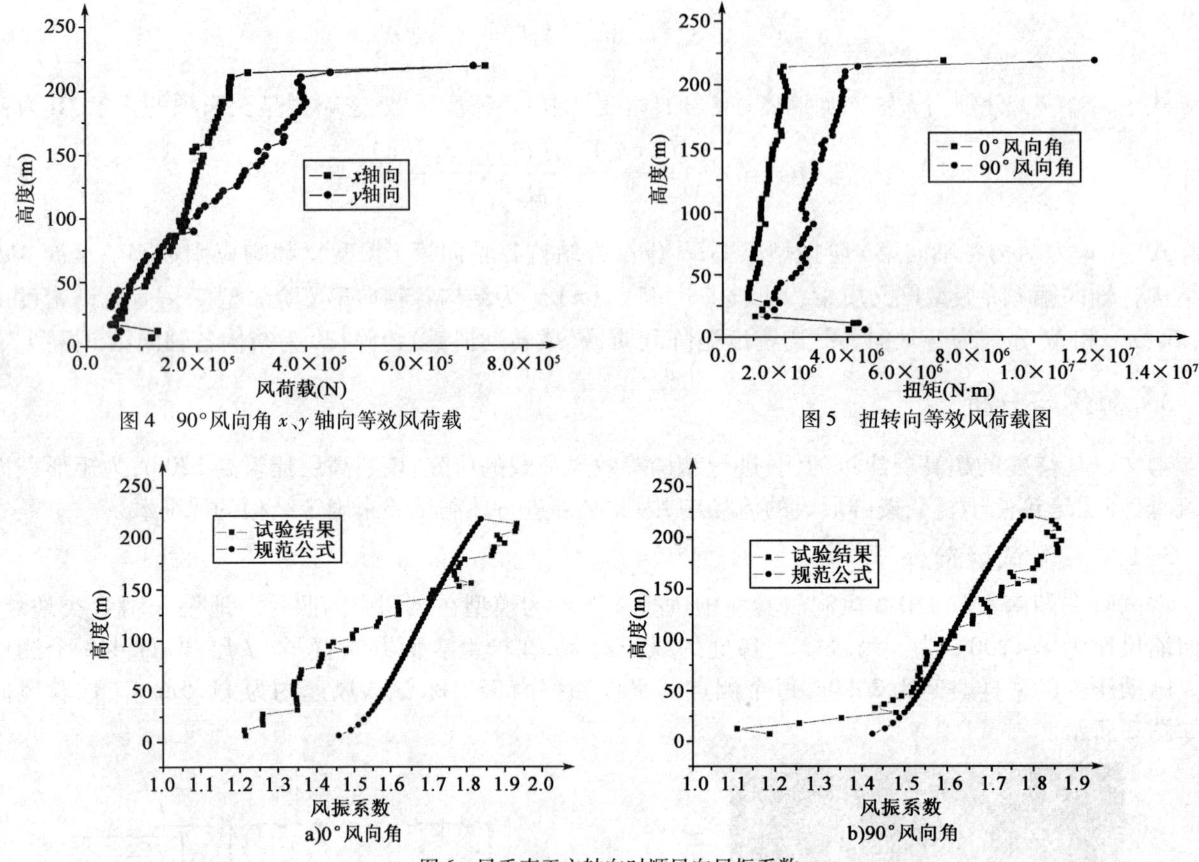

图4 90°风向角 x、y 轴向等效风荷载

图5 扭转向等效风荷载图

图6 风垂直于主轴向时顺风向风振系数

由图6可以得到,不管是长边迎风还是短边迎风,由试验数据计算得到的结构各高度风振系数要比规范公式得到的结果要离散得多,其主要原因如下:

由于建筑物所处的周边环境十分复杂,其平均风荷载和脉动风荷载受周边建筑的干扰效应十分严重,对建筑物的平均风荷载和脉动风荷载都有较大的影响,因而得到的风振系数也比较离散,而规范公式采用 Davenport 谱计算得到,并采用了诸多假定,因而得到的风振系数比较规则。

4 结论

本文推导了高层建筑三维等效风荷载的确定方法,并以一实际超高等建筑为例计算了结构的三维等效风荷载,本文的主要研究和结论如下:

(1)通过内力等效得到了结构的顺风向、横风向和扭转向等效风荷载,该等效风荷载可考虑结构高阶振型的贡献,并直接通过建筑结构各层的剪力和弯矩等效得到,因而是精确的内力等效风荷载。

(2)通过计算某实际结构的三维等效风荷载得到,其顺风向和横风向等效风荷载在同一数量级,其扭转向等效风荷载也同样不可忽视,因而在结构设计时,应同时考虑此三维风荷载的共同作用。

参考文献

[1] Solari G. Mathematical model to predict 3-D wind loading on buildings[J]. Journal of Engineering Mechanics, 1985,111(2): 254-275.

[2] Liang Shuguo, Liu Shengchu, Zhang Liangliang, et al. Mathematical model of acrosswind dynamic loads on rectangular tall buildings[J]. Journal of Wind Engineering and Industrial Aerodynamic, 2002(90): 1757-1770.

[3] Liang Shuguo, Li Q S, Liu Shengchun, et al. Torsional dynamic wind loads on rectangular tall buildings [J]. Engineering Structures, 2004(26): 129-137.

[4] Simiu E, Scanlan R H. Wind effects on structure: An introduction to wind engineering [M]. New York: John Wiley & Sons Inc, 1978.

[5] Solari G. A generalized definition of gust factor [J]. Journal of Wind Engineering and Industrial Aerodynamics, 1990, 36: 539-548.

[6] Kasperski M, Niemann H J. The LRC method—a general method of estimating unfavorable wind load distributions for linear and nonlinear structure [J]. Journal of Wind Engineering and Industrial Aerodynamics, 1992, 41: 1753-1763.

[7] 中华人民共和国国家标准. GB 50009—2001 建筑结构荷载规范[S]. 北京,中国建筑工业出版社,2001.

[8] Zhou Yin, Gu Ming, Xiang Haifan. Alongwind static equivalent wind loads and responses of tall building. Part I: unfavorable distributions of static equivalent wind loads [J]. Journal of Wind Engineering and Industrial Aerodynamics, 1999 (79): 135-150.

[9] Zhou Yin, Kareem A, Gu M. Equivalent static buffeting wind loads on structures [J]. Journal of Structural Engineering, ASCE, 2000, 126(8): 989-992.

[10] 汪大海,梁枢果. 基于内力的高层建筑顺风向等效静力荷载研究[J]. 工程力学,2010,27(1): 134-140.

[11] Architecture Institute of Japan(AIJ). Recommendations for loads on buildings[S]. Japan, Architecture Institute of Japan(AIJ), 1996.

[12] 全涌,顾明. 高层建筑横风向风致响应及等效静力风荷载的分析方法[J]. 工程力学,2006,23(9): 84-88.

[13] 顾明,叶丰. 高层建筑风致响应和等效静力风荷载的特征[J]. 工程力学,2006,23(7): 93-98.

[14] 叶丰. 高层建筑顺、横风向和扭转方向风致响应及静力等效风荷载研究[D]. 上海: 同济大学, 2004.

[15] 邹垚,彭德喜,梁枢果. 考虑二阶振型的举行高层建筑横风向风振响应简化计算[G]//第十四届全国结构风工程学术会议. 北京,2009.

[16] 梁枢果,邹良浩,郭必武. 基于刚性模型测压风洞试验的武汉国际证券大厦三维风致响应分析[J]. 工程力学,2009,26(3):118-127.

六、大跨空间结构

大跨度空间结构的风振系数和等效静风荷载

陈凯[1]　符龙彪[1]　金新阳[1]　孙建龙[2]　张贵海[2]

(1. 中国建筑科学研究院　北京　100013；

2. 中铁第一勘察设计院集团有限公司　西安　710043)

1　引言

风振系数是《建筑结构荷载规范》中定义的一个重要参数。在进行建筑结构设计时，必须在平均风荷载的基础上乘以风振系数，才能得出风荷载标准值。国外规范通常在极值风荷载之上乘以动力放大系数作为等效静风荷载。对于大跨而言，由于振型密集，不能直接采用规范值进行设计，需要借鉴规范中的概念，用随机振动理论计算得出其等效静风荷载。

工程实践中，计算复杂大跨空间结构的等效静风荷载有各种不同的方法。较为常见和容易被设计人员所接受的方法，是将某控制点的位移放大系数作为风振系数来使用。但若该点平均位移接近零，风振系数将会非常大，可能得出与实际不符的、很大的等效荷载分布。另一个问题是，大跨度空间结构的表面风压以竖向作用为主，但很多大跨结构却又以水平方向的振动为主。这就导致风振引起的附加风振力与表面风压作用方向各不相同。这种情况下，不管是基于平均荷载放大的风振系数方法，还是基于准定常风荷载放大的动力放大系数法，都会得出不太合理的结果。

针对大跨结构的等效静风荷载问题，有很多研究工作提出了各种处理方法。比如采用 LRC[1] 或其改进方法[2] 进行计算，挑选主导振型的放大倍数作为风振系数[3] 等。不过这些研究并未给出对上述第二个问题的解决方案。

本文利用广义坐标合成法[4]，提出基于准定常风荷载时程，计算大跨空间结构等效静风荷载的基本方法，并着重探讨了当附加风振力与表面风压作用方向不一致时的解决方案。

2　基本理论和分析方法

2.1　中外规范的简单比较

中外规范都是根据随机振动理论计算等效静风荷载。我国规范采用了“等效风振力”的方法[5] 考虑动力放大，可以保证高层建筑和高耸结构在各高度产生的位移都和动荷载作用下的最大位移相同。

美国、欧洲等国家的规范，用单一系数考虑动力放大效应，通常仅能保证顶点位移（或基底弯矩）达到最大响应。在线性结构假定下，单一放大系数对荷载和响应具有相同的效果，所以可以直接作为荷载的放大系数来使用。另外，美国、欧洲的规范，动力放大系数是以极值风荷载为基础计算的，这是与我国规范风振系数的重要区别。

尽管从理论上讲，可以采用“等效风振力”的方法计算大跨空间结构的等效静风荷载。然而，由于大跨结构振型密集、阻尼小，由各点最大位移计算得出的“等效风振力”无法代表荷载分布的真实情况。有鉴于此，往往以某特定响应为目标，将该响应的风振系数（极值与平均值之比）作为荷载放大系数来使用。这样处理可能带来的问题就是，对很多开放式大跨结构（如体育场罩棚、车站雨棚等），由于平均响应和平均风压接近 0，可能导致得出的等效荷载分布不合理。

如果借鉴动力放大系数的概念，则在一定程度上可以避免上述问题。即考虑在准定常风荷载的基础上乘以动力放大系数,或叠加上附加风振力,作为等效静风荷载来使用。

2.2 广义坐标合成法简介

广义坐标合成法通过广义坐标的协方差矩阵计算响应方差,其计算结果和精度与 CQC 方法相同,但计算效率却要高得多。广义坐标合成法求取响应方差的基本公式为:

$$V_{xx} = \boldsymbol{\Phi} V_{qq} \boldsymbol{\Phi}^{T} \tag{1}$$

式中,V_{xx}、V_{qq}分别为响应和广义坐标的协方差矩阵;$\boldsymbol{\Phi}$ 为结构的振型矩阵。

该等式可由振型分解公式推导得出。复杂结构的风振分析都是结合风洞测压试验进行的,因此广义坐标的协方差矩阵可通过对广义坐标时程统计得出。j 阶广义坐标时程可利用单自由度运动方程的频域解法得出:

$$q_j(t) = F^{-}\langle H_j(i\omega) f_{jF}(\omega)\rangle \tag{2}$$

式中,$F^{-}\langle\quad\rangle$表示对频域离散序列进行 FFT 逆变换;$f_{jF}(\omega)$为j阶广义力$f_j(t)$的 FFT 变换;$H_j(i\omega)$为j阶振型的频响函数;$q_j(t)$即为j阶广义坐标时程。

由于得到了广义坐标时程,因此可以得出响应时程。

设某响应 r 的振型影响系数为A_j(对于位移响应而言,A_j 就是该位移对应的振型系数),则由振型分解公式可得出响应时程及其准定常部分分别为:

$$r(t) = \sum_{j=1}^{K} A_j q_j(t), \quad r_{qs}(t) = \sum_{j=1}^{K} A_j f_j(t)/\omega_j^2 \tag{3}$$

式中,ω_j 为j阶振型的圆频率。

以往基于 CQC 方法的风振分析对共振分量进行分析的过程非常复杂[6],而广义坐标合成法可以在时域求出响应,因此不但计算过程简洁明了,结果也更加直观。

2.3 等效静风荷载的计算

由于通过广义坐标合成法可以得出响应时程,因此可以参考结构抗震分析中的做法,直接得到响应时程中的最大值。产生该响应的等效静风荷载由三部分构成:平均风荷载、风压脉动造成的脉动风荷载、结构振动引起的附加风振力。其中前两部分是荷载的准定常分量,而附加风振力实际上就是所谓的共振分量,可以采取以下两种方法考虑附加风振力的影响。

第一种方法,借鉴动力放大系数的思路进行计算。首先计算响应对应的动力放大系数:

$$C_{dyn} = \max_{t\in[0,T]}\{r(t)\} / \max_{t\in[0,T]}\{r_{qs}(t)\} \tag{4}$$

再以最大准定常响应产生时刻的瞬时风压分布 $\boldsymbol{RP}(t_0)$为基础,得出等效静风荷载 $C_{dyn}\boldsymbol{RP}(t_0)$。显然,按上述方法得出的等效静风荷载可以使目标响应等效。而由于$\boldsymbol{P}(t_0)$是真实出现过的风压分布,因而该等效静风荷载具有明确的物理意义。

不难看出,动力放大系数法假定了附加风振力与瞬时风压具有相同的作用方向和分布形式,这在某些情况下可能与实际情况偏离较远。

第二种方法是根据极值响应时刻的荷载分布直接计算附加风振力的大小。设在 t_m 时刻目标响应产生最大值 $r(t_m)$,则对应于 $r(t_m)$的等效静风荷载和附加风振力可分别表示为:

$$\boldsymbol{F}_{eq} = \boldsymbol{K}y(t_m) = \boldsymbol{K\phi q}(t_m) = \sum_{j=1}^{K}\omega_j^2 \boldsymbol{M\varphi}_j q_j(t_m) \tag{5}$$

$$\boldsymbol{F}_{res} = \sum_{j=1}^{r}\boldsymbol{\omega}_j^2 \boldsymbol{M\varphi}_j[q_j(t_m) - f_j(t_m)/\omega_j^2] \tag{6}$$

在振型截断意义下,式(5)是计算等效静风荷载的精确公式。但是,按式(6)计算附加风振力比较繁琐,并且会在非受风节点上也产生荷载分量,不便于工程应用。考虑到大多数情况下,大跨结构的附加风振力并不占主导地位,因此可以假定附加风振力均匀作用于受风节点上,这样可以使问题得以简化。

在准定常荷载之上,叠加均匀分布的附加风振力之后,即可满足目标响应等效。后文将进一步说明,采用这样的简化处理方式,对其他响应影响不大。

3 算例分析与讨论

3.1 试验概况

本文研究了某大型火车站雨棚的等效静风荷载。风洞同步测压试验在中国建筑科学研究院的大型边界层风洞中进行。风洞试验段截面尺寸4m×3m。模型缩尺比1:200,共布置了同步测压点998个,采样频率400Hz(换算到原型约7.3Hz),采样时间21s。雨棚共有6 237个节点,其中受风面节点数3 608。一阶振型频率1.03Hz,前几阶振型未出现明显竖向振动。为衡量雨棚整体受力情况,选取基底反力作为等效目标。通过累积振型贡献系数确定选取前400阶振型进行计算。

3.2 等效静风荷载的确定

选取反力响应为目标,可以得出若干组等效静风荷载。分别计算了竖向反力、水平反力(两个方向)随风向的变化,并根据其在所有风向中的最大和最小(反向最大)值计算了在对应风向的动力放大系数,如表1所示。为便于比较,也同时给出了风振系数。

不同反力响应的动力放大系数和风振系数 表1

	最大值(kN)	准定常最大值(kN)	平均值(kN)	动力放大系数	风振系数
F_x(正向)	135	98	-11	1.38	-12.27
F_x(负向)	-220	-112	-74	1.97	2.97
F_y(正向)	290	189	121	1.53	2.40
F_y(负向)	-201	-103	-44	1.95	4.57
F_z(正向)	107	-50	-464	-2.14	-0.23
F_z(负向)	-6321	-6239	-4336	1.01	1.46

不同风向下负向 F_z 的动力放大系数值在1.0~1.10之间。说明风振造成的荷载增加对竖向反力的影响有限,这是由于竖向振动主要发生在频率较高的高阶振型上的缘故。比较特殊的是动力放大系数以及风振系数为负值的情况。这说明结构振动引起的附加风振力不但抵消了瞬时风压(或平均风压),而且还产生了与瞬时风压(或平均风压)反向的效果。

本文重点探讨风压与附加风振力作用方向不一致的情况。从表1中可以发现,水平反力的动力放大系数都很大。这是两个原因造成的:①雨棚基本是水平放置,风压在水平上的分量很小,换言之,准定常风荷载对水平反力的贡献较小;②雨棚以水平振动为主,因此风致振动主要发生在水平方向,这导致水平方向的附加风振力较大。在这两个因素的综合影响下,动力放大系数偏大就不足为奇了。

分别用以下三种方法计算了与 x 方向水平反力对应的等效静风荷载:

(1)采用动力放大系数法计算。以最大准定常反力产生时刻的瞬时风压为基础,乘以动力放大系数。

(2)采用风振系数法计算。以该风向的平均风压分布为基础,乘以风振系数。

(3)采用简化的附加风振力法进行计算。首先计算总的附加风振力大小,再除以雨棚面积,即可得出均布的水平荷载,将其叠加于准定常荷载之上,即为等效静风荷载。计算表明,将总的水平风振力换算为面荷载,只有0.006kN/m^2,远小于瞬时风压值。

图1给出了计算结果。可以看出三种等效静风荷载的分布趋势是类似的,但在具体数值上则存在明显差异。为验证等效静风荷载的合理性,分别计算了在这三种等效荷载作用下的总反力,如表2所示。

三种等效静风荷载作用下的总反力(单位:kN/m^2)　　表2

	F_x	F_y	F_z		F_x	F_y	F_z
动力放大系数法	-220	230	-10 896	附加风振力方法	-220	117	-5 531
风振系数法	-220	382	-12 879				

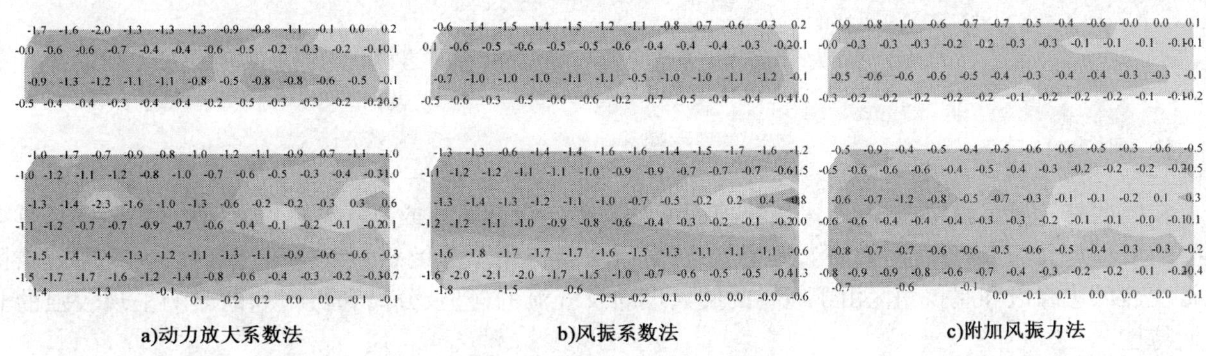

图1　三种方法计算得到的等效静风荷载

在动力放大系数和风振系数方法得出的等效静风荷载作用下,z 方向都出现了极高的反力值,远高于实际条件下可能出现的最大值(-6 321kN,见表1);采用风振系数法给出的等效静风荷载,甚至在 y 方向的反力值也超出了可能的最大值。这一结果显然是不合情理的。采用"附加风振力"给出了更为合理的结果。由于附加风振力换算为面荷载,其值很小,因而对其他响应影响不大。通过对节点位移的验算也证明,采用该等效静风荷载给出了非常合理的结果,与结构实际位移吻合良好。

4　结论

对于大跨结构而言,基于平均荷载进行放大的风振系数法得出的等效静风荷载可能得出不合理的结果。基于准定常风荷载进行计算,可得出更符合实际情况的等效静风荷载。算例分析表明,在表面风压与附加风振力作用方向不一致的情况下,采用风振系数和动力放大系数方法都可能造成对其他响应的高估;此时采用准定常风荷载与均匀附加风振力叠加的处理方法更合理。本文的计算还验证了广义坐标合成法在进行风振计算时的有效性。

参 考 文 献

[1]　Kasperski M, Niemann H J. The LRC (load-response correlation) method : a general method of estimating unfavorable wind load distributions for linear and nonlinear structural behavior [J]. Journal of Wind Engineering and Industrial Aerodynamics, 1992,43(3).

[2]　谢壮宁, 倪振华, 石碧青. 大跨度屋盖结构的等效静风荷载[J]. 建筑结构学报,2007, 28(1).

[3]　邓华, 董石麟, 何艳丽,等. 深圳游泳跳水馆主馆屋盖结构分析及风振响应计算[J]. 建筑结构学报, 2004, 25(2).

[4]　陈凯,钱基宏. 随机振动问题的广义坐标合成法[J]. 计算力学学报(已采用).

[5]　王国砚. 基于等效风振力的结构风振内力计算[J]. 建筑结构, 2004(7).

[6]　陈波, 武岳, 沈世钊. 背景响应、共振响应定义及其相关性分析方法[J]. 振动工程学报, 2008, 21(2).

大跨屋盖脉动风压的非高斯峰值因子计算方法

黄铭枫　林巍　楼文娟

（浙江大学结构工程研究所　杭州　310058）

1　引言

在国内外的风工程研究中，常采用峰值因子法来确定设计风压或风压系数，如何计算峰值因子具有重要的工程意义。大跨度屋盖结构，振型复杂，对风荷载作用十分敏感。以往研究表明，大跨屋盖结构通常在迎风边缘区和屋盖角区由于风场的旋涡运动及气流的碰撞、分离和再附和的影响呈现较强的非高斯特性。

以往对大跨屋盖的非高斯特性研究主要集中在非高斯分区方面，而较少涉及其峰值因子的具体计算方法及其适用性[1]。早期以 Davenport 为代表的学者为了研究和应用方便，假定脉动风压服从高斯分布，并基于高斯过程的零值穿越率理论给出了峰值因子表达式，在本文中称之为传统峰值因子法。但是很多情况下，高斯假设常常是不正确的，特别是对大跨屋盖结构来说，在气流分离区，风压时程的概率分布严重偏离高斯假设。在这种情况下，峰值因子法计算结果常常小于实际值，从而导致结构设计偏于危险。对此，研究人员对传统峰值因子法做了大量改进，其中最具代表性的是 Kareem 等在 Davenport 的工作基础上将非高斯随机变量表示为高斯随机变量的 Hermite 多项式，从而将 Davenport 法扩展应用于非高斯过程[2]（称之为改进峰值因子法）。Sadek 和 Simiu 在零值穿越率理论的基础上，应用 Grigoriu 的“转化过程法”提出了非高斯过程的峰值因子计算方法，即所谓的 Sadek-Simiu 法[3]。全涌等以经典极值理论为基础，发展了一种通过短时距计算目标时距下极值的计算方法，本文称为改进 Gumbel 法[4]。

对大跨屋屋盖结构来说，由于受周围复杂风场及自身湍流特性的影响，要严格划分高斯与非高斯区是比较复杂的。在改进峰值因子法的基础上，本文提出了偏度非高斯峰值因子法，无需判别风压时程是否服从高斯分布，具有精度高、适用性强，且应用方便等特点。基于杭州新火车东站的风洞试验数据，详尽研究了大跨屋盖结构风压脉动的非高斯特性。并应用上述各种方法计算了其非高斯过程风压系数的峰值因子，通过对比分析，以考察和明确各种方法的优缺点，同时也验证了偏度非高斯峰值因子法的准确性和适用性。

2　杭州新火车东站风洞试验

杭州新火车东站站场总体规模为 18 台 34 线，总建筑面积约 24 万 m^2。其中站房面积约 8 万 m^2，建筑总高度为 39.3m。风洞试验刚性模型按几何相似要求，用 ABS 塑料制作。模型缩尺比为1:250，模型外观如图 1a）所示。考虑到车站平面布置的对称性，取 1/4 的站房屋盖、单个站台屋盖以及 1/2 幕墙密集布置测点，另外 3/4 站房屋盖在关键位置布置一定数量测点。本项试验的主要目的是测定车站站房站台屋盖和幕墙上的风压分布。总共布置了 1 099 个测压点。A 到 G 区的测点分区如图 1b）所示，限于篇幅，测点具体布置图不再给出。测点按具体需要埋设外径为 1.6mm 的不锈钢管或外径 1.2mm，内径 0.6mm 的退火铜管。风压采样频率 300Hz，每个测点采样样本的总长度为 4 098 个数据。

风洞采用挡板、尖塔和粗糙元模拟技术来模拟 B 类地貌的风速和湍流度剖面。试验风速参考点选在风洞高度为 0.5 m 处，对应于实际高度 125 m。各测点的风压系数由下式给出：

$$C_{pi}(t) = \frac{p_i(t) - p_\infty}{0.5\rho v_\infty^2} \tag{1}$$

基金项目：国家自然科学基金资助项目（51008275）、中国博士后科学基金资助项目（20090461382）资助。

式中，$C_{pi}(t)$为模型上第 i 测压孔所在位置的风压系数；$p_i(t)$为该位置处测得的表面风压值；v_∞ 与 p_∞ 分别为参考点处的平均风速与平均静压。

a)风洞试验模型

b)1/4站房屋盖风压测点分区

图 1　风洞试验模型和测点布置

3　脉动风压非高斯特性

对于非高斯信号，通常采用高阶统计矩（特别是三阶和四阶）来描述概率密度函数的特征。大跨屋盖表面的非高斯特性往往在结构的边、角处较为明显。根据压力时程数据，计算了 A、B、G 区所有测点在 24 个风向角下的偏度和峰度值，发现偏度取值大部分在 -0.5 到 0.5 之间，而峰度取值大都在 3～6 之间，部分情况出现小于 3 的非"软"响应过程情形。可以根据偏度系数和峰度系数的大小来划分高斯与非高斯分区。图 2a）和 b）分别是 90°风向角下站房屋盖上表面风压时程的偏度系数和峰度系数等值线图。由图 2 可以看出站房屋盖表面大部分测点的风压时程不符合高斯分布。特别是在屋盖边缘的气流分离区，由于气流分离产生的旋涡作用，测点的非高斯特性附近较为严重，但由于屋盖自身形状和周围流场的复杂性，高斯时程测点与非高斯测点的分布区域往往互相交错，比较复杂。

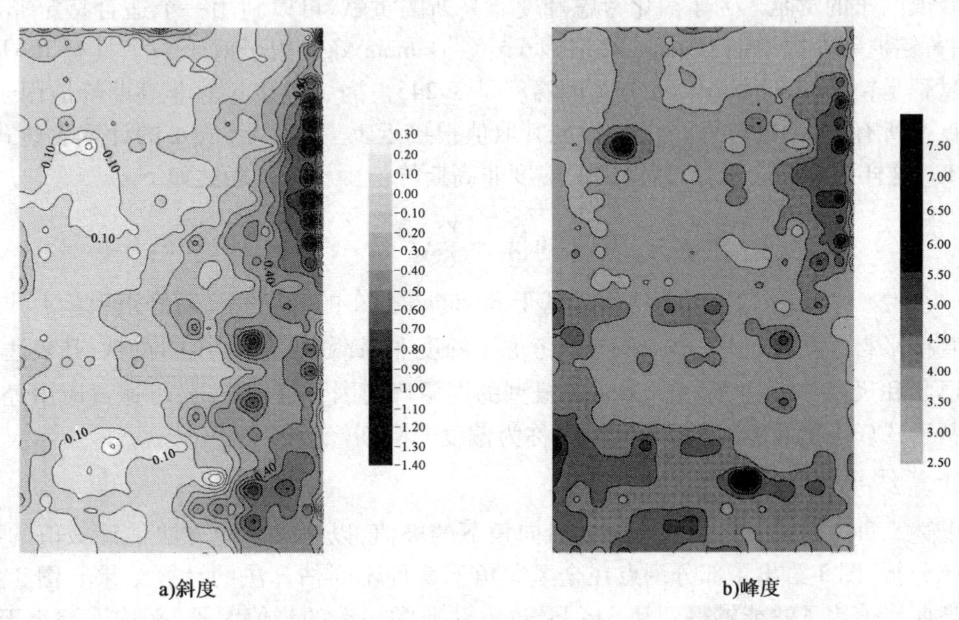

a)斜度　　b)峰度

图 2　90°风向角下站房屋盖上表面斜度及峰度等值线图

4 非高斯过程的峰值因子

4.1 非高斯峰值因子法

由 Davenport 发展得到的传统峰值因子法适用于计算高斯过程的峰值因子。基于 Hermite 多项式的变换，Kareem 和 Zhao[2] 提出了如下公式来计算非高斯过程的峰值因子，即峰值因子改进法：

$$\bar{x}_{ng} = \alpha\left\{\left(\beta + \frac{\gamma}{\beta}\right) + h_3(\beta^2 + 2\gamma - 1) + h_4\left[\beta^3 + 3\beta(\gamma - 1) + \frac{3}{\beta}\left(\frac{\pi^2}{12} - \gamma + \frac{\gamma^2}{2}\right)\right]\right\} \tag{2}$$

式中，$\alpha = (1 + 2h_3^2 + 6h_4^2)^{-0.5}$；$\gamma = 0.577\,2$，为欧拉常数；$\beta = \sqrt{2\ln(\nu_0 T)}$；$\nu_0$ 为非高斯过程零穿越率；T 为观测时距；$h_3 = \gamma_3/\left[4 + 2\sqrt{1 + 1.5(\gamma_4 - 3)}\right]$；$h_4 = \left[\sqrt{1 + 1.5(\gamma_4 - 3)} - 1\right]/18$；$\gamma_3$、$\gamma_4$ 分别为时程信号的偏度和峰度。

注意到式(2)中的 $\beta + \gamma/\beta$ 即为 Davenport 发展得到的传统峰值因子计算公式。另外值得一提的是，在式(2)的推导中使用了 $\gamma_4 > 3$ 的假设，即式(2)只对所谓的“软”响应过程有效。

Sadek-Simiu 法[3] 利用泊松分布来描述在时距 T(600s 或 1h) 内标准高斯过程 $y(t)$ 中极值的随机产生，然后通过等效概率原则映射到非高斯压力时程数据的回归母分布中，如三参数 gamma 分布[3]，用以确定相应的压力峰值经验分布。最后根据压力时程样本的峰值经验概率分布及其回归所得的极值 I 型 Gumbel 分布，可以得出非高斯压力时程的期望峰值因子。

标准 Gumbel 法认为，高斯过程的极值服从极值 I 型分布(Gumbel 分布)。但标准 Gumbel 法通常需要大量的样本才能得到可靠的结果。为此，全涌等[4] 对标准 Gumbel 法进行改进，通过 n 个短时距下的观察极值得到目标时距下极值分布的两个参数众数和散度，从而计算出目标时距下的峰值因子。

4.2 偏度非高斯峰值因子法

由于峰度是四阶统计矩，而且描述的是位于均值附近部分数据的凸起程度，峰度越大，表明相应概率分布曲线具有越尖的凸峰。而峰值因子主要由处于概率分布曲线尾部部分的数据决定，与偏度相比，峰度对峰值因子的影响反而较小。根据这个特点，本文对式(2)进行了改造，把与峰度 γ_4 相关的各项进行了简化。比如，可以移除式(2)中有关 h_4 的项；并且把 h_3 的表达式简化为单参数，其中 γ_4 取为高斯分布的峰度值 3。这样的处理可认为是对高斯分布峰值因子的偏度非高斯修正，但还没有考虑到峰度非高斯对峰值因子的贡献。为了简化考虑峰度非高斯的贡献，可以利用一个适合特定非高斯分布的峰值因子，如黄铭枫等人提出的 Gamma 峰值因子[5]。Gamma 峰值因子对于一个具有 Rayleigh 分布特性的非高斯过程是精确的，而 Rayleigh 分布的峰度是 3.245。为了考察 α 对非高斯峰值因子的影响，计算了每个测点在所有 24 个风向角下的 α，发现其取值很接近 1。事实上，从 α 的计算表达式也可推知，其值接近于 1。这样为方便应用，最后得到的偏度非高斯峰值因子公式表达如下：

$$\bar{x}_{ng3} = \sqrt{\beta^2 + \ln\frac{\beta^2}{2}} + \frac{\gamma_3}{6}(\beta^2 + 2\gamma - 1) \tag{3}$$

其中，$\ln(\beta^2/2) = \ln\ln(\nu_0 T)$ 可以认为是基于 Rayleigh 分布的峰度非高斯修正项。上式根号下的第一项可认为直接来自于高斯过程，第二项等效考虑了峰度非高斯对峰值因子的贡献，其表达式 $\ln(\beta^2/2)$ 来自于一个形状和尺度参数均为 2 的 Gamma 概型的期望峰值因子解析式[5]，可通过应用经典极值理论推导得出。基于式(3)来计算峰值因子的方法称为偏度非高斯峰值因子法。

4.3 计算结果与分析

本文用上述 5 种方法估计各测点在不同风向角下的极值，以考察不同方法估计极值的准确性和适用性。为对比分析，图 3 给出了部分测点在全风向角下 5 种不同估算法的计算结果。图 3 显示本文提出的偏度非高斯峰值因子法能够得到和 Sadek-Simiu 法非常一致的峰值因子，平均误差小于 5%。而且本文方法给出的峰值因子其随风向角的变化规律也和 Sadek-Simiu 法有很好的一致性，表现出了对风向角的敏感性,而且计算更为简便。偏度非高斯峰值因子法中使用的式(3)由于考虑的显式参数只有偏度一个,从而克服了改进峰值因子法不适用于峰度小于3的缺点,有着很强的适用性。

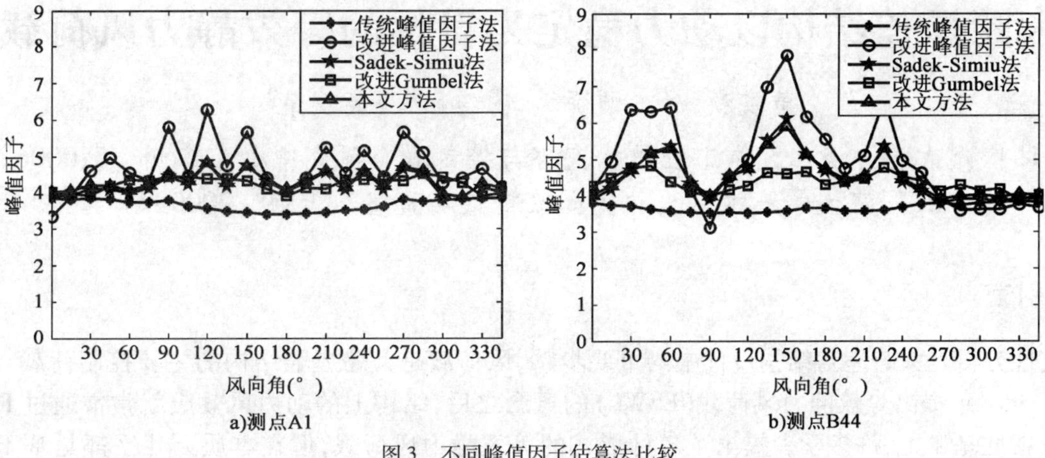

图3 不同峰值因子估算法比较

5 结论

基于杭州新火车东站的刚性模型测压风洞试验数据,对其表面风压非高斯分布特性进行了分析,并用各种方法计算了非高斯峰值因子。对大跨屋盖结构来说,划分测点的高斯与非高斯区域较为复杂。本文在改进峰值因子法的基础上提出了偏度非高斯峰值因子公式,无需区分风压时程是否服从高斯分布,便于工程设计应用且有较高的精度,与 Sadek-Simiu 法的平均误差在5%以内。且计算简便适用性好,克服了改进峰值因子法只适用于峰度大于3情形的缺点。

参考文献

[1] 孙瑛,武岳,林志兴,等.大跨屋盖结构风压脉动的非高斯特性[J].土木工程学报,2007,40(4):1-5.

[2] Kareem A, Zhao J. Analysis of non-Gaussian surge response of tension leg platforms under wind loads [J]. Journal of Off-shore Mechanics and Arctic Engineering, ASME, 1994, 116(3):137-144.

[3] Sadek F, Simiu E. Peak non-Gaussian wind effects for database – assisted low – rise building design [J]. Journal of Engineering Mechanics, ASCE, 2002, 128(5):530-539.

[4] 全涌,顾明,陈斌,等.非高斯风压的极值计算方法[J].力学学报, 2010, 42(3):560-566.

[5] Huang M F, Chan C M, Kwok K C S, et al. A peak factor for predicting non-Gaussian peak resultant response of wind-excited tall buildings [G]//Proceedings of the 7th Asia-Pacific Conference on Wind Engineering, Taipei, 2009.

大跨屋盖结构以动力稳定为目标的等效静力风荷载

黄友钦[1,2]　顾明[2]　傅继阳[1]　吴玖荣[1]

(1. 广州大学—淡江大学工程结构灾害与控制联合研究中心　广州　510006;
2. 同济大学土木工程防灾国家重点实验室　上海　200092)

1　引言

稳定性分析是大跨屋盖结构设计中的重要步骤,风荷载是大跨屋盖结构的主要控制荷载[1]。Davenport 于 1961 年提出等效静力风荷载(ESWL)的概念之后,结构上的动力风效应就常常通过 ESWL 来考虑[2]。在此基础上,许多学者提出了各种形式的等效静力风荷载,但在本质上几乎都是基于位移或内力等效而得到,而没有考虑稳定等效。因此,当采用这类等效静力风荷载进行稳定性分析时,可能得到偏于不安全的结论。进一步,如果能得到以动力稳定为目标的等效静力风荷载并用于大跨屋盖结构的稳定性设计,将使结构设计更加精确。

目前,三种最主要的获得等效静力风荷载的方法是阵风荷载因子(GLF)法、荷载—响应—相关法(LRC)和组合背景与共振响应的方法。Davenport 于 1967 年提出用"阵风荷载因子"来考虑结构响应对动力风荷载的放大作用[3],将用于结构设计的 ESWL 表示为平均风荷载与阵风荷载因子的乘积,其中阵风荷载因子为峰值响应与平均响应的比值。Kasperski 于 1992 年提出了荷载—响应—相关(LRC)法[4],LRC 法是基于荷载和响应之间的相关性来计算刚性结构等效静力风荷载的准静力计算方法,通过荷载与响应之间的相关性分析过滤了对所考察响应没有贡献或贡献很小的脉动荷载,从而体现了对响应有效的脉动荷载分布。Zhou (1999) 根据把顺风向响应表示为平均、背景和共振分量的思想,提出用这三个分量的组合来表示高层建筑的静力等效风荷载[5]。其中,背景等效风荷载用 LRC 法表示,共振等效风荷载用代表共振分量的等效风振惯性力来表示。

本文以一双层柱面网壳为例来阐述大跨屋盖结构上以动力稳定为目标的等效静力风荷载。首先,给出非定常风荷载下双层柱面网壳的动力稳定性分析结果,并与基于位移等效的等效静力风荷载下的稳定性分析结果进行对比,以说明采用位移等效风荷载进行稳定性设计偏于不安全。然后,给出以动力稳定为目标的等效静力风荷载的概念。最后,通过双层柱面网壳来说明该等效静力风荷载在实际工程中的应用。

2　双层柱面网壳的稳定性分析

2.1　结构及其风洞试验简介

用于研究的双层柱面网壳为一发电厂的干煤棚结构,跨度为 103m,纵向长度为 140m,高度为 40m,如图 1 所示。该结构位于强台风区,50 年重现期的基本风压为 0.8kPa。

为获得结构表面的非定常气动力,对其进行刚性模型测压风洞试验。该试验在同济大学 TJ-2 大气边界层风洞中完成(图 2),风洞中模拟了结构所处的 B 类地貌风场(图 3)。刚性模型的几何缩尺比为 1∶150,模型表面布置 215 个测点。每个测点包括内、外表面两个测压孔,以同时测量该测点处内、外表面的压力,而该测点最终的压力为内、外表面压力之差。测压信号采样频率约为 312.5Hz,采样长度为 6 000个数据,对应实际风场中 10min 风压时程。根据结构的对称性,对该结构进行 90°~180°风向角共 7 个典型风向角下的风洞试验(风向角间隔为 15°),如图 4 所示。

基金项目:国家自然科学基金项目(50978063)、国家科技支撑计划项目(2006BAJ06B05)资助。

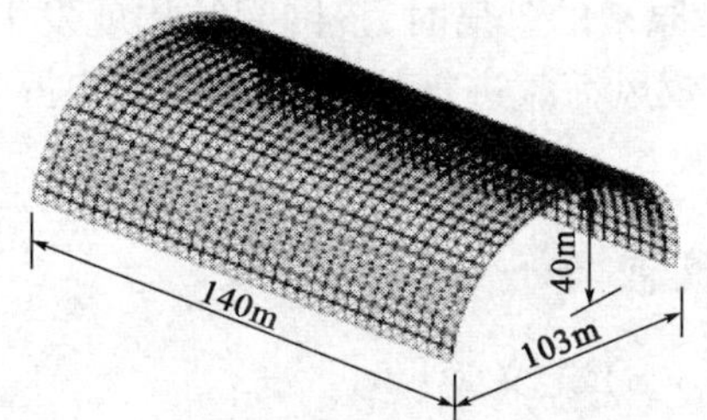

图1 本文研究的双层柱面网壳

图2 风洞试验中的网壳模型

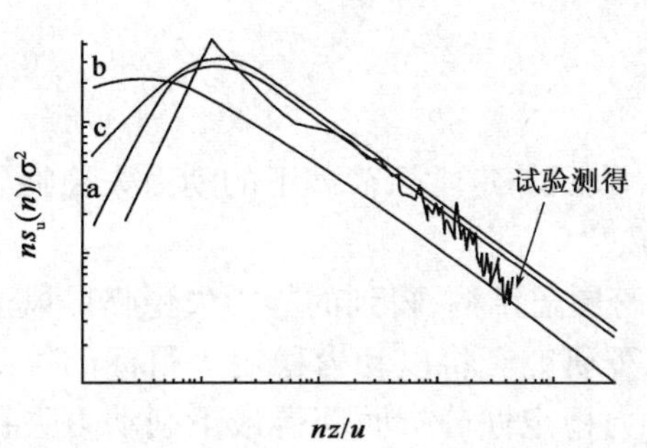

图3 风洞中模拟的脉动风功率谱

注:a-Davenport 谱;b – Kaimal 谱;c – Karman 谱

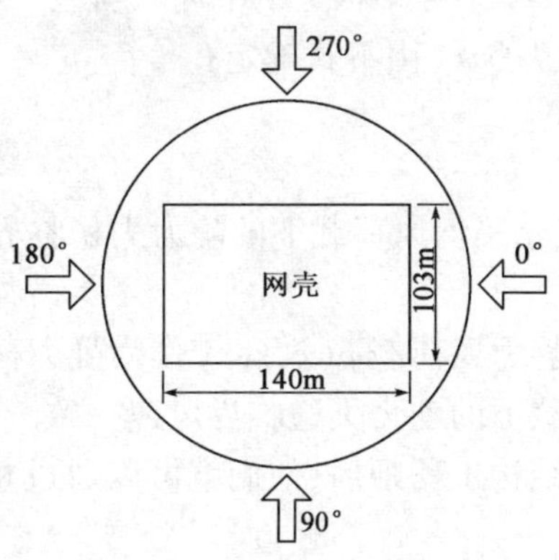

图4 风向角定义

2.2 动力稳定性分析

假设结构的振动不影响结构表面的风压。采用 B-R 准则[6]来判定该网壳结构在非定常风荷载下的动力稳定性。根据 B-R 准则,对结构系统进行动力响应分析,当荷载微小变化导致结构位移响应突然增加时结构系统即处于动力不稳定的状态。

由动力响应分析获得结构最大位移响应随荷载增大系数f的变化,其中f由下式定义:

$$p_1 = f \cdot p_0 \tag{1}$$

式中,p_1为作用于结构的实际风荷载;p_0为基本风压对应的结构上的风荷载。

因此,f代表了动力响应分析中结构上风荷载的增大倍数。当结构发生动力失稳时,相应的f称为动力失稳临界荷载参数f_D。

7 个典型风向角下双层柱面网壳的最大位移响应随荷载增大系数f的变化如图 5 所示。从而,根据 B-R 准则可确定不同风向角下相应的动力失稳临界荷载参数f_D(表 1)。由图 5 可以看出,结构的最大位移响应随f值的增大而增大。当f接近于临界荷载参数f_D时,网壳的最大位移响应迅速增加至网壳高度。表 1 说明了动力失稳临界风速因来流风向角而不同,该网壳结构在 150°风向角下最容易发生动力失稳。

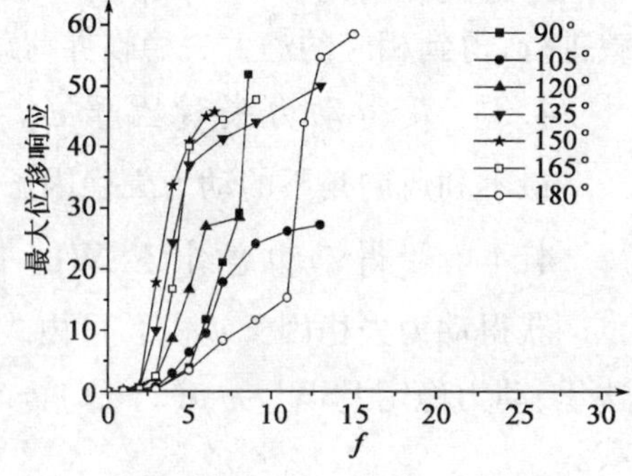

图5 典型风向角下最大位移响应随f的变化

典型风向角下的临界荷载参数f_D 表 1

风向角(°)	90	105	120	135	150	165	180
f_D	6	7	5	4	3	4	11.5

2.3 与位移等效风荷载下的稳定性结果对比

根据 GLF 法,该网壳的阵风荷载因子为 1.5[7],因此该网壳上的位移等效风荷载为$\hat{p} = 1.5\bar{p}$,其中$\bar{p}$为结构上的平均风荷载。通过静力稳定性分析得到该位移等效静力风荷载作用下网壳的静力失稳临界荷载参数为$\lambda_S = 3.5$,即当基本风压增加为原来的 3.5 倍时,该网壳结构发生静力失稳。

然而，上节的动力稳定性分析表明，当基本风压仅为原来的 3 倍时，该网壳结构就发生动力失稳，比位移等效风荷载下的结果小了 17%。因此，采用位移等效风荷载进行稳定性分析可能得到偏于不安全的结论。

3　以动力稳定为目标的等效静力风荷载的概念

将大跨屋盖结构上以动力稳定为目标的 ESWL $\tilde{p}(x,y,z)$ 定义为：

$$\tilde{p}(x,y,z) = \varphi_{D}\bar{p}(x,y,z) \tag{2}$$

式中，$\bar{p}(x,y,z)$ 为结构上的平均风荷载。

动力失稳因子 ψ_{D} 由下式确定：

$$\psi_{D} = \frac{f_{S}}{f_{D}} \tag{3}$$

式中，f_{S} 表示平均风荷载下的静力失稳临界荷载参数；f_{D} 表示非定常风荷载下的动力失稳临界荷载参数。

将该等效静力风荷载 $\tilde{p}(x,y,z)$ 作为静力荷载作用于大跨屋盖结构，得到的静力失稳临界风速与实际非定常风荷载下的动力失稳临界风速一致。这样，当风工程研究者将以动力稳定为目标的等效静力风荷载提供给结构工程师后，他们就可以通过相对简单的静力稳定性分析而获得最不利动力失稳临界风速。

4　在双层柱面网壳中的应用

4.1　动力失稳分析

根据第 2.2 节中的动力失稳分析结果，该网壳结构在 150°风向角下最容易发生动力失稳，最不利风向角下的动力失稳临界荷载参数为 $f_{D} = 3$。

4.2　平均风荷载下的静力失稳分析

考虑到该网壳在 150°风向角下最容易发生动力失稳，静力失稳分析仅针对该风向角下的平均风荷载进行，得到相应的静力失稳临界荷载参数为 $f_{S} = 5.5$。

4.3　获得动力失稳因子 ψ_{D}

最不利风向角下的动力失稳因子 ψ_{D} 可由式(3)获得，即 150°风向角下，$\psi_{D} = 1.83$。

4.4　获得动力稳定 ESWL

获得动力失稳因子 ψ_{D} 后，可由式(2)获得双层柱面网壳上以动力稳定为目标的等效静力风荷载。这里，动力稳定 ESWL 为 $\tilde{p}(x,y,z) = 1.83\bar{p}(x,y,z)$，其中 $\bar{p}(x,y,z)$ 为 150°风向角下网壳上的平均风荷载。

4.5　动力稳定 ESWL 下的静力稳定性分析

静力稳定性分析表明，在动力稳定 ESWL 作用下网壳的临界荷载参数 λ_{D}（λ 表示动力稳定 ESWL 的增大倍数）为 $\lambda_{D} = 3$，与动力稳定性分析确定的最不利风向角下的动力失稳临界荷载参数一致，从而证明了本文第 3 节末的结论。

5　结语

(1)B-R 准则可用于判定大跨屋盖结构在非定常风荷载下的动力稳定性，斜风是本文双层柱面网壳的动力稳定最不利风向角。

(2)非定常风荷载下双层柱面网壳的动力失稳分析表明，采用位移等效风荷载进行稳定性评价，可能得到偏于不安全的结论。

(3)通过以动力稳定为目标的 ESWL ,结构工程师可通过相对简单的静力稳定性分析获得结构的动力失稳临界风荷载。

(4)以动力稳定为目标的等效静力风荷载的概念可较容易地应用于大跨屋盖结构的设计中,使结构设计更加精确。

参 考 文 献

[1] Li Y, Tamura Y. Equivalent static wind load estimation in wind-resistant design of single-layer reticulated shells[J]. Wind and Structures, 2005, 8(6).

[2] Davenport A G. The application of statistical concepts to the wind loading of structures[G] // Proc. Inst. Civil Eng., 1961.

[3] Davenport A G. Gust Loading Factor[J]. Journal of structural division, 1967, 93(ST3).

[4] Kasperski M. Extreme wind load distributions for linear and nonlinear design[J]. Eng. Struct., 1992, 14(1).

[5] Zhou Y, Gu M, Xiang H. Along-wind static equivalent wind loads and responses of tall buildings. Part Ⅰ: Unfavorable distributions of static equivalent wind loads[J]. J. Wind Eng. Ind. Aerodyn., 1999, 79(1-2).

[6] Budiansky B. Dynamic buckling of elastic structures: criteria and estimates[G] // Proceedings of Conference on Dynamic of Structures, Pergamon Press, Berlin, 1967.

[7] 米福生. 干煤棚风振响应及干扰效应研究[D]. 上海:同济大学, 2007.

大跨度屋盖结构风致响应
——一种高效计算方法的精细化研究

李方慧[1]　倪振华[2]　顾明[3]　沈世钊[4]

(1. 黑龙江大学建筑工程学院　哈尔滨　150080；
2. 汕头大学土木工程系　汕头　515063；
3. 同济大学土木工程防灾国家重点实验室　上海　200092；
4. 哈尔滨工业大学土木工程学院　哈尔滨　150090)

1　引言

模态叠加法是一种常用的结构动力响应分析的频域方法。计算过程选用的振型仅与结构的自振特性有关而没有考虑风荷载的特性,往往很难确定选用多少阶模态能获得准确的响应结果,如果截取模态数太少可能忽略高阶模态的贡献。此外,对于截取的模态缺乏挑选控制的标准,不管对响应贡献大小,这些模态均被包含在内。这导致对响应贡献很小的模态也可能被考虑在内,影响了计算效率。为了克服传统模态叠加法的一些不足,需要探寻计算屋盖结构风致响应的非传统计算方法。

2　风洞试验

风洞试验在汕头大学风洞试验室进行。采用曲边梯形尖塔、粗糙元来模拟大气边界层流场在保证风剖面的前提下使流场的湍流度达到合理的分布。0.1 矢跨比的单层球面网壳原型结构跨度 80m,围墙高度 16m,模型几何缩尺比为 1 : 160。图 1 和图 2 分别给出了 0.1 和 0.2 矢跨比的球壳在 B 类地貌下的风洞试验模型。

图 1　0.1 矢跨比 B 类地貌风洞试验模型

图 2　0.2 矢跨比 B 类地貌风洞试验模型

3　荷载分布模式的提取

本征正交分解法(proper orthogonal decomposition,POD),是分析复杂随机场提取本质特征的有效工具。采用新的坐标空间描述随机场,有助于理解复杂的随机现象,在分析过程中大大压缩了需要存储的数据量。POD 技术从不同角度对脉动风压场进行刻画,如果对包含平均风压场的随机风压场进行研究,该方法的研究物理意义不清晰。

借助 POD 技术来提取出脉动风荷载的空间分布模式,POD 的展开式表明本征模态表示了荷载的空

基金项目:国家自然科学基金青年科学基金项目(50908077)、黑龙江省教育厅科学面上项目(11551368)、黑龙江大学杰出青年基金(JCL201005)联合资助。

间分布模式。0.1 和 0.2 矢跨比两个球壳的脉动风荷载 POD 分解获得本征模态对应本征值(表 1)表明前几阶模态所占的比例是很大的,对于两个球壳前 3 阶模态所占的比例都在 70% 左右。因此,在块里兹向量法分析过程选取 3 个荷载空间分布模式。

本征值及累计比例 表 1

0.1 矢跨比单层球面网壳			0.2 矢跨比单层球面网壳		
本征值	每阶本征值的比例	累计比例	本征值	每阶本征值的比例	累计比例
8.19E+09	52.84	52.84	2.24E+10	53.39	53.39
1.57E+09	10.15	62.99	5.13E+09	12.22	65.61
8.99E+08	5.8	68.79	2.39E+09	5.69	71.3
6.46E+08	4.17	72.96	1.64E+09	3.91	75.21
3.92E+08	2.53	75.48	1.42E+09	3.37	78.58

4 模态参与因子的计算

可根据模态参与因子 p_i 衡量里兹向量 ψ_i 在整个响应中参与贡献的大小,从而可以有效控制需要生成里兹向量的数目。模态参与因子 p_i 可根据下式获得:

$$p_i = \psi_i^{\mathrm{T}} G \tag{1}$$

对于多荷载模式情况,模态参与因子计算表达式调整为:

$$p_{ij} = \psi_i^{\mathrm{T}} \boldsymbol{G}_j \tag{2}$$

如果考虑荷载模式的频率,则模态参与因子可根据下式确定:

$$p_{ij} = \frac{|\boldsymbol{\psi}_i^{\mathrm{T}} \boldsymbol{s}_j|}{[(\boldsymbol{\psi}_i^{\mathrm{T}} \boldsymbol{\psi}_i)(\boldsymbol{s}_j^{\mathrm{T}} \boldsymbol{s}_j)]^{1/2}} \tag{3}$$

式中,$\boldsymbol{s}_j = (\boldsymbol{K} - \boldsymbol{\Omega}_j^2 \boldsymbol{M})^{-1} \boldsymbol{G}_{\mathrm{j}}$;$\boldsymbol{\Omega}_j$ 是选择的感兴趣的激励频率,可选择荷载模式对应的频率。

分别对 0.1 和 0.2 矢跨比单层球面网壳的块里兹向量的两个生成过程中模态参与因子考察。对于采用对块向量中的每个列向量进行生成过程中的参与因子的计算考虑了荷载模式的频率。表 2 中荷载参与因子对应于块里兹向量的每个列向量的生成顺序给出。可见,先生成的里兹向量的参与因子一般要大于后面的,也就是先生成的里兹向量对响应的参与贡献占有主导地位。

两种推导方法推导的里兹向量的参与因子 表 2

考虑荷载模式频率推导过程		块里兹向量推导过程		考虑荷载模式频率推导过程		块里兹向量推导过程	
0.1 矢跨比	0.2 矢跨比	0.1 矢跨比	0.2 矢跨比	0.1 矢跨比	0.2 矢跨比	0.1 矢跨比	0.2 矢跨比
1	1	1	1	1.11E-02	8.27E-04	7.28E-02	0.90
0.94	0.99	0.25	0.94	1.57E-02	1.29E-02	1.32	0.70
0.96	0.96	0.14	1.52	4.29E-03	7.34E-03	0.32	0.47
5.09E-03	2.86E-02	0.64	1.62	2.13E-03	1.12E-02	2.35E-04	6.08E-02

5 块里兹向量的生成

块里兹向量可以从两种不同的方案来生成,第一种方案是通过矩阵形式产生与荷载相关的里兹向量,计算方便快捷。而第二种方案分别对块中的每个列向量生成并且考虑了荷载模式的频率特性,荷载模式对应的频率可以根据 POD 展开式中主坐标的功率谱来确定。两个推导过程中均采用 POD 技术来提取脉动风荷载的空间分布模式。

6 模态叠加法计算结果对比

表 3 给出了 0.1 和 0.2 矢跨比单层球面网壳结构通过上述两方案确定的频率,表 4 给出了块里兹向量计算的结果并与传统的模态叠加法对比。

块里兹向量法计算 0.1 和 0.2 矢跨比球壳的频率(单位:Hz)　　表 3

类型	方法	1	2	3	4	5	6	7	8	9	10	11	12
0.1	A	0.83	0.84	1.02	1.05	1.27	1.47	1.84	2.00	2.01	2.07	2.10	2.29
	B	0.834	0.834	0.979	1.05	1.09	1.36	1.41	1.49	2.01	2.62	3.34	4.72
0.2	A	1.82	2.06	2.36	2.51	2.52	2.55	2.76	3.00	3.00	3.01	3.34	4.96
	B	1.74	1.83	1.96	2.03	2.04	2.26	2.50	2.57	3.53	7.26	8.59	12.26

注:A 为考虑荷载中心频率的块里兹向量获得的频率;B 为矩阵形式推导获得的频率。

结构响应结果对比分析(单位:mm)　　表 4

0.1 矢跨比的分析结果				0.2 矢跨比的分析结果			
结点号	模态叠加法(200 阶)	A(12 阶模态)	B(12 阶模态)	结点号	模态叠加法(150 阶)	A(12 阶模态)	B(12 阶模态)
60 点	7.63	7.26	8.53	77 点	2.78	2.77	2.27
74 点	9.81	10.99	9.89	27 点	3.27	3.15	2.96
77 点	8.38	8.78	10.58	61 点	2.86	3.08	2.93
83 点	10.40	11.89	10.65	216 点	3.18	3.70	3.31

从表 4 中给出计算结果对比表明,块里兹向量法仅采用 12 阶里兹向量就可以获得与传统模态叠加法选用 200 阶模态或 150 阶模态计算的结果接近,说明块里兹向量叠加法是有效的结构风致响应计算方法。

7 结论

对 POD 和块里兹向量法相结合的大跨屋盖风致响应高效计算方法进行研究,探寻了计算过程中有关参数的含义。利用风洞试验同步测量的风压数据,对两种矢跨比的单层球面网壳结构进行风致响应计算。通过分析获得初步结论如下:

(1)POD 为块里兹向量法提供了确定风荷载空间分布模式的良好手段,两者的结合使得计算过程中的各个参数的意义更加清晰。

(2)单层球面网壳结构风致响应计算过程中由于存在高阶模态对响应贡献较大的现象,因此,采用块里兹向量法和 POD 技术相结合的方法有助于实现高效的风致响应计算。

参考文献

[1] 杜瑞明,姚佳,费维水. Lanczons 向量叠加法[J]. 地震工程与工程振动, 1991, 11(1): 37-50.

[2] Wilson E L ,Wu Y M, Dickens J M. Dynamic analysis by direct superposition of ritz vectors[J]. Earthquake Engineering and Structural Dynamics, 1982, 10: 813-821.

[3] Leger P. Load dependent subspace reduction methods for structural dynamic computations[J]. Computers & Structures, 1988, 29(6): 993-999.

[4] Bayo E P, Wilson E L . Use of ritz vectors in wave propagation and foundation response[J]. Earthquake Engineering and Structural Dynamics, 1984, 12: 499-505.

[5] Gu J M , Ma Z D, Hulbert G M . A new load-dependent ritz vector method for structural dynamics analyses: quasi-static ritz vectors[J]. Finite Elements in Analysis and Design, 2000, 36: 261-278.

[6] Cao T T ,Zimmerman D C. Procedure to extract ritz vectors from dynamic testing data[J]. Journal of

Structural Engineering,1999, 125(12): 1393-1400.

[7] Boxoen T,Zimmerman D C. Advances in Ritz vector identification[J]. Journal of Structural Engineering,2003,129(8): 1131-1140.

[8] 郑铁生,蔡则彪. Ritz 向量法与 Lanczos 方法的关系[J]. 应用力学学报, 1990, 7(2): 101-104.

[9] Leu L J , Tsou C H . Applications of a reduction method for reanalysis to nonlinear dynamic analysis of framed structures[J]. Computational Mechanics, 2000, 26: 497-505.

用于模拟随机时间序列的混合本征变换

倪振华[1] 蔡丫丫[1] 谢壮宁[2] 石碧青[1]
(1. 汕头大学土木工程系 汕头 515063;
2. 华南理工大学亚热带建筑科学国家重点实验室 广州 510641)

1 引言

随机过程的本征正交变换[1](POD,proper orthogonal decomposition)技术有两种应用形式,即协方差本征变换(CPT,covariance proper transformation)和谱本征变换(SPT,spectral proper transformation)。

协方差本征变换(CPT)主要用于数据压缩。由于少量对应较大特征值的协方差模态占支配地位,在描述大尺度随机场时可以忽略对应较小特征值的高阶协方差模态,因此 CPT 在建筑表面风压场的重建中得到广泛应用[2]。为更准确保留原始随机风压场的统计信息,文献[3]用方差比取代传统的能量比作为重建风压场时协方差模态的截断准则[3]。

谱本征变换技术(SPT)可用于模拟随机时间序列[4]。功率谱的分解过程相当耗时,为提高效率本文提出一种混合本征变换(HPT,hybrid proper transformation)的方法模拟随机过程。首先由已知功率谱矩阵得到协方差矩阵,在协方差本征变换中对主坐标进行缩阶,并利用谱本征变换模拟主坐标时间序列,再以协方差本征变换得到模拟的随机过程。

为比较谱本征变换(SPT)与混合本征变换(HPT)所模拟的随机过程,根据一个圆拱顶屋盖的风洞试验数据得到的功率谱用两种方法模拟脉动风压,并与实测的脉动风压在时域和频域内进行比较,说明了 HPT 方法的有效性。

2 混合本征变换的模拟方法

设 $\boldsymbol{f}(t)$ 是 N 个测点脉动风压系数组成的随机向量,定义如下的协方差矩阵:

$$\boldsymbol{C}_f = E[\boldsymbol{f}(t)\boldsymbol{f}(t)^{\mathrm{T}}] \tag{1}$$

根据 $\boldsymbol{f}(t)$ 的相关函数矩阵与功率谱矩阵的关系,可对脉动风压功率谱 $\boldsymbol{S}_f(\omega)$ 积分得到协方差矩阵:

$$\boldsymbol{C}_f = \int_{-\infty}^{\infty} \boldsymbol{S}_f(\omega)\,\mathrm{d}\omega \tag{2}$$

设 $\boldsymbol{\phi}_k$ 及 λ_k 分别是矩阵 $\boldsymbol{C}_f$ 的特征向量(称协方差模态)及特征值(假定特征值按降幂排列),根据 POD 定理[1],脉动风压系数向量 $\boldsymbol{f}(t)$ 及其第 i 分量 $f_i(t)$(第 i 测点的脉动风压系数)可分解为下列级数:

$$\boldsymbol{f}(t) = \sum_{k=1}^{N}\boldsymbol{\phi}_k a_k(t) = \boldsymbol{\Phi a}(t), f_i(t) = \sum_{k=1}^{N}\varphi_{ik}a_k(t) \tag{3}$$

式中,$a_k(t)$ 是时间随机函数(称主坐标);ϕ_{ik} 是协方差模态 $\{\phi_k\}$ 的第 i 元素;$[\boldsymbol{\Phi}]$ 是以 $\{\boldsymbol{\phi}_k\}$ 为列的矩阵,$\{\boldsymbol{a}(t)\}$ 是主坐标 $a_k(t)$ 组成的向量。$a_k(t)(k=1,2,\cdots,N)$ 之间有下列正交性:

$$E[\boldsymbol{a}_k(t)\boldsymbol{a}_j(t)] = \boldsymbol{\phi}_k^{\mathrm{T}}\boldsymbol{C}_f\boldsymbol{\phi}_j = \lambda_k\boldsymbol{\delta}_{kj} \tag{4}$$

其中,δ_{kj} 是 Kronecker 符号,于是脉动风压系数 $f_i(t)$ 的均方值为:

基金项目:国家自然科学基金项目(50778108)资助。

$$\sigma_{f_i}^2 = E[\boldsymbol{f}_i^2(t)] = \sum_{k=1}^{N}\sum_{j=1}^{N} E[\boldsymbol{a}_k(t)\boldsymbol{a}_j(t)]\phi_{ik}\phi_{ij} = \sum_{k=1}^{N}\lambda_k\phi_{ik}^2 \tag{5}$$

可见,$f_i(t)$的均方值不仅取决于特征值 λ_k,而且取决于协方差模态在第 i 测点处的值 ϕ_{ik}。

由 $\boldsymbol{a}(t)=\boldsymbol{\Phi}^{\mathrm{T}}\boldsymbol{f}(t)$得知,主坐标功率谱矩阵与脉动风压功率谱矩阵有下式关系:

$$\boldsymbol{S}_a(\omega) = \boldsymbol{\Phi}^{\mathrm{T}}\boldsymbol{S}_f(\omega)\boldsymbol{\Phi} \tag{6}$$

因少量对应较大特征值的协方差模态占支配地位[2],式(5)的级数中可以截断高阶协方差模态而仅保留前 S 阶模态($S \ll N$)。这样,$\boldsymbol{\Phi}$ 成为 $N\times S$ 阶矩阵,而主坐标功率谱矩阵 $\boldsymbol{S}_a(\omega)$缩阶为 $S\times S$。

由下列矩阵特征值问题得到 $\boldsymbol{S}_a(\omega)$的特征向量 $\boldsymbol{\theta}_k(\omega)$(称功率谱模态)及特征值 $\mu_k(\omega)$:

$$\boldsymbol{S}_a(\omega)\boldsymbol{\theta}_k(\omega) = \mu_k(\omega)\boldsymbol{\theta}_k(\omega) \tag{7}$$

于是 $\boldsymbol{S}_a(\omega)$有如下谱分解式:

$$\boldsymbol{S}_a(\omega) = \sum_{k=1}^{S}\mu_{\mathrm{k}}(\omega)\boldsymbol{\theta}_k(\omega)\boldsymbol{\theta}_k(\omega)^{\mathrm{H}} \tag{8}$$

根据 Priestley 提出的随机增量过程的 Riemann-Stieltijes 积分表示形式,对于平稳过程,设 ω_{u} 为其截止频率,有:

$$\boldsymbol{a}(t) = \int_{-\omega_{\mathrm{u}}}^{w_{\mathrm{u}}} \mathrm{e}^{\mathrm{i}\omega t}\mathrm{d}\boldsymbol{Z}(\omega) \tag{9}$$

$\boldsymbol{Z}(\omega)$为正态的 N 分量零均值正交独立增量复值向量过程,满足:

$$\begin{cases}\mathrm{d}\boldsymbol{Z}(\omega) = \boldsymbol{Z}(\omega+\mathrm{d}\omega) - \boldsymbol{Z}(\omega) \\ E[\mathrm{d}\boldsymbol{Z}(\omega)\mathrm{d}\boldsymbol{Z}(\omega')^{H}] = \begin{cases}\boldsymbol{S}_a(\omega)\Delta\omega, & \omega=\omega' \\ 0, & \omega\neq\omega'\end{cases}\end{cases} \tag{10}$$

经推演得到随机序列重建公式:

$$\boldsymbol{a}(t) = \sum_{k=1}^{S}\boldsymbol{Y}_k(t) = \sum_{k=1}^{S}\int_{-\omega_{\mathrm{u}}}^{w_{\mathrm{u}}} \mathrm{e}^{\mathrm{i}\omega t}\sqrt{\Delta\omega}\boldsymbol{\theta}_k(\omega)\sqrt{\mu_k(\omega)}\mathrm{d}s^{\mathrm{k}}(\omega) \tag{11}$$

式中,$\boldsymbol{Y}_k(t)$为主坐标时间序列$\{\boldsymbol{a}(t)\}$的子过程;$\mathrm{d}s^k(\omega)$为一独立的标准 Gauss 正交增量过程。

将上式代入式(3)即得近似的随机过程:

$$\boldsymbol{f}(t) \approx \boldsymbol{f}'(t) = \boldsymbol{\Phi}\boldsymbol{a}(t) \tag{12}$$

由于是根据缩阶的主坐标功率谱 $\boldsymbol{S}_a(\omega)$利用谱本征变换模拟随机过程,其效率与直接根据功率谱 $\boldsymbol{S}_a(\omega)$的模拟相比得到显著提高。为度量随机过程 $f'_i(t)$的近似程度,定义下列均方值比 r_{iS},选择阈值 r_{i0},取满足 $r_{iS} > r_{i0}$的 S 作为保留模态数:

$$r_{iS} = \frac{\sigma_{f'_i}^2}{\sigma_{f_i}^2} = \frac{\sum_{k=1}^{S}\lambda_k\phi_{ik}^2}{\sum_{k=1}^{N}\lambda_k\phi_{ik}^2}, i = 1,2,\cdots,N \tag{13}$$

可见,r_{iS}趋近 1 的收敛速度不仅与特征值 λ_k 的分布有关,而且与脉动风压 $f_i(t)$的位置有关。下面以实例说明上述混合本征变换模拟的效率以及基于均方值比的模态截断准则的合理性。

3 在模拟单层球面网壳结构风压场上的应用

对一个矢跨比为 1/6 的单层球面网壳结构进行了风洞测压试验。模型屋盖部分布置了 361 个测压点,每个测压点的样本长度为 20 480 个数据,采样频率为 312.5Hz。为了能够在微机上比较不同模拟方法,在 361 个测点中取 50 个测点所测的脉动风压系数为考察样本,得到一维 50 个变量随机过程的时间历程,由此生成对应于实际随机过程的功率谱矩阵。下面以实测数据得到的功率谱矩阵作为已知谱矩阵,分别用谱本征变换(SPT)和混合本征变换(HPT)两种方法模拟随机过程,并与原始时程进行对比分析。

图 1 是对测点 1 模拟的脉动风压系数功率谱以及原始(由试验得到)的脉动风压系数功率谱。由于 SPT 没有对模态作截断,模拟的功率谱是精确的。HPT 模拟的功率谱与原始功率谱较吻合,并随着

保留协方差模态数 S 的增加，模拟精度有明显改善。然而 HPT 所耗费的计算时间远少于 SPT。

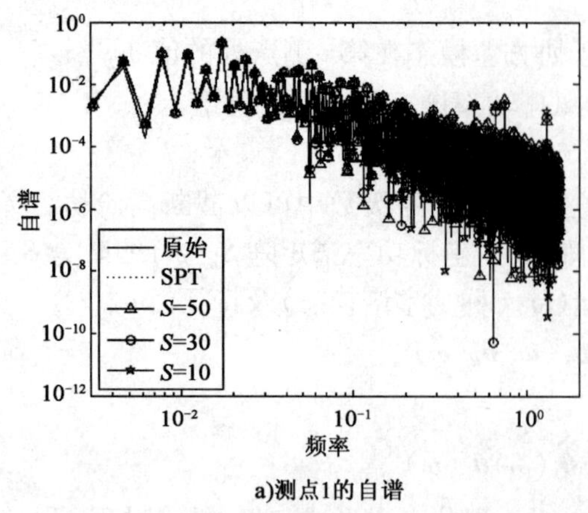

a)测点1的自谱

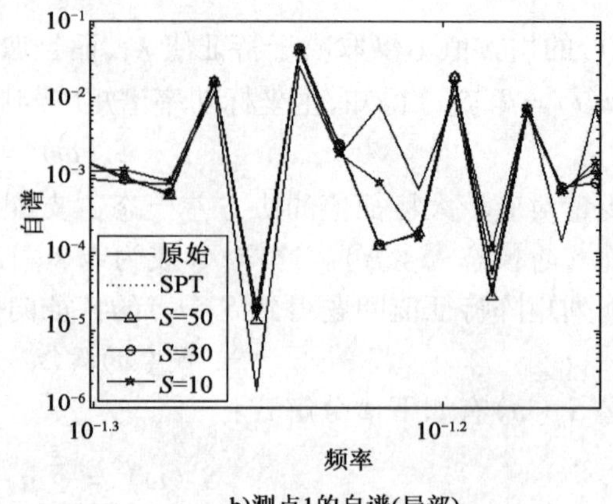

b)测点1的自谱(局部)

图1　对测点1模拟的脉动风压系数功率谱精度

以 $C_{pi,\mathrm{rms}}$ 表示第 i 测点脉动风压的均方根风压系数，图2是对50个测点取不同的协方差模态数 S 时用混合本征变换(HPT)所模拟的 $C_{pi,\mathrm{rms}}$ 与原始 $C_{pi,\mathrm{rms}}$ 的相对误差 e_i。可见随着 S 的增加，各测点上 HPT 模拟的 $C_{pi,\mathrm{rms}}$ 的相对误差在不断减少。如前所述，SPT 模拟的 $C_{pi,\mathrm{rms}}$ 没有误差。

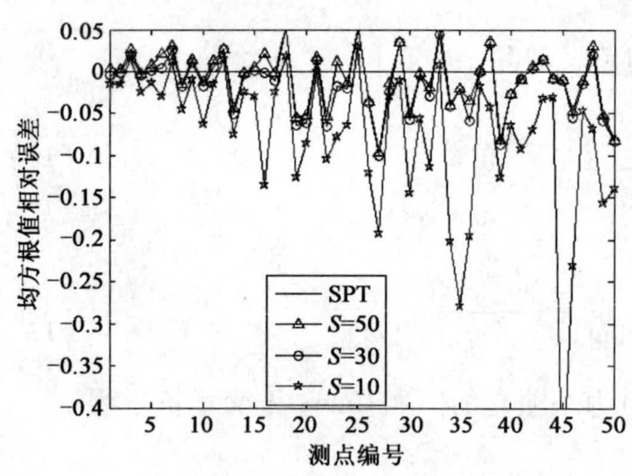

图2　模拟的各测点均方根风压系数的相对误差

为度量 HPT 模拟的各测点均方根风压系数 $C_{pi,\mathrm{rms}}$ 的总体误差，考察所研究的50个测点 $C_{pi,\mathrm{rms}}$ 的相对误差 e_i 组成的误差序列 $\{e_i\}$ $(i=1,2,\cdots,50)$。表1是取不同协方差模态数的误差序列 $\{e_i\}$ 的平均值。可见 $S=15$ 时，$\{e_i\}$ 的平均值已小于5%；但当 S 继续增加至50时，平均值也仅仅减少了2.3%。表1表明，当 S 增加至一定数量时，均方根值误差对于 S 的变化将不敏感。HPT 法的这一特性在模拟大尺度随机过程时，表现尤为明显。

HPT 模拟的50个测点均方根相对误差序列的平均值随保留协方差模态数 S 的变化　　表1

S	5	10	15	20	25	30	35	40	45	50
误差(%)	13.3	8.0	4.9	3.9	3.2	2.8	2.7	2.7	2.7	2.6

HPT 的模拟精度在频域和时域上虽不如 SPT，但其计算效率有很大提高。表2是 SPT 以及采用不同保留协方差模态数的 HPT 模拟50个测点脉动风压系数所需的时间，可见 HPT 的计算时间都少于 SPT 计算时间。但随 S 的增加，计算时间呈非线性增加，并且如表1所示，模拟精度并没有相应显著提高。

SPT 与 HPT 所需计算时间　　表2

S	HPT							SPT
	5	10	15	20	25	30	35	
时间(s)	4.83	18.28	39.63	85.79	163.63	236.65	326.29	412.86

4　结论

SPT 模拟随机时间序列对功率谱的分解比较耗时，产生的中间数据庞大，对计算机硬件要求较高。HPT 模拟随机时间序列主要在主坐标内进行，而通过协方差模态的缩阶技术使主坐标功率谱阶数大幅降低，产生的中间数据也相应减少，因而在一定程度误差范围内大大缩短了计算时间，提高了模拟效率。

HPT的模拟精度随着保留协方差模态数的增加而提高，但当模态数增加到一定数量后，模拟精度的改善变得不再显著，而计算时间非线性增加。所以，不宜为提高精度而盲目增加保留协方差模态数。

参考文献

[1] Loeve M. Probability theory[M]. New York: Van Nostrand Reinhold, 1955.

[2] Tamura Y, Suganuma S, Kikuchi H, et al. Proper orthogonal decomposition of random wind pressure field[J]. J. Flu. Stru, 1999, 13: 1069-1095.

[3] 李小康，倪振华，谢壮宁. 本征正交分解用于屋盖风振分析的模态截断准则[J]. 振动工程学报，2009，22(3)：274-279.

[4] Chen X, Kareem A. Proper orthogonal decomposition-based modeling, analysis, and simulation of dynamic wind load effects on structures[J]. Wind Eng. Mech., 2005: 325-339.

大跨度单向屋盖结构流固耦合性能研究

孙晓颖　徐正　武岳　陈昭庆

（哈尔滨工业大学土木工程学院　哈尔滨　150090）

1　引言

薄膜结构属于典型的轻质柔性体系，对地震力具有良好的适应性，而对脉动风荷载的作用十分敏感，风荷载是结构设计中的主要控制荷载。大跨度单向屋盖结构形状简单，可简化为二维问题处理，结构仅有一个方向的曲率，形状稳定性较差，易发生自激振荡现象，本文以单向屋盖作为研究对象，重点介绍了结构流固耦合性能的试验和数值模拟研究。

2　试验研究

Kawamura 和 Kimoto 对 16 个不同垂跨比和质量的单向悬挂屋盖模型进行了风洞试验研究，探讨了质量比、预张力、结构阻尼、来流湍流度等因素对结构响应的影响。通过对结构响应随风速变化规律的研究表明：在低风速下，结构振幅较小且随风速增长缓慢，但是当风速超过某一临界值后，结构振幅迅速增大并出现峰值，因此可以认定此时结构出现了气弹失稳现象。由此，作者将临界风速定义为，结构在低风速段与高风速段响应曲线的切线的交点。作者还应用翼型理论建立了单向悬挂屋盖结构在平稳、均匀来流作用下的运动方程，并在此基础上提出了结构出现气弹失稳的判定准则，即结构出现气弹失稳的必要条件是总阻尼为零，此时对应的风速为第一临界风速；结构出现气弹失稳的充要条件是结构势能出现不连续的跳跃现象，结构从一种振动模态跳跃至更高的振动模态，此时对应的风速为第二临界风速。作者还对一 18m 跨的单向悬挂屋盖实尺模型在自然风下的振动情况进行了观测，验证了上述理论。

Miyake 等研究表明，屋盖结构同样存在旋涡脱落现象，而且试验发现，图 1 中 a）、b）、c）三种结构形式的旋涡脱落特性几乎没有区别。因此作者认为，类似卡门涡街式的旋涡脱落作用是产生屋面风致振动的主要原因，这样就可以利用涡致振动的研究方法来研究屋面振动问题。按照这一思路，作者认为结构发生自激振动的约简风速应在 1 ~ 2 之间。

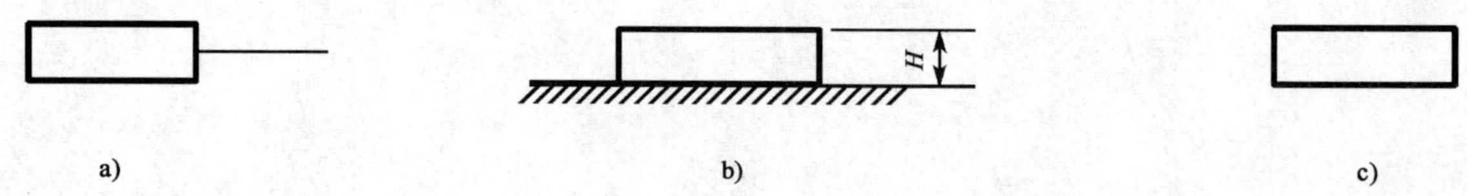

图 1　不同绕流截面

Matsumoto 对单向屋盖结构产生自激振动的机理进行了更为细致地试验研究。他指出，由屋盖前缘产生的涡在向下游移动的过程中，与屋面的反对称振型运动之间相互耦合才是屋面产生自激振动的原因，见图 2。图中，U 为来流风速，U_c 为涡移动速度，L 为屋盖的跨度，T 为结构反对称振型所对应的周期（相应的频率为 f）。这样，如果涡在 $T/2$ 内的移动距离恰好等于 $L/2$，则涡的运动将对屋盖产生激励作

基金项目：国家自然科学基金重大研究计划重点项目（90815021），国家自然科学基金面上项目（50908068，50708030），“十一五”国家科技支撑项目（2006BAJ03B04），中国博士后特殊基金（200902407），中国博士后基金面上资助（20070420881），教育部博士点新教师基金（20092302120028），哈工大优秀青年教师（HITQNJS. 2009. 042）。

用。由此推断,结构产生自激振动的必要条件为 $U_c = fL$。如果假定 $U_c = 0.9U$,则此时的临界风速为 $U = 1.1fL$。

Minami 和 Vitale 等学者认为,膜结构发生气弹失稳的前提是膜中的预张力较小或为零,因此他们研究了无应力状态下单向悬挂膜片的风致振动情况,试验模型如图 3a)所示。观察发现,膜片在不同风速下呈现三种不同的响应形态:在较低的风速下,膜片前半部轻微抬起,后半部向下垂落,整体风压合力向下,如图 3b)所示;当风速达到某一临界值后,膜片前半部接近水平而后半部呈现一种类似行波运动的不稳定状态,如图 3c)所示,整体风压合力接近于零;随着风速的进一步增大,膜片在风吸力的作用下,又呈现为稳定的反向变形状态,此时的整体风压合力向上,如图 3d)所示。可见,由于膜材很柔,其气弹失稳的形态明显不同于以弯曲和扭转变形为主的桥梁结构。为了与桥梁结构中的颤振(flutter)失稳概念相区别,作者将上述第二种形态称为拍击失稳(flapping)。

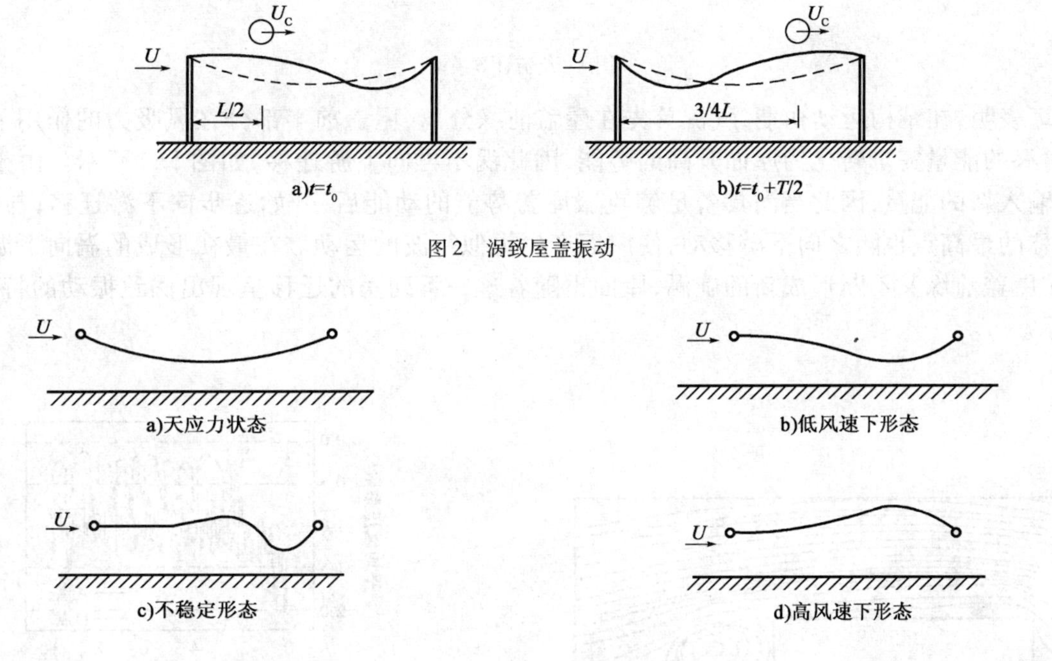

图 2 涡致屋盖振动

图 3 悬挂薄膜风洞试验示意图

作者还研究了膜片在拍击状态下的临界风速、振动频率和膜内张力等参数与质量比、垂跨比和 Froude 数(无量纲风速)等的关系。指出:①垂跨比越大,膜片的拍击现象越明显;而在较低垂跨比情况下,结构不会出现拍击现象;这也说明了通常张紧的膜材不会出现气弹失稳现象;②在低风速(或大垂跨比)条件下,膜片以单频振动为主,但是随着风速加大(或垂跨比变小),膜片振动呈现多振型叠加状态;③在拍击状态下,膜片内的平均张力要比一、三状态下小得多,但是在下风侧的固定端,由于膜片的行波运动到此突然停止,所以此处的膜材内力非常大;再加上此处的膜材由于承受反复弯折作用,强度有所降低,因此实际工程中与固定件相连部位的膜材易出现撕裂现象。

3 数值模拟研究

本文在综合运用计算流体力学和计算结构力学技术的基础上,首先建立了一种适用于索膜结构流固耦合风振分析的 CFD 数值模拟方法,并编制了相应的有限元计算程序。然后,应用该程序对大跨度单向屋盖结构进行了刚性模型和弹性模型的 CFD 数值模拟研究,探讨了来流风速、屋面质量和初始预张力等参数对结构流固耦合特性的影响。虽然这些工作距离实际工程应用尚有一定的距离,但对于加深对索膜结构风振机理的认识是有益的。

计算模型如图 4 所示,在屋面上等距离布置 6 个测点。取屋面高度 $H=10\mathrm{m}$,跨度 $L=40\mathrm{m}$,入口风速 $v=30\mathrm{m/s}$,模拟 B 类地貌,流动雷诺数 $Re=2.07\times10^{7}$,无量纲时间步长 $\Delta t=0.005$。单位长度质量 $g=5\mathrm{kg/m}$,预张力 $T=20\mathrm{kN}$。来流风速 $v=30\mathrm{m/s}$。根据计算,结构的前两阶自振频率分别为 0.82Hz 和 2.34Hz。图 5、图 6 分别给出了流场流线图和测点脉动风压时程。

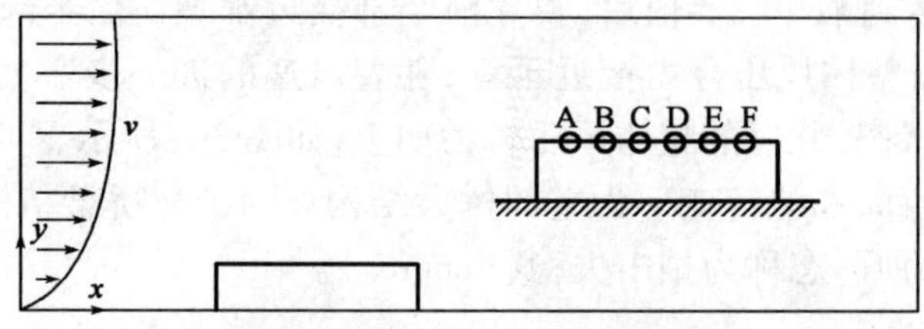

图 4　绕流计算模型

计算表明,在结构运动初期,气流首先在屋盖前缘分离,屋盖前半部分在风吸力的作用下逐渐抬起,此时涡的能量完全转化为屋面升高的势能,因此涡不再向下游迁移,如图 5a)所示。由于来流不断给涡输入新的能量,因此当涡具备足够克服屋盖势能的动能后,开始逐步向下游迁移;与此同时,屋面位移的最高点也随之向下游移动,使屋面产生类似行波的运动。在最初形成的涡向下游迁移过程中,在屋盖前缘又不断形成新的旋涡,屋面也随着这一系列涡的迁移呈现出涡致振动的特征,如图 5b)所示。

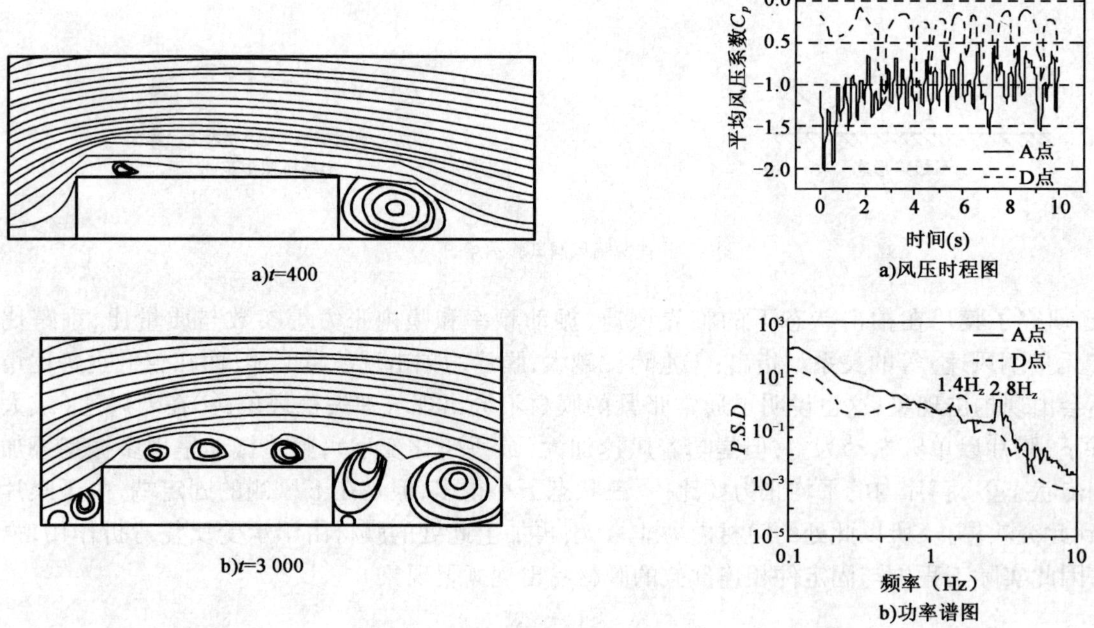

图 5　不同时刻的弹性模型流线图

图 6　测点 A 和 D 的风压时程和功率谱

4　结论

本文针对大跨度单向屋盖结构的流固耦合性能进行了研究,分别介绍了风洞试验研究与 CFD 数值模拟研究;探讨了来流风速、屋面质量和初始预张力等参数对结构流固耦合特性的影响。

参 考 文 献

[1] 沈世钊,武岳. 大跨度张拉结构风致动力响应研究进展[J]. 同济大学学报,2002,30(5):533-538.

[2] 姚征,陈康民. CFD通用软件综述[J]. 上海理工大学学报,2002,24(2):138-144.

[3] Hübner B, Walhorn E, Dinkler D. Simultaneous Solution to the interaction of wind flow and lightweight membrane structures [G] // Proceedings of the International Symposium on Lightweight Structures in Civil Engineering, Warsaw, Poland, 24-28 June, 2002.

[4] 武岳,沈世钊. 膜结构风振分析的数值风洞方法[J]. 空间结构,2003,9(2):38-43.

大跨屋盖结构风荷载数据库系统的建立与应用

孙瑛　武岳　沈世钊

（哈尔滨工业大学土木工程学院　哈尔滨　150090）

1　概述

早在20世纪90年代初期，国外学者就开发了适用于某些简单规则结构的专家系统，这些系统的特点是将一些特定情况下对风荷载特性的认识以条文的形式进行存储，再通过逻辑判断而不是数学推导的方法给出具体设计建议，因而其表现出来的主要是开发人员对风荷载规范的认知，并不具有较强的拓展能力。近年来，随着软件和硬件技术的发展，建筑风荷载数据库技术得到了长足发展。例如，美国标准与技术协会将加拿大西安大略大学边界层风洞试验室、美国得州理工大学及科罗拉多州立大学风洞试验室得到的关于低矮房屋的风荷载数据进行整理，并建立了相应的风荷载数据库[1]，在此基础上还编制了数据库辅助设计软件 WiLDE(wind load design environment)[2]。将基于该风荷载数据库的计算结果同基于美国风荷载规范的计算结果对比表明，基于数据库的计算结果更符合实际情况、更安全及符合低损失要求。此外，美国的 Kareem 等人通过对不同参数条件下（高宽比、长宽比及湍流度等）高层建筑的风洞试验结果进行整理，得到其在顺风向、横风向及扭转方向上的风致动力响应规律，并在网上建立了可互动的高层建筑风荷载数据库系统[3-4]；日本东京工艺大学的风工程研究中心通过大量的风洞试验，建立了适用于低矮建筑的可供公开查询的数据库[5]。

我国在风荷载数据库方面的研究相对落后，仅开发了一些针对高层建筑的专家系统。而大跨屋盖表面风荷载非常复杂，源于其自身形状的多样性、风荷载作用的随机性以及脉动风压的时空相关性，这些因素的综合作用使得对风荷载的考虑往往成为该类结构设计中的重点和难点问题。鉴于屋盖风荷载特性的研究至今还相对薄弱，风荷载规范中亦缺乏相关规定，而工程实践又迫切需要实用的风荷载确定方法，为此本文提出采用风荷载数据库系统技术来解决该问题的基本思路。

2　大跨屋盖风荷载数据库系统设计

所谓“风荷载数据库系统”（wind load database system，简称 WLDS）就是通过收集各种基本形状建筑表面的风荷载数据信息，在进行分类整理后归纳出风荷载模型的合理描述形式，当在结构设计中遇到与数据库内已存储资料几何相似的建筑时，即可调出相应的风荷载信息进行抗风设计。

与传统的结构风荷载确定方法相比，采用风荷载数据库技术具有以下一些优势：

(1)与风荷载规范相比，数据库的信息量更大，数据表达更为直观准确，且便于查询；

(2)与风洞试验相比，虽然构建数据库的前期工作量较大，但在数据库的使用过程中，成本很低，可大大缩短设计周期；

(3)随着数据库内部资料的不断扩充，可添加某些人工智能模块，使之实现对同类形状建筑（大体形状类似，但局部尺寸可能不同）表面风荷载的预测；

(4)可将风荷载数据库系统与结构分析软件和结构设计软件结合，从而真正实现结构抗风设计的程序化。

基金项目：国家自然科学基金重大研究计划重点项目(90815021)，国家自然科学基金面上项目(50908068)，哈尔滨工业大学科研创新基金资助(HIT. NSRIF. 2009098)，黑龙江省留学归国科学基金项目(LC201011)。

风荷载数据库的建立主要包含以下几方面的工作：

(1)数据收集。即对各种基本形状大跨度建筑的风荷载数据进行收集整理。数据收集的途径包括：风洞试验数据、各国荷载规范的相关规定、公开发表的相关论文，以及经过检验的 CFD 数值模拟结果，数据收集工作是数据库系统建立的基础。

(2)数据分析。由不同途径收集到的数据往往是杂乱无章的，有些还可能是不完整的，数据分析的作用就是从中提炼出数据库系统可以识别的某些特征信息，如风压脉动的概率密度分布、功率谱信息及空间相关性信息等，使之以统一的格式存储于数据库系统中。这样做的另一个好处是，可以大大降低数据存储空间，提高数据利用效率。数据分析工作是数据块系统的核心，其关键是构建某种普适的屋盖风荷载模型，使我们可以仅通过确定其中的某些特征参数，即可以实现对屋盖风荷载的准确描述。

(3)数据表示。不管数据库内部系统多么复杂，从使用者的角度总希望能够以最直接、简明的形式将设计所需要的信息表达出来，因而数据表示是联结数据库系统与工程设计人员的一座桥梁。

2.1 功能模块设计

基于上述思想，风荷载数据库系统应具有以下基本功能：存储和有效地组织大量的基本形状建筑的数据，实现数据的可视化处理，尤其是风洞试验数据；对同类建筑不同参数情况下的风荷载特性、相关规范规定及文献结论进行比较，给出风荷载特性随着某种参数的变化趋势，更进一步可以对其进行拟合以建立风荷载的数值模型；对风荷载的脉动成分进行统计分析，在大量数据积累的条件下可给出特定建筑形式的风荷载脉动特性的综合报告，为结构风振响应提供理论依据；此外，还将逐步加入神经网络功能，建立风压预测机制，以实现在现有数据的基础上对形状相近的结构风荷载进行预测。

根据上述功能，风荷载数据库系统应包含以下几个模块：数据输入模块、数据分析模块、其他功能模块及结果输出模块。

2.2 界面设计

界面设计的友好程度是评价软件性能的重要指标。为了能编制出灵活、高效的风荷载数据库系统，本文采用 Visual C ++ 及 MySQL 分别编写了数据库系统的分析模块及输入模块，并实现相互调用。

系统的数据输入(图 1)按照界面简洁，信息清晰，内容完整，便于查询等标准来进行。本系统分七个菜单栏：规范选择、风场信息、结构信息、设计类型、结果显示、系数查询和帮助。还有一些快捷图标，可以快速进入不同的图形和数据界面进行查询。相关网站(http://wlds.hit.edu.cn)设计为动态网站，采用 php + MySQL 架构起来，具有代码短小精悍，易维护，运行效率高，占用服务器资源少，适应性高等很多优点，能够很好地应对数据的录入、查询、编辑等操作，见图 2。

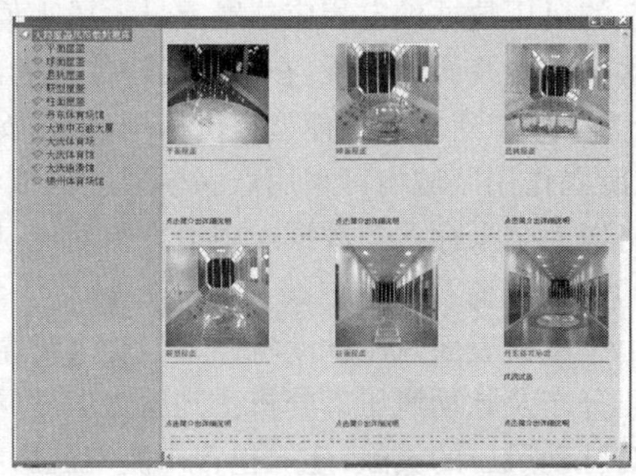

图 1 风荷载数据库系统界面

2.3 大跨屋盖风荷载数据库的特点

1)大跨屋盖结构分类

基于以往研究，可以发现大跨屋盖绕流具有以下特点：

(1)屋盖表面的风荷载以吸力为主,对钝体形状屋盖在靠近屋盖前缘的部位风吸力较大,随着距离的加大,风吸力逐渐减弱,这说明气流在屋盖前缘产生的旋涡脱落作用是影响屋面风荷载特性的主要因素。

(2)风向角对风荷载的影响较大,不同风向角下,来流的分离和旋涡脱落作用均有较大的不同,平均风压最大值的出现位置也不同,因此在设计时,应注意最不利风向角对屋面风荷载的影响。

(3)风荷载对屋面曲率或坡度的变化较为敏感。随着屋面曲率或坡度的增加,屋盖表面的风压可能由以风吸力为主逐渐过渡到以风压力为主。

(4)来流风速、湍流度、屋盖跨高比等参数对屋盖整体风压分布规律影响较小,只是对局部风压的大小有一定影响。

图2 大跨屋盖风荷载数据库网站页面

基于以上风洞试验结果及相关文献总结,可将大跨屋盖结构初步划分为以下几种基本形状:封闭建筑直边(钝体)形式,封闭建筑曲边形式,开敞建筑钝体形式。第一种类型屋面风荷载以特征湍流作用为主,在来流情况下屋盖表面有明显的分离、再附现象,且多以柱状涡、锥形涡为特征,典型例子为平屋盖、鞍形屋盖形式;第二种类型屋盖上风荷载不会发生很大的气流分离作用,风荷载分布形式与屋盖边缘的形状接近平行,典型例子为球壳或圆形平屋盖;第三种类型屋盖由于受上、下表面风压影响,因而风荷载分布相对复杂,但由于多数开敞屋盖的几何形状相对简单,故可将其周围流场简化为二维形式研究,这方面的典型例子是体育场悬挑屋盖结构。

2)平均风荷载描述

首先根据风洞试验得到屋盖表面平均风压及脉动风压分布信息,通过截取垂直于迎风屋檐边的各截面上的风压数据确定相应位置上最大风吸值及最大风压脉动值的位置,该位置即为屋盖表面旋涡作用的涡心位置及涡边位置,在确定涡心位置的同时,分析在旋涡轴线上最大风吸值随着屋盖位置的变化趋势,为下一步建立风压模型提供依据,根据涡心位置及涡作用范围即可在屋盖上划分出旋涡作用的区域,在旋涡作用区域内可采用点涡模型进行拟合,得到各拟合参数值,在非旋涡作用区域则采用常数值,最后将以上结果存入到数据库中以方便对比、归纳总结。

3)脉动风荷载描述

由于屋盖表面风压脉动特性不但受来流湍流影响,还同时受特征湍流影响,对不同屋盖形式首先通过风压分布及脉动风压谱分析得到屋盖上不同区域湍流影响的主要特点,确定不同湍流结构在不同区域上对脉动风压的贡献,建立包含来流湍流影响和特征湍流影响的脉动风压谱模型。鉴于高斯区和非高斯区脉动风压数值模拟的方法是不同的,因此脉动风荷载模型的描述还应基于高斯、非高斯区域的划分。首先统计屋盖各测点风压时程的高阶统计矩。脉动风荷载的描述需要有风压时程的各阶矩统计值、高斯及非高斯区域划分以及风压谱经验公式,要得到普适的脉动风荷载模型应基于大量的数据积累。需要说明的是,脉动风荷载模型还应有空间相关性的部分,但由于大跨屋盖表面风压整体相关性很弱,且相关性的规律难循,因此在本文中没有列出,有待于进一步改善。

3 结论

本文建立了大跨屋盖结构风荷载数据库系统的基本架构,对主要功能模块、数据存储方式、数据对比、分析及使用流程等问题进行了探讨;对数据库系统中的一些技术难点进行了探讨;并在此基础上,以悬挑屋盖为例将本文前述工作成果均纳入到该数据库系统中,详细陈述了平均风荷载及脉动风荷载的描述模型及其应用,为大跨屋盖结构风荷载数据库系统的进一步丰富和发展奠定了基础。

参考文献

[1] Ho T C E, Surry D, Morrish D, et al. The UWO contribution to the NIST aerodynamic database for wind loads on low buildings. Part 1: archiving format and basic aerodynamic data[J]. J. Wind Eng. Ind. Aerodyn, 2005 (93): 1-30.

[2] Timothy M W, Fahim Sadek, Emil Simiu. Database - assisted design for wind: basic concepts and software development[J]. J. Wind Eng. Ind. Aerodyn, 2002 (90): 1349-1368.

[3] Zhou Y, Kijewski T, Kareem A. Along - wind load effects on tall buildings: a comparative study of major international codes and standards[J]. J. of Struct. Eng., ASCE, 2002, 128(6): 788-796.

[4] Zhou Y, Kijewski T, Kareem A. Aerodynamic loads on tall buildings: an interactive database[J]. ASCE Journal of Structural Engineering, 2003, 129(3): 394-404.

[5] 全涌,田村幸雄,松井正宏,等. 低矮建筑气动数据库介绍[G]//第七届全国风工程和工业空气动力学学术会议论文,2006:355-360.

大跨空间结构的风敏感度研究

武岳[1]　张建胜[2]　吴迪[1]
（1. 哈尔滨工业大学土木工程学院　哈尔滨　150090；
2. 浙江工业大学建筑工程学院　杭州　310014）

风敏感性是在结构风工程领域经常提及的一个概念，对结构风敏感性的判断直接影响到相应的结构抗风设计策略。然而，如何定量刻画结构风敏感性却是一直没有很好解决的问题。在高层结构的抗风设计中，大多根据建筑物的高宽比、基频等指标，对高层结构的风敏感度进行划分，并采取相应的设计策略。但是对于大跨屋盖结构，由于结构形式复杂，尚无明确提法。从结构精细化研究的角度来看，进行大跨屋盖结构的风敏感度等级划分是十分必要的，它有助于进一步明晰各种概念，并提出有针对性的结构抗风设计方法。本文从影响结构风振响应的三个关键效应出发，提出了具有普适意义的结构风敏感度概念和确定方法，据此对具有不同参数的大跨空间结构进行系统研究。

1　影响结构风振响应的三个关键效应

根据结构风振响应的计算流程可知[1]，结构响应主要受脉动风荷载特性及结构自身动力特性的影响，具体可概括为以下三种关键效应。

1.1　尺度效应

尺度效应表征湍流积分尺度与结构特征尺度的相对关系，反映由脉动风空间相关性引起的荷载折减效应。从概念上说，尺度效应可表达为：

$$\kappa_s = F\left(\frac{L_u}{D}\right) \tag{1}$$

式中，κ_s 为尺度效应系数；L_u 为湍流积分尺度；D 为结构特征尺度。

1.2　频率效应

频率效应表征结构自振频率与脉动风卓越频率相近时产生的响应动力放大效应。从概念上说，频率效应可表达为：

$$\kappa_f = F\left(\frac{n_1}{n_{ck}}\right) \tag{2}$$

式中，κ_f 为频率效应系数；n_1 为结构基频；$\tilde{n}_{ck}$ 为脉动风荷载卓越频率。

1.3　模态效应

模态效应是指考虑结构多阶模态参振与仅考虑基阶模态参振对结构风振响应分析结果的影响，主要是针对频谱密集型结构（如大跨空间结构）提出的，从概念上可表达为：

$$\kappa_m = F\left(\frac{R_T}{R_1}\right) \tag{3}$$

式中，κ_m 为模态效应系数；R_T 为考虑结构全部振型的结构风振响应；R_1 为仅考虑结构基阶模态的结构风振响应。

基金项目：国家自然科学基金重大研究计划重点项目“大跨空间结构的风致关键效应与动力灾变行为”（90815021）资助。

2 结构风敏感度

2.1 结构风敏感度的定义

结构风敏感性问题是指结构在脉动风作用下响应的显著程度,主要受到尺度效应、频率效应和模态效应的影响。因此,本文将包含上述三种效应的结构响应与不包含这三种效应的结构响应作比值,由此来定义结构风敏感度以定量刻画结构风敏感性问题,即结构风敏感度是衡量结构风敏感性的定量指标,表征结构真实脉动风响应与某一基准脉动风响应的比值。

2.2 结构风敏感度的计算

为从宏观上反映结构的整体响应特性,本文以系统应变能作为计算结构风敏感度的响应指标,并将基准态假定为“点状刚性结构”。其中,“点状”是指作用在结构上的脉动风荷载完全相关;“刚性”是指可仅考虑结构的脉动风背景响应,忽略共振响应。据此,本文推导了以系统应变能为响应指标,以尺度效应系数、频率效应系数和模态效应系数表示的结构风敏感度计算公式。限于篇幅,推导过程可参考文献[2],这里不再赘述,仅给出推导结果,如下式:

$$\lambda = \frac{E_{\mathrm{T}}}{E_{\mathrm{b0}}} \approx \kappa_{\mathrm{s}}^{2}(1 + \kappa_{\mathrm{f}}\kappa_{\mathrm{m}}) \tag{4}$$

式中,λ 为结构风敏感度;E_{T} 为结构真实脉动风响应系统应变能;E_{b0} 为点状刚性结构脉动风响应系统应变能;κ_{s} 为尺度效应系数;κ_{f} 为频率效应系数;κ_{m} 为模态效应系数。

可见,结构风敏感度可通过计算尺度、频率和模态三个关键效应系数来确定,使对风敏感性的定量刻画问题得以简化。

3 典型大跨空间结构的风敏感度特性研究

悬挑屋盖、平板网架、单层球面网壳、单层柱面网壳及鞍形索网等都是较为典型的大跨空间结构形式,且代表了传统意义上的刚性和柔性两大类结构体系。以下将针对这五类结构进行系统分析,研究三个关键效应及结构风敏感度的特点。

3.1 尺度效应分析

图 1 给出了五类结构尺度效应系数 κ_{s} 随$\frac{L_{\mathrm{u}}}{D}$的变化曲线。由图可知:尺度效应系数的值域通常为 $\kappa_{\mathrm{s}} \in (0.55, 0.80)$;尽管尺度效应系数本身仅与结构的尺度有关,而与结构类型无关,但由于每类结构都有其特定的适用范围,如《空间网格结构技术规程》(JGJ 7—2010)规定单层球面网壳结构的跨度不宜大于 80m,柱面网壳结构(沿两纵边支承)跨度不宜大于 30m,因此,在宏观上表现为同一类结构形式的尺度效应系数变化并不十分显著。此外,研究表明,当结构的几何特征尺度 D 增加 10m 时,κ_{s} 的减小量通常不会超过 0.03,因此结构尺度效应系数的值域范围较小,且分布较为稳定。

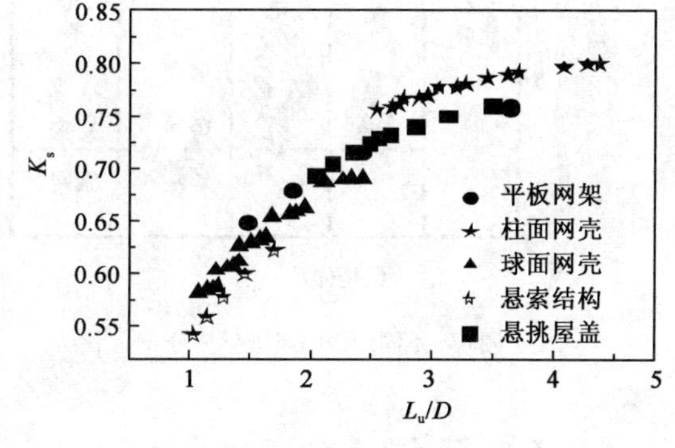

图 1 尺度效应系数分布

3.2 频率效应分析

图 2 给出了五类结构频率效应系数随结构基频的关系曲线。可以看出:不同结构形式的频率效应系数差异十分显著。总体而言,悬挑屋盖、平板网架和悬索结构较大,单层柱面网壳结构次之,单层球面网壳结构最小。这主要是由于频率效应系数与结构的动力特性有关,而大跨空间结构在风荷载作用下

以竖向振动为主,显然,由于壳体的起拱作用,其竖向刚度大于平板结构,因而壳体结构具备更强的刚度来抵抗风荷载作用下的竖向振动,从而使得在风荷载作用下,激起球壳和柱壳结构发生共振响应相对三类结构而言要困难得多。

3.3 模态效应分析

图3给出了五类结构的模态效应系数分布图。

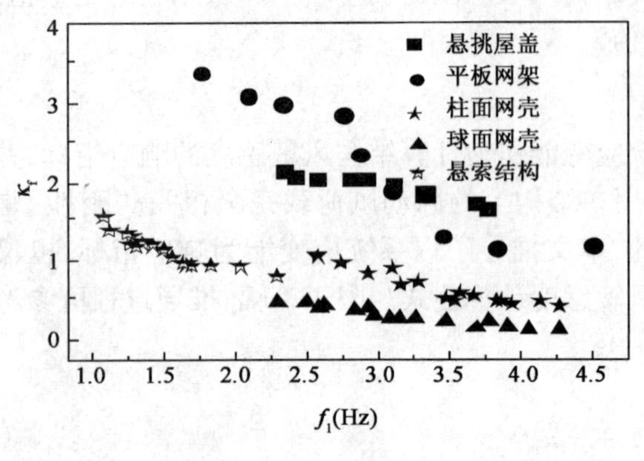

图2 频率效应系数分布

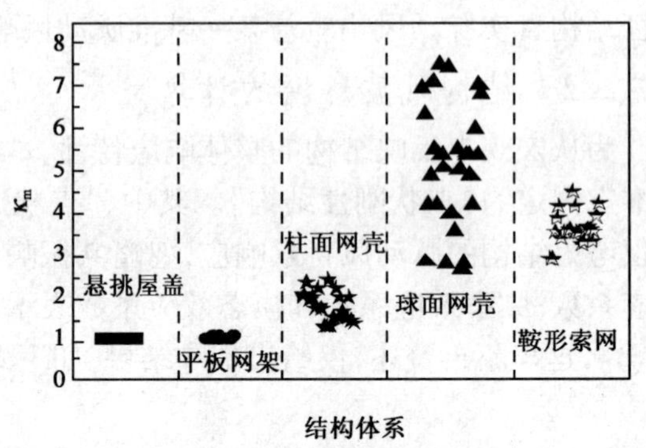

图3 模态效应系数分布

可以看出:模态效应系数与结构形式密切相关,不同结构形式的模态效应系数差异显著。总体而言,球面网壳最大,悬索结构和柱面网壳次之,悬挑屋盖和平板网架最小,接近于1.0。这说明悬挑屋盖和平板网架的基阶模态对结构风振响应的贡献起主导控制作用,而其他三类结构须考虑多阶模态参振。

3.4 结构风敏感度分析

图4给出了五类结构的风敏感度分布图。

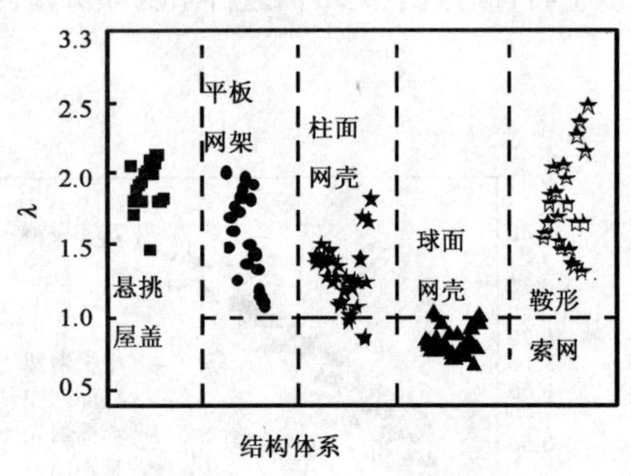

图4 不同结构的风敏感度分布

可以看出,如果取 $\lambda = 1.0$ 作为一个分界线,球壳结构处于分界线以下,其他四类结构基本上处于分界线以上。这说明球壳结构的真实脉动风响应小于相应的基准态脉动风响应,其他四类结构则相反。此外,五类结构的风敏感度从大到小依次为:鞍形索网 > 悬挑屋盖(平板网架) > 单层柱面网壳 > 单层球面网壳。显然,风敏感度是与结构刚度密切相关的一个参数,总体表现为柔性结构大于刚性结构、平面结构大于曲面结构。这符合一般意义上人们对结构风振特性的认识,同时也验证了本文定义的风敏感度能够较好地反映结构的风振响应特征。

4 主要结论

通过本文研究,得出如下主要结论:

(1)通过对脉动风荷载特性与结构动力特性的探讨,将影响结构风振响应的主要因素概括为尺度、频率和模态三种关键效应,在此基础上提出了结构风敏感度的概念;

(2)以系统应变能为响应指标、以三个关键效应系数表示的结构风敏感度计算公式,实现对风敏感性问题定量刻画,并使得该问题得以简化;

(3)风敏感度较好地反映了结构的风振响应特征,揭示了结构抗风问题的本质特性。

参考文献

[1] A. G. Davenport. Gust Loading Factors. Journal of Structural Division, 1967, 93(ST3).

[2] 张建胜. 基于风敏感度的大跨屋盖结构抗风设计理论研究. 哈尔滨工业大学博士学位论文, 2009.

[3] 中华人民共和国行业标准. JGJ 7—2010 空间网格结构技术规程. 北京: 中国建筑工业出版社, 2003.

天津静海团泊体育场环状悬挑屋盖风荷载特性研究

杨立国 唐意 杨易 金新阳

（中国建筑科学研究院风工程研究中心 北京 100013）

1 引言

随着经济、科学技术和审美要求的提高，美观多样的屋盖结构发展迅速，大量各种形式的悬臂挑棚结构应用在体育场馆等建筑上。悬臂挑棚在风荷载作用下常受上下表面风压的叠加作用，造成风荷载对结构存在巨大的破坏隐患。风对挑棚结构的这种双重作用是由于气流在挑棚上下表面不同的流动方式所决定的，有必要对尽可能多的试验参数进行风洞试验研究，以期全面认识悬臂挑棚的风荷载。对于较简单的单侧和双侧悬挑挑棚，已有不少风洞试验研究[1-2]和数值风洞模拟研究，得到一定有价值的结论可供参考，但对于较为复杂的环状悬挑屋盖，研究的还相对较少[3]。

本文结合天津静海团泊体育场环状悬挑屋盖的风洞测试数据，分析此大跨度环形挑棚屋盖的平均风荷载特性。分析发现，此悬挑结构整体平均风荷载相比于通常的单侧和双侧挑棚更小，且挑棚下表面风荷载分布均匀，趋于一个固定值。针对此现象，采用数值模拟的方法，在验证数值模拟可靠性的基础上，分析体育场的内部流态，以期对此现象进行解释。

2 风洞试验研究

2.1 风洞试验简介

天津静海团泊体育场长轴跨度约为200m，短轴跨度约为150m，屋盖最大悬挑长度达37m，为典型的大跨度环状悬挑屋盖，见图1。依据我国现行《建筑结构荷载规范》(GB 50009—2001)中相关规定，进行了B类地貌风场下的风洞试验。在模型上总共布置了930个测点。图2为风洞中的试验模型。试验时，设置风向角间隔为10°，考虑了从0°到360°共36个风向角工况。

图1 天津静海团泊体育场效果图

图2 风洞试验模型

2.2 试验结果及分析

根据测压点数据确定挑棚表面平均风压系数和均方根(RMS)风压系数，本文约定所有风压系数的参考高度为实际建筑10m高度。

图3给出了0°风向角下屋盖平均风压系数试验结果。从上表面风压系数分布图可以看出[图3a)]，屋盖上表面以负压为主，屋盖上风向处负压较大，向下风向方向，负压值慢慢减小。从下表面风压系

数分布图可以看出[图3b)],整个下表面为负压且负压分布均匀,趋于一个固定值;下风向屋盖下表面内压虽稍有变化,但变化幅度很小。在合风压系数分布图中[图3c)],我们可以看出,挑棚部分风压系数非常小,只有上风向位置处稍大,由于上下表面均以负压为主,上下表面叠加后合风压系数很小。

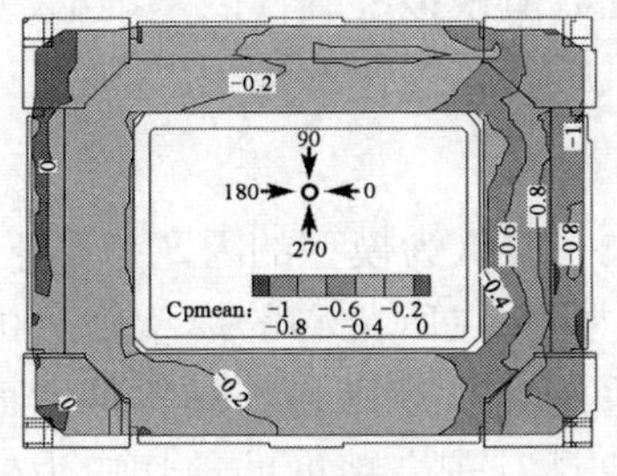

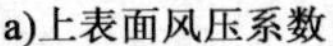
a)上表面风压系数

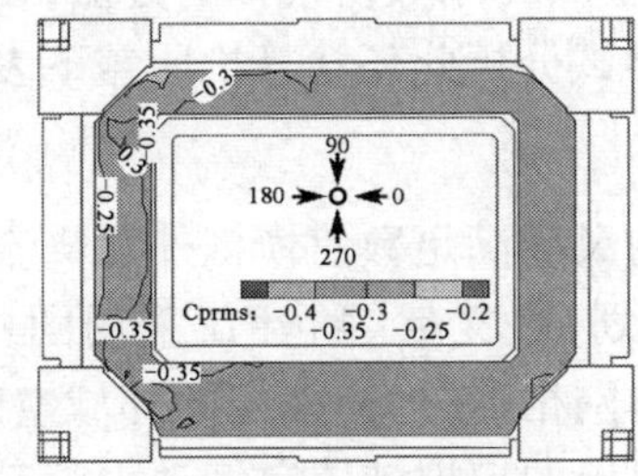

b)下表面风压系数

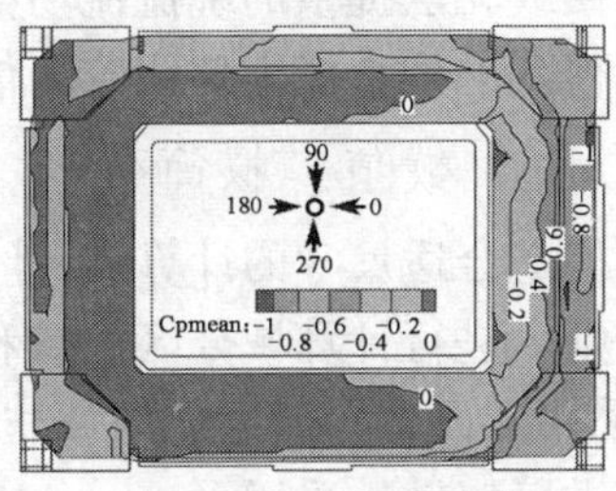

c)合风压系数

图3 0°风向角下屋盖平均风压系数等值线图

90°度风向角下平均风荷载的分布规律(图4)与0°风向角下结果基本一致:下表面为负压且负压分布均匀,趋于一个固定值,下风向屋盖下表面内压虽稍有变化,但变化幅度很小。进一步考察其他风向角下表面风压系数分布状况。图5为屋盖下表面3个测压点(点2-9、2-45和4-7)风压系数随风向角变化的曲线。从中可以看出,随着风向改变,3个测点的风压系数略有波动,但波动幅度较小,没有出现明显的峰值。

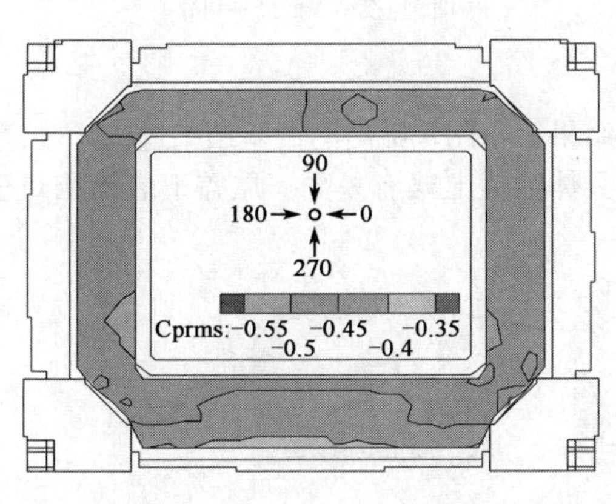

图4 90°风向角下挑棚下表面平均风压系数

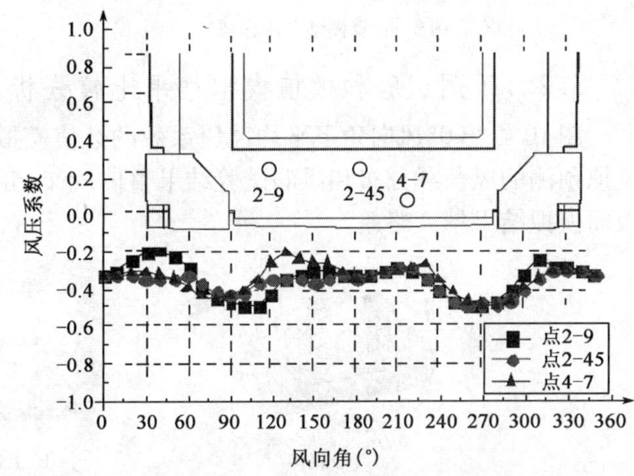

图5 风压系数随风向变化曲线

图6和图7分别给出了0°和90°风向角下环状挑棚屋盖下表面脉动均方根风压系数分布云图。可以看出脉动均方根风压系数分布特性和平均风压系数一致,上风向和横风向的挑棚脉动均方根风压系数最小且趋于恒定值,下风向挑棚均方根风压系数分布有一定变化,但变化梯度不大。以上试验结果说明,挑棚内部涡脱不显著,应该以稳定的回流为主。

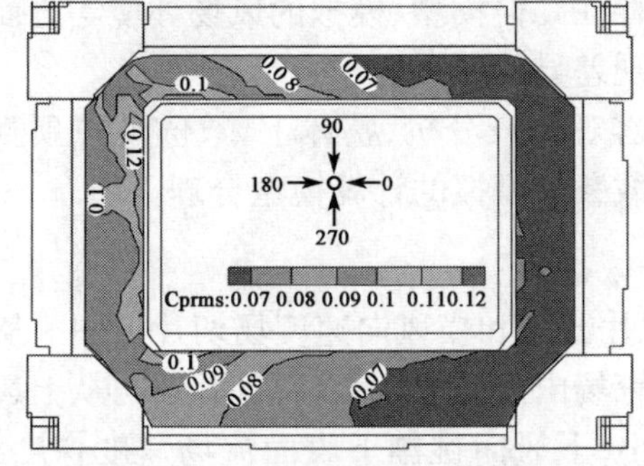

图6 0°风向角挑棚下表面均方根风压系数

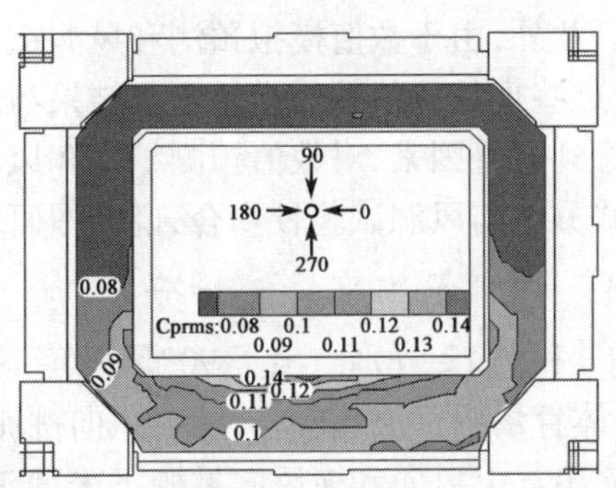

图7 90°风向角挑棚下表面均方根风压系数

3 数值模拟研究

相对于风洞试验,数值模拟的一个优势是数值模拟的结果可以利用丰富的可视化工具,提供风洞试验不便或无法提供的绕流流场信息。下面利用数值模拟的方法,在验证数值模拟准确性的基础上,基于计算得到的体育场内部绕流场信息,尝试分析此环状悬挑屋盖下表面风压分布规律的成因。

3.1 数值模拟简介

构造合适尺寸的计算域,计算域的尺度满足数值模拟外部绕流场中一般认为模型的阻塞率小于3%的原则。进行计算域分区构造和网格划分,文献[4]建议采用圆柱形内域,在所关心的模型附近的内域,采用四面体单元生成内域非结构体网格;在远离模型的外域空间,采用具有规则拓扑结构的六面体单元进行离散。采用 Menter (1994)提出的模拟钝体空气动力流动现象具有较高精度的剪切应力输运 k-ω 模型[5](shear stress tranport k-ω model,简称 SST Model k-ω 模型)。入口条件采用文献[6]建议的入流边界条件。几何模型和网格模型示意图如图 8 和图 9 所示。

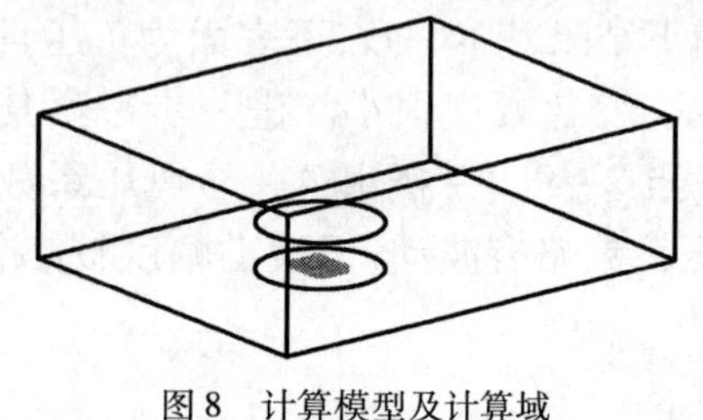

图 8　计算模型及计算域

图 9　模型表面网格划分

3.2 风洞试验和数值模拟结果比较分析

图 10 给出 0°风向角下平均风压系数的数值模拟计算结果。与图 3 给出的试验结果进行比较,数值模拟预测的风荷载分布和风洞试验结果整体规律相符,但具体数值上略有差异。屋盖下表面相对于上表面模拟结果精度略差。

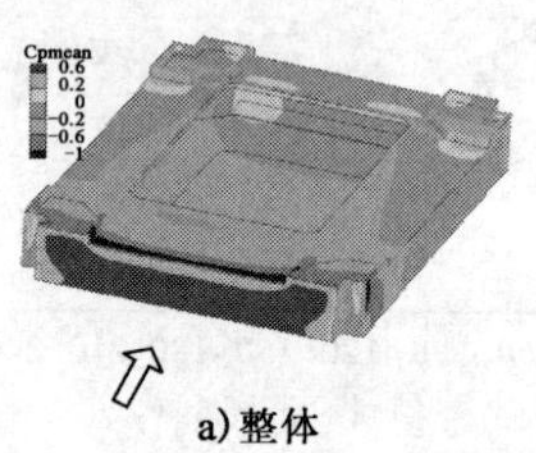

a) 整体

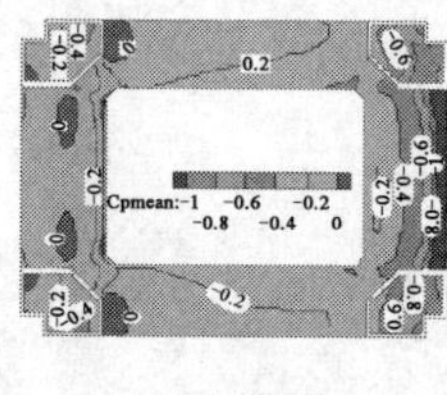

b) 上表面

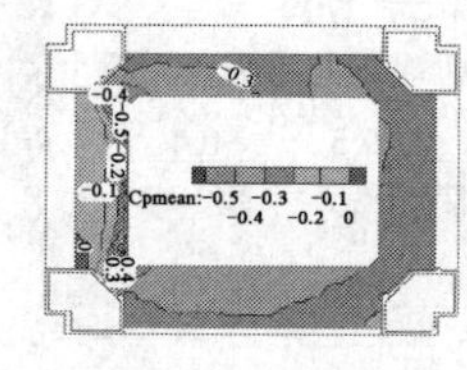

c) 下表面

图 10　0°风向角下体育场平均风压系数等值线图

分析其原因,主要是由于对于大跨空间建筑这类钝体绕流,来流风在建筑的尖锐棱边处即出现大范围的流动分离,发生冲撞、分离、旋涡等异常复杂的流动现象。从理论流体动力学的角度,采用经过模式化的湍流模型预测这类异常复杂的非定常流动现象会不可避免地出现误差;另外从数值模拟的角度,风工程数值模拟需要的计算规模非常庞大,相对有限的网格划分和计算容量也是限制计算结果精度的一个原因。此外,由于数值模拟预测和风洞试验还不可避免地存在几何模型、模拟的风场环境等方面细微的差异,这些也是致使数值模拟预测结果与风洞试验结果出现差异的原因。

考虑到这些因素,对数值预测结果和风洞试验数据进行客观比较分析,整体上,数值模拟预测的平均风荷载分布与风洞试验较吻合,说明本研究中建立的风荷载数值模拟的计算模型合理。

3.3 体育场内部绕流场分析

图 11 和图 12 分别给出了 90°风向角下顺风向速度场切片云图和横风向速度场切片云图。从中可以看出,体育场内部流速较小,从下风向挑棚下方流入,在体育场内部形成一个环形回流,再从上风向挑棚下方流出。上风向和横风向挑棚下表面流场速度梯度很小,下风向挑棚下表面流场速度梯度稍大。这些现象和上面分析的环状挑棚屋盖下表面风压分布特性一致。可以看出体育场内部这种流动状态决

定了此环状挑棚屋盖下表面风压分布的特性规律。

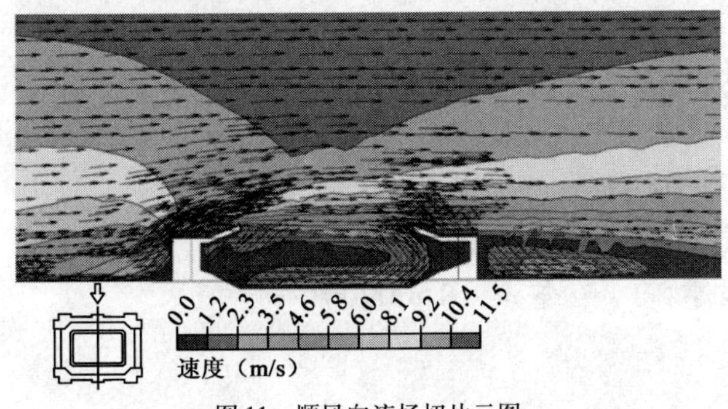

图 11 顺风向流场切片云图

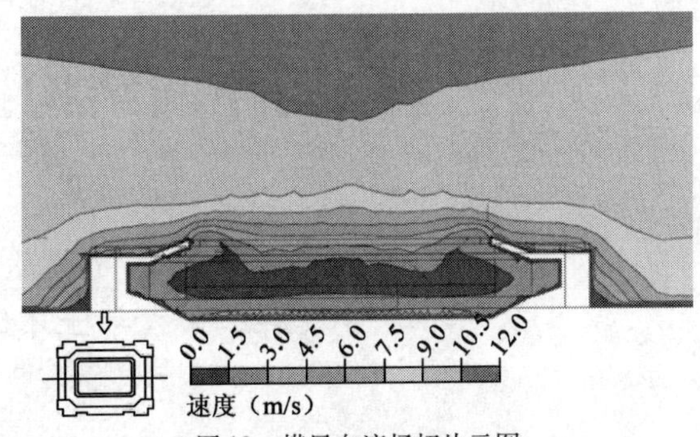

图 12 横风向流场切片云图

4 结语

根据天津静海团泊体育场风洞试验结果，对此体育场环状悬挑屋盖风荷载分布特性进行了研究，并在验证了数值模拟准确定的前提下，考察了体育场内部的流动状态，进一步分析屋盖悬挑下表面风荷载特性的成因。从研究结果来看，此环状挑棚屋盖上下均以负压为主，合风压很小；下表面负压分布均匀且趋向一个稳定值。体育场内部流速较低，风速脉动量小且涡脱不显著，以稳定的回流为主，有效减小了作用在悬挑上的风荷载。

决定环状悬挑屋盖结构风荷载分布规律的影响因素有很多，有待于做更进一步详细的系统研究，来分析环状悬挑屋盖结构基本的风荷载特性，以供设计人员参考。

参 考 文 献

[1] Lam K M, Zhao J G. Characteristics of wind pressure on a large cantilevered roof: effect of roof inclination [J]. J. Wind Eng. Ind. Aerodyn., 2002, 90: 1867.

[2] Lam K M, Zhao J G. Occurrence of peak lifting action on a large horizontal cantilevered roof [J]. J. Wind Eng. Ind. Aerodyn., 2002, 90: 897.

[3] 汪丛军，黄本才，等. 环状悬挑屋盖平均风压与风环境数值模拟[J]. 同济大学学报，2006，34(6).

[4] 杨立国，姜国义，杨伟，等. 风工程数值模拟中流域分区构造和网格划分新方法的研究与应用[J]. 建筑科学，2008，24(11): 54-59.

[5] Menter F R. Two - equation eddy - viscosity turbulence models for engineering applications [J]. AIAA Journal, 1994, 32(8).

[6] Wei Yang, Ming Gu, Suqin Chen, et al. New inflow boundary conditions for modeling equilibrium atmospheric boundary layers in CWE[J]. Journal of Wind Engineering and Industrial Aerodynamics, Accepted for publication.

大跨空间结构抗风设计分级研究

张建胜[1]　武岳[2]　吴迪[2]
(1. 浙江工业大学建筑工程学院　杭州　310014；
2. 哈尔滨工业大学土木工程学院　哈尔滨　150090)

1　引言

目前的研究方法中，不论是何种类型的大跨空间结构，大多采用相同的分析方法，包括复杂的动力分析以及等效静风荷载确定过程。实际上，对于某些类型结构，分析过程可以简化，以方便工程应用。事实上，解决上述问题的关键在于要将结构的抗风设计方法与结构的风振响应特性紧密联系起来，根据不同结构的响应特点采用针对性的分析方法，这样既保证了分析精度，又可根据不同结构的特点采取不同的分析假定，从而很大程度上简化了结构的抗风设计——这实质上就是结构抗风设计分级问题。然而遗憾的是，虽然各国规范都略有提及与结构抗风设计分级有关的条文，但在结构分级的具体标准上差异较大，并且很难找到相关的理论依据。基于此，本文试图利用结构风敏感度的概念为结构分级提供一种可行的途径，或提供一些合理的建议。

2　结构抗风设计分级

2.1　分级方法

本文基于文献[1]提出的结构风敏感度的概念，根据不同风敏感度所反映的结构风振响应特点，将结构划分为三个等级，即不敏感结构、中等敏感结构及敏感结构，以此来构建基于风敏感度的结构抗风设计分级体系。总体分级框架如下：

(1)不敏感结构：$\lambda < \lambda_1$，其特点是结构的风致动力响应不显著，可按点状刚性结构近似求解结构真实脉动风响应；

(2)敏感结构：$\lambda > \lambda_2$，其特点是结构的风致动力响应十分显著，根据单一模态和多模态参振的不同将其分为如下两类：

①敏感结构A：单一模态参振，可采用简化分析方法求解结构真实脉动风响应。

②敏感结构B：多模态参振，须采用精确的动力分析方法求解结构真实脉动风响应。

(3)中等敏感结构：$\lambda_1 \leqslant \lambda \leqslant \lambda_2$，其风致动力响应的显著程度介于不敏感和敏感结构之间，可采用简化分析方法求解结构真实脉动风响应。

2.2　结构分级界限的确定

从工程角度出发，尚应给出一些更为具体的结构分级界限。这就需要针对不同的结构类型、不同的荷载条件等作大量的参数分析工作，从中寻找规律，提出实用化的分级界限判定准则。为合理确定结构分级界限，确定如下基本原则：

(1)反映不同等级结构的抗风设计特性，并使其抗风设计得到简化；

(2)要与现行规范(规程)相衔接；

(3)不同结构形式尽量以统一的界限进行分级，以便于工程应用。

基金项目：浙江省自然科学基金项目(Y1110128)，中国博士后基金面上项目(20100480087)，浙江省教育厅科研项目(Y201018793)资助。

(1)结构分级界限 λ_1 的确定

由结构风敏感度的定义式可知,当 $\lambda<1.0$ 时,表明真实结构的脉动风响应小于点状刚性结构的脉动风响应。而后者由于具有足够的刚度抵抗风荷载,其脉动风响应并不显著,此时,真实结构的脉动风响应则更不显著。因此,本文以 $\lambda_1=1.0$ 作为不敏感结构与敏感结构(包含中等敏感)的分界线,即当结构风敏感度 $\lambda_1\leqslant1.0$ 时,为不敏感结构。

(2)结构分级界限 λ_2 的确定

当真实结构的脉动风响应大于点状刚性结构脉动风响应的50%时,划分为敏感结构;当其相对增量小于50%时,划分为中等敏感结构。即本文以 $\lambda_2=1.5$ 作为划分中等敏感结构和敏感结构的分界线。该值虽含有主观因素,但可以被人们所接受。为说明其合理性,本文从以下两方面进行验证:

其一,结构风敏感度在一定程度上反映了结构共振响应与背景响应间的相对关系,为此可通过分析结构位移共振响应和背景响应间的比值关系来体现不同等级结构的风振响应本质特性。关于结构共振响应和背景响应的相对关系,本文探讨了 R/B 与 R/T 之间的函数关系,其中,R 为结构共振响应;B 为结构背景响应;$T=\sqrt{R^2+B^2}$ 为结构脉动风总响应。R/B 与 R/T 之间的函数关系如下:

$$R/B=(B/T)/\sqrt{1-(R/T)^2} \tag{1}$$

根据式(1)可得到 R/B 与 R/T 关系曲线,如图1所示。由图可知,当 $R/T>80\%$ 时,此时可认为共振响应分量对结构脉动风响应起控制作用,其对应的 $R/B>1.3$。这也说明了敏感结构风致动力响应十分显著的主要原因是由共振响应分量的动力放大效应引起的。

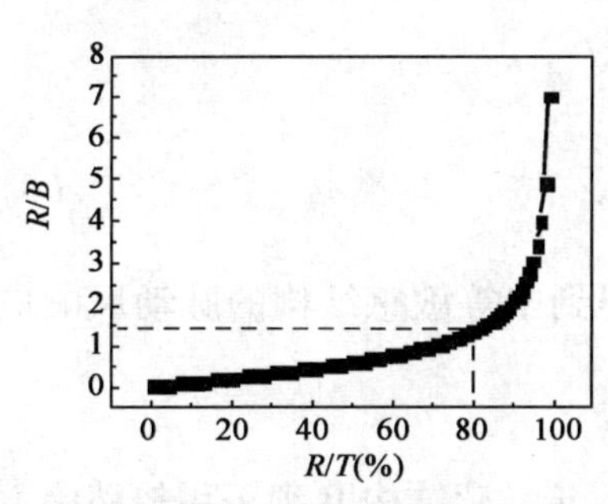

图1 R/B 与 R/T 之间的关系曲线

其二,在实际工程应用中,结构的位移响应是工程设计人员较为关心的一个响应指标,并且在现有的结构设计规范(规程)中,对不同结构形式的位移限值都做了明确的规定[2-3]。因此,可通过结构在风荷载作用下的位移峰值响应与结构跨度的比值来衡量不同等级结构的风振响应显著程度。

综上所述,结构抗风设计分级的界限值如下:

(1)不敏感结构:$\lambda<1.0$;

(2)敏感结构:$\lambda>1.5$;

(3)中等敏感结构:$1.0\leqslant\lambda\leqslant1.5$。

2.3 不同等级结构的风振响应简化分析方法

根据文献[1]可知,风敏感度反映了结构的真实脉动风响应与基准脉动风响应间的比例关系,由于求解基准脉动风响应相对于直接求解结构的真实脉动风响应而言要容易得多,因此借助风敏感度的概念可以使结构抗风分析流程得到简化。本文针对不同等级结构风振响应分析方法的解决思路是:

(1)对于不敏感结构和中等敏感结构,由于其脉动风响应并不十分显著,可在求解点状刚性结构脉动风响应的基础上,乘以修正系数得到真实脉动风响应,以此达到简化计算的目的;

(2)对于敏感结构A,仅考虑单一模态参振,可在基准脉动风响应的基础上乘以一修正系数来简化计算真实脉动风响应;

(3)对于敏感结构B,考虑多模态参振,须采用精确的动力分析方法求解结构真实脉动风响应,不宜采用上述简化方法,否则会导致较大的计算误差。

(1)不敏感结构

由于不敏感结构的敏感度指标小于1.0,即真实结构的脉动风响应应变能小于点状刚性结构的脉动风响应应变能,因此其脉动风响应(以 σ_T 表示)可采用点状刚性结构来近似表达。

点状刚性结构的脉动风响应(以 σ_{b0} 表示)可表示为:

$$\sigma_{b0}=\int_0^L I_r(z)\ \sigma_F(z)\mathrm{d}z \tag{2}$$

式中，I_r 为影响线函数；σ_F 为脉动风均方根。

因此，不敏感结构的脉动风响应可简化表示为：

$$\sigma_T = \sigma_{b0} = \int_0^L I_r(z)\ \sigma_F(z)\,dz \tag{3}$$

(2) 中等敏感结构

根据结构风敏感度的定义式，可得到如下关系式：

$$\lambda \propto \frac{{\sigma_b}^2 + {\sigma_r}^2}{{\sigma_{b0}}^2} \tag{4}$$

式中，σ_b、σ_r 分别为真实结构的背景和共振响应分量；σ_{b0} 为点状刚性结构的脉动风响应。

由式(4)可知，左端是结构风敏感度 λ，反映的是响应应变能；右端反映的是结构的位移响应，两者之间必然存在某种联系。为此，本文引入一个转换系数 η，来体现结构脉动风响应应变能与位移响应向量间的关系，如下所示：

$$\eta^2\lambda = \frac{{\sigma_b}^2 + {\sigma_r}^2}{{\sigma_{b0}}^2} = \frac{{\sigma_T}^2}{{\sigma_{b0}}^2} \tag{5}$$

因此，中等敏感结构的脉动风响应可简化表达为：

$$\sigma_T = \int_0^L I_r(z)\left[\eta\sqrt{\lambda}\sigma_F(z)\right]dz = \eta\sqrt{\lambda}\sigma_{b0} \tag{6}$$

即在点状刚性结构脉动风响应 σ_{b0} 的基础上，乘以修正系数 $\eta\sqrt{\lambda}$ 得到中等敏感结构的脉动风响应 σ_T，其中的转换系数 η 通过最小二乘法得到。

(3) 敏感结构

敏感结构 A 可采用中等敏感结构的简化求解方法计算，如式(6)；对于敏感结构 B 须采用较精确方法求解分别求解结构背景响应及共振响应，这两者的具体求解方法较为成熟，这里不再赘述。

3 算例分析

本文以悬挑屋盖结构、平板网架结构、单层球面网壳结构、单层柱面网壳结构及悬索结构五类典型大跨空间结构形式为例，探讨其结构抗风设计分级问题。

图 2 给出了五类屋盖结构的风敏感度分布图。

由图 2 可知：①单层球面结构的风敏感度数值小于1.0，属于不敏感结构。②悬挑屋盖和鞍形索网结构的风敏感度总体上均大于 1.5，属敏感结构。由于悬挑屋盖考虑单一模态参振即可满足精度要求，而鞍形索网结构需考虑多模态参振，因此悬挑屋盖结构属敏感结构 A，鞍形索网结构属于敏感结构 B；③单层柱面网壳结构除少数个例外，结构风敏感度数值主要分布在(1.0，1.5)这一值域内，即总体上属于中等敏感结构。④平板网架结构的风敏感度值域为 $\lambda \in (1.0, 2.0)$，即该类结构在不同参数下历经了敏感结构和中等敏感结构两个等级。计算结果表明，当其结构基频大于2.0Hz时属于中等敏感结构，小于 2.0Hz 时属于敏感结构 A。

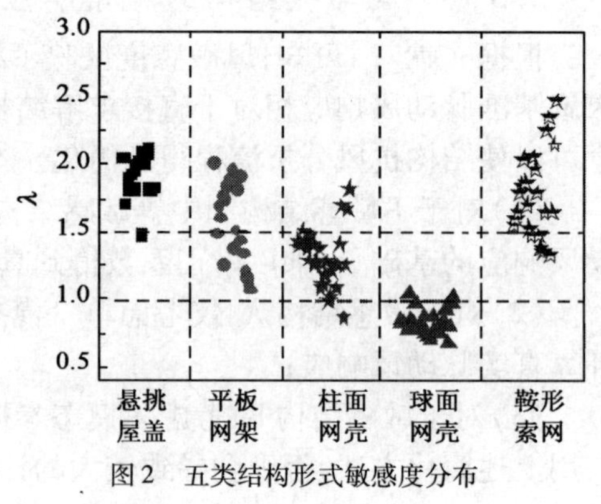

图2 五类结构形式敏感度分布

此外，图 3 给出了不敏感结构、中等敏感结构及敏感结构 A 用简化分析方法与精确解的比较。

可以看出，除不敏感结构的单层球壳外(但其脉动风响应不显著，其误差可以控制在工程设计的允许范围内)，其他两个等级结构的简化计算能保证较好的精度。其主要原因在于单层球壳是多模态参振，而网架和悬挑屋盖是单一模态参振。这验证了本文方法的有效性。

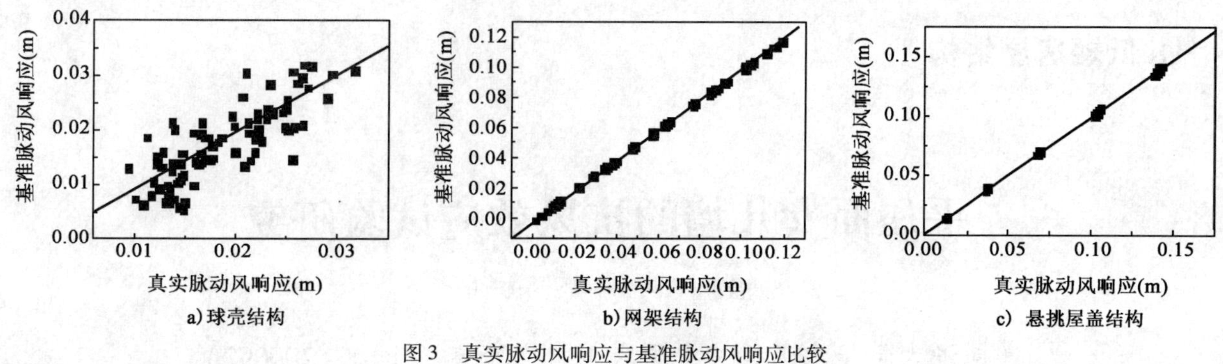

图3 真实脉动风响应与基准脉动风响应比较

4 主要结论

通过本文研究,得出如下主要结论:

(1)构建了基于风敏感度的结构抗风设计分级体系,以反映不同等级结构的抗风设计特性,并使其抗风设计得到简化,总体分级框架如下:

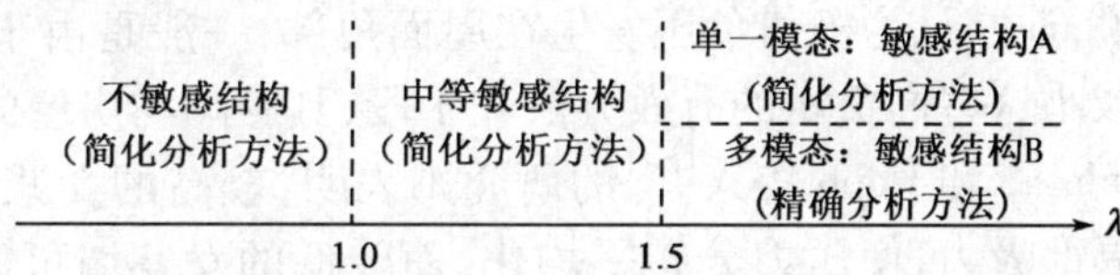

(2)利用本文结构分级方法对典型大跨空间结构进行分析,研究表明:单层球壳结构属于不敏感结构;悬挑屋盖属于敏感结构 A;鞍形索网属于敏感结构 B;单层柱面网壳结构属于中等敏感结构;对平板网架结构,当基频大于 2.0Hz 时属于中等敏感结构,小于 2.0Hz 时属于敏感结构 A。

参 考 文 献

[1] 武岳,张建胜,吴迪. 大跨空间结构的风敏感度研究[G]//第十五届全国结构风工程学术会议论文集. 杭州,2011.

[2] 中华人民共和国行业标准. JGJ 7—2010 空间网格结构技术规程[S]. 北京:中国建筑工业出版社,2010.

七、低矮房屋结构

平屋面女儿墙的抗风效应试验研究

黄鹏　彭新来　顾明

（同济大学土木工程防灾国家重点实验室　上海　200092）

1　概述

低矮房屋在风灾中首先是围护结构的破坏，根据风压分布特点可以知道，这些破坏主要原因是围护结构所受风荷载的极值超过其承受的能力，因此，减少屋面极值风压和加强房屋的抗风承载力是最为有效的方法。对于平屋面来说，通常认为极值负压发生在屋面角部，一般是由于斜风向时锥形涡造成的。设立女儿墙被认为是一种减小这些高负压的有效方法和手段，其影响与房屋的几何尺寸、女儿墙的相对高度等因素有关。Stathopoulos[1] 和 Kopp 等人[2-3] 的研究则表明，较高的女儿墙（高度大于 1.0m）总的来说可降低屋面转角处的局部吸力，使压力分布平均化，而较低的女儿墙可能增加屋面转角处的风荷载。Kopp 等人[3] 和 Surry、Lin[4] 对具有锯齿形、方形和圆形等不同边界形状，不连续以及透风的多种女儿墙进行了风洞试验，发现与普通的女儿墙相比，这些几何形状改变后的女儿墙均能大大减小迎风屋面角部和边缘的峰值吸力。

本文针对女儿墙气动效果的主要影响因素进行研究，得出了一些有意义的结论，以便于对于今后低矮房屋的设计提供一定建议。

2　试验概况

本次风洞试验是在同济大学土木工程防灾国家重点实验室风洞试验室的 TJ-2 大气边界层风洞中进行的。根据我国民用建筑的周围环境，确定本试验的大气边界层流场模拟为 B 类地貌风场；图 1a）为风洞中模拟的 B 类地貌平均风速和紊流度剖面。试验模型［图 2a）］对应的实际建筑尺寸为长 10m，宽 6m，高 8m。模型采用了 1/20 的几何缩尺比，风速比约为 1/3。在模型屋面上布置了 356 个测点，见图 2b）。采样频率为 312.5Hz，每个测点采样时间为 60s。以试验风垂直吹向山墙方向为 0°风向角，按顺时针方向增加风向角，取风向角间隔为 15°。

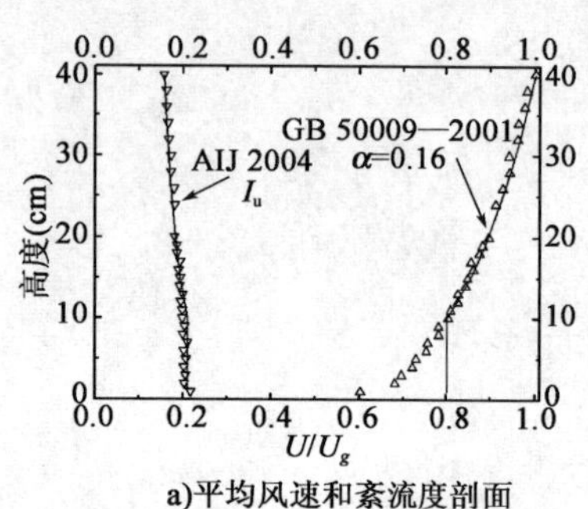

a）平均风速和紊流度剖面

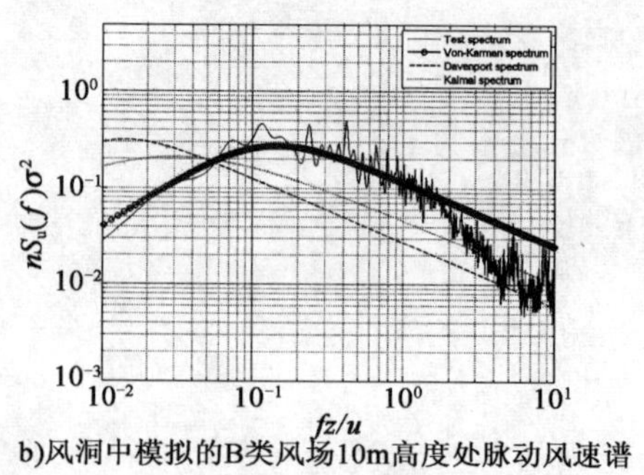

b）风洞中模拟的B类风场10m高度处脉动风速谱

图　1

基金项目：上海市浦江人才计划，教育部留学回国人员科研启动基金和国家自然科学基金项目（50708082）联合资助。

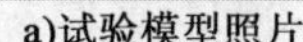
a)试验模型照片

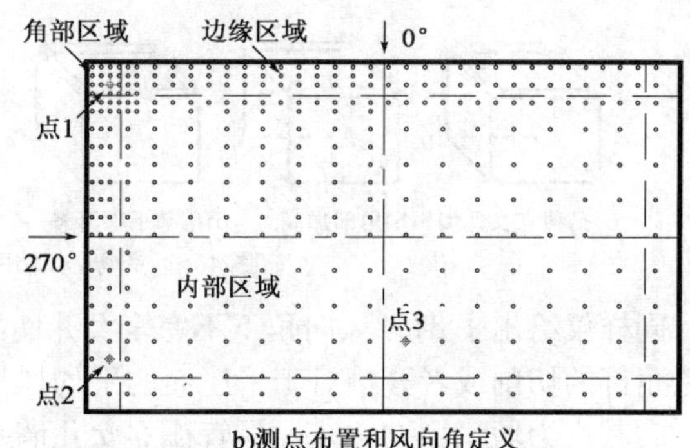

b)测点布置和风向角定义

图 2

3 与其他试验结果的比较

文中的试验结果选择与日本东京工艺大学的低矮建筑气动数据库结果进行比较。试验结果对比分析表明，由于模型几何形状和模拟风场的细微差异，导致两个试验结果有些差别，但整体上风压分布是很相似的，并且分离泡和锥形涡的现象非常明显。两组试验结果基本一致。

4 女儿墙气动效果影响因素研究

4.1 相对高度

已有的一些相关文献对于女儿墙相对高度研究得出的结论不是非常一致，本论文中考虑了表1中的几种高度的女儿墙研究。物体表面的压力通常用无量纲压力系数 C_{Pi} 的参考高度取屋檐高度处，即实际8m高度。限于篇幅，图3仅给出了315°风向角下不同高度实体女儿墙的平屋面平均风压分布情况。由图中的结果可以看出，随着女儿墙高度的增高，平均风压变化逐渐平稳，锥形涡的影响降低，女儿墙的气动作用效果明显；但是当女儿墙高度达到1.2m，即 $h/H=0.15$，这种变化效果不再继续。不同女儿墙相对高度时的最不利平均风压系数见表1。当女儿墙较低（相对高度 $h/H<0.01$）时，女儿墙的设置反而会增大最不利平均风压；但是，当女儿墙高度继续增大时，最不利平均风压会急剧减少；当其高度增大一定值时（$h/H \geqslant 0.15$），最不利平均风压会在 -1.3 左右趋于稳定，女儿墙气动效果不随相对高度变化而变化。

不同高度女儿墙与最不利平均风压系数　　表1

h(m)	0	0.08	0.16	0.40	0.80	1.20	1.60	2.00
h/H	0	0.01	0.02	0.05	0.10	0.15	0.20	0.25
最不利平均风压系数	-4.12	-4.25	-3.42	-2.10	-1.52	-1.35	-1.25	-1.27

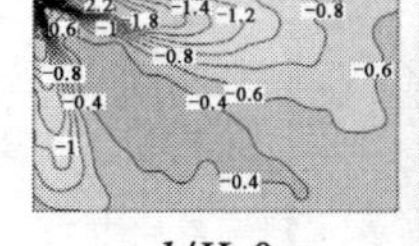
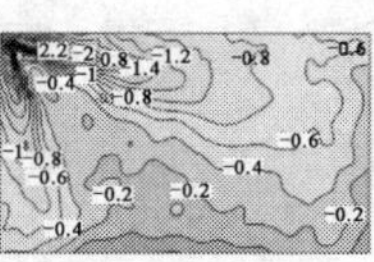
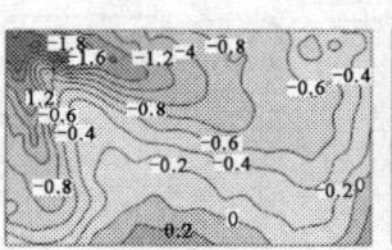
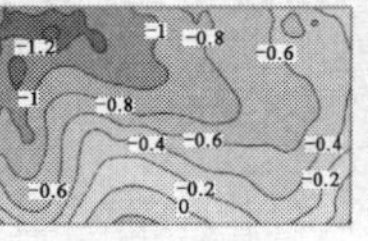
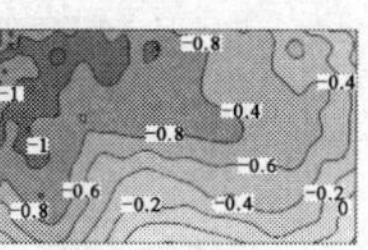

h/H=0　h/H=0.01　h/H=0.02　h/H=0.05　h/H=0.10　h/H=0.15

图3　带有不同高度女儿墙的平屋面315°风向角下平均风压分布

4.2 不完全女儿墙

不完全女儿墙包括孤立、角部上下部分别开槽、城垛形女儿墙、角部加高等几种情况。屋面角部区域风压分布十分复杂，通常情况下，女儿墙角部的微小变化可能会导致风压分布差别很大。为了研究角部处理对于屋面风压分布的影响，本文考虑了如图4所示的五种女儿墙形式，为了便于比较，女儿墙高度均为0.8m。

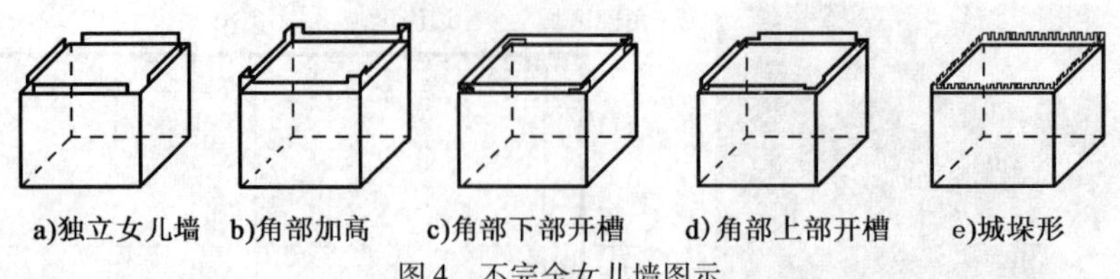

a)独立女儿墙 b)角部加高 c)角部下部开槽 d)角部上部开槽 e)城垛形

图4 不完全女儿墙图示

限于篇幅,同样仅给出了315°风向角下不完全女儿墙的平屋面平均风压分布情况,见图5。从图结果可见:女儿墙角部的切削或者开槽对于平屋面的平均风压的影响很大;其中,气动作用效果最佳的为角部加高女儿墙,其次为城垛型女儿墙。尽管孤立女儿墙一定程度上减小了屋面角部处的最不利平均风压,但是与实体女儿墙相比,气动作用效果较差。

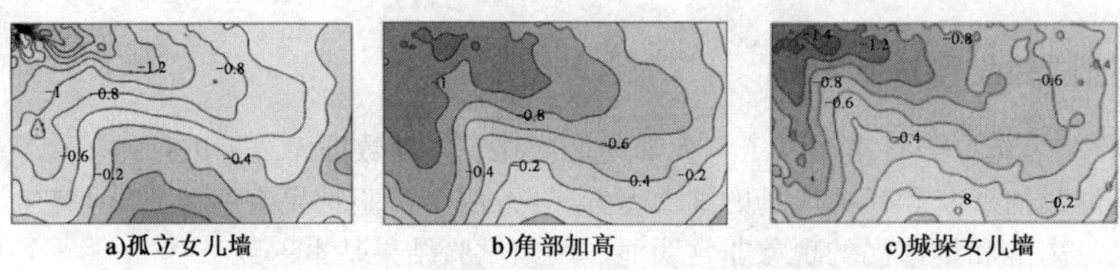

a)孤立女儿墙 b)角部加高 c)城垛女儿墙

图5 带有各种不完全女儿墙的平屋面315°风向角下平均风压分布

4.3 几何形状

女儿墙的几何形状是多种多样的,而且其作用机理也并不完全一致;本文考虑了不倾斜出挑、倾斜不出挑、倾斜出挑、圆孔、筛网型女儿墙6种典型几何形状的女儿墙(图6)进行研究。

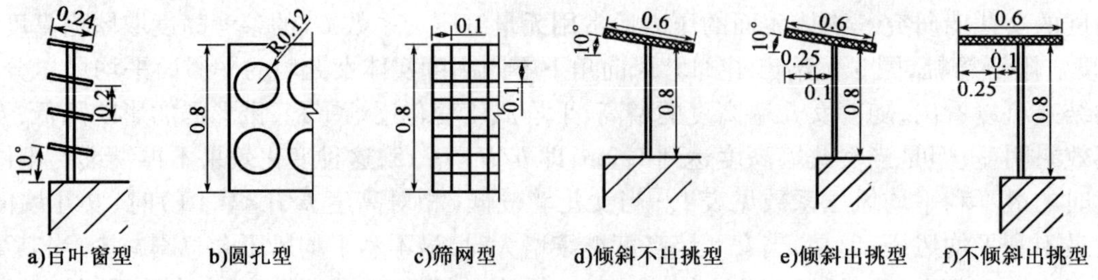

a)百叶窗型 b)圆孔型 c)筛网型 d)倾斜不出挑型 e)倾斜出挑型 f)不倾斜出挑型

图6 六种典型几何形状女儿墙(尺寸单位:m)

限于篇幅,同样仅给出了315°风向角下不同几何形状女儿墙的平屋面平均风压分布情况,见图7。由图中的结果可以看出,本文列出的几种不同形状女儿墙均能明显降低屋面风压。相对于几种盖板干扰器女儿墙而言,几种有孔女儿墙的气动效果更好,其中效果最佳的是百叶窗型女儿墙。从图7a)可见,该风向角下,百叶窗型女儿墙平屋面的内部区域风压分布非常平坦,楔形区域已经消失不再明显,最大的平均负压仅为-0.4左右。

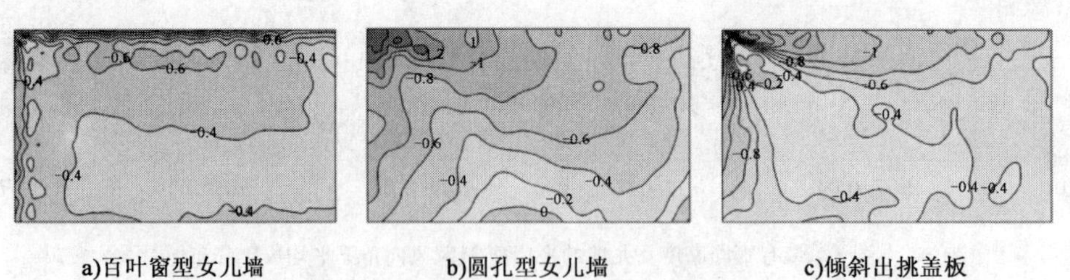

a)百叶窗型女儿墙 b)圆孔型女儿墙 c)倾斜出挑盖板

图7 带有不同几何形状女儿墙的平屋面315°风向角下平均风压分布

5 女儿墙对于平屋面典型测点脉动风压功率谱影响

由于女儿墙种类太多,限于篇幅,不便把所有结果罗列出来。根据上面的研究结果可知,气动效果较好的几种女儿墙包括百叶窗型、城垛型、角部加高以及0.8m高的实体女儿墙等。所以,下文主要研究这4种女儿墙对于屋面功率谱的影响效果。

图 8 给出了不同女儿墙平屋面典型测点在 315°风向角下脉动功率谱对比结果。为了便于比较,所有测点的功率谱曲线均经过了平滑处理。4 种女儿墙的平屋面上不同区域的典型测点脉动风压功率谱对比分析的结果可以总结出这几类女儿墙对于来流中频率成分一些共同的作用特点:女儿墙类似于一个滤波器,气体扰流后高频的能量不同程度地损耗,即女儿墙的出现减小了来流中的高频成分,使屋面上的风压分布更加平稳。

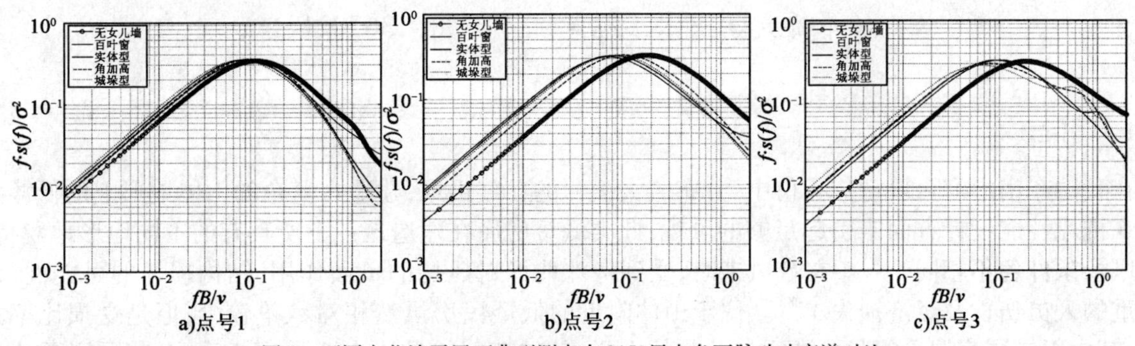

图 8　不同女儿墙平屋面典型测点在 315°风向角下脉动功率谱对比

6　结论

(1)对于平均风压,当高度较低的时候($h/H\leqslant 0.01$),女儿墙的出现不但不能减小,反而会增大屋面的最大平均负压;当女儿墙高度继续增加,最大平均负压会急剧减少;但是当其高度达到一定值时($h/H\geqslant 0.15$),最不利平均风压会在 -1.3 左右趋于稳定,女儿墙气动效果不随相对高度变化而变化。

(2)几种不完全女儿墙的区别主要在于对女儿墙角部的处理,平均风压分布对比之后发现女儿墙角部削减或者开槽对于它的抗风性能影响很大,其中气动作用效果最佳的为角部加高女儿墙,其次为城垛型女儿墙。

(3)几种有孔女儿墙(包括百叶窗型)和几种盖板干扰器女儿墙均能明显降低屋面风压,其中效果最佳的是百叶窗型女儿墙。由于百叶窗型女儿墙上的孔洞打碎了了涡的形成,吸收了来流中的能量,并且提高了已经形成的小碎涡的位置,使其远离屋面,降低了对屋面风压的影响,使得屋面楔形区域已经消失不再明显,最大的平均负压仅为 -0.4 左右。

(4)不同女儿墙平屋面的典型测点的脉动功率谱表明,女儿墙的出现具有消耗来流高频成分能量的作用,减小小来流中的脉动高频部分,使屋面上的风压分布更加平稳。

参 考 文 献

[1]　Stathopoulos T, Baskaran A, Goh P A. Full-scale measurements of wind pressures on flat roof corners [J]. Journal of Wind Engineering and Industrial Aerodynamics, 1990. 36 (Part 2): 1063-1072.

[2]　Kopp G A, Surry D, Mans C. Wind effects of parapets on low buildings. Part 1: basic aerodynamics and local loads[J]. Journal of Wind Engineering and Industrial Aerodynamics, 2005, 93 (11): 817-841.

[3]　Kopp G A, Mans C, Surry D. Wind effects of parapets on low buildings. Part 4: mitigation of corner loads with alternative geometries [J]. Journal of Wind Engineering and Industrial Aerodynamics, 2005, 93 (11): 873-888.

[4]　Surry D, Lin J X. The effect of surroundings and roof corner geometric modifications on roof pressures on low-rise buildings [J]. Journal of Wind Engineering and Industrial Aerodynamics, 1995, 58 (1-2): 113-138.

山体地形下低矮房屋屋面风荷载作用效应分析

彭兴黔　时凌琳

（华侨大学土木工程学院　泉州　362021）

1　引言

在我国东南沿海台风重灾省份中，分布着大面积的丘陵山地，建造在复杂的山体地形上的低矮建筑普遍在抗风性能设计方面未引起足够的重视，此类低矮房屋在建造地点上所具有的不同地形地貌特征，使其风场条件各不相同[1-6]。在台风来时，受到特殊地形对风场的负面作用，结构损坏的可能性，易造成严重的人员伤亡及经济损失[7-8]。位于山体附近的低矮民房虽然相对数量较少，但是受损比率大大增加，其中以二层房屋受损最为严重。从整体上说，其破坏往往是从表面围护体系，尤其是屋盖体系的破坏开始的。因此，通过对山体地形下，低矮房屋屋面风荷载的研究，来揭示山丘风场特性、屋面风压分布规律、风向角及山丘高度对屋面风压的影响，从而指导工程实践，具有一定的理论意义和应用价值。

2　计算模型及数值模拟参数设置

低矮房屋模型选取典型的二层双坡屋面房屋，模型长度方向 12m，宽度方向 8m，檐口高 7m，屋面坡度 30°（图 1）。山体选取三维正弦山丘单体，建筑物位于山丘迎风方向正前方，与山脚的间距 S 取 24m（图 2）。

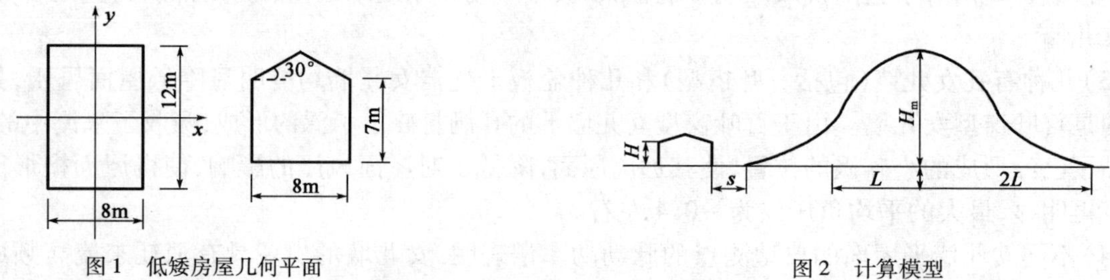

图 1　低矮房屋几何平面　　　　图 2　计算模型

山丘中轴线剖面轮廓函数选取正弦函数[9]，定义如下：

$$z = \frac{H}{2}\left[1 + \sin\left(\pi \frac{x - L}{2L}\right)\right] \tag{1}$$

定义山丘形状因子 R 如下：

$$R = \frac{H_m}{L} \tag{2}$$

当形状因子不变时，山高 H_m 与 L 成正比，山高 H_m 可以决定山丘的几何尺寸。本文固定形状因子 $R=1$，山体高度 H_m 分别选取 50m、100m、150m、200m（图 3），风向角在 0°～180°之间，每 15°变化一次风向角（图 4）。

湍流模型取剪切应力 SST κ-ω 模型。入口边界条件采用指数率 $U(z) = U_0(z/z_0)^0$，入口处的横向速度为湍流的来流速度，取 $v = w = 0$。其中：$U_0 = 4.315\text{m/s}, z_0 = 10\text{m}$。按 B 类地貌考虑，地貌粗糙度系数 $\alpha = 0.16$。入口湍流剖面：湍流动能 $K(z) = 1.2[I(z) \times U(z)]^2$，湍动能耗散率 $\varepsilon(z) = \frac{c_u^{3/4} k(z)^{3/2}}{kL_u}$。其中：$L_u$ 为湍流特征尺度，本文中取 50m；$I(z)$ 为湍流强度，根据文献［10］，取$I(z) = 0.1(z/z_G)^{-\alpha-0.05}$，

基金项目：福建省自然科学基金项目（2009J01255）、福建省科技计划重点项目（2010Y0037）资助。

$z_G = 350$m。出口边界布置在离模型较远的地方,认为湍流已经完全充分发展,取各变量的法向导数为0,参考压强为0Pa。计算域上表面和侧面采用自由滑移固壁,计算域底面及模型表面采用无滑移固壁[11]。

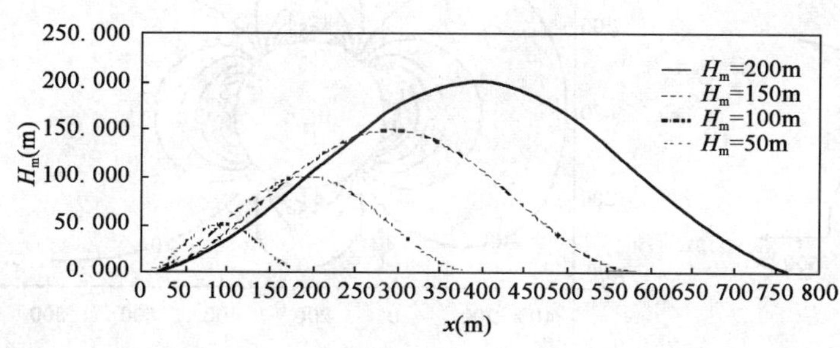

图3　R 相同山高不同的山丘

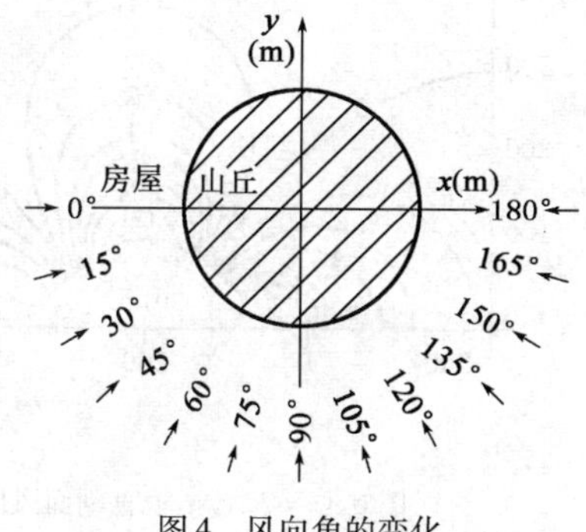

图4　风向角的变化

3　模拟结果分析

3.1　风场特性

以 $L = 100$m、$H = 100$m 的山丘为例,说明山丘周围的风场特性。由于山丘具有对称性,房屋相对于山丘体积很小,因此主要选取0°风向角进行分析。

图5为 $z = 0$ 处 xy 垂直剖面风速等值曲线图,风速分布的总体特征是风速流场基本沿山顶垂线对称。由图可知,地形对风速产生了较大的影响,在坡顶处最大风速达到了7.733m/s,即相对于入口处该高度的风速5.81m/s,增长率为33.1%。可见,地形对风速的影响是绝对不能忽略的。

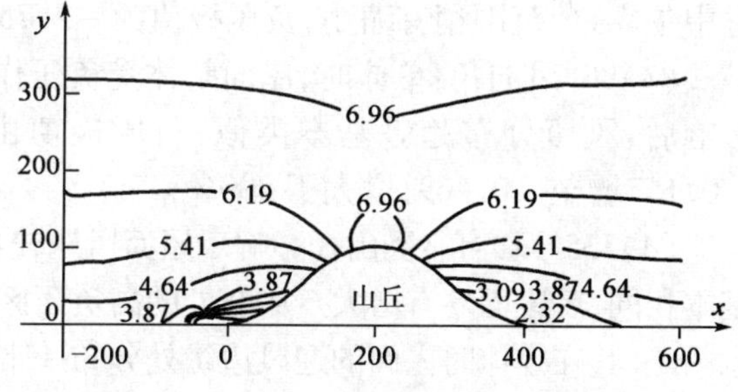

图5　$z = 0$ 处 xy 垂直剖面风速等值曲线图

$y = 0$ 处 xz 垂直剖面风压分布图(图6)表明,在坡顶附近的等压线很规则,大致沿坡顶垂线对称,风洞整体受负压,在山顶近地面区域负压最大,大约为 −13Pa。远离坡顶,负压逐渐减小。约在高度方向离坡顶处600m,风压趋近于0。由于在坡顶处负压很大,若在坡顶建造房屋,即使坡屋顶的坡度很大,屋面也很可能受很强的风吸力,这也是在建筑选址的时候应尽量避免坡顶的一个重要原因。山丘前、后很大一块区域内形成了一个正压区。

山丘前的正压区,受其中的建筑影响,区域呈半圆形,影响区域最高处为300m。山丘后的正压区呈马鞍形,影响区域最高处为280m,影响范围较大。在其前、后靠近山脚处,出现较大风压增长,越靠近山丘表面风压越大。

5m 高度处水平剖面风压等值曲线图(图7)表明,5m 高度处的水平剖面整体受负压。在山丘迎风方向形成了近似圆形的正压区间,影响范围很大,x 方向的最大宽度约为400m,y 方向约为600m。越接近山丘,压力越大,其峰值为5.8Pa。在山丘的背风面,同样也形成一个正压区,较迎风方向的正压区,y 方向宽度最宽处约为600m,其长度较长,距离山丘背风山脚1 300m 的范围内均处于正压区内,且越靠近山丘,风压越大。山丘侧风两侧,受到负压作用,在靠近山丘的位置形成负压增长较快的两个区域,其分布基本沿山丘中轴线对称,峰值为 −6Pa。

3.2　屋面风压分布

低矮房屋的抗风设计需要确定结构所受到的风荷载状况,结构风荷载一般是以结构风载体型系数或结构表面风压系数的方法表示的。风压系数为风在建筑表面引起的实际压力与来流风压的比值[5]。本文通过数值模拟,获得了各风向下屋面风压分布规律,屋面风压系数平均值、风压峰值,现以 $H =$

100m 的山丘为例分析如下。

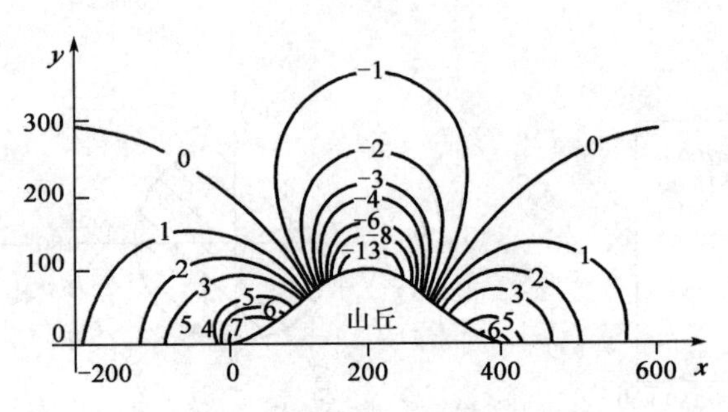

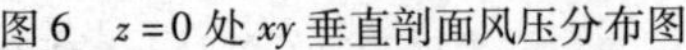
图6　$z=0$ 处 xy 垂直剖面风压分布图

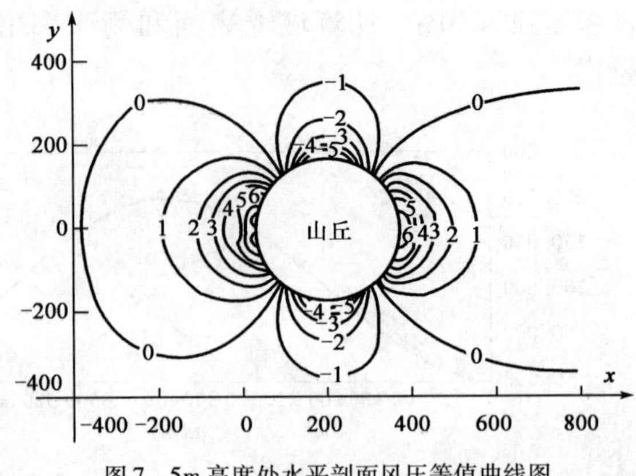

图7　5m 高度处水平剖面风压等值曲线图

(1)0°风向角:建筑物单体时屋面主要受风吸力的作用。屋面屋檐、侧风边缘、屋脊处由于气流发生较强分离,风压增长很快,形成局部高负压区,负风压系数极值为 -1.107。而将其置于山丘周围后,屋面整体受到正压作用,迎风屋檐处出现局部负压区,极值为 -0.55,背风屋檐、屋脊处也有小部分区域受负压作用,负压值很小。说明此风向角下,山丘的影响对抗风有利。

(2)45°风向角:单体时屋面受风吸力的作用,迎风转角区域,有一小部分正压区,呈带状。负压区主要分布在屋脊处和屋面边缘,其极值为 -2.242。受到山丘的影响,整体负压有所增大,高负压区往屋脊中午靠近,范围稍有缩小,负压极值为 -2.751,增大了 22.7%。

(3)90°风向角:单体时,屋面整体受负压作用,迎风边缘处负压值较大,顺风向呈递减趋势,受山丘影响后,风压分布趋势基本类似,负压极值由 -1.86 增至 -2.325,增大了 25%;负压的极小值由 -0.157增至 -0.469,增大了 200%。

(4)135°风向角:受山丘影响后屋面风压较单体时,屋面风压分布规律大致类似,前屋面平均风压系数基本相同,后屋面略有增大。屋脊处的高负压区,负压极大值从单体时的 -2.242 减小至 -1.893。值得注意的是,其在单体时屋面的迎风边缘处分布一带状的正压区,受到山丘影响后,此区域受高负压作用。

(5)180°风向角:屋面单体时整体受负压作用,迎风屋檐和屋脊处均出现高负压区,受山体影响后,负压区仅出现在屋檐处,屋面整体受正压的作用,负压极大值由 -1.107 下降至 -0.365。这主要是由于山丘对房屋产生遮挡效应。

3.3　山丘高度对低矮房屋屋面风压的影响

由分析可知,风向角在 60° ~ 120°之间,影响因子[6]随着山丘高度 H_m 的增大而增大。表明,在形状因子 R 不变的情况下,屋面风压随着山丘体积的增大而增大。在风向角为 75°的工况下,山高 50m 时影响因子为 2,当山高为 200m 时,影响因子增大至 3.2,可见山丘高度的增大对屋面风荷载的影响很大。

风向角为 45°和 135°时影响因子随山高变化曲线趋近于水平线,山丘高度的变化对屋面风荷载的影响很小,可以忽略不计。

风向角在 0°和 15°时,屋面由单体时受到的负压变化为正压,随着山高的增大,风压增大。在 0°风向角下,山高 H_m 为 200m 时的影响因子较山高为 50m 时增大了约 1.3。

在其他风向角下变化曲线呈下降趋势,随着山高的增大影响因子减小,屋面风荷载体型系数逐渐减小。且影响因子均小于 1,说明在此工况下受山丘影响后屋面风压较单体时均有所降低,对抗风有利。

4　结论

(1)山体对建筑物周围风场的影响不容忽视,位于山体地形下的低矮房屋周围的风场特性较单体时发生较大改变,在抗风设计时应引起注意。

(2)与单体情况相比,山丘在 45° ~ 135°风向角下对低矮房屋屋面风压影响程度较大。其中以 75°

及135°时影响最大。其他风向角下屋面风压有一定程度的减弱,房屋位于山丘背风方向正后方(180)时,风压减小程度最大。所以在抗风设计中,不能忽视山体对低矮房屋屋面风压的影响,应加强受影响严重的部位。

(3)风向角在60°~120°时,屋面主要受负压,在山丘形状因子 R 不变的前提下风压随着山丘高度的增大而增大。45°和135°时,山高变化对屋面风压的影响很小。在其他风向角下,屋面主要受正压,且随山高的增大而增大。总体而言,山丘高度的增加使屋面出现最大的风压增长。

参 考 文 献

[1] Cao Shuyang, Tamura Tetsuro. Experimental study on roughness effects on turbulent boundary layer flow over a two – dimensional steep hill[J]. Journal of Wind Engineering and Industrial Aerodynamics, 2006, 94(1): 1-19.

[2] Shiau Baoshi, Hsu Shihchang. Measurement of the reynolds stress structure and turbulence characteristics of the wind above a two – dimensional trapezoidal shape of hill[J]. Journal of Wind Engineering and Industrial Aerodynamics, 2003, 91(10): 1237-1251.

[3] De Mello Paulo Eduardo Batista, Yanagihara Jurandir Itizo. Numerical prediction of gas concentrations and fluctuations above a triangular hill within a turbulent boundary layer[J]. Journal of Wind Engineering and Industrial Aerodynamics, 2010, 98(2): 113-119.

[4] Paiva Leanderson M S, Bodstein Gustavo C R. Numerical simulation of atmospheric boundary layer flow over isolated and vegetated hills using RAMS[J]. Journal of Wind Engineering and Industrial Aerodynamics, 2009, 97(9-10): 439-454.

[5] 王建明,贾丛贤,陈凯. 山地附近风场结构的实验研究[J]. 实验流体力学,2008,22(4): 42-47.

[6] 陈平. 地形对山地丘陵风场影响的数值研究[D]. 杭州:浙江大学,2007.

[7] 李伟国,丁珊胭,杨美仙. "云娜"台风对民房危害的特征分析[J]. 浙江建筑,2007,24(8):14 – 17.

[8] Tetsuro Tamura, Azuma Okuno, Yohei Sugio. LES analysis of turbulent boundary layer over 3D steep hill covered with vegetation[J]. Journal of Wind Engineering and Industrial Aerogynamics, 2007, 95: 1463-1475.

[9] 戴益民,李秋胜,李正农,等. 低矮的房屋风载特性——近地风剖面变化规律的研究[J]. 土木工程学报, 2009,42(3):42-48.

[10] 黄本才,汪从军. 结构抗风分析分析及应用[M]. 2版. 上海:同济大学出版社,2008.

低矮建筑风驱雨荷载分布的数值研究

陈水福　郑永鑫

（浙江大学结构工程研究所　杭州　310058）

1　引言

我国东南沿海地区属台风多发区域。台风侵袭地面建筑物的一个显著特点是狂风携带着暴雨共同袭击建筑物的围护结构表面，从而对它们的安全造成很大的威胁。

目前国际上对建筑表面风驱雨荷载的研究还比较少，相关研究多集中在风驱雨量的建筑物理学层面上。Blocken 和 Carmeliet 等[1]采用 CFD（计算流体动力学）方法模拟雨滴的轨迹，计算了建筑物的雨滴捕捉系数，并与试验结果进行了对比，研究表明数值方法能较好地模拟实际建筑物的风驱雨强度。台湾学者赖宗鼎[2]假设雨滴水平速度等于风速，将雨滴等效为类似空气的均质流体，研究结果显示雨荷载对低矮房屋的影响基本可以忽略，但对于高层建筑，雨荷载可占到风荷载的 50%。国内的李宏男、任月明等[3]把雨滴转化成均布荷载加载到输电塔上，通过 ANSYS 软件对输电塔的位移进行分析，认为雨荷载不可忽略。吴小平[4]利用 Fluent 软件初步研究了特大暴雨情况下的附加雨荷载，结果表明在风速为 30m/s、降雨量为 200mm/h 时，风雨荷载的最大值比规范计算的风荷载增大 30% 以上，雨荷载不可忽略。

本文采用 CFD 数值模拟方法模拟强风时低矮建筑周围的风场，然后在风场中插入降雨，通过 Fluent 软件追踪每个雨滴的轨迹，捕捉建筑迎风面的雨滴位置、速度、质量流等参数，最后对建筑迎风面的分区雨荷载进行计算分析，获得风荷载和雨荷载随空间和时间的分布规律。研究表明，雨荷载在分区之间具有显著的波动和跳跃性；当风速和降雨量均较大时，雨荷载不可忽略。

2　风场数值模拟

本文将低矮建筑简化为一个 10m × 10m 的二维方形建筑模型，考虑了三种入口风速，即近地面 10m 高度处的参考风速分别为 $U_{10}=10\text{m/s}$，$U_{20}=20\text{m/s}$，$U_{30}=30\text{m/s}$。首先进行二维稳态风场的数值模拟，数值模拟中采用的计算区域为一个长方形：顺风向尺寸为 750m，高度为 91m（图 1）。为在风场中引入降雨，建筑上风区域的尺寸较大。

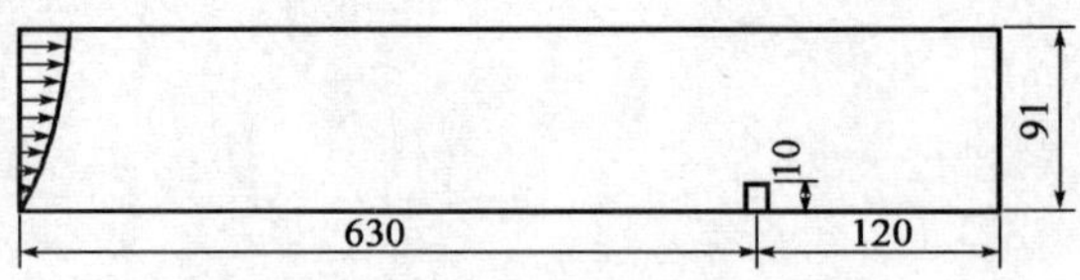

图 1　数值模拟的计算区域示意图（尺寸单位：m）

计算区域入口处的风速采用随高度变化的指数率分布风剖面，湍流强度采用日本规范建议的沿高度负指数变化规律。流入面的风速和湍流度的分布通过自编程序在边界条件中得到实现。近壁面的流动采用标准的壁面函数法处理。数值模拟中，湍流模型采用可实现的 $k\text{-}\varepsilon$（Realizable $k\text{-}\varepsilon$）模型，各联立方程的解耦以及压力场和速度场的校正采用了 SIMPLE 压力校正算法；控制参数求解中离散格式选择了一阶差分格式。入口边界条件设为速度入口（velocity-inlet），出口设为压力出口（pressure-outlet），房屋和风洞边界设为壁面（wall）。

基金项目：国家自然科学基金资助项目（50978230），“十一五”国家科技支撑计划项目（2008BAJ08B14）。

3　风驱雨轨迹模拟及雨荷载计算

降雨强度通常采用每小时的降雨量来描述。普通降雨的强度在 0 ~ 60mm/h,强降雨时可达到 100mm/h 以上[5]。本文研究台风环境下强降雨对低矮建筑的影响,因此选用了三种大暴雨情况进行研究,降雨量分别为 100mm/h、200mm/h、709.2mm/h。

由于雨滴在空气中所占的体积比远小于 10%,故本文采用离散相模型模拟雨滴颗粒的运动。该模型将雨滴看成是流动风场中离散的第二相,通过求解雨滴颗粒的运动平衡方程来计算雨滴运动轨迹,并计算雨滴到达建筑表面的速度、时间和质量流。数值计算中,插入风场的雨滴直径选择 1 ~ 6mm,分为 25 组;雨滴的尺寸分布符合 BEST 指数分布规律[6]。

雨滴选择在计算区域上风区间的顶面插入,插入时雨滴水平速度取为释放面所在高度处的平均风速,竖直速度取为无风状态下雨滴垂直降落末速度。雨滴在无风状态下的垂直降落末速度采用日本学者三原义秋提出的雨滴终速经验公式[7]。

雨滴在风力驱动下撞击建筑物表面形成的冲击荷载,按动量守恒定律计算。假设雨滴下落时为球体,其质量 $m=\rho_w\pi d^3/6$(ρ_w 为水的密度,d 为雨滴直径);与建筑表面的撞击时间设为 $\tau=d/(2v_t)$,v_t 为雨滴撞击前沿墙面法向的速度。于是根据动量守恒定律,雨滴在时间 τ 内对建筑表面的平均撞击力为:

$$F(\tau) = \frac{1}{\tau}\int_0^\tau f(t)\,dt = \frac{mv_t}{\tau} = \frac{1}{3}\rho_w\pi d^2 v_t^2 \tag{1}$$

本文假设风场为稳态风场,即意味着给定插入点、给定直径和竖向末速度的雨滴在风场中的运动轨迹是确定的。据此通过离散相数值模拟可计算出一次降雨事件中各雨滴撞击到建筑迎风面时的速度、位置、质量流等,再根据式(1)可进一步求得各雨滴的冲击荷载。

4　结果分析

为分析建筑不同区域风驱雨荷载的分布规律,本文将 10m 高的建筑迎风面从下到上均匀分为 100 个区块,分区编号分别为 1、2……100。在雨荷载计算中,取计算时间为 60s,先通过数值模拟获得每个雨滴的运动轨迹,再求出在 τ 时间内的冲击荷载。由于单个雨滴的作用时间非常短,因此在 60s 时段内,同一建筑迎风面区块上的雨滴荷载实际上是一个个间断的瞬时脉冲荷载。通过对每个等分时刻点迎风面上各分区的雨滴荷载进行统计计算,可获得各个分区的雨荷载随时间变化的曲线,取该曲线的最大值作为该分区雨滴冲击力的代表值,即为下文提到的分区雨荷载。

图 2 给出了三种风速条件下稳态风场中建筑迎风面的风荷载在不同区块(由下至上)的分布图。由图 2 可以看出,在较高区块(高度 7 ~ 10m)上,风荷载逐渐减小,至顶部附近逐渐由风压力转化为风吸力。这是由于气流在接近建筑顶部拐角附近出现了边界层分离,并形成了离散的旋涡,这些旋涡使得分离点附近出现了较大的吸力[8]。

图 3、图 4 分别给出了 10m/s、30m/s 风速下不同降雨量时建筑迎风面的雨荷载分布图。由图看出,雨荷载的曲线具有显著的波动或跳跃,这主要是由雨滴的离散性以及撞击时间的短暂性形成的;雨荷载随着雨量的增大而增大,但相对雨量的增大倍数,雨荷载的增大并不十分显著;当风速较大时(图 4),建筑迎风面上的雨荷载从下到上总体呈逐渐增大趋势,到迎风屋顶附近达到最大,这与风荷载的分布有较大区别。

图 5 给出了降雨量为 200mm/h 时三种风速条件下的雨荷载分布图。图中曲线表明,相同降雨量下,风速越大,雨的冲击荷载越大;而从区域分布规律看,雨荷载由下到上逐渐增大。

综合分析上述各图的风雨荷载分布曲线可以看到,在大暴雨(强度达到 100mm/h 以上)环境下,当降雨量相同时,风速的增加可造成雨荷载的显著增大;但相比之下,对于同一风速,因降雨量的增加所引起的雨荷载的增大效应并不显著。

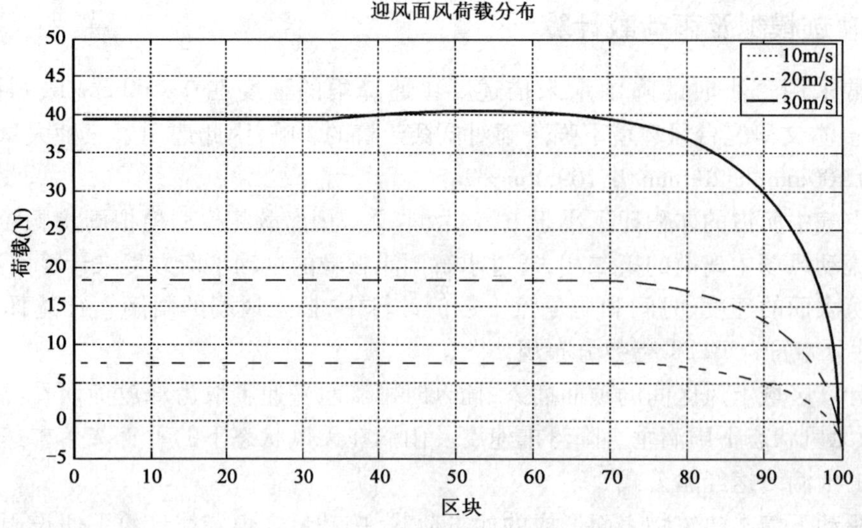

图 2　迎风面风荷载分布图

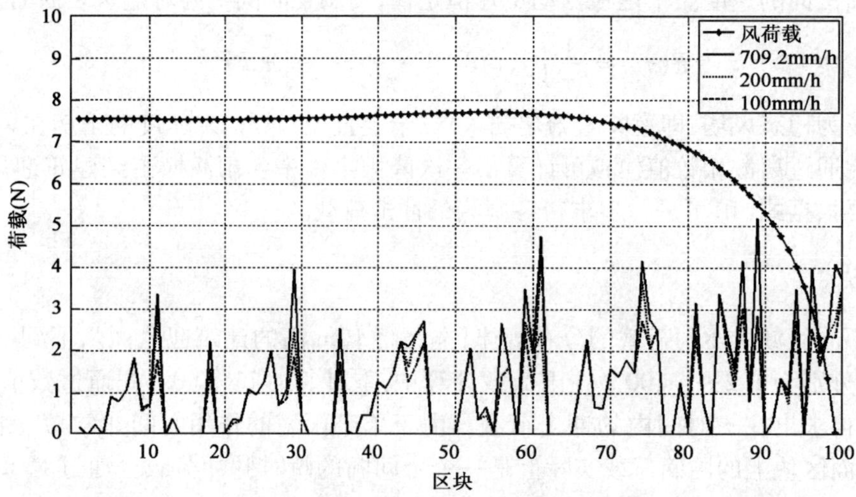

图 3　10m/s 风速下不同降雨量的迎风面雨荷载分布图

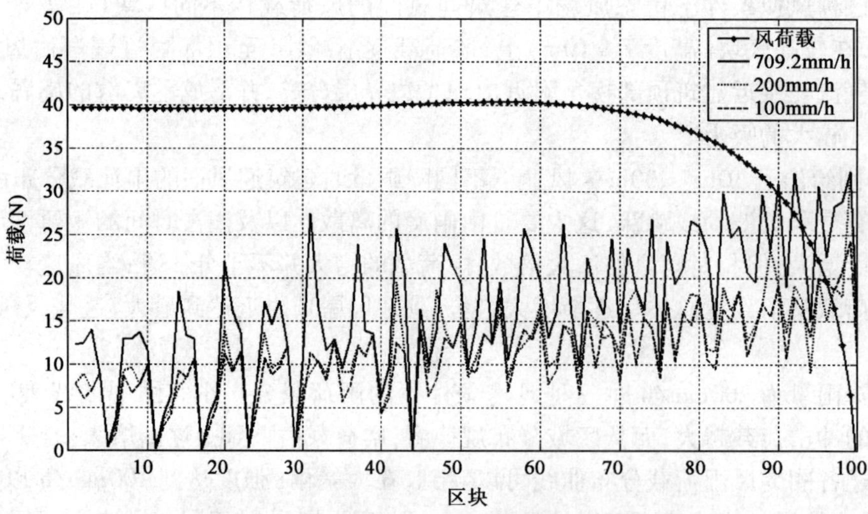

图 4　30m/s 风速下不同降雨量的迎风面雨荷载分布图

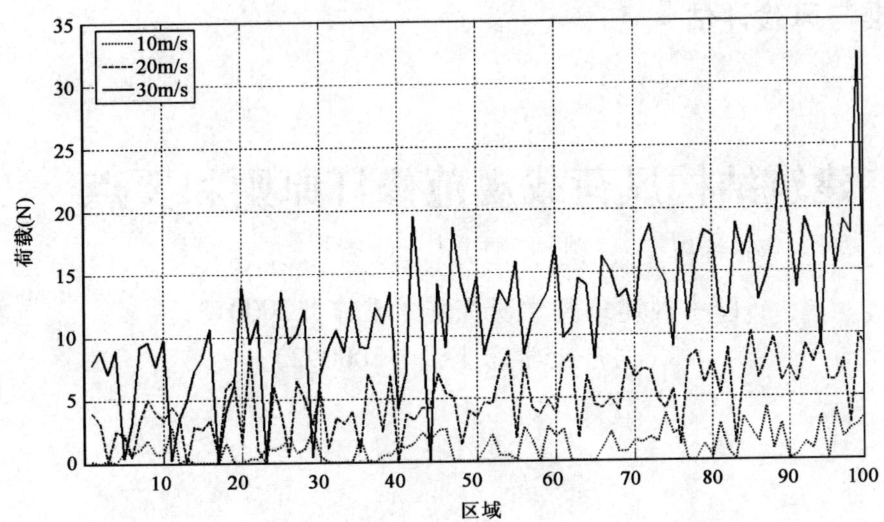

图5　200mm/h 降雨量时不同风速下迎风面的雨荷载分布图

5　结论

(1)雨荷载在建筑迎风面的不同区域间具有显著的波动性及跳跃性,这主要是由雨滴的离散性和撞击时间的短暂性引起的。

(2)风速较大(如达到20m/s以上)时,建筑迎风面上的雨荷载从下到上总体呈逐渐增大的变化规律,到迎风屋顶附近达到最大,这与风荷载的分布有较大区别。

(3)当降雨量达到大暴雨范围时,风速的增加可造成雨荷载显著增大,而降雨量的增大造成雨荷载的增大效应并不十分显著。

参考文献

[1]　Masaru Abuku, Bert Blocken, Kristine Nore, et-al. On the validity of numerical wind-driven rain simulation on a rectangular low-rise building under various oblique winds[J]. Building and Environment, 2009, 44: 621-632.

[2]　赖宗鼎. 强降雨对结构设计风力系数之影响[D]. 基隆:国立台湾海洋大学,2005.

[3]　李宏男,任月明,白海峰. 输电塔线体系风雨激励下的动力分析模型[J]. 中国电机工程学报,2007,27(30):43-48.

[4]　吴小平. 低层房屋风雨作用效应的数值研究[D]. 杭州:浙江大学,2008.

[5]　盛裴轩,毛节泰,李建国,等. 大气物理学[M]. 北京:北京大学出版社,2003.

[6]　Best A C. The size distribution of raindrops[J]. Q. J. R. Meteorol. Soc, 1950, 76: 16-36.

[7]　吕宏兴,武春龙,熊运章,等. 雨滴降落速度的数值模拟[J]. 土壤侵蚀与水土保持学报,1997,3(2):14-21.

[8]　埃米尔·希缪,H·斯坎伦. 风对结构的作用——风工程导论[M]. 上海:同济大学出版社,1992.

八、设计标准与风险评估

建筑结构风荷载规范修订原则和要点

金新阳[1]　陈凯[1]　唐意[1]　顾明[2]　王国砚[2]

（1. 中国建筑科学研究院　北京　100013；
2. 同济大学　上海　200092）

1　引言

根据住房和城乡建设部建标[2009]88 号文，对《建筑结构荷载规范》（GB 50009—2001）[1]进行全面修订，风荷载是本次修订的主要和重点内容之一。

本次荷载规范修订要将成熟的有工程依据的研究成果吸收进来[2-3]，完善和补充工程急需的抗风设计计算内容。修订要点主要包括：调整部分城市基本风压值；提高 C、D 两类地貌的梯度高度，调整 B 类地貌风剖面指数；细化局部体型系数与内压系数，反映位置与尺度影响；修改湍流度及阵风系数的计算公式；给出高层建筑群干扰效应系数的取值范围；修改顺风向风振系数计算的表达方法，增加高层建筑横风向和扭转风振计算方法，增加大跨结构风振计算原则规定。

2　风剖面

2.1　平均风剖面

我国规范与大部分国家的规范一样，一直沿用指数律来描述风速剖面。表 1 列出了中国和日本现行规范[4]的风速剖面分类和参数。图 1 给出我国现行规范的平均风速剖面与日本、欧洲规范[5]的比较。图中可以明显看出，对于低矮建筑，风速剖面差别不大，而对离地高度较高的高层建筑，我国规范的风速普遍大于日本与欧洲规范，尤其 C、D 两类差别更大。由此，提出了适当提高 C、D 两类地貌梯度风高度的修订方案。将平均风剖面的梯度高度更改为 300m、350m、450m 和 550m。

中、日风速剖面分类及参数　　表 1

地面粗糙度类别		I	II	III	IV	V
中国（旧）	梯度高度 z_G（m）	300	350	400	450	—
	指数 α	0.12	0.16	0.22	0.30	—
中国（新）	梯度高度 z_G（m）	300	350	450	550	—
	指数 α	0.12	0.15	0.22	0.30	—
日本	梯度高度 z_G（m）	250	350	450	550	650
	指数 α	0.10	0.15	0.20	0.27	0.35

另外对于 B 类地貌，修订组根据国内若干城市的逐日气象资料，推算得出的剖面指数比 0.16 略小。采用指数律剖面的国外规范，其平均风速剖面指数分别是日本 0.15[4]、美国 1/6.5[6]、加拿大 0.14[7]。鉴于此，本次修订将 B 类标准地貌的剖面指数修改为 0.15，适当降低了标准场地类别的平均风荷载。修改后的风速剖面与日、欧规范的比较结果见图 2，图中可以看出三者的平均风速沿高度的变化比较接近。

2.2 极值风剖面

围护结构设计一般采用极值风压[8]。我国现行规范定义极值风压为平均风压与阵风系数 β_{gz} 的乘积：

$$\beta_{gz} = k(1 + 2\mu_f) \tag{1}$$

式中，k 为地面粗糙度调整系数；μ_f 为脉动系数，脉动系数大致相当于峰值因子与湍流强度的乘积。

本次修订提出了改变脉动系数表达方式，直接给出峰值因子与湍流强度的修订方案。峰值因子 g 取为 2.5；湍流度在保留规范原有形式的基础上，采用更直观的表达方式：

$$I(z) = I_{10}\left(\frac{z}{10}\right)^{-\alpha} \tag{2}$$

式中，I_{10} 为离地 10m 高度处的湍流强度，对应 A、B、C、D 类分别取 0.12、0.14、0.23、0.39。

经测算，按以上峰值因子和湍流度剖面计算得出的极值风动压，大致相当于原规范值的 90% ~ 110%。

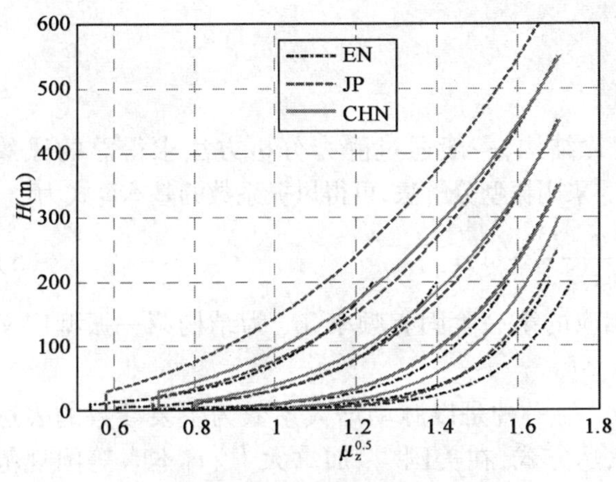

图 1 原规范与日、欧规范风速廓线的比较

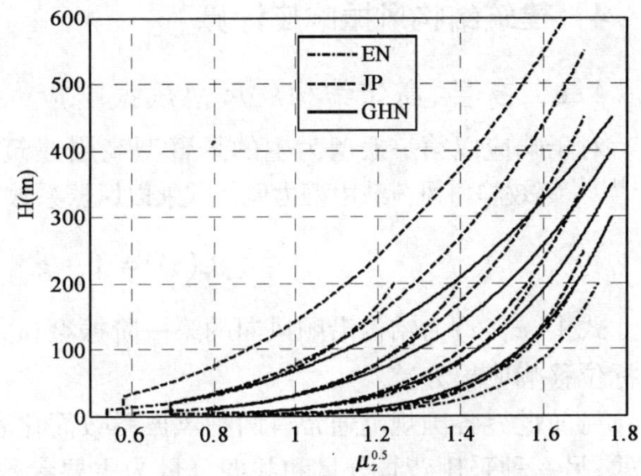

图 2 新规范与日、欧规范风速廓线的比较

3 体型系数

3.1 建筑物体型系数

随着高层建筑日益增多，规范体型系数表中"封闭式双坡屋面"已经不能涵盖较高的建筑物的迎风面和背风面风压值。因此在体型系数表中增补了"高度超过 45m 的矩形截面高层建筑"一项，将建筑的宽深比作为取值的影响参数，其值综合考虑了以往的文献报道和国外规范的取值。

3.2 局部体型系数

局部体型系数主要修订内容包括：①增加了矩形平面房屋的局部体型系数取值方法。细化了屋面局部体型系数的取值规定，将屋面坡度和建筑高深比作为取值的影响参数。②对于其他房屋和构筑物，将体型系数放大 25% 作为局部体型系数使用。③对于非直接承受风荷载的围护构件，局部体型系数可按从属面积进行折减。折减公式在原规范的基础上，根据不同位置和不同的局部体型系数值分别取值。最大的折减从属面积从 10m^2 增加到 25m^2，屋面最小折减系数从 0.8 减小为 0.6。

对典型的大跨结构屋面（高 30m，坡度 15°）的局部高负压区域，修订后除了 A 类地貌下大致与原规范值相当外，B ~ D 类地貌下风压设计值有 10% ~20% 程度不等的增加。

3.3 内部压力的局部体型系数

在文献调研和详细比较各国规范规定的基础上，本次修订增加了仅一面有主导洞口的建筑物的内压取值。对于多面墙都有主导洞口的情况，规定应按开放式建筑取值。

3.4 高层建筑群干扰效应

近几年来,国内学者在建筑群的风荷载干扰效应方面作了很多试验研究和工程应用[9-10]。图3、图4所示为单个施扰情况下总体风荷载干扰效应。图中可以看出顺风向干扰效应系数为0.8~1.1,横风向干扰系数为0.8~1.3。考虑到工程应用的经验,新修订规范规定干扰系数取值范围分别为1.0~1.1和1.0~1.2。

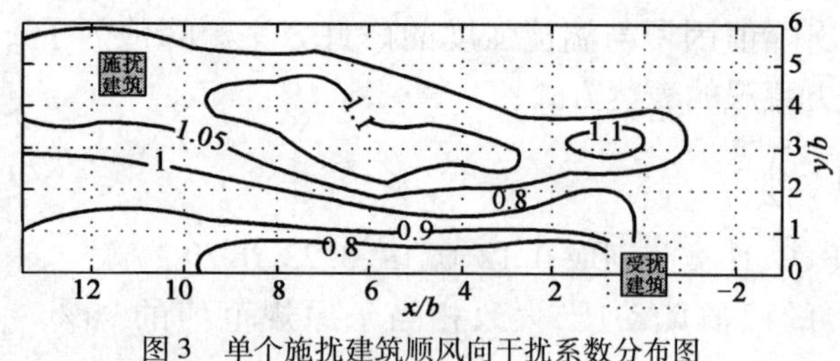

图3 单个施扰建筑顺风向干扰系数分布图

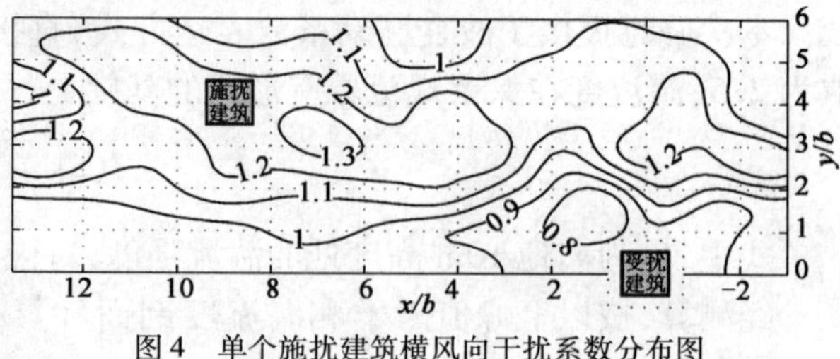

图4 单个施扰建筑横风向干扰系数分布图

4 建筑结构风振响应计算

4.1 高层、高耸结构顺风向风振响应

对于响应以第一振型为主的悬臂型高层建筑和高耸结构,一般通过静力分析方法求得总的风效应[11]。等效静力风荷载由静力风荷载乘以风振系数得到。采用振型分解法,可得风振系数的基本算式为:

$$\beta_z(z) = 1 + g \cdot \frac{m(z)\varphi_1(z)}{\bar{q}(z)} \cdot \omega_1^2 \sigma_{y_1} \tag{3}$$

式中,$\varphi_1(z)$为结构沿顺风向的第一阶振型;ω_1 为相应的第一阶固有频率;σ_{y_1}为结构第一振型广义坐标位移响应根方差。

目前世界各国规范通常有两种风振系数简化表达方式:一种是以脉动增大系数为主要参数的表达方式;另一种采用背景分量和共振分量为主要参数的表达方式,在美国[6]、加拿大[7]、日本[4]等国规范和欧洲标准[5]中采用。两种方式之间理论上可以互相转换[12]。而后一种表达方式已渐成趋势。为此我国新修订的规范拟采用此种表达方式,风振系数具体计算公式为:

$$\beta_z(z) = 1 + 2gI_{10}B_z\sqrt{1 + R^2} \tag{4}$$

背景分量因子 B_z 和共振分量 R 分别按随机振动理论进行计算。采用调整后的风剖面、湍流强度和峰值因子计算得出的风振系数普遍有所提高,新旧规范比较见图5。规范修订后,对A、B类地貌的一般高层建筑,总体风荷载提高5%~10%;对D类地貌或高度较高的超高层建筑,总体风荷载基本持平,甚至略有降低。图6所示为修改前后总体风荷载产生的基底剪力的比值随建筑总高度的变化。

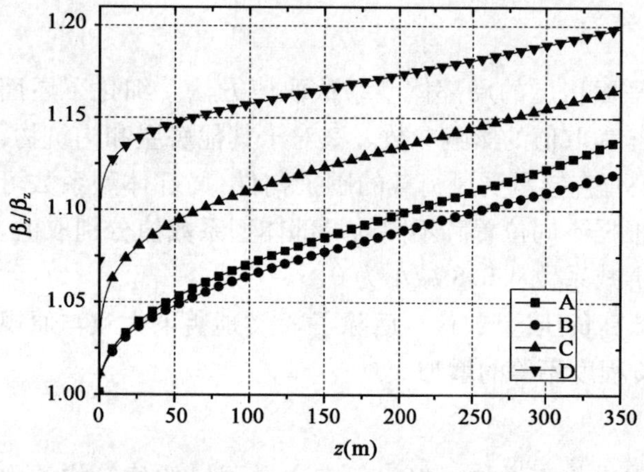

图5 新旧规范风振系数之比沿高度变化

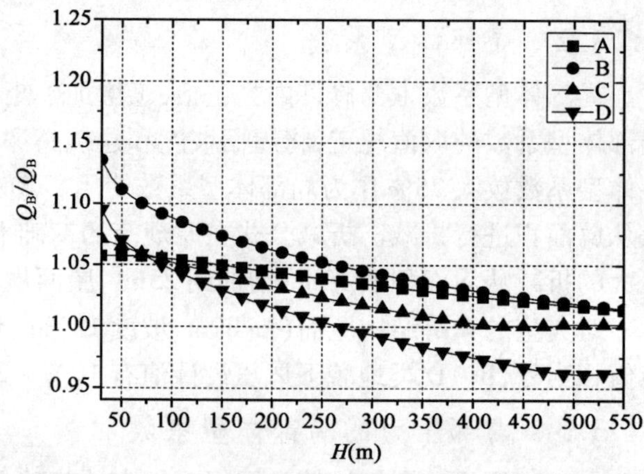

图6 新旧规范总体风荷载基底剪力之比随建筑总高度的变化

4.2 高层建筑横风向和扭转风振响应

目前，国内针对规则的矩形截面高层建筑的横风向及扭转方向风荷载进行了大量的风洞试验[13]。本次规范修订借鉴和参考各先进国家规范以及我国近几年的研究成果，增加工程急需的有关内容。对于满足一定条件的矩形及方形截面高层建筑，横风向及扭转方向风等效静力风荷载可分别按下式计算：

$$w_{\mathrm{Lk}} = g w_0 \mu_z C'_{\mathrm{L}} \sqrt{1 + R_{\mathrm{L}}^2} \tag{5}$$

$$w_{\mathrm{Tk}} = 1.8 g w_0 \mu_{\mathrm{H}} C'_{\mathrm{T}} \left(\frac{z}{H}\right)^{0.9} \sqrt{1 + R_{\mathrm{T}}^2} \tag{6}$$

式中，w_0 为基本风压；z、H 分别表示计算点高度和建筑总高度；R_{L}、R_{T} 分别为横风向共振因子和扭转共振因子；C'_{L}、C'_{T} 分别为横风向风力系数和扭矩系数。

4.3 大跨度空间结构风振响应

大跨度空间结构的风振问题与高层建筑有很大不同。为进一步明确这种差别，本次修订对大跨空间结构的风振单独行文，规定了需考虑风振影响的屋盖类型，以及计算大跨空间结构风振响应的基本原则。

5 结语

国内外大量有关建筑风荷载的试验研究和工程应用，为我国新一代风荷载规范的修订提供了科学依据，尤其是我国近几年建成的大量超高层建筑，积累了丰富的工程经验，给风荷载规范的更新和完善提供有力的技术支撑。本次修订根据国内外的最新成果，进一步完善了规范的体系，吸纳了国内外的风工程研究成果，切实考虑了工程设计中的实际需要，力争达到科学、合理、实用的修订目标。

《建筑结构荷载规范》(GB 50009—2001)是一本公益性很强的标准，直接关系到所有材料结构的安全性和经济性。欢迎各领域的专家学者积极参与，提出意见建议，共同做好荷载规范的修订工作。

致谢：在本规范的执行和修订过程中，项海帆院士、张相庭教授给予了很多关心和指导，谢壮宁、杨庆山、杜平等风工程专委会委员参与了风荷载专题研究和条文起草的讨论，在此一并表示衷心感谢。

参考文献

[1] 中华人民共和国国家标准. GB 50009—2001 建筑结构荷载规范[S]. 北京：中国建筑工业出版社,2006.

[2] 金新阳. 建筑结构风荷载研究进展与新一轮国家规范修订[G]//第14届全国结构风工程会议论文集,北京. 2009.

[3] Michael Kasperski. Specification of the design wind load-a critical review of code concepts[G]//Proceeding of 12th ICWE. Caairns,2007.

[4] AIJ. Recommendations for Loads on Buildings[S]. 2008.

[5] BS EN1991-1-4:2005,Eurocode 1:Actions on Structure,Part 1-4:General actions-Wind actions.

[6] ASCE/SEI 7-05,Minimum Design Loads for Buildings and Other Structures. 2006.

[7] NRCC. User's Guide-NBC 2005 Structural Commentaries (Part 4 of Division B). 2006.

[8] Xinyang Jin,Yaojun Ge,et al. Peak wind loading for claddings[G]//Proceeding of 3rd APEC-WW. New Delhi,2006.

[9] 谢壮宁，顾明，等. 高层建筑群静力干扰效应的试验研究[J]. 土木工程学报,2004, 37(6).

[10] 金新阳，唐意，等. 大连万达公馆高层建筑群风荷载干扰效应研究[G]//第14届全国风工程会议论文集. 北京,2009.

[11] 张相庭. 结构风工程——理论 规范 实践[M]. 北京：中国建筑工业出版社,2006.

[12] 张相庭. 结构顺风向风振的规范表达式及有关问题的分析[J]. 建筑结构,2004,34(7).

[13] 顾明，唐意. 矩形截面超高层建筑风致脉动扭矩的基本特征[J]. 建筑结构学报,2009,30(5).

智能结构健康监测系统理论及其工程应用

滕军　肖仪清　彭细荣　姚姝　卢伟　李成涛

（哈尔滨工业大学深圳研究生院　深圳　518055）

1　引言

大型重要结构，如桥梁、超高层建筑与大跨空间结构等，在其设计时，虽然经过较大量的计算分析和模型试验，但是否真正抓住结构的精确模型和环境荷载，工程设计是否忽视了某种荷载不利工况或结构的破坏模式，结构本身是否存在安全隐患，这些都是工程建设和设计者非常关注的问题。同时由于在服役期内，结构的疲劳效应、腐蚀效应、材料老化、受到长期风力等恶劣环境因素的影响造成结构的累积损伤。而这些大型重要结构由于结构破坏，甚至发生突发事故，将会带来重大的政治和社会影响、生命和财产损失。同时风灾是自然灾害中造成经济损失较大的一种灾害。汉城奥运会体操馆和击剑馆的索穹顶结构在使用过程中发现大部分连接件因风的作用出现松动；河南体育场罩棚是网架结构，在一次大风后发生局部破坏，一些杆件发生了弯扭变形，支座和节点处的螺栓发生剪断而造成杆件脱落[1]。若对结构进行灾前应力状态超限预警，将有效地降低结构破坏的直接、间接经济损失和社会影响。对现有的重大结构和设施进行损伤检测、健康诊断、安全评估和灾难预报，以及预知维修和视情况维修制度的建立，将有助于从根本上消除隐患，避免灾难事故的发生。因此，在大型重要结构中应用结构健康监测技术是非常必要的，它已成为各国政府的投资热点，科研机构和专家学者的研究热点。

结构健康监测指利用布置在结构上的各种类型传感器，运用工程结构、动力学、信号处理、传感技术、通信技术、材料学、模式识别等多学科的知识，实测结构响应并对其进行分析，从而获得结构当前的健康状况，或得到关于结构在其运行环境中老化和退化所导致的完成预期功能变化的实时信息。各种规模的桥梁结构健康监测系统的建立开始于20世纪80年代中后期，如英国在总长522m的三跨变高度连续钢箱梁桥Foyle桥上布设传感器，监测大桥运营阶段在车辆与风载作用下主梁的振动、挠度和应变等响应，同时监测环境风和结构温度场，该系统是最早安装的较为完整的结构健康监测系统之一，它实现了实时监测、实时分析和数据网络共享；建立结构健康监测系统的典型桥梁还有挪威主跨530m的Dkarnsundet斜拉桥、美国主跨440m的Sunshine Skyway Bridge斜拉桥、丹麦主跨1 624m的Great Belt East悬索桥等。我国自20世纪90年代起在一些大型重要桥梁上建立了不同规模的结构监测系统，如香港的青马大桥、汲水门大桥和汀九大桥，上海的徐浦大桥和江阴长江大桥，以及最近几年兴建的润扬长江大桥、滨州黄河大桥、苏通大桥、深圳—香港西部通道等。近几年，我国的健康监测系统也得到了显著地发展，深圳市民中心屋顶网架结构的智能监测系统，实现了实时监测结构在风力作用下的工作状态[2-4]。国家游泳中心钢膜结构健康监测系统的实施为大跨空间结构风致动力响应监测和灾变行为跟踪建立了实施系统[5]。本文结合深圳市已实施和正在实施的结构健康监测项目，详细介绍结构健康监测系统的组成、功能目标及风力等环境因素影响下的实现过程。

2　结构智能健康监测系统的系统构成

结构健康监测系统通常由传感器子系统，数据传输与采集子系统，数据处理与分析子系统，监控中心等部分组成。智能健康监测系统的核心为智能健康监测软件，它具备的主要功能如下。

（1）实测获取结构构件的动态应变信息，识别有损伤结构的动力特性，实现结构有限元模型修正。

（2）通过实测获取结构复杂构件上的应变，应用神经网络遗传算法识别其上的支座反力，并据此实现复杂构件的动态应力场描述。

(3)通过实测获取结构承受的荷载值,依次实时计算结构和支撑构件的动态应力,并依据实测结构构件上的应力对计算模型和计算结果进行验证和修正。

(4)当遇雷电等原因使电致传感器瞬间失效时,启动不在线获取的结构上荷载频域特性数据库,依据修正的结构模型用随机振动方法求取结构响应根方差。再利用光纤光栅传感器获取的实测结构构件应变,识别结构响应峰因子。最终可得到结构关键构件的最大响应值。

(5)实现结构关键构件工作状态的评估,支撑结构和支座构件的工作状态评估和报警,实现结构实时安全性评估和损伤结构剩余抗力和剩余寿命的预测。

(6)所有分析结果具备可视化界面。

3 结构智能健康监测系统的工程应用

3.1 深圳大梅沙万科中心结构健康监测项目

深圳大梅沙万科中心位于深圳大梅沙海滨,总用地面积为61 730m^2,总建筑面积为137 116m^2(图1)。建筑方案为若干个巨型筒体及实腹厚墙、落地柱支撑起上部4~5层结构,在底部形成了连续的大空间(图2)。主要结构方案为上部结构为混合框架与拉索结构体系,即结构底层采用钢结构,上层采用混凝土宽梁扁柱体系,由底层钢结构及预应力拉索将结构竖向质量传递到主要竖向支承构件——筒体及落地墙、柱。侧向荷载通过水平楼板传递到筒体和墙,主要由筒体承受侧向荷载。深圳大梅沙万科中心结构健康监测项目的功能与目标是根据对该结构在风力等荷载作用下结构的静力和动力特性分析结果来确定的。

图1 深圳万科中心效果图

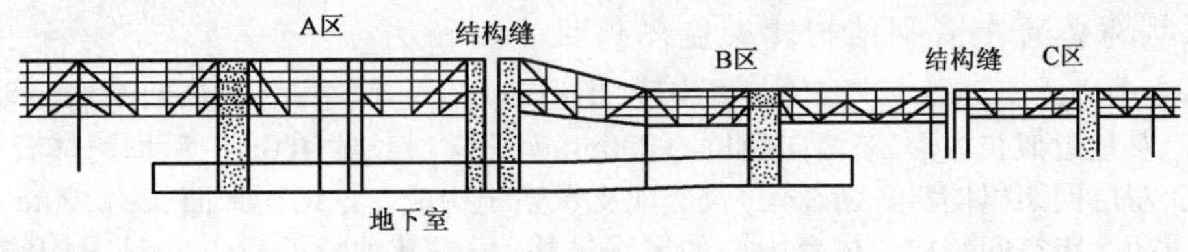

图2 深圳万科中心结构主要剖面图

(1)工程复杂性和超限情况。该工程结构比较复杂,主要超限情况体现在平面不规则,扭转不规则,较大的跨度和悬挑、竖向构件不连续等方面。

(2)施工过程分析。该工程上部结构主体均悬在空中,施工过程中的关键在于结构形状控制,控制结构变形,即可保证混凝土结构梁、柱在施工过程中主要承受自重,由整体变形产生的弯矩效应较小,避免开裂。

(3)竖向舒适度分析。图2中,A区第2阶振型为竖向振动,B区部分结构前4阶振型均为竖向振动,C区第一振型为竖向振动。结构跨度较大,竖向频率较低,接近行人跑、跳频率。需要进行舒适度分析。

结合实际工程施工与运营阶段的情况,该结构健康监测系统方案的功能与目标如下。

(1)施工阶段对索的拉力进行监测,把握索的应力水平,指导索的预应力张拉,使索更好地满足设计意图,使整个结构达到更好的工作状态。

(2)施工阶段二层钢梁、二层钢管混凝土柱、棒钢等重要构件和部位的应力监测,保证这些构件在施工过程中的安全。

(3)施工阶段二层钢结构起拱或下挠变形监测、筒体及落地构件顶端的水平位移监测,控制结构施工阶段的变形。

(4)对结构运营阶段索的拉力,关键部位构件的应力应变监测,强风作用下在超出限值时预警。

(5)结构运营阶段受到强风等环境因素影响下的竖向加速度监测,从而对舒适度给出评价。

(6)中心数据库的数据管理功能(存储、打印、显示等)。

(7)数据库与应用程序自动接口功能以及与其他系统数据自动交互功能。

用于结构施工阶段和运营阶段结构健康监测的传感器汇总见表1。

大梅沙万科中心结构监测的传感器汇总表 表1

监测内容	传感器类型	数量	位置
应力	光纤光栅应变传感器	30	钢梁
应力	光纤光栅应变传感器	28	钢管混凝土柱
应力	光纤光栅应变传感器	6	棒钢
应力	光纤光栅应变传感器	6	钢套管
应力	电阻应变计	72	承压板
应力	电阻应变计	10	钢管混凝土柱
应力	电阻应变计	72	焊缝
索力	智能筋	16	拉索
温度	光纤光栅温度传感器	35	同应变传感器位置,用于补偿
变形	棱镜及全站仪	102	长拉索的上下两端
舒适度	加速度传感器	14	楼板

通过监测系统的运行为拉索拉张力的确定、主要承重构件的实际受力状况、整体结构沉降的稳定性等提供了科学参考依据。具体测试结果与分析为:①智能索索力监测结果与分析;②铸钢节点应变片应变监测结果与索力推断分析;③钢梁应变监测结果与分析;④钢管混凝土柱应变监测结果与分析;⑤钢套筒应变监测结果与分析;⑥结构变形监测结果与分析。

3.2 深圳湾体育中心钢结构健康监测项目

深圳湾体育中心位于深圳湾滨海休闲带中段,南山后海中心区东北角,深圳湾后海填海区内,占地约307 700m^2。基地近似长方形,东西向最长约730m,南北向最长约480m。深圳湾体育中心钢结构屋盖由单层网壳、双层网架(体育馆、游泳馆)及竖向支承系统构成。该结构平面长约500m,宽约240m,结构体系复杂,属超大跨空间结构。体育中心的屋顶结构,根据其独特的建筑造型,选用700cm×450cm的矩形钢管直接"编织"而成,四个开口处结合建筑功能设置树型支撑柱,有效减少屋面结构跨度。

鉴于本工程的重要性和工程的复杂程度,同时又处于沿海边,在结构施工与使用阶段主要关注如下内容。

(1)风荷载。深圳湾体育中心靠近深圳湾海面,场地开阔,深圳市地处华南沿海,是严重的台风影响区,每年都要遭遇多个台风的侵袭。深圳湾体育中心是超限大跨空间结构,属于典型的风敏感结构,对于风荷载需要给予特殊的关注。深圳湾体育中心体量大、体型不规则,风荷载分布比较复杂。

(2)深圳湾体育中心结构屋盖主要由单层网壳和竖向支承系统构成。屋盖结构空间相互约束,结构前若干阶振型主要为网壳的局部振动,因此,结构的温度应力和支座反力比较显著,需要予以关注。结构设计时,对大量构件采用了应力比不大于0.9的控制原则,局部构件的工作应力比水平比较高,在结构运营使用过程中,需要对其实际的应力水平进行监测。

(3)深圳湾体育中心观景桥有跨度大、频率低的特点,尽管结构的承载力满足要求,不会因为承载力不足而发生破坏,但是因为桥共振将引起结构振幅长期过大,有可能影响结构的正常使用,如舒适度问题较突出。对此,也需要在结构运营使用过程中,对结构关键部位的振动进行监测。

根据以上结构的主要关注内容,结合实际工程施工与运营阶段的情况,给出深圳湾体育中心结构健康监测系统的施工监控和运营阶段结构健康监测系统方案的功能与目标如下。

(1)对钢屋盖结构合拢及卸载进行全过程温度监测,并保证结构在合拢温度范围内合拢。

(2)给出钢屋盖施工运营过程中关键杆件应力以及结构关键点的变形值。

(3)提供深圳湾体育中心结构重要区域的风速和结构风致振动等信息。

(4)有效监测深圳湾体育中心运营使用阶段结构的变形状态、关键部位和关键构件的受力和安全状态,实现对重要构件应力超界的多级报警。

(5)及时发现结构响应的异常、结构损伤或退化,确保结构运营安全。

(6)可以向有关专家提供监测数据,供业主在台风、地震及其他灾难性事件后,及时提供实时信息,以实现全面有效的安全评估。

(7)为研究大跨空间结构的环境作用、受力状态、风致振动等提供直接的现场试验模型、试验系统和试验数据。

(8)验证计算假定和参数,为同类结构设计提供有效参考,为规范规程的修订提供有效资料。

用于结构施工阶段和运营阶段结构健康监测的传感器汇总见表2。

深圳湾体育中心结构监测的传感器汇总表 表2

监测内容	传感器类型	数量	位置
温度	数字温度传感器	102	合拢缝
应力	振弦式应变计	12	环向杆件
应力	振弦式应变计	48	树状柱
应力	振弦式应变计	48	钢屋盖支座
变形	棱镜与全站仪	12	钢结构罩棚前端部
振动	加速度传感器	8	钢结构罩棚前端部,观景桥
风速	风速仪	2	体育中心附近的开阔场地

深圳湾体育中心施工监测系统为结构施工阶段提供了科学参考依据。具体监测结果与分析如下。

(1)关键部位温度监测与分析。

(2)三类关键构件及节点部位的应变监测与分析。

(3)变形监测结构与分析。

4 结论

本文结合深圳市的几个实际工程的结构健康监测项目,详细说明了智能结构健康监测系统的构成与实现,通过深圳大梅沙万科中心结构健康监测项目和深圳湾体育中心结构健康监测项目的实施,说明结构健康监测可以监测结构施工与运营阶段,风力等荷载作用下的结构响应,为结构的施工和运营安全提供有效可行的手段。

参考文献

[1] 雷宏刚.钢结构事故分析与处理[M].北京:中国建材工业出版社,2003:211.

[2] 瞿伟廉,滕军,项海帆,等.风力作用下深圳市民中心屋顶网架结构的智能健康监测[J].建筑结构学报,2006(1):1-8.

[3] 滕军,李秀英,李朝.开口空间结构表面风压分布规律研究[J].工程抗震与加固改造,2010(6):18-24.

[4] 滕军,秦明义.单面开孔空间结构风压分布及风致内压研究[J].工程抗震与加固改造,2007(2):13-18.

[5] Ou Jinping, Li Hui. Recent advances on research and practical application of structural control and structural health monitoring in mainland China[G]//The Proceeding of 4th China – Japan – US Symposium on Structural Control and Monitoring. 2006.

单个构件结构平均风振疲劳寿命分析

王钦华　石碧青　许平生

（汕头大学土木工程系　汕头　515063）

1　引言

结构平均风振疲劳寿命分析研究可以分为两个层次：单个构件的疲劳寿命分析和结构系统疲劳寿命分析。例如城市中钢质灯柱以及交通信号灯等结构是由单个主要构件组成，单个构件结构发生风振疲劳破坏的例子很多[1]，国内外的一些学者对该类结构风致疲劳问题进行研究：Holmes 在等效窄带法的基础上提出了估算顺风向风振疲劳寿命的上下限法[2]；Roberson 等[3]基于线性累计损伤理论对钢质灯柱进行疲劳寿命预测，并且验证了 Holmes 提出的上下限法；M. P. Repetto 和 G. Solari[4]将结构的应力响应分为背景响应和共振响应，用累积损伤理论对结构进行顺风向疲劳寿命分析。此后，M. P. Repetto 和 G. Solari[5]考虑了风速风向联合分布的影响，对由旋涡脱落、横向紊流以及涡激共振引起的平均风振疲劳损伤问题进行研究。M. P. Repetto 和 G. Solari[6]考虑了风速风向联合分布的影响以及顺风向力、横风向力以及涡激共振的影响对圆形线状结构进行平均风振疲劳寿命分析。

本文首先给出了求得结构所在位置处的风速风向联合分布函数的方法，然后简单介绍了平均风振疲劳寿命分析理论，并结合风荷载的风速风向联合分布特征给出其分析流程。最后，分析了一工程实例。

2　风速风向联合分布函数

风速在空间上有一定的分布并随时间变化，风速风向联合分布是风荷载基本的特征之一，一般规范只给出基本风速或者风压。若要对结构进行风振疲劳分析，需要考虑结构位置处的风速风向联合作用的影响。考虑风速风向联合分布的统计分析分为以下四个主要步骤：①极值风速样本的抽样；②对给定风向区间内的风速分布概率模型进行检验和参数估计；③用谐波函数拟合风向区间间隔的频度函数以及分布函数中的参数；④由气象站位置处的风速风向联合分布函数得到建筑物位置处的联合分布函数，并进一步求得不同重现期对应的最大风速。

首先要对气象站的气象资料进行整理、统计并进行极值风速样本抽样，在得到极值风速样本在各风向和各风速范围发生的频度统计表后，就需要根据统计结果来拟合出极值风速分布概率模型，极值风速分布概率模型可归纳为三种极值分布：极值Ⅰ型（Gumble）分布、极值Ⅱ型（Frechet）分布和极值Ⅲ型（Weibull）分布[7]。根据三种极值风速分布概率模型，并假设同一地点不同方向的平均风速分布概率模型参数是相互独立的，由该方向的极值风速样本来估计分布参数，可得到风速风向联合分布的三种联合分布模型[8]。

Gumbel 分布：
$$P(U < x,\theta) = f(\theta)\cdot\exp\left[-\exp\left(-\frac{x-b(\theta)}{a(\theta)}\right)\right] \tag{1}$$

Frechet 分布：
$$P(U < x,\theta) = f(\theta)\cdot\exp\left[-\left(\frac{x}{a(\theta)}\right)^{-\gamma(\theta)}\right] \tag{2}$$

Weibull 分布：
$$P(U < x,\theta) = f(\theta)\cdot\left\{1-\exp\left[-\left(\frac{x}{a(\theta)}\right)^{\gamma(\theta)}\right]\right\} \tag{3}$$

式中，$f(\theta)$是反映极值风速样本在各个风向区间分布情况的风向频度函数，可以从极值风速样本在各风向和各风速范围发生频度统计表中得到，联合分布函数中的其他参数都是风向的函数。

在得到气象站位置风速风向联合分布概率函数以后，并假设气象站位置和建筑物位置处风向相同，根据该风速风向联合分布概率函数可以得到建筑物位置处联合分布函数。文献[8]详细得研究了用于疲劳寿命分析的风速风向联合分布函数。

3 平均风振疲劳寿命分析流程

本节结合风振疲劳寿命分析理论给出进行结构风致疲劳寿命分析流程：①计算每个风向风速区间出现的概率以及每个风向角下不同重现期对应的最大风速，每个风向区间下风速的最大值须根据疲劳寿命作为重现期来确定；②假设结构的风致疲劳寿命，根据假设的疲劳寿命计算每个风向区间要考虑的最大风速；③计算每个风向风速区间下，用于疲劳分析的应力响应；④基于疲劳累计损伤理论计算结构的疲劳寿命；⑤判断假设的疲劳寿命与计算得到的疲劳寿命的差值是否满足要求，如果满足要求，结束；如果不满足要求，返回到第②步后循环计算，直到假设的疲劳寿命与计算得到的疲劳寿命的差值满足要求为止。为了使结构风致疲劳寿命分析流程表述更加直观，图1为单个构件结构平均风振疲劳寿命分析流程图。

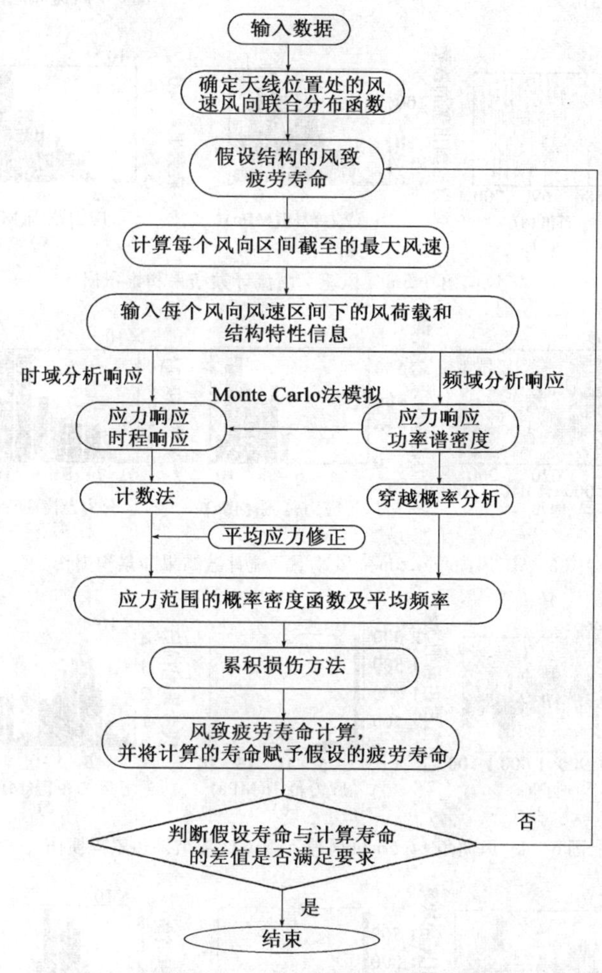

图1 单个构件结构平均风振疲劳寿命分析流程图

4 实例分析

以一天线为实例进行分析，天线高为87m，其结构表面粗糙度为0.002，风向角的定义如图2所示。根据第2节中的方法得到的天线结构位置处的风速风向区间出现的概率，如图3所示。

文献[9]给出了该天线结构风振应力响应的分析方法和详细的结果。在求得不同风向角、风速下结构应力响应的基础上，对结构进行风致疲劳寿命估计。在计算结构的风振疲劳寿命时，根据《钢结构设计规范》(GB 50017—2003)规定，构件连接类别选为8类，其 *S-N* 曲线参数为 $m=3$，$A=4.1\times10^{11}$。

图4~图10给出了几个典型风向角和风速下，模拟的应力时程响应，用雨流法计数应力时程并考虑平均应力影响的应力范围及其出现的次数以及应力范围在结构疲劳寿命期内的累积损伤。

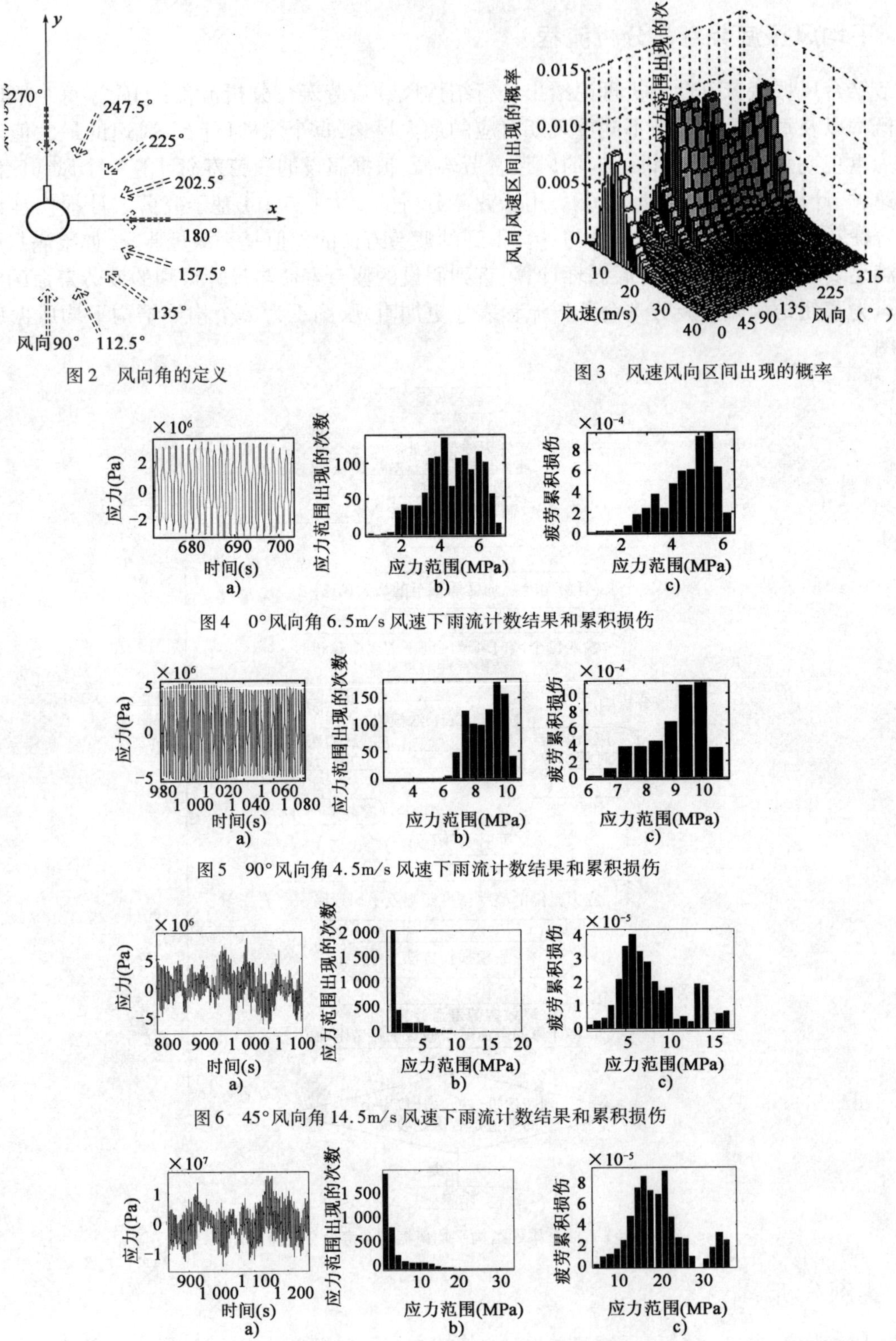

图2 风向角的定义

图3 风速风向区间出现的概率

图4 0°风向角6.5m/s风速下雨流计数结果和累积损伤

图5 90°风向角4.5m/s风速下雨流计数结果和累积损伤

图6 45°风向角14.5m/s风速下雨流计数结果和累积损伤

图7 45°风向角19.5m/s风速下雨流计数结果和累积损伤

图4、图5中a)图分别为结构发生二阶和一阶涡激共振时，模拟的结构的应力时程，从图中可以看出应力响应有很好的周期性。图6和图7中a)图为不发生涡激共振时的应力时程，其周期性较差。图4和图5中c)图为应力范围在结构疲劳寿命期内产生的累积损伤，从中可以看出：出现次数最多的应力

范围造成的疲劳累积损伤较大。图6、图7中c)图表明:出现次数最多的小应力范围产生的疲劳累积损伤较小,而出现次数相对较少的大应力范围造成的累积损伤较大。

从图8中可以看出:0°~25°以及150°~270°风向角工况造成的疲劳累积损伤较大。其他风向角下的疲劳累积损伤较小,这和图3表示的天线结构位置处风速风向区间出现的概率一致。这说明:风向对结构的风致疲劳累积损伤影响较大,在出现概率大的风向区间内造成的风致疲劳累积损伤较大。

图9表明风速为25~30m/s区间内的累计损伤较大;由于风速为4.5m/s、6.5m/s时,结构发生涡激共振,此时造成的累积损伤也较大。从图10可以看出大于38m/s的风速产生的疲劳累积损伤为零,这是因为每个风向区间计算疲劳寿命的最大风速都小于38m/s,这说明:在计算每个风向角下引起风振疲劳累积损伤的最大风速时,须以疲劳寿命作为重现期,根据该风向角下的风速分布函数来确定。

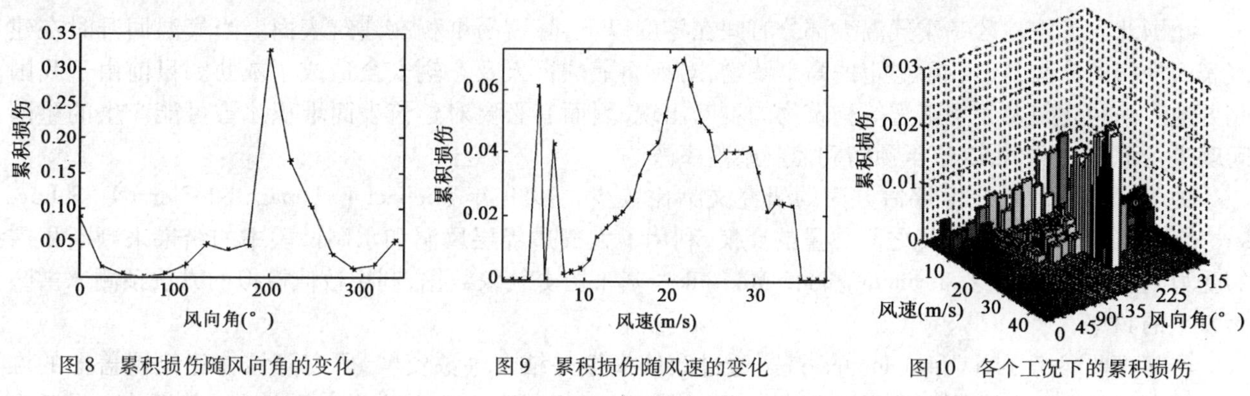

图8 累积损伤随风向角的变化　　图9 累积损伤随风速的变化　　图10 各个工况下的累积损伤

5 结论

本文得到如下结论:在计算引起风振疲劳损伤的最大风速时,须以疲劳寿命作为重现期,根据该风向角下的风速分布函数来确定;小应力范围产生的疲劳累积损伤较小,而大应力范围造成的累积损伤较大;风向对结构的风致疲劳累积损伤影响较大,在出现概率大的风向区间内造成的风致疲劳累积损伤较大,因此在进行风致疲劳寿命分析时,需根据气象资料得到建筑物位置处的风速风向联合分布函数。

参考文献

[1] 张其林,Peil U. 欧美塔桅钢结构现状研究[J]. 特征结构,1996,13(2):58-63.

[2] Holmes J D. Fatigue life under along-wind loading closed-form solution Engineering Structure[J]. 2002, 24:109-114.

[3] Robertson A P, Holmes J D, Smith B W. Verification of closed-form solution of fatigue life under along-wind loading[J]. Engineering Structure, 2004, 26:1381-1387.

[4] Repetto M P, Solary G. Dynamic alongwind fatigue of slender vertical structure[J]. Engineering Structure, 2001, 23:1622-1633.

[5] Repetto M P, Solary G. Dynamic crosswind fatigue of slender vertical structures[J]. Wind and Structures, 2002, 5(6):527-542.

[6] Repetto M P, Solary G. Directional wind-induced fatigue of slender vertical structure[J]. Journal of Structural Engineering, 2004, 130(7):1032-1040.

[7] 段忠东,欧进萍,周道成. 极值风速的最优概率模型[J]. 土木工程学报,2002,35(5):11-16.

[8] 王钦华,顾明. 用于结构风致疲劳分析的风速风向联合分布函数研究[J]. 结构工程师,2009. 25(6):98-103.

[9] 王钦华,顾明. 圆形线状结构风致响应的分析方法[J]. 振动工程学报,2010,23(2):151-157.

某建筑顶部冰雪坠落危险性评估分析

周晅毅　张运清　顾明

（同济大学土木工程防灾国家重点实验室　上海　200092）

1　引言

我国北方多雪地区冬季气温大部分时间在零度以下，降雪易堆积在建筑表面。当气温回升时在建筑表面堆积的冰雪易形成不稳定的高空坠物，对地面上的行人及车辆安全造成了威胁。目前由于我国北方地区高层建筑及大型雕塑等构筑物的不断出现，因而有必要对建筑表面堆积冰雪可能产生的坠落问题进行危险性评估，以便于预防和控制坠落事故。

关于冰雪坠落危险性评估方面的研究文献比较少。1988 年 Michael F. Lepage 和 Glenn D. Schuyler[1] 考虑了积雪与外部环境之间热量的交换，利用了大气边界层风洞和水洞试验中的结果来判断积雪的受力情况。2008 年 N. Isyumov 和 M. Mikitiuk[2] 基于历史气象数据，利用数值模拟的方法预测冰雪坠落发生的频率。

本文主要参考了 N. Isyumov 的方法，通过数值模拟并结合气象资料，研究降雪在建筑屋盖上的堆积、融化及滑落过程，预测了冰雪坠落事件发生频率并对倾斜面上冰雪坠落的危害性进行评估。最后将该方法应用于一个实际建筑工程，并对其冰雪坠落的情况进行了分析。

2　冰雪坠落事件危险性评估方法介绍

基于 N. Isyumov 和 M. Mikitiuk[2] 的方法，本文数值模拟过程的主要特点描述如下。

（1）依据当地冬季每小时气象数据，以时间步长为一小时进行计算，当外界空气温度低于零度时，降雪/雨将在建筑表面沉积。

（2）风速将加速降雪/雨在建筑表面的沉积，降雪/雨仅能沉积在迎风的建筑表面，而不能沉积在背风的建筑表面；同时假设当温度低于零度时仅有 10% 的降雨量会结为冰积累在建筑表面上。

（3）当外界空气温度高于零度时，或有适当的热量从建筑表面释放而提高了建筑表面的温度时，积累的冰雪将坠落至地面。

（4）当建筑表面有专门的挡雪装置时，认为这些装置内的冰雪不会滑落至地面，此时冰雪只能通过融化过程得以减少，并且认为挡雪装置具有良好的排水系统，当融雪发生后如果气温再次降至零度，认为仅有 10% 的水量会重新结冰。

（5）当前算法没有考虑冰坝、垂冰等自然现象的形成对坠落事件的影响，并且没有考虑太阳辐射对冰雪融化的影响，当冰雪堆积在建筑表面后，本算法除了认为冰雪密度不同外，没有区分冰雪其他的不同特性。

根据以上算法建立数值模型，此数值模型的计算时间步长为一小时，输入建筑所在地区的风速、风向、温度、湿度、降雨量及降雪量等历史气象数据，计算建筑表面的冰雪积累量时考虑风速、风向、温度的影响，并用气温是否高于或低于零度来判断积累的冰雪是否坠落，若发生坠落则记录下发生坠落的冰雪单位面积量，否则建筑表面的冰雪累计到下一个计算步的冰雪沉积量。基于多年期间冰雪坠落次数的概率统计分析，得到建筑表面冰雪坠落情况的累积分布函数以及冰雪坠落的面积质量随重现期变化的曲线，依据不同重现期下坠落物的最大单位面积质量进行冰雪坠落的危害性评估。冰雪坠落事件危险

基金项目：科技部国家重点实验室基金资助（SLDRCE08 – A – 03，SLDRCE10 – B – 04）。

性评估方法的分析思路见图 1。

3 工程应用

3.1 工程介绍

此大型雕塑为一高度达 150 多米的超大跨度圆环,截面形式采用正三角形。上部为空间钢结构圆环,下部为钢筋混凝土基座,结构坐落于人工湖面上,为当地的标志性景观建筑(图 2)。该地区每年的冬季长达 5 个月,冬天的大部分时间气温在零度以下,且冬天常常经历大范围的降雪。

3.2 气象数据

长期观测的气象资料是进行冰雪坠落危险性分析的必需数据。根据需要,得到了自 2000 年 1 月 1 日至 2009 年 12 月 31 日 11 个冬季日气象资料数据,内容包括风速、风向、温度、湿度、降雨量及降雪量等。由于本文研究需要每小时气象资料,因而将原始数据进行插值得到所需的每小时气象资料。

3.3 冰雪坠落危险性分析

根据实际环形雕塑的建筑特点,将可能发生冰雪坠落事件的建筑表面进行分块编号,见图 3。需要说明的是,该建筑的斜边相对于地面的角度已大于 50°;按照《建筑结构荷载规范》(GB 50009—2001),倾斜角度大于 50°屋面的积雪分布系数为零,因此在本研究中仅考虑了雕塑顶部区域(图 3 中粗线区域)的积雪滑落情况。

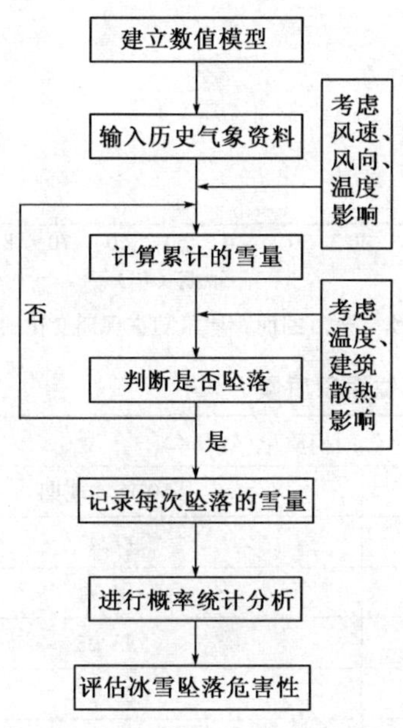

图 1 冰雪坠落事件危险性评估方法

图 2 超大跨度圆环雕塑

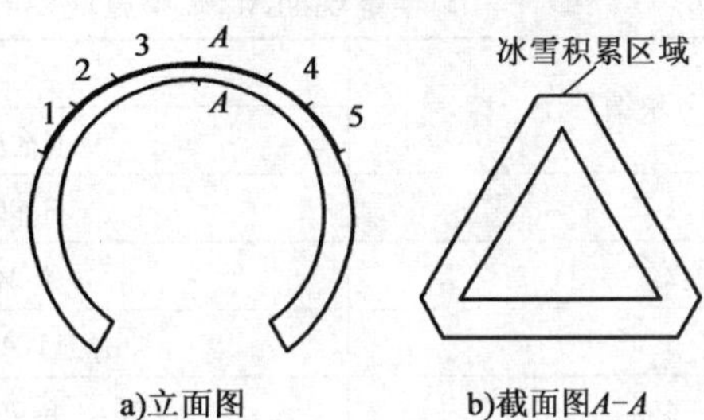

图 3 建筑表面分块

利用前文的方法,对建筑表面各个分块可能发生的冰雪坠落事件进行预测,获得各个分块表面冰雪坠落事件发生次数的统计结果,见图 4(仅给出第三块表面冰雪坠落的结果,下同)。从图中可以看出所记录的 11 个冬天内发生的冰雪坠落事件中单位面积质量最大为 30.9 kg/m^2,绝大部分发生的冰雪坠落事件所对应的单位面积质量都小于 4.5 kg/m^2。

假设冰雪坠落事件服从极值 I 型分布,对坠落事件进行概率统计分析,从而得到各个分块表面冰雪坠落情况的累积分布函数(图 5)以及冰雪坠落的面积质量随重现期变化的曲线(图 6)。从图 5 中可以看出发生冰雪坠落事件次数的 50% 和 95% 所对应的单位面积质量分别为 14.2kg/m^2 和 28.19kg/m^2。从图 6 中看出冰雪坠落的面积质量在重现期小于 20 年内增长得快,当重现期大于 20 年时增长变缓。

表 1 给出了建筑表面各个分块在 1 年重现期和 50 年重现期时冰雪坠落的单位面积质量。对应的冰雪坠落总质量则需将表 1 的数据乘以每个分块的面积。从表 1 中可见,1 年重现期下,从 3 号分块表

面滑落的冰雪单位面积质量为 11.42 kg/m^2;50 年重现期下,3 号分块表面坠落物的单位面积质量为 33.25 kg/m^2。

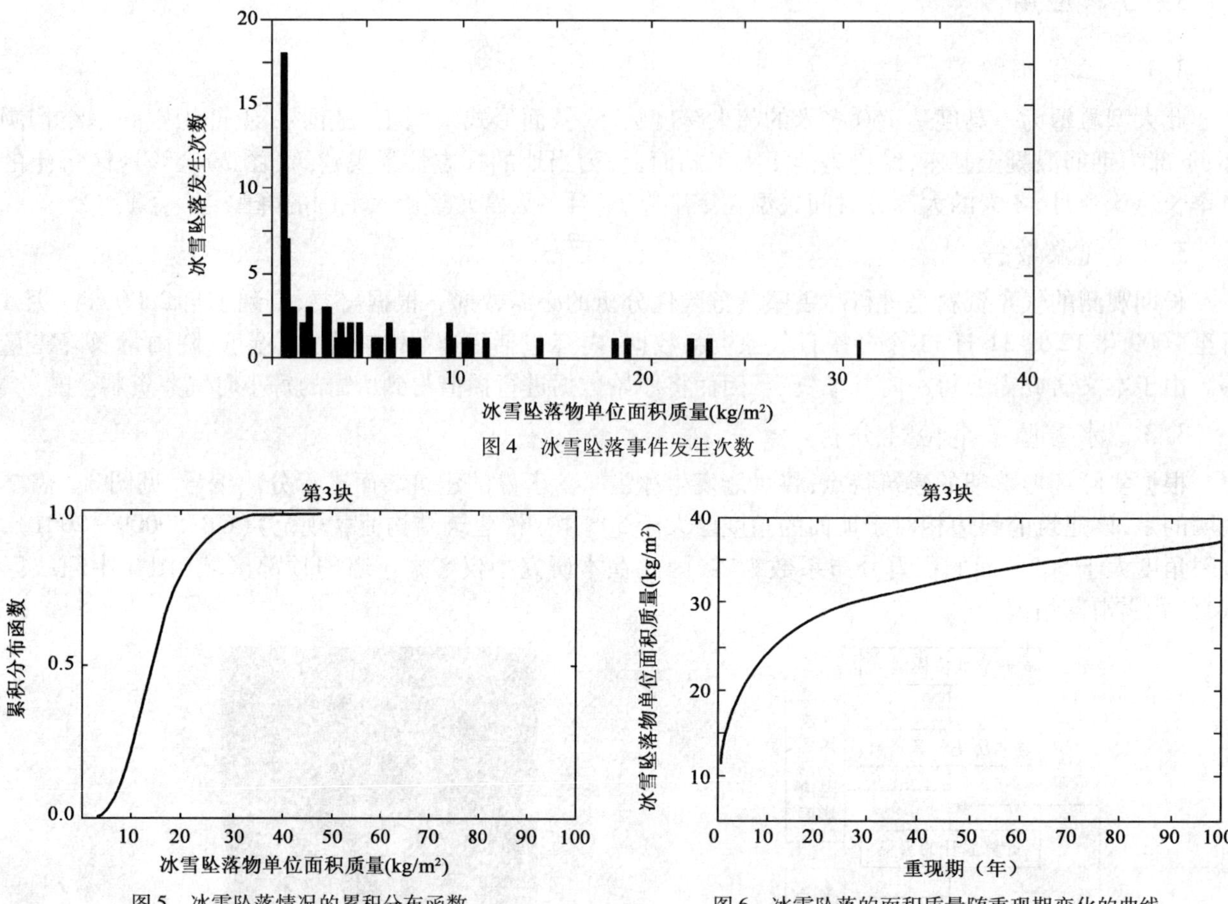

图 4 冰雪坠落事件发生次数

图 5 冰雪坠落情况的累积分布函数

图 6 冰雪坠落的面积质量随重现期变化的曲线

1 年重现期和 50 年重现期时冰雪坠落的单位面积质量 表 1

表面分块编号	冰雪坠落的单位面积质量(kg/m^2)	
	1 年重现期	50 年重现期
1	3.96	17.47
2	4.24	18.71
3	11.42	33.25
4	5.79	20.13
5	5.41	18.79

需要说明的是,50 年重现期冰雪坠落事件对应的发生频率为 2%;而冰雪坠落仅是一个单纯的物理事件,如果考虑到地面几百平方米的空间面积及坠落发生时间等问题,这是一个小概率事件。进而如果将此坠落事件与人员伤亡及交通事故联系起来,就很难有一个定量的标准来评估此类事件,并且目前我们也没有找到相应的标准。

考虑到坠落事件可能引起的严重后果,相关人员应根据实际情况采取不同的措施以尽量减低冰雪坠落事件对公众的危害。可采取的措施列举如下。

(1)安装加热装置提高建筑表面的温度,以防止冰雪持续堆积在建筑表面。

(2)需要防止融化后的雪水在建筑边缘遇到冷空气后形成垂冰,垂冰的形成对建筑物下方的行人将造成威胁。

(3)安装挡雪装置,以防止冰雪滑落。

(4)增加雨篷等保护性装置,以挡截坠落的冰雪。

(5)冬季时在危险性区域设置行人禁入措施,以防止坠落的冰雪导致人员伤亡。

4 结语

本文介绍了一种评估冰雪坠落危险性事件的方法,当地历史气象资料是计算分析的基础,利用此方法分析了某大型雕塑顶部冰雪坠落的危害性。本文为后续的研究打下了基础。

参考文献

[1] Lepage M F, Schuyler G D. A simulation to predict snow sliding and lift - off on buildings[G]//Proceedings of the Engineering Foundation Conference on a Multidisciplinary Approach to Snow Engineering. Santa Barbara, California, 1988.

[2] Isyumov N, Mikitiuk M. Sliding snow and lce from sloped building surfaces: lts prediction, potential hazards and mitigation[G]//The 6th Snow Engineering Conference. 1-5 June 2008, Whistler B. C., Canada, organized by Korea Advanced Institute of Science & Technology, Wind Engineering Institute of Korea, Korea Institute of Construction Technology.

[3] 中华人民共和国国家标准. GB 50009—2001 建筑结构荷载规范. 北京,中国建筑工业出版社,2006.

九、其他风工程问题

高层建筑屋顶卫星天线风速评估

石碧青　王钦华　许平生

（汕头大学土木工程系　汕头　515063）

1　引言

风荷载是雷达天线主要的载荷之一，它是天线强度、刚度计算和驱动电机功率选择必须考虑的重要因素[1]。一些高层建筑出于建筑使用功能的要求，需要在建筑屋顶安装卫星天线。建筑屋顶一般结构复杂，气流混乱，为满足卫星天线的相关技术要求，需对屋顶卫星天线遭受的风荷载做出准确的评价，以取得设计所需的计算参数。本文以深圳证券交易所营运中心为工程背景，通过风洞试验的方法进行了屋顶的风速测量，并根据测量结果采取了挡风墙的抗风措施，最终降低了卫星天线处风速，满足了卫星天线的使用要求。

2　风洞试验简介

深圳证券交易所营运中心建筑物屋顶高程为237.0m，外立面和核心筒屋面高程均为245.8m。试验模型连同周边主要建筑模型安装在风洞试验段转盘上，试验在汕头大学风洞试验室进行。试验坐标系、Irwin速度传感器[2]位置见图1，模型鸟瞰图见图2。

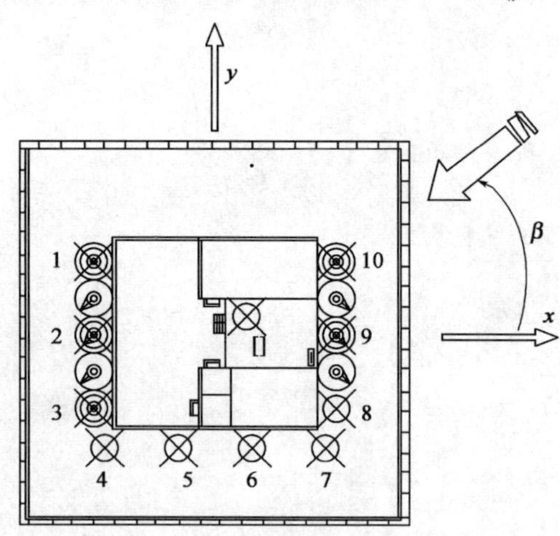

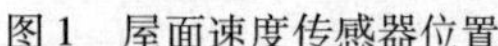
图1　屋面速度传感器位置

图2　模型鸟瞰图

根据风洞试验的多次测试以及卫星天线工作仰角等技术要求的限制，制订了挡风墙布置方案。在14个卫星天线位置处均布置挡风墙，核心筒屋面南侧的五个卫星天线位置（即5、6、12、13、14速度传感器位置）挡风墙的高度为3.2m；核心筒屋面西侧的四个卫星天线位置（即1、2、3、4速度传感器位置挡风墙的高度为3m；核心筒屋面东侧的四个卫星天线位置（即7、8、9、10速度传感器位置）挡风墙的高度为3m；核心筒屋面上卫星天线安放处（11号速度传感器位置处），挡风墙高度为4m。14个Irwin速度传感器的编号和挡风墙的设置如图3和图4所示。

3 数据处理

阵风风速 $U_g(z)$ 可以表示为：

$$U_g(z) = \overline{U}(z) + g\sigma_v(z) \tag{1}$$

$$g = \sqrt{2\ln(\nu T)} + \frac{0.5772}{\sqrt{2\ln(\nu T)}} \tag{2}$$

$$\nu = \sqrt{\frac{\int_0^\infty n^2 S(n)\,\mathrm{d}n}{\int_0^\infty S(n)\,\mathrm{d}n}} \tag{3}$$

式中，$U_g(z)$ 为 z 高度处的平均风速；$\sigma_v(z)$ 为 z 高度处风速的根方差；g 为峰值因子[3]；ν 为平均循环比率，取决于风速时程的功率谱 $S(n)$；T 为设计的观察时间（通常取 10min）；n 为频率。

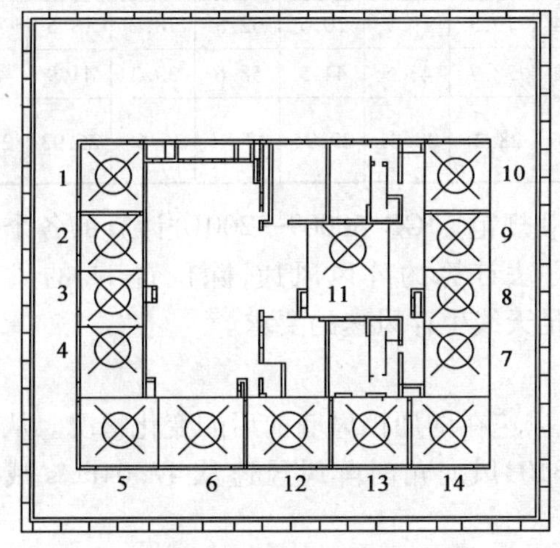

图 3 屋面速度传感器位置和挡风墙方案

图 4 挡风墙方案模型鸟瞰图

4 主要试验结果

根据设计技术资料，卫星天线的工作要求如下。

(1)在 8 级风天气环境下，天线各位置的平均风速小于 20m/s，阵风风速小于 27m/s。

(2)在 50 年重现期风荷载作用下，天线各位置的阵风风速均小于 55m/s。

在不考虑任何抗风措施的情况下，试验结果表明：在 8 级风作用下，所有测点位置的阵风风速均不满足工作风速的要求。为此，需要在屋顶区域采取一些抗风措施，以保证卫星天线的正常工作。通过多次的测试以及卫星天线工作仰角等技术要求的限制，最终采用了第 2 节中介绍的挡风墙方案。下文给出了采用挡风墙后的试验结果。

4.1 8 级风速下试验结果

表 1 给出了 8 级风速下各个风速测点位置风速的最大值。由表 1 可以看出 8 级风速下，测点 11 的平均风速最大，其值为 19.40m/s；测点 11 的阵风风速也最大，由试验得到的最大阵风风速为34.39m/s，按照《建筑结构荷载规范》(GB 50009—2001)计算得到的最大阵风风速为 28.33m/s。

在 8 级风作用下，所有的风速测点均满足天线生存风速。所有风速测点位置的平均风速都小于天线工作稳态风速 20m/s。但在位置 1、3、4、5、6 以及 11 处由试验得到的阵风风速不满足工作风速 27m/s 的要求，按《建筑结构荷载规范》(GB 50009—2001)计算得到的阵风风速除测点位置 11 的阵风风速为 28.33m/s 稍微超出天线的工作风速 27m/s 外，其他测点位置均满足天线工作风速的要求。

4.2 50 年重现期风速下的试验结果

表2给出了深圳地区50年重现期风速下各个测点风速的最大值。由表可以看出50年重现期风速下,测点11的平均风速最大,其值为32.47m/s;测点11的阵风风速也最大,由试验和《建筑结构荷载规范》(GB 50009—2001)计算得到的最大阵风风速分别为58.63m/s和47.41m/s。

在8级风速下各个测点位置风速的最大值 表1

风速测点位置	1	2	3	4	5	6	7	8	9	10	11	12	13	14
最大平均风速(m/s)	15.68	12.33	14.02	12.11	14.47	11.82	9.77	11.55	11.79	12.25	19.4	10.88	11.02	11.93
最大阵风风速(m/s)	31.72	25.09	29.64	27.07	29.87	27.11	23.42	22.64	25.39	25.97	34.39	22.94	24.44	25.04
规范方法计算的最大阵风风速(m/s)	22.89	18.00	20.48	17.69	21.13	17.25	14.26	16.86	17.22	17.89	28.33	15.89	16.09	17.41

在50年重现期风速下各个测点位置风速的最大值 表2

风速测点位置	1	2	3	4	5	6	7	8	9	10	11	12	13	14
最大平均风速(m/s)	26.2	20.6	23.5	20.3	24.2	19.8	16.4	19.3	19.7	20.5	32.5	18.2	18.5	20
最大阵风风速(m/s)	54.3	42.9	50.7	46.4	51.1	46.5	40.2	38.7	43.5	44.5	58.6	39.3	41.9	42.9
规范方法计算的最大阵风风速(m/s)	38.30	30.13	34.27	29.60	35.36	28.87	23.87	28.21	28.81	29.94	47.41	26.60	26.93	29.15

在深圳地区50年重现期对应的风速下,《建筑结构荷载规范》(GB 50009—2001)计算的各个位置的阵风风速均满足天线生存风速的要求。用峰值因子方法计算的阵风风速,除位置11的风速为58.63m/s稍微超出天线生存风速的要求外,其他位置均满足天线生存风速的要求。

4.3 结果分析

图5~图6考察了8级风速下位置1和位置11的阵风风速在增加挡风墙前后的变化情况。从图中可以看到挡风墙的效果非常显著,尤其是对于位置1,在310°风向角时阵风风速从47.04m/s减少到22.89m/s,减少了51.3%。

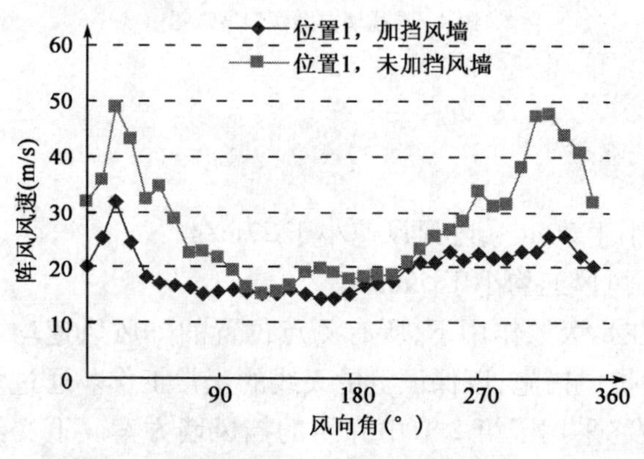

图5 有无挡风墙两种工况的位置1的阵风风速

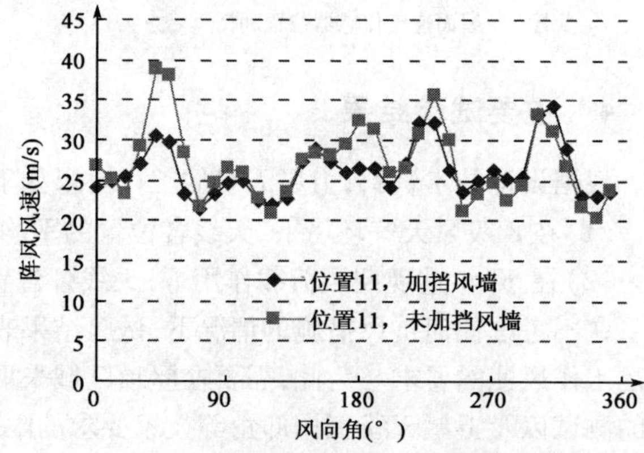

图6 有无挡风墙两种工况的位置11的阵风风速

在复杂的高层建筑物群体中,行人高度的风环境的群体干扰效应比较显著[4],对于屋顶的风环境同样也会受到周围超高层建筑群的影响。图7~图8考察了周围超高层建筑物对屋顶风环境的影响。深圳证交所营运中心高245.8m,紧邻的四栋超高层建筑高从150~200m不等,其中200m高的建筑位于深圳证交所营运中心的大约40°风向角方位。从图中可以看出40°风向角左右的干扰效应最为明显。尤其是对应位置11,由于高层建筑的干扰,使其阵风风速从24.86m/s增加到38.80m/s,增大了56.1%。

5 结论

屋顶气流较为紊乱,除了水平风外还有较大的垂直风。而且由于出屋面的外立面较高,它和核心筒形成了环形通道,存在环形的绕流。在如此复杂的屋顶环境中,测试探头有可能高估阵风风速。根据风洞试验结果得到的主要结论如下。

(1)高度接近的周围高层建筑对建筑顶部的风速有较大的影响,阵风风速的增加可以达到56.1%。

(2)挡风墙对于降低卫星天线位置处的风速效果非常明显,可减小阵风风速达51.3%。

(3)挡风墙的应用使卫星天线满足了大风条件下正常工作的技术要求。

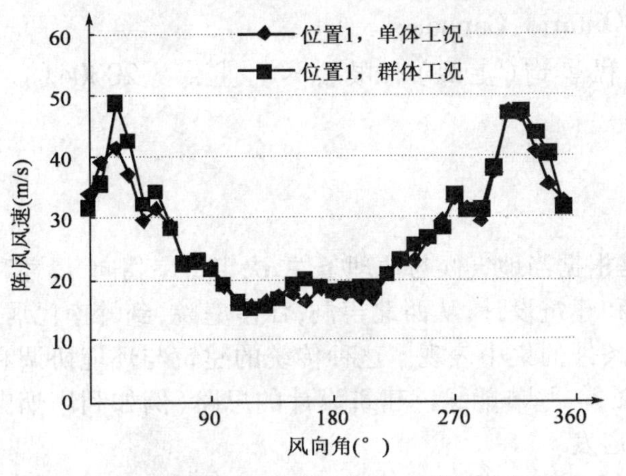

图7　单体和群体工况下位置1的阵风风速

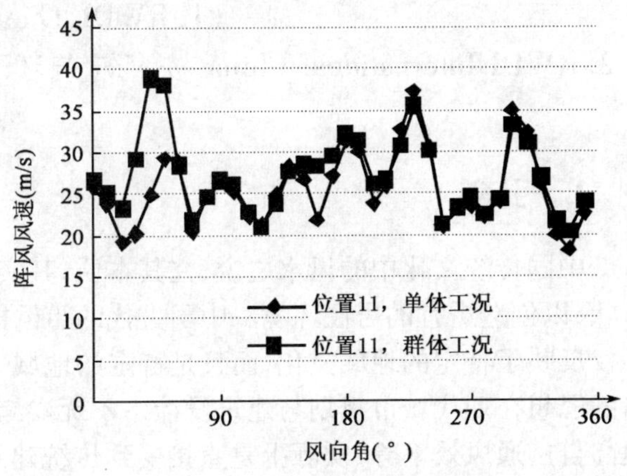

图8　单体和群体工况下位置11的阵风风速

参考文献

[1] Brown L S, Mchee K E. Wind load on antenna systems[J]. The Microwave Journal, 1964, (9).

[2] Irwin H P A H. A simple omnidirectional sensor for wind - induced studies of pedestrian - level winds [J]. Journal of Wind Engineering and Industrial Aerodynamics, 1981, 7(3).

[3] Davenport A G. The application of statistical concepts to the wind loading of structures[J]. Proc. Instn. Civ. Engnrs, 1961, 19(4).

[4] 关吉平,陈伟,朱乐东. 建筑群风环境干扰效应研究[J]. 结构工程师, 2010, 26(3).

[5] 中华人民共和国国家标准. GB 50009—2001　建筑结构荷载规范[S]. 北京:中国建筑工业出版社, 2006.

地域气候条件在城市规划和建筑设计中的应用

吴汉青[1]　谢霁明[2]

（1. RWDI, Guelph, Ontario, Canada;
2. RWDI International China，安邸建筑环境工程咨询（上海）有限公司　上海　200041）

1 引言

中国传统文化中的风水之说，究其本质，其实就是根据当地气候与地理条件，决定房屋朝向、尺寸和形状，以创造适宜的居住环境。中国古代的市邑规划和建筑设计，从西北窑洞，江南庭院，到岭南民居，不仅反映了特定的地域文化，而且是特定的地域气候条件的集中表现。这种传统的建筑与环境协调和谐的思想在现代城市规划与建筑设计中不无参考意义，一些节能绿色建筑设计的思路（例如利用烟囱提高自然通风效率等）实际上是直接受到传统建筑的启发。

另一方面，现代科学技术所提供的数据和工具，使人们能以从未有过的深度与高度更为详细地了解周围的气候条件。地域气候条件在现代城市规范与建筑设计中已成为极其重要的考虑因素。越来越多的人开始研究风对人类生活的影响[1-4]：风与人的舒适度的关系，风引起的雪和沙的迁移与堆积，风对建筑物能量消耗的影响，风与噪声的传播，风力发电等。

本文运用工程实例，具体讲述如何在城市规划和建筑设计中，综合考虑风和其他气候条件的影响，优化室外环境，改善生活品质。通过对当地长期气象数据的详细分析，结合物理模拟和数值模拟，并根据工程经验，风工程学者可以为规划师、建筑师和工程师提供很多有用的帮助和指导。

2 气象数据分析

气象资料包括长期的风速、风向、气温、湿度、日照和其他数据。每小时的数据让我们有可能详细分析气象条件随季节和时间的变化，其中风与其他气象参数的相关频率在分析中尤为重要，如大风与低温，风与雨、雪或沙尘，还有无风时的高温、高湿度，都会直接影响室外环境的优劣和热舒适度等级。

图1是根据一沿海城市长期数据得出的风玫瑰。夏天的盛行风来自东南方向，随之而来的是高气温和高湿度。冬天的盛行风来自正北、北偏西和北偏东方向。冬天寒冷的温度会增大人们户外活动时对风的敏感度。

表1列出了当地每月的平均日照，最高、最低气温和相对湿度。夏天日照时间长，气温和湿度相对较高，冬天日照时间短，气温低。这些都给城市规划和建筑设计带来了挑战。

3 工程实例

3.1 街道走向和建筑高度

详细的气象资料有助于在城市规划中决定主要街道的走向。图2所示的两栋位于街道两侧高度不等的建筑物，不同的布局会造成风和阳光对街道截然不同的作用。如果风从较低的建筑方向吹来，下风向的高楼会将风引向街面，增强地面的空气流动。而如果风从相反方向吹来，则风会掠过高楼和街道，使街面处于高楼的尾流之中，平均风速将远远低于前一例子。日照的关系显而易见。如果太阳在左上方，图2b）表示的布局将使整个街道处于高楼的阴影中，而图2d）表示的布局使整个街道至少有一半处在阳光下。

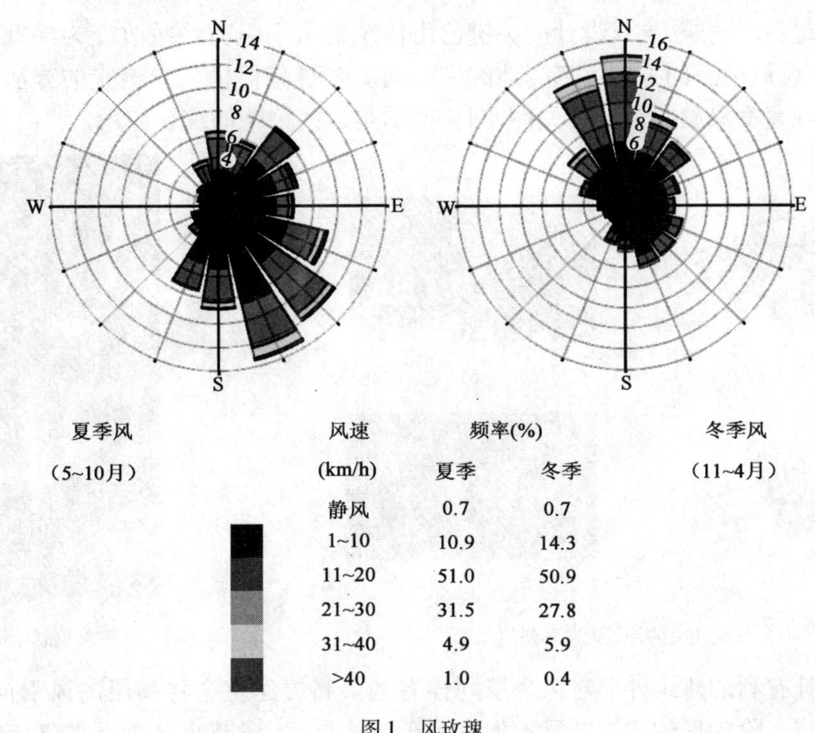

图 1 风玫瑰

月平均日照时数，气温和相对湿度 表 1

月份	平均日照(h)	平均气温(℃)		相对湿度(%)	
		低	高	早	晚
1	4	1	8	87	58
2	4	1	8	89	60
3	4	4	13	89	53
4	5	10	19	91	58
5	5	15	25	92	56
6	5	19	28	94	66
7	7	23	32	93	66
8	7	23	32	94	65
9	5	19	28	94	64
10	6	14	23	92	53
11	5	7	17	90	55
12	5	2	12	89	62

对于东西走向的街道，较高的楼应安排在街道的北面，以充分利用图 1 和表 1 中的气象条件。高楼会将夏天的东南风引向地面，从而增加城市通风，改善热舒适度。冬季时高楼能挡住来自北方的寒风，改善户外条件。夏天正午的太阳在正上方，无论高楼在哪边，街道都处在阳光下；冬天里太阳较低，街的南侧较矮的建筑为街道和北侧的大楼提供了日照的机会。所以说前人风水所说“坐北朝南”是有科学道理的。

3.2 建筑外形

建筑外形直接影响了建筑物的设计风荷载和风致振动，从而会影响建筑造价。但另一方面，由于风气候的地域性差别，风在建筑设计中的相对重要性是不同的。在某一城市优秀的建筑设计，如建造在其他城市则可能需要付出可观的额外造价。

对日益增多的超高层建筑,抗风设计的关键已由传统的减小阻力系数改变为降低横风向的涡激振动,并且使建筑物对风最敏感的方向远离当地的主方向。各种降低横风向响应的方法可归结为减小动态升力系数或降低各高度涡旋脱落的相关性,图3所示是这些策略的综合应用。

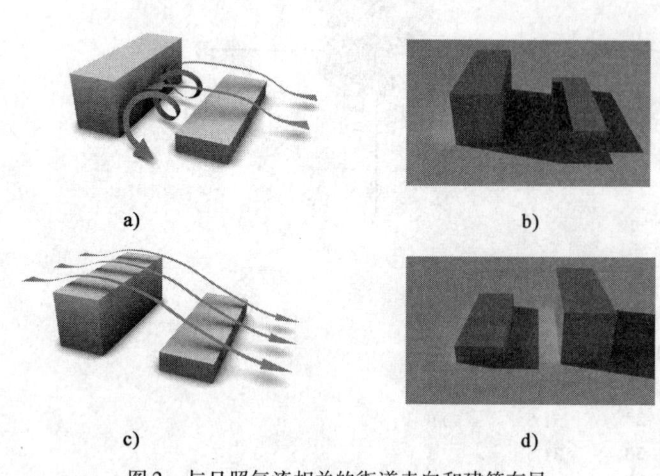

图2 与日照气流相关的街道走向和建筑布局

图3 抗风建筑外形

一些对抗风设计有利的建筑外形对风环境同样有利。高层建筑会将高层的风引向地面,造成对风环境不利的下洗气流。阶梯形的建筑外形不但有利于结构抗风,对减小这种下洗气流亦会起到有益的作用。合适的裙房设计可有效解决高层建筑可能造成的风环境问题。

另一方面,某些对抗风设计有利的建筑外形,在不同的地域气候情况下,可能带来负面的影响。例如透空的楼冠设计,可能使建筑物的横风向响应大大减低,但在北方地区,这类设计可能带来冰雪在楼冠透空部分堆积下坠的危险性,从而不宜采用。

3.3 公交车站

有时小建筑也可做大文章。公交车站的雨篷就是一个很好的例子。如图4和图5所示,站台共27m长,仅4m宽。雨篷最高处为4.75m,中间是一个9m长的小屋供冬天防寒之用,两头有挡板用以挡风雪,雨篷具有防雨,防雪和防晒的功能。总之,其设计理念就是最大可能地为乘客提供舒适与安全。

我们共做了以下几项研究:

(1)行人风环境。

(2)热舒适度。

(3)雪迁移和堆积。

(4)雨对站台的影响。

(5)结构风压和幕墙风压。

所有以上研究都是从对当地气象数据的分析开始。比如公车运行期间的风速、风向,雨雪天的风向分布,温度、湿度和日照随季节和时间的变化。限于篇幅,我们只在此讨论风场绕流及其对飘雨的影响。

如图4、图5所示,当风向垂直于站台时,雨篷在站台上形成一正压区,雨水不会打湿站台,而是顺风落在篷后。当风平行于站台方向时,虽然有通风挡板,雨水还是会打湿部分站台,但绝大部分雨水会顺着顶篷,落在站台下游。当风从雨篷的背后而来,站台能受到最好的保护,雨水将全部落到道路上。

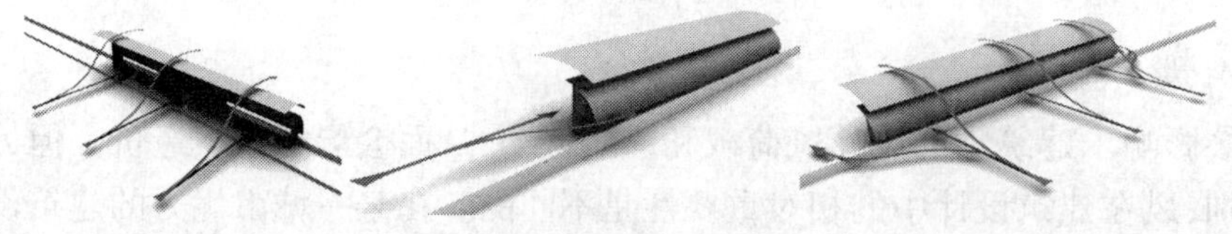

图4 车站周围的气流形态

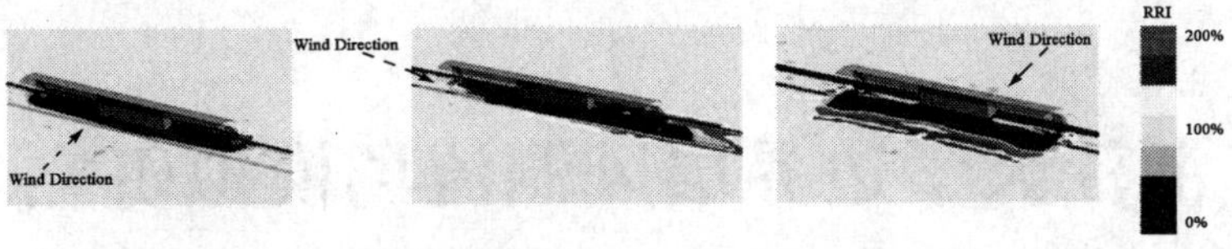

图5　车站周围的相对雨水指数

参考文献

[1] ASCE Task Committee on Outdoor Human Comfort. Outdoor Human Comfort and Its Assessment. American Society of Civil Engineers, Reston, Virginia, USA, 2004.

[2] ASHRAE. ASHRAE Handbook: Fundamentals. ASHRAE Inc., Atlanta, Georgia, USA, 2005.

[3] Givoni B. Building and Urban Design Guidelines for Different Climates[M]. New York: Van Nostrand Reihold, 1994.

[4] Fanger P O. Thermal Comfort, Analysis and Application in Environment Engineering[M]. New York: McGraw Hill, 1972.

浙江大学边界层风洞流场模拟研究

余世策　楼文娟　蒋建群　孙炳楠

（浙江大学建筑工程学院　杭州　310058）

1　浙江大学边界层风洞简介

浙江大学 ZD－1 边界层风洞是 2010 年新建成的风洞，该风洞是一座闭口回流立式矩形截面单试验段风洞，风洞洞体为钢与混凝土混合式结构。风洞气动轮廓尺寸为 8m（宽）×18m（高）×50.58m（长），试验段尺寸为 4m（宽）×3m（高）×18m（长）。试验段风速范围为 3～55m/s，控制精度达到1.0%以上，风洞动力由一台功率为 1 000kW、额定转速为 529r/min 的直流电动机驱动 10 枚直径为 4.8m 的风扇叶片提供，风洞风速的调节由以德国西门子公司 6RA70 调速器为核心的直流调速装置实现，并由安装于试验段入口处的压力传感器，通过计算机控制电机转速，实现风速闭环控制。试验段设置前后两个转盘，前转盘直径 1.5m，后转盘直径 2.5m，采用交流伺服自动控制，定位精度优于 ±0.05°。为了对风洞地下段直流电机的运行情况实时监控，在电机基座竖向和水平向分别布置加速度传感器，根据调试情况设定电机振动加速度阈值，当监测到的加速度值超过该阈值时自动停车，同时为了对风洞运行的安全情况进行监控。ZD－1 边界层风洞最大的特色是配置了带收藏机构的三维移测架，该移测架有效行程为纵向 2.0m，横向 2.0m，竖向 1.5m，定位精度为单次移动 ±0.2mm，累计移动 ±1.0mm，两根 15m 轴向工字形导轨通长固定于试验段顶壁两侧，采用移测架在导轨上滚动再锁紧的方式使风速探头游测于整个风洞试验段的大部分试验空间。移测架带半自动收藏机构和专用储藏室，当流场调试结束时移测架通过收藏机构收藏于试验段进口部位上方的专用储藏室内。

2　边界层模拟多功能尖塔的研制

目前国内边界层流场模拟大多采用尖塔和粗糙元相结合的被动模拟方法，研究表明[1]，粗糙元对近地面的风速剖面和湍流度剖面影响很大，而较高位置的流场特性的模拟则完全依靠尖塔，有研究者也采用隔栅来模拟较高位置的流场，效果并不理想。由此可见，尖塔在风洞边界层流场被动模拟的研究中成为最关键的因素，在借鉴国内主要风洞试验室尖塔设计方案的基础上，本文研制了一种多功能尖塔，该尖塔采用梯形外形，而与一般梯形尖塔所不同的是，该尖塔的左右两部分可以绕中轴旋转，通过底部的曲杆固定在安装于风洞底面的角钢腰槽上，梯形尖塔两个转动体采用 15mm 厚木板制作，在木板的迎风面安装可活动的 1mm 厚钢板，钢板上预留腰槽，调节钢板与木板的连接位置即可改变尖塔梯形边的斜率以及钢板伸出木板的平均距离，多功能尖塔的设计方案如图 1 所示，图中各参数的取值如表 1 所示。从本设计方案不难看出，多功能尖塔实现了外形的多重微调，而且调节幅度非常大。

ZD－1 边界层风洞的试验段长 18m，本文流场调试的目标位置位于大转盘中心处，距风洞入口位置 13.5m，这个距离足够产生较为均匀的湍流场，因此将尖塔安装在风洞试验段的入口位置。风洞试验段宽 4m，本文在入口位置共安装四座多功能尖塔，具体如图 2 所示，考虑到风速较高时尖塔会承受较高的压力，为了保证高风速下尖塔不被风吹走，在尖塔制作时中轴采用两根角钢拼接，角钢两端再用螺丝固定在与风洞内上下壁面紧贴固定的角钢腰槽上。

基金项目：国家自然科学基金资助项目（50908208）。

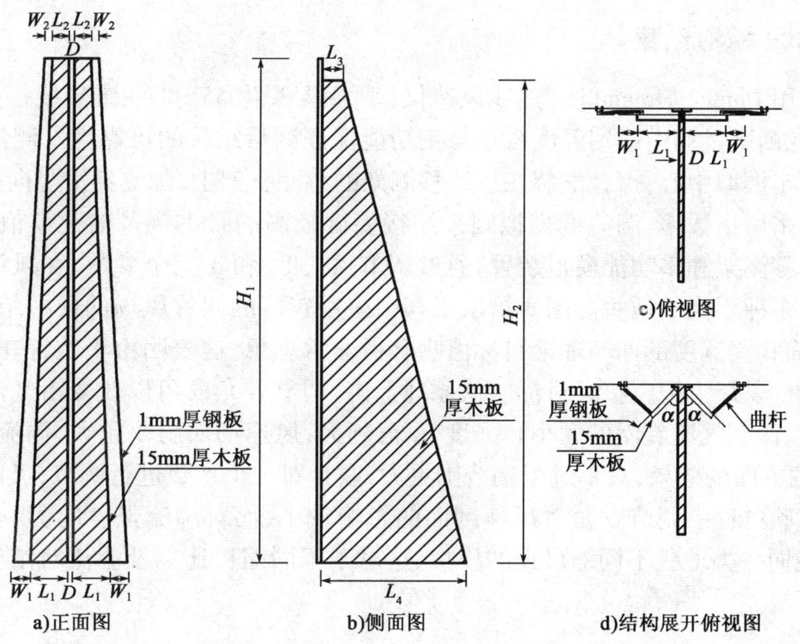

图1　多功能尖塔设计图

多功能尖塔参数取值　　表1

参数	D	H_1	H_2	L_1	L_2	L_3	L_4	W_1	W_2	α
数值(mm)	10	2 500	2 400	180	50	90	690	30 ~ 90	30 ~ 50	0° ~ 90°

3　粗糙元制作与布置

本文采用了一种目前应用较广的粗糙元,这种粗糙元采用塑料制作,内部空心装入铁砂等重物,外面包上砂皮。本文制作了两种大小的粗糙元,大粗糙元尺寸为15cm×12cm×8cm,小粗糙元尺寸为11cm×8cm×5cm。粗糙元的摆放对近地面风场的影响很大,试图以一种粗糙元布置方案来满足所有地形的模拟要求是不可能做到的,本文经过大量试验的摸索,得到了一种粗糙元布置方案可用于目前应用最为广泛的B类和C类地形,如图2所示,粗糙元从距尖塔1m处开始布置,上游布置14排大粗糙元,其中前6排迎风面宽15cm、高12cm,后8排迎风面宽15cm、高8cm,横向和纵向间距均为50cm,下游布置12排小粗糙元,迎风面宽11cm、高5cm,横向间距25cm,纵向间距为40cm。而对于A类和D类地形可以对图2所示的粗糙元排法进行微调即可,如对于A类地形可以将编号为2、3、5、6、8、9、11、12共8排粗糙元取走,对于D类地形可以将编号为3~12的小粗糙元迎风面换成宽11cm、高8cm,将编号为1~2的小粗糙元换成大粗糙元且迎风面宽15cm、高12cm,采用局部替换的方法可以减少工作量,提高地形变换的效率。

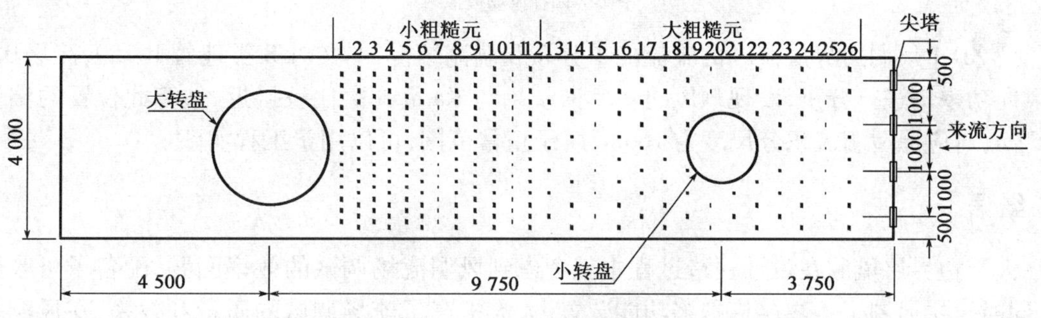

图2　风洞试验段尖塔和粗糙元布置图(尺寸单位:mm)

4 大气边界层模拟结果

流场调试中采用 Dantec StreamLine 热线风速仪，所用探头为 55P11 一维热线探头，测试前热线探头经过严格标定，在测试过程中应用温度自动修正功能保证测量结果的可靠性。测量位置为距离尖劈 13.5m 的大转盘预定模型中心，探针安装在三维移测架的游测支架上，随支架沿竖向移动。本文在流场模拟中对风速模拟采用指数率，湍流度模拟则采用接受度较高的日本规范的建议值作为理论目标值。本文联合应用三维移测架和多功能模拟装置，通过调节 W_1、W_2 和 α 三个参数，在风洞投入使用两个月内已成功模拟出十多种不同的地貌。图 3 给出了其中应用较广的四种风场的模拟结果，从图中不难看出，流场的风速剖面和湍流度剖面与理论目标值吻合得非常理想，这表明由于装置在外形上可以微调，使模拟得到的流场可以最大限度接近目标。从原理上讲，调节 α 角既可以改变沿气流方向的尖塔沿高度的挡风率，又可以调节气流旋涡的大小和强度，α 角越大，风速剖面斜率越大，湍流强度也越大，而调节 W_1、W_2 同样有两方面的效果，只不过可调范围更大，联合对三个参数进行调节，可以实现对各种地貌的模拟要求。在试验过程中调节 α 角对风速剖面的影响较小，而对湍流强度的影响较大，因此只需微调 α 角就可以实现同一类地貌不同缩尺比的模拟，这对于不同缩尺比以及湍流对结构影响的研究有非常好的应用前景。

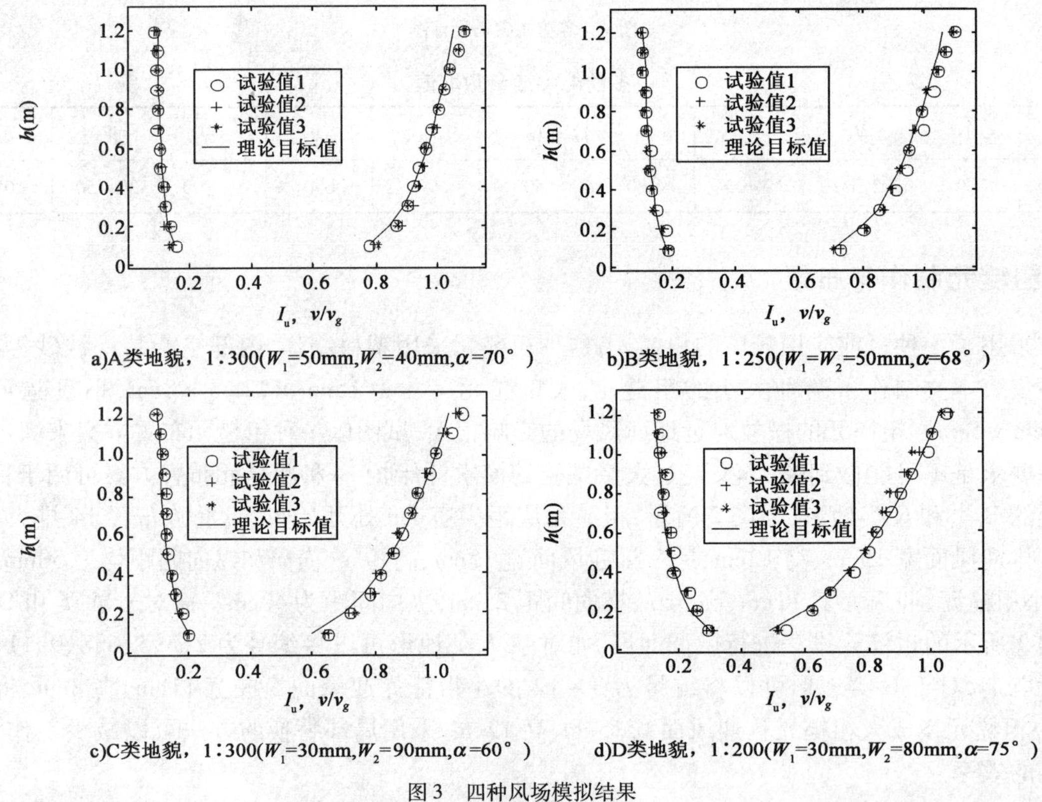

图 3 四种风场模拟结果

为了解 ZD-1 风洞边界层流场的湍流能量分布和湍流结构，本文对 B 类地貌 1∶250，流场 0.5m 高位置的顺风向功率谱进行分析，发现顺风向功率谱结果与 Karman 谱比较接近，估算此位置的湍流积分尺度为 0.64m，对应原型湍流积分尺度为 160m，属于正常范围，可以用于工程实践。

5 结语

浙江大学边界层风洞在设计建造过程中就考虑到风洞流场调试的效率问题，配备了可收藏式三维移测架，同时自主研制了边界层模拟多功能装置，大大提高了流场调试的质量和效率，在风洞投入使用很短的时间内完成了多个边界层流场的调试工作，流场各项指标与实际风场吻合较好，为风工程研究奠定了良好的基础。

6 致谢

本文的研究得到了同济大学林志兴研究员、南京航空航天大学卢森林工程师、石家庄铁道大学马文勇博士和武汉大学邹垚博士的帮助,在此表示感谢!

参考文献

[1] 石碧青,洪海波,谢壮宁,等.大气边界层风洞流场特性的模拟[J].空气动力学学报,2007,25(3):376-380,395.

[2] Nicholas Isyumov. Wind tunnel studies of buildings and structures/Aerospace Division of the American Society of Civil Engineers[M]. Reston, Virginia, ASCE, 1999:65-81.

[3] 庞加斌,林志兴,陆烨.关于风洞中用尖劈和粗糙元模拟大气边界层的讨论[J].流体力学实验与测量,2004,18(2):32-37.

[4] 陈凯,毕卫涛,魏庆鼎.振动尖塔对风洞模拟大气湍流边界层的作用[J].空气动力学学报,2003,21(2):211-217.

[5] 黄鹏,全涌,顾明.TJ-2 风洞大气边界层被动模拟方法的研究[J].同济大学学报,1999,27(2):136-140.

[6] 庞加斌,葛耀君,陆烨.大气边界层湍流积分尺度的分析方法[J].同济大学学报,2002,30(5):622-626.

基于介质阻挡放电等离子体用于三角翼气动控制的数值模拟研究

张鑫　黄勇

（中国空气动力研究与发展中心低速所　绵阳　621000）

1　引言

在现代化战争中，夺取制空权越来越重要。空中力量在压制敌方防空势力和参与对地攻击等方面起到不可替代的作用。这就促使了对战斗机性能要求越来越高。现在的战斗机要求具有超声速巡航隐身性能、短距起降性能、目视格斗、超视距作战和超机动能力。这给空气动力学提出了很多的难题。

为了提高飞行器的气动性能，人们使用分离流动这种复杂的流动理论。在现代战斗机的设计中大量采用三角翼和双三角翼布局。这是因为在中等迎角到大迎角条件下，三角翼背风面会产生较强的前缘分离涡，诱导出较大的非线性涡升力，有效地改善飞行器的气动性能。因此，像三角翼这样，当气动特性主要由涡决定时，利用并最终控制三角翼涡流运动的能力就极其重要。

2　三角翼的气动特征

20 世纪 50 年代以来，对三角翼绕流的研究，一直是流体力学工作者们所特别关注的一个重要方向。在这个典型的流场环境中，包含了非常丰富和复杂的流体力学现象。这些现象的研究与探讨对空气动力学理论的发展与完善具有重大意义，对提高现代飞行器性能具有重要价值。

三角翼（delta wing）是指平面形状呈三角形的机翼，航空设计人员将其定义为主安定面前缘后掠角超过 45°，而后缘后掠角为 0°，无水平安定面的一种机翼翼型。三角翼的特点是后掠角大，结构简单，展弦比小，适合于超音速飞行。

三角翼绕流场的一般特征是：在某一迎角下，沿前缘的分离流形成了自由剪切层，该剪切层卷起了前缘涡，前缘涡诱发了沿展向的逆压梯度，导致了二次分离及二次涡，同样，二次涡又可以诱发三次分离和三次涡等。前缘涡可以产生非线性升力，提高稳定性，增加垂尾的操作性。当迎角逐渐增大，这种非线性升力增强，但迎角达到一定程度后，前缘涡破裂，流场剧变，前缘涡成为不利的非定常流动，它导致升力下降，俯仰力矩突然变化，机翼摇摆，抖振，甚至产生双垂尾的疲劳破坏以及共振。

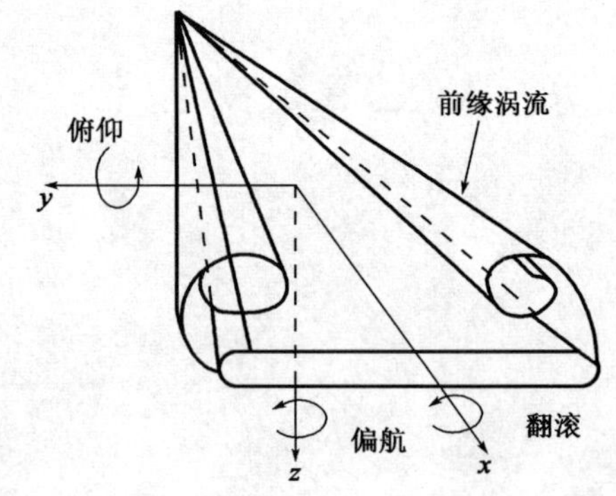

图 1　圆形前缘三角翼在中等迎角条件下的典型涡流示意图

三角翼上前缘涡的破裂有两种基本形式[1]，即泡型破裂和螺旋型破裂。目前，对于涡破裂的机理、变化规律及结构形态还缺乏深入认识。泡型破裂的特点是：前缘涡旋转轴上有一滞点，随后涡核突然膨胀，形成了回流型的泡型包络线；螺旋型破裂的特点是：沿前缘旋转轴流动迅速减速并突然形成一个绕结，整个螺旋型结构沿旋转轴以前缘涡相反的方向周期旋转。如图 1 所示为圆形前缘三角翼在中等迎角条件下的典型涡流示意图。

武器装备探索研究项：飞行器新型流动主动控制技术　（7130711）。

3 等离子体流动控制的基本概念及内涵

等离子体是一种液体、固体、气体之外的物质第四态，是一种宏观电中性物质，其运动在电磁力的支配下表现出显著的集体性行为。此外，气体(如空气)电离时往往产生温升和气压升。

等离子体流动控制是一项新概念主动流动控制技术。主动流动控制是采用基于气体射流、热力、声学、压电、合成射流、电磁、智能材料和微机电系统的激励等手段对流动形态进行控制的技术，可以利用微量的、局部的气流扰动来控制大流量、全局性的特性(例如，使边界层尽量保持层流和抑制边界层分离，控制旋涡流场，使之产生有利干扰，从而增加机翼的有效面积、弯度和环量等)。随着现代飞行器和发动机性能的不断提高，以及空气动力学的发展，主动流动控制具有越来越重要甚至是不可替代的作用，主要用于抑制流动分离、减小阻力、增加升力、压气机扩稳增效、抑制噪声、改善掺混、提高燃烧稳定性和燃烧效率、产生矢量推力以及增强传热和传质等。新型等离子体流动控制技术的应用，有可能使飞行器及动力装置的性能实现重大提升。2005 年，美国空军科研局将等离子体动力学列为未来几十年内保持技术领先地位的六大基础研究课题之一。2006 年，中国国防科工委也将“等离子体推进技术”列入国防基础研究的“十一五”发展规划之中。

等离子体激励是电场或电磁场激励，没有运动部件，具有结构简单紧凑、施加的激励作用频带宽、激励参数容易调节、响应迅速、适合于高温等优点，从作用方式上看，等离子体激励在一定程度上综合了气体射流、热力、声学、压电、智能材料和微机电系统激励的效果，因此，等离子体流动控制的优点非常突出。

产生等离子体的方式有很多，比如介质阻挡放电、直流辉光发电、尖端放电等。Suchomel 等[2] 总结了各种等离子体流动控制技术在航空航天方面的应用。其中应用最多的是等离子体介质阻挡放电流动控制技术[3]。

典型的等离子介质阻挡放电布局形式如图 2 所示。电极与高压电源相连，电极附近的空气在强电场作用下被电离产生等离子体 ，离子在空间不均匀电场的作用下，向电场梯度方向进行定向运动，离子在定向运动的过程中与环境空气分子碰撞，使气流产生扰动，发生动量交换，向边界层注入能量，改变其空气动力特性。

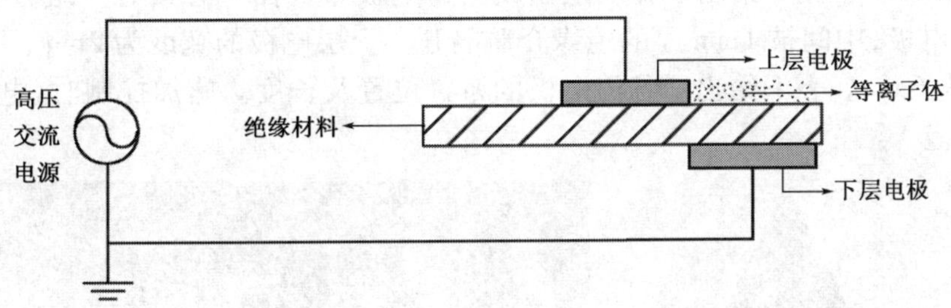

图 2 典型的等离子体介质阻挡放电布局示意图

从原理上看，介质阻挡放电(DBD)等离子体流动控制作为一种新概念的流动控制手段，可以解决其他已有流动控制手段不能解决或不能很好解决的问题，具有重大的应用价值。相比常规的增升减阻方法，等离子体流动控制不需要活动的气动控制面，并且具有控制响应快、流动控制位置灵活，飞行器任何位置都可以布置、可靠性高、成本低、能效比高等突出优点。

4 基于介质阻挡放电用于流动主动控制的国内外研究情况

等离子体介质阻挡放电流动控制技术的应用范围较广，比如边界层流动控制[4]、翼型增升[5-6]、振荡翼型的动态失速控制[7] 等。近年来，试验研究证明采用等离子体气动激励能控制三维涡量运动，比如三角翼的前缘涡，无人机的机翼尾涡等。

Pater 等[8] 开展了在 1303 型无人驾驶飞行器的机翼上布置等离子体激励器的风洞试验。结果表明，等离子体气动激励可以有效控制机翼的前缘涡和尾缘涡，在较大的迎角范围内显著改变飞行器的气动力，提高飞行器的气动性能。

Balcer 等[9]在有逆压梯度的平板上开展了等离子体激励的试验研究，逆压梯度用来模拟 Pack-B 透瓶叶片的吸力面的情况。试验中暴露在空气中的电极与来流方向的夹角为60°。施加激励后观察到近壁附近的速度增大，但是倾斜的电极并未在边界层内引发大的纵向涡。Huang Junhui 等[10]在试验中观察到，在涡轮低压级叶栅上存在分离泡，当雷诺数低于 25 000 时流动分离无法自动复合，在等离子体激励器作用下低雷诺数时也可使流动复合，并且可使复合点提前。

北京航空航天大学[11]通过在三角翼表面不同位置布置电极对，研究等离子体气动激励对三角翼前缘涡的控制效果。西北工业大学定性地研究了等离子体激励对平板表面边界层的加速机制，验证了诱导空气射流的作用。中国空气动力研究与发展中心低速所在国内率先开展了等离子体流动主动控制领域的研究，建立了相关试验技术和设备，研究了等离子体对平板边界层以及翼型升阻比的影响，证实了该技术对模型绕流有显著地控制作用。

5　等离子体控制三角翼气功特性的数值模拟

5.1　数值模拟方法

假设离子与电中性粒子处于平衡，即具有相同的速度和温度，电场作用在离子上的电场力就相当于作用在全体气体粒子上，而电子由于其质量比其他粒子小得多，当它们与中性粒子进行弹性碰撞时，动量交换极少，可以忽略不计。因此，在 N-S 方程中加入电场力来实现离子对中性粒子的碰撞作用。

5.2　计算区域与计算网格

采用 ANSYS-ICEM 软件生成六面体网格。图 3 给出计算区域与表面网格。选择 SA 湍流模型，边界条件为压力远场，三角翼表面为无滑移壁面，进口距三角翼前缘 20 倍弦长，出口距三角翼前缘 21 倍弦长。三角翼的后掠角为 75°，弦长 c 为 250mm，厚度为 10mm[11]。由于三角翼壁面附近速度等势面曲率半径较小，流线密集，因此在三角翼周围网格加密。来流风速为 16.5m/s，基于弦长的雷诺数是 $Re = 2.82 \times 10^5$。图 4 给出了介质阻挡放电的电极布局图。总共有 6 组激励电极，每一组电极采用上下两个电极，中间被 1mm 厚的绝缘介质隔开。上层电极的宽度为 2mm，下层电极预埋在绝缘介质内，宽度为 6mm。表 1 给出了各组电极的布置位置及长度。施加控制时，电源频率是 20kHz，激励电压 5.4kV。

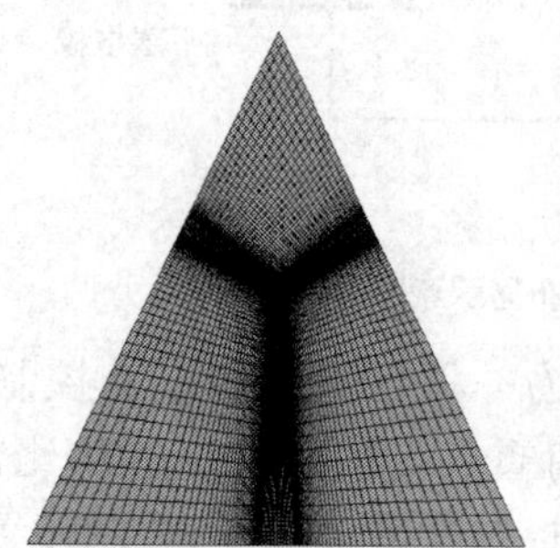

a)整个计算区域

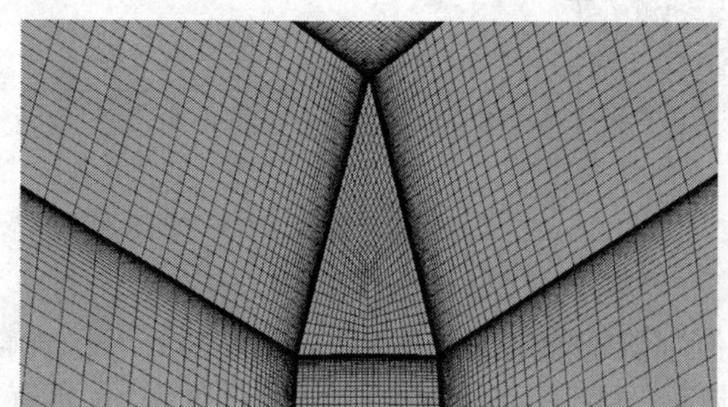

b)三角翼周围网格

图 3　计算区域与表面网格

各组电极的布置位置及尺寸　　表 1

电极	E1	E2	E3	E4	E5	E6
电极位置（从前缘开始）	8% c	16% c	24% c	32% c	40% c	48% c
电极长度（mm）	10	21	32	42	53	64

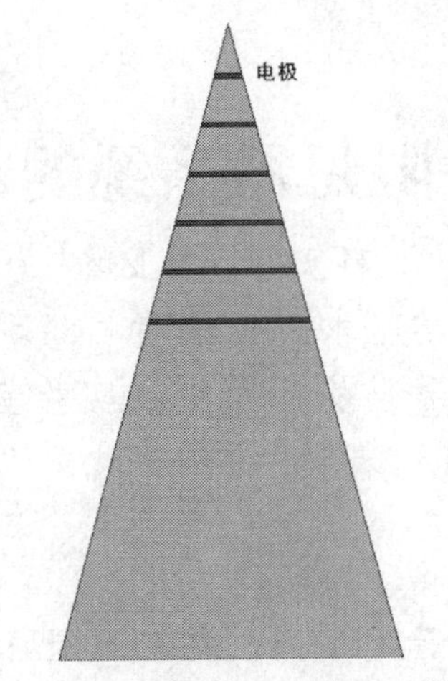

图4 三角翼模型及电极布置示意图

6 本文研究的主要内容

本文采用介质阻挡放电的形式产生等离子体，研究等离子体气动激励对三角翼前缘涡的控制作用，分析等离子体流动控制对三角翼气动力的影响。研究结果为掌握高效的流动控制技术奠定基础。

参 考 文 献

[1] Lowson M V, Riley A J. Vortex breakdown control by delta wing geometry[J]. Journal of Aircraft, 1995, 32(4).

[2] Suchomel C, Van W D, Risha D. Perspectives on cataloguing plasma technologies applied to aeronautical sciences. AIAA Paper 2003 - 3852, 2003.

[3] Roth J R, Tsai P P, Liu C, et al. The Univ. of Tennessee Research Corp., Knoxville, TN, U. S. Patent Application for a One Atmosphere Uniform Glow Discharge Plasma. Docket No. 5,414,324, Filed 09 May 1995.

[4] Jukes T N, Choi K S, Johnson G A. Turbulent boundary - layer control for drag reduction using surface plasma. AIAA Paper 2004 - 2216, 2004.

[5] Post M L, Corke T C. Separation control on high angle of attack airfoil using plasma actuators[J]. AIAA Journal, 2004, 42(11).

[6] Zhang P F, Liu A B, Wang J J. Aerodynamic modification of NACA 0012 airfoil by trailing edge plasma gurney flap[J]. AIAA Journal, 2009, 47(10).

[7] Post M L, Corke T C. Separation control using plasma actuators: dynamic stall vortex control on oscillating airfoil[J]. AIAA Journal, 2006, 44(12).

[8] Patel M P, Ng T T, Vasudevan S, et al. Plasma actuators for hingeless aerodynamic control of an unmanned air vehicle[J]. Journal of Aircraft, 2007, 44(4).

[9] Balcer B E. Boundary layer flow control using plasma induced velocity. USA: Air Force Institute of Technology (AU), 2005.

[10] Huang Junhui, Corke T C, Thomas F O. Plasma actuators for separation control of low - pressure turbine blades[J]. AIAA Journal, 2006, 44(1).

[11] Zhang P F. Experimental study of plasma flow control on highly swept delta wing. AIAA Paper 2010, 48 (1).

拉索—弹簧—阻尼器系统的动力特性分析

周海俊[1,2]　丁炜[1]　朱亚峰[1]　孙利民[2]
(1. 深圳大学土木工程学院　深圳　518060;
2. 同济大学土木工程防灾国家重点实验室　上海　200092)

1　引言

拉索是斜拉桥的主要受力构件,由于其具有长、柔、轻且阻尼小的特点,在外界环境激励下极易产生各种振动,尤其是风雨导致的大幅风雨振动,易导致行人的不安和拉索的破坏。辅助索减振措施用辅助索将各拉索相互连接,形成一个索网,由此可以提高拉索系统刚度而抑制拉索的振动;然而辅助索难以有效地提高拉索系统的阻尼,因此,工程技术人员有时会共同使用阻尼器和辅助索以抑制拉索的振动。但目前尚不清楚索网—辅助索—阻尼器系统的振动特性及其减振机理,亦无明确的优化设置方法。鉴于索网结构体系振动问题的复杂性,本文将其简化为附加弹簧和阻尼器,研究拉索—弹簧—阻尼器系统的自由振动特性,探讨索网—辅助索—阻尼器系统的减振机理和优化设置。通过分离变量法得到了复特征频率方程,给出了不同情况下振动频率解的范围,研究了弹簧刚度和阻尼系数以及安装位置对拉索振动特性的影响。

2　拉索—弹簧—阻尼器系统的运动方程

图1所示为拉索—弹簧—阻尼器系统示意图。其中L为拉索长度,m是单位长度拉索质量,T是索拉力,k是弹簧刚度,c为阻尼器阻尼系数,x_p为p段拉索的轴向坐标($p=1,2,3$),不失一般性地,设l_1是阻尼器距拉索左锚固端的距离,l_2是弹簧和阻尼器之间的距离。

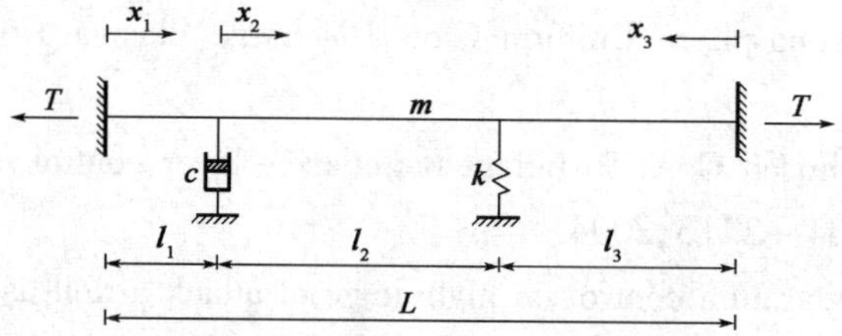

图1　拉索—弹簧—阻尼器系统示意图

拉索—弹簧—阻尼器系统的线性运动方程可以表示为:

$$m\frac{\partial^2 y_p(x_p,t)}{\partial t^2} = T\frac{\partial^2 y_p(x_p,t)}{\partial x_p^2} \tag{1}$$

式中,$y_p(x_p,t)$为p段拉索的竖向位移。该方程在阻尼器与弹簧安装点外处处成立,在安装点处要满足力的平衡和位移的连续条件。假定无量纲的时间$\tau=\omega_{01}t$,其中$\omega_{01}=\frac{\pi}{L}\sqrt{\frac{T}{m}}$,则各段拉索自由振动的位移可表示为:

$$y_p(x_p,\tau) = Y_p(x_p)e^{\lambda\tau} \tag{2}$$

式中,λ为系统的无量纲复特征值。

基金项目:土木工程防灾国家重点实验室开放课题基金项目(SLDRCE-08-MB-03)、深圳市公共科技计划项目(SY200806270071A)联合资助。

$\lambda=\alpha+\beta\mathrm{i},\mathrm{i}=\sqrt{-1}$，系统特征值 $\omega=\lambda\omega_{01}$，对于指定的 c、k、l_1/L 和 l_2/L，可解出系统的复特征值 λ；由各复特征值可得到系统各阶模态阻尼比，其相互关系可描述为：

$$\lambda=\frac{\omega}{\omega_{01}}(-\xi+\mathrm{i}\sqrt{1-\xi^2}) \tag{3a}$$

$$\alpha=-\frac{\omega}{\omega_{01}}\xi \tag{3b}$$

$$\beta=\frac{\omega}{\omega_{01}}\sqrt{1-\xi^2} \tag{3c}$$

式中，ξ 为系统的模态阻尼比；ω 为拉索振动特征值的模。

将式(2)代入式(1)，可得：

$$\frac{\mathrm{d}^2Y_p(x_p)}{\mathrm{d}x_p^2}=\left(\frac{\pi\lambda}{L}\right)^2Y_p(x_p) \tag{4}$$

由于 λ 为复数，模态振型 Y_p 也为复数。拉索在锚固端处的位移为0，并且在阻尼器与弹簧安装处的位移连续，假设模态振型 $Y_p(x_p)$ 可以表示为：

$$Y_p(x_p)=A_p\frac{\sinh(\pi\lambda x_p/L)}{\sinh(\pi\lambda l_p/L)}+B_p\frac{\cosh(\pi\lambda x_p/L)}{\cosh(\pi\lambda l_p/L)} \tag{5}$$

式中，A_p、B_p 分别为阻尼器与弹簧安装处的拉索振幅。

由边界条件和位移连续条件，可最终推得拉索—弹簧—阻尼器系统的复特征值方程为：

$$\lambda\sinh(\Gamma)+\gamma\sinh(\Gamma_1+\Gamma_2)\sinh(\Gamma_3)+\eta\lambda\sinh(\Gamma_1)\sinh(\Gamma_2+\Gamma_3)+\eta\gamma\sinh(\Gamma_1)\sinh(\Gamma_2)\sinh(\Gamma_3)=0 \tag{6}$$

式中，$\Gamma_p=\pi\lambda\dfrac{l_p}{L}$，$\Gamma=\pi\lambda$。

3 近似解析式的推导与研究

研究表明，当由阻尼器所导致的频率变化不大时，可由分析系统振动频率的变化得到其阻尼比的近似解析式。

3.1 阻尼器与弹簧离拉索锚固点很近的情况下的近似解

当阻尼器与弹簧安装在离拉索锚固端很近的情况下，认为拉索的特征值 λ 变化很小，α 与 β 的变化也很小，$\beta\cong\beta_{0,\mathrm{j}}+\delta\beta$，其中 $\beta_{0,\mathrm{j}}=n$，所以系统存在近似解。对于这种情况可以分为两种工况来讨论。

(1)阻尼器与弹簧在同一端时即 $l_1L^{-1}\ll1$，$l_2L^{-1}\ll1$，简化可得：

$$\alpha\cong-n^2\eta\frac{l_1}{L}\frac{u_1}{[1+\gamma(u_1+u_2)]^2+n^2\eta^2u_1^2(1+\gamma u_2)^2} \tag{7}$$

$$\delta\beta\cong\frac{1}{\pi}n\frac{\gamma(u_1+u_2)^2[1+\gamma(u_1+u_2)]+n^2\eta^2u_1^2(1+\gamma u_2)[u_1+\gamma u_2(u_1+u_2)]}{[1+\gamma(u_1+u_2)]^2+n^2\eta^2u_1^2(1+\gamma u_2)^2} \tag{8}$$

$$\frac{\xi_n}{\dfrac{l_1}{L}}\cong\frac{1}{(1+\gamma u_2)[1+\gamma(u_1+u_2)]}\frac{\dfrac{1+\gamma u_2}{1+\gamma(u_1+u_2)}\pi^2\kappa}{1+\left[\dfrac{1+\gamma u_2}{1+\gamma(u_1+u_2)}\pi^2\kappa\right]^2} \tag{9}$$

(2)阻尼器与弹簧不在同一端时即 $l_1L^{-1}\ll1$，$l_3L^{-1}\ll1$，简化可得：

$$\alpha\cong-\frac{\eta u_1^2n^2}{1+\eta^2u_1^2n^2}=-n\frac{l_1}{L}\frac{\eta u_1n}{1+\eta^2u_1^2n^2} \tag{10}$$

$$\delta\beta \cong n\left[\frac{l_3}{L}\frac{\gamma u_3}{1+\gamma u_3}+\frac{l_1}{L}\frac{(\pi^2\kappa)^2}{1+(\pi^2\kappa)^2}\right] \tag{11}$$

$$\frac{\xi_n}{l_1/L} \cong \frac{u_1 n\eta}{1+u_1^2 n\eta^2} = \frac{\pi^2\kappa}{1+(\pi^2\kappa)^2} \tag{12}$$

式中，$\kappa=\pi^{-1}\frac{l_1}{L}n\eta$，$\mu_p=\pi\frac{l_p}{L}$。研究分析表明上述公式具有很好的精度。

3.2 阻尼器离拉索锚固点很近的情况下的近似解

在阻尼器安装位置距离拉索锚固点很近($l_1/L \ll 1$)而弹簧安装位置变化的情况下，当弹簧安装位置$(l_1+l_2)/L$与弹簧刚度γ确定时，可以认为拉索的特征值λ变化很小，α与β的变化也很小，其中$\beta=\beta_{n(\eta=0)}+\delta\beta$，所以系统模态阻尼比存在近似解。设$\Delta\beta_{n\infty}=|\beta_{n(\eta\to\infty)}-\beta_{n(\eta=0)}|$，其中$\beta_{n(\eta\to\infty)}$为阻尼器无量纲阻尼值$\eta\to\infty$时拉索系统$n$阶频率，$\beta_{n(\eta=0)}$为阻尼器阻尼值为0时拉索系统$n$阶频率[7]：

$$\alpha \cong \Delta\beta_{n\infty}\frac{\eta/\eta_n^{\text{opt}}}{1+(\eta/\eta_n^{\text{opt}})^2} \tag{13}$$

$$\delta\beta \cong \Delta\beta_{n\infty}\frac{(\eta/\eta_n^{\text{opt}})^2}{1+(\eta/\eta_n^{\text{opt}})^2} \tag{14}$$

$$\frac{\xi_n}{l_1/L} \cong \frac{L}{l_1}\frac{\Delta\beta_{n\infty}}{\beta_{n(\eta=0)}}\frac{\eta/\eta_n^{\text{opt}}}{1+(\eta/\eta_n^{\text{opt}})^2} \tag{15}$$

式中，η_n^{opt}为当$\delta\beta=\frac{\Delta\beta_{\infty n}}{2}$时所对应的最优阻尼系数。

图2所示为在不同模态下阻尼器优化设计曲线精确解和近似解的对比，其中弹簧安装位置以及弹簧刚度分别取$l_2/L=0.5$，$\gamma=2$。从图中可以看出，精确解和近似解之间的误差很小，并且随着模态阶数n的增大，系统所对于的最优阻尼值逐渐减小。

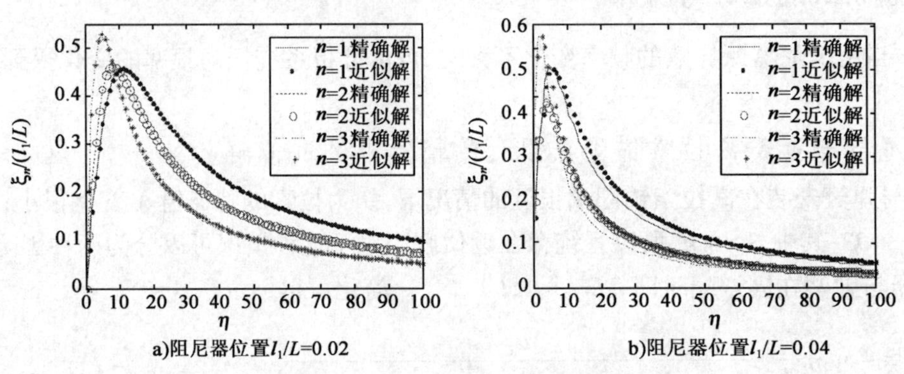

图2 在不同模态下阻尼器优化设计曲线

3.3 阻尼器与弹簧在一般位置情况下的近似解

当阻尼器和弹簧均安装在拉索一般位置时，不一定存在近似阻尼计算公式。但如果阻尼器安装后，拉索—弹簧—阻尼器系统的频率变化值仍较小时，则上节中近似式(14)和式(15)仍具有较好的工程应用精度。图3所示为不同γ值时所能获得的模态阻尼比与对应频率值的变化曲线，所取算例为二阶模态，阻尼器和弹簧安装位置为$l_1/L=l_2/L=0.3$。图3中同时给出了由式(6)求得的精确解，与近似解比较，可见图3c)和d)中两者吻合较好，且近似解小于精确解，表明当由阻尼器导致系统的频率变化量较小(小于0.1)时，近似公式仍有较好的工程应用精度。图3a)和b)中相应的频率范围变化较大，相应接索所能获得的阻尼比也比较大，但近似公式精度不是很好，可知此时采用按住公式时需注意频率的变化量的大小，如频率变化量超过0.1，则应采用精确计算方法进行数值求解计算。

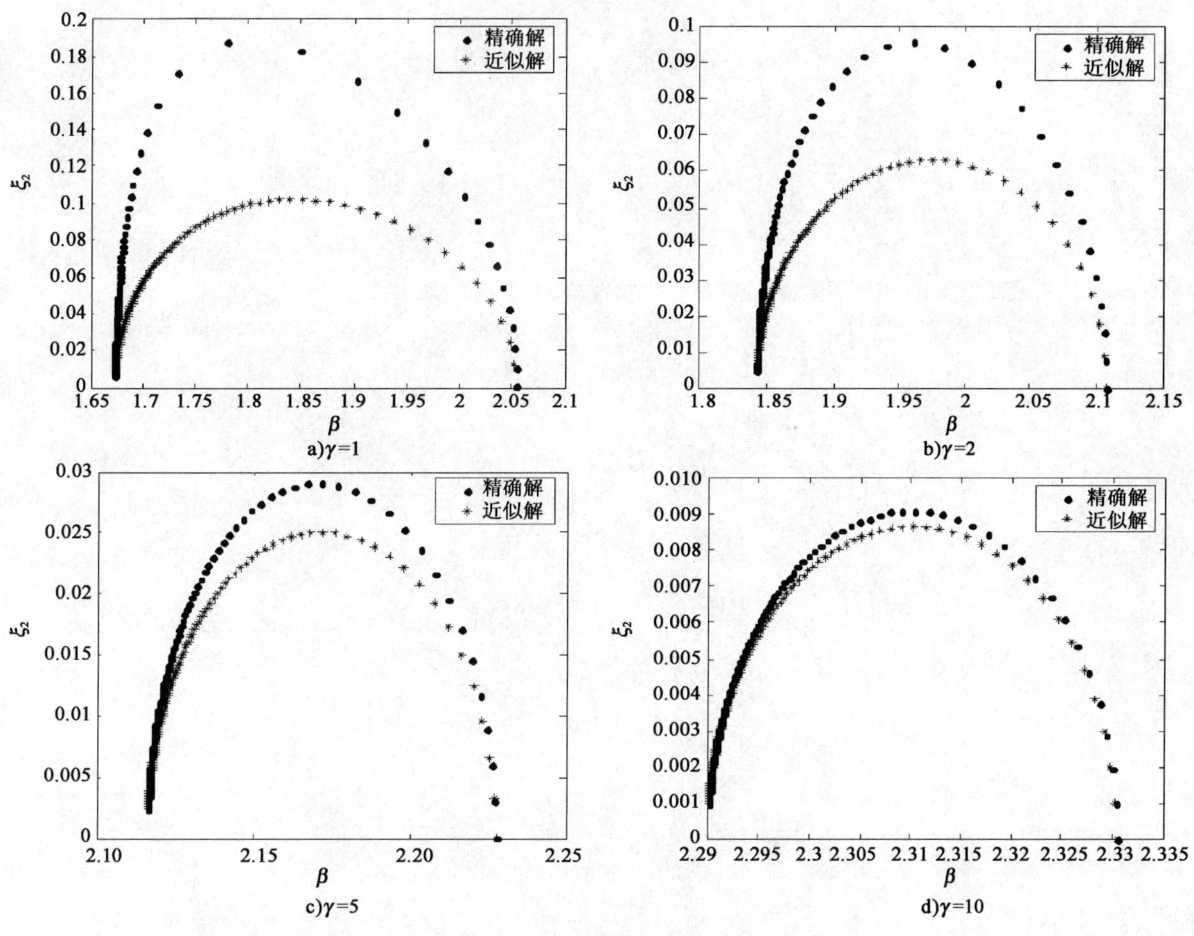

图3 拉索系统的阻尼比与对应频率值变化关系

参考文献

[1] Caracoglia L, Jones N P. Damping of taut – cable systems: Two dampers on a single stay[J]. ASCE Journal of Engineering Mechanics, 2007, 133(10): 1050 – 1060.

[2] Caracoglia L, Jones N P. Passive hybrid technique for the vibration mitigation of systems of interconnected stays[J]. Journal of Sound and Vibration, 2007, 307(3-5): 849 – 864.

[3] Fujino Y, Hoang N. Design formulas for damping of a stay cable with a damper[J]. ASCE Journal of Structural Engineering, 2008, 134(2): 269 – 278.

[4] Krenk S. Vibrations of a taut cable with an external damper[J]. ASME Journal of Applied Mechanics, 2000, 67(4): 772 – 776.

[5] Main J A, Jones N P. Free vibrations of taut cable with attached damper. I: Linear viscous damper[J]. ASCE Journal of Engineering Mechanics, 2002, 128(10): 1062 – 1071.

第一届全国风工程研究生论坛

一、边界层风特性与风环境

人行高度处风环境评价标准风洞试验研究

陈超　王旭　陈勇

（浙江大学建筑工程学院结构工程研究所　杭州　310027）

1　引言

建筑周围风环境的舒适度问题由来已久。早在1972年，Davenport[1]就提出了建筑周围人行高度处的风环境评价标准，1975年到1978年，Melbourne[2]、Gandemer[3]、Isyumov和Davenport[4]等人也分别提出了自己的标准。Ratcliff和Peterka[5]在1990年对上述标准进行了比较研究。这些标准尚不统一，目前我国建筑风环境舒适度的标准仍处于研究阶段。

本文根据超越概率阈值评价方法，进行了人体风环境舒适度试验，让志愿者进入风洞进行坐、立、行走等日常活动的模拟，再采用客观评价与主观评价相结合的方式进行风环境舒适度研究。采用决策融合准则进行了风环境评价标准的确定，并采用等效风速的方法进行了湍流风对舒适度评价标准影响的研究。最后将试验结果与国际现有风环境评价标准进行比较，为我国风环境评价标准的制定提供依据。

2　人体舒适度试验

试验在温度10℃左右，湿度10%～50%的4m(W)×3m(H)×18m(L)风洞中进行。采用大湍流（湍流度约为0.28）、小湍流（湍流度约为0.0165左右）两种近地风来模拟实际风场情况。风速在1～12.5m/s变化，有8～10个风速区间。要求志愿者在风洞中感受总共18种风环境工况，并在其中进行一系列坐、立和行走等日常活动，并进行主观调查（舒适度评分）和客观调查（完成指定行为的时间），如表1所示。

各类行为活动的主观及客观性调查　表1

行为活动	主　观	客　观
坐	问卷打分	阅读、倒水
立	问卷打分	倒水、穿雨衣
行走	问卷打分	常速行走

进行客观调查中要求志愿者完成的规定行为有阅读、倒水、穿雨衣和行走等，具体如下。

（1）“阅读”：即在30s内阅读一篇700字左右的文章，并在文章中找出指定词将其画去，记录志愿者每次阅读后画词的个数，如图1所示。

（2）“穿雨衣”：志愿者自由选择站立朝向，将套头式雨衣从椅子上拿起并将其穿上，带上帽子系好绳扣，记录其穿雨衣所耗时间，如图2所示。

（3）“倒水”：要求志愿者将量杯中500mL的水倒入矿泉水瓶中，量杯口和瓶口距离5cm以上，记录志愿者倒水的时间和倒入瓶中的水量，如图3、图4所示。

（4）“行走”：4名志愿者面向来风方向，在长3.2m、宽20cm的木板上行走四个来回，然后在与来风向成90°的木板（4m×0.2m）上行走两个来回，记录志愿者行走时的动作与时间及其掉下木板的次数，如图5及图6所示。

试验结束后每位志愿者需要填写一份风环境调查表，对超越概率阈值评价方法中的超越概率进行确定。

基金项目：国家科技支撑计划资助项目（2006BAJ01B07-04），国家自然科学基金资助项目（50708096），浙江省自然科学基金项目（Y1110143）。

图1 阅读

图2 穿雨衣

图3 倒水(坐)

图4 倒水(站立)

图5 行走(纵向)

图6 行走(横向)

3 试验结果分析

3.1 评定方法

为了较为准确地获得评价标准,采用了最大联合概率决策融合算法[6]进行数据融合。规定每个志愿者给当前舒适度评分值为整数 H,H 取值范围为[1, 15], 因此代表评价分值状态的随机变量 H 的取值范围为 $\{H_1, H_2, \cdots, H_{15}\}$。对应于某个风环境工况,各个分值发生的先验概率为 $P(H_i)$。所有志愿者对风环境的打分结果 $u_1, u_2, \cdots, u_{48}$,记为 $\boldsymbol{u} = \{u_1, u_2, \cdots, u_{48}\}$。志愿者的打分结果取值范围为 $\{h_1, h_2, \cdots, h_{15}\}$,即1~15分。第 i 个志愿者对各种风环境下进行判断的条件概率矩阵为 $\boldsymbol{h}^i$,该矩阵中的 h_{jk}^i 表示为当真实值为 H_k 时,第 i 个志愿者判断为 h_j 时的条件概率,表达式为:

$$h_{jk}^i = P(u_i = h_j \mid H_k) \quad k = 1,2,...15, j = 1,2,...,15, k = 1,2,...,15 \tag{1}$$

基于最大联合概率决策融合算法,可得到最接近真实值的评分为:

$$f_B(u) \underline{\underline{\Delta}} \max_{j \in (1,\ldots,15)}{}^{-1}[P(H_k|\boldsymbol{u})] \tag{2}$$

$P(H_k|\boldsymbol{u})$ 表示各个志愿者给出判断而真实评分值为 H_k 的概率。$\underline{\underline{\Delta}} \max_{j \in (1,\ldots,15)}{}^{-1}$ 表示该概率为最大值时所对应评分值。

根据 Baysian 概率理论,$P(H_k|\boldsymbol{u})$ 为:

$$P(H_k \mid \boldsymbol{u}) = P(H_k)P(\boldsymbol{u} \mid H_k) \tag{3}$$

由于各个志愿者的打分结果相互独立,故:

$$P(\boldsymbol{u} \mid H_k) = \prod_{i=1}^{M} P(u_i \mid H_k) \tag{4}$$

3.2 等效风速

Hunt 和 Poulton[7] 提出等效风速的概念,即:

$$u_e = \bar{u}(1 + \alpha I) \tag{5}$$

式中,$\bar{u}$ 为平均风速;α 为峰值因子;I 为湍流度。

Lawson[8] 指出 α 的取值范围为 0~4,见表2。

已有文献推荐的 α 取值 表2

Davenport(1972)	0	Gandemer(1975,1978)	1.0
Davenport(1975,1978)	1.5	Lawson 和 Penwarden(1975)	2.68
Hunt 等(1976)	3	Melbourne(1978)	3.5

3.3 试验结果分析

根据等效风速及评定方法,可以获得各种人类活动时的评定分值与等效风速之间的关系,如图7所示,其中7分线为满足舒适度的临界分值线。各条拟合线与7分线的交点即为与活动类型及峰值因子相对应的风速阈值。风速阈值与峰值因子之间的关系曲线见图8,由图中可得对应于坐、立和行走三种人类活动的峰值因子 α 分别为2.20、2.05和1.60。因此可取三者平均值($\alpha=1.95$)作为计算等效风速的峰值因子。

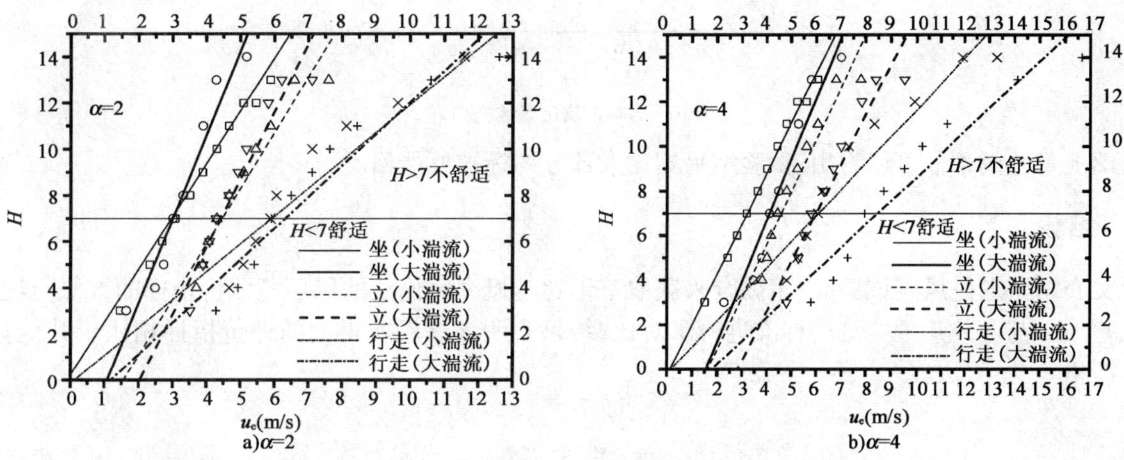

图7 评定分值与等效风速之间的关系

取峰值因子 $\alpha=1.95$,则可得三种人类活动下的评定分值与等效风速之间关系如图9所示,相应获得超越概率阈值评价方法中的风速阈值见表3。对志愿者所填的风环境调查表进行统计处理,可得超越概率阈值评价方法中的超越概率,其值见表3。

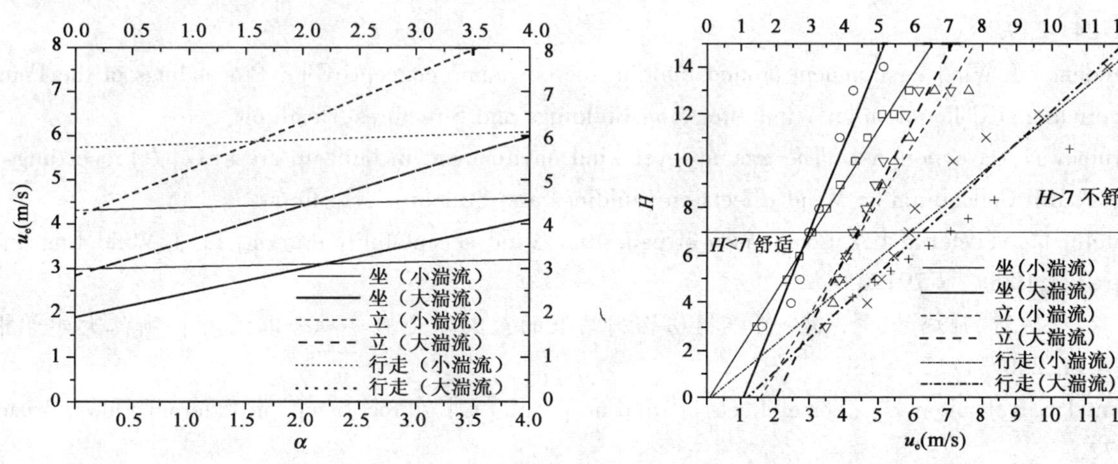

图8 风速阈值与峰值因子之间的关系曲线

图9 $\alpha=1.95$ 时评定分值与等效风速之间的关系

试验所得风环境评价标准 表3

人类行为活动	风速阈值	超越概率	人类行为活动	风速阈值	超越概率
坐	3.0m/s	6%	立	4.4m/s	6%
行走	6.1m/s	4%			

王旭[9]等人在2011年提出基于威布尔分布假设的舒适度临界曲线,可进行各个舒适度标准的比较。将本文获得结果与几种国际上较为主流的标准值进行比较,受篇幅限制仅比较“坐”时的风环境舒适度标准,其结果如图10所示。

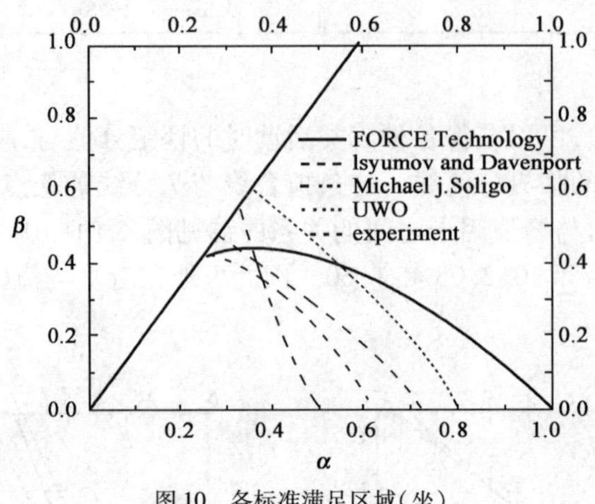

图10　各标准满足区域(坐)

从图上重叠的部分可以看出,试验结果相比大部分的标准要严格。

4　结论

本文介绍了通过风洞试验、决策融合来获取基于超越概率阈值法的风环境评价指标的方法与过程。并将试验结果与国外几种主流的标准进行了对比,结果表明该试验所得到的评价指标相比于其他标准要更为严格。

参考文献

[1] Davenport A G. An approach to human comfort criteria for environmental wind conditions. Colloqium on Building Climatology.

[2] Melbourne W H. Criteria for environmental wind conditions[J]. J. Wind Eng. Ind. Aerodyn,1978,3(2-3):241-249.

[3] Gandemer J. Wind environment around building:aerodynamic concept[G]//Proceedings of the Fourth Inyernational Colloquium on Wind effects on Buildings and Structures,Heathrow.

[4] Isyumov N,Davenport A G. The ground level wind environment in built-up areas[G]//Proceedings of the Fourth Colloquium on Wind Effects on Buildings and Structures,Heathrow.

[5] Ratcliff M A,Peterka J A. Comparison of pedestrian wind acceptability criteria[J]. J. Wind Eng. Ind. Aerodyn,1990,36:791-800.

[6] 田森源,陈勇,孙炳楠,等.多分辨率损伤检测结果的最大联合概率融合算法[J].浙江大学学报:工学版,2007,1:126-133.

[7] Hunt J C R,Poulton E C. Some effects of wind on people[G]//Proc. Symp. on External Flows. Bristol,1972.

[8] Lawson T V. Discussion on session 5[G]//Proc. 4th Int. Conf. on Wind Effects on Buildings and Structures. Heathrow,Cambridge University press,1977.

[9] 王旭.建筑室外风环境和室内通风的试验和数值模拟研究[D].杭州:浙江大学,2011.

台风过境时上海浦东海边近地风特性研究

戴银桃　黄鹏　顾明

（同济大学土木工程防灾国家重点试验室　上海　200092）

1　概述

我国东南沿海地区经常遭受热带风暴的影响，每次台风过后，都有大量的房屋损坏甚至倒塌，台风所造成的巨大人员伤亡和财产损失主要由低矮房屋的风毁造成。现行的建筑结构荷载规范[1]中关于风荷载的平均风和脉动风特性大部分是根据季候风的研究结果得到的。由于没有考虑台风等极端气候条件下的风特性，根据普通季风气候得到的风荷载偏小，其结果是导致建筑结构不安全。对于台风近地风场的实测研究有助于提升对其特性的认识，与现行规范的风场特性各参数进行对比修正，为风洞试验或CFD模拟中更好地模拟实际台风风场提供参考，为低矮建筑抗风设计提供服务。由于受技术条件等的影响，国内对台风近地风场的观测这方面的研究报告还较少。

本文基于上海地区芦潮港测风塔一年的实测资料，对上海地区近地台风风场特性进行了分析，以期为低矮建筑近地风场特性研究以及抗风设计提供参考。观测点测风塔位于上海市的南端南汇区芦潮港海堤边（31°51′N，121°54′E），如图1所示；测风塔高度为70m，观测层次分四层，其高度分别为：10m、50m、60m和70m；观测环境：测风塔三面临海，周边附近地面为草地，受下垫面的影响最直接，各种气象要素的变化规律也最为明显。观测仪器为美国生产的Normad系列轴测式风速仪[2]，风速采样为1次/s，每10min输出一组数据。文中采用的数据是芦潮港测风塔各层次上风速风向的10min平均值、最大值以及标准差，总观测时间段为2004年10月20日~2005年10月31日（近1年）。

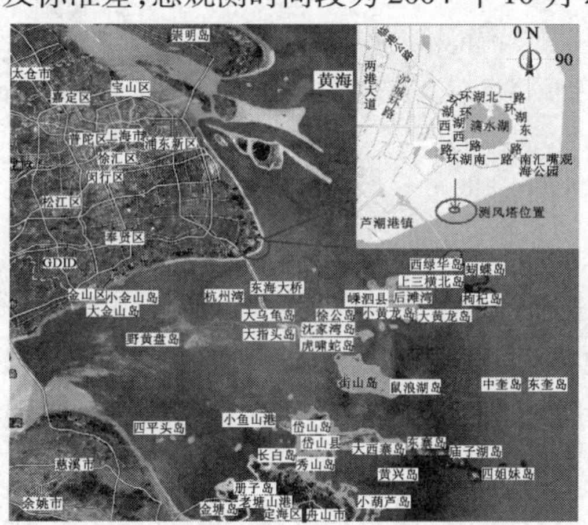

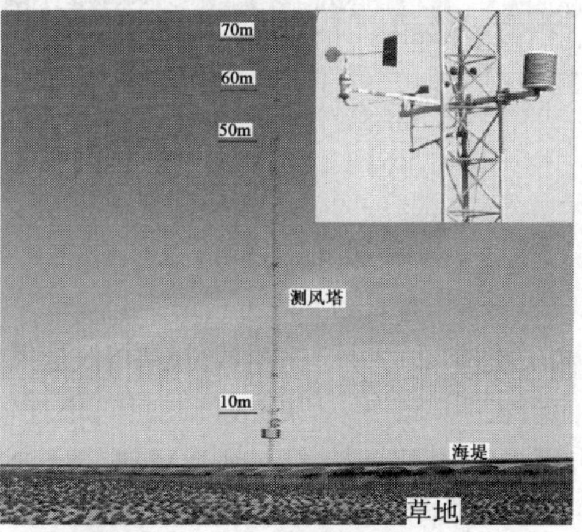

图1　芦潮港测风塔位置及周边范围图

2　两个目标台风概况

“麦莎”和“卡努”正是出现在2005年里的两个在发源地、路径和登陆地等方面相似的台风如图2所示，同时它们在移速、强度和影响力等方面又各具特点。

3　近地层风场特性

为便于仔细分析台风过境时风速风向及湍流度的变化特点，提取台风过境时风速急速增大至下降

基金项目：上海市浦江人才计划和教育部留学回国人员科研启动基金联合资助。

的连续大风($U_{10}>6$m/s)特征时段,筛选出有效数据后的连续样本个数分别为"麦莎"527 个、"卡努"304 个,图 3 给出了两次台风不同高度处风速风向和湍流度随时间的变化图。

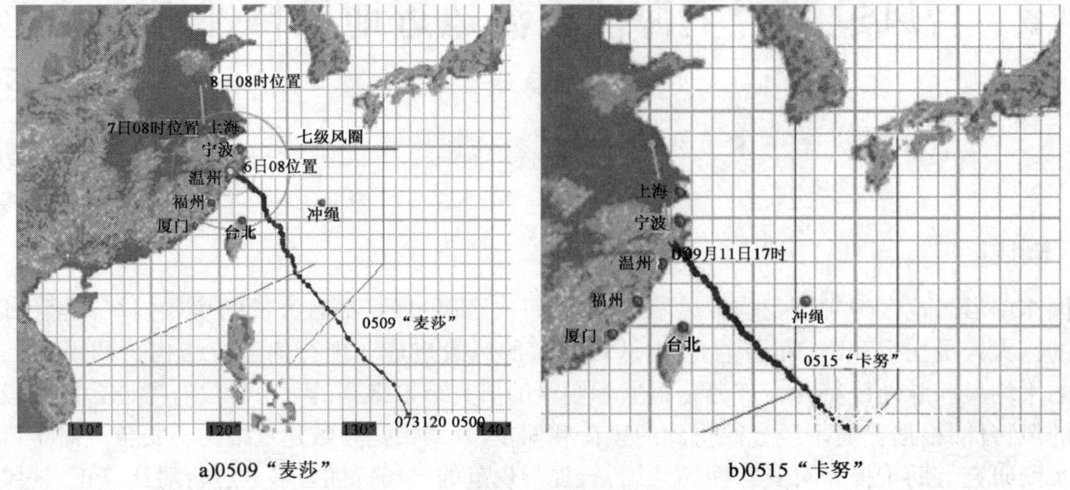

a)0509"麦莎" b)0515"卡努"

图 2 台风路径图(●为台风移动路径)

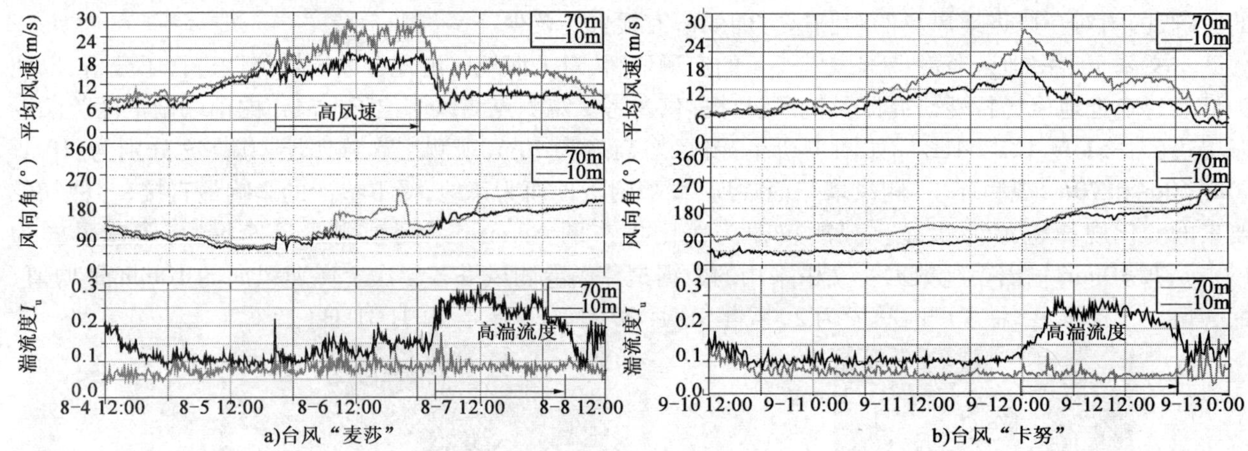

a)台风"麦莎" b)台风"卡努"

图 3 湍流度随时间变化

3.1 风速、风向及剖面特点

便于比较分析,选 10m 和 70m 高度处风速风向为研究对象,图 3 给出了两次台风过境前后大风风速、风向、湍流度变化时程对比图,可以看出:台风"麦莎"过境时移动速度慢[4],持续时间较长[约 4d,图 3a)],而台风"卡努"移动快,故持续时间相对较短[约 2d,图 3b)]。两次台风风速风向及湍流度变化剧烈,台风中心离观测点越近,风速风向变化规律波动明显增大,当风速开始下降时两次台风湍流度突然增大,此时风向在 180°附近,可能主要由于海面风浪较大并且受到海堤的影响后,其来流粗糙度明显增大,故引起湍流度也增大。

两次台风在 70m 高度最大风速分别达 35.25 m/s 和 37.6 m/s(图 4),最大平均风速分别达 27.4 m/s和27.6 m/s,而 10m 高度处两次台风最大风速达 26.7m/s 和 27.89m/s,最大平均风速分别达 19.4m/s 和 18.6m/s,相应时刻的风剖面用指数律拟合结果如图 4 所示。由图 4 可见,两次台风过境时平均风速剖面用指数律拟合结果较好,参数 α 的值分别为:麦莎 0.172,卡努 0.188,二者均比我国规范 A 类风场($\alpha=0.12$)大,介于 B 类($\alpha=0.16$)和 C 类($\alpha=0.22$)之间。

本文中测风塔位置靠近海边,来流粗糙度与风向密切相关,图 5 分别给出了两次台风大风($U_{10}>6$m/s)与全年普通季风风速剖面幂指数与平均风速的变化关系,可以看出幂指数 α 范围为 0.06 ~ 0.45,α 随风速增大而趋近于以稳定常数值($\alpha\approx0.18$),此时幂指数较规范给定的 A 类、B 类场地值都偏大。

图6给出了幂指数随10m高度风向角的变化曲线,其中每3°取α平均值。由图可明显看到两次台风的幂指数α随风向变化趋势一致,且整体幅度大致为0.05~0.30,平均值分别为麦莎0.167,卡努0.169;而普通季风的α值随风向变化波动性较大,但整体变化范围在0.10~0.32,平均值为0.182,当风向大致在90°~270°范围内幂指数α接近于规范给定的C类值,其他风向时接近于B类值。

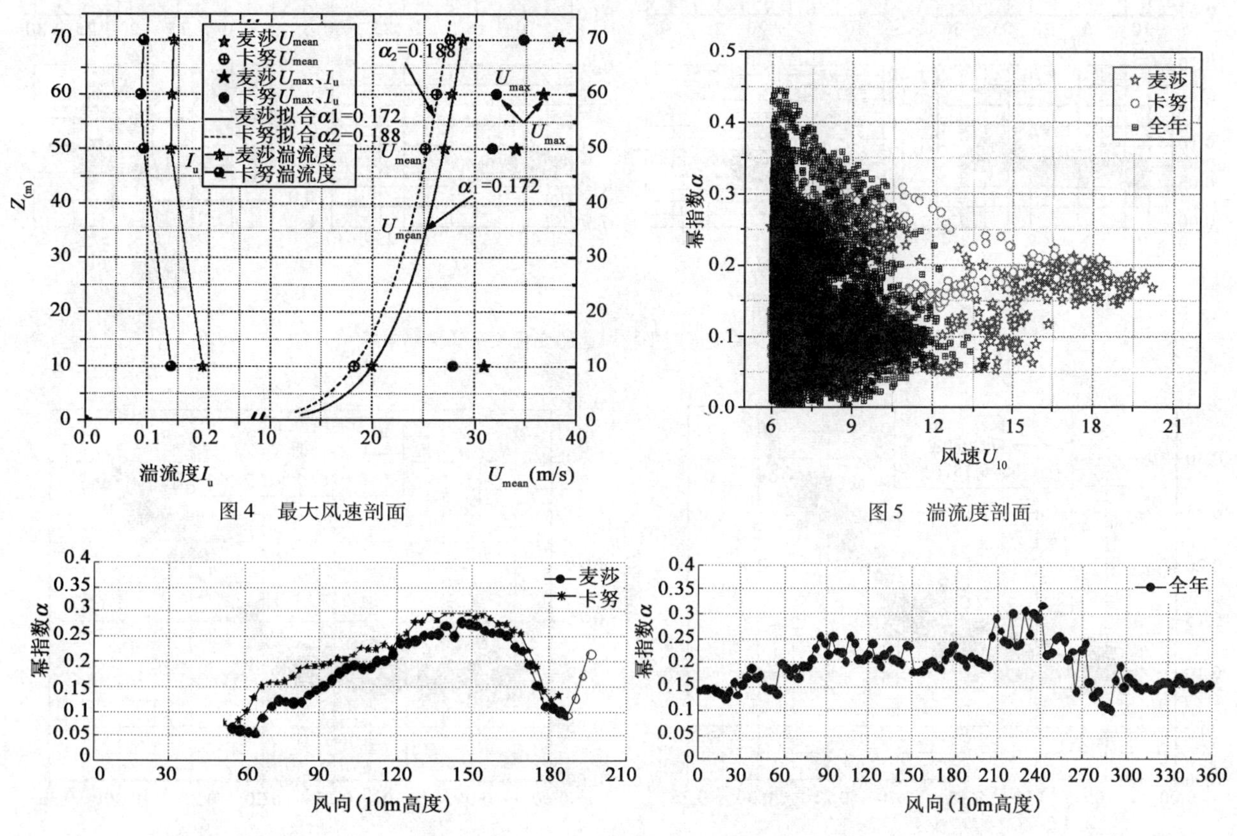

图4 最大风速剖面

图5 湍流度剖面

图6 幂指数随风向变化图

(麦莎8月4日16:00~8月8日11:50,卡努9月10日14:20~9月12日19:50;全年普通季候风2004年10月~2005年9日)

3.2 湍流度

文献[4]对不同台风的近地风特征研究表明,当风速风向同时发生突变时湍流度会明显增大。由上文图3可知:两次台风的湍流度整体上随高度增加湍流度变小。比较两次台风在风速最大时刻对应的湍流度平均值剖面,湍流度剖面总体变化趋势一致,但"麦莎"、"卡努"在50m和60m高度时湍流度分别最小(0.138和0.089),而在70m高度两者又有所增大。

本文基于芦潮港资料台风大风过程分析结果表明:台风"麦莎"在50m、60m、70m高度处湍流度随风速增大而增大的趋势,"卡努"湍流度先减小后增大,见图7;而两次台风过境时10m高度处湍流度在不同时段变化趋势明显不同,即随台风中心的靠近风速增大湍流度随之增大,当台风离开时风速逐渐减小,湍流度增大且离散性较大。在低风速下湍流度变动很大,说明其对平均风速变化敏感。

研究同时发现,两次台风过境时的10m高度处大风湍流度与相应的幂指数接近于指数关系,拟合后的图像如图8所示,由图可知湍流度随幂指数增大而呈指数增大的趋势。幂指数反映地面粗糙度特征,由于10m高度处湍流度受地面粗糙度直接影响,故湍流度与幂指数的关系明显。

4 结论

利用芦潮港测风塔实测资料,根据不同高度处的测得的数据结果,对两次台风"麦莎"、"卡努"以及季风的风速风向、湍流度以及相关性等近地风场特性分别进行了分析,由于资料的局限性,得到的结论仅供参考。

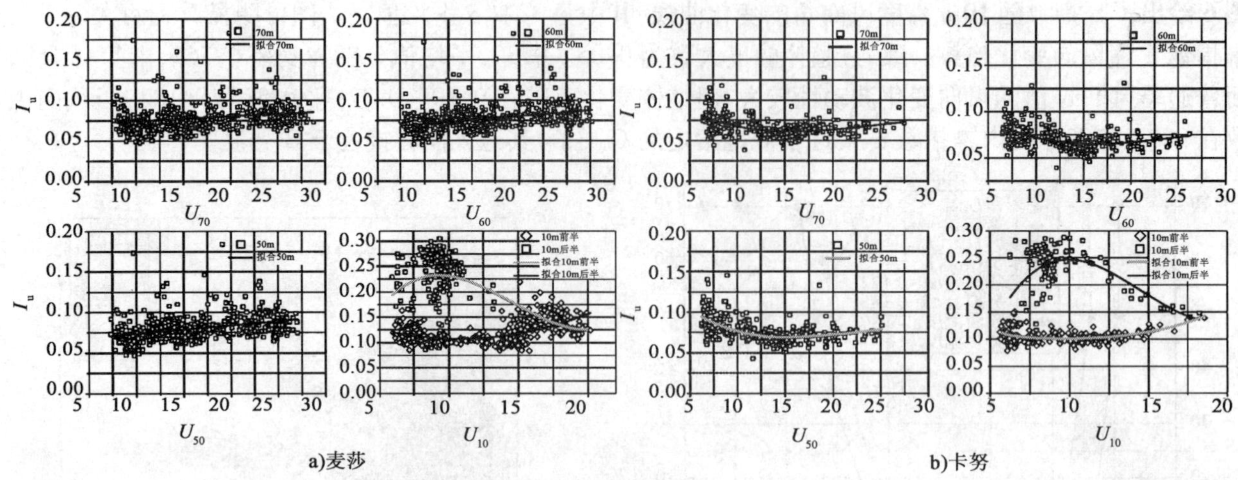

图7　湍流度与平均风速的变化关系

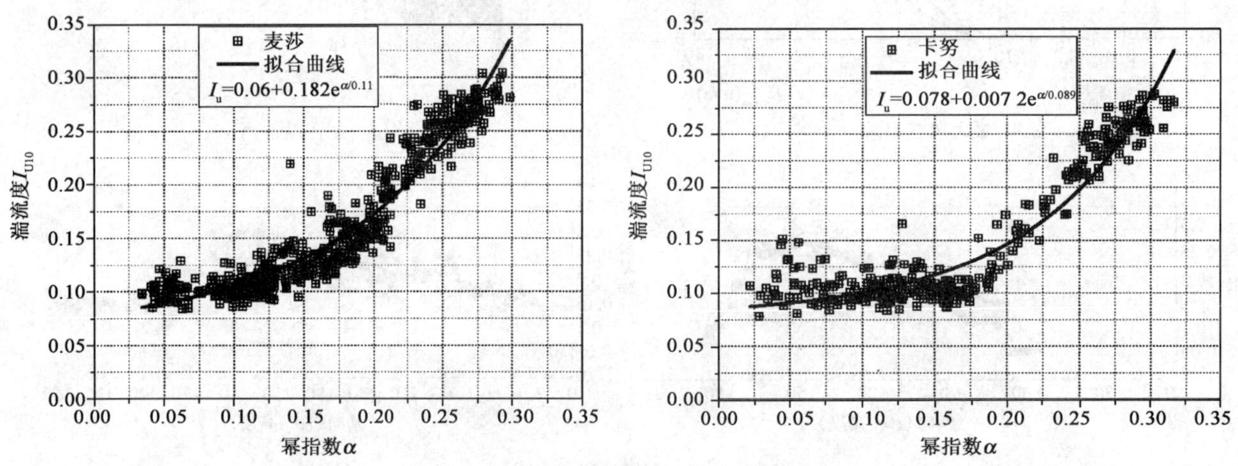

图8　湍流度与幂指数的关系

(1)风速风向、剖面特点:台风过境时平均风速风向快速变化,平均风速剖面用指数率拟合效果较好,幂指数随风速增大而趋近于一稳定常数值(0.18);两次台风幂指数随风向变化幅度大但趋势一致(0.05~0.30),而全年普通季风幂指数变化幅度小(0.10~0.32),但脉动性大,总之幂指数较我国规范A类场地值大。

(2)湍流度变化特点:湍流度在风速风向都剧烈变化时有突变,受地面粗糙度的影响,高度越低,湍流度越大,低风速时湍流度对平均风速敏感;风速较大时湍流度随平均风速增大而增大,10m高度处湍流度随幂指数增大而呈指数增大趋势。

参 考 文 献

[1]　中华人民共和国国家标准. GB 50009—2001　建筑结构荷载规范[S]. 北京,中国建筑工业出版社,2006.

[2]　徐家良,等. 台风影响下上海近海风场特性的数值模拟分析[J]. 热带气象学报,2009,25(3).

[3]　胡泽浦. 2005年"麦莎"和"卡努"台风影响上海的特点分析及对策建议[J]. 城市道桥与防洪,2007(4).

[4]　Schroeder, John L. Hurricane Bonnine wind flow characterist[D]. Texas Tech University, Lubbock, TX. 1999.

沿海复杂山地台风过程风剖线特征
——基于声达实测数据的分析与研究

何运成[1]　陈柏纬[2]　李秋胜[1]
(1. 香港城市大学建筑系　香港;2. 香港天文台　香港)

1　观测站设备及台风数据

香港位于中国东南部沿海,东、南面向太平洋,西部为珠江入海口(图1)。小蚝湾气象站(以下简称SHW)装配有声达风廓线仪等气象观测设备,位于香港西部。其南北及东部三面环山(山体海拔200~800m),西部为珠江入海口岸,较为开阔。西北至东北山体与SHW间夹隔一楔形海水地带,西南为海拔很低且较为平坦的香港国际机场。SHW站背靠狭长的西南至东北走向的大屿山;大屿山山体外围环水,东侧与港岛隔水相望。结合上述地形,这里把SHW站外围均分成以60°为区间间隔的6个上游来流方位区,即:0°~60°、60°~120°、120°~180°、180°~240°、240°~300°和300°~360°(从北吹来的来流定为0°,顺时针为正),并分别记做θ_1、θ_2、θ_3、θ_4、θ_5和θ_6。

a)香港位置　　b)SHW气象站在香港的位置

图1　香港天文台SHW声达气象站地理位置

SHW站的声达风廓线仪可自动记录距离地面25~100m高度区间——共计16层点的5min平均风速(水平和垂直)、风向(水平)及对应信号的信噪比。本文中认为信噪比大于7的层点数据为可靠值,并选取那些具有至少12个可靠高度层的风剖线作为以下研究的数据样本。同时本文对原始数据每相邻两个5min内的数据进行平均,故以下描述的均为10min平均数值。

本研究选取2008~2009两年期间对香港影响较大,致使香港天文台发布至少3号台风预警信号(10min-10m风速>11m/s)的11次台风数据。为分析不同风力强度对风剖线特征的影响,结合所选取的风剖线数量,这里定义每条风剖线所有高度层(以下简称MBL)的水平风速及水平风向分别对应的标量及矢量平均值为参考风速和参考风向[1-2],并把风速以3m/s为步长分为5类,即:0~3m/s、3~6m/s、6~9m/s、9~12m/s及12~15m/s,分别记作v_1、v_2、v_3、v_4、v_5。

基金项目:国家自然科学基金重大研究计划。
项目名称:超高建筑强/台风作用及其效应的现场实测与理论分析(90815030)。

2 数据分析

2.1 垂直风速剖线

这里主要选取 θ_2 和 θ_6 两组具有代表性的来流区域进行讨论。图 2 为不同参考风速和风向下，由同组各个单一风剖线集成平均而成的垂直风速剖线。θ_2 对应 SHW 站东上风面，为大屿山体的边缘地带，山体高度相对较低。上游风从较为开阔的东侧水面吹来，经山体阻挡，爬坡跨越山体后到达观测点上空；高能量来流在此过程形成下沉气流，并通过这种向下的对流为低层输送能量，如图 2b）所示。能量传递过程中，下沉气流由于能量输出及受周边摩擦力作用等原因，能量逐渐减小，对应的下沉速度随高度降低而变小，并在靠近地面附近趋近于 0。从图中可以看出，这种下沉风速基本服从对数律分布，且随着上游风力增强，这种向下的对流作用也会加强，对应于图中对数坐标下的斜率依次增大：$-0.44(v_2)$，$-0.62(v_3)$，$-0.76(v_4)$。在风力极弱的情况下（v_1），由于来流获得更多的与当地气团融合的时间，这种下沉效果不明显。对应于 θ_2 的下沉对流，θ_6 则表现出相反的气流上升的垂直对流现象。从图 1b）可以看出，由 θ_6 吹来的来流到达山体环抱的 SHW 站附近时，低空气团由于受到对面山体的阻挡而发生堆积，从而形成向上的气流，并为高空输送气团物质。由于来流在低空边界层内其风速随高度增加而增大，故在 SHW 站测点，这种堆积效应在一定高度范围内随海拔的升高而变强，使得来流垂直风速随高度增加而变大。这种向上的垂直风速随高度的分布基本服从对数规律，并随着来流风力的增强而增大，对应于对数坐标下的剖线逐渐变陡：$0.33(v_2)$，$0.40(v_3)$，$0.61(v_4)$。

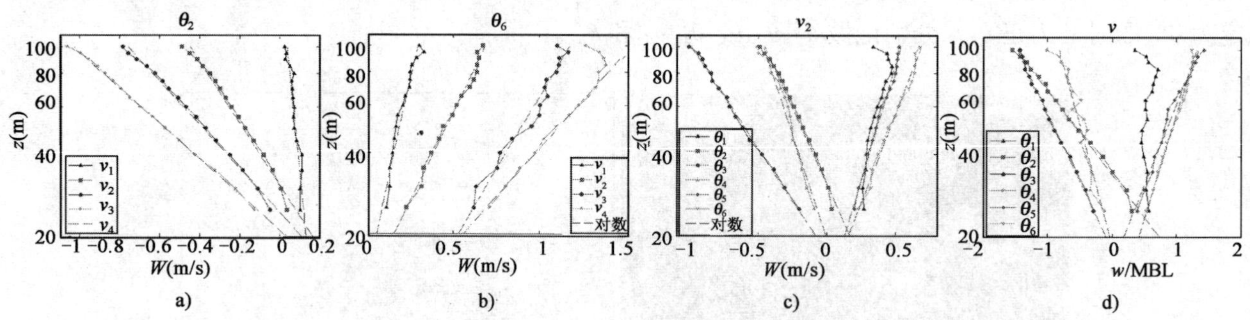

图 2 不同来流地形及风力强度下垂直风速的剖线分布及无量纲化的剖线随来流地形分布

图 2c）给出了在 v_2 的来流风力下，各个来流方位区域垂直风速的集成平均风剖线。考虑到同一来流方位区域下不同风力对应的剖线形状相类似的特征，图 2d）给出了各来流方位区域下风力大于 v_1 的所有风剖线通过对应参考风速无量纲化后的集成平均风剖线。由这两张图可以看出，θ_5 和 θ_6 对应的 SHW 站西部和西北部来流受对面山体阻挡效应明显，垂直方向表现为随高度增大的上升气流；而与之成对角关系相对应的 θ_2 和 θ_3 来流区域，其来流气团在跨越山体的阻挡后，出现下沉气流。互成对角分布的 θ_1 和 θ_4 方位区受到双向山体的作用，不过因为 SHW 站更靠近 θ_1 侧的大屿山，而与 θ_4 侧的大帽山山体隔水相望，故 θ_1 山体的阻挡起到主要作用，所以 θ_1 与 θ_4 来流区分别以上升和下沉对流为主。

2.2 水平风向剖线

图 3 给出了各来流方位区水平风向的集成平均剖线。对应同一组上游方位区，除在低风速下（v_1）因来流获得较为充分的时间与测点区域气团融合，其剖线分布受局部不确定因素影响较大，而呈现出相对无序的状态；其他较强风力级别下，各集成平均剖线分布趋于一致。故这里汇总同一来流方位区域下风力级别高于 v_1 的所有样本剖线，平均后并将各个高度层数值与底层值相减，从而得到如图 3d）所示的相对于底层的风向偏转角剖线图。可以看出，3 组成对角分布的两两来流区域剖线分布特征彼此类似。同时各来流区域均在一定高度范围内出现了风向角随高度减小的现象，即发生左偏。

在单一地形地带，由于气流受到地表摩擦力和地球自转引起的科氏力的作用，在北半球大气边界层内，水平风向角会随高度的增加而增大，从而出现右偏现象。本文风向角的左偏现象凸显了 SHW 站测点附近复杂地形的特有特征。以 θ_5 和 θ_2 为例，结合图1b)，从 θ_5 水面开阔地带吹来的气流在靠近SHW站附近时，受到南北方向呈楔形坐落山体的空间限制作用；在SHW站所在的靠近南部大屿山的一侧，水平气流顺势沿西南至东北走向的山体侧壁流动，从而产生向北的对流收缩运动，相应的风速方位角会减小。当这种减小的幅度大于由科氏力作用产生的角度增大效果时，角度风剖线就会呈现出左偏的现象。因为来流高层空间气团速度一般较高，从而使得上述的楔形效应更为显著，故而在较高层，风向剖线左偏现象明显。而从 θ_2 吹来的气流在跨越前方横亘山体的阻挡后，进入一块由东至西山体容积逐渐增大的山涧地带，所以来流在沿东西方向行进过程中同时产生向南北扩张的对流运动，从而在SHW站所在的一侧，来流气团会顺山体向西南方向流动，其风向北偏而减小。

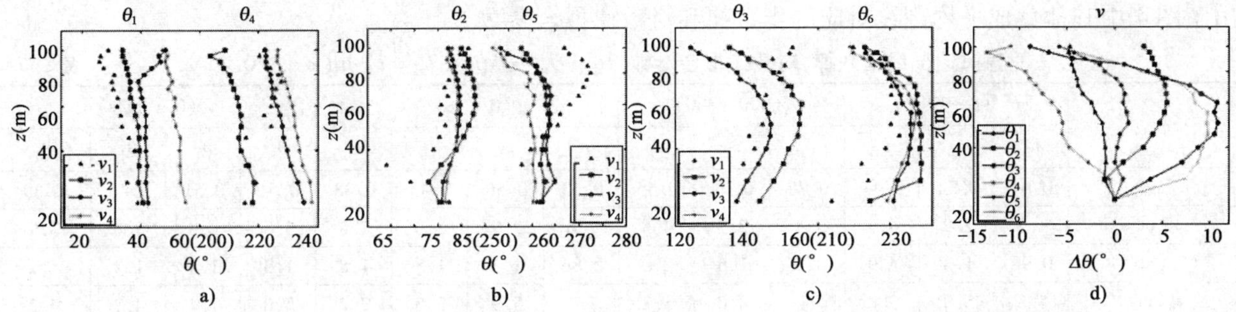

图3 不同来流地形及风力强度下水平风向的剖线分布及相对25m底层高度转动角随来流地形的剖线分布

2.3 水平风速剖线

水平风速的垂直剖线反映了风力随高度的变化情况，是土木工程界结构抗风设计的一项重要参考资料。图4给出了不同来流区及不同风力下水平风速剖线的分布情况。对于 θ_2 来流区，风速随高度的变化在一定高度范围内能很好地服从对数律，但在较高层，实测数据较对数律拟合值偏大，从而出现右摆。相比较而言，指数律能够在整个范围内提供较好的拟合。结合前面对垂直风速剖线的分析，这里认为 θ_2 高层的右摆现象与下沉气流的作用密切相关。在平坦的开阔地形下（没有显著的上下对流），低空边界层（300～400m以下）气流由于受到地面摩擦力的作用，其风速服从对数律分布。而在本文观测点的 θ_2 上游区域，含有较高能量的来流通过下沉气流的作用为测点处低层气团输送能量，而这种能量随着高度的降低而递减，使得高层部分的气团相对于低层获得了更多的能量，从而导致高层剖线右摆现象的产生。同时从图中可以看出，来流风力越强，越能向低层更宽范围输送较多的能量，从而使得摆点高度也越低。

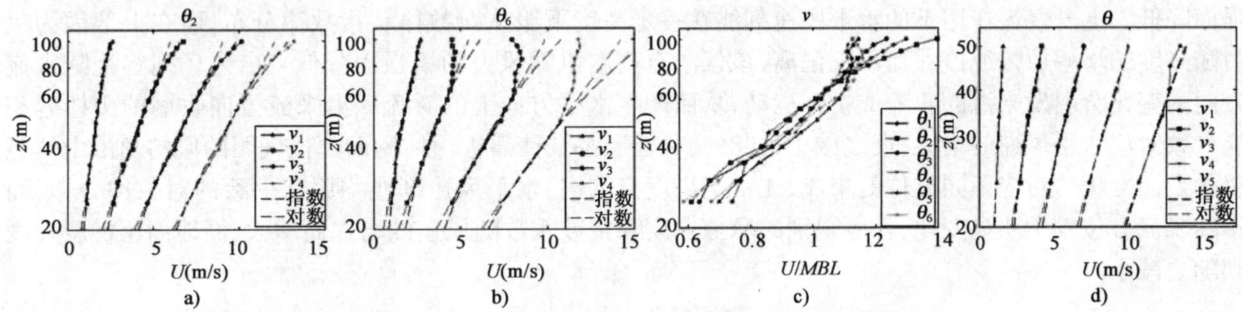

图4 不同来流地形及风力强度下水平风速的剖线分布、无量纲化的剖线随来流地形分布

图4b)所示为 θ_6 来流的风剖线分布情况。在低层范围内，由于受到地面摩擦力作用，风速服从对数律的变化规律，这与 θ_2 对应的情况相同。而在较高层，风速随高度的提升增幅越来越小，基本上维持在固定的水平，从而导致实测数据相对于拟合曲线发生左摆现象，而且摆点高度随风力的增强而变低。θ_6 左摆现象与垂直的上升气流紧密相关。上游气团到达测点附近后因受到对面山体的有效阻挡，气流发生堆积并产生向上的对流，为高层输送低能气团。高层高能气流与上升的低层低能气团相融合，发生能量转移，从而使得来流高层风力变弱。上游气流风力越强，垂直上升的风速越大，与高层高能气流融

合的低能上升气团越多，从而越能加快不同高度层气团间能量的传递，因此上述的摆点高度也越低。

由于同一来流方位区域、不同风力下的风剖线分布形状相似，这里将同一参考风向组中风力大于 v_1 的所有风剖线通过对应参考速度无量纲化后汇总，从而得到不同来游地形下集成的平均风剖线，如图 4c）所示。从图 4c）可以看出，在较低空的区域内（70m 下），不同来流区域的风剖线分布趋于一致。为了评价 SWH 站测点四周地面综合的粗糙度情况，图 4d）基于汇总的不同风力等级下各个来流区域下的剖线数据，给出了全方位区域下测点处水平风速剖线随参考速度变化的分布情况。表 1 给出了对应的拟合参数识别数值。可以看到，各风力级别下，所关注高度区域的风剖线分布较好地服从指数律和对数律。指数 α 与摩擦速度 U_* 均随风力的增强而一致增大，而表面粗糙度则随之一致减小。表 1 同时给出了图 4 中其他集成平均剖线对应的指数律和对数律拟合参数。

垂直风速剖线指数律、对数律拟合参数[$U_z = U_{10}(z/10)^{\alpha}$; $U_z = U_*\ln(z/z_0)/0.4$]　　表 1

参数	θ_2(60～120°)			θ_6(300～360°)			θ(0～360°)				v_3(6～9m/s)			
	v_2	v_3	v_4	v_2	v_3	v_4	v_2	v_3	v_4	v_5	θ_1	θ_3	θ_4	θ_5
α	0.64	0.54	0.44	0.75	0.61	0.55	0.63	0.56	0.43	0.38	0.51	0.51	0.48	0.39
U_{10}(m/s)	1.5	2.9	4.6	1.1	2.7	4.5	1.6	2.9	5.0	7.5	3.3	2.8	3.6	3.9
U_*(m/s)	0.98	1.3	5.9	1.0	1.6	2.0	0.86	1.3	1.5	1.8	1.3	1.4	1.2	1.2
z_0(m)	8.8	5.9	3.8	11	8.0	5.8	7.1	5.9	3.5	2.2	5.0	7.4	4.2	4.2

3　结论

本文基于大量的台风实测数据，研究了不同来流地形及不同风力强度下，沿海复杂山地地域中，风场的垂直分布特征，详细讨论了水平风速、水平风向和垂直风速随高度变化的剖线分布情况。研究发现，山地地形强风作用下，不同上游方位区域的风场特征差异明显。山体的阻挡及山体环抱体积的改变可能会产生来流气团上升、下沉对应的垂直对流运动和扩张、收缩对应的水平对流运动，从而导致来流在风速和风向上发生变化，产生出与常规简单地形下不同的甚至相反的特征。跨越山体阻挡后的来流在山体另一侧形成下沉气流，并通过这种向下的对流形式将能量传递给当地风力较弱的下层气流；而来自于较为空旷的来流到达观测点后，由于对面山体的阻挡作用会形成上升气流，并通过这种向上的对流形式为高层输送低能气团物质，从而平衡上下高度层间的能量和风速差异。两种不同的垂直对流运动下的垂直风速剖线均服从对数律分布，并随着风力的加强而变陡。下沉气流作用下的水平风速剖线能较好地服从指数规律分布；而在较高部分偏离对数律分布，出现右摆现象，且该偏离点高度随风力的加强而降低。上升气流作用下的水平风速剖线在一定高度下服从对数律和指数律分布，而在上部因为风力随高度的增幅放慢或停滞而出现偏离，该偏离点高度也随风力的增强而降低。山体环抱容积随来流方向的变化会引发来流的收缩或扩张运动，从而产生水平方向上的对流。沿来流方向收缩的山体容积能导致对应水平风速的增大，反之减小；同时两种情况都会使靠近山体侧面部位气团的风向角沿山体侧壁的走向变化。对应不同方位的来流，在一定高度范围内，水平风速剖线均服从一致的对数律分布，而不随来流方位发生明显变化，且所识别的摩擦速度和指数系数随风速的增加而增大，而地面粗糙度长度则随之减小。

参 考 文 献

[1]　Powell M D, Vickery P J, Reinhold T A. Reduced drag coefficient for high wind speeds in tropical cyclones[J]. Nature, 2003, 422.

[2]　Tamura Y, Iwatani Y, Hibi K, et al. Profiles of mean wind speeds and vertical turbulence intensities measured at seashore and two inland sites using Doppler sodars[J]. Wind Engineering and Industrial Aerodynamics, 2007, 95.

考虑俯冲角的下击暴流风场数值模拟

李宏海[1]　欧进萍[1,2]
(1. 哈尔滨工业大学土木工程学院　哈尔滨　150090；
2. 大连理工大学建设工程学部　大连　116024)

1　引言

下击暴流是一种局部的极端自然现象,60% ~70% 的雷雨天气都会伴随有下击暴流的发生[1],其分布范围遍及亚、澳、北美等地区[2]。高空中的冷、暖气流相互冲击,在接触面形成强下沉气流俯冲至地球表面后沿地表向四周迅速扩散,从而在近地表面形成极具破坏力的强风,使建筑物主体及其围护结构发生严重的损伤、破坏,甚至垮塌[2]。单体下击暴流风场半径为 2 ~40km[3],目前观测到的最大风速达 67m/s[4]。自 20 世纪 60 年代以来,随着结构风工程的发展,人们逐渐认识到下击暴流对建筑结构作用的重要性,并正逐步将其纳入建筑结构设计风荷载的考虑范围[5]。研究下击暴流的风场特性与其对建筑物的作用效应,正逐步发展成为建筑结构抗风设计领域的热点课题[6]。

分析下击暴流作用的发生机理可知,风场中下沉俯冲气流与竖轴之间的夹角(气流俯冲角)对风场的分布规律有十分重要的影响[7]。本文基于壁面射流理论,建立下击暴流风场的三维模型,利用通用计算流体动力学软件 ANSYS FLUENT 12.1 完成下击暴流风场的数值模拟,根据计算结果分析俯冲角对下击暴流风场最大风速发生位置及最大风速剖面分布特性的影响,旨在提高下击暴流作用风荷载分析的准确性。

2　下击暴流的风场模型

对下击暴流作用进行数值模拟,常用的风场模型主要有环形涡流模型和壁面射流模型两种[8]。Shehata 的物理缩尺试验表明,壁面射流模型的模拟结果与足尺的实际观测数据更加吻合[9]。本文选用此模型作为下击暴流数值模拟的基本模型。在基本模型的基础上,调整风速入口与竖向轴之间的夹角,模拟考虑俯冲角的下击暴流风场(图 1)。

3　下击暴流风场的数值模拟

本文中的湍流模型选用基于雷诺时均方程(Reynolds Averaged Navier-Stokes, RANS)方法中的 RNG (Re-normalization Group) k-ε 模型。在 RNG k-ε 湍流模型中考虑壁面反射的影响,在近壁区域采用增强壁面技术来处理修正。计算过程中忽略温度场影响。

根据 Xu[10] 和 Sengupta[11] 的研究工作,当壁面射流模型的速度入口高度大于在地面分离产生的环状涡流尺寸且径向半径大于 10 倍速度入口半径、竖向尺寸大于速度入口高度时,计算域尺寸对下击暴流风剖面的影响可以忽略不计。本文选定的基本计算域为 $X(6D) \times Y(6D) \times Z(3D)$ 的圆柱体,速度入口直径为 D,高度为 $2D$,故可不考虑计算与尺寸的影响。入口风速设为 10m/s。数值模拟模型的边界条件如图 2 所示。

在 ANSYS FLUENT 12.1 软件中,采用离散式求解器求解控制方程,选择隐式方案进行线性化处理。采用 SIMPLEC 算法求解压力场和速度场的耦合,采用二阶迎风格式对应力、动量、湍流动能和耗散率进行离散化。

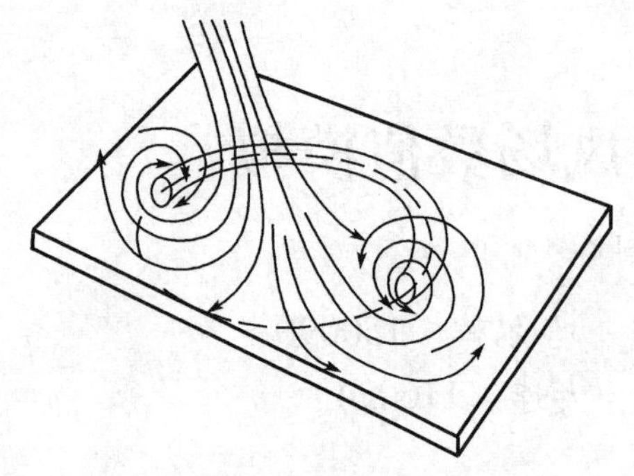
图1 考虑俯冲角的壁面射流模型

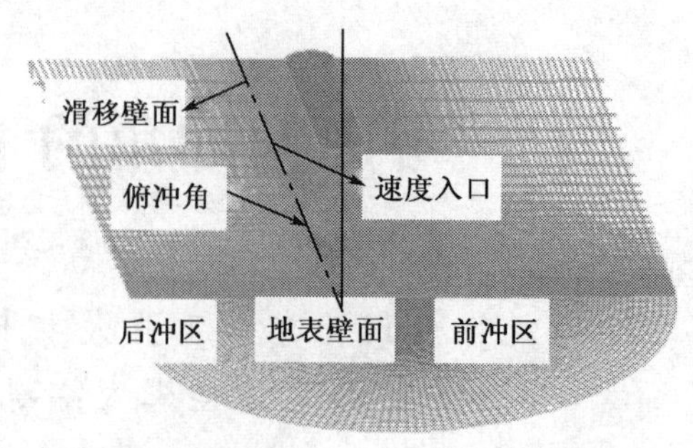

图2 计算截面及俯冲角设定(俯冲角为20°)

4 结果分析

在计算域中分别设定俯冲角α(wind dive angle,WDA)为0°、5°、10°、15°、20°和25°六组值进行数值模拟,可得到从-25°~25°、间隔为5°的11组计算结果。从计算截面中提取径向风速最大值所发生的竖向位置和径向位置,以及最大径向风速的竖向剖面和径向剖面。为便于进行对比分析,将计算结果中径向风速v_{rad}对入口风速v_{jet}进行归一化;将径向尺度r和竖向尺度z对入口直径D进行归一化。

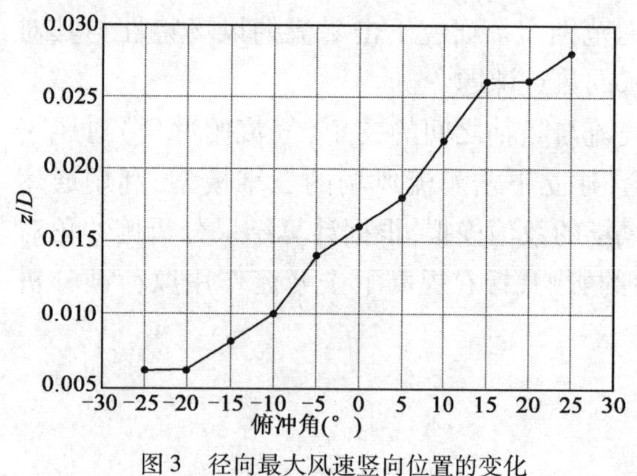

图3 径向最大风速竖向位置的变化

4.1 竖向风剖面分析

下击暴流风场的竖向风剖面与大气边界层竖向风剖面有着本质的区别,其基本特征可表述为:径向风速随着离地高度的增加而增大,在一定高度处达到最大值后逐渐减小。因此,径向最大风速的竖向位置是下击暴流风场的重要特征参数之一。

将数值模拟所得到的11组计算结果中下击暴流风场径向最大风速的竖向位置与气流俯冲角的对应关系作图(图3),可以看出:随着俯冲角的逐渐增大,最大径向风速发生的竖向位置逐渐升高。

根据气流俯冲角正、负符号的不同,将11组计算结果中最大径向风速的竖向剖面分为前冲区和后冲区分别考虑,如图4和图5所示。由图4可知,随着俯冲角的逐渐增大,前冲区径向最大风速的竖向位置逐渐提高,最大风速值增大,竖向风剖面更加丰满。由于正向俯冲角的影响,下击暴流风场近地区域的风速增强明显。分析图5可得,随着俯冲角逐渐减小,后冲区径向最大风速的竖向位置逐渐降低,最大风速值减小,竖向风剖面收缩。由于负向俯冲角的影响,下击暴流风场上部区域受到气流挤压,风速明显减小,近地区域无变化。

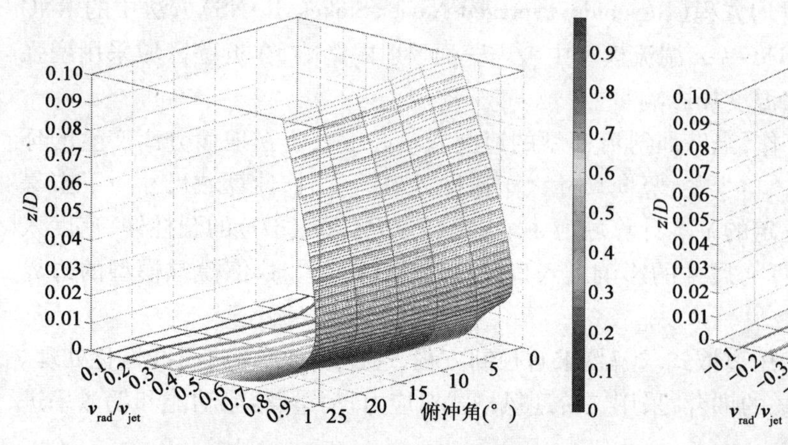

图4 前冲区径向最大风速竖向剖面

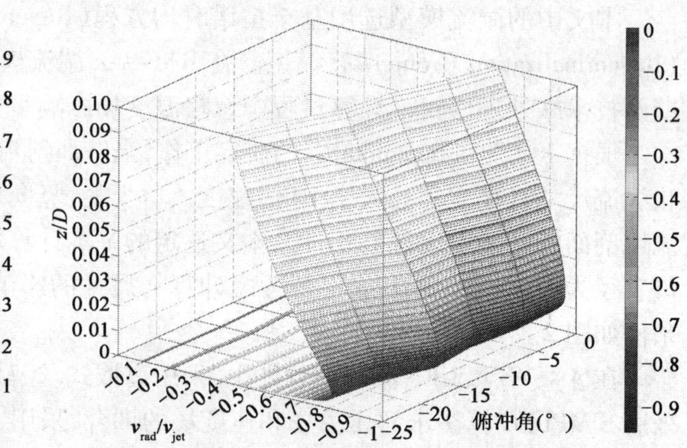

图5 后冲区径向最大风速竖向剖面

4.2 径向风剖面分析

径向风速的径向剖面是下击暴流风场的特性剖面,这是大气边界层普通气候风所不具有的。通过分析下击暴流风场径向风速的径向剖面分布,不仅可以确定发生径向最大风速的径向位置,也可以作为研究移动型下击暴流风场路径上最不利位置时的参考资料。

将数值模拟所得到的11组计算结果中下击暴流风场径向最大风速的径向位置与气流俯冲角的对应关系作图(图6),可以看出:当俯冲角较小时,最大径向风速发生在 $r=1.0D$ 附近;随着俯冲角的逐渐增大,最大径向风速的发生位置随之增大,其比例近似成线性。

根据气流俯冲角正、负符号的不同,将11组计算结果中最大径向风速的竖向剖面分为前冲区和后冲区分别考虑,如图7和图8所示。由图7可知,随着俯冲角的增大,前冲区径向最大风速的径向位置逐渐增大,最大风速值先增大又见小。由于正向俯冲角的影响,使得下击暴流风场风速分布趋于均匀,同时扩大了风场强风的影响范围。分析图8可得,随着俯冲角的逐渐减小,后冲区径向最大风速的径向位置逐渐减小,风速值逐渐减弱,径向剖面上各点的径向风速值都有明显的减小,这使得径向风速的径向风剖面收缩。由于负向俯冲角的影响,下击暴流风场风速明显减弱。

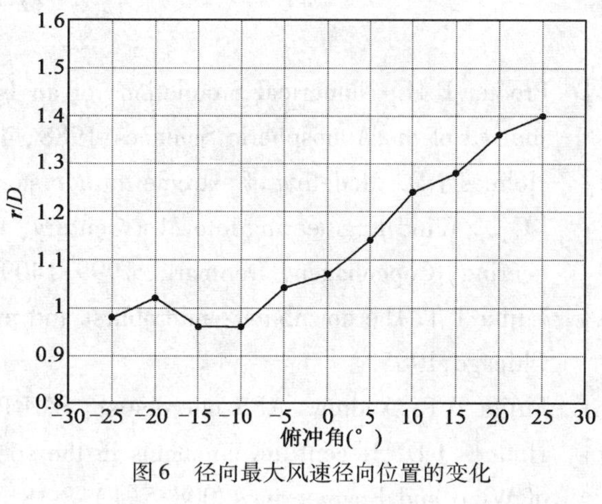

图6 径向最大风速径向位置的变化

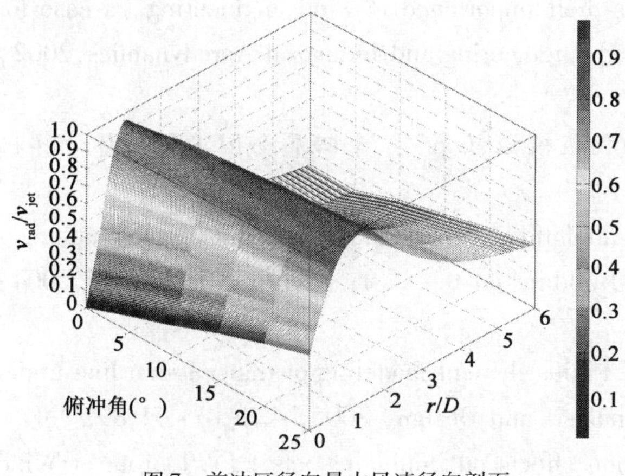

图7 前冲区径向最大风速径向剖面

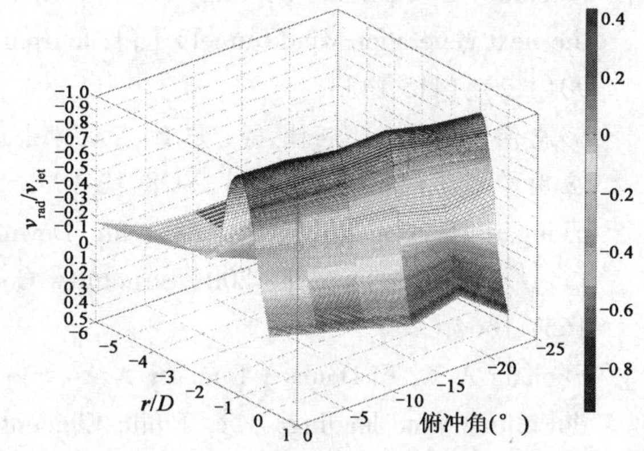

图8 后冲区径向最大风速径向剖面

5 结论

分析下击暴流风场特性是雷暴多发地区研究风荷载作用和建筑结构抗风设计的工作前提。基于壁面射流理论,本文对考虑俯冲角的下击暴流风场进行数值模拟,获得了下击暴流风场径向风速的竖向和径向剖面分布。结果表明:

(1)根据下击暴流的发生机理,采用考虑俯冲角的壁面射流模型模拟下击暴流风场,与实际情况吻合更好,能够更真实地反应风场特性。

(2)俯冲角对风场的竖向剖面有明显的影响。随着俯冲角的增大,前冲区最大风速竖向位置逐渐提高,最大风速值增大,近地表面风速增加明显;随着俯冲角的减小,后冲区最大风速竖向位置逐渐降低,最大风速值减小。

(3)俯冲角对风场径向剖面影响显著。随着俯冲角的增大,前冲区最大风速径向位置逐渐增大,最大风速值先增大后减小,并出现“削峰填谷”现象,风场趋于均匀;随着俯冲角的减小,后冲区最大风速径向位置逐渐减小,最大风速值减小。

同时,本文的模拟结果也可作为研究移动型下击暴流风场的瞬时状态的参考。

6 致谢

本研究得到了“十一五”国家科技支撑计划重点项目(2006BAJ03B04)的资助,李朝博士和邓德君硕士提供了重要协助,在此一并致谢。

参考文献

[1] Proctor F H. Numerical Simulations of an Isolated Microburst. Part 1: dynamics and structure [J]. Journal of the Atmospheric Sciences,1988, 45(21):3137-3160.

[2] Holmes J D. Modeling of extreme thunderstorm winds for wind loading of structures and risk assessment [G]//Wind Engineering into 21st Century, Proceedings, 10 th International Conference on Wind Engineering, Copenhagen, Denmark, 1999:1409-1415.

[3] Fujita T T. The downburst: microburst and macroburst. SMRP Research Paper 210[R]. University of Chicago,1985.

[4] Fujita T T. Andrews AFB microburst, SMRP Research Paper 205[R]. University of Chicago,1985.

[5] Holmes J D. Recent developments in the specification of wind loads on transmission lines [J]. Journal of Wind and Engineering,2008,5(1):8-18.

[6] Letchford C W, Mans C, Chay M T. Thunderstorms-their importance in wind engineering (a case for the next generation wind tunnel) [J]. Journal of Wind Engineering and Industrial Aerodynamics,2002, 90(1 2):1415-1433.

[7] 彭志伟,陈勇,孙炳楠,等. 三维雷暴冲击风风场数值模拟[G]//第十四届全国工程设计计算机应用学术会议论文集. 杭州,2008:12-19.

[8] Hangan H, Roberts D, Xu Z, et al. Downburst simulations experimental and numerical challenges [G]//Proceedings of the 2004 Structures Congress-Building on the Past: Securing the Future. 2004: 1657-1664.

[9] Shehata A Y, El Damatty Damatty A A , Savory E. Finite element modeling of transmission line under downburst wind loading[J]. Finite Elements in Analysis and Design, 2005, 42 (1): 71-89.

[10] Xu Z, Hangan H. Scale, boundary and inlet condition effects on impinging jets [J]. Journal of Wind Engineering and Industrial Aerodynamics,2008,96(12):2383-2402.

[11] Sengupta A, Sarkar P P. Experimental measurement and numerical simulation of an impinging jet with application to thunderstorm microburst winds [J]. Journal of Wind Engineering and Industrial Aerodynamics,2008,96(3):345-365.

风障对跨海大桥桥面风环境影响的风洞试验研究

梁笑寒　李正农　苏万林　桑冲

（湖南大学建筑安全与节能教育部重点实验室　长沙　410082）

1 引言

近年来，尤其进入21世纪，随着相关技术的日益成熟，跨海大桥如雨后春笋般不断涌现，如宁波杭州湾大桥，上海东海大桥，香港青马大桥，丹麦大海带大桥等，长江口、珠江口和琼州海峡的跨海工程也即将开工建设[1]。跨海大桥的建设带来了可观的经济效益、社会效益，同时由于跨海大桥所处位置比较特殊，桥面离海面高，气候复杂多变，经常有大风天气出现，强度大，路径不规则，对桥面上的行车安全性（侧翻、侧滑、偏转），舒适性产生不良影响，并且影响大桥的通行效率。故而，在跨海大桥设计时，对近桥面自然风特性的分析是非常基础并重要的环节，其中风障对改善桥面风环境，保证车辆行驶安全是一种行之有效的手段。

目前为止，已有不少学者进行了跨海大桥桥面风环境及行车安全等方面的研究。于群力[2]等以车辆不发生侧滑为指标给出了跨海大桥不同桥面特征下的安全行车风速标准。刘凤华[3]研究了不同类型挡风墙对列车运行安全防护效果的影响。姜翠香、梁习锋[4]对挡风墙高度和设置位置对车辆气动性能的影响进行了研究。韩万水、陈艾荣[5]进行了侧风与桥梁振动对车辆行驶舒适性影响的研究，结果表明，侧风对车辆的竖向驾驶的舒适性影响不大，而对侧向驾驶的舒适性产生主要影响；Ostenfeld K H.[6]做的相关方面的研究表明：对设有普通型防风栅（特别是挡风墙）的桥梁，如果外界的风速很大，防风栅高充实率（不小于80 %）时，其挡风效率高，但它对整个桥梁结构体系带来了非常大的气动侧向荷载，引起桥梁动力稳定性下降；张健[7]、江浩[8]、董香婷[9]、陈艾荣[10]等进行的风洞试验与数值模拟研究表明：合理的风障设计可以明显提高车辆运行的安全性；张文明[11]等做了风障对大跨度悬索桥抗风性能的影响研究；英国的塞文桥设计时考虑了在桥塔附近安装不同形状和高度风障的减风效果[12]；英国 Severn 悬索桥、Queen Elizabeth 二桥，法国米约[1]（Millau）桥及香港的青马大桥等均设置了风障，改善了桥塔附近的风环境，提高了车辆行驶的风速安全标准。

本文通过风洞试验对设置不同高度（3m 、4m），不同透风率（50%、60% 、70%）风障及裸桥状态下的桥面风环境进行研究，通过对试验数据处理与分析，探讨了跨海大桥风障高度及透风率对桥面风环境的影响规律，从而为相关方面的设计提供有益的参考。

2 试验方案

该跨海大桥系公铁两用桥，该桥全长8 376.6m，主跨405m，引桥占全长的85%，该桥面宽36m，双向六车道，桥面离海平面最大高度为72.72m。模型缩尺比为1:100，桥梁节段模型长2m，宽0.36m，并模拟了该范围内的风障、防撞栏、分隔带等附属构件，模型见图1，车道分布及风向角示意图如图2所示，风障形式如图3所示。试验在湖南大学风洞试验室的HD-3大气边界层风洞中进行。桥面风环境试验的测量仪器是电子压力扫描阀和特制的测压耙，由测压耙测到风压值，然后反推出桥面有效风速（相关公式参考数据处理部分），测压耙如图4所示。

基金项目：国家自然科学基金（90815030，50978094）资助。

图1 模型示意图

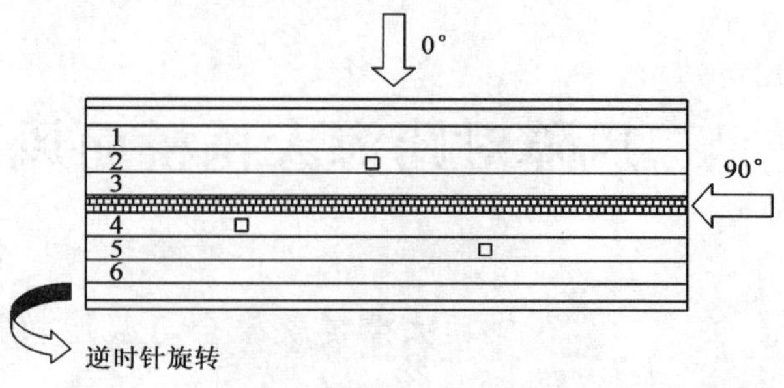

图2 车道分布及风向角示意图

图3 风障详图

图4 方柱形测压耙

试验包括以下七个工况，各工况试验对象详细描述如表1所示。

试验工况简表 表1

工 况 号	工 况 描 述
工况一	无风障，只有防撞栏和隔离带
工况二	风障高度3m(含防撞栏高度)，透风率50%，有隔离带
工况三	风障高度3m(含防撞栏高度)，透风率60%，有隔离带
工况四	风障高度3m(含防撞栏高度)，透风率70%，有隔离带
工况五	风障高度4m(含防撞栏高度)，透风率50%，有隔离带
工况六	风障高度4m(含防撞栏高度)，透风率60%，有隔离带
工况七	风障高度4m(含防撞栏高度)，透风率70%，有隔离带

3 数据处理方法及分析

3.1 数据处理方法

在七种工况进行测试之前，首先进行裸桥状态下（只有桥面，没有风障、防撞栏及分隔带等附属设施）的测试。得到该点处的局部风压系数，局部风压系数为风在测点表面引起的实际压力与来流风压的比值，其计算公式如下：

$$C_{\mathrm{p}} = \frac{p}{1/2\rho v^2} \tag{1}$$

式中，ρ 为空气密度；v 为测得的测点高度处的平均风速；p 为测压耙测量的风在测点表面引起的实际压强。

得到局部风压系数 C_{p} 之后，可用于七工况测试时的数据处理。

$$\frac{p'}{C_{\mathrm{p}}} = \frac{1}{2}\rho v'^2 \tag{2}$$

$$\frac{1}{2}\rho v'^2 = \frac{v'^2}{1.63} \tag{3}$$

由式(1)～式(3)得到v'：

$$v' = \sqrt{\frac{1.63p'}{C_p}} \tag{4}$$

式中，p'为七种工况下各测点测到的压强；v'为七种工况下的桥面有效风速。

3.2 试验数据分析

经过分析可知在0°～45°、45°～75°、75°～90°每个区间内的各角度风速分布情况相似，故文中只讨论0°、60°、90°三个角度的情况。

(1)从0°时各车道七工况下风剖面可以得出如下结论。

①桥面底层(2m以下)的风速较小，桥面底层减风效应来自于桥面边界层和附属结构(风障、分隔带等)。

②风速随高度的增加而增加，较无风障相比，风障能明显降低风速，改善桥面风环境；对同一种高度的风障而言，透风率越大、挡风效果越差。

③对于车道1至车道4，在距桥面2m高度以下，3m高的风障减风效果好于4m高的风障的减风效果，而在距桥面2m高度以上，4m高的风障减风效果较3m高的风障好；由于桥面使气流分离，造成车道1、车道2的风速分布相当杂乱。

④对于车道5，两种高度的风障减风效果差别不是太大，工况二(风障高3m，透风率50%)效果相对较好；对于车道6，风速分布较为规律，风障高度越大，透风率越小，改善风环境的效果越好。

(2)从60°时各车道七工况下风剖面可以得出如下结论。

①60°时各车道风速较0°时大，即大角度时，风障对桥面风速的分布影响较小。

②对于车道2、3、4，风障能明显降低风速，而对于车道1、5、6而言，设置风障反而会使桥面风速有不同程度的增加。

③对于车道1，同一种高度的风障，透风率越大，挡风效果越好；对于车道2，可以发现，工况四(风障高3m，透风率70%)的减风效果最好，其他情况差别不大。

④对车道3、4，经比较可以发现4m高的风障减风效果好于3m高的风障；同时，对于同一种高度的风障，不同透风率的风速分布差别不大；由于中间隔离带的影响，车道3在3m高度处，风速较大，而经过隔离带的车道4在3m高度处风速较小。

⑤对于车道5、6，同一种高度风障，透风率越大，挡风效果越明显，经比较得出，工况七(风障高3m，透风率70%)的减风效果最理想。

(3)从90°时各车道七工况下风剖面可以得出如下结论。

90°时桥面风速较0°等小度下的要大，各车道各种工况下，桥面的风速分布趋势基本一致，可以发现，有无风障设置对桥面风速基本没有影响，即90°时，设置风障对桥面风环境的改善是基本无效果的。

4 结语

跨海大桥由于其所处位置比较特殊，经常受到强风作用，所以跨海大桥存在着不容忽视的行车安全问题。而风障渐渐成为一种改善桥面风环境的常用措施。本文通过风洞试验研究了风障对桥面风环境的影响，得到如下结论。

(1)风向、风障高度及风障透风率对桥面风环境有很大影响，合理的风障设计可以有效改善桥面风环境、提高桥面的行车安全性、降低工程成本。

(2)风障的设置可有效改善侧风下(0°～30°)桥面的风环境，所以风障可以有效防止大风天气下由于侧风作用引起的车辆侧滑、侧翻、转向等安全问题；对于斜向风(30°～75°)来说，风障的设置能使部分车道风速降低，而对于有的车道来说，设置风障反而会增大桥面风速；对于顺风下(75°～90°)桥面的风速分布没有太大影响。

(3)对侧向风(0°~30°)而言,同一种高度的风障,透风率越大,挡风效果越差,同时,3m高的风障对底部的风环境的改善较为明显,而对上部来说,4m高的风障挡风效果较好;对于斜向风(30°~75°)来说,同一种高度风障,透风率越大,挡风效果越明显,且4m高的风障挡风效果要好于3m高的风障,但差别并不是很大,这种情况下建议采用4m高、透风率为70%的风障;在顺风下(75°~90°)桥面的风速与风障的高度、透风率关系不大。

参考文献

[1] 项海帆.进入二十一世纪的桥梁风工程研究[J].同济大学学报:自然科学版,2002,30(5):529-532.

[2] 于群力,陈徐均,江召兵,等.不发生侧滑为指标的跨海大桥安全行车风速分析[J].解放军理工大学学报:自然科学版,2008,9(4):373-377.

[3] 刘凤华.不同类型挡风墙对列车运行安全防护效果的影响[J].中南大学学报:自然科学版,2006,37(1):176-182.

[4] 姜翠香,梁习锋.挡风墙高度和设置位置对车辆气动性能的影响[J].中国铁道科学,2006,27(2):66-70.

[5] 韩万水,陈艾荣.侧风与桥梁振动对车辆行驶舒适性影响研究[J].土木工程学报,2008,41(4):55-60.

[6] Ostenfeld K H. Bridge engineering and aerodynamics, aero-dynamics of large bridge [G] // Proceeding of the First International Symposium on Aerodynamics of Large Bridges, Larsen A, Rotterdam, 1992:3-22.

[7] 张健.防风栅抗风性能风洞试验研究与分析[J].铁道科学与工程学报,2007,4(1):13-17.

[8] 江浩,余卓平.风力对跨海大桥上行驶车辆安全性的影响分析[J].同济大学学报,2002,30(3):326-330.

[9] 董香婷,党向鹏.风障对侧风作用下列车行车安全影响的数值模拟研究[J].铁道学报,2008,30(5):36-40.

[10] 陈艾荣,王达磊,庞加斌.跨海长桥风致行车安全研究[J].桥梁建设,2006,3:1-4.

[11] 张文明,杨詠昕,葛耀君,等.风障对大跨度悬索桥抗风性能的影响[J].武汉理工大学学报,2008,30(11):113-116.

[12] 康小英,廖海黎.大跨度桥梁风障的设计、研究及应用[J].世界桥梁,2002,(2):20-21.

近地面多点压力分布实测的台风风压场径向分布

卢安平　赵林　朱乐东　曹曙阳　葛耀君

（同济大学土木工程防灾国家重点实验室　上海　200092）

1　引言

近年来，我国沿海地区不断兴建大跨、高耸结构，这类结构对于使用寿命期内的极大风速作用十分敏感，因此很有必要合理地预测目标重新期内台风极值风速，为建筑结构的安全设计与风险评估提供合理的依据，且运用成熟的台风数值模型预测台风极值风速也是国际上普遍认可的做法。在台风的数值模拟过程中，台风的风场或台风沿着径向的风速分布的模拟和计算扮演着重要的角色。基于敏感度分析方法的研究结果[1-2]表明，台风风压分布系数β对于确定工程场地重现期设计风速具有较大的影响。为此，本研究利用浙江省内几百个近地站点实测气压数据，研究和对比了采用不同计算台风风压分布系数β的公式计算出的系数β值的大小和对台风径向风压分布计算结果的影响。

2　Holland 模型简介

台风的径向风压分布，国外较早就做了大量的实测，得到了较多的实测数据资料。在实测数据的基础上，许多学者如 Depperman[3]、R. W. Schloemer[4]，研究得出台风的径向风压分布服从负指数关系，Holland 统一用下函数式表示。

$$\frac{p_r - p_c}{p_a - p_c} = \exp\left[-\left(\frac{R_{max}}{r}\right)^{\beta}\right]$$

即

$$p_r = p_c + \Delta p \exp\left[-\left(\frac{R_{max}}{r}\right)^{\beta}\right] \tag{1}$$

式中，p_r 表示距离台风中心 r 处的风压；p_c 表示台风中心气压；p_a 表示自然大气压，理论上是 r 无穷大处的气压；$\Delta p = p_a - p_c$，台风中心低压差；R_{max} 表示最大风速半径；β 表示风压分布系数，也即 Holland 参数。

Holland 利用台风气旋径向压力梯度平衡方程，忽略 Coriolis 力的影响，推导出台风的径向风速分布，综上所述，取台风中心气压 $p_c = 950$hPa，自然大气压 $p_a = 1\,010$hPa，最大风速半径 $R_{max} = 20$km 时，台风径向气压分布和径向风速分布随参数β变化图如图 1a）和图 1b）所示。由图 1 知，台风风压分布系数β的取值对台风径向气压分布和径向风速分布计算结果影响较大。

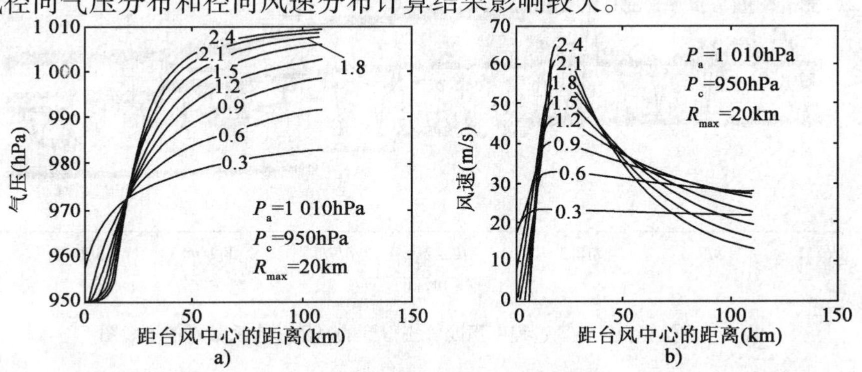

图 1　台风径向风压分布和风速分布随β值变化示意图

3 风压分布系数 β 的计算方法

由于风压分布系数 β 的取值影响台风的数值模拟计算精度，国外学者对系数 β 的取值做了大量的研究工作，而国内学者较少。估计风压分布系数 β 主要由两种方法：一种方法是对地面气压数据进行回归分析得到参数的估计值：另一种方法是通过气压梯度平衡方程得到梯度风速，再通过与上部摩擦层的风速数据进行比较。Vickery 等[5]人对这两种方法进行了比较。采用第一种方法，在台风发展的不同阶段，风场的不同地点，发现参数 β 都是变化的，因此很难获得 Holland 参数 β 的确定值，但是这种方法却在一定程度上反映了 Holland 参数 β 的变化规律。采用另一种方法，Holland 参数 β 可以表示为中心气压差和最大风速半径的函数。本文简单介绍了目前众多学者，如 Love 和 Murphy[6]、Hubbert 等[7]、Holland 和 Harper[8]、Jakobsen[9]、美国联邦紧急事务署（FEMA）[10]、Holland[11]提出的关于台风风压分布系数 β 计算方法。

4 基于浙江省内近地观测站点气压数据对系数 β 计算方法的比较

4.1 浙江省内观测站点气压数据介绍

为了研究和验证 Holland 提出的台风径向风压和风速分布解析模型，比较上述各学者提出的计算台风风压分布系数 β 的计算函数式和研究采用不同计算函数式算法对台风径向风压分布计算结果的影响，需收集大量的近地观测站的台风风压数据。现收集到浙江省内大量近地观测站点对 2009 年第 8 号热带风暴莫拉克实测到的风压数据。浙江省内共有 1 000 多个近地观测站点，在台风莫拉克的登陆过程中，最多时刻有 270 多个站点近地观测记录较完整。每个站点记录的时间是 8 月 8 日 21 时到 8 月 11 日 20 时，每个小时记录一组数据，每组数据包括：日期和时间、站点编号、站名、纬度（°）、经度（°）、海拔高度（0.1m，－9999 表示高度未测）、10min 平均风向（0°～359°）、10min 平均风速（m/s）、1h 内最大风速（m/s）、1h 内极大风速（m/s）、本站气压（－9 999 表示高度未测）。

4.2 不同方法计算计算系数 β 值及其比较

在 Holland 台风风速和风压分布函数、Yasui[12]确定 R_{max} 的经验函数和热带气旋年鉴资料基础上，运用各学者提出的台风风压分布系数 β 计算函数式计算系数 β 的值和比较 β 值大小，莫拉克台风整个过程中不同算法得到的风压分布系数 β 值示意图，如图 2 所示。由图 2 可知，由各个计算台风风压分布系数 β 的函数式计算得到系数 β 的计算结果相差较大，不同方法计算出系数 β 的值，最大值可能是最小值的 2 倍多。

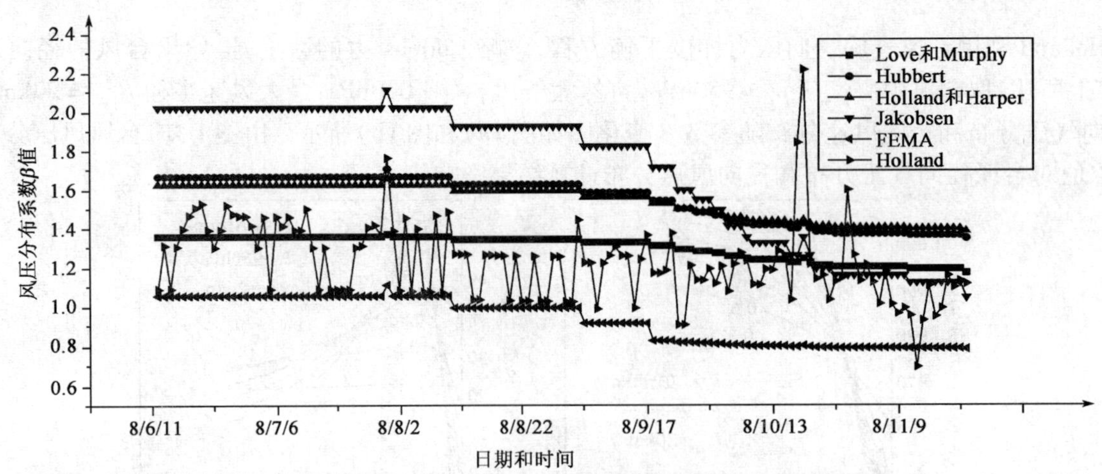

图 2 莫拉克台风整个过程中不同算法得到的风压分布系数 β 值示意图

注：x 轴日期和时间，8/6/11 表示 8 月 6 日 11 时，24 小时制。

4.3 不同算法对台风径向风压分布的影响及其比较

由于近地观测站点不可能分布或集中在台风空间结构中的一个径向剖截面上,考虑到台风是一个垂直尺度与水平尺度比值约为1:50,体型巨大的扁平型气旋性涡旋的气团。因而在近地观测站点风压数据处理过程中,认为距离比较近的两个平面间区域的近地观测站点风压数据是台风一个径向剖截面上的点风压数据。本研究在近地观测站点风压数据处理和计算过程中,两个平面间的距离即两直线间的距离都取为15km。考虑台风登陆、台风中心气压和台风强度等因素,本研究选取8月9日0时(登陆前)、8月9日16时(正登陆)和8月10日16时(登陆后)三个时刻进行台风径向风压分布的研究。根据上述站点位置选取方法和剔除异常风压数据,对选取的三个时刻,采用各学者提出的计算台风风压分布系数β的计算函数式进行计算,计算得到的台风径向风压分布计算结果分别如图3~图5所示。

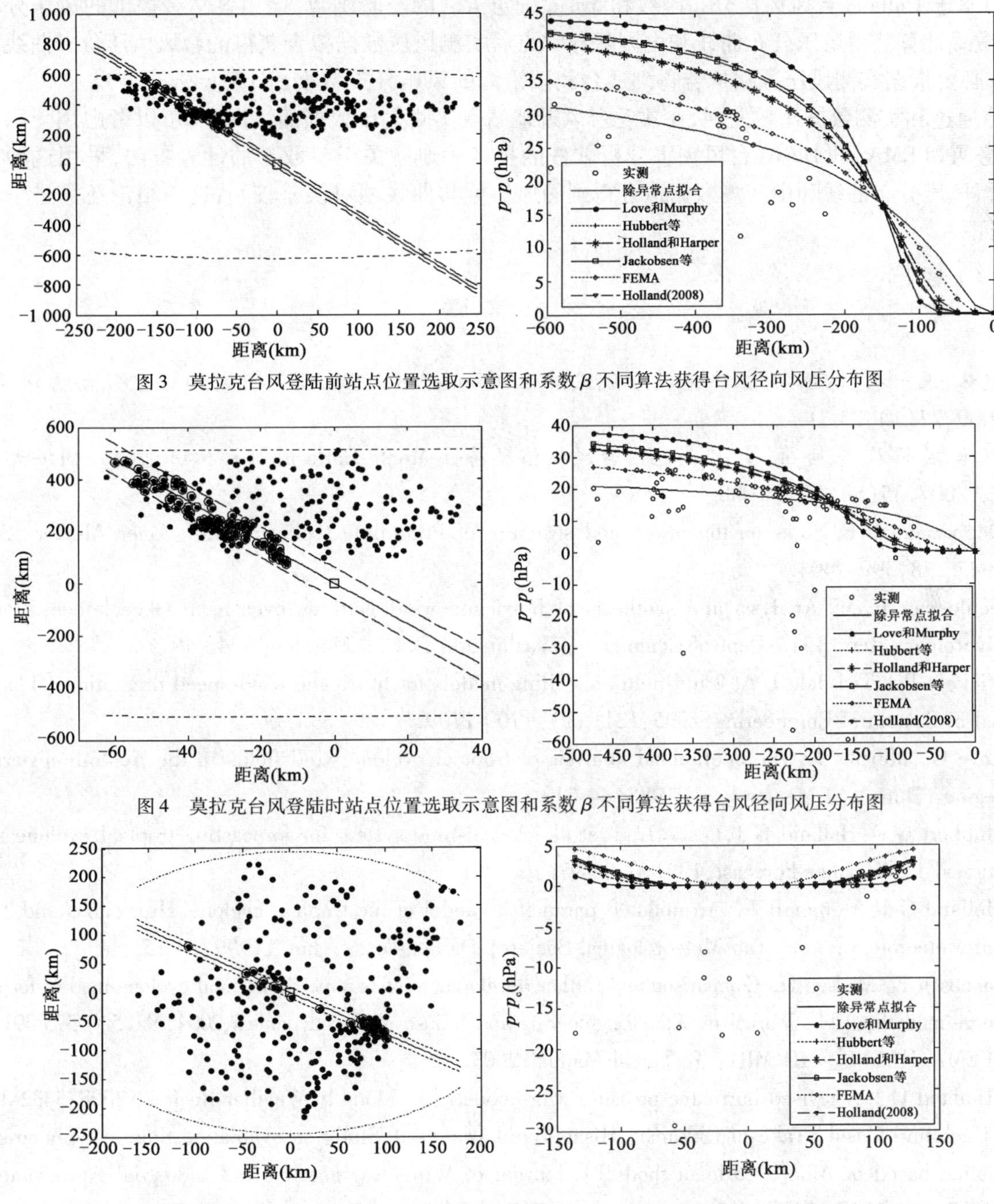

图3 莫拉克台风登陆前站点位置选取示意图和系数β不同算法获得台风径向风压分布图

图4 莫拉克台风登陆时站点位置选取示意图和系数β不同算法获得台风径向风压分布图

图5 莫拉克台风登陆后站点位置选取示意图和系数β不同算法获得台风径向风压分布图

5 结语

由上述,通过剖析 Holland 台风径向风速和风压分布函数模型和基于 Holland 台风风速和风压分布函数、Yasui 确定 R_{max} 的经验函数和实测数据基础上,对比研究目前各学者提出的台风风压分布系数 β 计算函数式对台风径向风压分布的影响,得到以下结论。

(1) Holland 模型引入的台风风压分布系数 β 的取值对台风径向风压分布和径向风速分布计算结果影响较大,有必要根据实测数据统计和分析出工程场地处台风径向风压分布系数 β 的取值。

(2) 由各个计算台风风压分布系数 β 的函数式计算得到系数 β 的值结果相差较大,不同方法计算出系数 β 的值,最大值可能是最小值的 2 倍多。

(3) 基于 Holland 台风风压分布函数和 Yasui 确定 R_{max} 的经验函数,运用各学者提出的风压分布系数 β 函数式计算获得风压分布曲线和由剔除异常点后实测风压数据拟合获得的台风风压分布曲线相差较大,有必要根据实测风压数据拟合得到适合我国沿海的风压分布系数 β 计算函数式。

(4) 通过和实测数据比较发现,在缺乏台风近地站点实测气压数据的情况下,可以考虑用美国联邦紧急事务署(FEMA)的 Hazus 台风灾害分析软件的技术手册中关于参数 β 的计算方法,采用这种方法计算获得风压分布曲线和由实测数据拟合得到的风压分布曲线相对误差较小,这一结论还需进一步研究和验证。

参考文献

[1] 赵林,朱乐东,葛耀君. 上海地区台风风特性 Monte-Carlo 随机模拟研究[J]. 空气动力学学报, 2009,27(1):25-31.

[2] 赵林,葛耀君,宋丽莉,等. 广州地区台风极值风特性 Monte-Carlo 随机模拟研究[J]. 同济大学学报,2007,35(8):1034-1038.

[3] Depperman C E. Notes on the origin and structure of Philippine typhoons. Bull. Amer. Meteor. Soc., 1947, 28,399 ~404.

[4] Schloemer R. W. Analysis and synthesis of hurricane wind patterns over Lake Okeechobee. Florida. Hydromet. Rep., 31, Dept of Commerce, Washington D. C., March, 1954, 49.

[5] Vickery P J,Twisdale L A. Wind-field and filling models for hurricane wind-speed predictions[J]. Journal of Structural Engineering,1995,121(11):1700-1709.

[6] Love G, Murphy K. The operational analysis of tropical cyclone wind fields in the Australian northern region . Bureau of Meteorology, 1985(44-51).

[7] Hubbert G D,Holland G J,Leslie L M,et al. A real-time system for forecasting tropical cyclone storm surges[J]. Weather Forecast,1991,6:86-97.

[8] Holland G J, Harper B A. An updated parametric model of the tropical cyclone. Hurricanes and Tropical Meteorology, American Meteorological Society, Dallas,Texas, Jan.,1999:10-15.

[9] Jakobsen F, Madsen H. Comparison and further development of parametric tropical cyclone models for storm surge modelling[J]. Journal of Wind Engineering and Industrial Aerodynamics,2004, 92(5): 375-391.

[10] FEMA. HAZUS - MH MR1: Technical Manual. 2003.

[11] Holland G J. A revised hurricane pressure-wind model[J]. Monthly Weather Review, 2008:3432-3445.

[12] Hachinori Yasui, Takeshi Ohkuma, Hisao Marukawa,et al. Study on evaluation time in typhoon simulation based on Monte Carlo method[J]. Journal of Wind Engineering and Industrial Aerodynamics, 2002,90: 1529-1540.

北盘江大桥桥位风速观测及设计基准风速的计算

王凯　廖海黎　李明水　马存明

（西南交通大学风工程试验研究中心　成都　610031）

1　概况

拟建的北盘江大桥位于杭州至瑞丽高速公路线（贵州境）毕节至都格段的北盘江上，为双塔斜拉桥，桥起点位于贵州省水城县都格镇岔河半坡，终点位于云南省宣威市普立镇腊龙村，全桥总长1 546m，主跨大约720m左右（图1）。桥址处为西南山区典型的峡谷地貌，两岸为悬崖峭壁，地势险峻，地形十分复杂，峡谷由北向南蜿蜒，转折幅度较大，并存在分叉水道，自然风经峡谷的狭管效应放大和缩小、反转和折回后，将产生众多旋涡，从而变得更为复杂。因此，与沿海和平原地区的自然风相比，山区峡谷有阵风强烈、湍流强度大、风攻角大、风速沿桥轴线分布不均匀等特点，而这样的非平稳特性都将对桥梁结构产生非常不利的影响。大桥跨度大、塔很高，结构自振频率低，对风的作用非常敏感，运营和施工中的抗风安全是大桥设计的控制因素之一。

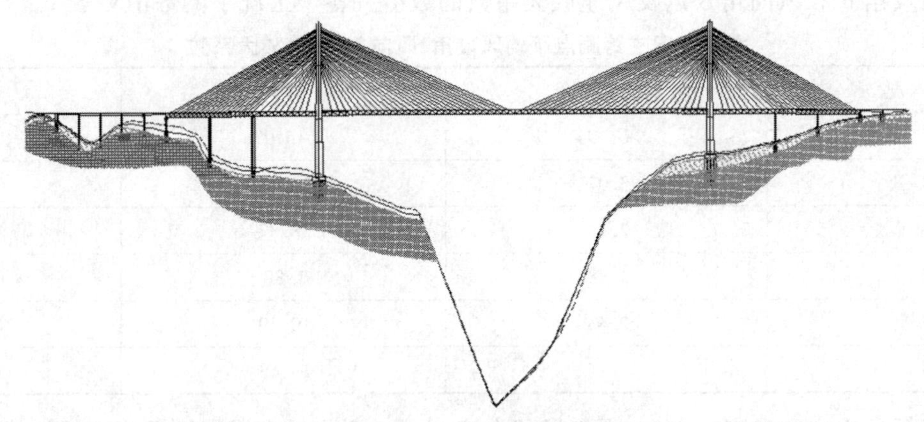

图1　北盘江大桥桥型布置图

对位于山区的大跨度桥梁，桥址风环境非常复杂，具有典型的小气候特性，附近地区的气象站资料一般不能较真实地反映桥址区的风场特点，而地势多变的山区地形也无法归类于规范所定义的任何一类地貌，现有的风特性参数模型不适用于山区大桥的抗风设计。因此桥址区的风速不能简单采用规范建议的桥址所在地区基本风速。本文通过地面气象观测资料计算和CFD数值模拟计算，结合虚拟气象站回归计算方法对桥址区的风特性进行较为系统的研究，初步确定了北盘江大桥抗风设计的相关风场特性参数。

2　气象资料

根据气象资料的估算结果与距离桥址最近的贵州水城气象台站的比较（图2），从中可以看出：从1978年至2000年，桥址处与水城气象台站观测的逐年最大风速具有较好的重合性。2000年以后，桥址处的逐年最大风速明显高于水城气象站观测值。推算出桥址最大风速估算值与保证率的回归关系见图3。

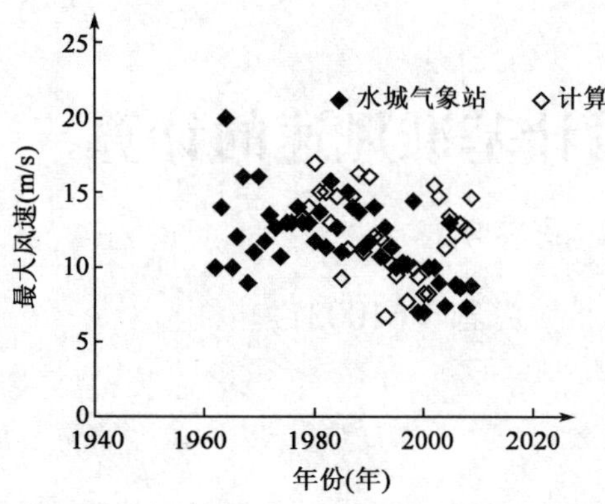

图2 计算结果与水城气象台站年最大风速的比较

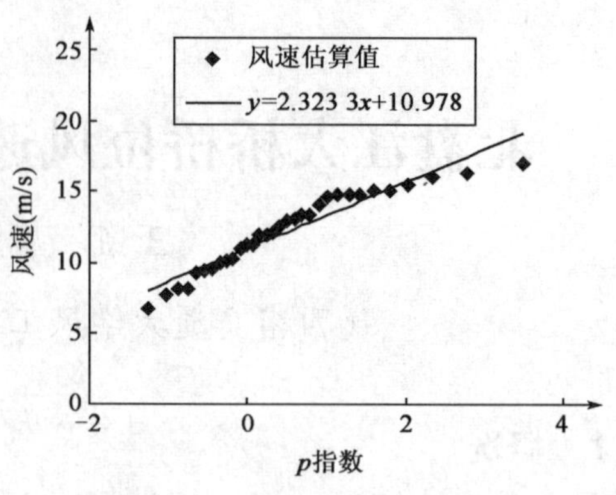

图3 桥址最大风速估算值与保证率的回归关系

3 风环境数值模拟

计算机数值模拟是在计算机上对研究对象周围风的流动所遵循的动力学方程进行数值求解(CFD),从而仿真实际的风环境。本文利用 Flutnt 软件对北盘江大桥桥址风特性进行了数值模拟,主要研究了桥位风场分布、不同方向来流条件下桥面高度处的风攻角分布以及峡谷的风速放大效应。

桥址地形数值计算模拟了垂直桥轴线以及垂直桥轴线左右偏向 10°的六个来流风向。平均风攻角 α、风向角 β 和风速的放大系数是描述桥位风场的重要参数,评价各方向来流对桥梁抗风性能的影响,应综合考虑风攻角 α 和风向角 β 以及风速放大系数的数值。各个工况下的数值见表 1。

各个工况主跨测点平均风攻角、风向角、风速放大系数 表1

工　况	风 攻 角	风 向 角	Cu
1	-1.94	-5.97	0.87
2	3.07	13.83	0.66
3	2.10	18.32	1.02
4	1.88	1.88	0.96
5	2.43	10.39	1.15
6	2.15	19.62	1.22

综合考虑桥址方位和来流风方向,由于风的来流方向主要是垂直或接近垂直于桥轴线,抗风性能控制因数是平均风攻角 α 以及风速放大系数 C_u,风向角 β 起次要控制作用。

4 桥塔(墩)设计基准风速

根据《公路桥梁抗风设计规范》(JTG/T D60-01—2004)桥梁构件基准高度处的设计基准风速可按下式计算:

$$v_d = v_{s10}\left(\frac{z}{10}\right)^{\alpha} \tag{1}$$

式中,v_d 为设计基准风速(m/s);v_{s10} 为桥址处的设计风速,即地面或水面以上 10m 高度处,100 年重现期的 10min 平均年最大风速(m/s),此桥取左侧桥塔承台高度处为地面或是水面;z 为构件的基准高度(m),桥塔(墩)取节点距对应塔(墩)承台的高差;α 为地表粗糙度系数,此处取 0.3。

当只提供了桥面高度处设计基准风速(本桥为 31.85 m/s)的情况下,由于各桥塔(墩)露出地面或水面处的高程的不同,若各个桥塔(墩)按照相同的 v_{s10} 计算,那将导致桥塔(墩)露出地面或水面处的高程高的桥塔(墩)与地面或水面交接处风速值大于零,不符合《公路桥梁抗风设计规范》(JTG/T D60-01—2004)中地面或水面风速几乎为零的要求。

实际上，每个桥塔（墩）的风剖面各不相同，都是以对应桥塔（墩）露出地面或水面处为风速值的零点，风速沿竖直高度方向按图 3 所示指数率分布。这时计算各个桥塔（墩）用到的 v_{s10} 也各不一样，必须分开计算。

由公式(1)可得本桥的计算结果如表 2 所示，桥塔的风剖面如图 4 所示。

桥塔设计风速计算 表2

桥　　塔	承台距离水面高度(m)	承台距离主梁高度(m)	v_{s10}(m/s)
左塔	0	126	14.89
右塔	40	86	16.70

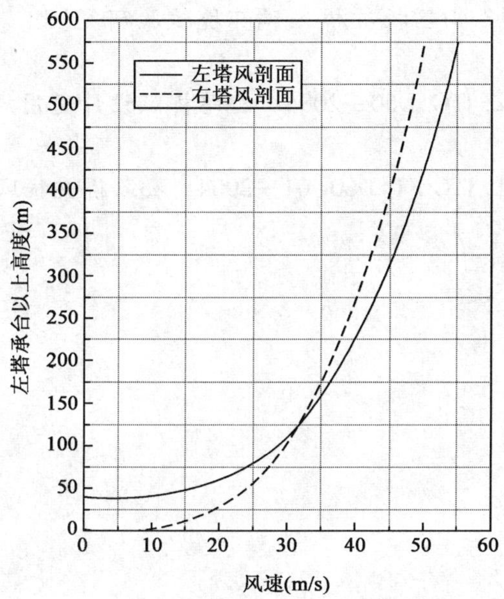

图4　桥塔风剖面（以左塔承台为高度起点）

从上面的风剖面图可以看出，按照这种方法推算的各个桥塔（墩）同一高度的风速差值最多不超过 4m/s，且更符合桥塔（墩）从地面或是水面开始，风速从零以指数率竖向增长的实际情况。以此风速来计算桥塔（墩）的内力也基本符合实际桥塔（墩）的受力。

5　结论

通过对本桥桥址处的风参数分析和桥塔（墩）设计基准风速的计算，得出如下结论。

(1)气象统计资料计算表明，北盘江大桥桥址处近 40 年历史最大平均风速为 20.9 m/s，最大瞬时风速为 27.4m/s。

(2)综合气象资料以及虚拟气象站的回归分析，北盘江大桥桥位区的百年一遇基本风速为26.03m/s。

(3)三维 CFD 风场计算数据表明，顺峡谷走向 ±10°来风时，北盘江大桥桥跨范围内风攻角在 ±6°范围，中跨桥面测点攻角均在 ±3°范围内；在风从河流下游往上游吹时，平均风速放大系数的最大值为 1.22。

(4)由经验公式得到的山谷效应修正系数与 CFD 计算获得最大平均修正系数吻合性较好。

(5)桥面高度处的设计风速可取为 31.85 m/s。

(6)按照主梁设计基准风速，分别推算各个桥塔（墩）的 V_{s10}，以此计算桥塔（墩）的风剖面来进行受力分析更符合实际受力。

参 考 文 献

[1] 项海帆，林志兴，鲍卫刚，等. 公路桥梁抗风设计指南[M]. 北京：人民交通出版社，1996.

[2] 庞加斌，宋锦忠，林志兴. 山区大跨桥梁设计风速的确定方法[G]//全国风工程和工业空气动力学学术会议论文. 成都：中国风工程学会，2006.

[3] 陈政清，李春光，张志田，等. 山区峡谷地带大跨度桥梁风场特性试验[J]. 实验流体力学，2008，22(3)：63-67.

[4] 张相庭. 结构风压和风振计算[M]. 上海：同济大学出版社，1985：8-20.

[5] 胡峰强，陈艾荣，王达磊. 山区桥梁桥址风环境试验研究[J]. 同济大学学报：自然科学版，2006，34(6)：721-725.

[6] 中华人民共和国行业标准. JTG D60—2004 公路桥涵设计通用规范[S]. 北京：人民交通出版社，2004.

[7] 中华人民共和国行业标准. JTG /T D60- 01—2004 公路桥梁抗风设计规范[S]. 北京：人民交通出版社，2004.

广东海陵岛风能资源高分辨率数值模拟研究

王鹏[1,2]　朱蓉[2]　方艳莹[2]
（1.解放军理工大学气象学院　南京　210007；
2.中国气象局风能太阳能资源评估中心　北京　100081）

1　引言

20世纪90年代以来数值模拟技术在风能资源评估中得到了越来越广泛的应用。近年来，采用中尺度气象数值模式WRF或MM5与复杂地形动力诊断模式CALMET相结合的模式系统被越来越多地应用于区域风能资源评估[1-4]，但相关的模拟结果检验却很少见到。本文采用WRF和CALMET模式相结合的模式系统，对广东省海陵岛地区进行了风能资源数值模拟，希望通过与实测数据的对比，验证WRF/CALMET模式系统应用于风能资源评估的可行性，并分析其局限性。

2　模拟试验方案设计

本试验中首先采用WRF模式进行模拟，模式积分计算36h，根据全球环流模式再分析资料（NCEP）进行降尺度，然后利用CALWRF模块对WRF模拟后24h分析处理形成CALMET可用的格式，最后使用CALMET模式进行动力诊断模拟分析。两个模式结果输出时间间隔均为1h。

WRF模式以海陵岛为中心，采用三重嵌套网格，水平分辨率分别为27km、9km、3km，网格点设置分别为101×67、67×49、67×49。分辨率为3km时地形数据采用美国航天飞机于2000年用雷达测图技术得到srtm3数据，分辨率为3″，其他地理数据采用美国地质测量局USGS发布的30″全球数据场。模拟过程中采用计算范围内所有的地面和探空气象资料，通过格点逼近的方式保证WRF的模拟结果符合原背景场。微物理方案采用Ferrier方案，长波辐射采用rrtm方案，短波辐射采用Dudhia方案，陆面过程采用Noah陆面模式，边界层采用Mellor-Yamada-Janjic方案。CALMET模式水平分辨率为200m，格点数为126×100，地形数据采用srtm3数据。模拟范围及模拟区地形高度分布如图1所示。

a)WRF模拟区域范围

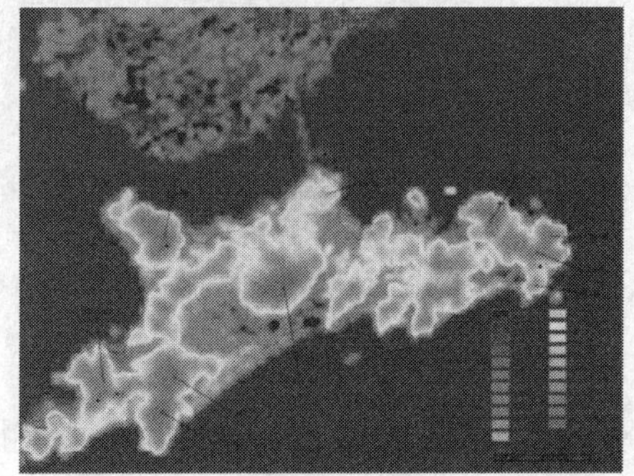
b)CALMET模拟区域地形分布及测风塔分布

图1　模拟范围及模拟地区地形高度分布图

3　试验资料选取

2003～2004年广东省气候中心在广东阳江海陵岛开展了风能观测试验，布设了8座测风塔，除有一座测风塔高度是10m以外，另外7座测风塔高度分别为40m和60m（图1）。可以看出，1号和2号测风塔位于海陵岛西南端201m高的山体接近顶部的位置，1号塔周围地势较2号塔开阔；3号塔位于海陵岛西北239m高山体的顶部，周围地势开阔；4号和5号塔的海拔高度较低，接近海面，周围开阔平坦；

6 号塔位于海陵岛西部山体北侧的山腰上;7 号塔位于海陵岛西部山体南侧的山坳里。总体来看,3 号、4 号和 5 号塔对海陵岛地区风能资源特性的代表性较好,7 号塔的代表性最差。

本文采用2003 年10 月,2004 年1 月、4 月、7 月的测风塔观测资料与风能资源模拟结果进行对比分析。根据距离模拟区域最近的阳江气象站的地面常规观测资料,在本文开展风能资源数值模拟试验的4 个月内,无大的降水过程出现,也没有台风等灾害性天气的出现。

对测风塔观测资料的统计结果表明,整个海陵岛秋季以北北东和东北风为主,冬季以东北风为主,春季以东南东和东南风为主,夏季以南风和南南西风向为主,月平均风速以冬季最大。

4 模拟结果与分析

4.1 海陵岛风能资源数值模拟结果

采用 WRF/CALMET 模式系统对广东海陵岛 2003 年 10 月和 2004 年 1 月、4 月、7 月的风能资源数值进行模拟,结果表明(图 2),在数值模拟试验的一年中,海陵岛 2004 年 1 月风能资源最丰富,全岛范围内距地面 60m 高度上,月平均风速 6.9 ~ 8.7m/s,月平均风功率密度 235 ~ 526W/m^2;2004 年 4 月海陵岛风能资源最小,全岛范围内距地面 60m 高度上,月平均风速 4.3 ~ 5.1m/s,月平均风功率密度 86 ~ 126W/m^2。从风能资源的总体分布来看,在图 2 的整个数值模拟区域内,风能资源从东南到西北逐渐减小,也就是说海陵岛面向中国南海一侧的风能资源比面向大陆一侧的风能资源高。具有开发潜力的风能资源主要分布在海陵岛西南部、中部和东部的山顶上。西南部山顶地区月平均风功率密度 106 ~ 415W/m^2,中部高度山顶地区月平均风功率密度 97 ~ 300W/m^2,最东部山顶地区月平均风功率密度 120 ~ 486W/m^2。

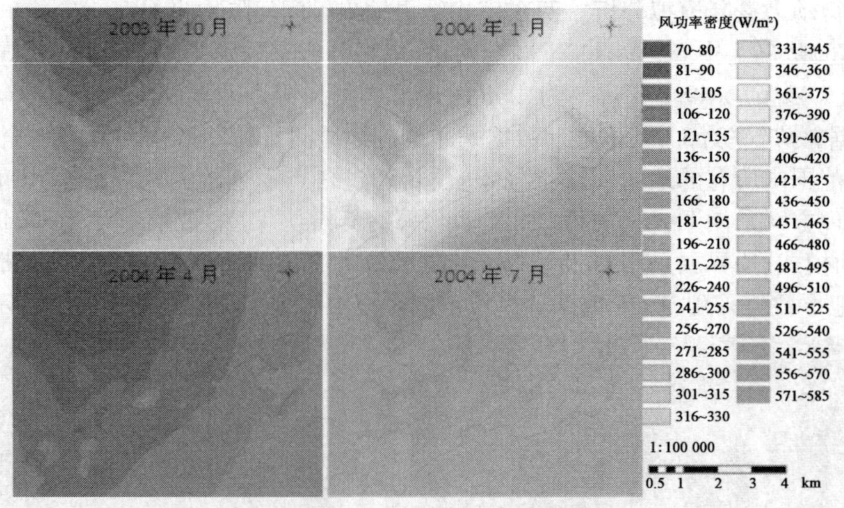

图 2 模拟离地面 60m 高度月平均风功率密度分布

4.2 模拟误差分析

通过双线性内插,将月平均风速的模拟值插值到测风塔位置上,得到各测风塔位置和测风塔最高观测层上模拟值与观测值的相对误差(表 1)。可以看出,3 号塔处的月平均风速模拟值的相对误差最小,其次是 4 号和 5 号塔,7 号塔春季和夏季月平均风速模拟误差很小,但冬季和秋季误差很大。

3 号塔位于海陵岛西北 239m 高山体的顶部,周围地势开阔,没有任何地形和障碍物的遮挡,对局部风环境的特征有较好的代表性。3 号塔所处的位置在一个网格(200m × 200m)面积区域内相对平坦,风速分布均匀,因此风能资源的模拟误差相对就小。

4 号和 5 号塔位于海陵岛与大陆连接的海边,地势开阔平坦。但是,在 2004 年 1 月整体地面风速较大,这必将造成海面风浪加强,从而地表粗糙度加大。而目前本文在 WRF/CALMET 模式系统中还没有考虑海面粗糙度随风速变化因素,因此,4 号和 5 号塔处的平均风速模拟值明显偏大。

月平均风速模拟值的相对误差(%) 表1

测 风 塔	观 测 高 度	2003 年 10 月	2004 年 1 月	2004 年 4 月	2004 年 7 月
1 号	60m	-0.43	-7.75	-15.42	-12.67
2 号	40m	-8.93	-16.64	-14.81	-8.856
3 号	40m	-4.96	-6.20	2.91	-9.84
4 号	60m	7.34	13.72	-0.58	-3.97
5 号	60m	7.41	26.14	4.06	-0.80
6 号	60m	9.89	13.80	1.77	16.42
7 号	60m	16.10	20.17	-1.89	4.90

7 号塔位于海陵岛西部高度 172m 山体南侧的山坳里,东南方向面对大海、地势开阔,其他方向均被山体阻挡。因此春季和夏季盛行东南风时,月平均风速模拟误差较小,而秋季和冬季盛行北偏东风时,月平均风速模拟误差就很大。因此,说明本文风能资源数值模拟的精细化程度还不能很好地满足如此复杂地形条件下的风场评估要求。

表2 列出了7 个塔位置处各月风速 Weibull 分布 A、K 值模拟的相对误差。可以看出,7 个塔位置处、4 个月的模拟 K 值相对误差都比较小,说明 WRF/CALMET 模式系统对风速 Weibull 分布形状的模拟还是较好的,即模拟风速值与观测风速值的变化范围是一致的。从表 2 看出,WRF/CALMET 模式系统对风速 Weibull 分布 A 值的模拟相对差一些,没有一个塔每个月 A 值的相对误差都能小于 10%。结合 2 号塔每个月观测与模拟的风速 Weibull 分布图(图略),对照表 1 可以看出,2 号塔每个月低风速区的模拟风速值频率均偏高,因此 4 个月的月平均风速模拟值都相对偏小。这可能是因为 2 号塔位于较窄的山梁上,气流爬坡后过山顶时会加速,而本文 WRF/CALMET 模式中的地形描述是 200m × 200m 范围内的平均地形,造成模式中的坡度比实际的坡度小,因此风速的模拟值就会偏小。

风速 Weibull 分布 A、K 值模拟的相对误差(%) 表2

测风塔	K 值相对误差				A 值相对误差			
	2003 年 10 月	2004 年 1 月	2004 年 4 月	2004 年 7 月	2003 年 10 月	2004 年 1 月	2004 年 4 月	2004 年 7 月
1 号	0.75	-3.73	3.60	8.96	0.77	-23.30	-25.00	-4.66
2 号	-2.16	-4.48	3.60	10.53	-23.92	-31.32	-24.54	-13.43
3 号	0.00	-3.82	1.45	8.40	-4.67	-9.87	-16.81	-2.90
4 号	-0.72	-0.78	3.68	9.30	19.30	26.04	2.58	16.22
5 号	6.20	1.59	0.00	6.02	40.33	45.28	4.67	18.07
6 号	0.70	-1.52	-2.07	2.17	10.26	12.07	-0.53	19.13
7 号	4.44	0.00	3.60	8.89	25.43	24.63	5.20	17.65

4.3 陡峭地形数值模拟试验

采用测风塔观测资料对 WRF/CALMET 数值模拟结果的检验表明,WRF/CALMET 模式系统能较好地模拟山区中较为开阔地形上的风能资源,能够满足山区风电场风能资源评估的需求。7 号塔位于坡度为27°的陡坡上,且三面环山,本文采用 200m × 200m 水平分辨率的 CALMET 动力诊断模式,对如此陡峭地形的风场模拟误差较大。为探索对这种陡峭地形风场的有效数值模拟方法,本文选用法国美迪顺风公司的风能资源评估软件工具 WT,采用 25m × 25m 的水平分辨率,4m 的垂直分辨率,模拟以 7 号测风塔为中心、半径 7.5km 范围内的风能资源分布,然后用 7 号测风塔观测资料进行检验。WT 软件基于 Navier - Stokes 方程非线性求解,较动力诊断方法能更好地描述大气边界层的湍流运动。在 WT 计算范围,采用 WRF 模式计算输出的每小时格点数据作为输入数据,分别计算了 7 号塔位置上 2003 年 10 月和 2004 年 1 月 60m 高度的风向风速,得到了风向玫瑰图(图略)和风速频率分布图(图 3)。

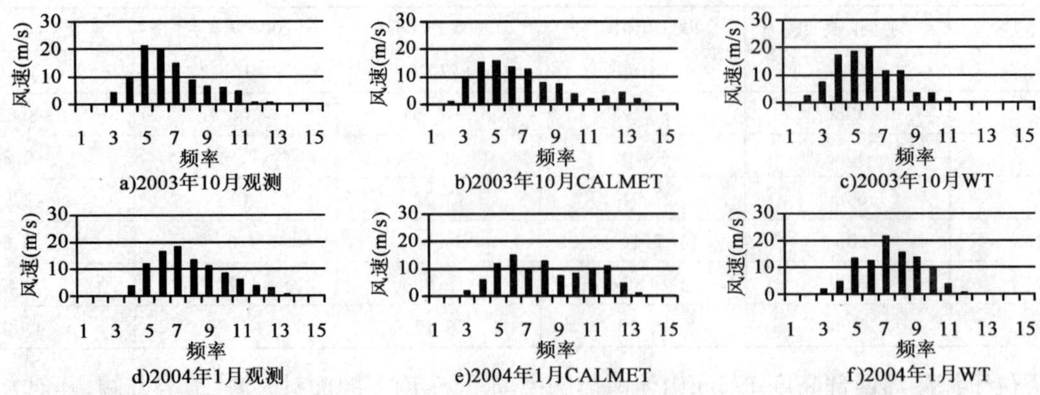

图3 测风塔观测、CALMET 模拟、WT 模拟 60m 高度风速(m/s)频率(%)分布

由测风塔观测资料、WRF/CALMET 模拟结果、WT 计算结果得出的风向玫瑰分布，WRF/CALMET 与 WT 计算结果相近，计算得出的盛行风向与测风塔观测一致，但频率则差别较大。图 3 给出了分别由测风塔观测资料、WRF/CALMET 模拟结果、WT 计算结果得出的风速 Weibull 分布图。从图中可以看到，CALMET 模拟结果在 2003 年 10 月≥12m/s 风速区间、2004 年 1 月≥10m/s 风速区间内的频率要明显大于测风塔的实际观测。相比之下，WT 的计算结果不仅在高风速区间频率分布与实际观测相一致，在低风速区间的频率分布也很接近。因此对 WT 计算结果的月平均风速的误差检验表明，2003 年 10 月和 2004 年 1 月的月平均风速区模拟相对误差分别为 -5.40% 和 0.04%。

5 结论

本文采用 WRF/CALMET 模式系统对广东海陵岛进行水平分辨率 200m×200m 的高分辨率风能数值模拟，得到了海陵岛风能资源分布与变化规律，以及风能资源开发潜力。通过与岛上 7 个测风塔观测资料的对比分析，证明 WRF/CALMET 模式系统用于山地风电场的风能资源评估是可行的。如果将 WRF/CALMET 模式系统用于近海风能资源数值模拟，还需考虑海浪引起的海面粗糙度随风速的变化。

但是地形动力诊断的方法还不足以很好地模拟陡峭地形风能资源分布，此时基于 Navier-Stokes 方程非线性求解的大气边界层模式则有明显优势。但相比之下，WRF/CALMET 模式系统比 WRF/WT 计算量小、计算范围大，一般的山地风电场风能资源评估采用 WRF/CALMET 模式系统就足以，对于特别复杂的地形可采用大气边界层模式进行补充。

6 致谢

感谢广东省气候中心宋丽莉研究员为本文提供海陵岛测风塔观测资料。

参考文献

[1] Steve H L Yim, Jimmy C H Fung, Alexis K H Lau. Mesoscale simulation of year-to-year variation of wind power potential over southern China[J]. Energies 2009, 2:340-361.

[2] Radonjic Z, Chambers D, Telenta B, et al. Coupling NMM mesoscale weather forecast model with CALMET for wind energy applications. EGU General Assembly 2009, Geophysical Research Abstracts. Vienna, Austria, Eu-ropean Geosciences Union, 2009.

[3] Dennis Elliott. Wind resource assessment and mapping for afghanistan and Pakistan[OL]. http://pdf.usaid.gov/pdf_d-ocs/PNADO338.pdf.

[4] 肖子牛，朱蓉，宋丽莉. 中国风能资源评估 2009[M]. 北京：气象出版社，2010.

基于微分求积法的流场数值模拟

王通　曹曙阳　葛耀君

（同济大学土木工程防灾国家重点实验室　上海　200092）

1　引言

流场计算的传统数值方法主要包括有限差分法、有限体积法和有限单元法等低精度方法，通过增大网格密度也能得到较高精度的结果，但计算量也会随网格数量的增加而成倍增长，特别对于风场等大体积域内的流场计算，提高网格密度所带来的计算成本的增长在当前的计算技术和计算机水平下仍是无法接受的。而在实际应用中，我们一般只关心流场中若干区域甚至若干点处的流场特性，但为了精确计算这些目标区域的流场特性我们往往不得不增大目标区域外的网格密度，并最终求出这些非目标区域的流场特性。针对这一问题，除改善上述传统方法外，寻求一种所需网格数量少而计算精度又相对较高的流场计算方法也是一种解决途径。微分求积法在一定程度上可以认为是满足该要求的一种数值计算方法。

微分求积法（Differential Quadrature Method，DQM）由 Bellman 和 Casti[1] 于 1971 年首先提出，随后被发展应用于生物科学、结构力学、流体力学等诸多领域[2-3]。传统微分求积法的基本思想是把函数在给定网点处的导数值近似用该导数自变量方向上全部网点处函数值的加权和表示。不失一般性，考虑一维函数 $f(x)$，它在计算域内连续可微，则有：

$$\mathrm{L}\{f(x)\}_i = \sum_{j}^{n} w_{ij} f(x_j),\ i = 1,2,\cdots,n \tag{1}$$

式中，L 是微分算子；n 是网点总数；w_{ij} 是权系数；x_j 是网点坐标。

与有限差分法不同，微分求积法基于多项式插值，本质上是一种特殊的加权残值法，等价于混合配点法。研究表明微分求积法有如下优点：简单易懂（不依赖于泛函和变分原理），计算量少，计算精度高，易于在计算机上实现[4]。对于具有全局性光滑解的问题，微分求积法可以通过少量节点获得高精度的结果。

微分求积法在流场数值求解中的应用起步较晚，相应研究也不多，且一般只限于求解规则区域内的低雷诺数问题：Shu 和 Richards[5-6] 最先将微分求积法引入到不可压缩黏性流场的计算，结合坐标变换技术直接求解涡度—流函数形式的流体控制方程，得到低雷诺数（$Re = 20,25$）下二维圆柱绕流问题的解，对比显示该算法所需网格少、计算精度高；Striz 和 Chen[7] 采用微分求积法求解较低雷诺数（$Re \leqslant 400$）下的二维驱动方腔流问题，他们对涡度—流函数形式的流体控制方程采用消元法去掉涡度变量，得到以流函数表示的 4 阶偏微分方程，然后采用微分求积法离散该方程，最后通过 Newton-Raphson 方法求解所得到的非线性方程组；Shu 等[8] 研究了边界层方程，并将 DQM 推广到曲线坐标系中求解不可压黏性流动问题。对于不可压缩黏性流体，涡度—流函数形式的流体控制方程虽然求解简单（没有压力项），却无法推广到三维情况，为此人们又提出了一种不可压缩黏性流体控制方程的表达式——涡度—速度方程，虽然需要求解的变量增多，但它没有压力项，而且可推广到三维情况。Lo 和 Young[9] 等人将微分求积法用于求解涡度—速度形式的流体方程，得到了低雷诺数下的三维驱动方腔流的解。对于规则区域的低雷诺数流动问题，DQM 通过少量节点就可以得到满意结果，但将其用于求解高雷诺数问题时却会发散，很重要一个原因是因为此时流动中的对流起主导作用，而传统的微分求积法缺乏一种迎风机制来描述这种对流性质。针对这一问题，朱正佑和孙建安[10] 提出了一种具有迎风机制的混合型微分求积

基金项目：风敏感基础设施的风致灾害基础研究（51021140005）。

法——扩散项采用微分求积离散，在预估时对对流项使用迎风差分离散，校正时采用微分求积离散。针对非规则区域问题，孙建安等[10]提出了局部微分求积法，并引入迎风机制；Shu 和 Ding 等[11-12]发展了基于局部径向基函数的微分求积法，其本身是一种无网格方法，可以很方便地处理非规则区域问题，并将其应用于二维驱动方腔流和交错双圆柱绕流问题的求解，得到比较满意的结果。

作者试图将微分求积法应用于复杂地形风场的数值模拟，为处理地形的不规则性，将尝试采用：①坐标变换法，将不规则物理区域转换成规则的计算区域；②浸入边界法，将边界以力的形式嵌入到控制方程中；③基于局部径向基函数的微分求积法。对于高雷诺数问题，将尝试或发展具有迎风机制的微分求积法，并结合紊流模型进行处理。而开展上述工作之前，作者需要验证微分求积法的适用性和可靠性，下面的内容是已经完成的采用微分求积法求解二维驱动方腔流，并与已有结果的对比研究，而圆柱绕流问题的微分求积解将在全文中给出。

2　物理模型及控制方程

驱动方腔流的物理模型如图 1 所示，为方便计算，本文采用涡度—流函数形式的流体控制方程进行计算，其无量纲形式如下：

$$\frac{\partial^2 \psi}{\partial x^2} + \frac{\partial^2 \psi}{\partial y^2} = -\omega \qquad (2)$$

$$\frac{\partial \omega}{\partial t} + u\frac{\partial \omega}{\partial x} + v\frac{\partial \omega}{\partial y} = \frac{1}{Re}\nabla^2 \omega \qquad (3)$$

式中，Re 是雷诺数；u、v 分别是 x 和 y 方向的速度分量，并且有：

$$\frac{\partial \psi}{\partial x} = -v\ ,\ \frac{\partial \psi}{\partial y} = u \qquad (4)$$

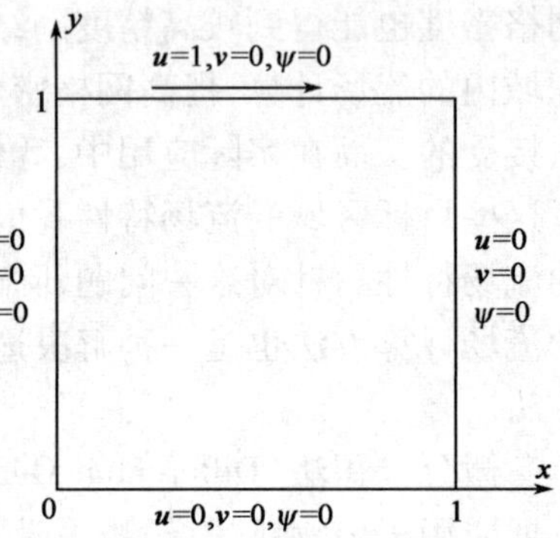

图 1　驱动方腔流的物理模型

3　控制方程离散及边界处理

根据微分求积原理将式(2)和式(3)在空间上分别离散成：

$$\sum_{k=1}^{N} b_{i,k}\psi_{k,j} + \sum_{k=1}^{M} B_{i,k}\psi_{k,j} = -\omega_{i,j} \qquad (5)$$

$$\frac{\partial \omega_{i,j}}{\partial t} + u_{i,j}\sum_{k=1}^{N} a_{i,k}\omega_{k,j} + v_{i,j}\sum_{k=1}^{M} A_{i,k}\omega_{k,j} = \frac{1}{Re}\left(\sum_{k=1}^{N} A_{i,k}\omega_{k,j} + \sum_{k=1}^{M} B_{i,k}\omega_{k,j}\right) \qquad (6)$$

式中，N、M 分别是 x 和 y 方向上的网格点数；$u_{i,j}$、$v_{i,j}$、$\psi_{i,j}$、$\omega_{i,j}$ 分别是 u、v、ψ、ω 在网格点$(x_i,\ y_j)$处的值；$a_{i,j}$、$A_{i,j}$ 分别是与 x 对应的一阶导数权系数和二阶导数权系数；$b_{i,j}$、$B_{i,j}$ 分别是与 y 对应的一阶导数权系数和二阶导数权系数。

边界条件采用双层法(two-layer approach)处理[3]，时间项采用 4 阶 Runge-Kutta 格式，网格点采用非等分形式的 Chebyshev-Gauss-Lobatto 节点。

4　结果对比及讨论

针对 R_e = 100、400、1 000 三种情况，分别进行计算，并将计算结果与 Ghia 等人[13]的结果进行对比，如图 2 所示。

由图 2 中的数据对比可以发现，对于上述低雷诺数情况，微分求积法采用很少的节点就可以得到比较满意的结果。但是如果进一步增大雷诺数，流动会变得越来越复杂，为得到合理的计算结果就必须增大网格密度，这样就使得权系数矩阵的条件数变差，这也是微分求积法应用于高雷诺数问题时容易发散的一个很重要的原因。所以，传统的微分求积法很难模拟高雷诺数流动问题。另外，由微分求积原理可知，微分求积法实际上是在一条直线上对导数进行逼近，这就意味着在对导数进行离散时也要沿着一条直线进行，所以微分求法无法直接用于求解非规则区域问题。正是上述两个难题制约了微分求积法在流动模拟中的应用。针对前一个难题人们发展了局部微分求积的概念,对于后者则提出了基于径向基函数的微分求积法。所以,本文接下来的工作就是要基于微分求积法的这两个最新进展,探讨其在复杂地形流场模拟中的应用。

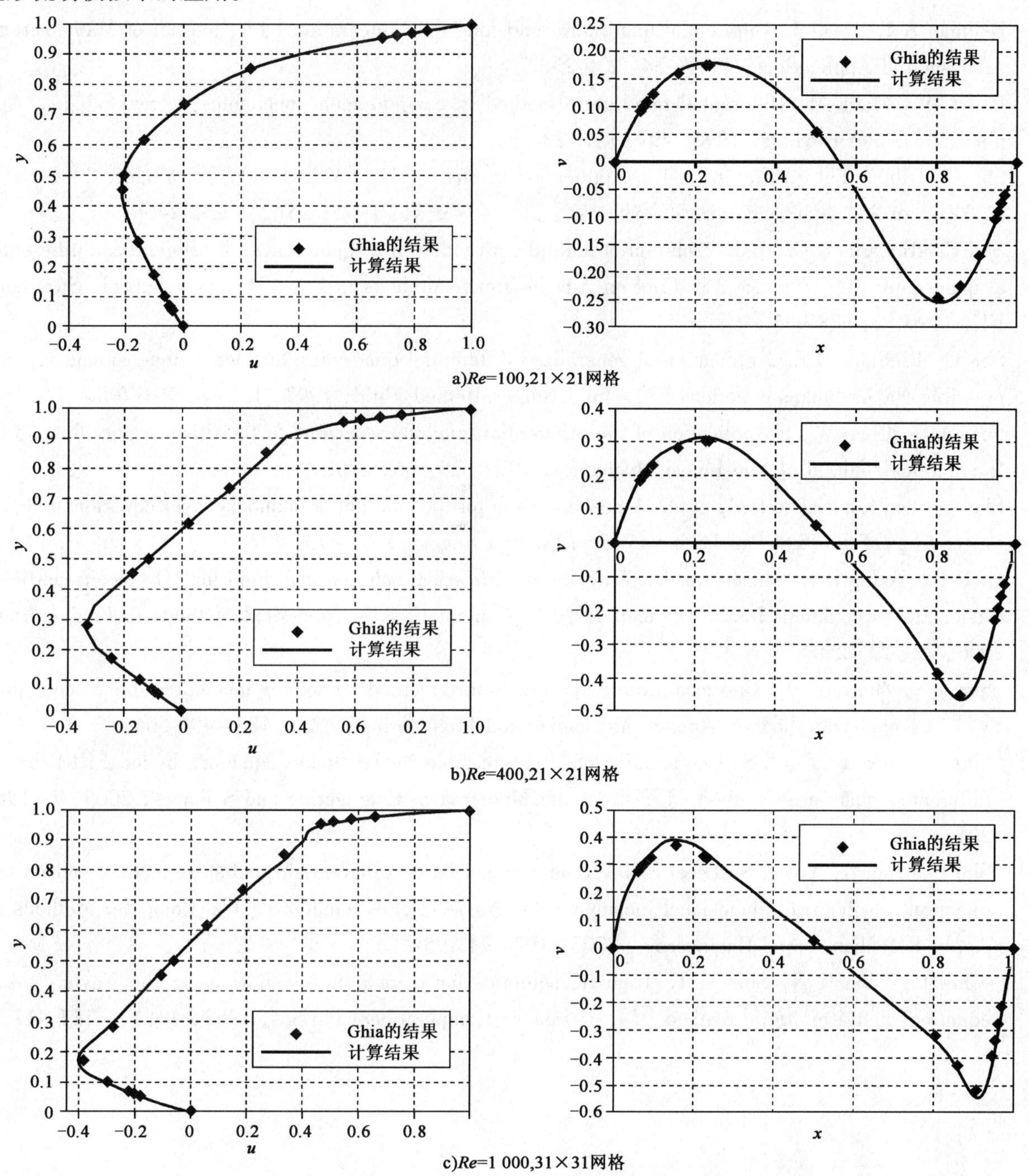

图2　方腔竖向中线上的速度 u 分布(左)和横向中线上的速度 v 分布(右)

5　结论

微分求积法是一种高效的数值计算方法,对于具有全局性光滑解的问题,该方法可以采用少量的网格获得高精度的结果。本文通过驱动方腔流及圆柱绕流问题的微分求积解证明了这一方法在流场模拟中的适用性。但是对于高雷诺数和不规则边界问题,传统的微分求积法还存在很大问题。局部微分求积和基于径向基函数的微分求积法似乎可以解决这两个问题,作者接下来的工作就是基于这两个最新进展探讨微分求积法在复杂地形流场模拟中的应用。

参 考 文 献

[1] Bellman R E, Casti J. Differential quadrature and long-term integration [J]. Journal of Mathematical Analysis and Applications, 1971, 34: 235-238.

[2] Bert C W, Malik M. Differential quadrature method in computational mechanics: a review [J]. Applied Mechanics Reviews, 1996, 49(1): 1-28.

[3] Shu C. Differential quadrature and its application in engineering [M]. London: Springer, 2000.

[4] 王鑫伟. 微分求积法在结构力学中的应用 [J]. 力学进展, 1995, 25(2): 232-240.

[5] Shu C, Richards B E. High resolution of natural convection in a square cavity by generalized differential quadrature [C]. Proc of 3 rd Conf on Adv in Numer Methods in Eng: Theory and Appl, Swansea, UK, 1990, 2: 978-985.

[6] Shu C, Richards B E. Application of generalized differential quadrature to solve 2-dimensional in compressible Navier-Stokes equations [J]. Int J Numer Method Fluid, 1992, 15(7): 791-798.

[7] Striz A G, Chen W L. Application of the differential quadrature method to the driven cavity flow [J]. International Journal of Non-Linear Mechanics, 1994, 29: 665-670.

[8] Shu C, Yeo K S, Khoo B C, et al. A new approach for the solution of boundary layer equations [G]// Proceedings of the First Pan-Pacific Conf on Comput Engng, 1993: 131-136.

[9] Lo D C, Young D L, Murugesan K. An accurate numerical solution algorithm for 3D velocity-vorticity Navier-Stokes equations by the DQ method [J]. Computations in Numerical Methods in Engineering, 2006, 22: 235-250.

[10] Sun J A, Zhu Z Y. Upwind local differential quadrature method for solving incompressible viscous flow [J]. Computer Methods in Applied Mechanics and Engineering, 2000, 188: 495-504.

[11] Shu C, Ding H, Yeo K S. Computation of incompressible Navier-Stokes equations by local RBF-based differential quadrature method [J]. Computer Modeling in Engineering and Sciences, 2005, 7: 195-205.

[12] Shu C, Ding H, Yeo K S. Local radial basis function-based differential quadrature method and its application to solve two-dimensional incompressible Navier-Stokes equations [J]. Computer Methods in Applied Mechanics and Engineering, 2003, 192: 941-954.

[13] Ghia U, Ghia K N, Shin C T. High-Re solutions for incompressible flow using the Navier-Stokes equations and a multigrid method [J]. Journal of Computational Physics, 1982, 48(1): 387-411.

复杂山区地形风场特性数值模拟研究

肖军　刘志文　陈政清

（湖南大学风工程试验研究中心　长沙　410082）

1　引言

抗风性能已成为大跨度斜拉桥和悬索桥的重要控制因素，因此在建设这类桥时首先要搞清楚桥址处的风环境参数。对于跨海、跨江大桥，因其桥址处地形平坦，风特性相对较均一，已有现成的相关规范来描述桥址区的风场特性。然而对建设在山区的特大斜拉桥和悬索桥，桥址处地形复杂，其风场特性随地形的不同差异很大，没有统一的标准可供参考，而风参数的确定对抗风性能的研究至关重要，因此迫切需要对复杂地形的风场特性进行研究。国内外对风场特性的研究如下：Xiao[1]应用不同的湍流模型对所选区域进行了数值模拟，对其风场特性进行分析并与实测结果进行了对比。同济大学的周志勇[2]基于 Realizable k-ε 湍流模型对具有复杂地形地貌的大范围区域（区域大小 23km×27km）的风环境进行了数值模拟研究，对比不同的计算区域网格划分方式对其整体和局部的流场进行分析。西南交通大学李永乐[3]选用 Laminar 层流模型简化模拟具有复杂地形地貌的区域（区域大小 8km×8km）的平均风场，分析了桥址区风速沿高度方向和沿主梁方向的变化特点并讨论了不同攻角情况下桥面风速标准及其与梯度风速的比值关系。本文以在建的矮寨特大桥为例，开展复杂山区地形的风场进行数值模拟研究，以丰富复杂山区地形风场特性研究成果，为今后复杂山区地形大跨度桥梁抗风设计提供参考。

2　工程概况

矮寨特大桥桥位距吉首市区约 20km，跨越德夯大峡谷，紧邻德夯苗族风化风景区，自然环境优美，地形条件复杂，山谷两侧悬崖距离为 900～1 300m。矮寨特大桥采用主跨 1 176m 的悬索桥方案，主梁为钢桁加劲梁，矢跨比为 1∶9.6。主缆的孔跨布置为：242m＋1176m＋116m，钢桁加劲梁跨径为 1 000.5m，主索中心距为 27m，吊索标准间距为 14.5m。钢桁加劲梁桥台处设竖向支座、横向抗风支座，矮寨特大桥桥型布置如图 1 所示。矮寨特大桥桥位处地形起伏极大，峡谷最低处地面高程为 242m，最高处高程为 660～740m，跨中桥面高程为 577m，桥面设计高程与地面高差达 335m。山坡平均坡度约 49°～54°，谷底宽约 60m，地形较为平坦。在茶洞岸侧有一巨大的岩堆，岩堆上下高差达 270m。图 1 所示为矮寨特大桥桥位周边地形图及桥位处照片。准确了解桥位处风速的大小、方向以及紊流度等风环境参数对矮寨特大桥的抗风设计至关重要[1]。

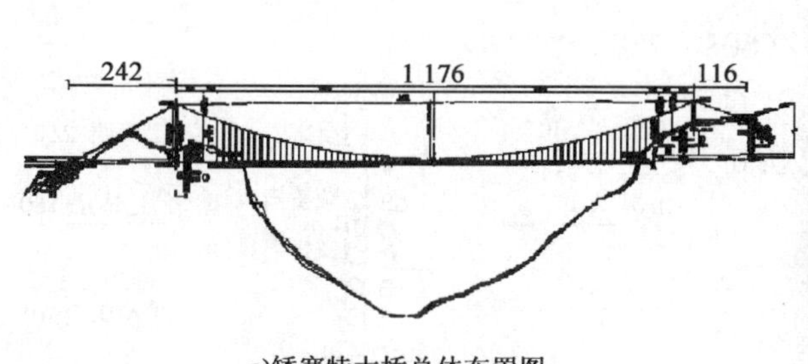

a)矮寨特大桥总体布置图

b)桥位照片

图 1　矮寨特大桥总体布置图及现场照片（尺寸单位：m）

3 模型建立及边界条件

3.1 桥位地形数据获取

矮寨特大桥桥位地形十分复杂，若通过现场实测数据绘制地形图的方法来建立该桥桥位附近较大范围地形的数值模型，工作量和耗资将十分巨大。为此，本文采用地理图形软件来获取桥位附近较大范围内的地形高程数据，通过其与 Auto CAD Civil 2009 的数据传递，在 CAD 中得到了从北纬28°18′23.53″到28°21′25.44″，东经109°33′57.48″到109°37′35.57″范围内的地形高程数据，地形高程精度为30m，区域大小为8km×5km，然后通过地理图形软件与 Auto CAD Civil 2009 的数据传递而获得的桥位地形高程点云，通过桥位地形高程点云反向拟合生成所需要的三维数字地形。图2为经过拟合后的曲面，拟合后的曲面与原始地形的平均误差为2.5m，均方差1.48m，满足计算要求。将拟合后的曲面导入网格划分平台 Gambit 中，即可生成计算域网格。

3.2 计算域网格划分

为了使气流在高度方向尽可能发展，避免因计算区高度小而导致的大堵塞率和流动人为加速效应，在本文将计算域顶面高程设置为2.5km，计算域整体布置为8km×5km×2.5km。

计算域底面网格采用三角形自由划分方式，网格尺寸为100m，此网格尺寸能较好地反应变化的地形形态。由于气流在靠近地面位置变化最为剧烈，为了较好地模拟各物理量变化，在高度方向设置边界层网格，边界层为棱柱体网格，靠近地面的第一层网格厚度为5m，网格沿高度方向的增长因子为1.1，增长层数为18，边界层网格总高度为278m。在边界层上部采用四面体自由网格划分方式生成网格，网格的增长因子设为1.1，计算域整体网格见图3。计算区域共划分网格节点188 329个，计算域整体网格数量约为57万。

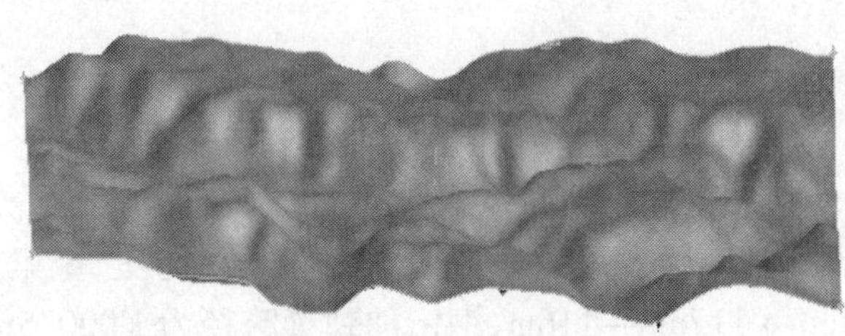

图2　拟合的桥位附近地形曲面

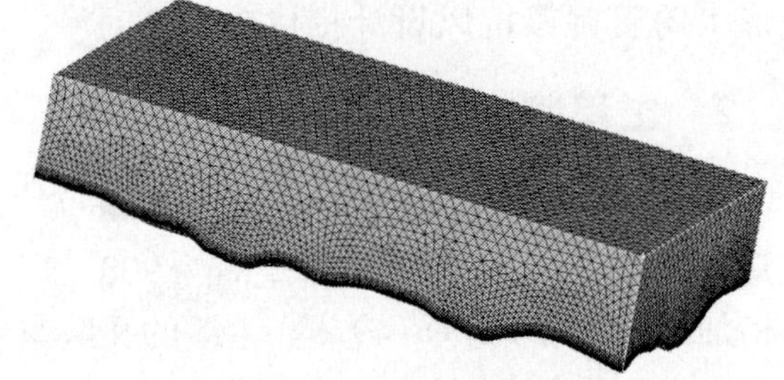

图3　桥位附近区计算域网格划分

3.3 边界条件设置

风场计算中入口处来流风速分布分别采用气象观测站标准场地（B类地表）对应的风剖面来进行模拟。速度入口处风速如下：

高程 $H \geqslant 608$m 时，$v = 31.8$m/s

高程 $H \leqslant 258$m 时，$v = 0$m/s

高程 258m，$< H < 608$m 时，$v = 31.8 \times [(H-258)/(608-258)]^{0.16}$

计算区域右侧出口采用出流（outflow）边界条件，计算区域顶面、前后两侧均采用对称（symmetry）边界条件，桥位地面地形采用壁面（wall）无滑移边界条件。

3.4 计算工况

本文模拟了B类地表不同风偏角条件下，对应六个不同工况下桥位处风速大小和方向分布情况（图4），以便为正确、合理评估矮寨大桥桥位风场特性提供参考。

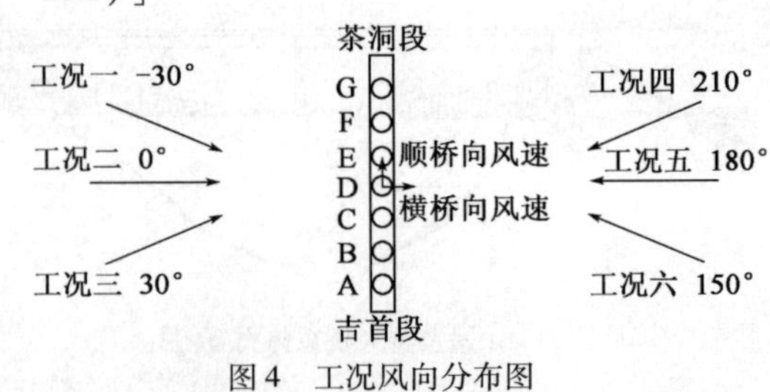

图4　工况风向分布图

4 数值模拟结果

4.1 桥位处主梁跨中前后各 50m 风剖面

为了检查风场模拟中流场在桥位处是否已经得到充分发展并稳定，本文取桥梁主跨跨中前后各50m 位置处的风剖面与桥梁跨中位置的风剖面作比较，如图 5 所示。可知三个位置的风剖面几乎一样，由此可以证明流场已经得到充分发展和稳定，因此桥址风场模拟结果的可靠性有保障。

4.2 桥位处主梁跨中位置风速沿高度分布

由图 6 可知不同工况模拟的风速计算结果可知，风速沿高度的变化规律与常规的指数律有较大的差异。经过数值处理后可知，工况一、工况五、工况六条件下的风剖面指数小于 B 类 0.16 外，其余工况下风剖面指数均大于 B 类 0.16，可知来流风向和地形的起伏对风剖面的影响很大。

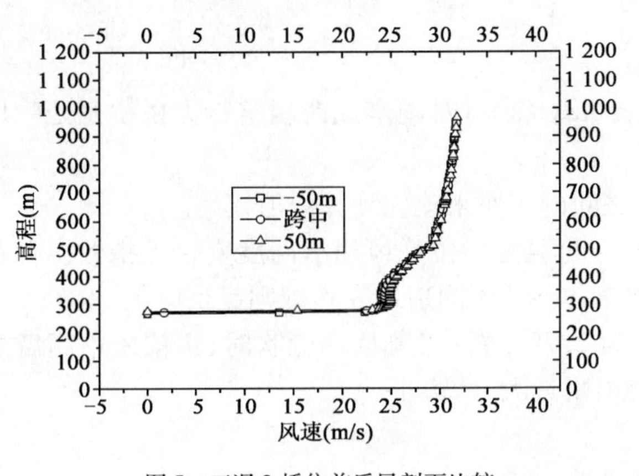

图 5 工况 2 桥位前后风剖面比较

图 6 不同工况跨中横桥向风剖面

由图 7 可得风速沿桥轴线分布特征为主跨跨中附近大，两边小。由图 8 可知，来流方向不同时其风攻角变化规律存在很大的差异。当风从左侧吹时，主梁跨中高度处的风攻角 α 为 2.7°左右；当风从右侧吹时，主梁跨中高度处的风攻角 α 为 -4.8°左右。由表 1 可知，风攻角随来流方向的变化而显著的变化，其最大风攻角可到达 18.32°，最小风攻角为 -12.93°。当风从左侧吹时得到平均的风攻角值为正值，而当风从右侧吹时得到的风攻角为负值，造成风攻角为负值的原因在于右侧靠近桥位处有座高山，气流从右侧进入经过高山时，高山对气流产生扰动和阻碍作用。当气流由左侧进入时，桥轴向的风攻角的变化趋势为中跨风攻角小，两边跨风攻角大，并且茶洞岸风攻角大于吉首岸。

4.3 风场特性沿桥轴线的变化

不同工况下桥梁轴线典型位置风攻角汇总表 表 1

	桥梁轴线典型位置							
	A	B(1/4 跨)	C	D(跨中)	E	F(1/4 跨)	G	平均值
工况一	18.32°	11.75°	5.58°	0.72°	-3.38°	-5.55°	-3.39°	3.44°
工况二	8.89°	5.44°	3.48°	2.75°	3.41°	4.97°	5.38°	4.90°
工况三	12.16°	6.17°	2.00°	0.76°	1.67°	3.53°	6.03°	4.62°
工况四	-1.27°	-1.26°	-1.69°	-2.85°	-4.70°	-7.71°	-13.18°	-4.67°
工况五	-5.30°	-7.71°	-5.79°	-4.80°	-4.04°	-3.71°	-4.10°	-5.06°
工况六	1.20°	-4.01°	-13.61°	-12.93°	-9.16°	-4.59°	-0.31°	-6.20°

注：A ~ G 位置示意图见图 4。

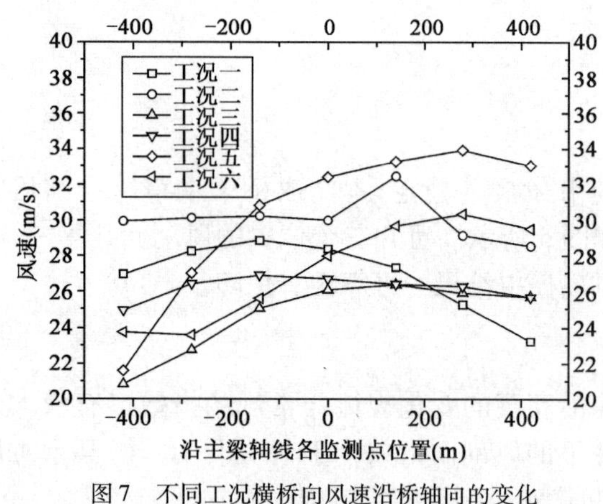

图7　不同工况横桥向风速沿桥轴向的变化

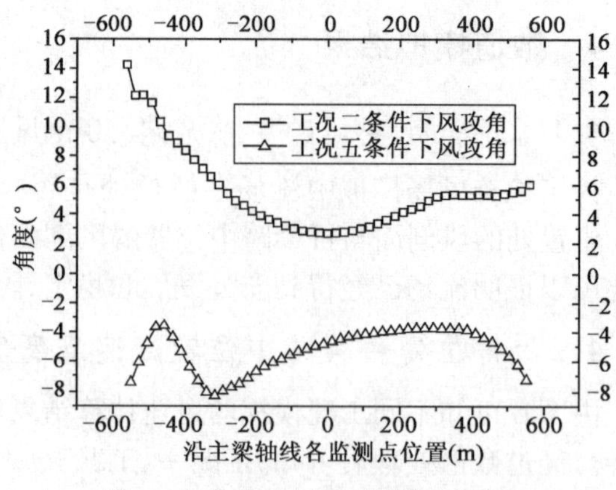

图8　典型工况风攻角沿桥轴向的变化

5　结论

采用计算流体动力学方法(computational fluid dynamics, CFD)对湖南湘西矮寨特大桥桥位处的风场进行了数值模拟,共模拟了六种工况,主要研究结论如下。

(1)本文采用 Auto CAD Civil 2009、Gambit 等软件之间的转换来建立计算数值模型。

(2)不同来流风偏角对应的横向风速随高度变化规律与通常桥位处风速沿高度变化的指数律存在一定的差异,风速沿主梁的变化及沿高度的特殊变化规律与桥址区周边地表不规则起伏有关。

(3)当风从左侧吹时,主梁跨中高度处的风攻角 α 为 2.7°左右;当风从右侧吹时,主梁跨中高度处的风攻角 α 为 -4.8°;风速沿桥轴线分布特征为主跨跨中附近大,两边小。

参 考 文 献

[1]　Xiao Y Q, Li C, Li Q S, et al. Numerical simulation of wind speed distributions over complex terrains [G]//The Twelfth International Conference on Wind Engineering. Cairns, Australia, 2007.

[2]　周志勇,肖亮,丁泉顺,等.大范围区域复杂地形风场数值模拟研究[J].力学季刊,2010,31(1).

[3]　李永乐,蔡宪棠,唐康,等.大跨度山区桥梁桥址区风场特性数值模拟研究[G]//第十四届全国结构风工程学术会议论文集,2009.

二、钝体空气动力学

流线断面涡激力发展规律研究

陈海兴　赵林　郭增伟

（同济大学土木工程国家重点实验室　上海　200092）

1　引言

涡激振动是大跨度桥梁较低风速下容易出现的一种风致振动。这种振动具有自激性质，对旋涡脱落形成的反馈作用又使得振幅限定在一定范围内。虽然涡振不像颤振会引起桥梁毁灭性破坏，但发生频率较高，振幅较大，可能引起行车安全，造成构件疲劳。大跨度桥梁涡振问题已引起普遍关注。

有些文献[1-2]中借用颤振研究中“气动阻尼”概念解释涡激力与振幅的关系：当振幅较小时，涡激力产生的是气动负阻尼，结构从气流中吸取能量，振幅逐渐增大；涡振振幅较大时，涡激力产生的是气动正阻尼，结构在振动中耗散能量，振幅逐渐减小。这使得在锁定区内的任意风速情况下，涡振振幅将收敛于一个稳定值，以这个振幅振动时，气动负阻尼和结构正阻尼的总和为零。目前尚没有学者从这种解释进行试验论证。表面压力包含了丰富的信息，不仅能够反映断面气体绕流情况，而且通过积分也能获得气动力变化的整体过程。Francesco[3]在压力均值和脉动值两方面对涡振前后的情形进行了详细比较，许福友[4]通过分析气动措施对流线型钢箱梁表面压力的影响，认为扭转涡振的根本原因是上表面上游的分离使得中游和下游区域强烈的压力脉动；杨立坤[5]采用POD分解方法对杨浦大桥拱肋表面气动力进行了分析，认为下游拱肋的气动波动是引起涡振的主要原因。表面涡激力分布能直观描述气动力现象，但对解释涡振自激自锁定等机理缺乏说服力。

本文将针对流线型主梁断面，通过风洞试验表面测压方法，研究涡振发生发展过程中，涡激力空间分布的变化规律；通过同步测力测振试验分离出涡激气动力研究其与运动的关系，通过对整体气动力发展规律的研究探讨涡激力随时间的演变特点，探讨涡振发生及振幅随风速变化的机理。

2　风洞试验概况

本文研究对象为大跨度桥梁主梁中常见的带风嘴流线型闭口箱梁，中部横断面布置了一圈测压孔，断面及测点布置编号如图1所示。试验使用Scanivalve电子扫描阀测量表面压力。模型两端分别通过两个自行研制的高精度微型动态天平与吊臂连接，再用弹簧将吊臂与支架连接形成弹性悬挂系统。吊臂中点布置激光位移计以测量竖向位移信号，位移信号与天平力信号同步采集，采样频率均为100Hz，四个天平所测力的竖向分量的和即为气动力与惯性力的合力。试验于同济大学TJ-3边界层风洞中完成。节段模型测振弹性悬挂系统的自振频率为5.664Hz。

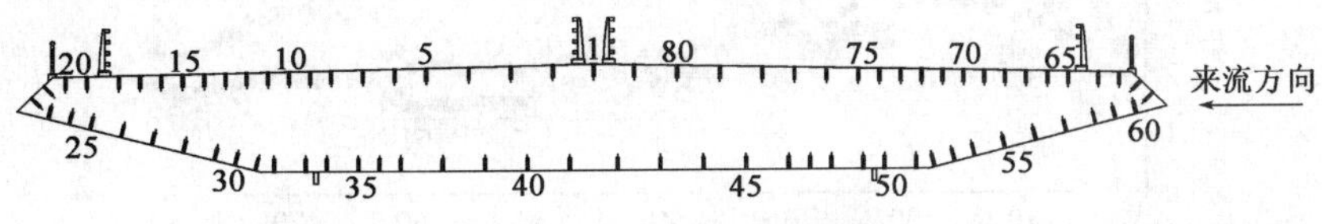

图1　流线型箱梁断面及测压点分布

基金项目：国家自然科学基金项目（90715039、50978203和5102114005）联合资助。

+3°攻角下对模型进行吹风试验,6.2m/s 风速时涡振最大;涡振锁定区间为 4.7 ~ 6.5m/s。本文分析了涡振前、锁定区上升段、峰值点、锁定区下降段和涡振后不同风速下模型表面压力分布特性(对应风速 4.5m/s、5.4m/s、6.2m/s、6.4m/s、6.6m/s);通过表面压力积分得到涡激力,分析锁定风速区涡激力卓越频率及幅值变化规律;通过动态天平测得涡激气动力与惯性力合力,减去惯性力分离出气动力,研究气动力与运动的相位关系随风速变化规律。

3 涡激力发展演化规律研究

3.1 箱梁表面压力系数均值随风速的变化

压力系数均值可以显示气流在模型表面分布情况,从而初步判断气流在箱梁表面的分离与再附。图 2 给出了涡振发生发展过程中均值变化情况。模型除了上游风嘴上部及下部前端为正压区,其余均为负压,可以想象气流在箱梁上游与模型接触后分离,未能在模型上形成再附,整个模型后部处于负压包围中;涡振发生前,表面压力系数绝对值更大,分布更“紊乱”;峰值点风速前,随风速增大,压力系数绝对值变小,锁定区下降段及涡振后,表面压力分布稳定,基本保持不变。

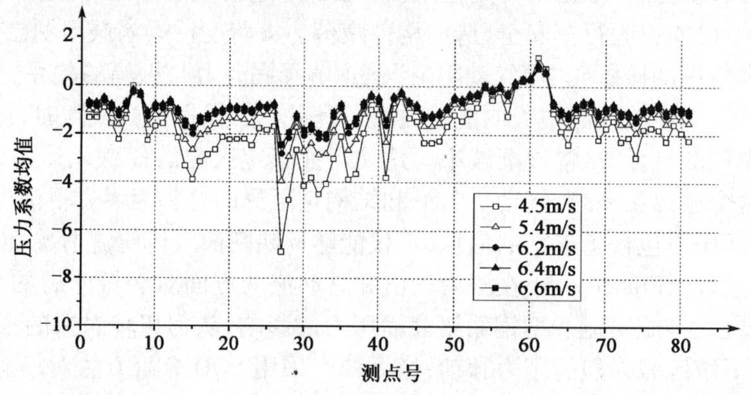

图 2 压力系数均值随风速变化

3.2 表面压力根方差随风速的变化

涡振中压力均值提供静力,动荷载则由脉动部分提供,压力根方差表征断面上压力脉动强弱。图 3 给出了压力根方差的发展规律。涡振发生前,桥梁表面压力脉动分布比较均匀;进入涡振锁定区,至峰值点前,上表面下游、下表面与下游风嘴的转角附近的根方差较大,且增长迅速,峰值点时达到最大;锁定区下降段,压力脉动逐渐减弱;涡振后,桥梁表面的压力脉动又基本分布均匀。由此可以看出上表面下游、下表面与下游风嘴转角的压力脉动对涡振比较敏感,对涡激力贡献大。

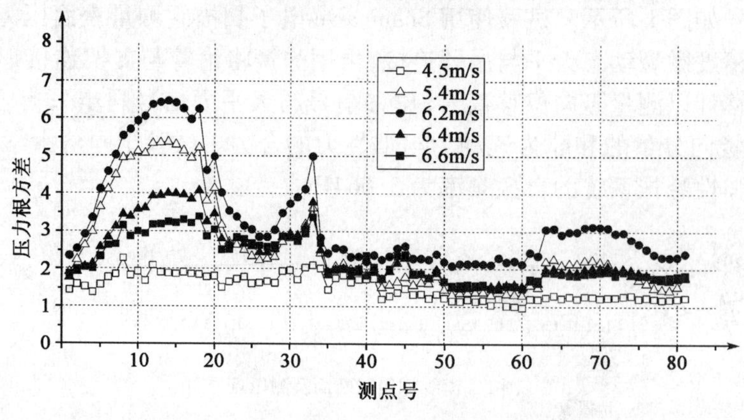

图 3 压力根方差随风速变化

3.3 涡激气动力随风速的变化

本试验中涡激气动力可由两种方法求得:一种通过天平力减去惯性力,这是完整的气动力,但由于气动力很小,两个比较大的力相减的导致幅值信息误差较大,而对相位信息影响不大;另一种是通过表面压力积分求得。这种方法因栏杆等附属设施上的涡激力未知,其结果不是完整的涡激力,不过附属设施的权重面积很小对总体涡激力的影响有限,可认为这种方法求得的涡激力幅值更接近真实情况。本文用同步测力测振试验求涡激力与运动的相位差,用压力积分方法求涡激力幅值。

图4是涡激力与位移的相位差与位移风速幅值的对比,涡激力与位移的相位差变化趋势与振的变化趋势一致,峰值点以前,相位差由13°逐渐增大到峰值点时82°,进入锁定区下降段,相位差又逐渐减小至15°。黏滞阻尼力与速度同相位,领先位移90°,由气动力与位移相位差可看出,气动力与阻尼力的相位越接近,涡激共振的振幅越大,气动力与阻尼力相位一致的分量即为气动负阻尼,负阻尼越大,相当于结构整体的阻尼越小,结构振动幅度就越大。

图5是涡激力振幅与位移随风速幅值的对比,涡激力随风速变化的幅值与位移随风速变化趋势一致。涡激力是决定涡振振幅的重要因素。综合图4和图5,越接近涡振峰值位移,气动负阻尼力越大。

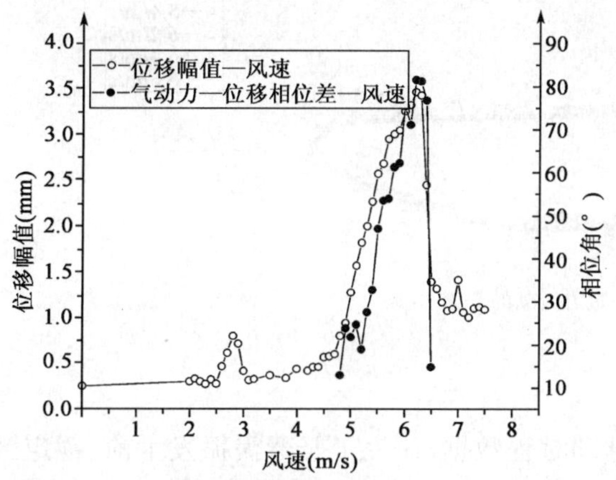

图4 涡激力与位移相位差、位移幅值—风速关系图

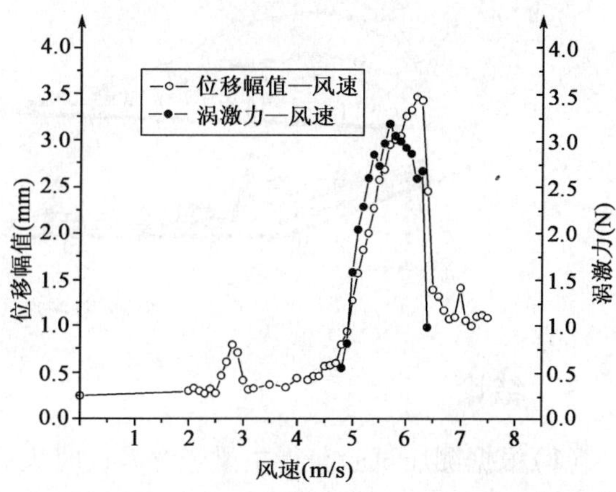

图5 涡激力幅值、位移幅值—风速关系图

3.4 各测点气动力与涡激气动力相关性随风速的变化

箱梁表面各测点所受的气动力是指每个测点的压力与其所占权重面积的乘积,其与涡激气动力的相关系数综合反映两者的频率和相位特性。

图6给出了箱梁表面各测点气动力与涡激力相关性的发展规律,两个风嘴顶角以下所有测点相关性小于0表示对气动力有正的贡献。上表面下游、下表面后2/3,及下游风嘴对涡激力有较大的贡献;锁定区上升段至峰值点,5~20、28~33测点相关系数R值在0.8以上,且比较稳定。峰值点5~20测点、28~33测点相关性迅速减弱,这些位置后锁定区相关系数最大值只在0.6左右;而涡振前及涡振后的相关系数值普遍在0.6以下,分布比较均匀。可见,上表面下游5~20测点,下表面与下游风嘴转角附近测点表面压力对涡激力起主要贡献。

3.5 表面各测点所受气动力对涡振力贡献随风速变化

箱梁表面各测点所受气动力对涡振的贡献同时取决于作用于箱梁表面各测点的气动力脉动的大小以及各测点所受气动力与涡激力的相关性。箱梁表面各测点所受气动力对涡振的贡献可以用各测点的压力根方差与各点所受气动力与涡激力相关系数的乘积来表示。

图7给出了各测点气动力对涡激力的贡献变化关系。上表面下游部分、下游风嘴上部下表面与下游风嘴转角附近对涡激力贡献比较显著;特别是5~22测点及27~34测点,在涡振不同时期贡献差异显著,涡振前后对涡激力贡献有限,在涡振锁定区对涡激力的贡献与振幅正相关。箱梁上表面后面部分,下游风嘴上部及下表面与后风嘴下部贡献了大部分涡激力,是影响涡激力的主要原因。

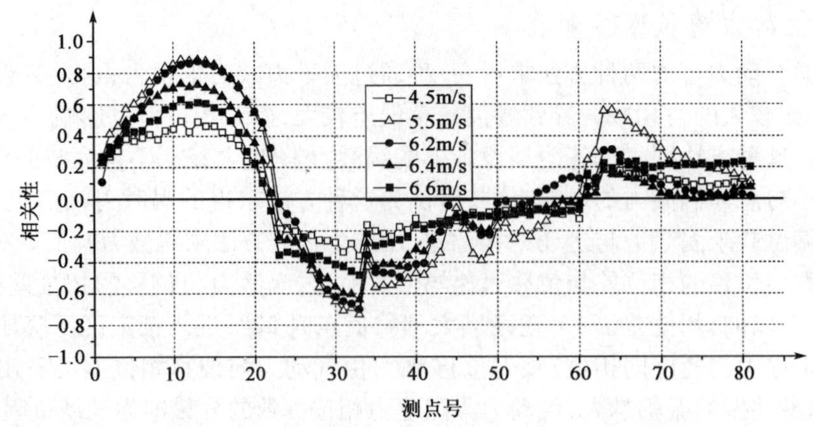

图6 各测点气动力与涡激力相关性变化

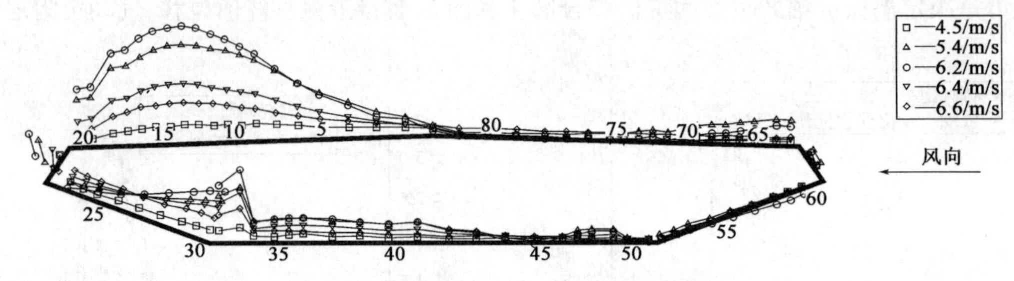

图7 各测点气动力对涡激力贡献的变化

4 结论

(1)根据测压试验获得主梁竖弯涡振时表面压力脉动时程数据,研究了竖弯涡振发生前、锁定区上升段、峰值点、锁定区下降段及涡振后的表面压力分布情况,从表面压力分布研究了涡激力随风速变化空间分布的发展规律。

(2)气流在上游风嘴顶部与主梁分离后,将整个模型大部分包围在负压中;主梁断面上下表面下游及下游风嘴强烈的压力脉动及与涡激力的高度相关性对涡激力起决定影响。

(3)涡振锁定区气动力幅值、涡激力与位移的相位差随风速变化的趋势一致,涡激力幅值和相位是影响涡振振幅的原因。涡激力幅值越大振动幅值也越大,涡激力与速度相位越接近,涡激振动幅值越大。涡激力中与速度一致的分量是激发涡振、决定涡振振幅的主要因素。

参考文献

[1] 李永君,葛耀君,杜柏松. 大跨度桥梁质量阻尼参数对涡激振动的影响[G]//第十一届全国结构风工程学术会议论文集.

[2] 徐泉. 大跨度桥梁涡激振动及其气动减振措施研究[D]. 成都:西南交通大学,2004.

[3] Francesco Ricciardelli, Enrico T. de Grenet, Horia Hangan. Pressure distribution, aerodynamic forces anddynamic response of box bridge sections[J]. Journal of Wind Engineering and Industrial Aerodynamics,2002,90:1135-1150.

[4] 许福友,林志兴,李永宁,等. 气动措施抑制桥梁涡振机理研究[J]. 振动与冲击,2010,29(1).

[5] 杨立坤. POD与RVM相结合对桥梁涡振颤振的探讨[D]. 上海:同济大学,2009.

横风作用下公路车辆对桥梁气动特性的影响研究

胡揭玄[1]　韩艳[1]　蔡春声[1,2]
(1.长沙理工大学土木与建筑学院　长沙　410114
2.美国路易斯安那州立大学路易斯安那州　70803)

1　引言

随着经济和社会的发展,公路桥梁上的车辆数目急剧增加。大量车辆在桥梁上的行驶改变了桥梁的局部动力特性,然而,桥梁在横风中的振动也会影响行车安全。因此,为保障车辆的行车安全和桥梁的正常使用,研究风—车—桥系统的相互作用十分必要。

车辆和桥梁气动力参数的准确识别是风—车—桥耦合振动研究的前提。横风作用下,车辆位于桥梁上,桥梁断面的几何形状将会影响车辆的气动力,另外,车辆的存在也会改变桥梁断面的风场,从而影响桥梁的气动力,也就是说,车辆和桥梁间存在着相互的气动影响。在较多的研究中未考虑这种相互影响,目前国内学者越来越重视这种影响,祝志文、陈政清[1]基于 ANSYS 的 FLOTRAN 模块研究了双层客车在铁路简支梁上的横风效应。李永乐等[2-3]在这方面研究做了大量研究工作,首先研制了一套交叉槽测试系统,分别测试了车桥系统的气动力荷载,考虑了静止车辆与桥梁间的气动影响;接着又开发了一套移动车辆模型车桥系统气动力测试装置,考虑了移动车辆与桥梁间的气动影响。虽然该研究是针对铁路桥梁的,但值得借鉴。韩艳等[4]对风—车—桥耦合系统的车辆和桥梁气动特性也进行了初步研究。

近年来,计算流体动力学(CFD)得到了迅速发展,虽然不能代替物理风洞试验方法,但已成为研究气动特性的另一有效手段。本文在韩艳等研究基础上采用数值模拟方法对风—车—桥系统的气动特性进行进一步研究,主要计算分析横风作用下静止车辆对桥梁气动特性的影响,高紊流度对车桥系统气动特性的影响以及由风致振动引起桥梁攻角的变化对车辆气动特性的影响。

2　模型几何尺寸概述

某大跨度悬索桥主梁断面尺寸如图 1a)所示。汽车沿纵向位于主梁中间,横向位于距桥梁中心线 5.5m 处,汽车底部距桥面为 0.49m。车辆三维计算模型见图 1b)所示。

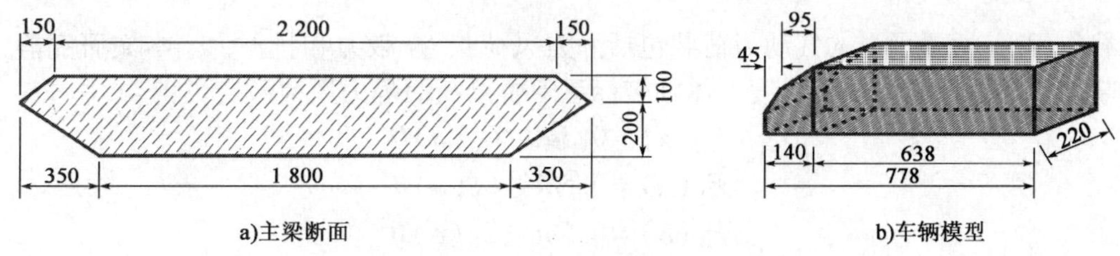

a)主梁断面　　b)车辆模型

图 1　桥梁断面及车辆模型示意图(尺寸单位:cm)

3　数值模拟

3.1　模拟方法

本文采用大型商业流体计算软件CFX进行计算分析,采用ICEM进行网格划分,在模型周围区域

基金项目:国家自然科学基金资助项目(50908025)。

进行网格加密，如图 2 所示。采用了 SST 模型进行数值模拟，该模型混合了 k-ω 和 k-ε 两种模型，在近壁面的地方采用 k-ω 模型，而在自由剪切流的地方则采用 k-ε 模型，而这时候 ω 和 ε 之间可以自动转换。SST 模型考虑了逆压梯度的影响，对模拟钝体有分离现象的流动结果比较好。

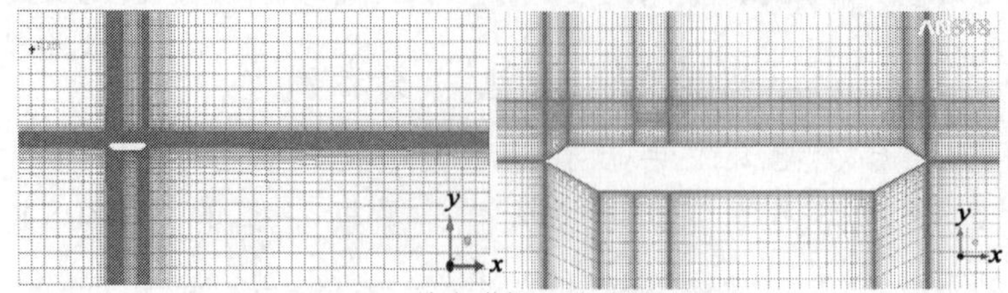

图 2　模型网格划分示意图

3.2　计算域与边界条件

基于初步模拟在飓风中撤离时比较拥挤的交通状况，只考虑一辆车，该车位于桥的一侧车道，纵向距末端 5m，横向距桥梁中心线 5.5m。特征长度取桥梁高 H。前方边界位于桥梁中心线上游 $20H$ 处；后方边界处于下游 $86H$ 处；从桥上下表面分别延伸 $19H$ 为计算域的上下边界。桥长 17.78m，数值风洞中模型相对位置见图 3。

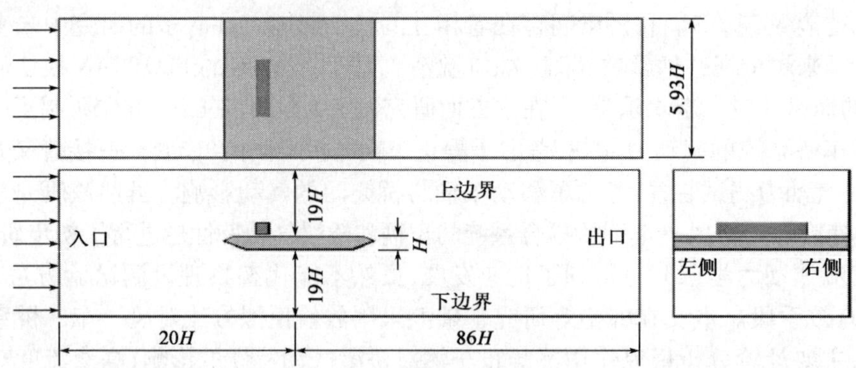

图 3　数值风洞模型相对位置示意图

设车辆和桥梁静止，计算桥梁单体，车桥系统时，前方边界给速度条件；后方给压力边界条件；上下边界为表面速度为 0 的自由滑移壁面条件；左右两个侧面为对称面；汽车和桥表面设置为无滑移不穿透边界条件。风的速度矢量，紊流度在进口处确定，参考压力选为一个大气压，流动为非定常流动。

4　气动力系数定义

风荷载作用下，桥梁承受的气动力荷载包括静力风荷载、自激力和抖振力。本文研究静力风荷载。计算桥梁断面气动力系数时单位长度上体轴坐标系下桥梁断面静力风荷载定义：

$$F_{\mathrm{H}}(\alpha)=0.5\rho U^{2}C_{\mathrm{H}}(\alpha)D \tag{1a}$$

$$F_{\mathrm{V}}(\alpha)=0.5\rho U^{2}C_{\mathrm{V}}(\alpha)B \tag{1b}$$

$$F_{\mathrm{M}}(\alpha)=0.5\rho U^{2}\mathrm{C}_{\mathrm{M}}(\alpha)B^{2} \tag{1c}$$

式中，ρ 为空气质量；U 为自然风速；α 为风攻角；B、D 为桥梁断面的宽度和高度；$F_{\mathrm{H}}(\alpha)$、$F_{\mathrm{V}}(\alpha)$ 和 $F_{\mathrm{M}}(\alpha)$ 为阻力、升力和升力矩，如图 4 所示；$C_{\mathrm{H}}(\alpha)$、$C_{\mathrm{V}}(\alpha)$ 和 $C_{\mathrm{M}}(\alpha)$ 分别为阻力系数、升力系数和升力矩系数。

计算车辆气动力系数时，车辆气动力系数定义为：

$$F_{\mathrm{S}}(\alpha)=0.5\rho U^{2}C_{\mathrm{S}}(\alpha)A \tag{2a}$$

$$F_{\mathrm{L}}(\alpha)=0.5\rho U^{2}\mathrm{C}_{\mathrm{L}}(\alpha)A \tag{2b}$$

$$F_{\mathrm{D}}(\alpha)=0.5\rho U^{2}C_{\mathrm{D}}(\alpha)A \tag{2c}$$

$$M_P(\alpha) = 0.5\rho U^2 C_P(\alpha) A h_v \tag{2d}$$

$$M_Y(\alpha) = 0.5\rho U^2 C_Y(\alpha) A h_v \tag{2e}$$

$$M_R(\alpha) = 0.5\rho U^2 C_R(\alpha) A h_v \tag{2f}$$

式中，$F_S(\alpha)$、$F_L(\alpha)$、$F_D(\alpha)$、$M_P(\alpha)$、$M_Y(\alpha)$ 和 $M(\alpha)_R$ 分别为作用于车辆质心的侧力、升力、阻力、翻转力矩、偏转力矩和侧倾力矩，如图5所示；$C_S(\alpha)$、C_L、(α) $C_D(\alpha)$、$C_P(\alpha)$、$C_Y(\alpha)$ 和 $C_R(\alpha)$ 分别为车辆的侧向力系数、升力系数、阻力系数、翻转力矩系数、偏转力矩系数和侧倾力矩系数；A 为车辆行驶方向的迎风面积；h_v 为车辆质心距桥面距离。

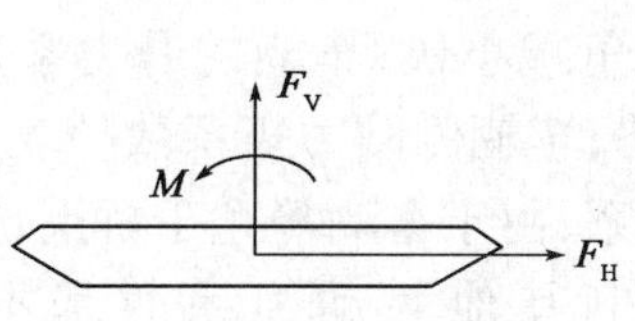

图4 桥梁气动力方向示意图

图5 车辆气动力方向示意图

设车辆静止时，采用CFX软件计算分析横风作用下车辆、紊流特性对桥梁气动特性的影响以及由风致振动引起桥梁攻角的变化对车辆气动特性的影响。具体模拟计算工况见表1。

工况记录表 表1

工　况	模　型	流　场	攻　角(°)	风速(m/s)
工况1	单桥	低紊流度(1%)	-6, -4, -2,0, +2, +4, +6	20
工况2	车桥耦合	低紊流度(1%)	-6, -4, -2,0, +2, +4, +6	20
工况3	车桥耦合	高紊流度(10%)	-6, -4, -2,0, +2, +4, +6	20

5 结果

图6是工况1和工况2桥梁气动力系数随来流攻角的变化曲线图，可以看出，考虑车辆在风场中的耦合作用，桥梁的气动力系数均高于单独桥梁的气动力系数。图6a)显示，攻角从-6°增大到+6°，单独桥梁和车桥耦合系统的桥梁阻力系数均单调增大，在各计算点上，车桥耦合的桥梁阻力系数均大于单桥的阻力系数，零攻角时增大47.8%，且随攻角的增大，这种增大将更加明显，+6°攻角增大68.2%。从图6b)中可以看出，桥梁的升力系数随攻角增大而增大，且呈较好线性，在+6°攻角时车桥系统的桥梁升力系数比单独桥梁的增大18.9%，在-6°攻角时增大28.5%。从图6c)可以看出，桥梁升力矩系数随攻角增大单调减小，也呈现较好线性关系，在+6°时车桥系统的桥梁升力矩系数比单独桥梁的增大55.5%，在-6°时增大8.6%。

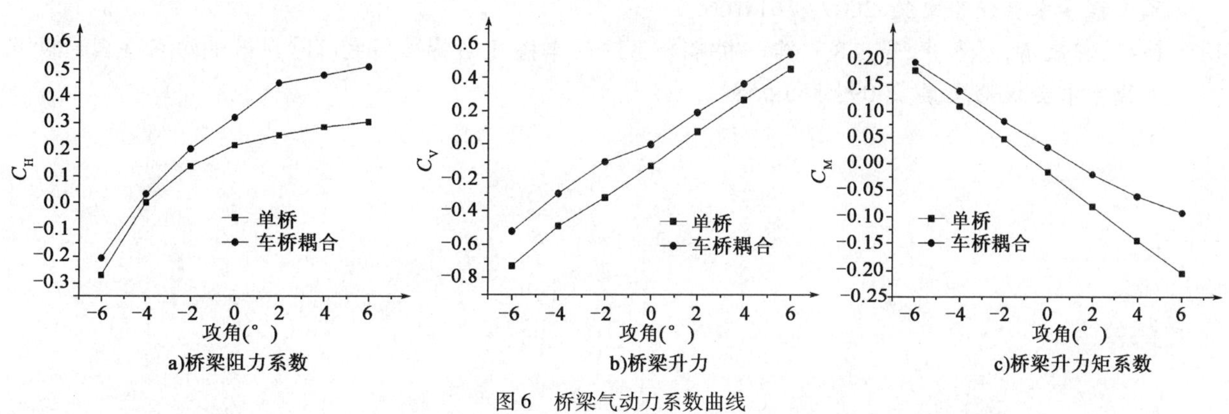

图6 桥梁气动力系数曲线

通过分析比较零攻角时计算域的压力云图,发现车桥系统中,桥梁迎风面压力峰值点上移,峰值略有增大,在背风面的回流区内,负压值减小,这将导致桥梁断面的阻力系数增大。通过分析比较两工况零攻角时桥梁表面的压力分布,发现车桥系统中,由于车辆背风侧产生了较低的负压区,使桥梁上下表面压力差增大,这将导致桥梁的升力系数增大。另外,由于桥梁断面阻力和升力的变化,导致升力矩系数的变化。

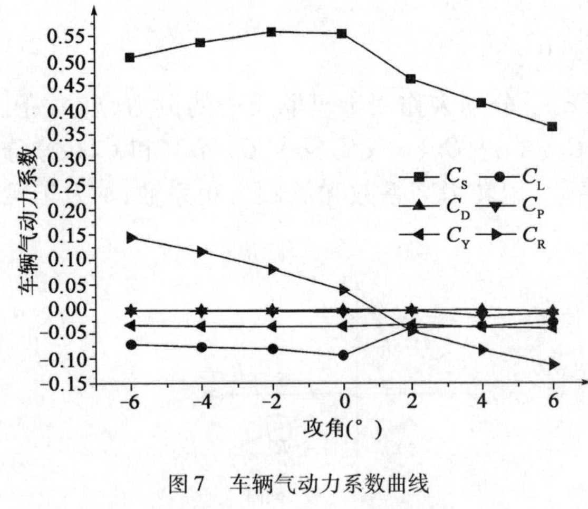

图7　车辆气动力系数曲线

图7为工况2中车辆气动力系数随攻角变化曲线图。由图可以看出,车辆侧向力系数随来流攻角的变化,在0°攻角处出现最大值,攻角绝对值增大时,侧向力系数减小,且正攻角减小快;车辆的升力系数随攻角增大呈微小上升趋势;车辆侧倾力矩系数随攻角增大而减小,呈较好线性关系;由于车辆静止于桥上,主要受横向风作用,所以车辆其他气动力系数基本不随攻角变化。

6　结论

通过CFD方法对桥梁单体,车桥系统在横风中不同攻角进行了数值模拟,研究了车辆与桥梁气动特性的相互影响,得到以下结论:

(1)在考虑车辆与桥梁的耦合作用时,桥梁断面的阻力系数、升力系数及升力矩系数均增大;

(2)考虑攻角变化时,桥梁阻力系数和升力系数随攻角增大而增大,桥梁升力矩系数随攻角增大而减小;

(3)桥梁上车辆的气动力系数随攻角的变化而变化。侧向力系数在0°时达到极大值,升力系数随攻角增大微小增长,侧倾力矩系数随攻角增大而减小;

因此,在研究风—车—桥耦合振动中,应考虑车辆对桥梁的气动影响和风致振动引起桥梁攻角变化对车辆气动特性的影响。

参考文献

[1]　祝志文,陈伟芳,陈政清,等.横风中双层客车车辆的风荷载研究[J].国防科技大学学报,2001,11:117-121.

[2]　李永乐,廖海黎,强士中,等.车桥系统气动特性的节段模型风洞试验研究[J].铁道学报,2004,6:71-75.

[3]　李永乐,张明金,胡朋,等.车辆运动对车—桥系统气动特性的影响研究[G]//第十四届全国结构风工程学术会议论文集.2009:161-166.

[4]　韩艳,陈政清,蔡春声,等.风—车—桥耦合系统的车桥气动特性研究[G]//第十四届全国结构风工程学术会议论文集.2009:553-558.

利用多孔介质模型模拟挡风屏计算列车风载

唐煜　任建丹　郑史雄

（西南交通大学风工程试验研究中心　成都　610031）

1　引言

在桥上设置挡风屏能有效降低列车所承受的风荷载，提高列车的倾覆临界风速及行车安全性，工程上常采用设置挡风屏的措施来提高强风地区列车运营通过能力。通常，由于桥梁孔板式挡风屏开孔较多，而 CFD 技术对网格尺寸的要求十分严格，数值模拟中很难实现精确的建模。因此，目前我国对桥梁挡风屏防风效果的研究主要以风洞模型试验为主[1-3]，而数值模拟鲜有报道。

本文基于商业软件 Fluent，采用其多孔介质模型，对圆孔板挡风屏的阻力特性进行数值模拟，拟合得到该阻力特性随透风率变化的关系。在此基础上，系统研究了在侧风作用下桥梁挡风屏透风率和高度对列车气动力系数的影响，并与风洞模型试验相印证，为实际工程中桥梁挡风屏的参数设计提供参考。

2　CFD 计算

2.1　基本流动方程

略。

2.2　湍流模型

略。

2.3　多孔介质模型

多孔介质方法是将流动区域中固体结构（挡风屏）的作用看作是附加在流体上的分布阻力，通过在动量方程中增加一个负源项来模拟。由于挡风屏厚度有限，通过它的压力变化定义为 Darcy 定律和附加内部损失项的结合得到：

$$\Delta p = -\left(\frac{\mu}{\alpha}v + C_2\frac{1}{2}\rho v^2\right)\Delta m \tag{1}$$

式中，Δp 为挡风屏两侧的压差；μ 为（流体）空气黏性；α 为介质的渗透性；$1/\alpha$ 为黏性阻力系数；v 为垂直于介质表面的速度分量；C_2 为惯性阻力系数；Δm 为多孔介质的厚度（以挡风屏 2mm 为例）。

$1/\alpha$ 和 C_2 仅与阻力件的几何结构、外形参数有关，与通过的流量无关。该系数很难从理论推导出来，为了获得不同透风率挡风屏的阻力系数大小，本文将工程上常用厚度为 2mm 的某一挡风屏（图 1）截取一块面积为 0.55m×0.55m 的部分，置于数值风洞（图 2）中进行研究[4]。

通过在入口处给定不同风速，得到挡风屏压降随风速的变化关系，然后以多项式拟合，并与式（1）相比较，得到了挡风屏的惯性阻力系数和黏性阻力系数，计算结果见表 1。

挡风屏阻力特性　　表 1

透　风　率	压降—速度的多项式拟合	$1/\alpha$	C_2
10%	$\Delta p = 146.52v^2 - 2.46v$	93 159	239.2
20%	$\Delta p = 24.06v^2 + 2.05v$	−114 563	39.2
30%	$\Delta p = 10.78v^2 - 0.44v$	−24 589	17.6
40%	$\Delta p = 5.67v^2 + 0.27v$	15 088	9.2

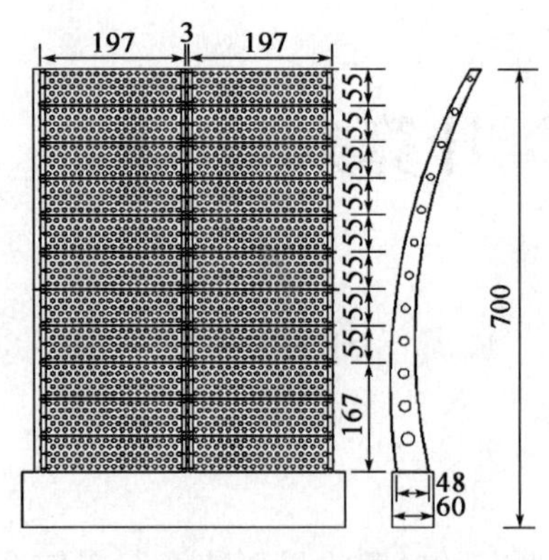

图1　挡风屏尺寸(单位:mm)

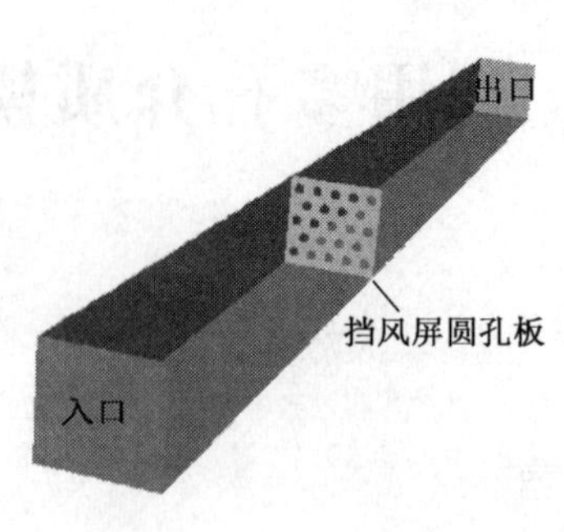

图2　数值风洞示意图

2.4　几何建模

列车通过双线桥梁时,位于上风侧线上是偏于危险的[5],因此本文仅研究迎风侧挡风屏对上风侧线上列车的气动影响。建模使用动车组 CRH 某型列车以及兰新线上某箱梁桥截面的几何尺寸,如图3所示。计算中车辆与桥梁的缩尺比均与风洞模型试验保持一致,均取为1:30,忽略了对列车下部的转向架、车轮、上部的受电弓以及路基上的轨道等细部特征。

2.5　网格划分和边界条件

划分单元网格时,采用混合网格方案,壁面附近和外围流场为结构化网格,中间由非结构四边形网格过渡,第一层边界层网格厚度为0.06mm,列车和桥梁的壁面 y^+ 均在7以下[6],网格总数约20万。

计算来流边界为速度入口条件,来流风速20m/s,参照风洞指标设置湍流强度0.5%,下游出流边界设置压力出口边界,且表压为0;上下边界定义为滑移壁面(图4);离散格式均采用二阶迎风格式;采用SIMPLE 算法处理压力与速度耦合。

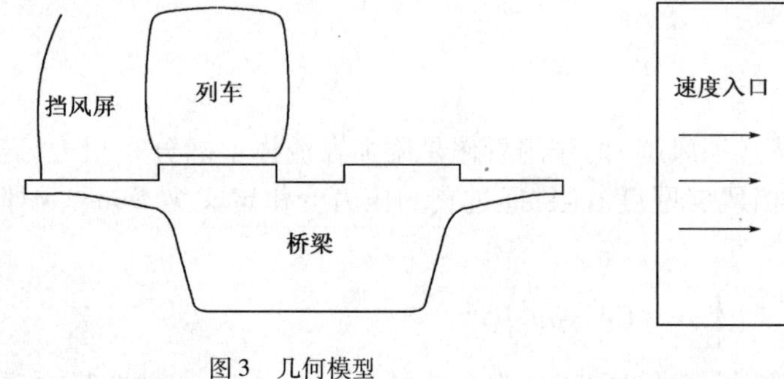

图3　几何模型

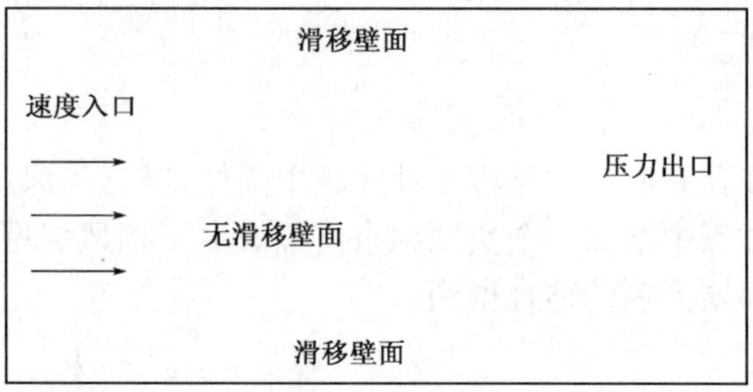

滑移壁面

速度入口

压力出口

无滑移壁面

滑移壁面

图4　计算域

2.6　计算工况

针对7种挡风屏高度和5种不同透风率情况,利用多孔介质模型对挡风屏参数的方便设置,对列车在侧风下的气动特性进行数值模拟,具体工况如下。

挡风屏高度:0m、2m、3m、4m、5m、6m、7m;

透风率:0、10%、20%、30%、40%。

3　结果分析及比较

3.1　流场静压分析

通过对各种工况的数值模拟计算,得到了各工况下挡风屏和列车桥梁附近的流场信息。由于工况较多,在此仅以挡风屏透风率为20%,高度为0m、2m、4m、6m的4个典型工况进行比较分析,图5给出了这4个工况下的流场静压等值线分布云图。

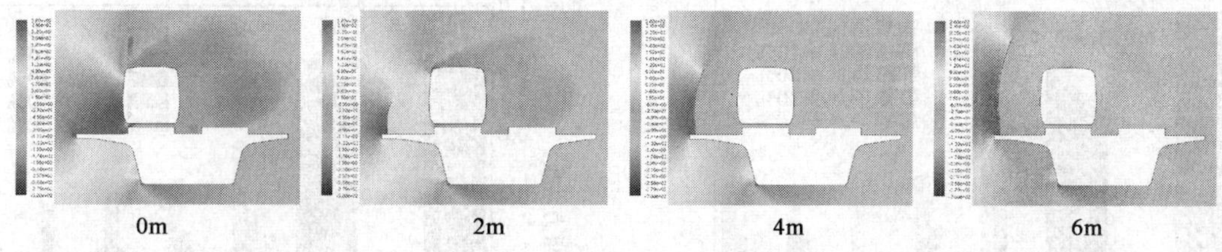

图5 透风率20%、4个典型挡风屏高度情况下的静压分布(单位:Pa)

3.2 列车三分力系数

列车的三分力系数定义如下:

阻力系数 $C_D = \dfrac{2F_D}{\rho v^2 H}$,升力系数 $C_L = \dfrac{2F_L}{\rho v^2 B}$,力矩系数 $C_M = \dfrac{2M}{\rho v^2 B^2}$

式中,ρ 为空气密度1.225kg/m^3;ν 为来流风速20m/s;H、B 为结构特征尺度(原则上可取任何尺寸),本文中 H 取模型中车高0.117m,B 取车宽0.112m;F_D、F_L、M 为列车的阻力、升力、力矩,其中阻力系数以水平顺风向为正,升力系数以竖直向上为正,力矩中心为列车轮轨接触点,以图3中顺时针方向为正。

由于篇幅限制,表2仅列出了20%透风率情况下按不同挡风屏高度计算得到的列车三分力系数,并与风洞模型试验值做了比较分析。由表2可以看出,采用多孔介质模拟挡风屏计算所得列车三分力系数与风洞试验结果基本吻合,其中列车阻力系数数值模拟结果与试验结果较为接近,升力系数与力矩系数相对误差稍大,这是由于忽略列车下部结构和铁轨带来的不利影响以及对列车和桥梁表面粗糙度不可避免的模拟失真综合作用造成的[7],不过升力系数和力矩系数都很小,这个误差在工程范围内是可以接受的。可见,在CFD计算中用多孔介质模型确实能够较为准确的模拟桥梁挡风屏。

列车三分力系数的CFD计算和试验结果(透风率20%) 表2

高度(m)	C_D		C_L		C_M	
	计算值	试验值	计算值	试验值	计算值	试验值
0	1.535	1.737	0.252	0.295	0.847	0.982
2	1.25	1.404	0.246	0.296	0.79	0.85
3	0.347	0.329	0.144	0.347	0.185	0.233
4	0.314	0.321	0.03	0.094	0.153	0.208
5	0.278	0.307	0.027	0.054	0.128	0.195
6	0.279	0.331	0.032	0.046	0.128	0.206
7	0.295	0.387	0.031	0.057	0.138	0.231

侧向阻力和侧翻力矩是影响列车气动稳定性的重要因素,为方便研究挡风屏透风率和高度对列车安全性的影响,绘制CFD计算的列车阻力和力矩系数直方图,如图6和图7所示。

由图6和图7可知:

(1)阻力系数和力矩系数表现出一致的变化规律,列车侧向阻力是侧翻力矩的主要贡献成分。

(2)不设挡风屏时,列车的阻力系数为1.535,力矩系数为0.847,易发生倾覆危险。

(3)挡风屏为实心时,随着挡风屏高度的升高,列车阻力系数和力矩系数的绝对值均逐渐降低。其中,在挡风屏高度超过3m后,阻力系数和力矩系数突变为负值,这说明列车有向上风侧倾倒的趋势。

(4)当设置开孔透风的挡风屏后,挡风屏透风率越小,列车阻力系数和力矩系数也越小。

(5)当设置开孔透风的挡风屏后,列车阻力系数和力矩系数随挡风屏高度增加而逐渐减小,当挡风屏高度超过4m后其变化不再明显。

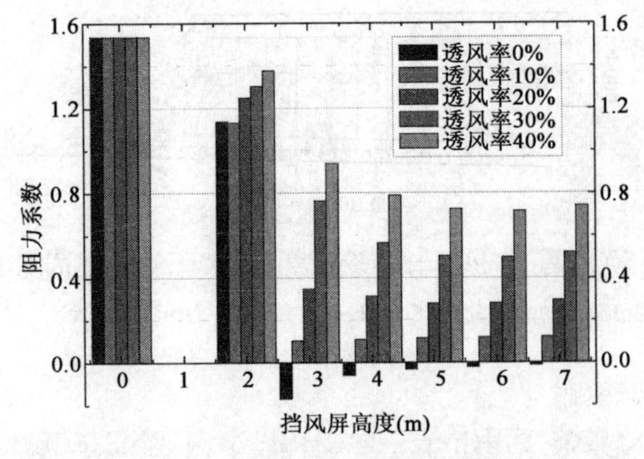

图6　CFD 计算的列车阻力系数

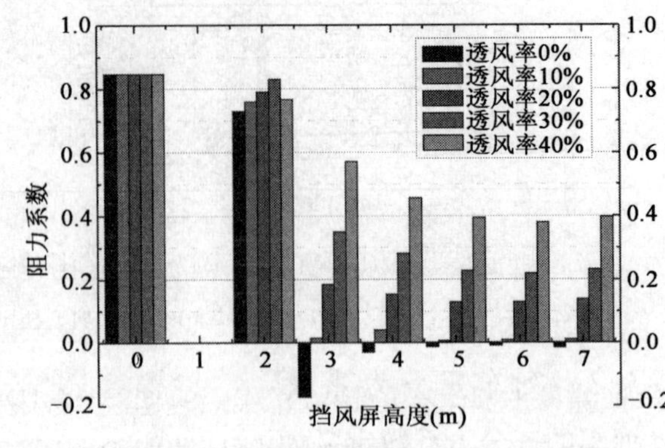

图7　CFD 计算的列车力矩系数

在实际工程应用中,一方面考虑到高速列车对稳定性与安全性的要求,希望列车所受气动力越小越好;另一方面,大风区高铁桥梁自身的防风设计需要以及挡风屏的造价控制又要求对挡风屏透风率和高度进行合理选择。在初步设计阶段,参考图6、图7可以方便快捷地确定挡风屏参数,较好地调和两者之间的矛盾,取得较好的防风效果和经济效益。

4　结论

本文利用 CFD 数值模拟技术,基于多孔介质模型,研究了圆孔板挡风屏的阻力特性,随后系统地讨论了桥梁挡风屏参数对桥上列车气动力系数的影响,并与风洞模型试验进行比较分析,得出以下结论:

(1)以多孔介质模型模拟桥梁挡风屏,可以获得较为准确的解,而多孔介质计算所需的挡风屏阻力参数可以通过数值风洞技术方便的获得。

(2)给出了桥梁挡风屏和列车周围流场的静压分布云图,有助于研究挡风屏的防风机理,对设计方案进行改进优化。

(3)列车阻力系数和力矩系数表现出一致的变化规律,侧向阻力是侧翻力矩的主要贡献成分。

(4)随着挡风屏高度的增加,列车阻力系数与力矩系数的绝对值逐渐减小。

(5)随着挡风屏透风率的降低,列车的阻力系数与力矩系数逐渐减小。

(6)列车气动力系数随挡风屏参数变化的研究成果对工程应用有直接的参考借鉴价值。

参 考 文 献

[1]　葛盛昌,蒋富强. 兰新铁路强风地区风沙成因及挡风墙防风效果分析[J]. 铁道工程学报,2009(5):1-4.

[2]　杨鑫炎,郑史雄. 铁路路基挡风墙抗风性能分析及方案比较[J]. 四川建筑,2004,24(3):57-59.

[3]　王厚雄. 挡风墙高度的研究[J]. 中国铁道科学,1990,11(3):14-23.

[4]　艾辉林,陈艾荣. 跨海大桥桥塔区风环境数值风洞模拟[J]. 工程力学,2010. 27(1). 196-199.

[5]　日比野有. 风对车辆安全性的影响[R]. 铁道总研报告. 2008.

[6]　Launder B E, Spalding D B. The numerical computation of turbulent flow [J]. Computer Methods in Applied Mechanics and Engineering. 1974,3(2):269-289.

[7]　Baker C J, Jones J, Lopez-Calleja F, et al. Measurements of the cross wind forces on trains[J]. Journal of Wind Engineering and Industrial Aerodynamics. 2004,92(7-8):547-563.

原型吊杆与节段模型涡振和驰振性能的试验研究

周帅　陈政清　牛华伟

（湖南大学风工程试验研究中心　长沙　410082）

1　理论分析

1.1　节段模型吊杆涡激共振幅值与原型吊杆的换算关系

经验线性涡激力模型和经验非线性涡激力模型的节段模型和实桥的涡激共振幅值换算关系如表1所示，表中 λ_L 为节段模型缩尺比，y_M 为节段模型竖弯或者扭转振幅[1]。

涡振力理论模型对应的振幅换算关系　　表1

涡激力模型	节段模型涡激共振幅值，缩尺比为 λ_L	涡激共振时实桥吊杆的最大振幅	实桥主梁振型为简谐波时最大涡激共振幅值
线性模型	y_M	$\lambda_L y_M \varphi_{\max}(x)\dfrac{\int_0^L \vert\varphi(x)\vert \mathrm{d}x}{\int_0^L \varphi^2(x)\mathrm{d}x}$	$\lambda_L y_M \dfrac{4}{\pi}$
非线性模型	y_M	$\lambda_L y_M \varphi_{\max}(x)\sqrt{\dfrac{\int_0^L \varphi^2(x)\mathrm{d}x}{\int_0^L \varphi^4(x)\mathrm{d}x}}$	$\lambda_L y_M \dfrac{2\sqrt{3}}{3}$

1.2　节段模型驰振临界风速与实桥的换算关系

准定常驰振理论认为，驰振的气动自激力来源于结构物与来流相对攻角变化而产生的变化的三分力，而这种的相对攻角的变化主要来源于结构的振动，忽略周围非定常流场的存在。单自由度横风向弯曲的驰振临界风速可按式(1)估算[2]：

$$U_{cr} = \frac{-4\cdot m\cdot \xi\cdot \omega}{\rho\cdot B\cdot\left(\dfrac{\mathrm{d}C_L}{\mathrm{d}\alpha}+C_D\right)} \tag{1}$$

式中，m 为单位长度质量；ξ 为系统机械阻尼比；ρ 为空气密度；C_L 为结构物截面升力系数；C_D 为结构物截面阻力系数；α 为相对攻角；ω 为结构物固有圆频率。

该吊杆广义单自由度弯曲的驰振临界风速可按下式估算：

$$U'_{cr} = \frac{-4\cdot\int_0^l m(x)\cdot\varphi_1^2(x)\cdot\mathrm{d}x\cdot\xi_1\cdot\omega_1}{\rho\cdot B\cdot\int_0^l \varphi_1^2(x)\cdot\left[\dfrac{\mathrm{d}C_L(x)}{\mathrm{d}\alpha}+C_D(x)\right]\cdot\mathrm{d}x} \tag{2}$$

若为匀质等截面构件，则$\dfrac{\mathrm{d}C_L(x)}{\mathrm{d}\alpha}+C_D(x)$、$m(x)=m$ 均为常数，则上式可简化为：

$$U'_{cr} = \frac{-4\cdot m\cdot \xi_1\cdot \omega_1}{\rho\cdot B\cdot\left(\dfrac{\mathrm{d}C_L}{\mathrm{d}\alpha}+C_D\right)} \tag{3}$$

此时，$U'_{cr} = U_{cr}$，与单自由度驰振临界风速估算公式一致。

基金项目：国家自然科学基金项目(50908085)、国家自然科学基金重点项目(50738002)联合资助。

2 风洞试验设备及试验介绍

风洞试验在湖南大学HD-2号回流式风洞进行，其中，原型吊杆测振试验在截面尺寸为5.5m×4.5m的低速试验段进行；节段模型测振试验、节段模型三分力试验、节段模型Strouhal数识别在截面尺寸为2.5m×3.0m的高速试验段进行。

原型吊杆测振试验安装照片如图1所示，截面总体尺寸为50mm×70mm，角点为四个半径为4mm的圆角。来流风向不变，通过旋转吊杆顶部连接和底部转盘可实现吊杆横风向振动为强轴或者弱轴状态，旋转到位后使吊杆端部分别与风洞顶部和底部固接；分别在吊杆1/2、3/8、1/4、1/8位置点顺风向和横风向布置加速度传感器实测吊杆的振动响应，其中1/2位置点传感器布置如图2所示，采用东华5 920采集系统采集数据。

图1 原型吊杆安装示意图

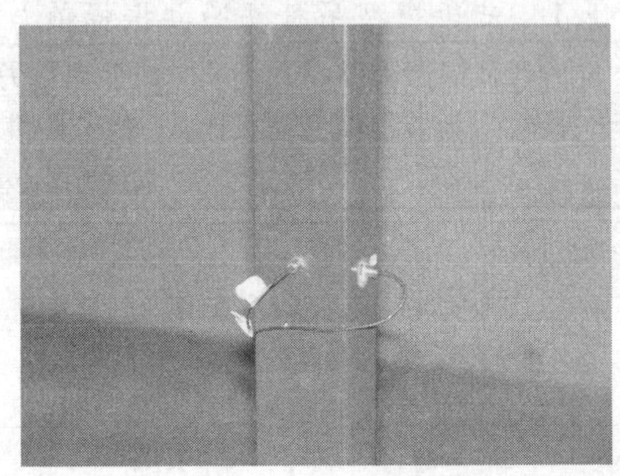

图2 加速度传感器布置示意图

吊杆刚性节段模型安装示意如图3所示，其中，风攻角示意如图4所示，总体尺寸为50mm×70mm，角点为四个半径为4mm的圆角，确保与气弹模型截面尺寸完全一致。通过配重调整节段模型系统的每延米物理质量与气弹模型“等效质量”一致，通过8根弹簧模拟刚度系统，通过在弹簧上缠绕橡皮圈调整节段模型系统阻尼，以求与不同工况下气弹模型的阻尼比一致，通过弹簧底部的4个力传感器记录吊杆的振动响应。

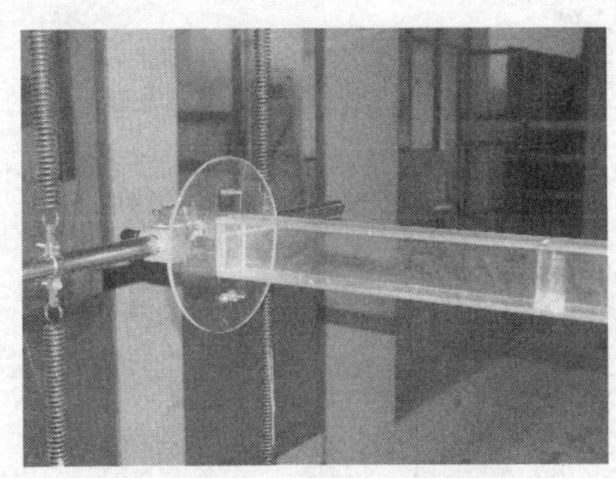

图3 节段模型长边迎风安装状态

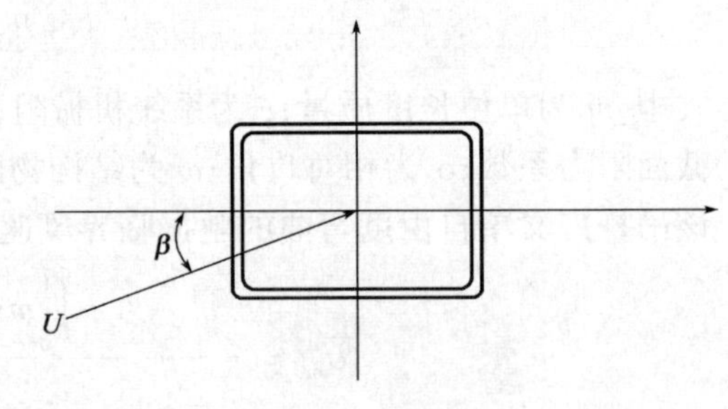

图4 风攻角示意图

3 试验结果及分析

3.1 涡激共振幅值试验结果对比

强轴振动主要发生了涡激共振，图5为有量纲的原型吊杆和1/1节段模型吊杆的风振曲线，图6为相应的无量纲风振曲线。由图中可以看出，原型吊杆中点的涡激共振幅值大于相应的节段模型，在趋势上与理论推导一致。

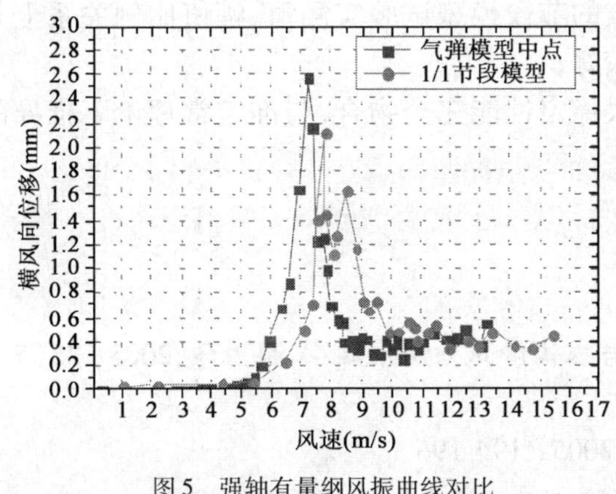

图5 强轴有量纲风振曲线对比

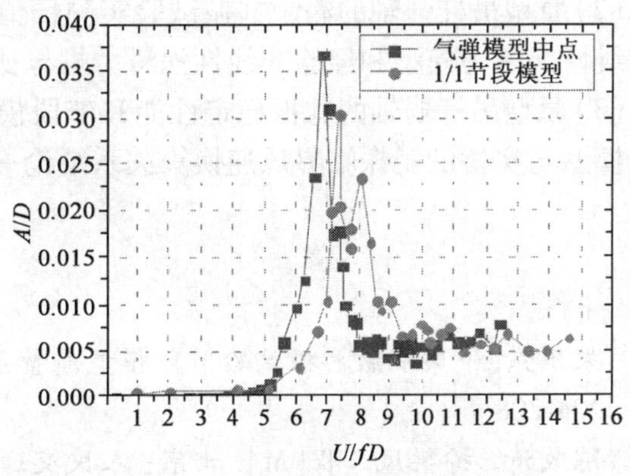

图6 强轴无量纲风振曲线对比

表2为原型吊杆和1/1节段模型吊杆涡激共振幅值的相关估算和试验结果。

强轴涡激共振幅值的估算和试验结果　表2

风洞试验实测原型吊杆涡激共振幅值(mm)	原型吊杆涡激共振估算幅值(mm)	风洞试验实测节段模型吊杆涡激共振幅值(mm)	原型吊杆和1/1节段模型涡激共振幅值的比值		
			试验实测值	线性涡激力模型估算值	线性涡激力模型估算值
2.57	2.35	2.12	1.212	1.276	1.156

3.2 驰振临界风速试验结果对比

弱轴振动主要发生了“软驰振”,图7为有量纲的原型吊杆和1/1节段模型吊杆的风振曲线,图8为相应的无量纲风振曲线。

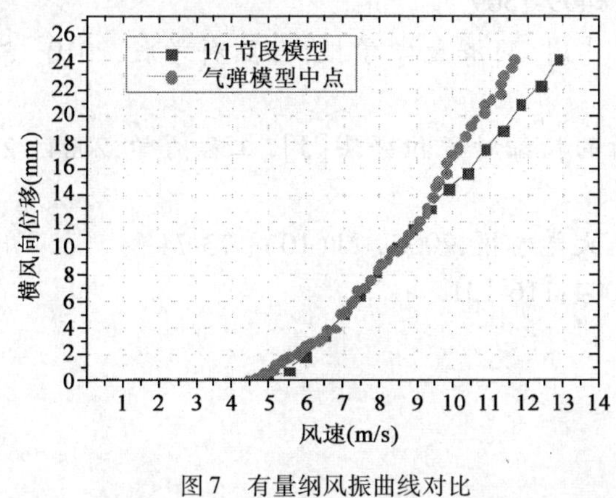

图7 有量纲风振曲线对比

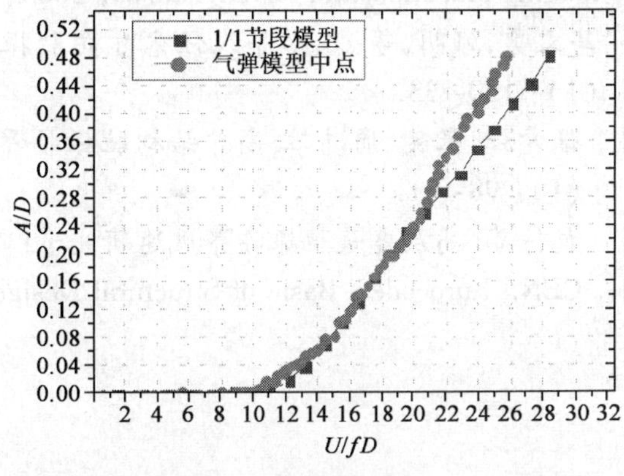

图8 无量纲风振曲线对比

根据起振点无量纲风速值按照式(1)反算得到截面Strouhal数为0.10左右,与节段模型识别的0.104吻合较好,并且振动频率与一阶横风向弯曲振动固有频率吻合,说明振动是以涡激共振形式开始的,但是节段模型吊杆和原型吊杆的风振曲线显示尽管横风向振动幅值已经达到25mm,却仍然没有出现明显的涡激共振区间,估计驰振临界风速为12.6 m/s,试验过程中也没有明显的发散性驰振,而是表现出振动幅值随着风速的增加而不断增大,在新的一个风速点达到一个更大幅值的等幅单频振动的“软驰振”现象。

原型吊杆和节段模型吊杆的振幅量值上表现为原型吊杆稍大于节段模型,风振曲线趋势完全一致,表明两者驰振稳定性能基本一致,原型吊杆和节段模型的驰振临界风速的换算关系与理论推导结论吻合。

4 结论

(1)原型吊杆和1/1节段模型的振动曲线对比表明:强轴的涡激共振与弱轴的“软驰振”振动形式基本吻合,节段模型试验能够真实反映实桥的风致振动情况;

(2)原型吊杆强轴的涡激共振试验实测幅值大于相应的节段模型试验实测值,幅值比例关系上与经验线性涡激力模型和经验非线性涡激力推导比值吻合较好;

(3)原型吊杆弱轴的驰振稳定性能和节段模型的驰振稳定性能完全吻合,与准定常理论下推导的节段模型与实桥的驰振临界风速换算关系结论一致。

参 考 文 献

[1] 朱乐东.桥梁涡激共振试验节段模型质量系统模拟与振幅修正方法[J].工程力学,2005,22(5):204-208.

[2] 陈政清.桥梁风工程[M].北京:人民交通出版社,2005,194-196.

[3] 刘慕广.两类大长细比桥梁构件的风振特性研究[D].湖南:湖南大学,2008:1-169.

[4] 陈政清,刘慕广,刘光栋,等.H形吊杆的大攻角风致振动与抗风设计[J].土木工程学报,2010,43(2):1-2.

[5] Simiu E, Scanlan R H. Wind effects on structures: fundamentals and applications to design[M]. 3rd Ed. New York: John Wiley & Sons Incorporation, 1996.

[6] Hans Rushcheweyh, Michael Hortmanns, Claudia Schnakenberg. Vortex - exicted vibrations and galloping of slender elements[J]. Journal of Wind Engineering and Industrial Aerodynamics, 1996, 65: 347-352.

[7] 中华人民共和国行业规范. JTG/T D60-01—2004 公路桥梁抗风设计规范[S].北京:人民交通出版社,2004.

[8] Hiroshi Sato. Wind-resistant design manual for highway bridges in Japan [J]. Journal of Wind Engineering and Industrial Aerodynamics, 2003, 91(11): 1499-1509.

[9] 马文勇,顾明,等.覆冰导线任意方向驰振分析方法[J].同济大学学报:自然科学版,2010,38(1):130-133.

[10] 张爱社,张陵,周进雄.高耸结构驰振临界风速分析的精细时程积分法[J].工程力学,2004,21(1):98-101.

[11] 龙仲芬.高层建筑驰振临界风速研究[J].上海铁道大学学报,2000,21(10):73-74.

[12] CEN. Eurocode - Basic of Structural Design [M]. 2004: 116-131.

腹板斜率及中央开槽率对分离式箱形断面的涡振性能影响

崔欣[1]　汪洁[1,2]　李加武[1]　周建龙[1]　刘健新[1]
(1.长安大学公路学院　西安　710064;2.西安建筑科技大学土木工程学院　西安　710055)

1　引言

涡激振动是大跨度桥梁在低风速下很容易出现的一种风致振动现象,涡激振动带有自激性质,但振动的结构反过来会对涡脱形成某种反馈作用,使得涡振振幅受到限制,因此涡激共振是一种带有自激性质的风致限幅振动。尽管涡激振动不至于短期内导致桥梁垮塌,但由于是低风速下常容易发生的振动,且振幅之大足以影响行车安全,因而在施工或者成桥阶段避免涡激共振或限制其振幅在可接受的范围之内具有十分重要的意义。抑制涡激振动的措施主要分为阻尼措施和气动措施。阻尼措施主要是调谐质量阻尼器,气动措施有导流板、设置凸点等措施,文献[1-6]分别针对这些措施进行了参数分析,然而关于腹板斜率及中央开槽率对涡振性能的影响的文献相对较少,这里以某三跨斜拉桥为例,研究腹板斜率及中央开槽率对大跨度分离式箱形断面竖向涡振性能的影响。

2　试验内容

本文以某三塔斜拉桥为工程实例,主梁采用封闭钢箱梁,梁宽39.3m,中心线处高度4m,主梁断面见图1。

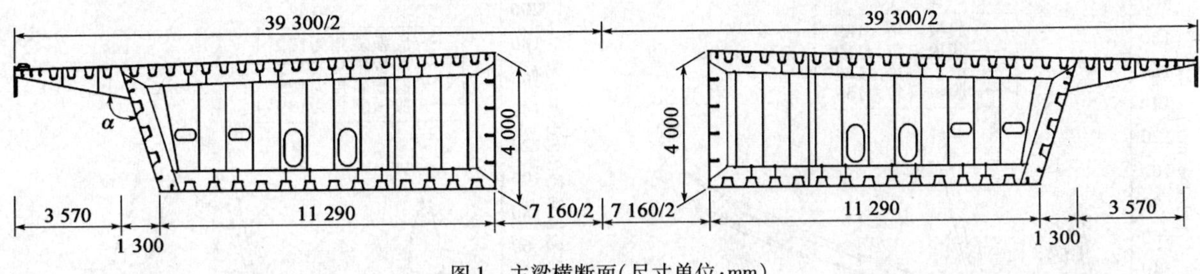

图1　主梁横断面(尺寸单位:mm)

本文试验在长安大学CA-1风洞中进行,制作缩尺比为1:45的主梁节段模型,涡振试验通过弹簧悬挂二元刚体节段模型形成测振模型,试验装置由图2示出,模型通过两根刚臂悬挂,有竖弯和扭转两个

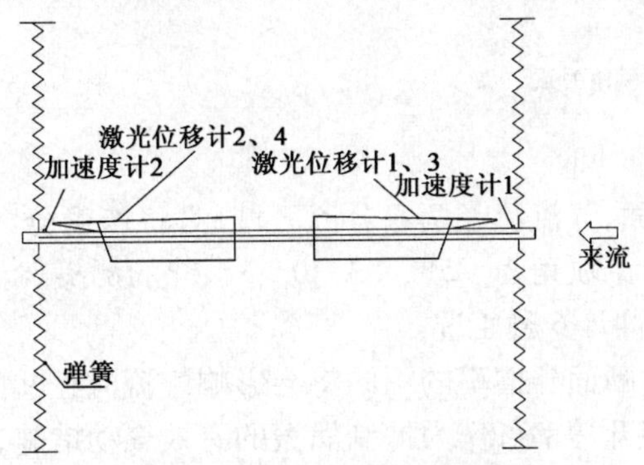

图2　节段模型悬挂在风洞中的安装示意图

基金项目:国家自然科学基金项目(90915001)。

方向的自由度。在刚臂两端安装 4 个激光位移计，采集竖弯和扭转的振动信号。试验的风速比为1:2.7。

3 试验结果及分析

3.1 腹板斜率

分别对腹板角度为109°、119°、129°、139°的断面模型进行了攻角为 -5°、-3°、0°、3°、5°的测振试验(图3～图7)。腹板的角度是指图1中 α 的值。

从试验结果中可以看出，增大腹板斜角可以作为一种抑制涡振的气动措施。虽然增大腹板斜角不能使所有涡振锁定区间消失，但是增大腹板的倾角，整体性地提高断面的气动性能。

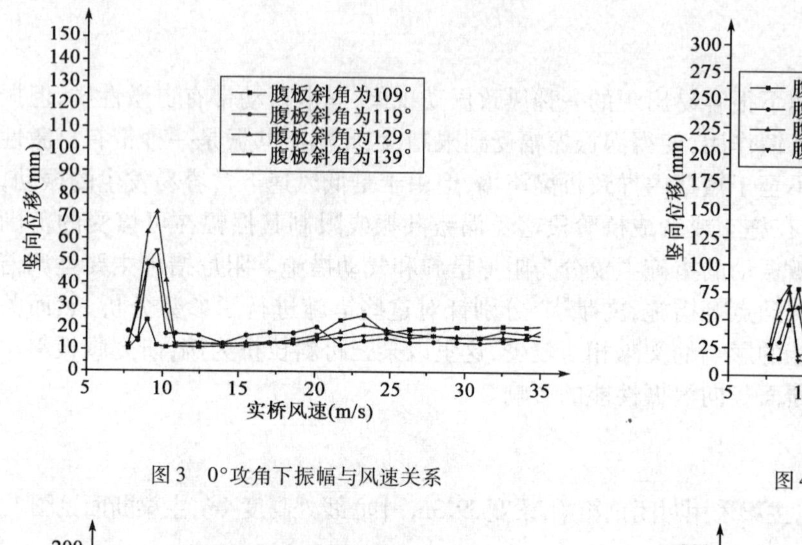

图3 0°攻角下振幅与风速关系

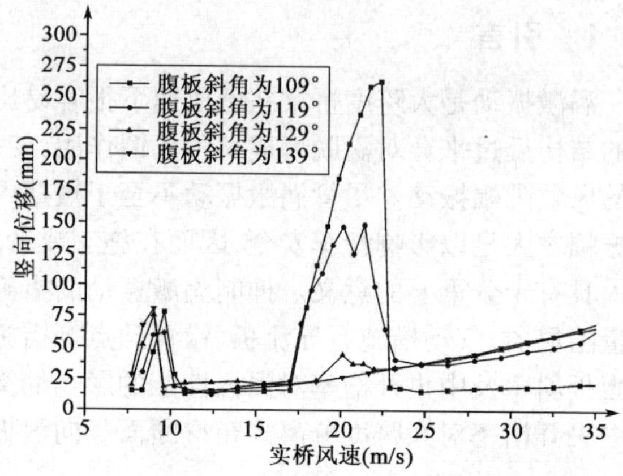

图4 -3°攻角下振幅与风速关系

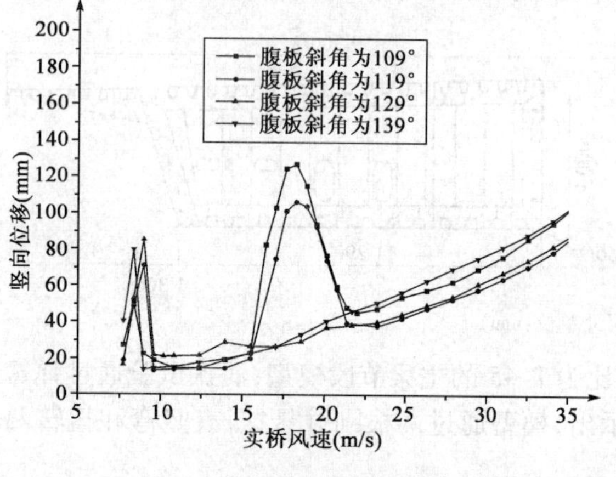

图5 -5°攻角下振幅与风速关系

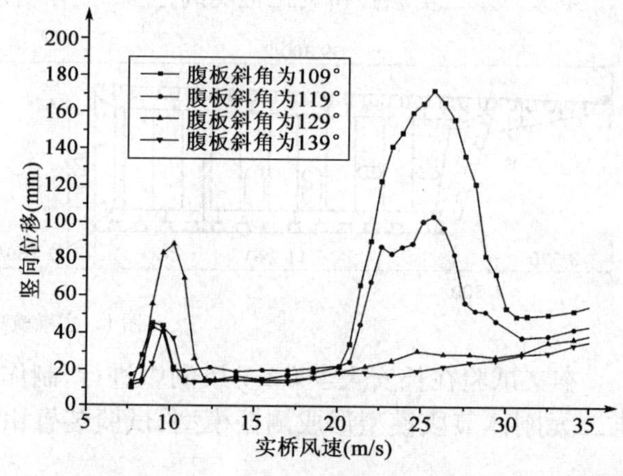

图6 3°攻角下振幅与风速关系

3.2 中央开槽率

本文断面为分离式箱形断面，气流流经两箱分离区域，必将产生分离、停滞等复杂的变化，因此，针对不同的中央开槽率，分别进行了攻角为 -5°、-3°、0°、3°、5°的测振风洞试验(图8～图12)。开槽率为0%～100%，20%间隔一个，共计6种工况。

从上述试验结果可以看出，断面开槽率的不同将会影响气流流经断面时所产生的涡脱的频率，使涡脱的频率偏离结构自振频率，即开槽率可作为抑制涡振的有效气动措施，但是开槽率对涡振的影响较为复杂，并不随着开槽率的改变有规律性的变化。因此，不能单纯地采用过大或过小的开槽率，而应该根据断面的基本设计情况而采用适当的开槽率。以本桥为例，采用40%的开槽率对抑制涡振的发生及涡振振幅有较好的效果。

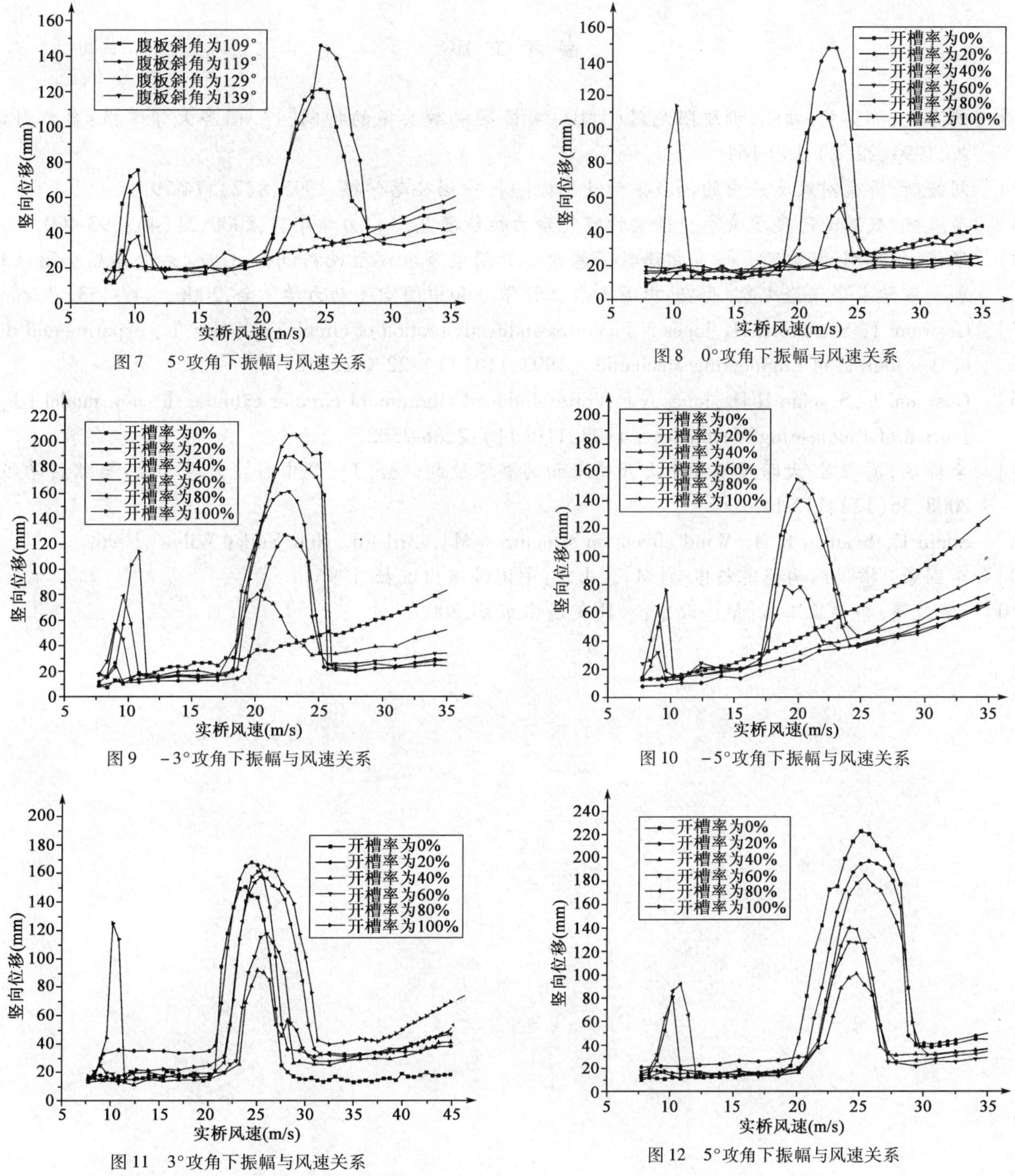

图7　5°攻角下振幅与风速关系

图8　0°攻角下振幅与风速关系

图9　-3°攻角下振幅与风速关系

图10　-5°攻角下振幅与风速关系

图11　3°攻角下振幅与风速关系

图12　5°攻角下振幅与风速关系

4　结语

通过本文的对比试验,可以得出如下结论:

(1)腹板斜率及中央开槽率直接影响分离式箱形断面的涡振性能,可作为控制涡振性能的有效气动措施;

(2)尽管增大腹板倾角并不能使所有涡激锁定区间消失,但增大腹板倾角,整体性地提高断面的气动性能;

(3)分离式箱形断面的涡振性能同开槽率有密切关系,并且存在一个最优开槽率,当开槽率偏离最优开槽率较大时,中央开槽的涡振控制效果将不能充分发挥。

参 考 文 献

[1] 项海帆,陈艾荣,顾明.调质阻尼器(TMD)对桥梁涡激共振的抑制[J].同济大学学报:自然科学版,1994,22(2):159-164.

[2] 刘健新.桥梁对风反应中的涡激振动及制振[J].中国公路学报,1995,8(2):74-79.

[3] 项海帆.我国大跨度缆索承重桥梁的空气动力性能研究[J].力学季刊,2000,21(4):393-400.

[4] 张伟,魏志刚,杨詠昕,等.高雷诺数下悬索桥加劲梁节段模型风洞试验[G]//第十二届全国结构风工程学术会议论文集.西安:中国土木工程学会和中国空气动力学学会,2006:447-453.

[5] Goswami I, Scanlan R H, Jones N P. Vortex-inducedvibration of circular cylinder Ⅰ: experimental data[J]. Journal of Engineering Mechanics ,1993,119(11):2270-2287.

[6] Goswami I ,Scanlan R H ,Jones N P. Vortex-induced vibration of circular cylinder Ⅱ:new model [J]. Journal of Engineering Mechanics , 1993,119(11):2288-2302.

[7] 李玲瑶,葛耀君.大跨度桥梁中央开槽断面的涡振控制试验[J].华中科技大学学报:自然科学版,2008,36(12):112-115.

[8] Simiu E, Scanlan R H. Wind effects on structures[M]. 3rd Ed. New York: Wiley ,1996.

[9] 李国豪. 桥梁结构稳定与振动[M]. 北京:中国铁道出版社,1996.

[10] 陈政清.桥梁风工程[M].北京:人民交通出版社,2005.

高低塔墩斜拉桥动力特性研究和颤振性能评估

高广中[1,3]　朱乐东[1,2,3]

（1. 同济大学土木工程防灾国家重点实验室　上海　200092；
2. 同济大学桥梁结构抗风技术交通行业重点实验室　上海　200092；
3. 同济大学桥梁工程系　上海　200092）

1　工程背景

本文以处于初步设计阶段的黄河小沙湾斜拉桥为背景。黄河小沙湾斜拉桥地处鄂尔多斯地区，两岸属于黄土地形，地形复杂，桥位处东岸边坡陡峭，距黄河底部约120m，西岸坡度相对较缓，高度较低，距黄河底部约45m。东岸桥塔位于陡坡之上，承台顶面距设计水位约105m。西岸桥塔采用高墩形式，承台顶面距设计水位约25.8m，下横梁顶面至承台顶面高度达到94m，比东塔的18m高出了约80m，两塔下横梁以上部分尺寸基本相同，两塔墩一高一低，具有不同于常规桥梁的独特的动力性能。

在初步设计阶段，桥塔有H形、A形和倒Y形三种比选方案（图1～图3），主梁有预应力混凝土全封闭箱形断面、整幅双边箱断面、双肋板式断面以及π形薄壁开口断面钢—混凝土叠合梁等方案（图4～图7）。

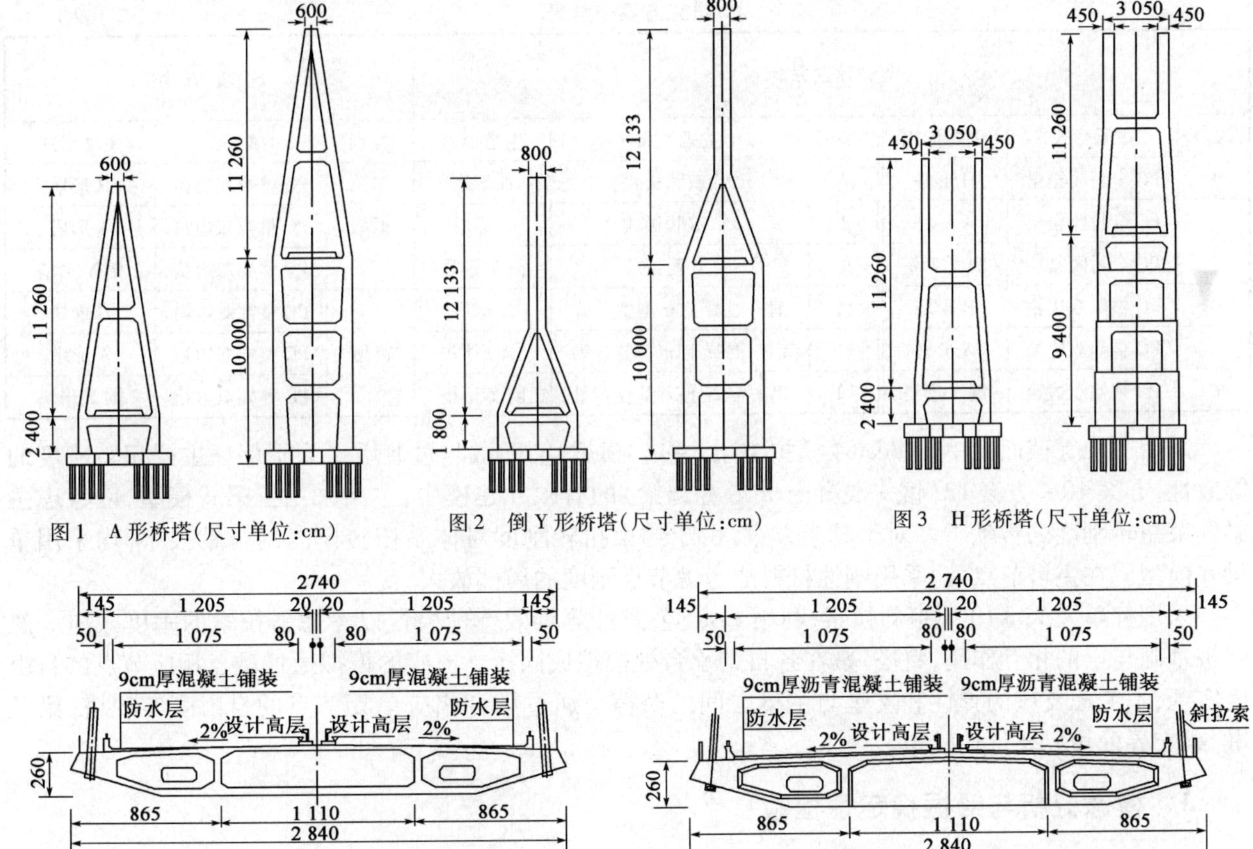

图1　A形桥塔（尺寸单位：cm）

图2　倒Y形桥塔（尺寸单位：cm）

图3　H形桥塔（尺寸单位：cm）

图4　预应力混凝土全封闭箱形断面（尺寸单位：cm）

图5　预应力混凝土整幅双边箱断面（尺寸单位：cm）

基金项目：科技部国家重点实验室基础研究资助项目（SLDRCE08-A-02）资助。

当主梁采用预应力混凝土整幅双边箱断面和预应力混凝土全封闭箱形断面时，边跨设置两个辅助墩，跨径组合为160m(30m+32m+98m)+440m+160m(30m+32m+98m)，当主梁采用预应力混凝土双边肋断面和叠合梁时，边跨设置一个辅助墩，跨径组合分别为160m(44.5m+115.5m)+440m+160m(44.5m+115.5m)、160m(40m+120m)+440m+160m(40m+120m)。桥位处于西北寒流频袭的地区，基本风速为41.5m/s，颤振检验风速为69.7m/s，颤振稳定性将成为控制该桥设计的关键因素。

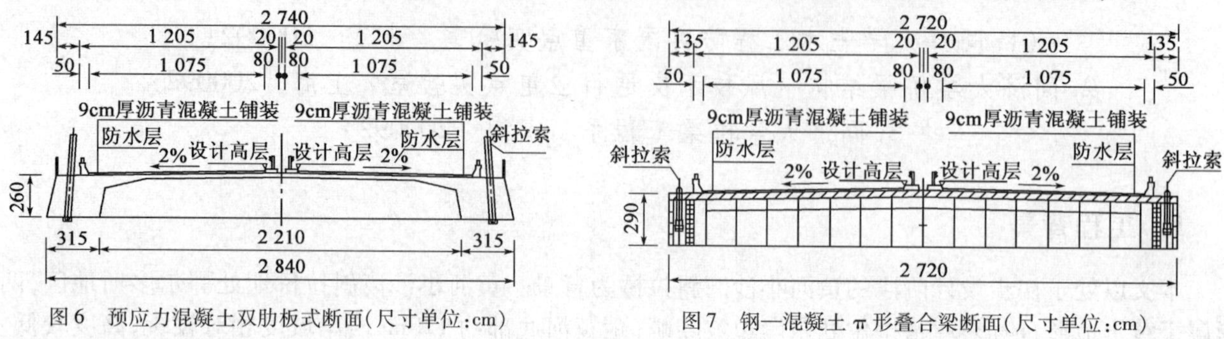

图6　预应力混凝土双肋板式断面(尺寸单位:cm)

图7　钢—混凝土π形叠合梁断面(尺寸单位:cm)

2　有限元模型的建立

采用通用有限元软件ANSYS，对不同主塔形式(3种)和主梁形式(4种)分别组合的12种设计比选方案(见表1)进行了动力特性分析。为了研究高低塔墩对桥梁结构动力特性和颤振性能的影响，对与上述设计方案相对应的对称高塔及对称低塔共6种比较方案(表1)也进行了动力特性分析。

研究方案一览表

表1

设计比选方案						比较方案		
方案号	主梁形式	主塔形式	方案号	主梁形式	主塔形式	类别	主梁形式	主塔形式
1	PC全封闭箱梁	H形塔	7	PC双肋板式	H形塔	低墩	PC整幅双边箱	H形塔
2	PC全封闭箱梁	A形塔	8	PC双肋板式	A形塔		PC整幅双边箱	A形塔
3	PC全封闭箱梁	倒Y形塔	9	PC双肋板式	倒Y形塔		PC整幅双边箱	倒Y形塔
4	PC整幅双边箱	H形塔	10	钢—混凝土π型叠合梁	H形塔	高墩	PC整幅双边箱	H形塔
5	PC整幅双边箱	A形塔	11	钢—混凝土π型叠合梁	A形塔		PC整幅双边箱	A形塔
6	PC整幅双边箱	倒Y形塔	12	钢—混凝土π型叠合梁	倒Y形塔		PC整幅双边箱	倒Y形塔

采用三维等截面梁单元Beam4模拟主梁、主塔、横梁、辅助墩与过渡墩。为了保证主梁扭转刚度的等效性，方案10~方案12(钢—混凝土π形叠合梁)的有限元建模中，主梁采用三梁式模型，以考虑主梁约束扭转刚度的贡献[1]。对于其余方案，由于约束扭转刚度对体系扭转模态的贡献很小，均采用单梁式模型。在主塔节点处，采用刚性材料法考虑节点刚度的局部放大[2]。

采用杆单元Link10模拟斜拉索，利用Ernst公式计算等效弹性模量以考虑斜拉索的垂度效应。忽略桩基础与土的相互作用，将塔、墩在各自的承台处模拟成固接。支座的模拟通过耦合相应节点的自由度实现，不考虑支座的弹性和支座与主梁之间的摩擦。通过耦合相应单元节点的自由度实现塔、梁及墩、梁交界处边界条件的模拟。

3　模态分析与颤振稳定性检验

3.1　高低塔墩不对称斜拉桥动力特性的特点

表2列出了采用PC整幅双边箱式主梁时各个方案动力特性分析的结果。由表2可知，高低塔墩不对称性对斜拉桥的固有频率有一定的影响，但影响不大，计算得到的固有频率均在相应的两低墩方案和两高墩方案的计算结果之间。

将高低塔墩不对称斜拉桥的各阶模态与比较方案的相应模态进行对比，发现高低塔墩不对称斜拉桥的模态除了具有常规大跨度斜拉桥的频率低、分布密集的特点之外，还具有不对称性和显著的空间耦合特性。图8显示了主梁扭转振型与侧弯振型的耦合。模态之间的耦合效应将会对颤振稳定产生一定的影响。

高低塔墩不对称性对频率的影响（PC 整幅双边箱式主梁） 表2

振型 \ 频率(Hz) \ 项目	H形塔			A形塔			倒Y形塔		
	低墩	一高一低	高墩	低墩	一高一低	高墩	低墩	一高一低	高墩
纵飘	0.130	0.105	0.075	0.108	0.082	0.055	0.119	0.098	0.073
一阶对称竖弯	0.323	0.322	0.318	0.319	0.315	0.315	0.315	0.313	0.311
一阶反对称竖弯	0.428	0.416	0.410	0.422	0.408	0.405	0.418	0.410	0.403
二阶对称竖弯	0.617	0.570	0.558	0.605	0.540	0.533	0.611	0.576	0.550
二阶反对称竖弯	0.781	0.694	0.679	0.768	0.666	0.640	0.775	0.712	0.667
三阶对称竖弯	0.950	0.977	0.792	0.941	0.965	0.755	0.934	0.984	0.780
四阶对称竖弯	1.220	1.236	1.257	1.215	1.223	1.255	1.160	1.290	1.208
一阶扭转	0.645	0.641	0.629	0.731	0.714	0.708	0.766	0.765	0.764
二阶扭转	1.011	1.001	0.982	1.057	1.122	0.965	1.092	1.113	1.159
一阶对称侧弯	0.423	0.381	0.351	0.409	0.334	0.306	0.418	0.348	0.316

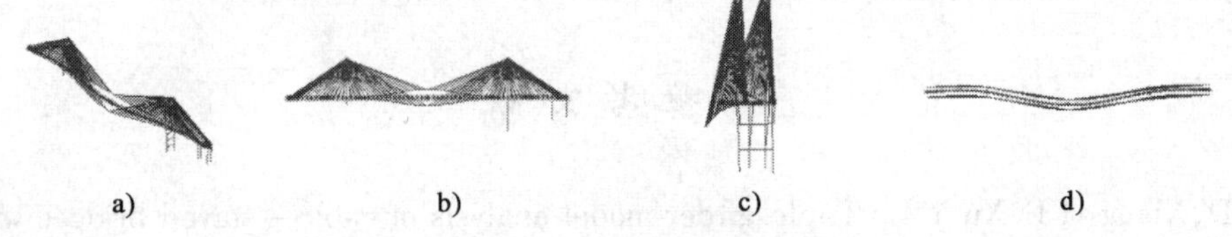

图8　主梁扭转模态与侧弯模态耦合

3.2　颤振稳定性评估

大跨度桥梁的颤振临界风速可以按下述公式进行估算：

$$v_c(\alpha) = \eta_\alpha \eta_s v_{co} \tag{1}$$

式中，α 为攻角；η_α 为风攻角修正系数；η_s 为桥梁断面形状修正系数；v_{co} 为平板颤振临界风速，可按 Van der Put 公式或 Selberg 公式计算。

根据已有的桥梁抗风性能研究的成果，估算了主梁为整幅双边箱断面方案的风攻角修正系数 η_α 和断面形状修正系数 η_s。采用的参照桥梁为天津塘沽海河既有桥、浙江台州椒江二桥（半封闭双边箱方案）、湖北鄂东长江大桥[3-4]。

3.3　颤振稳定性评估结果的对比

表3列出了比较方案和设计方案（整幅双边箱断面主梁）的参数和颤振临界风速，从中可以得出如下结论：

（1）比较设计方案和高、低墩比较方案的扭弯频率比 e，可以看到，三种情况下的扭弯频率比 e 很接近，再次说明高低塔墩不对称性对结构振动的频率影响很小。

（2）比较设计方案和高、低墩比较方案的等效质量惯矩[5] J_m 可以看到，设计方案的等效质量惯矩均高于比较方案。其中，当采用H形平行索面体系时，差别最为明显，比选方案比高墩和低墩方案的等效质量惯矩分别提高32.5%和42.5%，当主塔为A形时，分别提高0.57%和7.1%，当主塔为倒Y形时，分别提高0.98%和1.88%。说明高低塔墩不对称斜拉桥振型之间明显的耦合效应，使得颤振时主梁从空气中吸收的能量不断地转移到桥塔、拉索，甚至主梁自身其他振型的振动上，这些振动起到了相当于

TMD的减振作用,从而提高了振动体系的颤振稳定性。

(3)当采用H形塔平行索面体系时,高低塔墩不对称性提高了斜拉桥的颤振临界风速,与高墩比较方案和低墩比较方案相比,分别提高了8.4%和7.7%。

(4)当采用A形塔或倒Y形塔时,高低塔墩不对称性对颤振临界风速影响很小。

设计方案与比较方案颤振稳定性的比较(整幅双边箱断面主梁) 表3

比较项目	H形塔			A形塔			倒Y形塔		
	设计方案	高墩比较方案	低墩比较方案	设计方案	高墩比较方案	低墩比较方案	设计方案	高墩比较方案	低墩比较方案
扭弯频率比 e	1.991	1.996	1.996	2.266 7	2.292 1	2.292 1	2.442 8	2.461 9	1.835 4
等效质量惯性矩($kg \cdot m^2/m$)	8 946 500	6 751 700	6 277 400	6 459 800	6 423 000	6 032 900	6 202 400	6 142 500	6 087 700
颤振临界风速	135.5	125	125.8	144	141.8	144.8	155.7	155.9	146.3

4 结论

(1)高低塔墩不对称斜拉桥的模态表现出明显的三维性和不对称性,模态的三维性影响结构的振动频率和等效质量、等效质量惯矩,从而对颤振稳定性产生一定的影响。

(2)高低塔墩不对称斜拉桥的等效质量惯矩明显高于对称斜拉桥,而频率变化不大。说明高低塔墩不对称斜拉桥扭转振型的"不纯",即扭转振型中其他模态的耦合,耦合的模态起到了减振耗能的作用,使高低塔墩不对称斜拉桥的等效质量惯矩与常规对称斜拉桥相比偏大,从而提高了颤振稳定性。H形塔平行索面体系提高最为明显,A塔和倒Y塔斜索面体系提高不明显。

参考文献

[1] Zhu L D, Xiang H F, Xu Y L. Triple-girder model analysis of cable - stayed bridges with warping effect [J]. Engineering Structures, 2000, 22:1313-1323.

[2] 杨詠昕,陈艾荣,项海帆.桥梁结构动力特性分析中节点刚性区问题的处理[J].土木工程学报, 2001, 34(1):14-18.

[3] 朱乐东.椒江二桥及接线工程主桥抗风性能研究(二)初步设计阶段主梁节段模型风洞试验和桥塔CFD数值分析[R].上海:同济大学土木工程防灾国家重点实验室,2008.

[4] 朱乐东.泉州海湾跨海大桥抗震抗风分析报告[R].上海:同济大学桥梁工程系,2010.

[5] 朱乐东,项海帆.桥梁颤振阶段模型质量系统模拟[J]. 结构工程师,1995,4:39-45.

[6] 中华人民共和国行业标准. JTG/T D60-01—2004 公路桥梁抗风设计规范[S].北京:人民交通出版社,2004.

大跨度悬索桥颤振控制主动控制面理论研究

郭增伟[1,2]　杨詠昕[1,2]　葛耀君[1,2]

(1. 同济大学桥梁工程系　上海　200092;

2. 同济大学土木工程防灾国家重点实验室　上海　200092)

1　研究背景

悬索桥以其巨大的跨越能力在跨海连岛交通工程建设中备受设计者青睐,然而随着悬索桥跨径的增大,设计风速下的气动稳定性将成为其关键的控制因素,对于典型流线型箱梁断面而言,悬索桥跨径似乎止步于2 000m,即超过2 000m后必须考虑施加相应的措施以提供其气弹稳定性[1-2]。国内外众多学者专家针对悬索桥颤振的控制措施展开了大量的研究,现有的大跨度悬索桥颤振控制措施归纳为结构措施、耗能措施以及气动措施;与结构措施和耗能措施相比,气动措施简单易行,造价相对较低。单纯采用传统的被动气动措施难于满足大跨度跨海悬索桥的抗风需求,应该寻求更为有效的气动控制措施,而主动控制面在悬索桥风振控制方面存在很大的优势和较好的发展前景。

自从20世纪90年代初,丹麦COWI公司的K. Ostenfeld和A. Larsen[3]提出主动控制面这种气动控制措施后,日本东京大学的Y. Fujino教授[4-5]和丹麦的H. D. Nissen[6]教授在此方面做了大量的工作,指出当迎风侧控制面反向于加劲梁扭转运动,而背风侧控制面同向于加劲梁扭转运动时,控制效果最好,可使悬索桥的颤振临界风速提高2倍以上。然而在他们所采用的加劲梁—控制面系统(deck-surface)的自激力模型中只能考虑控制面同向或反向于加劲梁运动时的状况,不能精确反映控制面的扭转运动相位、振幅对控制效果的影响。本文将控制面扭转运动相位和振幅引入加劲梁—控制面系统的自激力模型中,探讨了控制面扭转运动相位和振幅对控制效果的影响,并解释了控制面的抑振机理。

2　加劲梁—控制面系统的自激力模型

作用在加劲梁—控制面系统上的自激力可以分为两部分:一部分是由加劲梁运动产生的自激力,另一部分则是由控制面运动产生的自激力。鉴于控制面本身宽度远小于其到加劲梁的距离以及两个控制面之间的距离,在控制面扭转运动振幅不大的情况下,可以忽略由于控制面运动造成的对加劲梁周围流场的影响,以及迎风侧控制面运动产生的尾流对背风侧控制面周围流场的影响。因此可以假定加劲梁—控制面系统所受的自激力表示为加劲梁、控制面各自单独存在时所受自激力之和。东京大学的Y. Fujino教授[5]所作的风洞试验也表明在控制面小振幅情况下,应用直接叠加的自激力模型的理论分析结果和风洞试验结果吻合得相当好,这就为该假定的合理性提供了风洞试验的支撑。加劲梁—控制面系统所受到的自激力升力L和升力矩M可表示为:

$$L = L_{d} + L_{le} + L_{tr} \tag{1}$$

$$M = M_{d} + M_{le} + M_{tr} + (L_{tr} - L_{le})d \tag{2}$$

式中,L_d、M_d分别表示作用在加劲梁上的自激升力和升力矩;L_{le}和M_{le}分别表示作用在迎风侧控制面上的自激升力和升力矩;L_{tr}、M_{tr}分别表示作用在背风侧控制面上的自激力升力和升力矩;d表示两个控制面间的水平距离。

基金项目:国家自然科学基金项目(90715039、50978203和51021140005)联合资助。

3 算例分析

本文选用一座主跨3 000m的三跨悬索桥，中跨矢跨比1:10，如图1所示。加劲梁为宽38.7m、高3.0m的扁平状闭口钢箱梁，主缆中心距34.3m，吊杆间距为30m。桥塔高400m。

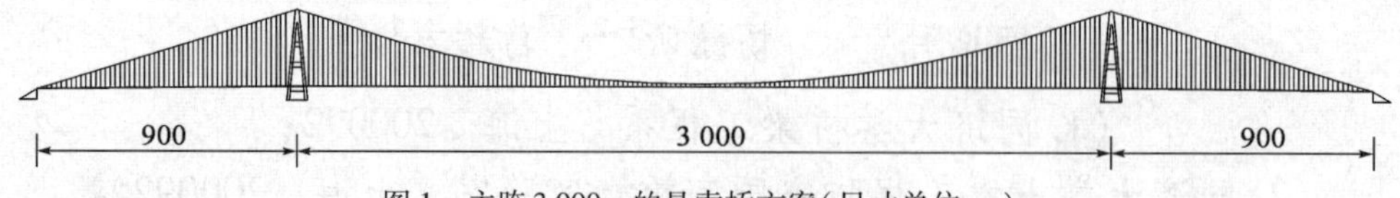

图1 主跨3 000m的悬索桥方案(尺寸单位：m)

应用大型通用有限元程序ANSYS建立算例有限元模型，采用Block Lanczos法进行有预应力条件下的模态求解，得到算例侧向、竖向以及扭转振动基频和模态质量(质量惯矩)(表1)。

算例基频和模态质量 表1

参数	侧弯		竖弯		扭转	
	反对称	对称	反对称	对称	反对称	对称
频率 (Hz)	0.058 57	0.032 91	0.071 12	0.085 49	0.122 3	0.142 9
模态质量(t/m)/惯矩(t·m²/m)	27.94	36.15	40.09	38.68	8 100.7	6 994.3

选用反对称竖弯和反对称扭转两个模态，并假定结构阻尼比为5‰进行二维颤振分析，计算结果表明在不安装控制面的情况下，算例的颤振临界风速为37.3m/s，不能满足绝大部分地区的抗风需求，必须采用控制措施加以弥补其颤振稳定性的不足。

需要说明的是，本文的讨论均将控制面宽度取为加劲梁宽度的5%，即$B_s=0.05B$；控制面距离加劲梁顶部为3倍梁高，即$H=3.0B$；控制面距离加劲梁截面重心的水平距离为$d=0.65B$，并假定控制面最大的扭转运动幅度为加劲梁扭转运动振幅的1.5倍，即$a_{le}=a_{tr}\leqslant 1.5$。

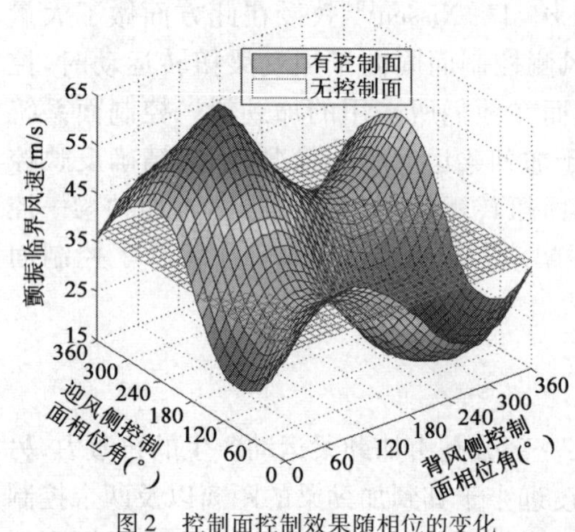

图2 控制面控制效果随相位的变化

为说明控制面的控制效果，计算了控制面扭转振幅等于加劲梁扭转振幅，即$a_{le}=a_{tr}=1.0$时，结构颤振临界风速随控制面扭转运动相位的变化，结果如图2所示。从中可以看出，迎风侧控制面领先于加劲梁扭转运动的相位超过180°后，都有较好的控制效果，颤振临界风速可由37.3m/s提高到65m/s(近1.8倍)；但如果迎风侧控制面领先于加劲梁扭转运动的相位小于180°时，控制面的存在会恶化桥梁的颤振性能，最不利的情况下会使颤振临界风速由37.3m/s降到16.8m/s(下降近55%)。因此必须对控制面的扭转运动相位近行优化，并对其最优相位的鲁棒性展开研究。

3.1 控制面扭转运动相位角的优化

在控制面位置、宽度固定的情况下，主动控制面的颤振控制效果依赖于其扭转运动幅度和扭转运动相位。如果控制面的最优扭转运动相位不依赖于其扭转振幅，或者不同扭转振幅下控制面最优相位变化不大，便可以将两者独立进行讨论；相反如果控制面扭转振幅对其最优相位影响很大，则必须同时对两者进行优化。

图3表明迎风侧、背风侧的控制面扭转振幅a_{le}、a_{tr}在[0, 1.0]范围内变化时，迎风侧控制面的最优相位基本均位于250°±10°范围内，而背风侧控制的最优相位基本均位于80°±10°范围内。可以认为控制面运动的最优相位不依赖于其振动幅度。这意味着如果控制面的控制效果在最优相位处的鲁棒性比较好，即可在一个固定的振幅下对控制面的相位角进行优化，并将该振幅下的优化相位角应用到其他振幅下，而不用针对每一个振幅都进行相位角的优化。

3.2 控制面扭转运动最优相位角的鲁棒性

控制面最优相位角的鲁棒性指控制面在其最优相位角附近，其控制效果对相位角变化的敏感程度。控制面最优相位角好的鲁棒性是其能应用于实际工程的必要条件，可用相位偏离最优相位角 ±20°时，颤振临界风速下降的百分比表示。图4给出了控制面相位偏离最优相位角 ±20°时，颤振临界风速下降的百分比随控制面振幅的变化。从中可以看出，迎风侧、背风侧控制面振动幅度 a_{le}、a_{tr} 在[0, 1.0]范围内变化，控制面相位偏离最优相位角 ±20°时，颤振临界风速下降比例均在10%之下，说明控制面最优相位角的鲁棒性较好。

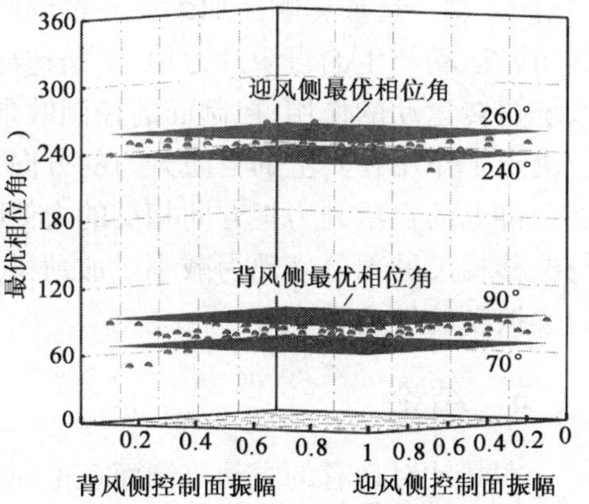

图3　控制面不同振幅下的最优相位图

3.3 控制面扭转运动振幅对控制效果的影响

图5给出了在迎风侧、背风侧的控制面扭转运动相位为250°和80°的情况下，系统颤振临界风速随控制面振幅的变化。从中可以看出，随着控制面振幅的增大，主动控制面的控制效果越来越好。这是因为在最优的扭转运动相位下，控制面扭转运动振幅越大，作用于其上的起到稳定作用的自激升力越大，颤振控制效果相应越好。

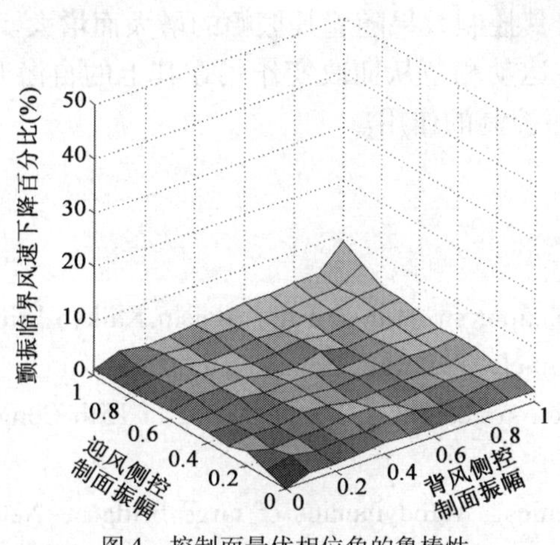

图4　控制面最优相位角的鲁棒性

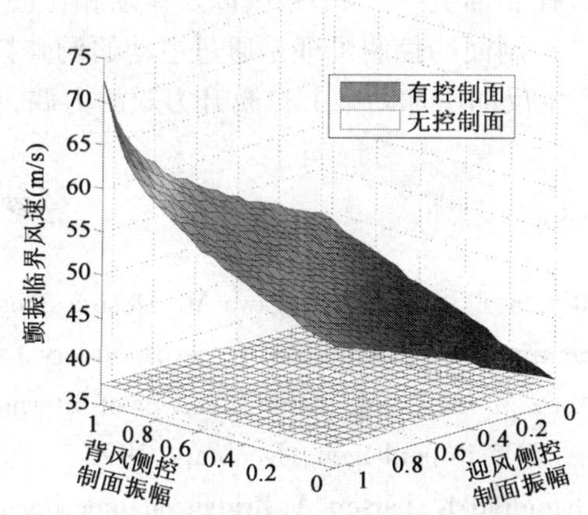

图5　控制面振幅对控制效果的影响

4 控制面抑振机理分析

杨詠昕[7]基于分步分析的方式，提出的二维三自由度耦合颤振分析方法指出流线箱梁颤振扭转运动的气动阻尼主要由 A_2^* 项和 $A_1^* \times H_3^*$ 项构成，其中 A_2^* 项产生的正气动阻尼对扭转运动起到稳定作用，$A_1^* \times H_3^*$ 项产生的气动负阻尼最终驱动流线箱梁发生弯扭耦合颤振。为进一步探究控制面的抑制机理，下文分析了控制面振幅为加劲梁振幅1.1倍时，加劲梁—控制面系统颤振导数随风速的变化情况。

从图6中可以看出，控制面的存在减小 A_3^*，从而减小了扭转运动负气动刚度；同时使对系统扭转运动起稳定作用的 A_2^* 的绝对值有所增大，而并为改变驱动系统扭转运动发散的 $A_1^* \times H_3^*$ 项。在相同条件下，迎风侧、背风侧控制面的水平距离为0时，控制面的存在基本不

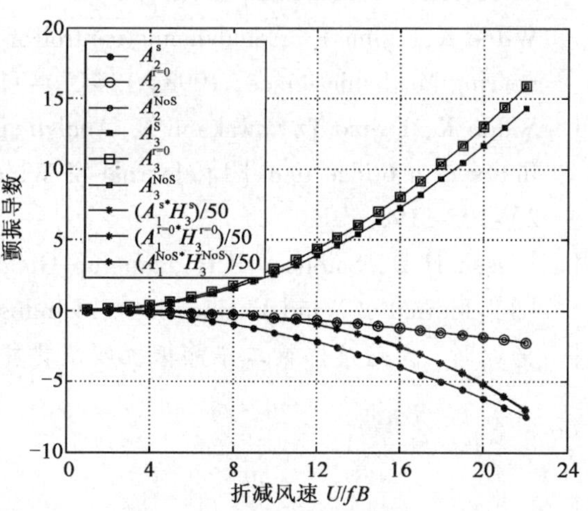

图6　控制面对颤振导数的影响

注：A^S，H^S-附加控制面时的颤振导数；

A^{NoS}，H^{NoS}-无控制面时的颤振导数；

$A^{r=0}$，$H^{r=0}$-附加距离为0的控制面时的颤振导数。

会对 A_2^*、A_3^* 造成影响。加劲梁—控制面系统颤振导数 A_2^*、A_3^* 中与控制面水平距离 r 相关的项是控制面扭转运动产生的自激升力项,正是这部分由于控制面扭转运动产生的自激升力形成的力矩起到稳定系统扭转运动的作用,控制面的控制效果之所以会依赖于其扭转运动相位,是因为控制面的扭转运动相位决定了作用在其上的自激升力的方向,只有在迎风侧、背风侧控制面产生的自激升力能构成和作用在加劲梁上的自激升力矩方向相反的力偶时,才会实现有效的控制。控制面扭转运动产生的自激升力中,与位移相关的部分表现为减小了加劲梁扭转运动负气动刚度,与速度相关的部分为则表现为增大了加劲梁振动的气动阻尼。

5 结论

本文针对现有的主动控制面理论模型中不能考虑控制面相位角对控制效果的影响,将扭转运动相位角引入控制面理论模型中,以一座主跨 3 000m 的悬索桥为例讨论了控制面扭转运动相位、振幅对其控制效果的影响,揭示了控制面的控制机理。研究发现:

(1)迎风侧控制面扭转运动领先于加劲梁运动的相位超过 180°是控制面实现有效控制的必要条件,否则会恶化悬索桥的颤振性能。

(2)控制面扭转运动最优相位角不依赖于其振幅,可以在一个固定扭转振幅下对控制面的相位角进行优化,并将该振幅下的优化相位角应用到其他振幅。

(3)控制面宽度、水平距离以及振动相位固定的情况下,其控制效果随着其振幅的增大而增大。

(4)控制面的控制机理是通过主动的调整控制面的扭转运动相位从而改变作用在其上的自激升力方向,产生反向于加劲梁上自激升力矩的力偶,从而起到颤振控制的作用。

参考文献

[1] Miyata T, Sato H, Kitagawa M. Design considerations for super structures of the Akashi Kaikyo bridge. Seminar on Utilization of Large Boundary Layer Wind Tunnel. Tsukuka, Japan. 1993.

[2] Astiz M A. Wind related behavior of alternative suspension systems[G]// Proceeding of 15th Congress IABSE. Copenhagen, Denmark, 1996.

[3] Ostenfeld K, Larsen A. Bridge engineering and aerodynamics. Aerodynamics of large bridges, Netherlands: A. A. Balkema, 1992.

[4] Wilde K, Fujino Y. Aerodynamic control of bridge deck flutter by active surfaces[J]. Journal of Engineering Mechanics-Asce, 1998, 124(7):718-727.

[5] Wilde K, Fujino Y, Kawakami T. Analytical and experimental study on passive aerodynamic control of flutter of a bridge deck[J]. Journal of Wind Engineering and Industrial Aerodynamics, 1999, 80(1-2):105-119.

[6] Nissen H D, Sorensen P H, Jannerup O. Active aerodynamic stabilisation of long suspension bridges [J]. Journal of Wind Engineering and Industrial Aerodynamics, 2004, 92(10):829-847.

[7] 杨詠昕. 大跨度桥梁二维颤振机理及其应用研究[D]. 上海: 同济大学, 2002.

动力特性参数的颤振响应

侯利明　李加武　赵国辉　夏勇

(长安大学公路学院　西安　710064)

节段模型试验是风洞试验中的一种,可以测得桥梁断面的三分力系数、气动参数;同时主要对桥梁结构进行二自由度的颤振临界风速试验实测。在节段模型风洞试验中,设计节段模型时,一般会选取实桥动力特性中较低阶的竖弯和扭转参数来作为模型的弹性参数。但是在实桥中,一阶正对称竖弯、一阶反对称竖弯、一阶正对称扭转和一阶反对称扭转都会在振型中参与一定的比重,那么到底是哪两阶振型组合最容易导致主梁发生颤振,选最低阶的竖弯及扭转参数组合是否会导致试验结果偏于危险?到目前为止,这方面还没有深入研究。本文结合虎门二桥节段模型颤振试验,对竖弯及扭转的几组参数分别组合,先借助 CFD 对实桥模型进行数值模拟计算分析,得到各组合的颤振临界风速,然后和风洞节段模型颤振试验结果进行对比分析,从中找出一些关于参数选择对节段模型风洞试验影响的结果。文章实际上是从逆向出发,通过对同一桥梁断面,取不同的特性参数组合来研究这些参数变化对桥梁颤振的影响,得出了选取最低阶的竖弯和扭转参数组合作为模型的弹性参数有时会导致试验结果偏于危险,并给出了如何选取动力特性参数来设计风洞节段试验模型的建议。

1　试验概况

本文试验在长安大学 CA－1 风洞中进行,以虎门二桥中的坭洲水道桥为工程实例。坭洲水道桥采用主跨 658m＋1688m 双塔双跨扁平箱梁悬索桥。其主梁标准断面如图 1 所示。

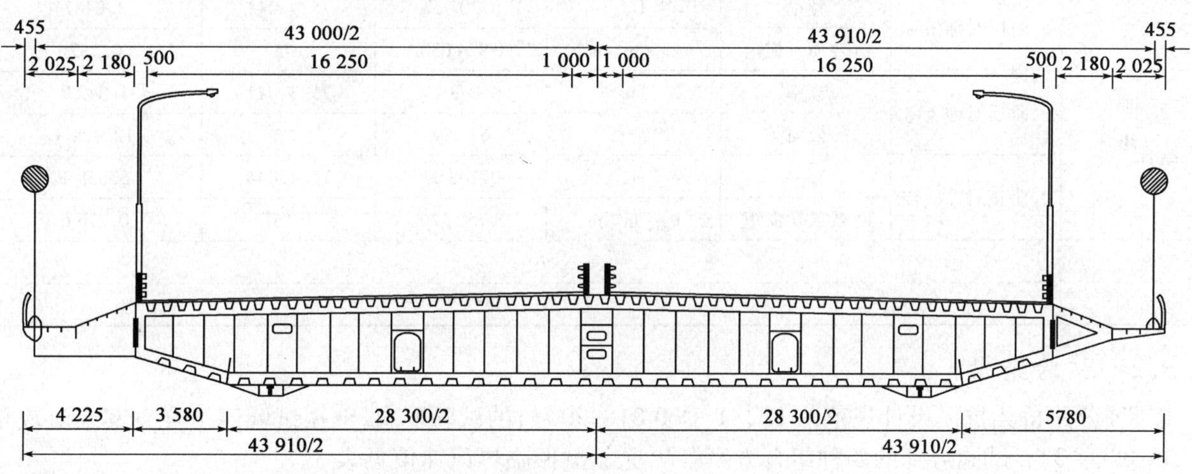

图 1　坭洲水道桥标准断面(尺寸单位:mm)

2　动力特性计算结果

坭洲水道桥动力特性分析采用离散结构的有限元方法,加劲梁、桥塔结构离散为空间梁单元,主缆采用空间索单元,吊杆采用空间杆单元模拟。加劲梁采用单脊梁式力学模型,其成桥状态动力特性结果见表 1。

基金项目:土木工程防灾国家重点实验室开放课题基金项目(SLDRCE10-MB-02)资助。

坭洲水道桥成桥状态前20阶频率、振型及等效质量或等效质量惯性矩 表1

振型号	频率(Hz)	振型描述	等效质量或等效质量惯性矩
1	0.047 85	一阶正对称侧弯	31 751kg/m
2	0.072 41	一阶反对称竖弯	67 659kg/m
3	0.099 74	一阶正对称竖弯	49 433kg/m
4	0.107 35	二阶反对称竖弯	
5	0.117 12	一阶反对称侧弯	32 902kg/m
……	……	……	……
16	0.207 52	一阶反对称扭转	8 924 030kg·m^2/m
17	0.208 03	一阶正对称扭转	8 752 520kg·m^2/m
18	0.211 83	三阶反对称竖弯	
19	0.218 54	四阶正对称竖弯	
20	0.228 90	四阶反对称竖弯	

3 风洞试验及其结果分析

3.1 风洞试验模型设计

本次风洞试验中弹性参数的模拟，是对成桥状态竖弯及扭转参数进行了组合，一共有四种组合。表2给出了按几何外形相似和三组无量纲参数一致性条件得到的模型参数。

颤振试验节段模型设计参数 表2

组合	参数名称	参数	单位	实桥值	缩尺比	模型设计值
组合一	一阶反对称竖弯	频率	Hz	0.072 41	75/4.044	1.342 9
		等效质量	kg/m	67 659	$1/75^2$	12.028 3
	一阶反对称扭转	频率	Hz	0.207 52	75/4.044	3.8487
		等效质量惯矩	kg·m^2/m	8 924 030	$1/75^4$	0.282
组合二	一阶反对称竖弯	频率	Hz	0.072 41	75/4.044	1.342 9
		等效质量	kg/m	67 659	$1/75^2$	12.028 3
	一阶正对称扭转	频率	Hz	0.208 03	75/4.044	3.858 1
		等效质量惯矩	kg·m^2/m	8 752 520	$1/75^4$	0.276 6
组合三	……					
组合四	……					

3.2 试验结果

按照《公路桥梁抗风设计规范》(JTG/T D60-01—2004)的试验要求，颤振试验四组合方案来流攻角为-3°、0°、+3°。试验得到的四种组合方案各工况下颤振临界风速值见表3。

四种组合方案各工况下颤振临界风速值 表3

风功角	试验颤振临界风速(m/s)				实桥颤振临界风速(m/s)			
	组合一	组合二	组合三	组合四	组合一	组合二	组合三	组合四
-3°	>20	>20	>20	>20	>80	>80	>80	>80
0°	>20	>20	>20	>20	>80	>80	>80	>80
+3°	19	19	17.5	17.5	76.8	76.8	74.5	74.5

从模型参数和结果中可以看出，组合一和组合二相比，组合三和组合四相比，竖弯频率、等效质量一样，扭转频率、等效质量惯矩相近，颤振临界风速也相近；组合三、组合四比组合一、组合二竖弯频率大，

等效质量小，扭转频率和等效质量惯矩一样，颤振临界风速降低了。

4　CFD 数值模拟计算及其结果分析

采用大型商用数值模拟软件 Fluent 对坭洲水道桥进行颤振稳定性分析。其计算步骤流程如图 2 所示。

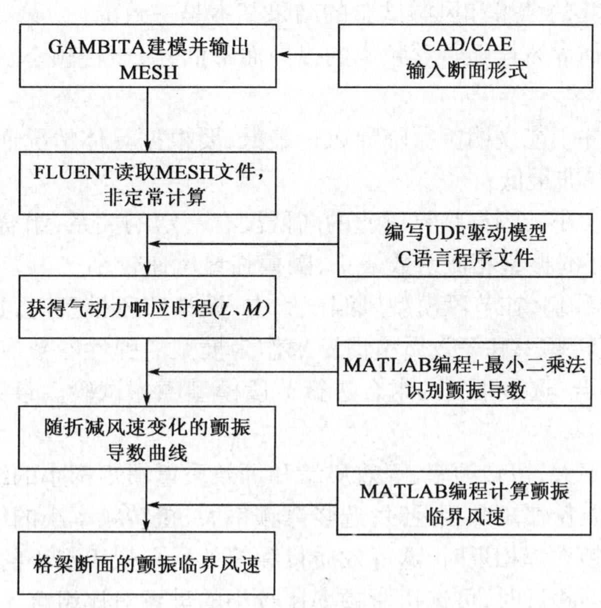

图 2　计算流程图

4.1　CFD 数值模拟计算模型

我们取多种组合进行计算，表 4 列出了其中典型的八种组合方案参数，前四种组合方案与风洞试验的四种组合方案一致。

八种组合方案的特性参数　　表 4

参数名称	成桥状态特性参数							
	组合一	组合二	组合三	组合四	组合五	组合六	组合七	组合八
竖弯频率(Hz)	0.072 41	0.072 41	0.099 74	0.099 74	0.099 74	0.072 41	0.072 41	0.072 41
等效质量(kg/m)	67 659	67 659	49 433	49 433	67 659	49 433	67 659	67 659
扭转频率(Hz)	0.207 52	0.208 03	0.207 52	0.208 03	0.207 52	0.207 52	0.227 52	0.207 52
等效质量惯矩 ($kg \cdot m^2/m$)	8 924 030	8 752 520	8 924 030	8 752 520	8 924 030	8 924 030	8 924 030	7 887 197

4.2　计算结果及分析

利用计算得到的桥梁断面的颤振导数值，采用二维颤振理论编写 MATLAB 程序计算桥梁的颤振临界风速。经过数值模拟计算，得到的八种组合方案各工况下颤振临界风速值见表 5。

八种组合方案各工况下颤振临界风速值　　表 5

风攻角	成桥状态颤振临界风速(m/s)							
	组合一	组合二	组合三	组合四	组合五	组合六	组合七	组合八
-3°	86.0	85.7	73.8	73.6	79.8	79.7	95.6	82.6
0°	89.5	89.2	75.0	74.9	82.3	81.6	99.6	86.0
+3°	82.4	82.1	67.6	67.5	74.9	73.8	92.0	79.1

经过大量的计算和理论分析,可以得出,节段模型的颤振临界风速随竖弯频率的提高而降低,随扭转频率、等效质量和等效质量惯矩的提高而提高。

5 结论

通过对 CFD 数值模拟计算结果及风洞试验结果的对比分析,可以得到以下结论:

(1)CFD 数值模拟计算的结果和风洞试验的结果基本是一致的;

(2)节段模型的颤振临界风速随竖弯频率的提高而降低,随扭转频率、等效质量和等效质量惯矩的提高而提高;

(3)扭弯频率比最低并不能说明颤振临界风速最低,要根据具体情况而定,例如组合三的扭弯频率比最低,但颤振临界风速并非最低;

(4)振型相似系数的大小与颤振临界风速的高低没有一定的关系,组合四的振型相似系数最大,颤振临界风速最小,但组合三的振型相似系数最小,颤振临界风速较小。

以上分析及结论告诉我们,在节段模型风洞试验中,设计节段模型时,选取实桥动力特性中最低阶的竖弯频率、等效质量、扭转频率和等效质量惯矩来作为模型的弹性参数有时是偏于危险的,我们应该根据具体情况进行参数组合,选最不利的组合进行节段模型颤振试验。参数的组合选取可根据以下几条进行选取:

(1)最好选择竖弯频率大,扭转频率、等效质量和等效质量惯矩都小的组合;

(2)等效质量和等效质量惯矩都相近时,选竖弯频率大,扭转频率小的组合;

(3)竖弯频率和扭转频率都相近时,选等效质量和等效质量惯矩都小的组合;

(4)当频率和质量都不相近时,可选扭弯频率比较小的进行对比组合。

参考文献

[1] 祝志文,陈政清,陈伟方.用动网格法计算理想平板的颤振导数[J].国防科技大学学报,2002,24(3):13-17.

[2] 许福友,陈艾荣,王达磊,等.确定桥梁模型颤振临界风速的实用方法[G]//第十三届全国结构风工程学术会议论文集:1138-1143.

[3] 陈艾荣,许福友,胡晓伦.平板颤振临界风速的参数灵敏度分析[J].同济大学学报,2005,7.

[4] 曹丰产.桥梁断面的气动导数和颤振临界风速的数值计算[J].空气动力学学报,2000,18(1):26-33.

[5] Wilde K, Fujino Y, Kawakami Y. Analytical and experiment study on passive aerodynamic control of flutter of bridge deck section[J]. Journal of Wind Engineering and Industrial Aerodynamics, 1999, 80: 105-119.

[6] Hansen H I, Thoft-Christersen P, Mendes P A, et al. Wind tunnel tests of bridge model with active vibration control[J]. Structural Engineering International, 2000, 10(4): 249-253.

斜拉索风雨激振理论模型研究及振动特性分析

李暾[1,2]　陈政清[1]　李寿英[1]

(1. 湖南大学风工程试验研究中心　长沙　410082;
2. 广西工学院土建系　柳州　545006)

1　引言

斜拉桥的拉索在风雨环境中易发生低频的大幅振动,称为风雨激振[1]。各国研究者在多座桥梁上观测到了这一现象[2],并建立了多种拉索风雨激振理论模型,对该现象进行深入的研究,并应用于工程实际。李寿英[3]建立了运动水线连续弹性拉索风雨激振理论模型,比较全面地反映拉索风雨激振的特征,但不利于对拉索的参振模态进行分析,这样就不能够对拉索的风雨激振进行深入的研究。本文在假设拉索与水线之间的相互作用力为库仑阻尼力和线性黏滞阻尼力[4]的基础上,对李寿英[3]建立的理论模型作进一步的改进,以期所建立的理论模型能够比较全面地反映拉索风雨激振的特征,将计算结果与现场实测的结果进行比较印证,说明所建立的拉索风雨激振理论模型的合理性。

2　理论模型的建立

参考文献[5]推导只考虑拉索面内振动的连续弹性拉索风雨激振理论模型的方法,建立以拉索面内/外各阶模态表示的拉索面内和面外振动微分方程为:

$$\ddot{q}_{v,n} + 2\zeta_{v,n}\omega_{v,n}\dot{q}_{v,n} + \omega_{v,n}^{2}q_{v,n} + \chi_{v,n}q_{v,n}^{2} + \vartheta_{v,n}q_{v,n}^{3} + p_{v,n} = \frac{2}{M_{c}L}\int_{0}^{l}F_{y}\sin\frac{n\pi x}{L}\mathrm{d}x \tag{1}$$

$$\ddot{q}_{w,k} + 2\zeta_{w,k}\omega_{w,k}\dot{q}_{w,k} + \omega_{w,k}^{2}q_{w,k} + \vartheta_{w,k}q_{w,k}^{3} = \frac{2}{M_{c}L}\int_{0}^{l}F_{z}\sin\frac{k\pi x}{L}\mathrm{d}x \tag{2}$$

水线的运动方程为:

$$mR\frac{\partial^{2}\theta}{\partial t^{2}} + \mathrm{sgn}\left(\frac{\partial\theta}{\partial t}\right)F_{0} + c_{r}R\frac{\partial\theta}{\partial t} = f_{\tau} + m\left(\frac{\partial^{2}v}{\partial t^{2}} - g\cos\alpha\right)\cos(\theta_{0} + \theta) - m\frac{\partial^{2}w}{\partial t^{2}}\sin(\theta_{0} + \theta) \tag{3}$$

3　拉索振动的模态分析

以洞庭湖大桥 S19 拉索为例进行分析,水线形状及拉索和水线气动力数据取自文献[6]。对不同风速下的拉索风雨激振进行计算,图 1 给出了风速为 8.2m/s 时拉索面内和面外各阶模态的广义位移时程,及拉索沿轴线方向上 x/L 分别为 1/6、1/4、1/3 和 1/2 截面处的面内和面外振动时程,图 2 为拉索面内和面外各阶模态在 5 000s 时和振动稳定阶段的广义位移峰—峰值随风速变化的曲线。从图中可以看出,拉索发生风雨激振时的参振模态以 2 ~ 8 阶为主,其余成分很少;在拉索振动的过程中,一般有 1 ~ 3 个主要参振模态共同参与,且随着时间的推移,参振的模态会发生改变;拉索面内和面外振动的参振模态和模态转移的时刻都是相同的,面内和面外振动相对应阶数的模态广义位移时程的形状也是基本一样的,区别只是其大小不同;拉索各截面的面内和面外振动的位移时程形状基本相同,只是振幅的大小不一样。

基金项目:国家自然科学基金项目(50708035),国家科技支撑计划项目(2006BAJ03B04-2)资助。

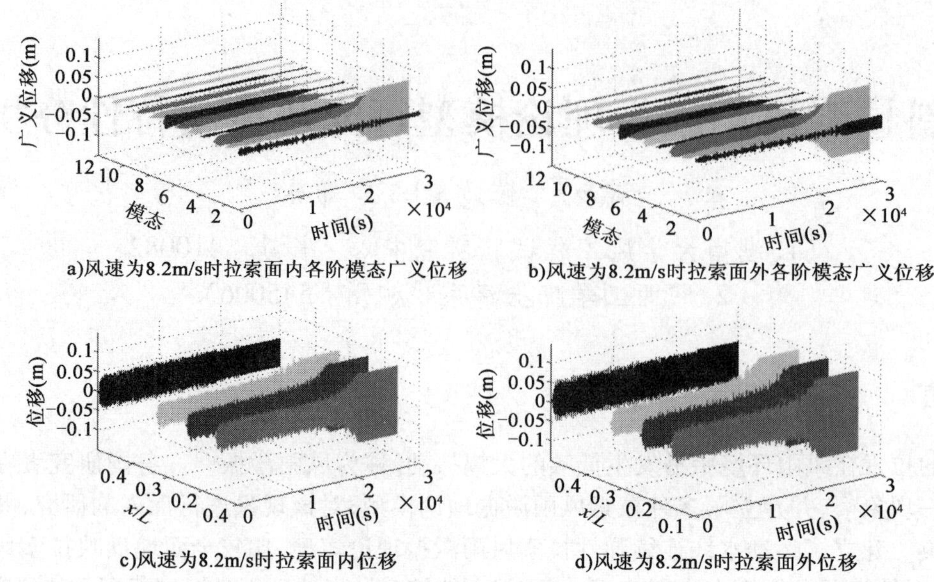

a)风速为8.2m/s时拉索面内各阶模态广义位移　　b)风速为8.2m/s时拉索面外各阶模态广义位移

c)风速为8.2m/s时拉索面内位移　　d)风速为8.2m/s时拉索面外位移

图1　$U_d=8.2\text{m/s}$ 时拉索面内和面外各阶模态广义位移以及 $x/L=1/6$、$1/4$、$1/3$、$1/2$ 处的位移时程

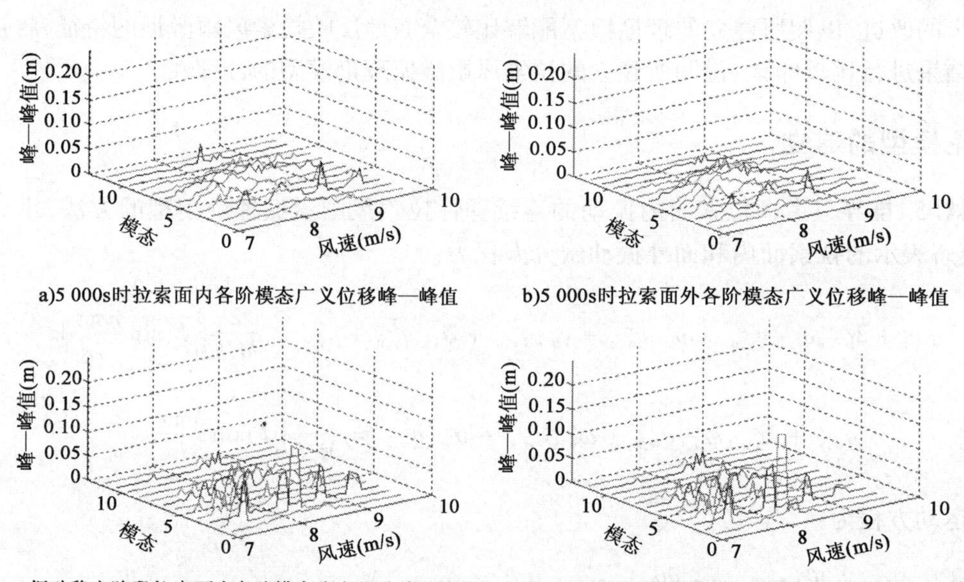

a)5 000s时拉索面内各阶模态广义位移峰—峰值　　b)5 000s时拉索面外各阶模态广义位移峰—峰值

c)振动稳定阶段拉索面内各阶模态广义位移峰—峰值　　d)振动稳定阶段拉索面外各阶模态广义位移峰—峰值

图2　拉索面内和面外各阶模态广义位移峰—峰值随风速的变化

4　水线与拉索的耦合振动

计算得到了水线的运动时程和水线沿拉索轴线的分布，并对水线运动进行频谱分析，结果如图3～5所示。结果显示：水线运动的频率和拉索振动的频率基本上是一致的，水线沿拉索周向的运动具有一定的周期性，但其轨迹并非为正弦曲线形式；水线沿拉索轴向的分布并非呈一条直线。

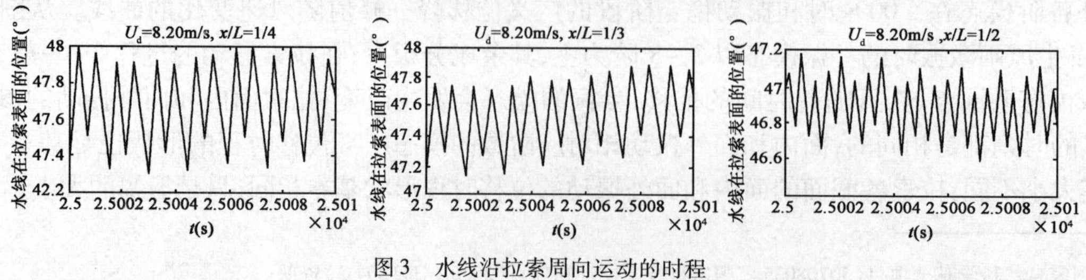

图3　水线沿拉索周向运动的时程

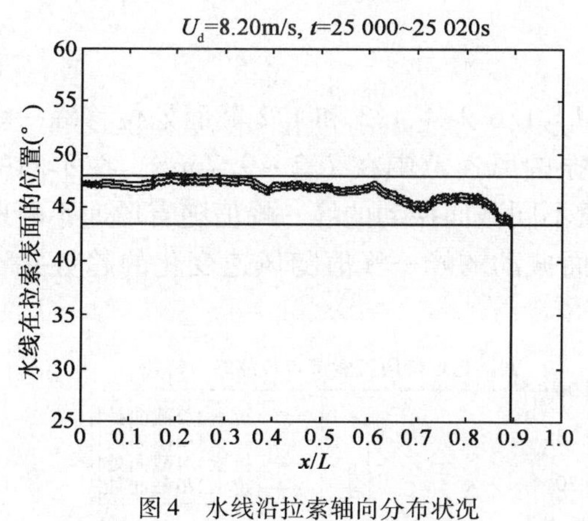

图4　水线沿拉索轴向分布状况

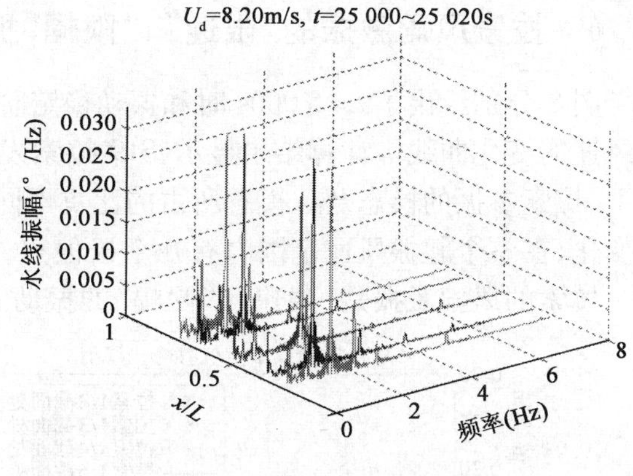

图5　水线运动频谱分析

5　拉索面内—面外运动分析

图6为计算得到的风速分别为8.2m/s时，某一时段内拉索某一截面在垂直于拉索轴线的平面内的运动轨迹，其基本形状为斜置的椭圆，椭圆的个数与该时段内拉索主要控制模态的个数有关。定义振动的主轴方向与拉索面外振动方向的夹角为振动的偏振角。图7分别给出了在 $t=5\ 000$s 时和振动稳定阶段拉索 $x/L=1/6$、$1/4$、$1/3$ 和 $1/2$ 截面处振动的偏振角随风速变化的曲线。计算结果显示：在同一风速下拉索不同截面振动的偏振角基本是一致的，即整根拉索基本上是朝同一方向振动；在大部分风速范围内，拉索的面内振动大于面外振动，而且相对于面外振动，面内振动占有较大的优势；在小部分风速范围内，拉索的面内振动与面外振动差不多，相比面内振动，面外振动不占绝对优势。

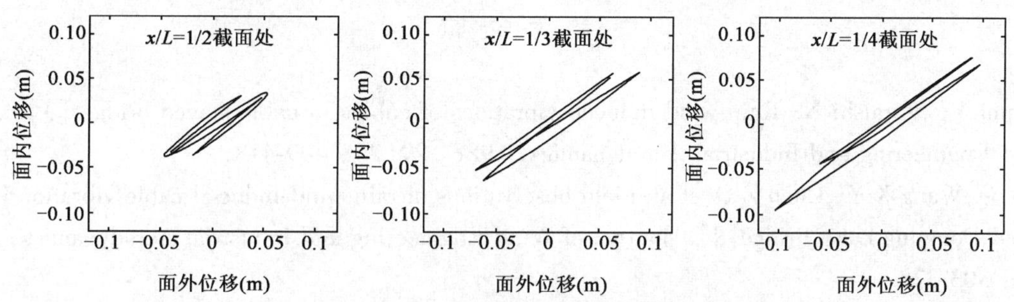

图6　$U_d=8.2$m/s、$t=29\ 900$s ~ $29\ 950$s，拉索 $x/L=1/2$、$1/3$、$1/4$ 截面处的位移运动轨迹

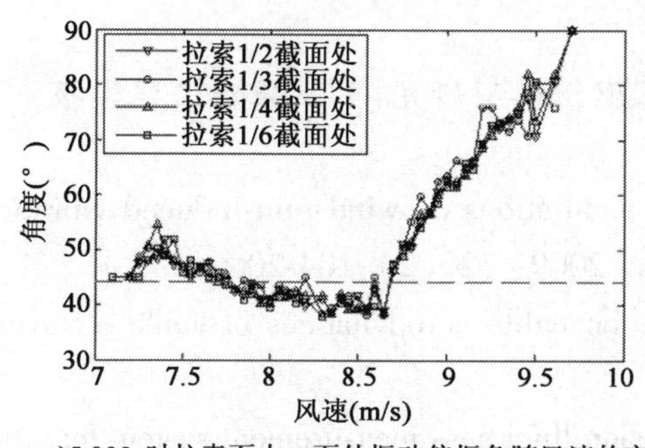

a)5 000s时拉索面内—面外振动偏振角随风速的变化

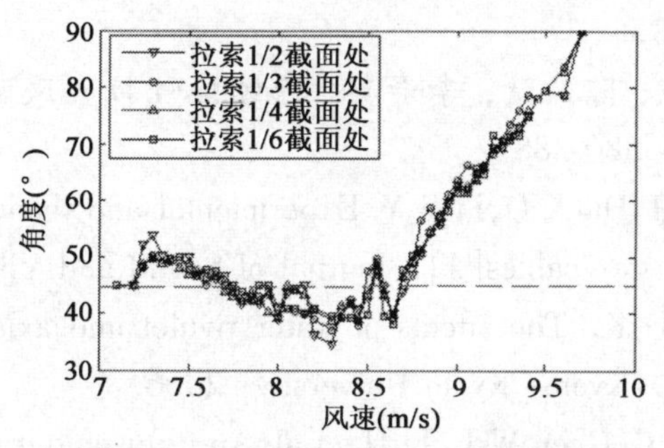

b)振动稳定阶段拉索面内—面外振动偏振角随风的变化

图7　拉索振动偏振角随风速的变化

6 拉索风雨激振的“限速”、“限幅”振动特性

图 8 分别给出了 $t=5\ 000s$ 时和振动稳定阶段拉索 $x/L=1/6$、1/4、1/3 和 1/2 截面处位移峰—峰值随风速的变化曲线。计算结果显示，S19 拉索发生风雨激振的风速范围在 7.2 ~ 9.7m/s。在不同的风速下，拉索参振的模态及各模态所占的比重不同，使得拉索不同截面振动的峰—峰值随着风速不断地起伏变化，在整个起振风速范围内有几个极值点，而且各截面振动的峰—峰值随风速变化的趋势并不相同。拉索的风雨激振是“限速”、“限幅”的振动。

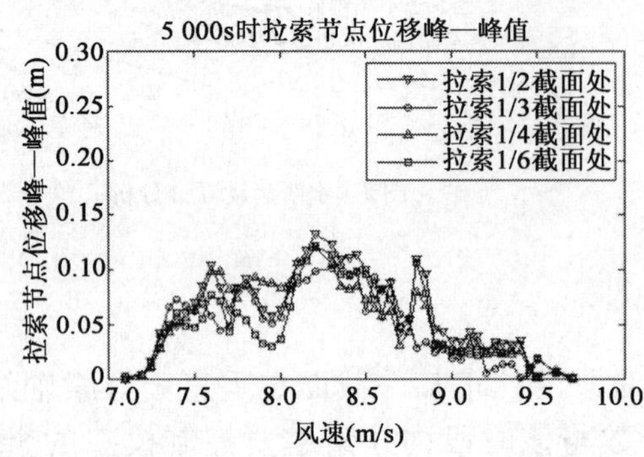

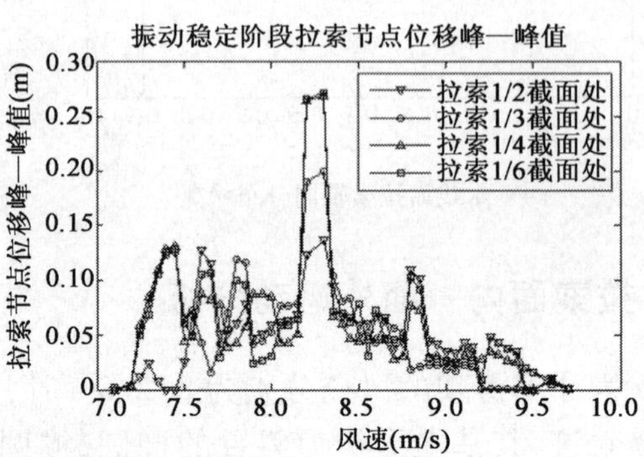

图 8 拉索截面位移峰—峰值随风速的变化

7 结论

将本文计算分析得到的结果与现场实测[2]以及试验研究[7-8]总结的拉索风雨激振特征进行了全面的对比，理论分析的结果与现场实测和试验研究的结果比较吻合，说明本文的理论模型能够比较真实、全面地反映实际的拉索风雨激振现象，建立理论模型时所作的假设是合理的。

参 考 文 献

[1] Hikami Y, Shiraishi N. Rain-wind induced vibrations of cables in cable stayed bridges[J]. Journal of Wind Engineering and Industrial Aerodynamics, 1988, 29(2): 409-418.

[2] Ni Y Q, Wang X Y, Chen Z Q, et al. Field observations of rain-wind-induced cable vibration in cable - stayed Dongting Lake Bridge[J]. Journal of Wind Engineering and Industrial Aerodynamics, 2007, 95(5): 303-328.

[3] 李寿英，顾明，陈政清. 运动水线三维连续弹性拉索风雨激振理论模型[J]. 湖南大学学报：自然科学版，2009，36(2)：1-7.

[4] 李暾，陈政清，李寿英. 拉索表面材料对风雨激振的影响研究[J]. 工程力学，2009，26(7)：47-53.

[5] 李暾，陈政清，李寿英. 连续弹性拉索风雨激振理论模型研究[J]. 振动工程学报，2010，23(4)：380-388.

[6] Gu M, Du X Q, Li S Y. Experimental and theoretical simulations on wind-rain-induced vibration of 3-D rigid stay cables[J]. Journal of Sound and Vibration, 2009, 320(2): 184-200.

[7] Liu Q K. The effects of water rivulet and axial flow on cable aerodynamics of cable - stayed bridges[D]. Kyoto: Kyoto University, 2006.

[8] Li F C, Chen W L, Li H. et al. An ultrasonic transmission thickness measurement system for study of water rivulets characteristics of stay cables suffering from wind-rain-induced vibration[J]. Sensors and Actuators, 2010, 159(4): 12-23.

典型桥梁断面颤振稳定性的数值计算研究

刘小兵[1,2]　陈政清[2]　刘志文[2]　刘庆宽[1]

(1. 石家庄铁道大学风工程研究中心　石家庄　050043;
2. 湖南大学风工程试验研究中心　长沙　410082)

1　引言

桥梁断面的颤振临界风速可通过风洞试验和数值计算两种研究手段获取。与风洞试验相比,数值计算具有花费小、效率高及可重复性好等优点。桥梁断面颤振稳定性数值计算主要有基于颤振导数计算和直接计算两种方式。目前桥梁断面颤振稳定性数值模拟研究大多是基于颤振导数的计算方式展开的。国外 Walther 和 Larsen 基于离散涡方法较早地开展了桥梁断面颤振导数数值模拟研究[1-2]。国内曹丰产、祝志文、周志勇等分别基于有限单元法、有限体积法和离散涡方法通过自编程序识别了桥梁断面的颤振导数[3-5]。与基于颤振导数的计算方式相比,直接计算方式研究较少。从相关文献看,仅 Selvam、Frandsen 和 Braun 基于有限单元法对大带东桥的颤振临界风速进行了直接计算[6-8]。

本文基于 CFD 软件 Fluent,发展了桥梁断面颤振稳定性的直接计算方法。同时利用两种计算方式对典型矩形断面和典型流线型断面的颤振稳定性进行了数值计算,并将数值计算结果与风洞试验结果进行了对比验证。

2　计算方法

2.1　基于颤振导数计算

Scanlan 基于线性自激力和简谐振动假设给出了用 8 个颤振导数表示的两自由度桥梁断面模型非定常气动升力和扭矩,表达式如下:

$$L = \frac{1}{2}\rho U^2(2B)\left(KH_1^* \frac{\dot{h}}{U} + KH_2^* \frac{B\dot{\alpha}}{U} + K^2H_3^*\alpha + K^2H_4^* \frac{h}{B}\right) \tag{1}$$

$$M = \frac{1}{2}\rho U^2(2B)\left(KA_1^* \frac{\dot{h}}{U} + KA_2^* \frac{B\dot{\alpha}}{U} + K^2A_3^*\alpha + K^2A_4^* \frac{h}{B}\right) \tag{2}$$

式中,U 为来流风速;B 为模型宽度;$K=\omega B/U$ 为折算频率;ω 为振动圆频率;H_i^*、A_i^*($i=1\sim4$)为颤振导数,颤振导数是折算频率或折算风速 $v_r=U/(fB)$ 的函数;f 为模型振动频率。

数值模拟时,强迫刚性桥梁断面分别做单自由度竖向振动和单自由度扭转振动。基于竖向强迫振动 $h=h_0\sin(2\pi ft)$ 计算得到的升力和扭矩,按最小二乘法可确定 H_1^*、H_4^*、A_1^*、A_4^* 四个颤振导数。基于扭转强迫振动 $\alpha=\alpha_0\sin(2\pi ft)$ 计算得到的升力和扭矩,按最小二乘法可确定 H_2^*、H_3^*、A_2^*、A_3^* 四个颤振导数。得到颤振导数以后,利用 Scanlan 二维临界风速计算方法计算桥梁断面的颤振临界风速。

2.2　直接计算

将断面简化为竖向振动和扭转振动两自由度弹簧—质量—阻尼系统,动力学方程如下:

$$m\ddot{h} + c_h\dot{h} + k_h h = L(t)\ ,\ I\ddot{\alpha} + c_\alpha\dot{\alpha} + k_\alpha\alpha = M(t) \tag{3}$$

基金项目:国家自然科学基金项目(50608030)资助。

直接计算方式需要进行多个风速桥梁断面的气弹响应计算。为了避免风速选取的盲目性，可先通过《公路桥梁抗风设计规范》（JTG D60-01—2004）进行颤振临界风速的初步预测，然后在此颤振临界风速左右进行数值模拟。对于一个给定风速，直接计算的流程如框图1所示。首先对静止断面进行计算，待到充分绕流后，将断面突然释放，进行颤振计算。在第一个计算时间步之前，给断面的竖向位移和角位移、竖向速度和角速度以及竖向加速度和角加速度赋0初值。对于每一个计算时间步，先求解流体控制方程，得到速度场及压力场。通过嵌入到Fluent中的自编UDF程序提取作用在断面上的升力和扭矩，并将升力和扭矩代入到振动方程（3）的右端。采用Newmark-β法求解断面的振动响应。通过调用Fluent的动网格宏DEFINE_CG_MOTION将计算得到的竖向速度和角速度赋予断面以及周围随断面一起做刚性运动的网格，从而实现动网格的更新。待网格更新完成以后再进入下一时间步的计算。如果发现断面响应已明显发散或明显衰减，则停止计算。

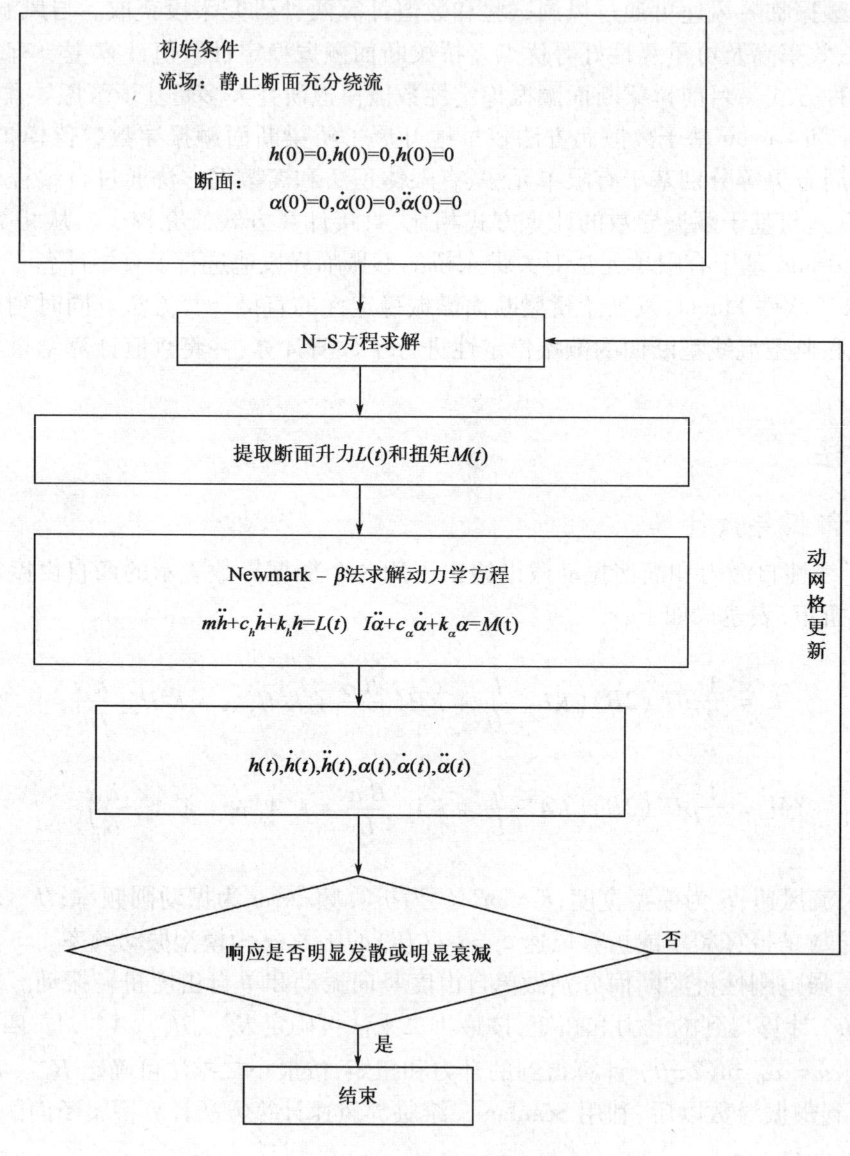

图1　直接计算方式的流程

3　计算模型

矩形断面宽 $B=30\text{cm}$，高 $H=6\text{cm}$。流线型断面宽 $B=40.392\text{cm}$（不含风嘴的断面宽度宽 $b=30\text{cm}$），高 $H=6\text{cm}$。数值计算域均为二维矩形。入口距断面中心为 $10B$，出口距断面中心为 $20B$。上下两壁面之间的距离为 $20B$。边界条件设置如下:入口采用速度进口边界条件;出口为出口边界条件;上下两壁面采用自由滑移壁面边界条件,即对称边界条件;断面表面采用无滑移壁面边界条件。

采用"刚性网格区域+动网格区域+静止网格区域"的思路对计算区域进行网格划分。最里层采用刚性网格,由紧临断面的四边形边界层网格和稍靠外的三角形网格组成。这样处理一方面可以较好地控制边界层网格的尺度,另一方面可以较好地实现刚性网格与动网格的光滑过渡。在远离断面的大部分区域采用四边形静止网格。在刚性网格和静止网格之间的区域采用三角形动网格。在桥梁断面运动时,刚性网格随桥梁断面作同步刚体运动;静止网格保持不动;动网格随着桥梁断面的运动而变化,利用弹簧光顺法和尺度函数不断修改网格形状和尺度。图 2 所示为矩形断面和流线型断面的计算网格,网格数分别约为 7.68 万和 6.23 万。在远离断面区域,网格尺度较大。在靠近断面区域,网格尺度较小。离断面最近一层网格的距离均为 $0.001B$。

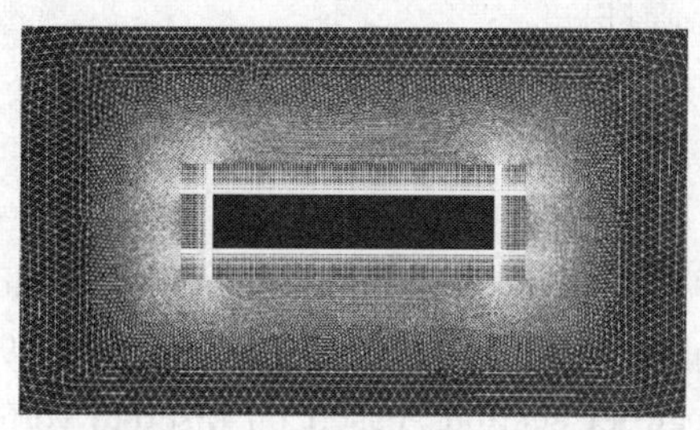
a)矩形断面

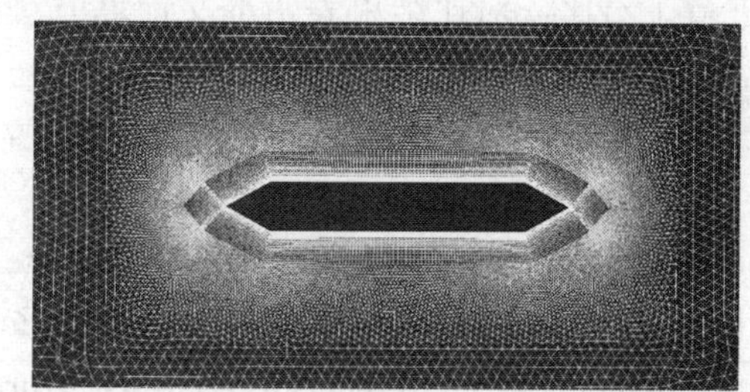
b)流线型断面

图 2 典型断面的计算网格

为了与计算结果进行验证,分别对两种典型断面进行了颤振稳定性节段模型风洞试验。节段模型长 1.5m。数值识别颤振导数时,两种断面的入口风速均为 5m/s。模型作竖向振动的振幅为 $0.02B$,作扭转振动的振幅为 2°。通过变化模型振动频率的方式来实现无量纲风速 U/fB 的变化。表 1 列出了两种典型断面模型的直接计算参数。由于采用二维域进行数值计算,表中 m 和 I 分别为风洞试验模型单位长度质量和单位长度质量惯性矩。

典型断面直接计算参数 表 1

断面类型	m(kg/m)	I(kg·m)	f_h(Hz)	f_α(Hz)	ξ_h	ξ_α
矩形断面	7.93	0.0853	3.13	6.64	0.3%	0.3%
流线型断面	8.92	0.1003	2.54	5.27	0.3%	0.3%

4 计算结果(图 3、图 4)

表 2 将数值计算结果与风洞试验结果进行了对比,从表中可以看出,本文两种计算方式进行典型桥梁断面颤振稳定性数值模拟是可行的,具有较高的精度。对于流线型断面,基于颤振导数的计算结果略优于直接计算结果。对于矩形钝体断面,直接计算结果略优于基于颤振导数的计算结果。这与具有复杂分离流动和旋涡脱落的钝体断面颤振导数识别精度相对较低不无关系。

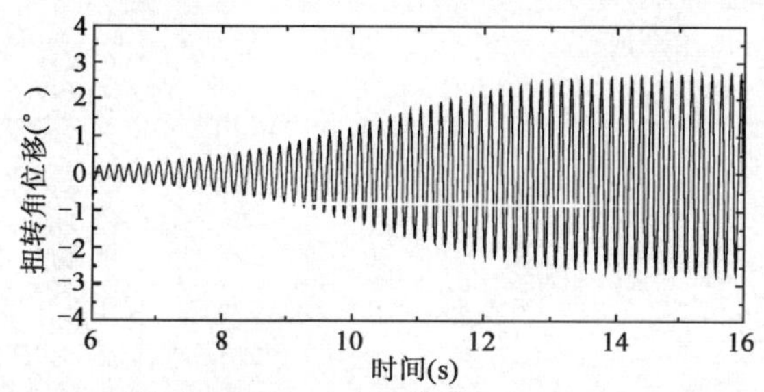

图 3 $v_r=4.0$ 矩形断面的扭转角位移时程曲线(直接计算)

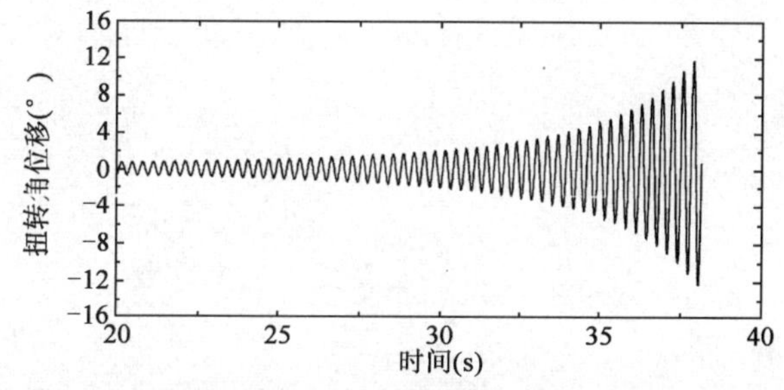

图 4 $v_r=11.74$ 流线型断面的扭转角位移时程曲线(直接计算)

数值计算结果与试验结果对比　　表2

	研究方法	风洞试验	直接计算	基于颤振导数计算
矩形断面	无量纲颤振临界风速	4.00	3.77 ~ 4.00	4.70
	颤振频率(Hz)	6.63	6.52	6.50
流线型断面	无量纲颤振临界风速	10.67	11.51 ~ 11.74	10.99
	颤振频率(Hz)	3.99	3.10	3.61

5 结论

本文基于CFD软件Fluent,发展了桥梁断面颤振稳定性的直接计算方法。同时利用颤振导数计算和直接计算两种方式对典型矩形断面和典型流线型断面的颤振稳定性进行了数值计算,并将计算结果与试验结果进行了对比。对比结果表明本文计算方法的正确性。

参考文献

[1] Walther J H, Larsen A. Two dimensional discrete vortex method for application to bluff body aerodynamics[J]. Journal of Wind Engineering and Industrial Aerodynamics, 1997,67-68: 183-193.

[2] Larsen A, Walther J H. Aeroelastic analysis of bridge girder sections based on discrete vortex simulations[J]. Journal of Wind Engineering and Industrial Aerodynamics, 1997,67-68: 253-265.

[3] 曹丰产，项海帆，陈艾荣. 薄平板气动导数的数值计算[J]. 同济大学学报, 1999, 27(2): 131-135.

[4] 祝志文，陈政清，陈伟芳. 用动网格计算理想平板的颤振导数[J]. 国防科技大学学报, 2002, 24(3): 13-17.

[5] 周志勇，陈艾荣，项海帆. 涡方法用于桥梁断面气动导数和颤振临界风速的数值计算[J]. 振动工程学报, 2002, 15(3): 327-331.

[6] Selvam R P, Govindaswamy S, Bosch H. Aeroelastic analysis of bridges using FEM and moving grids[J]. Wind and Structures, 2002, 5(2-4): 257-266.

[7] Frandsen J B. Numerical bridge deck studies using finite elements. Part Ⅰ: flutter[J]. Journal of Fluids and Structures, 2004, 19: 171-191.

[8] Braun A L, Awruch A M. Finite element simulation of the wind action over bridge sectional models: application to the Guama River Bridge[J]. Finite Elements in Analysis and Design, 2008, 44: 105-122.

桁架悬索桥颤振稳定性研究

马林林　刘健新　李加武

（长安大学风洞实验室　西安　710064）

1　引言

当桥址处于山区峡谷地区时，考虑地形条件以及施工因素，跨越峡谷的大跨度桥梁由于受地形和施工条件的限制，采用桁架加劲梁悬索桥是较佳的选择。桁架加劲梁悬索桥，虽然具有较大扭转刚度，透风性能好，但随着跨径的不断增长，结构的刚性越来越柔；对风的作用非常敏感。尤其是颤振现象的出现，可能导致桥梁结构的整体破坏，往往是控制设计的重要因素。本文以刘家峡大桥为研究依据，研究气动措施对颤振失稳以及颤振临界风速的影响。

2　刘家峡大桥试验概述

刘家峡大桥跨径组合为20m＋536m＋20m，全长581m。桥梁立面布置和钢桁架加劲梁分别如图1和图2所示。

图1　桥梁完成预想图

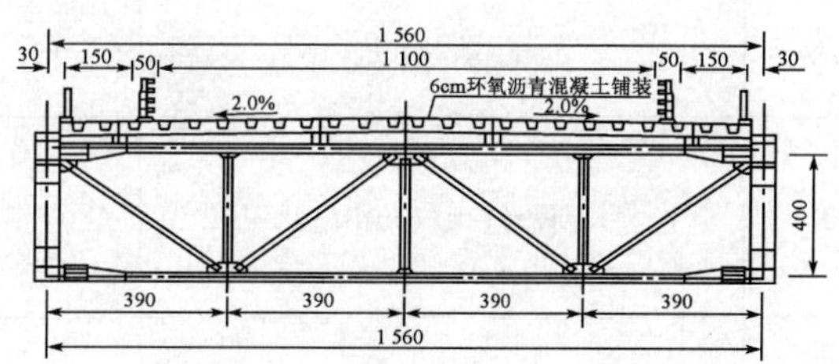

图2　钢桁加劲梁断面图（尺寸单位：cm）

通过风洞试验，发现原设计方案成桥状态不能满足抗风稳定性的要求，需要采取适当的抗风措施来改善断面的抗风性能。刘家峡大桥主要采取了各种中央稳定板、导流板、封闭部分防撞栏杆，降低防撞栏高度等各种组合气动措施来实现。

3　气动措施对颤振稳定性的影响

3.1　中央稳定板

刘家峡大桥钢桁架高度为4m，方案1选取了0.28倍的钢桁架高度的下中央稳定板，即1.12m。刘家峡大桥的防撞栏高度（D）为1.5 m。方案2、3、4在下稳定板不变的基础上，上稳定板依次取了板高与防撞栏高度的比值h_2/D约为0.53（0.8m）、0.85（1.28m）、0.91（1.36m）的三种方案。方案4采用分离式上稳定板，长度30m，间隔30m。在原方案（对比图中编号为0）基础上增加的上、下稳定板布置如图3所示。

对应于不同稳定板高度的颤振临界风速节段模型试验结果如图4所示。

3.2　导流板

刘家峡为窄桁架桥，桥宽B仅为15.6m。上中央稳定板将本来不宽的桥面分割成独立的两部分，影响

基金项目：典型桥梁结构断面节段模型风洞试验及振动特性研究（SLDRCE10-MB-02）。

桥梁正常及非正常状态下的使用。因此,在下稳定板高度为0.28倍的钢桁架高度(1.12m)不变的基础上,取消上中央稳定板,加设了0.08倍的桥宽(1.28m)的导流板,具体布置如表1所示。

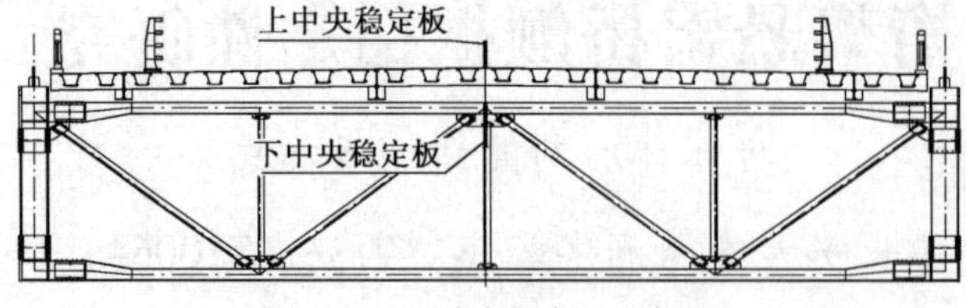

图3　上、下稳定板布置示意图

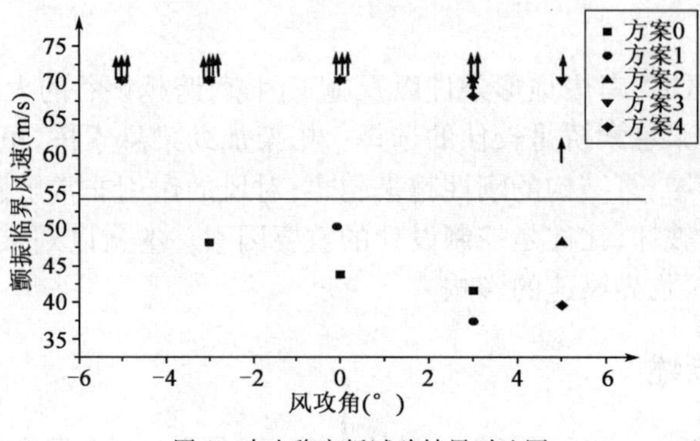

图4　中央稳定板试验结果对比图

各种导流板措施节段模型试验方案　　表1

方案编号	气动措施	抗风措施	
		示意图	参数
0	原设计(无气动措施)		
5	下中央稳定板+水平导流板		$h_1=0.28H, L_1=0.08B$
6	下中央稳定板+斜导流板		$h_1=0.28H, L_2=0.08B$,倾角30°
7	下中央稳定板+内置斜导流板(组合Ⅰ)		$h_1=0.28H, L_2=0.08B$,倾角30°
8	下中央稳定板+内置斜导流板(组合Ⅱ)		$h_1=0.28H, L_2=0.08B$,倾角30°

对应于不同导流板的颤振临界风速节段模型试验结果如图5。

3.3　防撞栏细部构造

将上中央稳定板取消,而采取封闭桥梁两侧部分防撞栏的措施,即相当于将上中央稳定板分散布置到两侧防撞栏上,使防撞栏部分封闭起到上中央稳定板的作用,各方案的防撞栏封闭图以及透风率如图6~图8所示。下中央稳定板为桁架高度的0.28倍(1.12m)不变,水平导流板改为0.13倍桥宽(2.00m)。

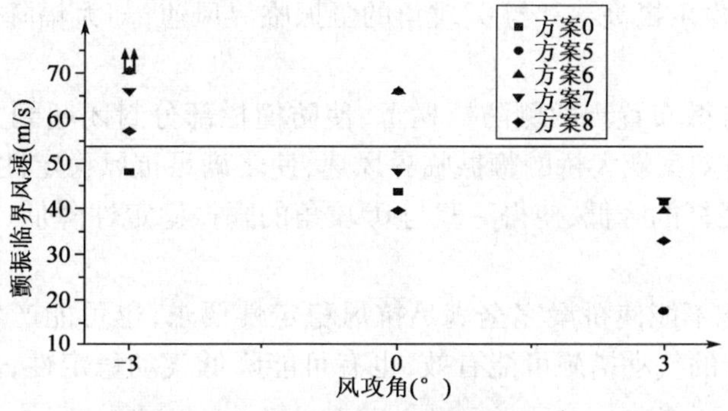

图5　各种导流板措施试验结果对比图

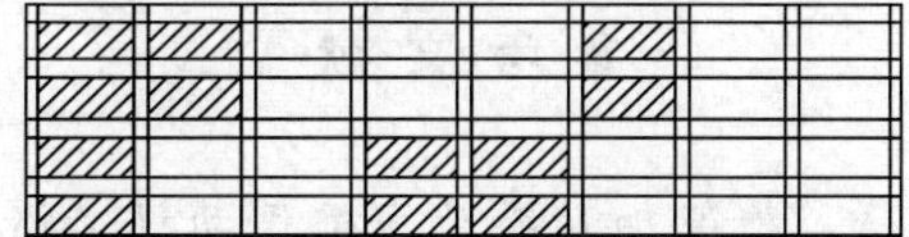

图6　方案9防撞栏封闭示意图(62.5%)

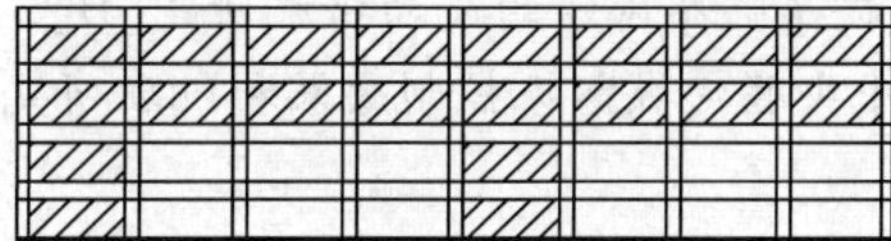

图7　方案10防撞栏封闭示意图(36%)

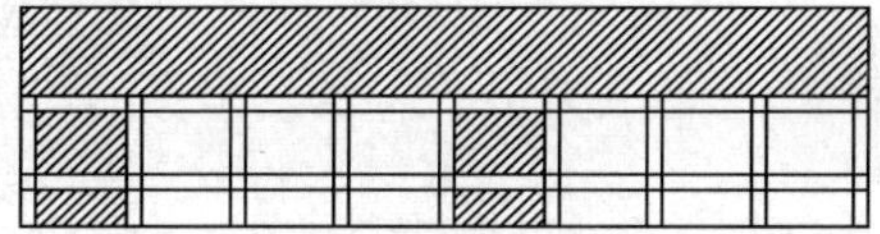

图8　方案12防撞栏封闭示意图(45%)

对应于不同防撞栏布置情况的颤振临界风速节段模型试验结果如图9所示。

3.4　防撞栏高度

方案12在桁架内设0.28倍桁架高度(1.12m)的下中央稳定板,同时在桥面外侧设宽为0.13倍桥宽(2m)的水平导流板,将防撞栏高度由原来的1.5m降为90cm高。为方便对比,将加了下中央稳定板和水平导流板的方案5,与原设计方案进行对比。结果如图10。

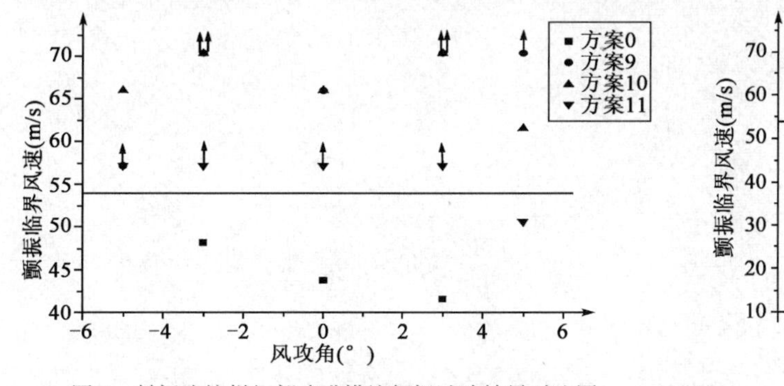

图9　封闭防撞栏细部改进措施颤振试验结果对比图

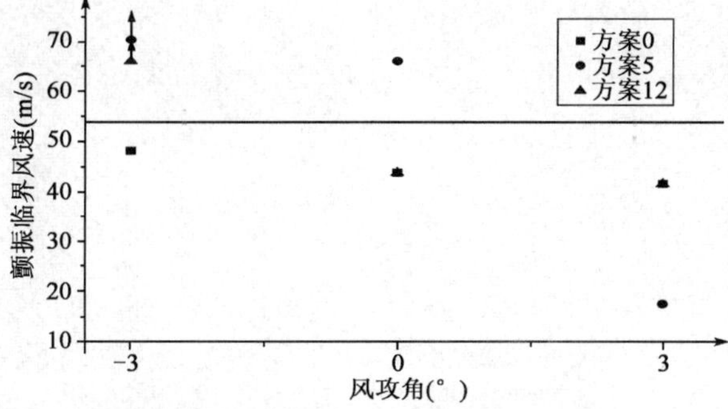

图10　改变防撞栏高度颤振试验结果对比图

4　结论

通过对刘家峡大桥的提高颤振稳定性的气动措施进行分析,得到以下结论:

(1)设置高度适中的中央稳定板能有效的提高颤振稳定性。联合使用上下稳定板的制振效果,明显优于单独使用下稳定板或上稳定板的情况。

(2)设置水平导流板,也可提高 -3°与 0°攻角的颤振临界风速,却大幅降低了 +3°攻角的颤振临界风速。

(3)将上中央稳定板分散布置到两侧防撞栏上,使防撞栏部分封闭起到上中央稳定板的作用的气动措施,能很大程度地提高刘家峡大桥的颤振临界风速,使之满足抗风稳定性要求。

(4)刘家峡大桥防撞栏杆的降低,使得 -3°与 0°攻角的颤振稳定性降低,而 +3°攻角的颤振稳定性有所提高。

(5)某种气动措施可能不能使桥梁完全满足抗风稳定性要求,也可能产生负面效应。将各种有效的气动措施进行组合,组合的气动措施可能有效,也有可能降低气动稳定性,并且有效的气动措施不止一种。

参考文献

[1] 李春光,张志田,陈政清,等.桁架加劲梁悬索桥气动稳定措施试验研究[J].振动与冲击,2008,27(9):40-43.

[2] 罗飞.大跨悬索桥颤振及其提高临界风速的气动措施研究[D].成都:西南交通大学,2005.

[3] 杨詠昕,葛耀君,项海帆.中央稳定板颤振控制效果和机理研究[J].同济大学学报,2007(2).

桥面横向连接对双幅桥梁抗风性能的影响

孟晓亮[1,2]　朱乐东[1,2,3]　张海[1,2]　周奇[1,2]　张宏杰[1,2]

(1. 同济大学桥梁工程系　上海　200092；
2. 同济大学土木工程防灾国家重点实验室　上海　200092；
3. 桥梁结构抗风技术交通行业重点实验室　上海　200092)

1　引言

交通量的急剧增长导致了国内外道路交通工程行车道数越来越多，但作为连接道路跨越沟堑的桥梁结构却因为建筑美学、力学及建设能力各方面的限制而不能将桥面建的太宽。因此，近年来国内外相继出现了数座双幅或多幅桥面桥梁，其结构形式也各具特色，但从桥面间的连接形式来说，可以分为多幅桥面间有横向连接和多幅桥面间无横向连接两类，比如日本矢田桥[1]，美国 Fred Hartman Bridge、新 Tacoma 桥[2]，我国的宁波甬江大桥、佛山平胜大桥、青岛海湾红岛桥[3-5]及塘沽海河桥[6]都是采用双幅桥面中间无横向连接的结构形式，而正在建设的意大利墨西拿海峡大桥，我国的上海长江大桥、舟山连岛工程西堠门大桥[7]、昂船洲大桥等均采用双幅或多幅桥面中间有横向连接的结构形式。如果不考虑结构和气流的流固耦合作用以及横向连接构件对气流的影响，这两种结构形式的断面在风的作用下，桥面外部绕流的形态应该是相似的，但实际上，大跨度桥梁往往结构轻柔，阻尼低，对风荷载的敏感性较强，结构与气流的相互作用往往不能忽略。因此，由于横向连接的作用，两种结构形式的双幅或多幅桥面的桥梁结构动力性能往往有很大的差异，这就造成了两种结构形式双幅或多幅桥面桥梁在气动性能上的差别。比如，双幅桥面间有横向连接的断面形式以前往往被称为中央开槽形主梁断面，这种断面形式可以通过调整两幅或多幅桥面之间的距离而提高桥梁的颤振稳定性，而双幅桥面间无横向连接的结构形式却因为上下游桥面间显著的气动相互干扰而可能使气动稳定性降低。以前的研究往往集中在这两种结构形式的主梁各自气动性能的优化研究，譬如如何调整横向有连接桥面桥梁的开槽宽度来提高颤振临界风速，以及如何减少横向无连接结构形式的断面由于气动干扰而带来的负面效应，而鲜见文章针对两种结构形式的桥梁的气动性能做一个比较，而使得大跨度多车道桥梁的概念设计缺少参考。

本文根据泉州海湾跨海大桥的两个设计方案为背景，分别对双幅横向有连接叠合梁桥面和双幅横向无连接叠合梁桥面的两种结构方案进行结构动力特性分析及节段模型风洞试验，探讨两种结构形式的双幅桥梁在动力性能及气动性能上的差别。

2　结构动力特性分析

采用大型通用有限元软件 ANSYS，对泉州海湾桥两种主梁形式的结构进行动力特性分析，其中，主梁、主塔、桥墩采用三维梁单元 Beam4，斜拉索采用空间杆单元 Link8，利用 Ernst 公式考虑斜拉索垂度效应引起材料等效弹性模量的改变。

通过比较图 1、图 2 可以看出，双幅桥面间的横向连接使得整个桥梁结构的动力特性呈现出较大差异，以成桥运营状态为例说明：由于两幅桥面间连接横隔板的存在，使得两幅桥面间不存在刚体相对位移，双幅桥面间有连接的结构形式表现出与常规单幅桥面桥梁相似的模态特征，即结构仅存在单纯的一阶竖向弯曲振型和一阶扭转振型，结构一阶竖弯基频为 0.341 7Hz，由于索塔采用门式桥塔，结构的抗扭刚度较低，同时靠横梁连接在一起的叠合梁主梁质量重，宽度大，主梁质量分布两侧多、中间少，所以整个

基金项目：国家自然科学基金(50978204)和国家重点实验室基础研究基金(SLDRCE08-A-02)联合资助。

主梁的质量惯性矩较大，结构的扭转频率较低，仅有0.508 8Hz.，扭弯频率比为1.489。而对于双幅桥面间无横向连接的结构，两幅桥面间除通过拉索与主塔相连接外，再无其他相对的位移约束，因此，两幅桥面间很容易产生相对刚体位移，这种相对位移反应在模态特征上，就是两幅桥面将会出现同向运动和反向运动模态：对于竖弯模态，同向竖弯模态首先出现，模态频率为0.335 3，这与双幅桥有横向连接结构的竖弯模态非常接近，而反向运动模态的出现伴随着三塔柱门式主塔的扭转振型，频率为0.436 9，实际上，从两幅主梁的相对位置关系来看，这一阶竖弯模态与横向有连接方案的一阶扭转模态相似，因为没有横向连接，所以桥面的扭转位移较小，较横向有连接方案的一阶扭转频率有一定程度的降低；对于扭转模态，两幅主梁同向运动模态首先出现，并且扭转振型与主梁竖向弯曲振型有很大程度的耦合，模态频率为0.867 3Hz，而反向运动扭转模态的频率为0.949 7Hz，这较双幅桥面一阶扭转基频分别高出了70.5%和86.7%。对于施工最长单悬臂状态，主梁间的横向连接对结构动力特性的影响表现相似。

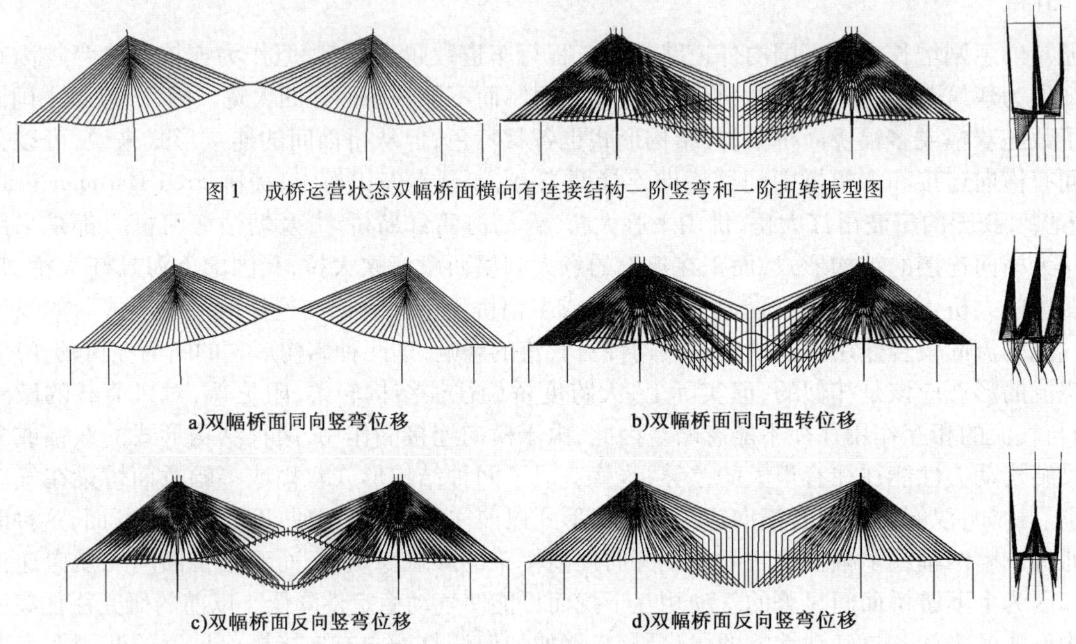

图1　成桥运营状态双幅桥面横向有连接结构一阶竖弯和一阶扭转振型图

a)双幅桥面同向竖弯位移　　b)双幅桥面同向扭转位移

c)双幅桥面反向竖弯位移　　d)双幅桥面反向竖弯位移

图2　成桥运营状态双幅桥面横向无连接结构一阶竖弯和一阶扭转振型图

综上述，桥面间有横向连接的双幅桥梁与桥面间无横向连接的双幅桥梁在结构动力特性上有着明显的差异，双幅桥面间有横向连接的结构，其一阶竖弯模态与扭转模态与常规的单幅桥类似；而双幅桥面间无横向连接的结构，其低阶的竖弯和扭转模态会出现双幅桥面同向运动和反向运动两种形式。

3　气动稳定性能

根据泉州海湾桥主梁设计基准风速计算得到的成桥运营阶段和施工阶段的颤振检验风速分别为：73.4m/s和64.6m/s。采用直接试验法对两种方案的成桥运营状态和施工最长单悬臂状态进行了-3°、0°和+3°三种攻角下的竖弯和扭转两自由度耦合颤振试验。试验中，由于双幅横向无连接桥面结构具有同向和反向运动两种低阶竖弯和扭转模态，考虑到双幅桥面反向竖弯振型和同向扭转振型等效广义质量过大，较不容易发生颤振，故取横向无连接双幅桥面的同向竖弯和反向扭转模态来考虑模型与实桥的相似关系。

两种结构形式的双幅桥面在成桥运营状态和施工最长单悬臂状态下的气动稳定性均满足要求，横向有连接双幅桥面主梁和横向无连接双幅桥面主梁的颤振临界风速均远远高于结构的颤振检验风速73.4m/s和64.6m/s。但两种结构在风作用下的气动响应规律却存在着较大的差别，主要表现在：在发生颤振失稳前，横向有连接的双幅桥面主梁的风致振动位移响应均方根值随着来流风速的增加呈现出比较平滑的渐增规律，而双幅横向无连接的桥面虽然大体上也呈现风速越大，振动越剧烈的趋势，但振动均方根值—风速曲线却表现出明显的波折，并且两幅桥面位移均方根值曲线的波折程度虽然不同，但波折的规律非常相似，这主要是因为在来流的作用下，气流在经过两幅桥面时，会受到两幅桥面振动作用的影响而改变断面外部绕流的形态，这就使得两幅桥面间存在这严重的气动相互干扰作用，可能导致在某些风速下，两幅桥面的振动都被放大，而某些风速下这种相互干扰又抑制了桥面的振动。

试验中，在无横向连接双幅桥面施工状态 +3°攻角下观察到了软颤振现象，两座桥的位移时程曲线类似于正弦波，振动幅值随着风速不断增加，而没有出现明显的颤振发散形态，并且下游桥面的振动幅值始终要大于上游桥面，软颤振发生的风速约为 135m/s。而对于横向有连接双幅桥面主梁，当来流风速大于 145m/s 时，其仍然保持着良好的气动稳定性。因此，可以看出，虽然双幅无横向连接桥面结构施工最长单悬臂状态的扭转基频高出双幅无横向连接桥面结构扭转基频的 90.5%，但因为主梁质量较轻，且桥面间存在着不可忽视的气动相互干扰，这就可能使得双幅无横向连接桥面主梁的气动稳定性劣于双幅桥面有横向连接结构。

4 涡激共振性能

比较双幅桥面主梁的涡激共振性能和单幅桥面的涡振性能可以发现，单幅桥面在 -3°、0°和 +3°攻角下均产生了明显的竖向涡激共振，并在 -3°攻角下出现了扭转涡激共振，而两种形式的双幅桥面均未观测到明显的扭转涡激共振，仅双幅有横向连接双幅桥面在 -3°风攻角下出现了较大振幅的竖向涡振，无横向连接的双幅桥面在 -3°、0°和 +3°攻角下均未发生竖向或扭转涡振。

可以看出，由于结构形式的不同，双幅桥面主梁的涡激共振性能会产生很大的差别，这种差别产生的原因是因为横向有连接的双幅桥面在气流的作用下同振幅、同相位整体运动，而双幅无连接的桥面在气流的作用下却会根据各自受到的气流作用而产生各自的响应，这种响应的相关程度肯定与前者不同，而反过来，桥面附近气流的绕流形态也会因为双幅桥面各自的运动形式与横向有连接桥面外部的绕流形态而产生差异，这种差异有可能放大或者抑制桥梁结构在风的作用下发生涡激共振的振幅，改变桥梁结构涡激共振的锁定风速区间，因此，就形成了两种截然不同的涡激共振特性。对于单幅桥面，其所受的涡激力只与断面周围的流场和自身的运动状态有关，而不会产生桥面间的气动干扰效应。

5 气动三分力系数

如果忽略连接横隔板的影响，横向有连接双幅桥面和横向无连接双幅桥面外形相似，考虑其在定常假定下受到气流的作用力相同，因此有横向连接主梁的阻力和升力可以认为是上下游桥面之和，而升力矩系数也可以根据上下游桥面的三分力经过简单的计算得到。故本文通过测定横向无连接双幅桥面各自的气动三分力系数研究双幅桥面气动三分力由于气动干扰所表现出来的特性，同时研究了双幅桥面气动三分力随桥面间距的变化规律。图 3 给出了双幅桥面的上、下游桥面在 D/B =1.1、1.2、1.3、1.4、1.5 和 2.0 六个状态下的三分力系数，其中 D 为上下幅桥面中心线的间距，B=26.65m 为桥宽。

在风攻角 -3° ~ +3°范围内，双幅桥面主梁各桥面的三分力系数与单幅桥面相比有明显的变化，其中，阻力系数较单幅桥面来讲有大幅度的降低，特别是对于下游桥面，由于上游桥的遮挡效应，下游桥的阻力系数甚至小于相应单幅桥面状态的 30% 以上，反之，由于下游桥面对上游桥面尾流的减速作用而使得上游桥下风侧的负压较小，故阻力系数也有一定程度的降低；对于升力系数和升力矩系数，除在 -3°攻角下游桥面的升力矩系数小于或接近对应单幅桥面的升力矩系数以外，其他情况下双幅桥面主梁各桥面的升力和升力矩系数数值上均大于对应的单幅桥面。同时，双幅桥面每个桥面的三分力系数也随着双幅桥面间间距的变化而变化，对于阻力系数，上下游桥面的阻力系数随 D/B 的增大而总体上趋于上升，并且下游桥面阻力系数随 D/B 的变化程度要大于上游桥面；对于升力系数和升力矩系数，上游桥面随桥面间距离的变化不显著，下游桥面的升力和升力矩系数却对桥面间的距离比较敏感，呈现一定的波动变化。

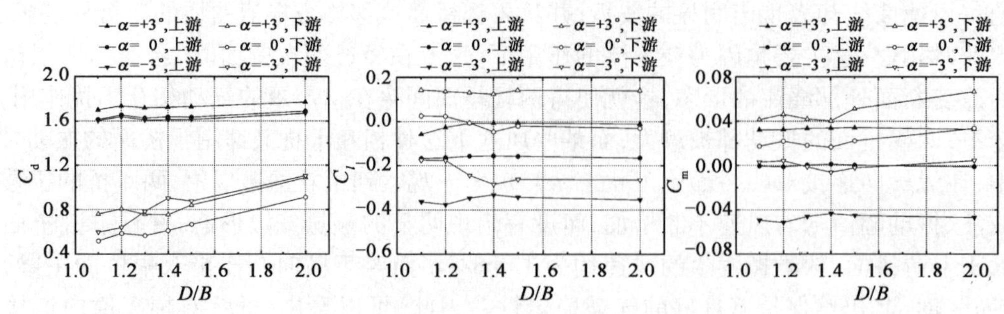

图3 双幅桥面三分力系数随距离变化曲线

6 结论

通过对泉州湾跨海大桥主桥两种双幅桥面结构方案结构动力特性、桥梁气动稳定性能、涡激共振性能以及桥梁断面气动三分力系数的研究,得到以下结论:

(1)泉州海湾桥横向有连接双幅桥面结构和横向无连接双幅桥面结构两种结构的动力特性存在着显著差异,其中,横向有连接方案的主要竖弯和扭转模态与常规单幅桥面桥梁相似,但横向无连接双幅桥面会出现两幅桥面同向和反向的竖弯与扭转模态。

(2)泉州海湾桥两种结构形式的双幅桥面结构均能满足颤振稳定性要求,但横向无连接方案双幅桥面间存在着显著的气动干扰效应,这有可能会不利于桥梁结构的气动稳定性。

(3)泉州海湾桥横向有连接双幅桥面和横向无连接双幅桥面的涡振性能较单幅桥面的涡振性能有较大变化,且两种桥面方案结构的涡振性能也存在很大差别,这种差别主要是因为柔性结构与气流的流固耦合作用以及双幅桥面间的气动干扰效应而形成的。

(4)双幅桥面各桥面的三分力系数与单幅桥面有显著差别,并且双幅桥面各自的三分力系数随着双幅桥面间的间距变化,其中,阻力系数随着双幅桥面间距的增大而增大,慢慢近于单幅桥面自身的阻力系数,上游桥面的变化程度不如下游桥面明显,对于升力系数和升力矩系数,上游桥面随桥面间距离的变化不显著,下游桥面的升力和升力矩系数却对桥面间的距离比较敏感,呈现一定的波动变化。

参考文献

[1] 林志兴, 葛耀君, 曹丰产,等. 钢箱梁桥的抗风问题及其对策研究[J]. 同济大学学报, 2002, 30(5): 614-617.

[2] Irwin P A, Stoyanoff S, Xie J M, *et al*. Tacoma narrows 50 years later-wind engineering investigations for parallel bridges[J]. Bridges Structures, 2005, 1(1): 3-17.

[3] 陈政清, 牛华伟, 刘志文. 平行双箱梁桥面颤振稳定性试验研究[J]. 振动与冲击, 2006, 25(6): 54-58.

[4] 陈政清, 牛华伟, 李春光. 并列双箱梁桥面风致涡激振动试验研究[J]. 湖南大学学报, 2007, 34(9): 16-20.

[5] 刘志文, 陈政清, 刘高,等. 双幅桥面桥梁三分力系数气动干扰效应试验研究[J]. 湖南大学学报, 2008, 35(1): 16-20.

[6] 郭震山, 孟晓亮, 周奇,等. 既有桥梁对邻近新建桥梁三分力系数的气动干扰效应[J]. 工程力学, 2010, 27(9): 181-200.

[7] 张伟, 魏志刚, 杨詠昕,等. 基于高低雷诺数试验的分离双箱涡振性能对比[J]. 同济大学学报, 2008, 36(1): 6-11.

气动力有理函数识别的理论分析和试验研究

欧阳克俭[1,2]　陈政清[2]

(1. 湖南省电力公司科学研究院　长沙　410007

2. 湖南大学风工程试验研究中心　长沙　410082)

1　引言

在时域颤振分析中除了间接得到时域表达式的方法之外,通过风洞试验或者CFD数值模拟直接识别有理函数或阶跃函数是一种有效和快捷的方法,直接识别时域表达式的方法还能避免在间接拟合常系数时数据处理方面的误差累积,直接识别时域表达式能更好地描述非定常自激力,精度更高。谢霁明(1986年)[1]首先通过形成包含系统结构响应所有的复模态信息,然后根据初始脉冲作用得到的耦合振动时域信号,利用Kalman滤波技术识别特征矩阵得到不同风速下的结构复模态,最后进行Laplace变换识别出了有理函数。该方法对试验技术和数据处理要求比较高,而且在识别过程中需要人为选择初始参数,识别过程较为复杂而没有得到推广应用。Chowdhury A[2]进行了二自由度识别有理函数的风洞试验,他首先通过拉普拉斯逆变换将有理函数表达的非定常自激力变换为时域表达的形式,其中包含有位移信息、速度信息和加速度信息,然后用二自由度风桥耦合体系中的速度信息和加速度信息替换自激力时域表达式中相对应的部分,在初始位移激励下得到不同风速下模型表面的压力时程,通过积分确定模型受到的自激力,最后再通过最小二乘得到有理函数,同时通过有理函数的虚实部计算出相应的气动导数,这是一种自由振动识别有理函数的方法。Caracoglia[3]通过自由振动方法识别了机翼断面和一个钝体断面的阶跃函数。

2　有理函数识别的理论分析

对Scanlan时频混合表达气动力的三自由度方程作无量纲时间($s = Ut/B$)的拉普拉斯变换可以得到关于无量纲位移$\dfrac{h}{B}$、$\dfrac{p}{B}$、α的方程组。

$$\left[mB\left(\frac{U}{B}\right)^2 + c_h B\left(\frac{U}{B}\right) + k_h B\right]\left(\frac{\tilde{h}}{B}\right) = \tilde{L}_{se} \tag{1a}$$

$$\left[mB\left(\frac{U}{B}\right)^2 + c_p B\left(\frac{U}{B}\right) + k_p B\right]\left(\frac{\tilde{p}}{B}\right) = \tilde{D}_{se} \tag{1b}$$

$$\left[I\left(\frac{U}{B}\right)^2 + c_\alpha\left(\frac{U}{B}\right) + k_a\right]\tilde{\alpha} = \tilde{M}_{se} \tag{1c}$$

式中,$\left(\dfrac{\tilde{h}}{B}\right)$、$\left(\dfrac{\tilde{p}}{B}\right)$、$\tilde{\alpha}$为对无量纲位移$\dfrac{h}{B}$、$\dfrac{p}{B}$、$\alpha$作拉普拉斯变换;$\tilde{L}_{se}$、$\tilde{D}_{se}$、$\tilde{M}_{se}$为气动力$L_{se}$、$D_{se}$、$M_{se}$的拉普拉斯变换。

其中$\tilde{L}_{se}$,$\tilde{D}_{se}$,$\tilde{M}_{se}$可以表示为:

$$\tilde{L}_{se} = \rho U^2 B\left[iK_h^2 H_1^* \frac{\tilde{h}}{B} + iK_\alpha^2 H_2^* \tilde{\alpha} + K_\alpha^2 H_3^* \tilde{\alpha} + K_h^2 H_4^* \frac{\tilde{h}}{B} + iK_p^2 H_5^* \frac{\tilde{p}}{B} + K_p^2 H_6^* \frac{\tilde{p}}{B}\right] \tag{2a}$$

基金项目:国家自然科学基金重点项目(50738002)和湖南省研究生科研创新项目(CX2009B075)联合资助。

$$\widetilde{D}_{se} = \rho U^2 B\left[iK_p^2 P_1^* \frac{\widetilde{p}}{B} + iK_\alpha^2 P_2^* \widetilde{\alpha} + K_\alpha^2 P_3^* \widetilde{\alpha} + K_p^2 P_4^* \frac{\widetilde{p}}{B} + iK_h^2 P_5^* \frac{\widetilde{h}}{B} + K_h^2 P_6^* \frac{\widetilde{h}}{B}\right] \tag{2b}$$

$$\widetilde{M}_{se} = \rho U^2 B^2\left[iK_h^2 A_1^* \frac{\widetilde{h}}{B} + iK_\alpha^2 A_2^* \widetilde{\alpha} + K_\alpha^2 A_3^* \widetilde{\alpha} + K_h^2 A_4^* \frac{\widetilde{h}}{B} + iK_p^2 A_5^* \frac{\widetilde{p}}{B} + K_p^2 A_6^* \frac{\widetilde{p}}{B}\right] \tag{2c}$$

沿用航空动力学中的机翼理论，在桥梁时域颤振分析中，非定常气动力的传递函数常用有理函数的形式来近似表示：

$$R(iK) = A_1 + (iK)A_2 + (iK)^2 A_3 + \sum_{j=1}^{n} \frac{iK}{iK + d_j} B_j \tag{3}$$

若将式(3)最后一项取 $n=1$，同时忽略加速度项对气动力的影响则可表示为：

$$R(q) = A_1 + qA_2 + \frac{q}{q+d}E \tag{4}$$

对于三自由度系统，

$$R(q) = \begin{bmatrix} R_{LL} & R_{LP} & R_{LM} \\ R_{PL} & R_{PP} & R_{PM} \\ R_{ML} & R_{MP} & R_{MM} \end{bmatrix} = A_1 + qA_2 + \frac{q}{q+d}\begin{bmatrix} E_{LL} & E_{LP} & E_{LM} \\ E_{PL} & E_{PP} & E_{PM} \\ E_{ML} & E_{MP} & E_{MM} \end{bmatrix} \tag{5}$$

式(5)代入式(1)得到拉氏域中单位长度的气动升力、气动阻力和气动扭矩，然后再作拉普拉斯逆变换，运用拉普拉斯变换的微分性质和线性性质，可以得到时域 t 的气动力表达式：

$$\dot{L}_{se} + d_L \frac{U}{B} L_{se} = \rho U^2 B\left[\left(\frac{U}{B}\right)\Phi_{L1} X + \Phi_{L2}\dot{X} + \left(\frac{B}{U}\right)\Phi_{L3}\ddot{X}\right] \tag{6a}$$

$$\dot{P}_{se} + d_P \frac{U}{B} P_{se} = \rho U^2 B\left[\left(\frac{U}{B}\right)\Phi_{P1} X + \Phi_{P2}\dot{X} + \left(\frac{B}{U}\right)\Phi_{P3}\ddot{X}\right] \tag{6b}$$

$$\dot{M}_{se} + d_M \frac{U}{B} M_{se} = \rho U^2 B^2\left[\left(\frac{U}{B}\right)\Phi_{M1} X + \Phi_{M2}\dot{X} + \left(\frac{B}{U}\right)\Phi_{M3}\ddot{X}\right] \tag{6c}$$

式(6)中 $\Phi_{v\theta}(v = L,P,M;\theta = 1,2,3)$ 为待定的有理函数系数矩阵。

经变换，可以通过有理函数计算气动导数，其中 Im 表示求虚部，Re 表示求实部，如式(7)所示。

$$H_1^* = \mathrm{Im}(R_{LL})/K^2 \qquad H_4^* = \mathrm{Re}(R_{LL})/K^2 \tag{7a}$$

$$H_2^* = \mathrm{Im}(R_{LM})/K^2 \qquad H_3^* = \mathrm{Re}(R_{LM})/K^2 \tag{7b}$$

$$H_5^* = \mathrm{Im}(R_{LP})/K^2 \qquad H_6^* = \mathrm{Re}(R_{LP})/K^2 \tag{7c}$$

$$P_1^* = \mathrm{Im}(R_{PP})/K^2 \qquad P_4^* = \mathrm{Re}(R_{PP})/K^2 \tag{7d}$$

$$P_2^* = \mathrm{Im}(R_{PM})/K^2 \qquad P_3^* = \mathrm{Re}(R_{PM})/K^2 \tag{7e}$$

$$P_5^* = \mathrm{Im}(R_{PL})/K^2 \qquad P_6^* = \mathrm{Re}(R_{PL})/K^2 \tag{7f}$$

$$A_1^* = \mathrm{Im}(R_{ML})/K^2 \qquad A_4^* = \mathrm{Re}(R_{ML})/K^2 \tag{7g}$$

$$A_2^* = \mathrm{Im}(R_{MM})/K^2 \qquad A_3^* = \mathrm{Re}(R_{MM})/K^2 \tag{7h}$$

$$A_5^* = \mathrm{Im}(R_{MP})/K^2 \qquad A_6^* = \mathrm{Re}(R_{MP})/K^2 \tag{7i}$$

3 有理函数识别试验和结果

图 1 为湖南大学风工程试验研究中心开发的三自由度强迫振动系统运动控制程序界面，该装置可以做横、竖、扭方向的单自由度振动，任意两个自由度方向的耦合振动以及三个自由度的耦合振动；图 2 为固定于强迫振动装置上的节段模型；图 3 为识别得到的四个有理函数；图 4 为给出的气动导数 H_2 和 A_2。结果表明和风洞试验直接识别的气动导数吻合很好。

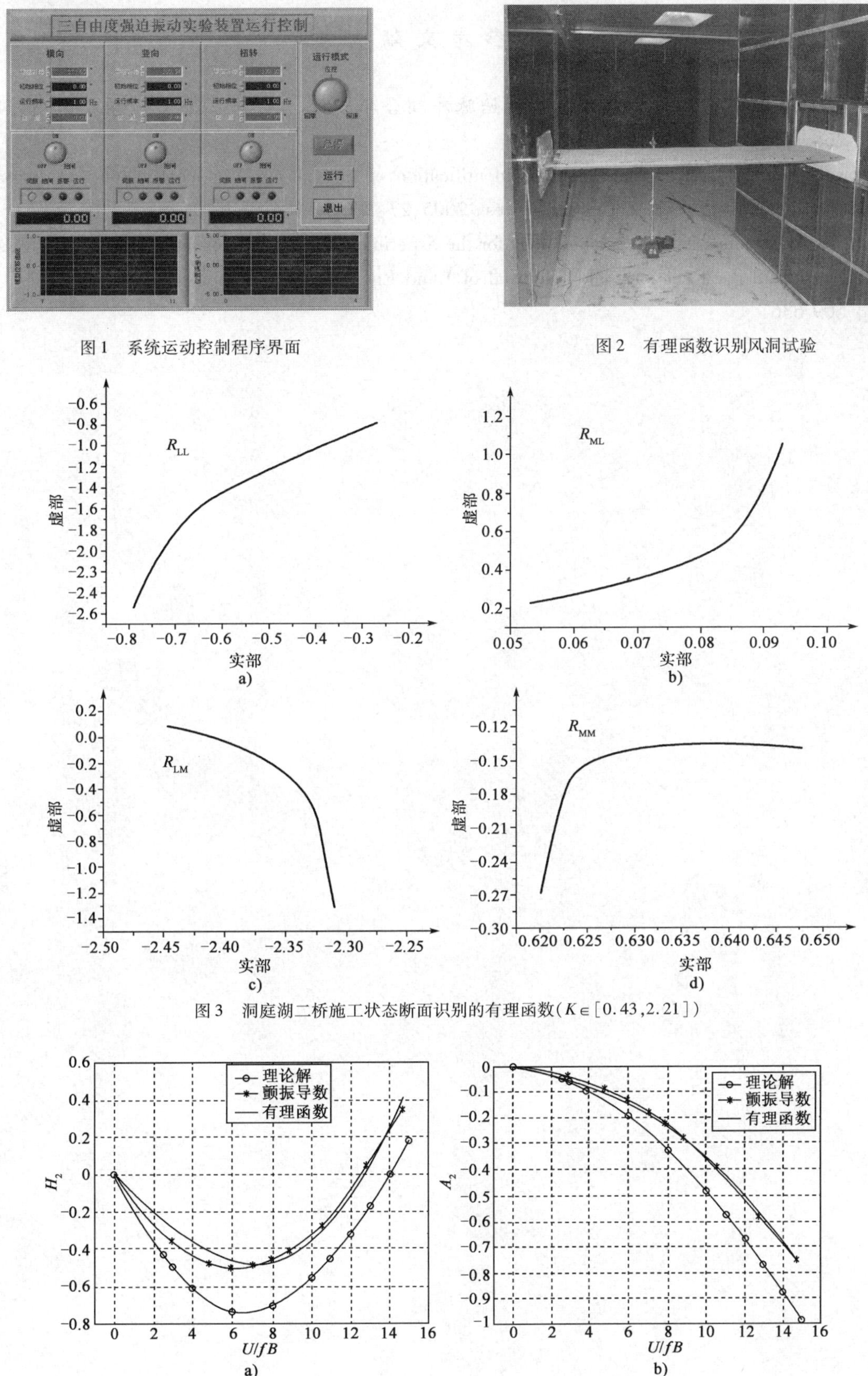

图 1　系统运动控制程序界面

图 2　有理函数识别风洞试验

图 3　洞庭湖二桥施工状态断面识别的有理函数（$K\in[0.43,2.21]$）

图 4　气动导数对比

参考文献

[1] 谢霁明. 识别非定常气动力模型的初始脉冲耦合振动法[J]. 空气动力学学报,1986,4(3): 258-268.

[2] Chowdhury A, Sarkar P. Experimental identification of rational function coefficients for time-domain flutter analysis [J]. Engineering structures, 2005,27: 1349-1364.

[3] Caracoglia L, Jones N P. A methodology for the experimental extraction of indicial functions for streamlined and bluff deck sections [J]. Journal of Wind Engineering and Industrial Aerodynamics, 2003, 91: 609-636.

大跨度流线型箱梁悬索桥抗风性能研究

秦浩　廖海黎　李明水

（西南交通大学风洞实验中心　成都　610031）

1　引言

悬索桥跨度大幅度增长，结构刚度的急剧下降，使得风致振动对桥梁安全性的影响更加重要。首先，影响风振性能最关键的因素就是抗风稳定性。以拟建的普立特大悬索桥为研究对象，该桥塔较高，桥位所处的西部山区地形起伏很大、气象条件复杂，桥址处存在典型山区脉动风产生的条件。以该桥为研究对象，研究大跨度流线型箱梁悬索桥抗风稳定性，通过节段模型风洞试验，采用优化主梁截面形式，有效得提高了悬索桥的气动稳定性。

2　普立特大桥概况（图1、图2）

主桥推荐方案为主跨628m的悬索桥，混凝土门式桥塔高153m（138m），主梁采用流线型扁平钢箱梁，梁高3.0m，宽28.5m，斜腹板和底板夹角158°。

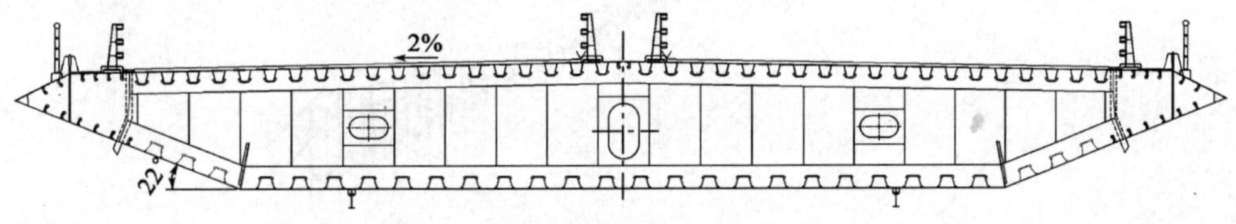

图1　标准断面布置图

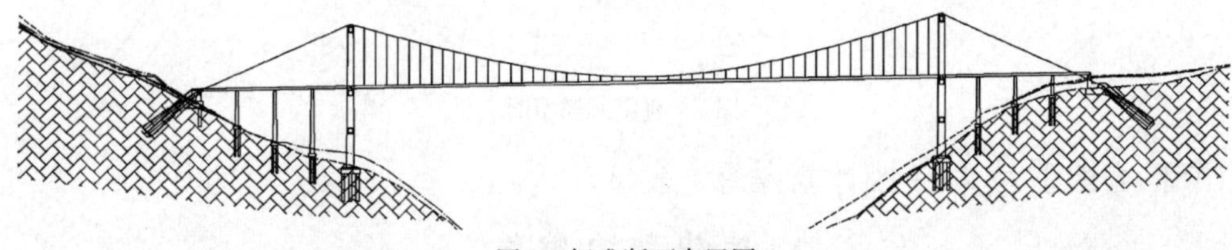

图2　标准断面布置图

根据桥位附近威宁、宣威、盘县、兴仁、安顺、毕节、曲靖沾益、昭通的100年一遇10min平均最大风速，特别是宣威气象数据的统计分析成果，利用气象统计分析方法，在综合考虑海拔修正和山谷风效应的基础上，得出桥面高度出的设计风速为34.98m/s。即：

$$U_{d} = 34.98\text{m/s}$$

根据《公路桥梁抗风设计规范》（JTG/T D60-01—2004）的规定，桥梁的颤振检验风速为

$$[U_{cr}] = 1.2\mu_{f}U_{d}$$

式中，1.2为综合安全系数；μ_{f}为考虑风的脉动特性以及空间相关特性影响的修正系数，根据跨度和地表粗糙度类别取μ_{f}为1.363。

所以成桥状态的颤振检验风速为：

$$[U_{cr}] = 1.2 \times 1.363 \times 34.98 = 57.21\text{m/s}$$

根据抗风设计要求，普立特大桥成桥运营阶段的和施工阶段颤振临界风速和驰振临界风速必须大于上述检验风速。表1为普立特大桥成桥及施工状态各种风速标准汇总。

基金项目：国家自然科学基金资助项目（50978223）和国家自然科学基金资助项目（90815016）联合资助。

普立特大桥成桥及施工状态的风速标准 表1

风速类型	成桥状态
设计基准风速(m/s)	34.98
颤振检验风速(m/s)	57.21
驰振检验风速(m/s)	41.98

3 结构动力特性分析

3.1 结构有限元模型的建立

桥面结构计算模型采用传统的“鱼骨梁”模型,如图3所示。主梁和桥塔按照实际空间位置离散为三维梁单元,拉索离散为三维索单元,桥墩和交界墩也离散为三维梁单元,并按照各自的截面特性和材料特性赋值进行计算。成桥状态约束条件考虑为桥塔底部和墩底部按照实际条件设置固定约束,6个自由度全部限定;主梁和桥塔耦合竖向、横向和沿桥向扭转3个自由度,其他几个自由度放开,塔顶和大缆固接,耦合全部6个自由度,散索鞍处放松大缆切向和扭转自由度。

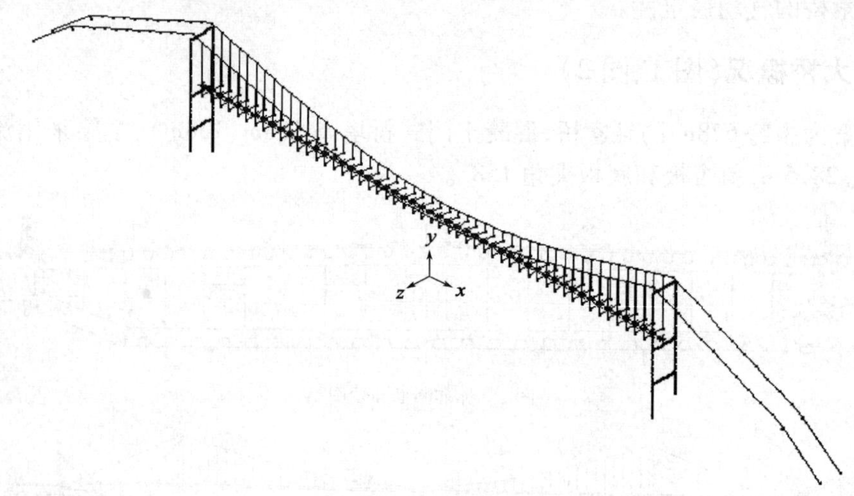

图3 有限元模型图

3.2 有限元模型动力特性计算结果(表2)

结构动力特性 表2

振型特点	频率(Hz)	主梁纵向等效质量(kg/m)	主梁竖向等效质量(kg/m)	主梁横向等效质量(kg/m)	主梁扭转等效质量($kg\cdot m^2/m$)
一阶反对称竖弯	0.168	1.45×10^5	2.12×10^4	—	—
一阶正对称竖弯	0.236	4.38×10^6	1.88×10^4	—	—
一阶正对称扭转	0.502	—	—	2.20×10^6	1.73×10^6
一阶反对称扭转	0.720	—	—	—	1.75×10^6

注:本表中“—”表示数值较大,即在该方向没有振动。

4 节段模型颤振试验

主梁节段模型采用1∶50的几何缩尺比,模型长$L=2.095$m,宽$B=0.571$m,高$H=0.062$m。模型用红松木和层板制作,行车道采用优质泡沫制作,防撞护栏和风障按图纸尺寸采用塑料板整体雕刻制作。安装在风洞中的测力模型如图4所示。

4.1 模型要求

图4 安装在风洞中的动力节段模型

采用直接测量法进行颤振及驰振试验时,要求模型系统满足动力节段模型的相似律,即要求模型与原型(实桥)之间保持三组无量纲参数一致,见表3。

根据对颤振机理的认识,通过对结构动力特性计算结果的分析可知,成桥状态可能的颤振形态由竖弯基频和扭转基频控制。对于成桥状态,颤振试验按主梁第一对称竖弯0.235 6Hz和主梁第一对称扭转0.501 7Hz两个模态组合来确定模型系统的扭弯频率比,即2.129。

颤振试验模型设计参数(风速比:3.85) 表3

参数名称	符号	单位	缩尺比	实桥值	模型要求值	模型实现值
主梁高	H	m	1/50	3	0.060	0.062
主梁宽	B	m	1/50	28.65	0.571	0.571
单位长度质量	M	kg/m	$1/50^2$	18799	15.754	15.780
单位长度质量惯矩	I_m	kg·m²/m	$1/50^4$	1733778	0.581	0.567
回转半径	R	m	1/50		0.192	0.190
竖弯频率	f_h	Hz		0.2356		3.059
竖弯阻尼比	ζ_h	%	1		<0.5	0.43
扭转频率	f_α	Hz		0.5017		6.615
扭转阻尼比	ζ_α	%	1		<0.5	0.45
扭弯频率比	E	—	1		2.16	2.13

4.2 试验结果及优化

颤振试验结果见表4,主梁斜腹板和底板的夹角为158°时,在风攻角+3°和+6°时原设计方案不能满足颤振检验风速的要求。

斜腹板和底板夹角158° 表4

攻 角	模型临界风速(m/s)	实桥临界风速(m/s)	颤振检验风速(m/s)
-6°	>20.5	>78.9	57.21m/s
-3°	>20.5	>78.9	
0°	>20.5	>78.9	
+3°	14.8	57.0	
+6°	11.5	44.3	

考虑到该桥位于西部山区峡谷,该处平均风速较大,风环境非常复杂,正攻角风时有发生。必须对主梁的断面进行气动外形优化设计,提高其颤振发生风速。通过试验发现,当增大斜腹板和底板的夹角(图5)能有效提高正攻角下主梁的气动稳定性。当斜腹板和底板夹角增加到164°,试验结果见表5,能有效地抑制风攻角的+3°和+6°气动稳定性。

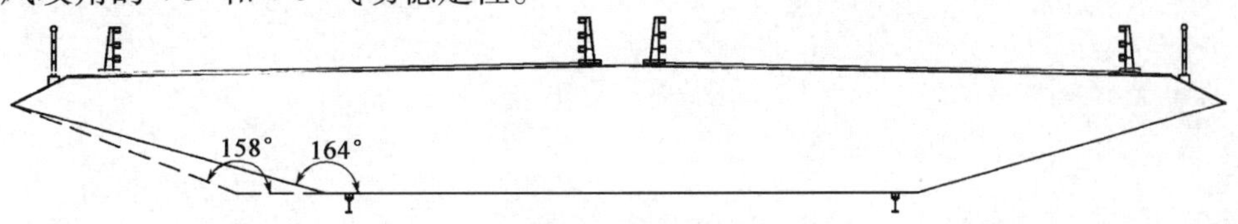

图5 不同斜腹板和底板夹角示意图

斜腹板和底板夹角164° 表5

攻　角	模型临界风速 (m/s)	实桥临界风速 (m/s)	颤振检验风速 (m/s)
-6°	>20.5	>78.9	57.21
-3°	>20.5	>78.9	
0°	>20.5	>78.9	
+3°	14.8	>78.9	
+6°	11.5	>78.9	

5 结论

通过风洞试验发现,通过增大斜腹板和底板的夹角能使颤振发生风速显著提高。建议在设计流线型箱梁断面时选择较大的斜腹板和底板的夹角,这样能有效提高大跨度悬索桥的气动稳定性。当斜腹板和底板夹角增加到164°,能有效地提高风攻角的+3°和+6°气动稳定性。

参考文献

[1] 徐洪涛,苑敏,蒲焕玲,等.大跨钢桁加劲梁气动弹性模型的设计方法[J].四川建筑科学研究,2009(2).

[2] 杨咏漪,廖海黎,李永乐.黄浦南汉桥风致抖振疲劳频域分析[J].四川建筑科学研究,2009,(3).

大跨钢桁架悬索桥颤振稳定性气动措施试验研究

盛永青　侯莉倩　刘庆宽

（石家庄铁道大学风工程研究中心　石家庄　050043）

1　引言

随着桥梁跨径的不断增大，其柔度也越来越大，于是，对桥梁抗风性能的研究就显得尤为重要[1]。一些学者通过风洞试验等方法对桥梁颤振各种气动控制措施进行了广泛研究，但是桥梁的抗风性能对主梁断面较为敏感，对于同一种气动措施，应用于不同的桥梁，其作用效果可能相差很大。这就加剧了问题的复杂性和研究的难度[2-5]。

本文针对大跨度钢桁架悬索桥，通过节段模型试验，研究了各种气动措施下桥梁主梁的颤振性能，得出了颤振临界风速与气动措施的尺寸及安装位置的关系。

2　试验概况

2.1　工程背景

某悬索桥方案桥跨布置为180m＋730m＋100m，桥面宽度17.5m，矢跨比1/10，加劲梁采用钢桁架梁，梁高5m，桥面板采用钢混组合桥面板。主索采用钢丝束为91束91丝直径5.2mm预制索股，吊杆采用5－109丝每束预应力钢绞线，吊杆间距10m。桥梁横断面如图1所示。

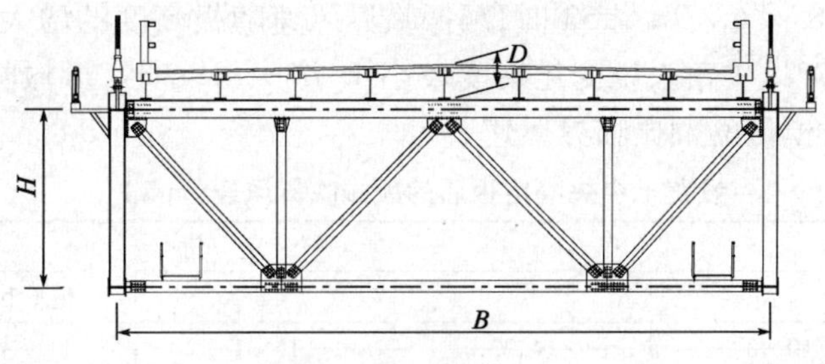

图1　加劲梁标准断面

2.2　风场及试验工况

试验在石家庄铁道大学风工程研究中心边界层风洞中进行，该风洞为串联双试验段回/直流边界层风洞，低速试验段宽4.4m，高3m，长24m，风速1～30m/s连续可调；高速试验段宽2.2m，高2m，长5m，风速3～80m/s连续可调。本文所进行的桥梁节段模型测振试验在高速试验段中进行。

节段长度为2.15m，模型缩尺比为1:40，竖向弯曲振动频率1.95Hz，单位长度竖向等效质量为12.74kg，扭转振动频率为4.004Hz，单位长度扭转等效质量0.37kg·m^2/m，竖向弯曲振动的阻尼比为0.58%；扭转振动阻尼比为0.49%，加速度传感器采样频率为200Hz。

研究的主要内容为中央稳定板及各导流板的高度对桥梁颤振临界风速的影响。上中央稳定板高度h_1设计了10种尺寸，与桥面板高度D的比值分别为：0.24、0.33、0.41、0.56、0.71、0.87、1.02、1.18、1.33、1.53；下中央稳定板高度h_2也设计了10种尺寸，与桁架梁高度H的比值分别为：0.08、0.11、0.14、0.17、0.2、0.23、0.26、0.29、0.32、0.35；桁架底部的导流板高度h_3设计了五种尺寸，与桁架梁高

基金项目：国家自然科学基金（50878135）、河北省自然科学基金（E2008000442）和河北省科技支撑计划（09215626D）联合资助。

度 H 的比值分别为:0.2、0.25、0.3、0.35、0.4;栏杆上的导流板宽度与栏杆的高度相等,对于这种气动措施,主要研究安装角度 α 对颤振临界风速的影响。本次试验选取 α 角为 $-15°$、$0°$和 $+15°$。各种工况的安装位置及 α 角的定义如图2。

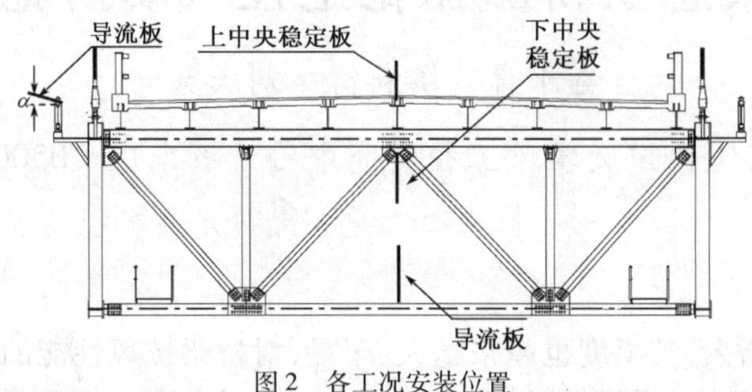

图2 各工况安装位置

3 气动措施对颤振气动稳定性的影响

3.1 颤振临界风速

设置上中央稳定板、下中央稳定板、导流板的颤振临界风速试验结果分别如表1～表4所示。

从表1中可以看出,对于上中央稳定板,高度较小时($h_1/D\leqslant0.41$),最不利风攻角为 $+3°$,当板的无量纲高度 h_1/D 超过0.41,最不利风攻角变为 $-3°$。不同风攻角下颤振临界风速随板高度变化的规律相差很大:在 $+3°$风攻角下,颤振临界风速随板高度增大而不断升高,而且变化的速率越来越大,当稳定板的无量纲高度 h_1/D 超过0.71时,颤振临界风速超过22m/s;对于0°风攻角,颤振临界风速随板高度的增大呈现波动性变化。高度最小的稳定板对应的颤振临界风速达到19.74m/s,比原桥模型提高了5.52m/s,在这种情况下,颤振临界风速对上中央稳定板的高度很敏感。$0.33\leqslant h_1/D\leqslant0.87$ 时,颤振临界风速一直大于22m/s,$0.87\leqslant h_1/D\leqslant1.53$ 时,颤振临界风速随板高度的增大而下降;$-3°$风攻角下颤振临界风速相较于 $+3°$和0°风攻角来说变化幅度较小,$0.87\leqslant h_1/D$ 时,颤振临界风速随稳定板高度的增加而降低,最后低于原桥模型的颤振临界风速。

设置上中央稳定板后的颤振临界风速(m/s) 表1

h_1/D	风攻角				
	+3°	0°	-3°	最不利风攻角	最不利值
0	10.48	14.22	15.31	+3°	10.48
0.24	10.94	19.74	15.46	+3°	10.94
0.33	10.99	>22	15.39	+3°	10.99
0.41	11.9	>22	14.98	+3°	11.9
0.56	15.3	>22	15.27	-3°	15.27
0.71	20.35	>22	15.48	-3°	15.48
0.87	>22	>22	16.44	-3°	16.44
1.02	>22	20.2	15.39	-3°	15.39
1.18	>22	16.82	15.25	-3°	15.25
1.33	>22	16.85	14.42	-3°	14.42
1.53	>22	18.67	13.94	-3°	13.94

关于下中央稳定板的情况,从表2中可以观察到,当风攻角为 $+3°$时,颤振临界风速变化幅度较小,而且其提高效果不明显;对于0°风攻角,当 $0\leqslant h_2/H\leqslant0.17$ 时,颤振临界风速随稳定板高度的增大而升高,当 $0.17\leqslant h_2/H\leqslant0.26$ 时,颤振临界风速基本保持不变,当 $0.26\leqslant h_2/H\leqslant0.35$ 时,颤振临界风速随稳定板高度的增大而降低;对于 $-3°$风攻角,颤振临界风速随稳定板高度的增大而升高,当 h_2/H 超过0.14时,颤振临界风速始终都大于22m/s。

设置下中央稳定板后的颤振临界风速(m/s) 表2

h_2/D	风攻角				
	+3°	0°	-3°	最不利风攻角	最不利值
0	10.48	14.22	15.31	+3°	10.48
0.08	10.44	15.94	16.32	+3°	10.44
0.11	10.48	16.81	15.94	+3°	10.48
0.14	10.9	17.42	21.49	+3°	10.9
0.17	10.49	17.46	>22	+3°	10.49
0.20	10.96	17.38	>22	+3°	10.96
0.23	10.97	17.38	>22	+3°	10.97
0.26	10.93	17.37	>22	+3°	10.93
0.29	10.49	16.38	>22	+3°	10.49
0.32	10.97	16.19	>22	+3°	10.97
0.35	10.87	15.68	>22	+3°	10.87

表3为在桁架底部安装导流板后的颤振临界风速,对于+3°风攻角,颤振临界风速随板高度增大变化不明显,而且略低于原桥模型的颤振临界风速,对于0°和-3°风攻角,颤振临界风速随板高度增加而减小。

表4为在栏杆上安装导流板后的颤振临界风速,无论在任何风攻角下,颤振临界风速都高于原桥模型。对于+3°风攻角颤振临界风速随α的增加变化幅度不大;对于0°和-3°风攻角颤振临界风速随α的增大而减小。

桁架底部安装导流板后的颤振临界风速(m/s) 表3

h_3/D	风攻角				
	+3°	0°	-3°	最不利风攻角	最不利值
0	10.48	14.22	15.31	+3°	10.48
0.20	9.98	15.39	17.28	+3°	9.98
0.25	10.47	13.92	16.19	+3°	10.47
0.30	10.47	12.96	15.28	+3°	10.47
0.35	10.44	12.91	14.46	+3°	10.44
0.40	10.42	11.95	13.92	+3°	10.42

栏杆上安装导流板后的颤振临界风速(m/s) 表4

安装角	风攻角				
	+3°	0°	-3°	最不利风攻角	最不利值
+15°	12.93	15.97	20.35	+3°	12.93
0°	12.93	16.31	20.84	+3°	12.93
-15°	12.55	18.37	21.88	+3°	12.55

3.2 气动措施的作用效果

本文用颤振临界风速增长率β来描述气动措施的作用效果。β定义如下:

$$\beta = U_{cr}/U_{cr0} \tag{1}$$

式中,U_{cr0}为原桥模型在最不利风攻角下的颤振临界风速;U_{cr}为设置气动措施的模型在最不利风攻角下的颤振临界风速。

图3表征颤振临界风速增长率随板高度或安装角度的变化情况。对于上中央稳定板,$0 \leqslant h_1/D \leqslant$

0.87 时，在最不利风攻角下，随稳定板高度的增加，颤振临界风速增长率迅速升高；$0.87 \leqslant h_1/D \leqslant 1.53$ 时，颤振临界风速增长率随稳定板高度的增加而缓慢降低。因此，上中央稳定板的最优高度是 $h_1/D = 0.87$。总的来说，上中央稳定板的作用效果比较好。下中央稳定板的作用效果不明显，最不利风攻角下的颤振临界风速增长率随稳定板高度的增大呈波动性变化，起伏较大。从作用效果来说，下中央稳定板存在两个最优高度：$h_2/H = 0.23$ 和 $h_2/H = 0.32$，但后者工程造价较高，所以 $h_2/H = 0.23$ 为最优高度。在桁架底部安装导流板不仅不能提高桥梁的颤振临界风速，反而会降低颤振临界风速。在栏杆上安装导流板的作用效果比较理想，会在很大程度上提高桥梁的颤振临界风速。

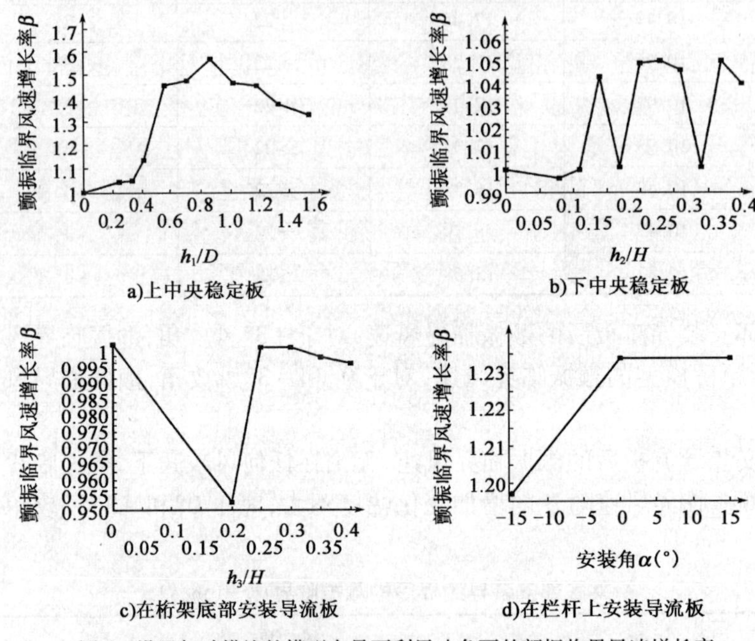

图3　设置气动措施的模型在最不利风攻角下的颤振临界风速增长率

4　结论

本文通过桥梁节段模型试验，分析了几种气动措施的作用效果，得出了以下结论：在这几种气动措施中，上中央稳定板和栏杆上的导流板收到了比较好的作用效果；对于不同的风攻角，颤振临界风速随着气动措施的安装角度或结构尺寸的变化呈现不同的规律，气动措施改善桥梁断面颤振稳定性的效果也不同。其中上中央稳定板效果尤为明显，当采用高度较大的上中央稳定板时，主梁断面的最不利风攻角是 -3°，其余各种工况下（包括原桥模型）的最不利风攻角均为 +3°。另外，本研究仅针对某特定断面尺寸的悬索桥进行，对于其他结构形式的桥梁还需要专门的试验研究。

参考文献

[1]　项海帆. 现代桥梁抗风理论与实践[M]. 北京：人民交通出版社，2005.

[2]　陈政清. 桥梁风工程[M]. 北京：人民交通出版社，2005.

[3]　邹小洁，杨咏昕，葛耀君. 大跨度悬索桥钢箱加劲梁中央开槽的颤振控制机理[J]. 力学季刊，2007，28(2)：187-194.

[4]　陈继兰，廖海黎. 开槽桥梁截面的颤振稳定性试验研究[J]. 公路交通技术，2003(2)：50-52.

[5]　刘志英. 大跨径悬索桥的风响应及抗风措施[J]. 广东公路交通，1998(4)：32-37.

大跨度悬索桥涡振抑振措施研究

孙延国　廖海黎　李明水

（西南交通大学桥梁工程系　成都　610031）

1　引言

当气流流经非流线型桥梁断面时，周期性交替脱落的旋涡会引起桥梁结构主梁的涡激振动现象。涡振虽不具有很强的破坏性质，但其发生风速较低，会造成结构疲劳，并严重影响行车的舒适性。大跨度钢桥质量轻、阻尼小，主梁易发生涡振。目前抑制涡激振动的措施可以分为构造措施和气动措施[1]。构造措施一般包括增加结构刚性，增加结构质量或阻尼（TMD）等。采用气动措施抑制能从本质上减弱涡激作用，一般包括在主梁断面上设置风嘴、导流板、抑流板等。鲜荣[2]、孟小亮[3]研究了改变检查车轨道位置对主梁涡振性能的影响；Larsen[4]、廖海黎[5]研究了设置导流板对主梁涡振性能的影响。由于不同主梁断面形式差异较大，气动措施因桥而异，在一座桥上抑振效果显著的减振措施对另一座桥梁并不有效[6]，需通过风洞试验去研究采取相应的抑振气动措施。Allan Larsen 发现同样的导流板在不同雷诺数下进行涡振试验时，其试验现象大不相同[7]。另外，常规尺度（1∶50～1∶100）节段模型风洞试验雷诺数较低，雷诺数效应及主梁细节模拟得不精细，往往导致试验结果与实桥情况出入较大，从而导致对实桥抗风性能的误判。利于大尺度主梁节段模型（通常为1∶15～1∶20）进行风洞试验，它可以更精确地模拟主梁细节，使试验结果更接近实际。

本文以某大跨度悬索桥钢箱梁1∶20 大比例节段模型为例（图1），在 XNJD-3 风洞中进行涡振试验。在低阻尼体系下详细研究了风攻角、检修车轨道、导流板等对涡激振动性能的影响，进行了多种方案的抑振措施研究，发现在检修车轨道内部设置单侧导流板能使主梁的涡振性能大幅提高。

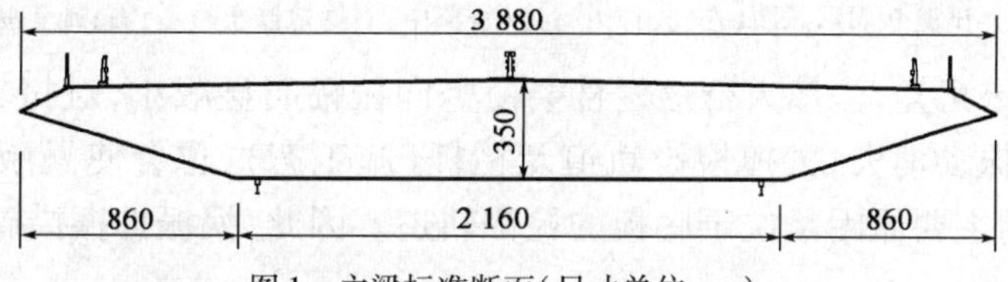

图1　主梁标准断面（尺寸单位：cm）

2　节段模型及试验参数

本文以某大跨度双塔单跨悬索桥为背景，跨径布置为409m＋1 418m＋364m。节段模型试验采用的缩尺比1∶20。为了使抑振措施安全可靠，同时使涡振现象更加明显，便于抑振措施的优化，试验采用了较小的阻尼比。表1 给出了节段模型的主要试验参数。

节段模型试验参数　　表1

方　向	振型特点	频率（Hz）		等效质量（t/m）/质量惯矩（t·m²/m）		阻尼比（%）
		实桥	模型	实桥	模型	
竖向	V－S－1	0.116	2.734	27.9	69.75	0.20
扭转	T－S－1	0.266	4.687	4168.3	26.05	0.21

3　钢箱梁涡振风洞试验结果

节段模型风洞试验结果见图2。试验发现成桥状态－5°～＋4°没有发生涡激振动现象，在＋5°时发现了两次明显的竖向以及扭转涡激振动;施工状态未发生明显的涡激振动。由试验结果还可以看出涡激振动的锁定风速较低,在振幅最大的竖向及扭转区风速分别为4.5m/s和8.0m/s,低风速下来流为大攻角的可能性较大,这也是本文研究+6°攻角的原因。

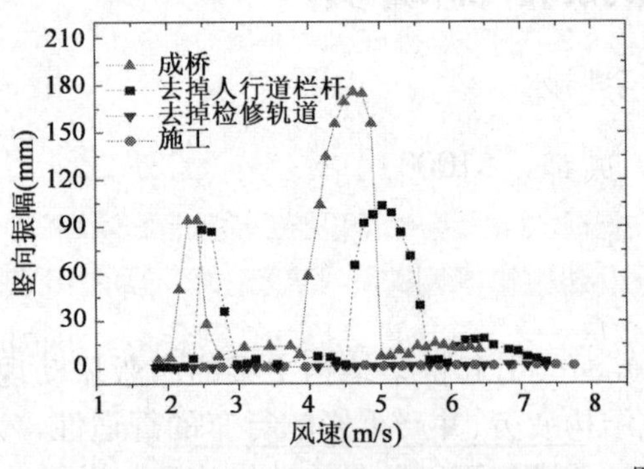

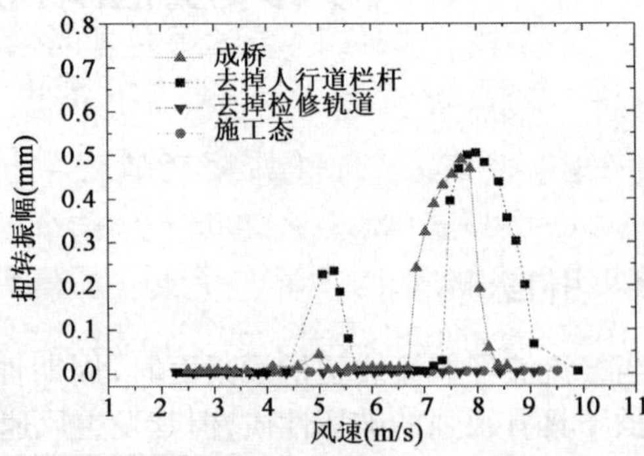

图2　涡激振动响应

Larsen等研究发现,当箱梁的斜腹板倾斜角度大于16°时,由于气流在箱梁尾部产生交替脱落的旋涡而容易激发涡激振动;当倾斜角度小于16°时,气流经过主梁后仍附着在斜腹板上,从而抑制了旋涡的产生[8]。本文研究对象的斜腹板倾角为15°,在风攻角为0°时,成桥及施工状态下的主梁均未发生涡激振动,结果与Larsen的研究结论相吻合。

在+5°攻角时,成桥态的主梁发生了明显的竖向及扭转涡激振动,而施工状态下未发生任何振动。这表明由于桥面上的栏杆或箱梁底部的检修轨道导致了主梁的涡激振动。设计了几种极限方案(图3)并与成桥及施工状态进行比较,试图找到引起涡振的原因。

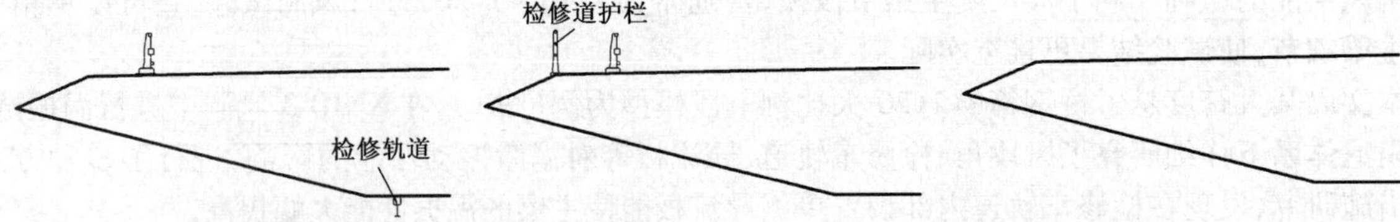

图3　试验断面示意图(左:去掉人行道栏杆;中:去掉检修车轨道;右:施工状态)

由图2所示试验结果可知,去掉人行道栏杆会使竖向振幅明显减小,对扭转振幅影响不大;去掉检修轨道会使竖向及扭转振动消失;去掉检修轨道及栏杆(施工态),也会使涡激振动完全消失。由此可知,引起主梁涡激振动的主要原因是位于底板的检修轨道。因此,涡振抑振措施研究主要围绕检修轨道进行。

4　抑振措施研究

4.1　优化试验一

由于引起涡振的主要原因是检修车轨道,设计了几种方案见图4。由试验结果可知:导轨向主梁中部移动利于抑制涡激振动。但方案5的导轨过于靠近底板中部,致使检修车两侧悬臂过长,对检修车的稳定性及检修维护的安全性造成影响,因此该方案不可用于该桥梁的抑振措施。

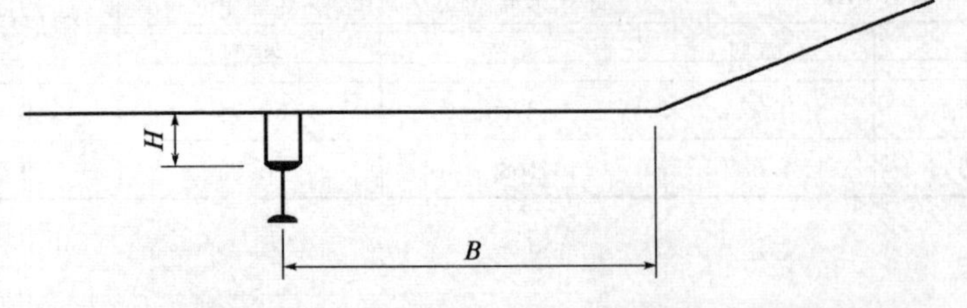

方案1	B=2.4m	H=15m
方案2	B=2.4m	H=18m
方案3	B=3.2m	H=15m
方案4	B=4.0m	H=18m
方案5	B=4.8m	H=18m

图4　改变检修轨道在底板的位置

4.2 优化试验二

将导轨安置在斜腹板,方案如图5所示。由试验结果可知,将导轨设置在主梁斜腹板上的方案对主梁的涡激振动影响很小。因此,该方案不能抑制主梁的涡激振动。

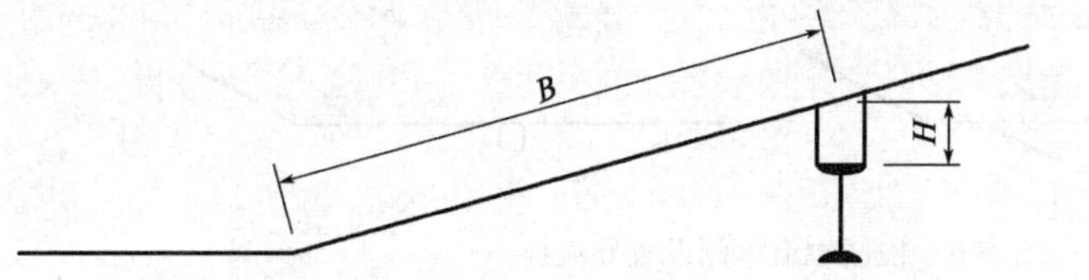

方案6	B=2.0m	H=25cm
方案7	B=2.4m	H=25cm
方案8	B=3.2m	H=25cm
方案9	B=3.2m	H=13cm

图5 改变检修轨道在斜腹板上的位置

4.3 优化试验三

主跨为1088m的斜拉桥—苏通大桥采用的抑振措施为在检修轨道两侧设置导流板。借鉴该抑振措施,本文对类似措施进行风洞试验。具体方案见图6。

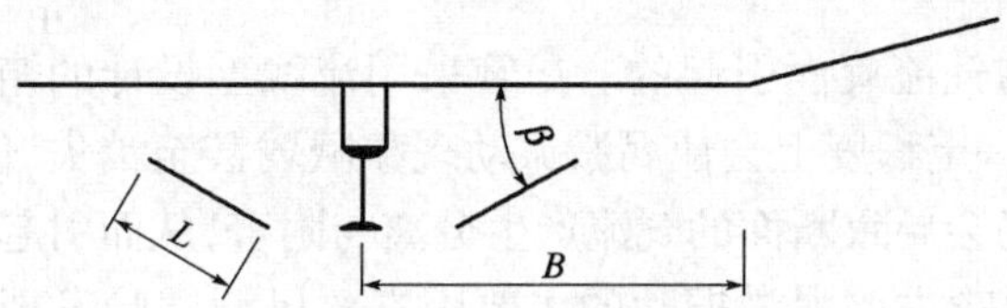

方案10	B=0.8m	L=0.5m	β=39°
方案11	B=1.5m	L=0.5m	β=39°
方案12	B=2.1m	L=0.5m	β=39°

图6 检修轨道两侧对称布置窄导流板

由试验结果可知,在导轨两侧加导流板对涡振影响很大,在+5°攻角时,方案10会使竖向振幅明显减小,对扭转影响较小;方案11会使竖向振幅几乎消失,使扭转振幅大幅减小;方案12会使竖向及扭转涡激振动完全消失。对方案12的+6°风攻角进行试验,发现在+6°时竖向及扭转涡振振幅均很大。因此,该方案仍不能满足抑振要求。

4.4 优化试验四

在优化试验三的基础上继续进行优化,具体方案见图7。由试验结果可知,方案13在+5°攻角时便发生了较大的涡激振动,方案14~方案17均未产生明显的涡激振动;在+6°攻角时,方案14~方案17的竖向涡振振幅均明显减小,扭转振幅消失。方案14~方案17的抑振效果均较好,但方案16更便于检修设备安装及维护。对方案16进行其他攻角下的试验,试验发现主梁在-5°~+5°攻角下均未发生明显的涡激振动现象。

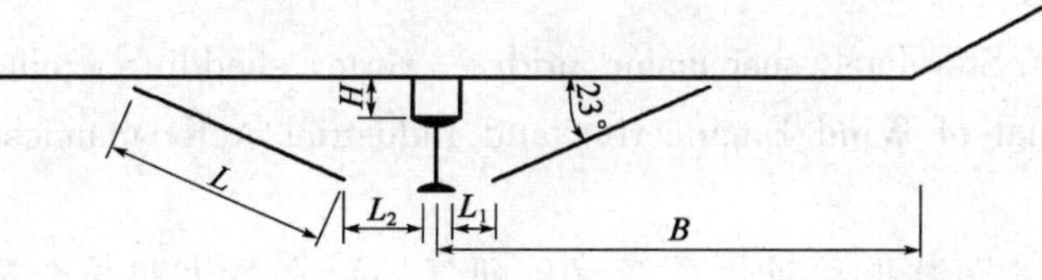

方案13	B=1.5m	H=18cm	L_1=28cm	L_2=28cm	L=1.0cm
方案14	B=2.4m	H=15cm	L_1=26.5cm	L_2=26.5cm	L=1.0cm
方案15	B=3.2m	H=15cm	L_1=26.5cm	L_2=26.5cm	L=1.0cm
方案16	B=2.4m	H=18cm	L_1=19cm	L_2=34cm	L=1.0cm
方案17	B=2.4m	H=18cm	L_1=19cm	L_2=34cm	L=1.14cm

图7 检修轨道两侧布置宽导流板

由此可见在检修轨道两侧设置导流板对涡振的影响很大,抑振效果与导流板的宽度以及在底板的位置有很大关系。

4.5 优化试验五

Larsen、Savage等通过测压试验及数值模拟发现箱梁的涡激振动是由于箱梁尾部周期性的旋涡形成与脱落引起的[7-8]。观察桥梁断面可以假设,检修轨道使流经主梁的气流在此发生了分离,且在尾部形成了旋涡。安装导流板后气流会被检修轨道内侧的导流板引离断面或将旋涡引导至不影响主梁的区域从而使涡激振动消失,而检修轨道外侧的导流板对气流的影响有限。

为了验证这一假设,本文去掉外侧导流板进行风洞试验。将导流板设置为单侧布置,方案18为外侧布置,方案19为内侧布置(图8)。对两种方案分别进行风洞试验。

由试验结果可知，方案 18 只在外侧设置导流板时，主梁在 +5°时便发生了明显的竖向及扭转涡激振动，其中扭转振幅甚至大于原设计的振幅；方案 19 在导轨内侧布置导流板，在 +5°、+6°攻角时均未发生明显的涡激振动。对方案 19 的其他攻角进行检验，在 -5° ~ +6°攻角下均未发生明显的涡激振动，抑振效果明显。

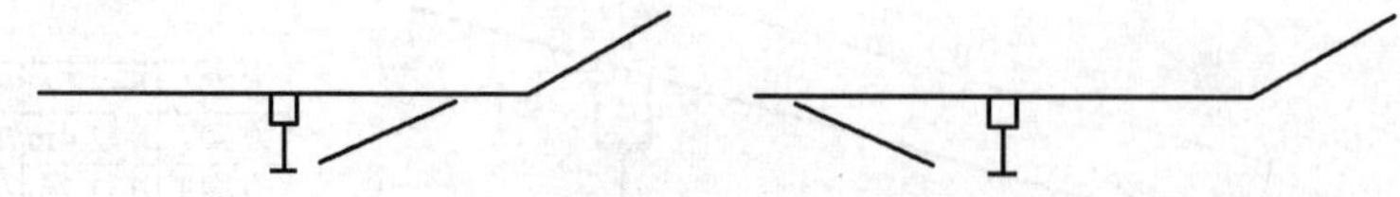

图 8　检修轨道单侧设置导流板

在检修轨道内侧安装导流板后，断面的气流会被导流板引离断面，从而抑制了旋涡的产生或者将旋涡引导至不影响主梁的区域，从而使涡激振动消失。而检修轨道外侧的导流板会影响主梁断面上游的气流，对断面尾部的气流影响有限，因此没有起到很好的抑振作用。

5　结论

钝体结构的涡激振动现象是由断面尾部的气流旋涡引起的。尽管采用流线型设计的箱梁断面，由于流经断面的气流不会产生分离与附着现象，在一定程度上会使涡激振动现象减弱甚至消失，但由于桥梁断面的附属设施的存在（栏杆、检修车轨道等），仍会导致断面的气流产生分离与附着，从而引起涡激振动。

对于该流线型箱梁断面，检修车轨道是影响主梁涡激振动的主要因素。风洞试验发现，在检修车轨道内侧安置导流板会使主梁断面的气动外形更加合理，是一种经济有效的抑振措施。导流板会将主梁底板的气流引离尾部，从而抑制了主梁的涡激振动。检修轨道外侧放置导流板对涡振的影响十分有限。

该结论是基于试验结果的一种推断，准确的抑振机理研究需要通过粒子成像测速技术（PIV）或数值模拟来实现，目前相关的研究正在进行。

参 考 文 献

[1]　刘健新. 桥梁对风反应中的涡激振动及制振[J]. 中国公路学报，1995，8(2)：74-79.

[2]　鲜荣，廖海黎，李明水. 大比例主梁节段模型涡激振动风洞试验分析[J]. 实验流体力学，2009，23(4)：15-20.

[3]　孟小亮，朱乐东，丁顺全. 检修车轨道位置对半封闭分离箱桥梁断面涡振性能的影响[G]//第十四届全国结构风工程学术会议论文集. 北京，2009.

[4]　Allan Larsen, Søren Esdahl, Jacob E. Andersen. Storebaelt suspension bridge—vortex shedding excitation and mitigation by guide vanes [J]. Journal of Wind Engineering and Industrial Aerodynamics. 2000, 88: 283-296.

[5]　廖海黎，王骑，李明水. 嘉绍大桥分体式钢箱梁涡激振动特性风洞试验研究[G]//第十四届全国结构风工程学术会议论文集. 北京，2009.

[6]　Sarwar M W, Ishihara T. Numerical study on suppression of vortex-induced vibrations of box girder bridge section by aerodynamic countermeasures [J]. Journal of Wind Engineering and Industrial Aerodynamics, 2010, 98(12): 701-711.

[7]　Allan Larsen, Mike Savage, Andréane Lafrenièreb. Investigation of vortex response of a twin box bridge section at high and low Reynolds numbers [J]. Journal of Wind Engineering and Industrial Aerodynamics, 2008, 96: 934-944.

[8]　Allan Larsen. Aerodynamic stability and vortex shedding excitation of suspension bridges[G]//The 4th International Conference on Advances in Wind and Structures (AWAS'08). 2008: 115-128.

双层板桁组合斜拉桥动力特性计算及气弹模型设计

翁祥颖 曹丰产 葛耀君

（同济大学桥梁工程系 上海 200092）

1 引言

气弹模型因其独有的三维特性而能够更加真实地模拟各个方向的来流对桥梁的影响，因此成为确定桥梁结构风致效应可靠的研究方法。主梁采用流线型断面的桥梁其气弹模型设计方法已经比较成熟了，但是很少有针对钝体断面形式的双层板桁组合桥梁气弹模型设计方法进行研究。明石海峡大桥采用刚性梁段结合"V"形弹性元件模拟双层钢板桁组合梁[1]，国内亦有学者采用具有更多控制参数的"U"形弹性元件模拟桁梁刚度[2]。这种方式能够避免芯梁对桁梁的气动干扰，却存在气弹模型阻尼比大且模型振型分布失真等问题。基于以上原因，本文通过一座双层钢板桁组合斜拉桥——重庆千厮门嘉陵江大桥讨论双层板桁组合斜拉桥的动力特性计算及气弹模型设计的简化可行方法。

千厮门嘉陵江大桥是一座公轨两用桥，上层为四车道城市道路，下层为双线轨道交通。大桥采用单塔单索面钢桁架斜拉桥方案，跨径布置为88m+312m+240m+80m=720m（图1）。主梁采用桁架和上下层正交异性桥面板的组合体系，横断面为倒梯形（图2）。大桥采用梭形桥塔，主塔高度为182m[3]。

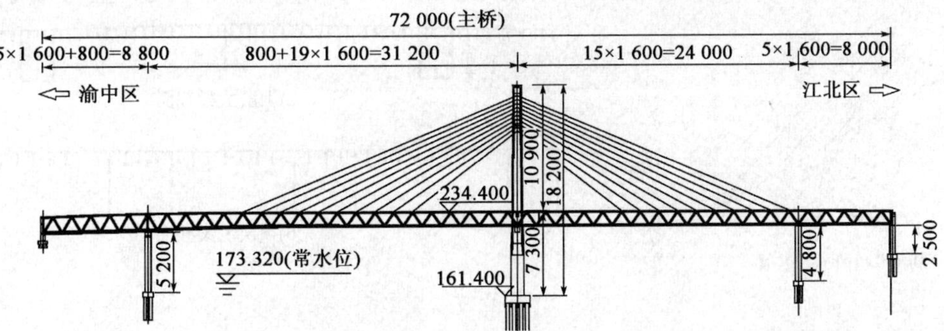

图1 千厮门嘉陵江大桥桥型布置（尺寸单位：cm；高程单位：m）

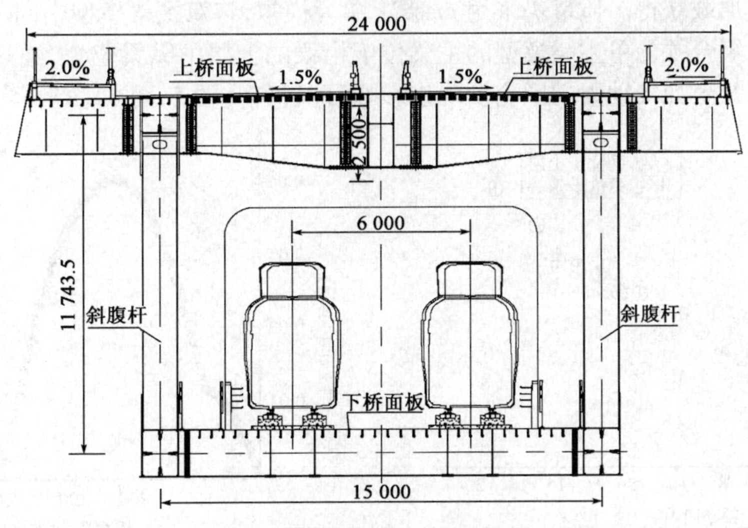

图2 主梁横截面（尺寸单位：mm）

基于有限元通用软件ANSYS平台,本文拟通过比较两种简化模型——双层主梁模型、单主梁模型与精确的板壳模型动力特性分析结果,证明动力特性计算时简化的梁模型能够满足精度要求。为了进一步验证,采用简化有限元模型的计算结果作为原始参数设计气弹模型,并校核气弹模型与板壳有限元模型动力特性的吻合程度。

2 三种有限元模型

2.1 板壳梁格模型

板桁组合桥梁有限元计算时桁架部分一般用空间梁单元模拟,桥面板和纵肋按平板壳单元,横梁按空间梁单元处理,形成板壳梁格模型。千厮门大桥板壳梁格模型采用shell63单元模拟桁梁上下层正交异性桥面板,板厚参数取考虑了纵向加劲肋之后的等效厚度。桥塔、弦杆、腹杆、横梁以及辅助墩均采用beam4单元模拟。桥面附属设施不考虑其刚度贡献,采用集中质量mass21模拟。斜拉索采用link10单元模拟,考虑了索的垂度效应。弦杆刚度计算未考虑翼缘有效宽度,研究表明板桁组合体系桥梁未考虑剪力滞效应对桥梁低阶模态特性的影响较小[4]。

2.2 双层主梁模型

根据结构特点,双层主梁模型采用上下两层"鱼骨式"力学模型模拟钢桁梁,即上下两层正交异性桥面板和相应的弦杆分别简化为一根主梁,上下两根主梁通过刚性横梁和斜腹杆相连(图3)。两根主梁的刚度分别取上下层桥面板和相应弦杆的组合构件计算(图4)。上下层横梁仅考虑其质量贡献。两层桥面板的质量均集中于对应的主梁上,斜腹杆质量均摊于杆件两端。单索面拉索直接与上层主梁刚性连接。双层主梁模型除了桥面板采用beam4单元模拟有别于板壳模型外,其余构件的单元类型均与前者相同。

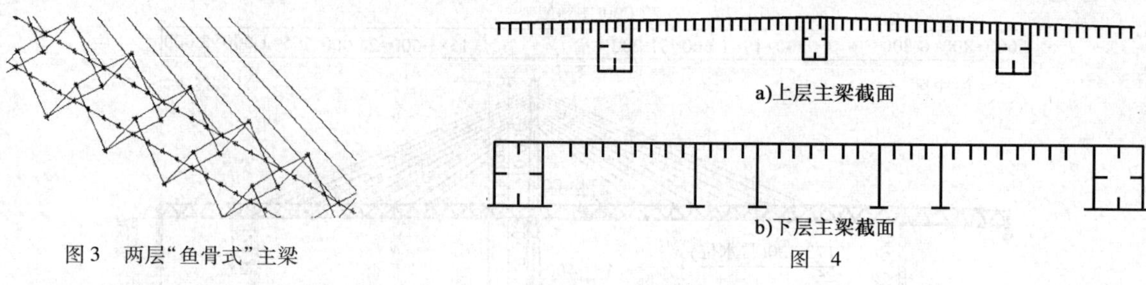

图3 两层"鱼骨式"主梁

图 4

2.3 单主梁模型

单主梁模型即传统鱼骨式主梁模型,以双主梁模型为基础,单梁的刚度取一定长度双层主梁模型的主梁按照悬臂梁方式加载获得。质量仍采用mass21单元模拟,将双主梁模型中同一主梁横截面上所有节点的质量及质量惯矩合并。单主梁模型的主梁位于桁梁的上层中纵梁位置,通过计算单梁偏离主梁形心对结构动力特性及附加气动力的影响发现该影响可以忽略(图5,图6)。

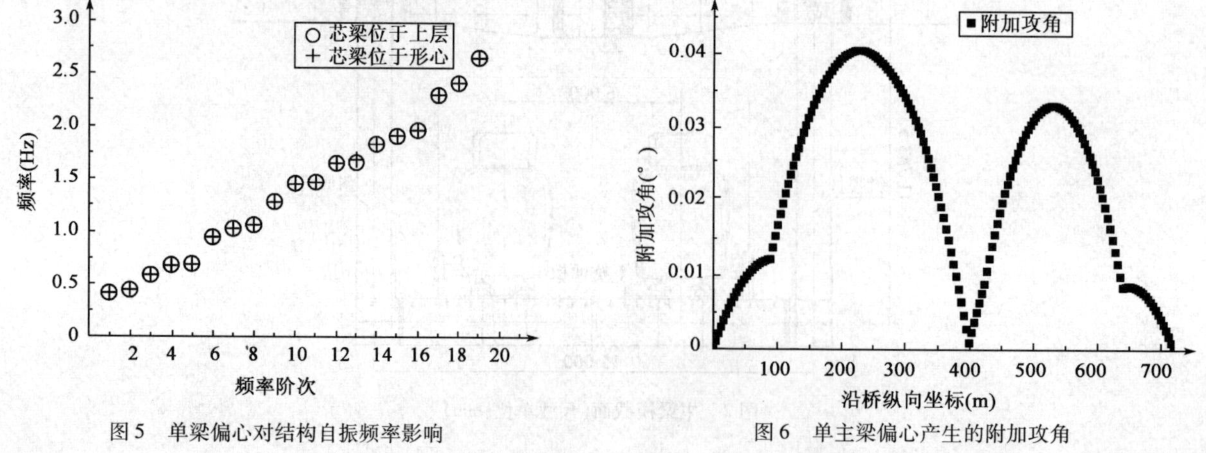

图5 单梁偏心对结构自振频率影响

图6 单主梁偏心产生的附加攻角

3 成桥状态计算结果比较

表1为千厮门大桥成桥状态三种有限元模型的动力特性计算结果。由结果可知，双层主梁模型和单主梁模型简化分析板桁组合斜拉桥动力特性得到的侧弯和竖弯自振频率及振型分布均与板壳梁格模型精确计算结果吻合较好，但两者的扭转频率均高于板壳模型。三种有限元模型计算得到的成桥状态桥梁结构模态特性均表明该桥侧向弯曲振型与扭转振型存在耦合现象，而竖弯是独立振型。考虑原因为模型横截面关于竖直轴存在刚度和质量对称关系。而扭转与侧弯耦合主要是因为模型上下层桥面板差异大导致截面形心与扭心不重合以及主梁采用华伦式桁架，斜腹杆导致横截面形心位置发生变化。由于侧弯与扭转耦合，因此两种简化模型的侧弯频率计算结果偏差大于竖弯独立振型。

三种有限元模型动力特性计算结果比较　表1

振　型	板壳模型	双层主梁模型		单主梁模型	
		频率(Hz)	误差(%)	频率(Hz)	误差(%)
一阶侧弯	0.433 0	0.414 1	-4.36	0.413 0	-4.62
二阶侧弯	0.551 7	0.584 3	5.91	0.584 6	5.96
一阶竖弯	0.451 6	0.448 6	-0.66	0.442 4	-2.03
二阶竖弯	0.674 3	0.664 6	-1.44	0.671 7	-0.39
一阶横向扭转	1.356 9	1.554 4	14.56	1.650 0	21.60
二阶横向扭转	1.712 5	1.914 3	11.78	1.833 1	7.04

4 施工阶段气弹模型设计

综合考虑施工阶段长悬臂状态风振敏感性及缩尺比等因素，该桥选择三个施工状态作为气弹模型研究对象。气弹模型的设计参数由单主梁模型根据模型相似率缩尺得到，缩尺比采用1∶100。全桥气弹模型设计对各个主要构件均从弹性刚度、几何外形和质量系统三方面进行模拟。

针对钢板桁组合梁单位长度质量轻且扭转刚度较大的特点，采用闭口箱形截面芯梁模拟原型刚度。闭口截面的抗弯和抗扭刚度分别由单主梁模型单梁的对应参数经缩尺后获得，通过试算确定具体截面尺寸(图7)。

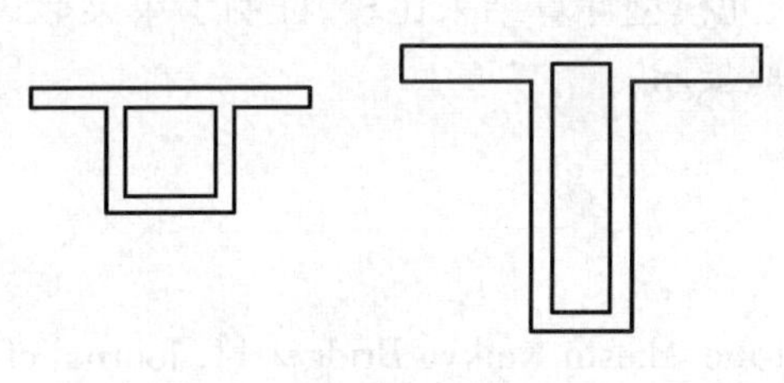

图7　千厮门大桥气弹模型芯梁截面形式

图8　桁架杆件模拟

模型外衣分段模拟(图8)，每段之间留有缝隙避免外衣提供刚度和产生额外的阻尼。

计算每个节间芯梁与外衣的重量，不足的质量采用铅块配重，调整配重位置以满足主梁质量惯矩模拟要求。

桥塔模拟同主梁类似，芯棒采用矩形截面形式，截面尺寸确定时主要考虑桥塔支柱的弯曲刚度，忽略其轴向刚度和扭转刚度。拉索模拟由拉伸弹簧和细铜丝共同组成，弹簧预拉伸长度根据不同施工阶段的索力缩尺值由胡克定律求得。

5 施工阶段气弹模型模态测试

千厮门大桥施工状态气弹模型风洞试验主要包含最长单悬臂状态、有临时墩最长双悬臂状态以及桥塔自立状态,状态之间的变换主要通过改变主梁长度及边界支承条件实现。试验前对三个状态的气弹模型进行动力特性测试。考虑到模型低阶频率对风荷载作用更加敏感,动力特性测试过程中着重关注前几阶模态。测试结果如表2所示,其中预期频率为精确计算的板壳模型动力特性的缩尺变换值。

千厮门大桥不同施工状态气弹模型动力特性检验结果 表2

结构状态	振　型	期望频率(Hz)	实测频率(Hz)	误差(%)	阻尼比(%)
桥塔自立状态	一阶纵弯	2.64	2.68	1.5	0.79
	一阶侧弯	6.27	6.10	-2.7	0.98
最长单悬臂	一阶侧弯	1.64	1.60	-2.4	1.35
	二阶侧弯	6.75	7.05	4.4	—
	一阶竖弯	3.19	2.97	-6.9	0.44
	二阶竖弯	6.29	6.26	-0.5	—
	一阶扭转	14.16	14.31	1.1	1.19
有临时墩最长双悬臂	一阶侧弯	1.78	1.72	-3.4	0.59
	二阶侧弯	2.56	2.67	4.3	0.94
	一阶竖弯	4.05	3.75	-7.4	0.35
	二阶竖弯	6.14	6.39	4.1	0.43
	一阶扭转	11.83	—	—	—

由实测结果可知,三个施工状态的气弹模型参数与板壳有限元模型计算值吻合较好。由于气弹模型是根据单主梁模型缩尺设计,这表明采用传统的单主梁模型进行动力特性计算及气弹模型设计均可以满足双层板桁组合斜拉桥风洞试验要求。

6 总结

本文结合重庆千厮门大桥气弹模型设计实例,分别采用板壳梁格模型、双层主梁模型和单主梁模型进行动力特性分析并比较三者分析结果。由比较可知,双层主梁模型和单主梁模型两者与板壳模型计算结果较吻合。设计气弹模型时采用传统的单芯梁形式,且运用闭口箱形截面作为芯梁的截面形式。最后实测了气弹模型不同施工阶段动力特性,并与板壳有限元模型计算结果比较,证明了单梁形式的有限元模型与气弹模型能够满足双层板桁组合斜拉桥风洞试验要求。

参考文献

[1] Miyata T, Yamaguchi K. Aerodynamics of wind effects on the Akashi Kaikyo Bridge[J]. Journal of Wind Engineering and Industrial Aerodynamics, 1993, 48(2-3).

[2] 徐洪涛.山区峡谷风特性参数及大跨度桁梁桥风致振动研究[D].成都:西南交通大学,2009.

[3] 葛耀君.重庆东水门长江大桥及千厮门嘉陵江大桥结构抗风性能研究报告[R].上海:同济大学土木工程防灾国家重点实验室,2011.

[4] 王荣辉,程纬.板桁组合结构计算模式与动力特性研究[J].铁道学报,2000(2).

突变风速对拉索气动性能的影响

王毅　张峰　刘庆宽

（石家庄铁道大学风工程研究中心　石家庄　050043）

1　引言

自然界中的风可以分为两种：一种是良态风，另一种是突风。良态风的平均风速变化很小，仅在脉动风速分量有变化；然而突风的平均风速变化是大于脉动风速分量变化的。良态风一般不会对建筑结构造成灾难性的破坏，目前的抗风设计规范中所提到的设计风荷载参数，很多都是在良态风下的空旷场地、大尺度范围统计出来的；突风是不经常出现的强风，它们发生的概率一般都比较小，但是一旦出现破坏性就极其强，风向能够在极短的时间内改变、风速能够瞬间增加或者减小，对结构的安全造成重大破坏，如小尺度的地方性风：焚风、布拉风、急流效应风、雷暴、龙卷风[1]。突风具有以下特征：持续的时间很短、出现的频率很高、强度很剧烈、破坏性非常大。目前对突风的研究主要限于列车横风和强风、航行安全的影响、飞机结构初始设计强度分析的依据等[2-4]，突风对斜拉桥斜拉索气动性能有何影响，目前研究成果较少，有待详细的研究。

本文从雷诺数效应[5]着手以刚性光滑斜拉索为研究对象，研究光滑斜拉索在突风（突升过程、突降过程、突升突降过程）作用下的气动力和振动，并且与平稳风速下光滑斜拉索的气动力作了比较，来研究突变风速对斜拉索的气动性能影响和振动的机理。

2　试验介绍

试验在石家庄铁道大学风工程研究中心的双试验段回/直流大气边界层风洞内进行，其低速试验段转盘中心宽4.4m、高3.0m、长24.0m，最大风速大于30.0m/s，背景湍流度$I \leqslant 0.4\%$；高速试验段宽2.2m、高2.0m、长5.0m，最大风速大于80.0m/s，背景湍流度$I \leqslant 0.2\%$[6]。风洞结构如图1所示。本文的目的是研究刚性光滑拉索模型在突变均匀流中的气动性能和振动机理，试验所需要的风速高，加速度大，风速调节准确，湍流度低，试验工况多。高速试验段的风速范围宽，最高风速可达80.0m/s，背景湍流度$I \leqslant 0.2\%$，可以很好地满足试验的要求。

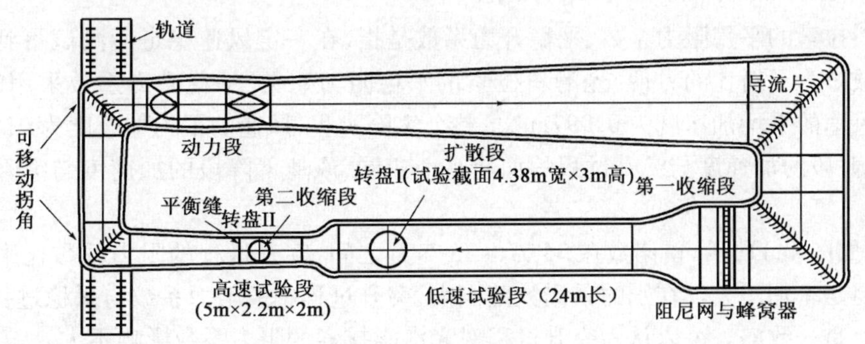

图1　风洞结构图

测力采用了六分量高频测力天平，用澳大利亚 Turbulent Flow Instrumentation 公司生产的风速探头采集实时风速，DH-5922 动态信号测试分析系统和激光位移计记录瞬态位移。

基金项目：国家自然科学基金（50878135），河北省自然科学基金（E2008000442），河北省科技支撑计划（09215626D）。

本文采用的拉索模型是刚性模型，直径为150mm，长度为1907mm，表面光滑，由有机玻璃圆管制成，在拉索模型的两端各设置一个导流板，为了增加模型的刚度，增加模型的质量，并且便于安装，在中间贯穿钢管支撑在斜拉索模型的两端。斜拉索模型安装在水平面内，与来流风向垂直。测振试验时模型两端用弹簧支撑，测力试验时两端固定支撑，气动力由高频天平测试。试验控制风速由控制台控制，模型附近的风速由安装在模型中心上游附近的 Turbulent Flow Instrumentation 公司生产的风速探头采集。

为了研究在突风情况下拉索的雷诺数效应和气动稳定性的关系，参照平稳风速下测得的拉索的临界雷诺数效应如图2所示，在亚临界区、临界区和超临界区中找特征雷诺数作为风速控制因素，具体试验工况如表1。

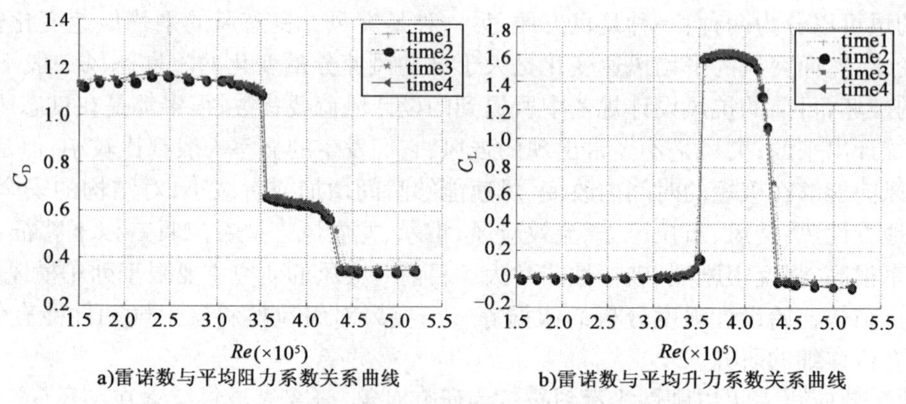

a)雷诺数与平均阻力系数关系曲线　　b)雷诺数与平均升力系数关系曲线

图2　平稳风速下雷诺数与阻力升力系数关系图

光滑斜拉索在突风下的试验工况　　表1

工　况	突降[雷诺数(万)]	突升、突降[雷诺数(万)]	突升[雷诺数(万)]
测力	47～0	0～47～0	0～47
测振	47～40 47～25 40～25 27～17	0～27～17 0～40～27 0～47～40 0～47～27	0～27 0～40 0～47

3　突风状态下拉索的雷诺数效应

3.1　突风状态下对雷诺数效应的影响

在本文中，斜拉索的平稳阻力系数、平稳升力系数是指，在一定风速稳定后测试得到的平均阻力系数、平均升力系数。为了对比的方便，光滑斜拉索的平稳阻力系数、平稳升力系数采用的是拟合曲线。整个突升过程，风速的平均加速度为0.997m/s^2；整个突降过程，风速的平均加速度为0.63m/s^2；突升突降过程中风速上升段的加速度与突升过程的加速基本相同，风速下降段的加速度与突降过程加速度形同，如图3所示。

突升过程中如图4a)所示，雷诺数在34万～36.5万之间，突升过程的阻力系数比平稳过程的阻力系数稍微大些，但是差别不大。在别的雷诺数范围内，突升过程中的阻力系数与平稳过程中的阻力系数差别不大，基本上是一致的。可以认为突升过程对光滑斜拉索的阻力系数影响不大。

雷诺数在34万～36.5万之间，突升过程的升力系数比平稳过程的升力系数稍微小些，但是差别不大。在别的雷诺数范围内，突升过程的升力系数与平稳过程中的升力系数差别不大，基本上是一致的。可以认为突升过程对光滑斜拉索的升力系数影响不大。

突降过程中如图4b)所示，雷诺数在33万之前、36.5万～39.8万、45万之后，突降过程中的阻力系数与平稳过程的阻力系数基本相同。雷诺数在33万～36.5万时，突降过程的阻力系数要比平稳过程的阻力系数小,并且呈现台阶现象(雷诺数在33万左右,突降过程的阻力系数突然下降,雷诺数一直到36.5万,阻力系数基本保持一个常数)。雷诺数在39.8万~45万时,突降过程的阻力系数比平稳过程的阻力系数要小,并且阻力系数也呈现台阶现象(雷诺数在39.8万左右,突降过程的阻力系数突然降低,以后阻力系数基本保持不变)。

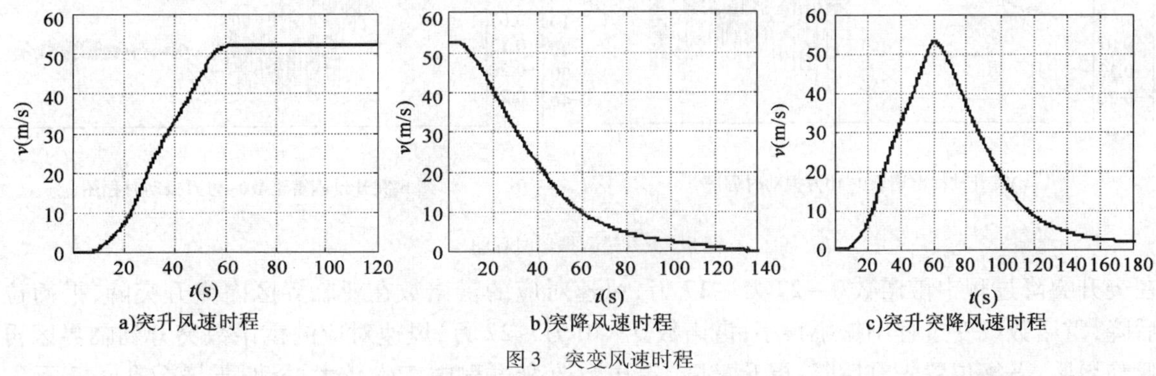

a)突升风速时程　b)突降风速时程　c)突升突降风速时程

图3　突变风速时程

雷诺数在33万以前、36.5万~39.8万、45万之后,突降过程中的升力系数与平稳过程的升力系数基本相同。雷诺数在33万~36.5万时,突降过程的升力系数比平稳过程的升力系数要大。雷诺数在39.8万~45万时,突降升力系数比平稳过程的升力系数要小,并且雷诺数在39.8万,突降升力系数突然降到最低,以后基本保持不变。从整个升力曲线可以看出,突降过程有升力产生的区域,比平稳过程的相应区域要滞后。

突升、突降过程中如图4c)所示,阻力系数和升力系数与突升过程、突降过程的阻力系数和升力系数的变化规律是一致的。

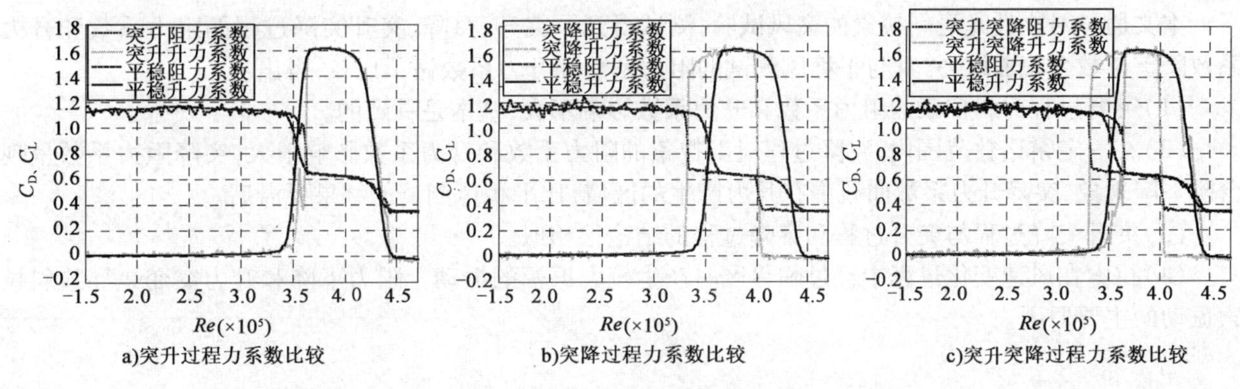

a)突升过程力系数比较　b)突降过程力系数比较　c)突升突降过程力系数比较

图4　突风过程升阻力系数对比

3.2　突风状态下拉索的气动稳定性

在突升过程中雷诺数0~27万,风速对应的雷诺数均在亚临界区内,平衡位置有所上升,振幅小;雷诺数0~40万,如图5a)所示,风速对应的雷诺数突升到临界区,平衡位置先升后降,拉索模型产生大幅振动;雷诺数0~47万,如图5b)所示,风速对应的雷诺数直接突升到超临界区,平衡位置先升后降,雷诺数改变过程中拉索模型产生较大幅的振动。在突升过程中,当突升风速对应的雷诺数不经过临界雷诺数区域时,拉索模型不发生大幅振动;当突升风速对应的雷诺数经过临界雷诺数区域时,拉索模型发生了大幅振动。

在突降过程中雷诺数27万~17万,风速对应的雷诺数在亚临界区突降,平衡位置有所下降,振幅很小;雷诺数40万~25万,风速对应的雷诺数从临界区突降到亚临界区,平衡位置下降,在雷诺数改变过程中没有产生大幅振动;雷诺数47万~25万,风速对应的雷诺数从超临界区突降到亚临界区,平衡位置上升,雷诺数改变过程中产生较大振动;雷诺数47万~40万,风速对应的雷诺数从超临界区突降到临界区,平衡位置有所上升,振幅较小。在突降过程中,当突降风速对应的雷诺数不经过临界雷诺数区域时,拉索模型不发生大幅振动;当突降风速对应的雷诺数经过临界雷诺数区域时,拉索模型发生了大幅振动。

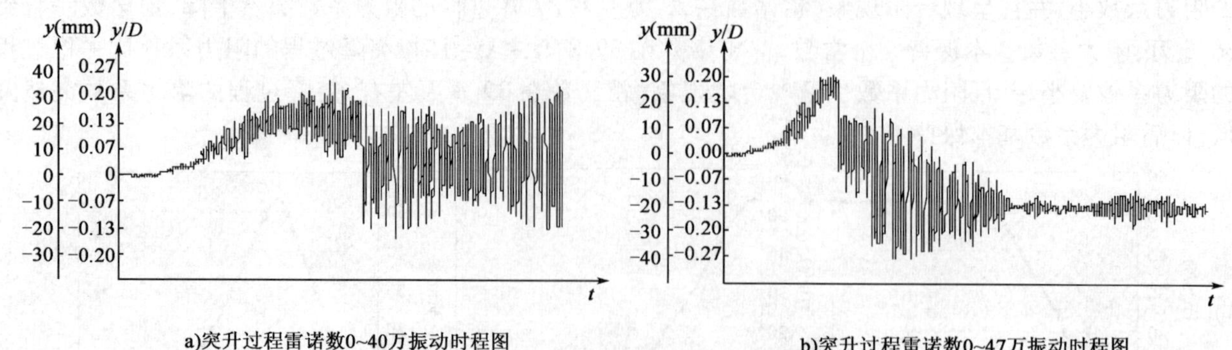

a)突升过程雷诺数0~40万振动时程图　　b)突升过程雷诺数0~47万振动时程图

图5　突升过程振动时程图

在突升突降过程中雷诺数0～27万～17万，风速对应的雷诺数在亚临界区内突升突降，平衡位置先升后降，雷诺数改变过程中振幅很小；雷诺数0～40万～27万，风速对应的雷诺数突升到临界区再突降到亚临界区，平衡位置先升后降，再升又降，雷诺数改变过程中产生较大振动；雷诺数0～47万～27万，风速对应的雷诺数突升到超临界区再突降到亚临界区，平衡位置变化频繁，雷诺数改变过程中产生了较大振幅的振动；雷诺数0～47万～40万，风速对应的雷诺数突升到超临界区，再突降到临界区，平衡位置先升后降后有所上升，雷诺数改变过程中产生较大振动。在突升突降过程中，当突变风速对应的雷诺数不经过临界雷诺数区域时，拉索模型不发生大幅振动；当突变风速对应的雷诺数经过临界雷诺数区域时，拉索模型发生了大幅振动。

4　结论

本文通过对刚性光滑斜拉索的突风试验，测试得到了突升、突降、突升突降过程的阻力系数和升力系数随雷诺数变化曲线，并且与平稳风测试的阻力系数和升力系数做了比较，得出：

(1)突升过程对斜拉索的阻力系数和升力系数影响不大，基本是一致的。

(2)在一定雷诺数范围内，突降过程对斜拉索的阻力系数和升力系数影响很大，突降阻力系数呈现台阶下降现象，突降升力系数曲线中有升力产生的区域，比平稳风测试的结果要滞后。

(3)突升突降过程与突升过程和突降过程的结论很相似。

(4)拉索在风速变化过程中经过临界区时产生较大振幅的振动。阻力下降和升力突变是导致斜拉索振动的主要原因。

参考文献

[1]　希缪.风对结构的作用—风工程导论[M].刘尚培，项海帆，等，译.上海：同济大学出版社，1992.

[2]　黄发钏.浅析突风对航行安全的影响[J].水运科技信息，1998(3)：12-13.

[3]　詹光，孙颖.某高空长航时飞机垂直突风过载计算分析[J].飞机设计，2007，27(6)：7-9.

[4]　Zdravkovich M M. Flow around circular cylinders, Vol. 1, Fundamentals[M]. Londan: Oxford University Press, 1997.

[5]　Cheng S, Irwin P A, Jakobsen J B, et al. Divergent motion of cables exposed to skewed wind[G]//Proceedings of the 5th International Symposium on Cable Dynamics, Santa Margherita Ligure, Italy, September 15-18, 2003: 271-278.

[6]　刘庆宽.多功能大气边界层风洞的设计与建设[J].实验流体力学，2011，25(3)：72-76.

桥梁断面气动导数数值模拟识别的耦合强迫振动法

应旭永　许福友　张哲

（大连理工大学桥梁工程研究所　大连　116024）

1　引言

桥梁主梁断面的气动导数在桥梁抗风设计中占有十分重要的地位，一般可通过节段模型风洞试验提取。随着计算机技术和计算流体动力学（CFD）的迅速发展，基于CFD技术的数值风洞研究桥梁气动弹性问题已经成为可能。丹麦学者Walther[1]在桥梁气动弹性数值模拟分析方面做了开拓性工作，他首次基于CFD技术，采用强迫振动的数值方法识别出平板断面的气动导数，并进而算出二维颤振临界风速，迈出了“数值风洞”的重要一步。Sun等[2]探讨了适用于流固耦合数值计算的湍流模型，并采用$k-\omega$RANS模型计算了$B/D=4$矩形断面的18个气动导数，同时研究了自由来流湍流强度对各气动导数的影响。Bai[3]采用块迭代耦合法并引入分离涡湍流模型（DES）对桥梁断面的气动导数进行了三维数值模拟。模拟结果表明CFD方法在大跨度桥梁气动分析和流固耦合研究方面具有较高的精度和显著的效益。此外，多数研究主要使用分状态强迫振动法来识别气动导数，这种方法需要分别进行竖向、侧向和扭转三种单自由度振动，计算工况多，效率较低。

本文首次尝试利用CFD技术，采用3自由度耦合强迫振动法识别桥梁主梁断面气动导数。与分状态识别法的主要区别在于，耦合强迫振动法通过所测得的自激力可以一次性识别出18个气动导数，使得计算量显著降低，大大地提高了气动导数识别效率。将耦合强迫振动方法用于某典型流线型箱梁断面18个气动导数的识别，并与风洞试验结果进行对比分析，验证了本方法识别气动导数的可靠性。

2　控制方程和数值方法

2.1　流体控制方程

静止坐标系下N-S方程组很难处理运动边界问题，因此在计算过程中，本文采用随网格点一起移动的运动坐标系，即任意拉格朗日－欧拉（ALE）方法，求解速度和压力等流场变量。应用有限体积法，基于ALE方法建立的控制方程组为：

$$\frac{\mathrm{d}}{\mathrm{d}t}\int_{\Omega}\rho\phi\mathrm{d}\Omega+\int_{S}[\rho(V-V_{\mathrm{b}})\phi]\cdot\mathrm{d}S=\int_{S}\Gamma\nabla\phi\cdot\mathrm{d}S+\int_{\Omega}S_{\phi}\mathrm{d}\Omega \tag{1}$$

式中：$\phi=1$或V时分别代表连续方程和动量方程；S_{ϕ}为广义源项；Γ为广义扩散系数；V_{b}为网格速度；Ω为控制体积；S为控制体积边界；ϕ为通用变量。

为考虑湍流效应，引入SST $k-\omega$湍流模型。SST $k-\omega$模型使用了一个混合函数，该函数在近壁区采用标准$k-\omega$模型，充分利用了$k-\omega$模型对逆压梯度比较敏感的特点，能够模拟较大分离的流动；在远离附面层的流场中，采用改进的$k-\varepsilon$模型，克服了$k-\omega$模型对自由来流条件比较敏感的缺陷，提高了模型的稳定性，基于以上优点SST $k-\omega$即能够广泛适用于各种复杂流动。SST $k-\omega$模型可由式（1）中的广义项取相应的形式给出，具体形式以及参数取值见参考文献[4]。计算过程中采用二阶迎风格式离散N-S方程组对流项，用二阶隐式方法进行时间推进，速度压力耦合采用SIMPLE算法。

基金项目：中国博士后科学基金项目（20070141073），国家自然科学基金项目（50708012）。

2.2 气动导数识别方法

对于具有竖向、侧向和扭转3自由度的刚体节段模型,作用模型上的竖向、侧向自激力和自激扭矩,可用Scanlan自激力模型形式表达如下:

$$\left.\begin{aligned} L &= \rho U^2 B\left(K_h H_1^* \frac{\dot{h}}{U} + K_\alpha H_2^* \frac{B\dot{\alpha}}{U} + K_\alpha^2 H_3^* \alpha + K_h^2 H_4^* \frac{h}{B} + K_p H_5^* \frac{\dot{p}}{U} + K_p^2 H_6^* \frac{p}{B}\right) \\ D &= \rho U^2 B\left(K_p P_1^* \frac{\dot{p}}{U} + K_\alpha P_2^* \frac{B\dot{\alpha}}{U} + K_\alpha^2 P_3^* \alpha + K_p^2 P_4^* \frac{p}{B} + K_h P_5^* \frac{\dot{h}}{U} + K_h^2 P_6^* \frac{h}{B}\right) \\ M &= \rho U^2 B^2\left(K_h A_1^* \frac{\dot{h}}{U} + K_\alpha A_2^* \frac{B\dot{\alpha}}{U} + K_\alpha^2 A_3^* \alpha + K_h^2 A_4^* \frac{h}{B} + K_p A_5^* \frac{\dot{p}}{U} + K_p^2 A_6^* \frac{p}{B}\right) \end{aligned}\right\} \tag{2}$$

式中,h 、p 和 α 分别为竖向、侧向和扭转位移;L 、D 和 M 分别为模型的竖向、侧向自激力和自激扭矩;$\rho = 1.225\text{kg/m}^3$ 为空气密度;U 为来流风速;B 为主梁宽度;$K_h = (B\omega_h)/U$ 、$K_p = (B\omega_p)/U$ 和 $K_\alpha = (B\omega_\alpha)/U$ 分别为与竖向、侧向和扭转振动相关的折算频率;ω_h 、ω_p 和 ω_α 分别为竖向、侧向和扭转振动圆频率;H_i^* 、P_i^* 、A_i^* $(i=1\sim6)$分别为与竖向自激力、侧向自激力和自激扭矩相关的气动导数。

数值模拟时,驱动节段模型做3自由度耦合强迫振动,其中竖向、侧向和扭转均为稳态简谐振动,即:

$$\left.\begin{aligned} h(t) &= h_0\sin(\omega_h t) \\ p(t) &= p_0\sin(\omega_p t) \\ \alpha(t) &= \alpha_0\sin(\omega_\alpha t) \end{aligned}\right\} \tag{3}$$

式中,h_0 为竖弯振幅;p_0 为侧弯振幅;α_0 为扭转振幅。

先计算足够多的时间步,当气动力的变化变得平稳时,开始采集气动升力、阻力和扭矩。假设计算得到 n 个离散的时间点上的气动力值 L_i 、D_i 和 M_i ,根据式(1)对气动升力、阻力和扭矩分别写出每个离散点上的方程,得到关于 H_i^* 、P_i^* 、A_i^* $(i=1\sim6)$的超静定代数方程组,按最小二乘法可确定其中的 H_i^* 、P_i^* 、A_i^* $(i=1\sim6)$18个气动导数。

2.3 计算模型和动网格处理方法

本文使用流线型箱梁断面的尺寸如图1所示。流体计算域外边界为矩形,上下到断面距离大于3B,进口到断面距离大于6B,出口到断面距离大于18B。经验表明,这样的计算域尺寸可以尽量避免断面后部的分离涡打到边界上,又反射回来而影响计算精度,同时兼顾了计算效率。CFD计算网格见图2,包含结构化网格和非结构化网格,内层为结构化网格,外层为非结构化网格。靠近物面的第一层网格线距离物面距离为0.0001m。当桥梁断面边界的位移相对局部网格的尺寸很大时,近壁面的网格质量变得很差,严重影响计算精度。为避免这一问题,本文将近壁内层结构化网格块视为刚性网格,该区域随桥梁断面一起做相应的运动,而外域非结构化网格块采用弹性系数法对网格进行变形重构。

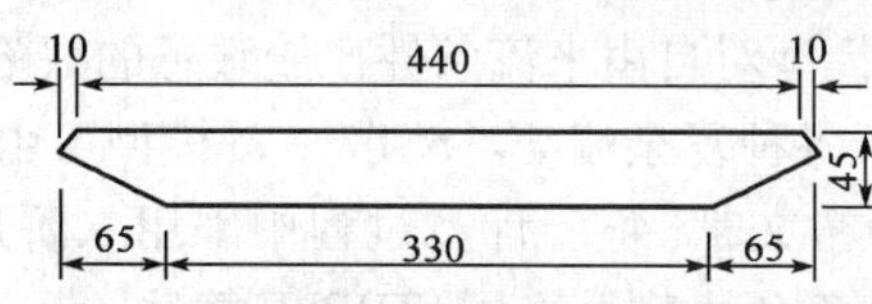

图1 流线型箱梁断面尺寸(尺寸单位:mm)

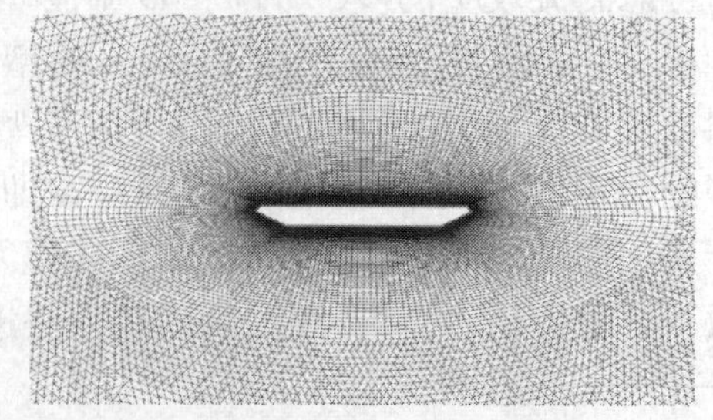

图2 流线型箱梁断面CFD网格

3 计算结果与分析

计算时,断面做竖向和侧向运动的振幅为0.002m,做扭转运动的振幅为2°。计算中来流风速不变,仅通过改变强迫振动频率来改变无量纲风速。以桥梁断面做 $\omega_h = 9.1061\text{Hz}$ 、$\omega_p = 4.5530\text{Hz}$ 和 $\omega_\alpha = 18.2121\text{Hz}$ 的耦合强迫振动为例,图3为断面对应不同时刻的压力等值线图,图中可以看到不同时刻断面所受压力及周围流场的变化;图4为作用在断面上的无量纲气动阻力、升力和扭矩的时程曲线。

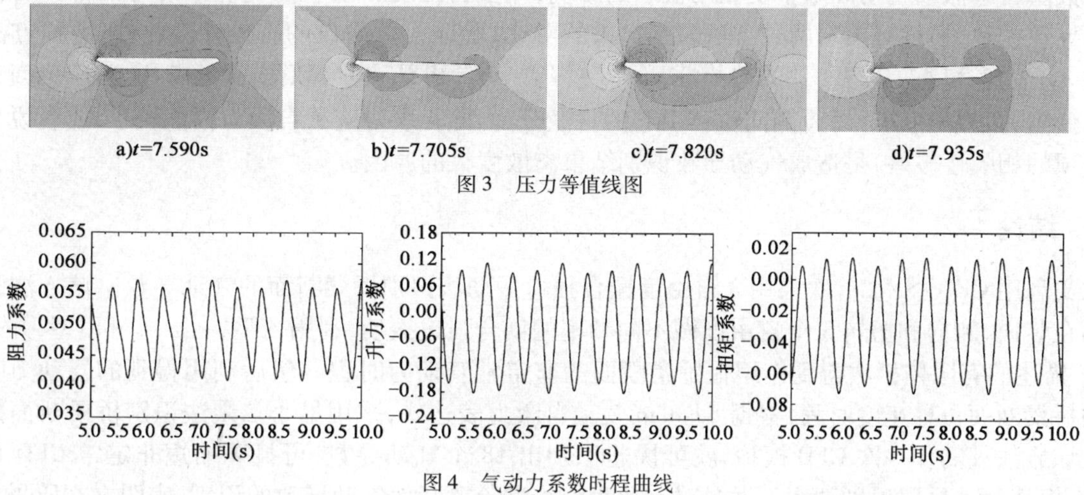

图3 压力等值线图

图4 气动力系数时程曲线

图5是本文通过3自由度耦合强迫振动识别出来的18个气动导数随折减风速的变化曲线,为了便于比较,图中还给出了通过分状态强迫振动法识别出来的气动导数和风洞试验结果。由图5可见:

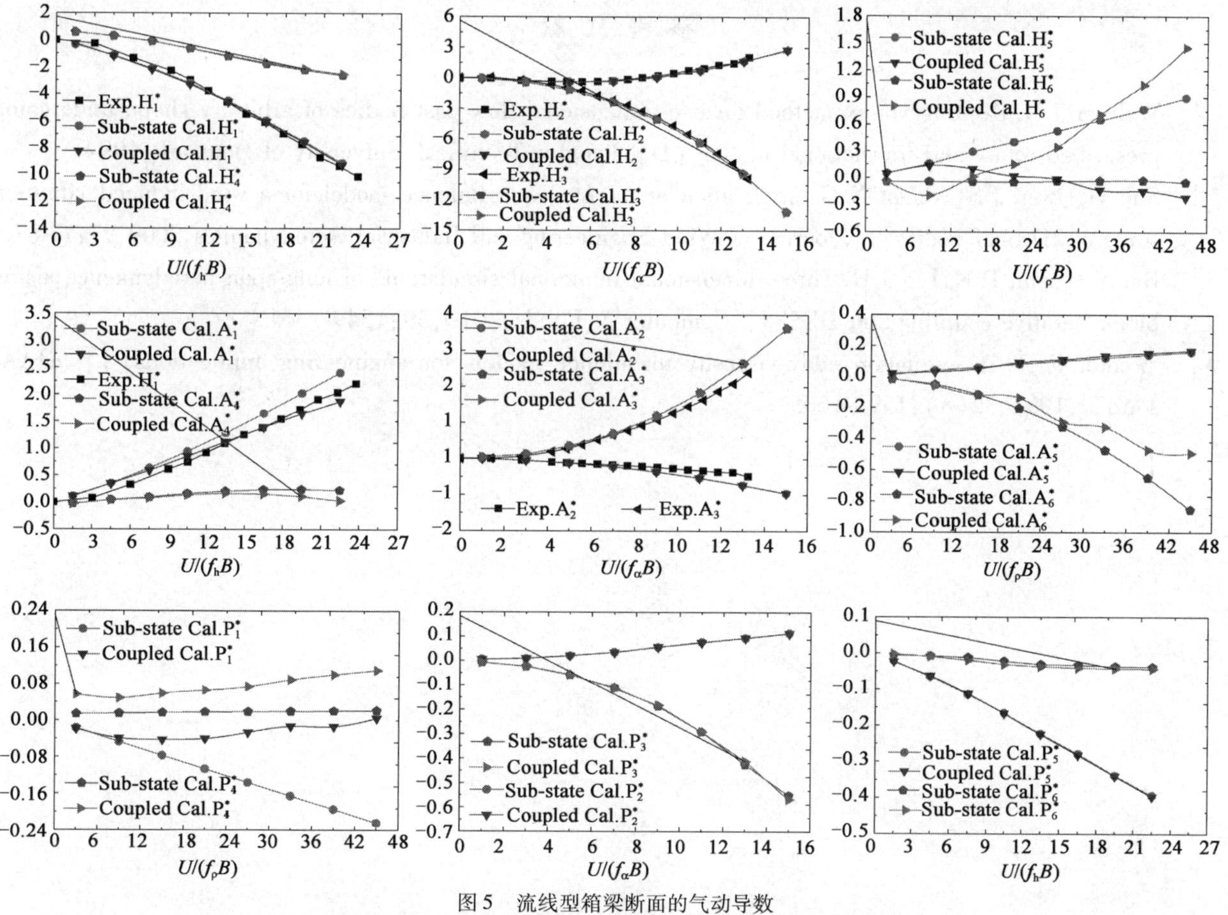

图5 流线型箱梁断面的气动导数

注:Sub-state Cal. -分状态强迫振动法计算结果;Coupled Cal. -耦合强迫振动法计算结果;Exp. -实验结果。

(1) H_1^*、H_2^* 和 H_3^* 而言,通过耦合强迫振动法数值识别出来的气动导数与试验结果几乎完全一致;A_1^*、A_2^* 和 A_3^* 数值结果和试验结果存在较小的偏差,但是趋势性较一致。因此,从整体来看,本文方法得到的箱形主梁气动导数是合理的,这也证明了通过耦合强迫振动法数值识别气动导数的可靠性。

(2)对比耦合强迫振动法和分状态强迫振动法识别出来的气动导数数值可知,除了 H_5^*、H_6^*、P_1^*、P_4^*、A_1^*、A_4^*、A_6^* 外,两种方法识别出来的气动导数几乎完全相同。实际上,式(2)定义的 Scalan 气动导数隐含着假设气动导数不受振动模态的影响,即多自由度振动下的气动导数与单自由度振动下的气动导数一致,通过对本文两种方法识别结果的对比,验证了该假设的有效性。此外,两种方法识别出来的 A_1^*、A_4^* 和 A_6^* 具有一致的趋势性,而 P_1^*、P_4^*、H_5^* 和 H_6^* 差异较大。P_1^* 和 P_4^* 对应侧向位移引起的自激阻力,H_5^* 和 H_6^* 对应侧向位移引起的自激升力,此 4 项对应的自激力幅值较小,或者说自激力与该 4 项的相关性较差,是造成气动导数识别结果离散度大的原因。

4 结论

本文利用 CFD 技术,首次采用 3 自由度耦合强迫振动法识别桥梁断面的气动导数。该方法强迫桥梁断面在竖向、侧向和扭转 3 个自由度做不同频率的耦合强迫振动,利用 SST $k-\omega$ 湍流模型,并采用基于 ALE 描述的有限体积法得到作用在桥梁断面的非定常气动力时程。然后利用得到的气动力时程和输入的桥梁断面位移速度时程,根据 Scanlan 气动自激力表达式,采用最小二乘法识别桥梁断面的气动导数。该方法仅需作一次 CFD 模拟,就可快速识别出 18 个气动导数,可显著缩短非定常 CFD 计算时间,大大提高气动导数识别效率。通过对一典型流线型箱梁断面气动导数的识别,表明本文所采用 3 自由度耦合强迫振动法具有较高的识别精度,为桥梁断面气动导数的数值识别提供一种可靠的新方法。

参考文献

[1] Walther J H. Discrete vortex method for two-dimensional flow past bodies of arbitrary shape undergoing prescribed rotary and translational motion [D]. Lyngby:Technical University of Denmark,1994.

[2] Sun D, Owen J S, Wright N G. Application of the $k-\omega$ turbulence model for a wind-induced vibration study of 2D bluff bodies[J]. Journal of Wind Engineering and Industrial Aerodynamics,2009,97:77-87.

[3] Bai Y G, Sun D K, Lin J H. Three dimensional numerical simulations of long-span aerodynamics, using block-iterative coupling and DES[J]. Computer & Fluids,2010,39:1549-1561.

[4] Menter F R. Two-equation eddy-viscosity turbulence models for engineering applications[J]. AIAA-Journal,1994,32(8):1598-1605.

桥梁桁架断面涡振特性试验研究

虞乐宸　曹丰产　葛耀君　杨詠昕

（同济大学土木工程防灾国家重点实验室　上海　200092）

1　引言

涡激振动是大跨度桥梁在低风速下容易发生的一种风致振动现象，它是一种带有自激性质的限幅振动。抗风设计需要准确预估主梁涡激振动的振幅及发生风速，并将涡激振动振幅限制在容许范围内[1]。

目前很多学者对于箱形主梁断面桥梁的涡振发生机理试验和试验进行了大量的研究[2]，而对于桁架主梁断面桥梁的涡振特性研究则很少，因此，本文进行桁架主梁断面桥梁节段模型试验，以研究和考察桁架断面桥梁中存在的涡振问题，同时，试验还研究了改变特定的模拟参数，即检修车轨道的设置与否以及不同配重的情况下，在不改变其他参数及试验条件的基础上，进行了无检修车轨道和有检修车轨道两种试验工况节段模型风洞试验，研究了检修车轨道的设置，以及配重变化对桁架主梁断面桥梁的涡激振动现象、涡振锁定风速和最大振幅的影响，对于研究和考察桥梁桁架主梁断面的涡振影响机理是很有意义的。

2　试验内容与方法

本文研究以重庆千厮门嘉陵江大桥结构抗风性能研究项目为背景，千厮门大桥的主梁采用钢桁梁，主桁横断面为倒梯形，桁式为三角形桁架，文中所有试验在同济大学土木工程防灾国家重点实验室 TJ-1 风洞中进行。

试验考虑颤振和涡振试验对风速比例的不同要求，并兼顾测力试验，并且考虑模型比例不能太小，以避免主梁细节模拟得不够精细，可能导致试验结果（振幅及发生风速）与实桥出入较大，因此，模拟实桥四桁架节间主梁标准段，选取几何缩尺比为 1/37.65。此外，考虑节段模型系统竖弯、扭转频率必须分离开来，同时注意扭转频率亦不可调整过高，在均匀流场下进行无检修车轨道无配重和有检修车轨道配重 20kg 两种工况涡振对比试验，并在 5% 紊流场下进行有检修车轨道配重 20kg 工况涡振试验。其中，有检修车轨道配重 20kg 为实桥成桥状态模型，按照等效质量模型值 43.87kg，其中 20kg 配重占模型总质量的 45.6%，等效质量惯矩模型值 1.78kg · m^2，实桥竖弯频率 0.451，扭转频率 1.314，竖弯与扭转阻尼比分别为 0.36 和 0.28，扭弯比模型值 1.61，竖弯风速比 1/3.5，扭转风速比 1/6.33 来进行设计。无检修车轨道无配重工况是对比试验，按照扭弯比模型值 1.29，竖弯风速比 1/2.7，扭转风速比 1/6.25 设计，试验攻角范围为 $-3° \leqslant \alpha \leqslant 3°$，模型尺寸如图 1 所示，其中，检修车轨道模型值：高 21.25mm，宽 5mm，长 1 700mm。

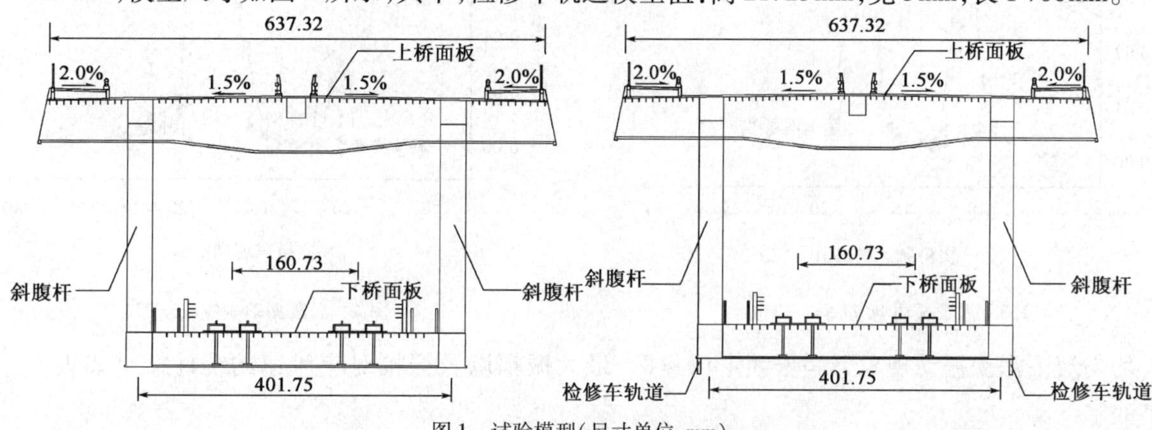

图 1　试验模型（尺寸单位：mm）

在桥梁节段模型风洞试验中，利用8根拉伸弹簧悬挂二元刚体主梁节段模型，如图2所示。

图2　悬挂于风洞中的节段模型

3　涡振发生原理

用于涡激振动检验的Strouhal数，是反映旋涡脱落频率的一个无量纲系数。模型旋涡脱落的主频率N_S可由斯脱拉哈关系式求出[3]：

$$N_S D/U = St \tag{1}$$

式中，St为Strouhal数，它与物体几何形状及雷诺数有关；D为物体横风向尺寸；U为来流速度。

在涡激力的作用下，模型将被周期性地驱动，这种驱动力只引起模型很小的响应，只有在旋涡脱落频率接近系统固有机械频率时，会引起模型较大运动，产生涡激共振，在一定的风速范围内涡脱频率不再随风速而变化，即锁定现象，此时，结构振动频率将会控制旋涡脱落频率。当风速继续增加而超过涡激共振锁定区范围时，涡激共振消失，旋涡脱落的频率又回归到Strouhal频率。

4　试验结果与分析

均匀流不同攻角下的无检修车轨道无配重和有检修车轨道配重20kg工况竖弯涡振试验风速U—振幅$A(\theta)$曲线如图3～图5所示，紊流不同攻角下的有检修车轨道配重20kg工况竖弯涡振试验风速U—均方差值曲线如图6所示。

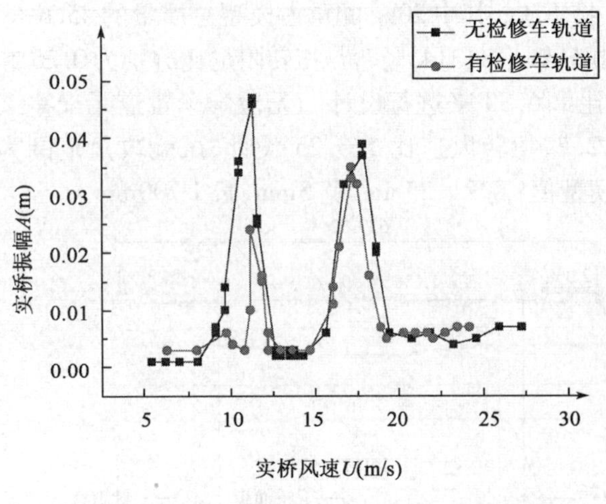

图3　涡激振动响应（$\alpha = -3°$）

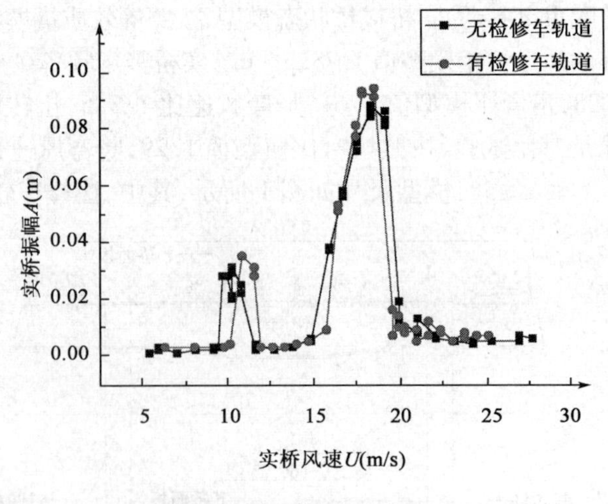

图4　涡激振动响应（$\alpha = 0°$）

均匀流下涡激振动现象下涡振锁定风速区、最大振幅以及振幅对应风速的统计结果如表1～表4所示。

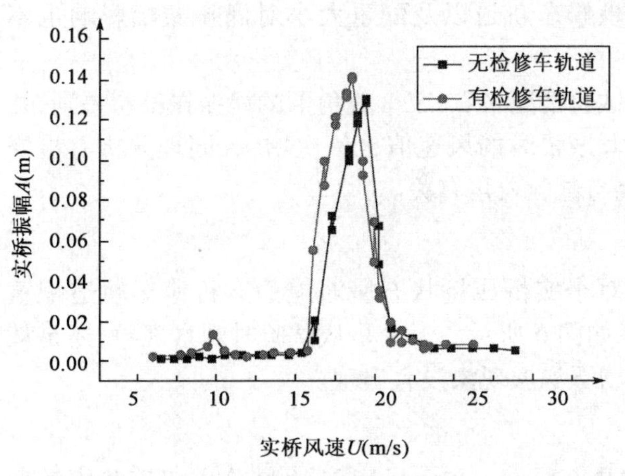

图5　涡激振动响应($\alpha = +3°$)

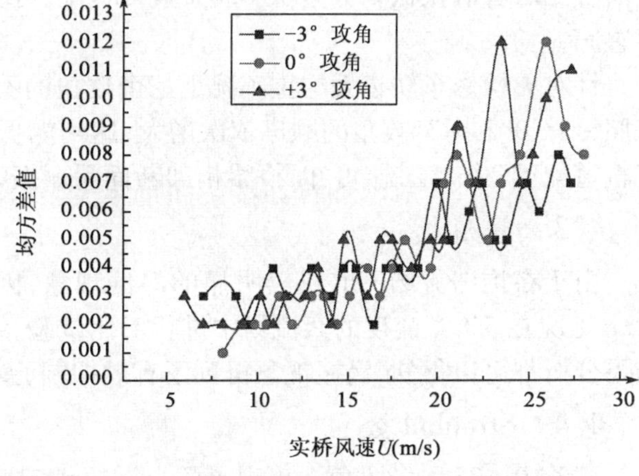

图6　有检修车轨道工况紊流场下涡激振动响应

-3° 涡激振动　表1

轨　道	锁定风速区(m/s)	涡振振幅(m)	峰值对应风速(m/s)
无检修车轨道	8.10～13.50	0.047	11.34
	14.31～20.79	0.039	17.82
有检修车轨道	8.05～13.65	0.024	11.20
	14.70～21.00	0.035	17.15

0° 涡激振动　表2

轨　道	锁定风速区(m/s)	涡振振幅(m)	峰值对应风速(m/s)
无检修车轨道	9.18～12.69	0.031	10.26
	13.77～22.14	0.088	18.36
有检修车轨道	9.80～12.60	0.035	10.85
	14.70～21.7	0.094	18.55

+3° 涡激振动　表3

轨　道	锁定风速区(m/s)	涡振振幅(m)	峰值对应风速(m/s)
无检修车轨道	14.58～23.76	0.130	19.44
有检修车轨道	14.7～23.45	0.141	18.55

两种工况下竖向 Strouhal 数 *St*　表4

无检修车轨道	0.989,0.629
有检修车轨道	0.999,0.653

4.1　涡振风速锁定区

由表1～表3对比可知,在三个攻角下的涡激振动中,有检修车轨道配重20kg时和无检修车轨道无配重时涡振锁定风速区间相差无几,达到涡振最大振幅时的风速也很接近。

定性分析,检修车轨道会使气流更易分离产生旋涡而加强涡振,配重小也会使得模型更易起振,然而有检修车轨道配重20kg工况下的风速锁定区间和无检修车轨道无配重工况下的风速锁定区间并无多大差别,因此可以说明,检修车轨道的设置及配重的大小对涡振风速锁定区影响不敏感。

从无检修车轨道无配重工况下的三个攻角的不同试验情况来看,三个攻角下涡振风速锁定区有差别,同理分析有检修车轨道配重20kg工况,可知,桥梁桁架断面涡振风速锁定区与试验攻角有关。

4.2　涡振振幅

由表1可知有检修车轨道配重20kg比无检修车轨道无配重的涡振振幅小10.3%,由表2、表3可知前者比后者涡振振幅分别大 6.8% 和 8.5%，可见，检修车轨道以及配重大小对涡振振幅影响也不敏感。

针对无检修车轨道无配重工况下三个攻角的不同试验情况来看，三个攻角下的涡振振幅有差别，并依照 -3°、0°和 +3°攻角的顺序依次增大，达到涡振最大振幅时的风速值也依次增大，同理分析有检修车轨道配重 20kg 工况，可知，桥梁桁架断面涡振振幅也与试验攻角有关。

4.3 紊流场

由于在均匀流场下出现较明显的涡振现象，因此对于实桥成桥状态所对应的有检修车轨道配重 20kg 工况在 5% 紊流度的紊流场中进行对比试验，结果如图 6 所示。无论是从试验时观察现象，还是从结果分析都可以得知，涡振现象得到了有效抑制，紊流场下涡振现象没有出现。

4.4 Strouhal 数

试验中 -3°和 0°攻角下出现了两个涡振锁定区，Allan Larsen 在小尺度（1:80）分离双箱节段模型涡振试验中，得出与本文类似双竖向涡振区结果[4]。可以判定，第一个竖弯涡振区的出现并非主梁本身涡脱所致，而可能是由其附件如人行道护栏、检修车轨道等涡脱作用结果。根据无检修车轨道和有检修车轨道试验后 St 数并未发生大幅变化可知，检修车轨道不是产生第一个涡振区的原因。

如表 4 所示，有检修车轨道比无检修车轨道的 Strouhal 数高。Nakamura 试验研究了钝体宽高比 B/D对 Strouhal 数 St 的影响，结论为 St 随 B/D 增大而减小[5]。本涡振试验验证了该论点，检查车轨道的设置增大了气流分离，相当于加大了气动高度 D，减小了宽高比 B/D，由表 4 可知 St 数亦随之增加。同时，雷诺数效应对斯托拉哈数产生的影响也不容忽视，Schewe 等人在试验结果中发现 Strouhal 数对雷诺数有值得注意的依赖性。

5 结语

本文研究缩尺比为 1/37.65 的模型在均匀流下进行桥梁桁架断面涡振试验，得出以下主要结论：

(1)桁架主梁断面桥梁在均匀流场下可能发生明显的涡激振动现象，紊流场下涡振现象得到抑制；

(2)桁架断面检修车轨道的设置以及配重的大小对涡振特性影响不敏感；

(3)试验攻角变化对涡振特性具有不可忽略的影响，两种工况下涡振振幅和达到最大振幅时的风速都按 -3°、0°、+3°攻角顺序依次增大；

(4)检修车轨道不是产生第一个涡振区的原因；

(5)Strouhal 数 St 随钝体宽高比 B/D 增大而减小；

(6)对于大跨度桥梁，充分模拟检修车轨道等细部构件，对于涡振特性精细化分析是十分必要的。

除了上述分析讨论，模拟其他参数对于涡振特性的影响，也是值得深入探讨的问题。

参考文献

[1] 项海帆.现代桥梁抗风理论与实践[M].北京:人民交通出版社,2005.

[2] 陈政清.桥梁风工程[M].北京:人民交通出版社,2005.

[3] Emil Simiu, Robert H Scanlan. Wind effects on structures[M]. New York: John Wiley&Sons, Inc, 1996.

[4] Larsen A, Savage M, Lafreni A, et al. Investigation of vortex response of a twin box bridge section at high and low Reynolds numbers[J]. Journal of Wind Engineering and Industrial Aerodynamics, 2008, 96: 934-944.

[5] Nala, Iray. Vortex shedding from bluff bodies and a universal strouhal number[J]. Journal of Fluids and Structures, 1996, 10: 159-171.

半封闭箱梁涡振多孔板措施减振效果试验研究

张海[1,3]　朱乐东[1,2,3]　张宏杰[1,3]
（1. 同济大学土木工程防灾国家重点实验室　上海　200092；
2. 同济大学桥梁结构抗风技术交通行业重点实验室　上海　200092；
3. 同济大学桥梁工程系　上海　200092）

1　引言

在双索面斜拉桥中，双边箱主梁截面由于中部无底板，结构经济、重量轻、施工方便等优点正越来越多地出现在斜拉桥主梁设计中。主梁常以分离式的两个箱体各自锚固于拉索，两箱之间则以横梁和桥面板联结。

一般来说，半封闭式双箱梁的抗风性能良好，然而近几十年来，由于设计理论、计算方法的发展以及施工技术的进步和新材料的应用，桥梁跨度不断增大，柔度越来越大，而钢结构的采用使得桥梁变轻、阻尼降低，对风的作用也就更为敏感，尤其是在低风速下即可发生的涡激振动变成这类桥梁常见的一种风致振动现象。较大的涡激共振有可能造成结构疲劳破坏，并严重影响结构使用性能，因而需要将其振幅限制在容许范围内。

影响涡振现象的主要因素包括 Strouhal 数、Reynolds 数、Scruton 数、断面气动外形、来流紊流度、来流攻角以及双幅桥之间的气动干扰等，目前在实际桥梁中应用的涡激共振控制措施主要有结构措施、阻尼措施以及气动措施等。如巴西 Rio - Niterói 桥[1]、日本东京湾通道桥[2]、英国 Kessock 桥[3]等采用 TMD 作为涡振控制措施，英国第二塞文桥采用在主梁下安装扰流板的措施来控制涡激共振[4]。丹麦的大海带桥（Great Belt Bridge）东桥在其主梁底部两侧转折处安装导流板作为涡振控制装置。此外，采用风障也可以达到控制涡振的目的。

由于涡激响应有对断面气动外形十分敏感的特点，因此可以通过设置或调整桥梁的附属结构来改变结构物的形状，从而改变其空气动力学特性，达到改善涡振性能的目的。气动措施有加风嘴、增设导流板、调整桥梁附属设施如栏杆、检修车轨道等。

上海卢浦大桥的涡激振动控制机理借助于 CFD 数值模拟，使流经拱肋断面的流迹可视化，得出其控制原理是当气流流经带分离板断面的迎风侧钝体拱肋时，该拱肋下游顶部和底部仍会产生气流的分离，并形成两个涡旋。由于分离板的存在，上、下两个涡旋以相反的旋转方向运动，在分离板上、下表面的作用互相抵消，并没有合成一个更大的涡旋，从而减轻了背风侧拱肋上的升力作用，达到了减小涡振即涡振控制的目的。进一步的试验发现，完全密封的板和30%透风率的板这两种措施都能有效地将涡激振动的振幅降低至很小[5]。

其实质是在旋涡生成以后改变其发展状态或者说旋涡的运动方向来达到减振的目的。一是使气流经过透风板后破坏拱肋表面形成的旋涡沿拱轴线方向的相关性，从而抑制规律性的旋涡脱落对结构涡振的驱动，达到制振的目的；二是气流经过透风板后使旋涡尺度变小，大旋涡变成小旋涡后，能量降低，对拱肋的影响能力也降低。

因此本文考虑采用有一定透风率的板，通过破坏旋涡脱落的规则性或不让其发展成大尺度的旋涡来控制涡振。

基金项目：国家自然科学基金面上项目（50978204）。

2 主梁节段模型涡振试验

2.1 模型参数

本文的试验对象是在海河大桥既有桥模型的基础上卸掉一些配重得到，几何外形保持不变。试验采用弹簧悬挂二元刚体节段模型，既有桥节段模型用 8 根弹簧悬挂在同济大学土木工程防灾国家重点实验室 TJ-2 风洞中。为减少节段模型端部三维流动的影响，模型的总长度取为 1.700m，宽度为 0.537m，长宽比约 3.17，高 0.067m。如图 1 所示。参照《公路桥梁抗风设计规范》(JTG D60-01—2004)中有关桥梁阻尼比取值的建议，各阶模态阻尼比均取为 0.5%，计算时按模型实测阻尼值进行阻尼修正，模型的竖弯基频为 5.420 Hz，扭转基频为 12.549 Hz。刚体节段模型的骨架由金属构成，金属框架长 1.700m，桥面用三夹板和豪适板(高密度泡沫塑料板)来模拟以保证外形的几何相似性。模型还考虑了位于桥面的检修道护栏、防撞栏及位于主梁底部的检修车轨道。检修车轨道、检修道护栏及防撞栏用 ABS 塑料板由电脑雕刻制成。

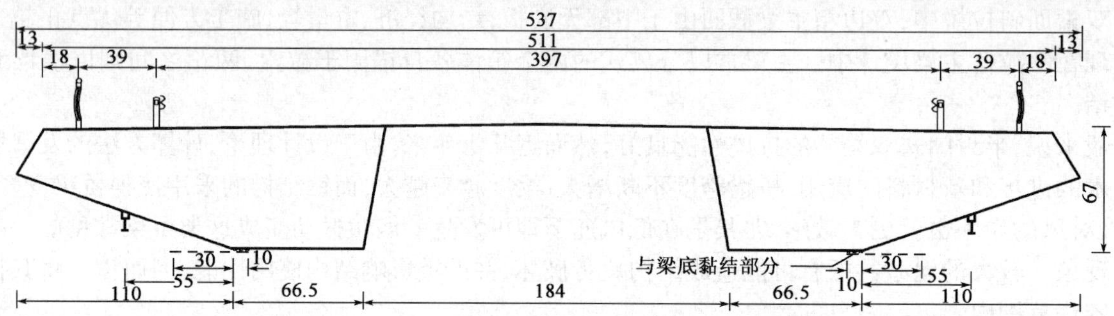

图 1 主梁以及悬出主梁底板两侧宽度 3cm 的多孔板(尺寸单位：mm)

2.2 试验设备和测量仪器

节段模型测振试验在同济大学土木工程防灾国家重点实验室 TJ-2 边界层风洞中进行。TJ-2 边界层风洞是一座低速回流式风洞，试验段宽 3.0m、高 2.5m、长 15m，空风洞试验风速范围为 1.0 ~ 68m/s 连续可调。风致振动信号采用美国 PCB PIEZOTRONICS INC 公司 M353B15 微型加速度传感器、美国 NI 公司的 PCI-6052E 数据采集 A/D 板、个人计算机和相应的信号采集以及相应的处理软件所组成的系统进行测量与分析。

2.3 涡振试验结果

为了探索多孔板在该桥涡激振动控制方面的效果，在均匀流场 0°风攻角下共进行了七种工况的试验，后面的结论也是基于 0°风攻角的。本次试验中多孔板用有机玻璃制作，有两种类型。长为 1.7m (与节段模型等长)，透风率均为 40%，总宽度有 4cm 和 5cm 两种，宽度中有 1cm 用于与主梁粘贴，从而悬出主梁底部的宽度分别为 3cm 和 4cm。试验中多孔板除工况一没使用外，均粘贴在平坦的主梁底部，图 1 给出了悬出主梁底板宽度 3cm 的多孔板与主梁的其中一种位置关系。

多孔板的开孔形式均为直径 5mm 交错排列的圆形，这两种多孔板的孔距、孔洞排列方式等如图 2、图 3 所示。

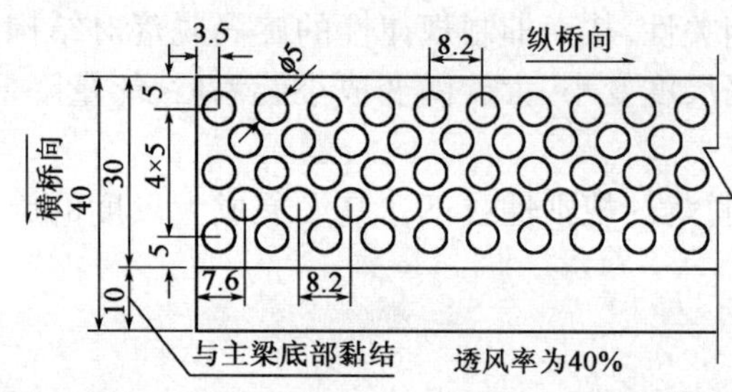

图 2 悬出主梁底板宽度 3cm 的多孔板(尺寸单位：mm)

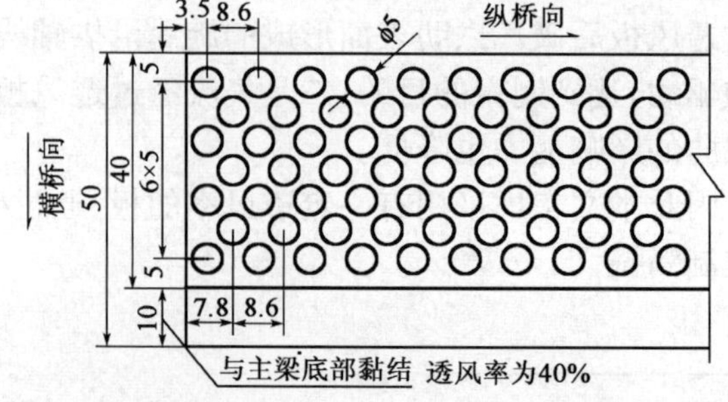

图 3 悬出主梁底板宽度 4cm 的多孔板(尺寸单位：mm)

多孔板涡振试验工况具体说明如表1所示。模型在工况一至工况七均未出现扭转涡激振动,而在工况一、工况三、工况六下发生了竖弯涡激振动,模型竖弯涡激共振发生风速范围及最大响应如表2所示。

涡振试验工况一览表 表1

试验工况	工况具体描述
工况一	没有使用多孔板
工况二	透风率40%,悬出宽度4cm,位于主梁底部迎风侧、背风侧
工况三	透风率40%,悬出宽度4cm,位于主梁底部背风侧
工况四	透风率40%,悬出宽度4cm,位于主梁底部迎风侧
工况五	透风率40%,悬出宽度3cm,位于主梁底部迎风侧、背风侧
工况六	透风率40%,悬出宽度3cm,位于主梁底部背风侧
工况七	透风率40%,悬出宽度3cm,位于主梁底部迎风侧

模型竖弯涡激共振发生风速范围及最大响应 表2

工况	发生风速范围(m/s)	最大振幅对应值		
		风速(m/s)	根方差(mm)	单峰值(mm)
工况一	2.53~3.85	3.02	0.75	1.06
工况三	2.71~3.32	3.02	0.48	0.68
工况六	2.71~3.39	3.02	0.92	1.30

对于具有天津海河桥既有桥这样外形的桥梁断面(宽23.17m,高3m,宽高比为7.7),在0°风攻角下,由表2以及图4、图5可以得出,当多孔板悬出主梁宽度相同时:

(1)多孔板位于主梁底板迎风侧与背风侧两侧和其位于主梁底板迎风侧这两种措施与无措施相比,均可以有效抑制涡振。

(2)多孔板位于背风侧时涡振控制效果相比其位于主梁底板迎风侧以及主梁底板两侧要差得多,模型出现了竖弯涡振。与无措施相比,其对涡振的控制效果与背风侧的多孔板悬出主梁底板的宽度有关。

(3)虽然多孔板位于主梁底板迎风侧和两侧均可以抑制涡振,但前者的效果较后者要略好些。

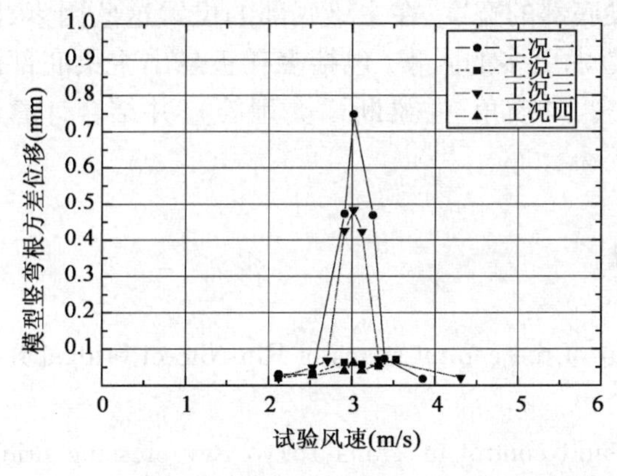

图4 悬出梁底宽度为4cm的多孔板涡振试验结果

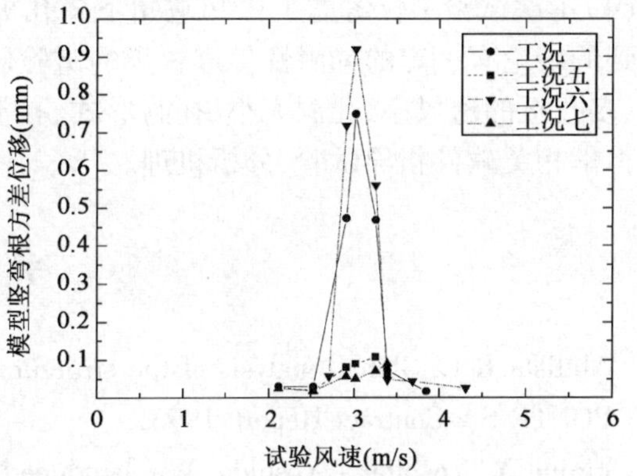

图5 悬出梁底宽度为3cm的多孔板涡振试验结果

对于安装位置和透风率相同的多孔板,其减振效果随其悬出主梁底部宽度的增加而提高。

(1)多孔板位于主梁底部背风侧时,工况三、工况六这两种工况均出现了竖弯涡振。其中悬出的多孔板宽度为4cm时(工况三)主梁的最大根方差位移是没有设置多孔板时的64%;而悬出的多孔板宽度为3cm(工况六)时主梁的最大根方差位移则为没有设置多孔板时的123%。

(2)多孔板位于主梁底部迎风侧或者位于主梁底部两侧时,主梁均没有出现涡振,且在这两种情况下当其悬出主梁底部宽度为4cm时要略好些。

虽然上述结论只是在0°风攻角下得出的,其他攻角情况、其他断面类型有待试验验证,但是,这在一定程度上说明了多孔板在桥梁涡振控制思路方面的可行性。

3 结语

(1)研究结果在一定程度上显示出多孔板在桥梁涡振控制思路方面的可行性,与其他涡振控制气动措施相比,具有加工和安装简便(比如对于钢主梁,多孔板可以直接由主梁底板两侧悬出具有一定宽度并在其上开孔的板形成)、基本不会影响桥梁美观等特点,具有较高的工程应用价值。

(2)多孔板的位置对其涡振减振效果很关键

多孔板位于主梁底部迎风侧或者迎风侧、背风侧两侧时主梁没有发生涡振,而当其位于主梁底部背风侧时主梁发生了竖弯涡振。这可能是由于气流经过主梁迎风侧的边缘尖角以及斜腹板下的检修车轨道后发生了周期性旋涡脱落,从而产生周期性的涡激力。如果没有采取任何措施,则主梁在这种周期性的涡激力作用下,当旋涡脱落频率与结构的某一阶频率非常接近时就会发生涡激共振。而当这些脱落的旋涡经过位于迎风侧的多孔板的小圆孔后,大的旋涡变成小的旋涡甚至破碎,大大削弱了旋涡的能量,以至于不足以激起主梁的涡振,从而达到抑制涡振的目的。

当多孔板位于主梁迎风侧或者迎风侧与背风侧两侧时均能有效抑制涡振,这说明对于试验中的这种较窄的主梁断面类型来说激起主梁的主要能量可能来自于主梁迎风侧脱落的旋涡。如果能把迎风侧旋涡的能量降低可能就可以控制涡振。因此当多孔板仅位于主梁背风侧时就没能抑制涡振的发生。

(3)多孔板的悬出宽度对其涡振减振效果也有较大影响

如前面所推测,如果能把迎风侧旋涡的能量降低可能就可以控制涡振,因而无论主梁底部迎风侧悬出的多孔板宽度为3cm还是4cm,由于都降低了旋涡能量均有效地抑制了涡振。

而且本次试验还发现,无论多孔板的位置是属于主梁底板三类位置(迎风侧、背风侧、迎风侧与背风侧两侧)中的哪一类,悬出主梁底部宽度为4cm时的效果均要好于3cm的,尤其是当其位于主梁底部背风侧时这种差别更明显。多孔板位于主梁底部背风侧时,悬出宽度为4cm时主梁的最大根方差位移是没有设置多孔板时的64%;而悬出宽度为3cm时主梁的最大根方差位移则为没有设置多孔板时的123%。可能是由于迎风侧悬出的多孔板宽度为4cm时与3cm相比多了2列小圆孔,前者把旋涡能量削弱得略多一些导致效果也略好。

(4)本次试验中仅考虑了0°风攻角下多孔板悬出主梁底部的宽度、在主梁底部的位置这些因素,因此得到的结论有一定的局限性。进一步的试验研究将会考虑更多的因素(包括多孔板悬出主梁底部的宽度、多孔板的透风率、孔洞大小、孔洞形式、孔洞排列方式、风攻角、主梁断面类型等),并结合计算流体动力学相关软件指导试验、分析机理。

参 考 文 献

[1] Abttista R C. Global analysis of the structural behaviour of the central spans of Rio-Niterói bridge[R]. PONTE SA Contract Report,1993.

[2] Fujino Y, Yoshitaka Yoshida. Wind-induced vibration and control of Trans-Tokyo Bay crossing bridge [J]. J. Struct. Engrg,2002,128(8).

[3] Wallace A A C. Wind influence on Kessock Bridge[J]. Eng. Struct.,1985,7(1).

[4] Macdonald J H G, Irwin P A, Fletcher M S. Vortex-induced vibrations of the Second Severn Crossing cable-stayed bridge—full-scale and wind tunnel measurements[J]. Structures & Buildings,2002,152(2).

[5] 葛耀君. 大跨度拱桥抗风失效机理及风振控制方法研究[G]. 第十二届全国结构风工程学术会议论文集. 西安,2005.

[6] 中华人民共和国行业规范. JTG/T D60-01—2004 公路桥梁抗风设计规范[S]. 北京:人民交通出版社,2004.

双幅斜拉桥涡振响应和减振气弹模型试验研究

周奇[1]　朱乐东[1,2,3]　孟晓亮[1]

(1. 同济大学桥梁工程系　上海　200092;
2. 同济大学土木工程防灾国家重点实验室　上海　200092;
3. 同济大学桥梁结构抗风技术交通行业重点实验室　上海　200092)

1　引言

随着交通量的日益增加,现代桥梁必须具有更宽的桥面和更多的车道才能满足通行需求。然而诸多力学方面的难题和建筑美学方面的考虑均限制了单幅桥梁的桥面宽度。为此,平行双幅桥梁越来越受桥梁设计人员的青睐,并且逐渐运用于大跨度桥梁设计中。20 世纪 90 年代以来,国内外学者对平行双幅或多幅桥梁的气动干扰效应和气动稳定性能进行了研究[1-3],研究表明气动干扰效应与桥面间距和来流风向有关,引起的结构振动响应十分复杂,在大跨度平行双幅或多幅桥梁的抗风性能研究中不可忽略。近年来,朱乐东等人对平行双幅桥梁的涡激共振特性进行了一定的研究[4],通过试验发现气动干扰效应使平行双幅桥的涡振起振风速降低、风速锁定区间变长、斯托罗哈数变大、发生涡激共振的概率增加,并且这一现象下游桥比上游桥更加显著。

节段模型风洞试验是研究桥梁结构涡激共振风速锁定区间和最大振动幅值最常用的手段之一,通过节段模型试验模拟涡激共振并对其结果进行修正的方法是对涡激共振振幅预测的间接方法[5-8],而全桥气弹模型试验包含了桥梁结构的三维振动特性,更准确地反映了桥梁振动形态,是一种直接的模拟方法。本文以天津塘沽海河既有独塔斜拉桥拓宽工程为背景,基于全桥气弹模型风洞试验对平行双幅斜拉桥的涡激共振特性进行研究,将获得的各阶涡振响应进行修正并与节段模型振幅计算方法进行对比分析,最后采用多孔板的方法对涡激共振进行了减振研究。

2　工程背景及全桥气弹模型试验介绍

已建成的天津塘沽海河大桥(以下简称既有桥)为一座独塔双索面混合斜拉桥,全长 500m,其中主跨为总长 310m 的分离双箱钢箱梁,边跨为总长 190m 的分离双箱混凝土箱梁,桥面宽 23m,主梁高为 3m。拓宽扩建中新桥(以下简称新建桥)与既有桥呈对称分布,主跨仍为 310m,边跨为 180m,沿纵桥向分布与既有桥类似,两幅桥轴线距离为 35m,桥面净距离为 12m,即 $D/B=0.52$。新建桥亦为混合斜拉桥,主跨为分离双箱钢箱梁,边跨为预应力混凝土箱梁,桥面宽 22m,主梁高 3m。

本次全桥气弹模型在同济大学土木工程防灾国家重点实验室的 TJ-3 大型边界层风洞中进行。考虑到全桥气动弹性模型试验的要求及大桥和风洞试验段的尺寸,本次试验模型的几何缩尺比 λ_L 取为 1/100,这样模型全长约为 7m,高约 1.65m。为了确保实桥的动力特性模拟正确性,本文通过环境随机激励试验法[9]对全桥气弹模型的固有频率、模态振型和模态阻尼比进行了实测并将实测结果与模型设计目标值、ANSYS 计算值进行了对比。模态识别结果表明本次气弹模型动力特性与实桥动力特性很好地满足了相似要求。

3　涡激共振特性分析

试验中,塘沽海河大桥的上下游桥均不同程度地发生了竖弯涡激共振,并且不同的上下游相对位置不同对涡振特性有一定的影响。3°风攻角状态下,新建桥位于下游时新建桥和既有桥发生了第一阶竖

基金项目:科技部国家重点实验室基础研究资助项目(SLDRCE08-A-02),国家自然科学基金面上项目(50978204)。

向涡振；0°风攻角状态下，新建桥位于下游时新建桥与既有桥均发生了第一阶竖向涡振，而当新建桥位于上游时，新建桥和既有桥不仅发生了第一阶竖弯涡振还发生了第二阶竖向涡振；-3°风攻角状态下，新建桥位于下游时新建桥和既有桥均只发生了第一阶竖向涡振，而新建桥位于上游时新建桥和既有桥均发生了第一阶、第二阶和第三阶竖向涡振。试验所得的新建桥和既有桥不同状态下涡振振幅随风速的变化曲线如图1所示。

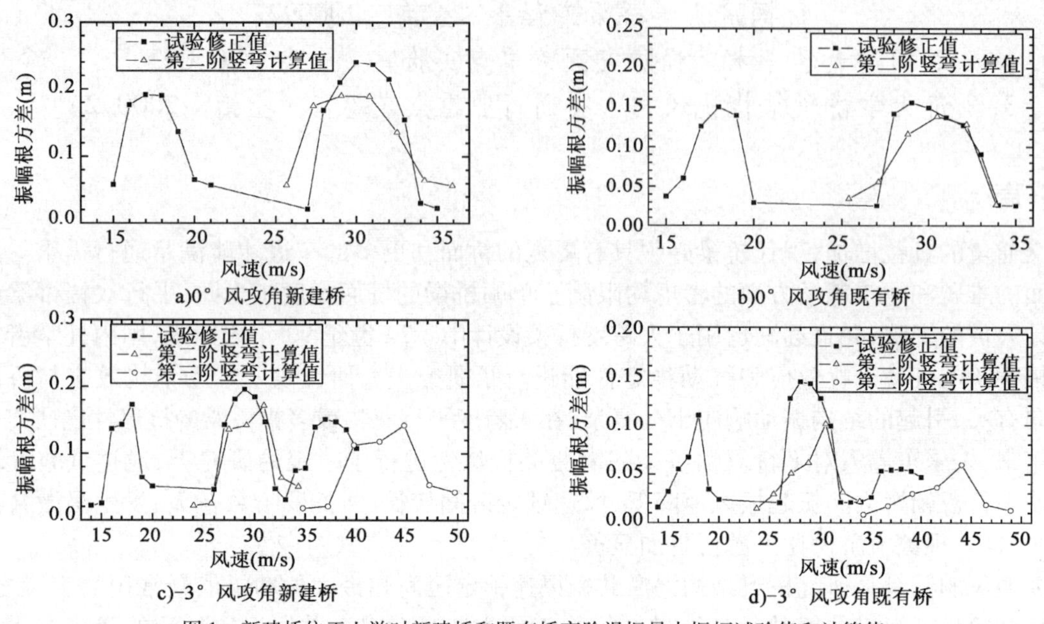

图1 新建桥位于上游时新建桥和既有桥高阶涡振最大振幅试验值和计算值

3.1 涡振振幅

文献[8]推导了根据节段模型涡振试验结果确定实桥最大涡振振幅的公式。考虑到对于不同模态，斯托罗哈数相同，因此在经验线性涡激力模型假设下，涡激共振动力放大系数也相同，由此，根据文献[8]的研究成果，可以推得实桥第 i 阶模态和第 j 模态下的涡振最大振幅比值 $\gamma_{\max}^{v}$ 和 $\gamma_{\max}^{\alpha}$ 为：

$$\begin{cases}\gamma_{\max}^{v} = m_{eq}^{j} C_{\phi v,\max}^{i} / m_{eq}^{i} C_{\phi v,\max}^{j} \\ \gamma_{\max}^{\alpha} = I_{eq}^{j} C_{\phi t,\max}^{i} / I_{eq}^{i} C_{\phi t,\max}^{j}\end{cases} \tag{1}$$

式中，m_{eq}、I_{eq} 分别为竖弯或扭转模态的主梁等效质量或等效转动惯量，由此，可以通过一阶模态的涡振幅值来估算高阶模态的涡振幅值；$C_{\phi v,\max}$、$C_{\phi t,\max}$ 分别为竖弯和扭转涡激共振位移最大幅值振型修正系数（见文献[8]）。

此外，在全桥气弹模型涡振试验中，由于各阶涡振的最大振幅值位置不一定正好有测点，因此需要建立测点处的实测涡振幅值与各阶模态最大或平均涡振幅值之间的关系。由于涡振为单频振动，振动形态与该频率下模态振型是一致，因此全桥模型涡振最大振幅修正系数 η_i 可按下式计算：

$$\eta_i = y_{\max}^{i} / y_0^{i} = \phi_{\max}^{i} / \phi_0^{i} \tag{2}$$

式中，$y_{\max}^{i}$、$\phi_{\max}^{i}$ 分别为第 i 阶模态涡振幅最大值和振型函数最大值；y_0^{i}、ϕ_0^{i} 为测点处的实测涡振幅值和振型函数值。

根据式(2)计算得到塘沽海河大桥新建桥和既有桥第二阶竖弯模态和第三阶竖弯模态涡振最大振幅的位置修正系数，而根据式(1)可以得到基于第一阶竖向涡振最大振幅估算的高阶模态涡振最大值幅，其中，第一阶模态的涡振最大幅值也需经过位置修正，风速锁定区间也是由第一阶竖向涡振风速锁定区间根据斯托罗哈数不变的原则换算得到。

图1为经位置修正后的新建桥和既有桥竖向涡激共振位移根方差最大值试验结果随风速增大的变化曲线以及高阶涡振位移根方差最大值的估算值，这里，涡振根方差响应和峰值响应的相关修正系数是

一致的。图中试验修正值是在试验中新建桥测点 A 和既有桥测点 B 的基础上根据式(2)修正得到的，其中新建桥和既有桥一阶竖弯最大振幅位置修正系数分别为 1.354 2 和 1.026 1。从图中可以看出，第二阶和第三阶竖向涡振响应估算值与试验修正值有一定的偏差，但偏差均在 30% 以内。此外，第二阶和第三阶竖向涡振起振风速的换算值和试验值较为接近，由此可预见两者斯托罗哈数也十分接近。第二阶竖向涡振的风速锁定区间换算值与试验值比较吻合，但第三阶竖弯涡振的风速锁定区间计算值明显大于试验值。

表 1 为高阶涡激共振最大振幅试验修正结果以及与第一阶涡振最大振幅试验结果的比值实测值和估算值。从表中可以看出，由于试验测点布置较为合理，第二阶和第三节竖向涡振最大振幅修正系数均不超过 1.3，这避免了由于人为原因带来的涡振振幅实测值误差。此外还可以看出，高阶涡振最大振幅与第一阶涡振最大振幅比值的试验值与估算值有一定差异，最大值达到 27.68%。笔者认为其主要有以下几方面的原因：首先，式(1)是建立在线性涡激力模型之上，而实际的涡激力是非线性的，因此，不同模态的涡激共振动力放大系数会有一定差别，式(1)是近似的；其次，对于平行双幅桥梁，上下游桥之间复杂的气动干扰效应可能更加进一步加剧涡激力的非线性特性，并且，对于不同模态的涡振，这种气动干扰效应可能也是不同的，但在式(1)的推导过程中并未考虑这一因素；最后，通常情况下认为各阶涡振的折减系数 C_{Rv} 和 C_{Rt} 是相等的，即与模态无关，但实际情况可能并非如此。

第二阶竖弯模态和第三阶竖弯模态的振幅修正对比　　表 1

攻角(°)	新建桥状态	桥梁类型	涡振类型	最大振幅实测值(m)	修正系数 ξ	最大振幅修正值(m)	与一阶振幅比值 γ		
							试验值	计算值	计算值/试验值 -1
0	位于上游	新建桥	二阶竖弯	0.290 6	1.170 2	0.340 1	1.256 8	0.992 3	-21.05%
		既有桥	二阶竖弯	0.196 0	1.125 7	0.220 6	1.011 4	0.920 7	-19.73%
-3	位于上游	新建桥	二阶竖弯	0.236 9	1.170 2	0.277 2	1.236 2	0.992 3	-12.37%
			三阶竖弯	0.190 1	1.123 0	0.213 4	0.951 8	0.834 1	-8.97%
		既有桥	二阶竖弯	0.180 7	1.125 7	0.203 5	1.274 6	0.920 7	-27.77%
			三阶竖弯	0.064 2	1.217 5	0.0781 6	0.489 7	0.539 0	10.06%

3.2　涡振风速锁定区间和斯托罗哈数对比分析

试验结果现实：由于新建桥和既有桥主梁断面并不完全相同，桥梁上下游相对位置对发生涡振的可能性和涡振风速锁定区有着明显的影响，新建桥位于上游时发生涡振的可能性要高于新建桥位于下游时；新建桥和既有桥各阶模态涡振的斯托罗哈数基本保持一致。

4　多孔板在涡激共振减振中的应用

如前所述，塘沽海河大桥新建桥和既有桥均发生了严重的涡激共振现象，并且振幅已明显超过规范振幅允许值，因此必须采取相应的措施来避免发生涡振或将涡振振幅减振在规定的范围以内。本次试验采用了 40% 和 50% 两种透风率的多孔板为涡振减振措施。实际应用时，既有桥梁可以采用焊接的方法将多孔板固定在底板底部，而新建桥梁则可以将底板向外伸长一部分并打孔制作成多孔板即可。

4.1　多孔板的减振效果

本次试验中设置 40% 透风率多孔板后新建桥和既有桥在各种状态下均未出现涡激共振现象，而设置 50% 透风率多孔板后新建桥位于下游 0°和 3°风攻角状态下既有桥发生了一阶竖弯涡振，振幅最大单峰实测值分别为 0.153 9m 和 0.044m，新建桥位于上游 -3°风攻角状态下新建桥和既有桥发生了一阶竖弯涡振，振幅最大单峰实测值分别为 0.061 9m 和 0.161 9m。由此可见多孔板涡振减振效果较为明显。

试验结果表明，负攻角状态下，下游桥底板内侧设置的多孔板会起到降低上下游桥的涡振振幅或抑制涡振的发生的作用，而上下游底板内侧均设置多孔板则可以在正负风攻角和 0°风攻角状态下降低涡振振幅或抑制涡振发生。同时在试验中还发现，在靠近桥塔的一定范围内安装多孔板对涡振减振作用不明显,也即仅在跨中一定范围内安装多孔板与全跨范围都安装多孔板的涡振减振效果相差不大。

4.2 多孔板减振原理探析

通过对塘沽海河大桥主梁断面气流绕流 CFD 计算结果表明:多孔板对涡振的抑制作用主要体现在其对气流流经桥梁断面产生的旋涡破除效果上。多孔板的破涡效果好坏不仅取决于多孔板本身透风率大小,空洞形状及分布还与其安装位置有关。对于不同外形的主梁断面其旋涡脱落规律和气流分离点均可能不一致,因此多孔板安装位置应采用风洞试验方法尝试确定。

5 结论

本文通过平行双幅桥全桥气弹模型风洞试验,对上下游桥各阶涡激共振的风速锁定区间、斯托罗哈数等进行了分析,并根据涡振振动形态和相应的振型值给出全桥模型涡振响应实测值的修正方法。此外,文章还推导了基于一阶涡振结果对高阶涡振最大振幅预测的估算公式,并将结果与试验结果进行了对比。最后,本文还对两种透风率的多孔板安装于不同位置处的涡振减振效果进行了研究。通过上述研究得到的主要结论如下:

(1)全桥气弹模型试验可以直接模拟出高阶涡振,但是实测结果应根据涡振振动形态和模态振型值进行位置修正,同时发现各阶涡振的斯托罗哈数相差不大,这说明主梁断面的斯托罗哈数与结构振动形态和固有频率没有必然关系。

(2)通过节段模型涡振试验结果估算高阶涡振响应时,风速锁定区间可能会扩大,最大振幅值与实测值有一定的偏差。可能的原因是该方法无法考虑涡激力的非线特性、各阶模态涡振的上下游气动干扰效应的差别以及涡振涡激力跨向相关性差别。

(3)多孔板具有较好的涡振减振效果,其工作原理主要是打乱主梁断面上的规则旋涡脱落,而其破涡效果与透风率大小、空洞形状和分布以及安装位置有直接的关系。

参 考 文 献

[1] Irwin P A, Stoyanoff S, Xie J M, et al. Tacoma narrows 50 years later—Wind engineering investigations for parallel bridges[J]. Bridges Structures, 2005, 1(1): 3-17.

[2] Kimura K, Shima K, Sano K, et al. Effects of separation distance on wind-induced response of parallel box girders[J]. J. Wind Eng. Ind. Aerodyn., 2008, 96: 954-962.

[3] 陈政清,牛华伟,刘志文. 平行双箱梁桥面颤振稳定性试验研究[J]. 振动与冲击, 2006, 25(6): 54-58.

[4] 朱乐东,周奇,郭震山,等. 箱形双幅桥气动干扰效应对颤振和涡振的影响[J]. 同济大学学报, 2010, 38(5): 632-638.

[5] Irwin P A. The role of wind tunnel modeling in the prediction of wind effects on bridges [G]//La rsen A, Esdah S. Bridge Aerodynamics [C]. Rotterdam: A. A. Balkema, 1998: 99-117.

[6] COWI. Review of preliminary studies of aerodynamic simulations and wind resistance, Sutong Bridge [R]. Report No. 58152-W-001, Issue No. 1. Jiangsu ProvinceSutong Bridge Construction Commanding Department, P. R. China, 2003.

[7] COWI. Review of wind tunnel section model tests, bridge girder, Sutong Bridge [R]. Report, No. 58152-W-002, Issue No. 1. Jiangsu Province Sutong Bridge Construction Commanding Department, P. R. China, 2003.

[8] 朱乐东. 桥梁涡激共振试验节段模型质量系统模拟与振幅修正方法[J]. 工程力学, 2005, 22(5): 204-209.

[9] 朱乐东. 桥梁固有模态识别[J]. 同济大学学报, 1999, 27(2): 179-183.

高层建筑风致干扰效应研究

曹辉　李正良　魏奇科　邹鑫

（重庆大学土木工程学院　重庆市　400045）

1　引言

近年来，高层、超高层建筑拔地而起，多幢高层建筑风场互相干扰状况必然存在，受扰后高层建筑的风振响应大小及性态与独立建筑相比会有很大变化，在某些情况下可能会超过独立建筑的风振响应，造成结构风灾。目前，尽管各国规范中已有少量国家的规范涉及干扰效应，但仍不全面。

本文利用风洞试验中的刚性模型方法，测得各风向角下无周边建筑和有周边建筑两种工况下建筑物表面的风压分布，转换为建筑实际的风荷载时程，通过数值模拟进行风荷载时程分析，得到各风向角下结构两种工况的风振响应，给出此建筑在干扰效应下应取的静力和动力干扰因子，为以后条件类似的工程提供设计参考。

2　风洞试验概况

2.1　风洞试验设备

本次试验在石家庄铁道大学风工程研究中心风洞低速段进行，其低速试验段流场达到优秀边界层风洞流场标准，高速试验段流场达到优秀工业空气动力学风洞标准。

2.2　风场模拟

本次试验中用尖劈和粗糙元模拟我国规范中B类地貌350 m高度以内的大气边界层。大气边界层风剖面指数α为0.16，底部湍流度约为15%。试验模拟的平均风剖面与湍流度剖面与B类地貌十分吻合，边界层风场模拟结果较好。

2.3　试验工况

风洞试验分别进行了仅有该建筑单体（建筑A）和群体（考虑其500m半径内规划的其他高层建筑影响）两种试验工况。每种工况又分别进行了16个风向角下的风洞试验，以每22.5°为一个工况子项。图1为试验工况风向角示意图。图2为建筑A周边建筑布置图。

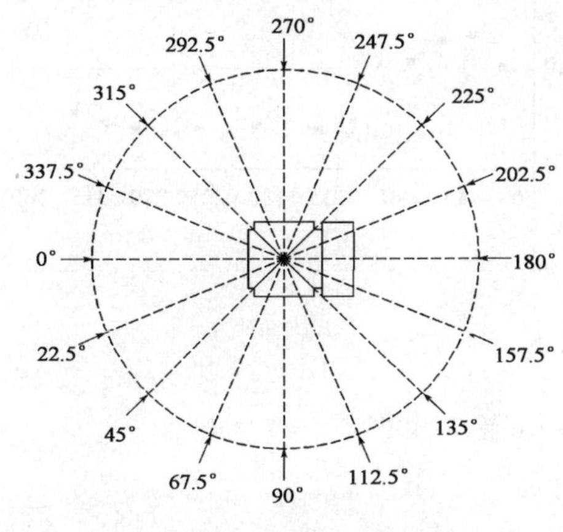

图1　试验工况风向角示意图

图2　周边500m半径内建筑布置示意图

3 两种工况下建筑响应

3.1 建筑的风振响应

考虑周边建筑干扰后，受扰建筑周围风场有明显改变。从建筑周边群体布置示意图看出，在45°和67.5°以及315°和337.5°四个风向角，建筑上游没有建筑遮挡，而在315°和337.5°风向角，其下游有密集建筑群，会对该受扰建筑产生一定影响。而在其他风向角，该受扰建筑上游均有密集建筑群，其迎风面主要受到上游建筑因迎风受阻后在前边缘向两侧分离风和尾流的影响，风没有直接吹在受扰建筑壁面上。而建筑的侧面主要受到前方建筑前边缘向两侧分离风的影响，形成狭道效应（穿堂风），风速较大，风场环境恶劣，建筑A周围风流场已不同于单体建筑的分布，由于其前方建筑与建筑A相距较近，所以迎风面、背风面和侧面附近风场有了本质的改变。

3.2 干扰因子

(1)静力干扰因子

位移静力干扰因子的定义为：

$$IF_{\mathrm{m}} = \frac{\bar{r}_{\text{有干扰}}}{\bar{r}_{\text{无干扰}}}$$

根据图3结果所示，x轴向响应静力干扰因子图中，虽然67.5°、90°和270°风向角时静力干扰因子大于1，特别是270°时，其值高达5.31，但由于该三个风向角下结构x体轴方向为建筑横风向，建筑横风向平均位移响应几乎可以忽略。扭转角响应静力干扰因子图中，在157.5°风向角下，风穿越两施扰建筑中间狭道时形成“狭管”干扰效应，施扰建筑一侧尾流直射建筑A，且由于斜向风必然对扭矩影响更大，致使结构的扭转角位移明显增大，达5.17倍。总的来说，该项目建筑在其周边建筑风场影响下，平动和扭转响应总的呈现明显的“遮挡”效应，但需注意在个别风向角下，平均扭转角响应急剧增大的不利情况。

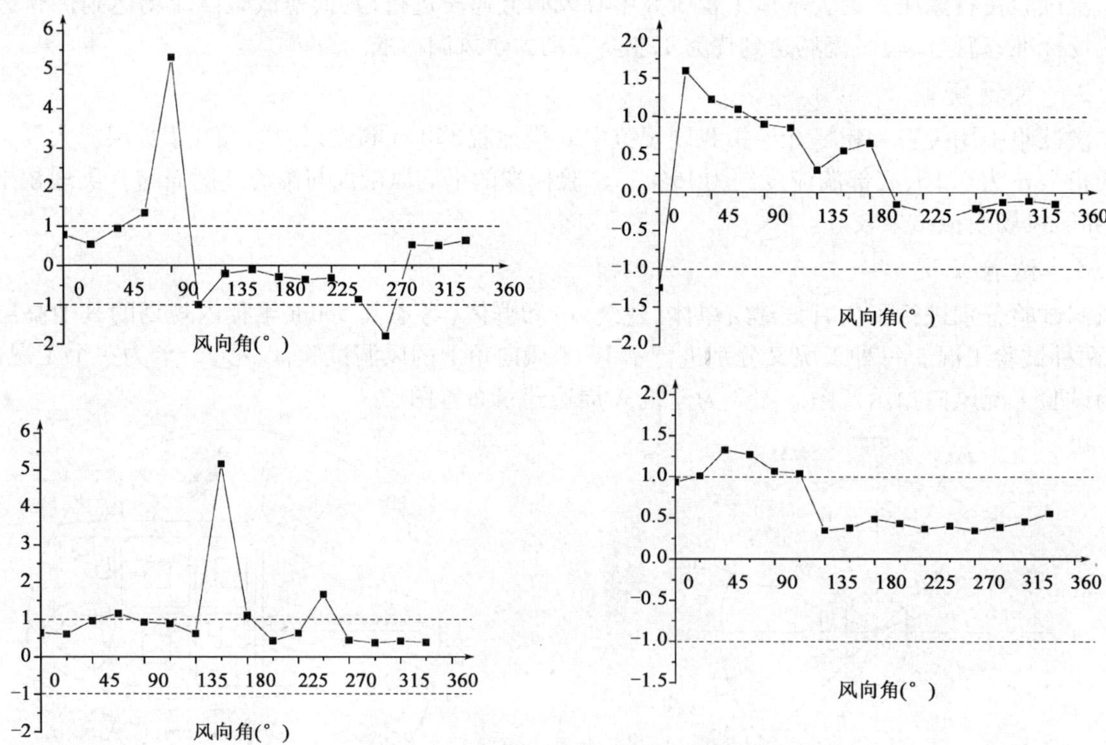

图3 建筑x轴向、y轴向、扭转方向和总位移静力干扰因子

(2)动力干扰因子

位移动力干扰因子的定义为：

$$IF_{dx,dy} = \frac{\sigma_{有干扰}}{\sigma_{无干扰}}$$

根据图4结果所示，由于建筑A处于其在周边建筑包围中，受其周边施扰建筑尾流效应的影响严重，建筑A的动力干扰效应明显，动力干扰因子普遍大于1.0。x轴向响应静力干扰因子图中，337.5°风向角下，建筑上游无施扰建筑，但建筑A动力干扰因子高达3.42，原因是建筑A下游有三栋高层建筑处于其斜下风方向，明显增大了该项目建筑的动力响应，因此可见不应只考虑建筑A受其上游建筑的干扰，还应重视其下游建筑对建筑A的干扰效应。在扭转角响应动力干扰因子图中，建筑A受干扰效应的影响更加明显，动力影响因子在315°时最高可达4.01，在各风向角下，考虑干扰效应下建筑扭转角响应平均为单体工况下的2.17倍，其中斜风向角下建筑扭转角响应是单体工况下的2.56倍。可见周边建筑的风场干扰对建筑A扭转角响应产生了非常不利的动力影响，特别是斜风向风力影响更为不利。

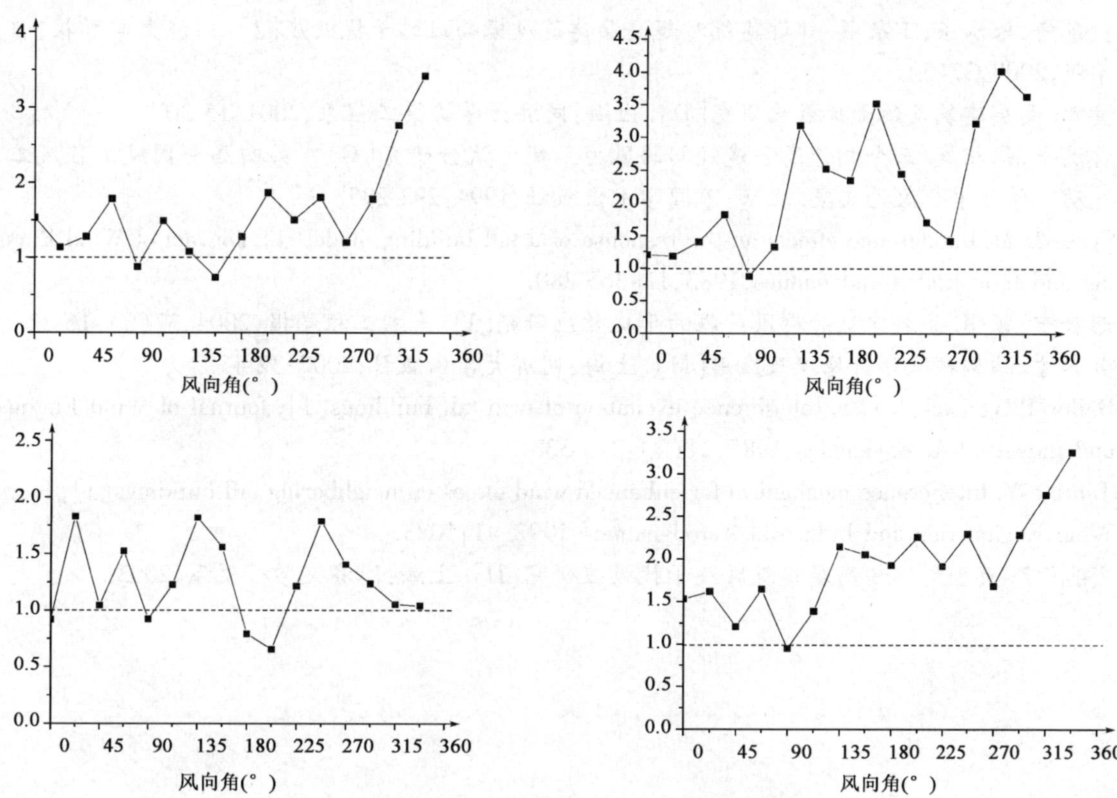

图4　建筑x轴向、y轴向、扭转方向和总位移动力干扰因子

4　结论

本文通过风洞试验结合数值模拟的方法总结出建筑A在受周围建筑风场干扰后其平动和转动的平均和均方根位移、绝对最大位移的变化规律，得出以下几点结论：

(1)考虑周边及邻近建筑干扰效应后，高层建筑A的平均平动响应有普遍略小于单体的情况，“遮挡”效应比较明显，在进行结构设计时，应适当考虑其邻近建筑的影响，对风荷载进行适当的折减，在不失安全性的情况下以求更加经济。对于平均扭转角响应，考虑周边及邻近建筑干扰后其值虽有所减小，但减小效应不如平动响应明显，且应注意在某些风向角特别是斜风向角下因“狭管”效应导致平均扭转角位移响应明显增大的不利情况。

(2)建筑横风向平动和扭转平均响应均很小，在受周边及邻近建筑风场干扰后即使有所增大，其值仍然可忽略。

(3)考虑周边及邻近建筑干扰效应后,结构位移动力响应明显增大,动力干扰因子普遍大于1。建筑平动位移均方根值平均增大0.59倍,而扭转角均方根平均增大1.17倍,可见干扰效应会明显增大结构位移的动力响应,应适当采取措施减小建筑的动力响应,且建筑扭转角响应对干扰效应更加敏感,特别是斜风向风对扭转效应会产生非常不利的影响,应适当采取措施提高结构抗扭能力。

(4)除注意上游建筑对建筑A的干扰效应之外,还应重视下游建筑对建筑A位移响应的动力增大效应。

参考文献

[1] 中华人民共和国国家标准. GB 50009—2001 建筑结构荷载规范[S]. 北京:中国建筑工业出版社,2006.

[2] 黄东梅,朱乐东,丁泉顺. 邻近建筑对超高层建筑风振响应的干扰效应[J]. 同济大学学报:自然科学版,2009,37(3).

[3] 黄鹏. 高层建筑风致干扰效应研究[D]. 上海:同济大学桥梁工程系,2001:15-30.

[4] 蒋洪平,张相庭. 三个相邻高层建筑间的风力干扰之试验研究[G]//第四届全国风工程及工业空气动力学学术会议论文集. 北京:万国学术出版社,1994:292-295.

[5] Sykes D M. Interference effects on the response of a tall building model[J]. Journal of Wind Engineering and Industrial Aerodynamics,1983,11:365-380.

[6] 谢壮宁,顾明. 高层建筑静群风荷载的干扰效应研究[J]. 土木工程学报,2004,37(6):16-22.

[7] 黄本才. 结构抗风分析原理及应用[M]. 上海:同济大学出版社,2002:32-45.

[8] Bailey P A,Kwok K C S. Interference excitation of twin tall buildings[J]. Journal of Wind Engineering and Industrial Aerodynamics,1985,21(3):323-338.

[9] Taniike Y. Interference mechanism for enhanced wind forces on neighboring tall buildings[J]. Journal of Wind Engineering and Industrial Aerodynamics,1992,41:1073.

[10] 谢壮宁. 典型群体超高层建筑风致干扰效应研究[D]. 上海:同济大学桥梁系,2003.

某大型冷却塔群风洞试验研究与结构分析

董锐　赵林　葛耀君

（同济大学土木工程防灾国家重点实验室　上海　200092）

冷却塔作为一种高耸空间薄壁结构，振型复杂，对风的作用极为敏感。大多数情况下，风荷载在冷却塔结构设计中起控制性作用，对结构的设计安全至关重要，大型冷却塔在强风作用下的结构安全性问题更是工程界历来所关注的重点。当风吹过孤立的冷却塔时，会产生复杂的空气作用力。而实际工程中的冷却塔往往是以塔群的形式出现，塔群之间的相互干扰加剧了这种复杂性[1]，主要表现为脉动风的动力放大作用和结构表面风压分布的不确定性。由于群塔之间的"夹道效应"，使得群塔表面压力分布与单塔时存在较大差别，并且呈现出脉动风在局部的动力放大效应显著增大的特征，同时毗邻高大建/构筑物的影响使得这种风致干扰作用更加复杂。所以，如何正确地处理风荷载，在大型冷却塔结构设计中至关重要。

本文以某在建大型冷却塔群为工程背景[2]，对大型冷却塔群现有风洞试验研究的基本内容和风荷载作用下结构分析的主要过程结合规范进行较为详细的介绍。

1　冷却塔测力、测压风洞试验

本文中的冷却塔为自然通风式冷却塔，为三塔组合。每座冷却塔的淋水面积为 9 600m^2，塔高 155m；通风筒壳体采用分段等厚，最小壁厚 0.275 m，最大壁厚 1.200 m，通过 46 对 ϕ1.100m 人字柱与环形基础连接。冷却塔群周边地形相对平坦，但毗邻建/构筑物较为复杂。定义风由西向东吹时为零度风偏角，以顺时针方向为正按照 22.5°的间隔依次递增，共 16 个吹风角度，在风洞试验中通过逆时针转动承载模型和周边建筑物的转盘来实现。

冷却塔风洞试验全部在同济大学土木工程防灾国家重点实验室完成。其中，1∶500 刚性模型测力试验在 TJ-2 大气边界层风洞中进行；1∶200 刚性模型测压试验在 TJ-3 大气边界层风洞中进行。

1.1　雷诺数效应模拟

冷却塔为圆截面双曲线形，属于典型的流线型结构，受雷诺数的影响显著，同时在风洞测力、测压试验中采用较大的缩尺比例，导致风洞试验模型与原型结构雷诺数相差近三个量级，必须采用合理的手段模拟冷却塔表面雷诺数效应。本文通过在冷却塔表面沿子午向粘贴粗糙纸带、丝线和调整试验风速等手段实现了冷却塔雷诺数效应模拟[3]。首先，在模型喉部附近沿圆周均匀选取 36 个测压点，分别测量不同情况下模型表面的压力分布，进而得到压力分布曲线。然后将测得的模型表面压力分布曲线与标准曲线进行比较，即可得到最优模拟结果。其中标准曲线选用规范[4-5]推荐的在茂名实测的风压分布曲线八项式，比较过程着重于最大压力系数、最小压力系数、尾流压力系数、压力系数等于零的角度、最小压力系数对应角度和尾流分离角度[6]。四种情况下的雷诺数模拟结果如图 1 所示。

1.2　冷却塔高频天平测力风洞试验

冷却塔测力风洞试验进行了 8 种工况共计 98 个吹风角度的试验。考虑到单个冷却塔的对称性，对于单塔仅进行了 0°方向风偏角下的试验。在均匀流场中，阻力系数均值为 0.448，极值为0.664；在 B 类流场中，阻力系数均值为 0.284，极值为 0.510。冷却塔三塔 + 周边建筑组合在均匀流场和 B 类流场下分别对 1、2 和 3 号塔的 16 个风偏角进行了高频天平测力试验，多塔比例系数最大值为 1.231。

基金项目：国家自然科学基金（50978203，90715039，51021140005）和科技部国家重点实验室基础研究项目（SLDRCE08-C-02）联合资助。

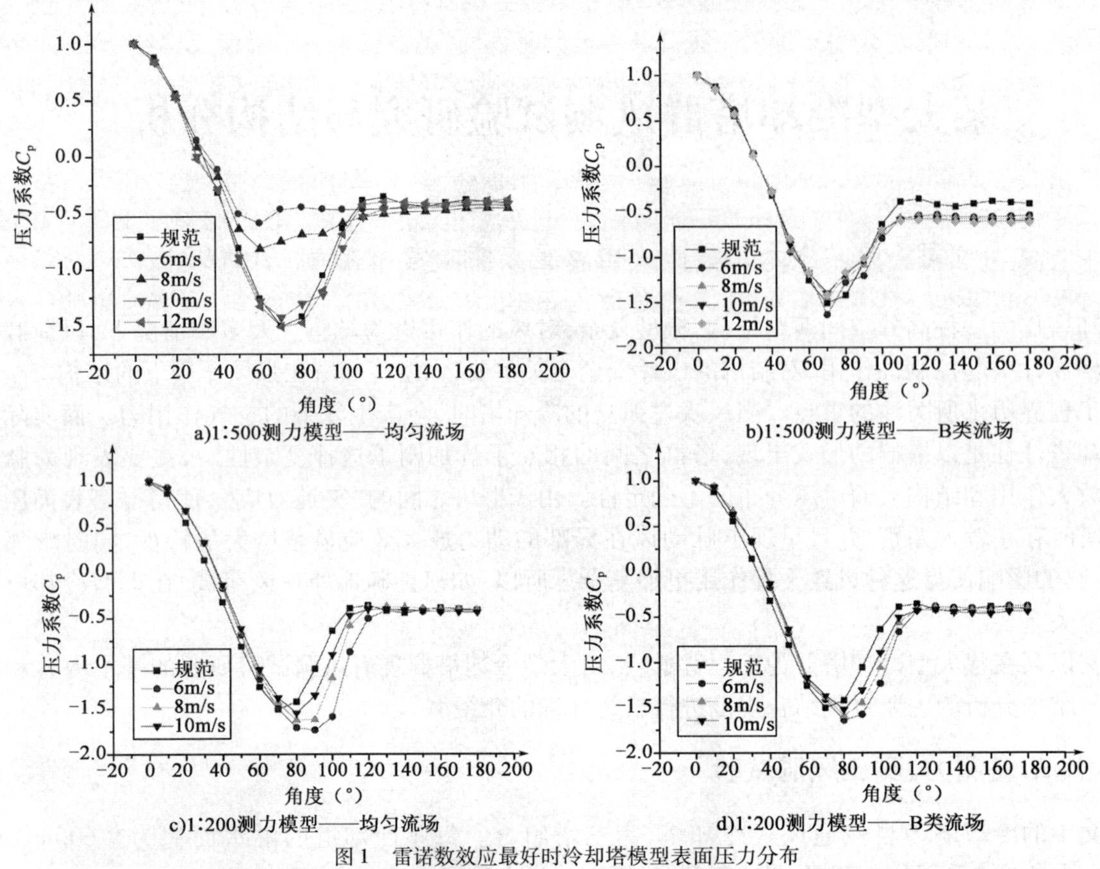

图1　雷诺数效应最好时冷却塔模型表面压力分布

1.3　冷却塔测压风洞试验

冷却塔1:200测压模型沿其环向和子午向布置36×12=432个测压点(图2),表面压力规定以相对冷却塔塔壁向内为正,向外为负。由于对称性,单塔测压风洞试验仅进行了0°风偏角下的试验。均匀流场中,阻力系数均值为0.480,极值为0.540;B类流场中,阻力系数均值为0.381,极值为0.512。冷却塔三塔+周边建筑组合在均匀流场和B类流场下分别对1、2和3号塔的16个风偏角进行了高频天平测力试验,多塔比例系数最大值为1.336。

通过冷却塔测力、测压试验可以发现,大型冷却塔群之间存在明显的风致干扰效应,不同的吹风角度对应不同的多塔比例系数(最大风致干扰因子),且由于周边建/构筑物的存在更加剧了这种风致干扰效应的复杂性。风洞试验进一步表明,大型冷却塔群之间的风致干扰效应主要表现在脉动风的动力放大作用和结构表面风压分布的不确定性,而这种动力放大作用在大多数情况下是不容忽略的。所以,对于大型冷却塔群的结构设计应通过风洞试验来确定结构风致干扰作用的大小,以保证结构的设计安全。

对比冷却塔测力、测压试验可以发现,高频天平测力试验得到的多塔比例系数最大值为1.231,小于测压试验得到的多塔比例系数最大值1.336。由于风洞现有规模和高频天平现有量程的限制,测力试验中的冷却塔模型暂时还很难做到1:200的比例,这在一定程度上限制了测力试验的精度,此处作为测压试验的补充和定性验证。但是,由于高频天平测力试验具有简单、直观、方便、经济等优点,在建筑结构风洞试验中仍然具有广泛的使用。本文偏安全地取冷却塔的多塔比例系数为1.336。

2　结构建模与动力特性分析

本文采用ANSYS 10.0建立冷却塔结构有限元模型,如图3所示。其中,冷却塔塔壁及顶部刚性环离散为空间壳单元(Shell63);下部环基及与环基连接的46对人字柱采用空间梁单元(Beam188)模拟;结构桩基础采用弹簧单元(Combin14)模拟,弹簧单元一端与环基刚性连接,另一端固接约束,每根桩基采用3个力弹簧单元和3个力矩弹簧单元分别模拟桩沿竖向、环向、径向、绕竖向、绕环向和绕径向的作用。冷却塔结构前 12 阶频率介于 0.9 ~ 1.4Hz 之间，且频率分布密集。

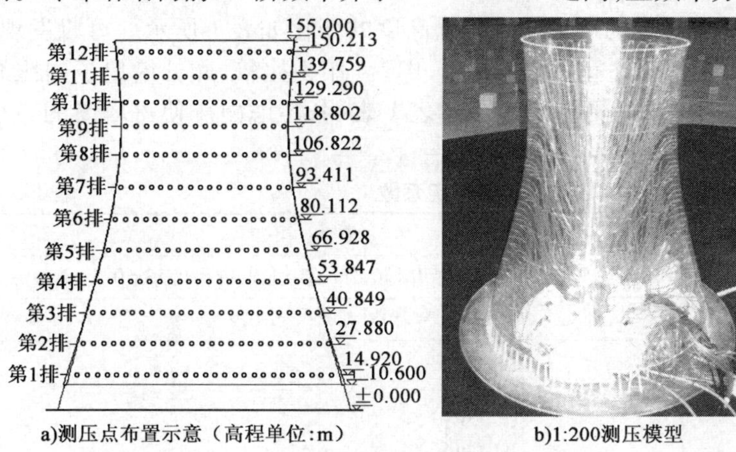

a)测压点布置示意（高程单位：m）　b)1:200测压模型

图 2　测压模型测点布置

图 3　冷却塔结构有限元模型

3　风荷载作用下冷却塔结构有限元分析

3.1　风荷载作用下冷却塔人字柱有限元分析

风荷载在冷却塔人字柱所受荷载中起控制性作用，风荷载分项系数的变化使得人字柱内力发生明显变化。风荷载作用下冷却塔人字柱的受力以轴向拉力和弯矩为主，当风荷载较大时，人字柱的轴向拉力起控制性作用。根据需要，冷却塔结构施工完毕到设备安装前，需要临时拆除一对人字柱以方便设备运输。此时冷却塔其他人字柱的受力处于不利状态，存在最优拆除位置。本文分别考虑在迎风侧、横风侧和背风侧分别拆除一对人字柱时，其他 45 对人字柱在以上荷载组合下的受力。考虑到拆除一对人字柱时的工况属于临时工况，本文对 50 年重现期的基本风速进行了折减。

通过分析发现，拆除一对人字柱的三种情况下，由于采用了折减风速，其他 45 对人字柱的最不利内力均比未拆除人字柱时的最不利内力小，且选在背风侧拆除一对人字柱时最为有利。

3.2　风荷载作用下冷却塔塔筒有限元分析

限于篇幅，本文仅给出了 $G+1.4W+0.6T$(Summer) 荷载组合下不同高度处的塔筒内力最值计算结果（其他情况与之相似），如图 4 所示。通过分析可以发现，风荷载作用下冷却塔塔筒环向轴力、环向弯矩和子午向弯矩的最值从 20 ~ 30m 高度的位置开始趋于相对稳定，且绝对值较小；风荷载作用下冷却塔子午向轴力在塔筒内力中起控制性作用。

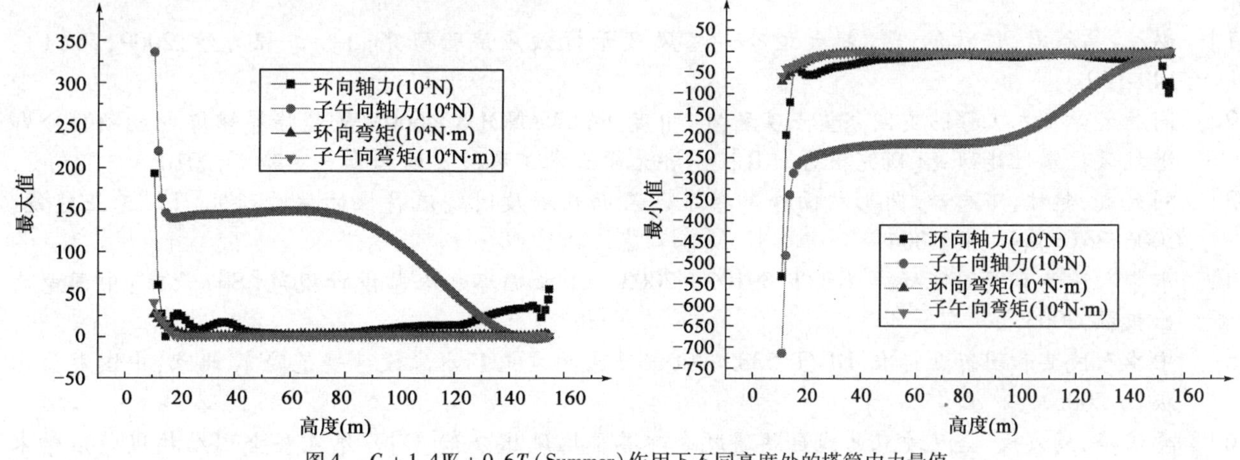

图 4　$G+1.4W+0.6T$ (Summer) 作用下不同高度处的塔筒内力最值

3.3　风荷载作用下冷却塔塔筒稳定性分析

由于冷却塔是一种很薄的壳体结构，其稳定性是设计中必须考虑的因素。在冷却塔塔筒局部稳定性计算中，风荷载外压的多塔比例系数取 $K_d = 1.336$，风振系数取规范值 $\beta = 1.9$；内压系数按照以往试验[7]偏安全地取为 $0.5\beta = 0.5 \times 1.5$。冷却塔最小局部稳定系数随高度的变化如表 1 所示。可以发现，塔筒的最小稳定系数发生在第 54 阶模板(87.486m 高度处)，为 5.012。作为比较，此处给出了内压系数取 $0.5\beta = 0.5 \times 1.9$ 时，塔筒不同高度处的最小局部稳定系数。表 1 表明，考虑内压使得塔筒的最小局部稳定系数变小，且内压取值越大，最小局部稳定系数越小。

冷却塔塔筒不同高度处的最小局部稳定系数 表 1

序号	1	2
工况	$K_d = 1.336$，外压 $\beta = 1.9$，内压 $0.5\beta = 0.5 \times 1.9$	$K_d = 1.336$，外压 $\beta = 1.9$，内压 $0.5\beta = 0.5 \times 1.5$
K_b 最小值	4.887	5.012
不同高度处的最小局部稳定系数	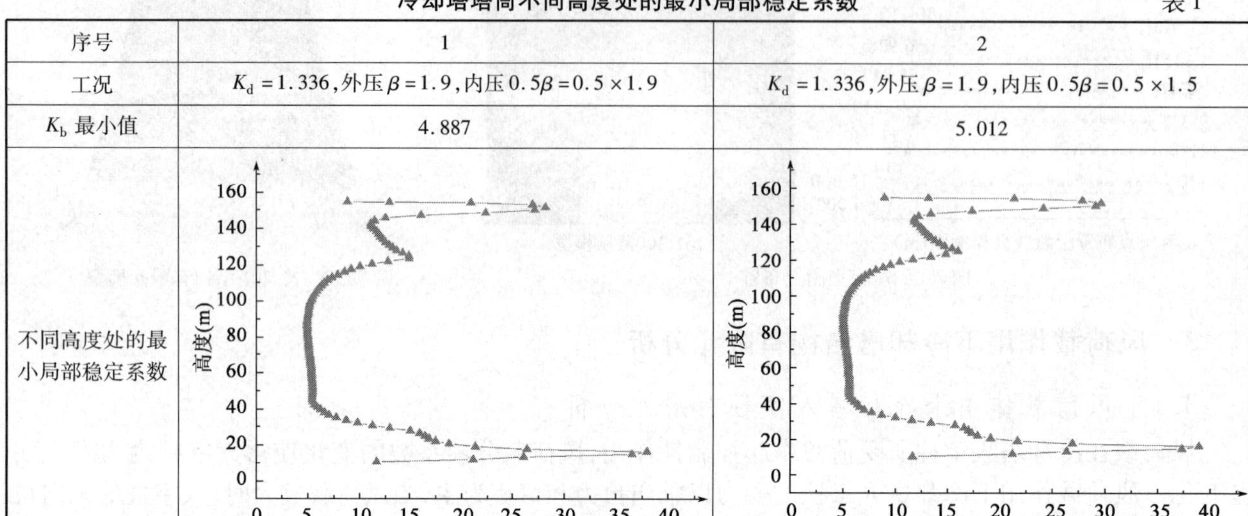	

4 结论

通过上述研究得到以下结论：①自然通风冷却塔属于典型的圆截面结构，雷诺数效应显著，在风洞试验中可以通过改变塔筒表面粗糙度和调整试验风速等手段对其雷诺数效应进行较为严格的模拟。②风洞试验表明，冷却塔群的风致干扰效应显著，在结构设计中必须加以考虑。③根据需要，存在暂时拆去一对人字柱的情况。建议临时拆除时，结合风洞试验和当地风速风向资料，综合考虑施工和运输的方便性，优先选在多塔比例系数较小的吹风角度的背风向一侧。④冷却塔整体和局部稳定性验算需要合理考虑内压的作用，不考虑内压，将使结果偏于危险；考虑过大将造成不必要的浪费。

参 考 文 献

[1] 赵林，葛耀君，许林汕，等. 超大型冷却塔风致干扰效应试验研究[J]. 工程力学，2009，26(1)：149-159.

[2] 同济大学土木工程防灾国家重点实验室. 印度 TALWANDI 3 ×660MW 超临界燃煤电站项目冷却塔抗风抗震性能研究(研究报告)[R]. 同济大学土木工程防灾国家重点实验室，2010.

[3] 刘天成，赵林，丁志斌. 圆形截面冷却塔不同表面粗糙度时绕流特性的试验研究[J]. 工业建筑，2006，36(增刊)：301-304.

[4] 中华人民共和国国家标准. GB/T 50102—2003 工业循环水冷却设计规范[S]. 北京：中国电力出版社，2003.

[5] 中华人民共和国行业标准. DL/T 5339—2006 火力发电厂水工设计规范[S]. 北京：中国电力出版社，2006.

[6] 李培华，周良茂. 全尺寸双曲线自然通风冷却塔平均风压分布[G]//第 4 届全国结构风效应学术会议论文集. 广东：广东省建筑科研所，1989：222-229.

[7] 李鹏飞，赵林，葛耀君，等. 超大型冷却塔风荷载特性风洞试验研究[J]. 工程力学，2008，25(6)：60-66.

U-LRC(统一荷载—响应相关)方法的提出及在结构风工程中的应用

柯世堂　葛耀君　赵林

(同济大学土木工程防灾国家重点实验室　上海　200092)

1　研究背景

Davenport 于 1967 年引入随机振动理论将结构在脉动风作用下的响应分为背景和共振两部分的组合,并通过“阵风荷载因子”这一概念来表示高层建筑的等效静风荷载。借鉴这一思想,将等效静风荷载(简称 ESWLs)也相应分成平均、共振与背景三个分量来求解,是由周印最早提出并经 Holmes 进一步发展形成的经典求解方法,但其最大的局限性在于:①没有很好地解决共振分量求解中共振与共振模态之间的耦合项;②由于采用 SRSS 方法来组合获得脉动风总响应,因此其无法考虑背景与共振模态之间的交叉项;③没有一个统一、完备的 ESWLs 计算理论来求解共振和交叉项分量。

围绕这一难题,国内外很多学者都进行了相关的研究并取得了一定的成效。周印和顾明最早在 1998 年就率先采用三分量的方法对上海金茂大厦进行了分析;2002 年 Holmes 提出采用 LRC 法和惯性风荷载(简称 IWL)法相结合来表示大跨度屋盖的等效静风荷载。X Z Chen 和 Kareem A 借鉴抗震分析的方法,将模态共振响应耦合项的贡献表示为独立模态的贡献和其相关系数乘积的形式;陈波、沈世钊结合 POD 和 Ritz 叠加法对大跨屋盖的主要共振模态的选择进行了探讨;谢壮宁、倪振华采用基于 LRC 的完全 CQC 组合结构的模态风振力,获得的 ESWLs 中包含了所有模态的背景、共振及其耦合项;当然还有其他学者也进行了这方面的改进并取得了一定的效果,这里不再一一列举。

综上可以发现,大多研究都是针对共振模态之间的耦合项(前面提到的第一点局限),而忽略背景与共振之间的耦合项(第二点局限),并且也没有提出一个有效的计算交叉项 ESWLs 的方法(第三点局限)。然而对于某些强耦合柔性结构来说,背景和共振之间的耦合项分量所占总脉动风总响应的比例甚至会达到 20%,使得这一分量不能忽略。而基于传统的三分量方法又无法考虑这一部分分量,或者说即使能用 CQC 方法引入背景和共振分量之间的相关系数来求解交叉项响应,由于没有发展响应的交叉项等效静风荷载计算方法,使得交叉项的等效静风荷载计算成为难题。

鉴于此,本文推导出结构脉动风总响应和 ESWLs 的真实组合公式,提出基于背景、共振和耦合恢复力协方差矩阵的统一 LRC(简称 U-LRC)方法来求解结构的脉动风致响应和 ESWLs。其最大的优点在于:首次采用同一理论基础进行背景、共振和交叉项三个分量的求解,能完全考虑各共振模态之间、共振和背景模态之间的耦合效应,并赋予共振和交叉项等效静风荷载分量以明确的物理意义。用一经典算例验证了本文程序的正确性,并将其应用于结构风工程中,通过与精确解进行对比,揭示了三层耦合项的参与机理,并验证了本文方法的有效性,为求解此类结构风致响应和 ESWLs 提供新的思路。

2　U-LRC 方法的提出

柔性结构在风荷载激励下的随机动力响应方程可表达为:

$$\boldsymbol{M}\ddot{\boldsymbol{y}}(t)+\boldsymbol{C}\dot{\boldsymbol{y}}(t)+\boldsymbol{K}\boldsymbol{y}(t)=\boldsymbol{p}(t) \tag{1}$$

式中,$\boldsymbol{p}(t)$代表外部风荷载激励向量;$\boldsymbol{M}$、$\boldsymbol{C}$、$\boldsymbol{K}$ 为结构的质量、阻尼和刚度矩阵;$\ddot{\boldsymbol{y}}(t)$、$\dot{\boldsymbol{y}}(t)$、$\boldsymbol{y}(t)$分

资助:国家自然科学基金(50978203,90715039,51021140005)联合资助。

别为节点的加速度、速度和位移向量。

使用模态叠加原理,式(1)可表达成

$$\ddot{\boldsymbol{q}}_i(t) + 2\zeta_i\omega_i\dot{\boldsymbol{q}}_i(t) + \omega_i^2\boldsymbol{q}_i(t) = \boldsymbol{f}_i(t)/m_i^* \tag{2}$$

式中,$\boldsymbol{q}_i(t)$表示第i阶模态的广义位移向量;$\boldsymbol{f}_i(t)$表示第i阶模态的广义力向量。

对于柔性结构的风致动力响应来说,高阶模态的共振响应通常可以忽略,这样动态位移可以表示为

$$\begin{aligned}\boldsymbol{y}(t) &= \boldsymbol{\Phi q}(t) = \sum_{i=1}^{n}\boldsymbol{\phi}_i\boldsymbol{q}_i(t) = \sum_{i=1}^{m}\boldsymbol{\phi}_i\boldsymbol{q}_i(t) + \sum_{i=m+1}^{n}\boldsymbol{\phi}_i\boldsymbol{q}_i(t) \\ &= \sum_{i=1}^{m}\boldsymbol{\phi}_i\boldsymbol{q}_{i,\mathrm{b}}(t) + \sum_{i=1}^{m}\boldsymbol{\phi}_i\boldsymbol{q}_{i,\mathrm{r}}(t) + \sum_{i=m+1}^{n}\boldsymbol{\phi}_i\boldsymbol{q}_{i,\mathrm{b}}(t) + \sum_{i=m+1}^{n}\boldsymbol{\phi}_i\boldsymbol{q}_{i,\mathrm{r}}(t) \\ &\approx \sum_{i=1}^{m}\boldsymbol{\phi}_i\boldsymbol{q}_{i,\mathrm{b}}(t) + \sum_{i=1}^{m}\boldsymbol{\phi}_i\boldsymbol{q}_{i,\mathrm{r}}(t) + \sum_{i=m+1}^{n}\boldsymbol{\phi}_i\boldsymbol{q}_{i,\mathrm{b}}(t) = \sum_{i=1}^{n}\boldsymbol{\phi}_i\boldsymbol{q}_{i,\mathrm{b}}(t) + \sum_{i=1}^{m}\boldsymbol{\phi}_i\boldsymbol{q}_{i,\mathrm{r}}(t) = \boldsymbol{y}(t)_{\mathrm{b},n} + \boldsymbol{y}(t)_{\mathrm{r},m}\end{aligned} \tag{3}$$

式中,$\boldsymbol{\Phi}$为振型矩阵;$\boldsymbol{\phi}_i$为第i阶振型向量;$\boldsymbol{q}_{i,\mathrm{b}}(t)$为仅包含准静力贡献的第$i$阶背景位移响应向量;$q_{i,\mathrm{r}}(t)$为仅包含共振效应贡献的第$i$阶共振位移响应向量;$\boldsymbol{y}(t)_{\mathrm{b},n}$为包含所有模态准静力贡献的背景响应向量;$\boldsymbol{y}(t)_{\mathrm{r},m}$为仅包含共振效应贡献的前$m$阶模态共振位移响应向量。

2.1 传统的频域求解方法

通常有两种频域求解方法来计算式(3)中总的脉动风响应向量的均方差。

(1)第一种方法就是采用SRSS方法来组合背景和共振分量,可以表达为

$$\sigma_{\mathrm{t}}^2 = \sigma_{\mathrm{b,n}}^2 + \sigma_{\mathrm{r,m}}^2 \tag{4}$$

式中,σ_{t}、$\sigma_{\mathrm{b,n}}$、$\sigma_{\mathrm{r,m}}$分别代表了响应向量$\boldsymbol{y}(t)$、$\boldsymbol{y}(t)_{\mathrm{b},n}$、$\boldsymbol{y}(t)_{\mathrm{r},m}$的均方差。

其中背景分量可以作为准静力响应,采用LRC方法来求解,共振分量采用惯性风荷载方法来计算。这一方法不能考虑背景和共振之间的模态耦合项,也不能很好地考虑共振模态之间的耦合项。

(2)第二种求解总脉动响应的组合方法为

$$\sigma_{\mathrm{t}}^2 = \sigma_{\mathrm{r},m}^2 + \sigma_{\mathrm{b},m}^2 + 2\rho_{\mathrm{r,b}}\sigma_{\mathrm{r},m}\sigma_{\mathrm{b},m} \tag{5}$$

需要注意到背景分量$\sigma_{\mathrm{b},m}$是前m阶背景位移向量$\boldsymbol{y}(t)_{\mathrm{b},m}$的均方差,$\rho_{\mathrm{r,b}}$为背景分量和共振分量之间的相关系数。

从式(5)中可以发现,背景分量仅仅包含前m阶模态准静力贡献,相应地,背景和共振分量之间的交叉项也是仅仅包含前m阶模态的贡献。

基于SRSS组合的三分量法不能考虑背景和共振之间的交叉项,这对于相关系数$\rho_{\mathrm{r,b}}$很小的结构是可以接受的,然后由于相关系数计算的复杂,并且没有发展交叉项响应的ESWLs计算理论,因此在大多数的柔性结构风致响应和ESWLs计算中都不去考虑,这一做法对于某些强耦合结构是不合理。

2.2 改进的频域求解方法

根据式(3)可以将脉动风总响应均方差精确地表达为

$$\sigma_{\mathrm{t}}^2 = \sigma_{\mathrm{r},m}^2 + \sigma_{\mathrm{b},n}^2 + 2\rho_{\mathrm{r,b}}\sigma_{\mathrm{r},m}\sigma_{\mathrm{b},n} = \sigma_{\mathrm{r},m}^2 + \sigma_{\mathrm{b},n}^2 + \sigma_{\mathrm{c},nm}^2 \tag{6}$$

式中,$\sigma_{\mathrm{c},nm}$代表前n阶背景分量和前m阶共振分量的交叉项。

与传统方法的最大不同在于式(6)能考虑所有模态的准静力贡献、前m阶共振模态之间的耦合效应、n阶背景模态和前m阶共振模态之间的交叉项。

2.3 U-LRC方法提出的原理

背景分量可以基于外荷载激励的协方差矩阵,并采用LRC原理进行精确求解。借鉴这一思路,首次提出广义恢复力协方差矩阵、共振恢复力协方差矩阵和耦合恢复力协方差矩阵这一概念,统一引入LRC方法来求解共振和交叉项分量,进而使得相应的ESWLs的求解有了理论基础。这样,式(6)变成

$$\boldsymbol{IC}_{\mathrm{ppt}}\boldsymbol{I}^{\mathrm{T}} = \boldsymbol{IC}_{\mathrm{ppb}}\boldsymbol{I}^{\mathrm{T}} + \boldsymbol{IC}_{\mathrm{ppr}}\boldsymbol{I}^{\mathrm{T}} + \boldsymbol{IC}_{\mathrm{ppc}}\boldsymbol{I}^{\mathrm{T}} \tag{7}$$

式中,$\boldsymbol{C}_{\mathrm{ppt}}$为广义恢复力协方差矩阵;$\boldsymbol{C}_{\mathrm{ppb}}$为外荷载协方差矩阵;$\boldsymbol{C}_{\mathrm{ppr}}$为共振恢复力协方差矩阵;$\boldsymbol{C}_{\mathrm{ppc}}$为耦合恢复力协方差矩阵;$\boldsymbol{I}$为影响线矩阵。

这样可以进一步变化耦合恢复力协方差矩阵的表达式为

$$C_{ppc} = C_{ppt} - (C_{ppb} + C_{ppr}) \tag{8}$$

这样我们可以分别求解背景、共振和耦合恢复力协方差矩阵，再基于 LRC 方法获得各响应分量和 ESWLs 分量。这里不再给出详细的求解过程，详见正文中的推导过程。最后组合脉动风总响应

$$\sigma_t = \sqrt{\sigma_r^2 + \sigma_b^2 + \mathrm{sign}(\mathrm{diag}(C_{rrc}))\sigma_c^2} \tag{9}$$

得到结构的总响应为：

$$R_a = \bar{R} + g \times \sqrt{\sigma_r^2 + \sigma_b^2 + \mathrm{sign}(\mathrm{diag}(C_{rrc}))\sigma_c^2} \tag{10}$$

式中，σ_r、σ_b、σ_c 分别为共振、背景和耦合响应分量，应该注意的是对于耦合分量的组合，一定要考虑其正负影响。

采用线性组合方式组合各分量得到总的等效静力风荷载，这样可以保证总的等效静力风荷载是真实的荷载分布形式，并且在该荷载作用下，能确保控制点和非控制点的响应都与峰值响应一致。

$$P_e = \bar{P} + \mathrm{sign}(\bar{R}) \times (W_B P_{eb} + W_R P_{er} + W_C P_{ec}) \tag{11}$$

式中，P_{eb}、P_{ec} 为等效静力风荷载背景和耦合分量；W_B、W_R、W_C 分别为 P_{eb}、P_{er} 和 P_{ec} 的权值系数。

$$W_R = \frac{\sigma_r}{\sigma_t}, W_B = \frac{\sigma_b}{\sigma_t}, W_C = \frac{g\sigma_c}{\sigma_t} \tag{12}$$

3 U-LRC 方法的应用

算例一：某大型博物馆（见图 1）结构长 228m，宽 90m，屋顶结构采用斜放四角锥钢网架结构，整个双向曲面屋顶由六根“蘑菇柱”支撑，很好地分散屋顶传来的荷载。图 1 中标出的 $A \sim F$ 六个节点是该结构上具有代表性的典型节点，限于篇幅，文中的分析均以这六个节点的响应特征为例。

用本文提出的四分量方法、改进的三分量方法以及基于不同阶数的传统 CQC 方法对结构进行频域计算，提取这六个典型节点的响应根方差。表 1 给出了这三种方法计算的响应结果，可以发现：①对于博物馆这类大跨空间结构，必须考虑多阶模态的贡献，通过逐渐增加计算模态数并和全模态 CQC 法的计算结果对比确定该博物馆结构风振分析采用 100 阶即可；②采用传统的三分量方法的计算结果对于博物馆结构的脉动风致响应来说误差较大，其中 E 点的误差达到 -14.6%，说明忽略背景和共振模态之间的耦合分量对于该结构来说有时偏于危险；③本文方法计算结果和全模态 CQC 法的结果吻合得较好，最大的误差仅为 1.94%，绝对平均误差连 1% 都不到。

算例二：某超大型冷却塔高 177.2m，塔顶外半径 41.1m，喉部中面半径 39.1m，进风口中面半径 67.4m，48 对人字柱直径为 1.3m。

为了更深入地研究耦合分量对于脉动总响应的贡献，需要对比共振、背景和耦合这三个分量的大小及分布关系，图 2 为冷却塔有限元计算模型，图 3 给出了喉部高度断面处各分量沿环向的变化曲线，图 4 给出了考虑 U-LRC 方法和传统三分量方法计算出来的 ESWLs 曲线图。

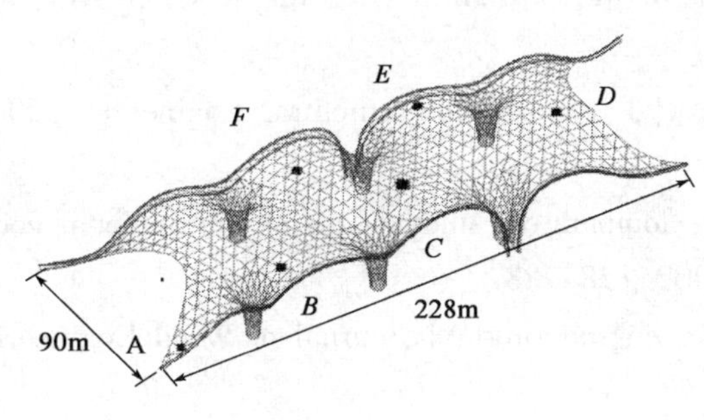

图 1 博物馆计算模型及典型节点示意图

图 2 冷却塔有限元计算模型

从图中可以发现，脉动响应以共振分量为主，耦合分量的分布形式与共振分量比较相似，但其数值和背景分量同一量级，在计算中必须要考虑。两种方法计算的脉动 ESWLs 尽管分布模式基本相同，但数值差别较大，由于结构的响应由荷载分布模式和数值大小两者决定，因此对于耦合性强的结构来说采用本文方法计算 ESWLs 精度更高。

典型节点脉动风致响应根方差(单位：mm) 表1

节点编号	CQC 方法									改进的三分量法		U-LRC 法	
	全模态(精确解)	1 阶		50 阶		100 阶		500 阶					
		数值	误差(%)	数值	误差(%)	数值	误差(%)	数值	误差(%)	数值	误差(%)	数值	误差(%)
A	**96.62**	9.05	90.63	61.08	36.79	96.49	0.14	96.16	0.48	104.25	-7.9	96.62	0.38
B	**1.50**	0.94	37.14	3.45	-130	1.51	-0.62	1.53	-2.22	1.46	2.67	1.5	1.33
C	**5.64**	3.36	40.48	4.30	23.81	5.60	0.68	5.69	-0.93	5.02	10.99	5.64	0.35
D	**46.87**	13.14	71.96	69.37	-48.0	46.66	0.46	47.01	-0.31	49.25	-5.08	46.87	-1.45
E	**28.26**	7.94	71.92	27.11	4.07	28.06	0.72	28.36	-0.35	32.39	-14.61	28.42	-0.57
F	**13.40**	10.76	19.70	84.81	-85.1	13.36	0.29	13.47	-0.50	12.84	4.18	13.4	1.94
绝对平均误差(%)		55.31		54.61		0.48		0.80		7.54		0.99	

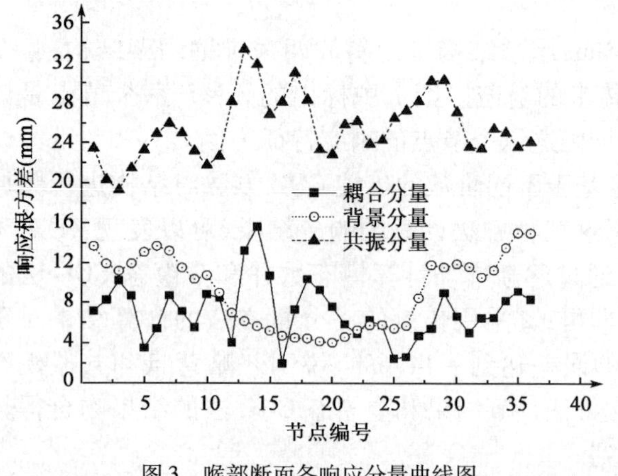

图3 喉部断面各响应分量曲线图

图4 两种方法计算的 ESWLs 分布图

综上可知，耦合分量对于此类强耦合柔性结构来说不可忽略，在总脉动响应组合中必须加以考虑；而 U-LRC 方法具有很好的精度和稳定性，也为求解此类强耦合结构风致响应和 ESWLs 提供新的思路。

参考文献

[1] Davenport A G. Gust loading factors[J]. Journal of the Structural Division, ASCE, 1967, 93(3): 11-34.

[2] Zhou Y, Kareem A. Gust loading factor: new model[J]. Journal of Structural Engineering, 2001, 127(2): 168-175.

[3] Zhou Y. Along-wind load effects on tall buildings: Comparative study of major international codes and standards[J]. Journal of Structural Engineering, 2002, 128: 788.

[4] Holmes J. Effective static load distributions in wind engineering[J]. Journal of Wind Engineering and Industrial Aerodynamics, 2002, 90(2): 91-109.

[5] Holmes J D. Wind loading of structures[M]. Taylor & Francis Group, 2007.

[6] 周印. 高层建筑静力等效风荷载和响应的理论与实验研究[D]. 上海：同济大学，1998.

非高斯分布风压极值计算

刘国明[1]　陈伟[1,2]　朱乐东[1,2]

（1. 同济大学土木工程防灾国家重点实验室　上海　200092；
2. 同济大学桥梁结构抗风技术交通行业重点实验室　上海　200092）

1　引言

作用于建筑物上的风荷载是一种随机荷载，一般有两种方法来确定风荷载的大小使得结构及维护构件设计安全经济：一种是采用传统的概率保证法，根据保证概率确定风压的分位置[1-2]；二是采用极值的方法来确定风压的极值。极值方法最初由 Davenport[3] 引入风工程，他假定作用于建筑物上的脉动风压服从高斯分布，并基于此假定得出了确定极值风压的阵风因子，此方法即为阵风荷载因子法。由于受建筑物本身复杂外形、周围建筑的干扰，来流在建筑物上的分离、再附以及旋涡脱落的影响，建筑物局部的脉动风压并不服从高斯分布[4-5]，于是学者提出了各种改进方法以计算非高斯分布风压的极值（如 Kareem 和 Zhao[6] 提出的峰值因子改进法、Sadek 和 Simiu[7] 的过程转换法）。

另外，可以通过大量风压极值样本，采用经典极值理论直接进行统计来计算风压极值（如 Holmes 和 Cochran[8]），此种方法不受风压分布的影响，是一种理想的计算风压极值的方法。然而实际工程应用中，出于经济原因不可能通过采集大量极值样本数据，采用经典极值理论的统计方法。对此，全涌等人[9] 把单个样本数据等分成多个子样本，对子样本极值进行经典 Gumbel 极值统计，通过其给出的子样本极值与原样本极值的关系进而计算出原单个样本的风压极值。全涌等人指出该方法与峰值因子改进法和过程转换法相比，更接近实际观察到的风压极值，估计的风压极值误差波动小，可靠性更高。

但是，文献[9]中对子样本极值进行统计分析时，采用的是 Gumbel 极值分布（极值 I 型），笔者在研究中发现，风洞试验中某些测压点的子样本极值与 Gumbel 极值分布符合得并不好[见图 1b)、c)]。事实上，关于风压极值的分布类型，Holmes 和 Cochran[8] 通过数千条 TTU 模型风洞试验的风压时程，分别拟合了极值 I 型分布和广义极值分布，拟合后的广义极值分布的形状参数小于零（极值 III 型），且广义极值分布拟合得比极值 I 型分布要好。Kasperski 和 Hoxey[10] 对全尺试验建筑的风压分析表明，实际中的风压极值也是符合极值 III 型分布的。

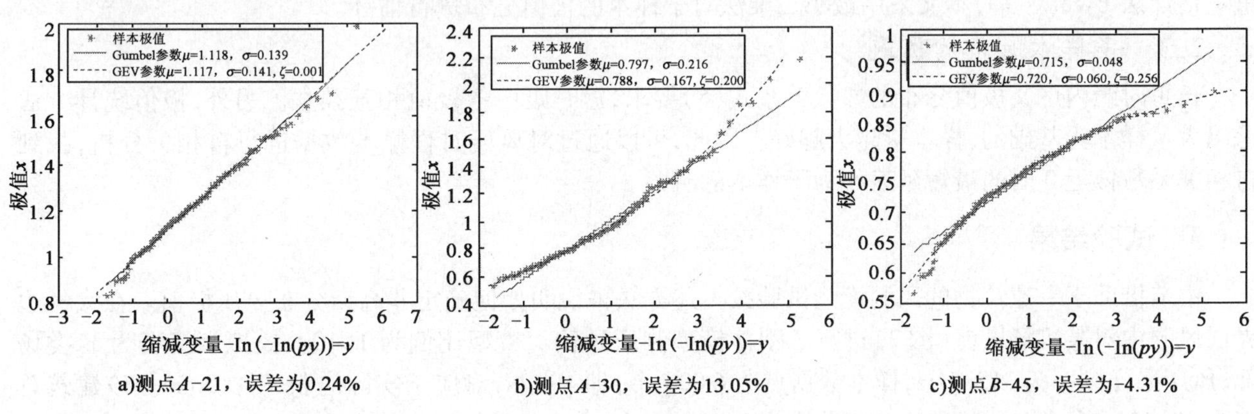

图 1　测点子样本极值分布拟合图

注：误差是子样本极值按照广义极值分布拟合计算的极值期望值，相对于按照 Gumbel 极值分布拟合计算的极值期望值。

因此，本文在假定短时距内极值相互独立，且服从广义极值分布的基础上，推导了长时距内极值的广义极值分布参数与短时距内极值的广义极值分布参数之间的关系，得出了更为合理的通过单个样本划分多个子样本进行极值统计,来计算非高斯分布风压极值的计算方法。最后,结合某建筑物的刚性模型测压试验,介绍本方法的具体步骤。

2 基于广义极值分布的风压极值计算方法

2.1 长短时距广义极值分布参数关系

设有一段时间长度为 T 的试验数据样本,将其 n 等分,则划分后 n 个子样本的时间长度为 $T'=T/n$。取各子样本的极值(最大值) X_{1T}'、X_{2T}'……X_{nT}',假定试验数据 T'内的极值符合广义极值分布,即概率分布函数为:

$$F_{X_{T'}}(x)=\exp\left\{-\left[1+\xi'\left(\frac{x-u'}{\sigma'}\right)\right]^{-1/\xi'}\right\} \tag{1}$$

式中,参数 u'、σ'、ξ' 分别为广义极值分布的位置参数、尺度参数和形状参数。

当 $\xi'\to 0$ 时,其分布函数为:

$$F_{X_T}(x)=\exp\left\{-\left[1+\xi\left(\frac{x-u}{\sigma}\right)\right]^{-1/\xi}\right\} \tag{2}$$

由各子样本极值的独立性,有:

$$F_{X_T}(x)=F^n_{X_{T'}}(x) \tag{3}$$

将式(1)、式(2)带入上式,得:

$$\exp\left\{-\left[1+\xi\left(\frac{x-u}{\sigma}\right)\right]^{-1/\xi}\right\}=\exp\left\{-n\left[1+\xi'\left(\frac{x-u'}{\sigma'}\right)\right]^{-1/\xi'}\right\} \tag{4}$$

上式关于 x 恒等,可以得到长时距广义极值分布参数 u、σ、ξ 与短时距广义极值分布参数 u'、σ'、ξ' 的关系式:

$$\left.\begin{aligned}\xi&=\xi'\\ \sigma&=n^{\xi'}\sigma'\\ u&=u'+\sigma'(n^{\xi'}-1)/\xi'\end{aligned}\right\} \tag{5}$$

式中,n 为长时距与短时距之比,$n=T/T'$。

当 $\xi'\to 0$ 时 $\sigma=\sigma'$,$u=u'+\ln(n)\sigma'$,与文献[9]中 Gumbel 极值分布长短时距参数关系式相同。

2.2 广义极值分布参数估计

在得到 n 个子样本的极值后,可以估计出广义极值分布的三个参数:位置参数 u'、尺度参数 σ' 和形状参数 ξ'。广义极值分布的参数估计有多种方法,如矩估计法,最大似然法,最小二乘法以及概率权重矩估计法 PWM[11] 等,本文采用最小二乘法对子样本的极值分布进行估计。

2.3 子样本时距的选取

长短时距内广义极值分布的参数关系式(5)要求,短时距内各极值相互独立。另外,极值统计方法是以大量样本为基础的,样本量越大越好。因此,可以通过对风压时程样本数据进行自相关分析,找到自相关系数接近0时的最短延迟作为子样本的时距。

3 试验结果

本节借助于一建筑物的风洞模型试验按上述方法来说明如何确定非高斯分布风压极值。在大气边界层风洞中对某机场塔台(图2)进行了刚体模型测压试验。模型比例为1:100,模拟紊流场为B类场地;风压采样频率为312.5Hz,样本数据点为6 000 个,即19.2s,对应于实际时长 $T>10$min。该建筑总高为68.25m,本文取该建筑物高程分别为42.000m、53.200m 和65.000m 三个典型截面 A、B、C 上测点(图3)在0°风向角下风压数据进行分析(图4),求其风压系数极值的期望值。

3.1 极值的计算步骤

本文的计算步骤如下:

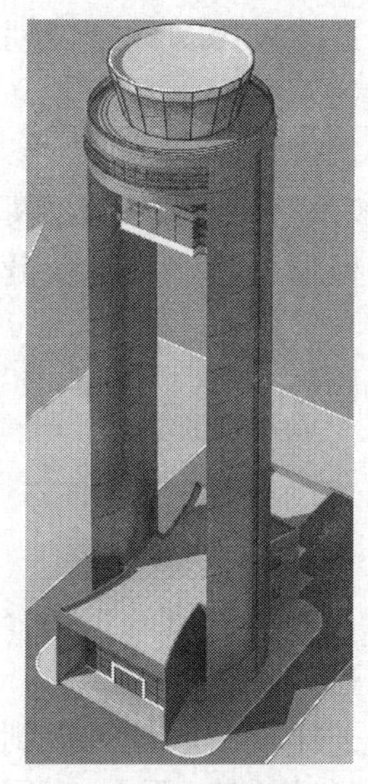

图 2　某机场塔台

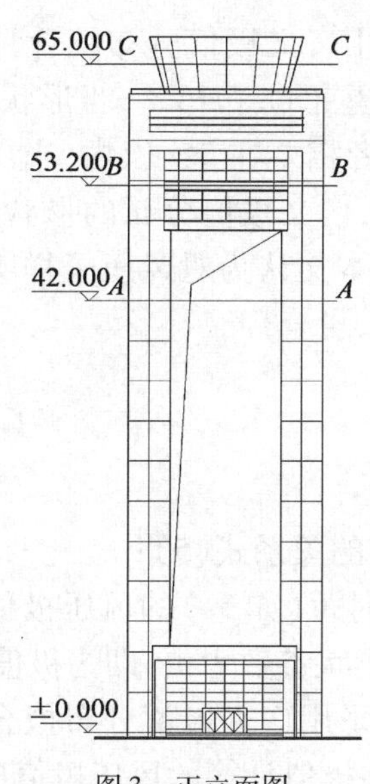

图 3　正立面图

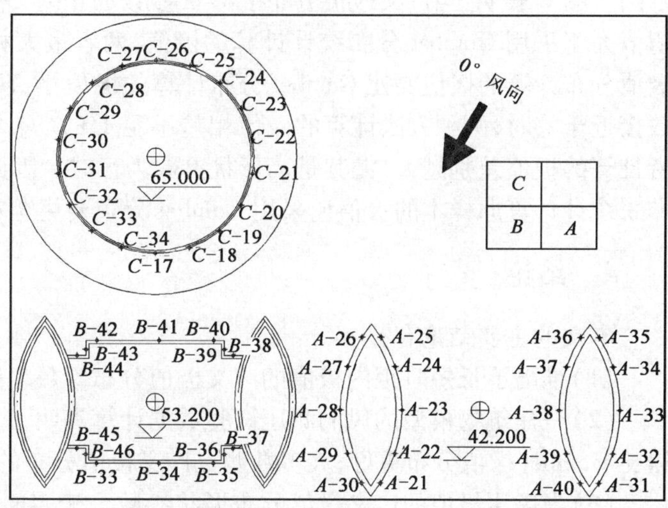

图 4　A、B、C 截面测点布置图及 0°风向角

(1)对时间长度为标准时距 T(如 10min)的试验数据样本进行自相关分析,找出自相关系数从 1 下降到 0 值附件的最短时间延迟 T'(本文取为 3s);

(2)将标准时间长度的试验数据样本等分成 $n = T/T'$ 个子样本,求 n 个子样本的最大值;

(3)对 n 个子样本最大值,采用参数估计方法(本文采用最小二乘法)对广义极值分布参数进行估计;

(4)利用式(5)将式(3)中求得的短时距极值分布参数转换成标准时距极值的分布参数;

(5)对广义极值分布函数(2)求导,得到 T 时间内极值的概率密度函数,采用数值积分求得标准时距的极值期望。

3.2　计算结果

对 A、B、C 三个截面上测点风压子样本极值进行广义极值分布参数拟合后发现,除测点 A-21 拟合的广义极值分布的形状参数 ξ 非常接近于零($\xi = -0.001$),即该点风压子样本的极值分布与 Gumbel 分布拟合得很好外[图 1a)],其他各点拟合的广义极值分布的形状参数都不为零,有正有负,且负值居多,即风压子样本的极值大多服从极值 III 型分布。图 1 是测点 A-21、A-30 和 B-45 风压子样本极值分布的拟合图。

图 5 是对风压子样本极值进行广义极值分布拟合和 Gumbel 极值分布拟合计算的极值期望值比较图。其中 Gumbel 极值法是按照极值期望值公式 $\bar{x}_e = u + 0.5772\sigma$ 计算的,而广义极值法(GEV)是按照数值积分计算的。图 6 为两种方法计算的极值误差与拟合的标准时距的广义极值分布形状参数的关

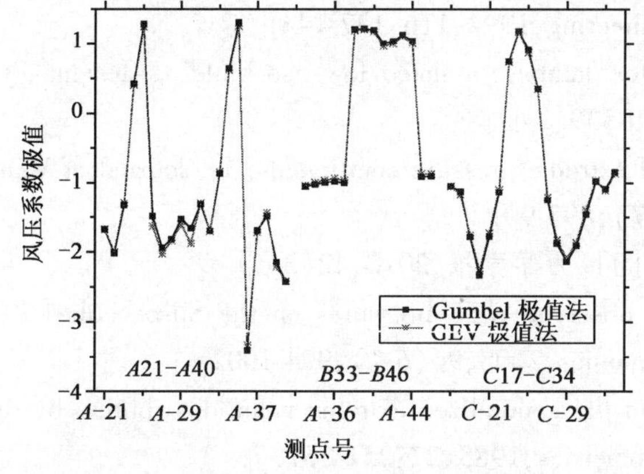

图 5　GEV 法、Gumbel 法风压系数极值比较

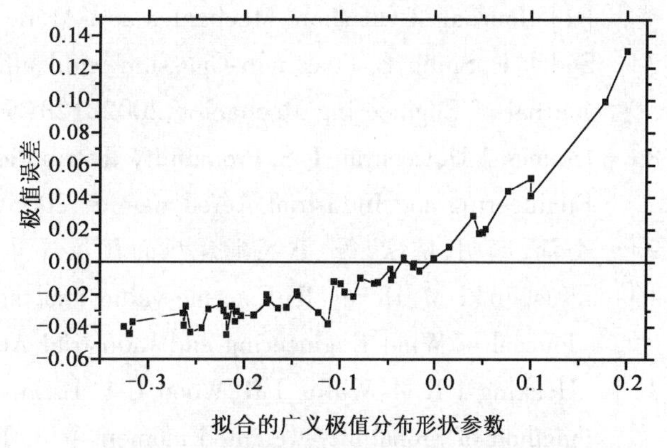

图 6　GEV 法、Gumbel 法极值误差与 GEV 形状参数关系图

系图。图6表明:当广义极值分布的形状参数为正时,采用广义极值分布统计计算的风压系数极值期望值大于采用 Gumbel 分布统计计算的极值,两者最大相差超过了10%;当形状参数为负时,采用广义极值分布计算的极值要比 Gumbel 分布计算的极值小,两者相差在5%以内;当广义极值分布的形状参数接近于零时,两种方法计算的极值相差不足1%。总之,广义极值分布的形状参数与零相差越大,两者计算的极值差别越大,尤其是当形状参数为正时。因此本文认为对风压子样本极值采用广义极值分布来统计计算原样本的极值比采用 Gumbel 分布要更客观、更合理。

4 结论

本文的主要结论有:

(1)推出了长短时距内极值的广义极值分布参数之间的关系式(5);

(2)一建筑物模型的风洞测压试验数据计算表明,短时距(如3s)的风压极值与广义极值分布符合得比 Gumbel 极值分布更好;大多数测点广义极值分布的形状参数为负,即为极值 III 型分布;

(3)当风压极值的广义极值分布形状参数大于零时,采用广义极值分布拟合子样本极值计算得到的风压极值(GEV 法)比采用 Gumbel 极值分布拟合子样本极值计算的风压极值(Gumbel 法)要大;当广义极值分布的形状参数为负时,GEV 法比 Gumbel 法计算的极值要小;当广义极值分布的形状参数接近于零时,两种方法计算的极值差别不大。

本文的计算结果表明:采用广义极值分布比采用 Gumbel 极值分布能更客观、更合理地刻画风压子样本的极值分布。由于本文的计算结果是基于一高层结构的三个典型截面(图3)上测点的风压数据,而文献[9]采用的 Gumbel 极值分布是针对低矮房屋的,因此本方法还有待进一步的深入研究。

参考文献

[1] 黄鹏,顾明,施宗城.风洞模型试验中峰值因子的讨论[J].结构工程师,1997(4).

[2] 吴太成.建筑物表面风压峰值因子取值的目标概率法[G]//第十三届全国结构风工程学术会议论文集(上册),2007.

[3] Davenport A G. Note on the distribution of the largest value of a random function with application to gust loading[J]. Proc. of the Instit. of Civ. Engrs. ,1964,28:187-196.

[4] Peterka J A, Cermak J E. Wind pressures on buildings-probability densities[J]. Journal of the Structural Division,1975,101(6):1255-1267.

[5] Tieleman H W, Ge Z, Hajj M R, et al. Pressures on a surface-mounted rectangular prism under varying incident turbulence[J]. J. Wind Eng. Ind. Aerodyn. ,2003,91:1095-1115.

[6] Kareem A, Zhao J. Analysis of non-Gaussian surge response of tension leg platforms under wind loads [J]. Journal of Off-shore Mechanics and Arctic Engineering,1994,116:137-144.

[7] Sadek F, Simiu E. Peak non-Gaussian wind effects for database-assisted low-rise building design[J]. Journal of Engineering Mechanics,2002,128(5):530-539.

[8] Holmes J D, Cochran L S. Probability distributions of extreme pressure coefficients[J]. Journal of Wind Engineering and Industrial Aerodynamics,2003,91(7):893-901.

[9] 全涌,顾明,陈斌,等.非高斯风压的极值计算方法[J].力学学报,2010,42(3).

[10] Kasperski M, Hoxey R. Extreme-value analysis for observed peak pressures on the Silsoe cube[J]. Journal of Wind Engineering and Industrial Aerodynamics,2008,96(6-7):994-1002.

[11] Hosking J R M, Wallis J R, Wood E F. Estimation of the generalized extreme value distribution by the method of probability-weighted moments[J]. Technometrics,1985,27:251-261.

超高层建筑风荷载的数值模拟研究

卢春玲[1]　李秋胜[1,2]　黄生洪[3]　郅伦海[1]　傅学怡[4]

(1. 湖南大学土木工程学院　长沙　410082；2. 香港城市大学建筑系　香港；
3. 中国科学技术大学工程科学学院　合肥　230026；
4. 中建国际设计顾问有限公司　深圳　518000)

1　引言

正在建设的深圳平安金融大厦，共 120 层，主体结构屋顶高层为 580m，建筑总高 646m（见图 1）。设计高度已经超过上海中心大厦(632m)和天津 117 大厦(570m)，是我国目前建设中的第一高楼。

本文将应用大涡模拟并结合一种新的可满足大气边界层中风场特性的湍流脉动速度生成方法——DSRFG[1]模拟非稳态边界层湍流风场。在大涡模拟的亚格子模型方面，采用本文作者(S. H. Huang 和 Q. S. Li)针对工程应用提出的一种新亚格子模型[2]，计算了三种风场下建筑表面的风力时程数据。然后利用惯性风荷载 (IWL)法得到三种风场下深圳平安金融大厦的等效风荷载以及结构顶部峰值加速度，并分析了流场对等效风荷载和加速度响应的影响。

2　数值风洞试验

2.1　模型建立与网格划分

深圳平安金融大厦主体建筑的长、宽、高分别记为 71m、71m、580m，计算区域为长方体，长、宽、高分别为 4 800m、1 100m、1 300m。图 2 表示的是深圳平安金融大厦的网格划分的方式。这种网格划分是将整个平安大厦嵌套在一个比其大一些的长方体中，这部分区域为网格的局部加密区域。在这个长方体区域内采用无结构网格模式，而在其他区域采用结构网格模式。总网格量为 420 万左右。图 3 表示本次计算的风向角及主轴方向示意图。

图 1　深圳平安金融大厦建筑效果图

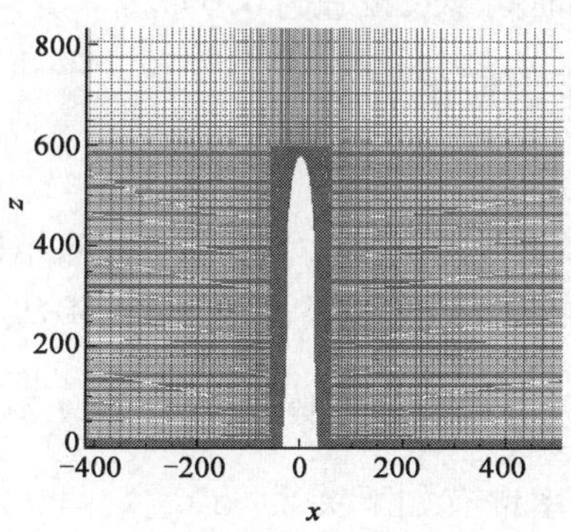

图 2　深圳平安大厦的网格划分方式

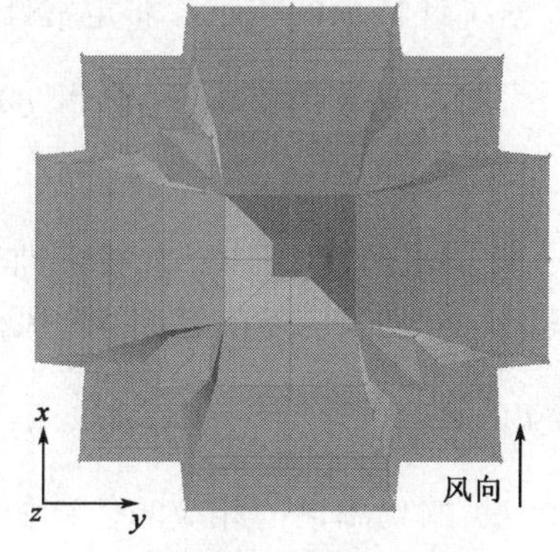

图 3　风向角及主轴方向示意图

2.2　大涡模拟亚格子模型

本项目的计算采用本文作者 S. H. Huang 和 Q. S. Li 针对工程应用提出的一种新的大涡模拟亚格子湍流模型进行计算。新亚格子模型的基本方程是：

(1)基于 Kajishima 等 (2006) [3]提出的一方程模型：

基金项目：自然科学基金重大研究计划重点项目(90815030)，“十一五”国家科技支撑计划项目(2006BAJ03B04-02)。

(2)亚格子动能生成项采用修正的 WALE 模型(Nicoud,1999)[4],特点是不用试验滤波(test filtering),且具有局部动态特征,适合复杂网格模型。

新亚格子模型的主要特点是:适合工程应用、一方程模型、不需采用试验滤波,适合低阶格式及无结构网格应用,具有动态特征,且计算量少。该方法已被 S. H. Huang 和 Q. S. Li 编制为基于 FLUENT 软件的并行 UDF(User Defined Function)集成到 Fluent 软件中。

2.3 边界条件的设定

本次数值风洞模拟采用了三种速度入口边界条件。一种是采用 DSRFG 方法产生入口处的湍流脉动速度场,湍流强度分别按日本规范以及中国规范定义。另一种则是不考虑湍流脉动,入口速度场为均匀流场。三种速度入口边界条件风速沿高度的变化均服从指数率。深圳平安金融大厦所处的地貌类别为 C 类,地面粗糙度指数 $\alpha = 0.22$,风场入口 10m 处的平均风速取深圳市 100 年重现期风速为 38.3m/s。C 类地貌的平均风速剖面分布如图 4a)所示。日本规范以及中国规范的湍流强度剖面如图 4b)及图 c)所示。

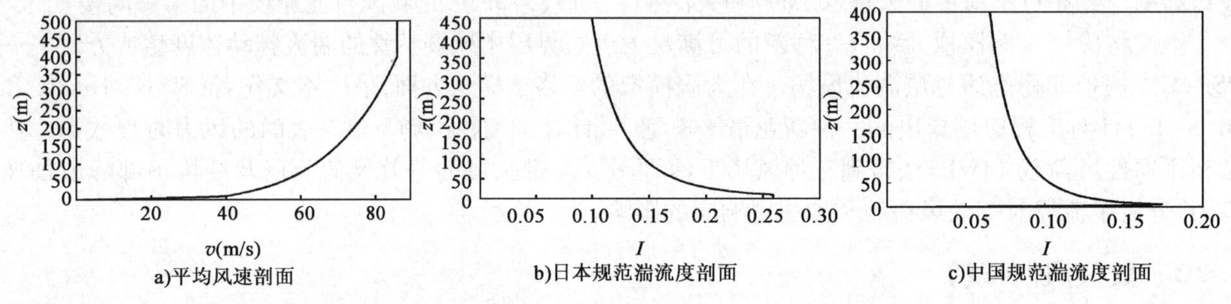

图 4 C 类地貌的平均风速剖面及湍流强度分布

2.4 计算和求解

本文的计算在湖南大学一个并行计算机群上进行,该计算机群是由 32CPUs 并联成一个平台,用来进行大规模计算。离散方程组的求解采用基于解耦思想的 SIMPLEC 算法,数值离散精度方面:在 LES 计算中,对流项采用数值耗散低的二阶 Bounded Central Differencing 格式,时间项的离散采用二阶隐式格式;初场计算采用 RANS 湍流模型的定常计算结果,通过瞬态化处理使 LES 初始流场达到具有合理数据统计特征的状态。非定常计算的时间步长设置为 0.05s。

3 等效静力风荷载和加速度响应的计算

3.1 计算方法

采用惯性风荷载法计算深圳平安金融大厦的等效风荷载。建筑结构总的等效静力风荷载等于平均风荷载与脉动风引起的等效静力风荷载之和,即:$P_{\mathrm{ESWL}}(z) = \overline{P(z)} + P_{\mathrm{ef}}$,其中:$P_{\mathrm{ef}}(z) = \mu m(z)\omega_0^2\sigma_{\mathrm{r}}(z)$,$\sigma_{\mathrm{r}}(z) = \phi(z)\left[\int_0^{\infty}|H(n)|^2 S_{\mathrm{p}}(n)\mathrm{d}n\right]^{\frac{1}{2}}$,$\mu$ 是保证系数,本次计算取 2.5。结构楼顶高度 z 的加速度响应 $\ddot{r}(z,t)$ 的功率谱与相应的位移相应功率谱有如下关系:$S_{\ddot{r}}(z,n) = (2\pi n)^4 S_{\mathrm{r}}(z,n)$,加速度均方根响应可如下式计算:$\sigma_{\ddot{r}}(z,n) = \left[\int_0^{\infty}(2\pi n)^4 S_{\mathrm{r}}(z,n)\,\mathrm{d}n\right]^{\frac{1}{2}}$,结构楼顶加速度峰值为:$\ddot{r}_{\max} = \mu\sigma_{\ddot{r}}(H)$。

3.2 结构风振分析基本信息

本文等效风荷载和风致响应计算所采用的结构特性,皆由设计部门提供。结构前 7 阶频率分布见表 1。结构第一阶阵型主要表现为 x 向振动,第二阶主要表现为 y 向振动。结构抗风设计采用 100 年一遇基本风压,为 0.9kN/m²,计算时结构阻尼比取 0.035。结构舒适度计算时,采用 10 年一遇基本风压,为 0.45kN/m²,计算时结构阻尼比分别取 0.035 和 0.02。

结构前7阶频率分布 表1

阶数	1	2	3	4	5	6	7
频率(Hz)	0.101 08	0.101 95	0.380 08	0.388 46	0.407 51	0.880 28	0.894 16

4 数值模拟结果分析与讨论

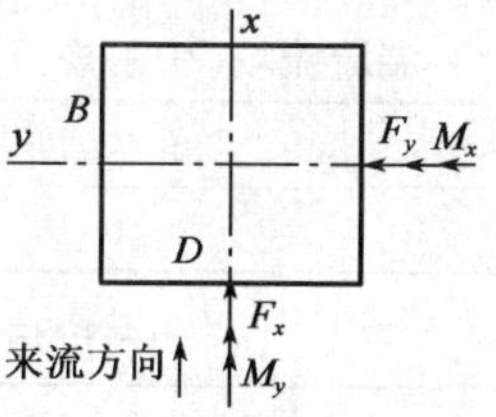

通过计算得到包括等效基底力以及结构顶部峰值加速度。结构整体受力示意图如图5所示。

图5 整体受力示意图

4.1 基础弯矩等效静力风荷载

三种流场条件下深圳平安金融大厦100年重现期基础等效静力风荷载列于表2~表4中。

湍流流场下(日本规范)深圳平安金融大厦100年重现期基础等效静力风荷载(体轴系,阻尼比0.035) 表2

角 度	FESWLX(N)	FESWLY(N)	MESWLX(N·m)	MESWLY(N·m)
0	1.827 4E+08	1.122 6E+08	3.755 4E+10	5.504 1E+10

湍流流场下(中国规范)深圳平安金融大厦100年重现期基础等效静力风荷载(体轴系,阻尼比0.035) 表3

角 度	FESWLX(N)	FESWLY(N)	MESWLX(N·m)	MESWLY(N·m)
0	1.698 2E+08	0.714E+08	2.053 4E+10	5.066 2E+10

均匀流场下深圳平安金融大厦100年重现期基础等效静力风荷载(体轴系,阻尼比0.035) 表4

角度	FESWLX(N)	FESWLY(N)	MESWLX(N·m)	MESWLY(N·m)
0	1.247E+008	1.704 5E+007	5.205 4E+009	3.637 9E+010

分析表2~表4所列结果,可以看出:①三种流场条件下,顺风向(x向)基底等效顺风力和力矩均在10^8和10^{10}量级,说明顺风向等效风荷载主要受平均风控制。脉动风对其有一定影响,日本规范的湍流强度最大,其顺风向等效力最大,均匀流场顺风向等效力最小。②横风向(y向)基底等效风荷载主要受脉动风控制。三种流场条件下横风向等效力相差很大。其他条件一定下,湍流强度越大,横风向等效风荷载越大。湍流流场(日本规范)下等效横风向力是均匀流场的6.6倍,力矩是均匀流场的7.12倍。③在风荷载作用下超高层建筑的横风力和力矩也相当可观,不可忽视。因此在结构设计中对于高层建筑不仅要考虑顺风向风载作用,同时也要考虑横风向风载的影响。

4.2 结构顶部峰值加速度

按照《高层建筑混凝土结构技术规程》(JGJ 3—2002)中4.6.6的规定,高度超过150m的高层建筑结构应具有良好的使用条件,满足舒适度要求,按现行国家标准《建筑结构荷载规范》(GB 50009)规定的10年一遇的风荷载取值计算的顺风向与横风向结构顶点最大加速度不应超过表5的限值。必要时,可通过专门风洞试验结果计算确定顺风向与横风向结构顶点最大加速度,且不超过表5的限值。在三种流场下,基于10年一遇风荷载取值和数值模拟数据计算的结构顶部(580m)峰值加速度如表6~表8所示。

结构顶点峰值加速度限值(10年重现期) 表5

住宅、公寓	峰值加速度限值(m/s^2)	0.15
办公楼、酒店	峰值加速度限值(m/s^2)	0.25

湍流流场(日本规范)深圳平安金融大厦10年重现期结构顶部峰值加速度(体轴系,阻尼比为0.035) 表6a

角 度	x向顶部峰值加速度(m/s^2)	y向顶部峰值加速度(m/s^2)
0	0.117 3	0.257 3

湍流流场(日本规范)深圳平安金融大厦10年重现期结构顶部峰值加速度(体轴系,阻尼比为0.02) 表6b

角 度	x向顶部峰值加速度(m/s^2)	y向顶部峰值加速度(m/s^2)
0	0.152 3	0.340 5

湍流流场(中国规范)深圳平安金融大厦10年重现期结构顶部峰值加速度(体轴系,阻尼比为0.035)　　表7a

角　度	x向顶部峰值加速度(m/s^2)	y向顶部峰值加速度(m/s^2)
0	0.086 3	0.187 8

湍流流场(中国规范)深圳平安金融大厦10年重现期结构顶部峰值加速度(体轴系,阻尼比为0.02)　　表7b

角　度	x向顶部峰值加速度(m/s^2)	y向顶部峰值加速度(m/s^2)
0	0.111 0	0.241 1

均匀流场深圳平安金融大厦10年重现期结构顶部峰值加速度(体轴系,阻尼比为0.035)　　表8a

角　度	x向顶部峰值加速度(m/s^2)	y向顶部峰值加速度(m/s^2)
0	0.012 6	0.035 9

均匀流场深圳平安金融大厦10年重现期结构顶部峰值加速度(体轴系,阻尼比为0.02)　　表8b

角　度	x向顶部峰值加速度(m/s^2)	y向顶部峰值加速度(m/s^2)
0	0.016 3	0.044 0

分析表6~表8所列结果,可看出:①阻尼比增大结构风振响应也随之减小。②湍流对结构风振响应影响很大。日本规范的湍流强度最大,湍流流场(日本规范)下结构顶部峰值加速度最大。而均匀流场下结构顶部峰值加速度最小。x、y向顶部峰值加速度(阻尼比0.02)两者相差分别达9.34和7.73倍。湍流流场(日本规范)和湍流流场(中国规范)x、y向顶部峰值加速度(阻尼比0.02)两者相差分别为1.37和1.41倍。③中国规范建议的湍流强度流场下,深圳平安金融大厦10年重现期x、y向峰值加速度均没有超过规范限值。x、y向加速度均满足办公楼居住者舒适度要求。

5　结语

本文应用一种新的湍流脉动流场产生的DSRFG方法模拟了三种风场的湍流边界条件,采用一种新的大涡模拟的亚格子模型,对深圳平安金融大厦进行了数值风洞模拟,计算得到了三种风场下建筑表面的风力时程数据。利用惯性风荷载(IWL)法得到三种风场下深圳平安金融大厦的等效风荷载以及结构顶部峰值加速度,得出以下结论:

①顺风向等效风荷载主要受平均风控制,但脉动风对其也有一定影响。横风向等效风荷载主要受脉动风控制。其他条件一定下,湍流强度越大,横风向等效风荷载越大。②深圳平安金融大厦顺风向基底等效顺风向和横风向力在湍流流场(日本规范和中国规范)下均在10^8量级。超高层建筑的横风力相当可观,不可忽视。③中国规范建议的湍流强度的湍流流场下,深圳平安金融大厦10年重现期x、y向峰值加速度满足办公楼居住者舒适度要求。④数值风洞模拟技术作为一种新方法为研究建筑物风荷载提供了一种较为简便、低成本的途径。

参 考 文 献

[1] Huang S H, Li Q S, Wu J R. A general inflow turbulence generator for large eddy simulation[J]. J. Wind Eng. Ind. Aerodyn., 2010, 98(10-11): 600-617.

[2] Huang S H, Li Q S. A new one-equation dynamic subgrid-scale model for large eddy simulations[J]. International Journal for Numerical Methods in Engineering 2010, 81(7): 835-865.

[3] Kajishima T, Nomachi T. One-equation subgrid scale model using dynamic procedure for the energy production[J]. Journal of Applied Mechanics, ASME, 2006, 73: 368-373.

[4] Nicoud F, Ducros F. Subgrid-scale stress modeling based on the square of the velocity gradient tensor flow[J]. Turbulence and Combustion, 1999, 62: 183-200.

高层建筑玻璃幕墙风致应力现场实测研究

*罗叠峰[1] 李正农[1] 史文海[2] 梁笑寒[1]
(1. 湖南大学建筑安全与节能教育部重点实验室 长沙 410082;
2. 温州大学建筑与土木工程学院 温州 325035)

1 引言

台风对高层建筑维护结构和附属结构的破坏很大,主要表现为对外墙饰面、门窗玻璃及玻璃幕墙的破坏。例如:1999 年 9 月 16 日,9915 号台风"约克"损坏的香港湾仔数幢办公楼玻璃幕墙,其中政府税务大楼和入境事务大楼及湾仔政府大楼共有 400 多块幕墙玻璃被吹落,造成室内大量文件被风吸走。因此,国内外对玻璃幕墙进行了一系列的研究。殷永炜[1]等分别对点支式中空和夹层玻璃进行了承载性能试验,对其荷载与位移和应力的关系进行了研究。Andrew Kwok Wai So[2]等研究了玻璃面板在强风荷载下的非线性特性,并做了大量有关这方面的全尺寸实体模型。冯若强[3-4]等对单层索网玻璃幕墙进行了非线性频率分析和风振响应分析。吴丽丽[5]等进行了 1:100 比例点支式玻璃幕墙单层索网模型的承载性能及动力特性试验。姜仁[6]等对有框幕墙抗风压强度破坏的原因进行了分析并基于此提出了幕墙抗负风压性能的改进建议。此外,文献[7-9]还对幕墙结构胶的抗老化及耐久性问题、连接件的传力途径及承载性能,以及建筑幕墙体系整体的健康状况评估方法等方面进行了研究。

实际台风登陆时,由于气压变化、温度变化,以及暴雨的冲击作用对玻璃幕墙的影响,使得幕墙实际的挠度变形状态和风致应力情况与模型试验乃至风洞试验的情况大不相同;同时幕墙框架以及幕墙整体在风荷载作用下也会发生振动和变形,使得幕墙玻璃的风致应力情况更为复杂。因此,本文在此背景下对厦门沿海某高层建筑玻璃幕墙进行了风致应力的现场实测研究。

2 现场实测概况

以厦门市东海岸某高层建筑玻璃幕墙为测量对象。该建筑离海边仅约四百米的距离,为附近最高建筑,共 37 层,高约 150m。幕墙玻璃为中空玻璃,规格为 8mm LOW-E 钢化 + 12A + 8mm 白玻钢化,玻璃块尺寸为 1 400mm × 1 700mm。试验幕墙玻璃在 33 楼层处,离地面高度约 135m。厦门地区夏季主导风向为东南风,故在建筑的东南向选取两块典型的玻璃面板布置测点进行测量,如图 1 所示。于 2010 年 9 ~ 10 月,先后三次对该高层建筑玻璃幕墙在台风作用下的风效应进行了同步实测,如表 1 所示。

现场实测的台风概况 表 1

台风	日期	主风向	峰值风速(m/s)	距试验楼最近距离(km)
"狮子山"	2 010.09.02	东南	33.4	82
"莫兰蒂"	2 010.09.10	东南	22.2	65
"鲇鱼"	2 010.10.23	东风	30.1	80

基金项目:国家自然科学基金(90815030,50778072)、国家自然科学基金项目(51008237)联合资助。

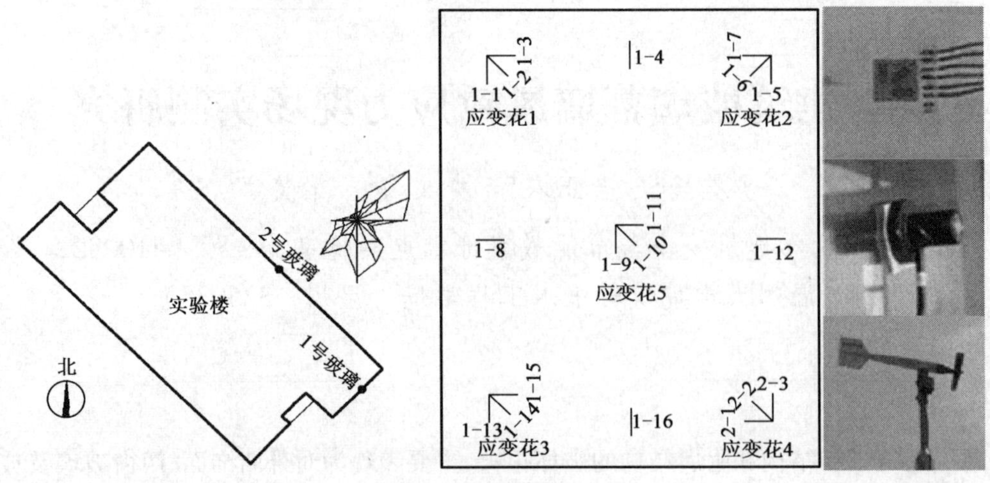

图1 测点布置及测量仪器

3 现场实测结果分析

由于从实测开始一直到实测结束,室外风荷载一直存在,即幕墙玻璃存在着初始应变,故需要以某个时间点的风压状态下产生的应变作为基准点,并以在此基础上随风压变化而产生的应变量来分析幕墙玻璃的应变应力规律。本文以实测过程中风压值较小并且相对比较平稳时所对应的数据作为应变参考值,以保证测量结果能正确反映幕墙玻璃随风压变化而产生应变和应力。

3.1 风压时程与应变时程

以实测得到的2号玻璃在台风"鲇鱼"作用下的风压与应变时程为例,并取1min为时距分析应变随风压的变化趋势,如图2所示为板心处的平均主应变与平均风压时程的对比。

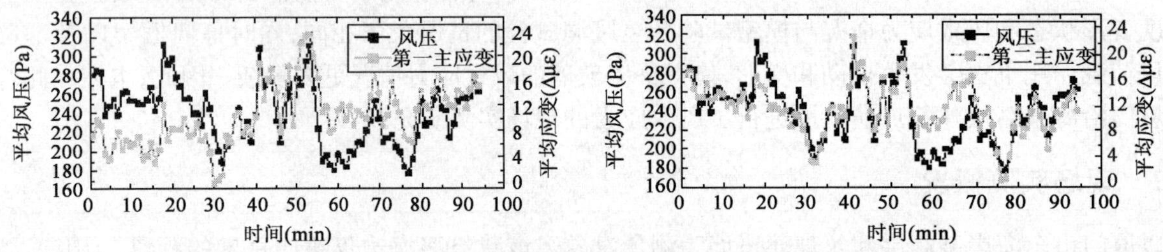

图2 "鲇鱼"作用下2号玻璃板心处的平均主应变与平均风压时程的对比

玻璃板心处(应变花5)的平均主应变同风压时程的变形过程基本相符,且在相应的风压波峰和波谷处,板心处的应变也能很好地与风压相吻合。从实测数据发现,即使台风作用下玻璃表面风压也并不很大(不超过400Pa),比实际中空玻璃所能承受的破坏荷载(大于5 000Pa)要小一个数量级以上。

平均风压与平均应变的数值与时距的取值很有关系,时距的取值既要把较大风压和较大应变体现出来,又要反映出较小风压下的小应变。由于阵风的卓越周期约为1min,我们发现当取1min为时距能较好地反映记录数据中的应变随风压的变化过程。

3.2 应力与风压的关系

要考察应力随风压的变化关系,一般实验室模型试验时可以采取分级加压的形式,但实测得到的玻璃表面的风压时程是一个变化的随机过程。为了便于分析应力与风压的关系,首先对风压时程进行统计分析,以风压值为参照,按风压值递增的顺序对实测数据进行排序,并将在同一风压变化范围内的应力数据进行平均,这种作法相当于得到了随玻璃表面风压递增而同步变化的应力数据。分别以风压和应力为变量,作出各测点处的风压—应力关系图,并进行线性拟合,如图3～图5所示。

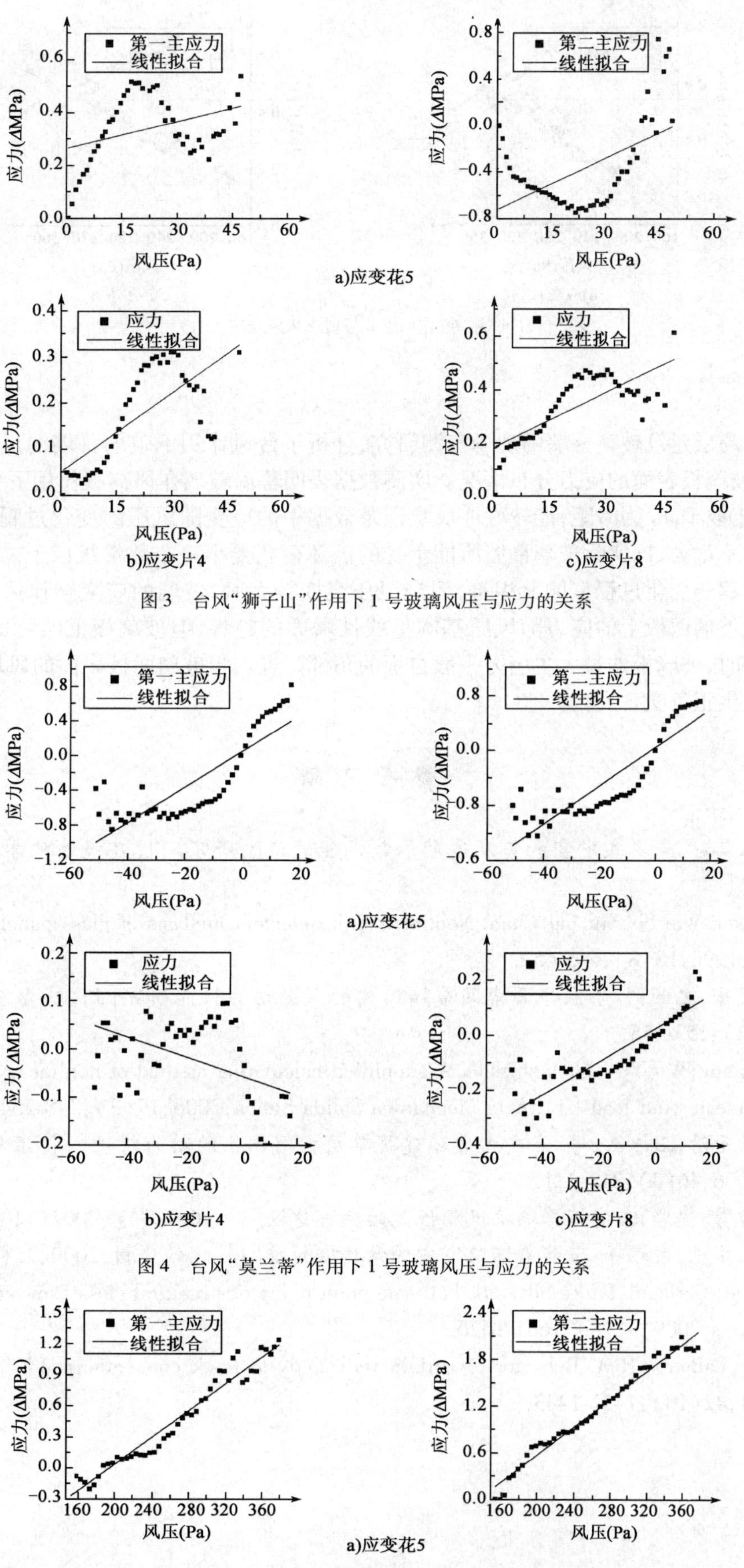

a)应变花5

b)应变片4

c)应变片8

图3　台风“狮子山”作用下1号玻璃风压与应力的关系

a)应变花5

b)应变片4

c)应变片8

图4　台风“莫兰蒂”作用下1号玻璃风压与应力的关系

a)应变花5

图　5

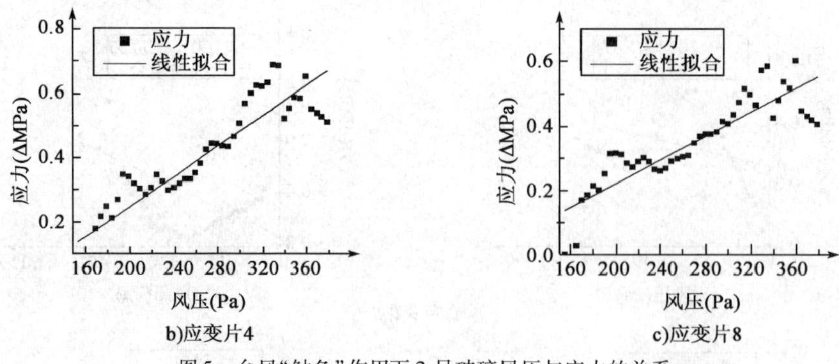

b)应变片4　　c)应变片8

图5　台风"鲇鱼"作用下2号玻璃风压与应力的关系

4 结语

通过对沿海高层建筑玻璃幕墙的现场实测研究,分析了台风作用下玻璃幕墙的风压与应变应力的关系,以及幕墙玻璃板表面的应力分布情况。实测数据表明幕墙玻璃在风荷载作用下受力情况复杂,从本文可以发现:①取1min为时距,能较好地反映记录数据中的应变随风压的变化过程。②实测得到的玻璃表面风压并不很大,比实际玻璃幕墙所能承受的破坏荷载要小一个数量级以上。③玻璃表面的应变时程与风压时程的变化过程整体上相符,但当风压突变较大时,玻璃的应变会比风压的变化相对滞后。④可以认为玻璃面板上的应力随风压基本呈线性增大的趋势,但玻璃板上实际的应力分布复杂。⑤当风荷载较大时,玻璃板的最大主应力一般在板的角部位置。当玻璃面板表面的风压正负交替时,应变和应力随之发生正负交替变化。

参考文献

[1] 殷永炜,张其林.点支式中空和夹层玻璃承载性能的试验研究[J].建筑结构学报,2004,25(1):93-98.

[2] Andrew Kwok Wai So,Siu Lai Chan. Nonlinear finite element analysis of glass panels[J]. Engineering Structures,1996,18(8):645-652.

[3] 冯若强,武岳,沈世钊.单层平面索网幕墙结构的风激动力性能研究[J].哈尔滨工业大学学报,2006,38(2):153-155.

[4] Feng Ruoqiang,Wu Yue,Shen shizhao. A simplified calculating method of nonlinear frequency of cable net under mean wind load [J]. Acta Mechanica Solida Sinica,2006,19(3):248-254.

[5] 吴丽丽,王元清,石永久,等.点支式玻璃建筑单层索网体系的动力特性[J].清华大学学报:自然科学版,2006,46(3):318-321.

[6] 姜仁,韩智勇,沈瑞良.有框幕墙抗风压性能的改进建议[J].工程质量,2002(11):15-20.

[7] 王金晖,孔军仕,袁培峰.节能幕墙门窗中的结构密封胶[J].化学建材,2009,25(1):36-39.

[8] Gianni Royer-Carfagni,Mirko Silvestri. Fail-safe point fixing of structural glass. New advances. Engineering Structures,2009,31(8):1661-1676.

[9] Bolte W G,LaBoube R A. Behavior of curtain wall study to track connections[J]. Thin-Walled Structures,2004,42(10):1431-1443.

矩形截面高层建筑三维耦合风振响应的实验研究

宋微微　梁枢果　彭晓辉

（武汉大学土木建筑工程学院　武汉　430072）

1　引言

目前对高层建筑的扭转风振响应的研究相比对顺风向和横风向风振响应的研究较少，绝大多数的高层建筑荷载规范忽略了扭转风荷载作用。实际上，由于结构设计的不对称导致的结构刚度中心与质量中心的偏离使得高层建筑扭转风振响应与顺风向、横风向相互耦合。而且建筑物边缘位置的扭转响应尤为显著。一般情况下，扭转振动与侧向振动相互关联，共同决定了高层建筑的动力响应，单独以侧向水平振动评价高层建筑舒适性是不够的，往往低估了实际的响应大小[1]。近年来，变截面和非对称结构广泛出现，结构对风的敏感性大大增强，高层建筑在顺、横风向与扭转风荷载同时作用下的三维耦联风振响应的合理评估开始得到广泛关注。气弹模型实验是目前研究结构风振响应最有效的方法。20世纪90年代，Takeo Matsumoto[2]，Y. L. Xu 和 K. C. S. Kwok[3-5]先后进行了扭转风振响应的气弹模型实验研究，不过都是单自由度扭转气弹模型试验。本文考虑了实际建筑的扭转向动力特性及扭转响应，改进吴海洋博士设计的二维摆式气弹模型振动装置[6]，完成了矩形截面三维（顺风、横风、扭转向）气弹模型试验。

2　风洞试验

本次试验是在湖南大学 HD-2 风洞试验室第一试验段中进行，该试验段长17m、宽3m、高2.5m。试验装置见图1，上部的刚性模型只模拟结构的外形，模型通过中心柱与弹性支撑系统相连。由两个方向正交的8根弹簧模拟建筑结构侧向弯曲变形刚度和绕中心柱的扭转刚度，通过调节弹簧间距调节扭转频率与弯曲频率的比；由下部配重质量块及整个模型系统相对于轴承转动中心的广义质量来模拟建筑结构的质量，并通过上下滑动配重质量块来调节系统的广义质量；由阻尼板和油阻尼池组成的阻尼系统实现对建筑结构阻尼的模拟，通过调节阻尼板浸入在油阻尼池的深浅来调节系统的阻尼。此次试验测量了振动模型的位移和振动模型上的气动力。激光位移计安装在结构的质心（结构的几何中心）和角点上，通过激光位移计采集的位移时程换算得到结构顶部的侧向位移和扭转角。通过安装在上部的刚性模型上的扫描阀测量气弹模型上的气动力。刚性模型上共布置6层、120个测压点。测压管路与电子扫描阀相连，每个扫描阀有64个测点，2个扫描阀同步扫描。位移的采样频率为256Hz，风压的采样频率为331Hz，采样时间都为60s。

本次试验共进行了长宽比3:1的矩形偏心及不偏心模型、两种地貌（均匀流场及B类风场）的气弹模型实验，模型几何缩尺比1:400，模型尺寸为900mm×57.7mm×173.2mm，偏心模型的刚心长边方向偏离质心34.6mm，偏心率为20%，模型的外观见图2。

3　试验结果分析

为了研究偏心对矩形建筑的风致扭转振动的影响，对偏心与不偏心模型的位移响应时程进行处理和分析。图3为均匀流场中小阻尼比3:1偏心模型不同风向角的扭转角均方根随平均风速的变化规

基金项目：强风作用下超高层建筑、高耸结构二维气动弹性效应的理论与实用分析方法研究（50678137）。

图1　试验装置图

图2　模型外观图

律。模型的均匀当量质量为1.72kg/m，对质心轴的转动惯量为0.003 6kg·m^2，扭转频率与两个主轴的弯曲频率分别为9Hz、4.4Hz和5.2Hz，结构阻尼比为1.2%。均方根扭转角响应从大到小的排列情况依次为：刚心偏向背风面、刚心偏向迎风面和刚心在横风向偏离。当平均风速为12m/s左右时，刚心偏向背风面的模型的扭转均方根响应突然增大，对深宽比为3的矩形截面，其斯托罗哈数在0.045附近，此时旋涡脱落频率为9.3Hz，接近结构的扭转频率，此时发生了涡激共振。并且随着风速的增加，均方根响应增加，当风速为15m/s时，扭转角均方根响应达到0.14rad，在此次试验风速范围内未观察到明显的"锁定"现象。而刚心偏向迎风面和刚心在横风向偏离的模型的扭转角均方根响应很小，都没有发生大幅度的扭动。图4为B类风场，偏心与不偏心模型窄边迎风，扭转角均方根响应随平均风速的变化规律，由图可见偏心模型比不偏心模型的扭转角均方根响应大，刚心偏向背风面时，偏心模型的扭转角均方根响应是不偏心模型的3~4倍，而刚心偏向迎风面时，偏心模型比不偏心模型的扭转角均方根响应略大。B类风场中，在试验风速范围内各模型均未发生扭转向的涡激共振，说明紊流较均匀流不容易发生涡激共振。

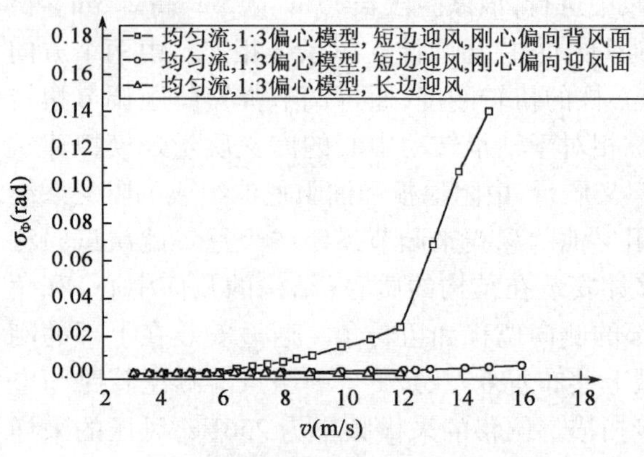

图3　扭转角均方根响应随风速的变化图

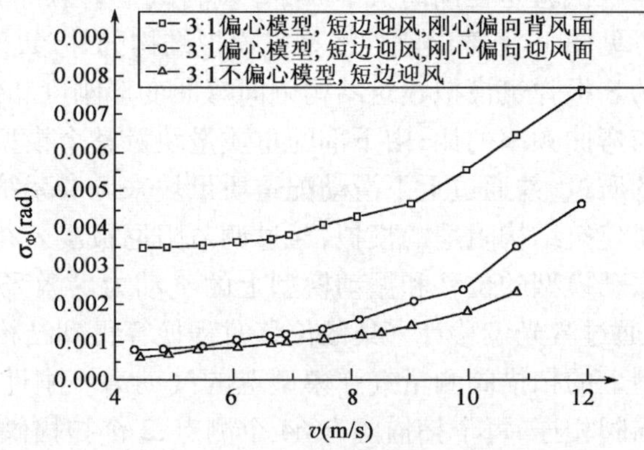

图4　扭转角均方根响应随风速的变化图

图5为B类风场偏心与不偏心模型长边迎风时横风向风振响应随风速的变化规律。当平均风速达到9m/s时，旋涡脱落频率接近横风向的固有频率4.4Hz，偏心与不偏心模型均发生了涡激共振，但偏心模型的共振响应明显小于不偏心模型的共振响应，说明刚心在横风向的偏离削弱了涡脱强度。图6为B类风场偏心与不偏心模型短边迎风时横风向风振响应随风速的变化规律。由图可见偏心对横风向响应的影响规律是：刚心偏向背风面，横风向响应增大，偏向迎风面，横风向响应减小。

图7、图8分别为均匀流场、短边迎风的刚性模型和气弹偏心模型的均方根升力系数和均方根扭矩系数的比较图。由图可见，偏心及偏心位置对均方根升力系数和均方根扭矩系数的影响规律与对相应方向的响应的影响规律相同。

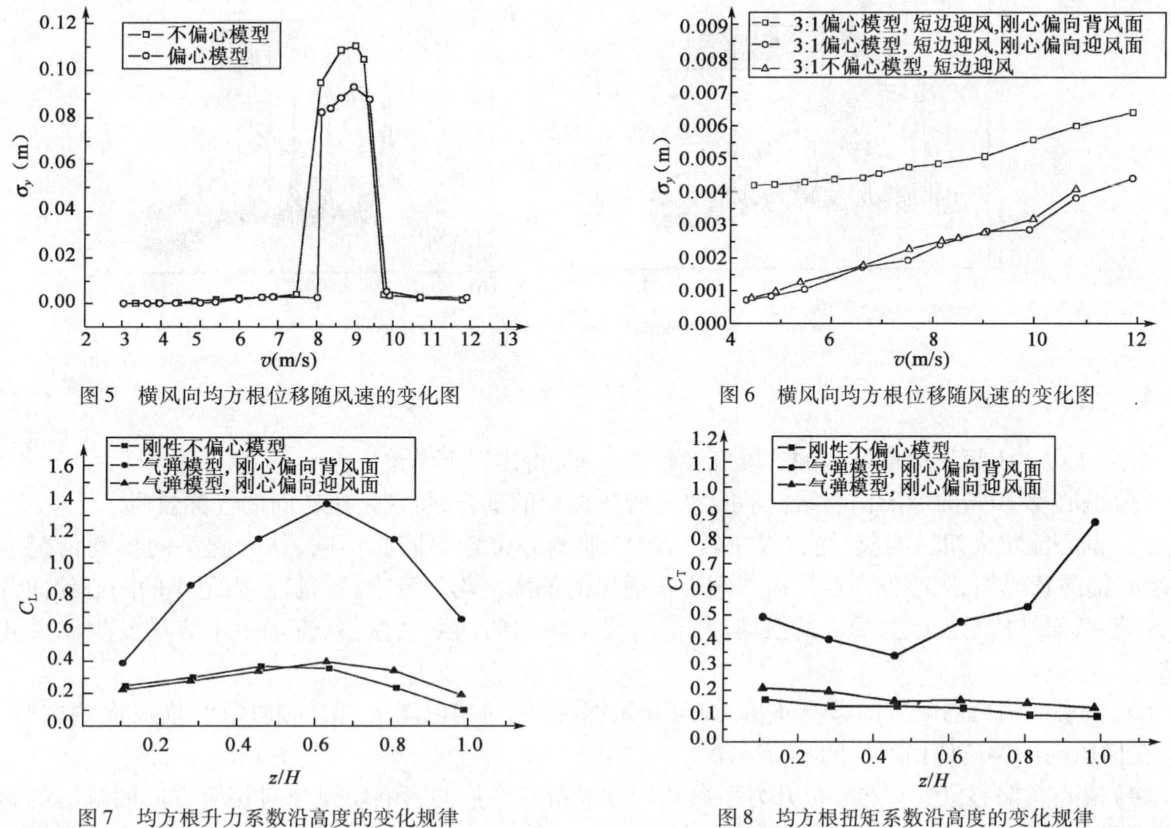

图5　横风向均方根位移随风速的变化图

图6　横风向均方根位移随风速的变化图

图7　均方根升力系数沿高度的变化规律

图8　均方根扭矩系数沿高度的变化规律

图9为均匀流场不同风速下3∶1偏心模型的扭矩谱，可以看出，气弹模型的扭矩谱密度曲线不同于刚性模型的双峰、宽频带扭矩谱[7]，谱峰的位置随着旋涡发放的频率与横风向振动与扭转振动的耦合而移动，当风速小于12m/s时，谱密度曲线只有一个折算频率在0.02～0.03的谱峰，该频率为横风向的固有频率4.5Hz，在扭转频率9Hz附近，也有一个峰，但谱峰很窄，此时振动以横风向振动为主；当风速大于13m/s，谱密度曲线出现两个峰，谱峰在折算频率0.041和0.123附近，分别为扭转向的固有频率9Hz和3倍的扭转向固有频率，此时以扭转振动为主。

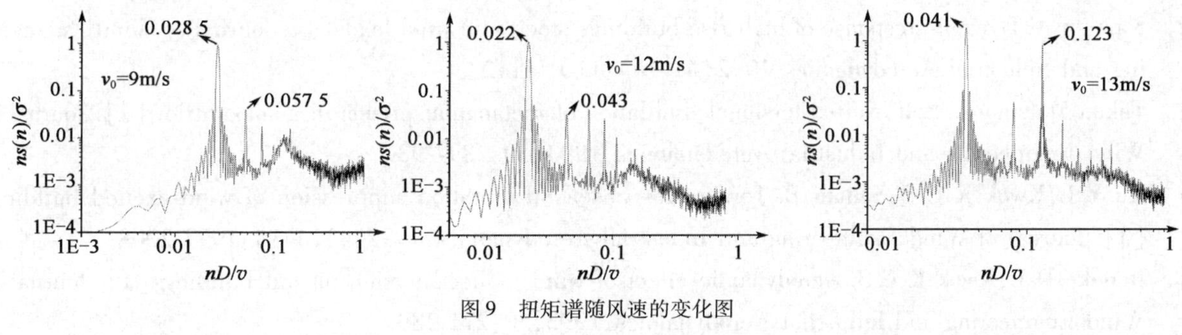

图9　扭矩谱随风速的变化图

为了更进一步分析气弹模型上的气动力，通过比较刚性模型和气弹模型对数坐标系下的扭矩谱密度曲线，分析结构振动激发的气动力。图10为均匀流场中，在10m/s和15m/s风速下的扭矩谱密度曲线。粗线表示的是3∶1偏心气弹模型的谱密度曲线，细线表示的是3∶1不偏心刚性模型的谱密度曲线。由图可见，刚性模型的功率谱密度曲线有两个谱峰，分别是由于旋涡脱落和再附效应引起。两谱峰都没有明显的尖峰，所对应的频率范围都较宽。而气弹模型的功率谱密度曲线有明显的尖峰，10m/s平均风速下，谱峰对应的频率分别为横风向振动频率和扭转向频率，横风向的频率对应的峰值更高，从图4可以看出，此时扭转振动较小，结构以横风向的振动为主；15m/s平均风速下，谱峰所对应的频率也变为扭转向固有频率和，此时结构发生了大幅度的扭动。

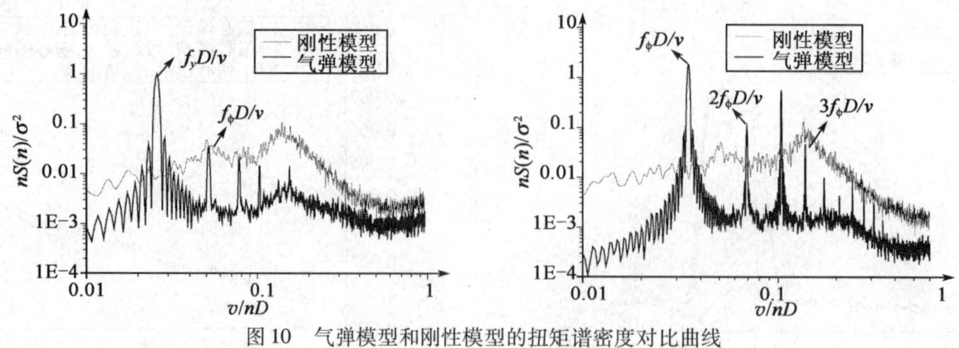

图10　气弹模型和刚性模型的扭矩谱密度对比曲线

4　结论

本文通过3:1矩形截面结构的三维气弹模型试验,得出以下结论:

(1)偏心率20%的矩形偏心结构不能忽略弯扭振型的耦合,特别是扭转向的气弹效应。

(2)偏心能增大扭转响应,均方根扭转角响应随偏心位置不同而不同,从大到小的排列情况依次为:刚心偏向背风面、刚心偏向迎风面和刚心在横风向偏离。均匀流中,质量轻、阻尼小的刚心偏向背风面的矩形截面结构易发生大幅度的扭动,甚至出现扭转向的涡激共振,紊流场中不容易发生涡激共振现象。

(3)偏心对横风向响应的影响:刚心偏向背风面,横风向响应增大,偏向迎风面,横风向响应减小。刚心在横风向的偏离使横风向的响应减小。

(4)偏心及偏心位置对均方根升力系数和均方根扭矩系数的影响规律与对相应方向的响应的影响规律相同。

(5)气弹模型的扭矩谱密度曲线不同于刚性模型的双峰、宽频带扭矩谱。气弹模型的扭矩谱有两个峰,谱峰对应的频率分别为横风向振动频率f_y和扭转向频率f_ϕ,及它们的倍数频率;当风速较小时,横风向振动频率f_y占主要频率成分,当发生大幅度扭转振动时,扭转向频率f_ϕ占主要频率成分。

参考文献

[1]　Kareem A. Dynamic response of high rise buildings stochastic wind loads[J]. Journal of Wind Engineering and Industrial Aerodynamics,1992(41-44):1101-1112.

[2]　Takeo Matsumoto. Self-excited torsional oscillation of rectangular prisms in a smooth flow[J]. Journal of Wind Engineering and Industrial Aerodynamics,1993,50:289-298.

[3]　Xu Y L,Kwok K C S,Samali B. Torsion response and vibration suppression of wind-excited buildings [J]. Journal of Wind Engineering and Industrial Aerodynamics,1992,43(1-3):1997-2008.

[4]　Beneke D L,Kwok K C S. Aerodynamic effect of wind induced torsion on tall buildings[J]. Journal of Wind Engineering and Industrial Aerodynamics,1993,50:271-280.

[5]　Zhanga W J,Xub Y L,Kwok K C S. Torsional vibration and stability of wind-excited tall buildings with eccentricity[J]. Journal of Wind Engineering and Industrial Aerodynamics,1993,50:299-308.

[6]　吴海洋.矩形截面超高层建筑涡激振动风洞试验研究[D].武汉:武汉大学,2008.

[7]　梁枢果,刘胜春,张亮亮.矩形高层建筑扭转动力风荷载解析模型[J].地震工程与工程振动,2003,23(3).

湍流对方形断面建筑风致响应影响的风洞测压和测力试验研究

苏万林　李正农

（湖南大学建筑安全与节能教育部重点实验室　长沙　410082）

1　引言

随着我国经济建设的发展，近年来高层建筑在我国各地大量兴建。又由于新材料、新技术的开发与应用，其结构向更高、更柔、低阻尼、轻质量方向发展，对风作用也越加敏感，使得结构的风效应逐步成为控制高层建筑安全性、舒适性和经济性的最重要因素之一，其风致振动问题是结构设计者所关注的重要问题，而来流湍流对结构风荷载分布和风致响应有很大的影响。因此，研究湍流对高层建筑的影响有很重要的实际意义。

至今为止，已有不少学者研究了湍流对高层建筑风致响应的影响。A. Kareem[1]和 J. Katagiri 等[2]通过风洞试验，对超高建筑的横风向和扭转荷载机制、分布特征及气动阻尼的影响有了较为深刻的理解；李秋胜（Q. S. LI）[3]及其合作者通过不同湍流的风洞试验，湍流强度 I_u 变化范围 0.8% ~ 25%，湍流积分尺度与钝体平板模型宽度的比值变化范围 0.35 ~ 30，特别是比已有试验研究中的湍流积分尺度大很多（风洞中最大湍流积分尺度是试验钝体平板宽度的30倍，达到750mm）的试验，揭示了湍流特性对结构表面风压影响的复杂现象和机理；Yoshihito Taniike[4]研究了不同湍流强度对高层建筑相互干扰效应的影响，指出顺风向和横风向的振动因子 BF（Buffeting Factor）随湍流强度增加而减小，当 I_u 达到 17% ~ 18% 时，BF 值趋近于 1；黄鹏、顾明[5]模拟出我国荷载规范[6]中 B 类和 D 类两种风场，也针对湍流强度对高层建筑相互干扰效应的影响进行了研究，指出动力干扰效应随着湍流度的增加而衰减，其中顾明[7]还对 13 种常见的超高层建筑模型进行了风洞试验，研究了其在 B 类地貌和 D 类地貌条件下的风荷载特性，特别是横风向风荷载特性；由于我国荷载规范对湍流度没有明确的要求，加上流场模拟上存在一定的难度，这些因素造成在以往一般的风洞试验中流场湍流度普遍偏低，石碧青等[8]研究了 60cm 高处 I_u 在 10% ~ 26% 时对高层建筑相互干扰的作用影响；洪海波等[9-10]模拟出梯度风高度处 $I_u = 9\%$ 的 B 类和 $I_u = 15.8\%$ 的 D 类两种风场，采用高频动态测力天平对高湍流度下超高层建筑的风致振动响应特性进行了试验研究；梁枢果[11]等对不同高度 Y 形横断面的高层建筑进行了风洞试验研究。

本次风洞试验就是模拟出在风洞中 1m 高度处 $I_u = 0.21\%$、13.5%、21.1%、30.1% 的四种风场，并进行了测压和测力试验，研究不同湍流强度风场对高层建筑的影响。

2　试验设备及模型

2.1　风洞实验室简介

本试验是在湖南大学风洞实验室的 HD-2 大气边界层风洞中进行的。该风洞气动轮廓全长 53m、宽 18m，为低速、单回流、并列双试验段的边界层风洞。模型试验区横截面宽 3m，高 2.5m，转盘直径1.8m，试验段风速 0 ~ 58m/s 连续可调。采用格栅、尖梯、挡板、粗糙元装置模拟大气边界层风场。

基金项目：国家自然科学基金（90815030，50978094）资助。

2.2 风压测量、记录及数据处理系统

由美国 Scanivalve 扫描阀公司的 RAD3200 电子式压力扫描阀系统、PC 机，以及自编的信号采集及数据处理软件组成风压测量、记录及数据处理系统。

2.3 高频底座动态天平

本次试验的目的是研究湍流对高层建筑风致响应的影响，测力系统采用高频底座动态天平，能够测得模型基底内力的六分量动态时程，其六分力的坐标示意图如图 1 所示。

2.4 试验模型

本次试验主要研究湍流对方形断面高层建筑风致响应的影响，共有三种不同高度（$H = 40$cm、70cm、100cm）的模型，图 2 给出了 100cm 高的方形模型，且图 2 中模型的 x 轴和 y 轴分别与天平的 x、y 轴重合。

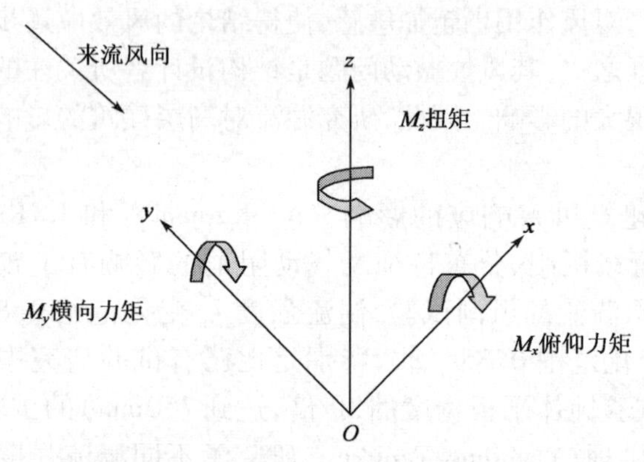

图 1 高频动态底座天平六分力坐标示意图

图 2 100cm 高的方形模型

HD-2 风洞中在高速试验段处有可以转动的大转盘，模型可以跟随大转盘转动，以研究不同风向的风荷载。风向角增量为 15°，又由于其对称性，模拟的风向角为 0° ~ 90°，其示意图如图 3 所示。

3 大气边界层的模拟

本次试验在于研究湍流度对高层建筑的影响。因此，用尖塔和粗糙元模拟出了我国规范内的 C 类地貌，并在此基础上使用被动格栅板模拟出了多个湍流度的风场。本次试验的风场类型有四种：C 类、CⅡ风场、CⅢ风场、无湍流均匀风场，详细信息见表 1。

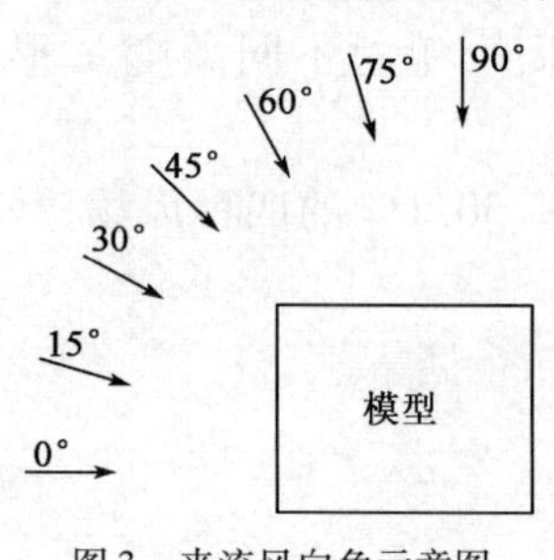

图 3 来流风向角示意图

各个模型顶部的湍流度（%） 表 1

风场	40cm 模型	70cm 模型	100cm 模型	备 注
均匀场	0.24	0.22	0.21	此数据是天平采集时由“眼镜蛇”（风速采集仪）采集得到
C 类	17.2	15.8	13.5	
CII	26.3	22.2	21.1	
CIII	42.3	35.4	30.8	

4 试验数据处理

本次风洞试验为研究不同湍流度对方形横截面的高层建筑的影响，进行测压和测力试验，对每个模型都进行 4 种风场的试验，然后对风压扫描阀和高频动态天平测得的数据进行处理。

本次实验中将扫描阀测得的基底剪力由其测得的风压对有效受压面积积分求得。试验中，0°时，来

流风与 y 轴平行，y 轴为顺风向，x 轴为横风向，F_y、F_x 分别为顺风向剪力和横风向剪力；90°时，x 轴为顺风向，y 轴为横风向，F_x、F_y 分别为横风向剪力和顺风向剪力。

(1)从图4中可以看到由测压试验计算得到的基底剪力与高频动态天平测得的基底剪力的平均值吻合得很好。

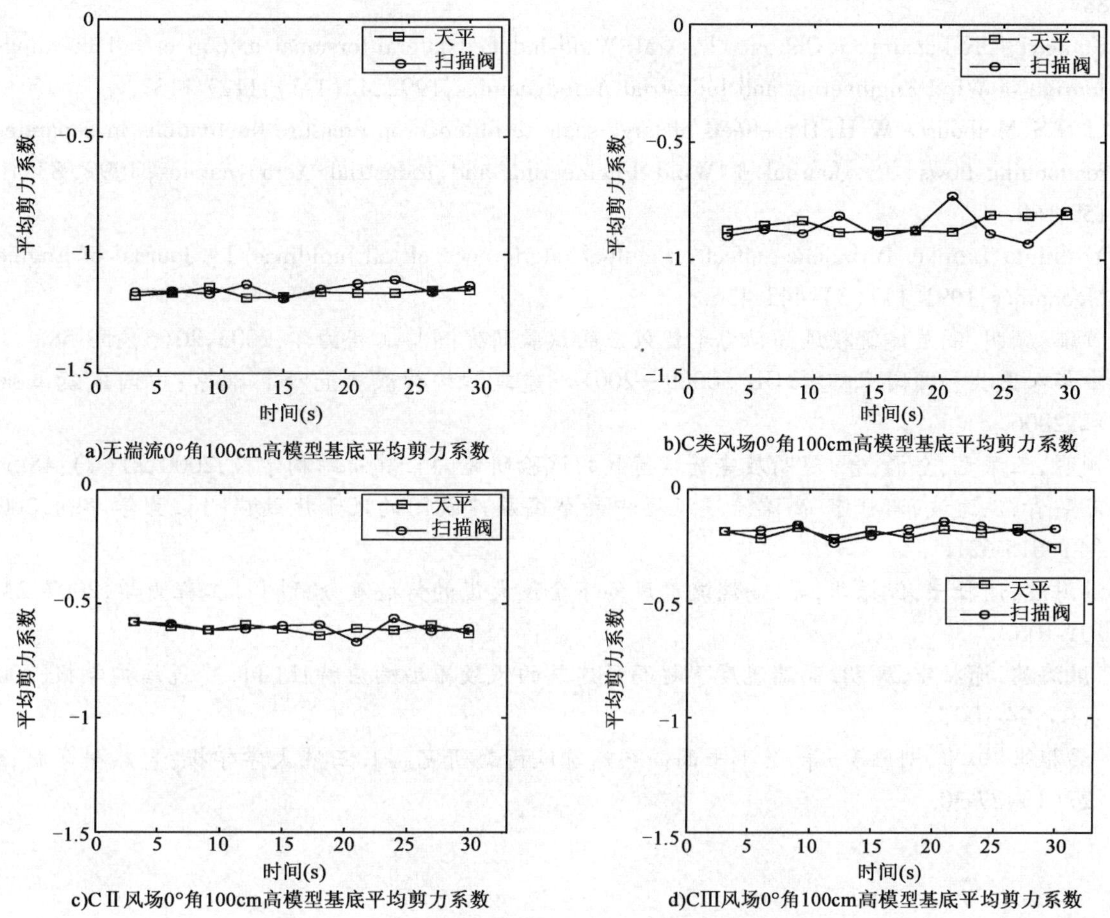

a)无湍流0°角100cm高模型基底平均剪力系数

b)C类风场0°角100cm高模型基底平均剪力系数

c)CⅡ风场0°角100cm高模型基底平均剪力系数

d)CⅢ风场0°角100cm高模型基底平均剪力系数

图4　100cm 模型基底平均剪力系数对比图

注：图中点的平均值为每隔3s平均得到。

(2)模型的横风向剪力在0值附近波动，顺风向剪力平均值不为0，从而可知模型顺风向比横风向剪力要大。

(3)从图4的顺风向中可以看到，100cm 高模型在无湍流均匀风场、C类、CⅡ风场、CⅢ风场四种风场中的基底平均剪力系数分别为 -1.15、-0.86、-0.60、-0.26（负号仅表示与天平坐标系的 y 轴正方向相反，其绝对值反映剪力的大小）。从而可知随着湍流度的增大，顺风向平均基底剪力系数呈减小趋势。

5　结论

通过本次风洞试验，研究了不同湍流度对方形横截面的高层建筑的影响，从试验结果中得到以下结论：

(1)由测压试验计算得到的基底剪力与高频动态天平测得的基底剪力的平均值吻合得很好。

(2)顺风向平均基底剪力大于横风向平均基底剪力。

(3)随着湍流度的增大，顺风向平均基底剪力系数呈减小趋势。

参考文献

[1] Kareem A. Acrosswind response of buildings[J]. Journal of the Structural Division, 1982, 108(4): 869-887.

[2] Katagiri J, Nakamura O, Ohkuma T, et al. Wind-induced lateral-torsional motion of tall building[J]. Journal of Wind Engineering and Industrial Aerodynamics, 1992, 42(1-3): 1127-1137.

[3] Li Q S, Melbourne W H. The effects of large scale turbulence on pressure fluctuations in separated and reattaching flows[J]. Journal of Wind Engineering and Industrial Aerodynamics, 1999, 83(1-3): 159-169.

[4] Yoshihito Taniike. Turbulence effect on mutual interference of tall buildings[J]. Journal of Engineering Mechanics, 1991, 117(3): 443-456.

[5] 黄鹏,顾明.高层建筑横风向动力干扰效应的试验研究[J].工程力学,2003,20(5):53-58.

[6] 中华人民共和国国家标准. GB 50009—2001 建筑结构荷载规范[S].北京:中国建筑工业出版社,2006.

[7] 顾明,王凤元,全涌,等.超高层建筑风荷载的试验研究[J].建筑结构学报,2000,21(4):48-54.

[8] 石碧青,洪海波,谢壮宁.高湍流度风场中两个高层建筑间的风干扰效应[J].力学季刊,2008,29(4):615-621.

[9] 洪海波,谢壮宁,倪振华,等.高湍流度风场下金茂大厦的舒适度分析[J].工程力学,2007,24(5):101-106.

[10] 洪海波,谢壮宁,顾明.高湍流度下超高层建筑的风致振动响应特性[J].建筑结构学报,2006,27(6):94-100.

[11] 梁枢果,田唯,刘胜春,等.Y形平面高层建筑风荷载研究[J].三峡大学学报:自然科学版,2005,27(1):27-30.

两种阻塞比下某矩形截面高层建筑风洞试验数据对比分析

王磊　梁枢果　邹良浩　王述良

（武汉大学土木建筑工程学院　武汉　430072）

1　引言

在有界的风洞中（尤其是闭口风洞）模拟无界大气中的流场，必然会带来洞壁干扰问题。风洞边界对模型绕流流场的横向约束称为“实体阻塞”，对模型尾流流场的横向约束称为“尾流阻塞”。实体阻塞和尾流阻塞这两种洞壁干扰即为阻塞效应。阻塞效应在某些情况下对试验数据有严重影响，以阻塞比为15%的飞机模型风洞试验为例，阻力系数修正值达到被测真值的88%[1]。Saathoff和Melbourne对矩形截面建筑风洞试验进行研究发现：在阻塞比为5%时，平均风压增大15%、根方差风压和极值风压增大20%[2]，足见阻塞效应对试验数据的影响之大。但事实上，在建筑风洞试验中，即便在阻塞比较大时，其影响也常常被忽略[3]。

航空和汽车风洞试验阻塞效应的修正已经发展得相当成熟，常用的修正方法有镜像法、涡格法、壁面压力信息法[4]和Mercker的半经验方法[5]。遗憾的是，由于飞机和汽车在外形与矩形建筑的差异，上述方法并不适用于矩形截面高层建筑的阻塞效应修正。

风工程研究者对于矩形截面建筑阻塞效应的研究也有几十年的历史。早在1978年，Awbi就在Maskell理论[6]的基础上提出适用于二维矩形截面阻塞比的修正方法，他认为在阻塞效用修正时应考虑矩形截面长宽比的差异，短边迎风不出现再附时，阻塞效应较长边迎风更为明显[7]。Cherry和Merbourne等也指出，钝体表面再附平均长度会随阻塞比增加而减小。Cherry的试验结果显示，5%的阻塞比会使再附长度减小20%[8]。按照这种理论结果，阻塞比不仅会影响表面风压大小，还会影响风压分布。因此，基于Maskell假设（该假设认为，阻塞效应只影响风速大小而不影响风压分布）提出的阻塞效应机理及修正公式并没有受到广泛接受。此后，Saathoff[2]、Hunt[9]、Noda[10]、Atsushi Okajima[11]等研究人员也先后对阻塞效应进行了专门的风洞试验或数值模拟研究，但讨论其现象特性者居多，给出具体修正公式者甚少，故而没能形成一个风工程界普遍认可的矩形截面建筑风洞试验阻塞效应的理论及修正方法。

以上研究工作都是以单体建筑作为研究对象，其结论并不适用于具有群体影响的实际工程风洞试验。本文基于两组试验数据的对比，分析了阻塞比较大时，实际工程风洞试验会普遍遇到因阻塞效应而造成的数据畸变问题及其特点，探讨了阻塞效应修正需考虑的几个因素。

2　风洞试验

图1为1/300风洞试验测压模型布置图，图2为1/200风洞试验测压模型布置图。图3为建筑周边总平面图，主体测压建筑为高237m的矩形截面高层建筑。试验在广东省建筑科学研究院CGB-1风洞低速试验段（3m宽×2m高）完成，风场为C类。在0°风向角时，阻塞比（S/C：建筑物有效迎风面积S与风洞截面面积C的比值）达到最大，如果仅考虑同一横断面处建筑截面作为有效迎风面积，1/200和1/300两模型的阻塞比分别为15.2%和6.7%。测点布置如图4，每个面都选取了8×7个测点。

图1 1/300 试验模型

图2 1/200 试验模型

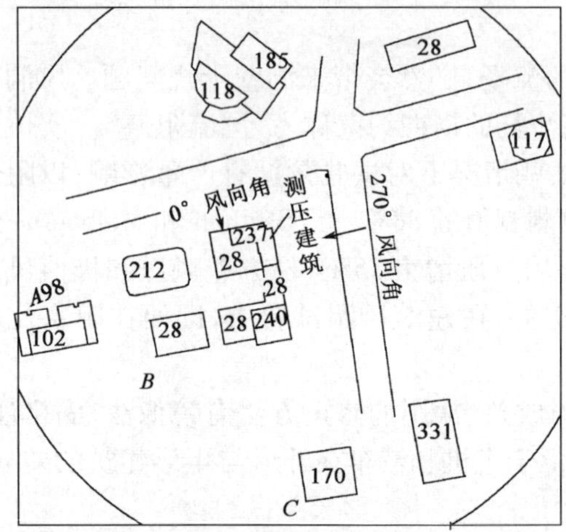

图3 建筑周边图

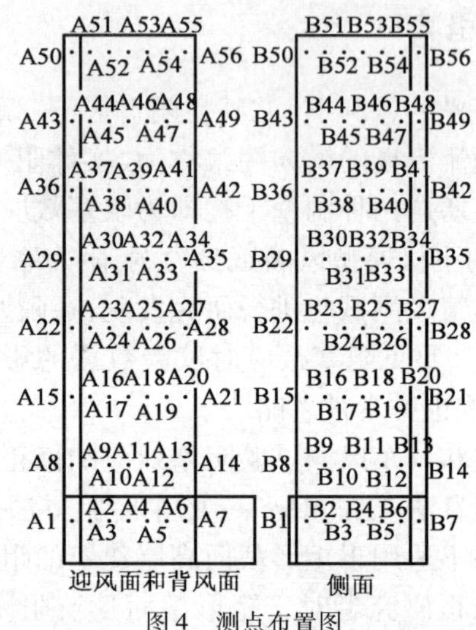

图4 测点布置图

3 试验数据分析

3.1 平均风压系数对比

图5 ~ 图7 分别为迎风面、背风面、侧面各测点平均风压系数。从图中可以看出:①1/200 测压模型平均风压系数绝对值远大于1/300 测压模型的平均风压系数绝对值。②图5 中,两测压模型平均风压系数曲线升降规律较为一致,说明阻塞比的不同并没有显著引起迎风面压力分布的变化。图7 中,两曲线走势有很大差别,峰值位置也不相同,说明侧面的再附长度发生了变化,阻塞效应影响了压力的分布。③随着高度增加,二者之间的差值呈减小趋势。事实上,1/300 的模型仍具有6.7%的阻塞比,也必然存在阻塞效应,为方便分析,此处称1/200 和1/300 模型的风压系数差值为绝对差值,绝对差值与1/300 模型的风压系数之比称为相对差值。图8 给出了迎风面、背风面、侧面风压系数的相对差值。从图8 可以看出,侧面风压系数相对差值最大,迎风面和背面次之;并且,侧面及背风面相对差值随高度增加呈减小趋势,迎风面相对差值随高度变化先增加而后减小。究其原因,可做如下解释:侧面及背风面风压为受测压模型本身及周边模型阻塞影响之后的气流风压,被阻塞而加速的气流必然引起压力系数增大,并且阻塞程度沿高度减小使得相对差值沿高度递减。对迎风面而言,底部一定高度范围内阻塞程度最为严重,根据流体运动基本特点,这种底部阻塞不会显著影响引起该处的流速,只对远离该处的流线有显著影响。因而测压模型中部流速变化最大;接近顶部时这种影响变小,加之该高度处阻塞程度较小,故顶部几行测点平均风压系数的相对差值并不大。最终使得迎风面相对差值随高度呈现先增加后减小的趋势。可见,阻塞比虽然在定义上为一个整体概念,但事实上,对于有周边的风洞试验,阻塞程度的沿高变化极大地影响了阻塞效应,这也是既有修正方法不适用于实际工程风洞试验的原因之一。

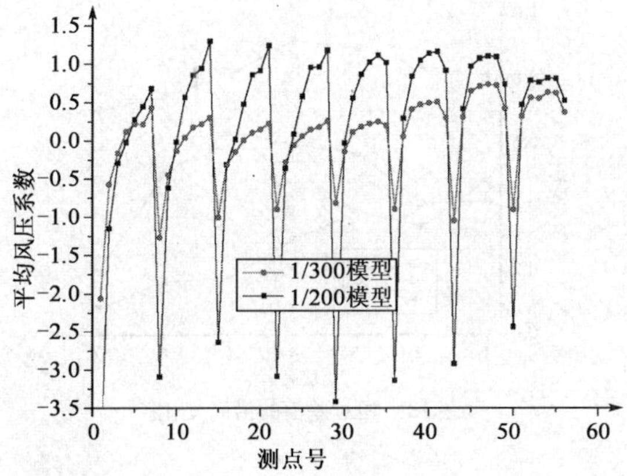

图 5　迎风面平均风压系数

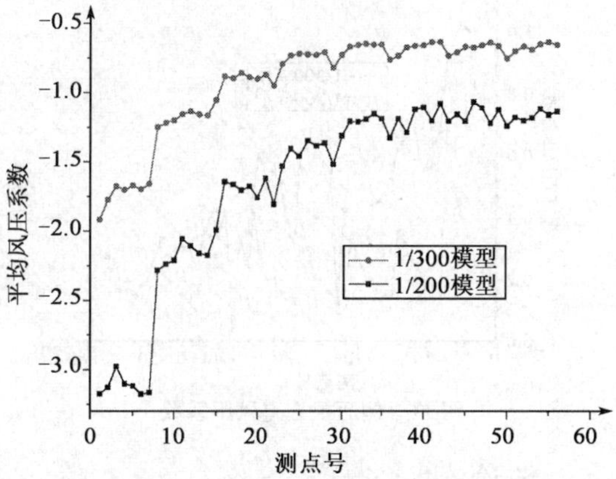

图 6　背风面平均风压系数

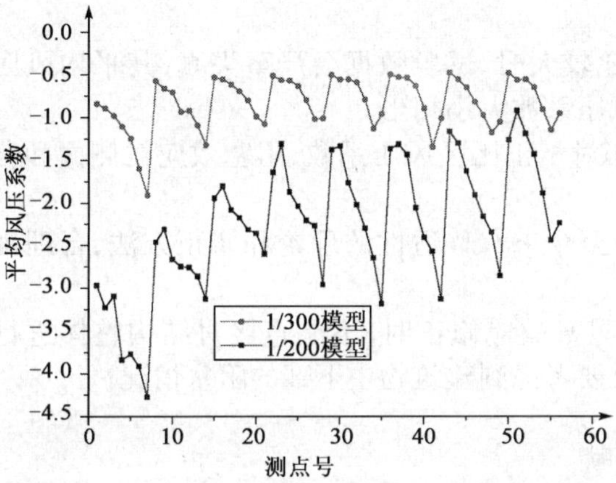

图 7　侧面平均风压系数

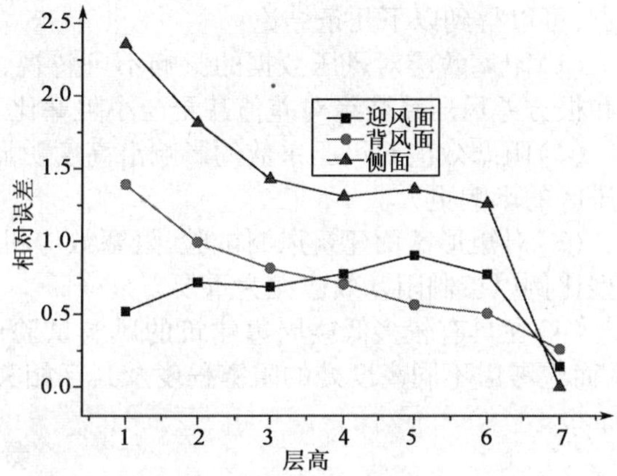

图 8　相对差值的沿高变化

3.2　根方差风压系数对比

根方差风压系数的对比结果则与平均风压系数有很大差别。图 9 ~ 图 11 分别为迎风面、背风面和侧面各测点根方差风压系数对比图,图 12 为迎风面、背风面和侧面风压系数的相对差值。可以看出:迎风面的根方差风压系数的相对差值最小,侧面其次,背风面的相对差值最大,且最大值达到了 0.85,最小值也在 0.7 附近。这说明阻塞效应极大地增加了湍流程度,也使得极值风压显著增大。三个面的根方差风压系数都呈现出沿高度的明显变化,在达到一定高度之后,根方差风压系数沿高度单调减小,在迎风面甚至出现了小于 0.1 的情况。

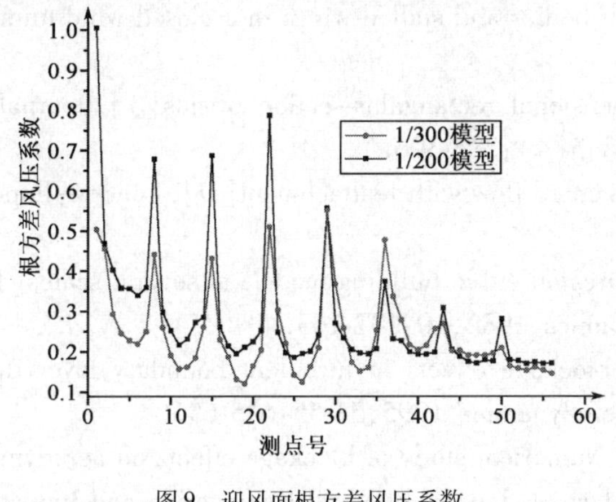

图 9　迎风面根方差风压系数

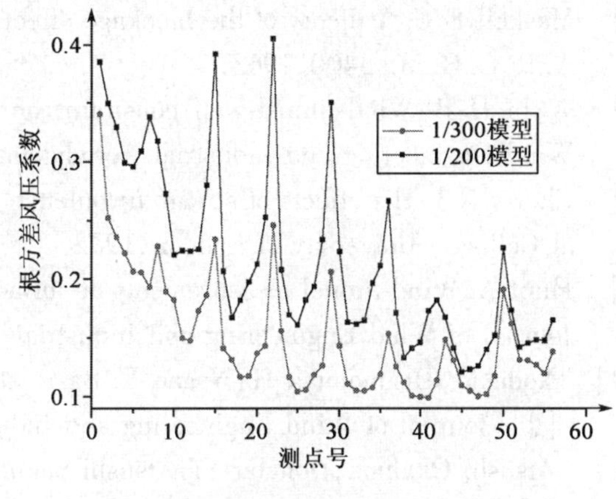

图 10　背风面根方差风压系数

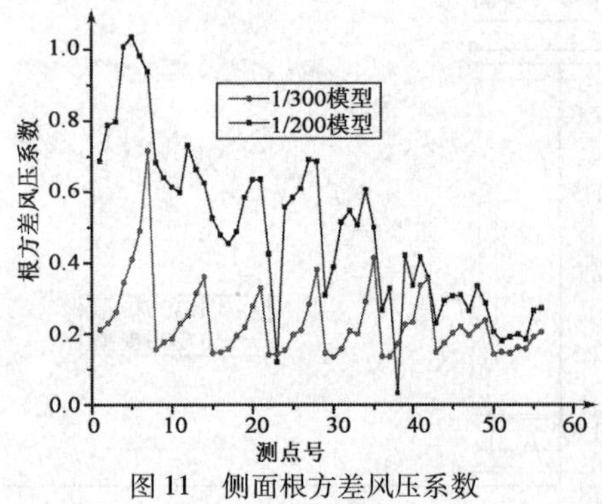

图11 侧面根方差风压系数

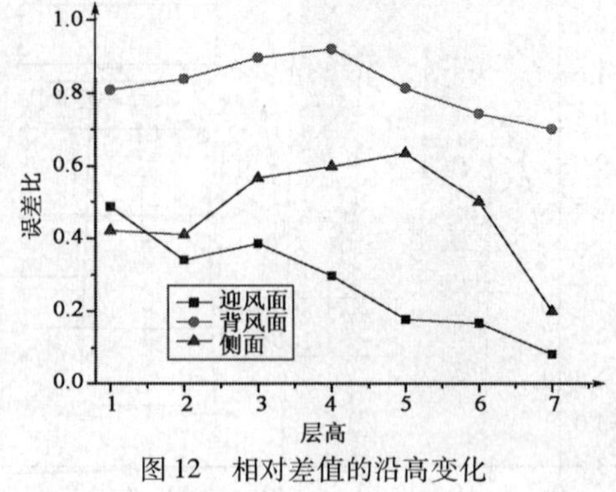

图12 相对差值的沿高变化

4 结论

本文通过两组数据的对比分析,总结了有周边群体干扰时,矩形截面高层建筑阻塞效应的一些基本特点,可以得到以下几条结论:

(1)阻塞效应对风压数据的影响不可忽视,在阻塞比较大时,试验数据会严重失真,其平均风压系数和根方差风压系数绝对差值甚至与小阻塞比工况的风压系数大小相当。

(2)阻塞效应对风压系数的影响沿高度明显变化,相对于正压区风压系数,阻塞效应对侧面和背面负压区的影响更大。

(3)对矩形截面建筑风洞试验,阻塞效应机理复杂,至今未有普适性的理论和修正方法,合理确定模型比例以控制阻塞效应尤为重要。

(4)在具有较多低矮周边建筑的风洞试验中,进行阻塞效应修正时,不能直接对结构整体进行修正,而应考虑不同高度处的阻塞程度及其互相关性,尤其要考虑到建筑物中下部的阻塞情况。

参考文献

[1] 恽起麟.风洞试验数据的误差与修正[M].北京:国防工业出版社,1996.

[2] Saathoff P J,Melbourne W H. Freestream turbulence and wind tunnel blockage effects on streamwise surface pressure[J]. Journal of Wind Engineering and Industrial Aerodynamics,1987,26:353-370.

[3] Robertson J M,Wedding J B,Peterka J A,et al. Wall pressures of separation-reattachment flow on a square prism in uniform flow[J]. J. Ind. Aerodyn.,1977,2:345-359.

[4] 艾伦·波普,约翰J哈珀.低速风洞试验[M].彭锡铭,严竣仁,石佑伦,等,译.北京:国防工业出版社,1978.

[5] Merker E. A blockage correction for automotive testing in a wind tunnel with close test section[J]. Journal of Wind Engineering and Industrial Aerodynamics,1986,22.

[6] Maskell E C. A theory of the blockage effects on bluff bodies and stalled wings in a closed wind tunnel. A. R. C. R. M. 3400,1963.

[7] Awbi H B. Wind-tunnel-wall constraint on two-dimensional rectangular-section prisms[J]. Journal of Wind Engineering and Industrial Aerodynamics,1978,3(4):285-306.

[8] Cherry N J. The effects of stream turbulence on a separated flow with reattachment[D]. London:Imperial College, University of London,1982.

[9] Hunt A. Wind-tunnel measurements of surface pressures on cubic building models at several scales[J]. Journal of Wind Engineering and Industrial Aerodynamics,1982,10:137-163.

[10] Noda M,Utsunomiya H,Nagao F. Basic study on blockage effects in turbulent boundary layer flows[J]. Journal of Wind Engineering and Industrial Aerodynamics,1995,54-55:645-656.

[11] Atsushi Okajima,Donglai Yi,Atsushi Sakuda,et al. Numerical study of blockage effects on aerodynamic characteristics of an oscillating rectangular cylinder[J]. Journal of Wind Engineering and Industrial Aerodynamics,1997,67-68:91-102.

黏滞阻尼器对某超高层连体结构的风振控制研究

汪大洋　周云

(广州大学土木工程学院　广州　510006)

高层结构对风荷载作用比较敏感,在风振作用下会出现结构振动舒适度或层间侧移难以满足设计要求的现象,对使用人员的正常生产和生活造成一定程度的负面影响。如果仅采用传统的通过增强结构强度、刚度或延性的方法来减轻这些负面影响,不仅使得结构不具备自我调节能力,而且在实际工程中也是难以实现的或不满足经济性要求,减振技术作为一种有效的控制方法在工程结构中得到了广泛的应用。文献[1-2]针对高层结构进行了风振控制对比研究,结果表明减振装置对于抑制结构风致振动、提高结构安全性和舒适性是十分有效的。文献[3-4]针对设置耗能减振层的框架—核心筒结构体系进行了减振效果分析研究,结果表明耗能减振层能有效地控制结构的地震响应,减小结构位移和内力反应。文献[5-6]针对高层钢结构 TMD 优化控制系统进行了分析研究,给出了高层钢结构 TMD 风振舒适度控制简化设计过程。文献[7-10]研究了设置 TMD、TLD 控制系统的高层建筑风振控制的分析与设计方法,给出了 TLD、TMD 系统参数的最佳取值区间及参数之间的最佳匹配关系,指出当 TMD、TLD 按照该参数设计时能有效抑制结构的风振反应。本文针对某超高层连体结构的风振反应展开分析,研究结构在不同振动控制方案下的减振效果,以供实际工程设计参考。

1　工程概况

某超高层连体结构地处沿海城市,集度假、休闲、娱乐、餐饮等为一体,地下 4 层,地上 31 层。地上部分由一高楼和一低楼相连组成,高楼 31 层,高 116.7m,低楼 20 层,高 77.1m。该超高层结构主体采用框架—剪力墙的结构,剪力墙分设在结构的两侧,塔楼之间在 17 层以下(含 17 层)采用钢架连接,钢架与塔楼之间刚性连接,梁柱均采用钢筋混凝土结构。图 1 为标准层平面、节点编号和轴线编号。

本工程位于沿海城市,按照《港口工程荷载规范》(JTS 144-1—2010)的规定,30 年一遇基本风压为 0.75kN/m^2,则 10 年一遇基本风压为 0.62kN/m^2。经计算,该结构在 10 年一遇风荷载作用下的高塔楼顶层峰值加速度已超出《高层建筑混凝土结构技术规程》(JGJ 3—2010)的要求,且在强风作用下,结构高低塔楼连接体部分出现塑性变形,不满足业主提出的连接体保持弹性的要求。

2　结构风振控制方案设计

为实现业主提出的设计风压条件下结构满足舒适度性及高低塔楼之间连接体保持弹性的目标,本文提出采用黏滞阻尼器对该结构进行风振控制。黏滞阻尼器在工程结构中广泛应用的诸多设计实践表明[11],该装置可有效降低结构在外界荷载作用下的振动,提高结构的安全性和舒适性。依据该工程的实际特点,按照经济有效的原则,拟采用以下三种控制方案。

方案 A:在结构 6-6 轴线和 11-11 轴线上分别设置 19 个斜向黏滞阻尼支撑(在斜向支撑上设置黏滞阻尼器)。阻尼器采用非线性黏滞阻尼器,阻尼器的阻尼系数为 300kNs/mm,阻尼指数为 0.4,阻尼器最大出力 500kN,行程 ±50mm,最大运行速度 350mm/s。斜向黏滞阻尼支撑在结构中的安装形式如图 2 所示。

方案 B:在 6-6 轴线、7-7 轴线、8-8 轴线、10-10 轴线和 11-11 轴线上分别设置 7 个阻尼器,共设置 35 个黏滞阻尼器。阻尼器参数选取与方案 A 相同。

基金项目:高等学校博士点学科专项基金资助项目(200810780001),广东省自然科学基金团队项目(8351009101000001),广东省教育部产学研项目(20090912),广州市教育系统创新团队项目(09T003)。

方案 C:在 6-6 轴线、7-7 轴线、10-10 轴线和 11-11 轴线上分别设置 10 个阻尼器,共设置 40 个黏滞阻尼器。阻尼器参数选取与方案 A 相同。

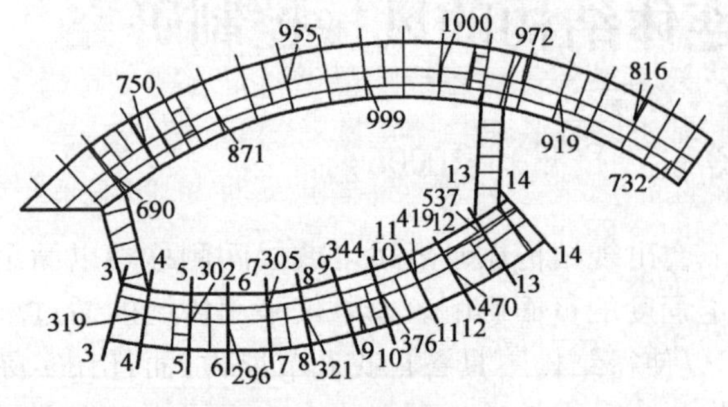

图1　结构平面图

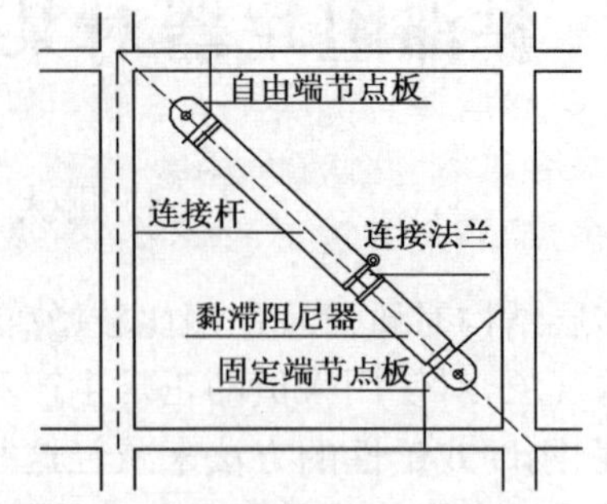

图2　两对角阻尼支撑的安装方式

3　脉动风荷载的数值模拟

根据文献[1]的研究成果,采用 Darvenport 脉动风速谱,基于傅里叶变换技术改进的自回归 AR 模型模拟了该结构的脉动风荷载时程,表 1 为风荷载时程模拟程序计算的基本参数,图 3 为该结构 y 正向风振作用下高塔楼顶层脉动风速时程图和功率谱密度函数与目标谱的对比图。通过程序模拟得到的功率谱密度函数曲线与目标功率谱的吻合性很好,且吻合段覆盖了本工程的自振频率,说明本文基于傅里叶变换技术改进的 AR 模型能用于该结构脉动风速时程的模拟,具有较高的可信度,进而保证了以此时程进行结构风振控制时域分析的正确性。

脉动风速时程模拟的基本参数　　表 1

基本风压(kN/m^2)	地　　貌	AR 模型阶数	模拟时间(s)	模拟步长(s)
0.62	A	5	600	0.1

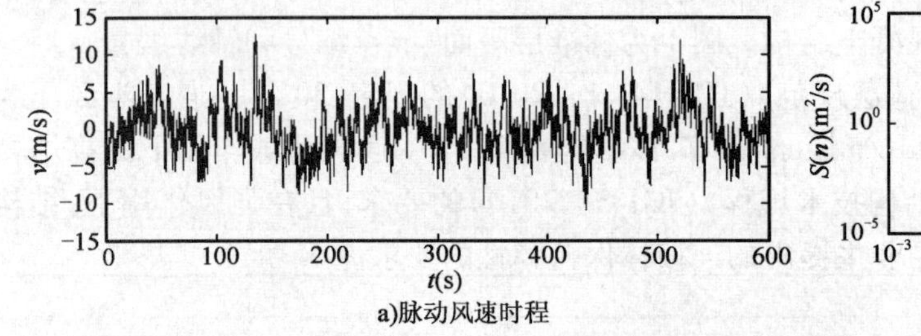

a)脉动风速时程

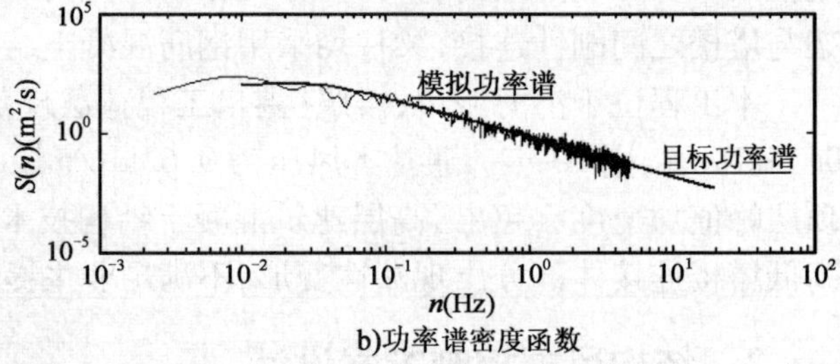

b)功率谱密度函数

图3　脉动风速时程曲线和功率谱密度

4　结构风振控制效果对比分析

该工程采用美国 CSI 公司的大型结构分析与设计软件 Etabs9.2.0 建立三维有限元模型,剪力墙采用壳单元,楼板采用膜单元,梁、柱采用空间杆单元。

图 4 为 y 正向风振作用下结构层间侧移角对比图(图中“HWIND”表示在脉动风作用下,“JLWIND”表示在静力风作用下,“SUM”表示在脉动风和静力风共同作用下),图 5 为 y 正向和反向风振作用下节点峰值加速度沿高度方向的变化图,图 6 为 y 正向和反向风振作用下高塔楼结构顶层节点峰值加速度的变化图,表 2 给出了 y 正向和反向风振作用下高塔楼结构顶层节点峰值加速度减振效果对比结果。由以上图、表可知:①结构在未设置控制装置的条件下,其层加速度均随高度的增大而增大,层加速度沿高度方向发生突变,且上部几层的突变程度明显大于下部,说明结构在风振作用下进行减振控制的核心在于抑制上部结构层加速度发生的过大突变,以达到层加速度沿高度方向连续均匀变化的目的,进而将顶层峰值加速度控制在规范要求的范围以内。②相对于无控状态而言,设置阻尼器后,结构层间侧移角和层加速度明显减小,层加速度峰值沿高度方向的变化曲线渐趋连续均匀,突变程度相对于无控状态明

显减小，如减振方案 A，表明阻尼器的合理设置对于耗散风振输入结构的能量、衰减结构在风振作用下的振动，以及提高结构的可靠性、舒适性是十分有效的。③该结构为超高层住宅建筑，因而对结构风振舒适性的要求比较严格。从三种工况的减振效果来看，其顶层峰值加速度限值均能满足《高层建筑混凝土结构技术规程》（JGJ 3—2002）的要求，如方案 A 在正向风振下将结构顶层加速度峰值从 0.2m/s^2 降到 0.128m/s^2，减振效果达到 36%，方案 B、方案 C 的减振效果亦分别达到 33% 和 32%。可见将加强层替换为耗能减振层的柔性减振设计方案对于抑制超高层结构的风致振动是十分有效的。④我国《高层建筑混凝土结构技术规程》（JGJ 3—2002）规定框架—剪力墙结构的楼层层间最大位移与层高之比不宜大于 1/800。由图 4 可知，本工程在风振作用下的层间侧移都较小，均满足规范的要求，但从图中可以看出在三种控制方案作用下，结构层间侧移仍有明显的衰减，进一步验证了三种减振控制方案对于抑制结构风振反应的有效性。

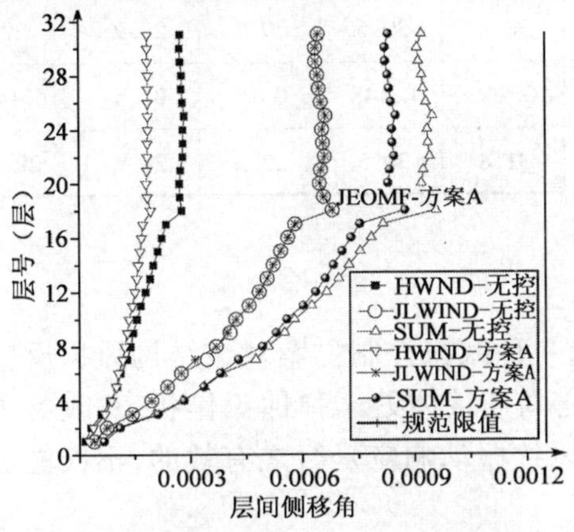

图 4　y 正向风振结构层间侧移角对比

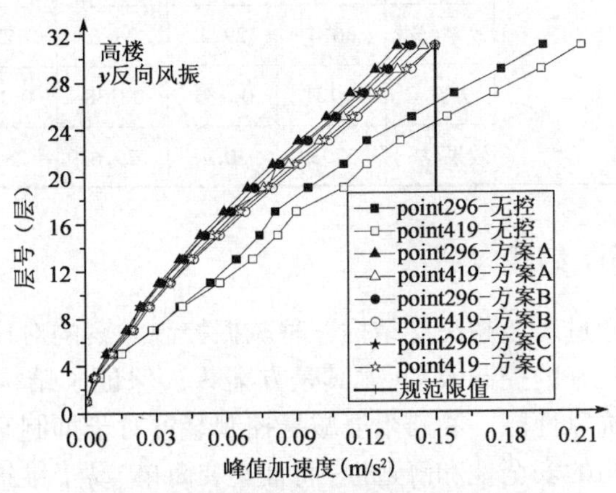

图 5　峰值加速度沿高度方向的变化图

图 7 给出了方案 B 的结构风振能量图。由图 7 可见，风振作用输入结构的总能量随时间近似线性增加，这与脉动风荷载时程模拟的初始假定“风荷载为零均值平稳白噪声随机过程”是一致的；图中虚线表示结构中附加阻尼器所耗散的风振能量，可见三控制方案中阻尼器耗能占风振总输入能的 30% ~ 40% 之间，表明所提减振方案具有大量耗散风振输入能量的能力。

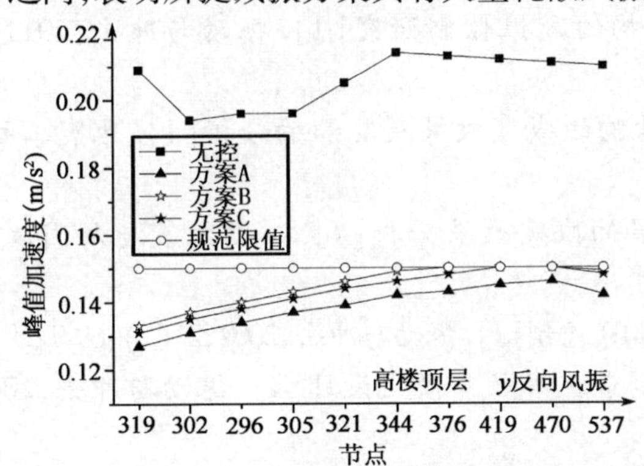

图 6　结构顶层节点峰节点值加速度变化图

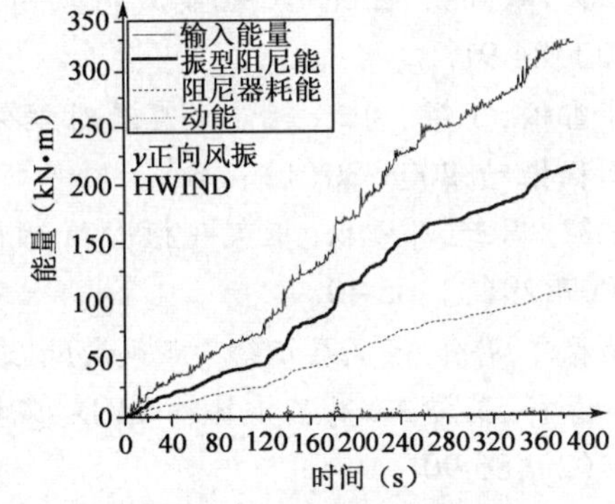

图 7　风振作用下结构能量耗散图

结构顶层节点峰值加速度减振效果　　表 2

	节点	319	302	296	305	321	344	376	419	470	537
y 正向风振	无控	0.168	0.171	0.173	0.176	0.189	0.2	0.199	0.199	0.199	0.187
	方案 A	0.112	0.117	0.12	0.123	0.126	0.128	0.13	0.132	0.134	0.131
	效果(%)	33.3	31.6	30.6	30.1	33.3	36.0	34.7	33.7	32.7	30.0
	方案 B	0.12	0.121	0.125	0.128	0.131	0.134	0.136	0.138	0.14	0.137
	效果(%)	28.6	29.2	27.7	27.3	30.7	33	31.7	30.7	29.6	26.7

续上表

	节点	319	302	296	305	321	344	376	419	470	537
y 正向风振	方案 C	0.119	0.123	0.127	0.13	0.133	0.136	0.138	0.14	0.142	0.139
	效果(%)	29.2	28.1	26.6	26.1	29.6	32	30.7	29.6	28.6	25.7
y 反向风振	无控	0.209	0.194	0.196	0.196	0.205	0.214	0.213	0.212	0.211	0.21
	方案 A	0.127	0.131	0.134	0.137	0.139	0.142	0.143	0.145	0.146	0.142
	效果(%)	39.2	32.5	31.6	30.1	32.2	33.6	32.9	31.6	30.8	32.4
	方案 B	0.133	0.137	0.14	0.143	0.146	0.149	0.15	0.15	0.15	0.149
	效果(%)	36.4	29.4	28.6	27	28.8	30.4	29.6	29.2	28.9	29
	方案 C	0.131	0.135	0.138	0.141	0.144	0.146	0.148	0.15	0.15	0.148
	效果(%)	37.3	30.4	29.6	28.1	29.8	31.8	30.5	29.2	28.9	29.5

5 结论

通过对该超高层结构三种减振控制方案的对比研究,表明三种减振控制方案对该结构风振反应均具有较好的控制效果(尤其是方案 A),保证了结构高低塔楼之间连接体处于弹性工作状态,改善了结构的抗风性能。黏滞阻尼减振控制装置对于抑制高层结构的风致振动响应是行之有效的,不仅能够改善结构的安全性和舒适性,而且安装简单、易于维护。

参考文献

[1] 周云,汪大洋,邓雪松,等.某超高层结构三种风振控制方法的对比研究[J].振动与冲击,2009,28(2):16-21.

[2] 汪大洋,周云,王绍合.耗能减振层对某超高层结构的减振控制研究[J].振动与冲击,2011,30(2):84-91.

[3] 邓雪松,丁鲲,周云.耗能减震层对框架—核心筒结构的减震效果及其影响分析[J].地震工程与工程振动,2008,30(1):1-8.

[4] 丁鲲,周云,邓雪松.框架—核心筒结构耗能减震层的减震效果分析[J].工程抗震与加固改造,2007,29(3):35-40.

[5] 李春祥,韩传峰.高层钢结构顺风向风振加速度的 MTMD 控制[J].振动与冲击,2002,21(1):69-72.

[6] 李春祥,熊学玉.高层钢结构 TMDs 风振舒适度控制最优参数与简化设计[J].振动与冲击,2002,21(2):86-90.

[7] 欧进萍,王永富.设置 TMD/TLD 控制系统高层建筑风振分析与设计方法[J].地震工程与工程振动,1994,14(2):61-75.

[8] 项海帆,瞿伟廉.高层建筑风振控制基于规范的实用设计方法[J].振动工程学报,1999,12(2):151-156.

[9] Chang C C, Qu W L. Unified dynamic absorber design formulas for wind-induced vibration control of tall buildings[J]. The Structural Design of Tall Buildings, 1988, 7(2):147-166.

[10] Qu W L, Chang C C. Practical design method of controlling wind induced vibration responses of tall building with passive dynamic absorbers[J]. In: Proceedings of 2WCSC, JAPAN, 1998.

[11] 周云.黏滞阻尼减震结构设计[M].武汉:武汉理工大学出版社,2006.

宁波环球航运广场超高层建筑平均风压系数特性及结构开洞的影响

吴迪[1]　全涌[1]　顾明[1]　汪国安[2]

(1. 同济大学土木工程防灾国家重点实验室　上海　200092；

2. 宁波环球置业有限公司　宁波　315040)

1　引言

高层建筑作为风敏感结构,风荷载是其典型控制荷载。现行规范对风荷载计算方面的条文仅适用于外形较为规则的建筑,对于外形复杂或结构形式特别的建筑,需要采用风洞试验确定其风荷载参数[1-3]。宁波环球航运广场超高层建筑即属于此类特殊建筑结构形式。如图1所示[4],该建筑高256m,横截面为宽厚比接近2的矩形,西立面两边沿有阶梯状缩进,南北立面设计成弧形,如图1b)中25层平面所示。在建筑的上部有一个贯通的洞口,下部裙楼上方同样也有一个洞口,如图1c)所示。目标建筑周边高层建筑密集且相距很近,气动干扰效应可能很强。

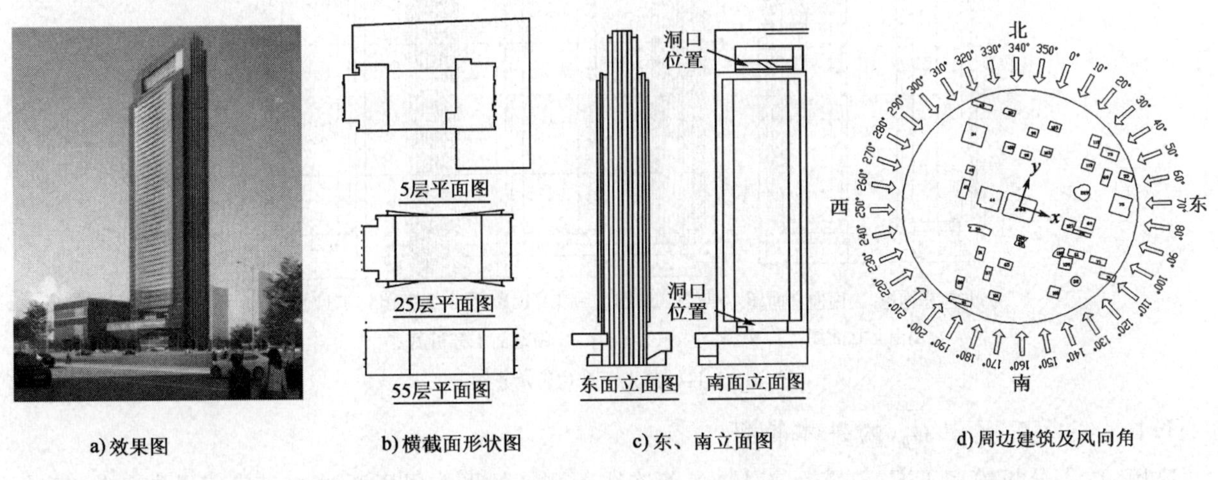

图1　建筑的建筑图、周边建筑条件及风向角定义图

2　试验概况

针对此次试验,设计了如下四种不同的试验工况,如图2所示。

工况一(实际工况):完全根据规划的实际情况布置周边建筑,目标建筑完全模拟实际建筑。

工况二(闭口工况):完全根据规划的实际情况布置周边建筑,目标建筑顶部的洞口被封住。

工况三(简化周边工况):周边建筑只保留239m的那个高层建筑,目标建筑完全模拟实际建筑。

工况四(无周边工况):不设置周边建筑,目标建筑完全模拟实际建筑。

本文给出的风压系数为以建筑顶部高度处的来流风压为参考风压,计算式如下:

$$C_{pi}(\theta,t) = \frac{p_i(\theta,t)}{0.5\rho_a U_H^2} \tag{1}$$

式中,$p_i(\theta,t)$ 为测点 i 上风压时程;U_H 为建筑顶部高度处的来流风压;ρ_a 为空气密度。

基金项目:国家自然科学基金(50878159,50621062),上海市浦江人才计划(08PJ1409500)。

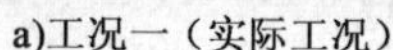

a)工况一（实际工况） b)工况二（闭口工况） c)工况三（简化周边工况） d)工况四（无周边工况）

图2 试验工况

3 试验结果分析

由于建筑测点较多，无法一一罗列，这里仅通过代表性工况下具有代表性的测点的风压系数的分析来讨论建筑表面风压的基本特征。风压系数沿高度方向的变化通过分析建筑南北立面中部各一列测点上的试验数据得到，如图3a)中竖向连线 AA 和 BB 上的测点。同一高度处不同位置上风压系数的变化通过分析1/3高度、2/3高度和顶部高度处横截面上测点的试验数据得到，如图3b)中水平连线 CC、DD 和 EE 上的测点。

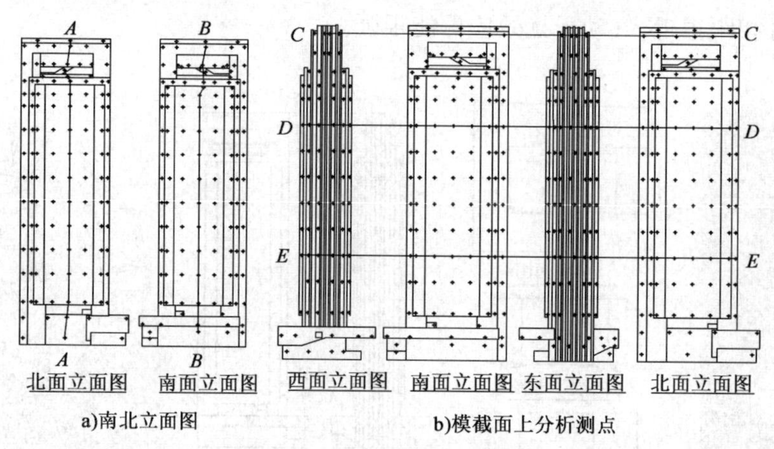

a)南北立面图 b)横截面上分析测点

图3 目标测点所在位置示意图

3.1 实际工况中 $\overline{C}_{pi}$ 的基本特征

这里，首先分析模型工况一(实际工况)各条连线上测点的平均风压系数的变化。风向角为0°时的情况如图4a)所示。正对来流的迎风立面 AA 连线上，大部分测点的平均风压均表现为正压，最大平均风压系数值出现在建筑立面4/5高度处，为+0.9左右。在此点下方，随测点高度的降低来流风速减小，平均风压系数逐渐减小，在1/6建筑高度处，由于下部洞口的存在及裙房对气流的干扰作用，平均风压系数减小到0左右。

3.2 上部开洞对 $\overline{C}_{pi}$ 的影响

在图4中，两种工况的差异仅仅只是上部的洞口封闭与否。由图4a)和b)中可以看出，两个工况下 AA 连线和 BB 连线的下部测点风压系数相差很小，仅在上部洞口附近的7个测点上存在较大差异。风向正对洞口时，洞口附近迎风面上测点的风压系数为+0.60左右，洞口封闭后变成+0.80左右，增大30%；洞口附近背风面测点上的风压系数则在开洞时为-0.80左右，封闭洞口时变成-0.60左右，减小30%。

3.3 周边建筑对 $\overline{C}_{pi}$ 的影响

由图5a)和b)可以看出，有周边的工况一与简化周边工况三和无周边工况四相比，在迎风面上，建筑上部的正风压系数增大了，最大值由无周边工况的0.75左右增大到有周边工况的0.90左右，增大了20%左右，但下部的正风压系数却大大降低。

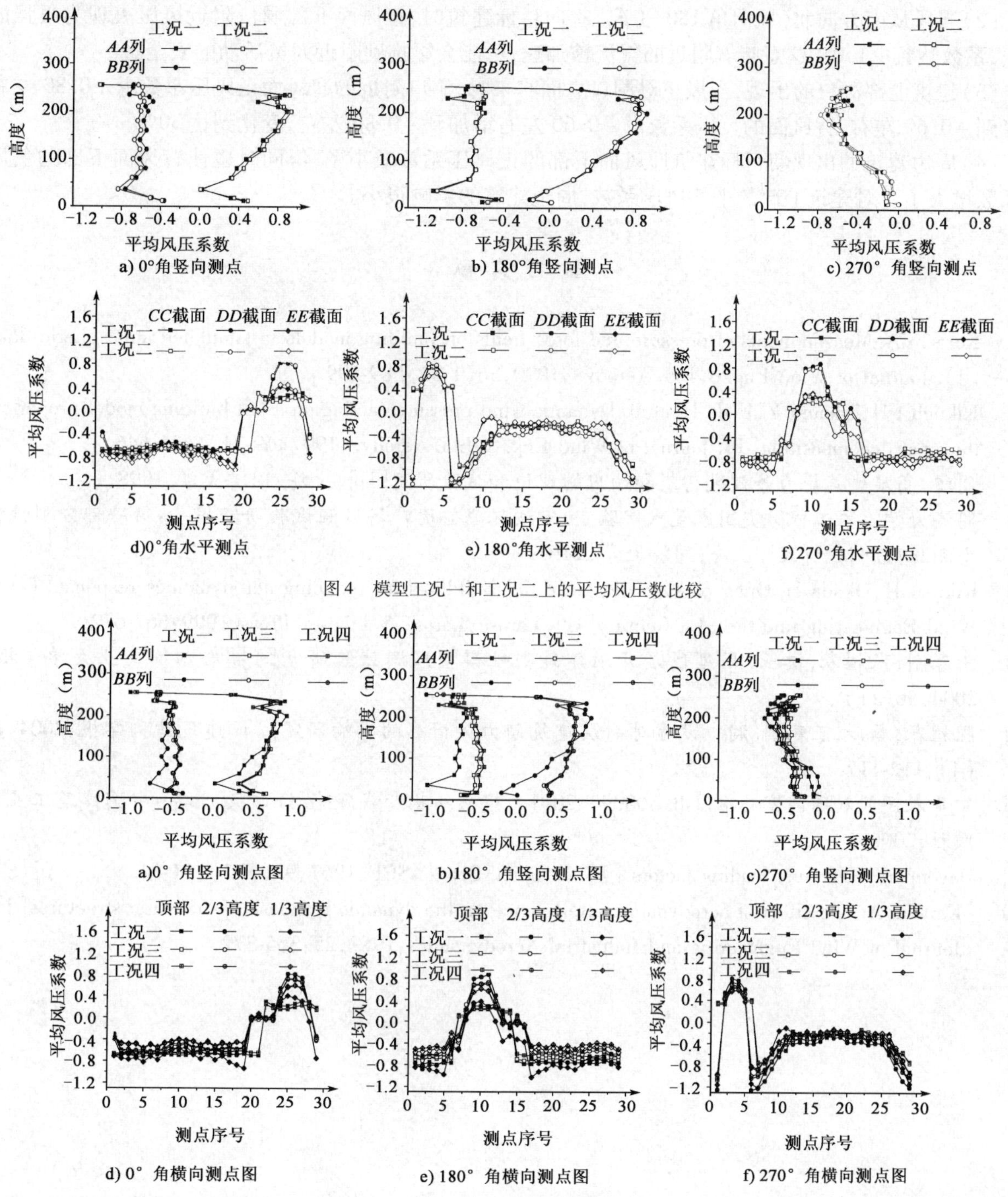

图4 模型工况一和工况二上的平均风压数比较

图5 模型工况一、工况三和工况四上的平均风压系数比较

4 结论

通过对一实际的超高层建筑“宁波环球航运广场”的刚性模型表面风压测量风洞试验，分析建筑的结构开洞和周边建筑对其表面风压的影响，得到如下结论：

（1）当风向正对建筑立面方向时，除下部和上部受三维流影响及其他受洞口影响的区域以外，建筑迎风面平均风压系数随高度的增加而增大，在4/5高度处达到最大值0.90左右，但背风面的平均风压系数不随高度变化,上下基本保持一致,都在 -0.70 左右。当风向平行于立面时,立面上的平均风压表现为负压,且随高度的增大负压逐渐增大,最大达到 -0.60 左右。

(2)当风从南方向北(风向角 180°工况)吹向目标建筑时,背风面下部洞口附近风压表现为很强的负压,系数达到 -1.05,这意味着附近的气流被加速,可能会影响到附近人员活动的安全。

(3)建筑上部洞口的出现,当风正对洞口立面吹来时,洞口附近的迎风面正风压系数由 +0.80 左右下降到 +0.60 左右,背风面的负压系数由 -0.60 左右增加到 -0.80 左右,变化到达 30%。

(4)周边建筑的出现使目标建筑迎风面下部的正风压系数减小了,但同时也使背风面下部的负风压系数增大了。对建筑上部的平均风压系数,周边建筑的影响很小。

参考文献

[1] Kareem A. Measurements of pressure and force fields on building models in simulated atmospheric flows [J]. Journal of Wind Eng. & Ind. Aerody. ,1990,36(1-3):589-599.

[2] Kikuch I H,Tamura Y,Ueda H,et al. Dynamic wind pressures acting on a tall building model-proper orthogonal decomposition[J]. Journal of Wind Eng. & Ind. Aerody. ,1997(69-71):631-646.

[3] 周印. 高层建筑静力等效风荷载和响应的理论和试验研究[D]. 上海:同济大学,1998.

[4] 同济大学土木工程防灾国家重点实验室. 宁波环球航运广场风洞试验研究报告:第一部分刚性模型测压风洞试验[R]. 上海:同济大学,2010.

[5] Kikitsu H,Okada H. Open passage design of tall buildings for reducing aerodynamics response[G]// Wind Engineering into the 21st Century[C]. Larose:Larose & Livesey Press,1999:667-672.

[6] 王春刚,张耀春,秦云. 巨型高层开洞建筑刚性模型风洞试验研究[J]. 哈尔滨工业大学学报,2004,36(11).

[7] 张耀春,秦云,王春刚. 洞口设置对高层建筑静力风荷载的影响研究[J]. 建筑结构学报,2004,25(4):112-117.

[8] 中华人民共和国国家标准. GB 50009—2001 建筑结构荷载规范. 修订版. 北京:中国建筑工业出版社,2006.

[9] Davenport A G. Gust loading factors [J]. J. Struct. Div. ,ASCE,1967,93(ST3):11-34.

[10] Kareem A. The effect of aerodynamic interference on the dynamic response of prismatic structures[J]. Journal of Wind Engineering and Industrial Aerodynamics,1987,25:365-372.

标准地貌高层建筑外加风荷载基本特点

严亚林　唐　意　杨立国　金新阳

（中国建筑科学研究院　北京　100013）

1　引言

为了获得全面的高层建筑表面结构风压分布情况，研究者采用表面风压测量试验研究方形和矩形建筑物的风荷载[1-3]。其中，文献[3]总结了结构表面风压分布、层三分力、基底力随高宽比、厚宽比变化的情况，但其研究的厚宽比变化范围相对较小；另外其风剖面形式与我国规范有所区别，对其适用性有所限制。本文针对5个不同厚宽比矩形截面模型进行风洞试验。首先采用时域、频域方法讨论了各个测点层合力的无量纲功率谱、相关性、相干性的特点，分析钝体绕流的内在原因及在独立结构不同高度处的风力特性。然后通过对阻力方向和升力方向测点风压力综合考虑，计算得结构的基底力，针对结构基底弯矩、扭矩作了谱、相干性、相关性分析。这里列出的试验数据可以用于拟合力谱及空间相关性表达式，并应用于结构分析。

2　试验概况

2.1　风场模拟和试验模型

依据我国现行《建筑结构荷载规范》（GB 50009—2001）中相关规定，模拟B类地貌风场。测压试验在中国建筑科学研究院风洞进行，图1为试验中模拟的B类风场参数。试验模型为刚体模型，用有机玻璃板和ABS板制成，几何外形与建筑原型相似，并具有足够的强度和刚度，表1为试验模型的相关信息说明。试验中采样频率为400Hz，采样时间20.5s。

试验模型外形参数及测点数目统计　　表1

编　号	高度 H(mm)	宽度 B(mm)	厚度 D(mm)	测点总数（层数×层测点数）
S4	600	100	100	180(9×20)
R1	600	100	300	216(9×24)
R2	600	100	200	216(9×24)
R3	600	100	150	216(9×24)
R4	600	100	400	324(9×36)

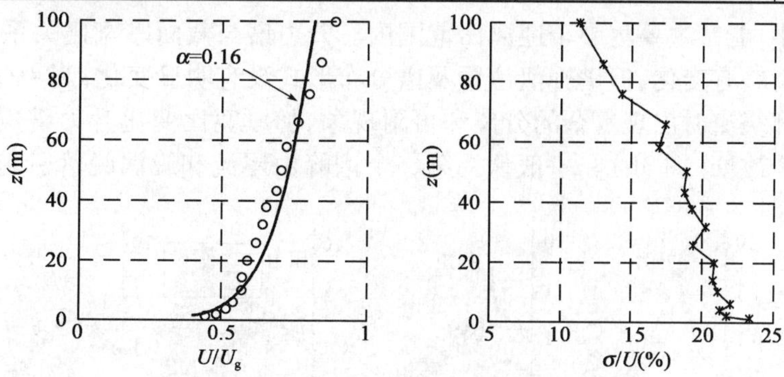

图1　风洞中模拟的B类地貌平均风速和紊流度

2.2　局部风力系数及基底力系数

将每个模型分层9个测点层，其中第4测点位于2/3模型高度（400mm）处；测点层高度由低到高按

基金项目：国家自然科学基金重大研究计划面上项目（19815015）资助。

递减顺序设置，最高为 177mm，最低为 11mm。测点层局部风力（扭矩）系数的平均值和根方差以未受扰动的当地来流风压（$\rho v_z^2/2$）作为参考，z 高度处的阻力、升力、扭矩系数均值、均方根分别以 $C_D(z)$、$C_L(z)$、$C_T(z)$ 及 $\sigma_{CD}(z)$、$\sigma_{CL}(z)$、$\sigma_{CT}(z)$ 表示；基底弯矩（扭矩）系数以模型顶点未受扰动的来流风压（$\rho v_H^2/2$）作为参考，顺、横方向基底弯矩及基底扭矩的均值和均方根分别以 C_{BD}、C_{BL}、C_{BT} 和 σ_{BD}、σ_{BL}、σ_{BT} 表示，限于篇幅，详细定义见全文。

3 试验结果讨论

3.1 局部风力

（1）局部风力系数

图 2 给出了 1/4 ~ 4/1 厚宽比模型局部风力系数变化情况。从曲线特性看，平均局部阻力系数均值 $C_D(z)$ 在 $0.9H$ 以上降低较快，$0.9H$ 以下随高度增加变化缓慢；根方差局部阻力系数 $\sigma_{CD}(z)$ 随高度增加而逐渐减小，与紊流度剖面具有类似的变化形式。从厚宽比的影响看，对于同一高度模型，在 $1/3 < D/B < 1$ 范围内沿高度平均的 $C_D(z)$ 值较大（>1.6），且随厚宽比增加而增加；$1 < D/B < 3$ 范围内取值较小（<1.6），且随厚宽比增加而减小，这是因为短边迎风时 D/B 的增大导致背风面负压增大所致[2]；当厚宽比 $<1/3$ 或 >3 时，变化不大；$\sigma_{CD}(z)$ 变化情况与 $C_D(z)$ 类似。

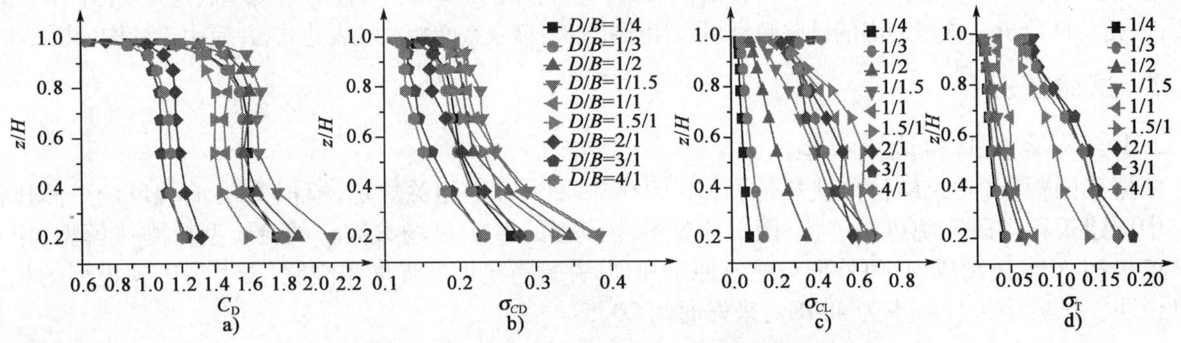

图 2 局部风力系数均值及均方根（图中标签表示厚宽比）

由于局部升力系数和局部扭矩系数的均值几乎为 0，只给出了图 2 所示的根方差升力和扭矩系数。厚宽比从 1/4 ~ 1.5/1 变化时局部升力系数均方根值增加，且随高度增加以曲线形式逐渐减小；厚宽比 >1.5 时，根方差升力系数随厚宽比变化不大，但其在 $0.9H$ 高度处有明显的最小值。

（2）局部风力功率谱

选取 2/3 高度（第 4 层）、近底层（第 2 层）和近顶层（第 8 层）分析结构中、低、高三个部位局部风力的功率谱，谱的形式见图 3。整体看，不同高度处局部风力谱分布相差不大，但随层高增加，功率谱有向高频方向移动的趋势。阻力功率谱分布范围较广，对尺寸效应并不敏感；但对于厚宽比 $D/B>1$ 的情况，由于截面宽度较小，能量主要集中于迎风面范围内。升力谱与截面厚宽比关系密切，厚宽比 <1 时，随厚宽比增加，谱峰值略有变化，但谱峰值位置及谱分布形式没有明显变化；当 $D/B>1$ 时，由于截面厚度增加，来流风在角部绕流时出现复杂的分离和再附现象，随厚宽比变化升力谱也发生较大的变化；厚宽比较大时，出现两个波峰［图 3b)］，一般认为第一个谱峰由尾流和旋涡脱落引起，后一个谱峰由分离流体的再附引起[3-4]。

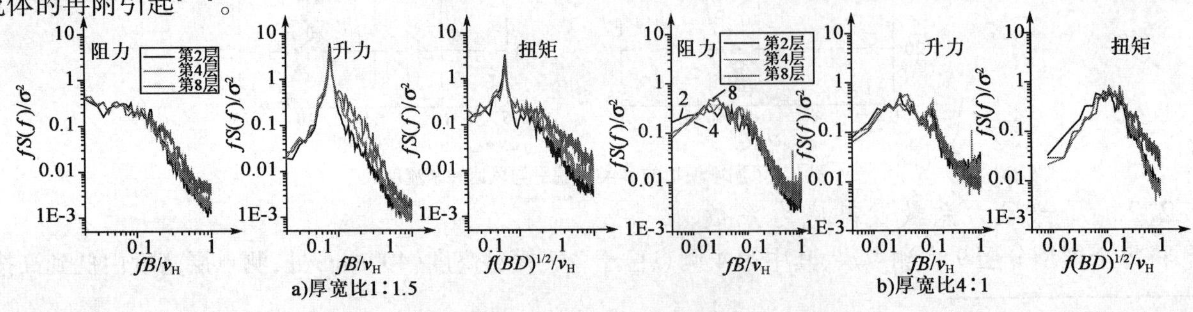

图 3 不同厚宽比模型 2、5、8 层顺、横、扭方向功率谱

(3)局部风力相关性及相干性

图4考察不同厚宽比模型的局部风力相关性。分别取底层作为参考层,其数值差异不大;相关性与厚宽比没有明显的数值关系;定性分析:当 $D/B<1$ 时相关系数随距离增大呈二次曲线型减小;当 $D/B>1$ 时,则在距离为 $0.6H$ 位置处相关性最小。

图5表示方形模型9层与8层、4层、1层(图中以9-8,9-4,9-1表示)的局部风力相干系数。从相对距离角度考察,距离越近,相干性越好。从频率范围看,低频段各层相干性较好,一方面由于风能主要集中于低频段,另一方面可能由于在高频段采集的数据精度还不够导致。

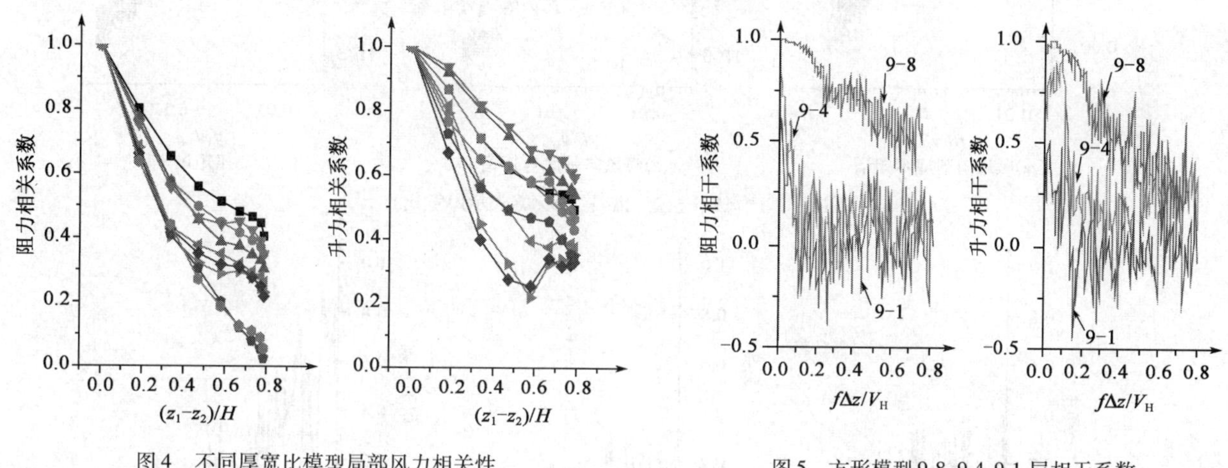

图4 不同厚宽比模型局部风力相关性(z_1、z_2 表示层高程)

图5 方形模型9-8、9-4、9-1层相干系数(Δz 表示两测点层间距)

3.2 基底弯矩及扭矩

(1)基底弯矩(扭矩)系数

顺风向、横风向基底弯矩系数及扭矩系数如图6、图7所示。从数值上看,根方差扭矩系数较小,不超过0.1;顺风向基底弯矩系数均值在0.4~0.8之间,$D/B<1.5$ 时,取值较大;$D/B>1.5$ 时,横风向均方根基底弯矩系数逐渐增大,取值一般在0.15~0.2之间,约为顺风向均值的1/3。

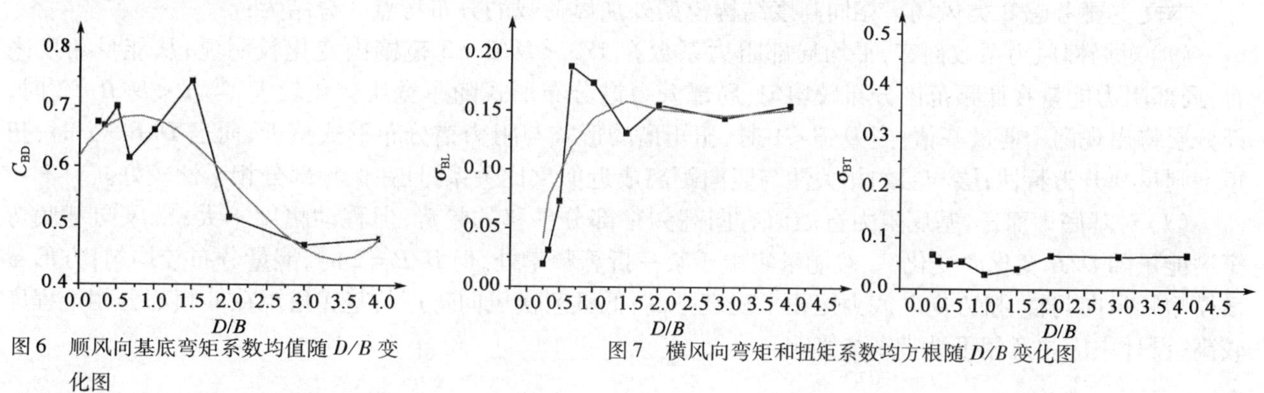

图6 顺风向基底弯矩系数均值随 D/B 变化图

图7 横风向弯矩和扭矩系数均方根随 D/B 变化图

(2)基底弯矩(扭矩)谱

图8给出了顺风向、横风向基底弯矩及扭矩谱。随 D/B 增加,顺风向弯矩谱有向低频率部分平移的趋势,但移动幅度不大;横风向弯矩谱能量分布形式随 D/B 变化而变化,$D/B=2$ 时,能量分布较均匀,$D/B=1$ 时,能量集中于比 $D/B=1/2$ 稍低的频率处,但二者能量分布均较为集中;基底扭矩谱的分布形式与横风向弯矩谱类似,不再赘述。

(3)基底弯矩、扭矩相干性

图9考察了方形模型顺风向与横风向、顺风向与扭转向、横风向与扭转向的力矩相干性,由于顺、横风向风力相干性较差,故顺、横风向基底弯矩相干程度也较低,低频区一般 <0.2,在应用中可以近似认为二者不相干;顺风向基底弯矩与扭矩较顺、横风向相干性稍高,但不超过0.4,这是因为顺风向风压分

布较均匀,对扭转贡献较小的缘故;横风向基底弯矩与扭矩相干程度较高,当 $fB/v_H<0.4$ 时,相干系数在0.4~0.9之间,由于横风向弯矩与扭矩的折算频率较小,应用中应予以重视。

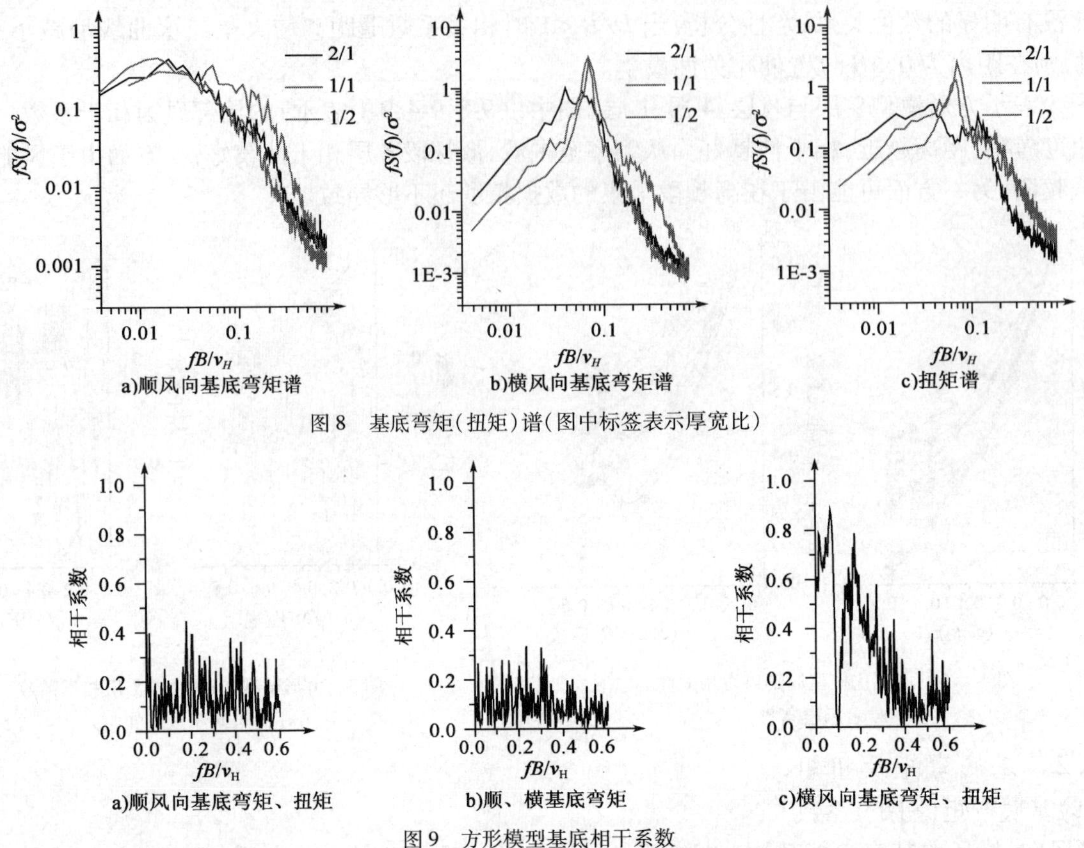

图8 基底弯矩(扭矩)谱(图中标签表示厚宽比)

图9 方形模型基底相干系数

4 结论

本文主要考虑B类风场下相同高度结构模型外加风荷载的分布特点。总结为:

(1)对局部风力系数而言,平均局部阻力系数在 $1/3<D/B<3$ 范围内变化较明显;从能量角度来看,局部阻力能量在低频范围分布较均匀;局部升力谱分布形式随厚宽比变化较大,当 $1<D/B<2$ 时,部分层将出现两个能量峰值;当 $D/B<1$ 时,扭矩谱的形式与阻力谱分布形式接近,而当 $D/B>1$ 时,扭矩谱则反映升力特性;层与层的相关性与竖向距离成近似反比关系,且在低频部分相干性较好。

(2)对基底力而言,基底阻力弯矩谱有向高频率部分平移的趋势,但移动幅度不大;横风向基底弯矩谱能量随 D/B 变化而变化,一般能量集中于某一折算频率处,但 $D/B=2$ 时,能量分布较均匀;方形截面模型顺风向与横、扭方向基底力矩相干程度不高;低频区横风向弯矩与基底扭矩在低频部分相干程度较高,设计中应注意相干性带来的影响。

参考文献

[1] 顾明,叶丰,张建国.典型超高层建筑风荷载特性研究(I):幅值特性[J].建筑结构学报,2006,27(1).

[2] 顾明,唐意,全涌.矩形超高层建筑横风向脉动风力 I:基本特征[J].振动与冲击,2010,29(6).

[3] Ning Lin, Chris Letchford, et al. Characteristics of wind forces acting on tall buildings[J]. Journal of Wind Engineering and Industrial Aerodynamics, 2005, 93: 217-242.

[4] Shuguo Liang, et al. mathematical model of acrosswind dynamic loads on rectangular tall buildings[J]. Journal of Wind Engineering and Industrial Aerodynamics, 2002, 90: 1757-1770.

高层建筑三维瞬态风场的混合数值模拟

杨　伦　黄铭枫　楼文娟　孙炳楠

（浙江大学结构工程研究所　杭州　310058）

1　引言

高层建筑不断向长细化、大柔度方向发展，对风荷载作用越来越敏感。另外，现代化高层建筑的设计也对其在动力风荷载作用下的舒适度和可靠度性能提出了更高的要求，因此高层建筑的风振响应分析变得越来越重要。风振响应时域分析法可以比较全面地了解结构瞬态响应的特征[1]，还可以进行精确的非线性分析计算。然而，有时受到试验条件的限制和模型缩尺的影响，无法有效地通过风洞试验获得建筑的风荷载时程；而动力可靠度分析则需要多组随机风荷载的样本。因此，有必要发展随机脉动风荷载的数值模拟技术，其中包括脉动风速场的随机模拟。就目前来看，获得随机脉动风速场的方法主要有两种：一是随机过程的数值模拟，二是借使用计算流体动力学（CFD）软件数值求解流速场。前者通常用于模拟一个空场的脉动风速，并可作为后者 CFD 计算的入口输入条件[1-2]。

基于随机过程理论，谐波合成法是发展比较成熟和运用广泛的脉动风速数值模拟方法，具有速度快、精度高等特点[3-7]。对于大型结构来说，由于需要模拟风速时程的节点数众多，如多达几百个，涉及的风力谱矩阵规模庞大，带来了内存开销和计算量过大的问题。李永乐[4]、罗俊杰[6]等人基于三维谐波合成理论尝试模拟了大型结构的三维随机脉动风场，但这些工作都是在简化方法或者模拟点数较少的基础上实现的。Carassale 和 Solar[7]利用本征正交分解（POD-Proper Orthogonal Decomposition）法对阶数较大的风力谱矩阵进行分解，试图降低谐波合成法模拟大型结构三维随机风场的计算量。但是谐波合成法中所用的风功率谱往往是对空旷场地实测风速数据进行数学变换和曲线拟合后得到的，仅仅能够表达空旷场地来流风速的能量在频域内的数字特征。对于受建筑干扰后的流场，传统的风功率谱不一定能够合理表征脉动风速的能量幅值分布。因此谐波合成法通常只能用来模拟一个空场的脉动风速，而无法模拟建筑和结构周边的真实湍流风场。

随着计算机技术的发展，计算流体动力学方法已经能够模拟得到具有一定精度的建筑周边湍流风场。计算流体力学中湍流的非直接数值解法可以分为 Reynolds 平均法（RANS）和大涡模拟方法（LES）。Reynolds 平均法不求解瞬时的 N-S 方程，而是求解时均化的 Reynolds 方程，因此具有计算速度快和计算效率高的特点。但正是由于 Reynolds 平均法只求解时均化的 Reynolds 方程，所以仅能给出湍流流场的平均速度场和压力场。大涡模拟的核心思想是采用滤波函数，对大于网格尺度的涡用瞬时 N-S 方程直接求解；对小尺度的涡不直接求解，而是建立模型来考虑小涡对大涡的影响。因此，大涡模拟可以有效地模拟流场的瞬态过程，但是大涡模拟仍然需要直接求解部分瞬态 N-S 方程，需要付出较高的计算代价。

本文基于时均化湍流模型中的雷诺应力模型（RSM），发展了高层建筑三维瞬态风场的混合数值模拟方法，可望代替计算开销较大的 LES 模拟来完成高层建筑湍流场的瞬态分析。对 CAARC（Commonwealth Advisory Aeronautical Research Council）标准高层建筑的流场进行计算分析，得出建筑附近流场的雷诺应力张量，并用雷诺应力张量修正了风功率谱。结合随机流场生成技术，逐点模拟了建筑湍流风场的三维脉动风速时程。

2　RSM 模型

在计算流体力学中，往往把湍流应力假定为湍流动力黏度的函数，因此求解湍流模型的关键在于如何确定流场的湍流动力黏度,常用的 $k-\varepsilon$ 湍流模型假定湍流动力黏度是各向同性的,因此无法得到湍流中三个正交方向脉动风速之间的相关关系。RSM 模型(Reynolds Stress Model)对湍流脉动应力不做各向同性的假定,而是直接建立关于雷诺应力的输运方程并进行求解,所以能够得出各个点的 Reynolds 应力张量,即流场中各点脉动风速的协方差。对于没有系统转动的不可压缩流动,Reynolds 应力输运方程具有比较简单的形式:

$$\frac{\partial(\rho\tau_{ij})}{\partial t}+\frac{\partial(\rho u_k\tau_{ij})}{\partial x_k}=\frac{\partial}{\partial x_k}\left(\frac{\mu_t}{\sigma_k}\frac{\partial\tau_{ij}}{\partial x_k}+\mu\frac{\partial\tau_{ij}}{\partial x_k}\right)-\rho\left(\tau_{ik}\frac{\partial u_j}{\partial x_k}+\tau_{jk}\frac{\partial u_i}{\partial x_k}\right)-$$

$$C_1\rho\frac{\varepsilon}{k}\left(\tau_{ij}-\frac{2}{3}k\delta_{ij}\right)-C_2\left(P_{ij}-\frac{1}{3}P_{kk}\delta_{ij}\right)-\frac{2}{3}\rho\varepsilon\delta_{ij} \tag{1}$$

式中,$i=u,v,w$ 分别代表顺风向、横风向和垂直向;τ_{ij} 为 Reynolds 应力张量;u_i 为 x_i 方向的平均风速;μ_t 为湍动黏度;μ 为运动黏度;k、ε 分别为湍流动能和耗散率;P_{ij} 为流体剪应力产生的项;C_1、C_2、σ_k 为有关系数;δ_{ij} 为 Kronecker 张量。

3 高层建筑三维脉动风场的生成

Smirnov[8] 提出的随机流场生成方法是在正交脉动随机流场的基础上进行缩放变换和正交变换(Scaling and Orthogonal Transformation),从而引入整体平均的脉动幅值和点相关函数。该方法的优点是可以满足随机流场的不可压缩条件,具有明确的物理意义。但是该方法无法考虑脉动风速时程中不同频率成分的能量分布特征。因此,本文在 Smirnov 提出的随机流场生成法基础上做一定的修正:不引入整体平均,而是在每个频率点上引入对应频率的风谱值。

由于三维脉动风速谱的能量幅值和点相干函数中含有脉动风速的方差以及协方差,因此本文利用 RSM 模型计算得出的 Reynolds 应力张量,对风功率谱和点相干函数进行修正,从而得出建筑附近更加合理的同点异向互功率谱矩阵。在此基础上,采用计算效率较高的特征值特征向量分解法分解互谱矩阵 S_{ij}^n,可以得到一组特征值 η_i^n 和正交张量 φ_{ij}^n。

采用 Smirnov[8] 提出的随机流场生成方法在 x_i 坐标系下构造均值为零、满足正交条件的三维脉动风速场(张量形式):

$$v_i(\vec{x},t)=\sum_{n=1}^{N}v_i^n=\sqrt{\frac{2}{N}}\sum_{n=1}^{N}\left[p_i^n\cos(\tilde{d}_k^n\tilde{x}_k+\omega_n t)+q_i^n\sin(\tilde{d}_k^n\tilde{x}_k+\omega_n t)\right] \tag{2}$$

$$\tilde{x}_k=\frac{x_k}{L_k},\tilde{d}_k^n=d_k^n\frac{c^n}{\eta_{(k)}^n\sqrt{\omega_u}},c^n=\sqrt{\frac{3}{2}S_{lm}^n\omega_u\frac{d_l^n d_m^n}{d_k^n d_k^n}},p_i^n=\varepsilon_{ijm}\xi_j^n d_m^n,q_i^n=\varepsilon_{ijm}\zeta_j^n d_m^n$$

$$\xi_i^n,\zeta_i^n\in N(0,1),d_i^n\in N(0,1/2)$$

式中,x_i 为模拟点的空间坐标;L_i 为湍流积分长度尺度;ξ_i^n、ζ_i^n、d_i^n 为相互独立的随机数;$N(M,\sigma)$ 表示均值为 M、方差为 σ 的正态分布;ε_{ijk} 为置换张量。

可以证明,p_i^n、q_i^n 和 d_i^n 满足正交条件:$p_i^n d_i^n=q_i^n d_i^n=0$。

利用互功率谱分解所得的特征值 $\eta_i^n\cdot\sqrt{\omega_u}$ 和正交张量 φ_{ik}^n,在每个频率点上对脉动风场 $v_i(\vec{x},t)$ 进行缩放变换和正交变换可以得到考虑点相干函数后的速度场:

$$u_i(\vec{x},t)=\sqrt{2\Delta\omega}\sum_{n=1}^{N}\left[\varphi_{ij}^n\eta_j^n p_j^n\cos(\tilde{d}_k^n\tilde{x}_m\varphi_{km}^n+\omega_n t)+\varphi_{ij}^n\eta_j^n q_j^n\sin(\tilde{d}_k^n\tilde{x}_m\varphi_{km}^n+\omega_n t)\right] \tag{3}$$

从式(3)可以看出,本文提出的三维脉动风速时程模拟方法与传统的基于三角级数的谱解法有所不同,不需要分解阶数庞大的互谱矩阵,而是将脉动风速的整体模拟转化为逐点模拟,大大降低了对计算机硬件的要求,而由于空间位置不同而产生的相位差可以通过包含空间坐标的随机相位 $\tilde{d}_k^n\tilde{x}_m\varphi_{km}^n$ 来反映。本文方法是在 RSM 模型的时均湍流结果上,再利用式(3)来模拟得到高层建筑脉动风场,从而可以替代计算开销较大的 LES 模拟。式(3)得出的三维脉动风速场不仅满足流体的不可压缩条件,并且加入了风谱能量分布的物理特征,具有较好的物理意义。

4 算例

CAARC标准高层建筑模型的几何尺寸为30m×45m×180m，是国际上通用的风工程标准模型。采用足尺建模，CFD计算流域尺寸为1 200m×765m×360m，模型位置与流场如图1所示。在建筑迎风面边缘第一层网格处每隔4m取一个模拟点，由上至下编号为P1～P45。为了验证本文提出的高层建筑风场混合模拟方法的有效性，采用时均化湍流模型中的雷诺应力模型，计算了建筑附近流场的雷诺应力张量，修正了三维脉动风速的互功率谱矩阵，模拟得出了沿建筑高度45个点的三维随机脉动风速时程。图2为位于建筑屋顶角部附近节点P1在三个方向上的脉动风速时程。由于篇幅限制，在此仅给出节点顺风向脉动风速的自相关函数和空间相关系数（图3所示），可以看出，自相关函数和空间相关系数均与目标值吻合程度较好。

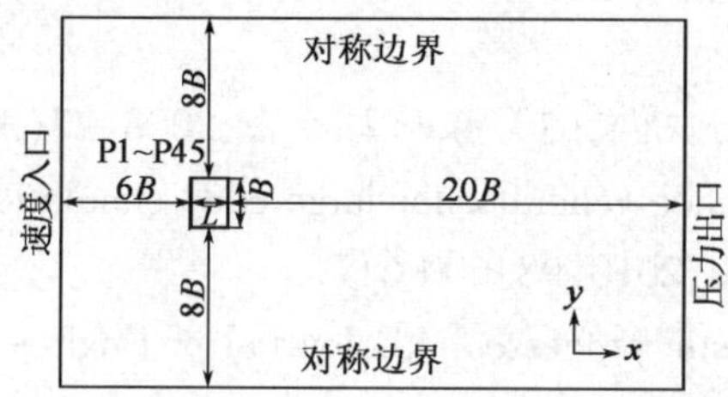

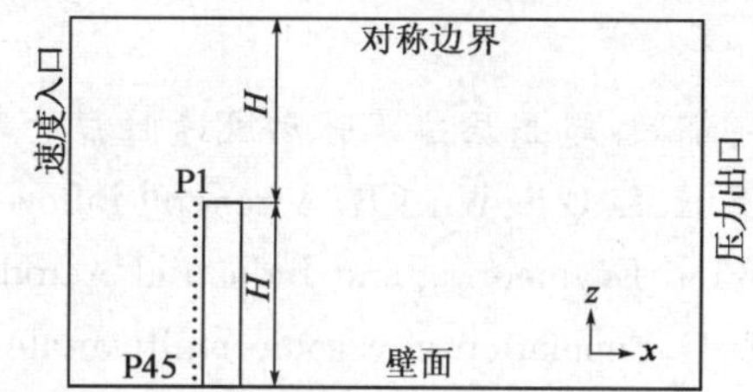

图1 计算流域和脉动风速模拟点的位置

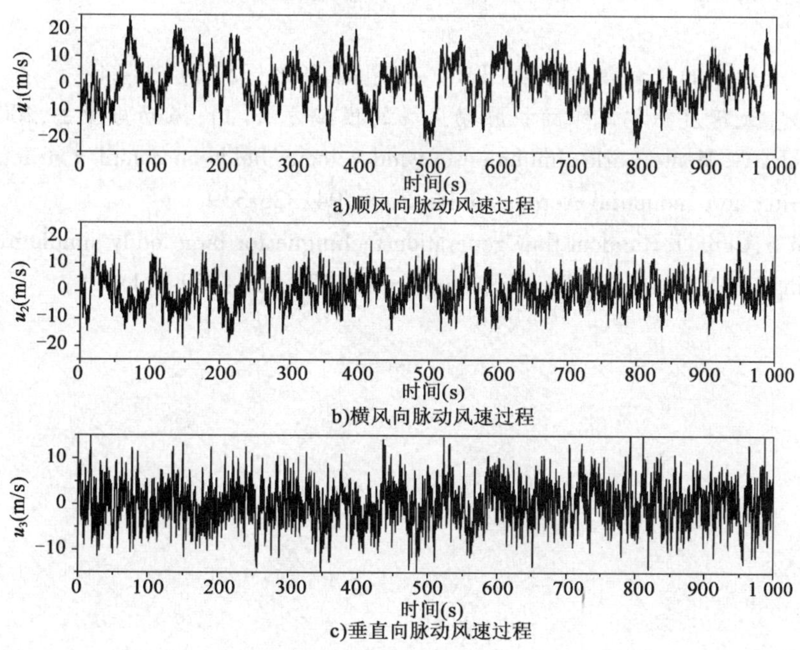

图2 建筑屋顶角部附近节点P1的脉动风速时程

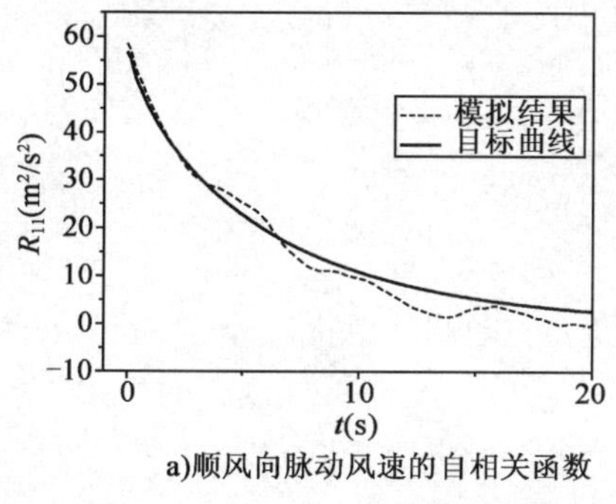

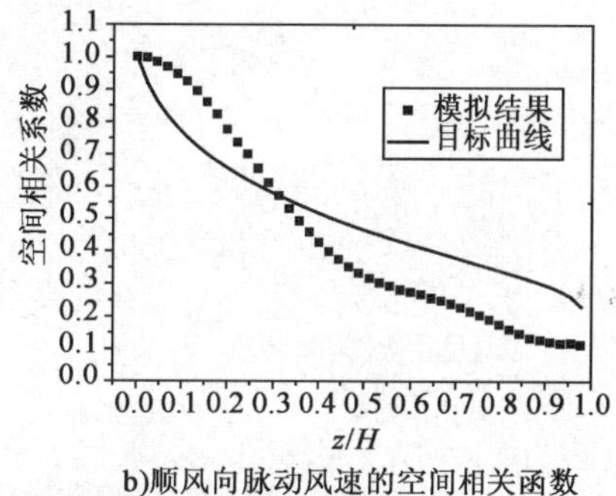

图3 节点P1顺风向脉动风速的自相关函数和空间相关系数

5 结语

本文发展的高层建筑瞬态风场混合数值模拟方法,可望代替计算开销较大的 LES 模拟来完成高层建筑湍流场的瞬态分析。以 CAARC 标准高层建筑为算例,采用雷诺应力湍流模型与随机流场生成技术相结合的混合模拟方法,计算得到了高层建筑的三维脉动风速场。该方法得出的脉动风速考虑了建筑干扰的影响和风谱能量按频率的分布特征,并且满足流体的不可压缩条件,具有较好的物理意义。另外,该方法将传统的整体模拟脉动风速场转化为逐个单点计算,因此不需要分解阶数庞大的互功率谱矩阵,大大降低了对计算机软硬件的要求。

参考文献

[1] 李春祥,郗敏.超高层建筑脉动风速时程的数值模拟研究[J].振动与冲击,2008,27(3):124-130.

[2] Huang S H,Li Q S,Wu J R. A general inflow turbulence generator for large eddy simulation [J] . Journal of Wind Engineering and Industrial Aerodynamics,2010,98:600-617.

[3] Deodatis G. Simulation of ergodic multivariate stochastic processes[J]. Journal of Engineering Mechanics,ASCE,1996,112(8):778-787.

[4] 李永乐,周述华,强士中.大跨度斜拉桥三维脉动风场模拟[J].土木工程学报,2003,36(3):60-65.

[5] 刘锡良,周颖.风荷载的几种模拟方法[J].工业建筑,2005,35(5):81-84.

[6] 罗俊杰,韩大建.大跨度结构三维随机脉动风场的模拟方法[J].振动与冲击,2008,27(3):87-91.

[7] Carassale L,Solar G. Monte Carlo simulation of wind velocity fields on complex structures[J]. Journal of Wind Engineering and Industrial Aerodynamics,2006,94:323-339.

[8] Smirnov A,Shi S,Celik I. Random flow generation technique for large eddy simulations and particle-dynamics modeling [J] . Journal of Fluids Engineering,2001,123:359-371.

双曲冷却塔静风稳定研究与探讨

张军锋　葛耀君　赵　林

（同济大学土木工程防灾国家重点实验室　上海　200092）

1　引言

双曲壳体冷却塔作为高耸空间薄壁结构，在保证结构强度之外，更要保证结构的稳定性。1965 年英国渡桥电厂的冷却塔风毁事故激发了人们对冷却塔风致失稳的研究。19 世纪 60 ~ 70 年代，英德两国研究者 Der[1] 和 Mungan[2-3] 分别做了冷却塔风致失稳风洞试验和双曲壳模型的水压失稳试验。作为仅有的两个冷却塔稳定试验，他们先驱性的工作成为后继研究者重要的试验参照[4]，所给出的冷却塔静风整体稳定和局部稳定检算方法也反映在许多国家的冷却塔设计规范中[5-7]。

随着冷却塔尺度的不断增加，规划高度已超过 200m，冷却塔风振效应和稳定问题成为结构设计的关键问题，而局部稳定要求甚至成为结构设计的控制因素。本文在对两者试验分析的基础上，针对整体稳定分析了等效梁格气弹模型试验方法的合理性；针对局部稳定基于 Mungan 试验结果提出了修正的检算方法，并通过对现阶段有代表性的大型冷却塔结构的研究，验证了本文方法的合理性。

2　Der 试验介绍与分析

2.1　试验介绍

Der[1] 以 114.3m 高冷却塔（也即渡桥电厂冷却塔塔高）为原形，采用紫铜和 PVC 两种材料分别制作了多个不同厚度的冷却塔模型进行风洞试验。两种材料不同厚度的 10 个初始模型试验结果的一致性良好，失稳形态都是发生在塔筒顶部迎风面的跃阶失稳（snap through）；塔筒顶端增设加劲环之后，失稳形态发生变化而失稳风压增加很小（图 1），并且两种失稳都是突然发生的。

根据试验结果得到式（1）作为冷却塔静风稳定判别公式，并对拟合统计得到系数 $n = 2.3$，$C = 0.052$。式（1）也被中、英、德等国规范[5-7]采用以检算冷却塔的整体稳定性。

$$q_{cr} = CE(t/a)^n \tag{1}$$

2.2　Der 试验结果分析

对 Der 试验模型进行再现计算，外表面风压分布 $C_{p,e}$ 以我国规范[5] 为准；由于塔筒下部没有支柱开孔，内压效应明显，因此取内压系数 $C_{p,i} = -0.6$。计算结果表明，不管是否计入内压，分支点和极值点理论计算结果都非常接近：除 PVC 模型，两者的误差不超过 5%。这是由于风压作用下模型的几何非线性效应并不明显，模型的失稳是突然发生的（图 2），两者的失稳形态也较为接近[图 3a）、b）]。内压的计入使冷却塔处于环向受压状态，刚度有所下降，两种理论得到的稳定系数也都下降约 35%。

对各模型以式（2）得到其试验拟合临界风压，则分支点和极值点失稳风压分别约为拟合结果的 2.45倍和 2.35 倍，符合壳体稳定理论值与试验值的误差范围 2 ~ 5 倍，也表明 Der 试验结果稳定可靠。但是，由于连续介质壳体气弹模型的质量、轴向刚度、弯曲刚度缩尺比难以协调[8]，其试验结果能否反映实际结构值得商榷，因此可以尝试采用等效梁格法[9] 制作气弹模型进行稳定性试验。与侧重于风振效应的气弹模型不同，根据已有的试验结果，在进行稳定性试验中，应降低模型的频率，降低结构的频率比和风速比，这样才容易在普通风洞中再现冷却塔的失稳现象。

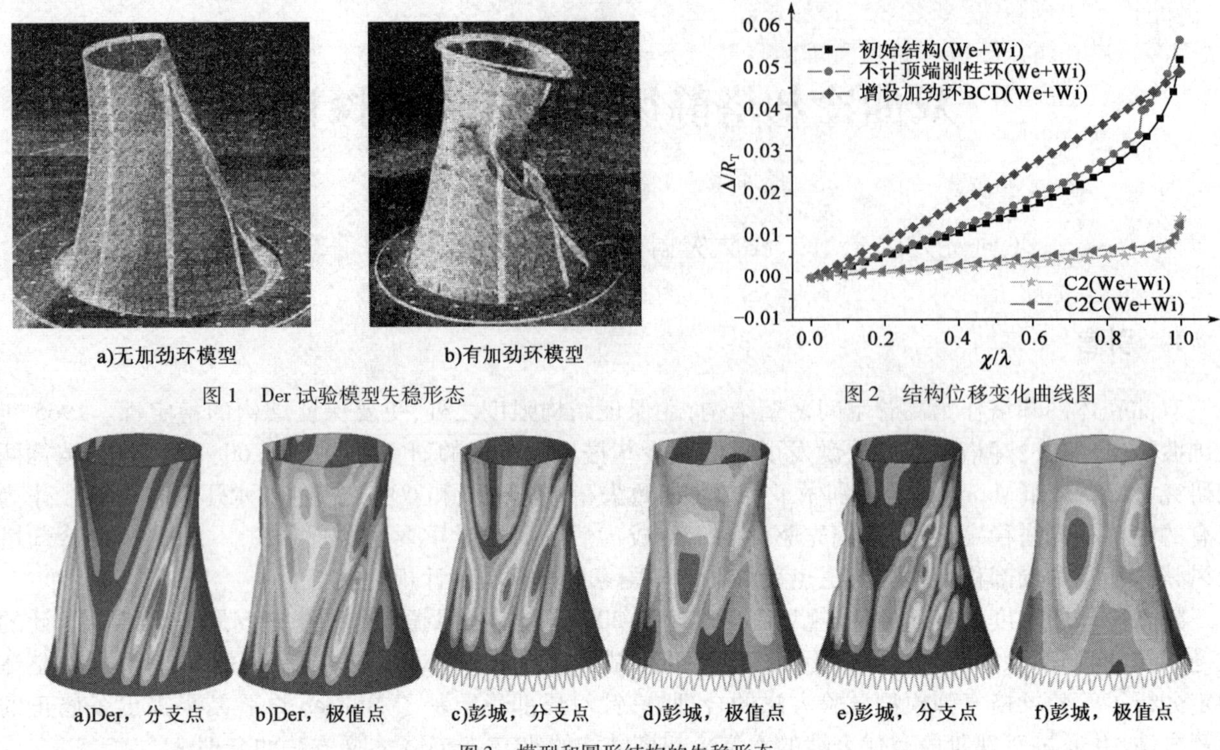

图 1　Der 试验模型失稳形态

图 2　结构位移变化曲线图

图 3　模型和圆形结构的失稳形态

3　BSS 方法的分析与修正

3.1　试验分析

20 世纪 70 年代，Mungan 等通过静水压力试验先后研究了圆柱壳体、双曲壳体和加劲双曲壳体在不同应力组合下的屈曲稳定性，并通过相关数值分析，最终明确提出以临界屈曲应力状态（BSS）表达的局部稳定公式[2-3]［式(2)，式(3)］，认为其可以用于冷却塔的稳定检算，并且同样适用于带加劲环和纵肋的冷却塔。

对于临界应力状态，Mungan 在试验的基础上，通过调整计算因子 F_G 用 $\frac{F_G E}{(1-\nu^2)^{3/4}}\left(\frac{t}{R_T}\right)^{4/3}$ 表示线性分支点失稳理论值，通过计算因子 ϕ 考虑屈曲应力试验值与线性分支点理论值的误差，得到式(2)和式(3)作为冷却塔壳体的临界应力判别方法。由于 Mungan 试验所有模型的屈曲都发生在喉部，其屈曲应力试验值只是喉部位置的屈曲应力，由此得到的判别方法却被推广应用于整个壳体。

$$\sigma_{110} = \frac{E}{(1-\nu^2)^{3/4}}\left(\frac{t}{R_T}\right)^{4/3} F_{G11}\phi_{11}, \sigma_{220} = \frac{E}{(1-\nu^2)^{3/4}}\left(\frac{t}{R_T}\right)^{4/3} F_{G22}\phi_{22} \tag{2}$$

$$0.8K_B\left(\frac{\sigma_{11}}{\sigma_{110}}+\frac{\sigma_{22}}{\sigma_{220}}\right)+0.2K_B^2\left[\left(\frac{\sigma_{11}}{\sigma_{110}}\right)^2+\left(\frac{\sigma_{22}}{\sigma_{220}}\right)^2\right]=1 \tag{3}$$

实际上，在 Mungan 试验中，大多数荷载组合下喉部位置应力状态并非最不利［图 4a)］：将式(2)和式(3)用于 Mungan 试验模型，大多数试验荷载组合下模型喉部的 K_B 最大，是相对“安全”的区域，不应该首先发生屈曲，与试验现象矛盾。

3.2　双曲壳模型试验结果的新认识

从 Mungan 试验现象可以看出，其试验的实质是双曲壳的 $P-\Delta$ 效应：面外有效刚度随面内双向压应力增加而降低。从对 Mungan 试验模型的屈曲模态来看，在各种荷载组合下模型喉部的屈曲位移最大，试验中也是模型喉部最先屈曲，可见喉部实际上是 SM 模型在双向荷载组合下面外刚度最为薄弱的区域，但因 Mungan 简单地将喉部屈曲应力状态推广至整个塔筒，因此从式(2)和式(3)得到喉部安全因子却是最大的，与试验现象相悖。为与试验现象吻合，根据试验结果采用下式对环向临界应力进行修正［式(4)，式(5)］：

$$M_k = 1 + 0.75(x/H_T)^2 \tag{4}$$

$$\sigma_{110} = \frac{E}{(1-\nu^2)^{3/4}}\left(\frac{t}{R_T}\right)^{4/3} M_k F_{G11}\phi_{11} \tag{5}$$

$$M_k = 1 - 0.75(x/H_T)^2 \tag{6}$$

式中，x 为离开喉部的距离；H_T 为模型喉部距上下缘的距离，对 SM 和 CM 模型均取 $H_T = 60\text{cm}$；M_k 为计算点处环向临界屈曲应力 σ_{110} 的修正系数。

Mungan 试验模型不同高度位置的 σ_{110} 可用式(5)表达，以此采用 BSS 方法得到的稳定因子如图4b)所示，对比图4a)可以看出，各荷载组合下的最小 K_B 均出现在喉部，能够较好地反映试验现象。

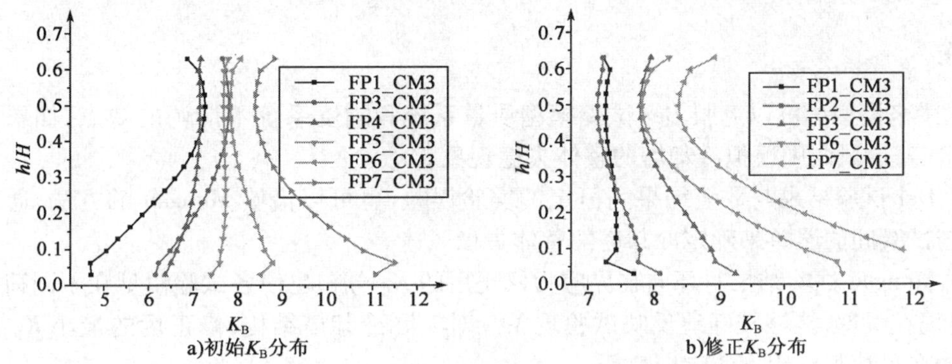

图4　试验模型不同荷载组合下的 K_B 分布

4　工程实例分析

4.1　整体稳定

以某电厂167m高冷却塔为例进行整体稳定分析，分支点理论计算结果表明，仅外表面风压作用下，冷却塔的静风稳定系数均在30以上。与 Der 试验模型一致，计入内压系数后，稳定系数明显下降，但仍远大于规范规定的临界风压稳定因子。两种理论计算结果的一致性同样说明冷却塔结构的几何非线性效应并不明显，这在其荷载位移曲线(图2)上也能看出。

和 Der 模型一样，无论采用完全牛顿迭代还是弧长法迭代进行求解，都无法得到跃阶失稳时的荷载下降段。值得注意的是，对于底部固接的圆柱壳，如储油罐结构，采用弧长法却能得到明显荷载位移曲线的下降段。这可能是由于冷却塔结构的负高斯曲率特性所造成的，也说明冷却塔的负高斯曲率子午线形能够有效提高塔筒的稳定性。

为提高冷却塔的稳定性，考虑在塔筒中部增设加劲环，增设位置如图3e)所示。对比初始结构屈曲模态可知，加劲环的作用与结构的屈曲模态位移基本一致，因此加劲环布置在屈曲模态位移最大的位置效果最为显著(图5)。

4.2　局部稳定

为评价 BSS 和修正 BSS 方法的工程应用，以某电厂171m高冷却塔为例进行局部稳定因子计算。考虑冷却塔结构的顶部自由，不同于 Mungan 试验中两端固接的边界条件，因此建议对喉部以上区域取式(6)对环向临界应力进行修正，喉部以下的修正因子仍以式(4)为准。

图6给出了 BSS 和修正 BSS 方法得到设计风荷载作用下最小 K_B 分布，两种方法得到的 K_B 分布规律基本一致，但两种方法得到的最小 K_B 及出现位置分别为：BSS 方法，$K_{B,\min} = 5.5$，40m 高度；修正 BSS 方法，$K_{B,\min} = 5.63$，96.6m 高度。实际上，冷却塔风振效应最薄弱位置正处于喉部附近，因此采用修正 BSS 方法得到的结果更能体现冷却塔在风荷载作用下不同部位的局部稳定水平。

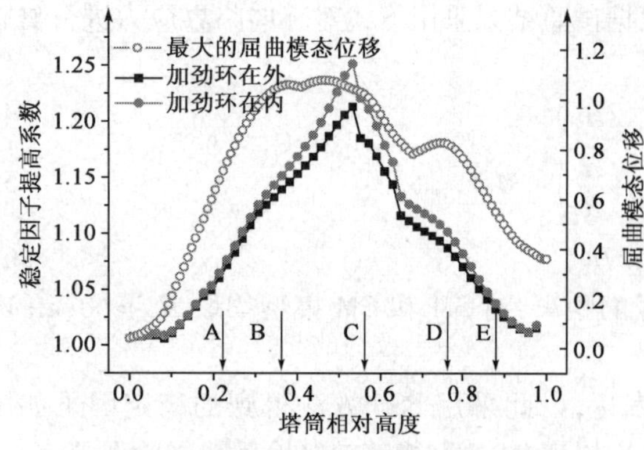

图5　不同位置加劲环对稳定因子的提高

图6　BSS 和修正 BSS 方法得到的不同高度的最小 K_B

5　结论

(1)等效梁格模型法可以克服 Der 试验模型质量系统和刚度系统不谐调的缺点,如果采用合适的缩尺比,即可在普通风洞中模拟冷却塔的整体失稳现象。

(2)鉴于 Der 试验结果与数值结果间恒定的实验误差,也可以借鉴 Mungan 的方法,通过数值计算并考虑计算与试验间的误差来确定冷却塔的整体失稳风速。

(3)根据 Mungan 试验结果对环向临界应力修正后的 K_B 分布也使各试验模型在不同荷载组合下的最小 K_B 均出现在喉部,能够较好地反映试验现象。对实际冷却塔结构,修正后的最小 K_B 出现的位置也更符合结构在风荷载作用下的响应特征。

参 考 文 献

[1]　Der T J, Fidler R. A model study of the buckling behavior of hyperbolic shells[G]. Proceedings of the Institution of Civil Engineers, London, England, 1968, 41(1): 105-118.

[2]　Mungan I. Buckling stress states of hyperboloidal shells[J]. Journal of the Structural Division, ASCE, 1976, 102(10): 2005-2020.

[3]　Zerna W, Mungan I. Wind-buckling approach for RC cooling towers[J]. Journal of the Engineering Mechnics, 1983, 109(3): 836-848.

[4]　Abel J F, Billington D P, Nagy D A, et al. Buckling of cooling towers[J]. Journal of the Structural Division, 1982, 108(10): 2162-2174.

[5]　中华人民共和国行业标准. DL/T 5339—2006　火力发电厂水工设计规范[S]. 北京:中国电力出版社, 2006.

[6]　BS 4485 Part 4. Code of practice for structural design and construction-water cooling towers[S]. London: British Standard Institution, 1996.

[7]　VGB-Guideline: Structural design of cooling tower-technical guideline for the structural design, computation and execution of cooling towers (VGB-R 610Ue) [S]. Essen: BTR Bautechnik bei Kühltürmen, 2005.

[8]　张军锋, 葛耀君, 赵林. 基于风洞试验的双曲冷却塔静风整体稳定研究[J]. 工程力学(录用待发表).

[9]　赵林, 葛耀君, 曹丰产. 双曲薄壳冷却塔气弹模型的等效梁格方法和实验研究[J]. 振动工程学报, 1998, 21(1): 31-37.

超高层建筑风压分布的风洞试验研究

张明亮[1]　郅伦海[1]　李秋胜[1,2]

(1.湖南大学土木工程学院　长沙　410082;2.香港城市大学建筑系　香港)

1　引言

本文选择高度为256.9m的广州某超高层建筑作为试验对象,进行了风洞测压试验,旨在获取该高层建筑表面风压系数,以及表面风压系数与周边建筑物的关系。由于该建筑周围有其他较高的建筑,存在着群体相互干扰问题,不能完全按现有《建筑结构荷载规范》(GB 50009—2001)进行结构的抗风设计;同时其立面为大面积悬挂石材幕墙,风荷载成为设计控制荷载之一,因此有必要将该建筑连同周围可能影响该结构风荷载的特征建(构)筑物制作为模型在风洞试验中予以考虑。

2　试验简介

2.1　试验设备

风洞试验在湖南大学风工程研究中心HD-2风洞试验室高度试验段进行。试验段为3.0m×2.5m(宽×高)的矩形截面,风速在1.0~58m/s内可调。在该建筑幕墙表面共设有408个风压孔,试验进行24个风向(0°~360°)的结构表面风压的测量。风向角示意图如图1所示,逆时针转动,每间隔15°设置一个试验风向。在风洞试验中,参考高度取为83.6cm,试验控制风速为8m/s。大气边界层模拟装置由挡板、尖塔、粗糙元组成,在风洞试验段内产生和现场情况相当的模拟大气边界层。大气边界层的模拟及建筑主体结构和周围建筑物在风洞试验段内的模拟如图2所示。

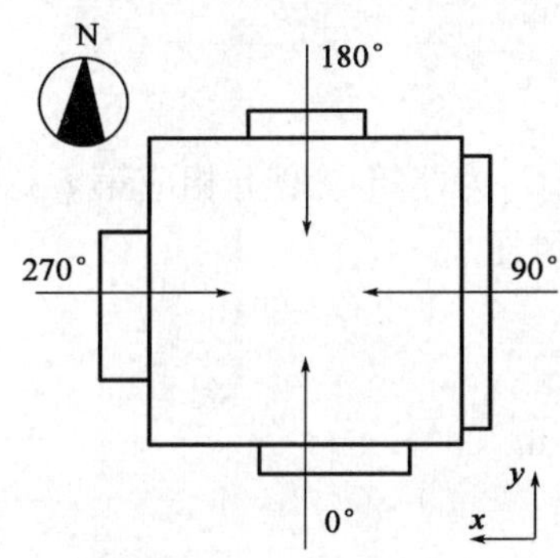

图1　模型风向角及主轴方向示意图

图2　风洞试验模型及周边建筑分布情况

试验根据《建筑结构荷载规范》(GB 50009—2001)中规定的C类地貌考虑,风剖面及湍流度分布满足规范要求。

2.2　数据采集

在风洞试验中使用了两套测量系统。

(1)风速测量系统

大气边界层模拟风场的调试和测定是用美国TSI公司的IFA300热线/热膜风速仪、A/D板、PC机和专用软件组成的系统来测量。

(2)风压测量、记录及数据处理系统

基金项目:国家自然科学基金重大研究计划重点项目(90815030)。

该系统为由美国PSI扫描阀公司的DTC Initium电子式压力扫描阀系统、PC机、自编的信号采集数据处理软件组成风压测量、记录及数据处理系统。

2.3 模型设计及制作

试验模型是用有机玻璃制成的刚体模型,缩尺比为1:300,高度约为83.6cm。模型与周边环境模型在风洞实验室的固定如图2所示。

3 建筑表面风压分布计算

动态测压风洞试验中根据试验数据可得到试验模型表面第i测压孔的风压系数时间历程:

$$C_{pi}(t) = \frac{p_i(t) - p_\infty}{q} \tag{1}$$

其中q是作为参考的平均动态风压或速度风压,其表达式为:

$$q = p_0 - p_\infty = \frac{1}{2}\rho v^2 \tag{2}$$

式中,$p_i(t)$为模型表面第i测压孔上测得的瞬态风压;t为时间;p_0、p_∞分别为参考高度上测得的总压和静压;ρ为空气密度;v为参考高度上的平均风速。

(1)平均风压系数

$$C_{pi,\text{mean}} = \frac{1}{T}\int_0^T C_{pi}(t)\,\mathrm{d}t \tag{3}$$

其中T是采样周期。根据平均风压系数可由下式得到平均风压$P_{i,\text{mean}}$:

$$p_{i,\text{mean}} = C_{pi,\text{mean}}\,q \tag{4}$$

作用建筑物表面的局部风压可由下式得到:

$$W_i = \beta_z C_{pi}\mu_{zr} w_0 \tag{5}$$

式中,β_z为风振系数(主要承重结构)或阵风系数(围护结构);C_{pi}为建筑原型上相应第i测压孔的位置的平均风压系数;μ_{zr}为参考点的风压高度变化系数;w_0为基本风压。

(2)均方根风压系数

$$C_{pi,\text{rms}} = \sqrt{\frac{1}{T}\int_0^T [C_{pi}(t) - C_{pi,\text{mean}}]^2\mathrm{d}t} \tag{6}$$

上式是时间域中对均方根风压系数的定义。

(3)全风向最大峰值正压系数、全风向最大峰值负压系数

某一测点经历各个风向角时出现的峰值正压系数的最大值称为该测点的全风向最大峰值正压系数;某一测点经历各个风向角时出现的峰值负压系数的最大绝对值称为该测点的全风向最大峰值负压系数。

4 建筑表面风压分布

将风洞试验中所获得的各测压点的压力值按公式(1)经计算机编程进行处理,获得各测压点随时间变化的动态风压系数,按公式(3)可得模型表面每个测压点的平均风压系数。由于风压系数为无量纲系数,故可将其直接用于计算建筑物表面的风压,建筑表面压力系数等值线如图3~图6所示。

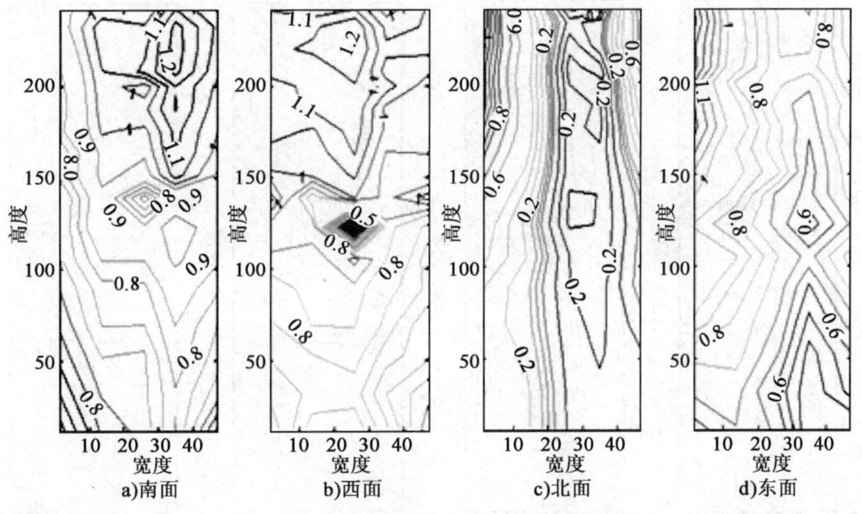

图3　最大平均压力系数等值线图

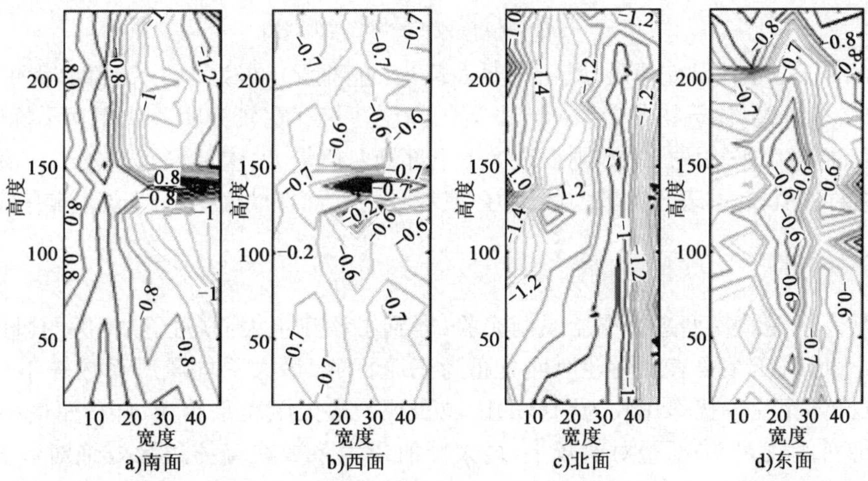

图4　最小平均压力系数等值线图

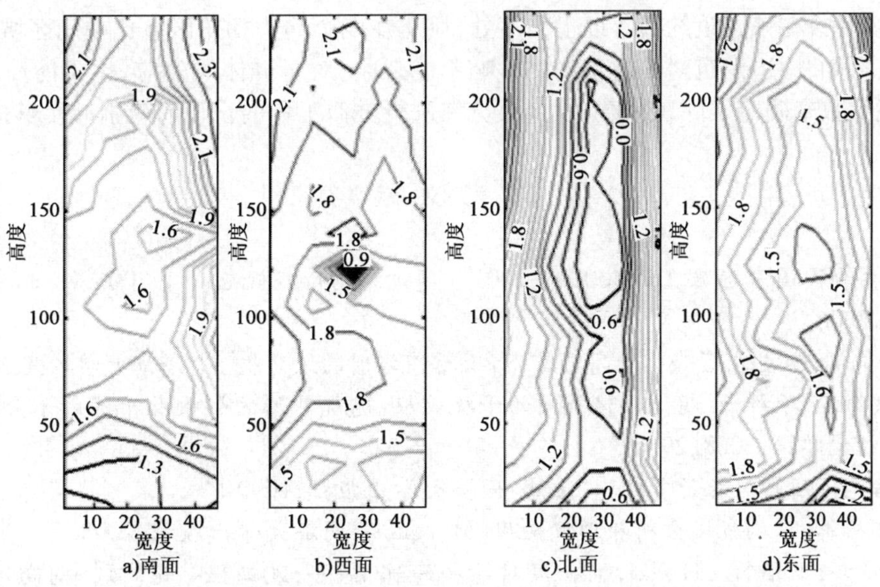

图5　全风向最大峰值正压系数等值线图

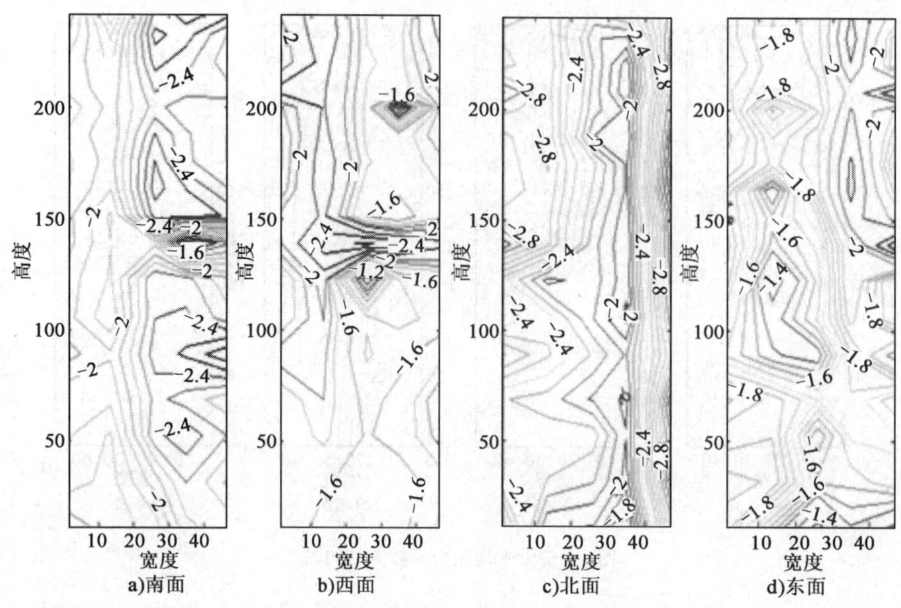

图6 全风向最小峰值正压系数等值线图

对建筑外表面的压力系数研究得出,风压主要表现为:迎风面分布为正压,下部最大平均风压系数较小,上部风压系数略有增大,建筑物北受风面与临近的高层建筑存在较为明显的相互干扰作用,其中部最大风压系数为负值;而最小平均风压系数则表现为上下部绝对值较大,中部绝对值较小。最大峰值压力系数在墙体边缘处绝对数值较大,表现为较大的压力(或者吸力),而在墙面中心部位逐渐有减小的趋势。

5 结语

通过对广州某高层建筑模型进行测压风洞实验,得到了该建筑表面各区域相关的风压系数,主要结论有:①该建筑外表面风压主要表现为迎风面分布为正压,下部最大平均风压系数较小,上部风压系数略有增大;在建筑群体相互干扰作用较为明显的区域表现为最大风压系数为负值;而最小平均风压系数则表现为上下部绝对值较大,中部绝对值较小;最大峰值压力系数在墙体边缘处绝对数值较大,而在表面中心部位逐渐有减小的趋势。②受周边建筑的影响,该建筑外表面风压分布呈现出典型的群体风效应。在该建筑物南侧约1/2~2/3高度处出现负压区,而雨篷层由于受到临近高层建筑的影响,始终呈现负压。③总体来说,在该建筑约2/3以上高度处,风压在四个周边拐角区域比中间区域要大。根据本次风洞试验研究可知,周边建筑对该建筑物的影响不能忽略,对于群体风效应,也不能简单地将体型系数乘以相互干扰系数来确定实际风荷载,设计人员在进行类似工程的设计时应引起足够的重视。

参考文献

[1] 中华人民共和国国家标准. GB 50009—2001 建筑结构荷载规范[S]. 2006版. 北京:中国建筑工业出版社,2006.

[2] 沈国辉,孙炳楠,楼文娟. 复杂体型高层建筑单体和双塔时的风荷载[J]. 浙江大学学报,2005,39(8).

[3] 谢壮宁,洪海波,李神云. 超高层建筑间的干扰效应:建筑外形的影响及干扰因子分布的相关特征[J]. 建筑结构学报,2008,29(2).

[4] 张相庭. 结构风压与风振计算[M]. 上海:同济大学出版社,1990.

[5] 黄本才,汪丛军. 结构抗风分析原理及应用[M]. 上海:同济大学出版社,2008.

[6] 埃米尔·希缪,罗伯特·H·斯坎伦. 风对结构的作用——风工程导论[M]. 刘尚培,项海帆,等,译. 上海:同济大学出版社,1992.

风荷载下输电塔的随机振动响应分析

周　颖　熊铁华　梁枢果

（武汉大学　武汉　430073）

大跨越输电塔是一种柔度较大的高耸结构，一般为较高的格构式钢桁架塔，是跨越江河或深谷的输电线路的支柱。作为重要生命线工程的电力设施，输电塔破坏会导致供电系统的瘫痪，这不仅严重地影响人们的生产建设、生活秩序，而且会引发很多次生灾害，给社会和人民生命财产造成严重的后果。然而在我国，输电塔系统的破坏情况还是较严重的，输电塔被风吹倒之事，几乎每年都有发生。因此，确保风荷载、振动荷载作用下输电线路的正常工作，已成为电力工程与土木工程界一个重要的研究课题，并引起了国内外研究者的极大关注。

对输电塔这类结构，风荷载是一种极其重要的设计荷载，起着决定性作用[1]。本文根据我国建筑结构荷载规范[2]，以一个高为近400m的大跨越输电塔作为研究对象，设计基本风速为30m/s，采用功率谱分析法，用ANYSYS计算输电塔的随机风振响应，最终得到位移风振系数沿高变化规律，以及杆件的轴应力安全系数。

1　平均风荷载下的响应

1.1　二级标题平均风荷载

按照我国规范，确定了结构所在的地区，可以查得当地基本风压 w_0 。在风荷载作用下结构某一处的平均风压[3]有：

$$\overline{w} = \mu_s(z)\mu_z(z)w_0 \tag{1}$$

式中，w_0 为当地的基本风压，根据地貌地理环境决定；$\mu_s(z)$ 为载体型系数，与结构的体型有关；$\mu_z(z)$ 为风压沿高度变化系数。

输电塔的总高度为400m，将输电塔分为20层，计算出每一层的挡风系数、体型系数、风压沿高度变化系数和每一层的挡风面积，设计基本风速为30m/s，通过风速风压关系得到当地的基本风压为562.5N/m^2。

（1）由于所计算的输电塔所处环境为B类地貌，沿高度变化系数为：

$$\mu_z(z) = (z/10)^{0.32} \tag{2}$$

（2）第 i 层的挡风系数：

$$\varphi_i = \frac{A_i}{A_{0i}} = \frac{\sum 2R_iL_i}{A_{0i}} \tag{3}$$

式中，A_i 为第 i 层的挡风面积；R_i 为第 i 层每根杆件的半径；L_i 为对应每根杆件的长度；A_{0i} 为第 i 层的轮廓面积。

在本文中，第1~6层以及第20层的挡风系数由上述方法求出，中间7~19层采用线性插值的方法得出。由挡风系数通过插值计算出每一层的体型系数。

（3）每一层的挡风面积（单位：m^2）。

（4）将每一层的荷载平均施加到四个节点上，第 $i[i\in(1,20)]$ 层的平均风荷载：

$$Fi = \overline{w}_iA_i = \mu_{si}(z)\mu_{zi}(z)w_{0i}A_i \tag{4}$$

1.2　位移响应

从位移计算结果可以看出输电塔顶端的位移最大，最大位移为21.1cm。

1.3 轴应力响应

从计算结果可以看出,输电塔杆件的最大轴应力大小为51.6MPa,发生在第三个塔头的侧面杆处,并满足强度要求。

1.4 横截面 y 轴及 z 轴正方向弯曲应力

通过计算得到,横截面 y 轴正方向的最大弯曲应力是2.19MP,发生在第三个塔头处,并满足强度要求。横截面 y 轴正方向的最大弯曲应力是2.17MPa,发生在第四层与第五层之间,也满足强度要求。

综合以上计算结果可以看出,弯曲应力响应要远小于轴应力,可见输电塔由风荷载引起的主要应力是轴应力。

2 动力特性分析

根据有限元模型提取输电塔的前六阶固有频率以及振型,如表1所示。

前六阶固有频率与自振周期 表1

	1	2	3	4	5	6
频率(Hz)	0.451 63	0.451 64	0.543 75	0.676 70	0.679 19	1.011 3
周期(s)	2.214 2	2.214 2	1.839 1	1.477 8	1.472 3	0.988 8

由表1可以看出,前六阶的固有频率在0.4~1.1Hz之间。振型包括前后侧弯、左右侧弯以及扭转。

3 脉动风荷载下的响应计算

脉动风荷载计算时采用的是Davenport谱,在ANSYS中进行随机振动(PSD)分析[4],输入的荷载谱为:

$$S_{Pi}(\omega) = [\sqrt{24K}\mu_{zi}^{\frac{1}{2}}(z)\mu_{si}(z)w_0A_i]^2S_f(\omega)\mathrm{coh}(i,j) \tag{5}$$

式中,K 为表面阻力系数,由地面粗糙度决定,对于 B 类地貌取0.002 15[5];coh(i,j) 为脉动风荷载的空间相关系数。

脉动风荷载下结构体系的响应在频域的功率谱密度为:

$$S_{yi}(\omega) = |H(i\omega)|^2S_{Pi}(\omega) \tag{6}$$

式中,$H(i\omega)$ 为频率响应函数(传递函数)。

结构响应的位移根方差为:

$$\sigma_{yi} = [\int_{-\infty}^{+\infty}S_{yi}(\omega)\mathrm{d}\omega]^{1/2} \tag{7}$$

3.1 输电塔顶部节点的位移响应谱曲线

分析的频率范围是0~5Hz,在0~0.3Hz的范围内谱值变化较大,而在0.3Hz以后的范围内谱值较小,并逐渐趋近于0,由于在ANSYS的随机振动分析中要求功率谱密度—频率的值的个数不能超过50个,所以可以在0~0.3Hz之间取30个值,在0.3~5Hz之间取20个值,并且频率点为升值排列,频率点间采用对数插值。

用功率谱法算出输电塔在脉动风荷载下的响应,得到输电塔顶部节点的位移响应谱曲线。

由响应曲线可以看出,在第一阶固有频率 $f=0.451\ 63$Hz处响应位移的功率谱密度函数取得最大值。结构的共振响应能量是第一阶振型做主要贡献,大于1.2Hz频率的振型引起的振动能量基本为0。

3.2 脉动风荷载的响应

(1)1σ 位移响应

由计算结果可以得到,最大位移发生在输电塔的顶端,最大位移是 8.43cm。相比于平均风荷载的位移响应,可见脉动风压所引起的响应是不可以忽略的。

(2)1σ 应力响应

①轴应力

由计算结果可以得到,最大轴应力的杆件处于第四到第五层之间,最大轴应力为51.5MPa。

②横截面 y 轴及 z 轴正方向弯曲应力

横截面 y 轴正方向最大弯曲应力的杆件在第一、第二层之间,最大弯曲应力为 1.65MPa;横截面 z 轴正方向最大弯曲应力的杆件也是在第一、第二层之间,最大弯曲应力为 6.41MPa。弯曲应力远小于轴应力。

4 位移风振系数

位移风振系数定义为总的位移与平均风压位移的比,即

$$\beta_y = \frac{y}{\bar{y}} = \frac{\bar{y} + \mu\sigma_y}{\bar{y}} = 1 + \frac{\mu\sigma_y}{\bar{y}} \tag{8}$$

式中,μ 为保证系数(峰因子),取 2.2。

得到位移风振系数沿高度变化的曲线图。可以看出位移系数并不是沿高度规律变化,在输电塔最底层风振系数比较大,其原因是由于平均风引起的位移太小,使得比值过大。除了最底层,其他层的位移风振系数都不超过 2。(注:输电塔最底层为第 20 层。)

5 安全系数 K

输电塔在平均风压和脉动风压下总的轴应力为:

$$\sigma = \bar{\sigma} + \mu\sigma_\sigma \tag{9}$$

式中,$\bar{\sigma}$为平均风荷载引起的轴应力;σ_σ 为脉动风荷载引起的轴应力,按照我国规范去保证系数 $\mu = 2.2$。

第 i 个单元的安全系数:

$$K_i = R_i/\mathrm{abs}(\sigma_i) \tag{10}$$

式中,R_i 为第 i 个单元的强度,由材料的性质确定。

得到杆件安全系数的散点图。

杆件的安全系数 K 都在 1 以上,所以这个塔架在 30m/s 为基本风速的风荷载下是安全的。可以找到安全系数最小(最危险)的杆件($K = 1.6$)是 474 号和 475 号单元,处在第一层,即输电塔的顶部。

6 结论

本文通过计算和分析,得到了以下的结论。

(1)输电塔作为一个高柔结构对风很敏感,通过计算我们也可以看到输电塔的前六阶频率在 0.4 ~ 1.1Hz 之间。由第一层节点的位移响应谱可以看出,结构的共振响应能量是第一阶振型起决定性作用。

(2)把输电塔上的风荷载等效成节点的集中力,施加到节点上,计算出输电塔的风振响应。单塔的最大合位移响应为 39.65cm。

(3)对于平均风荷载引起的结构响应,输电塔上最大的弯曲应力不超过 2.2MPa,要远小于最大轴应力的 51.6MPa,因此对于输电塔这样的格构式塔架,平均风荷载引起的主要应力是轴应力。在不考虑导线的情况下,脉动风荷载引起的轴应力与平均风荷载引起的轴应力相当,且弯曲应力也不是太大。

(4)除了最底层由于平均风荷载引起的位移较小,所以风振系数有些偏大以外,其他所有层的风振系数都不超过2,沿高度变化规律近似于输电塔第一阶振型的变化规律。

(5)风荷载引起的所有杆的应力都不超过材料的强度。

参考文献

[1] 李宏男,白海峰.高压输电塔—线体系抗灾研究的现状与发展趋势[J].土木工程学报,2007,40(2):39-46.

[2] 中华人民共和国国家标准.GB 50009—2001 建筑结构荷载规范[S].北京:中国建筑工业出版社,2006.

[3] 张相庭.结构风压和风振计算[M].上海:同济大学出版社,1985.

[4] 王新敏.ANSYS 工程结构数值分析[M].北京:人民交通出版社,2007.

[5] 王修琼,崔剑峰.Davenport 谱中系数 *K* 的计算公式及其工程应用[J].同济大学学报,2002,30(2):849-852.

220m 高双曲冷却塔塔内风荷载风洞试验研究

邹云峰[1]　牛华伟[1]　陈政清[1]　谢嵘[2]　吴惠全[2]
(1.湖南大学风工程试验研究中心　长沙　410082;
2.湖南省电力勘测设计院　长沙　410007)

1　引言

大型双曲自然通风冷却塔属于空间薄壁高耸结构,由于塔体很高、阻风面积很大,相对于地震荷载和温度效应而言,其对风荷载更为敏感,风荷载是此类塔体结构设计的控制性荷载,因此,在风荷载作用下的冷却塔安全性历来受到工程界的高度重视。但以往很多关于冷却塔风荷载风洞试验和现场实测的研究,主要关心冷却塔的外表面风压[1-5],我国相关规范也只对外表面的风压进行了规定[6],而对内表面风压分布缺少相关研究储备。实际中冷却塔为了达到冷却效果,风从冷却塔底部的人字柱支撑吹进塔内,然后从塔顶流出,因此冷却塔内、外表面均受到风荷载的作用。有一些学者也对内压进行了研究,Niemann[7]、Scanlan[8]、Kawarabata[9]、Kasperski[10]、李鹏飞及赵林等[11]认为冷却塔内表面压力沿环向、高度均匀分布,假定其为某个数值,但孙天风等[12]对我国的茂名塔进行了内压实测,结果表明:强风时冷却塔的内压分布是不均匀的,在迎风面内侧负压较大,尾流区内侧负压很小,甚至会出现微正压,这种分布的不均匀性随着来流风速的增大而变得更加显著。本文研究的双曲自然通风冷却塔工程对象为淋水面积20 000m^2、高度为220m的核电站超大型冷却塔,塔高也超过了《工业循环水冷却设计规范》(GB/T 50102—2003)中165m的限制,是目前世界上最高、最大的冷却塔,国内外也尚无工程经验可借鉴,为确保冷却塔结构的安全性和经济性,很有必要对其控制荷载即风荷载进行细致的风洞试验研究,本文介绍了该塔内压风洞试验及其结果。

2　试验概况

2.1　试验模型

试验在湖南大学HD-2风洞实验室的高速试验段进行,该风洞为闭口回流式矩形截面风洞,试验段尺寸宽3m、高2.5m、长17m。试验模型采用有机玻璃制作,模型与实际结构在外形上保持几何相似,缩尺比为1∶220。沿模型子午向和环向布置14×36=504个测点,测点布置见图1。试验中参考高度为1.0m,相当于实际高度220m。

2.2　试验工况及风场

风洞试验模拟了透风率为85%的淋水填料层;由于不同的来流风速作用下的冷却塔塔内气流量不一样,而气流量可能会影响塔内压力系数及其分布,因此考虑6m/s、8m/s、10m/s、12m/s、14m/s五种试验风速;试验考虑了冷却塔底部有无十字挡板对内压的影响;考虑到冷却塔的对称性,冷却塔底部无十字挡板时只进行了0°风向角的吹风,有十字挡板时进行了0°、20°、40°三个风向角的吹风,以考虑风向角对内压的影响。十字挡板及风向角定义如图2所示,用均匀镂空的有机玻璃板模拟淋水填料层不同透风率,共计20个吹风工况。采样时长30s,采样频率330Hz。

该冷却塔周边地形与《建筑结构荷载规范》(GB 50009—2001)的B类地貌类似,在HD-2风洞实验室的高速试验段模拟了B类地貌风场。

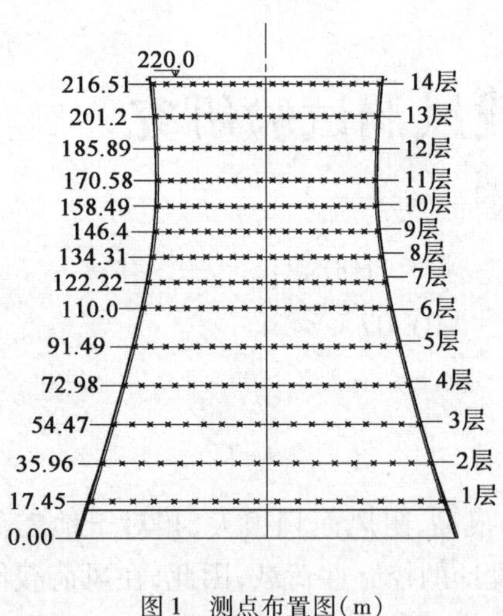

图1　测点布置图(m)

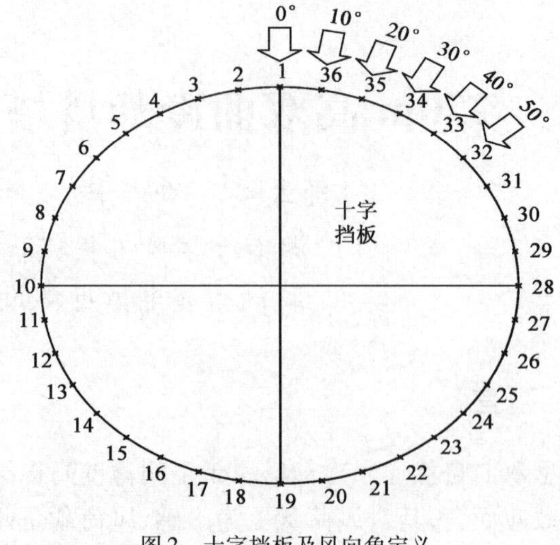

图2　十字挡板及风向角定义

2.3　符号定义

冷却塔内表面测点 i 的风压系数 C_{pi} 定义为式(1),冷却塔塔内截面阻力系数 C_D 积分式为式(2):

$$C_{pi} = \frac{P_i - P_\infty}{0.5\rho V_h^2} \tag{1}$$

$$C_D = \frac{\sum_{i=1}^{N} C_{pi} A_i \cos(\theta_i)}{A_T} \tag{2}$$

式中,N 为截面测点个数;A_i 为第 i 测点覆盖面积;θ_i 为第 i 测点压力方向与风轴方向夹角,旋转方向为逆时针方向;A_T 为断面沿风轴方向投影面积。

3　试验结果

3.1　试验风速对冷却塔内压的影响

以淋水层填料透风率为85%,且冷却塔底部无十字挡板说明试验风速对内压分布的影响,图3给出了各层测点在各试验风速下的压力系数曲线。从图中可以看出,除6m/s外,其他各试验风速下各层风压系数曲线基本重合,大小基本相等,且均在-0.5~-0.6之间变化,这说明试验风速即通过塔内的气流量对塔内风压系数影响很小;图4给出了各试验风速下各截面的阻力系数,图中各曲线的重合也说明了塔内风压系数受来流风速影响很小。

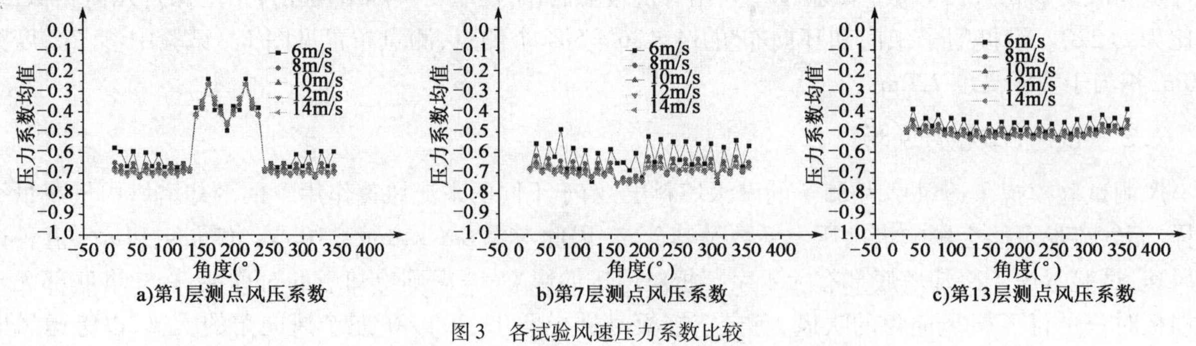

图3　各试验风速压力系数比较

3.2　十字挡板对冷却塔内压的影响

图5给出的是填料透风率为85%、0°风向角、14m/s风速、有无十字挡板各测层风压的比较。从图中可以看出,增加十字挡板后,1层测点压力系数绝对值比没有十字挡板时小0.15左右,且在180°附近的压力系数没有出现突变,沿环向分布更为均匀;3层的压力系数均值比没有十字挡板也减小0.15;十

字挡板对5层的风压均值影响不大，但增加十字挡板后，其压力系数在180°附近发生突变，其绝对值减小，可见十字挡板使得撞击在塔内壁上的气流往上部移动；其他各层风压变化很小。

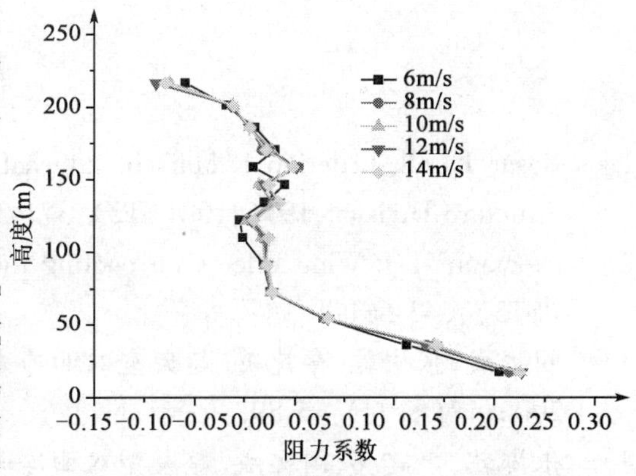

图4 各试验风速各截面阻力系数

3.3 风向角对冷却塔内压的影响

考虑到冷却塔结构的对称性，只考虑有十字挡板时风向角对冷却塔塔内压力系数的影响，需要说明的是，该试验工况是在均匀流场中进行的。图6给出的是淋水层填料透风率为85%、塔底有十字挡板、试验风速为14m/s、不同风向角下各层的风压系数曲线比较，可以看出，各层压力系数曲线在各风向角下基本一致，风向角对冷却塔塔内风压影响较小。

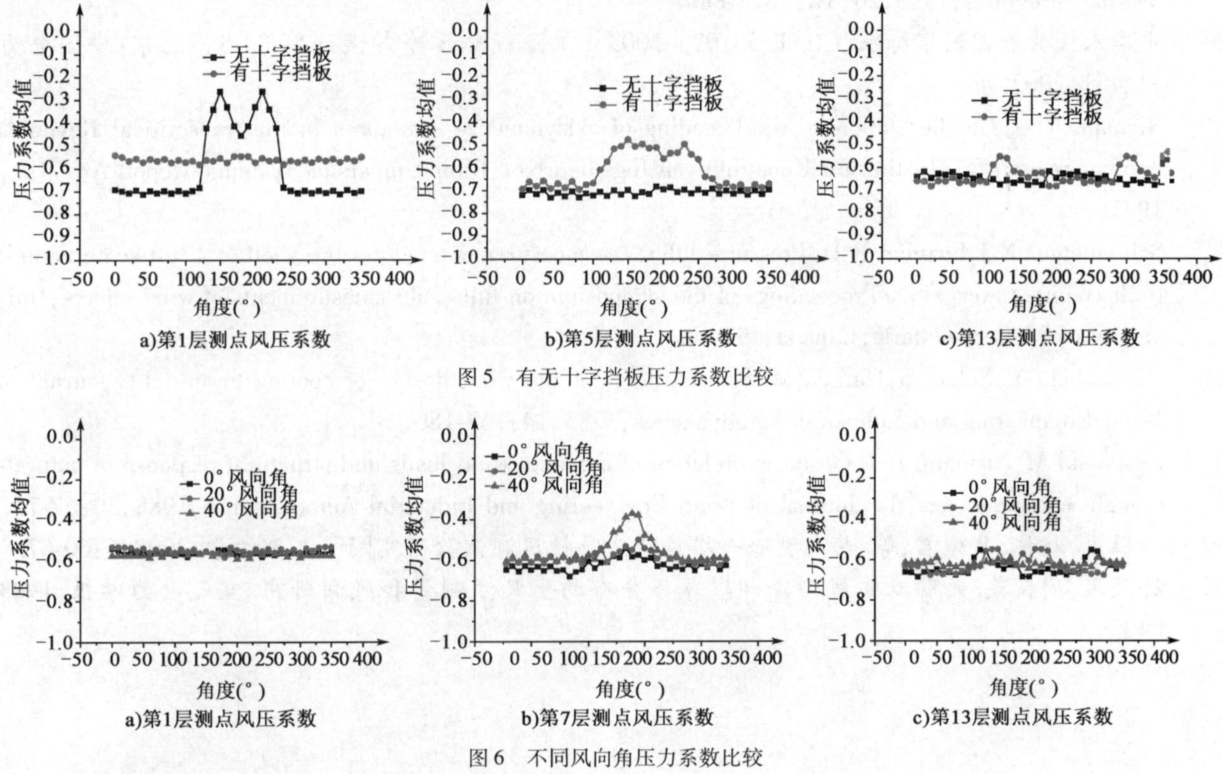

a)第1层测点风压系数　b)第5层测点风压系数　c)第13层测点风压系数

图5 有无十字挡板压力系数比较

a)第1层测点风压系数　b)第7层测点风压系数　c)第13层测点风压系数

图6 不同风向角压力系数比较

4 结论

本文通过风洞试验，对冷却塔塔内风荷载特性和来流风速、十字挡板及风向角对内压的影响得出如下结论：

(1)冷却塔内风压并不是所有测层沿环向均匀分布，底层风压在180°纬向角附近会出现突变，其阻力系数约为0.20，而其他各层风压沿环向，高度分布较为均匀，风压系数在-0.5~-0.6之间变化，阻力系数几乎为零。

(2)来流风速即塔内气流量对内压及其分布影响很小。

(3)在冷却塔底部增加十字挡板会使冷却塔塔内压力系数绝对值减小0.1~0.20，且底部压力系数沿环向分布更为均匀，但使得撞击在塔内壁上的气流往上部移动，中段靠下的测点压力系数在180°附近出现突变，对冷却塔顶部的压力系数及其分布影响很小。

(4)风向角对内压及其分布影响很小。

参 考 文 献

[1] Cesar Farell, Federico E Maisch. external roughness for hyperbolic cooling towers[J]. Journal of the Structure Division, 1976, 102(ST2): 371-386.

[2] Niemann H J. Wind effects on cooling tower shells[J]. Journal of Structural Engimeering, 1980, 106(ST3): 643-661.

[3] 阎文成,张彬乾,李建英.超大型双曲冷却塔风荷载特性风洞试验研究[J].流体力学实验与测量,2003,17(特刊):85-89.

[4] 张彬乾,李建英,阎文成.超大型双曲冷却塔双塔干扰的风荷载特性研究[J].流体力学实验与测量,2003,17(特刊):93-97.

[5] Niemann H J, Kopper H D. Influence of adjacent buildings on wind effects on cooling towers[J]. Engineering Structures, 1998, 20(10): 874-880.

[6] 中华人民共和国国家标准. GB/T 50102—2003 工业循环水冷却设计规范[S].北京:中国电力出版社,2003.

[7] Niemann H J. On the stationary wind loading of axisymmetric structures in the transcritical Reynolds number region[R]. Institut fur Konstruktiven Ingenieurbau, Ruhr-Universitat Bochum, Report No. 71-2, 1971.

[8] Sollenberger N J, Scanlan R H. Pressure-difference measurements across the shell of a full-scale natural draft cooling tower[G]//Proceedings of the symposium on full-scale measurements of wind effects, University of Western Ontario, Canada, 1974.

[9] Kawarabata Y, Nakae S, Harada M. Some aspects of the wind design of cooling towers[J]. Journal of Wind Engineering and Industrial Aerodynamics, 1983, 14: 167-180.

[10] Kasperski M, Niemann H J. On the correlation of dynamic wind loads and structural response of natural-draught cooling towers[J]. Journal of Wind Engineering and Industrial Aerodynamics, 1988, 30: 67-75.

[11] 李鹏飞,赵林,葛耀君,等.超大型冷却塔风荷载特性风洞试验研究[J].工程力学,2008,6:60-67.

[12] 孙天风,周良茂.无肋双曲线型冷却塔风压分布的全尺寸测量和风洞研究.空气动力学报,1983(4).

五、大跨空间结构

典型环状大悬臂挑篷屋盖的风载特性与风场绕流分析

陈亚楠　孙颖昊　周　岱

（上海交通大学船舶海洋与建筑工程学院　上海　200240）

1　引言

近年来，在大型体育场馆建设中，越来越多采用环状大悬臂挑篷结构，如上海八万人体育场、虹口足球场、2008北京奥运会主体育场等。这种形式屋盖是风敏感结构，且在局部区域会出现较大负压，容易引起结构覆面破坏，危及主体结构安全。因而，该类结构的抗风研究是结构风工程研究热点之一。现今对体育场挑篷风荷载研究，仍然以风洞试验为主。另一方面，近20年来，数值模拟方法得到长足发展，并在机场航站楼、世博会场馆、体育场馆等复杂悬挑屋盖的风压风场模拟中多有应用[1-4]。

对单侧和双侧的简单形体悬挑挑篷，已有一些风洞试验研究[5-6]和数值模拟分析[7]。对复杂环状悬挑屋盖，亦有风洞试验成果[8]，但数值模拟研究不足。文献［9］利用计算流体动力学软件（CFX5）对虹口足球场环状屋盖上平均风压及风环境进行数值模拟；文献［10］以昆山体育场环状悬挑屋盖为例，通过数值模拟考察屋盖平均风压系数。国际上，澳大利亚规范 AS 1170.2—1989 明确给出有关体育场主看台悬挑结构风荷载的条文，主要针对前缘为直线的矩形独立主看台悬挑屋盖；加拿大、美国和日本的规范虽然对风荷载有某些技术规定，但仅限于闭口形式的结构；我国的《建筑结构荷载规范》（GB 50009—2001）虽有某些构筑物的体型系数，但因其较简单，对体型复杂的建筑物难以直接应用。

本文在总结大型体育场环状挑篷特征的基础上，针对具有一般意义的环状挑篷，数值模拟其在不同参数和不同工况下的挑篷表面风载风压分布，探讨调节风荷载的气动优化措施，以期为工程应用提供参考。

2　雷诺平均方程与湍流模型

基于 Reynolds 时均 N-S 方程和 $k-\varepsilon$ 湍流模型进行数值模拟，运用有限体积法 SIMPLEC 压力校正算法实现离散方程的解耦和迭代求解。考虑壁面存在对流场的影响，选用非平衡壁面函数修正湍流模型，以模拟壁面附近复杂的流动现象。为增强计算的数值稳定性，在运用有限体积法中，采用一阶迎风格式离散对流项，而对扩散项运用二阶精度中心差分格式。数值迭代残差均方根为 1.0×10^{-4}。

2.1　雷诺平均方程

时均形式的连续方程为：

$$\frac{\partial\rho}{\partial t}+\frac{\partial}{\partial x_i}(\rho u_i)=0, i=1,2,3 \tag{1}$$

时均形式的 Navier-Stokes（N-S）方程为：

$$\frac{\partial}{\partial t}(\rho u_i)+\frac{\partial}{\partial x_j}(\rho u_i u_j)=-\frac{\partial p}{\partial x_i}+\frac{\partial\tau_{ij}}{\partial x_j}+F_i, i=1,2,3 \tag{2}$$

$$\tau_{ij}=\mu\left(\frac{\partial u_i}{\partial x_j}+\frac{\partial u_j}{\partial x_i}\right) \tag{3}$$

式中，u_i 为 x_i 方向的速度分量；ρ 为流体的密度；τ_{ij}为应力张量；μ 为动力黏度系数；F_i 是体积力。

基金项目：国家自然科学基金项目（51078230）和上海市基础研究重点项目（10JC1407900）资助。

引入 Reynolds 平均法，推导得到时均形式的控制方程(RANS)：

$$\frac{\partial \rho}{\partial t} + \frac{\partial}{\partial x_i}(\rho u_i) = 0, i = 1,2,3 \tag{4}$$

$$\frac{\partial}{\partial t}(\rho u_i) + \frac{\partial}{\partial x_j}(\rho u_i u_j) = -\frac{\partial \rho}{\partial x_i} + \frac{\partial \tau_{ij}}{\partial x_j} + \frac{\partial}{\partial x_j}(-\rho \overline{u'_i u'_j}) + F_i, i = 1,2,3 \tag{5}$$

式中，$-\rho \overline{u'_i u'_j}$为 Reynolds 应力项。

从式(4)与式(5)知，方程组不封闭。为使方程组封闭，运用涡黏模型方法，但不直接处理 Reynolds 应力项，而是引入湍动黏度，然后把雷诺应力表示成湍动黏度的函数：

$$-\rho \overline{u'_i u'_j} = \mu_t\left(\frac{\partial u_i}{\partial x_j} + \frac{\partial u_j}{\partial x_i}\right) - \frac{2}{3}\left(\rho k + \mu_t \frac{\partial u_i}{\partial x_i}\right)\delta_{ij} \tag{6}$$

式中，μ_t 为湍动黏度；δ_{ij}为单位张量；k 为湍动能。

2.2 $k-\varepsilon$ 模型[11]

$k-\varepsilon$ 湍流模型是两方程模型，其中湍动黏度 μ_t 表达为 k 和 ε 的函数，即：

$$\mu_t = \rho C_\mu \frac{k^2}{\varepsilon} \tag{7}$$

在定常不可压缩的情况下，k 和 ε 的输运方程可简化为：

$$\frac{\partial}{\partial x_i}(\rho k u_i) = \frac{\partial}{\partial x_j}\left[\left(\mu + \frac{\mu_t}{\sigma_k}\right)\frac{\partial k}{\partial x_j}\right] + G_k - \rho\varepsilon \tag{8}$$

$$\frac{\partial}{\partial x_i}(\rho \varepsilon u_i) = \frac{\partial}{\partial x_j}\left[\left(\mu + \frac{\mu_t}{\sigma_\varepsilon}\right)\frac{\partial \varepsilon}{\partial x_j}\right] + C_{1\varepsilon} G_k \frac{\varepsilon}{k} - C_{2\varepsilon}\rho \frac{\varepsilon^2}{k} \tag{9}$$

式中，G_k 是由于平均速度梯度引起的湍动能 k 的产生项，其表达式为：

$$G_k = \mu_t\left(\frac{\partial u_i}{\partial x_j} + \frac{\partial u_j}{\partial x_i}\right)\frac{\partial u_i}{\partial x_j} \tag{10}$$

根据文献[12]，标准的 $k-\varepsilon$ 模型中的经验系数取值分别为：$C_{1\varepsilon}=1.44$、$C_{2\varepsilon}=1.92$、$C_\mu=0.09$、$\sigma_k=1$、$\sigma_\varepsilon=1.3$。

3 数值计算

3.1 流域设置及来流条件

在0°风向角(来流由正前方吹向看台)下，计算流域入口与建筑物迎风面的距离为 $5H$(H 为建筑物最高点高度)，侧面与建筑物侧面的距离为 $5.5H$，计算流域的高度为 $6H$，出口与建筑物背风面的距离为 $15H$。按照 Richards 和 Hoxey[13] 的建议，如此计算域可减少侧壁对建筑物附近风压和流场的影响。采用非结构化四面体网格离散风场计算域，并在屋盖表面及其附近区域实施网格进行局部加密。

设来流为剪切流，并模拟 B 类地貌，地区基本风压为 $w_0=0.35\text{kPa}$。流域进流面的平均风速采用沿高度变化的指数率形式，即 $v(z)=v_0(z/z_0)^\alpha$，v_0 为标准参考高度处的平均风速(规范取 $z_0=10\text{m}$)，α 取值0.16，z 为高度(自建筑物底部算起)；y、z 方向速度为零。流域顶部和两侧采用自由滑移壁面条件，地面和结构表面为无滑移壁面条件，出流面上采用 Out-flow 边界条件，即完全发展出流边界条件。来流湍流特性通过直接给定湍流动能 k 和湍流耗散率 ε 值的方式定义：$k=1.5[v(z)\times I]^2$，$\varepsilon=\dfrac{0.09^{0.75}k^{1.5}}{l}$；式中，$I$ 为入口湍流强度，l 是湍流特征尺度。由于我国现行荷载规范未给出 I 的定义，因此对 B 类地貌模拟，可参考日本规范中的第Ⅱ类地貌取值[14]。

风在建筑物表面上任一点的净风压力，除以建筑物远方上游自由流风的平均动压，可得到无量纲系数 C_{pi}，即风压系数：$C_{pi}=\dfrac{w_i}{0.5\rho\bar{v}^2}$，式中，$C_{pi}$为第 i 测点上的风压系数，ρ 为密度，w_i 为第 i 测点上的净风压力，$\bar{v}$ 为参考高度（一般为10m或者为建筑物顶部）处的平均风速。风载体型系数为：$C_p = \frac{\sum_i C_{pi} A_i}{A}$。

3.2 数值模型

兹以体育运动场为例，数值模拟环状大悬臂挑篷屋盖的风场及其风压风载分布，挑篷屋盖如图1示。结构关于 x 轴、y 轴对称，定位点的坐标、风向角如图1a）所示：根据体育场的对称性，按前、中、后缘在东西2片挑篷上分别取10个测点，南北2片挑篷上分别取9个测点，共38个测点作为典型观察点，记为 $w1 \sim 10$、$e1 \sim 10$、$n1 \sim 9$、$s1 \sim 9$，这些点的风压特性基本反映挑篷表面的风荷载特性。图1b）中，$H = 36\text{m}$，$L = 36\text{m}$，看台后部通风率定义为：v/H，以百分比表示。图1c）中开洞位置距外围边缘4m。

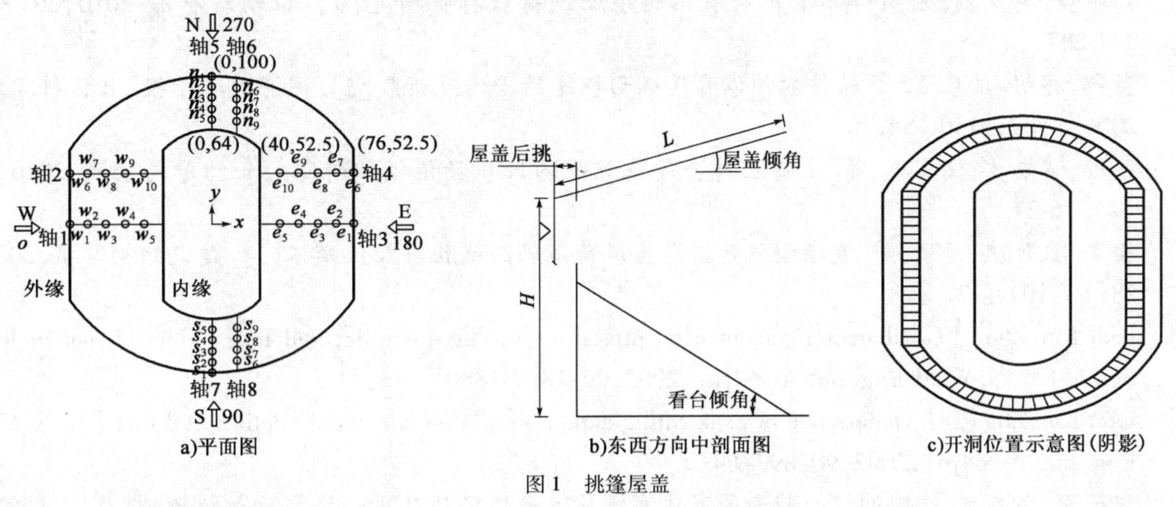

图1 挑篷屋盖

4 数值模拟与分析

针对上述算例开展系列数值模拟，研究风向角、屋盖倾角、通风率、后挑等关键参数对平均风压系数的影响。主要工况包括：①不同风向角（0°～360°）下，屋盖倾角为0°、看台后部通风率为20%、无后挑时环形屋盖上的风压风载分布与来风绕流特性，分析风向角对平均风压系数的影响。②不同屋盖倾角（0°，15°，25°）下，风向角为0°、看台后部通风率为20%、无后挑时环形屋盖上的风压分布与来风绕流特性，分析屋盖倾角对平均风压系数的影响。③不同看台通风率（0%，20%）下，风向角为0°、屋盖倾角为0°，无后挑时环形屋盖上的风压风载分布与来风绕流特性，分析看台通风率对平均风压系数的影响。④有后挑情况下，风向角为0°、屋盖倾角为25°、看台通风率为20%时环形屋盖上的风压分布与来风绕流特性，并与无后挑情况下相比较，分析后挑对平均风压系数的影响。

在气动优化方面，研究屋盖迎风前缘加设挡板、开洞对调节风荷载大小及其分布的作用，主要包括：①屋盖迎风前缘加设挡板下，风向角为0°、屋盖倾角为0°、看台通风率为20%时环形屋盖上的风压分布与来风绕流特性，并与未加挡板时比较，分析挡板对平均风压系数的影响；②屋盖迎风前缘开洞下，风向角为0°、屋盖倾角为0°、看台通风率为20%时环形屋盖上的风压分布与来风绕流特性，并与没加挡板时比较，分析挡板对平均风压系数的影响。

通过数值模拟和分析比较，得到如下结论：

（1）悬臂挑篷屋盖倾角宜设在0°～15°范围，屋面倾角过大或过小均不利于屋盖受力。

（2）在0°风向角下，挑篷中间轴测点与两边轴测点的最大负压差相差最小；在150°风向角下挑篷中间轴测点与两边轴测点的最大负压相差最大，结构设计时应加以关注。

（3）若看台后部通风率较小，屋盖前缘的负风压值相对较大；若看台后部完全封闭，前缘平均负风压值最大，随着通风率的增大，平均风压系数极值逐渐减小。

（4）是否设置后挑，对挑篷上表面风压系数数值及分布影响不大。

(5)增设屋面竖向导流挡板对改善屋盖前缘局部极值风压十分有效。随着导流板高度增大,相关测点的平均负风压系数减小,其原因是导流挡板抬高了气流分离点,由此减弱了空气分离作用对屋面的影响。

(6)相对于在屋盖前缘附加气动构件,在屋盖端部设置部分通风孔更为简单方便,在大跨度悬臂挑篷屋盖结构的边缘采取开槽处理方式,可以有效地减小屋面的风荷载。

参考文献

[1] 周晅毅,晏克勤,顾明,等.某机场航站楼屋面风荷载特性研究[J].振动与冲击,2010,29(8):224-227.

[2] 黄翔,顾明.用 CFX5.5 软件模拟体育场弧形挑篷的平均风荷载[J].同济大学学报:自然科学版,2006,34(2):150-154.

[3] 张悦,黄本才,汪丛军,等.上海世博会气象馆平均风压数值模拟研究[J].力学与实践,2010,32(2):16-21.

[4] 楼文娟,孙斌,卢旦,等.复杂型体悬挑屋盖风荷载风洞试验与数值模拟[J].建筑结构学报,2007,28(1):107-112.

[5] Lam Km,Zhao J G. Characteristics of wind pressure on a large cantilevered roof :effect of roof inclination [J] . J. Wind Eng. Ind Aerodyn. ,2002,90:1867-1880.

[6] Lam Km,Zhao J G. Occurrence of peak lifting action on a large horizontal cantilevered roof [J]. J Wind Eng. Ind. Aerodyn. ,2002,90:897-940.

[7] 汪丛军,黄本才,徐晓明,等.越南国家体育场屋盖平均风压及风环境影响数值模拟[J] .空间结构,2004,10(2):35-39.

[8] 顾明,黄翔.体育场屋盖气弹模型设计及风洞试验研究[J].建筑结构学报,2005,26(1):60-64.

[9] 汪丛军,黄本才,徐晓明,等.环状悬挑屋盖平均风压与风环境数值模拟[J].同济大学学报:自然科学版,2006,34(6):711-715.

[10] 汪丛军,黄本才,徐晓明,等.体育场环状悬挑屋盖脉动风压数值模拟[J].力学季刊,2005,26(4):700-707.

[11] 王福军.计算流体动力学分析——CFD 软件原理与应用[M].北京:清华大学出版社,2004.

[12] Cardot B, Coron F, Mohammadi B Simulation of turbulence with the $k-\varepsilon$model[J], Comput. Meth. Appl. Mech. Eng. ,1991,87(2-3):103-116.

[13] Richards P J, Hoxey R P. Appropriate boundary conditions for computational wind engineeringmodels using the $k-\varepsilon$ turbulencemodel[J] . J Wind Eng Ind Aerodyn. ,1993,46- 47:145-153.

[14] 黄本才.结构抗风分析原理及应用[M].上海:同济大学出版社,2001.

柔性屋盖结构气弹试验中的非接触测量技术简介

陈昭庆　孙晓颖　武　岳

（哈尔滨工业大学土木工程学院　哈尔滨　150090）

1　引言

非接触测量技术包括粒子图像测速（PIV）及流场显示技术、压力敏感漆测压技术、时间平均全息干涉法测振技术等。这些技术与传统的测量技术相比，对被测结构的振动和流场的干扰很小，在航天飞行器工程领域上已被广泛应用，但在建筑领域的应用还比较少。风工程领域中在进行柔性屋盖结构气弹试验如膜结构的流固耦合效应试验时，由于膜结构的膜材质量很轻，对接触式测量系统的干扰比较敏感，传统的接触式测量系统无法满足其要求，急需一系列非接触的试验测量系统来为其服务。本文通过引进其他领域的非接触测量系统，为柔性屋盖结构气弹试验研究提供可行的测量方法。

2　粒子图像测速及流场显示技术

粒子图像测速PIV全称为particle image velocimetry，是一种瞬态、多点、无接触式的流体力学测速方法，它能够测得流体某一时刻特定二维平面的速度场、旋涡脱落图。

2.1　粒子图像测速及流场显示的原理

PIV粒子图像测速是在被测流场中撒布均匀散布跟随性、反光性良好且密度与流体相当的示踪粒子，用双脉冲触发激光片光照亮被测流场，形成光照平面；同时用CCD摄像机纪录片光中微小粒子的运动图像，对拍摄到的连续两幅PIV图像进行互相关分析（图1），识别示踪粒子图像的位移，记录相邻2帧图像序列之间的时间间隔，从而得到流体的速度场，并计算出其他运动参量（包括流场速度矢量图、流线图、旋度图等）[1-2]。

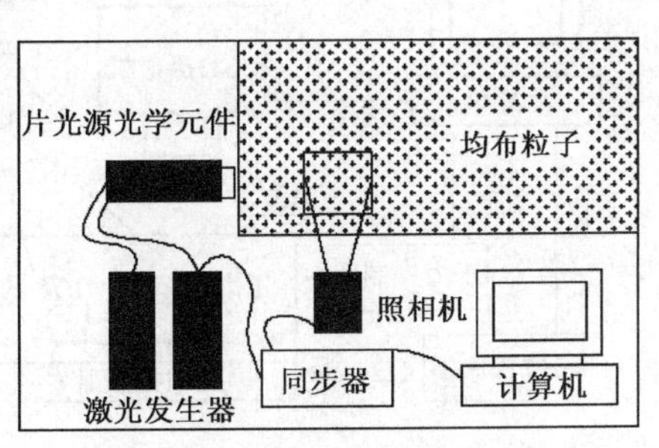

图1　PIV测速仪的基本配置图

2.2　PIV粒子图像测速及流场显示技术的特点

粒子成像技术与传统的测速技术相比，有很多的优点：

（1）PIV技术仅需向流场散布示踪粒子，其测量装置并不介入流场，因此对流场的干扰较小。

（2）传统的热线测速和激光多普勒测速都是单点测速，PIV技术用激光片光照明的模式流动显示技术与高速照相、图像处理技术相结合，可对流场的某些截面逐个进行显示和记录，实现全场实时、瞬态定量测量，可以同时测流体中很多空间点的速度矢量。图2为对不同断面二维速度矢量图，经过TECPLOT处理，得到流场涡量沿轴线方向的三维发展图[1]。

（3）PIV技术还具有描述流场动态特性的能力，可以获得流场视频信号，观察流场中粒子质点运动轨迹。图3为某圆柱绕流PIV流场显示图[3]，从图中可以非常清楚地看到气流的旋涡脱落。

PIV技术的推广也有一定的局限性：

（1）首先，购置成本很高，一台PIV粒子成像测速仪的价格一般在一百万元人民币以上。

（2）其次，PIV速度测量依赖于散布在流场中的示踪粒子，对示踪粒子的要求比较高。在PIV测速技术中，高质量的示踪粒子要求为：①密度要尽可能与试验流体相一致；②足够小的尺度；③形状要尽

基金项目：国家自然科学基金项目（90815021）资助。

可能圆且大小分布尽可能均匀；④有足够高的光散射效率。国外已有公司专门为PIV测量研制出了在流体中接近上述要求的高质量固体粒子，但目前这种粒子价钱非常昂贵。

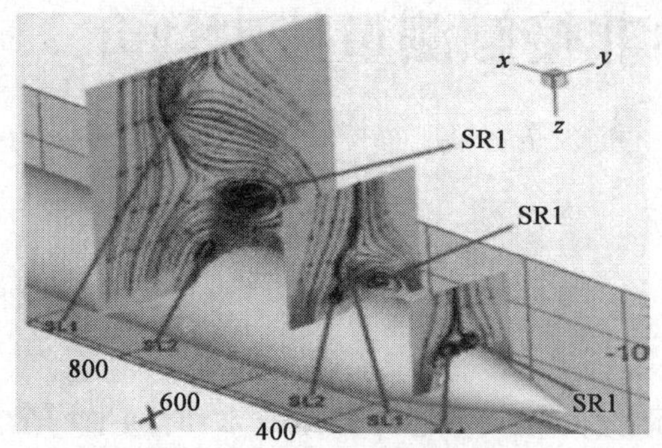

图2 流场不同断面涡量显示图

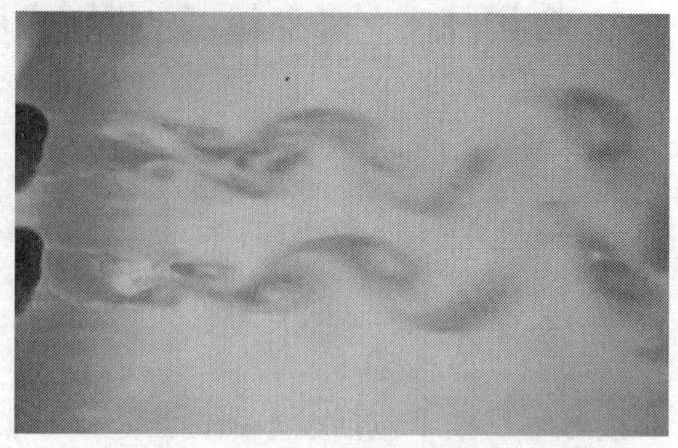

图3 某圆柱绕流PIV流场显示图

3 压力敏感漆(PSP)测压

压力敏感漆PSP是pressure sensitive paint的简称，是光致发光涂层技术的一种，以光子学和光化学为基础，以荧光氧猝灭为基本原理。目前主要用于跨、超声速工业风洞。

3.1 压力敏感漆测压原理

试验时将一种特殊的压力敏感涂料覆盖在模型表面，利用激光发射器发射一定波长的光照射载涂层表面，涂料能够发射出荧光，用CCD摄像机采集图片并测定发射光强度，再用特定方法可计算出相应的压力分布，图4为压力敏感漆技术测量系统示意图。

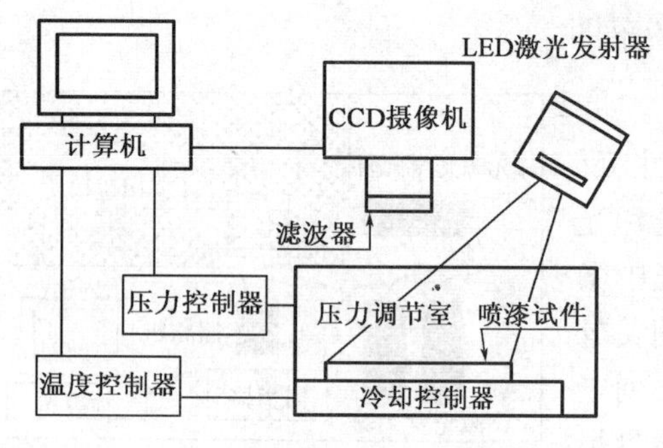

图4 压力敏感漆技术测量系统

测压的方法包括：用压力与发光持续时间对应关系、压力与发光强度对应关系，以及压力与相位角对应关系等来测量表面压力。目前相对成熟的PSP测压方法是用发光持续时间与表面压力之间的对应关系，通过测量PSP发光持续时间来确定表面压力，表面压力增大时，PSP发光持续时间变短。首先测量发光强度随时间的实际衰减，然后用校准曲线把衰减的持续时间转换成稳态压力图谱[4]。

3.2 压力敏感漆测压的特点

与传统的传感器测压相比压力敏感漆测压的优点在于：

(1)由单个点的测量变为连续的一个面的测量，提高了空间分辨率，克服了难布测压点及点少等困难，图5为国外某风洞试验采用压力敏感漆技术测压的模型及PSP测得压力与CFD压力对比[5]。

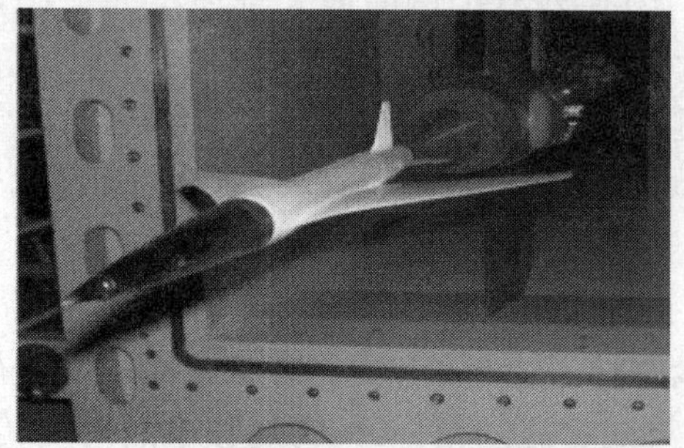

a)某风洞试验压力敏感漆模型

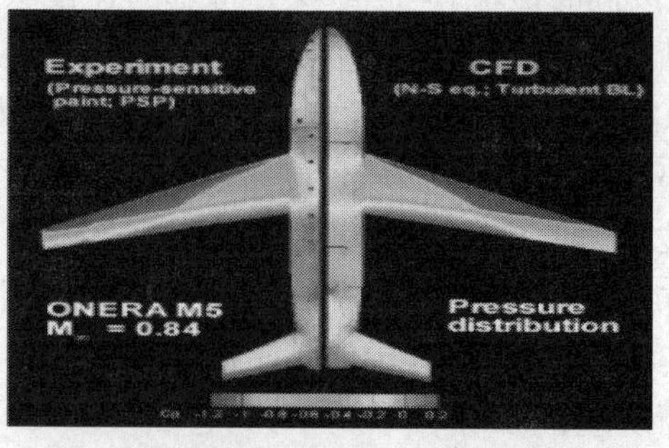

b)模型压力分布PSP值与CFD对比

图5 压力敏感漆模型

(2)测力与测压同时完成,测压与流态显示同时完成;还可对压力分布进行动态测量[6]。

(3)不用像传统扫描阀系统那样在结构表面安装测压管,对柔性结构与风的耦合作用的干扰较小。

压力敏感漆技术也有一定的难度:它的压力系数的测量精度一般可达到0.01,因此主要用于跨、超声速工业风洞,而低速测压的精度要求是0.1%,需要对它的技术误差做修正补偿,才能满足精度要求。

压敏漆测压技术误差主要有三个:

(1)温度:温度是影响测压精度的主要误差,压敏漆配方对温度敏感,因此必须进行温度补偿。

(2)模型参考图像和试验图像之间的移动会产生误差,它将产生两个影响:一是参考图像和试验图像模型位置的轻微变化,这个变化可以用专门软件予以消除;二是模型移动引起的发光图谱变化,这个变化不能用软件消除,但可以通过测量和模拟的方法解决。

(3)摄像机拍摄和数据处理误差;它可以采用拍摄多幅照片采用平均值的方法解决。

法国ONERA已成功将压敏漆技术应用于S1MA等低速风洞中,试验精度可满足0.1%的要求[7]。

4 时间平均全息法测振

时间平均全息干涉法是激光位移测量方法中的一种,是通过处理和分析物体表面与参考面的变形前后的位相变化、光强度变化等实现高精度的振动位移测量。

4.1 时间平均全息干涉法测振原理

对于在特定频率下作简谐振动的物体,用连续激光照射,并在比振动周期长得多的时间内在全息干版上曝光,可将物体表面所反射的光与未作位相调制的参考光相叠加,将两束光的干涉图记录在全息干版上。其再现像由反映节线和等振幅线组成的干涉条纹来表示振幅分布。

时间平均全息图的重现像的光强度按零阶贝塞尔函数的平方分布:

$$I = KJ_0^2(\rho) \tag{1}$$

$$\rho = \frac{2\pi}{\lambda}V(x,y)(\cos\theta_1 + \cos\theta_2) \tag{2}$$

式中,J_0为零阶贝塞尔函数;$V(x,y)$为物体上某点的位移;θ_1为振动方向和照明方向的夹角;θ_2为振动方向和观察方向的夹角。

对于作简谐振动的物体,由于振动方向已知,所以在试验光路中将入射光和接受光设置成$\theta_1=\theta_2=0$,则式(1)变为:

$$I = KJ_0^2\left[\frac{4\pi}{\lambda}V(x,y)\right] \tag{3}$$

当$V(x,y)=0$,$I=I_{max}$时,对应的是亮条纹,在该条纹的位置上是物体振动的节点。

当$V(x,y)=0.19\lambda,0.43\lambda,0.68\lambda,\cdots,I=0$时,出现的是干涉暗条纹,在该条纹的位置上是物体振动的最大振幅。干涉图中其余点处的振幅值也可按照公式(3)所示的规律相应确定下来。

4.2 时间平均全息干涉法测振特点

与传统的加速度传感器测量技术相比,时间平均全息干涉法有一定的优点:

(1)不需要在被测物体上镶嵌传感器,因此不会对被测物体的振动构成干扰;

(2)加速度传感器只能测量单个点,而时间平均全息干涉法测量为整个振动物体表面。

图6是时间平均全息法测出的周边固支圆板Ⅰ型、Ⅱ型和Ⅰ、Ⅱ混合型振型。张红军等用时间平均法测量膜振动,得到了不同谐振频率下振动膜面的干涉图样[8]。文永富等用条纹时间平均法分析薄膜振动模式,得到不同激励频率下圆膜变形条纹及对应的振动模式[9]。

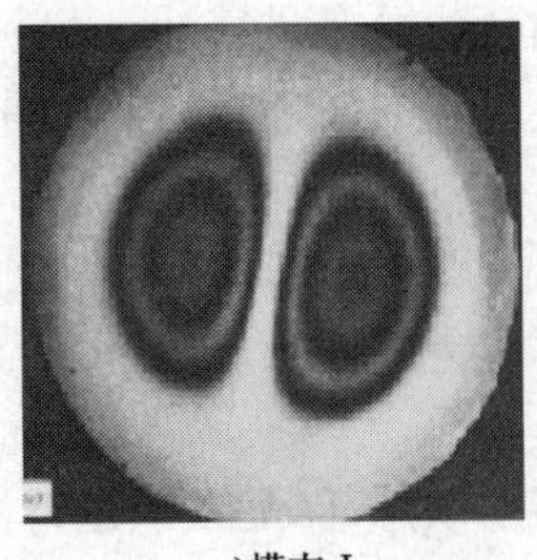

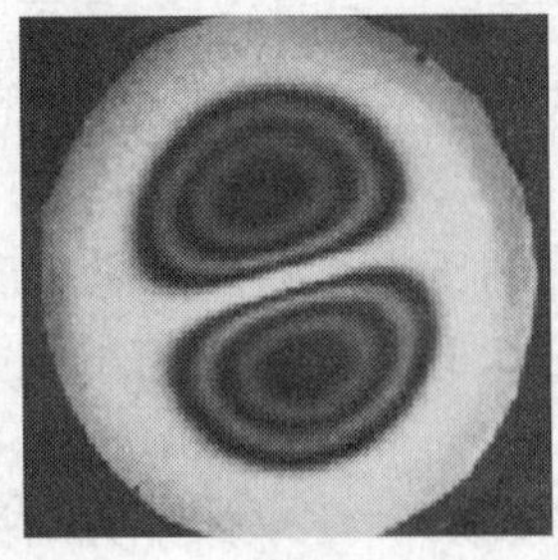
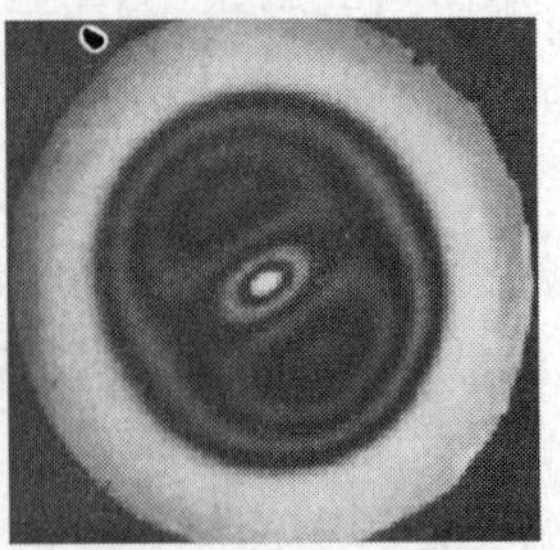

a)模态Ⅰ　b)模态Ⅱ　c)模态Ⅰ+模态Ⅱ

图6　时间平均全息法测出的圆板阵型

5　结论

本文通过引进航天飞行器领域比较成熟的粒子图像测速(PIV)、压力敏感漆技术、时间平均全息干涉法测振技术等非接触测量系统,为柔性屋盖结构气弹试验研究提供可行的测量方法。

参考文献

[1] 李岩,等.初探二维PIV技术在风洞试验中的应用[J].试验室研究与探索,2009,28(12):36-39.

[2] 张英朝,等.汽车风洞的PIV试验技术[J].吉林大学报:工学版,2009,39(1):83-87.

[3] Jaw S Y. Measurement of pressure distribution from PIV experiments[J]. Journal of Visualization,2009,12(1):27-35.

[4] 齐亦农,等.使用压敏漆进行转子表面压力分布测量[J].航空发动机,2001,1:45-49.

[5] Kazuyuki Nakakita. Development of the pressure-sensitive paint measurement for large wind tunnels at Japan aerospace exploration agency[G]// 24th International Congress of the Aeronautical Sciences,2004:1-11.

[6] 蒋峰芝,等.新型气动力压敏漆的研制及特性研究[J].高技术通讯,1994,4:38-42.

[7] 战培国,等.国外风洞试验的新机制、新概念、新技术[J].流体力学试验与测量,2004,18(4):1-6.

[8] 张红军,等.用像面全息时间平均法测量膜振动的研究[J].陕西师范大学学报:自然科学版,2004,32(2):34-36.

[9] 文永富,等.用条纹时间平均法分析薄膜振动模式[J].光电子激光,2009,20(1):63-67.

波浪形大跨屋盖风荷载研究

贾春光　黄　鹏　顾　明

（同济大学土木工程防灾国家重点实验室　上海　200092）

1　概述

随着结构设计的发展，波浪形屋盖由于其独特的造型、流畅的曲线外观备受结构师的青睐。这类大跨的屋盖结构往往跨度大、质量轻、结构柔、阻尼小，属于典型的风敏感结构，风荷载是其结构设计的主要控制荷载[1]-[2]，国内外大跨屋盖结构遭受强风破坏的现象也时有发生[3]。我国《建筑结构荷载规范》（GB 50009—2001，2006 年修订版）[4]中仅对几种简单形状的屋面形状提供了体型系数用于工程参考，很少涉及波浪形屋盖这种体型独特的结构。

本文以一波浪形屋盖航站楼为例，对其屋盖表面风荷载进行研究。该航站楼屋面由多个弯曲波段组成，波浪形屋盖最高处高程 40.8m，最低处高程约 28.8m，体型独特（图 1）。本文研究了屋盖上的平均风压系数和脉动风压系数分布特征，并对前沿表面受力状况进行分析，以保证结构的抗风安全，并对类似波浪形屋盖风荷载取值提供参考。

a)航站楼外景图

b)风洞中的测试模型

图 1　航站楼外形及模型照片

2　试验概况

风洞试验是在同济大学土木工程防灾国家重点实验室风洞试验室的 TJ-3 大气边界层风洞中进行的。根据航站楼所在地的地貌特征及《建筑结构荷载规范》规定，确定该航站楼所在地为 A 类地貌。图 2 为风洞模拟的风场特性。刚性模型［图 1b)］由有机玻璃和 ABS 板制成，缩放比例为 1∶200，试验风向角间隔取为 15°，试验中模拟了 24 个风向的作用（图 3）。

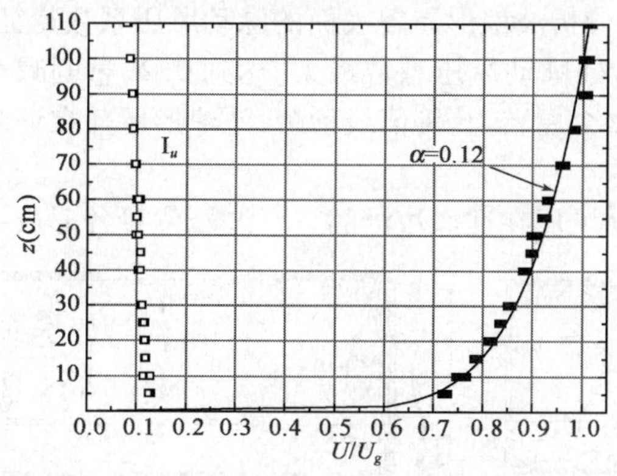

图 2　风洞中模拟的 A 类平均风速剖面，紊流度剖面

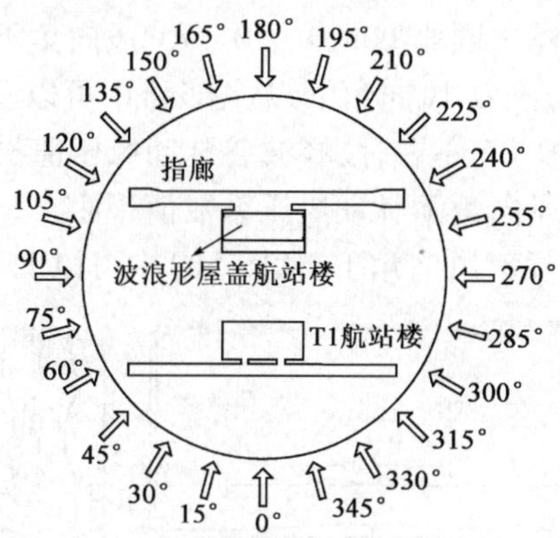

图 3　风向角示意图

基金项目：上海市浦江人才计划和教育部留学回国人员科研启动基金联合资助。

考虑到主楼屋盖的对称性,选择二分之一的屋面布置测点,在主楼屋面布置了525个(对)测点,分块编号为1~11,其中对于挑篷部分,由于上部和下部都受到风压,故在该部分上下部都布有测点,其中分块编号1~5的测点为上下测压点对。本文中给出的风压系数是以梯度风压为参考风压的风压系数。风洞测压试验的参考点风速为12m/s。测压信号采样频率为312.5Hz,每个测点采样样本总长度为6 000个数据,即采样时间为19.2s。

3 试验结果分析

3.1 波浪形屋盖上表面平均风压分布

为了研究波浪形大跨屋盖的风荷载,先分析整个屋盖(包括前端的悬挑屋盖部分)的上表面,以分析其波浪形状的受风特性,通过等值线图来描述风压系数分布。选取典型的0°、30°、90°风向角下的平均风压系数等压线图(图4),来分析波浪形屋盖表面的平均风压系数分布特征。

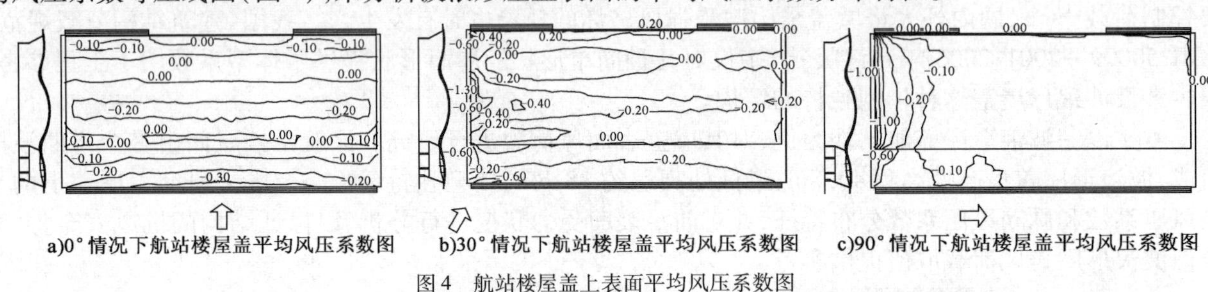

a)0°情况下航站楼屋盖平均风压系数图　b)30°情况下航站楼屋盖平均风压系数图　c)90°情况下航站楼屋盖平均风压系数图

图4　航站楼屋盖上表面平均风压系数图

由图4所示,波浪形屋盖表面风荷载主要以负压为主。①0°风向角下,风沿顺波浪波动方向吹来时,气流在屋盖前端分离,产生较大负压,随着距离的增加,负压绝对值逐渐减小,在第一个波谷及上升处变为正压。随着高度的增加,风压值又逐渐变为负压,并逐渐增大,在波峰处达到最大。在屋盖后部,负压逐渐减小,风压变得缓和。②风向角为30°情况下,风压在屋盖边沿三个波峰位置的稍偏上位置各形成一个高负值中心,平均风压系数负值最值为-0.64、-1.38、-0.6。其中负最大值出现在最高波峰位置处。屋盖边缘等压线密集,说明风压变化激烈;随着沿风向距离增大,急剧减小到-0.4后,风压变化缓和。③当风向角为90°时,屋盖迎风边沿由于气流分离产生强烈的负压分布,等值线密集,气压大小变化激烈,平均风压系数负值最大达到-1.12。在迎风边缘处急剧减小到-0.2,屋盖后部等值线稀疏,气压变化缓和,压力系数变化不大,介于-0.2和0之间。

总的来说,屋盖上以负压为主,屋盖迎风面边沿与中部波峰处会有较大的负压;而波谷处压力较小,会存在较小的正压。

3.2 波浪形屋盖上表面脉动风压分布

同样选取典型的0°、30°、90°风向角下的等压线图,来分析波浪形屋盖表面的脉动风压系数特征。

(1)在0°风向角下,从图5a)中可以看出,在迎风边沿处脉动风压系数最大,达到0.2,急剧减小后稳定在0.05左右,波峰波谷脉动风压值没有明显变化。整个屋盖上,等值线稀疏,波浪形屋盖在该顺波浪方向风向角下脉动风压系数值很小。

(2)30°风向角下,从图5b)中可以明显地看出来,脉动风压在迎风边沿的三个波峰位置各形成一个

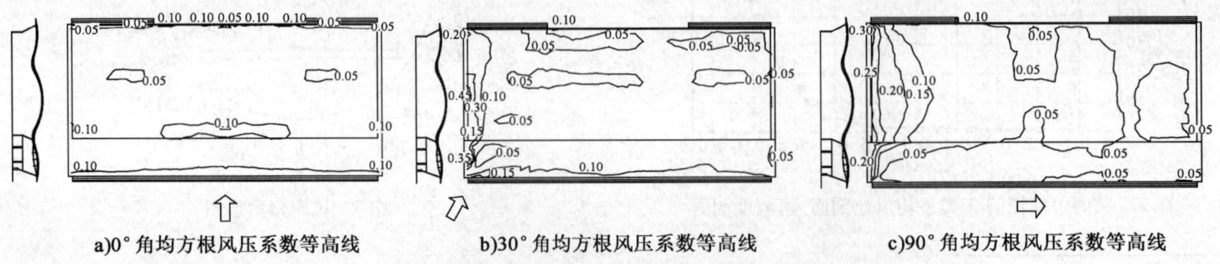

a)0°角均方根风压系数等高线　b)30°角均方根风压系数等高线　c)90°角均方根风压系数等高线

图5　航站楼屋盖上表面均方根风压系数等高线

脉动风压系数的极值中心,风压系数值沿风方向依次为0.38、0.46、0.18。风压值急剧减小到0.10后,风压系数值变化缓慢。0.05的等值线在屋盖上大范围存在,说明屋盖大部分脉动风压系数分布在0.05左右。从等值线上看,后部屋盖大部分风压系数与屋盖表面形状变化关系不明显。

(3)当风向角为90°时,见图5c),迎风边沿处脉动风压系数最大,最大值达0.30,沿风向角方向急剧减小到0.10后变化缓和,其分布与90°风向角下平均风压系数分布相似。脉动风压系数0.05等值线几乎布满屋盖后部,屋面风压系数基本稳定在0.05左右。

3.3 波浪形屋盖悬挑部分下表面和净风压分析

作为航站楼旅客出发到达的功能设计,屋盖这一部分通常设计为透空的悬挑雨篷设计,其屋盖上下表面同时受到风压的作用,因此必须考虑下表面的风荷载特点。悬挑屋盖部分为波浪形向上拱起,以下给出悬挑屋盖下部平均风压分布系数,及上下表面作用综合后的总的净平均风压分布系数,等值线间距取0.1,见图6。

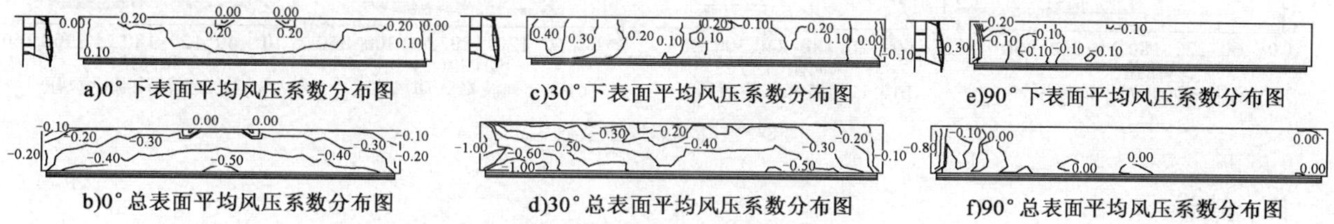

图6 悬挑屋盖下表面、总表面平均风压系数分布图

0°风向角下,即风正对悬挑屋盖的情况下,下表面见图6a),风压为正压,由边缘向内逐渐增大,最后达0.20左右。由于上表面受负压,下表面受到正压,挑檐受到上吸下压的叠加作用,使得总的风荷载(向上吸的作用)加大,叠加结果见图6b)。

30°风向角下,悬挑屋盖下表面平均风压系数大部分同样为正值[见图6c)];沿挑檐长度方向风压系数逐渐减小,最终为0附近。与0°风向角下情况类似,也是上吸下压的叠加效应,产生的负压最大值达到-1.15,见图6d)。

90°风向下,悬挑屋盖下表面平均风压系数分布见图6e);沿挑檐长度方向,最外侧为正压达0.3,后急剧变为负压,而后负值稳定在-0.10左右。考虑上下表面的共同作用,在悬挑屋盖最左处边缘位置形成上吸下压的叠加效应,最大的系数值达到-0.8左右,但悬挑屋盖大部分位置为上下表面的抵消作用,风压较小,其叠加结果见图6f)。

4 典型测点风压系数分析

为了更直观地了解波浪形屋盖表面的风压系数变化规律,选取屋盖表面典型的测点,研究其风压系数随风向角的变化图。由于屋盖是对称形状,只在一半屋盖上选取测点。在屋盖横向选取4组测点,其中2组波峰(测点编号1-1~1-4,3-1~3-4)、2组波谷(测点编号2-1~2-4,4-1~4-4),具体位置与编号见图7。

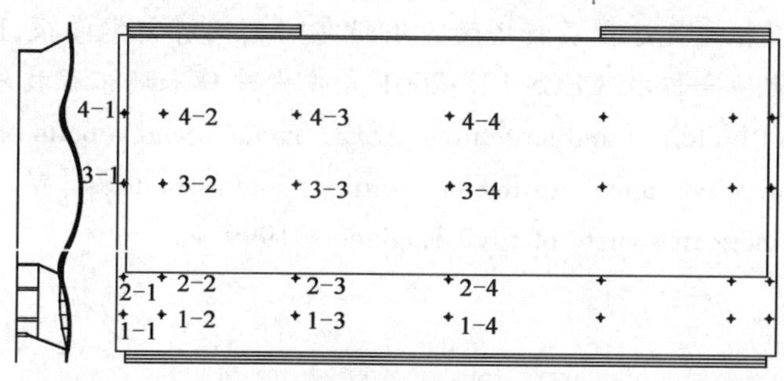

图7 典型测点位置及编号图

通过图8风压系数随风向角变化曲线的分析可发现,波浪形屋盖顶部波峰的风压系数在30°风向角下产生极值。通过各个图中4条曲线的对比,风压系数值在边缘产生最大值,一方面由于位于屋盖边缘,气流分离产生较大负压,另一方面最外侧点属于屋盖挑出部分,该测点处下部在某些风向角下产生向上的正压,叠加作用使该处风压系数较大。这些位置在60°风向角斜风向下产生较大的平均和脉动风压系数,沿波峰向内逐渐过渡减小,至屋盖内部,波峰上测点随风向角变化趋势基本一致,且平均和脉动风压系数均较小。波浪形屋盖的横向,沿波峰波谷线上除边缘部测点风压系数较大,其余测点随风向角变化趋势一致,且系数绝对值不大。

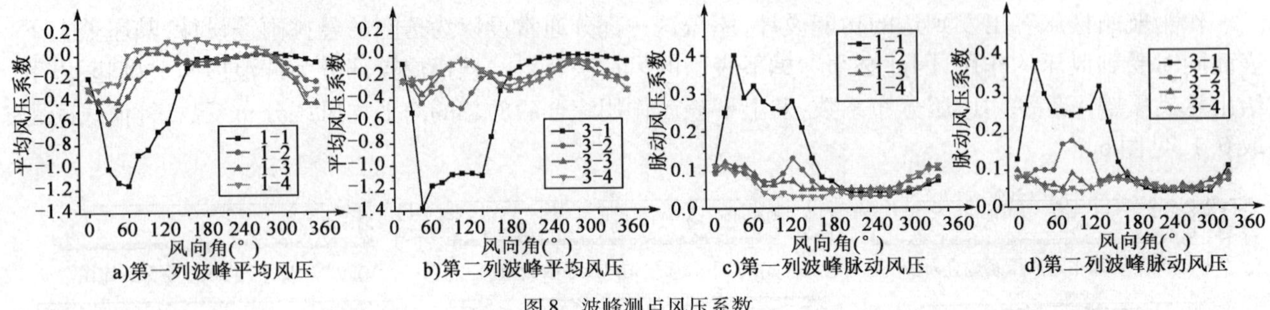

图8 波峰测点风压系数

5 结论

根据实验结果,通过波浪形屋盖及悬挑屋盖的风压系数等值线分析,可得如下结论:

(1)该波浪形屋盖表面的风荷载主要以负压为主。屋盖整体上屋盖平均风压不大,最大值存在于屋盖边缘处,30°风向角时,屋盖边缘负平均风压系数达到-1.38,值得注意。

(2)该波浪形屋盖脉动风压较小,最大值为0.46,屋盖表面迎风边缘波峰处脉动风压明显较其他区域高。

(3)悬挑屋盖部分是风荷载绝对值较大,变化比较激烈的部分,在一些风向角下会产生"上吸下压"的叠加作用,设计时应该注意,但在一些风向角下,一些区域也会产生"上吸下吸"的抵消作用,减小风压系数作用。

参考文献

[1] 朱川海,顾明.大型体育场主看台挑篷抗风研究现状及展望[J].空间结构,2005,11(2).

[2] 顾明,黄友钦,黄鹏,等.体育场挑篷的风荷载试验研究[J].同济大学学报:自然科学版,2008,36(9).

[3] 伊廷华.典型体育馆屋盖表面平均风压特性及干扰效应风洞试验研究.

[4] 中华人民共和国国家标准.GB 50009—2001 建筑结构荷载规范[S].2006版.北京:中国建筑工业出版社,2006.

[5] 黄鹏,顾明,风洞中模拟大气边界层流场的方法研究[J],同济大学学报,1999,27(2).

[6] 中国工程建设标准化协会标准.CECS 127:2001 点支式玻璃幕墙工程技术规程[S].2001.

[7] Wind tunnel studies of buildings and structures, ASCE manuals and reports on engineering practice No. 67, Task committee on wind tunnel testing of buildings and structures [M]. Aerodynamics committee aerospace division, American society of Civil Engineers, 1999.

大矢跨比球壳的脉动风压频谱特性研究

邱冶　孙瑛　武岳

（哈尔滨工业大学土木工程学院　哈尔滨　150090）

1　引言

球壳作为工程中一种常用的屋面结构形式，广泛地应用于体育馆、展览馆等大跨度空间结构。通常可定义矢跨比大于1/2的球壳为大矢跨比球壳结构。随着现代施工技术的发展，我国先后涌现出大量的大矢跨比球壳建筑，如上海国际会议中心、杭州国际会议中心。这类结构因具有较大的覆风面积，且风压分布以及三维空间特性复杂，抗风分析往往是结构设计中的关键问题之一[1-2]。Homles[3]和Gioffre[4]通过风洞试验研究表明，作用在低矮建筑屋盖结构表面的风压脉动，是导致结构局部构件或屋面附属材料破坏的主要原因。然而，由于建筑结构表面脉动风压时空特性较为复杂，同时受到来流湍流和特征湍流的综合作用，对结构表面脉动风荷载及其频谱特性却鲜有研究。国外仅Kumar[5]和Uematus[6]针对低矮建筑屋盖表面脉动风压谱特性进行了细致研究。Kumar根据相似谱特性将矩形平屋盖表面风压谱进行分类，并提出指数型风压谱拟合公式。

本文对风压谱的形状特征、主峰值对应的折减频率，及高频段衰减斜率等谱特性进行分析。研究脉动风压频谱特性不仅有助于了解球壳周围流场特性，而且可以为等效静力风荷载的估计提供重要信息[7-8]。研究表明，球壳顶部分离流所引起的特征湍流对其表面风压脉动能量贡献最大。基于相似的谱特性，对球壳表面不同区域内的归一化风压自谱进行分类，并在此基础上提出了一种脉动风压自谱模型经验公式，最后通过与试验数据的对比验证该谱模型的精确性。

2　球壳模型风洞测压试验

球壳缩尺模型的风洞试验于哈尔滨工业大学风洞与浪槽联合实验室小试验段进行。试验段截面高3.0m，宽4.0m，长约25m。刚性模型采用玻璃钢制成，结构几何缩尺比为1/30，直径为0.8m，矢跨比为3/4，模型支承高度分别为0.08m。试验流场为均匀平滑流，控制风速分别为10m/s，试验相应的雷诺数范围为5.5×10^5，属于超临界范围以内。

利用球壳几何外形的对称性，测压点沿半球布置，具体沿着球壳高度方向的14条同心环形条带均匀布置。测点的布置及风向角定义见图1，其中φ表示沿着球壳纬向的夹角，θ表示沿着球壳经向的夹角，试验风向角由$\theta=0°\sim270°$每隔90°采集一次。风压信号由DSM3400电子压力采集系统进行采集，采样频率为312.5Hz。在对脉动风压进行同步测量前，本文首先通过试验获得测压导管的频率响应函数，利用该函数对各测压导管测得的畸变信号直接进行修正，以保证测压结果的准确性和可靠性。

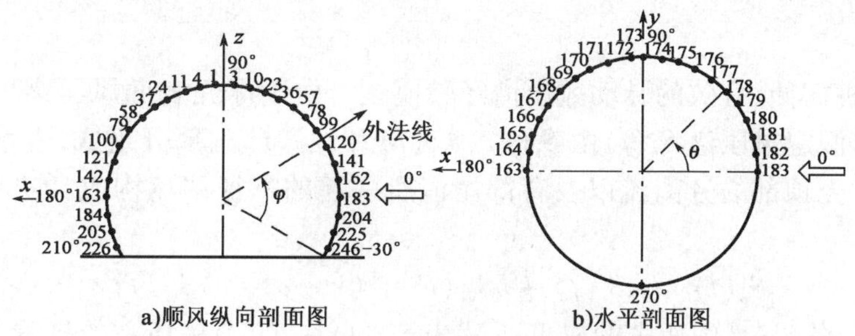

图1　试验模型测点布置及风向角示意图（$-30°\leqslant\varphi\leqslant210°$，$0°\leqslant\theta\leqslant360°$）

基金项目：国家自然科学基金重大研究计划重点项目（90815021），国家自然科学基金面上项目（50908068），哈尔滨工业大学科研创新基金（HIT. NSRIF. 2009098），黑龙江省留学归国科学基金项目（LC201011）资助。

3　脉动风压自谱特性及谱模型

3.1　自谱特性

脉动风压谱特性非常复杂，随着风向角度和测点位置变化而变化；同时受建筑尺寸、屋盖几何形状和来流的湍流度以及雷诺数的影响[8]。图2给出了球壳表面与来流风向垂直的中心线条带上($\theta=90°$)典型测压点的脉动风压自功率谱曲线。其中，$fS(f)/\sigma^2$ 为归一化风压自谱，fD/U 为无量纲折减频率，D 为球壳直径，U 为来流平均风速，σ 为脉动风压均方根。可以看出，在纬向角度 $\varphi<80°$ 范围内(图2球壳阴影部分)，风压谱曲线形状基本不变；大于此范围值时，即位于球壳两侧区域内，球壳的三维尺寸效应影响显著增大，使得风压谱曲线产生较大变化。然而，在抗风设计中沿球壳中心线区域的风荷载往往起关键作用，进而忽略球壳侧面局部区域荷载对整体结构响应的影响，假定球壳表面与来流方向垂直条带上的风压谱曲线与中心线上谱曲线一致。为此，本文主要以球壳沿顺风向中心线条带上测点的风压谱曲线为研究对象，考察风压谱的形状特征、主峰值对应的折减频率及高频段衰减斜率等谱特性。

球壳表面中心线条带上典型测点的风压谱与来流风速谱的分布曲线见图3。可以看出以下几个特点：①风压谱曲线随着测点位置不同而变化，在总体上呈宽频分布特性。②沿球壳迎风面赤道线附近的风压谱曲线形状与来流风速谱最接近，流场特征主要受到来流湍流的影响。随着测点由球壳底部向顶点转移($\varphi=0°\sim120°$)，可以观察到谱峰值变大，而谱峰值对应的折减频率变小，流场特征受到球壳顶部分离流的作用。③在球壳背风面，纬向角度 $\varphi=140°\sim210°$ 范围内，谱曲线频带变宽、谱峰值对应的折减频谱由低频向高频转移。当纬向角度 $\varphi>170°$ 时，谱曲线在高频部分出现第二个峰值，这一现象可能与球壳背部的旋涡脱落有关。综上所述，球壳表面的风压自谱曲线随着测点位置不同而变化，然而风压谱所代表的风压脉动能量主要表现为来流湍流、球壳顶部的分离流以及背部尾流(旋涡脱落)所引起的特征湍流的综合作用。

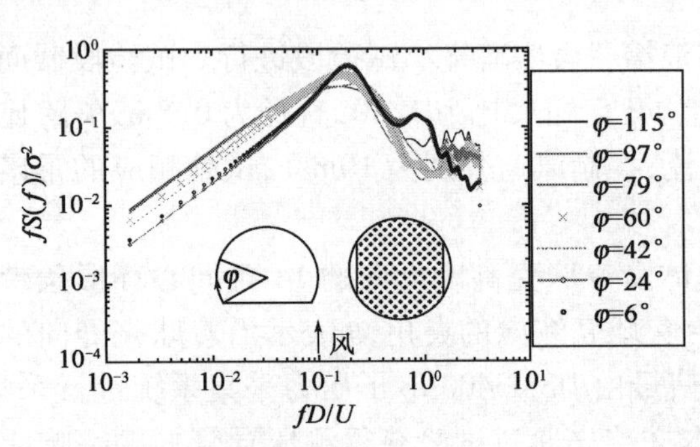

图2　归一化脉动风压自功率谱分布($\theta=90°$)

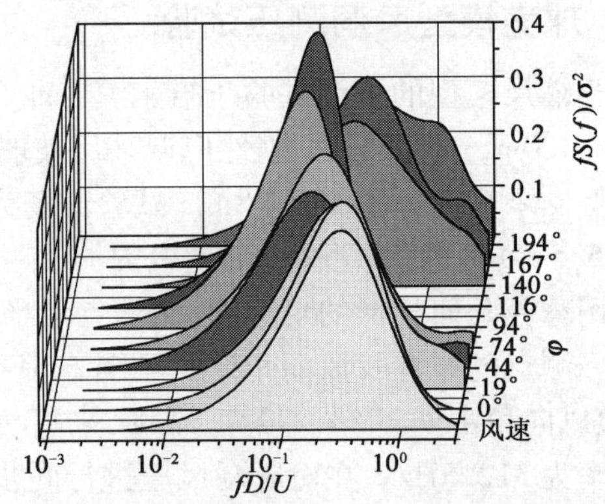

图3　球壳中心线条带上风压谱与风速谱的比较

3.2　自谱模型

本文试图建立一种简便、有效的脉动风压谱经验模型。由于球壳表面风压谱可认为是来流湍流和特征湍流的综合作用，假定风压谱 $S_p(f)$ 由 $S_t(f)$、$S_{v1}(f)$ 和 $S_{v2}(f)$ 三部分组成，表示球壳表面的风压脉动分别由来流湍流、球壳顶部的分离流以及背部尾流所引起的特征湍流构成。功率谱 $S_p(f)$ 可采用如下表达式：

$$S_p(f)=aS_t(f)+bS_{v1}(f)+(1-a-b)S_{v2}(f) \tag{1}$$

式中，a 代表 $S_t(f)$ 在 $S_p(f)$ 中所占的权重；b 代表 $S_{v1}(f)$ 在 $S_p(f)$ 中所占的权重。权重系数由最小二乘法计算得到。

该谱模型不仅与大气来流湍流谱结合起来，有利于对大气湍流谱进行转化得到合理的气动力导纳函数，而且可以考察特征湍流对脉动风压的影响。

图4 给出了权重系数 a 和 b 随球壳纬向角度 φ 变化的分布曲线。可以看出,权重系数 a 主要分布在球壳迎风面纬向角 -30°～40°范围内,说明该区域内风压脉动主要受到来流湍流作用;权重系数 b 主要分布在球壳顶部,且分布曲线所围成的面积最大,这一现象表明球壳顶部分离流所引起的特征湍流对其表面风压脉动能量贡献最大。图5 给出了球壳表面中心线上典型测点的风压谱试验曲线与由谱模型公式(1)拟合得到的谱曲线,利用该谱模型得到了较为满意的拟合结果。为验证该模型的适用性,本文还对球壳表面其他测点风压谱实验曲线与公式拟合比较,发现两者同样吻合得较好。

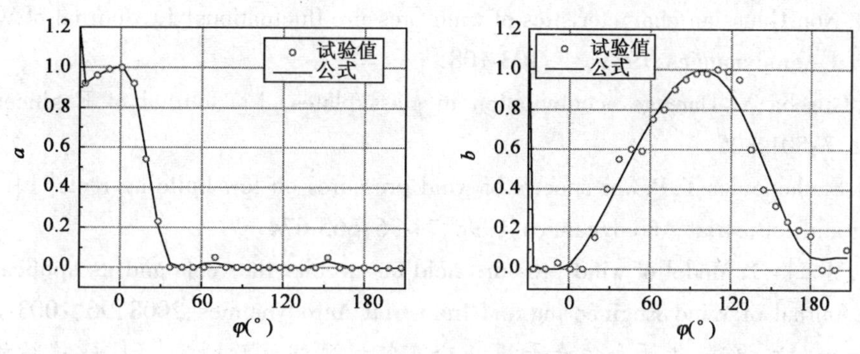

图4 权重系数 a 和 b 分布曲线

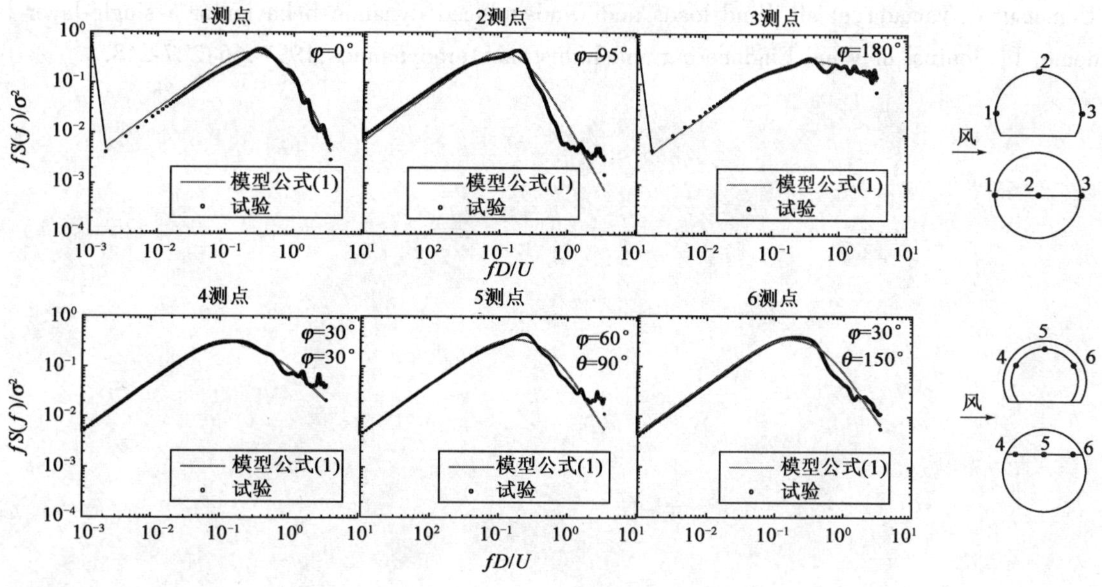

图5 球壳表面其他测点的试验风压谱与公式拟合谱

4 结论

本文通过刚性模型动态测压试验,对球壳表面脉动风压自功率谱特性进行了研究。得到如下结论:

(1)通过对球壳表面脉动风压谱的归纳分析,基于相似的谱特性,将球壳表面脉动风压谱曲线粗略划分为四种,并在此基础上对球壳进行了分区。

(2)球壳表面的风压自谱曲线随着测点位置不同而变化,且风压谱所代表的风压脉动能量主要体现为来流湍流、球壳顶部的分离流,以及背部尾流所引起的特征湍流的综合作用。

(3)本文最后提出了一种经验谱模型公式,通过与试验数据的对比验证了该模型的正确、可靠性。通过权重系数分布曲线,揭示了球壳表面各区域脉动风压特征,研究表明球壳顶部分离流所引起的特征湍流对其表面风压脉动能量贡献最大。

参 考 文 献

[1] Newman B G, Ganguli U. Flow over spherical inflated buildings[J]. Journal of Wind Engineering and Industrial Aerodynamics, 1984, 17: 305-327.

[2] ASCE. Wind tunnel studies of buildings and structures[J]. J. Aerospace Eng. ASCE, 1996, 9(1): 19-36.

[3] Holmes J D. Non-Gaussian characteristics of wind pressure fluctuations[J]. Journal of Wind Engineering and Industrial Aerodynamics, 1981, 17: 103-108.

[4] Gioffre M, Gusella V. Damage accumulation in glass plates[J]. Journal of Engineering Mechanics, ASCE, 2002, 7: 801-805.

[5] Kumar K S, Stathopoulos T. Power spectra of wind pressures on low building roofs[J]. Journal of Wind Engineering and Industrial Aerodynamics, 1998, 74-76: 665-674.

[6] Uematus Y, Moteki T. Model of wind pressure field on circular flat roofs and its application to load estimation[J]. Journal of Wind Engineering and Industrial Aerodynamics, 2008, 96: 1003-1014.

[7] 李元奇, Tamura, 沈祖炎. 球面壳体表面风压分布特性风洞试验研究[J]. 建筑结构学报, 2005, 26(5): 104-111.

[8] Uematsu Y, Yamada, et al. Wind loads and wind-induced dynamic behavior of a single-layer latticed dome[J]. Journal of Wind Engineering and Industrial Aerodynamics, 1997, 66: 227-248.

体育馆屋盖表面平均风压特性及干扰效应风洞试验研究

桑　冲　李正农　苏万林　梁笑寒

(建筑与节能教育部重点实验室　长沙　410082)

1　引言

随着经济的发展和科技的进步,各种造型独特、结构新颖的大跨空间结构,如机场航站楼、文体活动中心、展览馆、博物馆等大量涌现。这些建筑物大多具有质量轻、柔性大、阻尼小、结构自振周期与风速的卓越周期较接近等特点,对风荷载十分敏感[1]。处于流场中的建筑物,在迎风面将受到一定的压力,并且由于建筑物是非流线型的,在背风面将形成一定的旋涡而产生吸力,这些压力和吸力在整个建筑物表面并不是均匀分布的,它随建筑物体型、面积和高度的不同,风速、风向及风的紊流结构的变化而不停地改变[2]。在强风作用下,结构表面饰物脱落或局部屋面被掀开,导致整个屋面遭受破坏的例子时有发生。例如,1995 年美国亚特兰大奥运会的主场馆——佐治亚穹顶(Geogia Dome)在建成 3 年后,在一次强风暴雨袭击下有四片薄膜被撕裂,撕裂长度达 10 余米。国内,2003 年上海大剧院大屋盖顶东侧中部一大块覆面材料被强风撕裂成两段,造成损坏面积达 250 多平方米。

对于一般形式的建筑物,我国《建筑结构荷载规范》(GB 50009—2001)[3]已明确给出其相应的体型系数和风振系数,而对于体型复杂的建筑物,规范并没有给出相应的设计依据,只是指出应该通过风洞试验来确定其风压分布。另外,现代的建筑分布非常密集,一般待建建筑的周围均会有其他已建的建筑物或构筑物,这些建筑物或构筑物对待建建筑的气动干扰是不能忽视的。当两者间距很近时,这种干扰会相当显著[3]。当然,这种干扰效应与干扰体的位置、形状等很多因素密切相关,要想给出一个普遍意义的结论是很困难的,但是可以通过对具体的实例进行分析,得出一些具有参考意义的结论。

本文的背景项目为湖南大学风工程研究中心承担的贵州威宁奥体中心体育馆,体育馆位于贵州省威宁县。该体育馆实际建成后,半径可达 50m。屋盖的造型极为新颖,由两片高斯形曲面和中间隆起的球壳组成,如图 1 所示。本文分别就有周边建筑和无周边建筑两种情形(图 2),对体育馆的模型分别进行了风洞实验,研究了这两种情形下屋盖上的风压分布特性。

图 1　体育馆效果图

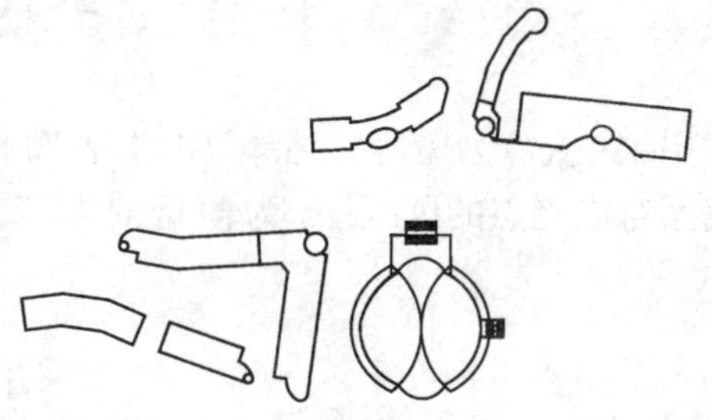

图 2　体育馆周边建筑干扰图

2　试验方案

将1:200的体育馆动态测压刚性模型,安置在风洞试验段内转盘的中央。第一次试验只安放体育

基金项目:国家自然科学基金重点项目(90815030,50978094)资助。

馆模型。第二次试验中除体育馆模型外，将该体育馆四周有较大干扰的建(构)筑物制成模型安置在转盘上，以求更准确地模拟现场周边的状况。除体育馆周边完整模拟外，在风洞试验段内建立了符合威宁奥体中心体育馆地形的边界层流场，体育馆地形为国家规范所划分的B类地貌，故以此要求模拟流场。试验分别以15°为增量，共执行了24个风向角的模型风压试验，由试验数据统计分析和计算得到了平均风压系数和峰值风压系数，可供结构设计参考。

模型图见图3，试验风向角示意图如图4所示。试验在湖南大学风洞实验室的HD-3大气边界层风洞中进行。

图3　模型示意图

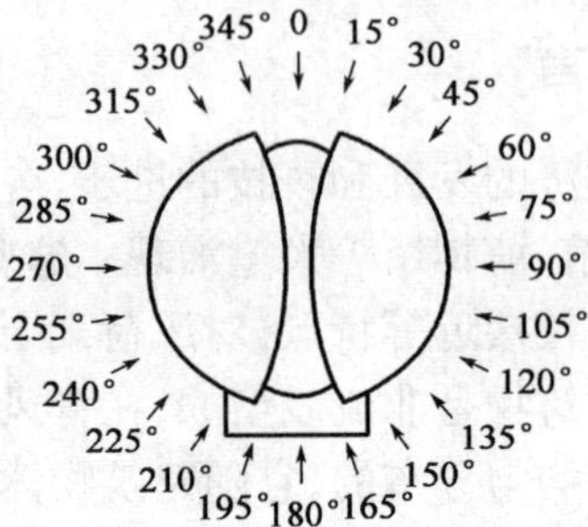

图4　试验风向角示意图

3　数据处理方法

本试验所涉及的风压都是垂直于建筑物表面，风压值的符号约定为：受压力为正，受吸力为负。各测点风压系数的计算方法系按目前国内外风工程惯用的方法，即按下式计算：

$$\Delta C_{pi}(t) = \frac{p_i(t) - p_H}{\frac{1}{2}\rho v_H^2} \tag{1}$$

式中，$\Delta C_{pi}(t)$为屋盖其余部分和幕墙部分测点的风压系数；$p_i(t)$为各个测点的风压值；p_H为参考高度(模型顶端高度)处的参考静压；v_H为模型前方来流未扰动区相当于模型顶端高度处的平均风速；ρ为空气密度。

体育馆两侧的悬挑部分及主入门处均采用了双测点，同步测试上、下表面的风压，因此净风压系数可表示为：

$$\Delta C_{Pi}(t) = \frac{p_i^f(t) - p_i^b(t)}{\frac{1}{2}\rho v_H^2} \tag{2}$$

式中，$\Delta C_{pi}(t)$为屋盖悬挑部分的上表面和下表面对应测点的净风压系数；$p_i^{\mathrm{f}}(t)$、$p_i^{\mathrm{b}}(t)$分别为上表面和下表面对应测点的风压；v_H为模型前方来流未扰动区相当于模型顶端高度处的平均风速；ρ为空气密度。

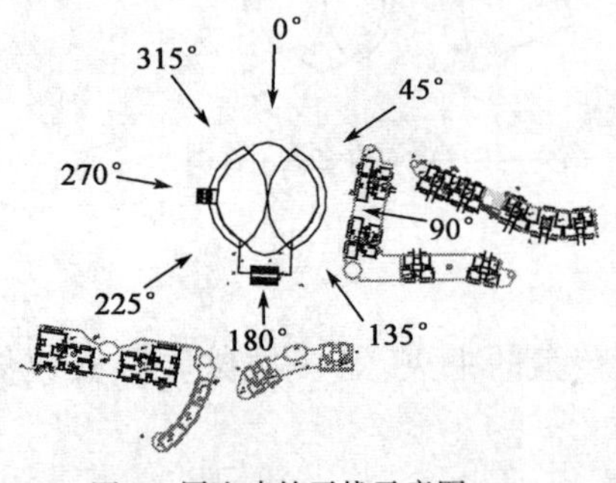

图5　周边建筑干扰示意图

4　风荷载特性与干扰影响分析

将所有测点分为三类：屋盖悬挑部分、屋盖其余部分以及幕墙部分。本文将对这三种测点的分布特性以及干扰效应分别进行研究。定义干扰因子$I_{gg} = C_p$(有干扰)/C_p(无干扰)，以考察风压分布的干扰效应。

由于周边建筑的干扰都在同一边体育馆后边，故主要选取后边的测点作为研究点，选择体育馆前边和侧边的测点作为对比。

对于屋盖悬挑部分,后缘处选择4个测点,中缘选择2个测点,前缘选择2个测点,如图5所示。对于屋盖其余部分,后缘处选择4个测点,中缘选择2个测点,前缘选择2个测点,如图6所示。对于幕墙,后边处选择3个测点,中间选择2个测点,前边选择1个测点,如图7所示。对于这些测点,基本上反映了屋盖的风荷载特性。

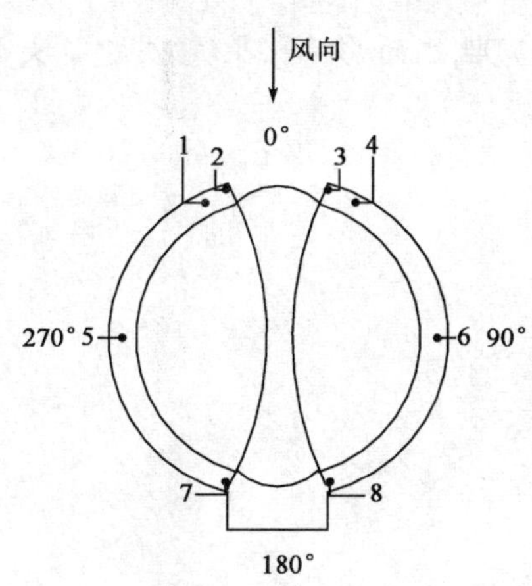

图6　屋盖悬挑部分关键点示意图

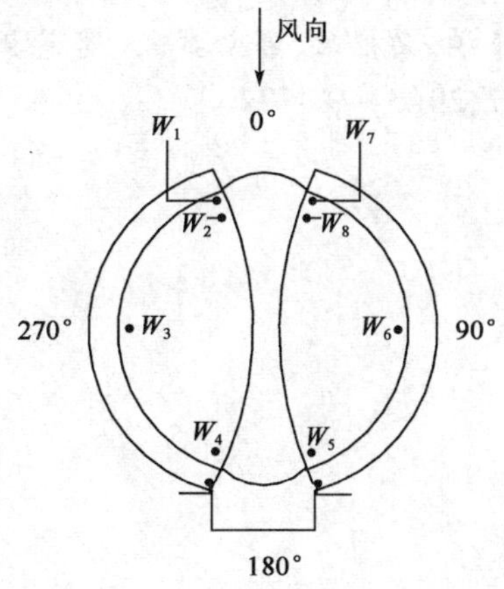

图7　屋盖其余部分关键点示意图

5　结论

通过对威宁奥体中心进行风洞试验,经过分析可以得到如下结论:

(1)无周边干扰时,屋盖各个部分的平均风压基本为负压。屋盖其余部分的风压分布也与建筑的外形有关,在表面突出处易产生正压,在设计中应引起重视。

(2)若在迎风处无建筑物遮挡,或者迎风时干扰建筑位于奥体中心的上游,但是距离干扰物较远,干扰效应就较小,不需考虑干扰效应。若迎风处有干扰建筑且距离较近,则需要考虑干扰效应,具体干扰效应的大小需要做风洞试验具体研究。

(3)无干扰时体育馆的悬挑雨篷由于来流的分离,易产生较大负压,等压线在这些部位分布密集,风压变化剧烈。迎风面时,悬挑雨篷产生较大负压。在背风面时,雨篷的风压系数出现正值,设计时应考虑这种正负压变号问题,采取必要的措施,以防外覆面被强风破坏。

参 考 文 献

[1]　Zheng Zhemin, Yang Zhenshen, Jin liao. Underwater explosion treatment of marine soft foundation[J]. China Ocean Engineering, 991, 5(2): 220-226.

[2]　李翼祺,马素贞. 爆炸动力学[M]. 北京:科学出版社,1992.

[3]　中华人民共和国国家标准. GB 50009—2001 建筑结构荷载规范[S]. 北京:中国建筑工业出版社,2006.

[4]　张相庭. 工程抗风设计计算手册[M]. 北京:中国建筑工业出版社,1987.

[5]　李正农,宫博,罗叠峰. 周边建筑对体育馆屋盖和幕墙风荷载的干扰[J]. 湖南大学学报:自然科学版,2010, 7(2): 18-22.

[6]　国辉,孙柄楠,楼文娟. 复杂体型大跨屋盖结构的风荷载分布[J]. 土木工程学报 2005, 30(10): 39-43.

[7]　李方慧,倪振华,沈世钊. 不同地貌下几个典型屋盖的风压特性[J]. 建筑结构学报. 2007, 28(1):

119-124.
[8] 沈国辉,孙柄楠,楼文娟.体育场看台挑篷的风荷载及干扰效应分析[J].空气动力学学报,2005,23(4):490-495.
[9] 方江生,丁洁民,王田友.北大体育馆屋盖的风荷载及周边建筑干扰影响的试验研究[J].空气动力学学报,2007,25(4):443-448.
[10] 吴海洋,梁枢果,郭必武.大跨悬挑屋盖结构形式对抗风性能的影响[J].重庆建筑大学学报,2007,29(5):97-102.

大跨球壳结构局部开孔对风荷载影响的试验研究

邵新霞　肖　彬　刘庆宽

（石家庄铁道大学风工程研究中心　石家庄　050043）

1　引言

球壳结构是常用的大跨度空间存储结构形式之一。为了满足大跨度储煤结构某些功能性的要求，结构本身会有一些局部开孔，如天窗、设备口、开放带等。开孔结构内部风效应研究国外开展的较早，Vickery 和 Bloxhamt[1]、Woods 和 Blackmore[2]、Pearce 和 Sykes[3]、Ginger 和 Letchford[4]等学者通过一系列刚性模型风洞试验，对结构内部风压进行了细致的研究。国内卢旦、楼文娟[5]等估算了开孔瞬间建筑物内部的平均及脉动风压特性。黄鹏[6]研究了大跨屋盖顶部开洞后的风荷载特性，研究表明屋盖开洞后屋盖上的风压有一定程度的降低。余世策、楼文娟等[7]采用开孔位置为立墙的迎风面矩形的刚性模型进行了结构风洞试验，对结构内部的平均和脉动风压特性进行了研究。但是以前的研究对象主要是针对矩形建筑，实际中建筑物形式很复杂。本文主要以一种典型的球壳结构为例，研究了天窗、开放带两种开孔形式对球壳结构风压系数的影响。

2　试验概况

2.1　试验模型及测点布置

球壳储煤结构结构形式为：下部是高 20m 的圆柱形筒仓，上部为半径 53.9m 的球冠形网架薄壳结构，连接部分有 3m 宽的一圈开放带，球壳顶部天窗直径为 8m，孔上 2.5m 高有顶盖。刚性测压试验模型缩尺比为 1:125。图 1 是圆形煤棚中心剖面图和平面布置示意图。

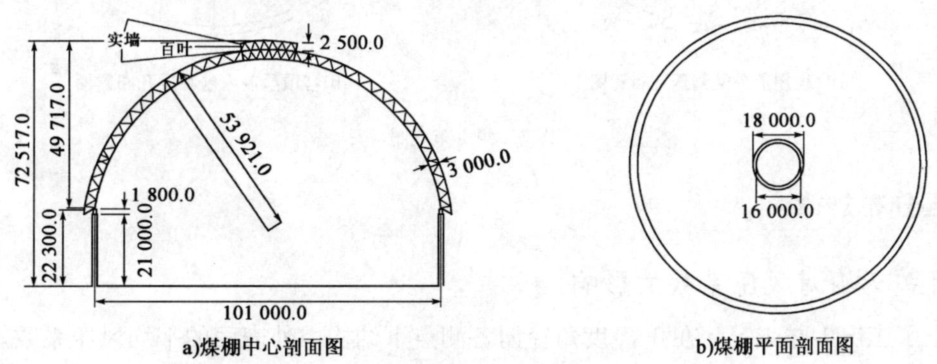

图 1　圆形煤棚中心剖面图和平面布置示意图（尺寸单位：mm）

测压孔主要分布在穹顶屋盖的球心角 β 为 10°、28°、45°、60°、80°、85°、95°、100°、120°、135°、152°和 170°12 条纬线和 15°间隔的经线的交点上，此外在顶部圆形天窗布置了测压孔，共计 170 个。图 2 为储煤结构球壳模型测点布置图。

2.2　风场及试验工况

试验在石家庄铁道大学风工程研究中心风洞的低速试验段中进行。该风洞低速试验段宽 4.4m，高

基金项目：国家自然科学基金（50878135），河北省自然科学基金（E2008000442），河北省科技支撑计划（09215626D）资助。

3m，长24m，风速1～30m/s连续可调。试验主要在均匀场中进行。

试验根据天窗是否开启和开放带有无共4种工况，见表1。

试验工况 表1

工况号	天窗	开放带	工况号	天窗	开放带
工况1	开	开	工况3	开	关
工况2	关	开	工况4	关	关

风洞测压试验的自由来流风速为16m/s，采样频率为312.5Hz，采样点数为6 000点。

定义来流方向和模型纵轴方向重合，风向角为0°。

2.3 参数定义

采用无量纲风压系数来描述结构表面的风压：

$$C_{pi}=\frac{p_i-p_s}{p_t-p_s}=\frac{p_i-p_s}{\frac{1}{2}\rho u_r^2} \tag{1}$$

式中，C_{pi}为i点的风压系数；p_i为测点i处的压力；p_s为参考点静压；p_t为参考点总压；ρ为空气密度；u_r为参考点风速。

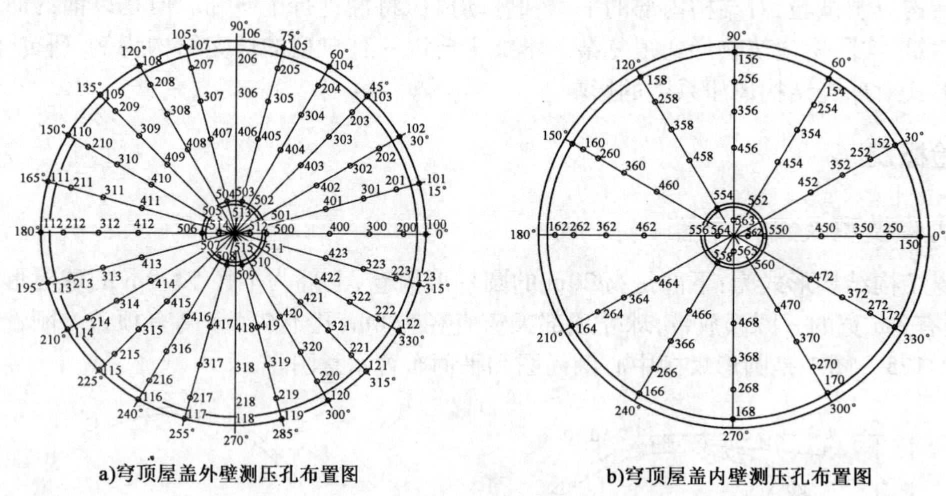

a)穹顶屋盖外壁测压孔布置图　　b)穹顶屋盖内壁测压孔布置图

图2 测点布置图

3 风压分布规律

3.1 开关天窗对风压系数的影响

图3给出了工况1与工况2在0°经度角径向各测点下结构内外表面的平均风压系数。

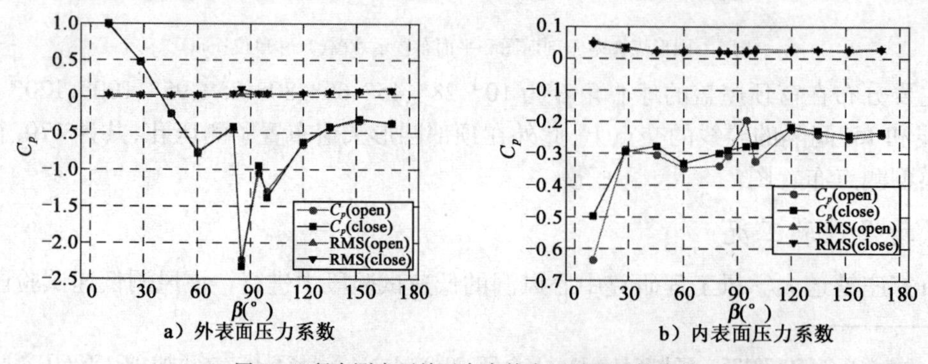

a）外表面压力系数　　b）内表面压力系数

图3 0°径向测点开关天窗内外表面风压系数曲线

C_p(open)/C_p(close)、RMS(open)/RMS(close)分别表示为模型天窗开启/关闭时，测点的平均风压系数和风压系数均方根。从图3a)可以看出，天窗的开关对结构外表面的平均风压系数影响不大，这两种状态下对结构外表面的风压系数均方根除天窗处以外其他各测点影响也不大。图b)可以看到开关天窗两种状态下内表面的平均风压系数发生变化，天窗关闭后内表面的平均风压系数大于天窗开启时内表面的平均风压系数。对应负压绝对数值减小，减小了内部结构风荷载。开关天窗两种状态下内表面的风压系数均方根几乎没变化。

3.2 开放带开关对风压系数的影响

图4给出了工况1与工况3在0°经度角径向各测点下结构内外表面的平均风压系数。

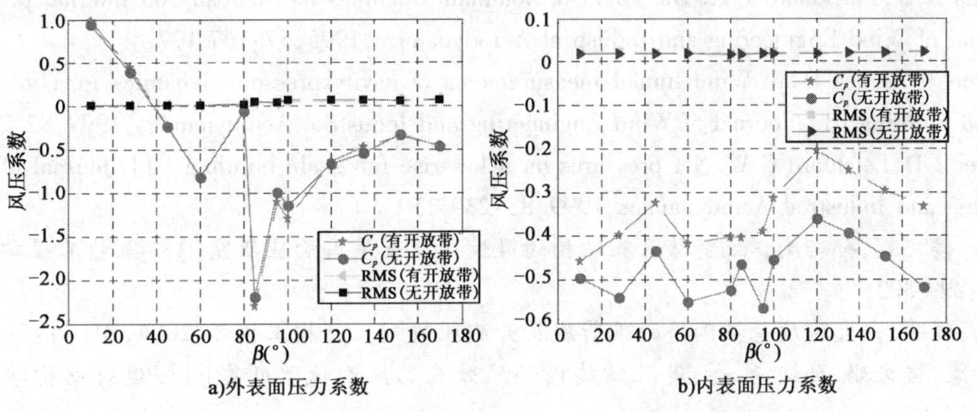

图4 0°径向测点开天窗时有无开放带内外表面风压系数曲线

C_p(有开放带)/C_p(无开放带)、RMS(有开放带)/RMS(无开放带)分别表示模型有/无开放带时，测点的平均风压系数和风压系数均方根。

由图4a)可以看出，在天窗开启状态下开放带的有无，对结构0°径向测点外表面风压系数影响不大，外表面测点风压系数均方根值，在有无开放带两种状态下差别也不大。由图4b)可以看到有无开放带两种状态下，结构的0°径向测点内表面产生了显著的变化，无开放带时结构内表面测点平均风压系数值小于有开放带时结构的平均风压系数值，也就是对应负压绝对数值增大了，结构内表面测点风压系数均方根值在有无开放带开关两种状态下差别也很小。总体来说，在天窗开启下有无开放带两种状态结构外表面0°径向外表面的风压系数及脉动风压系数均没有明显的变化，只是无开放带时结构内表面0°径向风荷载分布的对应负压绝对数值明显增大。

由图4b)可以看出，无开放带时结构内表面的平均风压系数大部分在0.2~0.4范围内，无开放带时内表面的风压系数大部分在-0.4~0.6之间，比较图3b)与图4b)有无开放带相对于天窗开关对结构内表面的影响较大。

图5为工况2与工况4的比较，从图中可以看到天窗关闭时有无开放带与天窗开启时有无开放带对结构的外表面平均风压系数的影响规律类似，即对结构结构外表面0°径向外表面的风压系数及脉动风压系数均没有明显的变化。

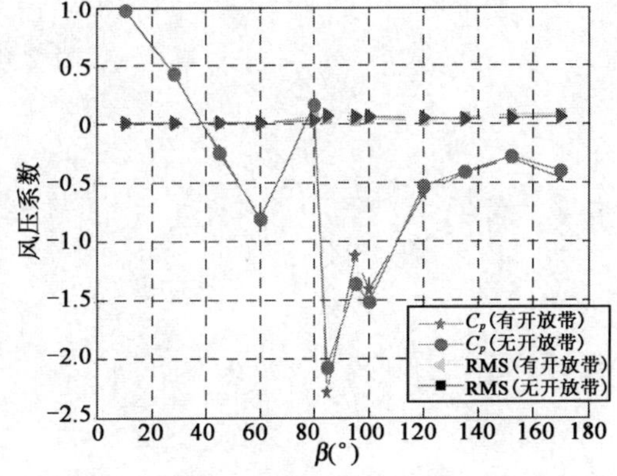

图5 0°径向测点关天窗有无开放带内外表面风压系数曲线

4 结论

本文中对球壳储煤结构进行了刚性模型测压试验，研究了天窗及开放带两种开孔形式对结构内外表面平均风压系数的影响，得到了如下结论：

(1)球壳结构天窗开启、有无开放带都对结构内表面风压分布有显著影响,对外表面风压分布影响不大。

(2)对于两种开孔方式来说,开放带对结构内表面平均风压系数影响最大,其次为天窗。

参考文献

[1] Vickery B J, Bloxham C. Internal pressure dynamics with a dominant opening [J]. Journal of Wind Engineering and Industrial Aerodymaic, 1992, 41-44: 193-204.

[2] Woods A R, Blackmore P A. The effect of dominant openings and porosity on internal pressures [J]. Journal of Wind Engineering and Industrial Aerodynamics, 1995, 57: 167-177.

[3] Pearce W, Sykes D M. Wind tunnel measurements of cavity pressure dynamics in a low-rise flexible roofed building [J]. Journal of Wind Engineering and Industrial Aerodynamics, 1999, 82: 27-48.

[4] Ginger J D, Letchford C W. Net pressures on a low-rise full-scale building [J]. Journal of Wind Engineering and Industrial Aerodynamics, 1999, 83: 239-250.

[5] 卢旦,楼文娟,孙炳南,等.突然开孔结构的风致内压及屋盖响应研究[J].振动工程学报,2005,18(3):299-303.

[6] 黄鹏,顾明.一大跨度悬挑雨篷的风荷载及开洞比较[J].结构工程师,2004,20(4):51-55.

[7] 余世策,楼文娟,孙炳南,等.开孔结构内部风效应的风洞试验研究[J].建筑结构学报,2007,28(4):76-82.

大跨度铁路站房的风效应与多目标等效静风荷载

吴迪　武岳　孙瑛

（哈尔滨工业大学土木工程学院　哈尔滨　150090）

1　引言

随着我国铁路建设的迅速发展，大跨度铁路站房屋盖结构的风效应分析与抗风设计方法已成为结构风工程研究的一个重要方向，学者围绕大跨度屋盖结构的风荷载特性[1]、风致响应及其机理[2]和抗风设计方法[3-4]进行了大量理论研究，取得了阶段性成果。但具体到工程应用层面仍存在一些问题，如：①大跨屋盖结构有限元模型存在较多节点，而通常情况下风洞试验中布置的风压测点远小于有限元模型节点数，导致风洞试验数据不能直接应用于结构有限元分析，而采用直接插值方法往往导致计算量过大；②工程中往往将上部钢结构屋盖视作独立结构进行分析，而不考虑下部结构协同工作对结构风效应的影响；③由于大跨屋盖结构具有多振型参与风振的特点，导致结构的各种关键响应并不完全相关，针对不同的响应（等效目标）存在不同的等效静风荷载分布形式，给抗风设计带来很大不便。

上述问题有些是理论研究已经较好解决而工程应用相对滞后，有些则是现有研究并未涉及，导致对于实际大型结构尚未形成成熟的抗风设计方法，一定程度上限制了该类结构的进一步发展。本文以哈尔滨西客站站房屋盖结构为研究对象，采用刚性模型同步测压试验获得建筑表面的脉动风荷载信息，应用本征正交分解技术对风压场进行重构及预测；应用时程分析方法计算结构风致响应，相当于考虑了所有振型的贡献，并考察了下部结构对屋盖风致响应的影响；在此基础上应用多目标等效方法获得了针对节点位移和杆件内力的等效静力风荷载分布，并将计算结果与实际动力极值响应进行了对比。所得结果为该结构的设计风荷载确定提供了依据，同时为今后类似铁路站房结构的抗风设计与研究提供了有益参考。

2　风压场本征正交分解及风场预测

风洞试验在哈尔滨工业大学风洞与浪槽联合实验室中进行，为解决试验风压测点与结构有限元模型节点的不匹配问题，应用本征正交分解技术对脉动风压场进行重构及预测，其基本思想是基于已知测压点的时频特性，通过对本征模态进行插值来确定未布测点处的风压信息，从而达到提高荷载空间分辨率的目的。根据本征正交分解定理，结构表面任意点的随机脉动风荷载可展开为下列级数：

$$p(x,y,z,t) = \sum_{k=1}^{n} a_k(t)\Phi_k(x,y,z) \tag{1}$$

式中，Φ_k 为本征模态；$a_k(t)$ 为第 k 阶本征模态的时间主坐标。

POD 方法可以把一个复杂的风压场，用一组仅与时间有关的函数（时间主坐标）和一组仅与位置有关的函数（本征模态）的乘积表示。由于本征模态完全反映了脉动风荷载的空间相关性，对能量占优的前若干阶本征模态进行双立方插值[5]，将插值后的本征模态与原时间主坐标结合即可得到未布测点处的风压时程信息，从而极大地提高了计算效率。为进一步明确 POD 技术的适用性，图 1 给出了 300°风向下结构表面风压场的前 2 阶本征模态分布和对应的时间主坐标，可以看出本征模态的分布形式与脉动风荷载分布具有较强的相关性，其中第 1 阶本征模态主要表征迎风前缘的风压脉动，第 2 阶本征模态

基金项目：国家自然科学基金项目（90815021），铁道部科技研究开发课题（2010T001-E）资助。

体现了候车厅与雨棚连接处的风压脉动。图2给出了各阶本征模态对整体风压分布的贡献情况，由于结构跨度较大，风压场的空间相关性较弱，第1阶本征模态能量贡献约为18%，为精确反映风压场特性，选取前100阶本征模态进行脉动风压场的重构与预测，此时累积能量贡献超过95%。

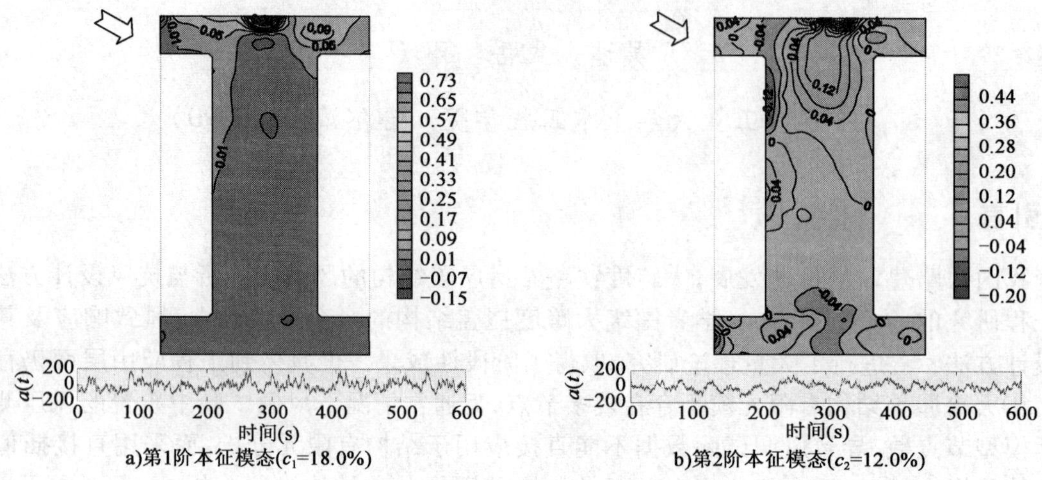

a)第1阶本征模态(c_1=18.0%)　　b)第2阶本征模态(c_2=12.0%)

图1　300°风向下前2阶本征模态及时间主坐标

3　下部结构对风致响应的影响

应用上节获得的风荷载信息进行时域内的风致响应分析，需要指出的是，对于此类大跨屋盖结构的抗风设计，通常将屋盖钢结构和下部混凝土结构分开进行分析，而不考虑下部结构对屋盖结构协同工作的影响，显然这种处理方式可能对结构的风致响应产生影响，关于这一问题的研究鲜见报道。为考察下部结构对屋盖风致响应的影响，采用通用有限元分析软件Ansys10.0分别建立屋盖钢结构模型和含下部混凝土结构的整体模型，在相同计算条件下，对屋盖结构模型和整体模型的自振特性和风致响应进行对比分析。

通过有限元计算获得结构前100阶自振频率与振型，图3给出了整体结构和屋盖结构的自振频率分布。两者自振频率分布均比较密集，考虑下部结构后自振频率明显降低。300°风向下整体结构模型节点最大位移和杆件最大应力与单独屋盖结构模型的结果比较见表1。考虑下部结构后，风荷载作用下的节点最大位移和杆件最大内力均有所增大，增幅分别为11%和16%，表明屋盖结构抗风设计中应充分考虑下部结构的影响。

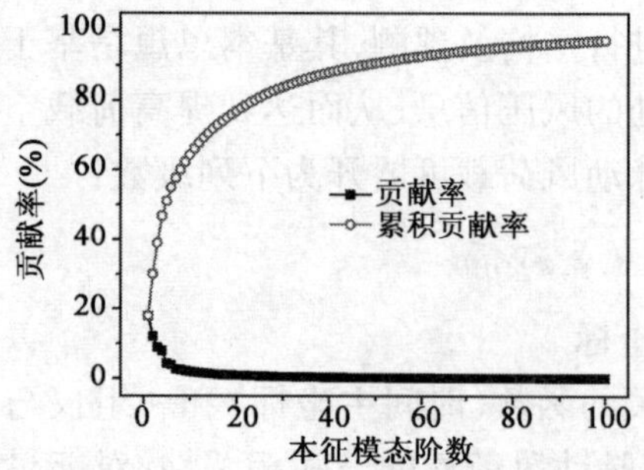

图2　300°风向下前100阶本征模态能量贡献

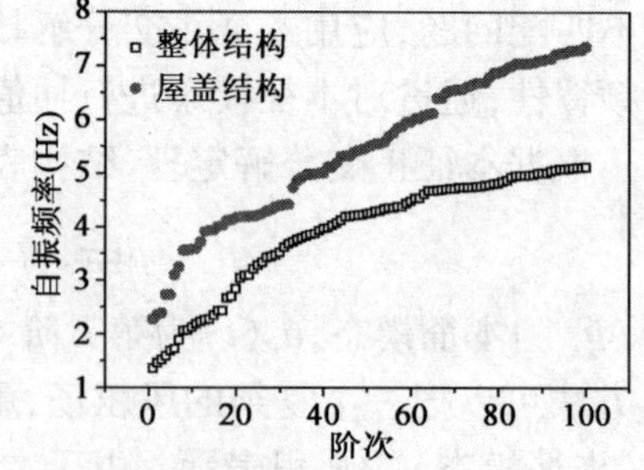

图3　结构自振频率分布

整体结构与屋盖结构极值响应比较　　表1

响应类型	整体结构	屋盖结构	整体/屋盖
最大位移(cm)	5.87	5.27	1.11
最大内力(MPa)	141.02	126.41	1.16

4 多目标等效静风荷载

传统的等效静风荷载分析方法,如荷载—响应相关系数法(LRC 法)、惯性力法等,仅能保证等效静风荷载作用下单一目标(如最大节点位移或最大杆件内力)处响应与动力极值响应等效。将之应用于大跨度屋盖结构时,由于关心的响应类型较多,多个等效目标将对应多个等效静风荷载分布形式。为此在非定常时域分析的基础上针对大跨屋盖结构的风荷载作用特点,提出一种多目标等效静风荷载确定方法,获得了可同时保证多个目标等效的静力风荷载分布。

4.1 分析方法

根据结构的静力影响线和时程分析算得的各等效目标处的极值响应可建立多目标等效方程组如下:

$$\boldsymbol{A}_{\mathbf{R}m\times 3n}\boldsymbol{F}_{\mathbf{e}3n} = \hat{\boldsymbol{R}}_m \tag{2}$$

式中,$\mathbf{A_R}$ 为结构影响系数矩阵;A_{ij}表示在 j 自由度方向施加单位力时坐标 i 处的响应;$\boldsymbol{F}_\mathbf{e}$ 为等效静风荷载向量;$\hat{\boldsymbol{R}}$ 为由时程分析得到的各等效目标位置的极值响应;下标 m 为等效目标个数;n 为结构表面的节点数(直接受到风荷载作用的节点数);$3n$ 为风荷载向量的维数。

求解方程组(2)可以得到与各等效目标吻合程度最好的数值解,但这一求解过程完全基于数学优化,而未考虑实际风荷载的作用模式,因此往往导致等效静风荷载的奇异分布。为解决这一问题,根据钝体空气动力学理论在式(2)的基础上对等效静风荷载的作用方向进行限制,使其始终垂直于建筑物表面,从而避免某些不合理作用模式的出现。具体方法如下:

$$\begin{cases} F_{x,o}\cos\beta - F_{y,o}\cos\alpha = 0 \\ F_{x,o}\cos\gamma - F_{z,o}\cos\alpha = 0 \end{cases},\cos\alpha \neq 0 \tag{3}$$

式中,$F_{x,o}$、$F_{y,o}$、$F_{z,o}$分别为点 o 处的等效静风荷载在 x、y、z 方向的分量;$(\cos\alpha,\cos\beta,\cos\gamma)$为该节点处的法向量方向余弦。

由式(3)可确定等效静风荷载各方向分量的关系,将之推广到整个结构,可得齐次线性方程组如下:

$$\boldsymbol{B}_{2n\times 3n}\boldsymbol{F}_{\mathbf{e}3n} = 0_{2n} \tag{4}$$

式中,$\boldsymbol{B}$ 定义为约束矩阵(秩为 $2n$),其作用是保证等效静风荷载在各节点的合力与建筑表面垂直,可由结构的几何信息确定。

联合求解式(2)和式(4),即可获得针对多个等效目标的等效静风荷载,根据结构表面节点数 n 与等效目标数 m 的关系,该方程组的解可分为以下三种情况:①当 $n=m$ 时,方程组有唯一解;②当 $n>m$ 时,方程组有无穷多个可能的解;③当 $n<m$ 时,方程组无精确解,此时只能得到方程组在最小二乘意义上的解,由于大跨屋盖结构杆件数量众多,因此对于所有杆件内力的等效往往属于该种情况。

4.2 等效结果验证

图 4 分别给出了 300°风向下,以结构所有上弦节点(共 1 959 个)竖向位移和所有杆件(共 13 897 根)轴向应力为等效目标的 ESWL 以静力形式作用下结构的响应,并与时程分析得到的结构动力极值响应进行了对比,为便于表示,图中节点号依实际动力极值响应由小到大排序。ESWL 以风压系数的形式表示,参考高度定为 10m。可以看出,对于节点竖向位移,ESWL 作用下的静力响应与实际动力响应分析结果完全吻合;对于杆件轴向应力,由于杆件数目远大于 ESWL 的自由度数目,因此无法获得完全精确的 ESWL,但对于大多数杆件,ESWL 作用下的结构响应均与实际动力极值响应比较接近,可以满足工程设计的要求;同时由于采用少数 ESWL 分布即可满足所有目标等效,较大程度地简化了结构抗风设计。

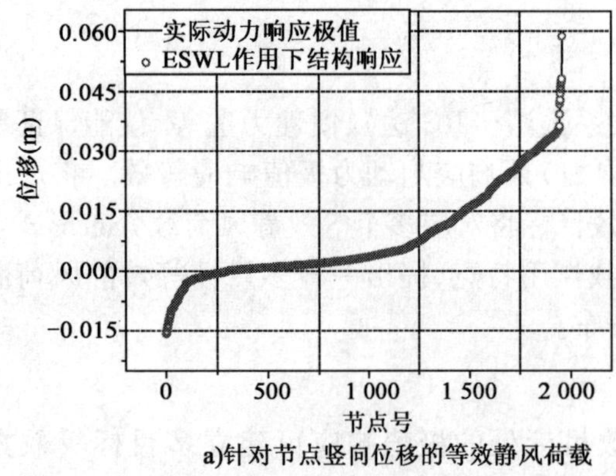

a)针对节点竖向位移的等效静风荷载

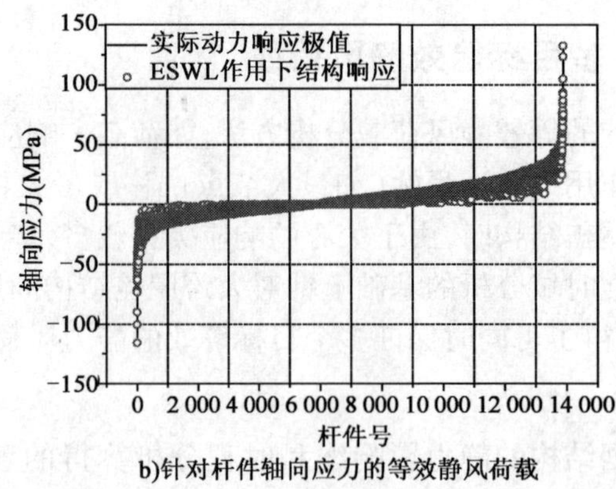

b)针对杆件轴向应力的等效静风荷载

图4　等效结果验证

5　结论

(1)对随机风压场进行POD分解,获得的本征模态与脉动风压间存在明显的相关性,因而具有明确的物理意义,对能量占优的前若干阶本征模态进行插值,可有效提高荷载的空间分辨率,进而为结构风致响应分析提供依据。

(2)对于该类大跨度铁路站房,下部结构可能导致屋盖结构的刚度弱化,进而导致对屋盖结构位移和内力响应的低估,应在抗风设计中予以充分考虑。

(3)针对空间结构的风荷载作用特点,提出了一种考虑多目标的等效静风荷载分析方法,利用该方法计算了静力等效风荷载,并对等效结果进行了验证,结果表明该方法可以实现以少量静力风荷载分布形式实现所有响应均与动力极值响应等效,达到了简化结构抗风设计的目的。

参考文献

[1]　孙瑛,武岳,林志兴,等.大跨度平屋盖表面的特征湍流特性研究[J].空气动力学学报,2007,25(3):319-324.

[2]　陈波,武岳,沈世钊.Ritz-POD法在屋盖结构风振响应分析中的应用[J].计算力学学报,2007,24(4):499-504.

[3]　顾明,周晅毅.大跨度屋盖结构等效静力风荷载方法及应用[J].建筑结构学报,2007,28(1):125-129.

[4]　谢壮宁,倪振华,石碧青.大跨度屋盖结构的等效静风荷载[J].建筑结构学报,2007,28(1):113-118.

[5]　李方慧,倪振华,沈世钊.POD方法在双坡屋盖风压场预测中的应用[J].工程力学,2007,24(2):68-73.

某大跨度结构在风雪暴作用下屋面雪荷载分布预测

张艳萍　周晅毅　顾明　李雪峰

（同济大学土木工程防灾国家重点实验室　上海　200092）

1　概述

本文研究对象为北方某大型购物中心，其屋面虽为平面，但表面有很多凸出的高屋面、制冷机、天窗、空调机、防火墙等，其建筑造型具有一定的代表性。屋面长约215m，最宽处约154m，高约7m（图1）。本文基于两相流理论模拟了雪飘作用，利用计算流体动力学方法对此建筑进行了全尺度数值模拟，在软件平台Fluent上开发了相应的计算程序，分析了在人为设想的风暴后，屋盖表面雪荷载的分布情况。

2　模拟雪飘的CFD方法[1-6]

对空气相和雪相分别建立传输方程。假设两相的关系为单向耦合，即雪在风（空气相）的作用下发生飘移，而雪的搬运、堆积过程对空气不产生影响。

2.1　空气相的控制方程

风在大气边界层中低速流动，可近似看作不可压缩湍流的黏性流动，基于雷诺平均的空气相控制方程是连续性方程及雷诺方程：

$$\frac{\partial \rho}{\partial t}+\frac{\partial(\rho u_i)}{\partial x_i}=0 \tag{1}$$

$$\frac{\partial(\rho u_i)}{\partial t}+\frac{\partial(\rho u_i u_j)}{\partial x_j}=-\frac{\partial p}{\partial x_i}+\frac{\partial}{\partial x_j}\left(\mu\frac{\partial u_i}{\partial x_j}\right)+\frac{\partial}{\partial x_j}\left(-\rho\overline{u'_i u'_j}\right) \tag{2}$$

式中，ρ为空气密度（1.225kg/m^3）；u_i为风的速度矢量；p为压力；μ为动力学黏性系数，$-\rho\overline{u'_i u'_j}$为运动方程时均化处理后产生的含有脉动值的附加项，代表了由于湍流脉动所引起的能量转移，称为雷诺应力。

用CFD技术研究风雪的相互作用在国内尚属发展阶段，文中采用基于各向同性湍流假设的$k-\xi$方程模拟雷诺应力进行试探性的研究；近壁面采用壁面函数模拟壁面附近复杂的流动现象。

2.2　雪相的控制方程

雪相的控制方程为：

$$\frac{\partial(\rho_s u_i)}{\partial t}+\frac{\partial(\rho_s f u_j)}{\partial x_j}=\frac{\partial}{\partial x_j}\left(\frac{\nu_t}{\sigma_s}\frac{\partial \rho_s f}{\partial x_j}\right)+\frac{\partial}{\partial x_j}\left(-\rho_s f u_{R,j}\right) \tag{3}$$

式中，u_j为风的速度矢量；ρ_s为雪密度（取130kg/m^3）；f为单位体积里雪相所占的组分；ν_t为空气相的湍流涡黏系数，体现了空气相对雪相的影响；σ_s为SCHMIDT数；$u_{R,j}$为雪相对空气的运动速度，根据文献[7]取常数0.3m/s。

基金项目：科技部国家重点实验室基金（SLDRCE08-A-03，SLDRCE10-B-04）资助。

2.3　壁面上雪的侵蚀与沉积

壁面上的雪是否发生侵蚀或沉积，由近壁面的摩擦速度决定。当摩擦速度 u_* 超过阀值速度 u_{*t}（取 0.3m/s），壁面上的雪被风刮起进入计算域，发生侵蚀；当摩擦速度 u_* 低于阀值速度 u_{*t}，飘移至壁面上方的雪离开计算域，沉积在壁面。壁面上雪侵蚀流量及雪沉积流量的计算公式[4]分别为：

$$q_{\text{ero}} = A_{\text{ero}}(u_*^2 - u_{*t}^2) \tag{4}$$

$$q_{\text{dep}} = Cw_{\text{f}}\frac{u_{*t}^2 - u_*^2}{u_{*t}^2} \tag{5}$$

式中，A_{ero} 为常系数，取 7.0×10^{-4}；C 为近壁面网格中单位体积里雪相的质量，$C=f\rho_{\text{s}}$，在求解雪相控制方程的基础上获得；w_{f} 为雪的下沉速度；摩擦速度 $u_*=u(z)\kappa/\ln(z/z_{\text{s}})$，$\kappa$ 为 Von Karman 常数，取 0.4，z_{s} 为积雪面的地面粗糙度。壁面积雪的侵蚀或沉积会引起积雪厚度的变化。积雪厚度的改变量可用下式表达：

$$q = \begin{cases} q_{\text{ero}}, u_* > u_{*t} \\ q_{\text{dep}}, u_* < u_{*t} \end{cases} \tag{6}$$

$$\Delta h = \frac{q}{\rho_{\text{s}}} \tag{7}$$

式中，Δh 为积雪厚度改变量，与雪流量和雪的密度有关。

由于大跨屋盖建筑覆盖面积大，而因积雪侵蚀或沉积造成的屋盖表面高度改变量相对很小，所以没有考虑这种改变所引起的计算流域变化，但积雪高度变化的影响究竟有多大，这需要在今后的研究中进行探讨。

2.4　CFD 模型

（1）几何建模及网格划分

选取 0°、180°两个风向角下（图 1）的工况进行计算。计算流域取为正六棱柱，棱柱高为 70m，底面正六边形的外接圆直径为 3 000m，建筑物置于流域中央位置处，计算域如图 2 所示。在建筑物的中心区域采用非结构网格，其他区域采用结构网格。在生成网格过程中，使体网格分布在结构附近具有足够的密度且分布合理，网格节点数为 493 650，体网格数为 1 205 370。以均方根残差等于 10^{-6} 为迭代计算的收敛标准，采用二阶离散格式进行求解。

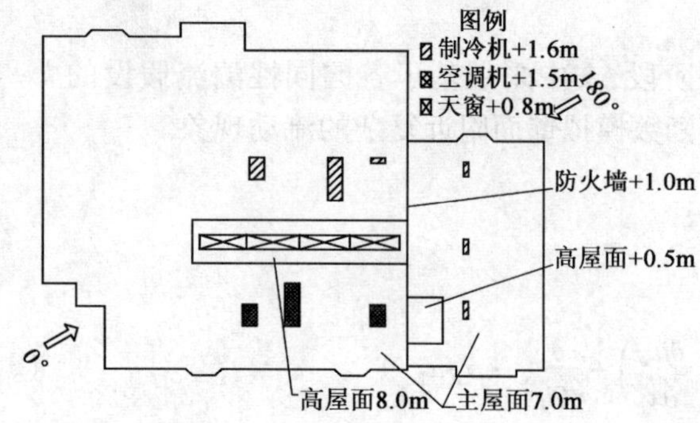

图 1　某大型购物中心屋面风向

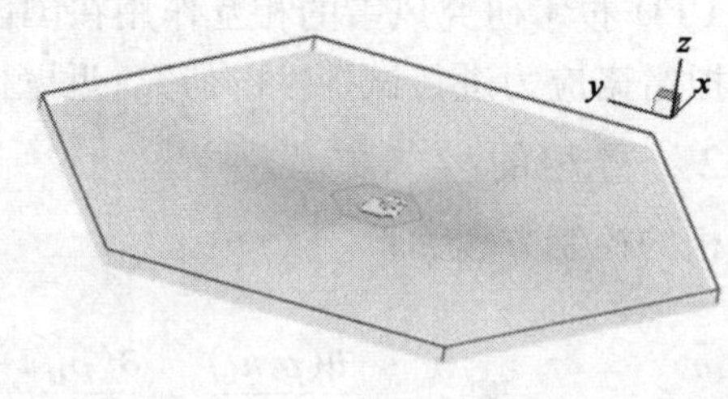

图 2　计算域

（2）边界条件的设定

入流面：采用速度入流边界条件。大气边界层风速剖面按指数分布模拟：$\bar{u}/u_0=(z/z_0)^{\alpha}$，式中，$z_0$、$u_0$ 分别为参考高度 7m（主屋面高度）及相应的风速（假设为 22m/s）；z、$\bar{u}$ 是流域中某高度和对应的平均风速;α 为地面粗糙度系数,该购物中心所处地貌类型为 B 类,对应的 α 为 0.16。计算中在入流面处以直接给出湍流强度的方式给定入流面的湍流参数,湍流强度剖面参考日本建筑协会提出的《房屋荷载建议》[8] 中有关紊流度剖面的公式来确定。出流面采用压力出口边界条件。流域顶部采用自由滑移的壁面条件。屋盖表面和地面采用无滑移的壁面条件。

3 计算结果及分析

利用上述两相流理论,采用 CFD 技术对此大型购物中心进行了全尺度数值模拟,在软件平台 Fluent 上开发了相应的计算程序,分析了 0°和 180°两个风向角下,单位时间内雪高度和雪压的改变量(限于篇幅,图 3、图 4 仅给出了雪高度的改变量)。风雪暴来临前屋盖表面初始雪的厚度为 0.3m 且均匀分布,相应雪压为 0.39kPa。人为设想的风雪暴情况为,0°风向作用持续时间为 2h,然后改变风向为 180°,180°风向作用持续时间为 1h,来流风速保持不变。

图 3 0°风向角单位时间内屋盖表面雪高度改变量(单位:m/h)

图 4 180°风向角单位时间内屋盖表面雪高度改变量(单位:m/h)

0°和 180°风向下,由于来流在迎风屋面前缘分离,在迎风屋面的部分区域风速降低,摩擦速度 u_* 低于阀值速度 u_{*t},飘移至其上方的雪沉积在屋面上。在凸出的高屋面、天窗、空调机、防火墙的背风区域,同样存在风速降低的区域,因此在这些区域也出现了雪的沉积(雪高度和雪压力的改变量为正值)。除了上面的两类区域,屋面上的其他区域由于风速较大,摩擦速度 u_* 高于阀值速度 u_{*t},屋面上的雪在风荷载作用下发生迁移,特别是迎风处的平屋面区域,由于受屋面外形干扰的影响小,近屋面的风速高,导致积雪在风作用下有较大的迁移量(雪高度和雪压力的改变量为负值)。

得到 0°和 180°风向时单位时间屋盖表面积雪的改变量后,结合初始积雪分布,经过简单的叠加计算,即可得到历经设想风雪暴后的屋盖表面积雪高度分布(图 5)。从图中可见,沿防火墙有带状的积雪沉积区域,部分凸出物的角部附近也出现积雪沉积,其他区域由于风速较大,主要发生积雪侵蚀。

图 5 风雪暴后屋盖表面的雪高度(单位:m)

特别要注意的是,平屋面上的凸起构造物(如高屋面、制冷机、天窗、空调机、防火墙等)较多,它们都会影响风吹雪后的积雪重分布。影响最大的凸起构造物是位于屋面中部的高屋面,它使得沿高屋面形成了带状的雪的沉积区。防火墙起到了雪栅栏的作用,增加了积雪的带状分布特点,在防火墙的迎风侧和背风侧都有带状的雪的沉积区。

4 结语

本文利用两相流理论模拟风荷载雪飘作用,计算了某大型购物中心屋盖表面积雪在风作用下的飘移过程。由计算结果可见,在迎风屋面部分区域,由于气流分离,风速较低,出现雪的沉积;屋顶凸出物的背风区域,由于风速较低,也出现了雪的沉积区域;这些区域的雪荷载相对均匀分布时有一定的增加;其他区域上的风速较高,积雪在风作用下发生侵蚀,雪荷载相对均匀分布有一定的减小。此研究结果为结构的设计提供了依据,同时也为国内开展大跨屋盖表面雪荷载最不利分布的理论和应用研究提供了参考。

参 考 文 献

[1] 周晅毅,顾明,李雪峰. 大跨度屋盖表面风致雪压分布规律研究[J]. 建筑结构学报,2008,29(2).

[2] Sato T, Uematsu T, Nakata T, et al. Three dimensional numerical simulation of snowdrift [J]. Journal of Wind Engineering and Industrial Aerodynamics, 1993, 46-47(1).

[3] Liston G E, Sturm M. A snow transport model for complex terrain [J]. J. Glaciol, 1998, 44.

[4] Beyers J H M, Sundsbo P A, Harms T M. Numerical simulation of three-dimensional, transient snow drifting around a cube [J]. Journal of Wind Engineering and Industrial Aerodynamics, 2004, 92.

[5] S Alhajraf. Computational fluid dynamic modeling of drifting particles at porous fences [J]. Environmental Modelling & Software, 2004, 19.

[6] 吴望一. 流体力学[M]. 北京:北京大学出版社,2000.

[7] Sundsbo P A. Numerical simulations of wind deflection fins to control snow accumulation in building steps [J]. Journal of Wind Engineering and Industrial Aerodynamics, 1998, 74-76.

[8] 日本建筑协会(AIJ). 房屋荷载建议[S]. 1995.

六、低矮房屋结构

台风作用下低矮房屋双坡屋面风荷载实测研究

胡尚瑜[1]　李秋胜[1,2]　黄建平[1]　李正农[1]
(1. 湖南大学建筑安全与节能教育部重点实验室　长沙　410082;
2. 香港城市大学建筑系　香港)

1　引言

基于良态气候条件下,近30年来国外学者[1-4]对低矮房屋表面风压开展了大量的现场实测和风洞对比实验,研究了低矮房屋表面风压分布特征,然而相对缺乏对近地台风湍流结构和低矮房屋风效应的同步实测研究。台风风致灾害中大部分为低屋风损破坏和倒塌,如何评估台风天气条件下低矮房屋风荷载为国内外学者所关注的热点课题。近年来 Caracoglia[5] 开展飓风天气条件下典型居住房屋屋面、墙面角部局部风压和风场实测研究。美国启动的佛罗里达州海岸监测计划(FCMP)[6-7]对部分低矮房屋屋面局部风压进行了实测研究。李秋胜[8-9]等人通过研制出可移动平屋顶实验房和双坡实验房及测试系统,开展了对近地边界层台风风场和房屋风荷载及房屋表面脉动风压进行同步实测的研究。研究发现台风(飓风)作用下低矮房屋屋面屋脊角部区域、角部区域和屋檐区域承受较强的脉动风压和峰值负压。本文基于双坡实验房及测风塔监测到的0905号台风"苏迪罗"、0913号台风"彩虹"、0916号台风"凯萨娜"、0917号台风"芭玛"登陆期间的脉动风压和风速数据,研究了地边界层平均风速剖面、湍流度剖面分布规律等风特性,以及屋面的平均风压分布和屋面角部、屋脊角部区域的局部峰值负压特征。

2　实测系统及台风观测

2.1　测风和测压系统

双坡型试验房实测系统由可移动的双坡屋面房屋和10m高气象塔组成,如图1所示。试验房设计为长(L)12.32m、宽(B)6m、高3.2m双坡屋面坡度为11.3°的低矮房屋;同时在10m高的气象塔上10m、7.5m、5m、3.2m 4个高度处,安装了三维超声风速仪、三维机械式风速仪、二维机械式风速仪,并在3.2m高度处安装了雨量计,对台风的风速、风向及雨量等气象数据进行了观测。在试验房屋面、墙面等处设置了164个风压测点,针对屋面不同区域预估荷载的大小,选用了相应Setra 261微差压传感器。屋面边缘、屋脊角部区域测点布置量程范围为±2 500Pa的传感器,精度为±0.4%。采用美国国家仪器NI数据采集系统,对风速、风向、风压信号同步实测采集。整个系统和主要试验仪器的技术参数、屋面测点布置及屋面风向角详见文献[9]的介绍。

图1　试验房与气象塔

屋面风压系数定义为风在建筑表面引起的实际压力与来流未挠动风速压力的比值,计算公式如下:

基金项目:国家"985"工程湖南大学"现代结构与桥梁科技创新平台"资助项目,国家自然科学基金重大研究计划"重大工程的动力灾变"项目(90815030),"十一五"国家科技支撑计划项目(2006BAJ03B04-02)。

$$C_p(t) = \frac{p(t) - p_{\mathrm{ref}}}{1/2\rho u_{10\min}^2} = \frac{\Delta p(t)}{1/2\rho u_{10\min}^2} \tag{1}$$

式中,p 为实际风压值;p_{ref}为相对参考静压;$\Delta p(t)$为实测压差值;ρ 为实测环境下的空气密度,取值为 $1.256\mathrm{kg/m^3}$;u 为测风塔实测 3.2m 高度(试验房屋檐高度)的 10min 平均风速。

2.2 台风观测

通过实验房的测风系统,获取了 2009 年正面登陆海南和造成严重影响的 4 次台风登陆全过程的风速和房屋表面风压的实测数据。其中"苏迪罗"、"彩虹"、"芭玛"为台风中心区域途经实验房,"凯萨娜"台风外围 7 级风圈影响实验房所在地。实测的"苏迪罗"台风 3s 最大平均风速为 23.0m/s, 10min 最大平均风速为 16.2m/s。实测的"彩虹"台风的 3s 最大平均风速为 31.0m/s, 10min 最大平均风速为 21.1m/s。实测的"凯萨娜"台风的 3s 最大平均风速为 30.2m/s, 10min 最大平均风速为20.0m/s。实测的"芭玛" 台风的 3s 最大平均风速为 29.6m/s,10min 最大平均风速为 19.3m/s。上述风速是在测风塔 10m 高处测量的。

3 实测结果分析

3.1 平均风剖面和湍流度剖面

基于近海岸 10m 气象塔 10m、7.5m、5m、3.2m 4 个高度和 100m 塔上 10m、50m、65m、80m、100m5 个高度相对应时间平均风速及方差,分析来流方向为海面地貌条件下,近地边界层平均风速剖面和湍流度剖面如图 2 和图 3 所示。采用对数律和指数律分布对风剖面进行拟合,"彩虹"、"凯萨娜"、"芭玛"3 次台风平均风速剖面拟合参数值摩擦速度均值范围为 0.625 ~ 1.03m/s,地面粗糙度均值范围为 0.002 ~ 0.008m,风剖面指数值 α 范围为 0.110 ~ 0.124,与规范[10]A 类地貌条件风剖面 α 规定值 0.120 接近。实测台风平均湍流度小于 ASCE 规范对近海岸场地条件下湍流度的推荐值。与季风天气条件下相比,湍流度相对增大 20% 以上。

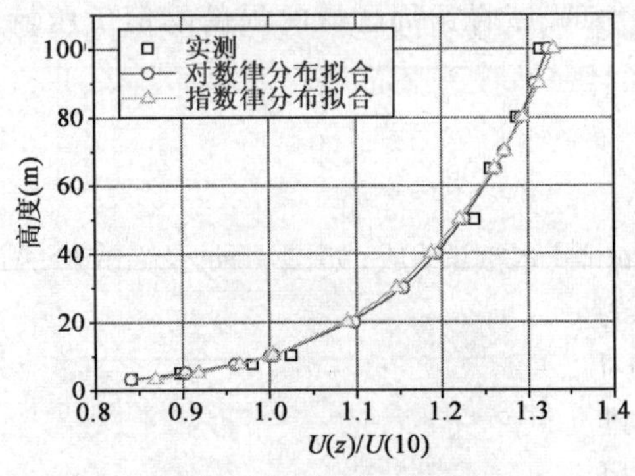

图 2 平均风速风剖面

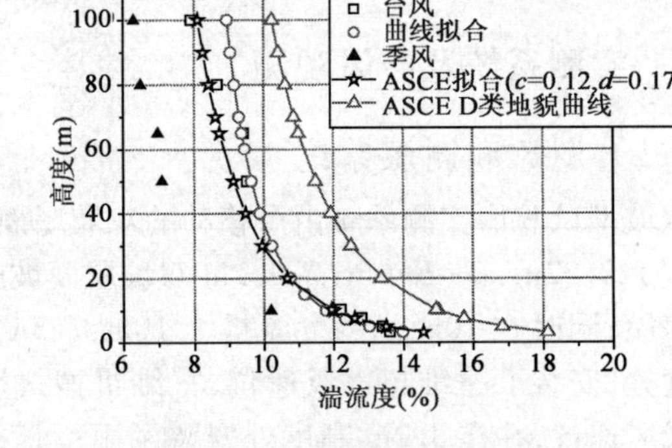

图 3 平均湍流度剖面

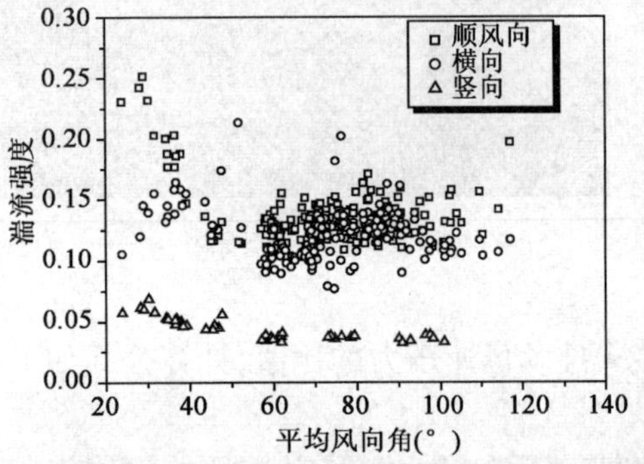

图 4 各向湍流强度与平均风向角变化关系

3.2 风压样本和风场特性

选取 3.2m 高度平均风速大于 7m/s 和满足平稳性要求的风压实测数据作为分析样本。地貌粗糙度 z_0 为 0.002 ~ 0.008m,杰森数 h/z_0 为 400 ~ 1 600。各向湍流强度与平均风向角的变化关系如图 4 所示,"苏迪罗"实测平均风向角 20° ~50°范围,I_u 变化范围为 0.12 ~ 0.25,"彩虹"、"凯萨娜"、"芭玛"台风平均风向角在 70° ~ 110°范围内大致相同,实测 3.2m 高度的湍流强度差别不大。顺风向湍流强度 I_u、横向湍流强度 I_v、竖向湍流强度 I_w 的均值分别为 0.14、0.11、0.04。

3.3 屋面风压特征

屋檐角部测点 TapA6 的平均风压系数与平均风向角的变化关系，运用傅里叶级数[11]最小二乘拟合，测点 TapA6 拟合优度为0.94。拟合曲线如图5a)所示，能较好地反映实测平均风压系数与平均风向变化趋势。如图5b)所示，在平均风向角为20°～60°范围，TapA6 测点具有较高的峰值负压系数，峰值负压系数最小值为-7.50。在斜向风作用下，迎风屋面屋檐角部区气流产生较强分离和旋涡脱落，易形成较高的局部峰值负压。

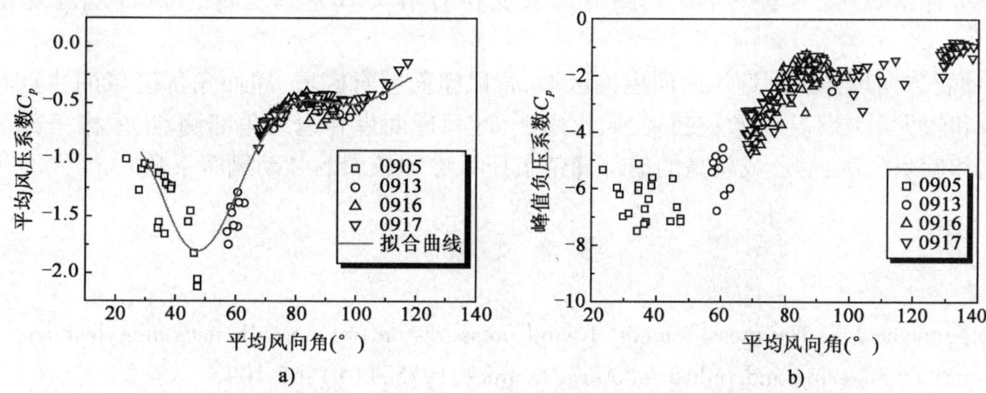

图5　屋檐测点 TapA6 平均风压系数、峰值负压系数与水平风向角变化曲线

垂直屋脊方向风作用下，屋面各测点平均风压系数分布如图6所示：迎风屋面屋檐区域测点和背风屋面屋脊区域测点具有较大平均风压系数，两个区域测点的面积平均风压系数均值分别为-1.23和-1.0。如图7所示：迎风屋面屋檐区域、背风屋面屋脊区域、屋面角部区域的测点具有较高峰值负压系数。迎风屋面屋檐区域、背风屋面屋脊区域、屋面角部区域的峰值负压系数分别为-4.3、-3.4和-2.7。屋脊角部面积Ⅰ的平均风压系数值、峰值压力系数和均方根值与平均风向角的变化关系如图8所示：在20°～70°范围内，屋脊角部区域峰值负压系数最小值为-6.0，均方根值为0.69。屋面角部面积Ⅱ的平均风压系数值、峰值压力系数和均方根值同平均风向角变化关系如图9所示：在20°～40°范围内，最小峰值负压系数值为-3.3，均方根值为0.34。在平均风向角90°，平均风压系数最大值为-0.90，峰值负压系数最小值为-2.70，均方根值为0.26。

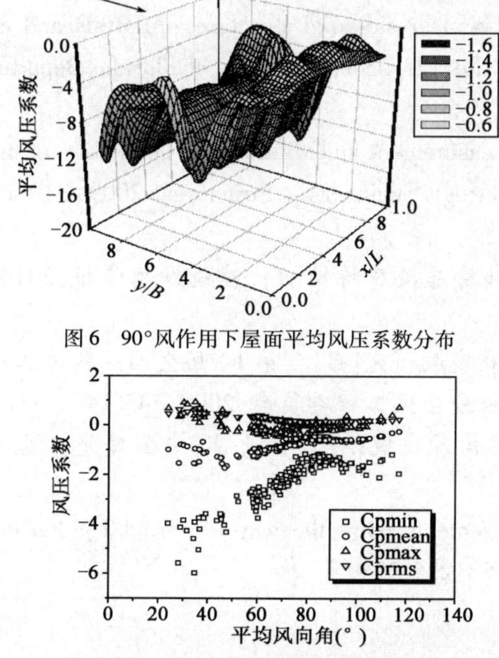

图6　90°风作用下屋面平均风压系数分布

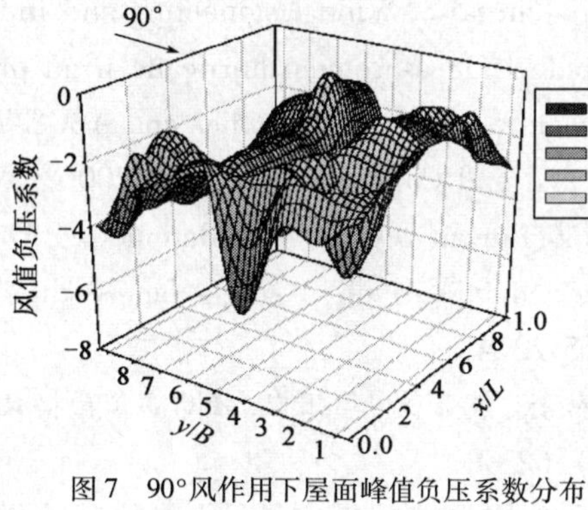

图7　90°风作用下屋面峰值负压系数分布

图8　屋脊角部区域风压系数与平均风向角

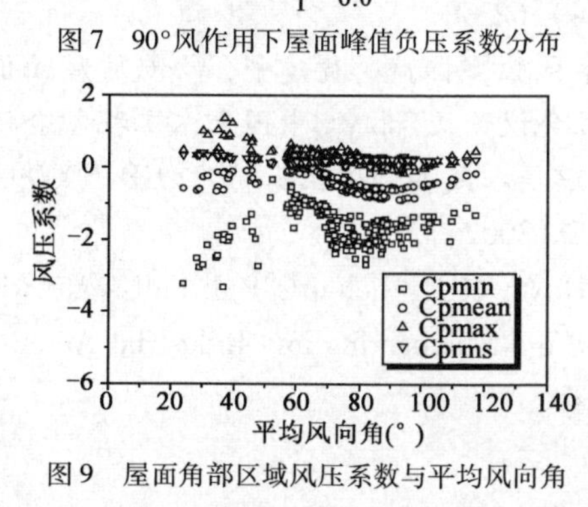

图9　屋面角部区域风压系数与平均风向角

4 结论

基于实测登陆台风三维脉动风速的结果,对近海岸 A 类场地条件下,台风风特性和湍流特性、双坡屋面整体平均风压分布、屋脊角部、屋面角部峰值压力进行了分析,可得到如下结论:

(1)登陆台风近地 100m 以内,边界层平均风速剖面符合对数律和指数律分布,与良态季风条件下相比,摩擦速度值、地面粗糙度长度、α 值等相对变大。α 值与规范对 A 类地貌规定值基本一致。平均湍流强度剖面符合指数律,与季风相比实测值湍流度相对增大 20% 以上,在 ASCE 规范规定值范围以内。

(2)垂直屋脊方向风作用下迎风屋面屋檐区域、背风屋面屋脊区域、屋面角部区域的测点具有较高峰值负压系数和较大平均风压系数;在斜向风作用下,迎风屋面屋脊边缘角部测点、屋檐角部区气流发生较强的分离和旋涡脱落,易形成较高的局部峰值负压系数和较大的脉动风压系数。

参考文献

[1] Eaton K J, mayne J R. The measurement of wind pressures on two storey houses at Aylesbury [J]. Journal of Wind Engineering and Industrial Aerodynamics, 1975, 1(1): 67-109.

[2] Richardson G M, Robertson A P, Hoxey R P, et al. Full-scale and model investigations of pressures on an industrial/agricultural building [J]. Journal of Wind Engineering and Industrial Aerodynamics, 1992, 41: 1053-1062.

[3] Levitan M L, Mehta K C. Texas Tech field experiments for wind loads. Part 1: building and pressure measuring system [J]. Journal of Wind Engineering and Industrial Aerodynamics, 1992, 43 (1-3): 1565-1576.

[4] Levitan M L, Mehta K C, Texas Tech field experiments for wind loads. Part 2: meteorological instrumentation and terrain parameters [J]. Journal of Wind Engineering and Industrial Aerodynamics, 1992, 43 (1-3): 1577-1588.

[5] Caracoglia L, Jones N P. Analysis of full-scale wind and pressure measurements on a low-rise building [J]. Journal of Wind Engineering and Industrial Aerodynamics, 2009, 97 (5-6): 157-173.

[6] Aponte L. measurement hurricane wind pressure on full-scale residential structures: Analysis and comparison to wind tunnel studies and ASCE-7 [D]. Gainesville, FL, USA, University of Florida, Department of Civil and Coastal Engineering, 2006.

[7] Liu Z, Prevatt D O, Aponte-Bermudez L D, et al. Field measurement and wind tunnel simulation of hurricane wind loads on a single family dwelling [J]. Journal Engineering Structures. 2009, 31 (10): 2265-2274.

[8] 李秋胜,戴益民,李正农. 强台风"黑格比"作用下低矮房屋风压特性[J]. 建筑结构学报, 2010, 31 (4). 62-68.

[9] 李秋胜,胡尚瑜,黄建平,等. 双坡屋面低矮房屋风荷载实测研究[G]//第 14 届全国结构风工程学术会议论文. 北京:中国土木工程学会桥梁及结构工程分会风工程委员会, 2009: 743-747.

[10] 中华人民共和国国家标准. GB 50009—2001 建筑结构荷载规范 [S]. 北京:中国建筑工业出版社, 2002: 72-74.

[11] Hoxey R P, Richards P J. Full-scale wind load measurements point the way forward [J]. Journal of Wind Engineering and Industrial Aerodynamics, 1995, 57: 215-224.

屋盖角部开孔后的风致内压

李寿科　李寿英　陈政清

（湖南大学风工程试验研究中心　长沙　410082）

1　引言

对于开孔结构内部风效应的研究，国外开展较早，Holmes[1]对一立墙开孔的双坡低矮房屋进行了风洞试验，研究了内压脉动响应和风洞试验模型应有的正确体积缩尺比，并推导了内压响应可由Helmohotz共振方程表示。随后Liu等[2]、Vickery等[3]、Sharma等[4]、余世策等[5]对开孔建筑进行了一系列的研究。以上的研究成果主要基于立墙开孔的建筑，通过试验研究发现，屋盖的净压在立墙迎风面开孔时均有不同程度的增加，且内压存在比较明显的Helmohotz共振放大现象。

对于屋盖顶部开孔风荷载的研究，黄鹏等[6]研究了大跨度屋盖顶部开洞后的风荷载特性，研究表明屋盖开洞后屋盖上的风压有一定程度的降低。李寿科等[7]以屋盖顶部中心位置开孔的椭圆形开合屋盖大跨度体育场为研究对象，研究活动屋盖开启和关闭时屋盖风荷载特性，研究结果表明活动屋盖的开启可以不同程度地减小屋盖的平均风压，使得屋盖承受向下的风荷载。但文中没有对建筑内部体积进行缩尺，且内部风压的脉动特性以及顶部开孔的建筑是否存在，Helmohotz共振也没有进行研究。

基于低矮平屋盖在锥形涡的强大吸力作用下较易破坏的现象，本文以一几何缩尺比为1∶50，在屋面角部有3种开孔尺寸的TTU刚性模型进行了风洞试验，在对内部体积进行正确缩尺比的条件下，详细地研究屋盖在不同建筑内部体积的条件下的不同开孔尺寸时，建筑内部风压和外部风压的平均和脉动分布，对内压是否存在Helmohotz共振进行阐述，且对测量得到的极值内压系数与一些风荷载规范进行比较。

2　基本理论

2.1　Helmohotz共振

如果内部风压不存在共振，由来流湍流控制的开口处的外部风压将决定建筑内部的风压，以至于$C_{pe}=C_{pi}$。然而在一定条件下，内部风压可能会被放大，这种放大现象在风工程文献中称之为Helmholtz共振。Holmes[1]用一弹簧阻尼方程描述了流体的这种现象，即：

$$\frac{\rho l_e V_0}{\gamma P_0 a}\ddot{C}_{p_i}+\left(\frac{\rho V_0 U_H}{2k\gamma P_0 a}\right)\dot{C}_{p_i}\left|\dot{C}_{p_i}\right|+C_{p_i}=C_{p_e} \tag{1}$$

2.2　内部体积缩尺比

对于要测量内压的建筑，其内部体积的缩尺比需正确地模拟。Holmes（1979）首次明确表明了，对于风洞研究的建筑内部体积的缩尺，并非为建筑物的名义内部体积的缩尺，即几何缩尺比的立方，而是要正确地模拟内部风压的动力相似，具体表现为要获得正确的Helmholtz共振响应的频率和幅值的相似，风速比也需要考虑进去。因此，其建筑内部体积缩尺比要求：

$$V_{o,m}=V_{0,f}\frac{(L_m/L_f)^3}{(u_m/u_f)^2} \tag{2}$$

基金项目：国家自然科学基金（50708035），中国博士后科学基金（20060400873）资助。

式中，L 为几何长度；u 为风速；V 为建筑内部体积；下标 m 和 f 分别代表模型尺寸和实际尺寸。

3 试验概况

3.1 试验模型

试验在湖南大学 HD-2 风洞实验室的高速试验段进行。TTU 试验模型采用有机玻璃制作，模型与实际结构在外形上保持几何相似，缩尺比为 1∶50，试验模型照片见图 1。模型的屋盖开有 3 种形式的矩形孔，其大小分别占屋面总面积的 3%、5%、8%。屋盖布置双面测点，且其上下表面的测点对应，测点布置如图 2 所示。为了保持内压动力响应相似，本文对 TTU 缩尺模型进行了 3 种建筑内部体积的扩充，分别扩充为 22 448.57cm^3、29 031.15cm^3、36 966.15cm^3，扩充方式见图 3 所示。由式(2)理论，可正确地模拟 3 种风速比，分别为 2.37、2.7、3.04。

图 1 试验模型照片

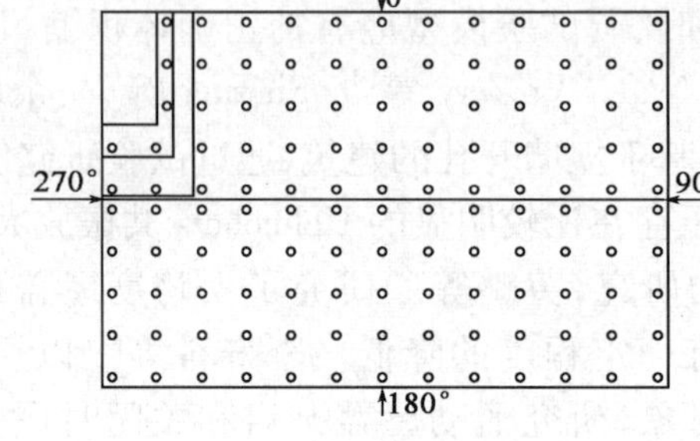

图 2 试验模型测点图布置

图 3 建筑内部体积扩充方式

3.2 风场模拟

在 HD-2 风洞实验室的高速试验段模拟了 B 类地貌风场，转盘中心处的平均风速剖面符合指数分布，屋盖高度处湍流度(19.8%)与文献[4]以往试验(19%)比较一致。风洞中 8cm 高处的顺风向脉动风谱，与常用的理论谱(Karman 谱，Kaimal 谱，Davenport 谱)基本一致。

3.3 试验工况

风洞试验包括屋盖 3 种开孔各 3 种体积扩充，共计 9 个工况。风洞试验的风向角定义见图 2，风向角间隔 5°，采样时长 20s，采样频率 330Hz。试验参考高度为 8cm，试验风速为 11.2m/s。

4 试验结果分析

4.1 平均内压系数

图 4 给出了平均内压系数在相同扩充体积下随屋盖不同开孔面积的变化规律。由图 4 可以看出，对于屋面开孔建筑，其内压系数在所有风向角下均为负值，在风向角 270°时内压最小，此时开孔迎风长度最大。

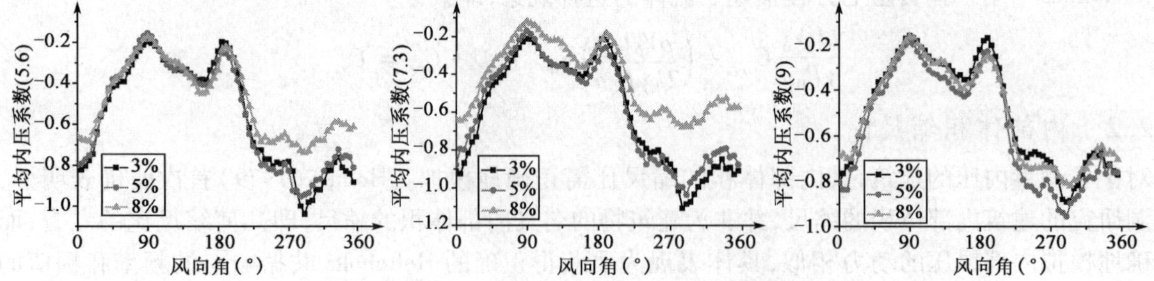

图 4 内压平均风压系数随开孔面积变化曲线

4.2 脉动内压系数及 Helmohotz 共振

图 5 给出了脉动内压系数在相同开孔面积下随不同内部体积的变化规律。脉动内压系数在开孔背风处其值较小，脉动最大发生在 270°～360°的风向角范围内。

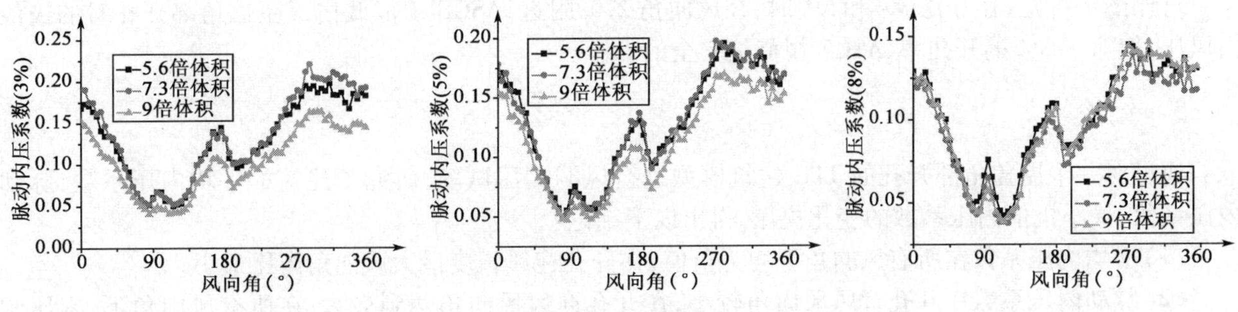

图5　脉动内压系数随内部体积变化曲线

为了说明 Helmohotz 共振对内压脉动是否存在明显的贡献。本文选取开孔处的多个外压测点时程进行平均作为开孔处外压系数时程，通过求其时程的脉动根方差来获得开孔处的外压脉动系数，而内压脉动系数则取屋盖的下表面所有测点脉动风压系数的加权平均。图6给出了开孔处的脉动外压系数与脉动内压系数之比随风向角变化的规律曲线。由图6可以看出，在所有风向角下，内压脉动均小于开孔处的外压脉动，但在90°和180°风向角附近，内压脉动与外压脉动较为接近，其比值达到1.06，由此说明 Helmohotz 共振对内压的脉动贡献在开孔背风处较大。

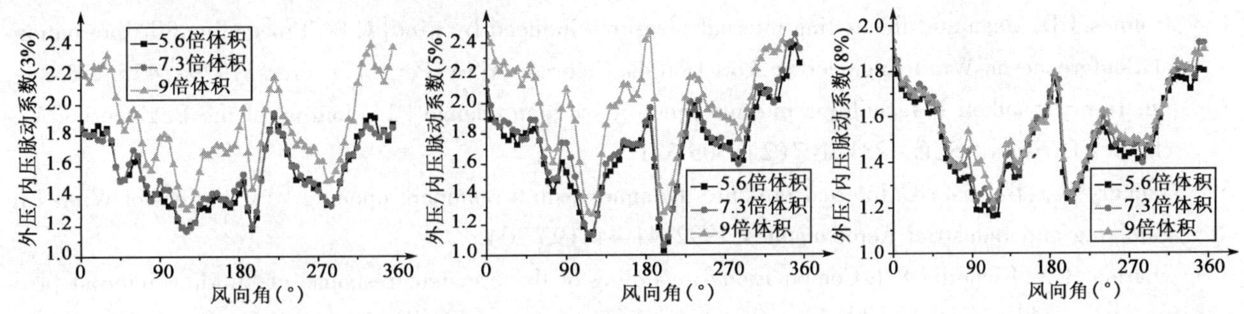

图6　开孔处脉动外压系数与脉动内压系数之比变化曲线

4.3　极值内风压系数

图7给出了极小值内压系数在相同开孔面积下随不同内部体积的变化规律。为了说明极值内压系数的大小规律，与美国规范 ASCE 7-05 的比较。定义$(GC_{p_i})_{eq}$为等效压力系数，F_{WT}为在 ASCE 规范与风洞试验之间的压力转换因子，由式(5)计算可得其值为0.39。在 ASCE 7－05 中规定GC_{pi}对于部分封闭建筑和封闭的建筑分别为±0.55和±0.18。转换到当前试验中其极值风压系数应该分别为±1.41和±0.46。

$$(GC_{p_i})_{eq} = \frac{\frac{1}{2}\rho U_H^2}{\frac{1}{2}\rho U_{10m,3sgust}^2 K_{zt} K_h K_d I}\hat{C}_{p_i} = F_{WT}\hat{C}_{p_i} \tag{3}$$

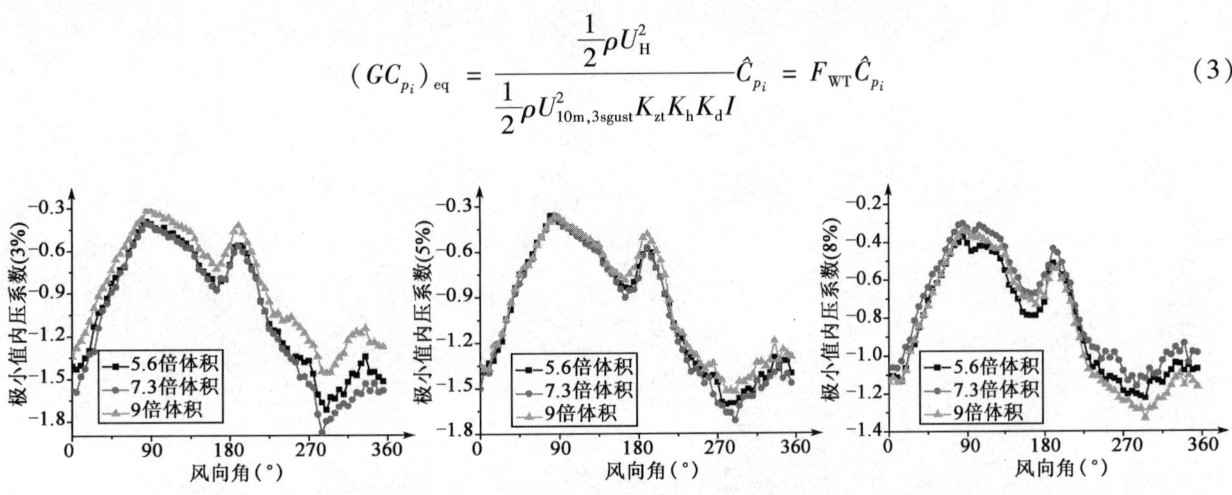

图7　极小值内压系数随内部体积变化曲线

对比图 7 可知,在开孔 3% 和 5% 时,在风向角 270°附近,ASCE 规范低估了屋盖角部开孔时的极值内风压,但对于 8% 的开孔率,ASCE 规范是安全的。

5 结论

通过对一个屋盖角部开孔的 TTU 建筑模型进行风洞测压试验,研究了建筑的平均内压系数、脉动内压系数、最小极值内压系数的变化规律,得出以下结论:

(1)平均内压系数在所有风向角下均为负值,在开孔迎风长度最大风向角内压最小;

(2)脉动内压系数在开孔背风风向角较小,在开孔迎风风向角达到最大;在所有风向角下,内压脉动均小于开孔处的外压脉动,屋盖角部开孔时内压并无与建筑立墙迎风开孔时明显的 Helmohotz 共振现象;

(3)对于极值风压系数,在开孔 3% 和 5% 时,开孔迎风时,ASCE 规范低估了建筑极小值内风压,但对于 8% 的开孔率,ASCE 规范是安全的。

参考文献

[1] Holmes J D. Mean and fluctuating internal pressures induced by wind[G]//Proceeding 5th International Conference on Wind Engineering, Fort Collins, Colorado, USA: Pergamon Press, 1979:. 435-450.

[2] Liu Henry, Saathoff P J. Building internal pressure: sudden change [J]. Journal of the Engineering Mechanics Division ASCE, 1981, 107(2): 309-321.

[3] Vickery B J, Bloxham C. Internal pressure dynamics with a dominant opening [J]. Journal of Wind Engineering and Industrial Aerodynamics, 1992, 41-44: 193-204.

[4] Sharma R N, Richards P J. Computational modeling of the transient response of building internal pressure to a sudden opening [J]. Journal of Wind Engineering and Industrial Aerodynamics, 1997, 72: 149-161.

[5] 余世策,楼文娟,孙炳南,等. 开孔结构内部风效应的风洞试验研究[J]. 建筑结构学报, 2007, 28(4): 76-82.

[6] 黄鹏,顾明. 一大跨度悬挑雨篷的风荷载及开洞比较[J]. 结构工程师, 2004, 20(4): 51-55.

[7] 李寿科,李寿英,陈政清. 开合屋盖体育场风荷载特性试验研究[J]. 建筑结构学报, 2010, 31(10): 17-23.

圆形土楼屋盖风荷载特性风洞试验及数值模拟研究

邵昆　彭兴黔

（华侨大学土木工程学院　泉州　362021）

1　引言

福建土楼是特指分布在闽西和闽南山区那种适应大家族聚居、具有突出防卫功能,并且采用夯土墙和木梁柱共同承重的多层的巨型低矮居住建筑[1]。由于其挑檐巨大,当台风袭击时极易被掀翻,而闽西和闽南山区又地处东南沿海台风多发地带,台风造成的土楼屋盖破坏数不胜数。图1为土楼风致破坏的实例。

2　风洞试验模型

本试验是在湖南大学风工程试验研究中心的HD-2大气边界层风洞的高速试验段进行。选取客家圆形土楼中最有代表性的振福楼为建筑模型,以1/40的比例建立风洞试验模型,满足风洞阻塞率<5%的要求。由于土楼本身结构的对称性,屋面分区、测点布置其屋盖结构1/4如图2和图3所示。为便于实际应用,在上、下表面布置的测点位置一一对应。本风洞试验初始风向角如图3所示,试验时每15°顺时针旋转一次风向角,初始风速10m/s,B类地貌。

图1　土楼的风致破坏

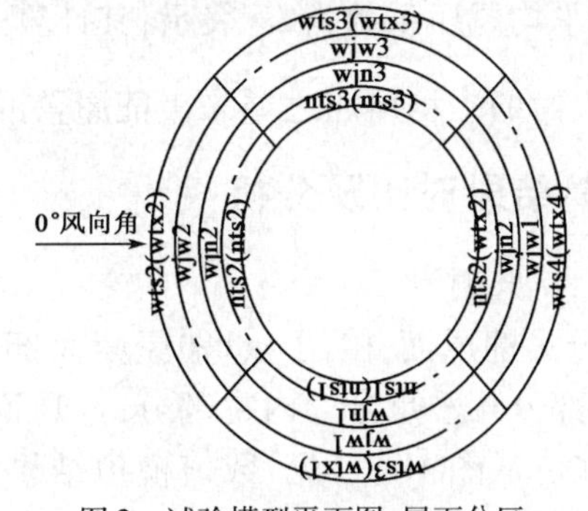

图2　试验模型平面图、屋面分区及0°风向角

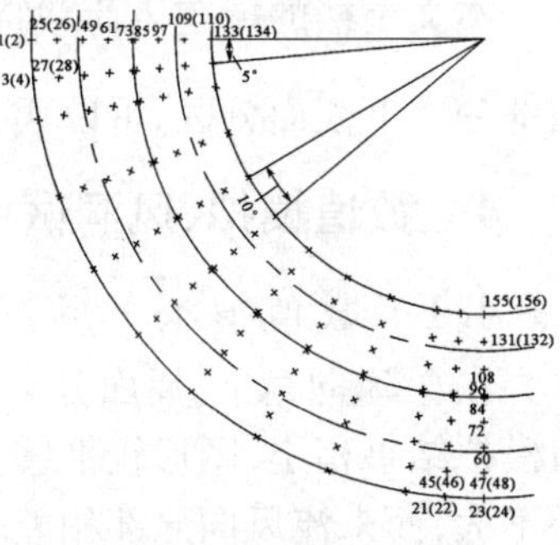

图3　模型测点布置图

3　数值模拟

3.1　计算域的设置

数值风洞采用CFX-10.0中SST湍流物理模型,在数值风洞中建立足尺度振福楼模型,采用四面体网格划分建筑模型[2]。根据文献[3]设定计算域1为$B \times L \times H$分别为400m×600m×120m,计算域$2D \times H$为120m×50m,圆形土楼模型位于流域前沿1/3处,计算数值风洞阻塞率为1.03%<3%[4],满足要求。

3.2　边界条件的设定

(1)入口边界条件:根据我国《建筑结构荷载规范》(GB 50009—2006)[5],入口处平均风剖面为:

$$v(z) = v_0 \times \left(\frac{z}{h_0}\right)^{\alpha}$$

式中,v_0为标准参考高度h_0处的平均风速(m/s);z为离地面任一高度(m);α为地貌粗糙度指数;h_0为标准参考高度(m)。

入口湍流剖面按湍动能选用文献的表达式[6]的形式输入：

$$k(z)=\gamma[I(z)\times\bar{u}(z)]^2,\varepsilon(z)=\frac{\beta C_\mu^{3/4}k(z)^{3/2}}{KL_u}$$

式中，K 为卡门常数，取0.40；C_μ 为定参数，取0.09；γ、β 为系数，取 $\gamma=1.2$，$\beta=1.0$；L_u 为湍流积分尺度(m)，其经验公式为：

$$L_u=100\left(\frac{z}{30}\right)^{0.5}$$

客家土楼地处乡村山区地带，属于B类地貌。计算域参数取值如下：$\alpha=0.16$；$h_0=10\text{m}$；$H_T=350\text{m}$；$v_0=10\text{m/s}$；$I(z)=0.21$；$L_u=60.55\text{m}$；H_T 为梯度风高度(m)。

(2)出口边界条件：认为出口处湍流已充分发展，取任意物理量沿出口法向梯度为0，出口参考压强为0Pa。

(3)壁面条件：采用边界面的法线方向梯度为0的条件，在本数值风洞的地面及建筑模型表面采用无滑壁面；上表面和侧面采用自由滑移壁面；近壁面区采用壁面函数法进行网格加密处理。

3.3 数据处理方法

为了便于比较分析，将数值模拟屋面分区、命名与风洞试验分区相同。在空气流体动力学中，风压系数(相对应于某参考点的无量纲数)可表示为[7]：

$$C_{pi}=\frac{p_i}{\frac{1}{2}\rho\bar{u}^2}$$

式中，C_{pi}即是建筑物表面某点 i 的风压系数；p_i 为测点 i 的净风压力；$\bar{u}$为参考点的风速。

本文土楼的屋盖风荷载特性用平均风压系数为 C_p 表示，其计算式[6]为 $C_p=\frac{\sum C_{pi}A_i}{\sum A_i}$，通过将屋盖挑檐部分上下表面分区，可以用上下表面的平均风压之差来表征屋盖的局部体型系数 μ_s。

4 数值模拟、风洞试验计算结果对比及分析

4.1 数值模拟与风洞试验结果对比

在0°风向角下，屋面分区2部分为迎风面，由图4a)知屋面大部分处于负压区，风洞试验变化较数值模拟结果稍小，图形较平缓，外挑部分几乎重合。内挑部分，迎风面及左右对称部分风压体型系数相差不大，而来流风向尾部相差较大些。从图4b)可见，数值模拟结果和风洞试验结果几乎吻合，屋面悬挑部分所受合力大部分处于风吸力的作用下。

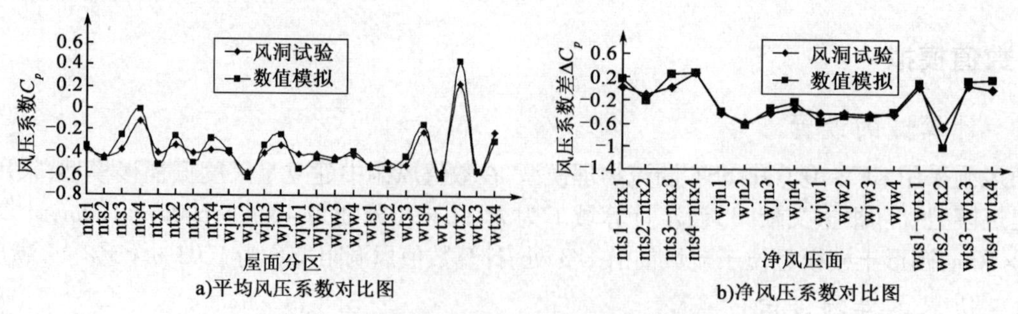

图4 风洞试验和数值模拟平均风压系数结果对比

从以上图可知，最大误差小于10%，符合工程精度要求，相对风洞试验而言数值模拟结果偏安全，而风洞实验偏经济，故数值模拟结果可信，将CFD数值模拟技术用在研究客家土楼屋盖风荷载特性上可行。

4.2 表面风压

从图5中可以看出，振福楼屋盖主要受负压作用，最大风压主要集中在屋盖悬挑部分。在0°风向

角下,如图5a)所示,正对面的来流在挑檐上表面形成柱状涡而产生负压,由于气流在屋脊处分离的影响,越向上靠近屋脊线时,平均风压系数绝对值有所增大,到屋脊线处达到最大值,但其值仍小于屋檐处的平均风压系数的绝对值。整体而言,以0°风向角为对称轴向左右展开,均风压系数绝对值逐渐减小,但减小值不大。整个屋盖处于负压区,迎风面风压系数绝对值较背风面风压系数绝对值稍大些。从图5b)可以看出,以0°风向角方向为对称轴,两侧土楼下表面风压由正压渐变为负压,并在±90°处达到负压最大。在±90°以后,风速减缓且分离气流逐渐向对称轴靠拢,部分分离气流流走,土楼下表面负压减小,但仍处于负压区。

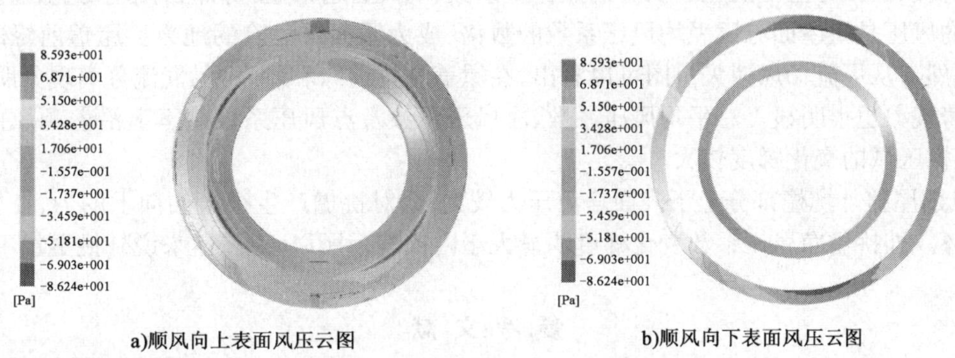

a)顺风向上表面风压云图　　b)顺风向下表面风压云图

图5　顺风向振福楼屋盖表面风压分布

4.3　平均风压系数分布规律

由图4a)可知,在0°风向角下整个屋盖上表面平均风压分布基本是对称的。上游迎风面wts2处于较大负压区,在屋盖悬挑前缘处极值风压系数达到平均风压系数绝对值的1.5倍。其下表面wtx2处于正压区,其悬挑前缘极值风压于上表面类似,可达平均风压系数的2.8倍。由于形成“上吸下顶”的效应,成为风灾损坏的重点区域。迎风的屋脊部分wjw2、wjn2的极值风压系数均较挑檐小些,偏安全。由于气流在尾流区发生了再附着,下游迎风面wjn4所受风压力几乎为0,背风面wjw4面处于较小的负压区,极值风压变化亦不大。内挑檐部分上下表面均为负压,其上表面的变化规律和屋脊内侧类似。上下表面风压差都很小,对屋盖影响不大。综上可得,在风荷载作用下,整个屋盖外挑檐较内挑檐危险得多,不利于屋盖安全。

4.4　净风压体型系数比较

由图4b)可知,外挑檐和内挑檐的体型系数沿顺风向中心线对称分布。内挑檐净风压体型系数变化很小,范围在-0.2~0.2之间,受风影响最小。外挑檐净风压体型系数变化梯度远大于内挑檐的净风压体型系数的变化梯度。

4.5　风速矢量(流线)模拟结果

如图6所示,土楼内部回流强度较小,屋盖挑檐处气流的分离区增多,气流扰动更加剧烈,表现出强烈的分离,流态也更趋复杂;如图7所示可以发现在$z=5.5$m的高度水平面处,土楼内部回流明显,但强度很小,土楼内挑檐下方出现了较小的涡流。在土楼背风面近尾流区气流再附着现象明显,至远尾流风速渐渐增大;在土楼的侧风面风速激增并达到最大,延伸到尾流区渐渐减小,流态趋于稳定。

图6　中心顺风向竖直剖面的风速矢量图

图7　顺风向5.5m高度处水平剖面的风速矢量图

5 结论

本文通过对振福楼进行风洞试验和数值模拟所得结果的比较分析,得出以下结论:

(1)数值模拟(足尺模型)和风洞试验(缩尺模型)的结果,从整体趋势上看均有较好的吻合。这表明数值模拟方法可以和风洞试验相结合,为土楼的抗风设计提供参考依据。

(2)客家圆形土楼振福楼屋盖表面风荷载特性主要表现为:除迎风面外挑屋檐下表面以正压为主外,其余均主要以负压为主。从风洞试验的点体型系数和数值模拟风压分布云图均可见,悬挑屋檐的前缘部分所受的风压是该屋面分区平均风压系数的数倍,成为屋面最危险的地方。屋盖前缘的净风压最大,且变化剧烈。从风流场风速矢量图可以看出,在屋盖悬挑前缘和屋脊处,气流分离现象明显,分离后的气流再附着现象也很明显。总平均风压系数、净风压系数及点风压系数基本上沿着顺风向中心线对称分布,外挑檐区域的变化梯度较大。

(3)迎风面屋盖外挑檐部分上下表面净风压力较大,会对挑檐产生很大的向上的力,在台风作用下容易发生破坏。外挑檐净风压系数变化梯度明显大于内挑檐。所以,对屋盖来说外挑更加不利。

参 考 文 献

[1] 黄汉民. 福建土楼[J]. 福建建筑. 2001,(1).

[2] Stathopoulos T, Baskaran A. Computer simulation of wind environmental conditions around buildings [J]. Engineering Structures, 1996, 18(11).

[3] 孙晓颖,武岳,林斌,等. 土木工程 CFD 数值模拟中的参数设置[G]//第七届全国风工程和工业空气动力学学术会议论文. 成都:2006,558-563.

[4] Gluck M, Breuer M, Durst F, et al. Computation of fluid-structure interaction on light weight structures [J]. Journal of Wind Engineering and Industrial Aerodynamics, 2001, 89.

[5] 中华人民共和国行业标准. GB 50009—2001 建筑结构荷载规范[M]. 北京:中国建筑工业出版社,2002.

[6] 王辉,陈水福,唐锦春. 低层双坡屋面房屋表面风压的数值模拟[J]. 浙江大学学报:工学报,2003, 37(6).

[7] 楼文娟,孙斌,卢旦,等. 复杂型体悬挑屋盖风荷载风洞试验与数值模拟[J]. 建筑结构学报,2007, 28(1).

[8] 周晅毅. 大跨度屋盖结构的风荷载及风致响应研究[D]. 上海:同济大学,2004.

建筑表面风压的概率统计特性及风压极值计算方法讨论

王飞　全涌　顾明

（同济大学土木工程防灾国家重点实验室　上海　200092）

1　引言

由于风压的随机性，其概率统计特性一直是风工程研究人员所关注的问题之一。20 世纪 60 年代，Davenport[1] 在风工程中引入统计概念，并假设风速、风向角和风压系数都是服从高斯分布的。Peterka、Cermark[2] 和 Kareem[3] 的研究表明，平均风压系数低于 -0.25 的区域，其局部风压一般是具有偏态的，并且风压时程中存在大量的脉冲峰值，风压的这些脉冲峰值与其均值之差一般都在其均方根值的 6 倍以上，且发生概率比高斯分布假定给出的概率大得多。由于建筑浸没在大气边界层中湍流度较高的下部区域，受周边障碍物的影响，实际上甚至建筑的迎风面都经受着非高斯风速的作用。且由于脉动风的非高斯性，这些非高斯效应可能被进一步放大。Holmes[4] 和 Kawai[5] 利用准定常和片条理论估算了风压的概率密度函数，结果表明，在气流再附区估算的概率密度函数与所测数据的概率密度函数较为一致。然而，正如所料，由于不同湍流度下风与结构的相互作用所引入的额外成分，准定常理论并不能准确地预测来流分离区风压的概率密度函数。Thomas[6] 指出即使包含了脉动风速的平方项，准定常理论也不能准确描述来流分离区风压的谱。

本文以某低矮建筑刚性模型的表面风压测量风洞试验数据为例，分析了建筑表面风压及其极值的概率统计特性，指出了目前常用的风压极值计算方法的缺陷。在此基础上，以广义极值理论为基础，本文正在开发一种基于短时距子样本数据的极值分布规律推算长时距母样本的极值期望值的估算方法，并通过比较证实了此方法比目前常用方法能更准确地估计非高斯风压的极值。

2　建筑表面风压的高阶矩及概率分布分析

本课题进行了大量的低矮建筑及高层建筑模型的表面风压测量风洞试验。图 1 给出了其中某一试验模型、风向角的定义及测点布置情况。该模型的屋盖坡度 θ 为 21.8°，高度 H、宽度 B 和厚度 D 之比为 3/4/6。模拟风场在屋盖高度处的湍流强度约大于 0.20。

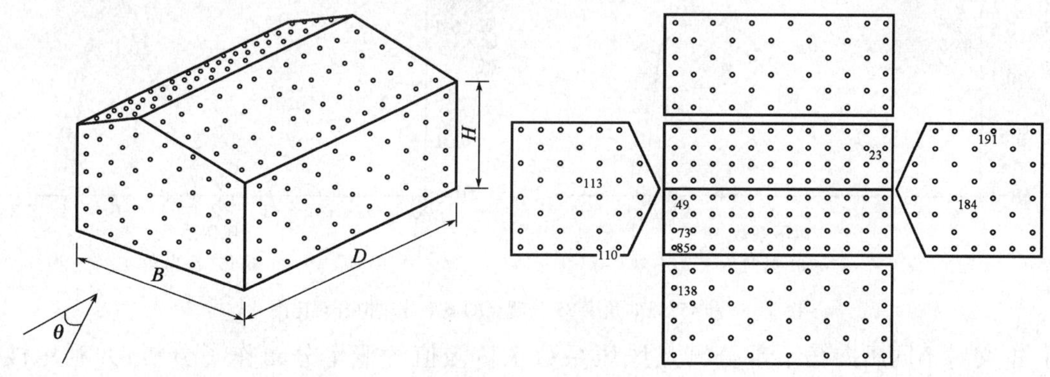

图 1　低矮建筑表面风压测量风洞试验模型、风向角的定义及测点布置图

Kumar和Stathopoulos[7] 提出标准高斯过程的偏度系数范围为 -0.5 ~ 0.5，峰度系数范围为2.5 ~

基金项目：土木工程防灾国家重点实验室自主研究课题基金（SLDRCE10-B-03）资助。

3.5。为了直观地描述低矮建筑屋面风压的非高斯性，本文对0°风向角、45°风向角以及90°风向角下试验模型表面的风压系数的偏度系数与峰度系数进行了分析计算。图2为0°风向角下试验模型表面风压系数的偏度系数与峰度系数的等值线图。结果表明建筑表面风压系数是不满足高斯假定的，因此，基于高斯假定的 Davenport 法是不可能准确估计风压极值的。

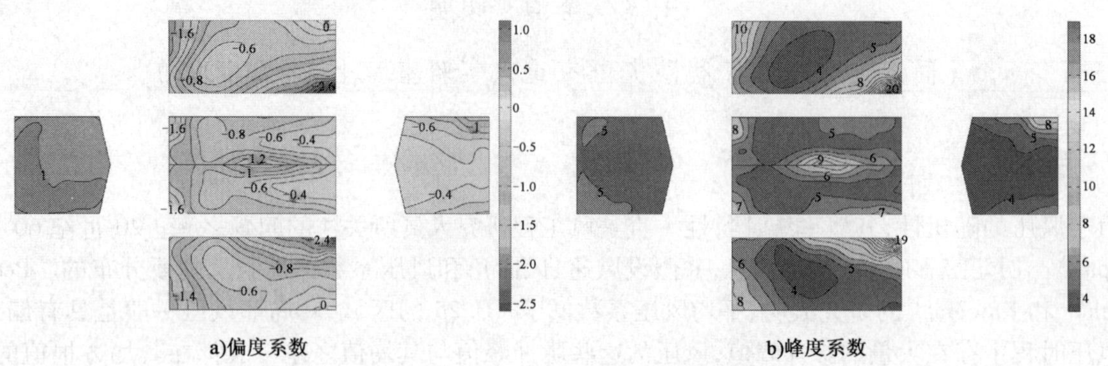

图2　0°风向角试验模型表面的风压系数的偏度系数与峰度系数的等值线图

本文进一步对典型风向角下代表性测点上的风压系数作概率密度函数分布分析，同时给出了采用高斯分布、广义极值分布、三参数 Lognormal 分布和三参数 Gamma 分布的拟合结果。其中广义极值分布用极大似然估计其参数，而三参数 Lognormal 分布、三参数 Gamma 分布和高斯分布均采用了矩法估计。图3给出了0°和45°风向角下85号测点的概率分布拟合对比图。分析结果表明在这些典型区域的测点风压系数均严重偏离高斯过程。三参数 Lognormal 分布、三参数 Gamma 分布和广义极值分布(GEV)比高斯分布模式能更好地拟合测点风压系数的概率分布，不同分布模式对不同的测点数据吻合程度不同。但这些分布模式都无法很好地拟合风压系数概率分布两边尾部区域的值，而这些值恰恰是极值估计的关键。从更多的测点风压系数的概率分布分析结果亦可以看出，利用单一的概率分布函数拟合整个屋面上所有测点上具有很强随机性的风压系数是困难的，对于不同测点的风压系数时程并没有一致性。风压极值估算方法中基于母体概率分布的 Kown-Kareem 法和 Sadek-Simiu 法都会受到这一问题的困扰。

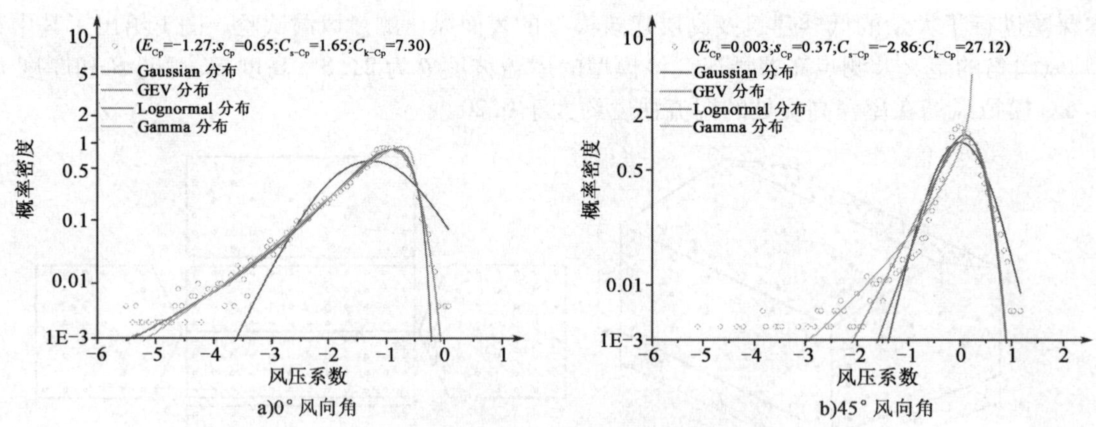

图3　0°和45°风向角下85号测点的概率分布拟合对比图

进而，本文对不同风向角下部分测点风压系数正负极值的概率分布作了分析，并利用极值Ⅰ型(Gumbel)分布和广义极值分布(GEV)对数据进行了拟合。图4给出了0°风向角下113号测点风压系数正负极值的概率分布拟合结果比较。从图中可以看出风压系数的极值分布并不总是严格的极值Ⅰ型分布，利用广义极值分布函数可以大大改善极值Ⅰ型分布函数对风压系数极值的拟合。因此，在风压极值的计算方法中，基于极值Ⅰ型假定的 Quan et al 法存在需要改进的地方。

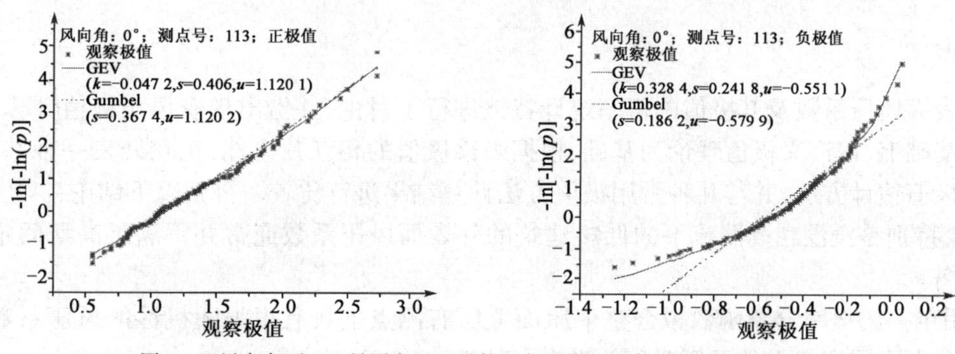

图4　0°风向角下113号测点风压系数正负极值的概率分布拟合结果比较

3　不同极值方法计算结果比较

基于零值穿越理论的Davenport法、Kown-Kareem法、Sadek-Simiu法以及Quan et al法是目前较为常用的极值计算方法。下面用上述4种方法以及本文开发的极值计算方法估计标准样本的极值，以考察不同方法估计极值的准确性。

这里对图1中的低矮建筑模型四个墙面和屋顶共248个测点在相同条件下采集15个标准长度的数据样本，以前14个样本的观察极值的平均值作为标准极值，来评估这5种方法处理第15个样本数据所得到的极值的优劣。图5给出了0°风向角和15°风向角下分别对风压系数负极值和正极值的计算结果。图6列出了这5种极值方法在14种试验工况下的估计极值的误差均方根值[见图6a)]及均值[见图6b)]的比较结果。更多试验工况数据的计算结果表明，本文提出的极值计算方法无论在正极值还是负极值计算中，都有着很高的计算精度。

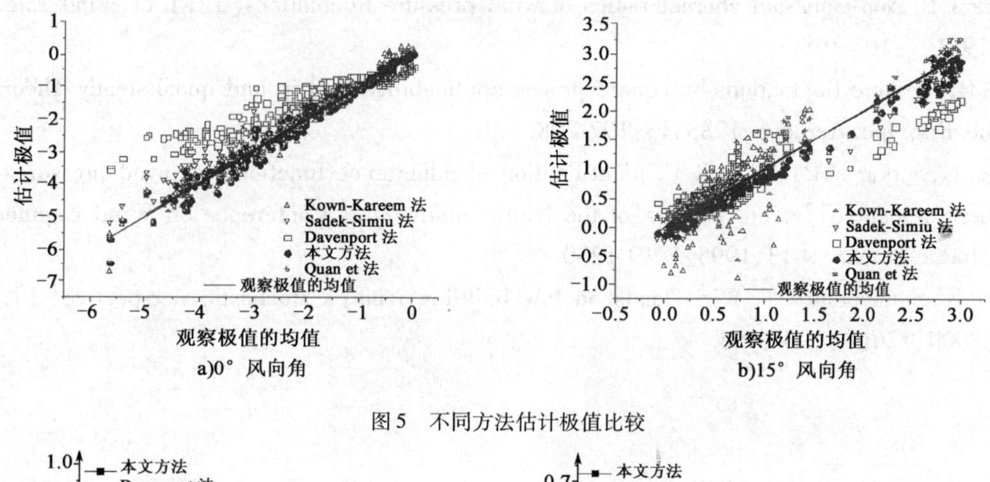

图5　不同方法估计极值比较

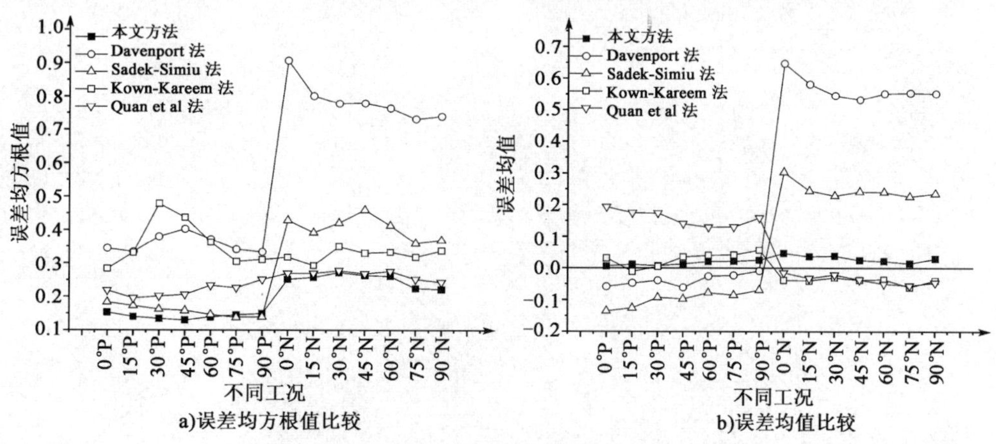

图6　不同工况下各种极值计算方法精度比较

（注：P代表正极值计算工况，N代表负极值计算工况）

4 结论

对建筑表面风压系数及其极值的概率统计特性进行了讨论,并指出现有风压极值计算方法存在的问题。在此基础上,以广义极值理论为基础,根据观察极值的相互独立性,正在开发一种基于单个标准样本数据的极值估计方法,并与几种常用极值方法计算结果进行比较。得到以下结论:

(1)建筑特别是浸没在高湍流下的低矮建筑的外表面风压系数通常并不满足高斯假定,部分区域甚至严重偏离。

(2)利用单一的概率分布函数拟合整个屋面上所有测点上具有很强随机性的风压系数是困难的,对于不同风向下不同测点上的风压时程并没有一致性。

(3)广义极值分布函数比极值Ⅰ型分布函数能更好地拟合风压系数极值。

(4)相对于目前常用的 Davenport 法、Kown-Kareem 法、Sadek-Simiu 法以及 Quan et al 法,本文正在开发的方法无论对风压系数正极值还是负极值的估计结果都更为准确。

参考文献

[1] Davenport A G. The application of statistical concepts to the wind loading of structures[J]. Proc. Inst. Civ. Eng. ,1961,19:449-472.

[2] Peterka J A, Cermak J E. Wind pressures on buildings—probability densities[J]. J. Str. Div. , ASCE, 1975,101 (6):1255-1267.

[3] Kareem A. Wind excitedmotion of tall buildings[J]. Colorado State University, Fort Collins, CO, 1978.

[4] Holmes J D. Non-Gaussian characteristics of wind pressure fluctuations[J]. J. of Wind Eng. and Ind. Aero, 1981, 7:103-108.

[5] Kawai H. Pressure fluctuations on square prisms-applicability of strip and quasi-steady Theories[J]. J. of Wind Eng. Ind. Aerodyn, 1983, 13:197-208.

[6] Thomas G, Sarkar P P, Mehta K C. Identification of admittance functions for wind pressures from full-scalemeasurements[J]//Proceedings of the Ninth International Conference on Wind Engineering, New Delhi, India, January 9-13, 1995:1219-1230.

[7] Kumar K, Stathopoulos T. Wind loads on low building roofs: a stochastic perspective[J]. J. Struct. Eng. ,2000,126(8):944-956.

不同风场条件下某工业厂房屋盖风致动力响应及其表面风荷载频域特性分析

邹　垚　梁枢果　邹良浩　周　颖　汤怀强

（武汉大学土木建筑工程学院　武汉　430072）

1　引言

我国《建筑结构荷载规范》(GB 50009—2001)将结构所处风环境规定为四种不同的地貌,其中A类地貌对应的是海面、海岛、海岸、沙漠地区;而B类地貌则是指的田野、乡村、丛林和房屋比较稀疏的乡镇[1]。本文的项目背景为某工业厂房,其位置离海岸不远,背后是丘陵地带,周围还有大量的周边建筑,在不同的风向角下风场呈现出不同的特征。为了准确地评估其风荷载特性,在A类和B类地貌中分别进行了刚性模型测压风洞试验。分析结构表面典型测点风压谱的分布规律,并运用频域方法计算结构风致响应后,认为结构周边建筑和地貌特征对结构的位移均方根响应和应力响应有着不同程度的影响。

2　风洞试验概况

风洞试验在石家庄铁道大学大气边界层风洞试验室内进行(图1)。风场分别按A类地貌和B类地貌考虑,模型比例为1:100,刚性测压模型为有机玻璃制成(图2),以15°为间隔,采用同步测压技术测得24个风向角下建筑物的风压时程,模型周边放置模型对结构周边建筑物进行模拟,采样频率为300Hz,采样时间为30s。取结构屋盖上的128个测点所测的数据作为研究对象。在0°风向角时风场上游建筑离结构非常近,两栋建筑几乎贴在一起;而在180°风向角时,风场上游建筑离结构相对较远。

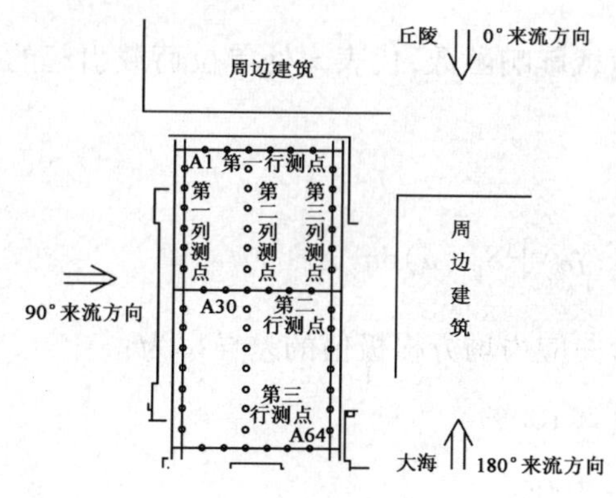

图1　刚性模型与周边建筑

图2　刚性模型测压试验

本次风洞试验的大气边界层流场为我国《建筑结构荷载规范》中定义的A类风场和B类风场。平均分剖面的地面粗糙度指数分别为0.12和0.16。

3　屋盖风振响应频域计算方法及其对比分析

该工业厂房为重要大型结构,根据我国《建筑结构荷载规范》并参考当地的实际条件,该工业厂房所在的平均风压取为1.10kPa。结构动力响应计算峰因子一律取3。为了分析厂房屋盖的风振响应,在屋盖上选取3个典型的位置的节点及其对应的单元作为参考节点和参考单元。

某工业厂房屋盖的风振位移与内力均方根响应采用随机振动频域法计算得到[2-3]，其结构振型频率由有限元方法得到。

结构有限元模型有N个节点，其每个节点有x、y和z三个方向的位移，根据线性随机振动理论，可得到第i、j阶振型的广义荷载谱：

$$S_{ij}^{*}(n) = \sum_{k=1}^{3N}\sum_{m=1}^{3N}\phi_i(k)\phi_j(m)S_{km}(n)/M_i^{*}M_j^{*} \tag{1}$$

式中，$S_{ij}^{*}(n)$为第i、j阶振型的广义荷载谱；$\phi_i(k)$，$\phi_j(m)$为结构第i,j阶振型；M_i^{*}、M_j^{*}为第i、j阶振型的广义质量；$S_{km}(n)$为节点荷载谱矩阵第k行第m列的值。

第i、j振型广义荷载协方差由下式得到：

$$\sigma_{ij}^{2} = \int_0^{\infty}|H_i(in)|^2 S_{ij}^{*}(n)\mathrm{d}n \tag{2}$$

$$H_i(in) = \frac{1}{[(2\pi n_i)^2-(2\pi n)^2+i(2\xi_i(2\pi n_i)(2\pi n))]} \tag{3}$$

式中，$H_i(in)$为第i振型的传递函数；ξ_i为第i振型的阻尼比。

这样可以得到第L节点各轴向(x、y和z轴向)位移响应均方根为：

$$\sigma_y(L) = \sqrt{\sum_{i=1}^{M}\sum_{j=1}^{M}\sigma_{ij}^{2}\phi_i(L_y)\phi_j(L_y)} \tag{4}$$

式中，M为满足一定精度所需的振型数；$\varphi_i(L_y)$为在L_y处的第i阶振型。

动力风荷载引起的屋盖任一构件内力响应$R(z,t)$可表示为：

$$R(z,t) = \sum_{j=1}^{M}A_j(z)q_j(t) \tag{5}$$

式中，$q_j(t)$为第j阶振型广义自由度；$A_j(z)$为第j振型的内力响应函数，$A_j(z)$可由下式求得：

$$A_j(z) = \int_0^{H}m(z')\omega_j^2\phi_j(z')i(z,z')\mathrm{d}z' \tag{6}$$

式中，m为质量；ω_j为第j阶振圆频率；$i(z,z')$为单位荷载影响函数，代表z'处单位荷载引起的z处内力。

得到$A_j(z)$后，同样利用下面的公式计算内力的均方根：

$$\sigma^2(z) = \sum_{i=1}^{M}\sum_{j=1}^{M}A_i(z)A_j(z)\int_0^{\infty}|H_i(in)|^2 S_{ij}^{*}(n)\mathrm{d}n \tag{7}$$

定义A类地貌和B类地貌中结构位移均方根极值和弯曲应力均方根极值的差异率为：

$$R_{\mathrm{dis}} = (\sigma_{\mathrm{dis}}^{\mathrm{B}}-\sigma_{\mathrm{dis}}^{\mathrm{A}})/\sigma_{\mathrm{dis}}^{\mathrm{A}}\times 100\% \tag{8}$$

$$R_{\mathrm{t}} = (\sigma_{\mathrm{t}}^{\mathrm{B}}-\sigma_{\mathrm{t}}^{\mathrm{A}})/\sigma_{\mathrm{t}}^{\mathrm{A}}\times 100\% \tag{9}$$

在不同的地貌中，结构位移均方根响应极值在有上游建筑遮挡和无上游建筑遮挡时，表现出完全不同的规律(图3)，30°和45°风向角时，有结构上游有周边建筑遮挡，大跨屋盖在B类地貌中位移均方根极值比A类地貌中的值要大40%以上；而在180°风向角时，上游无遮挡，B类地貌中的位移均方根极值普遍比A类地貌中的值要小20%左右。对于屋盖结构的弯矩均方根极值而言，B类地貌中的响应总体小于A类地貌中的响应，而在0°、30°、135°、195°风向角时，B类地貌中的弯矩均方根极值比A类地貌中要小35%以上。

为了能方便地分析地貌和周边干扰对结构表面风荷载的影响，结合结构响应的差异情况，本文选取

0°和180°这两个相对较为简单的风向角,进行结构表面风压的频域分析。

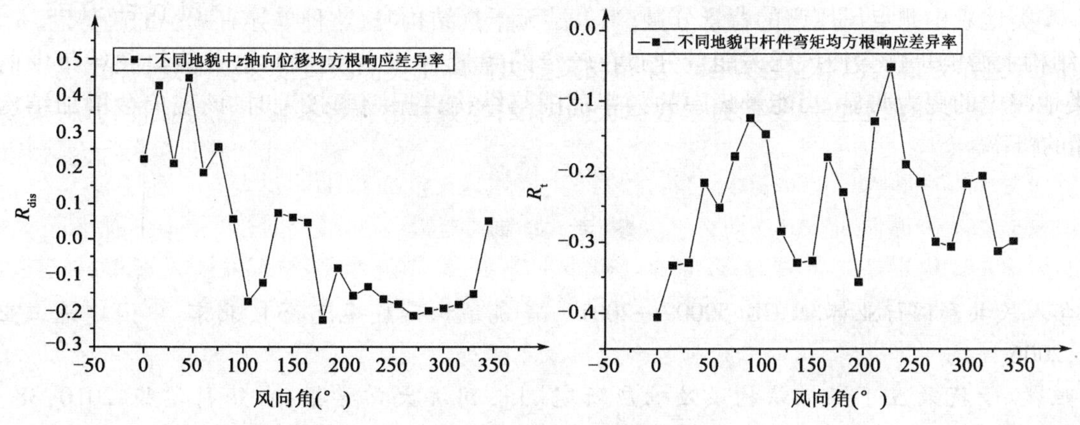

图3 A类地貌和B类地貌中结构响应差异率

4 屋盖表面风压频域特征分析

在大气边界层内建筑表面风压脉动是大气湍流及特征湍流的综合作用[4],风压谱所体现的能量分布不仅包含有大气湍流的因素,还包含有建筑本身、周边建筑引起的特征湍流的影响,因此风压谱的特征随着屋盖位置的变化有很大区别,特别是在旋涡作用复杂的区域,对风压谱的特征的描述和风压谱模型的建立是目前风荷载建模的难题。大跨屋盖结构表面的风压谱包括低频成分和高频成分,根据科莫格拉夫假说[5],其中低频成分源于来流中大尺度湍流结构,高频成分源于结构本身干扰作用所引起的靠近固壁的小尺度湍流结构[6]。

风压谱峰值对应的折减频率描述了能量在频域内的分布情况,现将其列于表1中。

峰值对应折减频率范围　　表1

	风场上游测点	风场中游测点	风场下游测点
A类地貌(上游有干扰)	0.04~0.4	0.15~0.4	0.2~0.5
B类地貌(上游有干扰)	0.1~0.4	0.15~0.4	0.15~0.4
A类地貌(上游无干扰)	0.1~1	0.2~1	0.1~0.4
B类地貌(上游无干扰)	0.1~1	0.2~1	0.1~0.4

从表1中可以看出,结构表面风压谱的峰值对应的折减频率大部分分布在0.1~1范围内,而这也恰恰是大部分大跨屋盖结构前几阶振型对应的频率。当上游无周边建筑干扰时,不同地貌中风压谱对应的折减频率的范围基本一致,频带相对较宽,能量峰值分布在0.1~1范围内;当风场上游有周边建筑干扰时,屋盖表面在风场上游和中游测点的峰值频率范围有所减小,能量峰值分布在0.1~0.4范围内。

上游建筑的干扰会使风压谱峰值能量在频域内趋于集中,当结构前几阶自振频率正好处于峰值频率范围内时,周边建筑的干扰效应会增大结构风致动力破坏的风险。尤其是在B类地貌中,来流湍流度比A类地貌要大,周边建筑的干扰效应在高湍流度条件下,风压能量在频域集中现象更为明显。

对于结构表面处于流场下游的测点而言,由于来流在结构表面已经经过了一系列的旋涡脱落、分离、再附过程,不管有无周边建筑的影响,都存在风压能量频域集中现象,其峰值分布在0.1~0.5范围内。

5 结论与分析

(1)结构的风致响应会受到风场类别和周边建筑的影响。结构的位移均方根极值受到周边建筑的影响要大一些,而地貌类别对其影响相对较小;结构内力均方根极值受周边建筑的影响较小,受地貌的影响相对要大一些。

(2)当结构短边迎风、流场上游有建筑物阻挡时,B 类风场中结构表面测点的风压谱的背景分量明显要大于 A 类地貌中测点风压谱的背景分量;当上游无干扰结构时,这种差异有减小的趋势。

(3)结构上游的干扰会使风压谱能量分布在较窄的频带内,B 类地貌时这种能量频域集中的现象要比 A 类地貌中的更为明显,当能量集中的频率范围与结构自振频率接近时,该现象会增加结构风致动力破坏的概率。

参 考 文 献

[1] 中华人民共和国行业标准. GB 50009—2001 建筑结构荷载规范[S],北京:中国建筑工业出版社,2006.

[2] 周晅毅. 干扰效应下煤棚结构风致响应研究[J]. 同济大学学报:自然科学版,2010,38 (6):819-826.

[3] 邹良浩,温四清,董卫国,等. 援莫桑比克国家体育场风荷载相干函数与风致响应分析[J]. 武汉大学学报:工学版,2010,43(4):472-476.

[4] 董欣,叶继红. 锥形涡及其诱导下的马鞍屋盖表面风荷载[J]. 振动与冲击,2010,27 (10):61-70.

[5] Simiu E, Scanlan R H. Wind effects on structures: an introduction to wind engineering [M]. 3rd Ed. New York: John. Wiley& Sons, INC, 1995.

[6] 孙瑛. 大跨屋盖结构风荷载特性研究[D]. 哈尔滨:哈尔滨工业大学,2007.

七、其他风工程问题

风场缺失和异常实测数据处理方法的研究

秦付倩　李正农

（湖南大学建筑安全与节能教育部重点实验室　长沙　410082）

1　引言

随着超高层建筑、大跨屋盖、桥梁与高耸塔桅结构等建筑物不断涌现，尤其在沿海地区，研究这类建筑结构在风荷载作用下的特性，已越来越受人们的关注。现场实测方法是一种最为直接的风工程研究方法，通过现场实测，可以获得详细全面、可信度较高的数据资料。由于野外自然风速变化大，天气恶劣，地形等因素影响，都可能引起风速仪实测数据产生失真。大量的实测研究发现，风场实测数据偶尔可能会出现较大偏差和坏点，虽然出现这种偏差的概率很低，但有时偏差较大，若不处理会降低数据的利用率。因而有必要开展风场缺失和异常数据处理方法的研究，以获得比较符合实际的实测数据。

目前国内外已有专家学者对风场异常和缺失数据处理方法进行了相关研究。国外研究者如 Heikki Junninena 等人[1]提出缺失数据几种常用的插补方法，如单值插补，多值插补等，国内研究者杨世杰[2]提出采用绝对均值法对动态测试数据中坏点进行剔除，并将该方法与莱茵达准则进行对比，并证明该法的有效性。杨志玲等人[3]提出采用人工神经网络法对风时程的时间序列缺失值进行插补。王有禄等人[4]主要是通过举例利用相关分析和风切变指数的计算方法对那些不合理的测风塔数据进行处理，并得到合理完善的结果。孔新红[5]以江西几个风场原始风场实测数据的检验过程为例，在参考国家标准《风电场风能资源评估方法》（GB/T 18710—2002）的基础上，对于不在国标规定的合理范围的异常数据，通过根据当地的风场地形、气象条件、风场风况变化及周围测风塔资料变化趋势相结合，分析数据是否合理。兰妥等人[6]利用均值插补、多元线性回归、迭代回归方法对水文时间序列数据集的缺失数据进行处理，并比较各种方法的优劣性及适用性。李正农、刘艳萍[7]采用时间序列法，利用风场短期预测实现了实测风速数据中失真数据的替换和缺失数据的插补，并证实该法具有实际的工程应用价值。管河山等人[8]提出基于聚类的回归模型用于处理缺失数据，该法可以提高替代值的准确度，处理二维情况的效果更好。

风场实测数据属于动态测试数据，其数据量庞大，一般可以采用莱茵达准则，但是莱茵达准则运用前提是数据呈正态分布；同时判定时可能将风场实测数据中不应剔除的数据误判定为异常值，因此提出一种新的方法——绝对均值法，采用绝对均值法对风压实测数据中个别失真数据进行判断剔除，以其中可信数据为依据，采用迭代回归方法对已剔除的失真数据进行替换和对缺失的数据段进行插补。

2　风压实测异常和缺失数据处理分析方法

2.1　绝对均值法

对风场进行实测中，运用数据采集设备所获得信号一般为离散的、有限的数字时序信号，可表示为：$x(t) = (x_1 + \bar{x}), (x_2 + \bar{x}), (x_3 + \bar{x}), \cdots, (x_i + \bar{x}), \cdots, (x_n + \bar{x})$ 式中，$\bar{x}$ 是 $x(t)$ 的均值。

对零均值的时序信号可表示为：$x(t) = x_1, x_2, x_3, \cdots, x_i, \cdots, x_n$，即 $x_0(t) = x_1, x_2, x_3, \cdots, x_i, \cdots, x_n$

基金项目：国家自然科学基金（90815030，50978094）资助。

一般情况下，实测得到的动态信号是连续变化的，数据之间的变化不应有突变，动态信号的时序数据在一定范围内变化。假定阈值为 W，那么当 $|x_i| \geq W$ 时，x_i 可以被认为是 $x(t)$ 序列中的坏点。
由绝对均值法定义知，对零均值数据序列求其样本绝对值的均值 $|\bar{x}|$，再乘以系数 k 来确定 W 值，当 $|x_i| \geq W$ 时，说明 x_i 是序列 x_t 中的坏点，应予以剔除。即 $W = k\left(\frac{1}{n}\sum|x_i|\right) = k|\bar{x}|$，式中，$k$ 为经验值系数。

2.2 风压缺失数据插补方法

实际中可能会出现连续缺失情况，常用的插补模型如随机抽取替代、均值替代、最近邻域替代模型、多重插补等。对于已剔除的失真数据的替换和缺失数据的插补可考虑采用迭代回归法。1968 年，Jackson 提出迭代回归模型处理缺失数据[9]。迭代回归模型是在均值替代的基础上建立回归模型来估算缺失值，反复迭代并估算处缺失值，直到前后两次的估算值改变量小于事先给定的阈值为止。其思路如下：

首先，给定数据集中的缺失值，是在均值替代的基础上生成完整的实测数据集。即：$x_{ij} = \bar{x}$，并将该平均值作为缺失变量的值和插补计算的初始值。

再次，在已生成完整的数据集的基础上，建立合理的回归模型进行缺失数据的估计并替代，在此可采用统计学里面的自回归移动平均模型，记为 $ARMA(p,q)$。

最后，根据回归替代生成的数据集和回归子式反复替代，直到前后两次回归的估计值差值小于某一值，即 $\sum|x_{ij}^{(i)} - x_{ij}^{(i+1)}| < \delta$，其中 δ 为预先给定的阈值。

3 算例分析

3.1 实测风压数据异常判断

本文以位于沿海地区的某高层建筑的实测风压数据为对象，对异常数据判断，缺失数据段进行插补。选取该高层建筑表面的风压实测数据中的前 100s 风压记录为对象，采样频率为 20Hz。如图 1 所示。

在图 1 中，假定第 40s 处的风压值为 1000Pa。由图可知，该点的风压值明显大于周围的值，采用绝对均值法对其进行失真判断。选取 0 ~ 100s 间的所有风压值，计算可得，$|\bar{x}| = \frac{1}{2001}\sum_{i=1}^{2001}|x_i| = 238.56\text{Pa}$，$k=4$，则可得 $W = k|\bar{x}| = 954.24\ \text{Pa}$，那么，将 0 ~ 100s 间的风压值与 W 进行比较，当 $|x_i| \geq W$，则该点为坏点，应当剔除，经过判断，40s 处的风压值异常，其余的风压值均在阈值范围内。采用莱茵达判断可得时序的均值 $\mu = 238.56$，$\sigma = 66.329$，当 $|x_i - \mu| \leq 3\sigma$ 时，即当 $x_i \in (39.57, 437.55)$ 时，所测得风压数据正常，上述两种方法对比结果见表 1。

剔除掉坏点风压数据比较 表 1

序　号	绝对均值法	莱 茵 达 法	序　号	绝对均值法	莱 茵 达 法
1	1 000	1 000	6		39.28
2		467.25	7		40.28
3		458.23	8		510.36
4		450	9		475.35
5		480.72			

由表 1 可见，采用绝对均值法检验时，0 ~ 100s 间只剔除一个坏点，采用莱茵达法，被剔除数据为 9 个。现场测试中可能会出现部分风压值较大，若将其误认为异常数据剔除，势必会影响数据分析。

3.2 风压实测数据的插补

针对实测风时程中个别坏点的替补，可采用时均值来插补。40s 邻近的风压实测数据均在阈值范围内，现将其与采用临近值的线性插补得到的风压值 252.52Pa，与实际值 221.61Pa 进行对比，如表 2 所示。

40s 的风压值插补结果与实际值对比结果　　表2

方　法	风压(Pa)	绝对误差(Pa)	相对误差(%)
均值替代	238.56	17.02	7.65
临近值插补	252.52	30.91	13.95

由表2可知,对于实测中个别异常点的替补值,可采用整个实测风压数据的均值来代替。

考虑风压实测中可能会出现连续的数据缺失问题,假设45.05～47s的风压数据缺失,如图2所示。

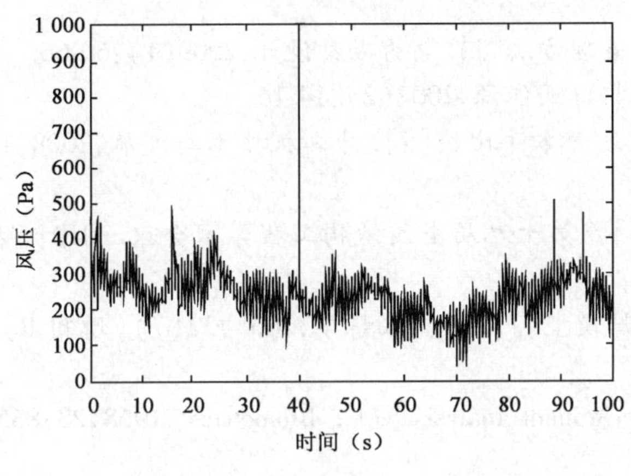

图1　存在失真的风压数据

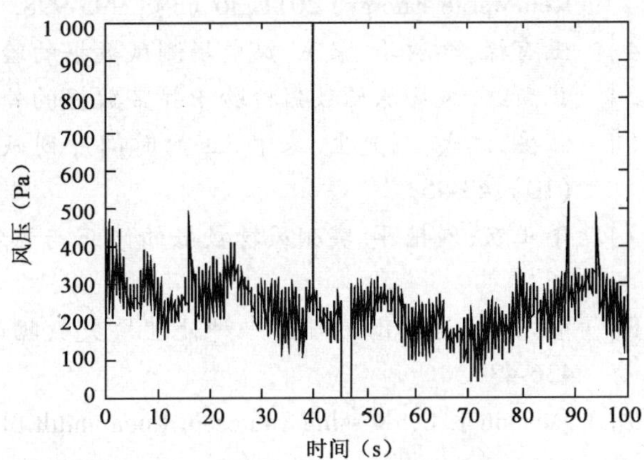

图2　存在失真与缺失的风压数据

在图2中,45.05～47s之间的风压数据缺失,即缺失40个样本。由迭代回归的思想,采用MATLAB软件编制程序,可先求出可用数据的均值 $\bar{x}$ 、协方差矩阵,经过计算可得 $\bar{x}$ =237.8Pa,将其插补到45.05～47s,此时,可得到完整的风压数据序列。采用绝对均值法可判定,45.05s前的风压数据未出现异常,以缺失段前面的40s可信数据为依据,计算其相关系数,采用MATLAB软件系统辨识工具箱来建立自回归移动平均模型。由 $p=2$ 开始,计算其 AIC 函数值,经计算可得当 $p=6$、$q=5$ 时,AIC 函数值最小,此时可以确定 $ARMA(p,q)$ 模型为 $ARMA(6,5)$ 。

由相关公式可以预测出来45.05～47s之间的风压值,将预测出来的每一个风压缺失数据 x_i,与原始数据的均值求和之后再平均得 x'_{ij},即对于缺失的风压数据每一点处预测值为 $x'_{ij}=\frac{\bar{x}+x_i}{2}$,$x_i$ 为由 $ARMA(6,5)$模型所预测出来的第 i 个风压数据。然后再将得到的风压数据 x'_{ij}代入公式里面迭代,同样方法可得到另外一个风压预测序列 x'_t。由该序列得到的每个缺失风压值与 x''_{ij},求出 $\sum|x'_{ij}-x''_{ij}|$。为保证所得出数据,精度在此可取 $\delta=0.05$,为评价插补效果,计算迭代得到的45.05～47s间风压值与原始数据的平均相对误差,计算公式为:$e=\frac{1}{N}\sum_{t}^{1}\frac{|y_t-y_p|}{y_t}$,式中,$y_t$ 为原始的风压序列,y_p 为迭代回归方法得到的风压序列,N 为实测中所有缺失值构成的序列长度。计算可得到该迭代回归模型的风压平均相对误差为9.67%。

4　结语

在部分可信实测风压数据的基础上,采用绝对均值法对实测数据中的异常值进行剔除,计算比较简单。采用迭代回归法,建立自回归移动平均模型对缺失的实测数据进行预测再插补,但是计算时候比较麻烦,通过对风场实测数据的失真判断和缺失数据段有效插补,进而可以得到详细完整、比较符合实际风场情况的实测数据,这对于开展风场实测数据处理具有实际的指导和参考价值。

参考文献

[1] Heikki Junninen, Harri Niska Methods for imputation of missing values in air quality data sets [J]. Atmospheric Environment,2004, 38(18): 185-196.

[2] 李世杰.动态测试数据中坏点处理的一种新方法——绝对均值法及应用研究[J].中国测试技术,2006,32(1):47-49.

[3] Yang Zhiling, Liu Yongqian,Li Chengrong. Interpolation of missing wind data based on ANFIS [J]. Renewable Energy, 2011,36 (3):993-998.

[4] 王有禄,李淑华,宋飞.风电场测风数据的验证和处理方法[J].电力勘察设计,2009(1):60-66.

[5] 孔新红.风场原始数据检验中异常数据的处理[J].江西能源,2007(2):14-16.

[6] 兰妥,江弋,刘光生.基于Sas的时间序列缺失值处理方法比较[J].计算机技术与发展,2008,18(10):43-45.

[7] 李正农,刘艳萍.实测风场数据的修正与预测[G]//第十九届全国结构工程学术会议.2010:92-96.

[8] 管河山,姜青山,谭忠.一种处理缺失数据的回归模型[J].计算机科学,2005,32(7)(增刊B):436-439.

[9] Jackson E C. Missing values in linear multiple discriminant analysis [J]. Biometrics, 1968,23:835-844.

考虑叶轮旋转与基础共同作用的近海风机风致响应分析

盛建康　陈水福

（浙江大学结构工程研究所　杭州　310058）

1　引言

近海风机塔架作为一种高柔结构，其自振频率范围通常位于来流风谱和海浪谱的卓越频率段内，因此近海风机塔架是一种典型的风浪敏感性结构。

由于塔架的高柔性，在风荷载和风致响应分析中不仅要考虑平均风的作用，还须考虑结构风振引起的动力效应的作用。风机结构在正常使用过程中与其他结构的一个显著区别是，风机叶轮在来流风作用下处于旋转状态，该旋转效应将对桨叶及塔架上的风荷载产生显著影响。另一方面，近海风机上部塔体的形式往往比较简单，但下部基础则形式多样、结构相对复杂，因塔体与基础间采用刚性连接，故两种的共同作用效应比较显著。因此，近海风机结构的风荷载及风致响应与其他结构物有着较明显的不同，考虑其自身特性，对这类结构进行较为细致的风致响应研究很有必要。

本文基于风场模拟理论，对叶轮运动过程中的风机周围风场进行了重现；采用修正的叶素动量理论，计算了叶轮在旋转过程中桨叶的气动荷载，考虑了叶尖和轮毂损失以及桨叶的叶栅效应，基于 Bernoulli 理论求得了塔体的风荷载。利用风机塔架的随机风荷载样本和“塔体—基础”一体化有限元模型，在时域上分析了近海风机塔架在风荷载作用下的动力响应。结合算例，讨论了三种不同基础形式：单桩、三角桩和四角桩基础对风致响应的影响。

2　风场模拟

风荷载可分为平均风和脉动风两部分。本文对平均风采用指数律加以描述；脉动风则采用数值模拟方法进行模拟，目前常用的模拟方法有线性滤波法、谐波叠加法和逆傅里叶变换法等[1]。本文采用谐波叠加法[2]进行风场模拟。

根据谐波叠加法理论，任一取样点 j 上的随机风速时程可以通过下式获得：

$$\hat{v}_j(t) = \sum_{k=1}^{j}\sum_{l=1}^{N}\left|H_{jk}(\omega_k)\sqrt{2\Delta\omega}\right|\cos[2\pi\omega_l t + \theta_{jk}(\omega_l) + \varphi_{kl}] \tag{1}$$

式中，H_{jk}为风谱密度矩阵 $S(\omega)$ 通过 Cholesky 分解得到的下三角矩阵；$\Delta\omega = (\omega_u - \omega_s)/N$；$\omega_u$、$\omega_s$ 分别为风荷载模拟的上限和下限截止频率；N 为风谱的离散点数目；一般需要足够大；φ_{kl}是介于 0 到 2π 之间的随机相位角。

本文以某轮毂高度为 60m 的 1.5MW 级风机为研究对象。该风机桨叶半径为 30.5m，额定转速为 19.27r/m。为考虑风机叶轮的旋转效应，叶轮平面取样点沿径向（桨叶方向）等间距辐射状布置，塔架取样点沿塔架高度每隔 2m 等间距布置，共计布置取样点数位 114 个，参见图 1 所示。模拟时间步长为 0.125s，总时长为 512s。轮毂处（H=60m）的风速时程模拟结果如图 2 所示。

3　气动荷载计算

对于近海风机塔架来说，结构受到的气动荷载主要来自于两个方面：塔顶叶轮捕获的气动荷载、风机塔架自身受到的气动荷载。叶轮气动荷载常采用叶素动量理论（BEM）进行计算，其基本原理是将桨

基金项目：国家高技术研究发展计划（863 计划）项目（2007AA05Z427）资助。

叶划分为若干个互不相干的叶素，通过计算各个叶素上的气动力大小来获得整个风轮的气动荷载。风机塔架的气动荷载可以利用 Bernoulli 理论计算得到。

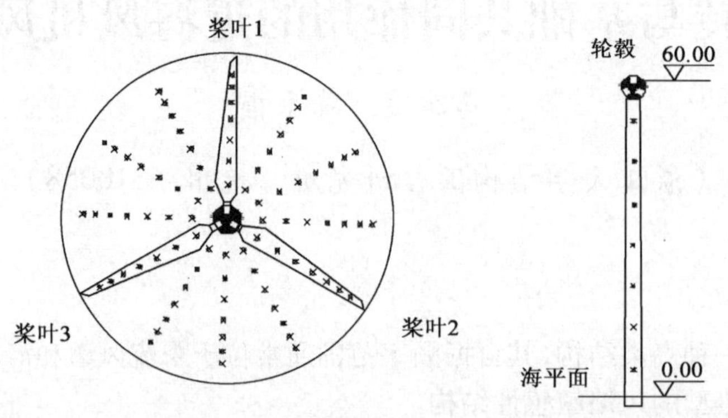

图1　风机结构风荷载模拟样点布置示意图

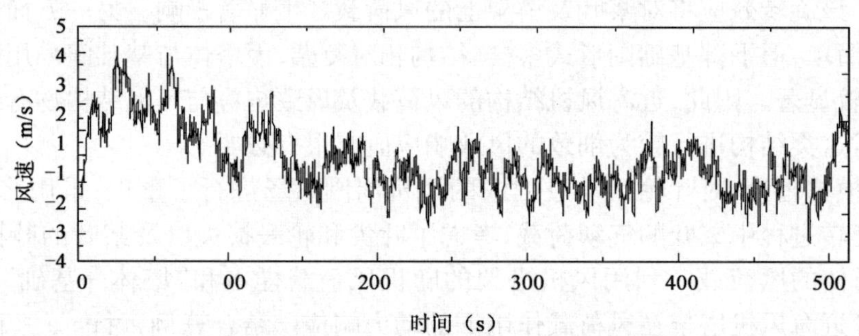

图2　轮毂处（$H=60$m）脉动风速模拟曲线

3.1　旋转桨叶风速样本时程获取

为了计算作用于叶轮上的气动荷载，首先必须获得作用在旋转桨叶各个空间点上的风速时程。然而，各旋转桨叶由于其空间位置随时间不断发生变化，因此桨叶上的点在旋转过程中会经历紊流风场的空间变化。当紊流场中不同大小尺寸和速度的旋涡经过桨叶平面时，桨叶将切割旋涡若干次，即出现“旋涡切割”现象[3]。也就是说，作用在桨叶上的脉动风速时程将经历时间和空间的双重变化。为了准确描述作用在旋转桨叶上的风速时程，本文利用风场模拟得到的空间相关的各个取样点（图1）脉动风速时程，当旋转桨叶历经各个采样点时，提取该采样点在该时刻的风速，并按时间序列排列，这样便可以得到桨叶上各个点的风速时程。利用该时程，可进一步求得叶轮上的气动荷载。

由于风剖面的存在，桨叶上各点在旋转过程中平均风部分也存在时变效应。桨叶上点 i 处的总风速可由下式得出：

$$v_i(t)=\bar{v}_{\rm hub}\left[\frac{H_{\rm hub}+r_i\cos(\Omega t+\beta)}{H_{\rm hub}}\right]^{\alpha}+\hat{v}_i(t) \tag{2}$$

式中，$H_{\rm hub}$ 为轮毂高度；r_i 为桨叶上点 i 到轮毂中心距离；$\bar{v}_{\rm hub}$ 为轮毂处平均风速；$\hat{v}_i$ 为通过上述旋转取样方法得到的桨叶上点 i 的脉动风速时程；Ω、β 分别为代表桨叶的旋转角频率和初始相位角；α 为风切变指数。

图3、图4给出了桨叶1（参见图1）以 $\Omega=19.27$r/m 速率旋转时半径20m处的旋转风速时程样本和样本谱，为便于比较，图中同时给出了相应固定采样点的样本曲线。由图可知，风机叶片的旋转会显著改变脉动风速谱中的能量分布，风谱中的低频成分会向高频方向转移，且能量会集中到旋转频率1P（0.32Hz）以及其倍频 nP 处。

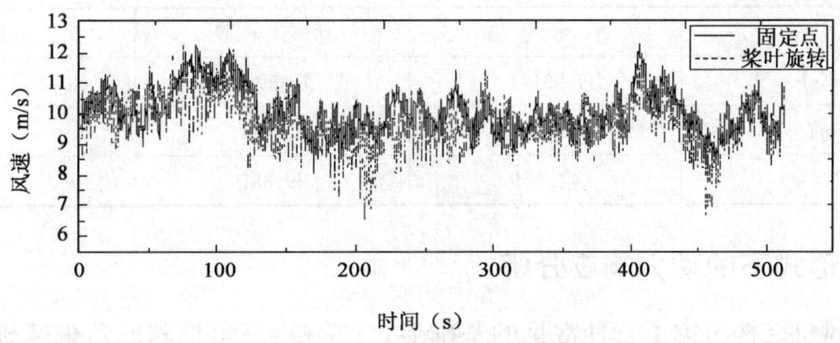

图3　桨叶1半径20m处风速样本与固定点($H=80$m)样本比较($\Omega=19.27$r/m, $\bar{v}_{hub}=10$m/s)

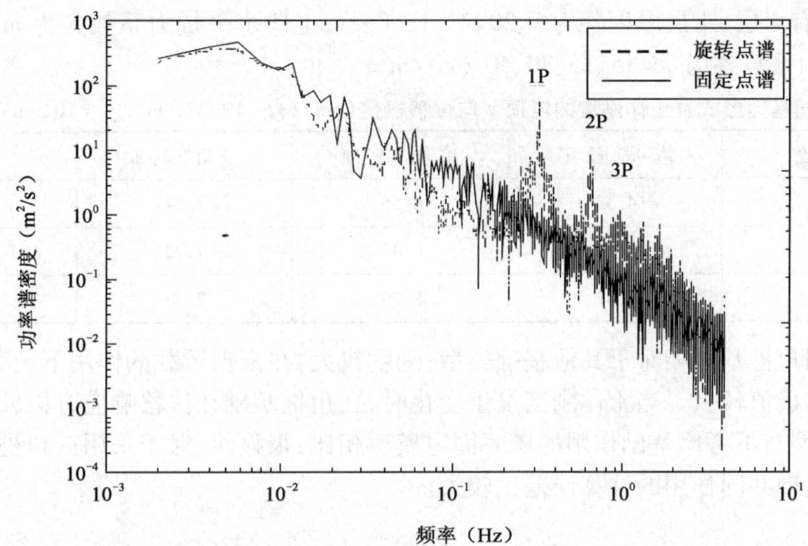

图4　桨叶1半径20m处风速谱与固定点($H=80$m)风速谱比较($\Omega=19.27$r/m, $\bar{v}_{hub}=10$m/s)

3.2　叶轮气动荷载计算

本文采用文献[4]提出的修正BEM模型计算风轮的气动性能,该方法基于动态尾流气动模型,在经典BEM模型基础上对叶尖损失、轮毂损失以及叶栅效应进行了修正,能更真实地反映尾流的动态滞后和动态诱导速度场,更适应于风机的动态气动分析[5]。

图5给出了轮毂处平均风速10m/s时由叶轮气动力产生的塔顶轴向推力时程曲线;表1则给出了两种尾流(平衡尾流和动态尾流)情况下塔顶气动力标准差的比较。由表1不难发现,三种作用力中,俯仰力矩的脉动结果相差较大,达15.72%,其他脉动计算结果相对偏差均在1%左右;平衡尾流模型的计算结果较动态尾流模型过高地估计了风轮的荷载脉动,计算结果偏于保守。

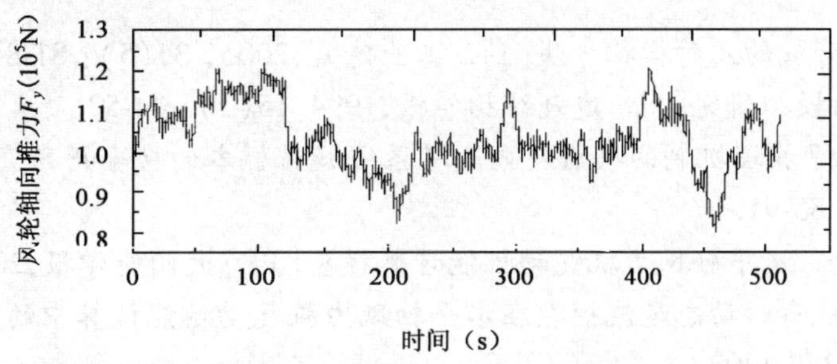

图5　基于动态尾流的轴向推力时程曲线($\Omega=19.27$r/m, $\bar{v}_{hub}=10$m/s)

塔顶气动力标准差的比较　　表1

	平衡尾流	动态尾流	相对偏差
轴向推力 F_y(kN)	7.931 1	7.869 1	0.78%
扭矩 T(kN·m)	53.769	53.312	0.85%
俯仰力矩 M_x(kN·m)	47.324	39.887	15.72%

4 不同基础形式下的动力响应分析

本文针对同一风机结构考虑了三种常见的基础形式(单桩、三角桩和四角桩基础),利用塔架—基础一体化有限元模型进行分析,得到了不同土体刚度下塔顶的 y 向位移极值(表2)。为便于比较,表中同时列出了塔底固定(基础刚度无穷大)时的相应结果。计算中,桩与土体间的连接采用土弹簧模拟,地基土由上到下共有4层,土层厚度各为5、20、20、18 (m);土体水平抗力系数各为 $m=1$、2、2.25、2.6 (MN/m^4),垂直抗力系数各为 $q=15$、25、30、40 (kN/m^2)。

不同基础形式及土体刚度的塔顶 y 向位移极值(cm)($\Omega=19.27r/m,\bar{v}_{hub}=10m/s$)　　表2

地基土层抗力系数	塔底固定	单桩基础	三角桩基础	四角桩基础
$0.8m,0.8q$	4.52	8.56	7.94	5.15
$1.0m,1.0q$	4.52	8.47	7.72	5.01
$1.2m,1.2q$	4.52	8.39	7.58	4.92

由表2可见,四角桩基础相对于其他基础类型,刚度较大,在模拟风载的作用下位移极值较小;单桩基础刚度较小,位移极值较大。当土体刚度发生变化时,三角桩基础在位移响应方面较其他基础更为敏感。将三种基础模型与不考虑基础作用的塔底固定模型相比,很显然,对于采用三角桩和单桩基础的风机塔架来说,忽略基础共同作用的计算误差比较大。

5 结语

(1)风机叶片的旋转会显著改变桨叶上脉动风速谱的能量分布,叶轮旋转使风谱中的低频成分向高频方向转移,通过旋转取样方法而获得的风速时程样本能够较好地反映这一变化。

(2)采用基于动态尾流模型的修正BEM方法计算得到的叶轮气动荷载能更真实地反映叶轮的旋转效应。结果对比分析显示,传统的平衡尾流模型过高估计了叶轮的风荷载脉动。

(3)通过对多种塔体—基础一体化模型进行风致动力响应分析可知,当土体刚度发生变化时,三角桩基础在位移响应方面较其他基础形式更为敏感。对于采用三角桩和单桩基础的风机塔架,假设塔底完全固定的计算误差较大,结构分析时应考虑塔体—基础共同作用的影响。

参考文献

[1] 刘锡良,周颖. 风荷载的几种模拟方法[J]. 工业建筑,2005, 35(5): 81-84.

[2] 王之宏. 风荷载的模拟研究[J]. 建筑结构学报,1994,15(1): 44-52.

[3] 贺广零, 李杰. 基于物理机制的风力发电高塔系统旋转样本的功率谱研究[J]. 中国电机工程学报,2009,29(26): 85-91.

[4] 刘雄,陈严,叶枝全. 水平轴风力机气动性能计算模型[J]. 太阳能学报,2005,26(6): 792-800.

[5] 陈严,刘雄,刘吉辉,等. 动态尾流模型在水平轴风力机气动性能计算中的应用[J]. 太阳能学报,2008,2009(10):1287-1302.

附录

风工程委员会历届全国结构风工程学术会议一览表

序号	会议名称	时间	地点	出席人数	出版或交流论文数	承办单位	主办单位
1	全国建筑空气动力学实验技术讨论会(第一届)	1983.11	广东新会	35	约30篇(无论文集)	广东省建筑科学研究所	中国空气动力研究会工业空气动力学专业委员会
2	全国结构风振与建筑空气动力学学术讨论会(第二届)	1985.05	上海	63	(论文集)	同济大学	中国空气动力研究会工业空气动力学专业委员会
3	第三届全国结构风效应学术会议	1988.05	上海	57	53(论文集)	同济大学	中国空气动力研究会工业空气动力学专业委员会风对结构作用学组,中国土木工程学会桥梁及结构工程分会风工程委员会
4	第四届全国结构风效应学术会议	1989.12	广东顺德	98	39(论文集)	广东省建筑科学研究所	中国空气动力研究会工业空气动力学专业委员会风对结构作用学组,中国土木工程学会桥梁及结构工程分会风工程委员会
5	第五届全国结构风效应学术会议	1991.10	浙江宁波	51	38(论文集)	镇海石油化工设计所	中国空气动力学会风工程和工业空气动力学专业委员会风对结构作用学组,中国土木工程学会桥梁及结构工程分会风工程委员会
6	第六届全国结构风效应学术会议	1993.10	福建福州		40(论文集,同济大学出版社)	福州大学	中国土木工程学会桥梁及结构工程分会风工程委员会,中国空气动力学会风工程和工业空气动力学专业委员会建筑与结构学组
7	第七届全国结构风效应学术会议	1995.09	重庆		38(论文集,重庆大学出版社)	重庆大学	中国土木工程学会桥梁及结构工程分会风工程委员会,中国空气动力学会风工程和工业空气动力学专业委员会建筑与结构学组
8	第八届全国结构风效应学术会议	1997.10	江西庐山	71	41(论文集,同济大学出版社)	江西省建筑学会	中国土木工程学会桥梁及结构工程分会风工程委员会,中国空气动力学会风工程和工业空气动力学专业委员会建筑与结构学组
9	第九届全国结构风效应学术会议	1999.10	浙江温州		43(论文集)	温州市建筑学会	中国土木工程学会桥梁及结构工程分会风工程委员会,中国空气动力学会风工程和工业空气动力学专业委员会建筑与结构学组
10	第十届全国结构风工程学术会议	2001.11	广西龙胜	71	67(论文集)	同济大学	中国土木工程学会桥梁及结构工程分会风工程委员会,中国空气动力学会风工程和工业空气动力学专业委员会建筑与结构学组
11	第十一届全国结构风工程学术会议	2003.12	海南三亚	112	90(论文集)	同济大学	中国土木工程学会桥梁及结构工程分会风工程委员会,中国空气动力学会风工程和工业空气动力学专业委员会建筑与结构学组

续上表

序号	会议名称	时间	地点	出席人数	出版或交流论文数	承办单位	主办单位
12	第十二届全国结构风工程学术会议	2005.10	陕西西安	133	131（论文集）	长安大学	中国土木工程学会桥梁及结构工程分会风工程委员会
13	第十三届全国结构风工程学术会议	2007.10	辽宁大连	169	185（论文集）	大连理工大学	中国土木工程学会桥梁及结构工程分会风工程委员会
14	第十四届全国结构风工程学术会议	2009.08	北京	185	164（论文集）	中国建筑科学研究院，同济大学	中国土木工程学会桥梁及结构工程分会风工程委员会

风工程委员会其他结构风工程全国性会议一览表

序号	会议名称	时间	地点	出席人数	出版或交流论文数	承办单位	主办单位
1	全国结构风工程实验技术研讨会	2004.11	湖南长沙	64	32（论文集）	湖南大学	中国土木工程学会桥梁及结构工程分会风工程委员会，中国空气动力学会风工程和工业空气动力学专业委员会建筑与结构学组
2	全国结构风工程基础研究研讨会	2008.08	黑龙江哈尔滨	62	基金重大计划项目交流	哈尔滨工业大学	中国土木工程学会桥梁及结构工程分会风工程委员会
3	中国结构风工程研究30周年纪念大会	2010.06	上海	68	16（纪念册）	同济大学，上海市建筑科学研究院（集团）有限公司	中国土木工程学会桥梁及结构工程分会风工程委员会